09章 图层混合与图层样式
花开富贵中式文字样式
视频位置：光盘/教学视频第09章

13章 奇妙的滤镜

06章 数码照片编修

本书精彩案例欣赏

23章 包装设计
膨化食品包装设计
视频位置：光盘/教学视频第23章

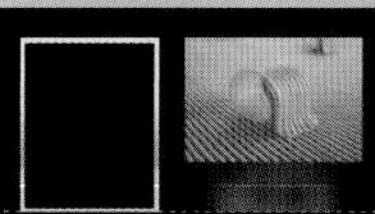

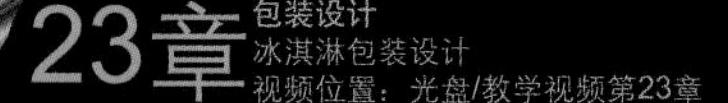

23章 包装设计
冰淇淋包装设计
视频位置：光盘/教学视频第23章

05章 填充与绘画
使用背景橡皮擦工具擦除背景
视频位置：光盘/教学视频第05章

07章 文字在平面设计中的应用
清新岛屿海报设计
视频位置：光盘/教学视频第07章

24章 创意合成
小提琴的幻想世界
视频位置：光盘/教学视频第24章

09章 图层混合与图层样式
使用样式面板制作可爱按钮
视频位置：光盘/教学视频第09章

Photoshop CS6

平面设计自学视频教程

本书精彩案例欣赏

11章 通道的应用

24章

创意合成

可爱风格创意文字

视频位置：光盘/教学视频第24章

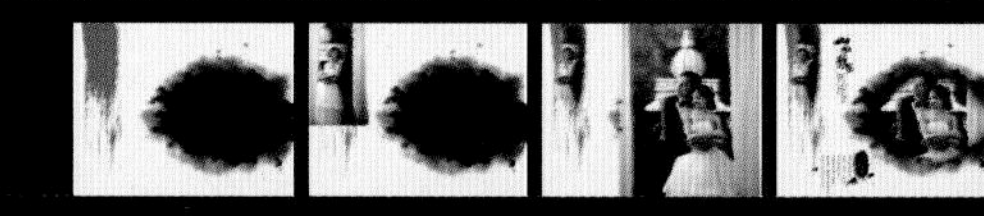

22章 版式与书籍设计
古典水墨风婚纱版式
视频位置：光盘/教学视频第22章

10章 实用调色技术
打造电影感复古色调
视频位置：光盘/教学视频第10章

10章 实用调色技术
冷调梦幻人像
视频位置：光盘/教学视频第10章

本书精彩案例欣赏

21章 海报招贴设计
可爱甜点海报
视频位置：光盘/教学视频第21章

04章 选区的编辑与应用
时尚插画风格人像
视频位置：光盘/教学视频第04章

08章 钢笔工具与矢量对象
使用形状工具制作矢量招贴
视频位置：光盘/教学视频第08章

06章 数码照片编修
使用颜色替换工具改变花朵颜色
视频位置：光盘/教学视频第06章

10章 使用调色技术
打造高彩外景
视频位置：光盘/教学视频第10章

09章 图层混合与图层样式
创建“挖空”
视频位置：光盘/教学视频第09章

TELEPHONE：0123-8888888
WEBSITE ：WWW.GIRL'SFEASTAXEL.COM
MAILBOX ：GIRL'SFEASTAXEL@QQ.COM

CO-ORGANIZER:   

YOU WILL HAVE IT IF IT BELONGS TO
YOU WHEREAS YOU DON'T KVETH FOR IT
IF IT DOESN'T APPEAR IN YOUR LIFE

12章 蒙版技术与合成
绚彩风格服装广告
视频位置：光盘/教学视频第12章

09章 图层混合与图层样式
使用混合模式与图层样式制作迷幻光效
视频位置：光盘/教学视频第09章

21章 海报招贴设计
喜庆中式招贴
视频位置：光盘/教学视频第21章

本书精彩案例欣赏

07章 文字在平面设计中的应用
使用文字工具制作欧美风海报
视频位置：光盘/教学视频第07章

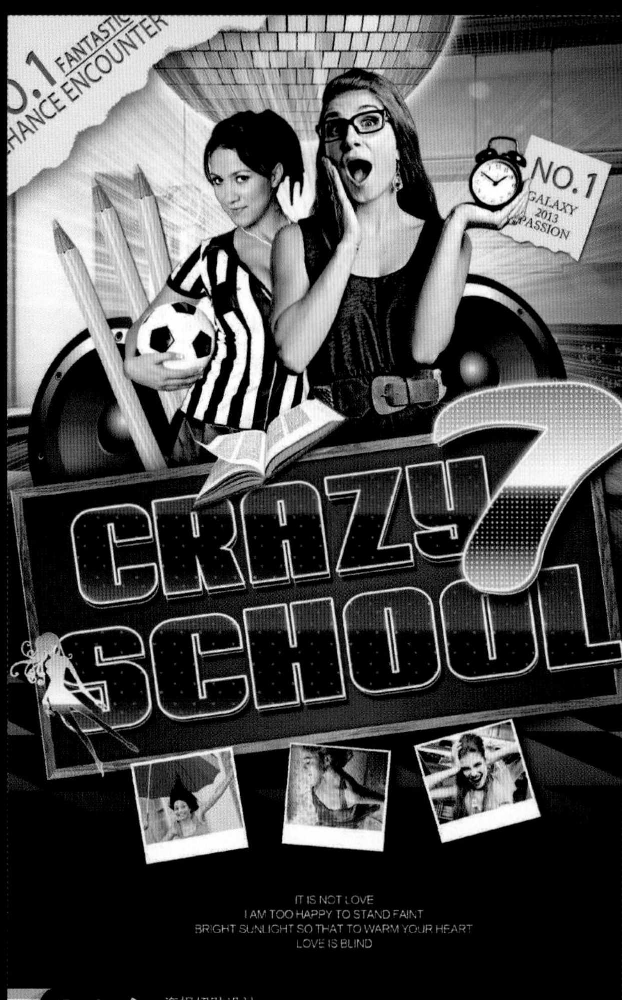

21章 海报招贴设计
电影海报设计
视频位置：光盘/教学视频第21章

07章

文字在平面设计中的应用
使用文字工具制作多彩花纹立体字
视频位置：
光盘/教学视频第07章

09章

图层混合与图层样式
欧美风撞色招贴
视频位置：
光盘/教学视频第09章

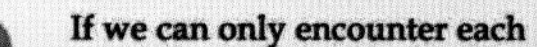

08章 钢笔工具与矢量对象
制作儿童主题网站设计
视频位置：光盘/教学视频第08章

23章 包装设计
光盘包装设计
视频位置：光盘/教学视频第23章

22章 版式与书籍设计
时尚杂志封面设计
视频位置：光盘/教学视频第22章

19章 卡片设计
卡通主题活动卡
视频位置：光盘/教学视频第19章

美食坊
美味诱惑 无可抵挡

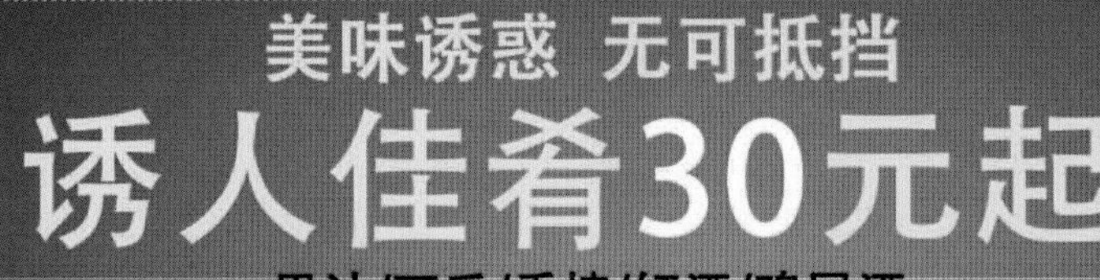

果汁/可乐/香槟/红酒/鸡尾酒

14章 Web图形与网页设计
网页产品展示模块设计
视频位置：光盘/教学视频第14章

05章 填充与绘画
使用多种画笔设置制作散景效果
视频位置：光盘/教学视频第05章

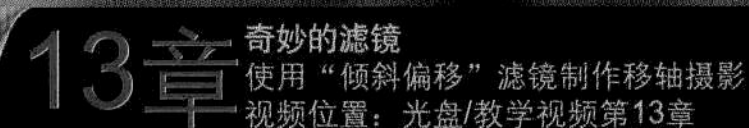

13章 奇妙的滤镜
使用“倾斜偏移”滤镜制作移轴摄影
视频位置：光盘/教学视频第13章

17章 标志设计
炫目动感风格音乐标志设计
视频位置：光盘/教学视频第17章

本书精彩案例欣赏

23章 包装设计
中国红月饼盒设计
视频位置：光盘/教学视频第23章

09章 图层混合与图层样式
使用混合模式与图层样式制作多彩文字
视频位置：光盘/教学视频第09章

03章 图像基本编辑操作
使用"裁剪"命令去除图像多余部分
视频位置：光盘/教学视频第03章

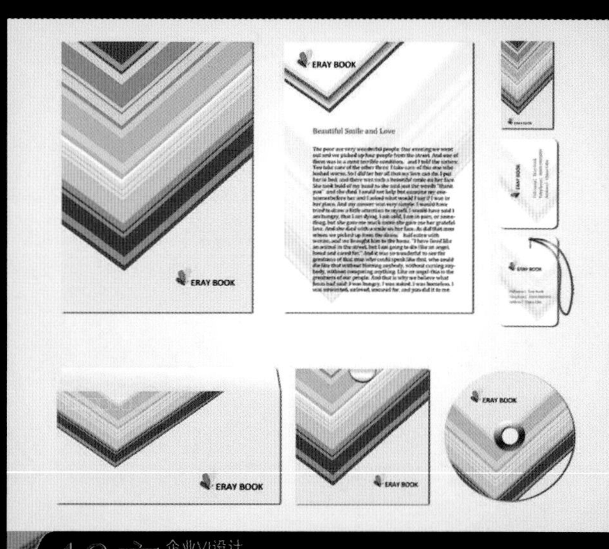

18章 企业VI设计
企业VI设计
视频位置：光盘/教学视频第18章

10章 使用调色技术
制作绚丽的夕阳火烧云效果
视频位置：光盘/教学视频第10章

06章 数码照片编修
使用污点修复画笔工具祛斑
视频位置：光盘/教学视频第06章

14章
Web图形与网页设计
网页促销广告
视频位置：光盘/教学视频第14章

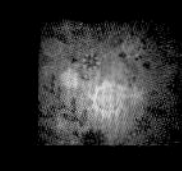

13章
奇妙的滤镜
使用“动感模糊”滤镜
制作动感光效人像
视频位置：
光盘/教学视频第13章

03章
图像基本编辑操作
使用操控变形改变舞者姿势
视频位置：
光盘/教学视频第03章

13章 奇妙的滤镜
使用滤镜库制作欧美风格人像海报
视频位置：光盘/教学视频第13章

07章 文字在平面设计中的应用
使用文字工具制作彩色文字海报
视频位置：光盘/教学视频第07章

04章 选区的编辑与应用
使用变幻选区制作投影
视频位置：光盘/教学视频第04章

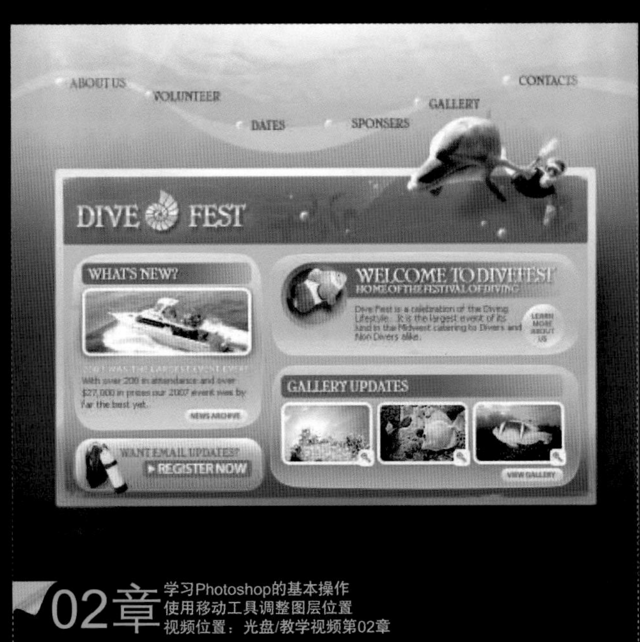

02章 学习Photoshop的基本操作
使用移动工具调整图层位置
视频位置：光盘/教学视频第02章

10章 实用调色技术
实用可选颜色打造反转片效果
视频位置：光盘/教学视频第10章

10章 使用调色技术
制作沙滩高彩效果
视频位置：光盘/教学视频第10章

05章
填充与绘画
使用魔术橡皮擦工具去除背景天空
视频位置：
光盘/教学视频第05章

24章
创意合成
绚丽汽车创意合成
视频位置：
光盘/教学视频第24章

05章
填充与绘画
为婚纱照换背景
视频位置：
光盘/教学视频第05章

01章
Photoshop快速入门
DIY电脑壁纸
视频位置：
光盘/教学视频第01章

本书精彩案例欣赏

04章 选区的编辑与应用
使用色彩范围提取选区
视频位置：光盘/教学视频第04章

06章 数码照片编修
使用模糊工具制作景深效果
视频位置：光盘/教学视频第06章

03章 图像基本编辑操作
使用"自由变换"命令将照片放到合适的位置
视频位置：光盘/教学视频第03章

04章 选区的编辑与应用
使用矩形选框工具制作奇异建筑
视频位置：光盘/教学视频第04章

13章 奇妙的滤镜
使用"置换"滤镜制作水晶质感小提琴
视频位置：光盘/教学视频第13章

08章 钢笔工具与矢量对象
使用矢量工具制作简单VI
视频位置：光盘/教学视频第08章

04章 选区的编辑与应用
使用魔棒工具去除背景
视频位置：光盘/教学视频第04章

10章 实用调色技术
使用色相/饱和度制作暖调橙红色
视频位置：光盘/教学视频第10章

09章 图层混合与图层样式
使用图层技术制作月色荷塘
视频位置：光盘/教学视频第09章

06章 数码照片编修
使用油画滤镜快速打造油画效果
视频位置：光盘/教学视频第06章

10章 实用调色技术
曲线与混合模式打造浪漫红树林
视频位置：光盘/教学视频第10章

01章 Photoshop快速入门
制作混合插画
视频位置：光盘/教学视频第01章

本书精彩案例欣赏

10章 使用的调色技术
使用替换颜色改变美女衣服颜色
视频位置：光盘/教学视频第10章

08章 钢笔工具与矢量对象
使用钢笔工具制作飘逸头饰
视频位置：光盘/教学视频第08章

10章 实用调色技术
打造浓重油画色感
视频位置：光盘/教学视频第10章

22章 版式与书籍设计
浪漫唯美风格书籍设计
视频位置：光盘/教学视频第22章

19章 卡片设计
矢量风格服装吊牌
视频位置：光盘/教学视频第19章

SIPLY
ONLY SUNG FOR YOU
to feel the flame of dreaming and to feel the moment of dancing,
when all the romance is far away?
every minute

07章 文字在平面设计中的应用
使用点文字段落文字制作杂志板式
视频位置：光盘/教学视频第07章

10章 实用调色技术
使用曲线调整图层提亮人像
视频位置：光盘/教学视频第10章

04章 选区的编辑与应用
使用快速选择工具为人像照片抠图
视频位置：光盘/教学视频第04章

12章 蒙版技术与合成
制作婚纱摄影版式
视频位置：光盘/教学视频第12章

Photoshop CS6
平面设计自学视频教程

本书精彩案例欣赏

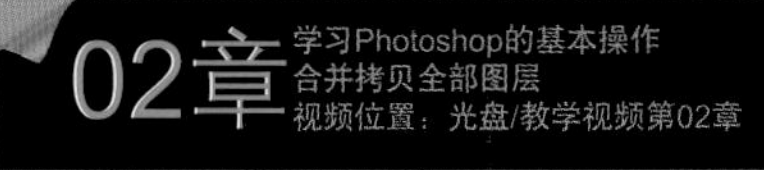

13章

奇妙的滤镜
使用滤镜制作冰美人
视频位置：
光盘/教学视频第13章

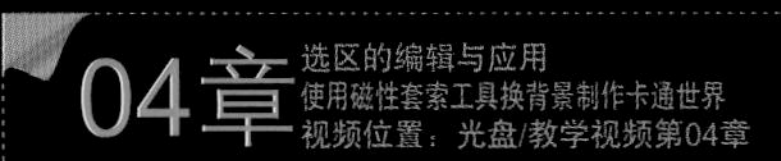

03章

图像基本编辑操作
利用“缩放”和“扭曲”命令制作书籍包装
视频位置：
光盘/教学视频第03章

19章
卡片设计
商务简洁风格名片
视频位置：光盘/教学视频第19章

20章

交互界面设计
质感定位标识
视频位置：
光盘/教学视频第20章

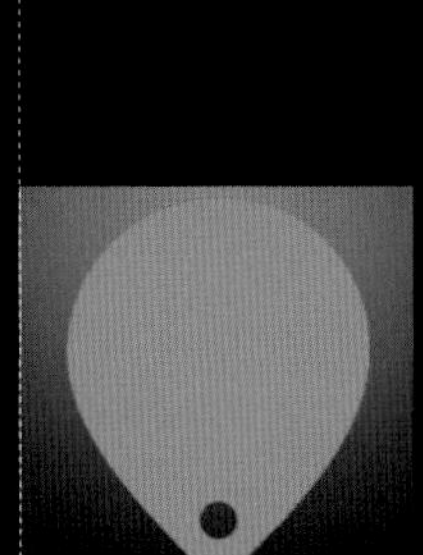

11章 通道的应用
使用通道抠出云朵
视频位置：光盘/教学视频第11章

06章 数码照片编修
去除皱纹还原年轻态
视频位置：光盘/教学视频第06章

10章 实用调色技术
使用通道混合器制作欧美暖色调
视频位置：光盘/教学视频第10章

本书精彩案例欣赏

12章 蒙版技术与合成
使用蒙版制作杯子城市
视频位置：光盘/教学视频第12章

11章 通道的应用
使用通道抠图提取长发美女
视频位置：光盘/教学视频第11章

13章 奇妙的滤镜
使用杂色滤镜制作怀旧老电影
视频位置：光盘/教学视频第13章

19章 卡片设计
风景明信片
视频位置：光盘/教学视频第19章

12章 蒙版技术与合成
使用图层蒙版制作走出画面的大象
视频位置：光盘/教学视频第12章

02章 学习Photoshop的基本操作，
从Illustrator中复制元素到Photoshop
视频位置：光盘/教学视频第02章

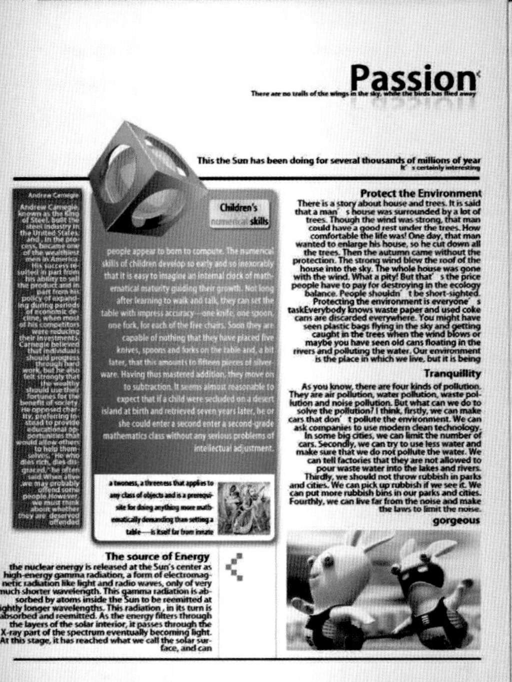

07章 文字在平面设计中的应用
制作杂志内页
视频位置：光盘/教学视频第07章

11章 通道的应用
借助通道调整画面颜色
视频位置：光盘/教学视频第11章

13章 奇妙的滤镜
使用滤镜制作饼干文字
视频位置：光盘/教学视频第13章

12章 蒙版技术与合成

05章 填充与绘画
调整画笔间距制作日历

07章 文字在平面设计中的应用
使用文字工具制作清新自然风艺术字

04章 选区的编辑与应用
利用多边形套索工具选择照片

本书精彩案例欣赏

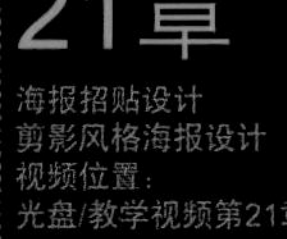

21章
海报招贴设计
剪影风格海报设计
视频位置：
光盘/教学视频第21章

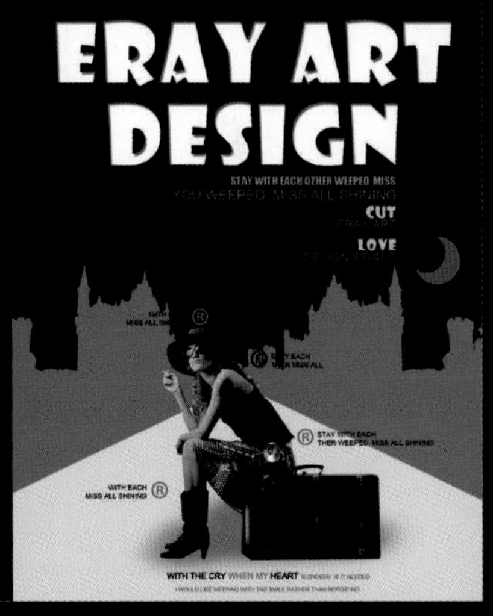

08章
钢笔工具与矢量对象
使用形状工具制作水晶标志
视频位置：
光盘/教学视频第08章

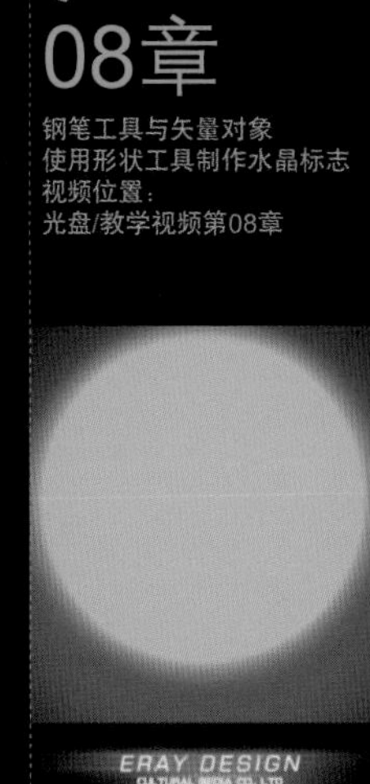

04章
选区的编辑与应用
制作简约海报
视频位置：
光盘/教学视频第04章

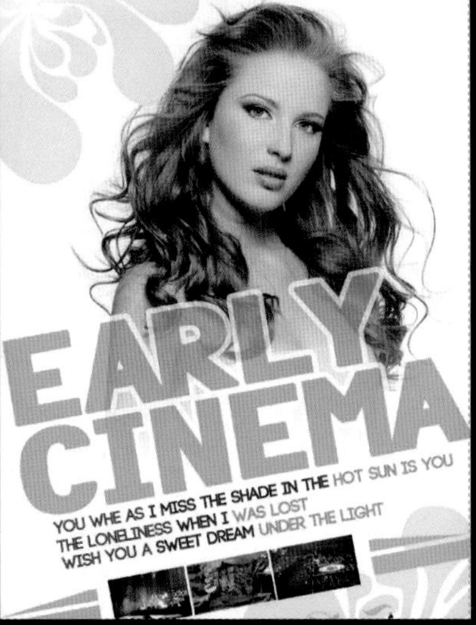

13章
奇妙的滤镜
利用查找边缘滤镜制作
彩色速写
视频位置：
光盘/教学视频第13章

08章
钢笔工具与矢量对象
使用钢笔工具抠图合成
视频位置：
光盘/教学视频第08章

03章
图像的基本操作
调整人像照片画面构图
视频位置：
光盘/教学视频第03章

05章

填充与绘画
海底创意葡萄酒广告
视频位置：
光盘/教学视频第05章

12章

蒙版技术与合成
使用蒙版合成瓶中小世界
视频位置：
光盘/教学视频第12章

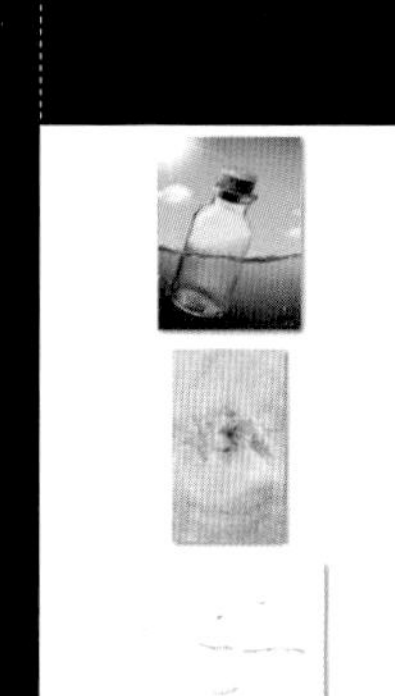

03章

图像基本编辑操作
利用自由变换制作飞舞的蝴蝶
视频位置：
光盘/教学视频第03章

09章

图层混合与图层样式
制作质感晶莹文字
视频位置：
光盘/教学视频第09章

07章

文字在平面设计中的应用
创建工作路径制作云朵文字
视频位置：
光盘/教学视频第07章

13章

奇妙的滤镜
使用“镜头模糊”滤镜强化主体
视频位置：
光盘/教学视频第13章

17章

标志设计
变形文字标志设计
视频位置：
光盘/教学视频第17章

08章

钢笔工具与矢量对象
使用矢量工具进行交互界面设计
视频位置：
光盘/教学视频第08章

本书精彩案例欣赏

06章

数码照片编修
使用仿制图章工具修补草地
视频位置：
光盘/教学视频第06章

09章

图层混合与图层样式
使用混合模式打造创意饮品合成
视频位置：
光盘/教学视频第09章

02章

学习Photoshop的基本操作
剪切并粘贴图像
视频位置：
光盘/教学视频第02章

09章

图层混合与图层样式
清新创意手机广告
视频位置：
光盘/教学视频第09章

10章

使用调色技术
制作水彩色调
视频位置：
光盘/教学视频第10章

10章

实用调色技术
使用调整图层制作七色花
视频位置：
光盘/教学视频第10章

08章
钢笔工具与矢量对象
城市主题设计感招贴
视频位置：
光盘/教学视频第08章

20章
交互界面设计
智能手机界面设计
视频位置：
光盘/教学视频第20章

20章
交互界面设计
金属质感导航
视频位置：
光盘/教学视频第20章

04章
选区的编辑与应用
使用多边形套锁工具将照片合成到画面中
视频位置：
光盘/教学视频第04章

09章
图层混合与图层样式
复制图层样式制作炫色文字
视频位置：
光盘/教学视频第09章

ERAY
ERAY ART DESIGN STUDIO

01章
Photoshop快速入门
制作简单的平面设计作品
视频位置：
光盘/教学视频第01章

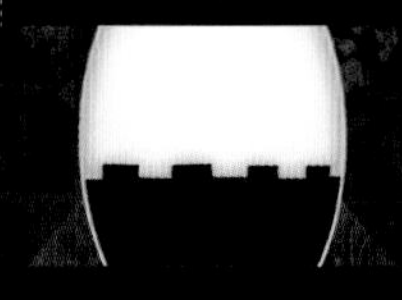

09章
图层混合与图层样式
使用混合模式制作炫彩效果
视频位置：
光盘/教学视频第09章

20章
交互界面设计
简洁矩形按钮
视频位置：
光盘/教学视频第20章

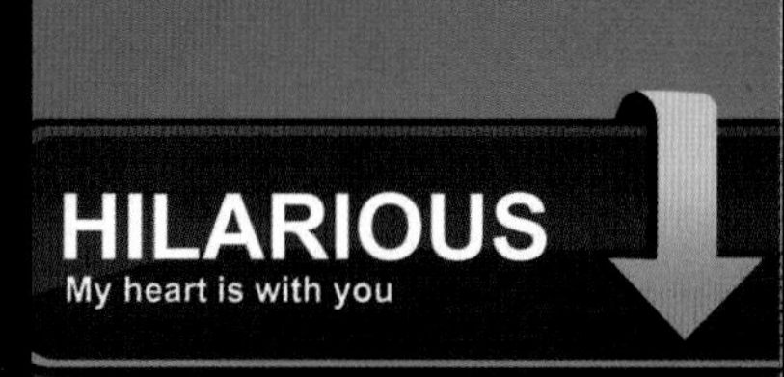

12章
蒙版技术与合成
使用剪贴蒙版制作多彩文字
视频位置：
光盘/教学视频第12章

17章
标志设计
多彩质感文字标志设计
视频位置：
光盘/教学视频第17章

rainbow

Photoshop CS6
平面设计自学视频教程
本书精彩案例欣赏

07章
文字在平面设计中的应用
电影海报风格金属质感文字
视频位置：
光盘/教学视频第07章

11章
通道的应用
使用"计算"命令制作
古铜色质感肌肤
视频位置：
光盘/教学视频第11章

12章
蒙版技术与合成
炸开的破碎效果
视频位置：
光盘/教学视频第12章

08章
钢笔工具与矢量对象
制作矢量海报
视频位置：
光盘/教学视频第08章

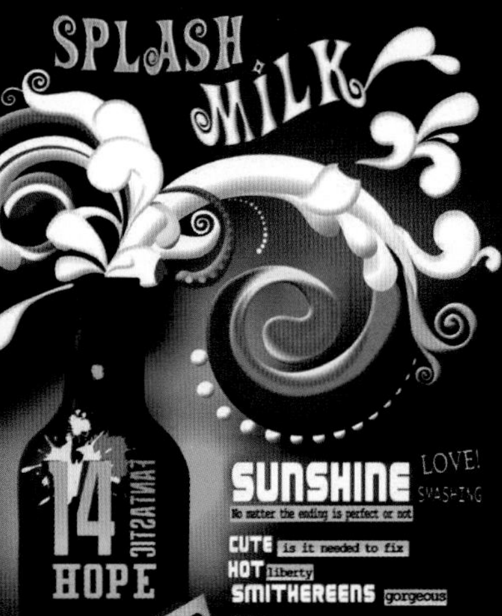

10章
实用调色技术
沉郁的单色效果
视频位置：
光盘/教学视频第10章

11章
通道的应用
使用通道校正偏色图像
视频位置：
光盘/教学视频第11章

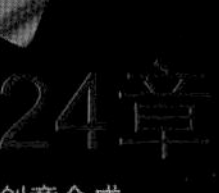

24章

创意合成
果味饮品创意海报
视频位置：
光盘/教学视频第24章

10章

实用调色技术
制作视觉杂志
视频位置：
光盘/教学视频第10章

Upfront

Everyone's TALKING ABOUT...

Cosmo's guide to this month's hottest sounds, books and films

... NEW MUSIC

... THE MUSICALS WE NEVER THOUGHT WE'D SEE

... SELF-HELP GURUS

04章

选区的编辑与应用
使用磁性套索工具制作选区
视频位置：
光盘/教学视频第04章

09章

图层混合与图层样式
使用混合模式制作炫彩破碎效果
视频位置：
光盘/教学视频第09章

11章

通道的应用
使用通道为婚纱照片换背景
视频位置：
光盘/教学视频第11章

01章

Photoshop的快速入门
使用“置入”命令快速打造艺术效果
视频位置：
光盘/教学视频第01章

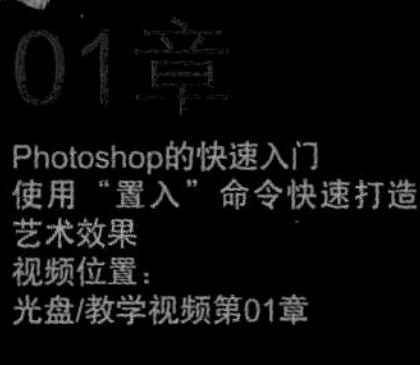

本书精彩案例欣赏

08章

钢笔工具与矢量对象
绘制可爱卡通人物
视频位置：
光盘/教学视频第08章

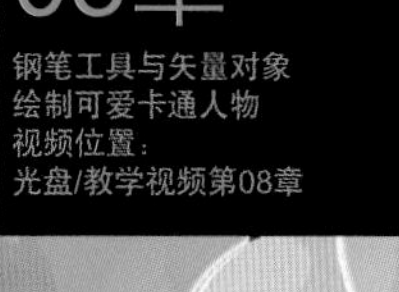

05章

填充与绘画
使用“传递”选项制作飘雪效果
视频位置：
光盘/教学视频第05章

06章

数码照片编修
使用修复画笔工具去皱纹
视频位置：
光盘/教学视频第06章

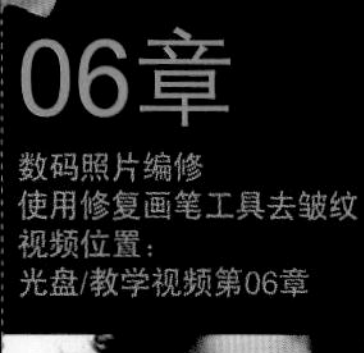

19章

卡片设计
音乐演唱会主题卡片
视频位置：
光盘/教学视频第19章

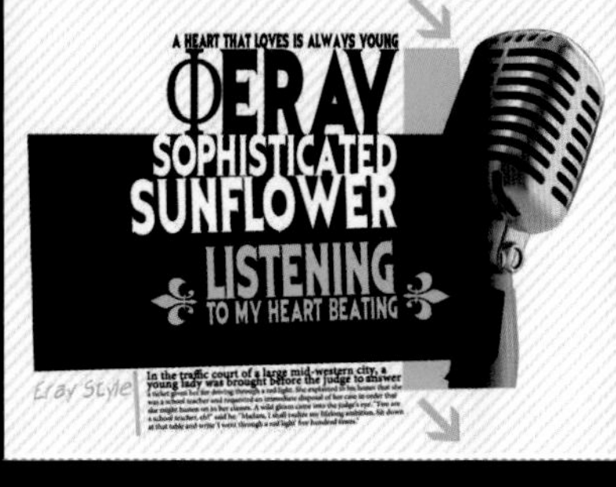

09章

图层混合与图层样式
制作唯美婚纱版式
视频位置：
光盘/教学视频第09章

21章

海报招贴设计
创意汽车主题招贴
视频位置：
光盘/教学视频第21章

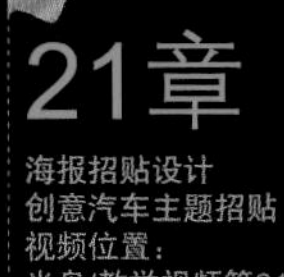

06章

数码照片编修
使用仿制图章工具修补天空
视频位置：
光盘/教学视频第06章

09章

图层混合与图层样式
质感水晶文字
视频位置：
光盘/教学视频第09章

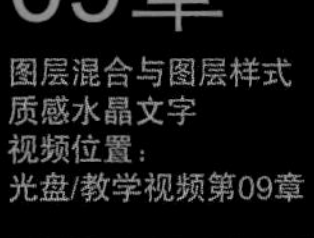

11章

通道的应用
通道的基本操作
视频位置：
光盘/教学视频第11章

04章

图像基本编辑操作
使用“对齐”与“分布”命令制作标准照
视频位置：
光盘/教学视频第04章

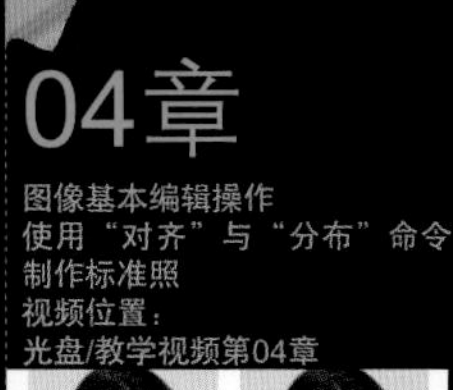

Photoshop CS6平面设计自学视频教程

唯美映像　编著

清华大学出版社
北　京

内容简介

《Photoshop CS6平面设计自学视频教程》一书共分为24章，在内容安排上基本涵盖了平面设计中所使用到的全部工具与命令。其中前16章主要从平面设计的角度出发，循序渐进地详细讲解了Photoshop的相关知识，主要内容包括Photoshop的基本操作、图像编辑、选区的编辑与应用、文字的应用、矢量工具与形状、图层的相关知识、蒙版、通道、滤镜、Web图形处理与自动化操作等核心功能与应用技巧。后8章则从Photoshop在平面设计中的实际应用出发，着重针对标志设计、海报招贴设计、版式与书籍装帧设计、包装设计和创意合成等8个方面进行案例式的针对性和实用性实战练习，不仅使读者巩固了前面学到的Photoshop中的技术技巧，更是为读者在以后实际学习工作进行提前"练兵"。

本书适合于Photoshop的初学者，同时对具有一定Photoshop使用经验的读者也有很好的参考价值，还可作为学校、培训机构的教学用书，以及各类读者自学Photoshop的参考用书。

本书和光盘有以下显著特点：

1. 184节大型配套视频讲解，让老师手把手教您。（最快的学习方式）
2. 184个中小实例循序渐进，从实例中学、边用边学更有兴趣。（提高学习兴趣）
3. 会用软件远远不够，会做商业作品才是硬道理，本书列举了许多实战案例。（积累实战经验）
4. 专业作者心血之作，经验技巧尽在其中。（实战应用、提高学习效率）
5. 千余项配套资源极为丰富，素材效果一应俱全。（方便深入和拓展学习）

6大不同类型的笔刷、图案、样式等库文件；15类经常用到的设计素材总计1000多个；《色彩设计搭配手册》和常用颜色色谱表。另外，本光盘还赠送了Photoshop CS6基本操作104讲，方便读者学习基础知识。

图书在版编目（CIP）数据

Photoshop CS6平面设计自学视频教程/唯美映像编著.—北京：清华大学出版社，2015（2022.3重印）

ISBN 978-7-302-35414-7

I. ①P… II. ①唯… III. ①平面设计-图像处理软件-教材 IV. ①TP391.41

中国版本图书馆CIP数据核字（2014）第022925号

责任编辑：赵洛育
封面设计：刘洪利
版式设计：文森时代
责任校对：马军令
责任印制：刘海龙

出版发行：清华大学出版社
网　　址：http://www.tup.com.cn，http://www.wqbook.com
地　　址：北京清华大学学研大厦A座　　**邮　　编**：100084
社 总 机：010-83470000　　**邮　　购**：010-62786544
投稿与读者服务：010-62776969，c-service@tup.tsinghua.edu.cn
质 量 反 馈：010-62772015，zhiliang@tup.tsinghua.edu.cn
印 装 者：三河市君旺印务有限公司
经　　销：全国新华书店
开　　本：203mm×260mm（附DVD光盘1张）　**印　　张**：31.75　**插　　页**：18　**字　　数**：1317千字
版　　次：2015年6月第1版　　**印　　次**：2022年3月第9次印刷
定　　价：99.80元

产品编号：049294-01

Photoshop（简称“PS”）软件是Adobe公司研发的世界顶级、最著名、使用最广泛的图像设计与制作软件。她的每一次版本更新都会引起万众瞩目。十年前，Photoshop 8版本改名为Adobe Photoshop CS（Creative Suite，创意性的套件），此后几年里CS版本不断升级，直到CS系列的最后一个版本Photoshop CS6被Photoshop CC所取代。升级后的Photoshop增加了一些新功能，如相机防抖动、Camera RAW功能改进、图像提升采样、Behance集成等功能，以及Creative Cloud，但是升级后的版本对机器硬件的要求也有所提高，为满足不同用户的需求，我们在推出了一套Photoshop CC平面设计入门与实战系列后，又重新推出Photoshop CS6平面设计自学视频教程系列。因为无论版本如何更新，软件的核心功能和基本操作都不会改变，都能满足日常的工作和生活需要，所以读者可根据需要进行选择（不需要重复购买）。

Photoshop主要应用在如下领域：

■ **平面设计**

平面设计是Photoshop应用最为广泛的领域，无论您是在大街小巷，还是在日常生活中见到的所有招牌、海报、招贴、包装、图书封面等各类平面印刷品，几乎都要用到Photoshop。可以说，没有Photoshop，设计师们简直无从下手。

■ **数码照片处理**

无论是广告摄影、婚纱摄影、个人写真等专业数码照片，还是日常生活中的各类数码照片，几乎都要经过Photoshop的修饰才能达到令人满意的效果。

■ **网页设计制作**

打开网络，铺天盖地的网页页面，如各类门户网站、新闻网站、购物网站、社交网站、娱乐网站等光彩夺目、绚烂多彩的网页，几乎都是Photoshop处理后的结果。

■ **效果图修饰**

各类建筑楼盘、景观规划、室内外效果图、工业设计效果图等，几乎都是在3d Max等软件中设计好基本图形，然后导入到Photoshop中进行后期处理的结果。

■ **影像创意**

影像创意是Photoshop的特长，通过Photoshop的处理，可以将不同的对象组合在一起，产生各类绚丽多姿、光怪陆离的效果。

■ **视觉创意**

视觉创意与设计是设计艺术的一个分支，通常没有非常明显的商业目的，但由于为设计爱好者提供了广阔的设计空间，因此越来越多的设计爱好者开始学习Photoshop，并进行具有个人特色与风格的视觉创意。

■ **界面设计**

界面设计是一个新兴的领域，受到越来越多的软件企业及开发者的重视。在还没有用于做界面设计的专业软件的情况下，绝大多数设计者使用的都是Photoshop。

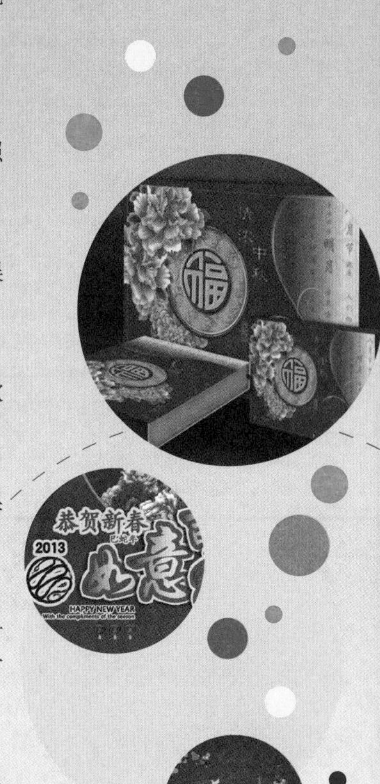

本书内容编写特点

1. 完全从零开始

本书以零基础读者为主要阅读对象，通过对基础知识细致入微的介绍，辅助以对比图示效果，结合中小实例，对常用工具、命令、参数等做了详细的介绍，同时给出了技巧提示，确保读者零起点、轻松快速入门。

2. 内容极为详细

本书内容涵盖了Photoshop几乎所有工具、命令常用的相关功能，是市场上内容最为全面的图书之一，可以说是入门者的百科全书、有基础者的参考手册。

3. 例子丰富精美

本书的实例极为丰富，致力于边练边学，这也是大家最喜欢的学习方式。另外，例子力求在实用的基础上精美、漂亮，一方面熏陶读者朋友的美感，一方面让读者在学习中享受美的世界。

4. 注重学习规律

本书在讲解过程中采用了“知识点+理论实践+实例练习+综合实例+技术拓展+技巧提示”的模式，符合轻松易学的学习规律。

本书显著特色

1. 大型配套视频讲解，让老师手把手教您

光盘配备与书同步的自学视频，涵盖全书几乎所有实例，如同老师在身边手把手教您，让学习更轻松、更高效！

2. 中小实例循序渐进，边用边学更有兴趣

中小实例极为丰富，通过实例讲解，让学习更有兴趣，而且读者还可以多动手，多练习，只有如此才能深入理解、灵活应用！

3. 配套资源极为丰富，素材效果一应俱全

不同类型的笔刷、图案、样式等库文件；经常用到的设计素材1000多个；另外赠送《色彩设计搭配手册》和常用颜色色谱表。

4. 会用软件远远不够，商业作品才是王道

仅仅学会软件使用远远不能适应社会需要，本书后边给出不同类型的综合商业案例，以便积累实战经验，为工作就业搭桥。

5. 专业作者心血之作，经验技巧尽在其中

作者系艺术学院讲师，设计、教学经验丰富，大量的经验技巧融在书中，可以提高学习效率，少走弯路。

本书服务

1. Photoshop CS6软件获取方式

本书提供的光盘文件包括教学视频和素材等，教学视频可以演示观看。要按照书中实例操作，必须安装Photoshop CS6软件之后，才可以进行。您可以通过如下方式获取Photoshop CS6简体中文版：

（1）登录官方网站http://www.adobe.com/cn/咨询。

（2）到当地电脑城的软件专卖店咨询。

（3）到网上咨询、搜索购买方式。

2. 关于本书光盘的常见问题

（1）本书光盘需在电脑DVD格式光驱中使用。其中的视频文件可以用播放软件进行播放，但不能在家用DVD播放机上播放，也不能在CD格式光驱的电脑上使用（现在CD格式的光驱已经很少）。

（2）如果光盘仍然无法读取，建议多换几台电脑试试看，绝大多数光盘都可以得到解决。

（3）盘面有胶、有脏物建议要先行擦拭干净。

（4）光盘如果仍然无法读取的话，请将光盘邮寄给：北京清华大学（校内）出版社白楼201 编辑部，电话：010-62791977-278。我们查明原因后，予以调换。

（5）如果读者朋友在网上或者书店购买此书时光盘缺失，建议向该网站或书店索取。

3. 交流答疑QQ群

为了方便解答读者提出的问题，我们特意建立了如下QQ群：

Photoshop技术交流QQ群：169432824。（如果群满，我们将会建其他群，请留意加群时的提示）

4. 留言或关注最新动态

为了方便读者，我们会及时发布与本书有关的信息，包括读者答疑、勘误信息，读者朋友可登录本书官方网站（www.eraybook.com）进行查询。

关于作者

本书由唯美映像组织编写，唯美映像是一家由十多名艺术学院讲师组成的平面设计、动漫制作、影视后期合成的专业培训机构。瞿颖健和曹茂鹏讲师参与了本书的主要编写工作。另外，由于本书工作量巨大，以下人员也参与了本书的编写工作，他们是：杨建超、马啸、李路、孙芳、李化、葛妍、丁仁雯、高歌、韩雷、瞿吉业、杨力、张建霞、瞿学严、杨宗香、董辅川、杨春明、马扬、王萍、曹诗雅、朱于振、于燕香、曹子龙、孙雅娜、曹爱德、曹玮、张效晨、孙丹、李进、曹元钢、张玉华、鞠闯、艾飞、瞿学统、李芳、陶恒斌、曹明、张越、瞿云芳、解桐林、张琼丹、解文耀、孙晓军、瞿江业、王爱花、樊清英等，在此一并表示感谢。

衷心感谢

在编写的过程中，得到了吉林艺术学院副院长郭春方教授的悉心指导，得到了吉林艺术学院设计学院院长宋飞教授的大力支持，在此向他们表示衷心的感谢。本书项目负责人及策划编辑刘利民先生对本书出版做了大量工作，谢谢！

寄语读者

亲爱的读者朋友，千里有缘一线牵，感谢您在茫茫书海中找到了本书，希望她架起你我之间学习、友谊的桥梁，希望她带您轻松步入五彩斑斓的设计世界，希望她成为您成长道路上的铺路石。

唯美映像

184节大型高清同步视频讲解

Score a
Slammin'
Bod
In 6 Minutes
a Day

CERATI
CAIFANES
JOSE
NO
SUBLIME

...slop!
Right into the hole.
What a mess.
WHAT A MESS!

2013
如意祥
HAPPY NEW YEAR

第1章 Photoshop快速入门

本章内容简介：

Photoshop是图形图像处理、平面设计以及数字艺术设计等行业的必备工具之一。想要熟练掌握Photoshop的使用方法，首先需要了解一些软件的相关知识，并对软件的运行方式有一定的认识，进而开始逐步适应软件的操作界面，循序渐进地开始软件基本操作方法的学习。本章主要是通过对这一系列内容的学习带领读者进入Photoshop的世界，适应Photoshop的操作方法，并为后面学习使用Photoshop进行平面设计做准备。

本章学习要点：

- 熟悉Photoshop的工作界面
- 熟练掌握新建、打开、存储文件等基本操作方法
- 熟练掌握查看图像文档的方法

1.1 进入Photoshop的世界

数字时代的今天，设计行业早已不再是只能存在于笔尖和纸上，计算机辅助制图越来越多地被应用到各种各样的设计行业中。而Photoshop正是大多数设计从业人员的必备工具之一，它是集图像扫描、编辑修改、图像制作、广告创意，图像输入与输出于一体的图形图像处理软件，是Adobe公司旗下最为出名的图像处理与平面设计软件之一。在平面设计行业中使用Photoshop无疑是设计师表达创意的最好方式之一，如图1-1~图1-4所示分别为可以使用Photoshop制作的平面广告作品、包装作品、网页设计作品以及播放器界面设计作品。

图1-1　　图1-2　　图1-3　　图1-4

1.1.1 体验全新的Photoshop CS6

自1990年2月诞生了只能在苹果机（Mac）上运行的Photoshop 1.0直至Photoshop CS6面世，随着技术的不断更新，Photoshop早已成为图像处理行业中的绝对霸主。Photoshop CS6有Adobe Photoshop CS6（标准版）和Adobe Photoshop CS6 Extended（扩展版）两个版本，如图1-5所示。

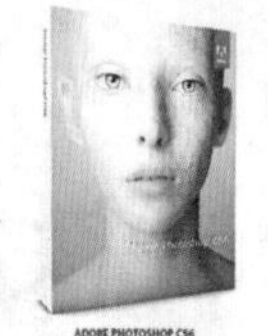

图1-5

Adobe Photoshop CS6（标准版）包含功能强大的摄影工具以及可实现出众图像选择、图像润饰和逼真绘画的突破性功能，适用于摄影师、印刷设计人员。Adobe Photoshop CS6 Extended（扩展版）包含Photoshop CS6 中的所有高级编辑和合成功能以及可处理 3D 和基于动画的内容的工具，适用于视频专业人士、跨媒体设计人员、Web 设计人员、交互式设计人员。这两个版本从界面上来看只有很小的差异，功能方面扩展版相对于标准版增加了视频编辑与3D功能，所以想要学习使用这两项功能就需要安装Adobe Photoshop CS6 Extended（扩展版），如图1-6和图1-7所示。

Photoshop CS6版本的发布为用户带来了相当大的惊喜，此次升级主要集中于印刷、动画以及3D方面的应用，不仅添加了多种工具，更在操作性能上得到了极大提升，为平面设计用户带来数字图像编辑的全新体验。下面介绍一些在Photoshop CS6版本中独有的新功能。

图1-6

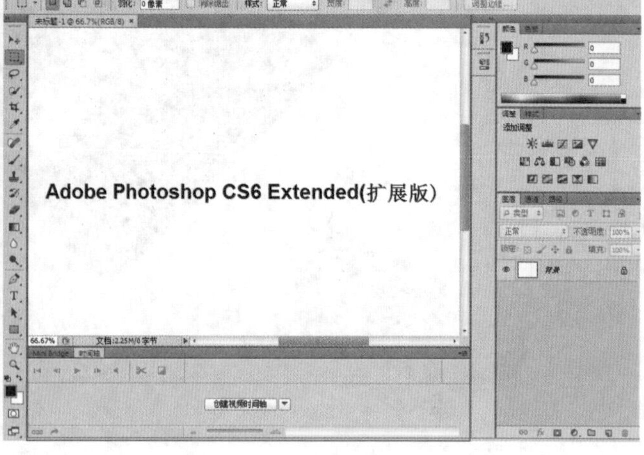

图1-7

全新的界面设计

与以往版本中浅灰色的操作界面不同，Photoshop CS6采用的是经过完全重新设计的深色界面，执行“编辑>首选项>界面”命令，在“外观”选项组中还可以选择不同的界面颜色方案。另外，为了方便用户进行操作，Photoshop CS6用户还可以对工作场景的背景色进行调整，将鼠标移到场景中单击鼠标右键，然后在弹出的快捷菜单中选择即可，如图1-8所示。

图1—8

文档自动存储、后台存储

在较早的版本中如果计算机突然断电或死机，就可能造成正在处理的文件丢失或破损的情况，而Photoshop CS6新增了自动存储功能，实现后台自动存档。即使没有进行存储的文件，下次启动Photoshop CS6时将自动打开，其设置如图1-9所示。

Photoshop CS6文档处理方面的另一个让人惊喜的更新就是可以进行文档的后台存储，当对一个文档执行存储操作时，旧版本将无法同时进行其他操作，而Photoshop CS6可以在后台存储大型的Photoshop文件的同时继续进行Photoshop中的其他操作。如图1-10所示为存储进度。

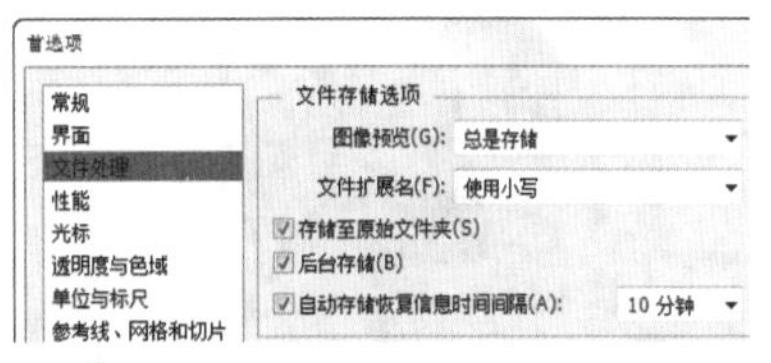

图1—9

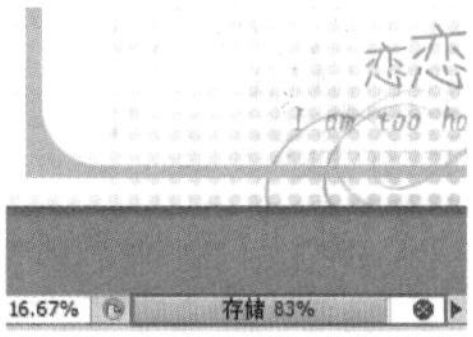

图1—10

预设迁移

在以往的版本中一旦更换了计算机或进行了软件升级，原始版本中用户的设置和预置便会全部丢失。而在Photoshop CS6中增加了“迁移预设”的功能，执行“编辑>预设>迁移预设”命令，即可使用户方便地通过软件设置和预置的迁移功能在不同的计算机上备份预设，如图1-11所示。

图1—11

信息提示

在Photoshop CS6中使用选区工具绘制选区、使用形状工具绘制形状，或是对图形进行变换时，都会出现一个灰色半透明的圆角矩形提示区域，显示当前绘制或变换的信息，如图1-12所示。

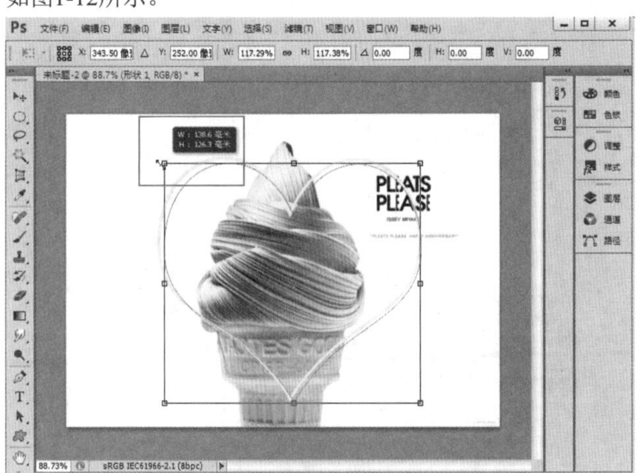

图1—12

全新的裁切工具

Photoshop CS6中的裁切工具变化较大，在以前的版本中使用裁剪工具时，是图片固定，然后对选择区域进行变形和移动；而新的裁剪工具则是让选择区域固定，可对图片进行移动和旋转。另外，在CS6版本中透视裁切工具作为独立的工具出现，其操作非常简单，用户只要把裁切点放在4个透视点上，就可自动地把画面进行裁切与转正，如图1-13和图1-14所示。

图1—13

图1—14

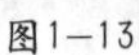

“字符样式”/“段落样式”面板

Photoshop CS6版本中的“字符样式”面板与“段落样式”面板非常引人瞩目，这也是Photoshop在排版功能上的一大进步。这项功能与Adobe InDesign非常相似，通过“字符样式”面板与“段落样式”面板的使用，用户可以轻松定义多种排版中的文字样式（例如标题、引导语、正文等不同样式）。在进行不同类型文字排版的过程中可以轻松地调用，极大地方便了排版操作，如图1-15和图1-16所示。

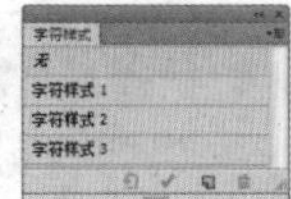

图1—15

图1—16

矢量图形样式

在Photoshop CS6中，矢量图形新增了样式功能，可以使用纯色、渐变、图案进行填充颜色和轮廓色的设置，还可以设置轮廓粗细和轮廓样式，使矢量图形不需要转换为选区即可实现丰富的样式效果，如图1-17所示。

图1—17

肤色选择功能

在Photoshop CS6中，色彩范围命令得到了进一步的升级，在“选择”列表中新增了“肤色”选项，使用该选项可以轻松地制作出肤色的选区，并对皮肤部分进行进一步的编辑，如图1-18所示。

图1—18

内容感知移动工具

内容感知移动工具是Photoshop CS6新增的一个功能强大、操作容易的智能修复工具，主要用于感知移动画面对象以及快速复制对象，如图1-19~图1-21所示。

图1—19

图1—20

图1—21

更加优秀的“内容识别”功能

在Photoshop CS5版本中的“填充”命令里新增了“内容识别”功能，通过计算图像内容智能填充到选区中，以达到自然融合的目的。而在Photoshop CS6版本中对此项功能进行了进一步的优化，使其更加智能好用，非常方便，如图1-22所示。

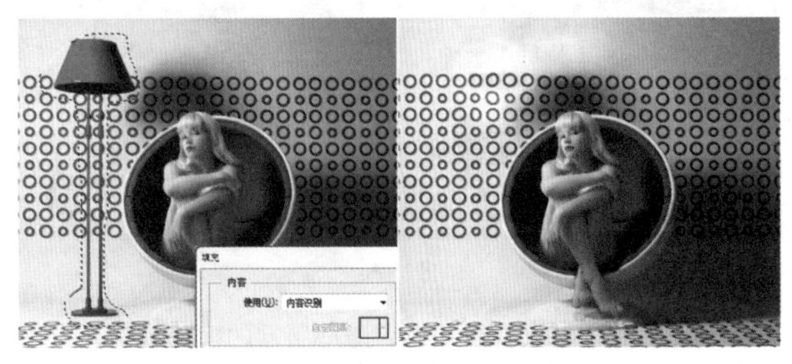

图1—22

图层搜索功能

在使用Photoshop制作较为复杂的设计作品时，经常会出现由于图层过多而很难找到某一图层的情况。在Photoshop CS6版本中新增了图层搜索功能“图层过滤”，用户可以通过不同的筛选条件快速地找到需要的图层，如图1-23所示。

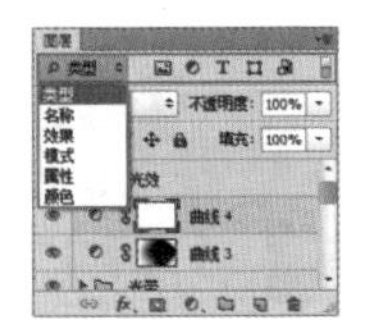

图1—23

矫正广角镜头畸变

在使用广角镜头拍摄照片时所产生的镜头畸变会让照片变焦产生变形。在Photoshop CS6中的滤镜中添加了全新的“自适应广角”命令，即广角镜头矫正命令。执行“滤镜>自适应广角”命令，Photoshop CS6会自动纠正广角镜头拍摄时产生的变形。如果用户对于软件自动计算效果不满意，可以根据需要手动调整纠正广角变形。在广角变形纠正中，可以通过鱼眼、透视和自动这3种方式纠正广角镜头畸变，如图1-24和图1-25所示。

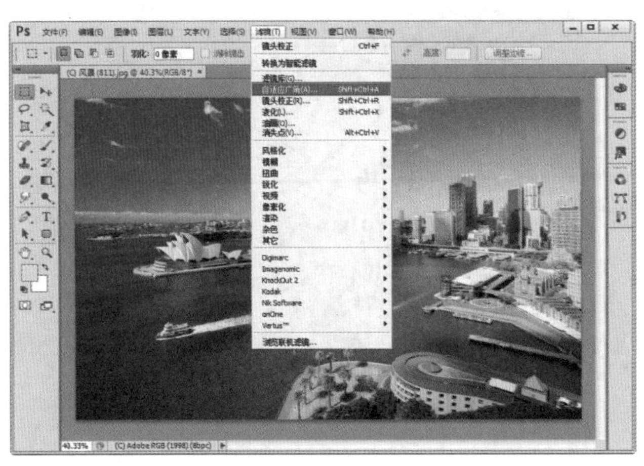

图1—24

图1—25

模糊画廊

在Photoshop CS6的模糊滤镜中新增了3个全新的滤镜，分别是场景模糊、光圈模糊和倾斜偏移。可以快速创建出摄影中特有的模糊效果，选择模糊类型即可打开相应的控制面板，如图1-26和图1-27所示。

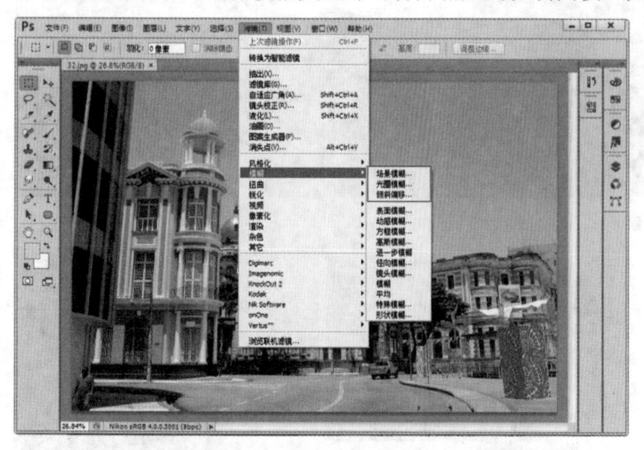

图1—26

图1—27

场景模糊可以在画面中制作随心所欲的模糊效果，光圈模糊可用于制作景深效果，倾斜偏移则可以用于模拟移轴摄影效果，如图1-28所示。

图1—28

优秀的视频处理功能

Photoshop CS6提供了功能强大的视频编辑功能，用户可以通过Photoshop CS6的视频处理功能来处理拍摄的视频文件，可以利用熟悉的各种Photoshop工具轻松地对视频文件进行处理并任意剪辑，制作出精美的影片。其操作方法与流行的非线性编辑软件Adobe Premiere、会声会影等非常相似，也大大方便了影视制作人员，如图1-29所示。

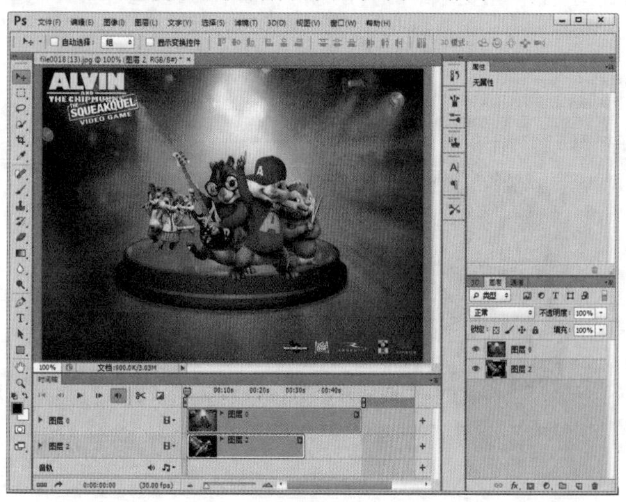

图1—29

优化的3D功能

Photoshop CS6版本中的3D功能的进一步优化，使用户的使用过程更轻松、效果更优秀、运算速度也更快。不过在Windows XP系统下是无法正常使用3D功能的，如图1-30所示。

图1—30

1.1.2 Photoshop在平面设计中的应用

Photoshop作为优秀的图像处理软件，不仅仅应用于图像处理，更多的情况是被应用在平面设计的方方面面，例如平面广告设计、标志设计、VI设计、海报招贴设计、画册样本设计、报刊版式设计、杂志版式设计、书籍装帧设计、包装设计、网页设计、界面设计、文字设计、数字插画等。

- **平面广告**：平面广告设计在非媒体广告中占有重要的位置，也是学习平面设计必须要掌握的一门课程，不论在表现形式上还是表现内容上都十分宽泛，如图1-31和图1-32所示。

图1－31

图1－32

- **标志设计**：标志是表明事物特征的记号，具有象征功能和识别功能，是企业形象、特征、信誉和文化的浓缩，如图1-33和图1-34所示。

图1－33

图1－34

- **VI设计**：VI的全称是Visual Identity，即视觉识别，是企业形象设计的重要组成部分，如图1-35和图1-36所示。

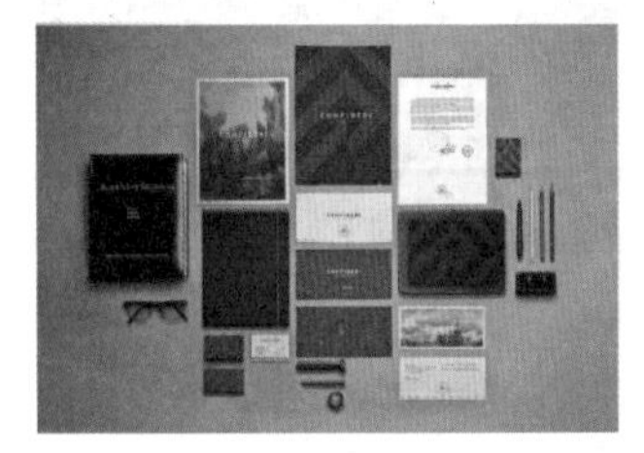

图1－35

图1－36

- **海报招贴设计**：所谓招贴，又名海报或宣传画，属于户外广告，是广告艺术中比较大众化的一种体裁，用来完成一定的宣传鼓动任务，主要为报导、广告、劝喻和教育服务，如图1-37和图1-38所示。

图1－37

图1－38

- **画册样本设计**：如果说画册是企业公关交往中的广告媒体，那么画册设计就是当代经济领域里的市场营销活动。研究宣传册设计的规律和技巧，具有现实意义。画册按照用途和作用可分为形象画册、产品画册、宣传画册、年报画册和折页画册，如图1-39和图1-40所示。

图1－39

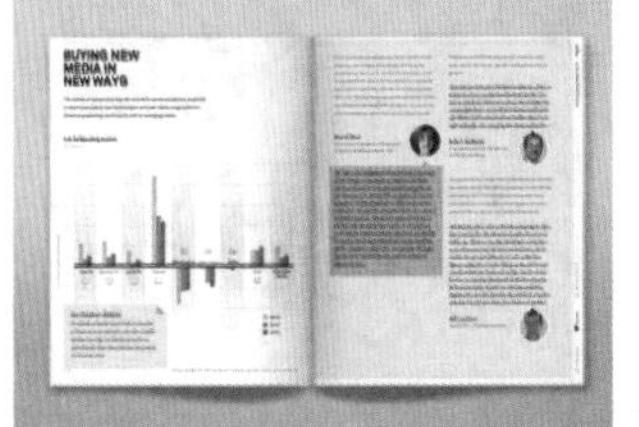

图1－40

- **报刊版式设计**：报刊的全称是“报纸期刊”，报刊是发行量非常大、覆盖面非常广的印刷物。好的报刊版式设计会起到解释、宣传等作用，如图1-41和图1-42所示。

图1－41

图1－42

- **杂志版式设计**：排版在杂志中是不可缺少的环节，时尚杂志中版式设计的应用更为灵活、丰富，如图1-43和图1-44所示。

图1－43

图1－44

- **书籍装帧设计**：书籍装帧是书籍存在和视觉传递的重要形式，书籍装帧设计是指通过特有的形式、图像、文字色彩向读者传递书籍的思想、气质和精神的一门艺术。优秀的装帧设计都是通过充分发挥其各要素之间的关系，达到一种由表及里的完美，如图1-45和图1-46所示。

图1－45

图1－46

- **包装设计**：包装设计即指选用合适的包装材料，运用巧妙的工艺手段，为包装商品进行的容器结构造型和包装的美化装饰设计，从而达到在竞争激烈的商品市场上提高产品附加值、促进销售、扩大产品宣传影响等目的，如图1-47和图1-48所示。

图1－47

图1－48

- **网页设计**：在网页设计中除了著名的“网页三剑客”——Dreamweaver、Flash、Fireworks外，网页中的很多元素也需要在Photoshop中进行制作。因此，Photoshop也是美化网页必不可少的工具，如图1-49和图1-50所示。

图1－49

图1－50

- **界面设计**：界面设计也就是通常所说的UI（User Interface）。界面设计虽然是设计中的新兴领域，但也越来越受到重视。使用Photoshop进行界面设计制作是非常好的选择，如图1-51和图1-52所示。

图1－51

图1－52

- **文字设计**：文字设计也是当今新锐设计师比较青睐的一种表现形态，利用Photoshop中强大的合成功能可以制作出各种质感、特效文字，如图1-53和图1-54所示。

图1－53

图1－54

- **数字插画**：Photoshop不仅可以针对已有图像进行处理，而且可以帮助艺术家创造新的图像。Photoshop中也包含众多优秀的绘画工具，使用Photoshop可以绘制各种风格的数字绘画，如图1-55和图1-56所示。

图1—55

图1—56

1.2 安装与启动Photoshop

1.2.1 安装Photoshop CS6的系统要求

由于Photoshop CS6是制图类设计软件，所以对硬件设备会有相应的配置需求。Adobe Photoshop CS6仍然支持主流的Windows以及Mac OS 操作平台。Adobe推荐使用64位硬件及操作系统，尤其是Windows 7 64-bit或Mac OS X 10.6.x或10.7.x。Photoshop CS6将继续支持Windows XP，但不支持非64位Mac。需要注意的是，如果在Windows XP系统下安装Photoshop CS6 Extended，3D功能和光照效果滤镜等某些需要启动GPU的功能将不可用。以下为Adobe官方推荐的安装系统要求，但也并不是说计算机达不到以下条件就不能使用Photoshop，如果配置无法达到要求并且软件运行不流畅可以尝试升级计算机配置或使用较低的Photoshop版本。

Windows

- Intel®Pentium®4或AMD Athlon®64 处理器。
- Microsoft®Windows®XP*（装有 Service Pack 3）或 Windows 7（装有 Service Pack 1）。
- 1GB 内存。
- 1GB可用硬盘空间用于安装；安装过程中需要额外的可用空间（无法安装在可移动闪存设备上）。
- 1024×768 分辨率（建议使用 1280×800），16 位颜色和 512 MB 的显存。
- 支持 OpenGL 1.0 系统。
- DVD-ROM 驱动器。

Mac OS

- Intel 多核处理器（支持 64 位）。
- Mac OS X 10.6.8 或 10.7 版。
- 1GB 内存。
- 2GB 可用硬盘空间用于安装；安装过程中需要额外的可用空间（无法安装在使用区分大小写的文件系统的卷或可移动闪存设备上）。
- 1024×768 分辨率（建议使用 1280×800），16 位颜色和 512 MB 的显存。
- 支持 OpenGL 1.0 系统。
- DVD-ROM 驱动器。

1.2.2 动手学：安装Photoshop CS6

在学习Photoshop CS6的使用方法之前首先需要在计算机中正确地安装Photoshop CS6，它的安装与卸载过程并不复杂，与其他应用软件大致相同。

技巧提示

获取Photoshop安装程序的几种方法介绍如下。

（1）购买正版：登录www.adobe.com/cn/网站。

（2）下载试用版免费试用：登录www.adobe.com/cn/downloads/网站。

（3）可到当地电脑城咨询，一般软件专卖店有售。

（4）可到网上咨询、搜索购买方式。

01 将安装光盘放入光驱中，然后在光盘根目录Adobe CS6文件夹中双击Setup.exe文件，或从Adobe官方网站下载试用版，并运行其中的Set-up.exe文件， 如图1-57所示。运行安装程序后开始初始化，如图1-58所示。

图1—57

图1—58

02 初始化完成后，在“欢迎”界面中可以选择“安装”或“试用”选项，如图1-59所示。如果没有购买正式版可以选择“试用”选项进行安装，安装完成后可以免费试用30天。

如果在“欢迎”界面中选择“安装”选项，则会弹出“Adobe软件许可协议”窗口，阅读许可协议后单击“接受”按钮，如图1-60所示。在弹出的“序列号”窗口中输入安装序列号，如图1-61所示。

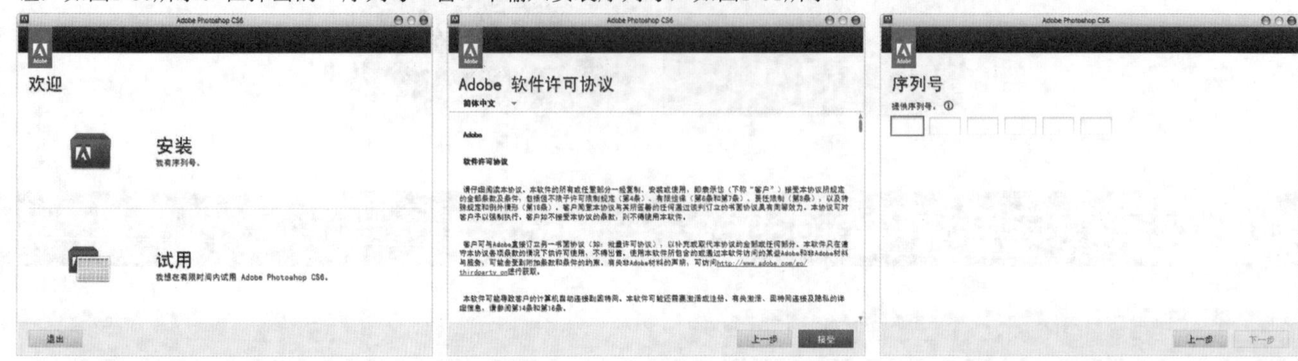

图1—59　　图1—60　　图1—61

03 此时在“欢迎”界面中选择“试用”选项，在弹出的“登录”窗口中输入Adobe ID，并单击“登录”按钮，如图1-62所示。如果没有Adobe ID，可以单击右侧的“创建Adobe ID”按钮免费创建一个Adobe ID，Adobe ID也可用于Adobe公司的其他软件。

04 在“选项”窗口中选择合适的语言，并设置合适的安装路径，然后单击“安装”按钮开始安装，如图1-63所示。

05 安装过程可能需要十几到几十分钟的时间，安装完成以后显示“安装完成”窗口，如图1-64所示。

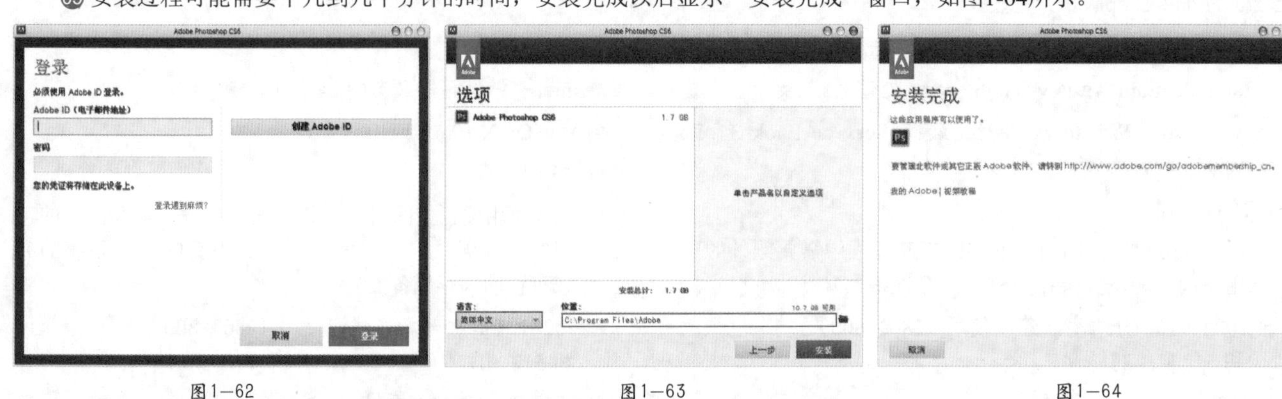

图1—62　　图1—63　　图1—64

1.2.3 启动Photoshop CS6

成功安装Photoshop CS6之后单击桌面左下角的“开始”按钮，打开程序菜单，选择Adobe Photoshop CS6选项即可启动Photoshop CS6，如图1-65所示。也可以将Adobe Photoshop CS6的快捷方式发送到桌面，以便于经常使用，如图1-66所示。

若要退出Photoshop CS6，可以像其他应用程序一样单击右上角的关闭按钮 ×；执行“文件>退出”命令也可以退出Photoshop CS6；使用退出快捷键“Ctrl+Q”同样可以快速退出，如图1-67所示。

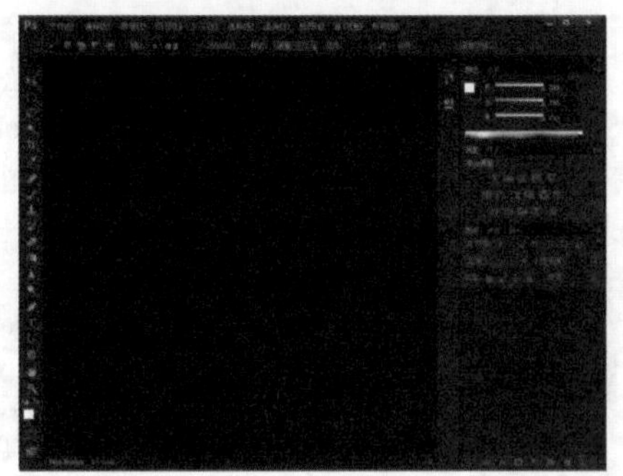

图1—65

图1—66

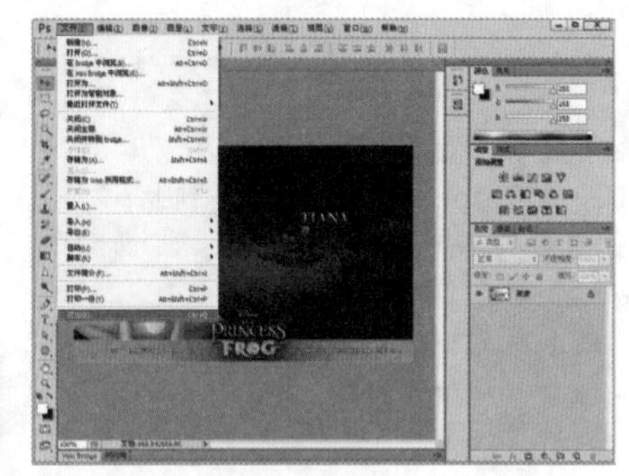

图1—67

1.2.4 卸载Photoshop CS6

卸载Photoshop CS6的方法很简单，在Windows下打开控制面板，然后双击“添加或删除程序”图标，如图1-68所示。打开“添加或删除程序”窗口，接着选择Adobe Photoshop CS6，最后单击“删除”按钮即可卸载Photoshop CS6，如图1-69所示。当然也可以使用第三方软件进行卸载。

图1—68

图1—69

1.3 使用Photoshop CS6前的准备

视频精讲：Photoshop CS6新手学视频精讲课堂/熟悉Photoshop CS6的界面与工具.flv

1.3.1 认识Photoshop CS6的工作界面

随着版本的不断升级，Photoshop的工作界面布局也更加合理、更加人性化，如图1-70所示为Photoshop CS6的工作界面。Photoshop CS6的工作界面由菜单栏、选项栏、标题栏、工具箱、状态栏、文档窗口以及各式各样的面板组成。

- 菜单栏：与其他软件的菜单栏相同，单击Photoshop菜单栏中的菜单，即可打开该菜单下的命令。在菜单命令的右侧对应的即为该命令的快捷键，使用快捷键可以快速地进行相应命令的操作。

图1—70

技巧提示

菜单栏中的命令很多时候是多层级的，例如单击菜单栏中的“图像”菜单，会弹出“图像”菜单的相应命令，此时可以观察到有些命令的右侧有一个向右的黑色箭头▶，这个箭头表明该命令下还有多个子命令，将光标移动到带有▶的命令上可以看到另外一个菜单出现在右侧，此时可以将光标移动到右侧子菜单下单击使用某项菜单命令。为了便于表达，本书中对于菜单命令的叙述通常采用如执行“图像>调整>曲线”命令的方式，如图1—71所示。

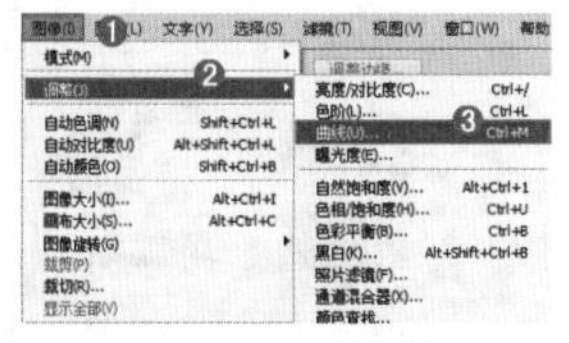

图1—71

- **标题栏**：在标题栏中会显示这个文件的名称、格式、窗口缩放比例以及颜色模式等信息。打开一个文件以后，Photoshop会自动创建一个标题栏。如果只打开了一张图像，则只有一个文档窗口，如图1-72所示；如果打开了多张图像，则文档窗口会按选项卡的方式进行显示。单击一个文档窗口的标题栏即可将其设置为当前工作窗口，如图1-73所示。

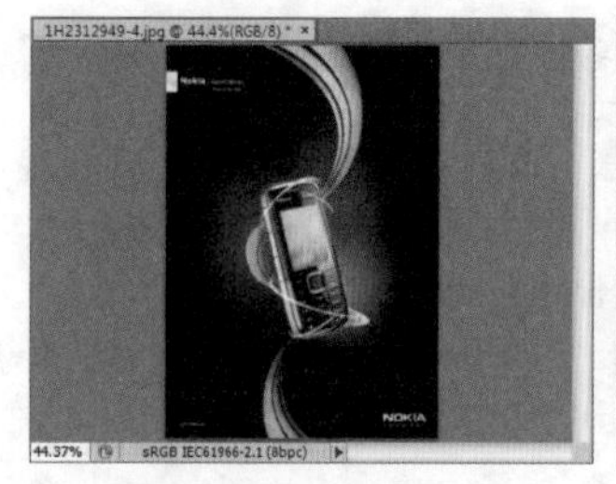

图1—72

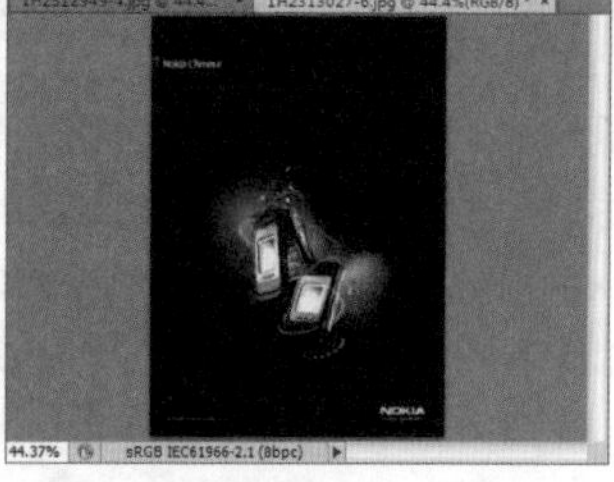

图1—73

技巧提示

按住鼠标左键拖曳文档窗口的标题栏，可以将其设置为浮动窗口，如图1—74所示；按住鼠标左键将浮动文档窗口的标题栏拖曳到选项卡中，文档窗口会停放到选项卡中，如图1—75所示。

图1—74

图1—75

- **文档窗口**：文档窗口中显示了打开或创建的图像文档，文档窗口可以只显示一个图像文档，也可以同时显示多个图像文档，执行“窗口>排列”命令，即可切换文档窗口的显示方式。
- **工具箱**：工具箱中有很多个工具图标，在工具上单击即可选择该工具。其中工具的右下角带有三角形图标表示这是一个工具组，每个工具组中又包含多个工具，在工具组上单击鼠标右键，即可弹出隐藏的工具。工具箱可以折叠显示或展开显示。单击工具箱顶部的▸▸图标，可以将其折叠为双栏；单击◂◂图标即可还原回展开的单栏模式。将光标放置在▸▸图标上，然后使用鼠标左键进行拖曳，即可将工具箱设置为浮动状态，如图1-76所示。

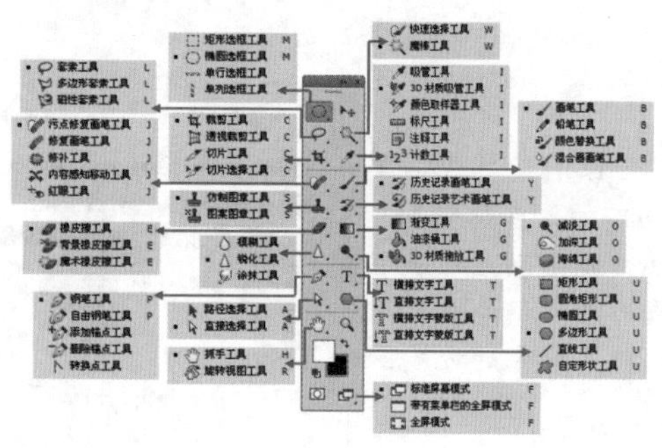

图1—76

- **选项栏**：主要用来设置工具的参数选项，不同工具的选项栏也不同。比如，当选择移动工具▸+时，其选项栏会显示如图1-77所示的内容。

图1—77

- **状态栏**：位于工作界面的最底部，可以显示当前文档的大小、文档尺寸、当前工具和窗口缩放比例等信息，单击状态栏中的三角形图标▶，可以设置要显示的内容，如图1-78所示。

图1—78

读书笔记

技术拓展：状态栏菜单详解

- **Adobe Drive**：显示当前文档的Version Cue工具组状态。
- **文档大小**：显示当前文档中图像的数据量信息。左侧的数值表示合并图层并存储文件后的大小；右侧的数值表示不合并图层与不删除通道的近似大小。
- **文档配置文件**：显示当前图像的具体大小、分辨率和颜色模式等信息。
- **文档尺寸**：显示当前文档的尺寸。
- **测量比例**：显示当前文档的像素比例，比如1像素=1.0000像素。
- **暂存盘大小**：显示图像处理的内存与Photoshop暂存盘的内存信息。
- **效率**：显示操作当前文档所花费时间的百分比。
- **计时**：显示完成上一步操作所花费的时间。
- **当前工具**：显示当前选择的工具名称。
- **32位曝光**：这是Photoshop 提供的预览调整功能，以使显示器显示的HDR图像的高光和阴影不会太暗或出现褪色现象。该选项只有在文档窗口中显示HDR图像时才可用。
- **存储进度**：显示当前文件存储的进度百分比。

- **面板**：主要用来配合图像的编辑、对操作进行控制以及设置参数等。每个面板的右上角都有一个图标，单击该图标可以打开该面板的菜单选项。如果需要打开某一个面板，可以单击菜单栏中的“窗口”菜单，在展开的菜单中单击即可打开该面板，如图1-79所示。

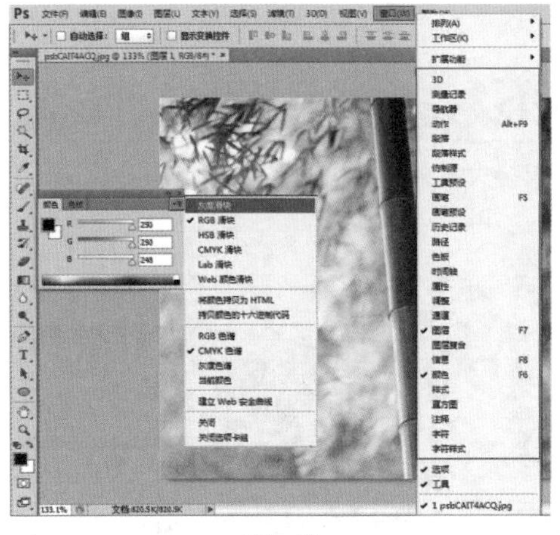

图1—79

技术拓展：展开与折叠面板

在默认情况下，面板都处于展开状态，如图1—80所示。单击面板右上角的“折叠”图标，可以将面板折叠起来，同时“折叠”图标会变成“展开”图标（单击该图标可以展开面板）。单击“关闭”图标，可以关闭面板，如图1—81所示。

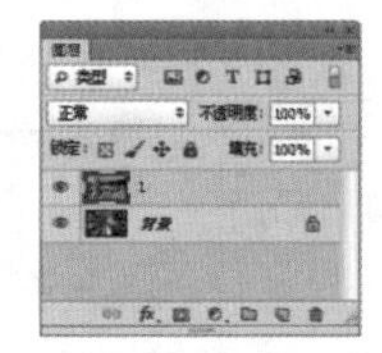

图1—80

图1—81

1.3.2 动手学：更改界面颜色方案

Photoshop CS6中界面色调的变化最为明显，默认的界面颜色为较暗的深色，如图1-82所示。如果想要更改界面的颜色方案，可以执行“编辑>首选项>界面”命令，在“外观”选项组中可以选择适合自己的颜色方案，本书中所使用的是最后一种颜色方案，如图1-83所示。

图1—82

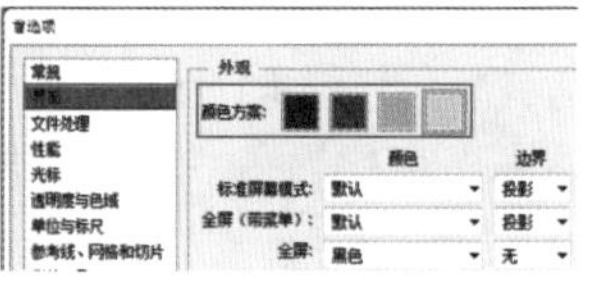

图1—83

1.3.3 动手学：使用不同的工作区

视频精讲：Photoshop CS6新手学视频精讲课堂/设置工作区域.flv

Photoshop中工作区界面虽然清晰明确，但是并不是所有的面板都会被经常使用到。Photoshop提供了适合于不同任务的预设工作区："基本功能（默认）"、"CS6新增功能"、"3D"、"动感"、"绘画"、"摄影"、"排版规则"。不同的工作区显示出的面板不同，从名称上就能看出每种工作区适合的操作。执行"窗口>工作区"命令，在其子菜单下可以看到多个可以使用的工作区，如图1-84所示。也可以在选项栏的最右侧进行工作区的切换，如图1-85所示。

默认情况下，Photoshop使用的是"基本功能"工作区。在这个工作区中，包括了一些很常用的面板，如"颜色"面板、"调整"面板、"图层"面板等，如图1-86所示。如果在操作过程中发现工具箱、选项栏或者某个面板不见了，可以通过执行"窗口>工作区>复位基本功能"命令还原回初识的工作区状态。如图1-87所示。

图1-84

选择"3D"界面方案

图1-85

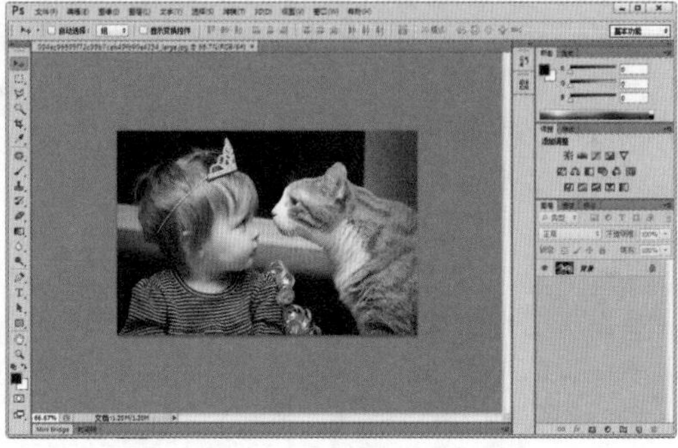

图1-86

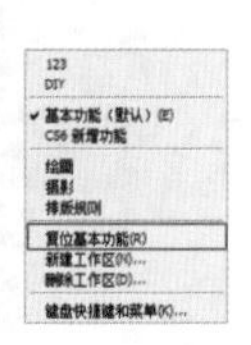

图1-87

1.3.4 动手学：自定义适合自己的工作区

在进行一些操作时，部分面板几乎是用不到的，而操作界面中存在过多的面板会大大影响操作的空间，如图1-88所示。如果内置的几种工作区并不适合自己，那么就可以定义一个适合用户需要的工作区，如图1-89所示。

预设工作区

图1-88

用户定义的工作区

图1-89

首先需要将当前的工作区调整为适合自己的状态，也就是通过使用"窗口"菜单开启或关闭面板，或者更改面板的摆放方式等。然后执行"窗口>工作区>新建工作区"命令，在弹出的对话框中为工作区设置一个名称，接着单击"存储"按钮，即可存储工作区，如图1-90所示。在"窗口>工作区"菜单下就可以选择自定义的工作区，如图1-91所示。执行"窗口>工作区>删除工作区"命令，即可删除自定义的工作区。

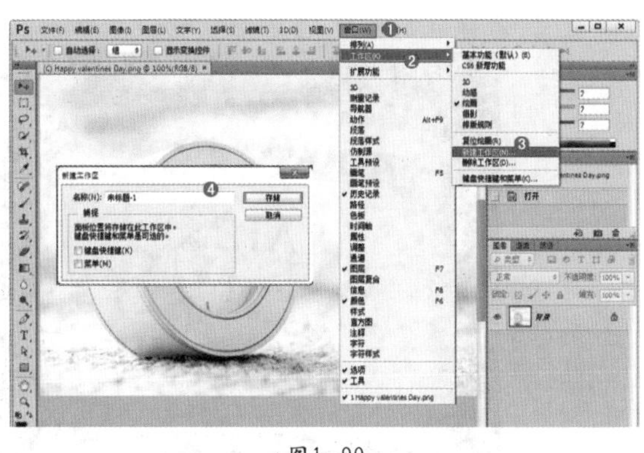

图1—90

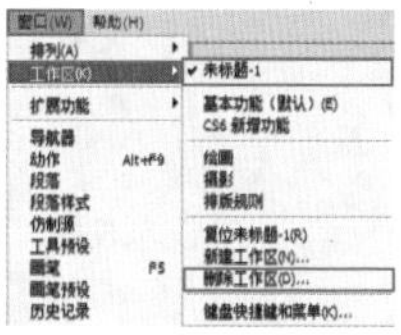

图1—91

1.3.5 动手学：使用不同的屏幕模式进行操作

在工具箱中单击“屏幕模式”按钮，在弹出的菜单中可以选择屏幕模式，其中包括标准屏幕模式、带有菜单栏的全屏模式和全屏模式3种，如图1-92所示。标准屏幕模式可以显示菜单栏、标题栏、滚动条和其他屏幕元素，如图1-93所示。带有菜单栏的全屏模式可以显示菜单栏、50%的灰色背景、无标题栏和滚动条的全屏窗口，如图1-94所示。全屏模式只显示黑色背景和图像窗口，如图1-95所示。如果要退出全屏模式，可以按Esc键。如果按Tab键，将切换到带有面板的全屏模式。

图1—92

图1—93

图1—94

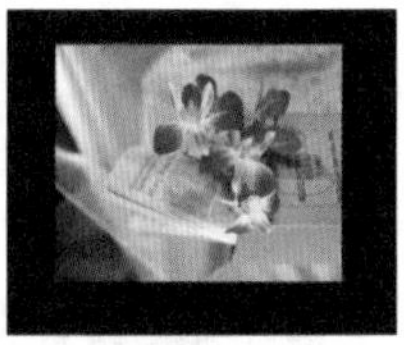

图1—95

1.4 图像文件的基本操作

Photoshop中的编辑操作都是基于图像文件（也可称之为图像文档），其基本操作无外乎新建、打开、编辑、存储、关闭这样的流程。在Photoshop中，可供编辑的图像文件可以是数码相机拍摄的数码照片，可以是扫描得到的数字图像，也可以是已有的图像格式的工程文件。如果是对这些已有的文档进行处理，那么只需要在Photoshop中打开相应文档即可。如果要进行“从无到有”的平面设计作品制作，就需要创建一个新的空白文件。编辑制作完成后的“存储”也是必须使用到的操作，如果不进行存储，那么之前进行的所有操作都毫无意义。

1.4.1 动手学：打开文件

视频精讲：Photoshop CS6新手学视频精讲课堂/在Photoshop中打开文件.flv

想要对已有的图像进行编辑操作，首先需要在Photoshop中打开该文件，在Photoshop中打开文件的方法有很多种，通过“文件”菜单中的命令可以打开文件。

01 执行“文件>打开”命令，在弹出的“打开”对话框中选择文件所在位置，然后单击需要打开的文件，接着单击“打开”按钮，如图1-96所示。此时该文件即可在Photoshop中打开，文档窗口中显示出图像文件的效果，如图1-97所示。在灰色的Photoshop程序窗口中双击或按Ctrl+O组合键，都可以弹出“打开”对话框。

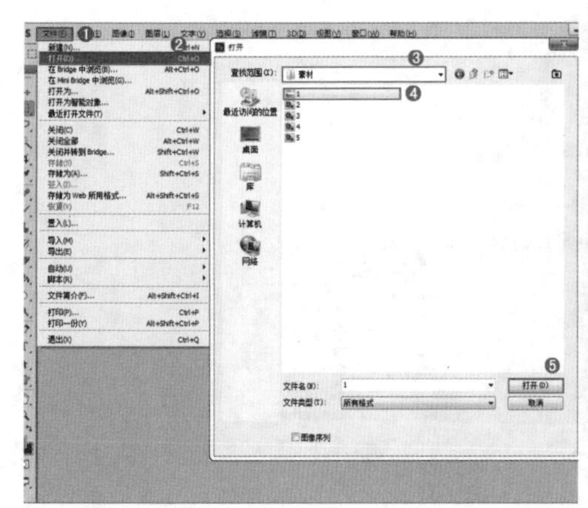
图1－96

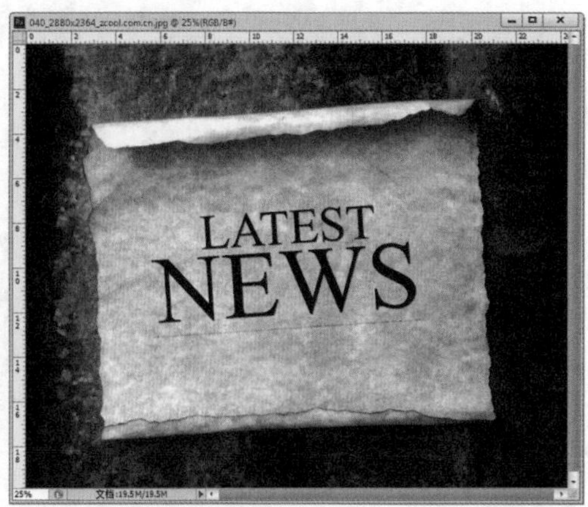

图1－97

答疑解惑：为什么在打开文件时不能找到需要的文件？

如果发生这种现象，可能有两个原因。第一个原因是Photoshop不支持这个文件格式；第二个原因是“文件类型”没有设置正确，比如设置“文件类型”为JPG格式，那么在“打开”对话框中就只能显示这种格式的图像文件，这时可以设置“文件类型”为“所有格式”，就可以查看到相应的文件（前提是计算机中存在该文件）。

02 执行“文件>在Bridge中浏览”命令，可以运行Adobe Bridge，在Bridge中选择一个文件，双击该文件即可在Photoshop中将其打开，如图1-98所示。

03 执行“文件>打开”命令，打开“打开”对话框，在该对话框中可以选择需要打开的文件，并且可以设置所需要的文件格式，如图1-99所示。如果使用与文件的实际格式不匹配的扩展名文件（例如，用扩展名GIF的文件存储PSD文件），或者文件没有扩展名，则Photoshop可能无法打开该文件，选择正确的格式才能让Photoshop识别并打开该文件。

04 执行“文件>打开为智能对象”命令，然后在弹出的对话框中选择一个文件将其打开，此时该文件将以“智能对象”的形式被打开。“智能对象”是包含栅格图像或矢量图像的数据的图层。智能对象将保留图像的源内容及其所有原始特性，因此对该图层无法进行破坏性编辑，如图1-100所示。

图1－98

图1－99

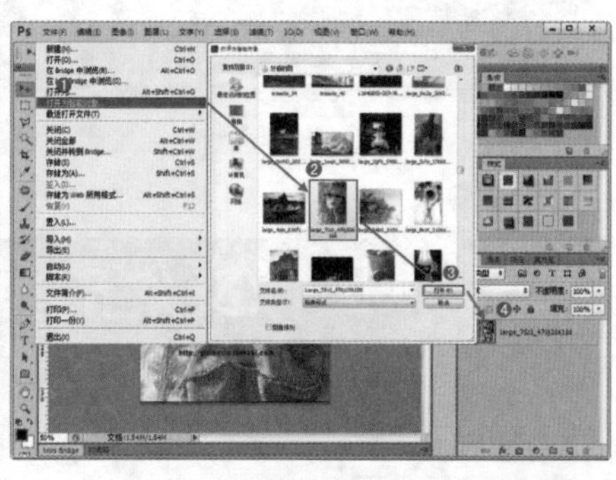
图1－100

05 Photoshop可以记录最近使用过的10个文件，执行“文件>最近打开文件”命令，在其下拉菜单中单击文件名，即可将其在Photoshop中打开，选择底部的“清除最近的文件列表”命令可以删除历史打开记录，如图1-101所示。

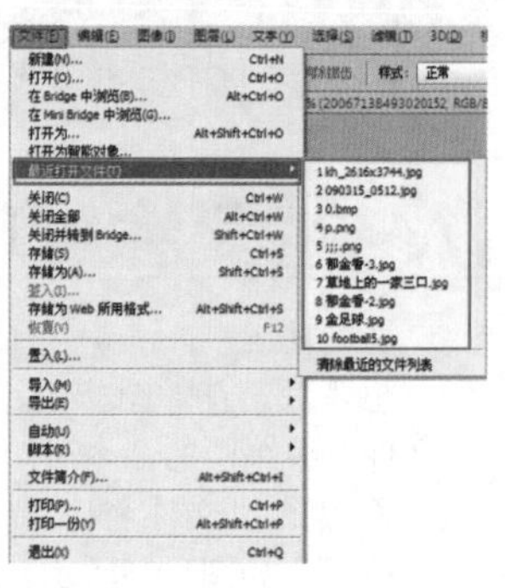
图1－101

技巧提示

当首次启动Photoshop时，或者在运行Photoshop期间已经执行过“清除最近的文件列表”命令后，都会导致“最近打开文件”命令处于灰色不可用状态，如图1－102所示。

图1－102

⑥ 选择一个需要打开的文件，然后将其拖曳到Photoshop的应用程序图标上，如图1-103所示。或者在需要打开的文件上单击鼠标右键，接着在弹出的快捷菜单中选择“打开方式>Adobe Photoshop CS6”命令，如图1-104所示。

⑦ 如果已经运行了Photoshop，这时可以直接在Windows资源管理器中将文件拖曳到Photoshop的窗口中，如图1-105所示。

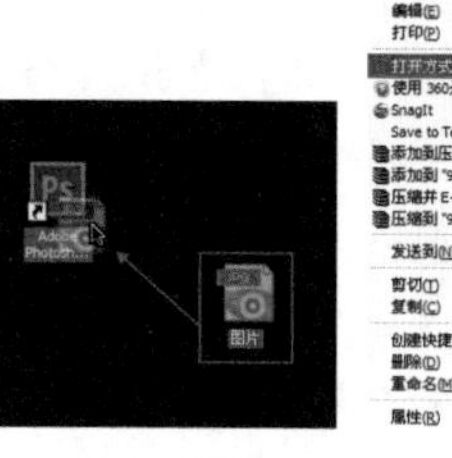

图1-103

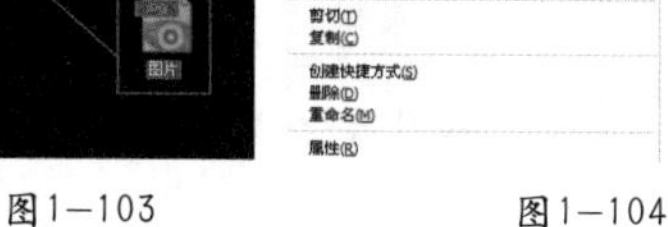

图1-104

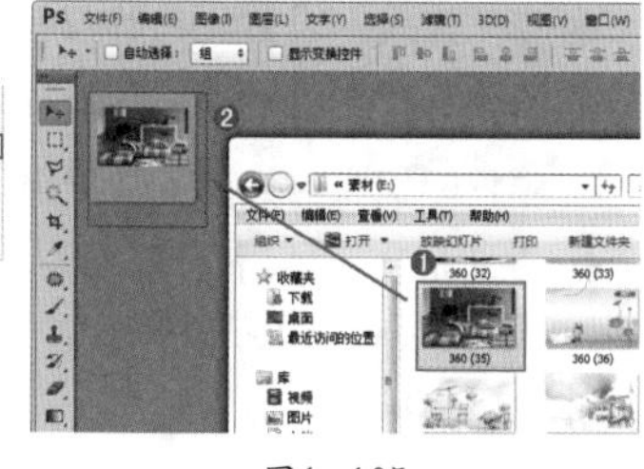

图1-105

1.4.2 新建文件

视频精讲：Photoshop CS6新手学视频精讲课堂/使用Photoshop创建新文件.flv

技术速查：如果需要制作一个新的文件，则需要执行“文件>新建”命令。

按下Ctrl+N快捷键，打开“新建”对话框，如图1-106所示。在“新建”对话框中可以设置文件的名称、尺寸、分辨率、颜色模式等。设置完毕后单击“确定”按钮，即可创建出新的空白文件，如图1-107所示。

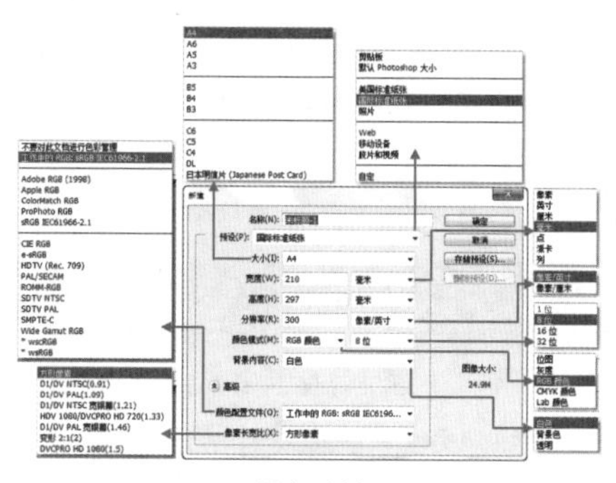

图1-106

图1-107

- **名称**：设置文件的名称，默认情况下的文件名为“未标题-1”。如果在新建文件时没有对文件进行命名，这时可以通过执行“文件>存储为”命令对文件进行名称的修改。
- **预设**：选择一些内置的常用尺寸，在预设下拉列表即可进行选择。预设列表中包含了“剪贴板”、“默认Photoshop大小”、“美国标准纸张”、“国际标准纸张”、“照片”、Web、“移动设备”、“胶片和视频”和“自定”9个选项。
- **大小**：用于设置预设类型的大小，在设置“预设”为“美国标准纸张”、“国际标准纸张”、“照片”、Web、“移动设备”或“胶片和视频”时，“大小”选项才可用。
- **宽度/高度**：设置文件的宽度和高度，其单位有“像素”、“英寸”、“厘米”、“毫米”、“点”、“派卡”和“列”7种。
- **分辨率**：用来设置文件的分辨率大小，其单位有“像素/英寸”和“像素/厘米”两种。一般情况下，图像的分辨率越高，印刷出来的质量就越好。

技术拓展：“分辨率”的相关知识

其他行业中也经常会用到“分辨率”这样的概念，分辨率是衡量图像品质的一个重要指标，它有多种单位和定义。

- **图像分辨率**：指的是一幅具体作品的品质高低，通常都用像素点的多少来加以区分。在图片内容相同的情况下，像素点越多品质就越高，但相应的记录信息量也呈正比增加。
- **显示分辨率**：表示显示器清晰程度的指标，通常是以显示器的扫描点像素多少来加以区分，如800×600、1024×768、1280×1024、1920×1200等，它与屏幕尺寸无关。
- **扫描分辨率**：指的是扫描仪的采样精度或采样频率，一般用PPI或DPI来表示。PPI值越高，图像的清晰度就越高。但扫描仪通常有光学分辨率和插值分辨率两个指标，光学分辨率是指扫描仪感光器件固有的物理精度；而插值分辨率仅表示了扫描仪对原稿的放大能力。
- **打印分辨率**：指的是打印机在单位距离上所能记录的点数，因此，一般也用PPI来表示分辨率的高低。

- **颜色模式**：设置文件的颜色模式以及相应的颜色深度。
- **背景内容**：设置文件的背景内容，有“白色”、“背景色”和“透明”3个选项。
- **颜色配置文件**：用于设置新建文件的颜色配置。
- **像素长宽比**：用于设置单个像素的长宽比例。通常情况下，保持默认的“方形像素”即可，如果需要应用于视频文件，则需要进行相应的更改。
- **存储预设**：完成设置后，可以单击该按钮，将这些设置存储到预设列表中。

技巧提示：如何选择合适的分辨率

创建新文件时，文档的宽度与高度需要与实际印刷的尺寸相同。而在不同情况下，分辨率需要进行不同的设置。通常来说，图像的分辨率越高，印刷出来的质量就越好。但也并不是任何时候都需要将分辨率设置为较高的数值，在这种情况下一般设备是无法进行正常操作的。

下面为常见的分辨率设置：一般印刷品分辨率为150～300，高档画册分辨率为 350 以上，大幅的喷绘广告 1米以内分辨率为 70～100，巨幅喷绘分辨率为25，多媒体显示图像为72。切记分辨率的数值并不是一成不变的，需要根据实际情况进行设置。

1.4.3 动手学：存储文件

视频精讲：Photoshop CS6新手学视频精讲课堂/文件的存储.flv

技术速查：存储操作可以将新建文档的数据以独立图像文件的形式保留到计算机中，也可以是将对已有文档的编辑操作应用到原文档上的操作。与Word等软件相同，Photoshop文档编辑完成后就需要对文件进行存储关闭。当然，在编辑过程中也需要经常存储，以避免在Photoshop中出现程序错误、计算机出现程序错误以及发生断电等情况时，所有的操作丢失的情况。如果在编辑过程中及时存储，则会避免很多不必要的损失。

01 执行“文件>存储”命令或按Ctrl+S快捷键，可以对文件进行存储，如图1-108所示。对于已有的文件进行存储操作，可以保留所做的更改，并且会替换掉上一次存储的文件，同时会按照当前格式和名称进行存储。

图1－108

技巧提示

如果是新建的一个文件，那么在执行“文件>存储”命令时，系统会弹出“存储为”对话框。

02 执行“文件>存储为”命令或按Shift+Ctrl+S组合键，在弹出的“存储为”对话框中可以将文件存储到另一个位置或使用另一文件名或文件格式进行存储，如图1-109所示。

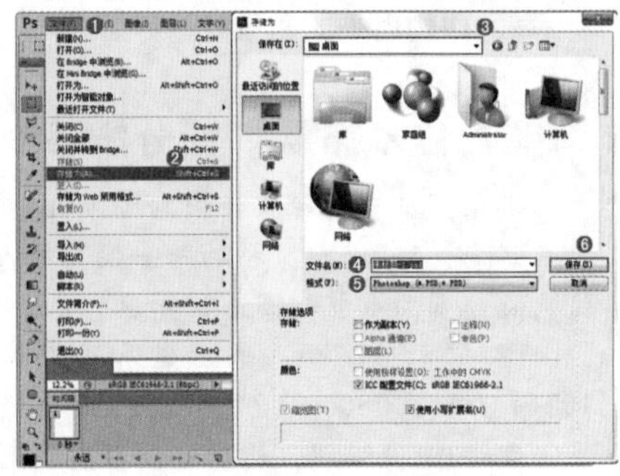

图1－109

- **文件名**：设置存储的文件名。
- **格式**：选择文件的存储格式。
- **作为副本**：选中该复选框时，可以另外存储一个副本文件。
- **注释/Alpha通道/专色/图层**：可以选择是否存储注释、Alpha通道、专色和图层。
- **使用校样设置**：将文件的存储格式设置为EPS或PDF时，该选项才可用。选中该复选框后可以存储打印用的校样设置。
- **ICC配置文件**：可以存储嵌入在文档中的ICC配置文件。
- **缩览图**：为图像创建并显示缩览图。

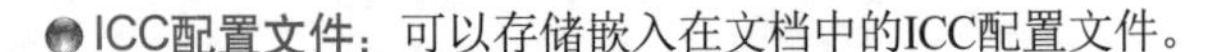

- **使用小写扩展名**：将文件的扩展名设置为小写。

03 使用“文件>签入”命令可以存储文件的不同版本以及各版本的注释。该命令可以用于Version Cue工作区管理的图像，如果使用的是来自Adobe Version Cue项目的文件，则文档标题栏会显示有关文件状态的其他信息。

答疑解惑：“存储”与“存储为”有什么差别？

“存储”命令主要用于正在编辑的已有文档，而“存储为”命令用于需要将文件存储到不同位置或以不同名称、格式进行存储的情况。例如，制作平面设计作品时，一般需要将文档存储为.PSD格式的工程文件，以便于日后更改；在制作完成后，就需要使用“存储为”命令存储一个格式为.jpg的方便预览、传输的图像。

技术拓展：熟悉常见的图像格式

存储图像时，可以在弹出的对话框中选择图像的存储格式，如图1－110所示。

图1－110

● PSD：是Photoshop的默认存储格式，能够存储图层、蒙版、通道、路径、未栅格化的文字、图层样式等。在一般情况下，存储文件都采用这种格式，以便随时进行修改。

● PSB：是一种大型文档格式，可以支持最高达到300000像素的超大图像文件。它支持Photoshop所有的功能，可以存储图像的通道、图层样式和滤镜效果，但是只能在Photoshop中打开。

● BMP：是微软开发的固有格式，这种格式被大多数软件所支持。BMP格式采用了一种叫RLE的无损压缩方式，对图像质量不会产生什么影响。

● GIF：是输出图像到网页最常用的格式。GIF格式采用LZW压缩，它支持透明背景和动画，被广泛应用在网络中。

● DICOM：通常用于传输和存储医学图像，如超声波和扫描图像。DICOM格式文件包含图像数据和标头，其中存储了有关医学图像的信息。

● EPS：为PostScript打印机上输出图像而开发的文件格式，是处理图像工作中最重要的格式，它被广泛应用在Mac和PC环境下的图形设计和版面设计中，几乎所有的图形、图表和页面排版程序都支持这种格式。

● IFF格式：是由Commodore公司开发的，由于该公司已退出计算机市场，因此IFF格式也将逐渐被废弃。

● DCS格式：是Quark开发的EPS格式的变种，主要在支持这种格式的QuarkXPress、PageMaker和其他应用软件上工作。DCS便于分色打印，Photoshop在使用DCS格式时，必须转换成CMYK颜色模式。

● JPEG：是平时最常用的一种图像格式。它是一个最有效、最基本的有损压缩格式，被绝大多数的图形处理软件所支持。

● PCX：是DOS格式下的古老程序PC PaintBrush固有格式的扩展名，目前并不常用。

● PDF：是由Adobe Systems创建的一种文件格式，允许在屏幕上查看电子文档。PDF文件还可被嵌入到Web的HTML文档中。

● RAW：是一种灵活的文件格式，主要用于在应用程序与计算机平台之间传输图像。RAW格式支持具有Alpha通道的CMYK、RGB和灰度模式，以及无Alpha通道的多通道、Lab、索引和双色调模式。

● PXR：是专门为高端图形应用程序设计的文件格式，它支持具有单个Alpha通道的RGB和灰度图像。

● PNG：是专门为Web开发的，它是一种将图像压缩到Web上的文件格式。是一种能够产生无锯齿状边缘的带有透明度的位图格式。

● SCT：支持灰度图像、RGB图像和CMYK图像，但是不支持Alpha通道，主要用于Scitex计算机上的高端图像处理。

● TGA：专用于使用Truevision视频板的系统，它支持一个单独Alpha通道的32位RGB文件，以及无Alpha通道的索引、灰度模式，并且支持16位和24位的RGB文件。

● TIFF：是一种通用的文件格式，所有的绘画、图像编辑和排版程序都支持该格式，而且几乎所有的桌面扫描仪都可以产生TIFF图像。TIFF格式支持具有Alpha通道的CMYK、RGB、Lab、索引颜色和灰度图像，以及没有Alpha通道的位图模式图像。Photoshop可以在TIFF文件中存储图层和通道，但是如果在另外一个应用程序中打开该文件，那么只有拼合图像才是可见的。

● PBM：便携位图格式PBM支持单色位图（即1位/像素），可以用于无损数据传输。因为许多应用程序都支持这种格式，所以可以在简单的文本编辑器中编辑或创建这类文件。

1.4.4 置入文件

视频精讲：Photoshop CS6新手学视频精讲课堂/置入素材文件.flv

技术速查：“置入”命令是将照片、图片或任何Photoshop支持的文件作为智能对象添加到当前操作的文档中。

执行“文件>置入”命令，在弹出的对话框中选择好需要置入的文件，然后单击“置入”按钮即可将其置入到Photoshop中。在置入文件时，置入的文件将自动放置在画布的中间，同时文件会保持其原始长宽比。但是如果置入的文件比当前编辑的图像大，那么该文件将被重新调整到与画布相同大小的尺寸，如图1-111所示。

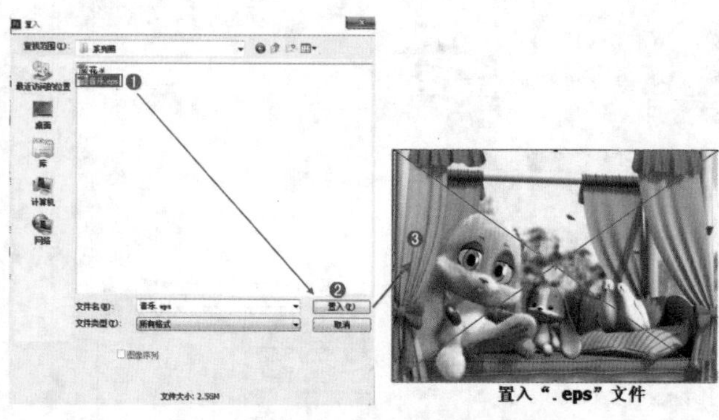
置入“.eps”文件

图1-111

技巧提示

在置入文件之后，可以对作为智能对象的图像进行缩放、定位、斜切、旋转或变形操作，并且不会降低图像的质量。智能对象可以看作是嵌入当前文件的一个独立文件，它可以包含位图，也可以包含Illustrator中创建的矢量图形。而且在编辑过程中不会破坏智能对象的原始数据，因此对智能对象图层所执行的操作都是非破坏性操作。操作完成之后可以将智能对象栅格化，以减少硬件设备负担。

★ 案例实战——使用“置入”命令快速打造艺术效果

案例文件	案例文件\第1章\使用“置入”命令快速打造艺术效果.psd
视频教学	视频文件\第1章\使用“置入”命令快速打造艺术效果.flv
难易指数	★★★★★
技术要点	“打开”命令、“置入”命令

案例效果

本案例主要是使用“置入”命令为照片增加艺术效果，如图1-112所示。

操作步骤

01 打开人像照片素材作为背景，执行“文件>打开”命令，在弹出的“打开”对话框中选择素材文件所在位置，并单击人像素材“1.jpg”，单击“打开”按钮，如图1-113所示。将其在Photoshop中打开，如图1-114所示。

图1-112

图1-113

图1-114

02 执行“文件>置入”命令，在弹出的“置入”对话框中选择素材“2.png”，单击“置入”按钮，如图1-115所示。此时画面中出现了美丽的边框效果，如图1-116所示。

03 由于置入的边框素材当前处于变换状态，所以需要按下Enter键将边框文件置入到当前文件中，效果如图1-117所示。

读书笔记

图1—115

图1—116

图1—117

04 至此，完成文档的制作。下面需要进行工程文件的存储，执行“文件>存储”命令，由于之前文件没有进行工程文件的存储，所以此时会弹出“存储为”对话框，选择合适的路径，设置格式为“.psd”，如图1-118所示。再次执行“文件>存储”命令，设置格式为“.jpg”，单击“保存”按钮，如图1-119所示。

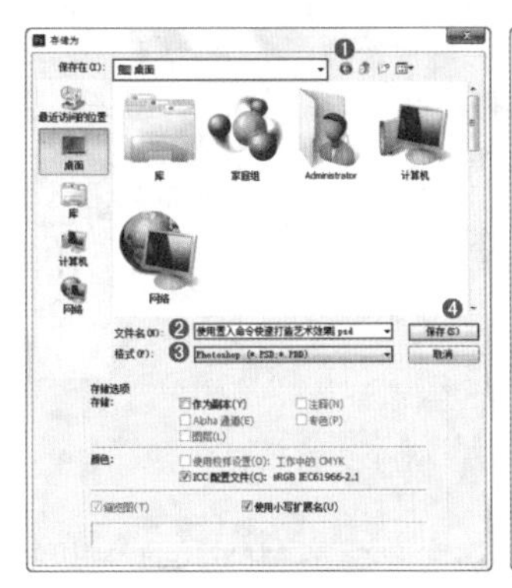

图1—118

图1—119

☆ 视频课堂——制作混合插画

案例文件\第1章\视频课堂——制作混合插画.psd
视频文件\第1章\视频课堂——制作混合插画.flv

思路解析：

01 打开背景素材。

02 置入前景矢量素材。

1.4.5 导入与导出

Photoshop可以编辑变量数据组、视频帧到图层、注释和WIA支持等内容，当新建或打开图像文件以后，可以通过执行“文件>导入”菜单中的子命令，将这些内容导入到Photoshop中进行编辑，如图1-120所示。

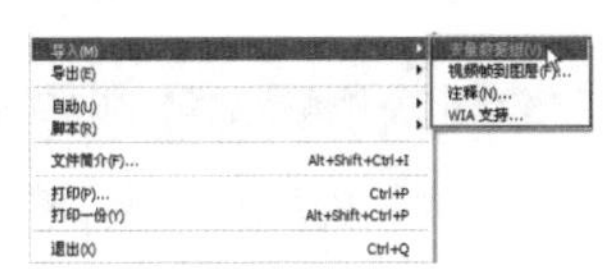

图1—120

将数码相机与计算机连接，在Photoshop中执行“文件>导入>WIA支持”命令，可以将照片导入到 Photoshop中。如果计算机配置有扫描仪并安装了相关的软件，则可以在“导入”下拉菜单中选择扫描仪的名称，使用扫描仪制造商的软件扫描图像，并将其存储为TIFF、PICT、BMP格式，然后在Photoshop中就可以打开这些图像。

在Photoshop中创建和编辑好图像以后，可以将其导出到Illustrator或视频设备中。执行“文件>导出”命令，可以在其下拉菜单中选择一些导出类型，如图1-121所示。

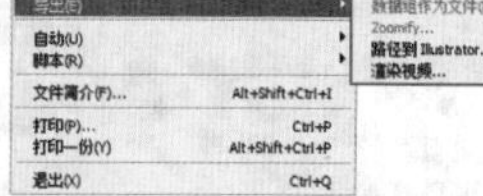

图1-121

- **数据组作为文件**：可以按批处理模式使用数据组值将图像输出为PSD文件。
- **Zoomify**：可以将高分辨率的图像发布到Web上，利用Viewpoint Media Player，用户可以平移或缩放图像以查看它的不同部分。在导出时，Photoshop会创建JPG和HTML文件，用户可以将这些文件上传到Web服务器。
- **路径到Illustrator**：将路径导出为AI格式，在Illustrator中可以继续对路径进行编辑。
- **渲染视频**：可以将视频导出为QuickTime影片。在Photoshop CS6中，还可以将时间轴动画与视频图层一起导出。

1.4.6 动手学：关闭文件

视频精讲：Photoshop CS6新手学视频精讲课堂/文件的关闭与退出.flv

当编辑完图像以后，需要将该文件进行存储，然后关闭文件。Photoshop中提供了4种关闭文件的方法，如图1-122所示。

01 执行“文件>关闭”命令，按Ctrl+W组合键或者单击文档窗口右上角的“关闭”按钮☒，可以关闭当前处于激活状态的文件，如图1-123所示。使用这种方法关闭文件时，其他文件将不受任何影响。

图1-122

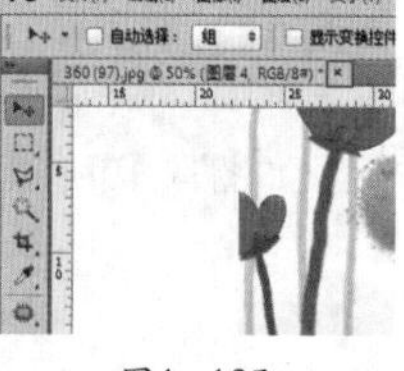

图1-123

02 执行“文件>关闭全部”命令或按Alt+Ctrl+W组合键，可以关闭所有的文件，如图1-124所示。

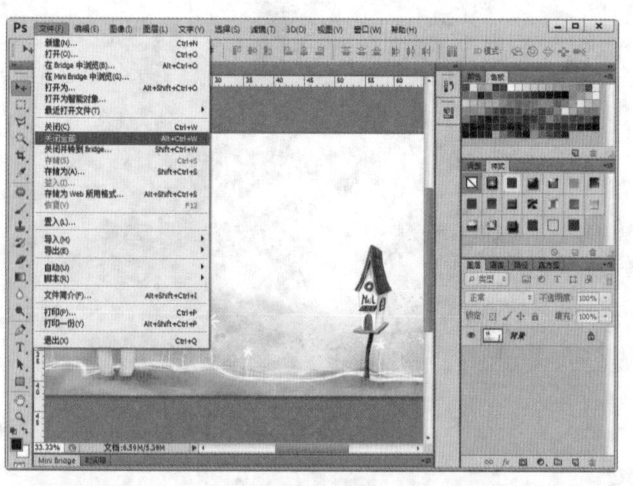

图1-124

03 执行“文件>关闭并转到Bridge”命令，可以关闭当前处于激活状态的文件，然后转到Bridge中。执行“文件>退出”命令或者单击程序窗口右上角的“关闭”按钮[×]，可关闭所有的文件并退出Photoshop，如图1-125所示。

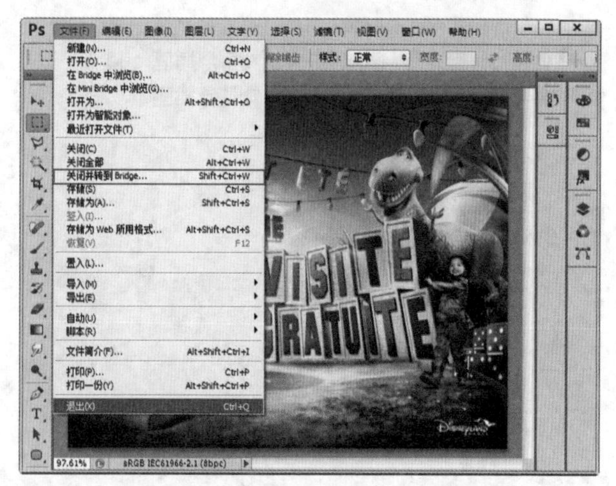

图1-125

1.4.7 动手学：复制图像文件

视频精讲：Photoshop CS6新手学视频精讲课堂/.复制文件.flv

技术速查：使用“复制”命令能够将当前文件的效果复制为独立文件。

执行“图像>复制”命令，在弹出的“复制图像”对话框中设置合适的文件名称，然后单击“确定”按钮，如图1-126所示。使用这种方法可以将当前画面效果复制为独立文件进行备份或作为操作中的参考效果，如图1-127所示。

图1—126

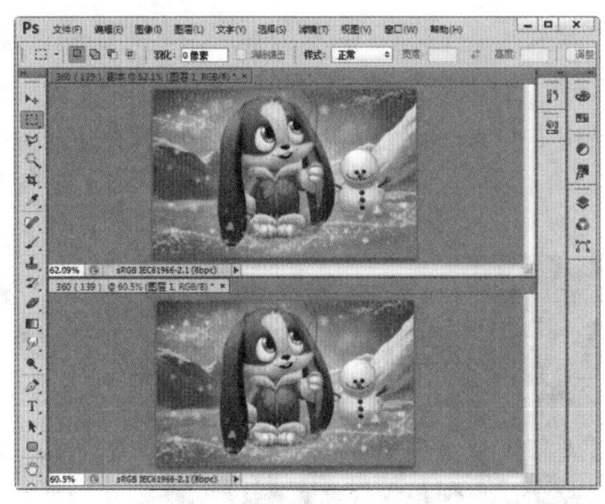

图1—127

★ 案例实战——制作简单的平面设计作品

案例文件	案例文件\第1章\制作简单的平面设计作品.psd
视频教学	视频文件\第1章\制作简单的平面设计作品.flv
难易指数	★★★★★
技术要点	“新建”命令、“打开”命令、“置入”命令、“存储为”命令、“关闭”命令

案例效果

本案例通过使用“新建”命令、“打开”命令、“置入”命令、“存储为”命令、“关闭”命令等熟悉文件处理的基本流程，效果如图1-128所示。

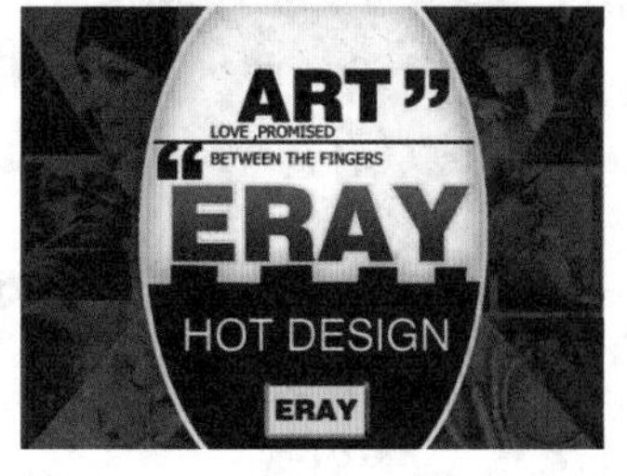

图1—128

操作步骤

01 执行“文件>打开”命令，在弹出的“打开”对话框中选择文件所在位置，选中素材“1.jpg”并单击“打开”按钮，如图1-129所示。用同样的方法打开素材“2.png”，如图1-130所示。

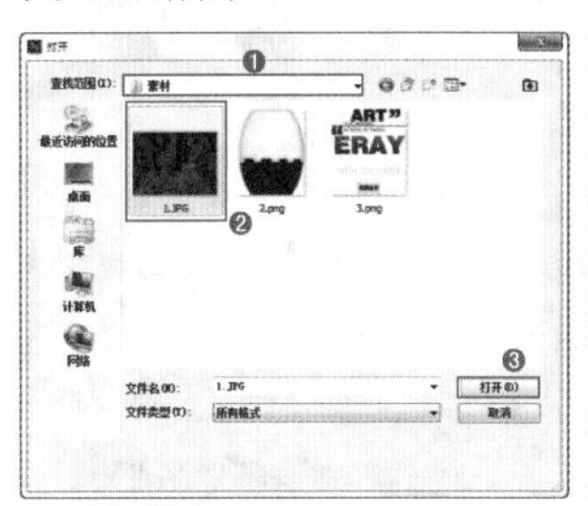

图1—129

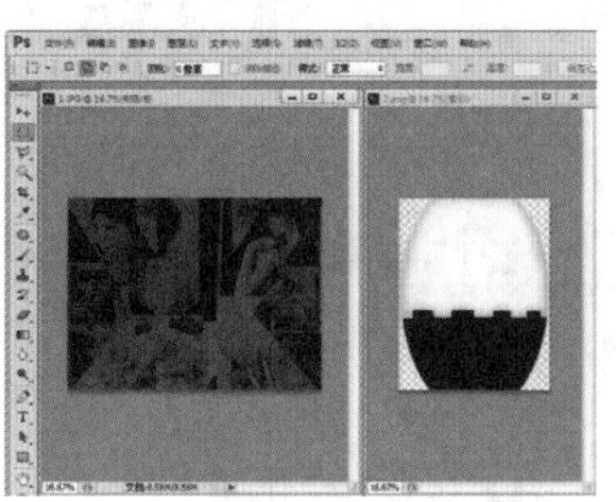

图1—130

技巧提示

为了便于操作，可以使两个图形文件的文档窗口处于浮动状态，并且摆放在操作界面中。将光标放在文档的标题栏上按住鼠标左键并拖动，即可使文档窗口处于浮动状态。

02 单击工具箱中的移动工具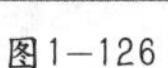，在素材“2.png”文件上按住鼠标左键并向文件“1.jpg”上拖动，如图1-131所示。素材“2.png”中的内容出现在文档“1.jpg”中，继续使用移动工具将其移动到合适位置，如图1-132所示。

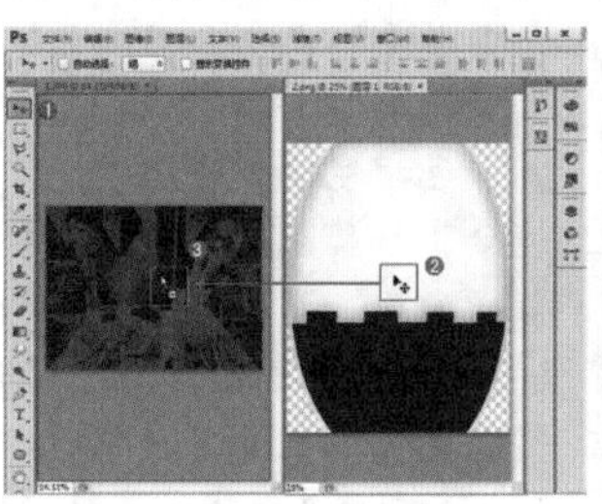

图1—131

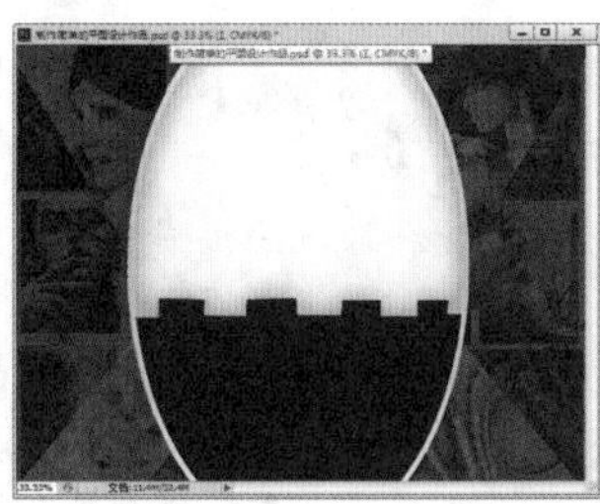

图1—132

技术拓展

使用移动工具可以在文档中移动图层、选区中的图像，还可以将其他文档中的图像拖曳到当前文档中。使用方法非常简单，选择需要移动的图层，在画布中单击并拖曳即可移动选中的对象。具体参数将在“第3章 图像基本编辑操作”中进行讲解。

03 置入前景的装饰文字部分，执行“文件>置入”命令，在弹出的“置入”对话框中选择素材“3.png”，单击“置入”按钮，如图1-133所示，素材“3.png”作为智能对象被置入到文档中，在素材四周出现界定框，将光标定位到界定框的四角处，按住Shift键即可进行等比例缩放，然后将对象移动到画面中心位置，此时效果如图1-134所示。

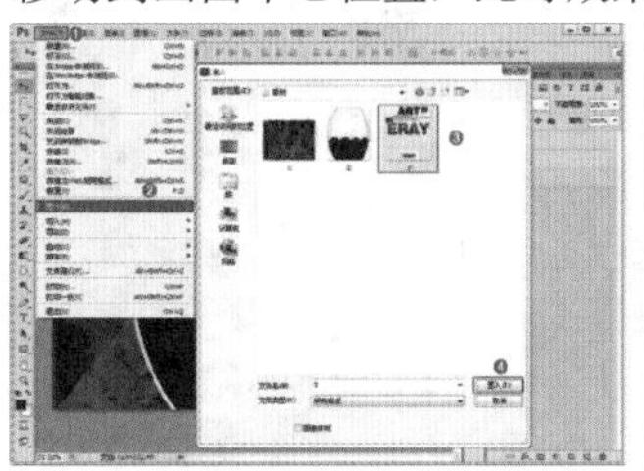

图1—133

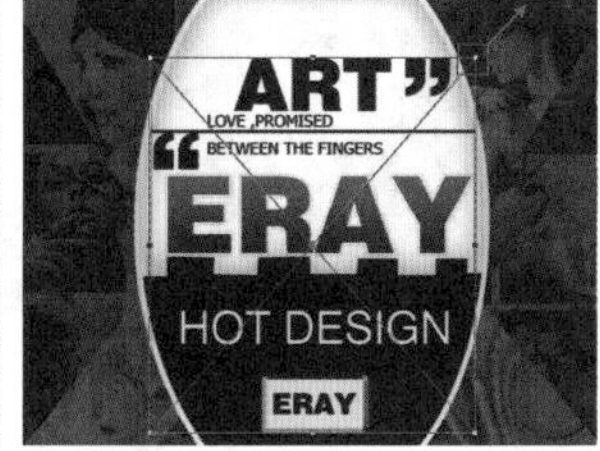

图1—134

04 按Enter键确定图像的置入，效果如图1-135所示。

05 进行工程文件的存储，执行“文件>存储为”命令或按Shift+Ctrl+S组合键，打开“存储为”对话框。在其中设置文件存储位置、名称以及格式。在此设置格式为可存储分层文件信息的“.PSD”格式，如图1-136所示。

图1－135

图1－136

06 再次执行“文件>存储为”命令或按Shift+Ctrl+S组合键，打开“存储为”对话框。选择格式为方便预览和上传至网络的“.jpg”格式，如图1-137所示。最后执行“文件>关闭”命令，关闭当前文件，如图1-138所示。

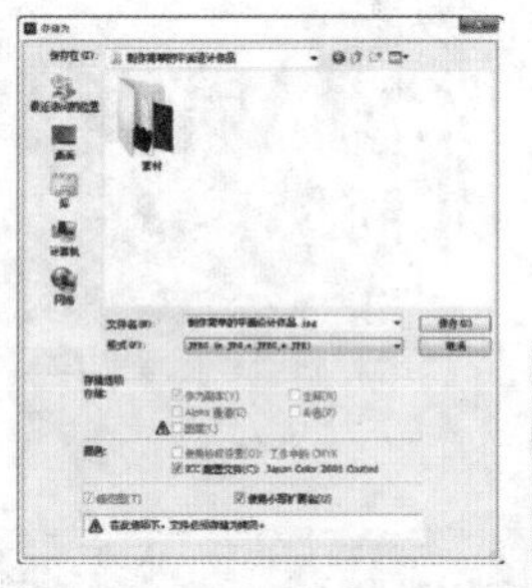

图1－137

图1－138

思维点拨：色光三原色与印刷三原色

颜色会越加越亮，两两混合可以得到更亮的中间色——yellow（黄）、cyan（青）、magenta（品红，或者叫洋红、红紫）。3种颜色等量组合可以得到白色。补色指完全不含另一种颜色。例如，红和绿混合成黄色，因为完全不含蓝色，所以黄色就是蓝色的补色。两个等量补色混合也形成白色。红色与绿色经过一定比例混合后就是黄色了，所以黄色不能称为原色，如图1－139所示。

我们看到印刷的颜色，实际上是纸张反射的光线。颜料是吸收光线，不是光线的叠加，因此颜料的三原色就是能够吸收RGB的颜色，即青、品红、黄，它们就是RGB的补色。例如，将黄色颜料和青色颜料混合起来，因为黄色颜料吸收蓝光，青色颜料吸收红光，因此只有绿色光反射出来，这就是黄色颜料加上青色颜料形成绿色的道理，如图1－140所示。

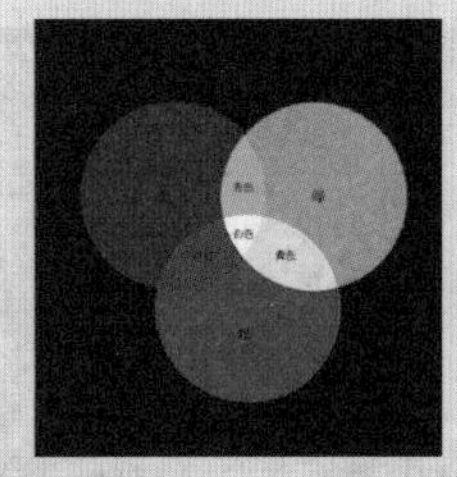

图1－139

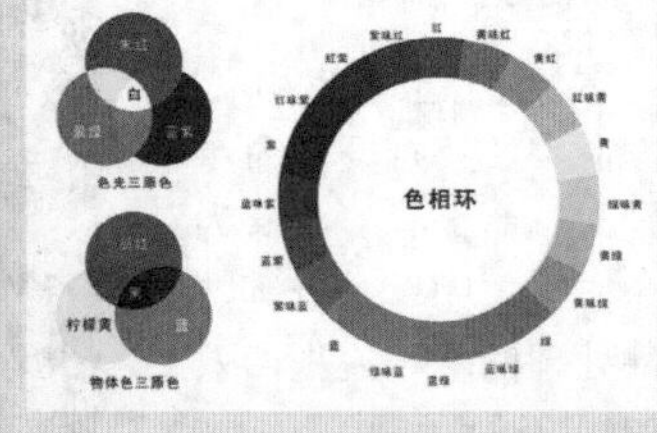

图1－140

1.5 修改文档画布尺寸

视频精讲：Photoshop CS6新手学视频精讲课堂/调整画布大小.flv

技术速查：使用“画布大小”命令可以增大或减小画布的尺寸。

执行“图像>画布大小”命令，打开“画布大小”对话框，在该对话框中可以对画布的宽度、高度、定位和扩展背景颜色进行调整，如图1-141所示。增大画布大小，原始图像大小不会发生变化，而增大的部分则使用选定的填充颜色进行填充；减小画布大小，图像则会被裁切掉一部分，如图1-142所示。

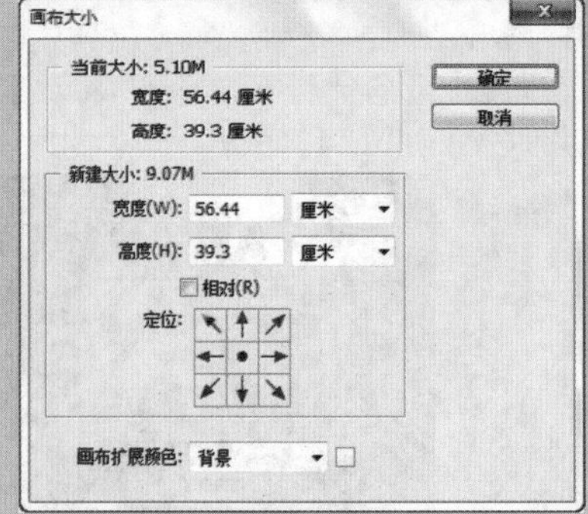

图1－141

图1－142

- **“当前大小”选项组**：显示的是文档的实际大小，以及图像的宽度和高度的实际尺寸，如图1-143所示。

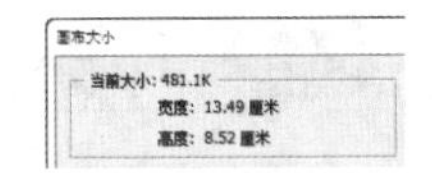

图1－143

- **“新建大小”选项组**：是指修改画布尺寸后的大小。当输入的“宽度”和“高度”值大于原始画布尺寸时，会增加画布，如图1-144所示；当输入的“宽度”和“高度”值小于原始画布尺寸时，Photoshop会裁切超出画布区域的图像，如图1-145所示。
- **“相对”复选框**：选中该复选框时，“宽度”和“高度”数值将代表实际增加或减少的区域的大小，而不再代表整个文档的大小。输入正值表示增加画布，比如设置“宽度”为10cm，那么画布就在宽度方向上增加了10cm，如图1-146所示；如果输入负值就表示减小画布，比如设置“高度”为－5cm，那么画布就在高度方向上减小了5cm，如图1-147所示。

图1－144

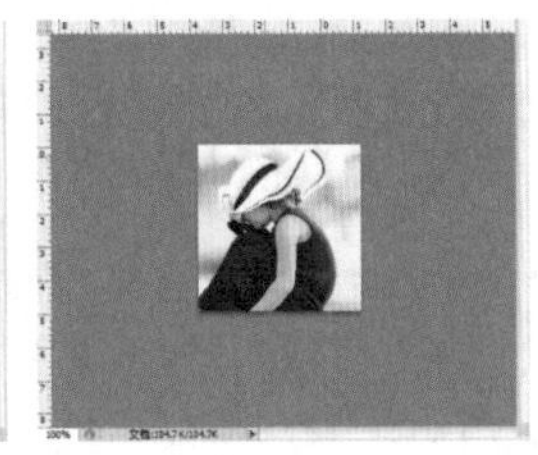

图1－145

图1－146

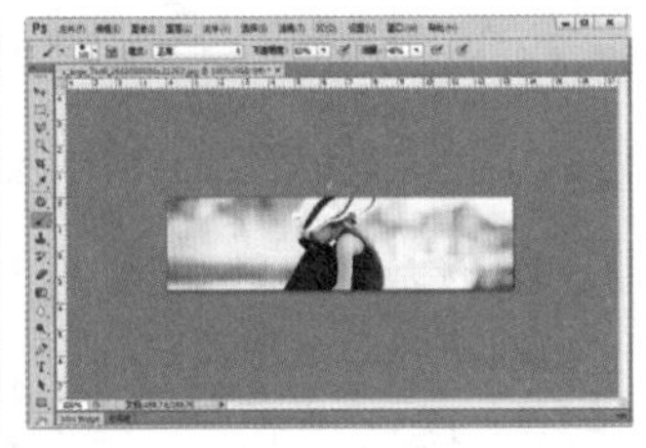

图1－147

- **“定位”选项**：主要用来设置当前图像在新画布上的位置，如图1-148~图1-150所示（黑色背景为画布的扩展颜色）。

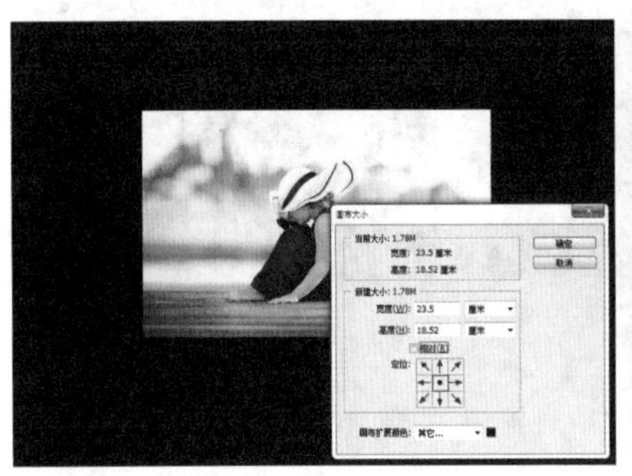

图1－148

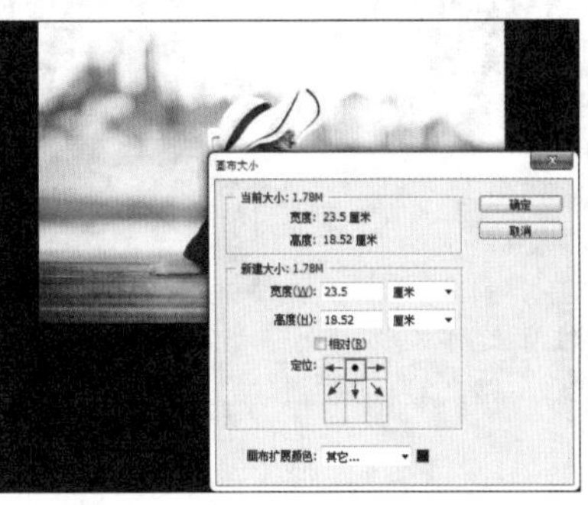

图1－149

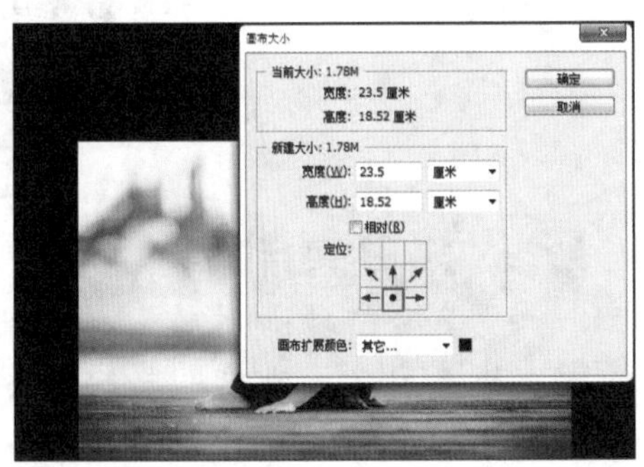

图1－150

- **“画布扩展颜色”选项**：是设置填充新画布的颜色，如图1-151所示。如果图像的背景是透明的，那么“画布扩展颜色”选项将不可用，新增加的画布也是透明的，如图1-152所示。

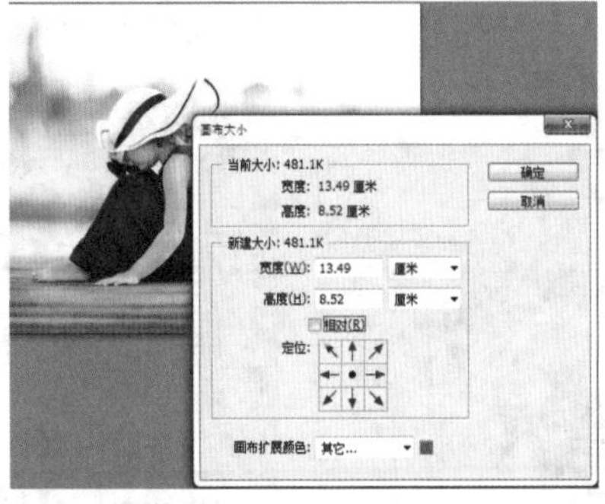

图1－151

图1－152

1.6 图像文档的查看方式

视频精讲：Photoshop CS6新手学视频精讲课堂/查看图像窗口.flv

使用Photoshop进行文件编辑时，如果需要对细节进行编辑，就需要放大细节区域的显示比例；如果需要观察画面整体效果，则需要缩小画面整体的缩放比例，以便观察完整的画面效果；而如果当前显示的区域并非需要编辑的区域，那么就需要进行画面显示域的调整。在Photoshop中包含多种工具、面板以及命令可以用于实现以上操作，下面进行逐一讲解。

1.6.1 动手学：使用缩放工具调整图像缩放级别

技术速查：使用缩放工具可以将图像在屏幕上的显示比例进行放大和缩小，图像的真实大小是不会跟着发生改变的。

缩放工具是位于工具箱下半部分的工具，单击该工具按钮，在选项栏中可以看到工具的选项设置，如图1-153所示。

技术拓展：缩放工具参数详解

● 实际像素：单击该按钮，图像将以实际像素的比例进行显示。也可以双击缩放工具来实现相同的操作。

● 适合屏幕：单击该按钮，可以在窗口中最大化显示完整的图像。

● 填充屏幕：单击该按钮，可以在整个屏幕范围内最大化显示完整的图像。

● 打印尺寸：单击该按钮，可以按照实际的打印尺寸来显示图像。

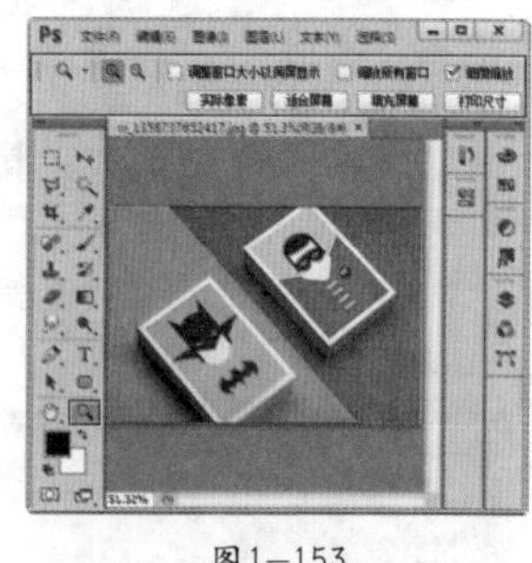

图1—153

01 缩放工具的使用方法非常简单，在选项栏中设置“放大”或“缩小”选项，然后在画面中单击即可进行放大或缩小的操作，如图1-154所示。

图1—154

技巧提示

如果当前使用的是放大模式，那么按住Alt键可以切换到缩小模式；如果当前使用的是缩小模式，那么按住Alt键可以切换到放大模式。

02 如果想要对特定区域进行放大显示，那么可以使用缩放工具在需要放大的区域，按住鼠标左键并拖动绘制出一个放大的区域（确保选项栏中的“细微缩放”未被启用），如图1-155所示。释放鼠标后该区域中的内容会被放大显示，如图1-156所示。

图1—155

图1—156

03 选中“调整窗口大小以满屏显示”复选框可以在缩放窗口的同时自动调整窗口的大小，如图1-157和图1-158所示。

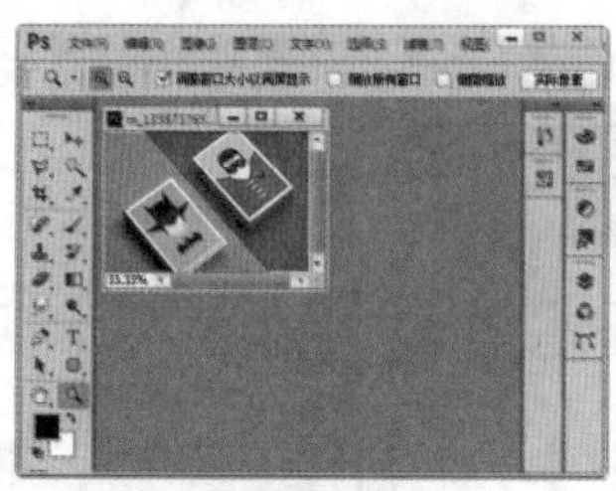

图1—157

图1—158

04 选中“缩放所有窗口”复选框可以同时缩放所有打开的文档窗口，如图1-159所示。选中“细微缩放”复选框后，在画面中单击并向左侧或右侧拖曳鼠标，能够以平滑的方式快速放大或缩小窗口，如图1-160所示。

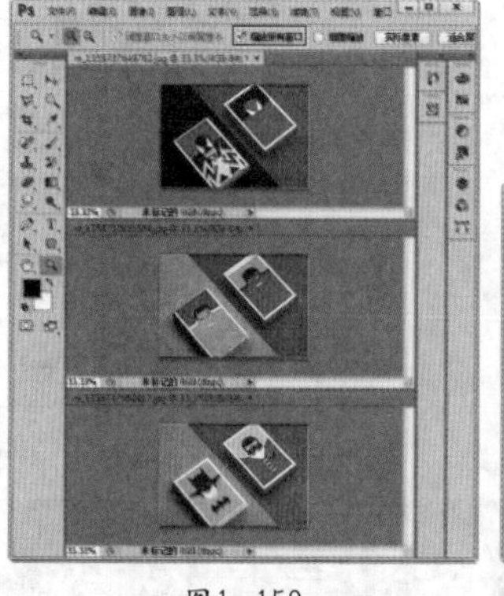

图1—159

图1—160

技巧提示

按Ctrl++快捷键可以放大窗口的显示比例；按Ctrl+−快捷键可以缩小窗口的显示比例；按Ctrl+0快捷键可以自动调整图像的显示比例，使之能够完整地在窗口中显示出来；按Ctrl+1快捷键可以使图像按照实际的像素比例显示出来。

1.6.2 动手学：使用抓手工具平移画面

技术速查：使用抓手工具可以平移画面，以查看画面的局部。

当一个图像的显示比例过大而导致画面无法完整显示时，可以使用抓手工具将图像移动到特定的区域内查看图像。抓手工具与缩放工具一样，在实际工作中的使用频率相当高。在工具箱中单击“抓手工具”按钮，将光标定位到画面中，按住鼠标左键并拖动，如图1-161所示。随着拖动即可观察到画面显示的内容发生了变化，如图1-162所示。如果选中选项栏中的“滚动所有窗口”复选框时，当前平移操作可以同时应用到其他文档窗口中。

图1—161

图1—162

> **技巧提示**
>
> 在使用其他工具编辑图像时，可以按住Space键（即空格键）切换到抓手状态，当松开Space键时，系统会自动切换回之前使用的工具。

1.6.3 使用旋转画布工具

如果在操作过程中需要将画布倾斜显示，可以单击工具箱中的“旋转画布工具”按钮，在画面中单击并拖动即可旋转画布，也可以在选项栏中设置特定的旋转数值。在这里旋转画布并不影响图像内容本身的角度，操作完成后可以单击选项栏中的“复位视图”按钮恢复到最初状态，如图1-163所示。

图1—163

1.6.4 使用“导航器”画板查看画面

技术速查：在“导航器”面板中通过滑动鼠标可以查看图像的某个区域。

执行“窗口>导航器”命令，可以调出“导航器”面板，如果要在该面板中移动画面，可以将光标放置在缩览图上，当光标变成抓手形状时（只有图像的缩放比例大于全屏显示比例时，才会出现抓手图标），如图1-164所示，拖曳鼠标即可移动图像画面，如图1-165所示。

图1—164

- **缩放数值输入框**：如图1-166所示。在这里可以输入缩放数值，然后按Enter键确认操作，如图1-167所示。

图1—165

图1—166

图1—167

- **“缩小”按钮/“放大”按钮**：单击“缩小”按钮可以缩小图像的显示比例，如图1-168所示；单击“放大”按钮可以放大图像的显示比例，如图1-169所示。
- **缩放滑块**：拖曳缩放滑块可以放大或缩小窗口，如图1-170和图1-171所示。

图1—168

图1—169

图1—170

图1—171

1.6.5 调整多文档的排布方式

在Photoshop中打开多个文件时，选择合理的方式查看图像窗口可以更好地对图像进行编辑，如图1-172所示。执行“窗口>排列”命令，用户可以方便地在子菜单下选择文档的排列方式、堆叠方式以及匹配方式，如图1-173所示。

图1—172

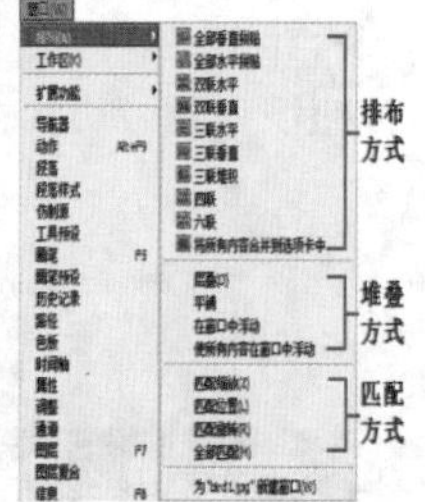

图1—173

前10项为多个文档的排布方式，执行某项命令即可更改已打开文档的排布方式。如图1-174所示为“六联”显示。如图1-175所示为“将所有内容合并到选项卡中”显示。

图1—174

图1—175

堆叠方式组中，“层叠”方式是从屏幕的左上角到右下角以堆叠和层叠的方式显示未停放的窗口，如图1-176所示；选择“平铺”方式时，窗口会自动调整大小，并以平铺的方式填满可用的空间，如图1-177所示；选择“在窗口中浮动”方式时，图像可以自由浮动，并且可以任意拖曳标题栏来移动窗口，如图1-178所示；选择“使所有内容在窗口中浮动”方式时，所有文档窗口都将变成浮动窗口，如图1-179所示。

图1-176

图1-177

图1-178

图1-179

匹配方式组中主要用于快速设置多个文档的缩放、位置、旋转的匹配。如图1-180和图1-181所示分别为“匹配缩放”方式和“匹配旋转”方式。

图1-180

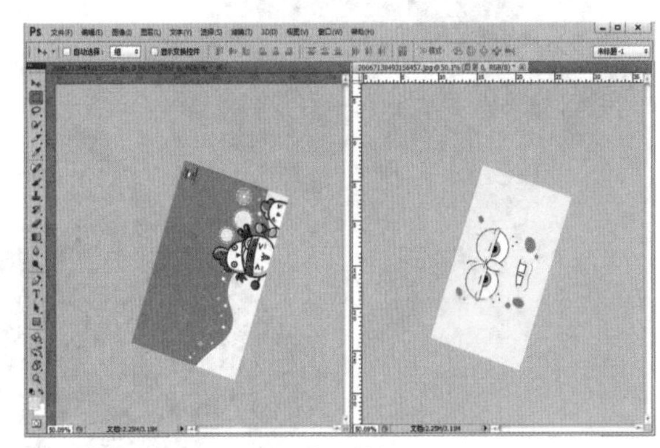

图1-181

课后练习

【课后练习——DIY电脑壁纸】

思路解析：本例的原始素材是一张1700像素×1000像素的图片，这里需要将这张图片制作成一张1024像素×768像素大小的桌面壁纸。所以在创建文件时需要创建合适的尺寸，并通过置入文件、存储文件、关闭文件等步骤制作出电脑壁纸。

本章小结

本章的内容虽然简单，但是这些技术大都是实际操作中经常会使用到的。尤其是图像文件的基本操作与图像文档的查看方式几乎是只要使用Photoshop就会用到的功能，熟练掌握这些常用操作的快捷方式能够大大节省操作时间。另外，合理的窗口配置同样能够为日常工作提供便利。

第2章 学习Photoshop的基本操作

本章内容简介：

在了解了Photoshop的基础知识后本章将要进行基本操作方式的讲解，在进行实质操作之前首先需要明确Photoshop的一切操作都是基于“图层”，所以首先学习Photoshop所特有的“图层”操作模式是非常必要的。掌握图层的基本操作方法后再进行图像内容基础编辑方法的讲解。由于本章是基础操作内容的讲解，学习难度不大，所以一定要熟练掌握本章知识。

本章学习要点：

- 掌握图层的操作方法
- 移动图像的方法
- 复制与粘贴图像内容的方法
- 撤销错误操作的方法
- 掌握标尺与参考线的使用方法

2.1 认识图层

视频精讲：Photoshop CS6新手学视频精讲课堂/图层的基本操作.flv

在Photoshop中，图层是构成文档的基本单位，通过多个图层的层层叠叠制作出的设计作品如图2-1所示。就像由面包、蔬菜、肉饼、芝士等多个食物层构成的汉堡一样，如图2-2所示。在Photoshop中所有的画面内容都存在于图层中，所有操作都是基于图层，图层的出现不仅仅是为了方便操作不同的对象，更多的情况下图层之间还存在着如堆叠、混合的“互动”。

图2-1

图2-2

2.1.1 什么是图层

在刚开始学习使用Photoshop时，经常会出现所做的操作无法正确地体现在目标对象上的情况。造成这种情况的原因很多，而选择了错误的图层则是最容易出现的情况。所以，使用Photoshop进行图像处理之前，一定要适应Photoshop的图层操作模式，在头脑中要明确“操作对象＝图层”的概念。也就是说，想要针对某个对象操作，就必须要对该对象所在图层进行操作，如果要对文档中的某个图层进行操作就必须先选中该图层。

图层的原理其实非常简单，就像分别在多个透明的玻璃上绘画一样，每层“玻璃”都可以进行独立的编辑，而不会影响其他“玻璃”中的内容，“玻璃”和“玻璃”之间可以随意地调整堆叠方式，将所有“玻璃”叠放在一起则显现出图像最终效果，如图2-3所示。

图层的优势在于每一个图层中的对象都可以单独进行处理。在编辑图层之前，首先需要在“图层”面板中单击选中图层，所选图层将成为当前图层被操作。既可以移动图层，如图2-4所示，也可以调整图层堆叠的顺序，而不会影响其他图层中的内容，如图2-5所示。

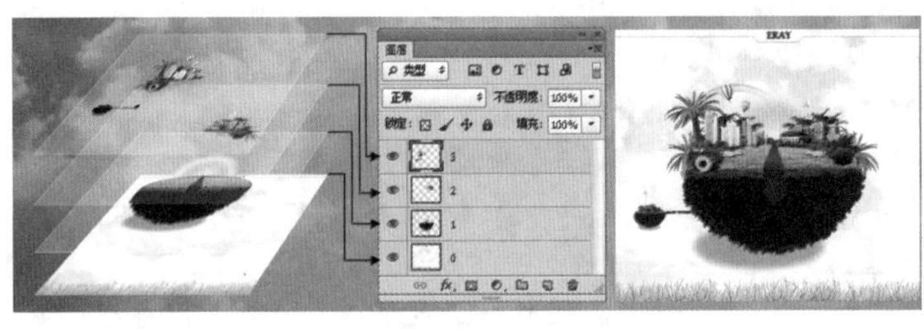

图2-3

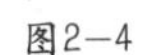

图2-4

图2-5

2.1.2 认识“图层”面板

一涉及图层就必须要认识一下“图层”面板，该面板可以说是图层的管理器，执行“窗口>图层”命令，可开启“图层”面板，该面板用于进行图层的新建、删除、编辑、管理等操作。也就是说，Photoshop中关于图层的大部分操作都需要在“图层”面板中进行，如图2-6所示。另外，在菜单栏中的“图层”菜单中也可以对图层进行编辑，如图2-7所示。

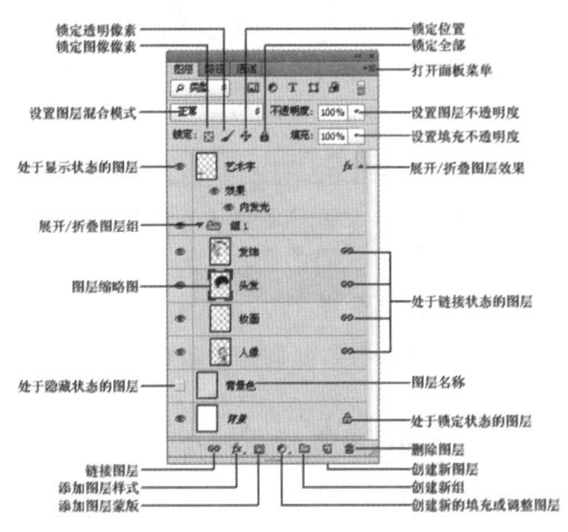

图2-6

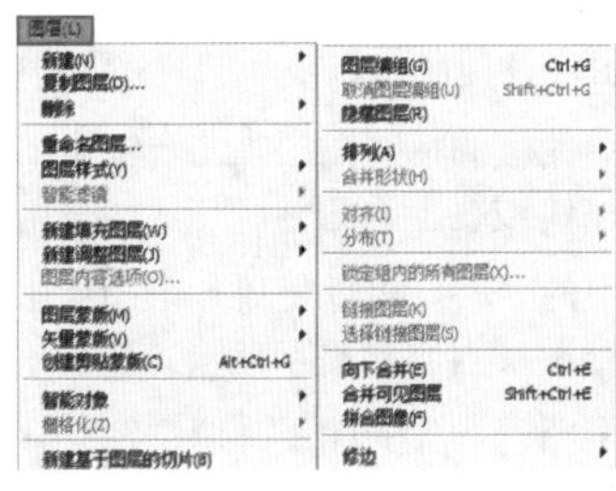

图2-7

技术拓展：详解“图层”面板

● 类型 图层过滤：从左侧列表中选择一种图层过滤方式，然后在右侧选择过滤条件，图层列表中将只显示满足条件的图层。

● 打开面板菜单：单击该图标，可以打开“图层”面板的面板菜单。

● 正常 设置图层混合模式：用来设置当前图层的混合模式，使之与下面的图像产生混合。

● 不透明度：100% 设置图层不透明度：用来设置当前图层的不透明度。

● 锁定： 设定图层的锁定方式：单击“锁定透明像素”按钮可以将编辑范围限制为只针对图层的不透明部分；单击“锁定图像像素”按钮可以防止使用绘画工具修改图层的像素；单击“锁定位置”按钮可以防止图层的像素被移动；单击“锁定全部”按钮可以锁定透明像素、图像像素和位置，处于这种状态下的图层将不能进行任何操作。

● 填充：100% 设置填充不透明度：用来设置当前图层的填充不透明度。该选项与“不透明度”选项类似，但是不会影响图层样式效果。

● 处于显示/隐藏状态的图层：当该图标显示为眼睛形状时表示当前图层处于可见状态，而处于空白状态时则处于不可见状态。单击该图标可以在显示与隐藏之间进行切换。

● 链接图层：用来链接当前选择的多个图层，选中多个图层时该图标变为可使用状态。

● 添加图层样式：单击该按钮，在弹出的菜单中选择一种样式，可以为当前图层添加一个图层样式。

● 添加图层蒙版：单击该按钮，可以为当前图层添加一个蒙版。

● 创建新的填充或调整图层：单击该按钮，在弹出的菜单中选择相应的命令即可创建填充图层或调整图层。

● 创建新组：单击该按钮可以新建一个图层组，也可以使用快捷键Ctrl+G。

● 创建新图层：单击该按钮可以新建一个图层，也可以使用组合键Ctrl+Shift+N创建新图层。将选中的图层拖曳到“创建新图层”按钮上，可以为当前所选图层创建出相应的副本图层。

● 删除图层：单击该按钮可以删除当前选择的图层或图层组，也可以直接在选中图层或图层组的状态下按Delete键进行删除。

2.1.3 认识不同种类的图层

Photoshop中有很多种类型的图层，如“视频图层”、“智能图层”、“3D图层”等，而每种图层都有不同的功能和用途；也有处于不同状态的图层，如“选中状态”、“锁定状态”、“链接状态”等，当然它们在“图层”面板中的显示状态也不相同，如图2-8所示。

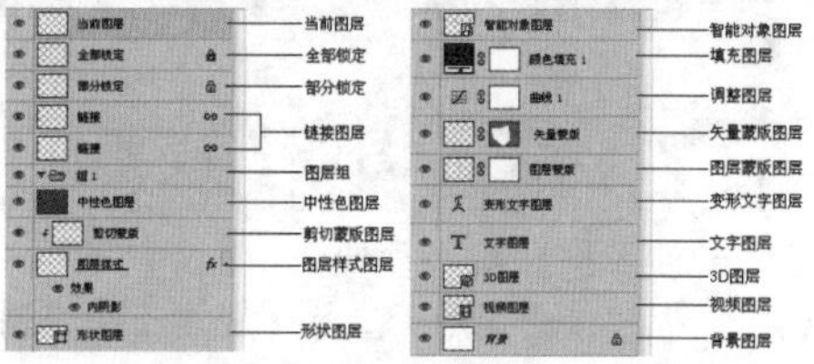

图2-8

- 当前图层：当前所选择的图层。
- 全部锁定图层：锁定了“透明像素”、“图像像素”、“位置”全部属性。
- 部分锁定图层：锁定了“透明像素”、“图像像素”、“位置”其中的一种或两种。
- 链接图层：保持链接状态的多个图层。
- 图层组：用于管理图层，以便随时查找和编辑图层。
- 中性色图层：填充了中性色的特殊图层，结合特定的混合模式可以用来承载滤镜或在上面绘画。
- 剪贴蒙版图层：蒙版中的一种，可以使用一个图层中的图像来控制它上面多个图层内容的显示范围。
- 图层样式图层：添加了图层样式的图层，双击图层样式可以进行样式参数的编辑。
- 形状图层：使用形状工具或钢笔工具可以创建形状图层。形状中会自动填充当前的前景色，也可以很方便地改用其他颜色、渐变或图案来进行填充。
- 智能对象图层：包含有智能对象的图层。
- 填充图层：通过填充纯色、渐变或图案来创建的具有特殊效果的图层。
- 调整图层：可以调整图像的色调，并且可以重复调整。
- 矢量蒙版图层：带有矢量形状的蒙版图层。
- 图层蒙版图层：添加了图层蒙版的图层，蒙版可以控制图层中图像的显示范围。
- 图层样式图层：添加了图层样式的图层，通过图层样式可以快速创建出各种特效。

- 变形文字图层：进行了变形处理的文字图层。
- 文字图层：使用文字工具输入文字时所创建的图层。
- 3D图层：包含有置入的3D文件的图层。
- 视频图层：包含有视频文件帧的图层。
- 背景图层：新建文档时创建的图层。背景图层始终位于面板的最底部，名称为“背景”两个字，且为斜体。

2.2 图层的基本操作

“图层”对象作为Photoshop文档的组成部分可以进行多种操作，如选择、新建、复制、粘贴、删除等，本小节主要对这些基础操作方式进行讲解。

2.2.1 动手学：选择图层

想要对某一部分进行操作就必须要选择该图层。在Photoshop中可以选择单个图层，也可以选择连续或非连续的多个图层。当想要进行某些操作却发现该操作不可用时就需要确认是否未在“图层”面板中选中任何图层或是否同时选中了多个图层。

01 在“图层”面板中单击图层即可将其选中，如图2-9所示。选择一个图层后，按Alt+]快捷键可以将当前图层切换为与之相邻的上一个图层，按Alt+[快捷键可以将当前图层切换为与之相邻的下一个图层。

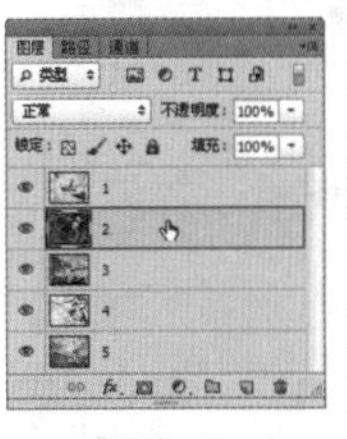

图2-9

技巧提示

绘画以及色调调整只能在一个图层中进行，而移动、对齐、变换或应用“样式”面板中的样式等可以一次性对多个图层进行操作。

02 如果要选择多个连续的图层，可以先选择位于顶端的图层，然后按住Shift键单击位于底端的图层，即可选择这些连续的图层，如图2-10所示。

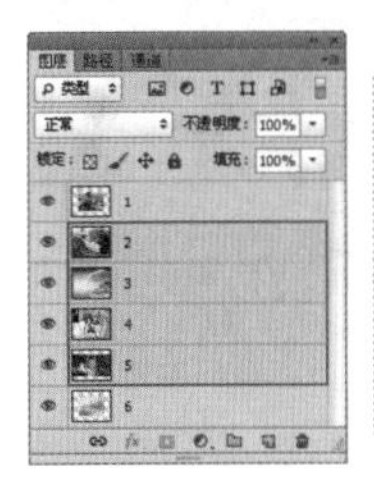

图2-10

技巧提示

在选中多个图层时，可以对多个图层进行删除、复制、移动、变换等，但是很多类似绘画以及调色等操作是不能够进行的。

03 如果要选择多个非连续的图层，可以先选择其中一个图层，然后按住Ctrl键单击其他图层的名称，如图2-11所示。

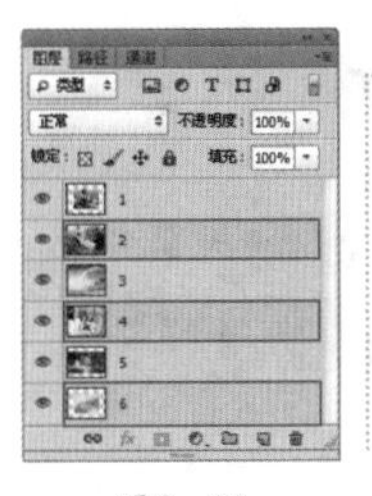

图2—11

技巧提示

如果使用Ctrl键连续选择多个图层，只能单击其他图层的名称，绝对不能单击图层缩览图，否则会载入图层的选区。

04 当画布中包含很多相互重叠图层，难以在“图层”面板中辨别某一图层时，使用移动工具，在画面中图像所在位置单击鼠标右键，在显示出的当前重叠图层列表中选择需要的图层即可，如图2-12所示。

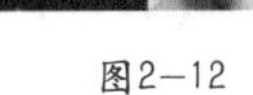

图2—12

技巧提示

在使用其他工具状态下可以按住Ctrl键暂时切换到移动工具状态下，并单击鼠标右键，同样可以显示当前位置重叠的图层列表。

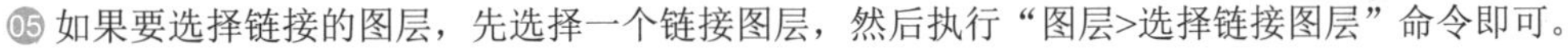

05 如果要选择链接的图层，先选择一个链接图层，然后执行“图层>选择链接图层”命令即可。

06 如果要选择所有图层（不包括“背景”图层），可以执行“选择>所有图层”命令或按Alt+Ctrl+A组合键。

07 如果不想选择任何图层，执行“选择>取消选择图层”命令。另外，也可以在“图层”面板最下面的空白处单击，取消选择所有图层，如图2-13所示。

图2—13

2.2.2 动手学：新建图层

创建了新的文件，或打开一张照片素材后，“图层”面板都会出现一个“背景”图层，如图2-14所示。想要在画面中绘制一些内容，如果直接选择背景图层进行操作不仅会破坏原始的图像内容，而且绘制的内容也不能够进行独立移动和编辑。所以在要绘制新对象时尽量新建图层进行操作，这样可以避免不同对象之间的相互影响，如图2-15所示。

01 新建图层的方法有很多种，在“图层”面板底部单击“创建新图层”按钮，即可在当前图层上一层新建一个图层，如图2-16所示。新建的图层在缩览图中以灰白格子的透明状态显示，也可以执行“图层>新建>图层”命令。

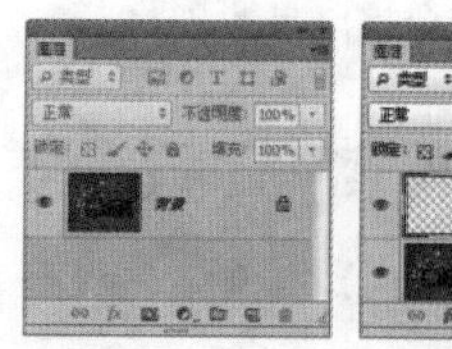
图2-14

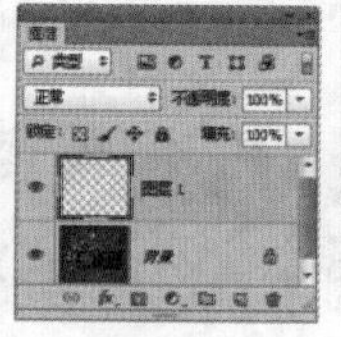
图2-15

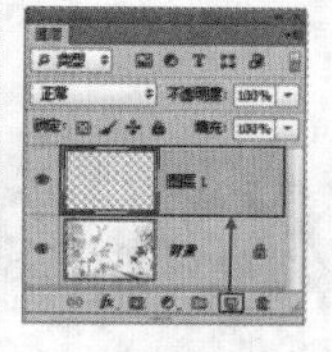
图2-16

技巧提示

如果要在当前图层的下一层新建一个图层，可以按住Ctrl键单击“创建新图层”按钮。“背景”图层永远处于“图层”面板的最下方，即使按住Ctrl键也不能在其下方新建图层。

02 如果需要新建填充图层，可以执行“图层>新建填充图层”命令，在子菜单中选择需要创建的填充图层的类型，如图2-17所示。如果需要创建新的调整图层，可以执行“图层>新建调整图层”命令，在子菜单中选择需要创建的调整图层的类型，如图2-18所示。

03 单击“图层”面板下面的“创建新的填充或调整图层”按钮，在弹出的菜单中也可以创建填充或调整图层，如图2-19所示。

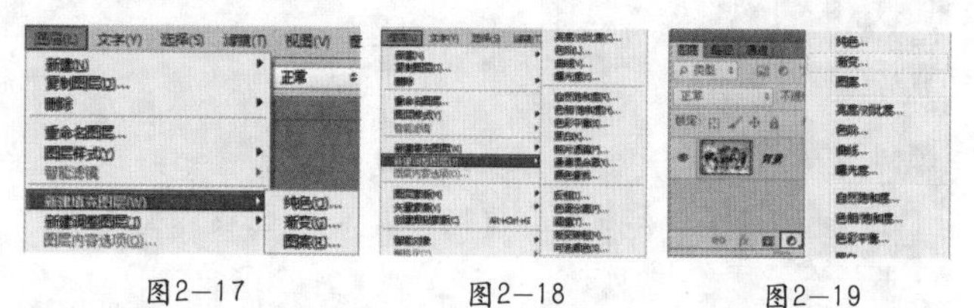
图2-17　图2-18　图2-19

04 纯色填充图层可以用一种颜色填充图层，并带有一个图层蒙版。执行“图层>新建填充图层>纯色”命令，可以打开“新建图层”对话框，在该对话框中可以设置纯色填充图层的名称、颜色、混合模式和不透明度，并且可以为下一图层创建剪贴蒙版，如图2-20和图2-21所示。

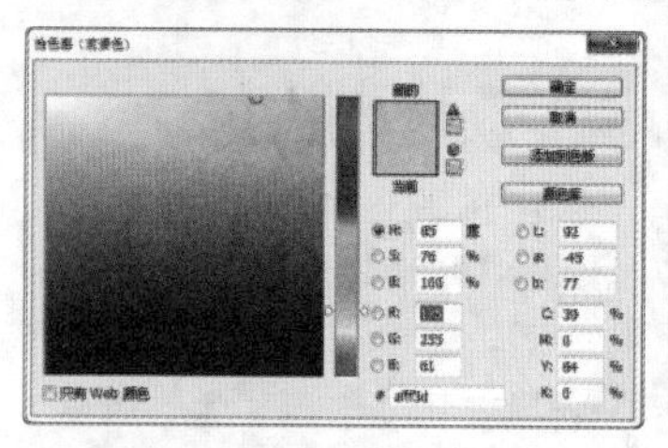
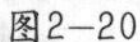
图2-20

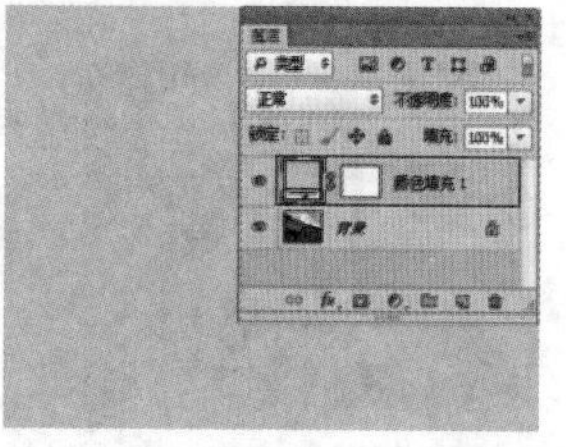
图2-21

05 渐变填充图层可以用一种渐变色填充图层，并带有一个图层蒙版，如图2-22和图2-23所示。

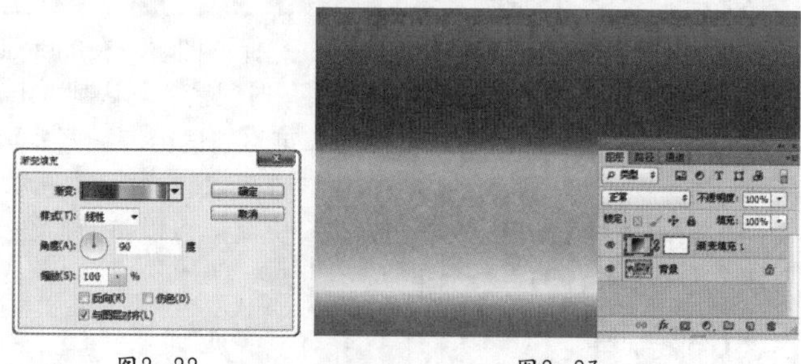
图2-22　图2-23

06 图案填充图层可以用一种图案填充图层，并带有一个图层蒙版，如图2-24和图2-25所示。

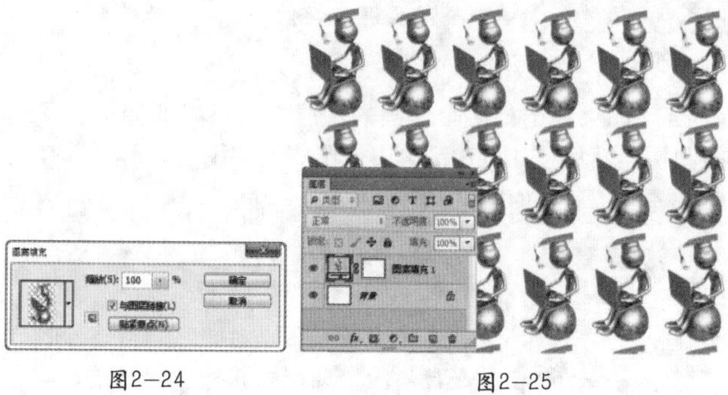
图2-24　图2-25

2.2.3 动手学：复制图层

复制图层有多种办法，可以通过图层菜单命令复制图层，也可以在“图层”面板中单击鼠标右键进行复制，或者使用快捷键。复制图层操作非常常用，例如在对数码照片进行处理时经常会复制一个背景图层，并对得到的背景副本图层进行操作，这样做是为了避免破坏原图像，在必要时可以快速地还原初始效果。

01 选择要进行复制的图层，然后在其名称上单击鼠标右键，接着在弹出的快捷菜单中选择“复制图层”命令，如图2-26所示，此时弹出“复制图层”对话框，单击“确定”按钮即可，如图2-27所示。也可以执行“图层>复制图层”命令。

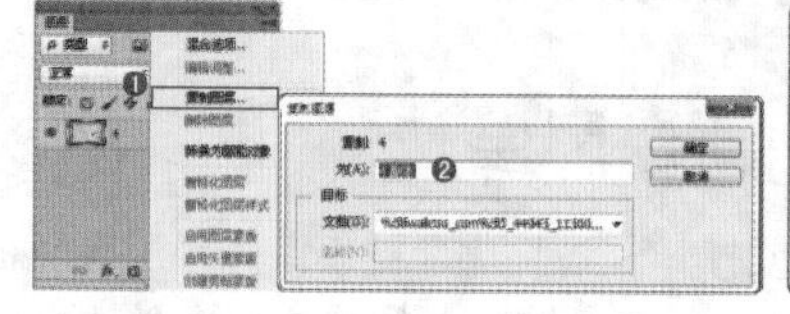
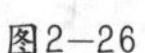
图2-26

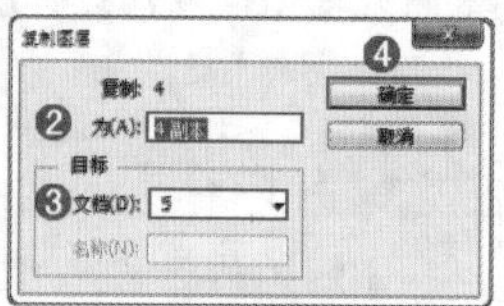
图2-27

02 将需要复制的图层拖曳到“创建新图层”按钮上，即可复制出该图层的副本，如图2-28所示。

03 选择需要进行复制的图层，然后直接按Ctrl+J快捷键即可复制出所选图层，如图2-29和图2-30所示。

04 也可以在“图层”面板中选中某一图层，并按住Alt键向其他两个图层交界处移动，当光标变为双箭头时松开鼠标即可快捷复制出所选图层，如图2-31和图2-32所示。

图2—28

图2—29

图2—30

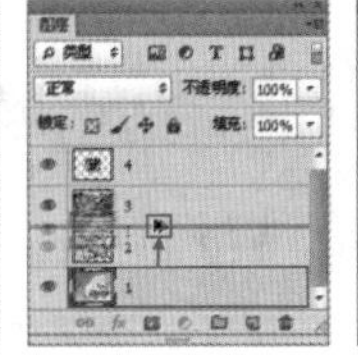

图2—31

图2—32

2.2.4 动手学：删除图层

如果要删除图层，可以单击图层并将其拖曳到“删除图层”按钮上，也可以直接按Delete键，如图2-33所示。执行“图层>删除图层>隐藏图层”命令，可以删除所有隐藏的图层。

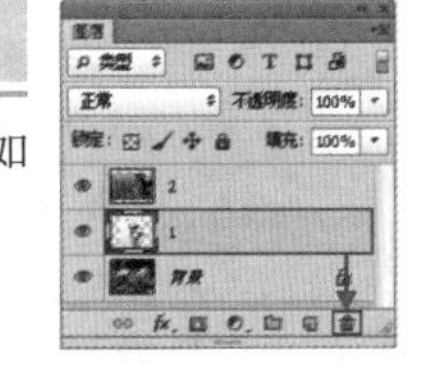

图2—33

2.2.5 更改图层的显示与隐藏

图层缩览图左侧的方形区域用来控制图层的可见性。单击该方块区域可以在图层的显示与隐藏之间进行切换。在图层缩览图的前方图标出现时，该图层则为可见，如图2-34所示。图标出现时，该图层为隐藏，如图2-35所示。执行“图层>隐藏图层”命令，可以将选中的图层隐藏起来。

图2—34

图2—35

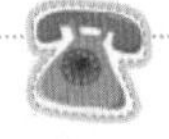

答疑解惑：如何快速隐藏多个图层？

将光标放在一个图层的眼睛图标上，然后按住鼠标左键垂直向上或垂直向下拖曳，可以快速隐藏多个相邻的图层，这种方法也可以快速显示隐藏的图层，如图2—36所示。

如果文档中存在两个或两个以上的图层，按住Alt键单击眼睛图标，可以快速隐藏该图层以外的所有图层，按住Alt键再次单击眼睛图标，可以显示被隐藏的图层。

图2—36

2.2.6 调整图层的排列顺序

在“图层”面板中排列着很多图层，排列位置靠上的图层优先显示，而排列在后面的图层则可能被遮盖住。在操作的过程中经常需要调整“图层”面板中图层的顺序以配合操作需要，如图2-37和图2-38所示。

图2—37

图2—38

如果要改变图层的排列顺序，单击该图层并拖曳到另外一个图层的上面或下面，即可调整图层的排列顺序，如图2-39和图2-40所示。

也可以选择一个图层，然后执行“图层>排列”菜单下的子命令，调整图层的排列顺序，如图2-41所示。

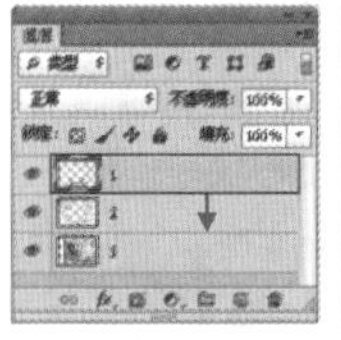

图2—39

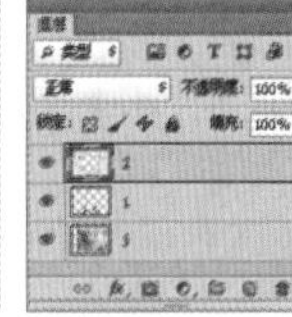

图2—40

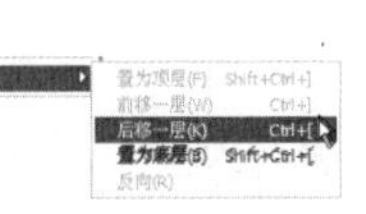

图2—41

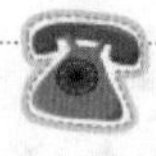

答疑解惑：如果图层位于图层组中，排列顺序会是怎样？

如果所选图层位于图层组中，执行“前移一层”、“后移一层”和“反向”命令时，与图层不在图层组中没有区别，但是执行“置为顶层”和“置为底层”命令时，所选图层将被调整到当前图层组的最顶层或最底层。

2.2.7 动手学：背景和图层的转换

“背景”图层相信大家并不陌生，在Photoshop中打开一张数码照片时，“图层”面板通常只显示着一个“背景”图层，如图2-42所示。而且“背景”图层不含有透明像素，并且无法进行移动、添加样式等操作。因此，如果要对“背景”图层进行移动操作，就需要将其转换为普通图层，如图2-43所示。

图2-42

图2-43

01 选择背景图层，执行“图层>新建>背景图层”命令，如图2-44所示。在弹出的对话框中可以设置转换为普通图层后的属性，如图2-45所示。设置完毕后单击“确定”按钮，可以将“背景”图层转换为普通图层。

图2-44

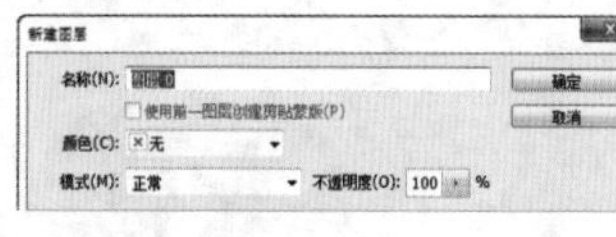

图2-45

技巧提示

在将图层转换为背景时，图层中的任何透明像素都会被转换为背景色，并且该图层将放置到图层堆栈的最底部。

02 按住Alt键的同时双击“背景”图层，可以将“背景”图层直接转换为普通图层，如图2-46所示。

03 也可以将普通图层转换为背景图层。执行“图层>新建>背景图层”命令，普通图层将转换为“背景”图层，如图2-47所示。

图2-46

图2-47

2.2.8 修改图层的名称与颜色

技术速查：在图层较多的文档中，修改图层名称及其颜色有助于快速找到相应的图层。

选择一个图层，执行“图层>重命名图层”命令，或在图层名称上双击，激活“名称”输入框，然后输入名称也可以修改图层名称，如图2-48所示。更改图层颜色也是一种便于快速找到图层的方法，在图层上单击鼠标右键，在快捷菜单的下半部分可以看到多种颜色名称，单击其中一种即可更改当前图层前方的色块效果，选择“无颜色”命令即可去除颜色效果，如图2-49所示。

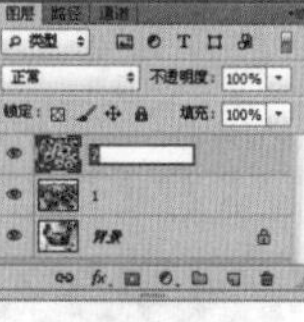

图2-48

图2-49

2.3 移动图像内容

将画面中的图像移动位置是非常常用的功能之一，在Photoshop中要进行移动操作，就需要使用到工具箱中的移动工具，使用移动工具不仅可以移动单个或多个图层，还可以移动图层中的部分内容，以及在不同文档中移动内容，如图2-50和图2-51所示。

图2-50

图2-51

2.3.1 认识移动工具

技术速查：使用移动工具可以在文档中移动图层、选区中的图像，还可以将其他文档中的图像拖曳到当前文档中。

移动工具▶✥位于工具箱的最顶端，是最常用的工具之一。移动工具的使用方法非常简单，选中图层后在画面中按住鼠标左键并拖动光标，松开鼠标后所选内容位置即发生变化。而且移动工具不仅仅用于移动对象，在选项栏中还可以进行多个图层的对齐与分布的设置。如图2-52所示是移动工具的选项栏。

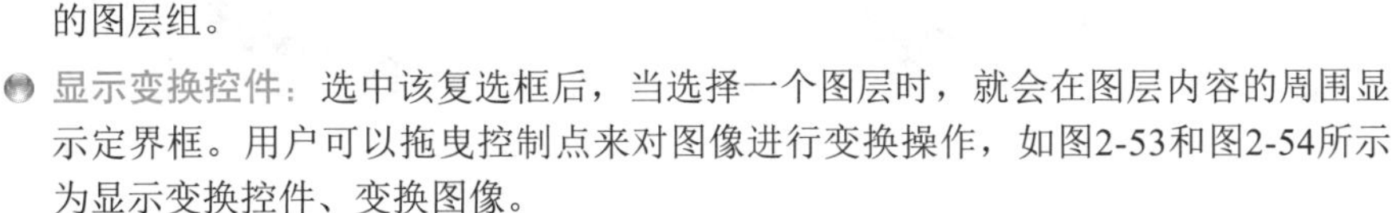

图2-52

- 自动选择：如果文档中包含了多个图层或图层组，可以在其下拉列表中选择要移动的对象。如果选择“图层”选项，使用移动工具在画布中单击时，可以自动选择移动工具下面包含像素的最顶层的图层；如果选择“组”选项，在画布中单击时，可以自动选择移动工具下面包含像素的最顶层的图层所在的图层组。
- 显示变换控件：选中该复选框后，当选择一个图层时，就会在图层内容的周围显示定界框。用户可以拖曳控制点来对图像进行变换操作，如图2-53和图2-54所示为显示变换控件、变换图像。

图2-53

图2-54

- 对齐图层：当同时选择了两个或两个以上的图层时，单击相应的按钮可以将所选图层进行对齐。对齐方式包括“顶对齐”、“垂直居中对齐”、“底对齐”、“左对齐”、“水平居中对齐”和“右对齐”。
- 分布图层：如果选择了3个或3个以上的图层时，单击相应的按钮可以将所选图层按一定规则进行均匀分布排列。分布方式包括“按顶分布”、“垂直居中分布”、“按底分布”、“按左分布”、“水平居中分布”和“按右分布”。

2.3.2 在同一个文档中移动图像

在“图层”面板中选择要移动的对象所在的图层，然后在工具箱中单击移动工具按钮，接着在画布中单击并拖曳鼠标即可移动选中的对象，如图2-55和图2-56所示。

如果需要移动图层中的部分内容，可以使用首先制作出需要移动部分的选区，然后在包含选区的状态下将光标放置在选区内，如图2-57所示。单击并拖曳鼠标即可移动选中的图像，如图2-58所示。

图2-55

图2-56

图2-57

图2-58

2.3.3 在不同的文档间移动图像

若要在不同的文档间移动图像，首先需要使用移动工具将光标放置在其中一个画布中，单击并拖曳到另外一个文档的标题栏上，停留片刻后即可切换到目标文档。接着将图像移动到画面中释放鼠标左键即可将图像拖曳到文档中，如图2-59所示。松开鼠标后图层即可被移动到另一文档中，如图2-60所示。

图2-59

图2-60

2.3.4 移动复制

移动工具还有一个非常实用的小技巧：移动复制。移动复制，顾名思义就是一边移动一边复制对象。在使用移动工具移动图像的同时按住Alt键，可以快速切换为移动复制状态，如图2-61所示。将鼠标移动到其他位置时可以看到出现一个相同的图像，松开鼠标后即可完成移动复制，而且在“图层”面板中同时会生成一个新的图层，如图2-62所示。当画面中需要大量分布在不同位置的相同对象时使用“移动复制”功能再合适不过。

图2-61

图2-62

技巧提示

如果在移动复制时画面中包含选区，那么移动复制的内容将为选区中的内容，而且复制出的内容仍会位于原图层中。

★ 案例实战——使用移动工具调整图层位置

案例文件	案例文件\第2章\使用移动工具调整图层位置.psd
视频教学	视频文件\第2章\使用移动工具调整图层位置.flv
难易指数	★★★★
技术要点	选择图层、移动工具

案例效果

本案例是通过使用移动工具调整图层位置，如图2-63所示。

操作步骤

01 执行“文件>打开”命令，打开素材文件“1.psd”，可以看到页面中的功能区分布得非常乱，如图2-64所示。执行“窗口>图层”命令开启“图层”面板，在该面板中可以看到多个图层，需要调整的图层为图层1、2、3、4，如图2-65所示。

图2-63

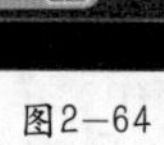
图2-64

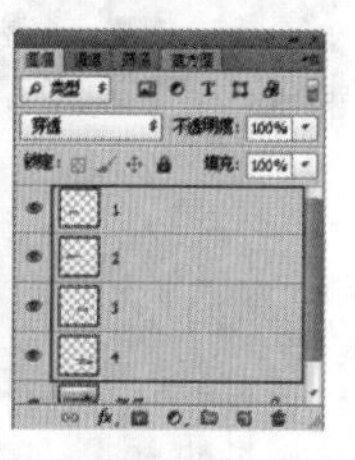
图2-65

02 选择工具箱中的移动工具，在“图层”面板中单击选中图层1，如图2-66所示。然后将光标移动到画面中按住鼠标左键并向画面左上区域移动，移动到合适的位置后松开鼠标，效果如图2-67所示。

03 同样方法继续选择其他图层，并使用移动工具将其他的图层内容移动到合适位置，效果如图2-68所示。

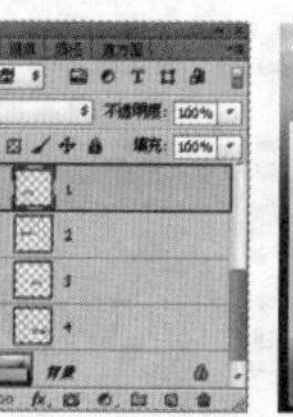
图2-66

图2-67

图2-68

读书笔记

2.4 图像的基础操作

视频精讲：Photoshop CS6新手学视频精讲课堂/剪切、拷贝、粘贴、清除.flv

与Windows下的剪切、拷贝、粘贴命令相似，Photoshop中的剪切、拷贝、粘贴命令可以对图像内容进行相应操作。而且Photoshop中还可以对图像进行原位置粘贴、合并拷贝等特殊操作。

2.4.1 动手学：剪切与粘贴

技术速查：“剪切”图像是选中的内容从原始部分删除，并保存到剪贴板中以供调用。而“粘贴”图像则是通过调用剪贴板中的内容，使其出现在画面中。

01 “剪切”命令需要针对图像的局部进行操作，所以需要创建选区。单击工具箱中的“矩形选区工具”按钮，在画面中按住鼠标左键并拖动绘制出选区，如图2-69所示。然后执行“编辑>剪切”命令或按Ctrl+X快捷键，可以将选区中的内容剪切到剪贴板上，选区内的部分被删除，如图2-70所示。

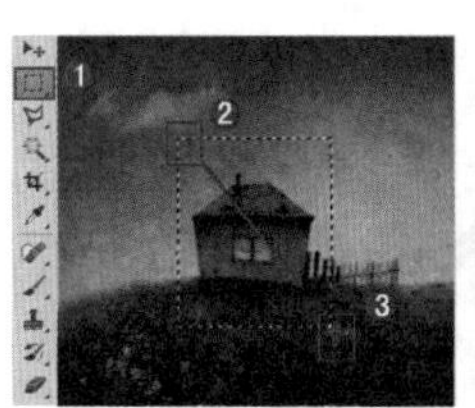

图2-69

图2-70

02 继续执行“编辑>粘贴”命令或按Ctrl+V快捷键，可以将剪切的图像粘贴到画布中，并生成一个新的图层，如图2-71所示。

图2-71

技巧提示

由于当前图层为背景图层，而背景图层是不能包含透明像素的，所以对于背景图层的删除或剪切都将使用“背景色”进行填充。如果想要剪切或删除到透明像素，就需要将背景图层转换为普通图层。

☆ 视频课堂——剪切并粘贴图像

案例文件\第2章\视频课堂——剪切并粘贴图像.psd
视频文件\第2章\视频课堂——剪切并粘贴图像.flv

思路解析：

01 制作需要剪切部分的选区。
02 执行“编辑>剪切”命令，剪切这部分区域。
03 执行“编辑>粘贴”命令，将区域中的内容粘贴为独立图层。

2.4.2 拷贝与合并拷贝

创建选区后，执行“编辑>拷贝”命令或按Ctrl+C快捷键，如图2-72所示，可以将选区中的图像拷贝到剪贴板中，然后执行“编辑>粘贴”命令或按Ctrl+V快捷键，可以将拷贝的图像粘贴到画布中，并生成一个新的图层，如图2-73所示。

图2-72

图2-73

当文档中包含很多图层时，如图2-74所示，执行“选择>全选”命令或按Ctrl+A快捷键全选当前图像，然后执行“编辑>合并拷贝”命令或按Ctrl+Shift+C组合键，将所有可见图层拷贝并合并到剪贴板中。最后按Ctrl+V快捷键可以将合并拷贝的图像粘贴到当前文档或其他文档中，如图2-75所示。

图2-74

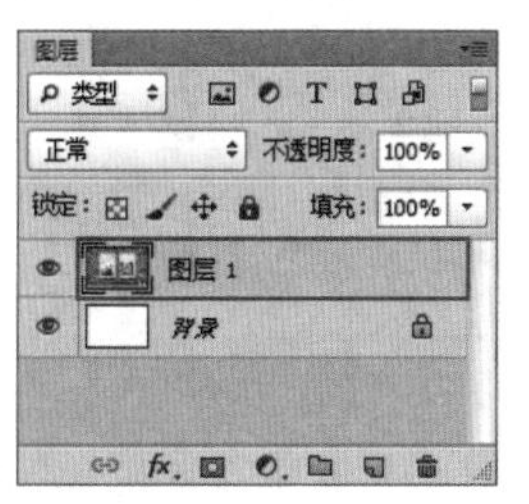

图2-75

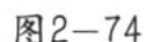

技巧提示

在工作中经常会涉及制作一些并不是正规开数的印刷品，例如包装盒小卡片等。为了节约成本，就需要在拼版时尽可能把成品放在合适的纸张开度范围内，如图2-76所示。这就需要使用到复制与粘贴命令，如图2-77所示。

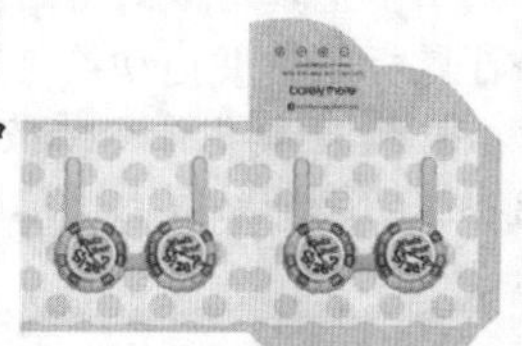

图2-76　　图2-77

☆ 视频课堂——从Illustrator中复制元素到Photoshop

案例文件\第2章\视频课堂——从Illustrator中复制元素到Photoshop.psd
视频文件\第2章\视频课堂——从Illustrator中复制元素到Photoshop.flv

思路解析：

01 在Photoshop中打开背景素材。
02 在Illustrator中打开矢量素材。选择需要使用的元素，并进行复制。
03 回到Photoshop中进行粘贴。

2.4.3 清除图像

技术速查：“清除”命令可以清除选中区域内的图像。

当选中图层为包含选区状态的“背景”图层时，如图2-78所示，执行“编辑>清除”命令，被清除的区域将填充背景色，如图2-79所示。当选中的图层为包含选区的普通图层，可以清除选区中的图像，并呈现出透明状态，如图2-80所示。

图2-78

图2-79

图2-80

2.5 撤销/返回操作与恢复

视频精讲：Photoshop CS6新手学视频精讲课堂/撤销、返回与恢复文件.flv

在传统的绘画过程中，出现错误的操作时只能选择擦除或覆盖。而在Photoshop中进行数字化编辑时，出现错误操作则可以撤销或返回所做的步骤，然后重新编辑图像，这也是数字编辑的优势之一。

2.5.1 动手学：还原与重做

执行“编辑>还原”命令或使用Ctrl+Z快捷键，如图2-81所示，可以撤销最近的一次操作，将其还原到上一步操作状态；如果想要取消还原操作，可以执行“编辑>重做”命令，如图2-82所示。

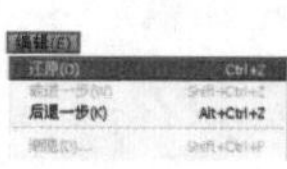

图2-81　　图2-82

2.5.2 前进一步与后退一步

由于“还原”命令只可以还原一步操作，而实际操作中经常需要还原多个操作，就需要使用到“编辑>后退一步”命令，或连续使用Alt+Ctrl+Z组合键来逐步撤销操作；如果要取消还原的操作，可以连续执行“编辑>前进一步”命令，或连续按Shift+Ctrl+Z组合键来逐步恢复被撤销的操作，如图2-83所示。

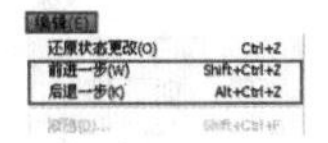

图2-83

2.5.3 恢复

执行“文件>恢复”命令，可以直接将文件恢复到最后一次保存时的状态，或返回到刚打开文件时的状态。

技巧提示

“恢复”命令只能针对已有图像的操作进行恢复。如果是新建的空白文件，“恢复”命令将不可用。

2.5.4 动手学：使用“历史记录”面板还原操作

视频精讲：Photoshop CS6新手学视频精讲课堂/“历史记录”面板的使用.flv

“历史记录”面板是用于记录编辑图像过程中所进行的操作步骤。也就是说，通过“历史记录”面板可以恢复到某一步的状态，同时也可以再次返回到当前的操作状态。执行“窗口>历史记录”命令，打开“历史记录”面板，如图2-84所示。

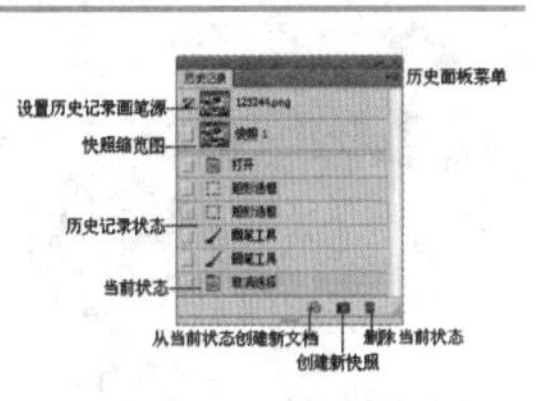

图2-84

技术拓展：详解“历史记录”面板

- “设置历史记录画笔源”图标：使用历史记录画笔时，该图标所在的位置代表历史记录画笔的源图像。
- 快照缩览图：被记录为快照的图像状态。
- 历史记录状态：Photoshop记录的每一步操作的状态。
- “从当前状态创建新文档”按钮：以当前操作步骤中图像的状态创建一个新文档。
- “创建新快照”按钮：以当前图像的状态创建一个新快照。
- “删除当前状态”按钮：选择一个历史记录后，单击该按钮可以将记录以及后面的记录删除掉。

01 在实际工作中，经常会遇到操作失误的情况，这时就可以在“历史记录”面板中恢复到想要的状态。如果想要回到使用“色相/饱和度”命令调色后的效果，可以单击“色相/饱和度”状态，图像就会返回到该步骤的效果，如图2-85所示。

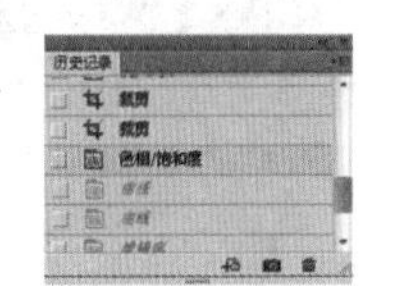
图2-85

02 在“历史记录”面板中，默认状态下可以记录20步操作，超过限定数量的操作将不能够返回。通过创建“快照”可以在图像编辑的任何状态创建副本，也就是说可以随时返回到快照所记录的状态。在“历史记录”面板中选择需要创建快照的状态，然后单击“创建新快照”按钮，此时Photoshop会自动为其命名，如图2-86所示。

图2-86

03 在“历史记录”面板中选择需要删除的快照，然后单击“删除当前状态”按钮或将快照拖曳到该按钮上，接着在弹出的对话框中单击“是”按钮，如图2-87所示。

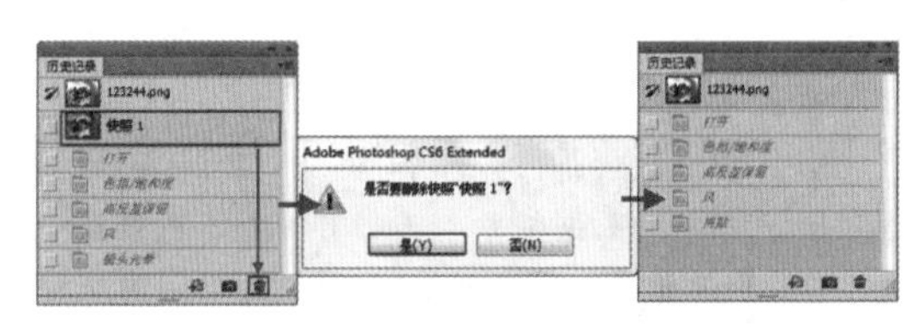

图2-87

2.6 使用常用的辅助工具

视频精讲：Photoshop CS6新手学视频精讲课堂/使用Photoshop辅助工具.flv

辅助工具是指在操作过程中可以起到辅助作用，从而使操作更加便捷的工具。在Photoshop中有很多种辅助工具，例如可以用于测量的标尺，可以用于确定位置的参考线，使制图更为标准的网格，使移动位置更加精准的对齐等。

2.6.1 动手学：标尺与参考线

技术速查：参考线是以浮动的状态显示在图像上方，可以帮助用户精确地定位图像或元素，并且在输出和打印图像时，参考线都不会显示出来。同时可以移动、删除以及锁定参考线。

01 执行“视图>标尺”命令或按Ctrl+R快捷键，可以看到窗口顶部和左侧会出现标尺，如图2-88所示。

02 默认情况下，标尺的原点位于窗口的左上方，用户可以修改原点的位置，如图2-89所示。将光标放置在原点上，然后使用鼠标左键拖曳原点，画面中会显示出十字线，释放鼠标左键以后，释放处便成了原点的新位置，并且此时的原点数值也会发生变化，如图2-90所示。

图2-88

图2-89

图2-90

03 将光标放置在水平标尺上，然后使用鼠标左键向下拖曳即可拖出水平参考线。将光标放置在左侧的垂直标尺上，然后使用鼠标左键向右拖曳即可拖出垂直参考线，如图2-91所示。有了参考线，移动其他图层到参考线附近时会自动“吸附”到参考线上，非常方便，如图2-92所示。

04 如果要移动参考线，可以在工具箱中单击“移动工具”按钮，然后将光标放置在参考线上，当光标变成分隔符形状时，使用鼠标左键即可移动参考线，如果使用移动工具将参考线拖曳出画布之外，如图2-93所示，那么可以删除这条参考线。

图2-91

图2-92

图2-93

05 如果要隐藏参考线，可以执行“视图>显示额外内容”命令，或按Ctrl+H快捷键。执行“视图>清除参考线”命令，可以删除画布中的所有参考线。

答疑解惑：怎样显示出隐藏的参考线？

在Photoshop中，如果菜单下面带有一个勾选符号✔，则说明这个命令可以顺逆操作。

以隐藏和显示参考线为例，执行一次“视图>显示>参考线”命令可以将参考线隐藏，那么再次执行该命令即可将参考线显示出来。按Ctrl+H组合键也可以切换参考线的显示与隐藏。

2.6.2 智能参考线

技术速查：智能参考线可以帮助对齐形状、切片和选区。

执行“视图>显示>智能参考线”命令，可以启用智能参考线，如图2-94所示粉色线条为智能参考线。启用智能参考线后，当绘制形状、创建选区或切片时，智能参考线会自动出现在画布中。

图2—94

答疑解惑：如何显示隐藏额外内容？

Photoshop中的辅助工具都可以进行显示隐藏的控制，执行“视图>显示额外内容”命令（使该选项处于勾选状态），然后再执行“视图>显示”菜单下的命令，可以在画布中显示出图层边缘、选区边缘、目标路径、网格、参考线、数量、智能参考线、切片等额外内容。

2.6.3 网格

技术速查：网格主要用来对称排列图像。

执行“视图>显示>网格”命令，可以在画布中显示出网格，如图2-95所示。网格在默认情况下显示为不打印出来的线条，但也可以显示为点，如图2-96所示。显示出网格后，可以执行“视图>对齐>网格”命令，启用对齐功能，此后在进行创建选区或移动图像等操作时，对象将自动对齐到网格上。

图2—95

图2—96

2.6.4 对齐

技术速查：“对齐”功能有助于精确地放置选区、裁剪选框、切片、形状和路径等。

想要使用“对齐”功能，首先需要执行“视图>对齐”命令启用“对齐”功能，然后在“视图>对齐到”菜单下可以选择需要对齐的对象，其中包含参考线、网格、图层、切片、文档边界，也可以选择全部或无，如图2-97所示。

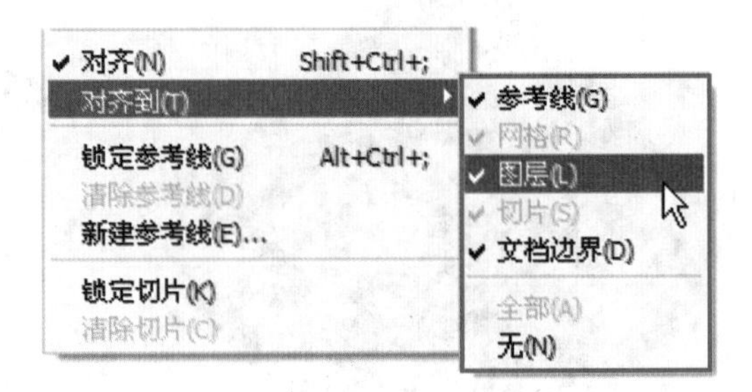

图2—97

课后练习

【课后练习——合并拷贝全部图层】

思路解析：通过使用“合并拷贝”命令复制整个画面效果，然后使用“粘贴”命令将画面粘贴为独立图层。

本章小结

本章作为基础章节虽然内容简单，但是对于学习Photoshop的使用方法至关重要，尤其是对于“图层”的理解与掌握关乎后面章节内容的学习和使用。错误操作的撤销方法也是特别常用的功能，所以一定要牢记撤销、重做操作的快捷键。

第3章

图像基本编辑操作

本章内容简介：

在前面的章节中学习了Photoshop的基本操作方法，本章将从调整图像尺寸、方向及多种变换方式几个方面进行讲解，全面学习图像常用的编辑方法。

本章学习要点：

- 掌握画面尺寸的调整方法
- 熟练掌握剪切、拷贝、粘贴的方法
- 熟练掌握自由变换的使用方法

3.1 调整图像大小与分辨率

视频精讲：Photoshop CS6新手学视频精讲课堂/调整图像大小.flv

技术速查："图像大小"命令的使用可以根据用户需要进行尺寸、大小、分辨率等参数的更改。

在进行平面设计时，对于图像的大小和分辨率这两个属性普遍是较为关注的，不同大小的设计作品可以被应用到不同领域，例如较大尺寸的作品可以用作印刷海报、室外喷绘，而尺寸较小的作品则方便客户预览、传输或上传网络等。如图3-1所示为像素尺寸分别是600像素×600像素与200像素×200像素的同一图片的对比效果。很明显地就能看出两个图像画面的"大小"明显不同，除此之外，尺寸大的图像所占计算机空间也要相对大一些，如图3-2所示。

在使用Photoshop进行平面设计时，例如数码照片、扫描图像等位图都是非常常用的素材类型。如果想要更改位图图像的大小，可以执行"图像>图像大小"命令或按Alt+Ctrl+I组合键，如图3-3所示。打开"图像大小"对话框，如图3-4所示。

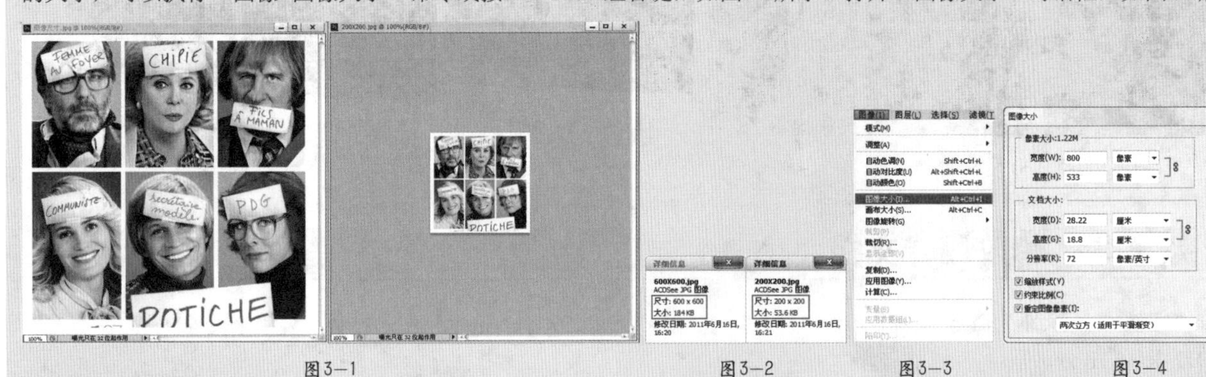

图3-1　图3-2　图3-3　图3-4

思维点拨："位图"图像

位图图像在技术上被称为栅格图像，也就是通常所说的"点阵图像"或"绘制图像"。位图图像由像素组成，每个像素都会被分配一个特定位置和颜色值。相对于矢量图像，在处理位图图像时所编辑的对象是像素而不是对象或形状。将一张图像放大到原图的多倍时，图像会发虚以至于可以观察到组成图像的像素点，这也是位图最显著的特征，如图3-5所示。

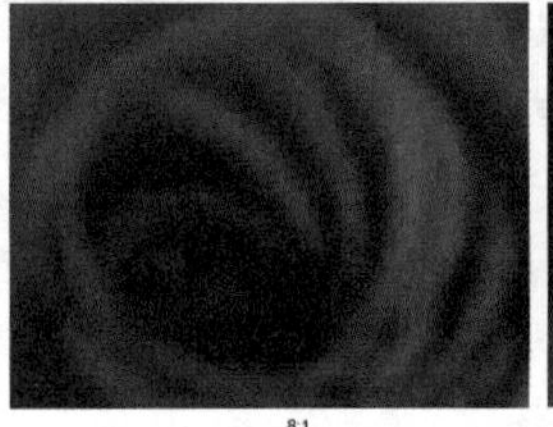
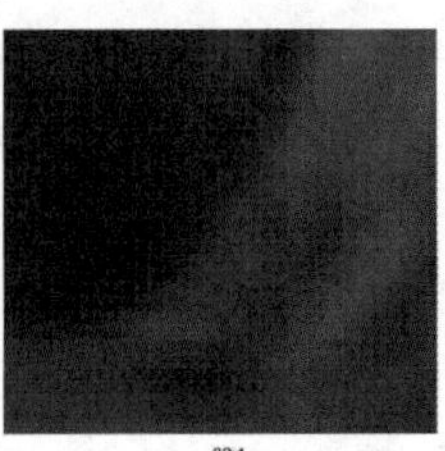
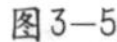

图3-5

位图图像是连续色调图像，最常见的有数码照片和数字绘画，位图图像可以更有效地表现阴影和颜色的细节层次。如图3-6和图3-7所示分别为位图与矢量图，可以发现位图图像表现出的效果非常细腻真实，而矢量图像相对于位图其过渡则显得有些生硬。

位图图像与分辨率有关，也就是说，位图包含了固定数量的像素。缩小位图尺寸会使原图变形，因为这是通过减少像素来使整个图像变小或变大的。因此，如果在屏幕上以高缩放比率对位图进行缩放或以低于创建时的分辨率来打印位图，则会丢失其中的细节，并且会出现锯齿现象。

图3-6

图3-7

3.1.1 修改图像像素大小

执行"图像>图像大小"命令，打开"图像大小"对话框，"像素大小"选项组下的参数主要用来设置图像的尺寸。顶部显示了当前图像的大小，括号内显示的是旧文件大小。修改图像宽度和高度数值，像素大小也会发生变化。更改图像的像素大小不仅会影响图像在屏幕上的大小，还会影响图像的质量及其打印特性（图像的打印尺寸和分辨率），如图3-8所示。

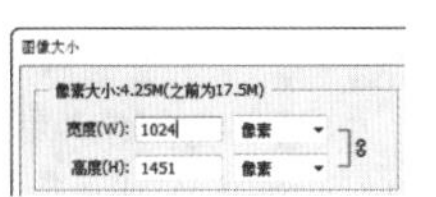

图3-8

思维点拨：关于“像素”

像素是构成位图图像的最基本单位。在通常情况下，一张普通的数码相片必然有连续的色相和明暗过渡。如果把数字图像放大数倍，则会发现这些连续色调是由许多色彩相近的小方点所组成的，这些小方点就是构成图像的最小单位“像素”，如图3-9～图3-11所示。

构成一幅图像的像素点越多，色彩信息越丰富，效果就越好，当然文件所占的空间也就更大。在位图中，像素的大小是指沿图像的宽度和高度测量出的像素数目，如图3-12中的3张图像的像素大小分别为1000×726、600×435和400×290。

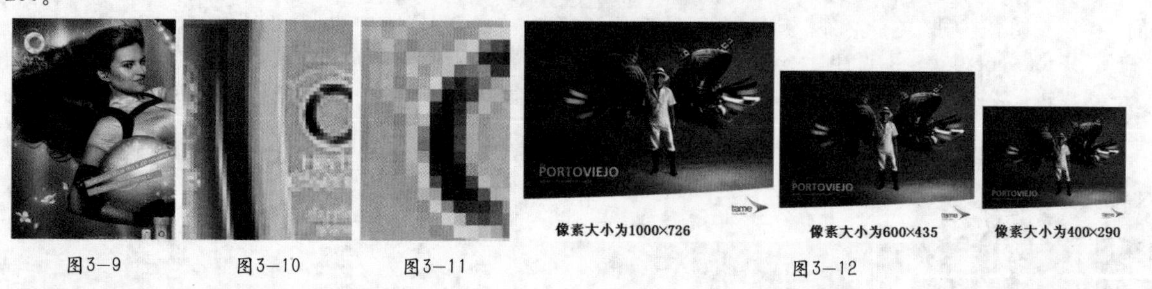

图3-9　图3-10　图3-11　图3-12

3.1.2 动手学：修改图像文档大小

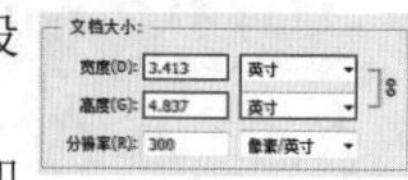

图3-13

执行“图像>图像大小”命令，打开“图像大小”对话框，“文档大小”选项组中的参数主要用来设置图像的打印尺寸和分辨率。

01 想要修改图像的打印尺寸非常简单，只需要设置好宽度与高度的单位，并输入数值即可，如图3-13所示。

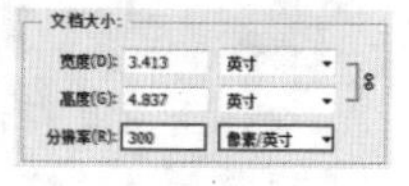

图3-14

02 分辨率是指位图图像中的细节精细度，测量单位是像素/英寸（ppi），每英寸的像素越多，分辨率越高。一般来说，图像的分辨率越高，印刷出来的质量就越好。当然，凭空增大分辨率数值图像并不会变得更精细。想要修改文档分辨率可以先设置合适的单位，然后输入合适的分辨率数值，如图3-14所示。

03 当选中“重定图像像素”复选框时，修改图像的宽度或高度可以改变图像中的像素数量。如果减小图像的大小，就会减少像素数量，像素大小的数值也会减小。此时图像虽然变小了，但是画面质量仍然保持不变，如图3-15所示。而增加图像的大小或提高分辨率，如图3-16所示，则会增加新的像素，这时图像尺寸虽然变大了，但画面质量会下降。

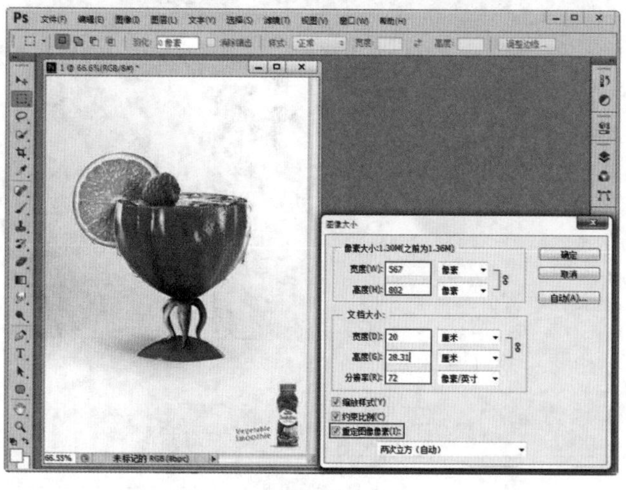

图3-15

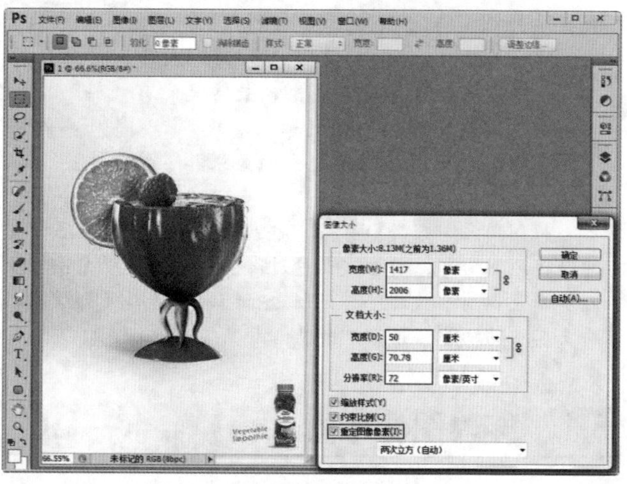

图3-16

04 当关闭“重定图像像素”选项时，修改图像的宽度和高度，图像的像素总量是不会发生变化的。也就是说，图像的视觉大小以及画面质量看起来不会有任何改变。例如，减小宽度和高度的数值时，分辨率数值会自动增大；而增加宽度和高度时就会自动减小分辨率，如图3-17和图3-18所示。

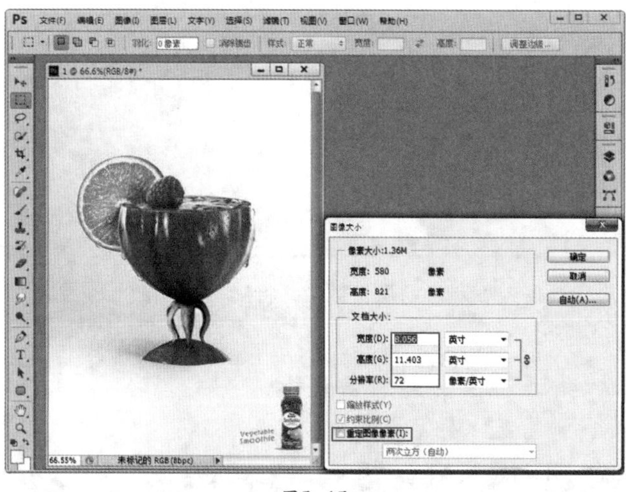

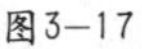

图3—17

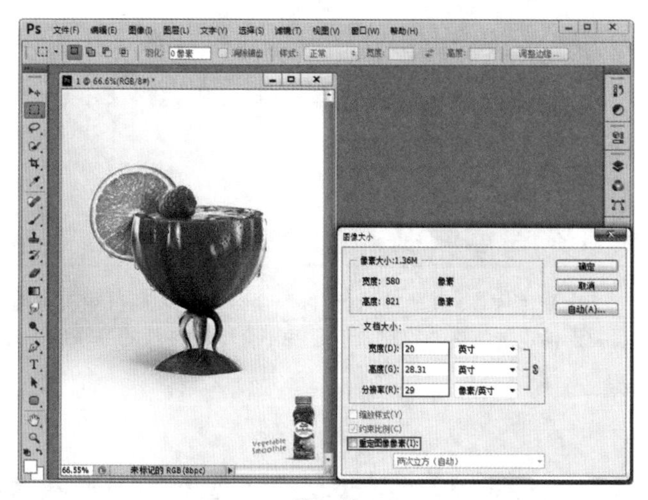

图3—18

3.1.3 “图像大小”选项设置

- **缩放样式**：当文档中的某些图层包含图层样式时，选中“缩放样式”复选框后，可以在调整图像的大小时自动缩放样式效果。只有在选中“约束比例”复选框时，“缩放样式”才可用。如图3-19和图3-20所示分别为选中“缩放样式”与未选中“缩放样式”复选框的缩放效果。

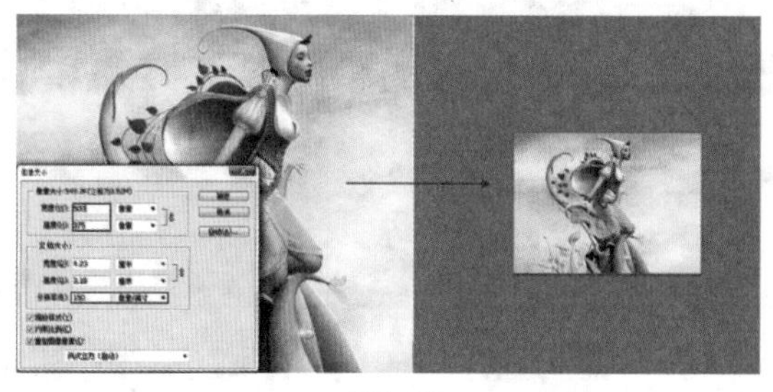

图3—19

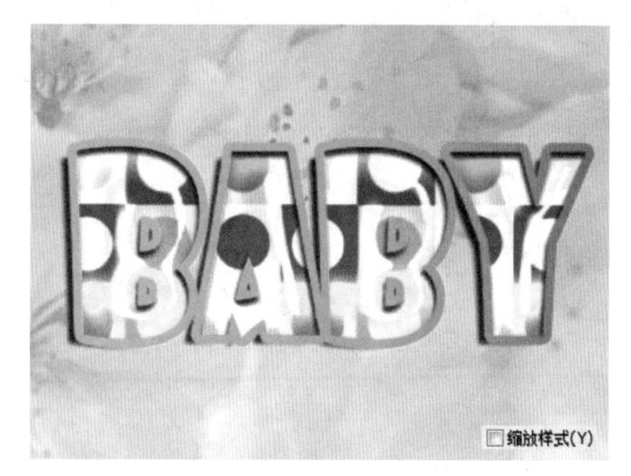

图3—20

- **约束比例**：当选中该复选框时，可以在修改图像的宽度或高度时，保持宽度和高度的比例不变。一般情况下，对数码照片进行处理时都应该选中该复选框。
- **重定图像像素**：当选中该复选框时，修改图像的宽度或高度可以改变图像中的像素数量；当取消选中该复选框时，即使修改图像的宽度和高度，图像的像素总量也不会发生变化。
- **插值方法**：在“图像大小”对话框最底部的下拉列表中提供了6种插值方法来确定添加或删除像素的方式，分别是“邻近（保留硬边缘）”、“两次线性”、“两次立方（适用于平滑渐变）”、“两次立方较平滑（适用于扩大）”、“两次立方较锐利（适用于缩小）”和“两次立方（自动）”，如图3-21所示。
- **自动**：单击窗口右侧的“自动”按钮，打开“自动分辨率”对话框，在该对话框中输入“挂网”的线数以后，Photoshop可以根据输出设备的网频来建议使用的图像分辨率，如图3-22所示。

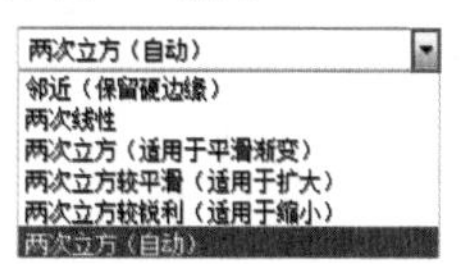

图3—21

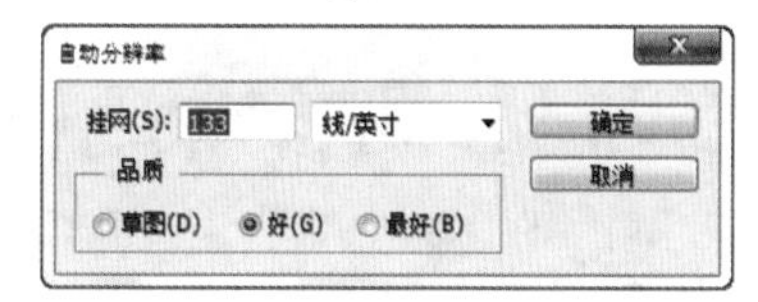

图3—22

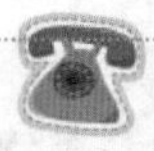

答疑解惑：画布大小和图像大小有区别吗？

画布大小与图像大小有着本质的区别。画布大小是指工作区域的大小，它包含图像和空白区域；图像大小是指图像的“像素大小”。

3.1.4 自动限制图像大小

执行“文件>自动>限制图像”命令，可以通过更改宽度和高度的数值改变照片的像素数量，将其限制为指定的宽度与高度，但是并不会更改图像的分辨率，如图3-23所示。

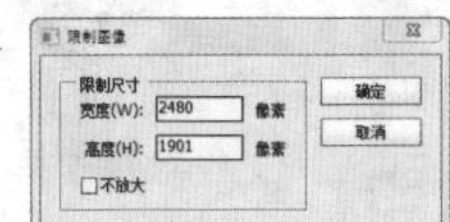

图3—23

3.2 调整画面显示区域

视频精讲：Photoshop CS6新手学视频精讲课堂/裁切与裁剪图像.flv

在进行平面设计时，经常会对作品进行画面显示区域的调整。而在摄影后期也经常需要对画面中多余的区域进行裁剪，以实现重新构图的目的，如图3-24所示。在Photoshop中可以通过工具箱中的裁剪工具、透视裁剪工具以及“图像”菜单中的“裁剪”命令、“裁切”命令、“显示全部”命令非常轻松地调整画面显示的区域。

图3—24

3.2.1 详解裁剪工具

技术速查：使用裁剪工具可以划定保留区域，将区域以外部分裁剪掉，起到重新定义画布大小的作用。

裁剪是指移去部分图像，以突出或加强构图效果的过程。单击工具箱中的“裁剪工具”按钮，选项栏中显示出相应的设置，如图3-25所示。

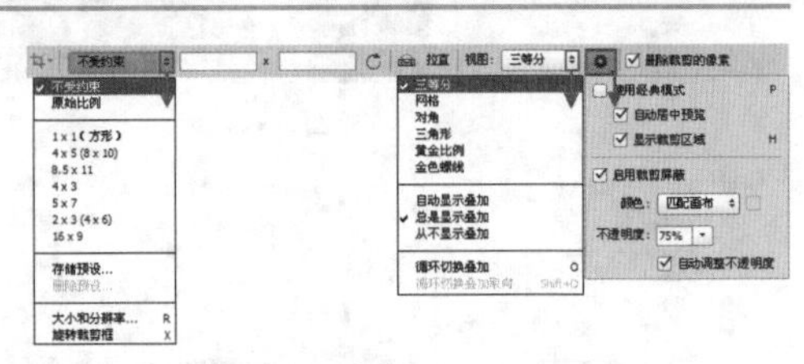

图3—25

- 约束方式：在下拉列表中可以选择多种裁切的约束比例。
- 约束比例：在这里可以输入自定的约束比例数值。
- 旋转：单击该按钮，将光标定位到裁切框以外的区域，单击并拖动即可旋转裁切框。
- 拉直：通过在图像上画一条直线来拉直图像。
- 视图：在下拉列表中可以选择裁剪的参考线的方式，例如“三等分”、“网格”、“对角”、“三角形”、“黄金比例”、“金色螺线”。也可以设置参考线的叠加显示方式。
- 设置其他裁切选项：在这里可以对裁切的其他参数进行设置，例如可以使用经典模式，或设置裁剪屏蔽的颜色、透明度等参数。
- 删除裁剪的像素：确定是否保留或删除裁剪框外部的像素数据。如果取消选中该复选框，多余的区域可以处于隐藏状态，如果想要还原裁切之前的画面，只需要再次选择裁剪工具，然后随意操作即可看到原文档。

3.2.2 动手学：使用裁剪工具调整画面构图

01 单击工具箱中的“裁剪工具”按钮，画面四周出现了裁切框，如图3-26所示。将光标定位到裁切框四角的控制点上，按住鼠标左键并拖动即可缩小裁剪范围，如图3-27所示。

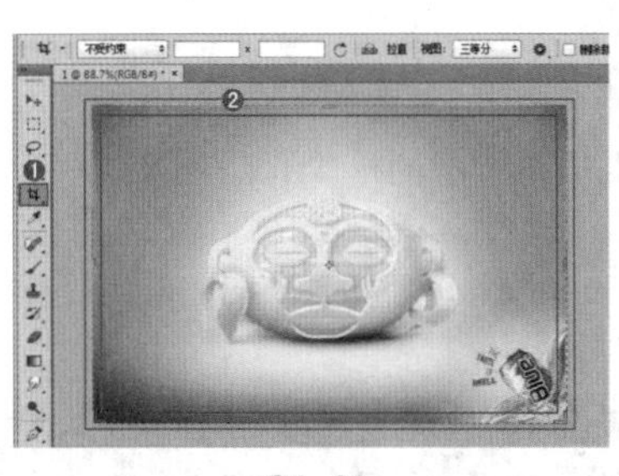

图3-26

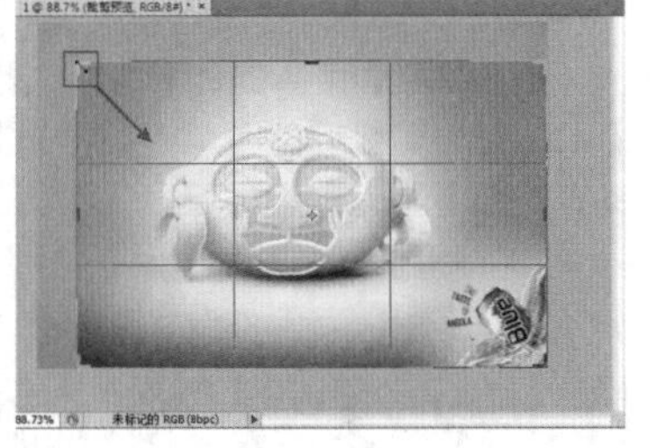

图3-27

02 也可以将光标定位到裁切框以内，按住鼠标左键并拖动调整裁切框的位置，如图3-28所示。调整完成后单击选项栏中的“提交当前裁剪操作”按钮✔，如图3-29所示。按Enter键或双击也可完成裁剪，效果如图3-30所示。

03 也可以直接单击工具箱中的“裁剪工具”按钮，在裁切起点处按住鼠标左键，然后拖曳出一个新的裁切区域，以确定需要保留的部分，如图3-31所示。

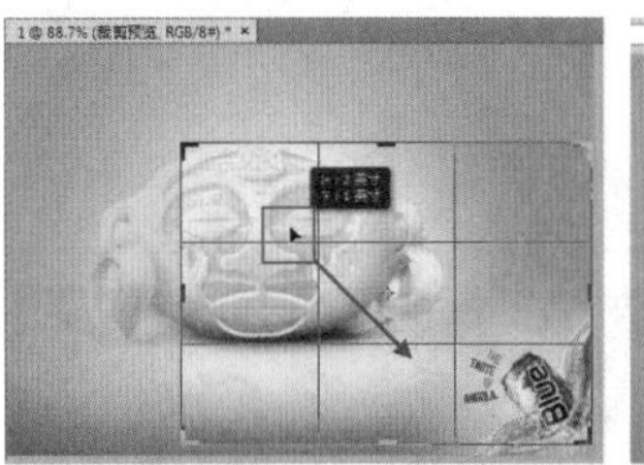

图3-28

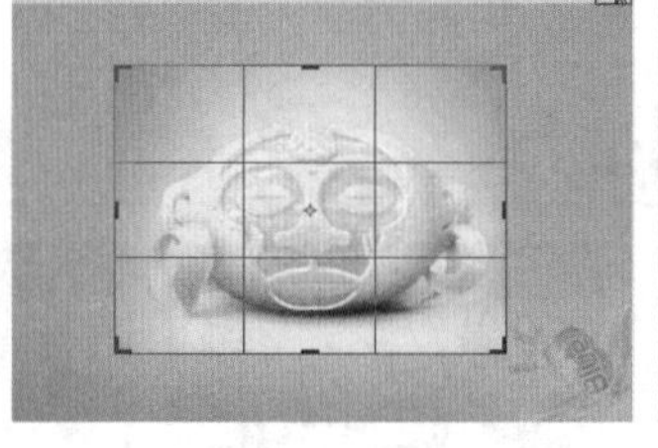

图3-29

图3-30

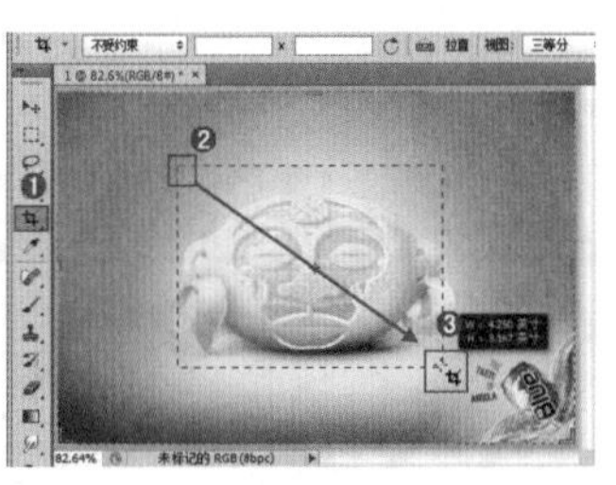

图3-31

★ 案例实战——调整人像照片画面构图

案例文件	案例文件\第3章\调整人像照片画面构图.psd
视频教学	视频文件\第3章\调整人像照片画面构图.flv
难易指数	★★★★★
技术要点	裁剪工具

案例效果

本案例主要通过裁剪工具去除画面多余的部分，使人像主体更加突出。对比效果如图3-32和图3-33所示。

操作步骤

01 打开背景照片素材“1.jpg”，单击工具箱中的“裁剪工具”按钮，在选项栏中设置“视图”为“三等分”，如图3-34所示。

图3-32

图3-33

图3-34

02 本案例将利用构图中的“三分法”对画面进行裁剪，首先使用裁剪工具在画面中绘制一个裁切框，如图3-35所示。然后调整裁切框的位置，使右上侧的交接点位于人像右侧的眼睛处，如图3-36所示。

图3-35

图3-36

03 按Enter键完成裁剪。执行“文件>置入”命令，置入光效素材“2.jpg”，在“图层”面板中选中该图层，设置其混合模式为“滤色”，如图3-37所示。最终效果如图3-38所示。

图3-37

图3-38

3.2.3 动手学：使用透视裁剪工具裁剪出透视效果

技术速查：使用透视裁剪工具可以将图像裁剪的同时制作出带有透视感的效果。

01 打开一张图像，如图3-39所示。单击工具箱中的“透视裁剪工具” 按钮，在画面中绘制一个裁剪框（绘制方法与使用裁剪工具绘制裁切框相同），如图3-40所示。

02 使用透视裁剪工具可以在需要裁剪的图像上制作出带有透视感的裁剪框。下面将光标定位到裁剪框的一个控制点上，按住鼠标左键并向内拖动，可以看到裁切框形状发生了变化，如图3-41所示。

03 以同样的方法调整其他的控制点，如图3-42所示。调整完成后单击控制栏中的“提交当前裁剪操作”按钮，即可得到带有透视感的画面效果，如图3-43所示。

图3-39

图3-40

图3-41

图3-42

图3-43

3.2.4 使用“裁剪”命令去除图像多余部分

案例文件	案例文件\第3章\使用“裁剪”命令去除图像多余部分.psd
视频教学	视频文件\第3章\使用“裁剪”命令去除图像多余部分.flv
难易指数	★★★★★
技术要点	对齐、分布

案例效果

使用“裁剪”命令能够以用户绘制的选区为边界裁剪掉选区以外的部分，并重新定义画布的大小。对比效果如图3-44和图3-45所示。

图3-44

图3-45

操作步骤

01 打开照片素材文件“1.jpg”，单击工具箱中的“矩形选框工具”按钮，在画面中绘制一个矩形选区，如图3-46所示。

02 执行“图像>裁剪”命令，随着命令的执行可以看到选区以外的部分被自动删除，而选区依然保留，如图3-47所示。

03 使用取消选区快捷键Ctrl+D取消选区，如图3-48所示。然后执行“文件>置入”命令，置入素材文件“2.png”，摆放在合适位置，最终效果如图3-49所示。

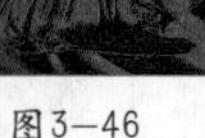

图3-46

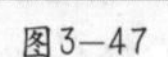

图3-47

图3-48

图3-49

3.2.5 动手学：使用“裁切”命令去除图像留白

技术速查：使用“裁切”命令可以基于像素的颜色来裁剪图像。

打开一张四周带有明显留白的图像，如图3-50所示。执行“编辑>裁切”命令，打开“裁切”对话框，在这里可以设置裁切的选项，如图3-51所示。设置完成后单击“确定”按钮，画面两侧的留白区域被快速去除，如图3-52所示。

图3-50

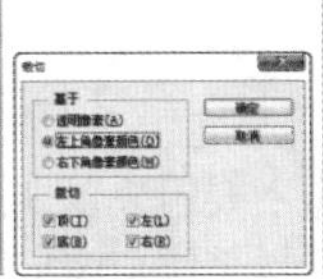

图3-51

图3-52

技术拓展："裁切"参数详解

● 透明像素：可以裁剪掉图像边缘的透明区域，只将非透明像素区域的最小图像保留下来。该选项只有图像中存在透明区域时才可用。

● 左上角像素颜色：从图像中删除左上角像素颜色的区域。

● 右下角像素颜色：从图像中删除右下角像素颜色的区域。

● 顶/底/左/右：设置修正图像区域的方式。

3.2.6 显示完整图像大小

如果想要在一个尺寸较小的图像文档中添加一张较大的图像，那么较大的图像素材可能不会完整地显示，如图3-53所示。对无法完整显示图像内容的文档执行"图像>显示全部"命令，可以自动增大画布的尺寸，使被隐藏的图像完整地显示出来，如图3-54所示。

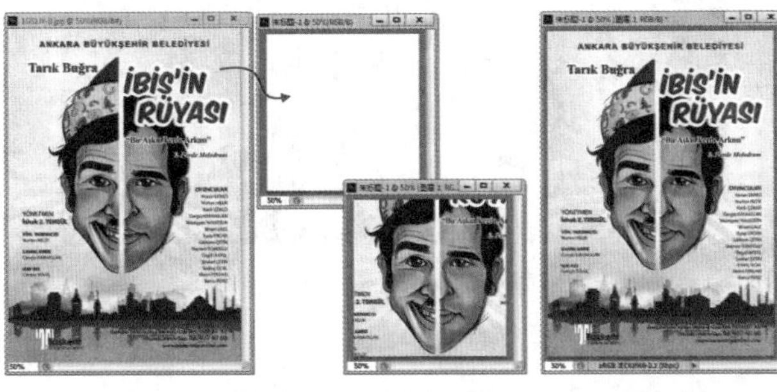

图3-53　图3-54

思维点拨：了解纸张的基础知识

1.纸张的构成

印刷用纸张是由纤维、填料、胶料、色料4种主要原料混合制浆、抄造而成的。印刷使用的纸张按形式可分为平板纸和卷筒纸两大类。平板纸适用于一般印刷机，卷筒纸一般用于高速轮转印刷机。

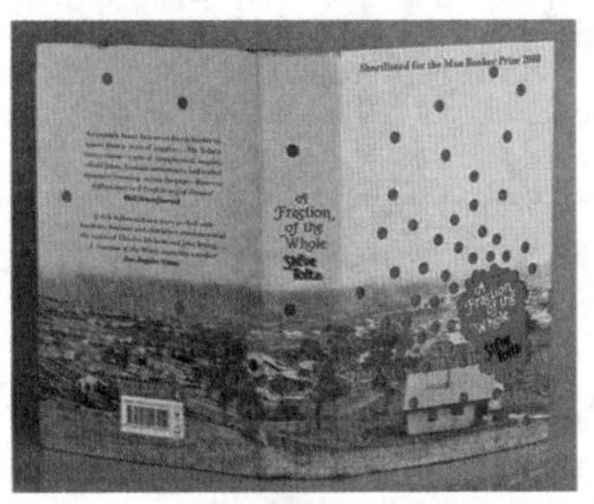

图3-55

2.印刷常用纸张

纸张根据用处的不同，可以分为工业用纸、包装用纸、生活用纸、文化用纸等几类，在印刷用纸中，根据纸张的性能和特点分为新闻纸、凸版印刷纸、胶版印刷涂料纸、字典纸、地图及海图纸、凹版印刷纸、画报纸、周报纸、白板纸、书面纸等，如图3-55和图3-56所示。

3.纸张的规格

纸张一般都要按照国家制定的标准生产。印刷、书写及绘图类用纸原纸尺寸是：卷筒纸宽度分为1575mm、1092mm、880mm、787mm4种；平板纸的原纸尺寸按大小分为880mm×1230mm、850mm×1168mm、880mm×1092mm、787mm×1092mm、787mm×960mm、690mm×960mm等6种。

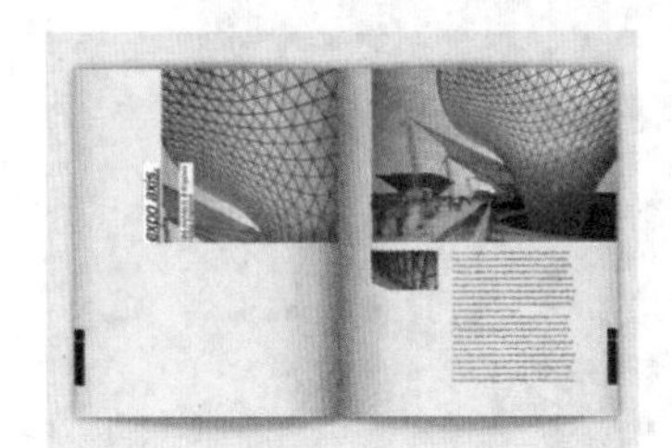

图3-56

4.纸张的重量、令数换算

纸张的重量是以定量和令重表示的。一般是以定量来表示，即日常俗称的"克重"。定量是指纸张单位面积的质量关系，用g/m^{2}表示。如150g的纸是指该种纸每平方米的单张重量为150g。凡纸张的重量在200g/m^{2}以下（含200g/m^2）的纸张称为"纸"，超过200g/m^{2}重量的纸则称为"纸板"。

3.3 动手学：旋转图像

视频精讲：Photoshop CS6新手学视频精讲课堂/旋转图像.flv

执行“图像>图像旋转”命令，在该菜单下提供了6种旋转图像的命令，如图3-57所示。包含“180度”、“90度（顺时针）”、“90度（逆时针）”、“任意角度”、“水平翻转画布”和“垂直翻转画布”，在执行这些命令时，可以旋转或翻转整个图像。

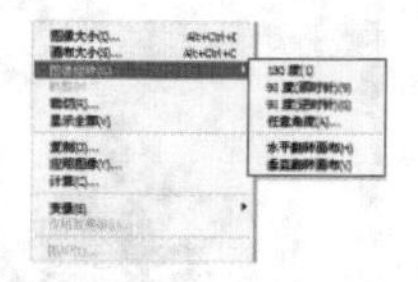
图3-57

01 打开一张图像，如图3-58所示。执行“图像>图像旋转>90度（逆时针）”命令，此时图像内容发生了旋转，如图3-59所示。

图3-58

图3-59

02 在“图像>图像旋转”菜单下提供了一个“任意角度”命令，这个命令主要用来以任意角度旋转画布。在执行“任意角度”命令时，系统会弹出“旋转画布”对话框，在该对话框中可以设置旋转的角度和旋转的方式（顺时针和逆时针），如图3-60所示。将图像顺时针旋转60°后的效果如图3-61所示。

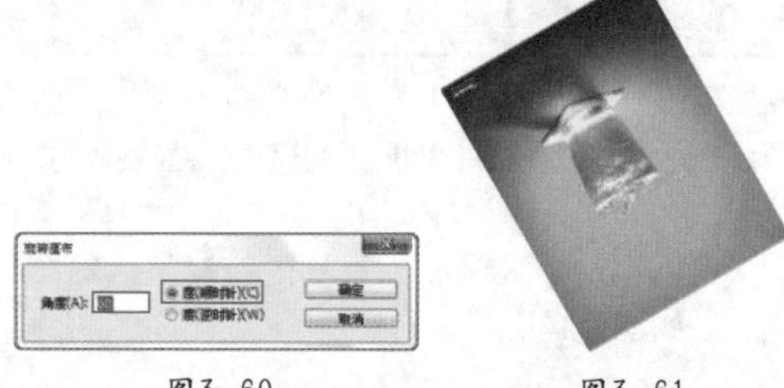
图3-60　图3-61

3.4 案例实战——裁切并修齐扫描照片

案例文件	案例文件\第3章\裁切并修齐扫描照片.psd
视频教学	视频文件\第3章\裁切并修齐扫描照片.flv
难易指数	★★★★★
技术要点	“裁切并修齐照片”命令

操作步骤

01 打开背景照片素材“1.jpg”，如图3-62所示。“裁切并修齐照片”命令有助于将一次扫描的多个图像分成多个单独的图像文件，该命令最适合于外形轮廓十分清晰的图像。执行“文件>自动>裁切并修齐照片”命令，如图3-63所示。

02 为了获得最佳结果，在要扫描的图像之间保持 1/8 英寸的间距，而且背景（通常是扫描仪的台面）应该是没有什么杂色的均匀颜色。随着命令的使用，分离出的照片将在其各自的窗口中打开每个图像，如图3-64所示。

图3-62

图3-63

图3-64

3.5 变换与变形

在Photoshop中提供了多种用于变换的命令，如“编辑”菜单下的“变换”、“自由变换”、“内容识别比例”、“操控变形”等，如图3-65所示。通过这些命令的使用可以对图像进行缩放、旋转、斜切、扭曲、透视、变形、智能缩放、多点式操控变形等操作，如图3-66所示。

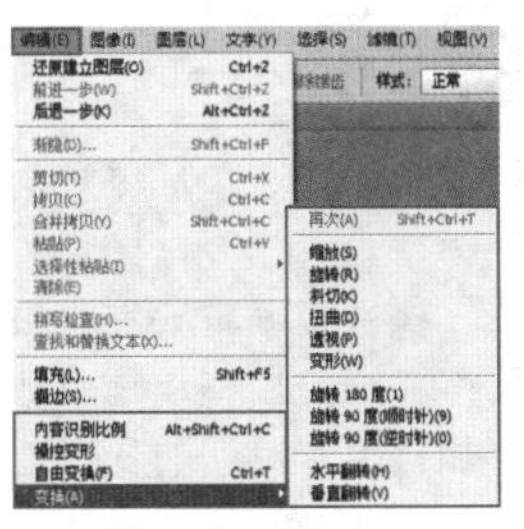

图3—65

图3—66

3.5.1 使用“变换”命令对图像进行变换

视频精讲：Photoshop CS6新手学视频精讲课堂/变换与自由变换.flv

技术速查：使用“变换”命令可以对图层、路径、矢量图形、矢量蒙版、Alpha通道以及选区中的图像进行变换操作。

在“编辑>变换”菜单中提供了多种变换命令，从命令的名称上很容易看出每个命令所产生的效果，如图3-67所示。执行某项变换命令后，对象的周围会出现一个变换定界框，定界框的中间有一个中心点，四周还有控制点，将光标移动到界定框上按住鼠标左键并拖动可以进行变换操作，如图3-68所示。

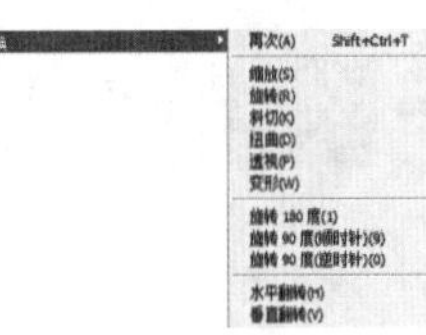

图3—67

图3—68

技巧提示

在默认情况下，中心点位于变换对象的中心，用于定义对象的变换中心，将光标定位到中心点上，按住鼠标左键并拖动光标可以移动中心点的位置。以旋转为例，当中心点位于对象中心的位置时旋转是围绕对象中心进行的，如图3—69所示。而将中心点移动到界定框的左下角，则旋转是围绕左下角进行的，如图3—70所示。

图3—69

图3—70

缩放

技术速查：使用“缩放”命令可以相对于变换对象的中心点对图像进行缩放。

执行“编辑>变换>缩放”命令，将光标定位到界定框的边缘线上单击并拖动光标，即可沿水平/垂直方向进行缩放，如图3-71所示。如果将光标定位到四角处按住鼠标左键并拖动，则可以同时缩放两个轴向，如图3-72所示。想要等比例缩放对象，可以按住Shift键并将光标定位到四角处的控制点上按住鼠标左键拖动，如图3-73所示。

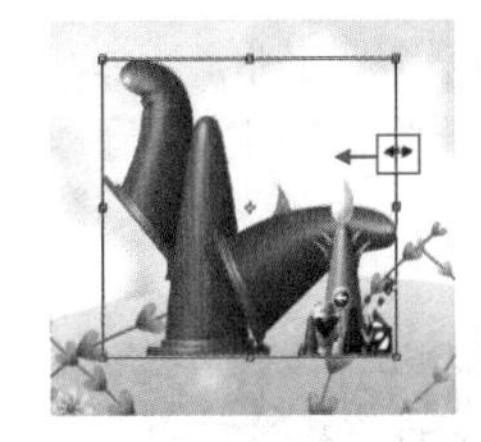

图3—71

图3—72

图3—73

技巧提示

在缩放中配合Alt键可以以中心点为基准进行缩放，也可以配合Alt+Shift快捷键进行以中心点为基准的等比例缩放。

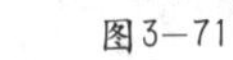

旋转

技术速查：使用“旋转”命令可以围绕中心点转动变换对象。

执行“编辑>变换>旋转”命令，将光标移动到界定框以外的位置，此时光标变为↷形状，如图3-74所示。按住鼠标左键并拖动光标即可以任意角度旋转图像，如图3-75所示；如果按住Shift键，可以以15°为单位旋转图像。

图3—74

图3—75

斜切

技术速查：使用“斜切”命令可以在任意方向、垂直方向或水平方向上倾斜图像。

执行“编辑>变换>斜切”命令，将光标定位到界定框边缘线上，此时光标变为形状，如图3-76所示。按住鼠标左键并拖动，即可看到图像沿移动的方向产生斜切效果，如图3-77所示。也可以将光标定位到控制点上进行斜切，如图3-78所示。

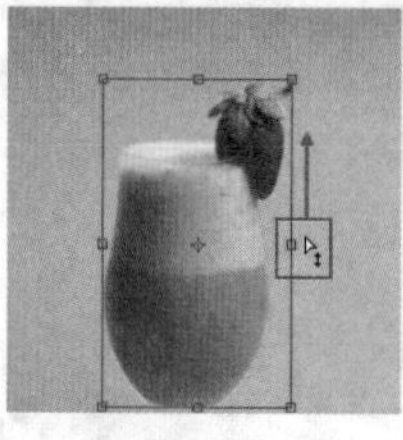
图3-76

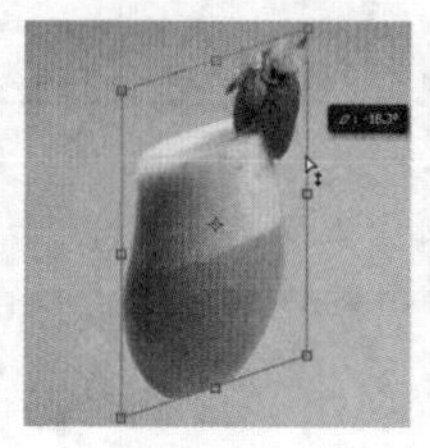
图3-77

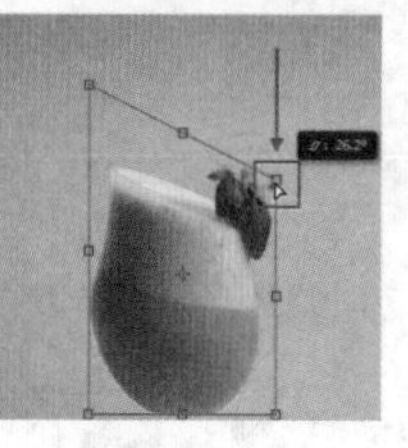
图3-78

扭曲

技术速查：使用“扭曲”命令可以在各个方向上扭曲变换对象。

执行“编辑>变换>扭曲”命令，将光标移动到控制点处，如图3-79所示。按住鼠标左键并拖动可以在任意方向上扭曲图像，如图3-80所示。

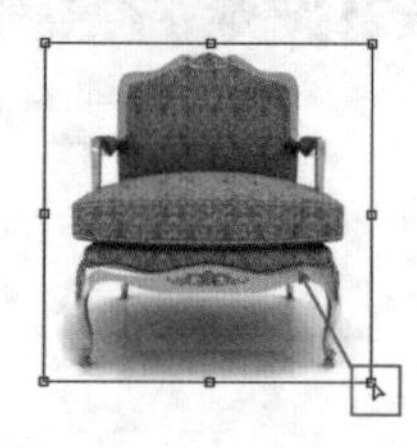
图3-79

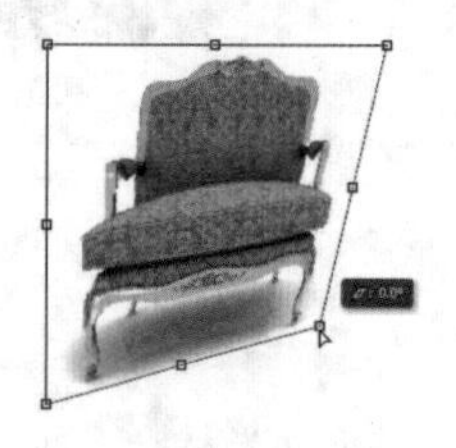
图3-80

透视

技术速查：使用“透视”命令可以对变换对象应用单点透视。

执行“编辑>变换>透视”命令，拖曳定界框4个角上的控制点，可以在水平或垂直方向上对图像应用透视，如图3-81和图3-82所示分别为应用水平透视和垂直透视的效果。

图3-81

图3-82

变形

技术速查：如果要对图像的局部内容进行扭曲，可以使用“变形”命令来操作。

执行“编辑>变换>变形”命令时，图像上将会出现变形网格和锚点，拖曳锚点或调整锚点的方向线可以对图像进行更加自由和灵活的变形处理，如图3-83和图3-84所示。

图3-83

图3-84

旋转特定角度

在变换的子菜单中包含多个特定角度旋转的命令，如“旋转180度”、“旋转90度（顺时针）”和“旋转90度（逆时针）”。这3个命令非常简单，执行“旋转180度”命令，可以将图像旋转180°；执行“旋转90度（顺时针）”命令，可以将图像顺时针旋转90°；执行“旋转90度（逆时针）”命令，可以将图像逆时针旋转90°，如图3-85~图3-87所示分别为旋转180°、顺时针旋转90°、逆时针旋转90°后的效果。

图3-85

图3-86

图3-87

水平/垂直翻转

“水平翻转”和“垂直翻转”这两个命令也非常简单，执行“水平翻转”命令，可以将图像在水平方向上进行翻转，如图3-88所示；执行“垂直翻转”命令，可以将图像在垂直方向上进行翻转，如图3-89所示。

图3-88

图3-89

☆ 视频课堂——利用“缩放”和“扭曲”命令制作书籍包装

案例文件\第3章\视频课堂——利用“缩放”和“扭曲”命令制作书籍包装.psd
视频文件\第3章\视频课堂——利用“缩放”和“扭曲”命令制作书籍包装.flv

思路解析：

01 导入封面素材。
02 执行“编辑>变换>缩放”命令调整封面大小。
03 执行“编辑>变换>扭曲”命令调整封面形态。
04 同样的方法处理书脊部分。

3.5.2 动手学：使用“自由变换”命令

视频精讲：Photoshop CS6新手学视频精讲课堂/变换与自由变换.flv
技术速查：“自由变换”命令可以在一个连续的操作中应用旋转、缩放、斜切、扭曲、透视和变形。

01 自由变换其实也是变换中的一种，“自由变换”命令与“变换”命令非常相似。执行“编辑>自由变换”命令或按Ctrl+T快捷键，可以使所选图层或选区内的图像进入自由变换状态，如图3-90所示。

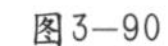
图3-90

技巧提示

如果是变换路径，“自由变换”命令将自动切换为“自由变换路径”命令；如果是变换路径上的锚点，“自由变换”命令将自动切换为“自由变换点”命令，并且不必选取其他变换命令。

02 如果不选择任何变换方式，并且在没有按住任何快捷键的情况下，单击并拖曳定界框4个角上的控制点，可以形成以对角不变的自由矩形方式进行缩放操作，如图3-91所示。也可以反向拖动形成翻转变换。单击并拖曳定界框边上的控制点，可以形成以对边不变的形式进行等高或等宽的缩放操作，如图3-92所示。

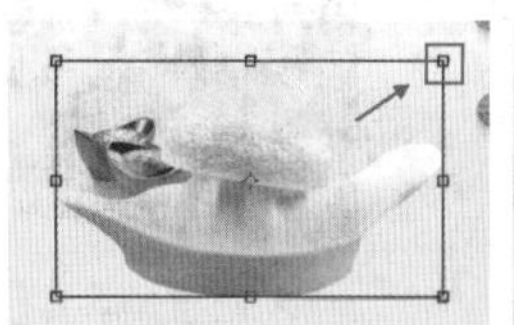
图3-91

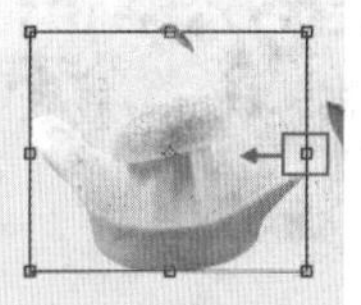
图3-92

03 在定界框外时按住鼠标左键并拖曳可以自由旋转图像，也可以直接在选项栏中定义旋转角度，如图3-93所示。在画面中单击鼠标右键即可看到其他可供选择的变换方式，如图3-94所示。

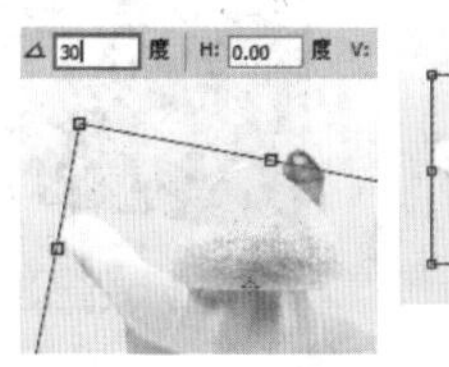

图3-93

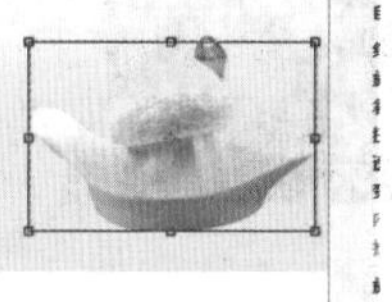
图3-94

3.5.3 配合快捷键使用自由变换

熟练掌握自由变换可以大大提高工作效率，在自由变换状态下，Ctrl键、Alt键和Shift键这3个快捷键将经常一起搭配使用。Ctrl键可以使变换更加自由；Shift键主要用来控制方向、旋转角度和等比例缩放；Alt键主要用来控制中心对称。

- 按住Shift键：单击并拖曳定界框4个角上的控制点，可以等比例放大或缩小图像，也可以反向拖曳形成翻转变换，如图3-95和图3-96所示。在定界框外单击并拖曳，可以以15°为单位顺时针或逆时针旋转图像，如图3-97所示。

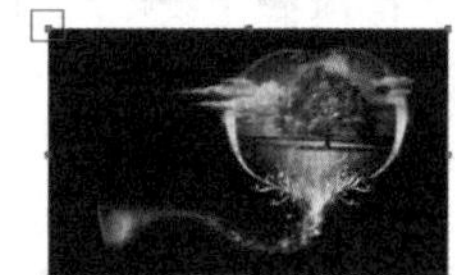
图3-95

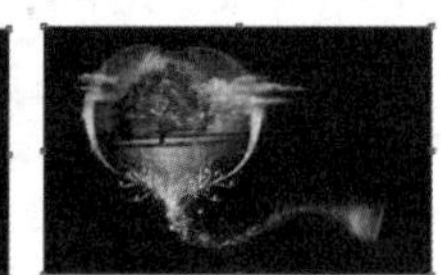
图3-96

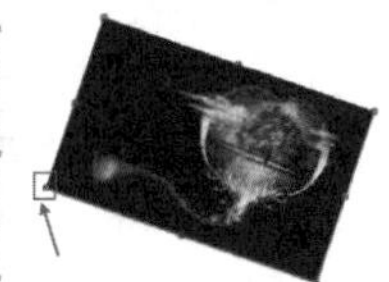
图3-97

- 按住Ctrl键：单击并拖曳定界框4个角上的控制点，可以形成以对角为直角的自由四边形方式变换，如图3-98所示。单击并拖曳定界框边上的控制点，可以形成以对边不变的自由平行四边形方式变换，如图3-99所示。
- 按住Alt键：单击并拖曳定界框4角上的控制点，可以形成以中心对称的自由矩形方式变换，如图3-100所示。单击并拖曳定界框边上的控制点，可以形成以中心对称的等高或等宽的自由矩形方式变换，如图3-101所示。

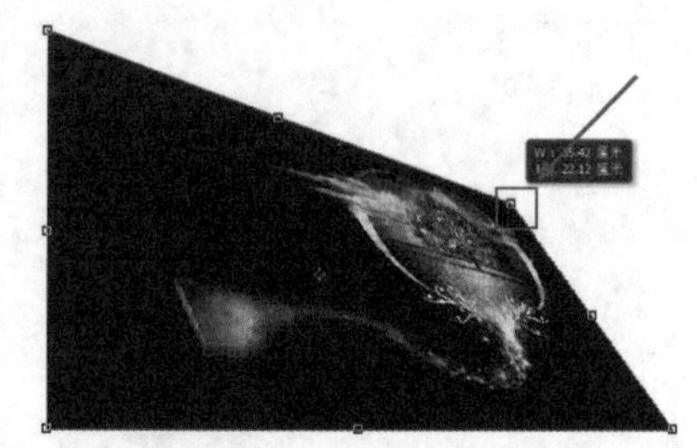

图3—98

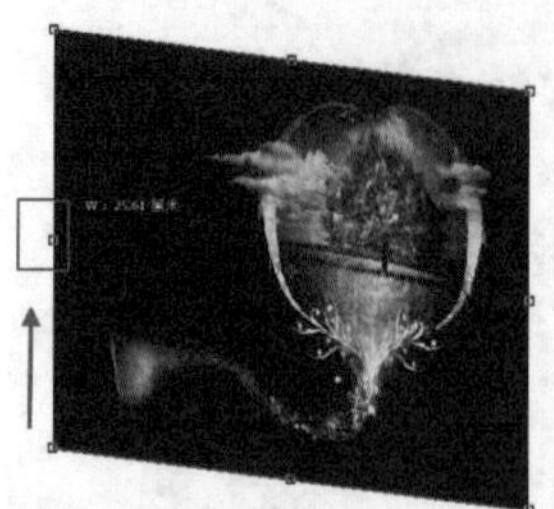

图3—99

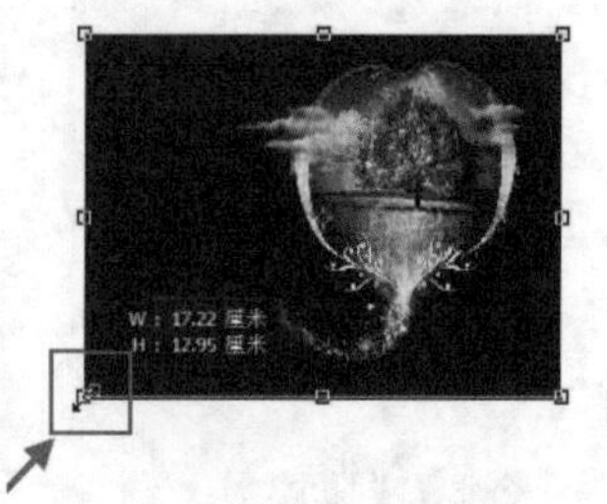

图3—100

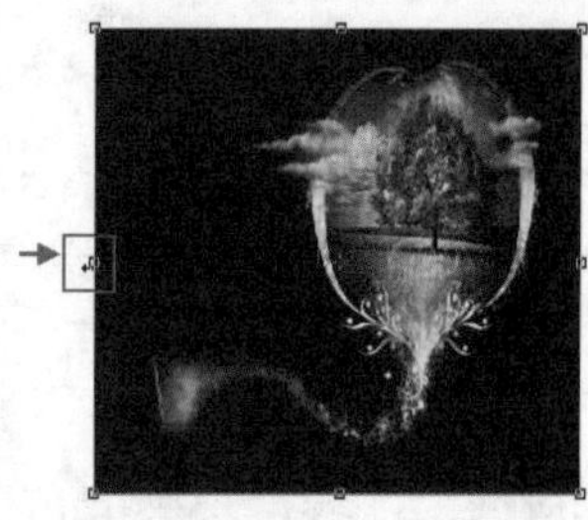

图3—101

- **按住Shift +Ctrl快捷键**：单击并拖曳定界框4个角上的控制点，可以形成以对角为直角的直角梯形方式变换，如图3-102所示。单击并拖曳定界框边上的控制点，可以形成以对边不变的等高或等宽的自由平行四边形方式变换，如图3-103所示。

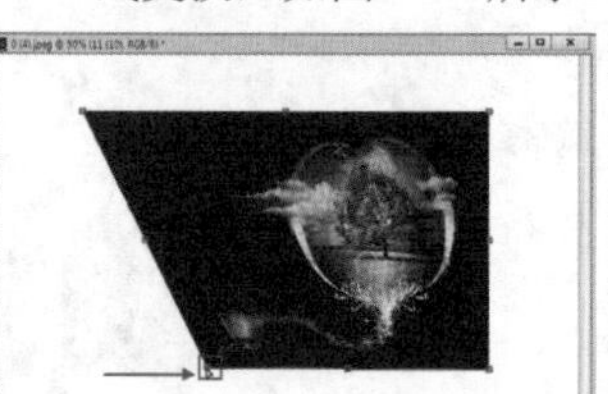

图3—102

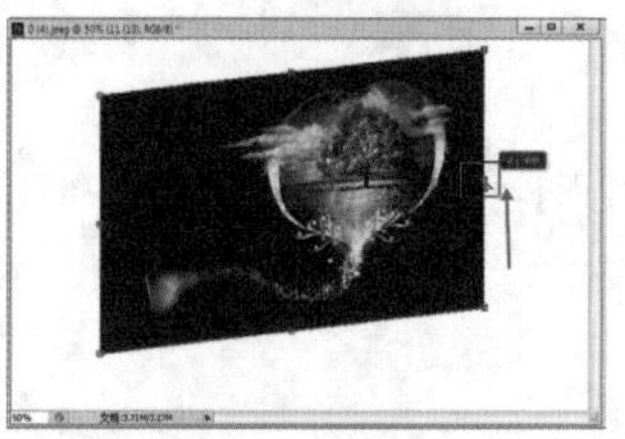

图3—103

- **按住Ctrl+Alt快捷键**：单击并拖曳定界框4个角上的控制点，可以形成以相邻两角位置不变的中心对称自由平行四边形方式变换，如图3-104所示。单击并拖曳定界框边上的控制点，可以形成以相邻两边位置不变的中心对称自由平行四边形方式变换，如图3-105所示。

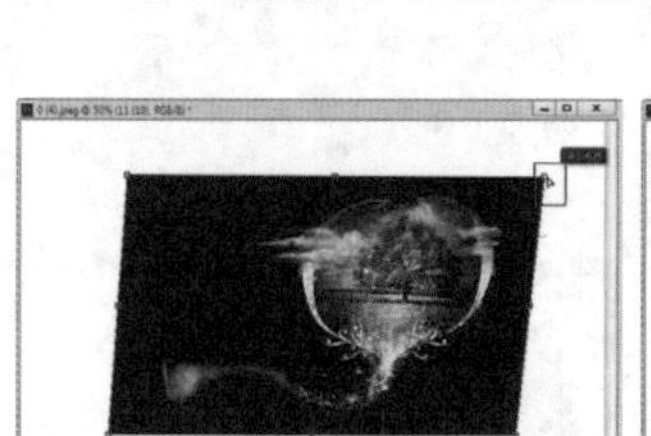

图3—104

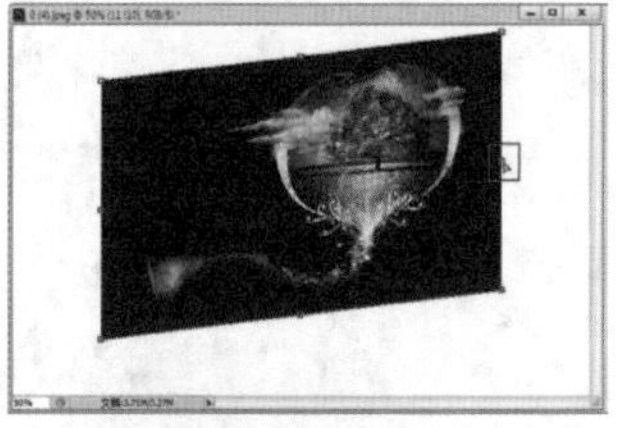

图3—105

- **按住Shift+Alt快捷键**：单击并拖曳定界框4个角上的控制点，可以形成以中心对称的等比例放大或缩小的矩形方式变换，如图3-106和图3-107所示。单击并拖曳定界框边上的控制点，可以形成以中心对称的对边不变的矩形方式变换，如图3-108所示。

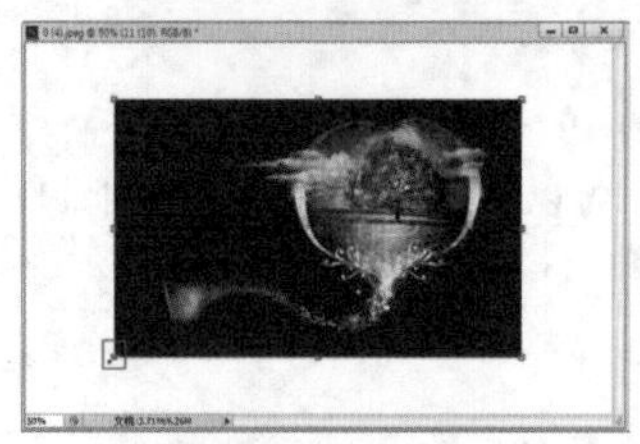

图3—106

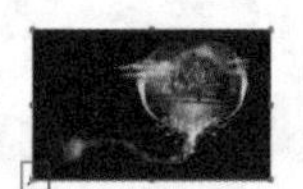

图3—107

图3—108

- **按住Shift+Ctrl+ Alt组合键**：单击并拖曳定界框4个角上的控制点，可以形成以等腰梯形、三角形或相对等腰三角形方式变换，如图3-109所示。单击并拖曳定界框边上的控制点，可以形成中心对称等高或等宽的自由平行四边形方式变换，如图3-110所示。

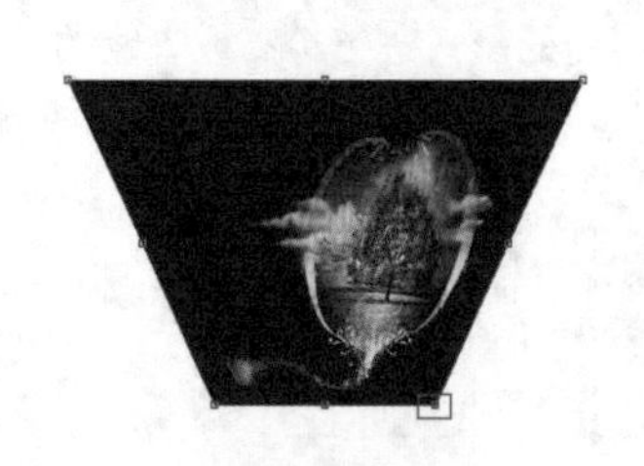

图3—109

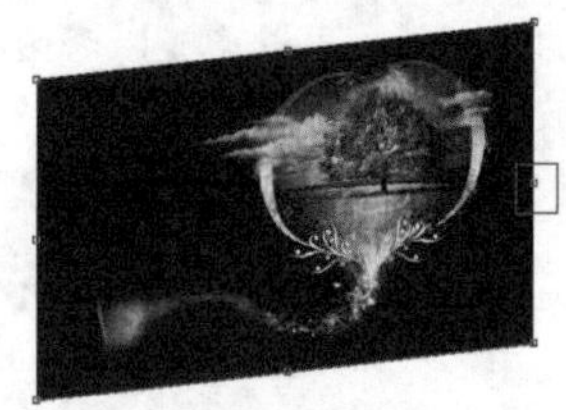

图3—110

3.5.4 动手学：自由变换并复制图像

在Photoshop中，可以边变换图像边复制图像，这个功能在实际工作中的使用频率非常高。

01 选中需要变换的图层后，按Ctrl+Alt+T组合键进入自由变换并复制状态，将中心点定位在右上角，如图3-111所示，然后将其缩小并移动一段距离，接着按Enter键确认操作，如图3-112所示。通过这一系列的操作制定了一个变换规律，同时Photoshop会生成一个新的图层，如图3-113所示。

02 确定了变换规律以后，就可以按照这个规律继续变换并复制图像。如果要继续变换并复制图像，可以连续按Shift+Ctrl+Alt+T组合键，直到达到要求为止，如图3-114所示。

图3—111

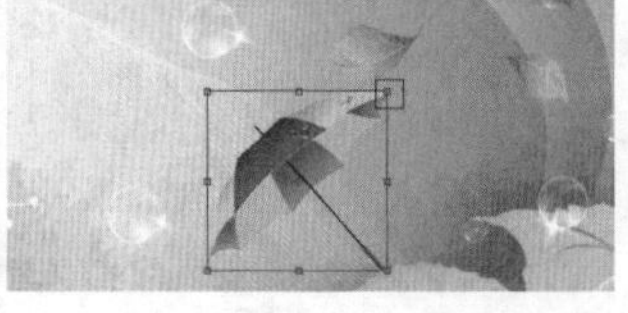

图3—112

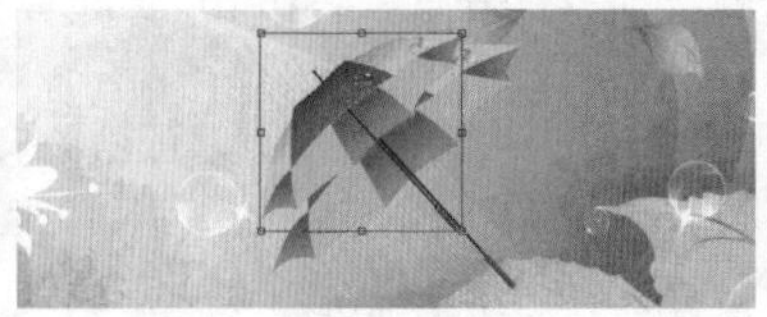

图3—113

图3—114

★ 案例实战——使用“自由变换“命令将照片放到合适位置

案例文件	案例文件\第3章\使用“自由变换”命令将照片放到合适位置.psd
视频教学	视频文件\第3章\使用“自由变换”命令将照片放到合适位置.flv
难易指数	★★★★★
技术要点	自由变换

案例效果

本案例通过使用“自由变换”命令将照片形状进行变换并放到合适位置，如图3-115~图3-117所示。

图3—115

图3—116

图3—117

操作步骤

01 选择照片素材图层，按下快捷键Ctrl+T对其执行“自由变换”命令，将光标定位到一角处按住Shift键的同时按住鼠标左键并拖曳控制点，将其等比例缩放到合适大小，如图3-118所示。然后将光标移动到界定框以外的区域，此时光标呈现出旋转的状态，按住鼠标左键并拖动将照片进行适当旋转，如图3-119所示。

图3—118

图3—119

02 为了便于观察可以在“图层”面板中选中该图层，并适当降低照片的不透明度，如图3-120所示。在画面中单击鼠标右键执行“扭曲”命令，然后拖曳照片四周的控制点，将其拖曳到与底片背景相吻合的位置，如图3-121所示。调整完成后按Enter键确认自由变换操作，并将照片的不透明度恢复到100%，效果如图3-122所示。

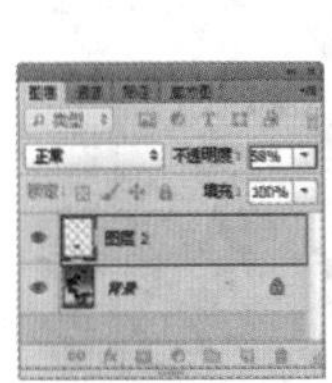
图3—120

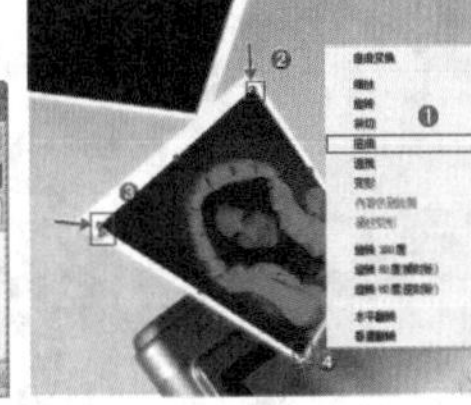
图3—121

图3—122

03 同样方法继续导入其他照片素材并进行自由变换操作，此时可以看到照片发生重叠的效果，如图3-123所示。

04 下面需要去除重叠的部分。单击工具箱中的“多边形套索工具”按钮，在照片重叠的部分绘制选区，然后按Delete键删除选区内的部分，如图3-124所示。按Ctrl+D快捷键取消选区，最终效果如图3-125所示。

图3—123

图3—124

图3—125

3.5.5 使用“内容识别比例”命令进行智能缩放

视频精讲：Photoshop CS6新手学视频精讲课堂/内容识别比例.flv

技术速查：“内容识别比例”命令可以在不更改重要可视内容（如人物、建筑、动物等）的情况下缩放图像大小。

常规缩放在调整图像大小时会统一影响所有像素，而“内容识别比例”命令可以智能地识别出重要的可视内容区域，而对非重要区域的像素进行压缩。如图3-126所示为原图、使用“自由变换”命令进行常规缩放以及使用“内容识别比例”命令缩放的对比效果。可以看到通过“自由变换”命令缩放后主体物被压缩的变形程度较大，而通过“内容识别比例”命令进行缩放的效果则几乎保持主体物的形态。

图3—126

选择需要处理的图层后（非背景图层），执行“编辑>内容识别比例”命令，在选项栏中进行该命令的参数设置，如图3-127所示。图层四周出现与“自由变换”状态下相同的定界框，通过调整控制点的位置即可对图层进行调整，如图3-128和图3-129所示。

图3-127

图3-128

图3-129

- “参考点位置”按钮：单击其他的灰色方块，可以指定缩放图像时要围绕的固定点。在默认情况下，参考点位于图像的中心。
- “使用参考点相对定位”按钮：单击该按钮，可以指定相对于当前参考点位置的新参考点位置。
- X/Y：设置参考点的水平和垂直位置。
- W/H：设置图像按原始大小的缩放百分比。
- 数量：设置内容识别缩放与常规缩放的比例。在一般情况下，都应该将该值设置为100%。
- 保护：选择要保护的区域的Alpha通道。如果要在缩放图像时保留特定的区域，“内容识别比例”允许在调整大小的过程中使用Alpha通道来保护内容。
- “保护肤色”按钮：激活该按钮后，在缩放图像时，可以保护人物的肤色区域。

技巧提示

“内容识别比例”命令适用于处理图层和选区，图像可以是RGB、CMYK、Lab和灰度颜色模式以及所有位深度。“内容识别比例”命令不适用于处理调整图层、图层蒙版、通道、智能对象、3D图层、视频图层、图层组，或者同时处理多个图层。

★ 案例实战——利用“内容识别比例”命令缩放图像

案例文件	案例文件\第3章\利用“内容识别比例”命令缩放图像.psd
视频教学	视频文件\第3章\利用“内容识别比例”命令缩放图像.flv
难易指数	★★★★★
技术要点	“内容识别比例”命令

案例效果

“内容识别比例”命令可以很好地保护图像中的重要内容，如图3-130和图3-131所示分别是原始素材与使用“内容识别比例”命令缩放后的效果。

图3-130　　图3-131

操作步骤

01 按Ctrl+O快捷键，打开本书配套光盘中的素材，双击背景图层将其转化为普通图层，如图3-132所示。然后使用矩形选框工具，在合适的位置绘制出选区，如图3-133所示。

图3-132　　图3-133

02 切换到“通道”面板，单击“将选区存储为通道”按钮，“通道”面板底部出现了一个Alpha1通道，如图3-134所示，此时图像效果如图3-135所示。

03 回到“图层”面板中，然后执行“编辑>内容识别比例”命令，图像周围出现定界框，效果如图3-136所示。

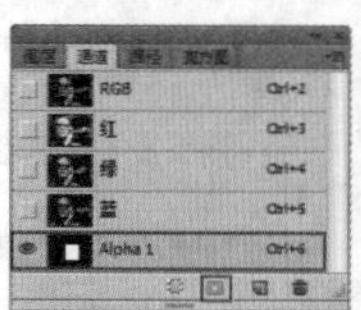

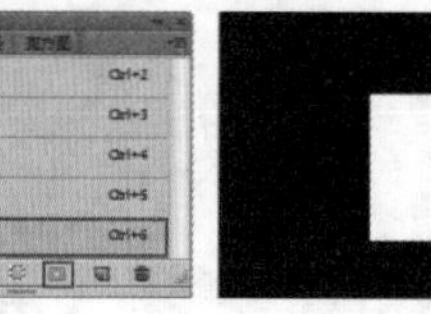

图3-134　　图3-135　　图3-136

04 在选项栏中设置“保护”为Alpha1通道，单击“保护肤色”按钮，如图3-137所示。接着向右拖曳定界框右侧中间的控制点，此时可以发现无论怎么缩放图像，人像的形态和之前绘制的选区中的内容始终都保持不变，效果如图3-138所示。

05 调整完成后按Enter键完成操作，最终效果如图3-139所示。

图3—137

图3—138

图3—139

3.5.6 使用“操控变形”命令调整人物形态

视频精讲：Photoshop CS6新手学视频精讲课堂/操控变形.flv

技术速查：操控变形是一种可视网格，借助该网格可以随意地扭曲特定图像区域，并保持其他区域不变。

“操控变形”命令通常用来修改人物的动作、发型等。如图3-140所示为一幅带有人像的图像文档，选择人像图层，执行“编辑>操控变形”命令，图像上将会布满网格，如图3-141所示。

通过在网格中的关键点上添加“图钉”，然后使用鼠标左键按住并拖动图钉的位置，此时图像也会随之发生变形，如图3-142所示。按Enter键关闭“操控变形”命令，最终效果如图3-143所示。

图3—140

图3—141

图3—142

图3—143

技巧提示

除了图像图层、形状图层和文字图层之外，还可以对图层蒙版和矢量蒙版应用操控变形。如果要以非破坏性的方式变形图像，需要将图像转换为智能对象。

在“操控变形”状态下，选项栏中包含多个对于操控变形网格以及控制点的设置，如图3-144所示。

图3—144

- **模式**：共有“刚性”、“正常”和“扭曲”3种模式。选择“刚性”模式时，变形效果比较精确，但是过渡效果不是很柔和；选择“正常”模式时，变形效果比较准确，过渡也比较柔和；选择“扭曲”模式时，可以在变形的同时创建透视效果。
- **浓度**：共有“较少点”、“正常”和“较多点”3个选项。选择“较少点”选项时，网格点数量就比较少，同时可添加的图钉数量也较少，并且图钉之间需要间隔较大的距离；选择“正常”选项时，网格点数量比较适中；选择“较多点”选项时，网格点非常细密，当然可添加的图钉数量也更多。
- **扩展**：用来设置变形效果的衰减范围。设置较大的像素值以后，变形网格的范围也会相应地向外扩展，变形之后，图像的边缘会变得更加平滑；设置较小的像素值以后（可以设置为负值），图像的边缘变化效果会变得很生硬。

- 显示网格：控制是否在变形图像上显示出变形网格。
- 图钉深度：选择一个图钉以后，单击“将图钉前移”按钮，可以将图钉向上层移动一个堆叠顺序；单击“将图钉后移”按钮，可以将图钉向下层移动一个堆叠顺序。
- 旋转：共有“自动”和“固定”两个选项。选择“自动”选项时，在拖曳图钉变形图像时，系统会自动对图像进行旋转处理（按住Alt键，将光标放置在图钉范围之外即可显示出旋转变形框）；如果要设定精确的旋转角度，选择“固定”选项，然后在后面的文本框中输入旋转度数即可。

思维点拨：关于操控变形工具

操控变形工具是用来调整人体动作的，在人像摄影中应尽量避免出现人像的不协调问题，需要注意的是，头部和身体忌成一条直线，两者若成一条直线，难免会有呆板之感。因此，当身体正面朝向镜头时，头部应该稍微向左或是向右转一些，照片就会显得优雅而生动。同时手臂和双腿忌平衡，尽量让体型曲线分明，这样的人像效果会更加自然。

★ 案例实战——使用操控变形改变舞者姿势

案例文件	案例文件\第3章\使用操控变形改变舞者姿势.psd
视频教学	视频文件\第3章\使用操控变形改变舞者姿势.flv
难易指数	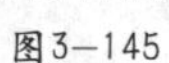
技术要点	操控变形

案例效果

本案例使用“操控变形”功能修改舞者动作，对比效果如图3-145和图3-146所示。

图3—145

图3—146

操作步骤

01 按Ctrl+O快捷键，打开人像素材文件“1.png”，如图3-147所示。

02 由于需要对人像的姿态进行改变，所以需要执行“编辑>操控变形”命令，然后在人像的重要位置单击即可添加一些图钉，如图3-148所示。

图3—147

图3—148

答疑解惑：怎么在图像上添加与删除图钉？

执行“编辑>操控变形”命令以后，光标会变成形状，在图像上单击即可在单击处添加图钉。如果要删除图钉，可以选择该图钉，然后按Delete键，或者按住Alt键单击要删除的图钉；如果要删除所有的图钉，可以在网格上单击鼠标右键，然后在弹出的快捷菜单中选择“移去所有图钉”命令。

03 将光标放置在左侧手部的图钉上，按住鼠标左键并向下拖动光标，随着图钉位置的移动，人像手臂的姿态发生了变换，如图3-149所示。同样的方法移动右侧的手臂，如图3-150所示。

04 下面开始处理腿部的形态，由于膝盖部分的图钉有些多余，可以按住Alt键的同时单击该图钉将其删除，如图3-151所示。继续将光标定位到脚部按下鼠标左键并向下拖动，如图3-152所示。

图3-149

图3-150

图3-151

图3-152

技巧提示

如果在调节图钉位置时，发现图钉不够用，可以继续添加图钉来完成变形操作。

05 调整结束后按Enter键退出“操控变形”操作状态，导入背景素材“2.jpg”，最终效果如图3-153所示。

图3-153

技巧提示

“操作变形”命令类似于三维软件中的骨骼绑定系统，使用起来非常方便，可以通过控制几个图钉来快速调节图像的变形效果。

3.6 图层的对齐与分布

Photoshop中的对象都是以图层的方式存在，图层之间可以是位于不同层次的堆叠，也可以位于同一视觉平面进行排列。在Photoshop中可以对多个图层进行对齐与分布的设置，使用“对齐”命令可以对多个图层所处位置进行调整，以制作出秩序井然的画面效果，如图3-154~图3-156所示。

图3-154

图3-155

图3-156

3.6.1 动手学：对齐多个图层

01 在Photoshop中除了“视图”菜单中的“对齐到”命令，另一种是“图层”菜单中的“对齐”命令。如果想要对文档中的多个图层按照一定的方式进行排列或对齐，首先需要在“图层”面板中选择这些图层，如图3-157所示。然后执行“图层>对齐”菜单下的子命令，可以将多个图层进行对齐，如图3-158所示。

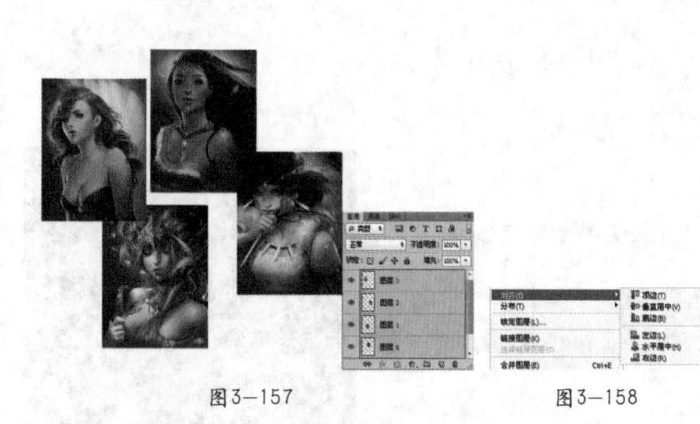

图3—157　　图3—158

02 如图3-159所示为执行“图层>对齐>顶边”命令的效果。如图3-160所示为执行“图层>对齐>左边”命令的效果。

03 在使用移动工具的状态下，选项栏中有一排对齐按钮分别与“图层>对齐”菜单下的子命令相对应，同样是选择多个图层并单击相应按钮即可进行对齐操作，如图3-161所示。

图3—159

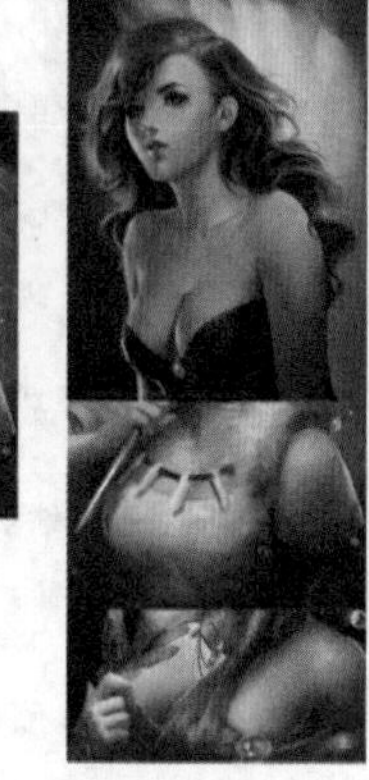

图3—160

图3—161

3.6.2 动手学：以某个图层为基准来对齐图层

如果要以某个图层为基准来对齐图层，首先要链接好这些需要对齐的图层，如图3-162所示。然后选择需要作为基准的图，接着执行“图层>对齐”菜单下的子命令，如图3-163所示是执行“图层>对齐>底边”命令后的对齐效果。

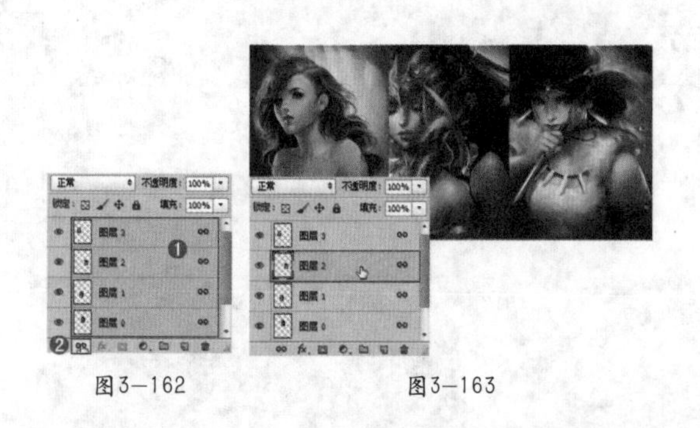

图3—162　　图3—163

3.6.3 动手学：将图层与选区对齐

当画面中存在选区时，选择一个图层，执行“图层>将图层与选区对齐”命令，在子菜单中即可选择一种对齐方法，如图3-164所示。所选图层即可以选择的方法进行对齐，如图3-165所示。

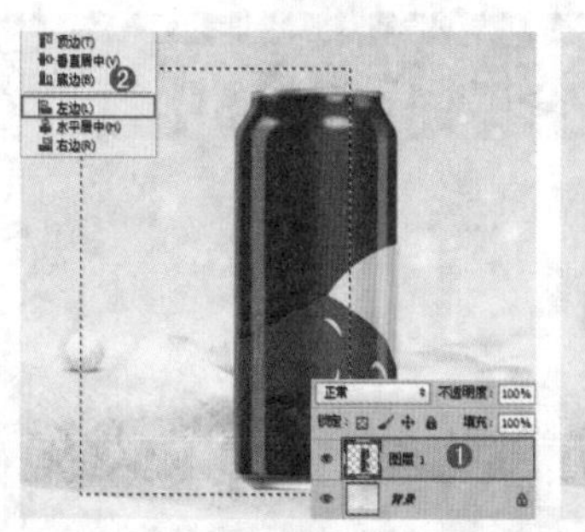

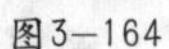

图3—164

图3—165

3.6.4 动手学：将多个图层均匀分布

技术速查：在Photoshop中可以使用“分布”命令对多个图层的分布方式进行调整，以制作出秩序井然的画面效果。

01 选中文档中的多个图层（至少为3个图层，且“背景”图层除外），如图3-166所示。执行“图层>分布”菜单下的子命令，如图3-167所示。这些图层将按照一定的规律均匀分布，如图3-168所示。

02 与“对齐”命令相同，在使用移动工具的状态下，选项栏中有一排分布按钮分别与“图层>分布”菜单下的子命令相对应，如图3-169所示。

图3—166

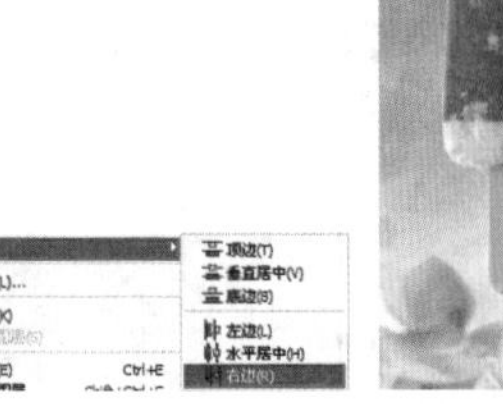

图3—167

图3—168

图3—169

★ 案例实战——使用“对齐”与“分布”命令调整网页版式

案例文件	案例文件\第3章\使用“对齐”与“分布”命令调整网页版式.psd
视频教学	视频文件\第3章\使用“对齐”与“分布”命令调整网页版式.flv
难易指数	★★★★★
技术要点	对齐、分布

案例效果

本案例主要使用“对齐”和“分布”命令将网页上的不同区域工整地排列在页面中，效果如图3-170所示。

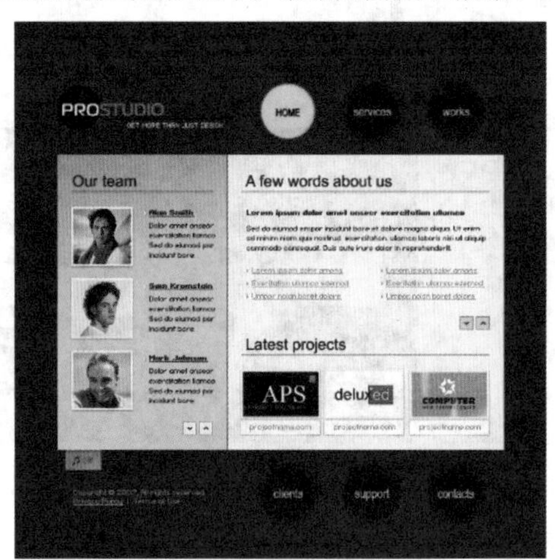

图3—170

操作步骤

01 打开PSD格式的分层素材文件“1.psd”，可以看到网页左侧和右下方的区域模块分布非常不美观，如图3-171和图3-172所示。

图3—171

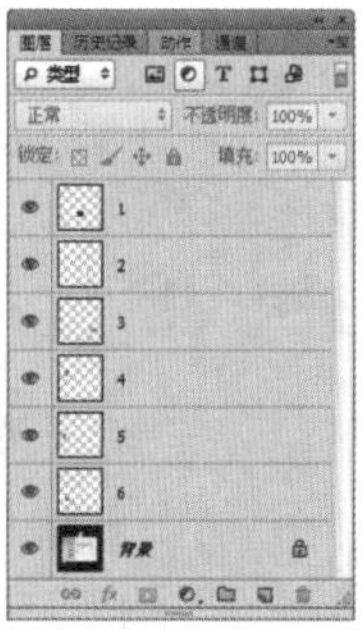

图3—172

02 首先处理底部的模块，在“图层”面板中按住Shift键单击选择“图层1”、“图层2”和“图层3”，如图3-173所示。执行“图层>对齐>水平居中”命令，此时3个模块处于同一水平线上，如图3-174所示。

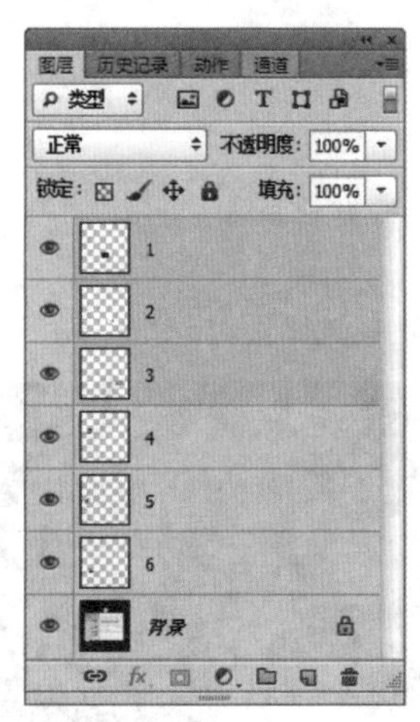

图3—173

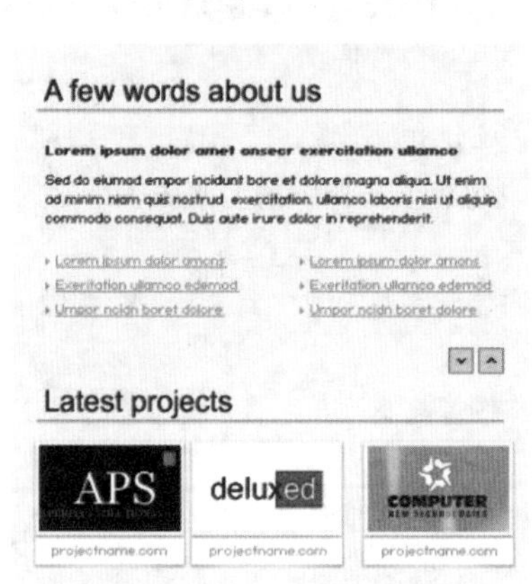

图3—174

03 执行“图层>分布>垂直居中”命令，使3个模块之间的间距相等，如图3-175所示。然后使用移动工具适当调整图片位置，如图3-176所示。

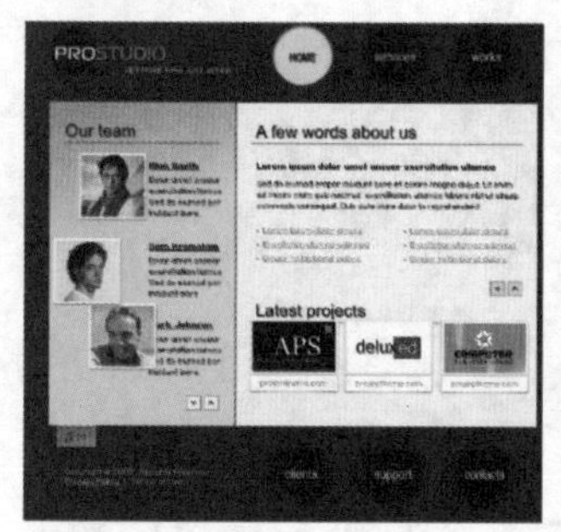

图3—175

图3—176

04 同样方法选择左侧的3个模块的图层，并执行“图层>对齐>左边”命令以及“图层>分布>垂直居中”命令，摆放在合适位置，最终效果如图3-177所示。

图3—177

3.6.5 自动对齐图层

视频精讲：Photoshop CS6新手学视频精讲课堂/自动对齐图层.flv

技术速查：很多时候为了节约成本，拍摄全景图像时经常需要拍摄多张后在后期软件中进行拼接。使用“自动对齐图层”命令可以根据不同图层中的相似内容（如角和边）自动对齐图层。

在“图层”面板中选择两个或两个以上的图层，如图3-178所示。然后执行“编辑>自动对齐图层”命令，在打开的“自动对齐图层”对话框中选择合适的方式，如图3-179所示。可以指定一个图层作为参考图层，也可以让Photoshop自动选择参考图层，其他图层将与参考图层对齐，以使匹配的内容能够自动进行叠加，效果如图3-180所示。

图3—178

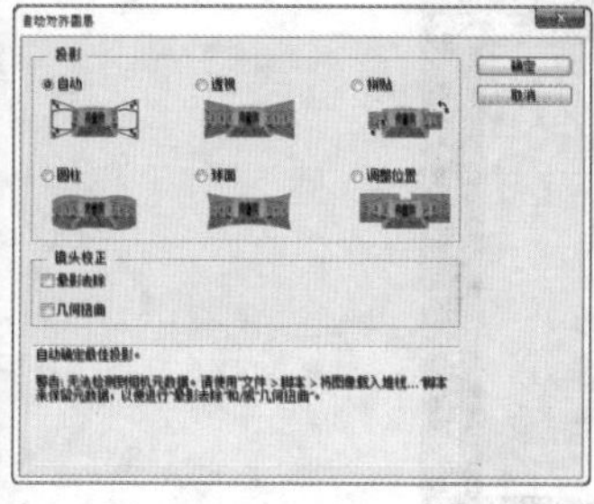

图3—179

图3—180

- 自动：通过分析源图像并应用“透视”或“圆柱”版面。
- 透视：通过将源图像中的一张图像指定为参考图像来创建一致的复合图像，然后变换其他图像，以匹配图层的重叠内容。
- 圆柱：通过在展开的圆柱上显示各个图像来减少在“透视”版面中会出现的“领结”扭曲，同时图层的重叠内容仍然相互匹配。
- 球面：将图像与宽视角对齐（垂直和水平）。指定某个源图像（默认情况下是中间图像）作为参考图像以后，对其他图像执行球面变换，以匹配重叠的内容。
- 拼贴：对齐图层并匹配重叠内容，并且不更改图像中对象的形状（例如，圆形将仍然保持为圆形）。
- 调整位置：对齐图层并匹配重叠内容，但不会变换（伸展或斜切）任何源图层。
- 晕影去除：对导致图像边缘（尤其是角落）比图像中心暗的镜头缺陷进行补偿。
- 几何扭曲：补偿桶形、枕形或鱼眼失真。

技巧提示

自动对齐图像之后，可以执行“编辑>自由变换”命令来微调对齐效果。

3.6.6 自动混合图层

视频精讲：Photoshop CS6新手学视频精讲课堂/自动混合图层.flv

技术速查：使用“自动混合图层”命令可以缝合或者组合图像，从而在最终图像中获得平滑的过渡效果。

“自动混合图层”功能是根据需要对每个图层应用图层蒙版，以遮盖过度曝光或曝光不足的区域或内容差异。“自动混合图层”功能仅适用于RGB或灰度图像，不适用于智能对象、视频图层、3D图层或“背景”图层。选择两个或两个以上的图层，然后执行“编辑>自动混合图层”命令，打开“自动混合图层”对话框，如图3-181所示。其中包含两种混合方式：“全景图”是将重叠的图层混合成全景图，效果如图3-182所示。“堆叠图像”可以混合每个相应区域中的最佳细节，适合用于已对齐的图层，效果如图3-183所示。

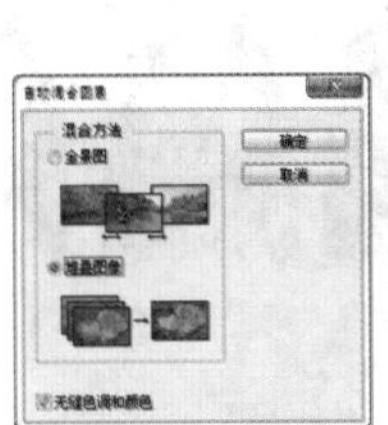
图3—181

图3—182

图3—183

★ 案例实战——使用“自动混合”功能制作全幅风景

案例文件	案例文件\第3章\使用“自动混合”功能制作全幅风景.psd
视频教学	视频文件\第3章\使用“自动混合”功能制作全幅风景.flv
难易指数	★★★★★
技术要点	掌握“自动混合图层”功能的使用方法

案例效果

本案例使用“自动混合图层”功能将多张图片混合为一张全景图，如图3-184所示。

操作步骤

01 按Ctrl+N快捷键新建一个文档，具体参数设置如图3-185所示。

图3—184

图3—185

02 打开本书配套光盘中的“1.jpg”文件，然后将其拖曳到当前文档中，使用自由变换工具快捷键Ctrl+T，调整大小，放置在画布的最左侧，如图3-186所示。

03 同样的方法依次导入另外几张图像，摆放在合适位置，此时可以看到多张图像衔接处有明显的痕迹，如图3-187所示。

图3—186

图3—187

04 在“图层”面板中选中这5个图层，执行“编辑>自动混合图层”命令，设置混合方法为“全景图”，如图3-188和图3-189所示。

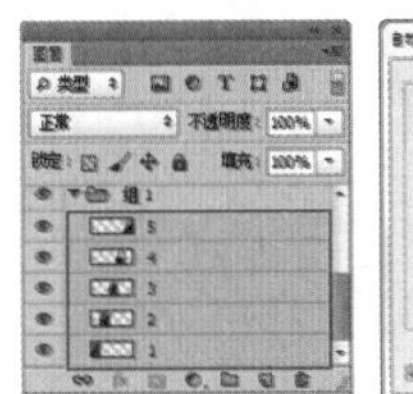
图3—188　　图3—189

05 单击“确定”按钮后即可得到混合效果，如图3-190所示。

图3—190

06 使用裁剪工具裁剪掉多余区域，最终效果如图3-191所示。

图3—191

课后练习

【课后练习1——利用自由变换制作飞舞的蝴蝶】

思路解析：本案例主要通过自由变换命令改变蝴蝶的形状，并通过复制粘贴命令的使用制作出多个飞舞的蝴蝶。

【课后练习2——使用“对齐”与“分布”命令制作标准照】

思路解析：标准照是日常生活中非常常见的排版，制作起来也非常简单，首先需要根据印刷的尺寸创建合适的文件大小，然后通过多次复制图层进行合理的对齐和分布。

本章小结

本章所涉及的知识点均为实际操作中最常用到的功能。例如，从调整“图像大小”以及使用“裁切”命令的多个方面讲解了调整大小的方法。图像的变形也是本章的重点内容，熟练掌握“自由变换”、“内容识别比例”、“操控变形”命令的快捷使用方法，对提高设计效率有非常大的帮助。

第4章

选区的编辑与应用

本章内容简介：

在学习选区的操作之前首先需要了解选区是做什么的，掌握获取选区的基本方法和思路。本章介绍了多种使用选区工具获取选区的方法，以及得到选区后的编辑、存储、调用、填充、描边等操作的使用。

本章学习要点：

- 掌握选区工具的使用方法
- 掌握常用抠图工具与技巧
- 掌握选区的编辑方法
- 掌握填充与描边选区的应用

4.1 认识选区

在Photoshop中处理图像时，经常需要针对局部效果进行调整。通过选择特定区域，可以对该区域进行编辑并保持未选定区域不会被改动。这时就需要为图像指定一个有效的编辑区域，这个区域就是选区。无论是进行平面设计、照片处理或是创意合成都离不开选区，下面就来领略一下选区强大的功能吧。如图4-1和图4-2所示为使用选区技术制作的作品。

图4—1

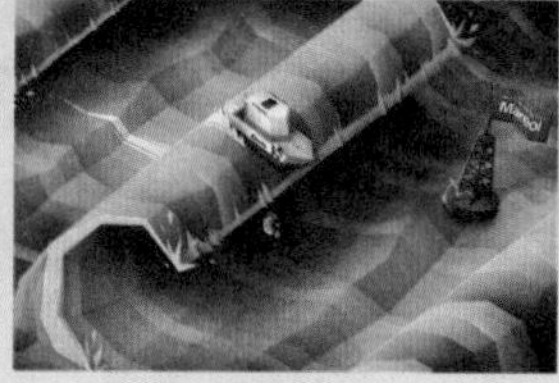

图4—2

4.1.1 选区的基本功能

选区可以应用在平面设计的各个环节中，而选区的基本功能无外乎“限制作用区域”以及“抠图”这两项。以图4-3为例，需要改变中间柠檬的颜色，这时就可以使用磁性套索工具或钢笔工具绘制出需要调色的区域选区。然后对这些区域进行单独调色即可，如图4-4所示。

图4—3

图4—4

选区的另外一项重要功能是图像局部的分离，也就是抠图。以图4-5为例，要将图中的前景物体分离出来，可以使用快速选择工具或磁性套索工具制作主体部分选区。接着将选区中的内容复制粘贴到其他合适的背景文件中，并添加其他合成元素即可完成一个合成作品，如图4-6所示。

图4—5

图4—6

在Photoshop中包含多种选区工具以及选区编辑调整命令，主要分布于工具箱的上半部分以及菜单栏的“选择”菜单中，如图4-7和图4-8所示。

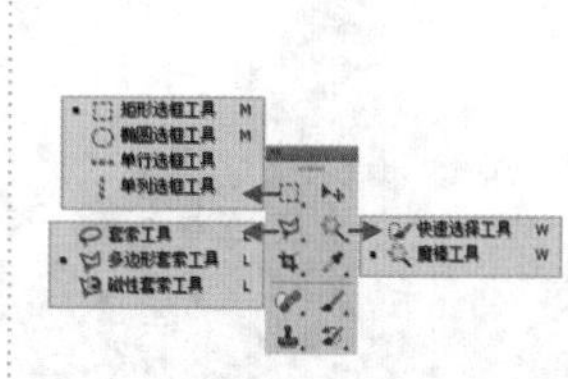

图4—7

图4—8

4.1.2 选区与抠图

“抠图”也叫“去背”，是指将主体物（需要保留的部分）从画面中分离出来的过程。“抠图”是Photoshop的核心功能之一，从字面意义上“抠图”可以理解为从图像中“抠”出部分内容，也就是将需要保留与需要删除的图形区分开。但是“抠图”的意义却不仅仅在于提取图像内容，更多的是服务于图像的修饰以及画面的合成等操作，如图4-9所示。

图4—9

技巧提示

“抠图”作为Photoshop最常进行的操作之一，并非是单一的工具或是命令操作。想要进行抠图几乎可以使用到Photoshop的大部分工具命令，例如擦除工具、修饰绘制工具、选区工具、选区编辑命令、蒙版技术、通道技术、图层操作、调色技术以及滤镜等。虽然看起来抠图操作纷繁复杂，实际上大部分工具命令都是用于辅助用户进行更快捷、更容易地抠图，而制作“选区”才是抠图真正的核心所在。

想要实现“抠图”，可以“去除背景”或“提取主体”。“去除背景”很好理解，在Photoshop中想要轻松随意地擦除背景部分，可以使用橡皮擦工具。但是，要进行精确的去除背景或者提取部分主体物就需要制作出一个“特定的区域”，这个区域就是选区，如图4-10所示。

图4—10

4.1.3 抠图常用技法

除了可以通过使用默认的选区工具进行抠图外，在Photoshop中还有其他的抠图技法，例如“基于颜色的抠图”、“通道抠图”、“蒙版抠图”、“边缘检测抠图”、“外挂滤镜抠图”等。不同的抠图技法适用于不同的情况，熟练掌握这些常用抠图技法并且交互使用才能更好、更快地实现抠图操作。

制作规则选区

圆形和方形选区是经常会使用到的选区，使用工具箱中的选框工具组可以轻松地制作圆形和方形选区。选框工具组是Photoshop中最常用的选区工具，适合制作圆形、椭圆形、正方形、长方形的选区，如图4-11和图4-12所示分别为典型的矩形选区和圆形选区。

图4—11

图4—12

制作不规则选区

在实际设计制作中不规则选区也是非常常见的，绘制简单的、并不需要特别精确的不规则的选区时可以使用工具箱中的套索工具组。对于转折处比较强烈的图案，可以使用多边形套索工具来进行选择，对于转折比较柔和的可以使用套索工具，如图4-13和图4-14所示分别为转折处比较强烈的选区和转折比较柔和的选区。

图4—13

图4—14

制作精确选区

在提取人像、产品或画面中某些形状复杂的元素时，精确的选区是必不可少的。此时精确的抠图工具就非钢笔工具莫属了。钢笔工具属于典型的矢量工具，通过钢笔工具可以绘制出平滑或者尖锐的任何形状的路径，绘制完成后可以将其转换为相同形状的选区，从而进行抠图，如图4-15和图4-16所示。

图4—15

图4—16

基于色调制作选区

基于色调进行抠图主要是利用主体物以及背景之间的色调、亮度等颜色上的差异进行选区的制作，也是Photoshop抠图的常用途径。如果需要选择的对象与背景之间的色调差异比较明显，那么使用魔棒工具、快速选择工具、磁性套索工具和“色彩范围”命令可以快速地将对象分离出来。如图4-17和图4-18所示是使用快速选择工具将前景对象抠选出来，并更换背景后的效果。

图4—17

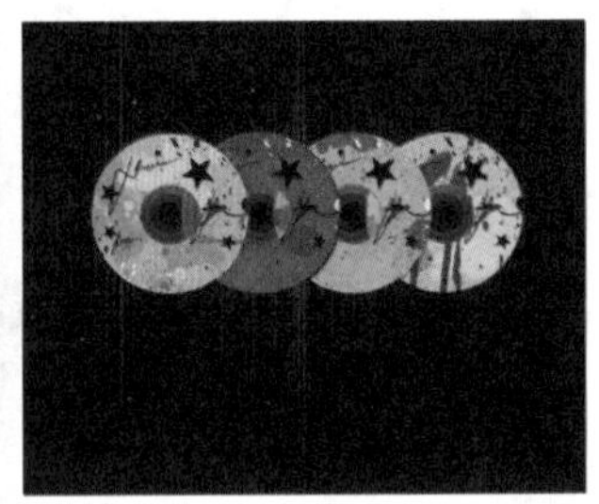

图4—18

通道抠图

通道抠图是利用通道与选区的互通性，通过图像通道的明度差别建立特殊选区。例如毛发、婚纱、烟雾、玻璃以及具有运动模糊的物体等抠图的“疑难杂症”都可以交给通道抠图。如图4-19和图4-20所示为半透明的婚纱抠图和杂乱的毛发抠图。

图4—19

图4—20

快速蒙版选择法

快速蒙版是一种可以通过绘制的方法创建或编辑选区的工具。在快速蒙版状态下，可以使用各种绘画工具和滤镜对选区进行细致的处理。比如，如果要将图中的前景对象抠选出来，如图4-21所示。就可以进入快速蒙版状态，然后使用画笔工具在快速蒙版中的背景部分上进行绘制（绘制出的选区为红色状态），如图4-22所示。绘制完成后按Q键退出快速蒙版状态，Photoshop会自动创建选区，这时就可以删除背景，如图4-23所示。也可以为前景对象重新添加背景，如图4-24所示。

图4—21

图4—22

图4—23

图4—24

4.2 轻松制作简单选区

视频精讲：Photoshop CS6新手学视频精讲课堂/使用选框工具.flv

选框工具组位于工具箱的上半部分，右击该按钮即可弹出该工具组的其他工具，如图4-25所示。通过这些工具可以轻松绘制矩形选区、正方形选区、椭圆选区、正圆选区、单行选区、单列选区，如图4-26所示。

选择选框工具组中的工具后在选项栏中会出现相应的选项设置，以椭圆选框工具为例，如图4-27所示。

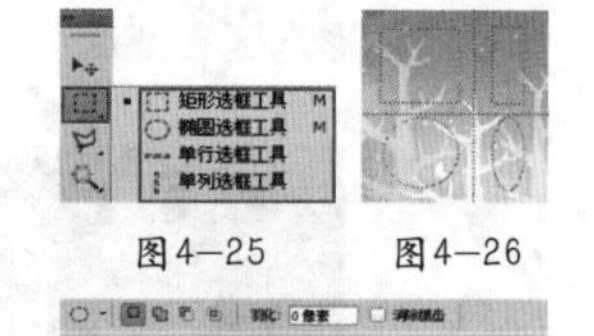

图4—25　　图4—26

图4—27

- 选区运算：选区的运算可以将多个选区进行“相加”、“相减”、“交叉”以及“排除”等操作而获得新的选区。
- 羽化: 0像素：主要用来设置选区边缘的虚化程度。羽化值越大，虚化范围越宽；羽化值越小，虚化范围越窄；如图4-28所示为羽化数值分别为0像素与20像素时的边界效果。

图4—28

- 消除锯齿：通过柔化边缘像素与背景像素之间的颜色过渡效果，来使选区边缘变得平滑，如图4-29所示是未选中“消除锯齿”复选框时的图像边缘效果，如图4-30所示是选中“消除锯齿”复选框时的图像边缘效果。由于“消除锯齿”只影响边缘像素，因此不会丢失细节，在剪切、拷贝和粘贴选区图像时非常有用。只有在使用椭圆选框工具时“消除锯齿”选项才可用。

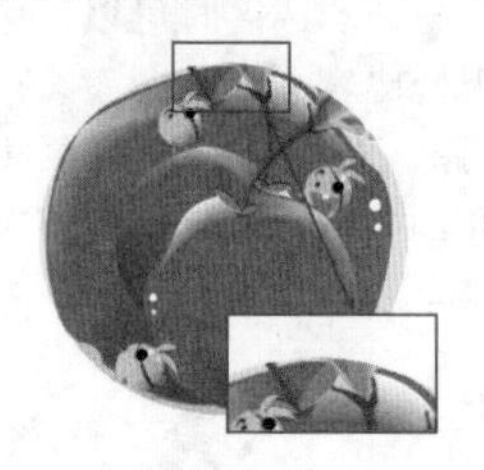

图4—29

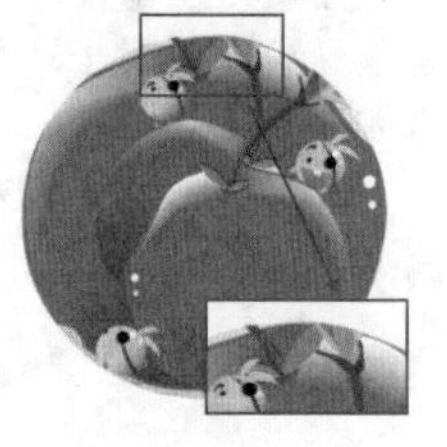

图4—30

技巧提示

当设置的“羽化”数值过大，以至于任何像素都不大于50%时，Photoshop会弹出一个警告对话框，提醒用户羽化后的选区将不可见（选区仍然存在），如图4—31所示。

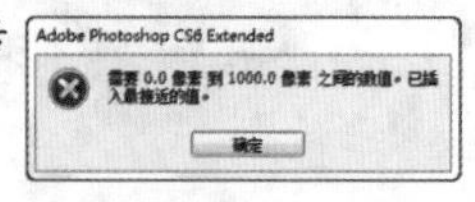

图4—31

- 样式: 正常 宽度: 高度: ：用来设置矩形选区的创建方法。当选择“正常”选项时，可以创建任意大小的矩形选区；当选择“固定比例”选项时，可以在“右侧”的“宽度”和“高度”文本框中输入数值，以创建固定比例的选区。比如，设置“宽度”为1、“高度”为2，那么创建出来的矩形选区的高度就是宽度的2倍；当选择“固定大小”选项时，可以在右侧的“宽度”和“高度”文本框中输入数值，然后单击即可创建一个固定大小的选区（单击“高度和宽度互换”按钮可以切换“宽度”和“高度”的数值）。
- 调整边缘... ：与执行“选择>调整边缘”命令相同，单击该按钮，打开“调整边缘”对话框，在该对话框中可以对选区进行平滑、羽化等处理。

4.2.1 矩形选框工具

矩形选框工具主要用于创建矩形选区与正方形选区。单击工具箱中的“矩形选框工具”按钮，在页面中单击，并按住鼠标左键向右下角拖曳，即可绘制选区，如图4-32 所示。在绘制时按住Shift键可以绘制正方形选区，如图4-33所示。

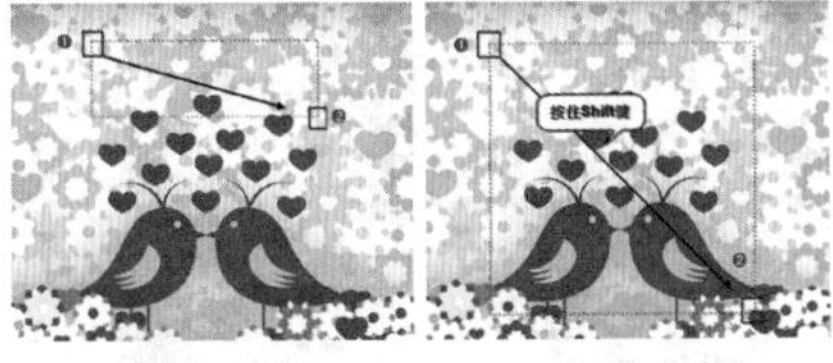

图4—32　　图4—33

★ 案例实战——使用矩形选框工具制作奇异建筑

案例文件	案例文件\第4章\使用矩形选框工具制作奇异建筑.psd
视频教学	视频文件\第4章\使用矩形选框工具制作奇异建筑.flv
难易指数	★★★★★
技术要点	矩形选框工具

案例效果

本案例主要是通过使用矩形选框工具制作创意广告招贴海报，如图4-34所示。

操作步骤

01 打开本书配套光盘中的“1.jpg”文件，如图4-35所示。

图4—34　　图4—35

02 使用矩形选框工具在主体建筑上端的边缘处单击，并向右下拖动光标绘制合适的选区，如图4-36所示。然后按下Ctrl+J快捷键将选区内容复制并粘贴到新选区，并使用移动工具将其向右移到合适的位置，效果如图4-37所示。

图4—36　　图4—37

03 用同样方法绘制建筑左侧的天空部分的矩形选区，如图4-38所示。选择“背景”图层，并复制选区中的天空部分，向右移动遮挡住原始建筑，如图4-39所示。

图4—38　　图4—39

04 为了增强画面效果，执行“文件>置入”命令，置入前景素材文件“2.png”，效果如图4-40所示。在“图层”面板中新建图层3，执行“编辑>填充”命令，将图层填充为蓝色，如图4-41所示。

图4—40　　图4—41

05 设置图层3的混合模式为“柔光”，“不透明度”为35%，如图4-42所示。最终效果如图4-43所示。

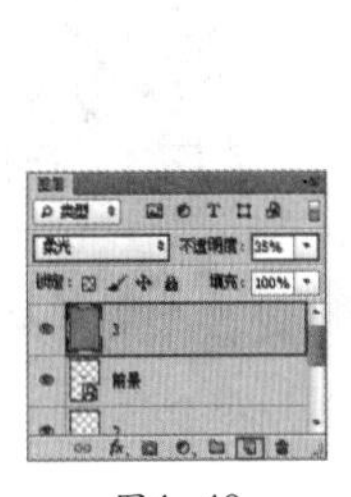

图4—42　　图4—43

4.2.2 椭圆选框工具

椭圆选框工具主要用来制作椭圆选区和正圆选区。该工具的使用方式与矩形选框工具相同，单击工具箱中的“椭圆选框工具”按钮，在画布中单击并拖动，即可绘制椭圆选区，如图4-44所示。按住Shift键可以创建正圆选区，如图4-45所示。按住Alt键可以以起点作为圆心进行绘制，如图4-46所示。

图4—44

图4—45

图4—46

★ 案例实战——制作活泼的圆形标志

案例文件	案例文件\第4章\制作活泼的圆形标志.psd
视频教学	视频文件\第4章\制作活泼的圆形标志.flv
难易指数	★★★★★
技术要点	椭圆选框工具、自由变换、渐变工具

案例效果

本案例主要使用椭圆选框工具、自由变换和渐变工具等制作活泼的圆形标志，如图4-47所示。

图4—47

操作步骤

01 新建文件，设置前景色为暗红色，使用椭圆选框工具，按住Shift键绘制正圆选区，如图4-48所示。使用填充前景色快捷键Alt+Delete对选区进行填充，如图4-49所示。

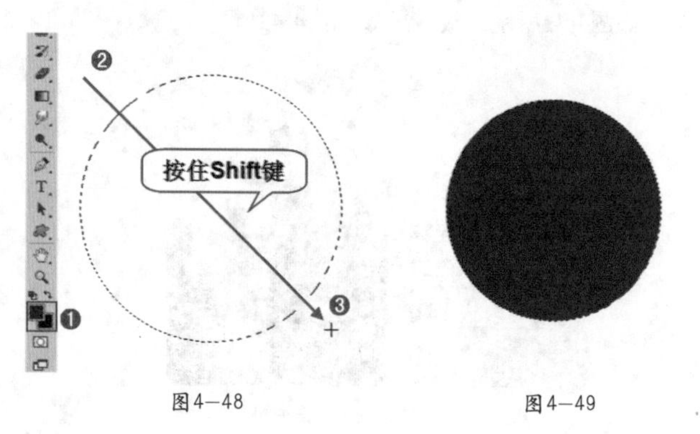

图4—48　　图4—49

02 继续新建图层“白圆”，同样方法制作白色正圆，如图4-50所示。在“图层”面板中按住Alt键单击“白圆”图层缩览图，载入白色正圆图层的选区，如图4-51所示。

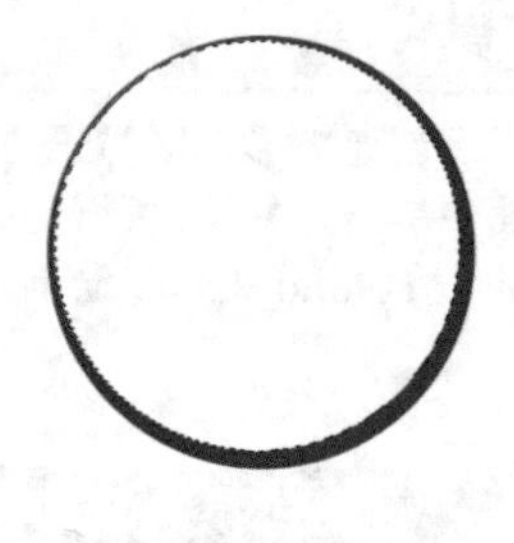

图4—50

图4—51

03 在选区上单击鼠标右键，在弹出的快捷菜单中执行“变换选区”命令，将光标定位到界定框的上方和下方，按住鼠标左键并向圆心的位置进行移动，如图4-52所示。变换完成后按Enter键完成操作，新建图层。单击工具箱中的渐变工具，在选项栏中编辑黄色系的渐变，设置“绘制模式”为径向，在选区中心按住鼠标左键并向右下拖动光标填充渐变，如图4-53所示。

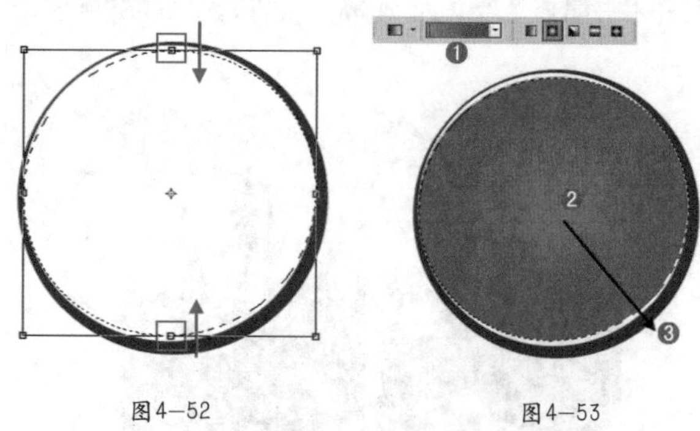

图4—52　　图4—53

04 添加文字部分“1.png”，最终效果如图4-54所示。

图4—54

4.2.3 单行/单列选框工具

单行选框工具、单列选框工具主要用来创建高度或宽度为1像素的选区，常用来制作网格效果，如图4-55所示。单行选框工具、单列选框工具的使用方法非常简单，只需在画面中单击即可创建选区。

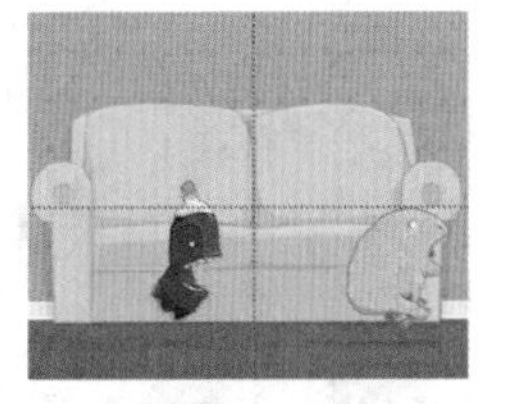

图4-55

4.3 选区的基本操作

在4.2节中学习了简单选区的创建方法，本节将要进行选区基本操作的讲解。选区虽然是一种不能够打印呈现在纸张上的“虚拟对象”，但是它也可以进行多种操作，例如移动、变换、选区之间的运算、全选与反选、取消选择与重新选择、存储与载入等操作。

4.3.1 取消选择与重新选择

01 执行“选择>取消选择”命令或按Ctrl+D快捷键，可以取消选区状态。

02 如果要恢复被取消的选区，可以执行“选择>重新选择”命令。

4.3.2 全选

技术速查：“全选”命令顾名思义即选择画面的全部范围。

执行“选择>全选”命令或按Ctrl+A快捷键，可以选择当前文档边界内的所有区域，选区边界位于画面的四周，如图4-56所示。

图4-56

4.3.3 选择反向的选区

创建选区以后，执行“选择>反向选择”命令或按Shift+Ctrl+I组合键，可以选择反相的选区，也就是选择图像中没有被选择的部分，如图4-57和图4-58所示。

图4-57

图4-58

4.3.4 载入图层选区

如果要载入单个图层的选区，可以按住Ctrl键的同时单击该图层的缩览图，如图4-59所示。此时图层内容的外轮廓即可作为选区被载入，如图4-60所示。

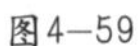

图4-59

图4-60

技巧提示

在“通道”面板或“路径”面板中使用同样的方法也可以载入通道或路径的选区。

4.3.5 动手学：移动选区

01 将光标放置在选区内，当光标变为形状时，拖曳光标即可移动选区，如图4-61和4-62所示。

02 使用选框工具创建选区时，在松开鼠标左键之前，按住Space键（即空格键）拖曳光标，可以移动选区，如图4-63和图4-64所示。

03 在包含选区的状态下，按→、←、↑、↓键可以1像素的距离移动选区。

图4-61

图4-62

图4-63

图4-64

4.3.6 选区的显示与隐藏

技术速查：选择“视图>显示>选区边缘”命令可以切换选区的显示与隐藏。

创建选区以后，执行“视图>显示>选区边缘”命令或按Ctrl+H快捷键，可以隐藏选区（注意，隐藏选区后，选区仍然存在）；如果要将隐藏的选区显示出来，可以再次执行“视图>显示>选区边缘”命令或按Ctrl+H快捷键。

4.3.7 选区的运算

视频精讲：Photoshop CS6新手学视频精讲课堂/选区运算.flv

技术速查：选区的运算可以将多个选区进行“相加”、“相减”、“交叉”以及“排除”等操作而获得新的选区。

如果想要制作图4-65所示的选区A和选区B，直接使用内置的选区工具可能难以绘制，但是通过观察能够看出选区A似乎是由一个圆形选区与一个方形选区“相加”得到的。而选区B则像是从一个方形的选区中“减去”一个圆形的选区。实际上也的确是通过对选区的“加加减减”制作出的，也就是本小节将要讲解的“选区运算”。

如果当前图像中包含有选区，在使用任何选框工具、套索工具等选区工具创建选区时，选项栏中就会出现选区运算的相关设置，如图4-66所示。选区运算方式需要在绘制选区前进行设置，例如对于图4-67中的两个圆形选区，首先绘制了第一个较大的圆形选区，然后需要设置选区运算方式，之后才能绘制第二个选区。

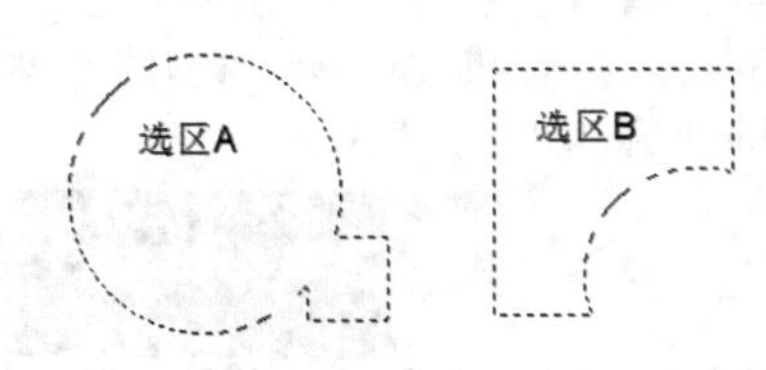

图4-65

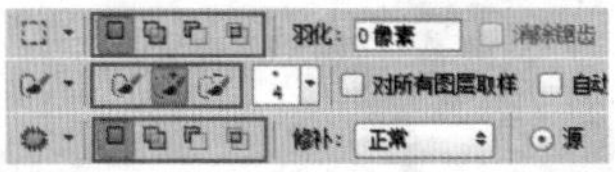

图4-66

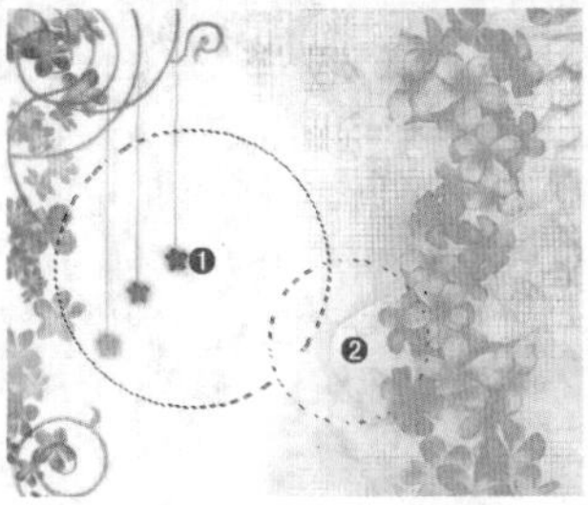

图4-67

- “新选区”按钮：单击激活该按钮以后，可以创建一个新选区，如图4-68所示。如果已经存在选区，那么新创建的选区将替代原来的选区。
- “添加到选区”按钮：单击激活该按钮以后，可以将当前创建的选区添加到原来的选区中（按住Shift键也可以实现相同的操作），如图4-69所示。
- “从选区减去”按钮：单击激活该按钮以后，可以将当前创建的选区从原来的选区中减去（按住Alt键也可以实现相同的操作），如图4-70所示。
- “与选区交叉”按钮：单击激活该按钮以后，新建选区时只保留原有选区与新创建的选区相交的部分（按住Alt+Shift组合键也可以实现相同的操作），如图4-71所示。

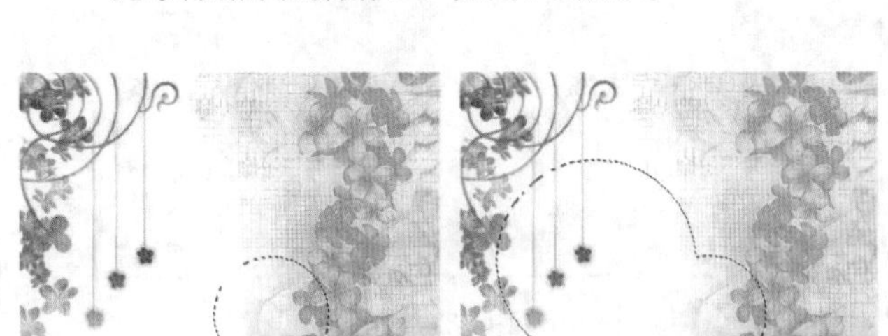

图4-68　图4-69

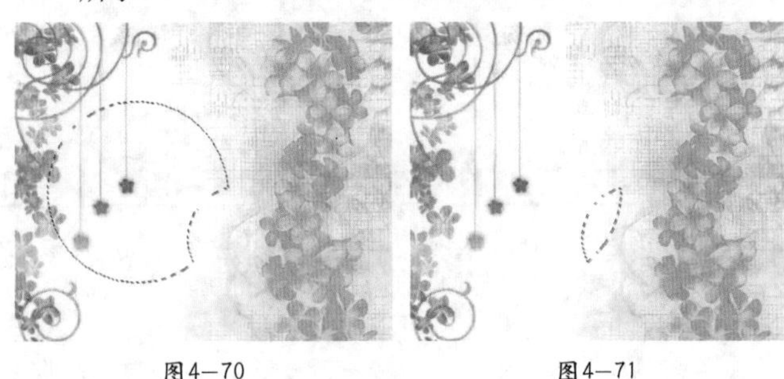

图4-70　图4-71

4.3.8 动手学：变换选区

选区的变换与图像的“变换”操作非常接近，在进行变换时都会出现界定框，通过调整界定框上控制点的位置即可调整选区的形态。

01 使用矩形选框工具绘制一个长方形选区，如图4-72所示。对创建好的选区执行“选择>变换选区”命令或按Alt+S+T组合键，选区周围出现界定框，如图4-73所示。

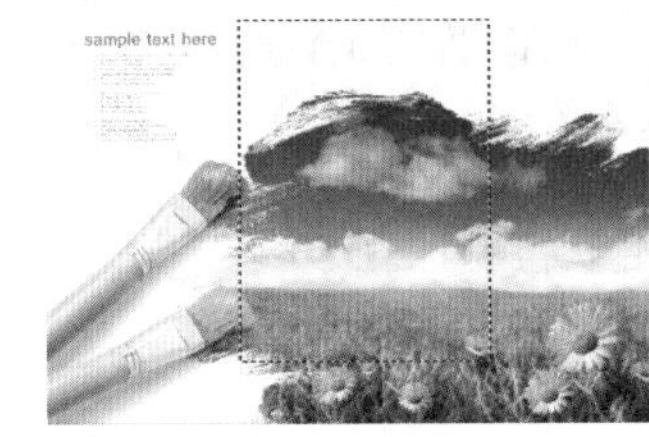

图4—72

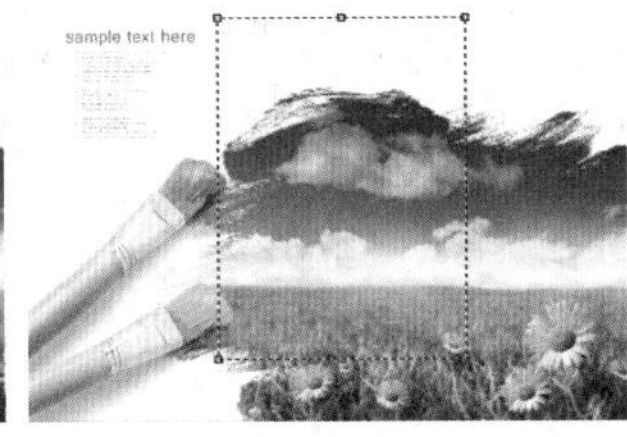

图4—73

02 在选区变换状态下，在画布中单击鼠标右键，还可以选择其他变换方式，如图4-74~图4-76所示。

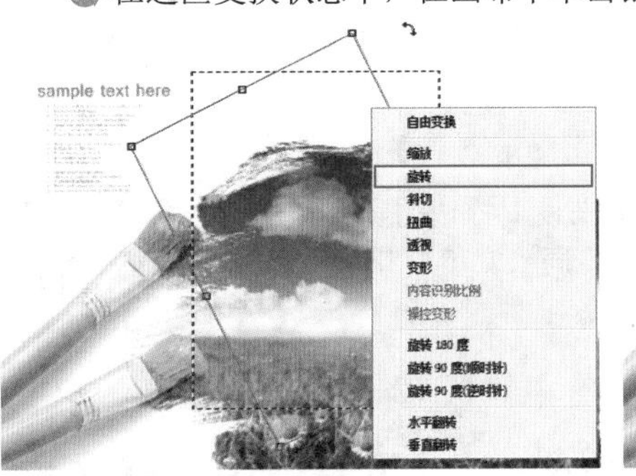

图4—74

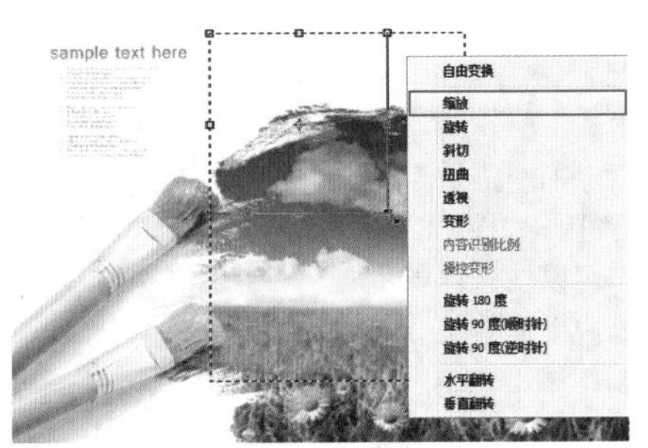

图4—75

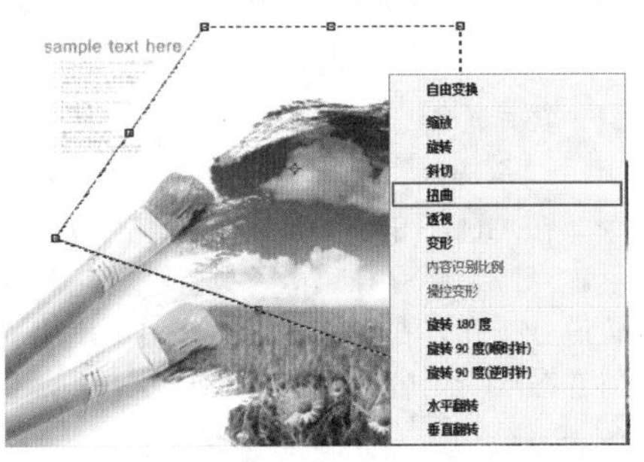

图4—76

在缩放选区时，按住Shift键可以等比例缩放选区；按住Shift+Alt组合键可以以中心点为基准等比例缩放选区。

03 按Enter键即可完成变换，如图4-77所示。

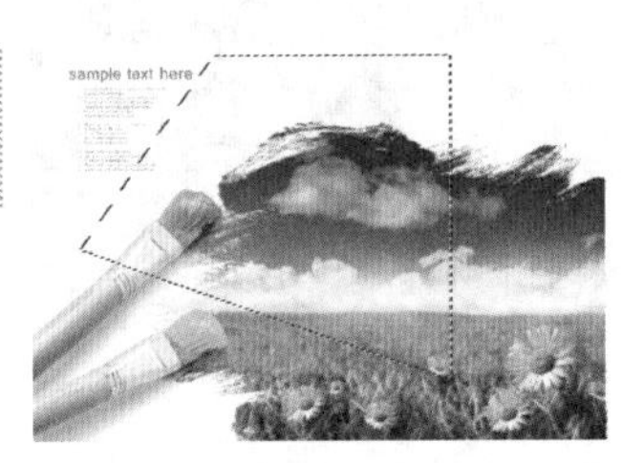

图4—77

☆ 视频课堂——使用变换选区制作投影

案例文件\第4章\视频课堂——使用变换选区制作投影.psd
视频文件\第4章\视频课堂——使用变换选区制作投影.flv

思路解析：

01 载入主体物选区。
02 对选区进行变换选区操作，得到阴影选区。
03 填充黑色并降低透明度模拟阴影。

4.3.9 存储选区

技术速查：在Photoshop中，选区可以作为通道进行存储。以通道形式进行存储的选区可以通过使用“载入选区”命令进行调用。

01 执行“选择>存储选区”命令，或在“通道”面板中单击“将选区存储为通道”按钮，可以将选区存储为Alpha通道蒙版，如图4-78和图4-79所示。

图4—78

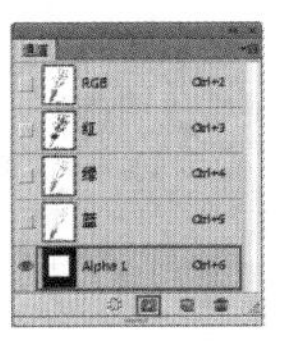

图4—79

02 当执行“选择>存储选区”命令时，弹出“存储选区”对话框，在这里可以选择存储选区的文件、通道以及名称，如图4-80所示。

03 执行“选择>载入选区”命令，或在“通道”面板中按住Ctrl键的同时单击存储选区的通道蒙版缩览图，即可重新载入存储起来的选区，如图4-81所示。当执行“选择>载入选区”命令时，Photoshop会弹出“载入选区”对话框，在这里可以选择载入选区的文件以及通道，还可以设置载入的选区与之前选区的运算方式，如图4-82所示。

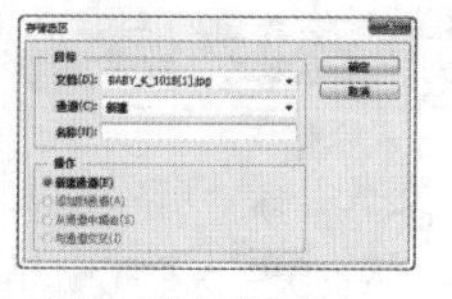

图4—80

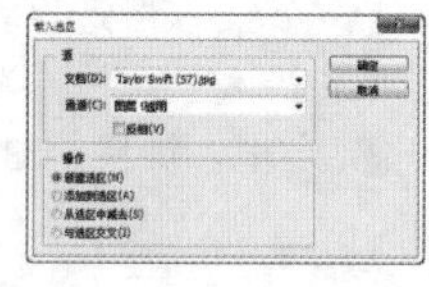

图4—81

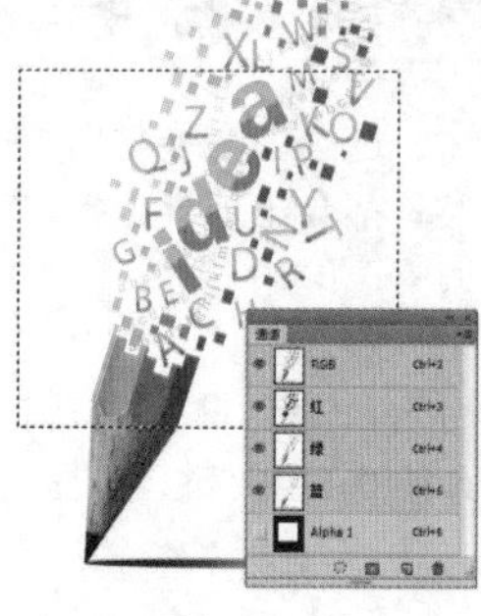

图4—82

4.3.10 为选区描边

视频精讲：Photoshop CS6新手学视频精讲课堂/描边.flv

技术速查：使用“描边”命令可以在选区、路径或图层周围创建彩色或者花纹边框效果。

创建选区，如图4-83所示。然后执行“编辑>描边”命令或按Alt+E+S组合键，打开“描边”对话框，如图4-84所示。当画面中存在选区时执行“描边”操作可以在选区的周边进行操作，在没有选区的状态下使用“描边”命令可以对所选图层中内容的边缘进行描边。

图4—83

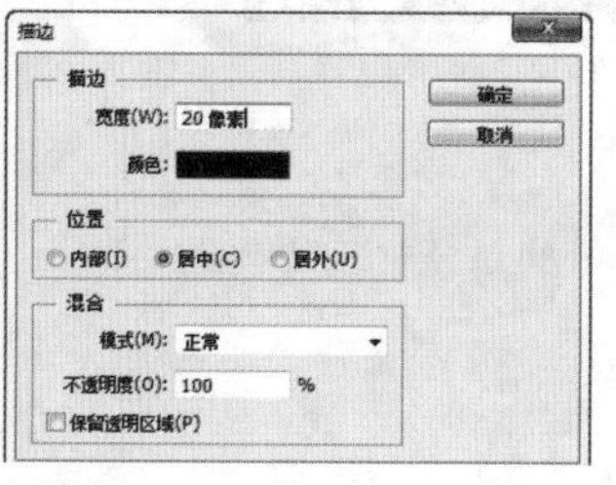

图4—84

- 描边：主要用来设置描边的宽度和颜色，如图4-85和图4-86所示是不同“宽度”和“颜色”的描边效果。

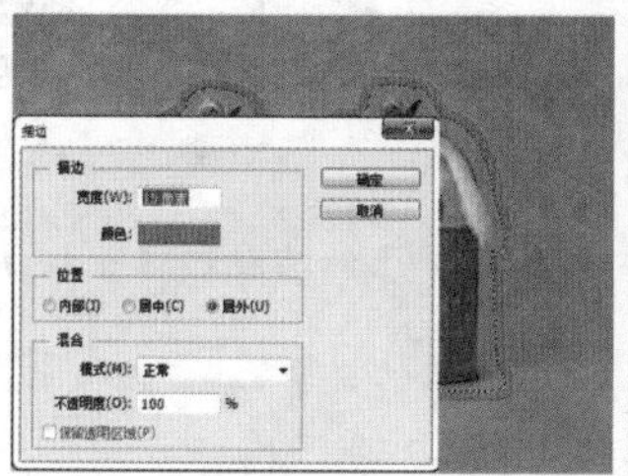

图4—85

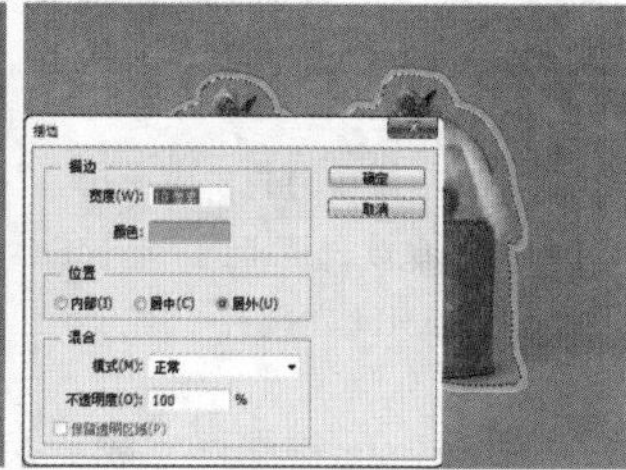

图4—86

技巧提示

文字图层、智能图层、形状图层等特殊图层不能直接进行描边操作，如果想要对这些图层进行描边，可以通过使用“图层>图层样式>描边”命令进行。

- 位置：设置描边相对于选区的位置，包括“内部”、“居中”和“居外”3个选项，如图4-87~图4-89所示。
- 混合：用来设置描边颜色与底图的混合模式和不透明度。如果选中“保留透明区域”复选框，则只对包含像素的区域进行描边。

图4—87

图4—88

图4—89

☆ 视频课堂——制作简约海报

案例文件\第4章\视频课堂——制作简约海报.psd
视频文件\第4章\视频课堂——制作简约海报.flv

思路解析：

01 使用钢笔工具绘制花朵形状并转换为选区。
02 填充花朵选区为蓝色。
03 使用多边形套索工具绘制两侧多边形选区，并填充颜色。
04 输入主体文字，栅格化后进行描边操作。
05 导入其他素材。

4.4 常用的创建选区的工具与命令

在Photoshop中获得选区的方法有很多，通过工具进行选区创建可以说是最基本的方法。而这些选区工具也是日常工作中最为常用的工具，在工具箱的上半部分就能够看到两个选区工具组：套索工具组与快速选择工具组，如图4-90所示。通过套索工具组可以创建随意的选区，而通过快速选择工具组则可以以颜色的差异创建选区，如图4-91所示。

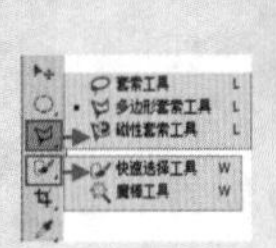
图4-90

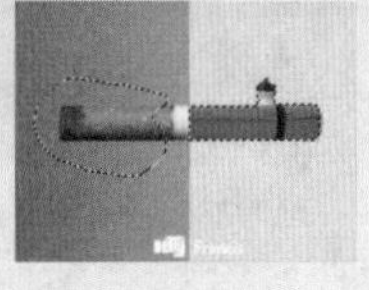
图4-91

4.4.1 套索工具

视频精讲：Photoshop CS6新手学视频精讲课堂/使用套索工具.flv

技术速查：使用套索工具可以非常自由地绘制出形状不规则的选区，如图4-92所示。

套索工具位于工具箱中的套索工具组中，右击工具箱中的“套索工具组”按钮，在弹出的菜单中单击“套索工具”，如图4-93所示。

图4-92

图4-93

在图像上单击，确定起点位置，接着拖曳光标绘制选区，如图4-94所示。结束绘制时松开鼠标左键，选区会自动闭合并变为如图4-95所示的效果。如果在绘制中途松开鼠标左键，Photoshop会在该点与起点之间建立一条直线以封闭选区。

技巧提示

当使用套索工具绘制选区时，如果在绘制过程中按住Alt键，松开鼠标左键以后（不松开Alt键），Photoshop会自动切换到多边形套索工具。

图4-94

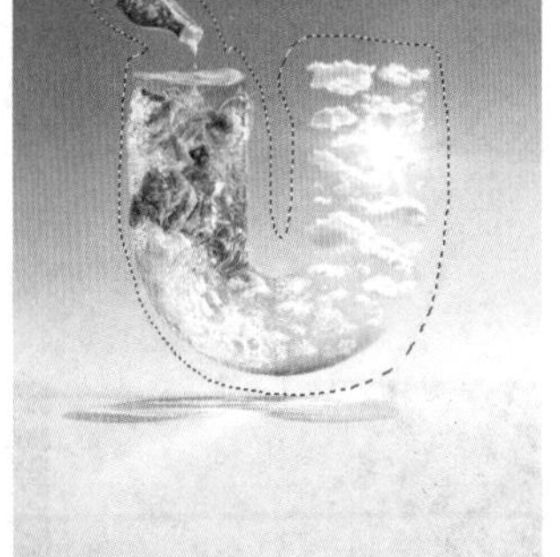
图4-95

4.4.2 多边形套索工具

视频精讲：Photoshop CS6新手学视频精讲课堂/使用套索工具.flv

技术速查：多边形套索工具适合于随意地创建一些转角比较强烈的选区。

多边形套索工具与套索工具的使用方法类似，单击工具箱中的“多边形套索工具”按钮，在画面中单击确定起点，拖动光标向其他位置移动并多次单击确定选区转折的位置。最后需要将光标定位到起点处，完成路径的绘制，如图4-96所示。得到多边形选区，如图4-97所示。

技巧提示

在使用多边形套索工具绘制选区时，按住Shift键，可以在水平方向、垂直方向或45°方向上绘制直线。另外，按Delete键可以删除最近绘制的直线。

图4-96

图4-97

★ 案例实战——使用多边形套索工具将照片合成到画面中

案例文件	案例文件\第4章\使用多边形套索工具将照片合成到画面中.psd
视频教学	视频文件\第4章\使用多边形套索工具将照片合成到画面中.flv
难易指数	★★★★★
技术要点	多边形套索工具

案例效果

本案例主要通过使用多边形套索工具绘制选区，并删除多余的部分，使照片合成到画面中，如图4-98所示。

图4-98

操作步骤

01 执行“文件>打开”命令，打开背景素材照片“1.jpg”，如图4-99所示。然后执行“文件>置入”命令，置入人像照片素材“2.jpg”，如图4-100所示。

图4-99

图4-100

技巧提示

置入到当前文档中的照片文件为“智能对象”，需要执行“图层>栅格化>图层”命令，转换为普通图层后即可进行删除等操作。

02 绘制选区，为了便于观察将人像图层隐藏。在工具箱中单击“多边形套索工具”按钮，在选项栏中设置“绘制模式”为新选区，设置“羽化”为0像素，选中“消除锯齿”复选框，如图4-101所示。在画面中单击确定选区起点，然后将光标移动到下一点处再次单击，如图4-102所示。依次在转折处单击确定绘制转折点，如图4-103所示。

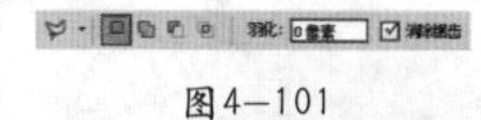

图4-101

图4-102

图4-103

03 绘制完成后需要将光标定位到起始点，如图4-104所示。单击闭合选区，选区效果如图4-105所示。

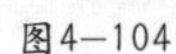

图4-104

图4-105

04 对于当前选区单击鼠标右键，在弹出的快捷菜单中执行“选择反向”命令，然后在“图层”面板中显示出人像素材图层，并按Delete键删除多余部分，如图4-106所示。

05 在“图层”面板中选中该图层，设置其混合模式为“正片叠底”，如图4-107所示。最终效果如图4-108所示。

图4－106

图4－107

图4－108

☆ 视频课堂——利用多边形套索工具选择照片

案例文件\第4章\视频课堂——利用多边形套索工具选择照片.psd
视频文件\第4章\视频课堂——利用多边形套索工具选择照片.flv

思路解析：

01 导入照片素材，降低图层不透明度。
02 设置绘制模式为添加到选区，使用多边形套索工具绘制照片选区。
03 选择反向，删除多余部分。

4.4.3 磁性套索工具

视频精讲：Photoshop CS6新手学视频精讲课堂/使用套索工具.flv
技术速查：磁性套索工具能够以颜色上的差异自动识别对象的边界并创建选区。

磁性套索工具是套索工具组中唯一一个基于颜色创建选区的工具，特别适合于主体物与背景颜色对比强烈且边缘复杂的对象的抠图与选区的绘制，如图4-109和图4-110所示。

图4－109

图4－110

单击工具箱中的“磁性套索工具”按钮，将光标定位到要绘制选区的起点处单击，然后沿要绘制的对象移动光标，磁性套索工具会自动对齐图像的边缘创建路径，如图4-111所示。绘制完毕后需要将光标移动回起点处并单击起点得到选区，如图4-112所示。

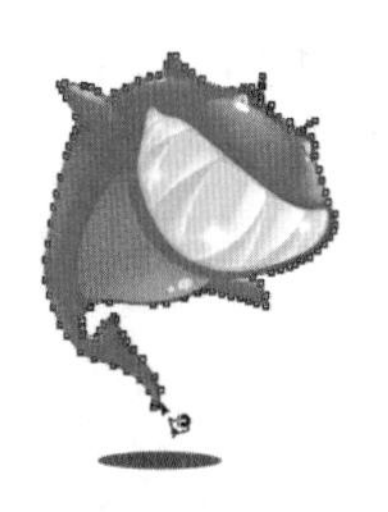

图4－111

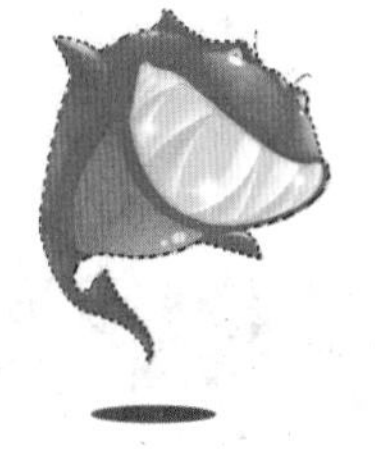

图4－112

技巧提示

使用磁性套索工具时按住Alt键可以切换到多边形套索工具，以勾选转角比较强烈的边缘。

单击工具箱中的“磁性套索工具”按钮，在选项栏中显示了磁性套索工具的设置选项。其中宽度、对比度与频率控制着磁性套索工具绘制选区的精准度，如图4-113所示。

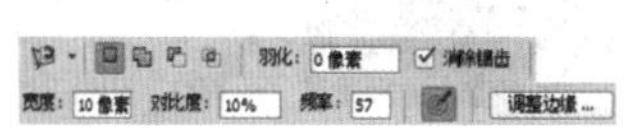

图4－113

- 宽度："宽度"值决定了以光标中心为基准，光标周围有多少个像素能够被磁性套索工具检测到，如果对象的边缘比较清晰，可以设置较大的值；如果对象的边缘比较模糊，可以设置较小的值，如图4-114和图4-115所示分别是"宽度"值为20和200时检测到的边缘。
- 对比度：主要用来设置磁性套索工具感应图像边缘的灵敏度。如果对象的边缘比较清晰，可以将该值设置得高一些；如果对象的边缘比较模糊，可以将该值设置得低一些。
- 频率：在使用磁性套索工具勾画选区时，Photoshop会生成很多锚点，"频率"选项就是用来设置锚点的数量。数值越高，生成的锚点越多，捕捉到的边缘越准确，但是可能会造成选区不够平滑，如图4-116和图4-117所示分别是"频率"为10和100时生成的锚点。

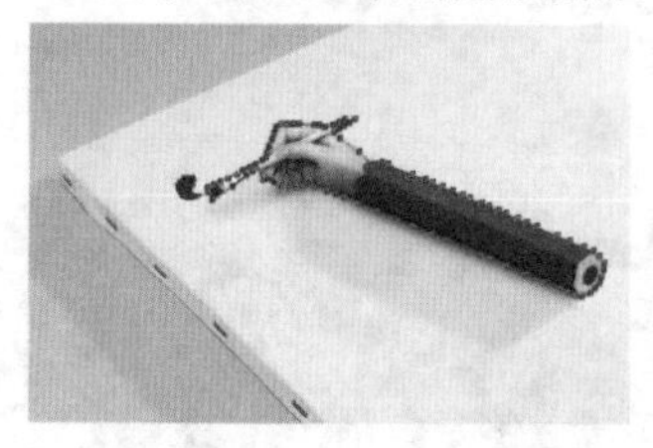
图4－114

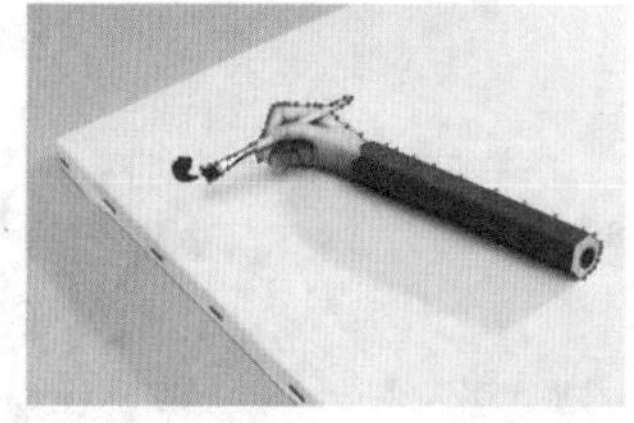
图4－115

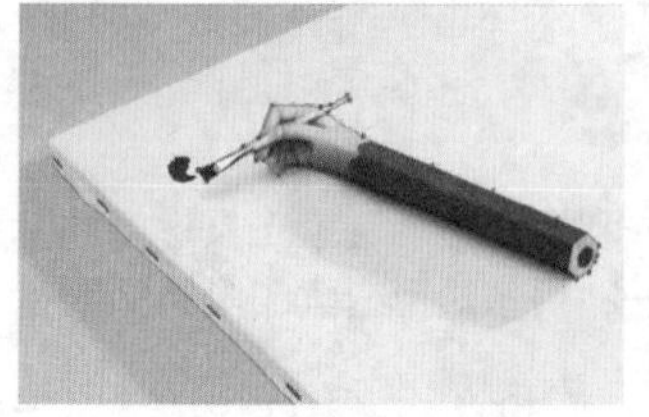
图4－116

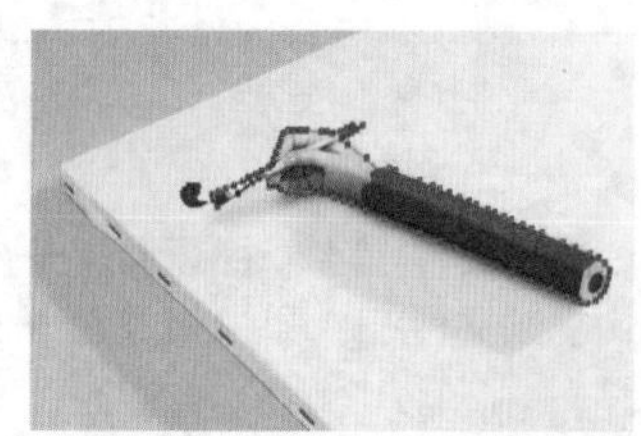
图4－117

技巧提示

在使用磁性套索工具勾画选区时，按住CapsLock键，光标会变成⊙形状，圆形的大小就是该工具能够检测到的边缘宽度。另外，按↑键和↓键可以调整检测宽度。

★ 案例实战——使用磁性套索工具制作选区

案例文件	案例文件\第4章\使用磁性套索工具制作选区.psd
视频教学	视频文件\第4章\使用磁性套索工具制作选区.flv
难易指数	★★★★★
技术要点	磁性套索工具制作选区

案例效果

本案例主要通过使用磁性套索工具配合选区运算方式，绘制人像选区并进行抠图操作，效果如图4-118所示。

操作步骤

01 打开人像照片素材"1.jpg"，从图中可以看到人像主体部分与背景部分的颜色反差非常大，适合磁性套索工具的使用，如图4-119所示。

图4－118　　图4－119

02 在工具箱中选择磁性套索工具，在选项栏中设置"绘制模式"为"新选区"，设置"羽化"为"0像素"，如图4-120所示。在画面中单击确定起始绘制点，如图4-121所示。

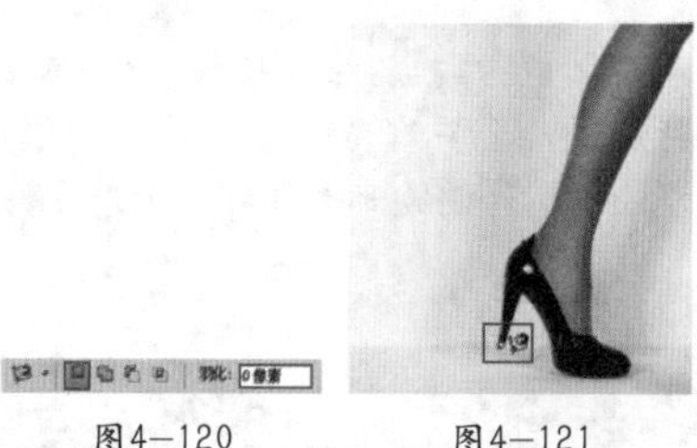
图4－120　　图4－121

03 沿着人像与背景的边缘进行绘制，如图4-122所示。闭合绘制选区出现，如图4-123所示。绘制完毕后选区效果如图4-124所示。

图4－122　　图4－123

图4－124

04 通过观察发现头发部分有部分没有完全选中，因此在选项栏中设置“绘制模式”为“添加到选区”，如图4-125所示。在画面中拖曳绘制任务的头发部分，如图4-126所示。绘制完毕后效果如图4-127所示。

05 同样的方法制作右侧的头发选区，如图4-128所示。

图4—125

图4—126

图4—127

图4—128

06 在选项栏中设置“绘制模式”为“从选区减去”，如图4-129所示。在左侧手臂内侧进行拖曳绘制，如图4-130和图4-131所示。绘制完毕后选区效果如图4-132所示。

图4—129

图4—130　图4—131　图4—132

07 同样方法绘制右侧手臂内部的选区部分，得到了完整的人像选区，如图4-133所示。选区绘制完毕后，按下Ctrl+J快捷键将选区内容复制并粘贴到新图层，如图4-134所示。

图4—133

图4—134

08 导入素材背景“4.jpg”置于图层1的下方，最终效果如图4-135所示。

图4—135

☆ 视频课堂——使用磁性套索工具换背景制作卡通世界

案例文件\第4章\视频课堂——使用磁性套索工具换背景制作卡通世界.psd
视频文件\第4章\视频课堂——使用磁性套索工具换背景制作卡通世界.flv

思路解析：

01 打开人像素材。
02 使用磁性套索工具沿人像边缘处绘制背景选区。
03 得到背景选区后进行删除。
04 添加新的前景和背景素材。

4.4.4 快速选择工具

视频精讲：Photoshop CS6新手学视频精讲课堂/快速选择工具与魔棒工具.flv

技术速查：使用快速选择工具能够以可调整的圆形笔尖的形式迅速地绘制出画面颜色相似区域的选区，如图4-136和图4-137所示。

快速选择工具的使用方法非常简单，单击工具箱中的“快速选择工具” 按钮，在画面背景部分按住鼠标左键并拖曳光标，如图4-138所示。当拖曳笔尖时，选取范围不但会向外扩张，而且还可以自动寻找并沿着图像的边缘来描绘边界，如图4-139所示。

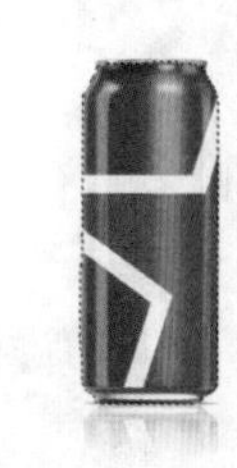

图4—136

图4—137

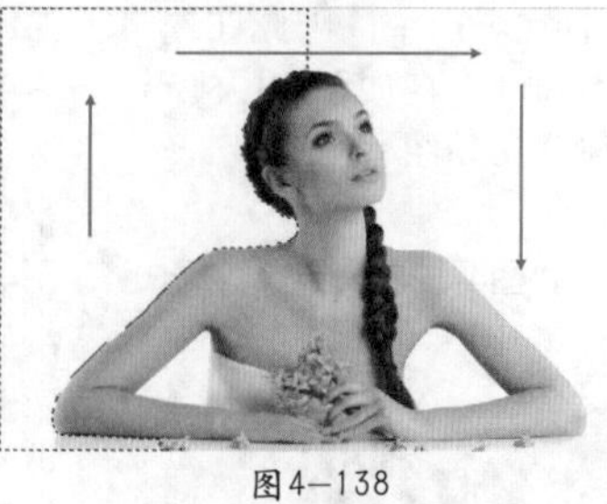
图4—138

图4—139

快速选择工具的选项栏如图4-140所示。

图4—140

- 选区运算按钮：激活“新选区”按钮，可以创建一个新的选区；激活“添加到选区”按钮，可以在原有选区的基础上添加新创建的选区；激活“从选区减去”按钮，可以在原有选区的基础上减去当前绘制的选区。
- “画笔”选择器：单击倒三角按钮，可以在弹出的“画笔”选择器中设置画笔的大小、硬度、间距、角度以及圆度，如图4-141所示。在绘制选区的过程中，可以按]键和[键增大或减小画笔的大小。

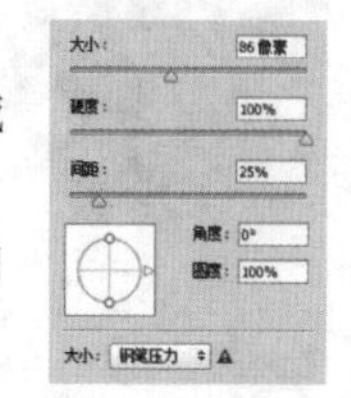
图4—141

- 对所有图层取样：如果选中该复选框，Photoshop会根据所有的图层建立选取范围，而不仅是只针对当前图层，如图4-142和图4-143所示分别是未选中该复选框与选中该复选框时的选区效果。

图4—142

图4—143

- 自动增强：降低选取范围边界的粗糙度与区块感，如图4-144和图4-145所示分别是未选中该复选框与选中该复选框时的选区效果。

图4—144

图4—145

★ 案例实战——使用快速选择工具为人像照片抠图

案例文件	案例文件\第4章\使用快速选择工具为人像照片抠图.psd
视频教学	视频文件\第4章\使用快速选择工具为人像照片抠图.flv
难易指数	★★★★★
技术要点	快速选择工具

案例效果

本案例主要通过使用快速选择工具为人像照片去除背景并更换新的背景，如图4-146所示。

操作步骤

01 打开素材照片“1.jpg”，按住Alt键双击背景图层将其转换为普通图层，如图4-147所示。

图4—146

图4—147

02 在工具箱中选择快速选择工具，在选项栏中设置“绘制模式”为“添加到选区”，设置画笔“大小”为“30像素”，“硬度”为100%，如图4-148所示。在画面背景部分按住鼠标左键并拖曳绘制选区，如图4-149所示。

03 在选项栏中设置较小的画笔大小，在画面细节的部分单击，如图4-150所示。

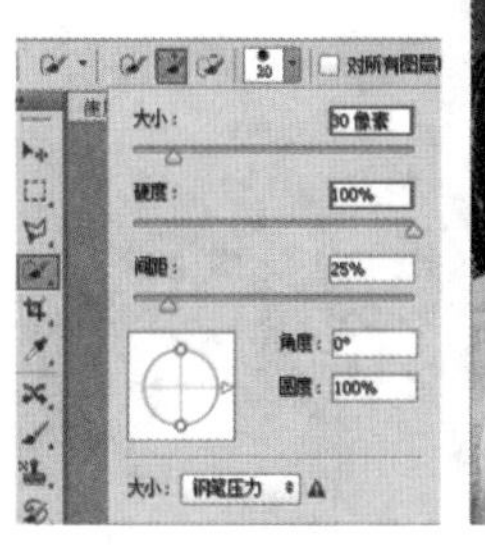

图4—148

图4—149

图4—150

04 由于头发部分也处于选区中，所以需要在选项栏中设置绘制模式为“从选区减去”，设置画笔“大小”为5像素，如图4-151所示。在发丝以及耳环部分单击进行绘制，如图4-152所示。效果如图4-153所示。

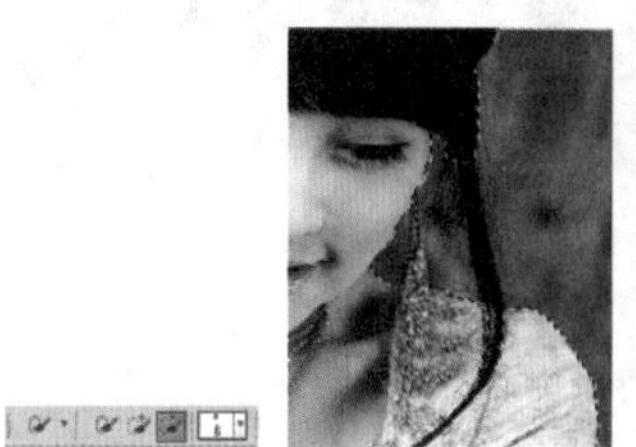

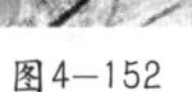

图4—151

图4—152

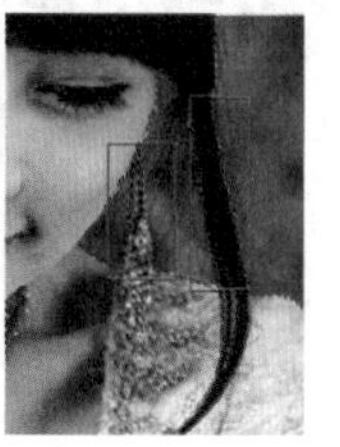

图4—153

05 同样方法制作其他部分选区，效果如图4-154所示。

图4—154

06 按Delete键删除背景，然后导入素材底图“2.jpg”置于人像图层下方，如图4-155所示。最后导入前景装饰素材“3.png”，置于画面中合适的位置，最终效果如图4-156所示。

图4—155

图4—156

4.4.5 魔棒工具

视频精讲：Photoshop CS6新手学视频精讲课堂/快速选择工具与魔棒工具.flv

技术速查：使用魔棒工具在图像中单击即可选取颜色差别在容差值范围之内的区域。

魔棒工具在实际工作中的使用频率相当高，单击工具箱中的“魔棒工具”按钮，在选项栏中可以设置选区运算方式、取样大小、容差值等参数，其选项栏如图4-157所示。

图4—157

- 取样大小：用来设置魔棒工具的取样范围。选择“取样点”选项可以只对光标所在位置的像素进行取样；选择“3×3平均”选项可以对光标所在位置三个像素区域内的平均颜色进行取样；其他的以此类推。
- 容差：决定所选像素之间的相似性或差异性，其取值范围为0~255。数值越低，对像素的相似程度的要求越高，所选的颜色范围就越小；数值越高，对像素的相似程度的要求越低，所选的颜色范围就越广，如图4-158和图4-159所示分别为30和60时的选区效果。
- 连续：当选中该复选框时，只选择颜色连接的区域；当取消选中该复选框时，可以选择与所选像素颜色接近的所有区域，当然也包含没有连接的区域，如图4-160和图4-161所示分别为选中和取消选中“连续”复选框的效果。

图4-158

图4-159

图4-160

图4-161

- **对所有图层取样**：如果文档中包含多个图层，如图4-162所示，当选中该复选框时，可以选择所有可见图层上颜色相近的区域，如图4-163所示；当取消选中该复选框时，仅选择当前图层上颜色相近的区域，如图4-164所示。

图4-162

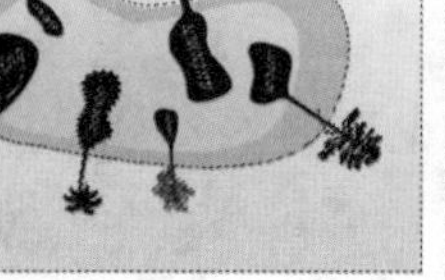

图4-163

图4-164

★ 案例实战——使用魔棒工具去除背景

案例文件	案例文件\第4章\使用魔棒工具去除背景.psd
视频教学	视频文件\第4章\使用魔棒工具去除背景.flv
难易指数	★★★★★
技术要点	魔棒工具

案例效果

本案例主要通过使用魔棒工具制作背景选区并去除背景，如图4-165所示。

操作步骤

01 打开素材照片“1.jpg”，在画面中可以看到人像背景颜色非常接近，很适合使用魔棒工具进行抠取，如图4-166所示。

图4-165

图4-166

02 在工具箱中选择魔棒工具，在选项栏中设置“绘制模式”为“添加到选区”（由于使用魔棒工具很难一次性选中整个区域，所以需要多次选取），设置“容差”为32像素，选中“消除锯齿”复选框，取消选中“连续”复选框，如图4-167所示。在画面背景部分单击，如图4-168所示。在画面背景未选取部分继续多次单击，获得整个背景选区，如图4-169所示。

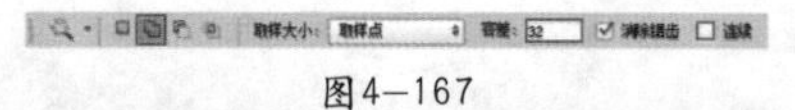

图4-167

图4-168

图4-169

03 按 Ctrl+Shift+I组合键进行反选，如图4-170所示。按Ctrl+J快捷键将选区内容复制并粘贴到新图层，如图4-171所示。

图4-170

图4-171

04 导入照片素材“2.jpg”，置于人像素材的下方，最终效果如图4-172所示。

图4-172

4.4.6 使用“色彩范围”命令制作选区

视频精讲：Photoshop CS6新手学视频精讲课堂/色彩范围.flv

技术速查：“色彩范围”命令是根据图像的颜色范围创建选区，而且“色彩范围”命令提供了多个参数控制选项，可以通过精细的颜色区域选择制作精度较高的选区。

打开一张图像，如图4-173所示。执行“选择>色彩范围”命令，打开“色彩范围”对话框，如图4-174所示。需要注意的是，“色彩范围 ”命令不可用于 32位/通道的图像。

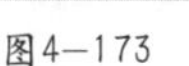

图4-173

图4-174

- 选择：用来设置选区的创建方式。选择“取样颜色”选项时，光标会变成✒形状，将光标放置在画布中的图像上，或在“色彩范围”对话框的预览图像上单击，可以对颜色进行取样；选择“红色”、“黄色”、“绿色”、“青色”等选项时，可以选择图像中特定的颜色；选择“高光”、“中间调”和“阴影”选项时，可以选择图像中特定的色调；选择“肤色”选项时，会自动检测皮肤区域；选择“溢色”选项时，可以选择图像中出现的溢色，如图4-175所示。
- 本地化颜色簇：选中“本地化颜色簇”复选框后，拖曳“范围”滑块可以控制要包含在蒙版中的颜色与取样点的最大和最小距离，如图4-176所示。

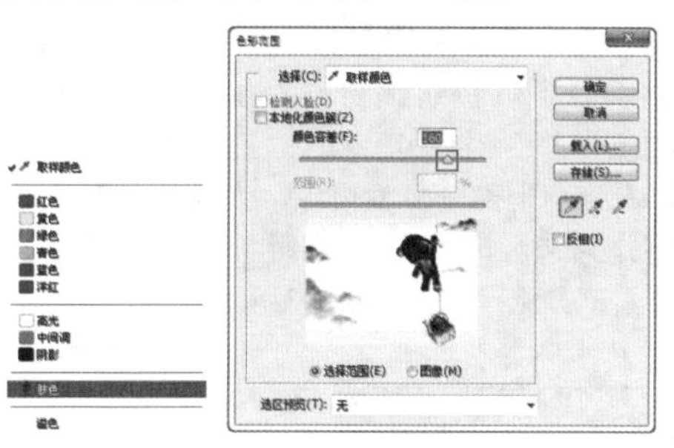

图4-175　图4-176

- 颜色容差：用来控制颜色的选择范围。数值越高，包含的颜色越广；数值越低，包含的颜色越窄，如图4-177和图4-178所示分别为较低的颜色容差和较高的颜色容差。

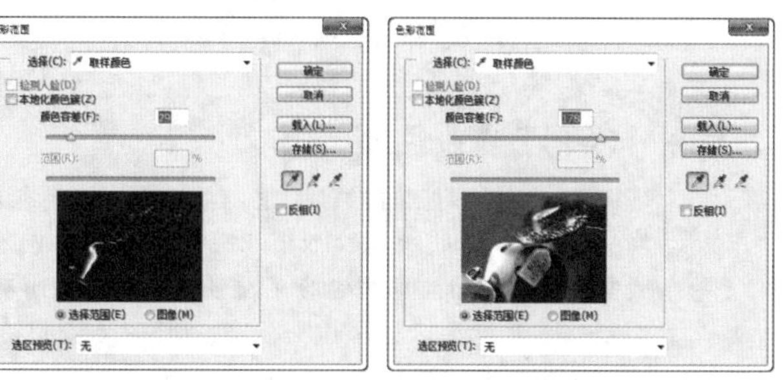

图4-177　图4-178

- 选区预览图：选区预览图下面包含“选择范围”和“图像”两个选项。当选中“选择范围”单选按钮时，预览区域中的白色代表被选择的区域，黑色代表未选择的区域，灰色代表被部分选择的区域（即有羽化效果的区域）；当选中“图像”单选按钮时，预览区内会显示彩色图像，如图4-179和图4-180所示分别为选择范围、 彩色图像对比效果。

图4-179

图4-180

- 选区预览：用来设置文档窗口中选区的预览方式。选择“无”选项时，表示不在窗口中显示选区，如图4-181所示；选择“灰度”选项时，可以按照选区在灰度通道中的外观来显示选区，如图4-182所示；选择“黑色杂边”选项时，可以在未选择的区域上覆盖一层黑色，如图4-183所示；选择“白色杂边”选项时，可以在未选择的区域上覆盖一层白色，如图4-184所示；选择“快速蒙版”选项时，可以显示选区在快速蒙版状态下的效果，如图4-185所示。

图4-181

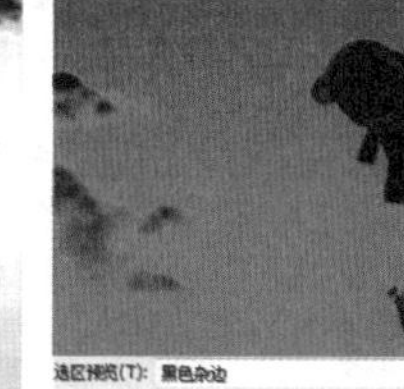

图4-182

图4-183

图4-184

图4-185

- **存储/载入**：单击“存储”按钮，可以将当前的设置状态保存为选区预设；单击“载入”按钮，可以载入存储的选区预设文件。
- **添加到取样/从取样中减去**：当选择“取样颜色”选项时，可以对取样颜色进行添加或减去。如果要添加取样颜色，可以单击“添加到取样”按钮，然后在预览图像上单击，以取样其他颜色，如图4-186所示。如果要减去取样颜色，可以单击“从取样中减去”按钮，然后在预览图像上单击，以减去其他取样颜色，如图4-187所示。
- **反相**：将选区进行反转，也就是说创建选区以后，相当于执行了“选择>反向”命令。

图4—186

图4—187

思维点拨：色域

色域是另一种形式上的色彩模型，它具有特定的色彩范围。例如，RGB色彩模型就有好几个色域，即Adobe RGB、sRGB和ProPhoto RGB等。在现实世界中，自然界中可见光谱的颜色组成了最大的色域空间，该色域空间中包含了人眼所能见到的所有颜色。

为了能够直观地表示色域这一概念，CIE国际照明协会制定了一个用于描述色域的方法，即CIE-xy色度图，如图4—188所示。在这个坐标系中，各种显示设备能表现的色域范围用RGB三点连线组成的三角形区域来表示，三角形的面积越大，表示这种显示设备的色域范围越大。

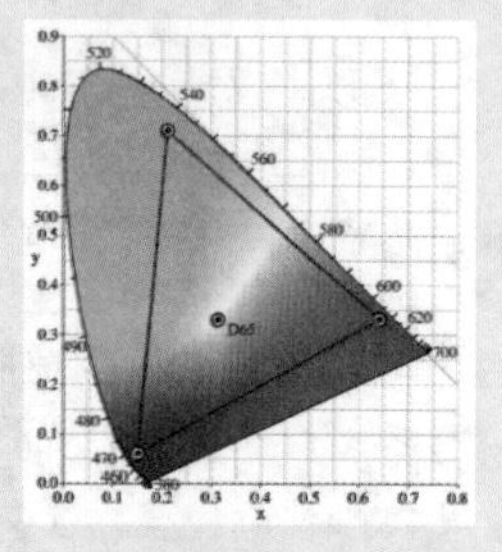

图4—188

★ 案例实战——使用色彩范围提取选区

案例文件	案例文件\第4章\使用色彩范围提取选区.psd
视频教学	视频文件\第4章\使用色彩范围提取选区.flv
难易指数	★★★★★
技术要点	“色彩范围”命令

案例效果

本案例主要通过使用“色彩范围”命令提取画面中的背景选区，并为照片背景换颜色，对比效果如图4-189和图4-190所示。

图4—189

图4—190

操作步骤

01 打开素材照片“1.jpg”，在这里可以看到主体人像位于绿色的草地上，而草地的颜色又比较统一，使用“色彩范围”命令很容易获得背景部分的选区，如图4-191所示。

图4—191

02 执行“选择>色彩范围”命令，在弹出的对话框中单击“取样颜色工具”按钮，单击画面中的草地部分，然后调整“颜色容差”为150，此时“色彩范围”命令的黑白预览图可以看到草地部分变为白色，人像部分变为黑色，白色的部分将作为选区，如图4-192所示。单击“确定”按钮即可得到背景部分选区，如图4-193所示。

图4—192

图4—193

技巧提示

在使用取样颜色工具吸取颜色时，如果无法一次性获取全部范围，可以使用添加到取样工具在需要选择的区域进行单击。如果出现选择区域过多的情况可以使用从取样中减去工具。

03 得到选区后可以执行“图层>新建调整图层>色相/饱和度”命令，设置“色相”为87，“饱和度”为34，如图4-194所示。此时选区中的区域颜色发生了变化，画面效果如图4-195所示。

04 导入前景装饰素材“4.png”，摆放在画面右下角，如图4-196所示。

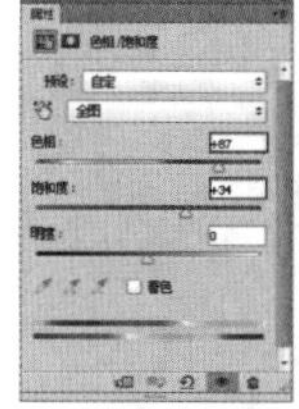
图4—194

图4—195

图4—196

4.5 编辑选区的形态

选区形态的编辑从视觉上来看也就是对已有选区的边界的编辑，可以对选区边界进行扩张或收缩，也可以使选区边界更加平滑或者更加粗糙。在“选择”菜单下就有多个用于选区编辑的命令，如图4-197所示。通过选区的调整可以制作出多种多样丰富的效果，如图4-198和图4-199所示。

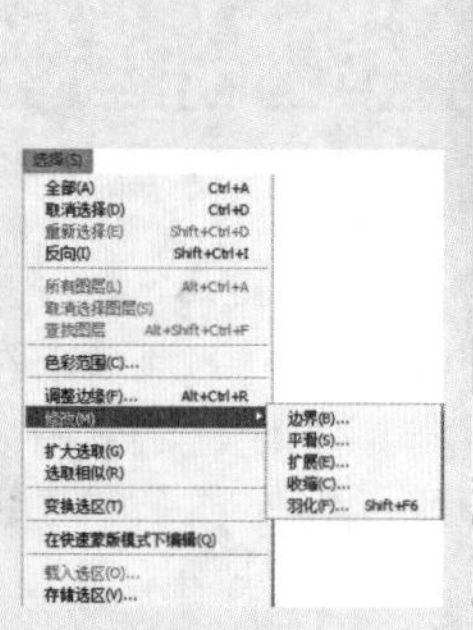
图4—197

图4—198

图4—199

4.5.1 调整边缘

视频精讲：Photoshop CS6新手学视频精讲课堂/调整边缘.flv

技术速查：“调整边缘”命令可以对选区的半径、平滑度、羽化、对比度、边缘位置等属性进行调整，从而提高选区边缘的品质，并且可以在不同的背景下查看选区。

“调整边缘”命令可谓是选区调整操作的“集大成者”，其中包含多种对于选区的操作方式，几乎可以满足日常对于选区编辑的要求。创建选区以后，在选项栏中单击“调整边缘”按钮，如图4-200所示。或者执行“选择>调整边缘”命令（组合键为Alt+Ctrl+R），打开“调整边缘”对话框，如图4-201所示。

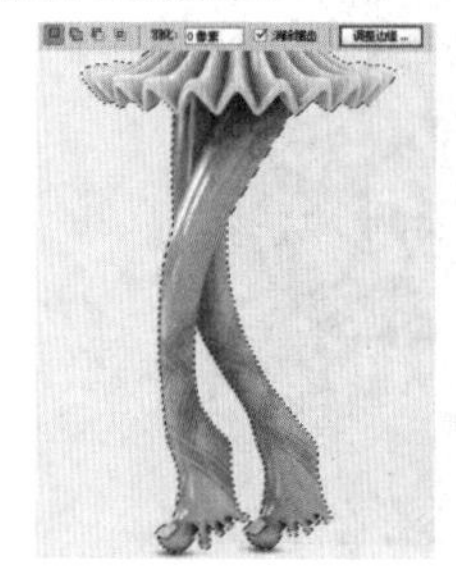
图4—200

图4—201

设置合适的“视图模式”

技术速查：“视图模式”选项组中提供了多种可以选择的显示模式，可以更加方便地查看选区的调整结果。

单击“视图”按钮，在弹出的“视图”类型下拉列表中可以看到其中视图显示的方式，对于不同的图像，使用不同的模式更有利于观察选区效果，单击即可选择某一种方式。选中“显示半径”复选框可以显示以半径定义的调整区域。选中“显示原稿”复选框可以查看原始选区。缩放工具/抓手工具与工具箱中的该工具使用方法相同，如图4-202和图4-203所示。

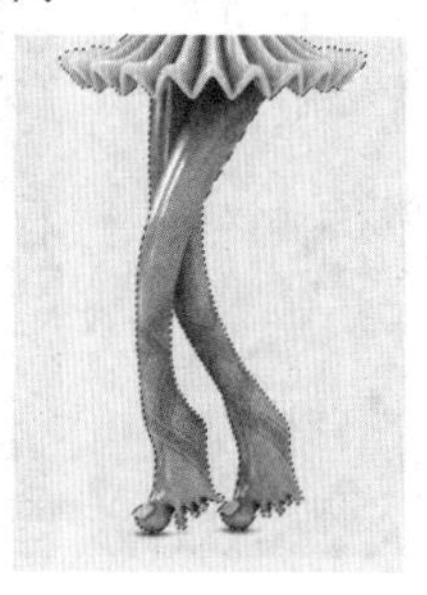
图4—202

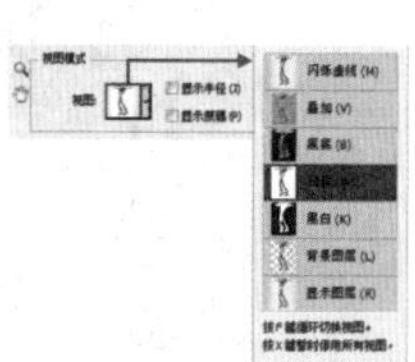
图4—203

- 闪烁虚线：可以查看具有闪烁的虚线边界的标准选区。如果当前选区包含羽化效果，那么闪烁虚线边界将围绕被选中50%以上的像素，如图4-204所示。
- 叠加：在快速蒙版模式下查看选区效果，如图4-205所示。
- 黑底：在黑色的背景下查看选区，如图4-206所示。
- 白底：在白色的背景下查看选区，如图4-207所示。

图4-204

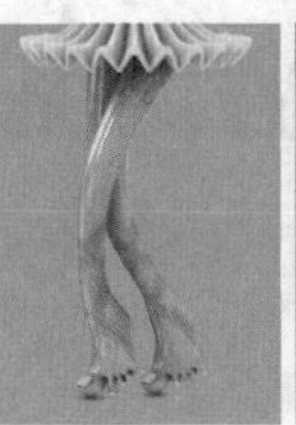
图4-205

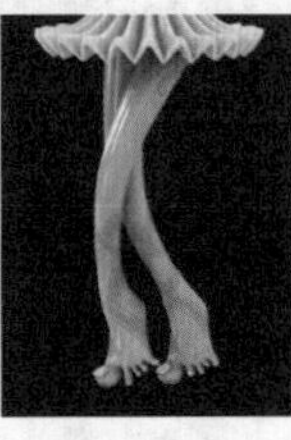
图4-206

图4-207

- 黑白：以黑白模式查看选区，如图4-208所示。
- 背景图层：可以查看被选区蒙版的图层，如图4-209所示。
- 显示图层：可以在未使用蒙版的状态下查看整个图层，如图4-210所示。

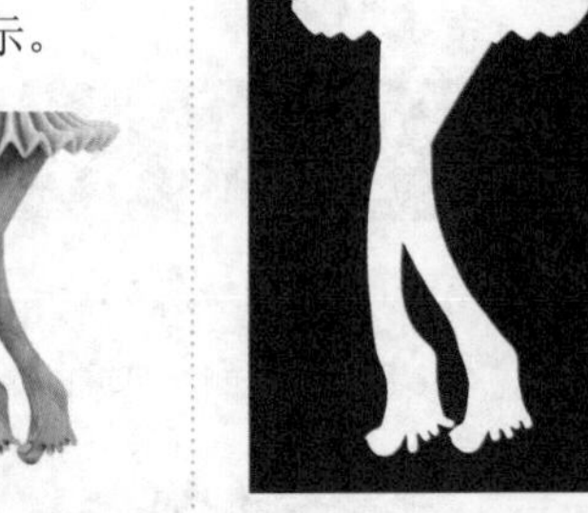
图4-208

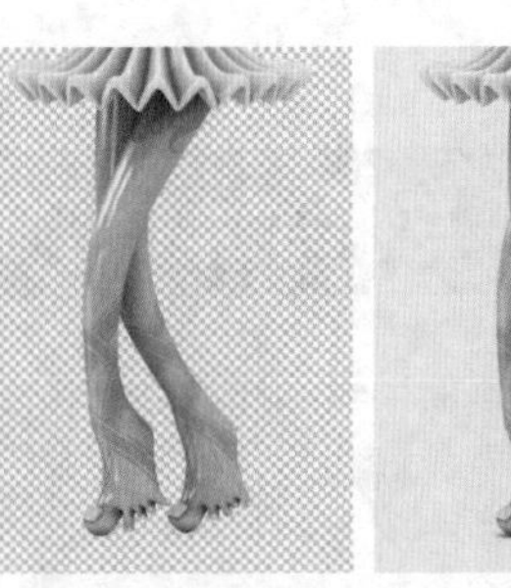
图4-209

图4-210

4.5.2 动手学：使用智能的“边缘检测”

技术速查：使用“边缘检测”选项组中的选项可以轻松地抠出细密的毛发，如图4-211所示。

图4-211

01 以长发飘飘的人像照片为例，如果需要将人像的背景去除，首先需要使用快速选择工具绘制人像的大概选区，如图4-212所示。执行“选择>调整边缘”命令，在“调整边缘”对话框中设置显示模式为“黑底”，可以看到当前头发边缘非常不准确，如图4-213所示。

图4-212

图4-213

02 选中“智能半径”复选框可以自动调整边界区域中发现的硬边缘和柔化边缘的半径。“半径”数值则用于确定发生边缘调整的选区边界的大小。对于锐边，可以使用较小的半径；对于较柔和的边缘，可以使用较大的半径，如图4-214和图4-215所示。

图4-214

图4-215

03 调整半径工具/抹除调整工具位于窗口的左侧边缘，使用这两个工具可以精确调整发生边缘调整的边界区域，在选项栏中还可以设置工具的大小，如图4-216所示。制作头发或毛皮选区时可以使用调整半径工具在画面中涂抹，以柔化区域和增加选区内的细节，如图4-217所示。此时可以看到头发边缘处的发丝呈现了出来，如图4-218所示。

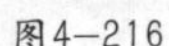
图4-216

图4-217

图4-218

04 为了便于观察，在“视图”列表中选择“黑白”，可以看到头顶的部分为灰色，也就是并未完全选中的状态，单击“调整半径工具”按钮，在打开的下拉列表中选择“抹除调整工具”，在灰色的区域涂抹，如图4-219所示。被涂抹的区域变为白色，说明这部分被完全选中，如图4-220所示。同样的方法处理其他的区域，以“背景图层”模式显示人像，效果如图4-221所示。

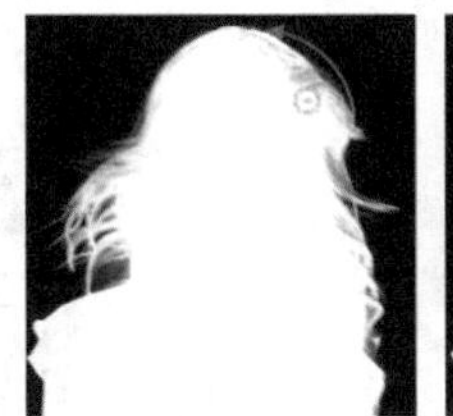
图4—219

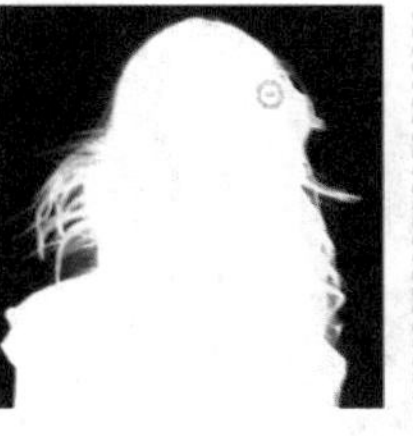
图4—220

图4—221

调整选区边缘

技术速查：“调整边缘”选项组主要用来对选区进行平滑、羽化和扩展等处理，如图4-222所示。

图4—222

- 平滑：减少选区边界中的不规则区域，以创建较平滑的轮廓，如图4-223和图4-224所示。
- 羽化：模糊选区与周围的像素之间的过渡效果，如图4-225和图4-226所示。
- 对比度：锐化选区边缘并消除模糊的不协调感。在通常情况下，配合“智能半径”选项调整出来的选区效果会更好，如图4-227和图4-228所示。

平滑为0

图4—223

平滑为100

图4—224

羽化为0像素

图4—225

羽化为10像素

图4—226

对比度为0%

图4—227

对比度为60%

图4—228

- 移动边缘：当设置为负值时，可以向内收缩选区边界；当设置为正值时，可以向外扩展选区边界，如图4-229~图4-231所示。

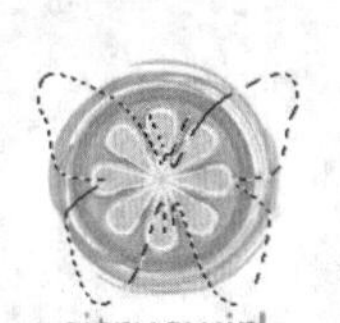

移动边缘为0%

图4—229

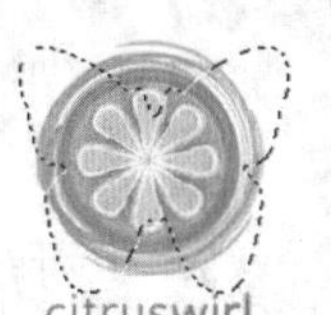

移动边缘为100%

图4—230

移动边缘为-100%

图4—231

设置选区的“输出”方式

技术速查：“输出”选项组主要用来消除选区边缘的杂色以及设置选区的输出方式，如图4-232所示。

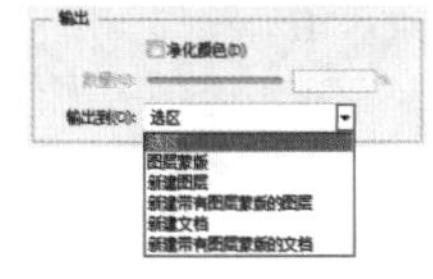
图4—232

- 净化颜色：将彩色杂边替换为附近完全选中的像素颜色。颜色替换的强度与选区边缘的羽化程度是成正比的。
- 数量：更改净化彩色杂边的替换程度。
- 输出到：设置选区的输出方式。

4.5.3 创建边界选区

视频精讲：Photoshop CS6新手学视频精讲课堂/修改选区.flv

技术速查：“边界”命令可以将选区的边界向内或向外进行扩展，扩展后的选区边界将与原来的选区边界形成新的选区。

对已有的选区执行“选择>修改>边界”命令，如图4-233所示。在“边界选区”对话框中设置“宽度”数值，如图4-234所示。如图4-235和图4-236所示分别是在“边界选区”对话框中设置“宽度”为20像素和70像素时的效果。

图4−233

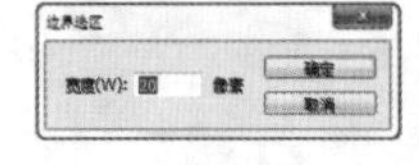

图4−234

图4−235

图4−236

4.5.4 平滑选区

视频精讲：Photoshop CS6新手学视频精讲课堂/修改选区.flv

技术速查：“平滑”选区命令可以将选区边缘进行平滑处理。

对一个矩形选区执行“选择>修改>平滑”命令，如图4-237和图4-238所示分别是设置“取样半径”为10像素和100像素时的选区效果。

图4−237

图4−238

4.5.5 扩展选区

视频精讲：Photoshop CS6新手学视频精讲课堂/修改选区.flv

技术速查：“扩展”选区命令可以将选区向外进行扩展。

对选区执行“选择>修改>扩展”命令，如图4-239所示为原始选区。设置“扩展量”为100像素，效果如图4-240所示。

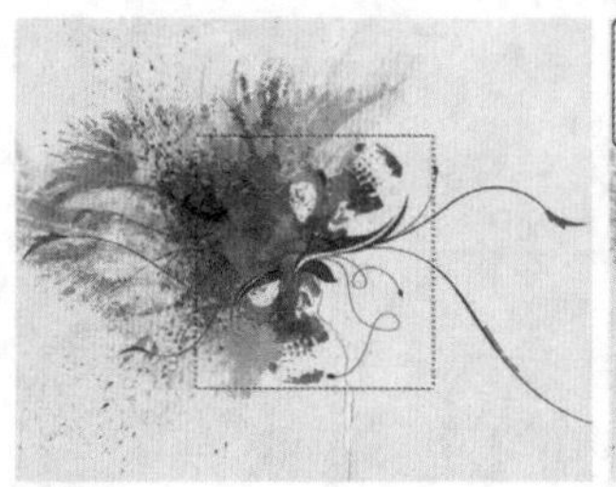

图4−239

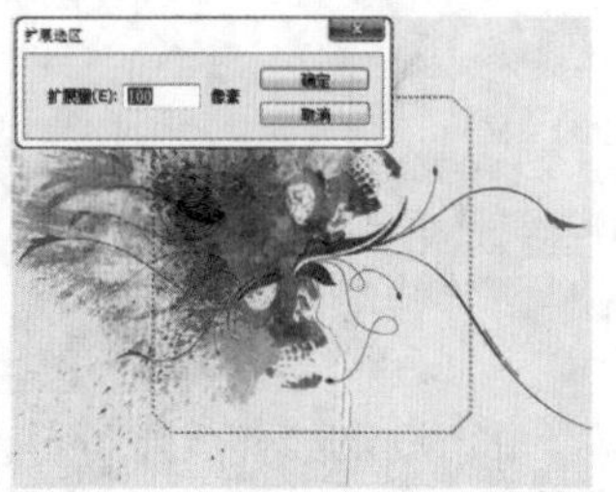

图4−240

4.5.6 收缩选区

视频精讲：Photoshop CS6新手学视频精讲课堂/修改选区.flv

技术速查：“收缩”选区命令可以向内收缩选区。

执行“选择>修改>收缩”命令，设置“收缩量”为100像素，如图4-241所示为原始选区，如图4-242所示为收缩后的选区效果。

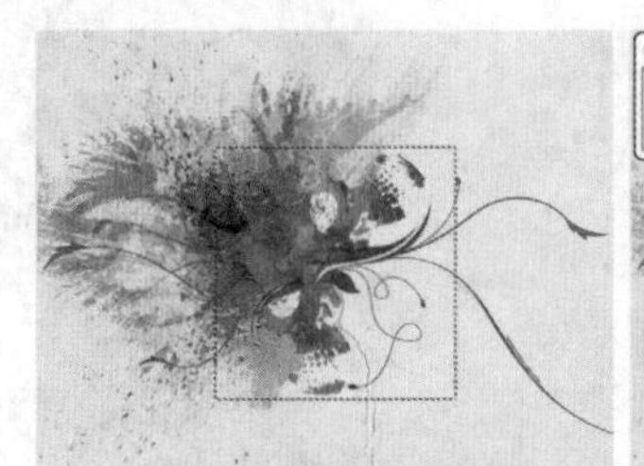

图4−241

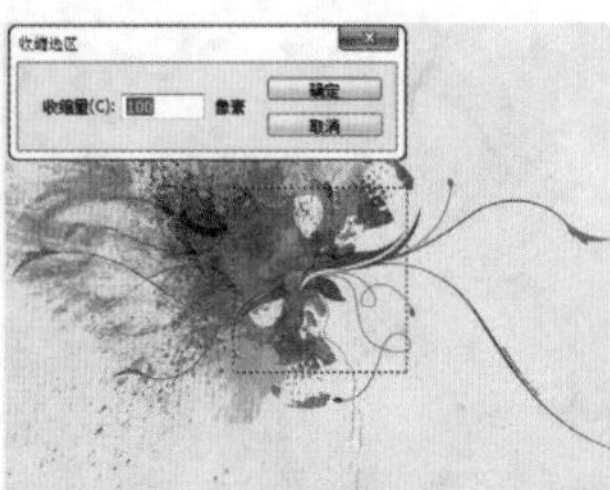

图4−242

4.5.7 羽化选区

视频精讲：Photoshop CS6新手学视频精讲课堂/修改选区.flv

技术速查：“羽化”选区是通过建立选区和选区周围像素之间的转换边界来模糊边缘，这种模糊方式将丢失选区边缘的一些细节。

对选区执行“选择>修改>羽化”命令或按Shift+F6组合键，如图4-243所示。接着在弹出的“羽化选区”对话框中定义选区的“羽化半径”，如图4-244所示是设置“羽化半径”为50像素后的图像效果。（这里将背景部分删除是为了便于观察边界的羽化效果。）

图4−243

图4−244

技巧提示

如果选区较小，而“羽化半径”又设置得很大，Photoshop会弹出一个警告对话框。单击“确定”按钮以后，确认当前设置的“羽化半径”，此时选区可能会变得非常模糊，以至于在画面中观察不到，但是选区仍然存在，如图4—245所示。

图4—245

4.5.8 扩大选取

技术速查：“扩大选取”命令是基于“魔棒工具”选项栏中指定的“容差”范围来决定选区的扩展范围。

如图4-246所示，只选择了一部分粉色背景。执行“选择>扩大选取”命令后，Photoshop会查找并选择那些与当前选区中像素色调相近的像素，从而扩大选择区域，如图4-247所示。

图4—246

图4—247

4.5.9 选取相似

技术速查：“选取相似”命令与“扩大选取”命令相似，都是基于“魔棒工具”选项栏中指定的“容差”范围来决定选区的扩展范围。

如图4-248所示，其中只选择了一部分区域，执行“选择>选取相似”命令后，Photoshop同样会查找并选择那些与当前选区中像素色调相近的像素，从而扩大选择区域，如图4-249所示。

图4—248

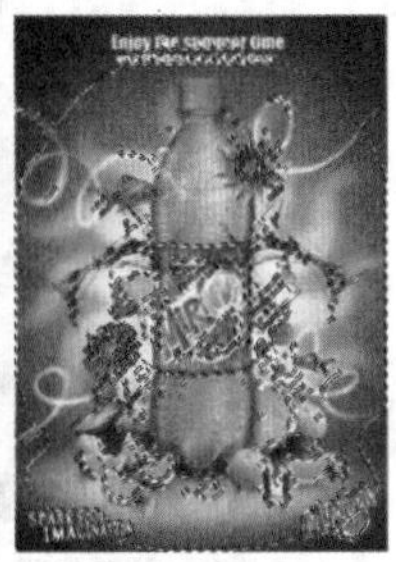
图4—249

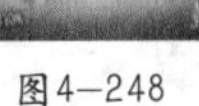

答疑解惑：“扩大选取”和“选取相似”有什么差别？

“扩大选取”和“选取相似”这两个命令的最大共同之处就在于它们都是扩大选区区域。但是“扩大选取”命令只针对当前图像中连续的区域，非连续的区域不会被选择；而“选取相似”命令针对的是整张图像，意思就是说该命令可以选择整张图像中处于“容差”范围内的所有像素。

如果执行一次“扩大选取”和“选取相似”命令不能达到预期的效果，可以多执行几次这两个命令来扩大选区范围。

课后练习

【课后练习——时尚插画风格人像】

思路解析：本案例通过使用魔棒工具将人像从背景中提取出来，并通过使用矩形选框工具、椭圆选框工具、多边形套索工具绘制选区，并配合选区运算、选区的储存与调用制作复杂选区，得到选区后进行多次填充，制作出丰富的画面效果。

本章小结

“选区技术”的使用几乎存在于Photoshop的各种应用中，无论是进行平面设计、数码照片处理或是创意合成，选区无一例外都会被多次使用到。选区提取效果的好坏，很大程度上会影响画面效果，所以精通选区技术也是为制作各种复杂合成效果做准备。

第5章

填充与绘画

本章内容简介：

数字绘画是Photoshop的重要用途之一，在Photoshop中也提供了多种用于颜色设置、画面填充以及绘制擦除的工具。在Photoshop这个数字操作平台上可以随意选择各种颜色，使用多种多样的工具进行轻松地绘画。

本章学习要点：

- 掌握前景色、背景色的设置方法
- 熟练掌握画笔工具与擦除工具的使用方法
- 掌握多种画笔设置与应用

5.1 颜色的设置与管理

视频精讲：Photoshop CS6新手学视频精讲课堂/颜色的设置.flv

色彩不仅仅是光线在物体上的反射，更是平面设计作品的灵魂。在Photoshop中，色彩被应用在方方面面，无论是画笔、文字、渐变、填充、蒙版、描边等工具还是修饰图像时，都需要设置相应的颜色。为了便于用户使用，Photoshop也提供了多种多样的色彩设置方法。熟练地掌握颜色的设置与管理方式更加有利于平面设计的操作，如图5-1和图5-2所示为色彩艳丽的平面设计作品。

图5—1

图5—2

思维点拨

色彩作为商品最显著的外貌特征，能够首先引起消费者的关注。色彩表达着人们的信念、期望和对未来生活的预测。“色彩就是个性”、“色彩就是思想”，色彩在包装设计中作为一种设计语言，在某种意义上可以说是包装的“包装”。在竞争激烈的商品市场上,要使某一商品具有明显区别于其他商品的视觉特征，更富有诱惑消费者的魅力,达到刺激和引导消费的目的，这都离不开色彩的运用。仅仅通过色彩，就能实现欣喜的视觉享受，如图5—3所示。

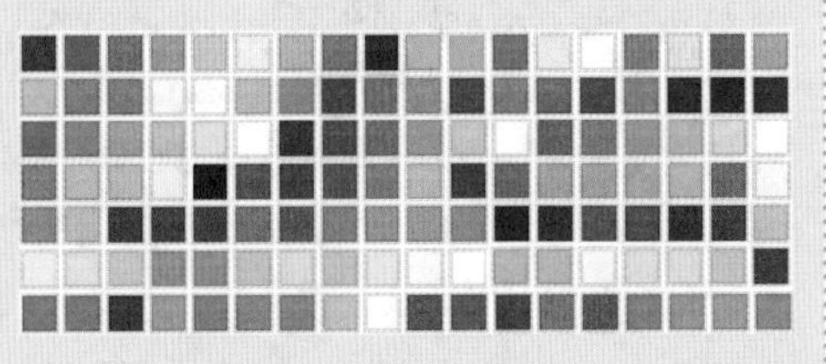

图5—3

5.1.1 前景色与背景色

技术速查：在Photoshop工具箱的底部有一组前景色和背景色设置按钮，通过该组按钮可以观察到当前使用的前/背景色，也可以通过该组按钮的使用来设置前/背景色。

前景色通常用于绘制图像、填充和描边选区等，背景色常用于生成渐变填充和填充图像中已抹除的区域。一些特殊滤镜也需要使用前景色和背景色，例如“纤维”滤镜和“云彩”滤镜等。如图5-4所示为使用前景色绘制的涂抹效果，如图5-5所示为使用背景色生成的渐变色效果背景。

图5—4

图5—5

技巧提示

设置前景色/背景色还可以从“色板”面板、“颜色”面板中获取。

在Photoshop工具箱的底部有一组前景色和背景色设置按钮。在默认情况下，前景色为黑色，背景色为白色。前/背景色的设置是常使用到的操作，单击前景色/背景色的图标即可在弹出的“拾色器”对话框中选取一种颜色作为前景色/背景色，如图5-6所示。

前景色　切换前景色和背景色
默认前景色和背景色　背景色

图5—6

单击“切换前景色和背景色”图标可以切换所设置的前景色和背景色（快捷键为X键），如图5-7所示。单击“默认前景色和背景色”图标可以恢复默认的前景色和背景色（快捷键为D键），如图5-8所示。

图5—7 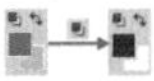　图5—8

5.1.2 使用拾色器选取颜色

技术速查：使用拾色器可以精确地选择需要的色彩。

在Photoshop中经常会使用拾色器来设置颜色。在拾色器中，可以选择用HSB、RGB、Lab和CMYK4种颜色模式来指定颜色。其使用方法非常简单，首先需要在“颜色滑块”中确定当前颜色的可选范围，然后在“色域”中单击即可选定颜色，单击“确定”按钮即可完成选择。如果想要精确地设置颜色，直接在“颜色值”区域输入数值即可，如图5-9所示。

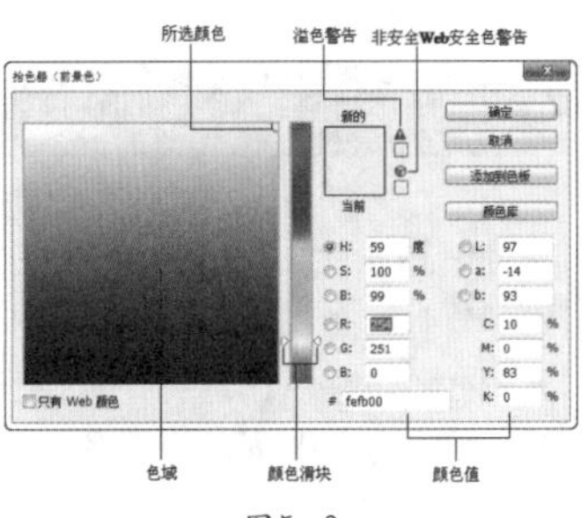

图5—9

- **色域/所选颜色**：在色域中拖曳鼠标可以改变当前拾取的颜色。

- **新的/当前**：“新的”颜色块中显示的是当前所设置的颜色；“当前”颜色块中显示的是上一次使用过的颜色。
- **溢色警告**：由于HSB、RGB以及Lab颜色模式中的一些颜色在CMYK印刷模式中没有等同的颜色，所以无法准确印刷出来，这些颜色就是常说的“溢色”。出现警告以后，可以单击警告图标下面的小颜色块，将颜色替换为CMYK颜色中与其最接近的颜色。
- **非安全Web安全色警告**：这个警告图标表示当前所设置的颜色不能在网络上准确显示出来。单击警告图标下面的小颜色块，可以将颜色替换为与其最接近的Web安全色。

答疑解惑：什么是“Web安全色”？

不同的平台（Mac、PC等）有不同的调色板，不同的浏览器也有自己的调色板。这就意味着对于一幅图，显示在Mac上的Web浏览器中的图像，与它在PC上相同浏览器中显示的效果可能差别很大。为了解决Web调色板的问题，人们一致通过了一组在所有浏览器中都类似的Web安全颜色。

- **颜色滑块**：拖曳颜色滑块可以更改当前可选的颜色范围。在使用色域和颜色滑块调整颜色时，对应的颜色数值会发生相应的变化。
- **颜色值**：显示当前所设置颜色的数值。可以通过输入数值来设置精确的颜色。
- **只有Web颜色**：选中该复选框以后，只在色域中显示Web安全色，如图5-10所示。
- **添加到色板**：单击该按钮，可以将当前所设置的颜色添加到“色板”面板中。
- **颜色库**：单击该按钮，可以打开“颜色库”对话框。

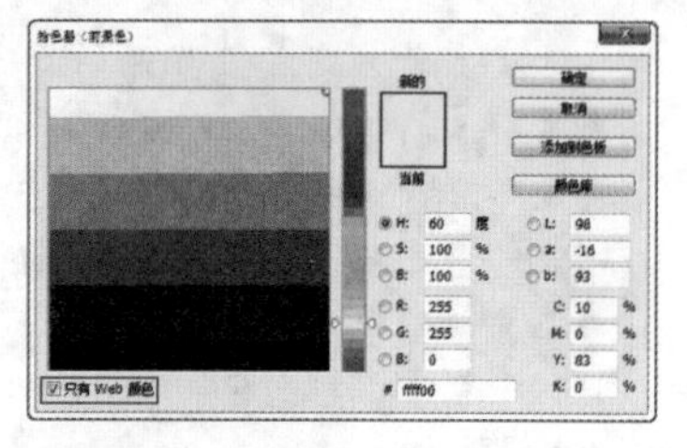

图5—10

思维点拨：认识“颜色库”

“颜色库”对话框中提供了多种内置的色库供用户进行选择，如图5—11所示。不同的印刷厂商可能使用不同的打印色彩库，在进行平面设计时使用与印刷厂商相同的颜色库可以最大限度地保证印刷的质量，减少偏色情况的发生。下面简单介绍一下这些内置色库。

- **ANPA颜色**：通常应用于报纸。
- **DIC颜色参考**：在日本通常用于印刷项目。
- **FOCOLTONE**：由763种CMYK颜色组成，通常显示补偿颜色的压印。FOCOLTONE颜色有助于避免印前陷印和对齐问题。
- **HKS色系**：这套色系主要应用在欧洲，通常用于印刷项目。每种颜色都有指定的CMYK颜色。可以从HKS E（适用于连续静物）、HKS K（适用于光面艺术纸）、HKS N（适用于天然纸）和 HKS Z（适用于新闻纸）中选择。

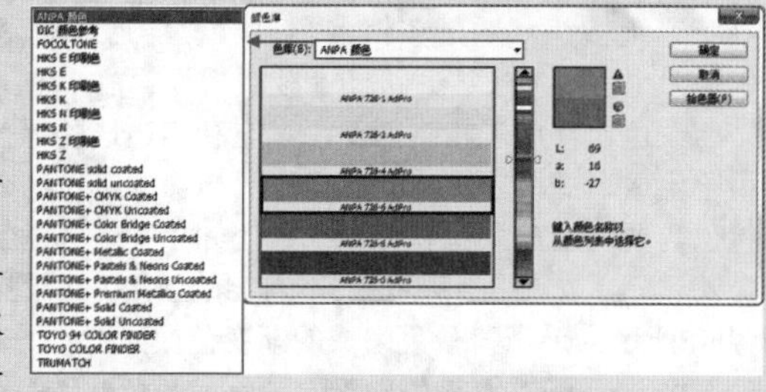

图5—11

- **PANTONE色系**：这套色系用于专色重现，可以渲染1114种颜色。PANTONE颜色参考和样本簿会印在涂层、无涂层和哑面纸样上，以确保精确显示印刷结果并更好地进行印刷控制。可在CMYK下印刷PANTONE纯色。
- **TOYO COLOR FINDER**：由基于日本最常用的印刷油墨的1000多种颜色组成。
- **TRUMATCH**：提供了可预测的CMYK颜色。这种颜色可以与2000多种可实现的、计算机生成的颜色相匹配。

5.1.3 动手学：使用吸管工具选取颜色

技术速查：使用吸管工具可以拾取图像中的任意颜色作为前景色/背景色。

01 单击工具箱中的“吸管工具”按钮，在吸管工具的选项栏中，可以在“取样大小”下拉列表中设置吸管取样范围的大小。选择“取样点”选项时，可以选择像素的精确颜色；选择“3×3 平均”选项时，可以选择所在位置3个像素区域以内的平均颜色；选择“5×5平均”选项时，可以选择所在位置5个像素区域以内的平均颜色。其他选项依此类推。在“样本”下拉列表中可以设置从“当前图层”或“所有图层”中采集颜色。选中“显示取样环”复选框后，可以在拾取颜色时显示取样环，如图5-12所示。

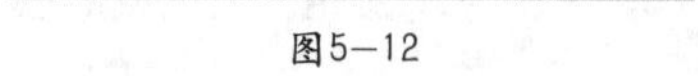

图5—12

❷ 在画面中单击即可将当前颜色设置为前景色，如图5-13所示。按住Alt键单击拾取可将当前颜色设置为背景色，如图5-14所示。

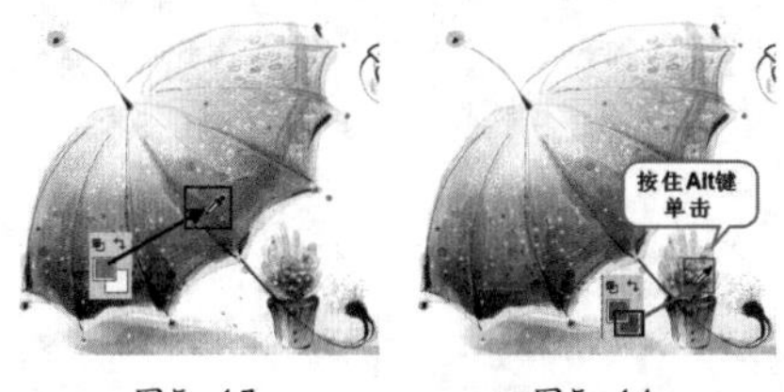

图5-13　　图5-14

> **技巧提示**
>
> （1）如果在使用绘画工具时需要暂时使用吸管工具拾取前景色，可以按住Alt键将当前工具切换到吸管工具，松开Alt键后即可恢复到之前使用的工具。
>
> （2）使用吸管工具采集颜色时，按住鼠标左键并将光标拖曳出画布之外，可以采集Photoshop的界面和界面以外的颜色信息。

5.1.4 动手学：利用“颜色”面板设置前景色/背景色

❶ “颜色”面板中显示了当前设置的前景色和背景色，可以在该面板中设置前景色和背景色。执行“窗口>颜色”命令，打开“颜色”面板，如图5-15所示。

❷ 执行“窗口>颜色”命令，打开颜色面板。如果要在四色曲线图上拾取颜色，将光标放置在四色曲线图上，当光标变成吸管形状时，单击即可拾取颜色，此时拾取的颜色将作为前景色，如图5-16所示。如果按住Alt键拾取颜色，此时拾取的颜色将作为背景色，如图5-17所示。

❸ 如果要通过颜色滑块来设置颜色，可以分别拖曳R、G、B这3个颜色滑块，如图5-18所示。如果要设置精确的颜色，先单击前景色或背景色图标，然后在R、G、B后面的文本框中输入相应的数值即可，如图5-19所示。

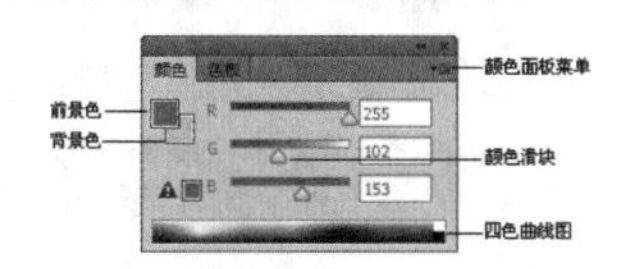

图5-15

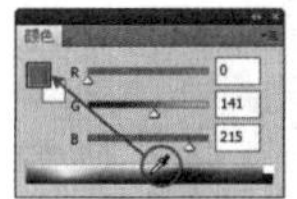

图5-16

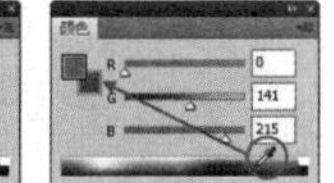

图5-17

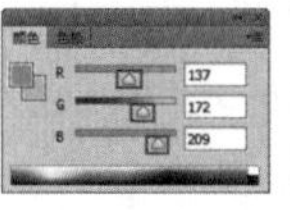

图5-18

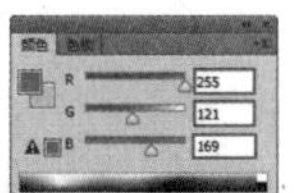

图5-19

> **技巧提示**
>
> 如果要通过“拾色器”对话框进行设置，则双击前景色/背景色色块即可弹出该对话框。

5.1.5 动手学：使用“色板”面板管理颜色

技术速查：“色板”面板可以用于调用颜色、存储颜色、管理颜色。

❶ 执行“窗口>色板”命令，打开“色板”面板，默认情况下该面板中包含一些系统预设的颜色，单击相应的颜色即可将其设置为前景色。按住Ctrl键单击即可设置为背景色。单击“创建前景色的新色板”按钮可以将当前前景色添加到“色板”面板中。如果要删除一个色板，按住鼠标左键的同时将其拖曳到“删除色板”按钮上即可，如图5-20所示。

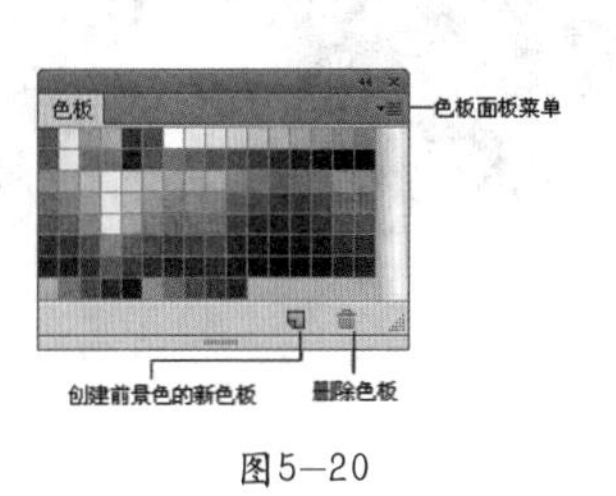

图5-20

❷ 单击图标，打开“色板”面板的菜单。“色板”面板的菜单命令非常多，但是可以将其分为六大类，如图5-21所示。“色板基本操作”命令组主要是对色板进行基本操作，其中“复位色板”命令可以将色板复位到默认状态；“储存色板以供交换”命令是将当前色板储存为.ase的可共享格式，并且可以在Photoshop、Illustrator和InDesign中调用。

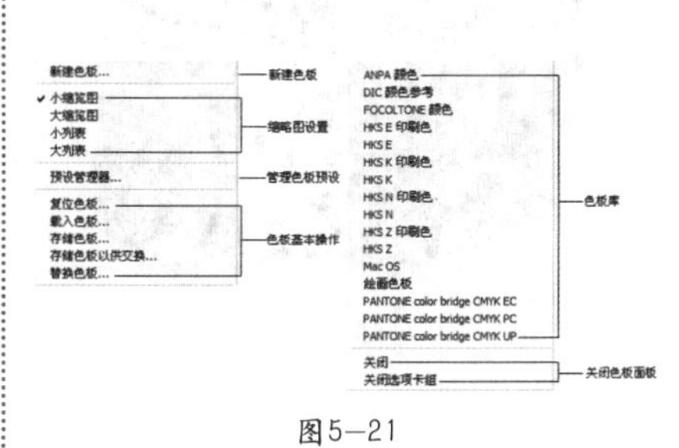

图5-21

❸ “色板库”命令组是一组系统预设的色板。执行这些命令时，Photoshop会弹出一个提示对话框，如图5-22所示。如果单击“确定”按钮，载入的色板将替换到当前的色板；如果单击“追加”按钮，载入的色板将追加到当前色板的后面，如图5-23所示。

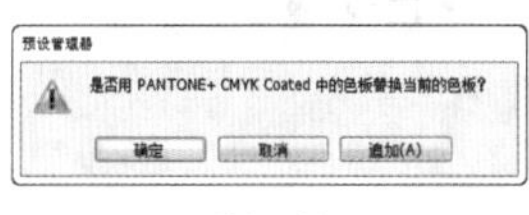

图5-22

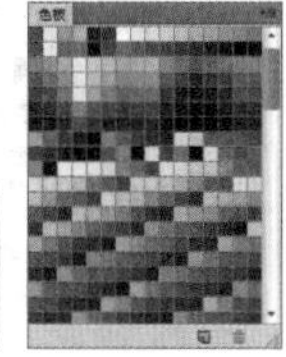

图5-23

填充画面

Photoshop提供了两种图像填充工具，分别是渐变工具和油漆桶工具。通过这两种填充工具可在指定区域或整个图像中填充纯色、渐变或者图案，如图5-24~图5-26所示。而执行“编辑>填充”命令还能够以内容识别或历史记录进行填充。

图5-24

图5-25

图5-26

5.2.1 快速使用前景色/背景色进行填充

如果想要直接填充前景色可以使用快捷键Alt+Delete。

如果想要直接填充背景色可以使用快捷键Ctrl+Delete。

5.2.2 使用“填充”命令

技术速查：使用“填充”命令可为整个图层或是图层中的一个区域进行填充，如图5-27和图5-28所示。

图5-27

图5-28

执行“编辑>填充”命令，在弹出的“填充”对话框中首先需要设置填充的内容，然后可以设置当前填充内容与该图层上像素的混合，如图5-29所示。

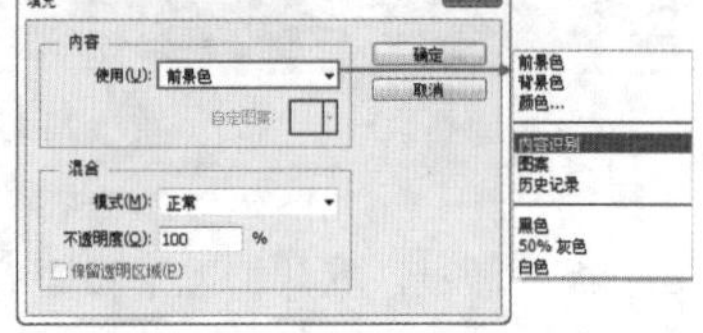

图5-29

技巧提示

使用快捷键Shift+F5，或在建立选区之后单击鼠标右键，在弹出的快捷菜单中执行“填充”命令，都可以打开“填充”对话框。另外，未被栅格化的文字图层、智能图层、3D图层是不能够执行填充命令的，隐藏的图层也不可以。

- **前景色、背景色、黑色、50% 灰色或白色**：使用指定颜色填充选区。如图5-30~图5-32所示为原图、使用“前景色”填充和使用“颜色”填充的对比效果。

图5-30

图5-31

图5-32

- **颜色**：使用从拾色器中选择的颜色填充。

- **图案**：使用图案填充选区。单击图案样本旁边的倒箭头，并从弹出式面板中选择一种图案。可以使用弹出式面板菜单载入其他图案，如图5-33和图5-34所示。
- **历史记录**：将选定区域恢复为在“历史记录”面板中设置为源的图像的状态或快照。
- **模式**：用来设置填充内容的混合模式。如图5-35和图5-36所示为正常模式和线性加深模式的对比效果。
- **不透明度**：用来设置填充内容的不透明度。如图5-37和图5-38所示分别为不透明度为100%和50%的填充效果。
- **保留透明区域**：用来设置保留透明的区域。

图5-33

图5-34

图5-35

图5-36

图5-37

图5-38

5.2.3 使用油漆桶工具填充纯色或图案

视频精讲：Photoshop CS6新手学视频精讲课堂/渐变工具与油漆桶工具.flv

技术速查：使用油漆桶工具可以在图像中填充前景色或图案，如图5-39和图5-40所示。

右击工具箱中的“渐变工具”按钮，在弹出的子菜单中单击“油漆桶工具”按钮，如图5-41所示。在油漆桶工具的选项栏中，首先需要在填充模式的下拉列表中选择“前景”或“图案”选项，如果选择“前景”选项则使用当前的前景色进行填充；如果选择 “图案”选项，则可以从右侧的图案列表中选择一个合适图案，如图5-42所示。

- **模式**：用来设置填充内容的混合模式。
- **不透明度**：用来设置填充内容的不透明度。

图5-39　图5-40

图5-41

图5-42

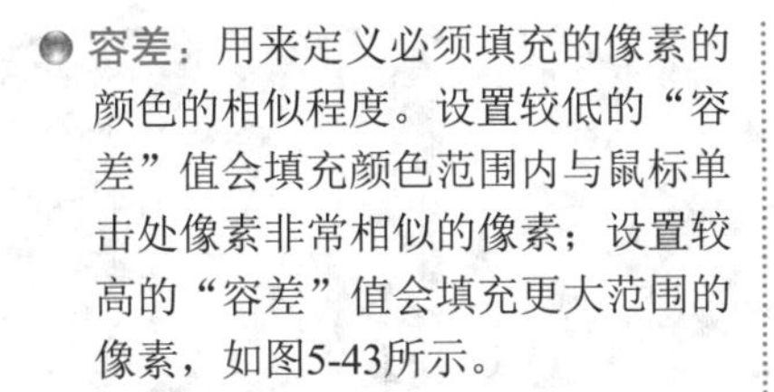

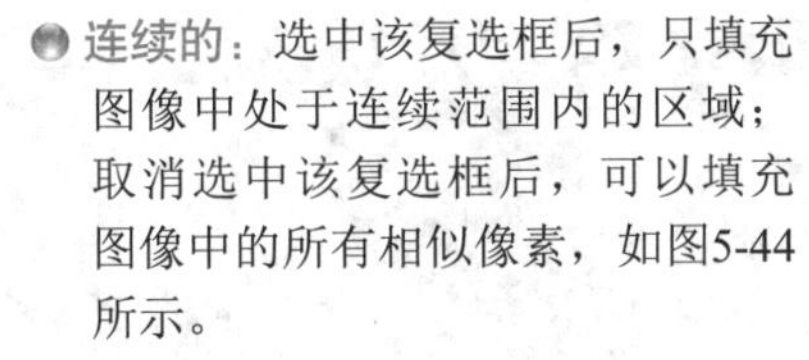

- **容差**：用来定义必须填充的像素的颜色的相似程度。设置较低的“容差”值会填充颜色范围内与鼠标单击处像素非常相似的像素；设置较高的“容差”值会填充更大范围的像素，如图5-43所示。
- **消除锯齿**：平滑填充选区的边缘。
- **连续的**：选中该复选框后，只填充图像中处于连续范围内的区域；取消选中该复选框后，可以填充图像中的所有相似像素，如图5-44所示。
- **所有图层**：选中该复选框后，可以对所有可见图层中的合并颜色数据填充像素；取消选中该复选框后，仅填充当前选择的图层。

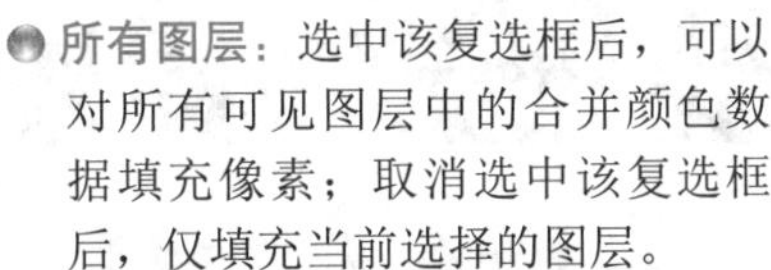

在画面中单击即可填充。如果对空图层进行填充，那么填充的为整个画面，如图5-45所示。对于有内容的图层，填充的就是与鼠标单击处颜色相近的区域，如图5-46所示。

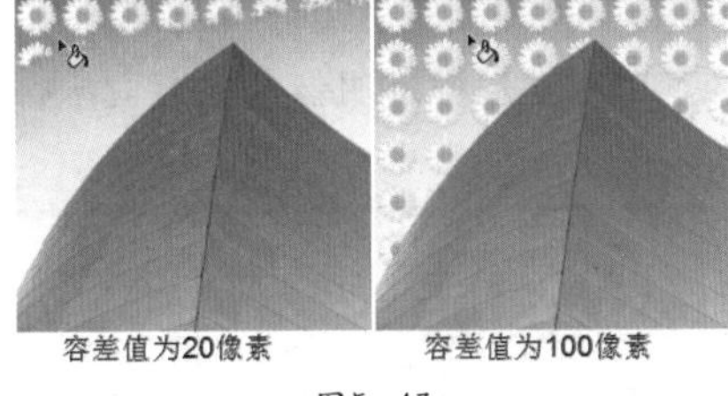

图5-43

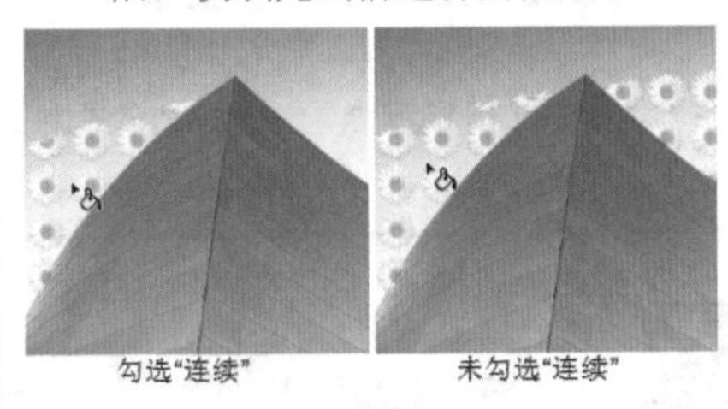

图5-44

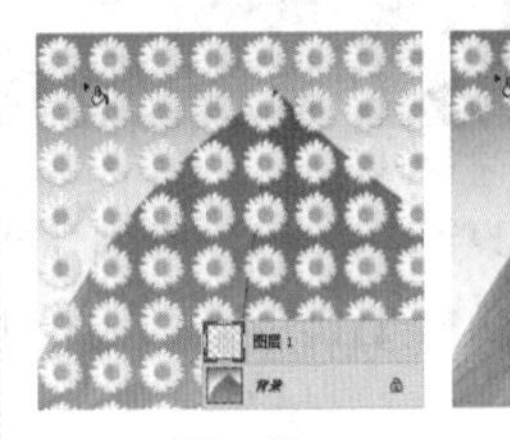

图5-45

图5-46

5.2.4 填充渐变效果

视频精讲：Photoshop CS6新手学视频精讲课堂/渐变工具与油漆桶工具.flv

技术速查：渐变工具可以在整个文档或选区内填充渐变色，并且可以创建多种颜色间的混合效果，如图5-47和图5-48所示。

图5-47

图5-48

渐变工具的应用非常广泛，它不仅可以填充图像，还可以用来填充图层蒙版、快速蒙版和通道等。单击工具箱中的“渐变工具”按钮，其选项栏如图5-49所示。首先需要在选项栏中单击“渐变颜色条”，编辑一种渐变颜色；然后设置合适的渐变类型；接着设置混合模式、不透明度等参数；设置完毕后在画面中按住鼠标左键并拖动光标即可进行填充，如图5-50所示。

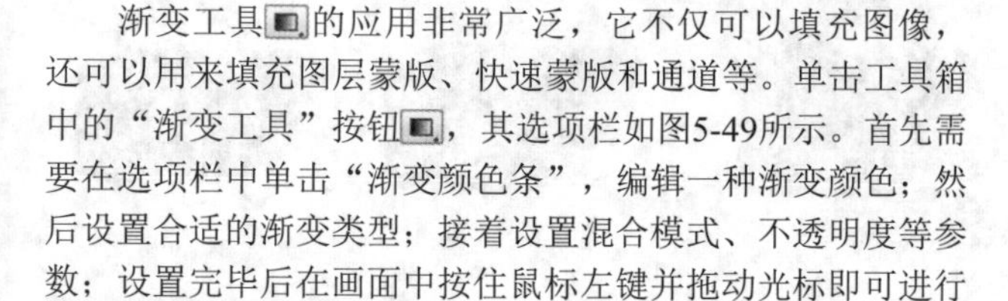

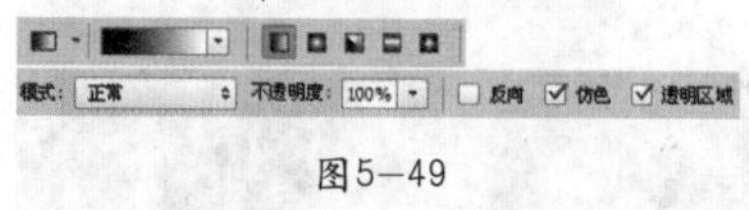

图5-49

图5-51

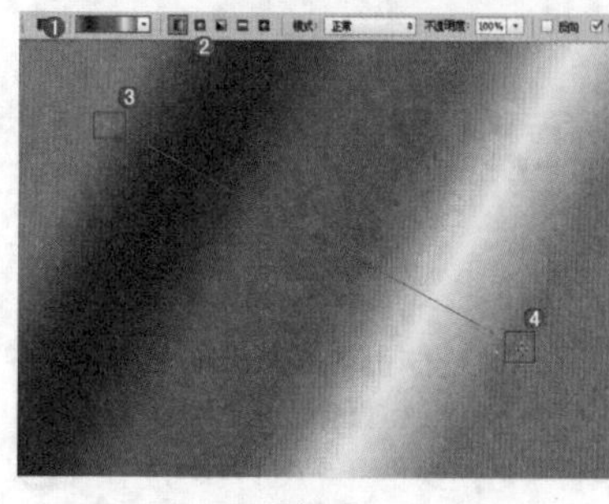

图5-50

图5-52

- **渐变颜色条**：显示了当前的渐变颜色，单击右侧的倒三角图标，打开“渐变”拾色器，如图5-51所示。如果直接单击渐变颜色条，则会弹出“渐变编辑器”对话框，在该对话框中可以编辑渐变颜色，或者保存渐变等，如图5-52所示。
- **渐变类型**：激活“线性渐变”按钮，可以以直线方式创建从起点到终点的渐变，如图5-53所示；激活“径向渐变”按钮，可以以圆形方式创建从起点到终点的渐变，如图5-54所示；激活“角度渐变”按钮，可以创建围绕起点以逆时针扫描方式的渐变，如图5-55所示；激活“对称渐变”按钮，可以使用均衡的线性渐变在起点的任意一侧创建渐变，如图5-56所示；激活“菱形渐变”按钮，可以以菱形方式从起点向外产生渐变，终点定义菱形的一个角，如图5-57所示。

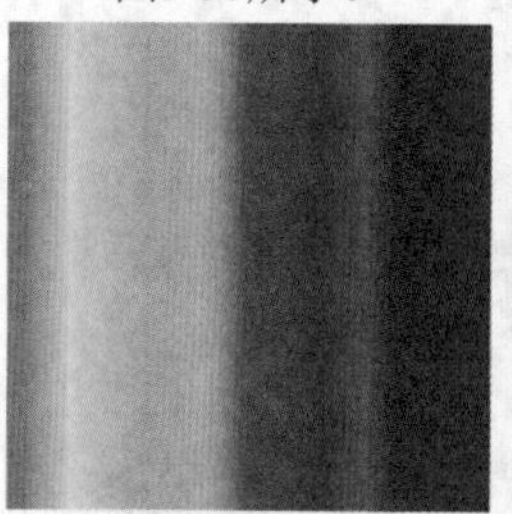

图5-53

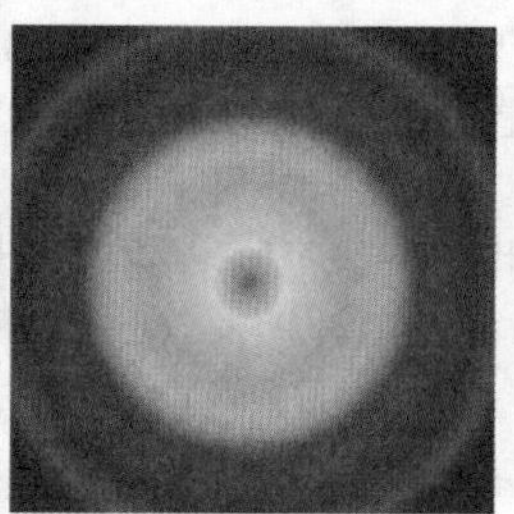

图5-54

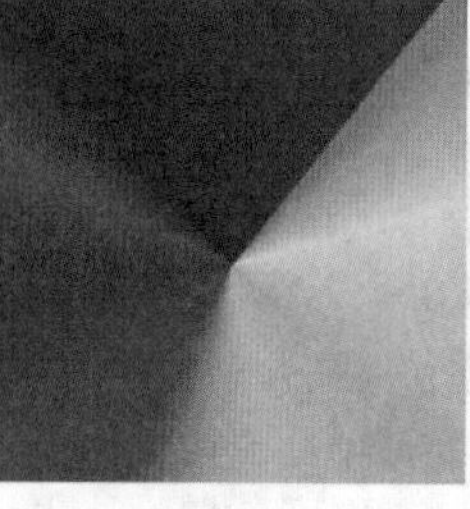

图5-55

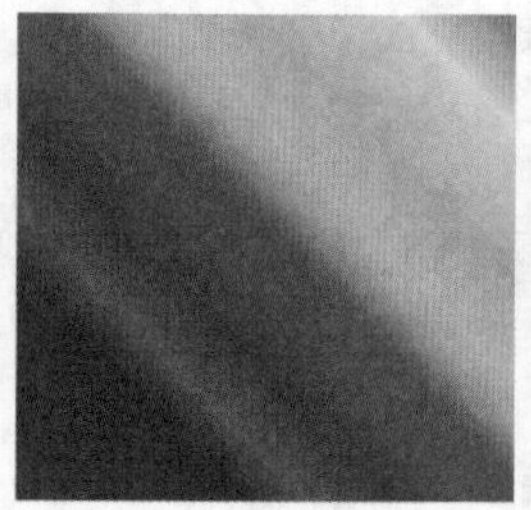

图5-56

图5-57

- **模式**：用来设置应用渐变时的混合模式。
- **不透明度**：用来设置渐变色的不透明度。
- **反向**：转换渐变中的颜色顺序，得到反方向的渐变结果，如图5-58和图5-59所示分别为正常渐变和反向渐变效果。

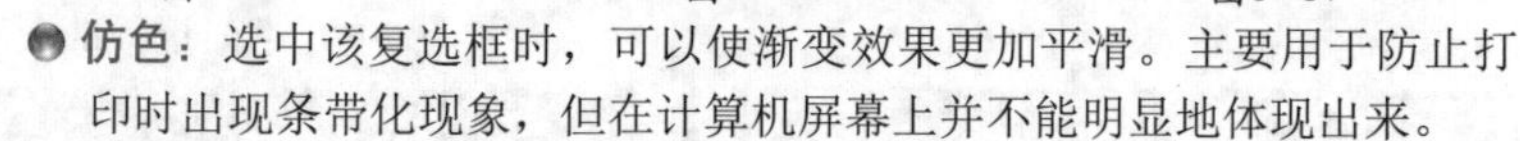

- **仿色**：选中该复选框时，可以使渐变效果更加平滑。主要用于防止打印时出现条带化现象，但在计算机屏幕上并不能明显地体现出来。
- **透明区域**：选中该复选框时，可以创建包含透明像素的渐变，如图5-60所示。

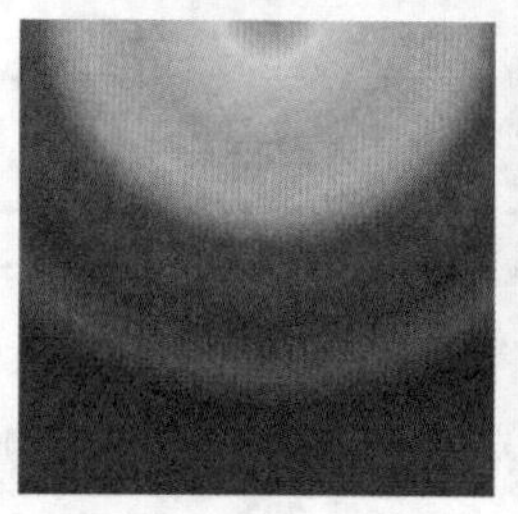

图5-58

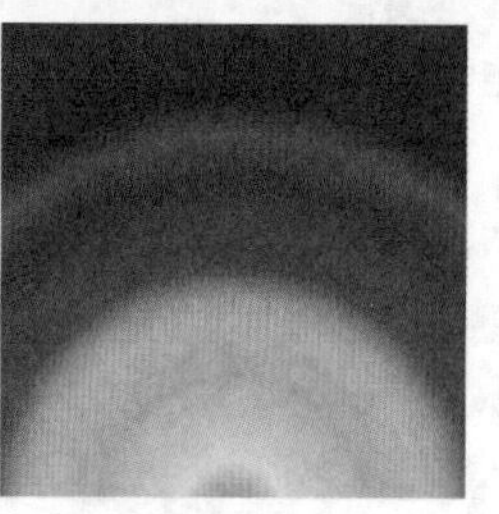

图5-59

图5-60

技巧提示

渐变工具不能用于位图或索引颜色图像。在切换颜色模式时，有些方式观察不到任何渐变效果，此时就需要将图像再切换到可用模式下进行操作。

5.2.5 详解渐变编辑器

渐变编辑器除了在使用渐变工具时能够使用到，在“渐变叠加”图层样式以及形状图层的填充描边设置中也能使用到。渐变编辑器主要用来创建、编辑、管理、删除渐变。打开渐变编辑器后首先可以在“预设”中选择合适的渐变预设，如果不满意可以通过调整色标改变渐变效果，如图5-61所示。

在“预设”选项组中显示Photoshop预设的渐变效果。单击菜单按钮，可以载入Photoshop预设的一些渐变效果，单击“载入”按钮可以载入外部的渐变资源；单击“存储”按钮可以将当前选择的渐变存储起来，以备以后调用，如图5-62所示。

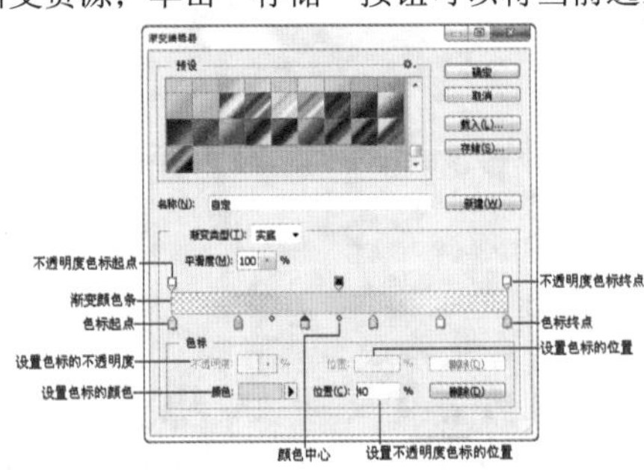

图5-61

图5-62

“渐变类型”包含“实底”和“杂色”两种。“实底”渐变是默认的渐变色，如图5-63所示。“杂色”渐变包含了在指定范围内随机分布的颜色，其颜色变化效果更加丰富，如图5-64所示。

“实底”渐变是非常常用的渐变方式，其中“平滑度”用于设置渐变色的平滑程度，拖曳不透明度色标可以移动它的位置。在“色标”选项组下可以精确设置色标的不透明度和位置，如图5-65所示。

“不透明度中点”是用来设置当前不透明度色标的中心点位置。也可以在“色标”选项组下进行设置，如图5-66所示。拖曳“色标”可以移动它的位置。在“色标”选项组下可以精确设置色标的颜色和位置，如图5-67所示。

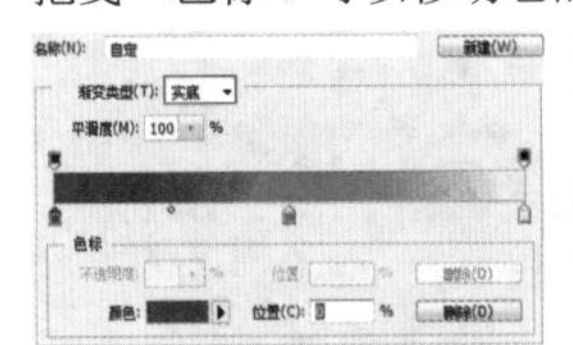

图5-63

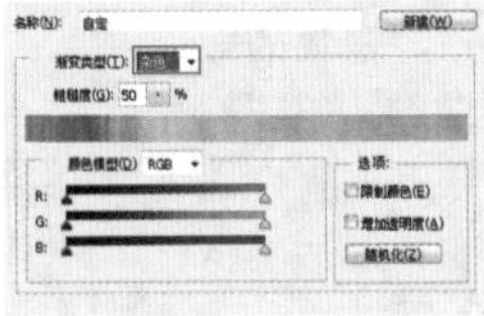

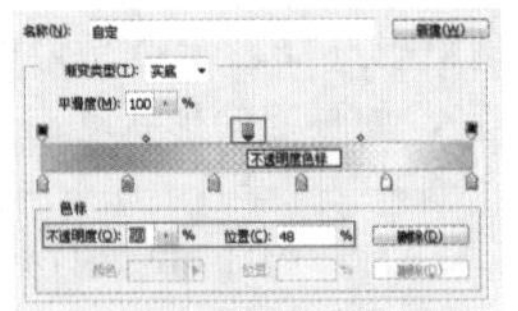

图5-64

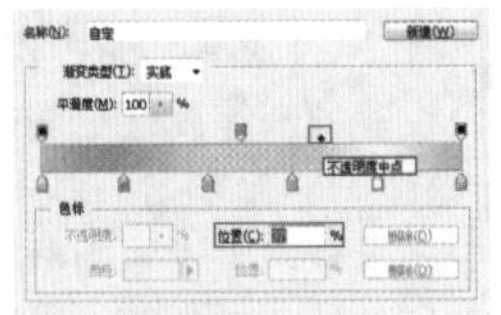

图5-65

图5-66

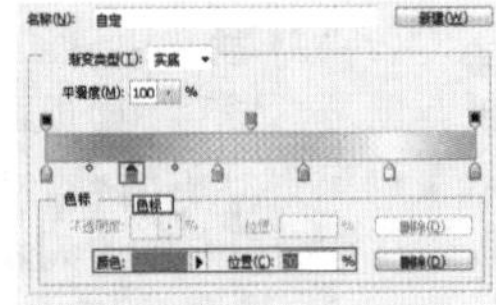

图5-67

5.3 设置画笔类工具的笔尖属性

在Photoshop的工具箱中有多种像画笔一样进行绘画模式操作的工具，例如画笔工具、铅笔工具、仿制图章工具、历史记录画笔工具、橡皮擦工具、加深工具、模糊工具等。这类工具都有一个共同的特性，就是都需要对画笔笔尖进行设置。试想如果使用圆形笔尖的画笔进行绘制，那么绘制出的笔触起始和终点都是圆形的；而使用方形的笔尖绘制的线条则是方形的起点和终点；如果使用不同类型的画笔（如使用毛笔和炭笔）绘制出的效果也会大不相同，Photoshop中的笔尖属性设置也是相同的道理。画笔笔尖的设置可以通过“画笔预设”面板与“画笔”面板，这也是本节重点讲解的内容。通过“画笔预设”面板和“画笔”面板的使用能够使画笔类工具的笔触更加丰富，从而制作出奇妙的画面效果，如图5-68和图5-69所示。

图5-68

图5-69

5.3.1 “画笔预设”面板

技术速查：用户在使用绘画工具、修饰工具时，都可以从“画笔预设”面板中直接选择设置好的画笔类型。

执行“窗口>画笔预设”命令，打开“画笔预设”面板，如图5-70所示。“画笔预设”面板中提供了各种系统预设的画笔，这些预设的画笔带有大小、形状和硬度等属性。在“画笔样式”列表中显示预设画笔的笔刷样式，单击某个画笔样式即可设置为当前工具的笔尖样式，可以通过输入“大小”数值或拖曳滑块来调整画笔的大小。

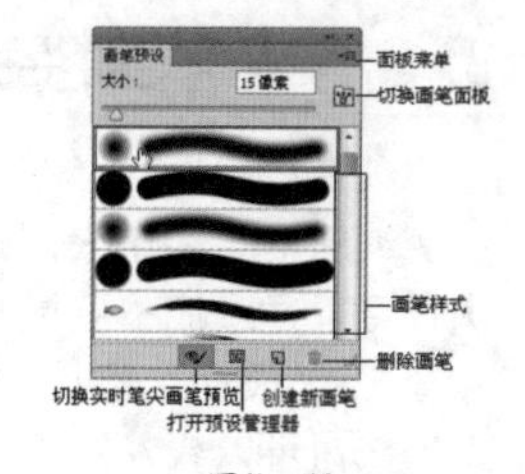

图5—70

- 切换画笔面板：单击该按钮，可以打开“画笔”面板。
- 切换实时笔尖画笔预览：使用毛刷笔尖时，在画布中实时显示笔尖的样式。
- 打开预设管理器：单击该按钮，打开“预设管理器”对话框。
- 创建新画笔：将当前设置的画笔保存为一个新的预设画笔。
- 删除画笔：选中画笔以后，单击“删除画笔”按钮，可以将该画笔删除。将画笔拖曳到“删除画笔”按钮上，也可以删除画笔。

技巧提示

在使用各种画笔类工具时，在选项栏中经常会看到类似 的图标，单击该图标，弹出画笔预设选取器，与“画笔预设”面板非常相似，通过画笔预设选取器也可以快速地设置画笔笔尖的属性，如图5—71所示。

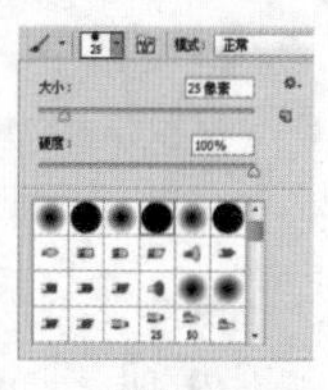
图5—71

5.3.2 “画笔”面板

与“画笔预设”面板相似，“画笔”面板也是用于选择、编辑、管理画笔笔尖的面板。但是“画笔”面板可以设置的画笔属性更加丰富，如画笔的形状动态、散布、纹理、双重画笔、颜色动态、传递、画笔笔势等。执行“窗口>画笔”命令，打开“画笔”面板，在该面板左侧的列表中显示着可供设置的画笔选项，选中即可启用该设置，然后单击该选项的名称使其处于高亮显示的状态，即可进行该选项的设置，如图5-72所示。

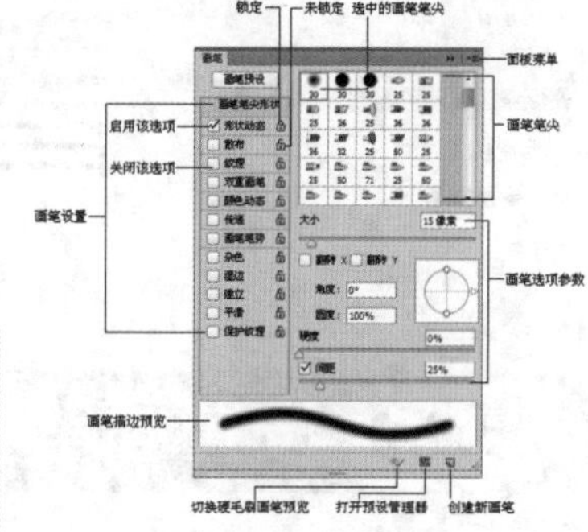

图5—72

技术拓展：打开“画笔”面板的4种方法

第1种：在工具箱中单击“画笔工具”按钮，然后在选项栏中单击“切换画笔面板”按钮。

第2种：执行“窗口>画笔”命令。

第3种：使用键盘上的“画笔”面板快捷键F5。

第4种：在“画笔预设”面板中单击“切换画笔面板”按钮。

5.3.3 笔尖形状设置

视频精讲：Photoshop CS6新手学视频精讲课堂/画笔笔尖形状设置.flv

“画笔笔尖形状”选项是“画笔”面板中默认显示的页面，如图5-73所示。在“画笔笔尖形状”中可以设置画笔的形状、大小、硬度和间距等基本属性，如图5-74所示。

- **大小**：控制画笔的大小，可以直接输入像素值，也可以通过拖曳大小滑块来设置画笔大小，如图5-75所示。

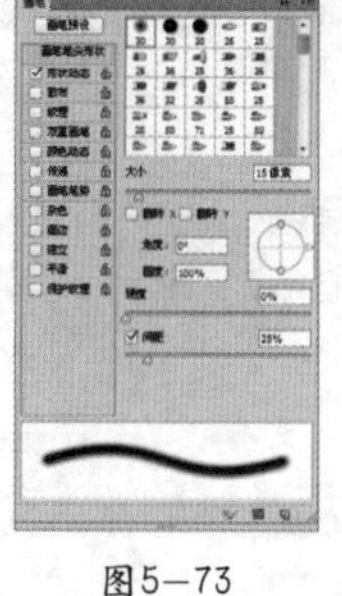
图5—73

图5—74

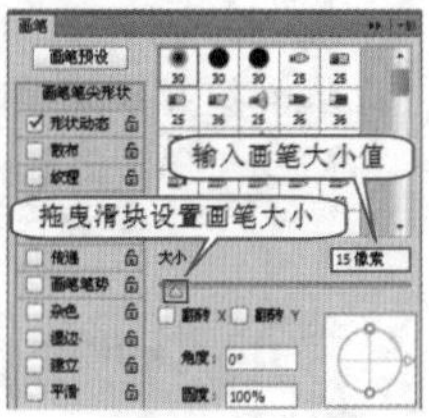

图5—75

- **“恢复到原始大小”按钮**：将画笔恢复到原始大小。
- **翻转X/Y**：将画笔笔尖在其X轴或Y轴上进行翻转，如图5-76和图5-77所示。
- **角度**：指定椭圆画笔或样本画笔的长轴在水平方向旋转的角度，如图5-78所示。

图5—76　　图5—77　　图5—78

- **圆度**：设置画笔短轴和长轴之间的比率。当“圆度”为100%时，表示圆形画笔；当“圆度”为0%时，表示线性画笔；介于0%~100%之间的“圆度”，表示椭圆画笔（呈“压扁”状态），如图5-79~图5-81所示。

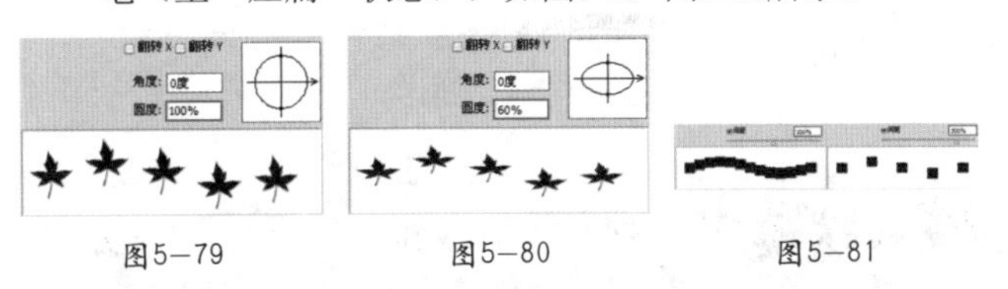

图5—79　　图5—80　　图5—81

- **硬度**：控制画笔硬度中心的大小。数值越小，画笔的柔和度越高，如图5-82所示。

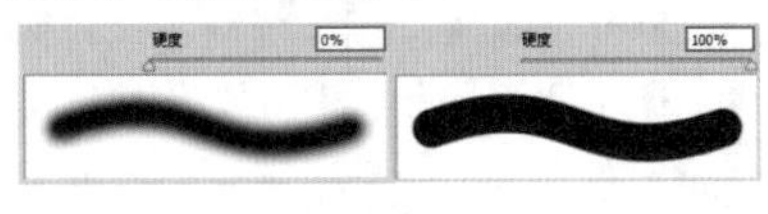

图5—82

- **间距**：控制描边中两个画笔笔迹之间的距离。数值越高，笔迹之间的间距越大，如图5-83所示。

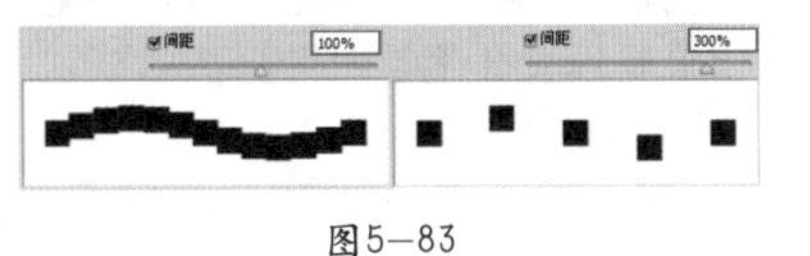

图5—83

5.3.4 形状动态

视频精讲：Photoshop CS6新手学视频精讲课堂/画笔形状动态的设置.flv

技术速查：形状动态可以决定描边中画笔笔迹的变化，它可以使画笔的大小、圆度等产生随机变化的效果。

选中“形状动态”复选框，并单击“形状动态”进入其设置页面，如图5-84所示。如图5-85所示为启用“形状动态”设置制作出的效果。

- **大小抖动/控制**：指定描边中画笔笔迹大小的改变方式。数值越高，图像轮廓越不规则，如图5-86所示。
- “控制”下拉列表中可以设置“大小抖动”的方式，其中“关”选项表示不控制画笔笔迹的大小变换；“渐隐”选项是按照指定数量的步长在初始直径和最小直径之间渐隐画笔笔迹的大小，使笔迹产生逐渐淡出的效果；如果计算机配置有绘图板，可以选择“钢笔压力”、“钢笔斜度”、“光笔轮”或“旋转”选项，然后根据钢笔的压力、斜度、钢笔位置或旋转角度来改变初始直径和最小直径之间的画笔笔迹大小，如图5-87所示。
- **最小直径**：当启用“大小抖动”选项以后，通过该选项可以设置画笔笔迹缩放的最小缩放百分比。数值越高，笔尖的直径变化越小，如图5-88所示。

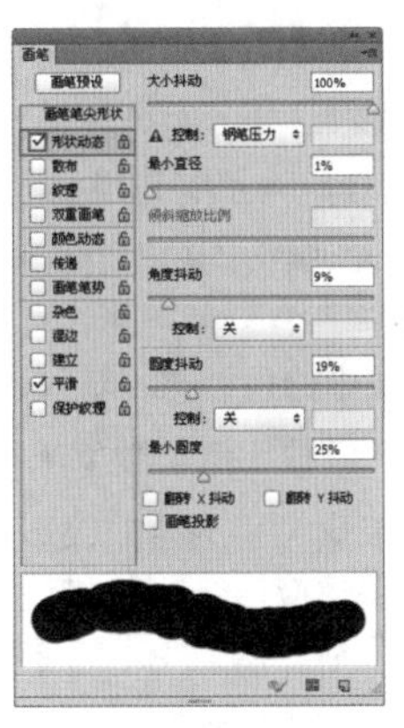

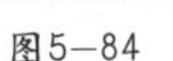

图5—84

图5—85

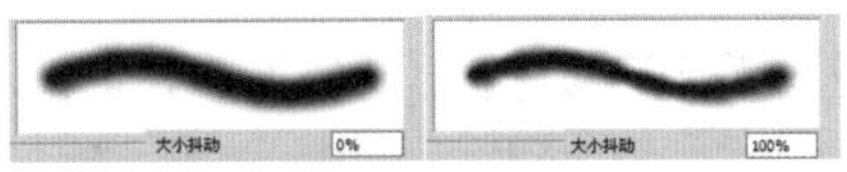

图5—86

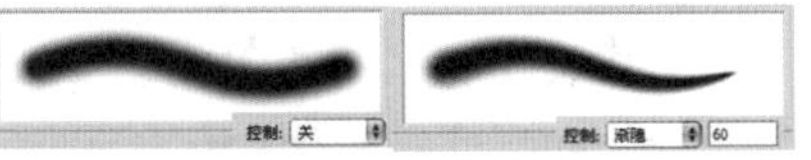

图5—87

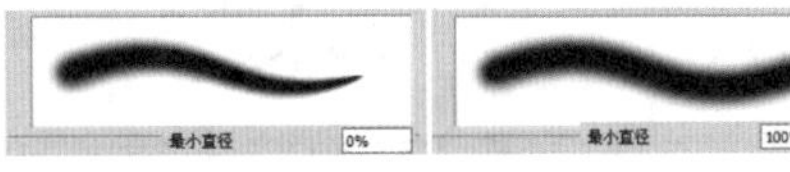

图5—88

- **倾斜缩放比例**：当“大小抖动”设置为“钢笔斜度”选项时，该选项用来设置在旋转前应用于画笔高度的比例因子。
- **角度抖动/控制**：用来设置画笔笔迹的角度，如图5-89所示。如果要设置“角度抖动”的方式，可以在下面的“控制”下拉列表中进行选择。
- **圆度抖动/控制/最小圆度**：用来设置画笔笔迹的圆度在描边中的变化方式。如果要设置“圆度抖动”的方式，可以在下面的“控制”下拉列表中进行选择。另外，“最小圆度”选项可以用来设置画笔笔迹的最小圆度，如图5-90所示。
- **翻转X/Y抖动**：将画笔笔尖在其X轴或Y轴上进行翻转。

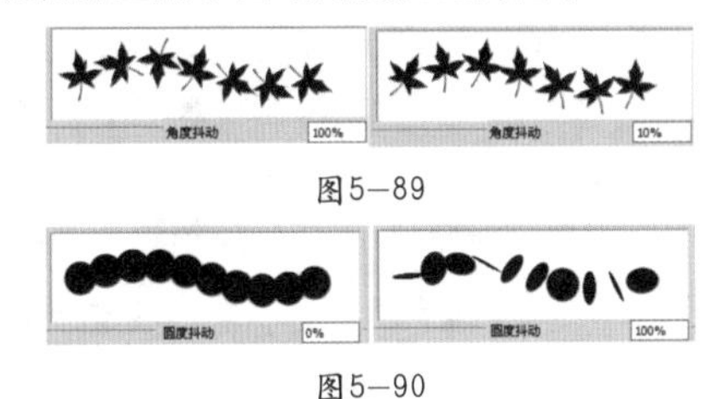

图5—89

图5—90

5.3.5 散布

视频精讲：Photoshop CS6新手学视频精讲课堂/画笔散布选项的设置.flv

技术速查：在“散布”选项中可以设置描边中笔迹的数目和位置，使画笔笔迹沿着绘制的线条扩散。

选中“散布”复选框，并单击“散布”进入其设置页面，如图5-91所示。如图5-92所示为启用“散布”设置制作出的效果。

- **散布/两轴/控制**：指定画笔笔迹在描边中的分散程度，该值越高，分散的范围越广。当选中“两轴”复选框时，画笔笔迹将以中心点为基准，向两侧分散。如果要设置画笔笔迹的分散方式，可以在下面的“控制”下拉列表中进行选择，如图5-93所示。
- **数量**：指定在每个间距间隔应用的画笔笔迹数量。数值越高，笔迹重复的数量越大，如图5-94所示。
- **数量抖动/控制**：指定画笔笔迹的数量如何针对各种间距间隔产生变化，如图5-95所示。如果要设置“数量抖动”的方式，可以在下面的“控制”下拉列表中进行选择。

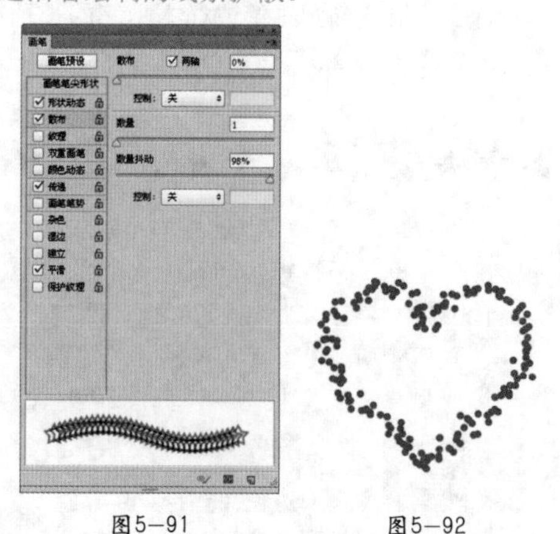

图5—91　图5—92

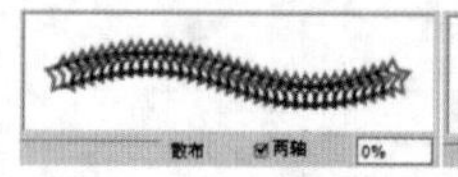
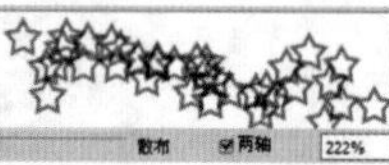

图5—93

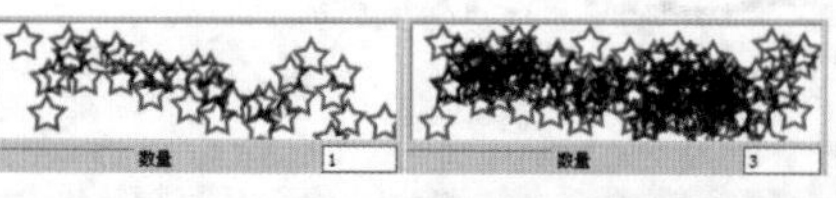

图5—94

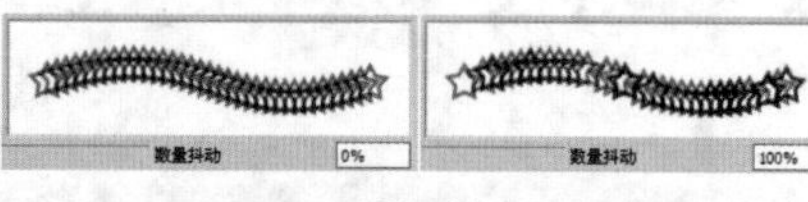

图5—95

5.3.6 纹理

视频精讲：Photoshop CS6新手学视频精讲课堂/画笔纹理设置.flv

技术速查：使用“纹理”选项可以绘制出带有纹理质感的笔触，例如在带纹理的画布上绘制效果等。

选中“纹理”复选框，并单击“纹理”进入其设置页面，如图5-96所示。如图5-97所示为启用“纹理”设置制作出的效果。

- **设置纹理/反相**：单击图案缩览图右侧的倒三角▪图标，可以在弹出的“图案”拾色器中选择一个图案，并将其设置为纹理。如果选中“反相”复选框，可以基于图案中的色调来反转纹理中的亮点和暗点，如图5-98所示。
- **缩放**：设置图案的缩放比例。数值越小，纹理越多，如图5-99所示。
- **为每个笔尖设置纹理**：将选定的纹理单独应用于画笔描边中的每个画笔笔迹，而不是作为整体应用于画笔描边。如果取消选中“为每个笔尖设置纹理”复选框，下面的“深度抖动”选项将不可用。
- **模式**：设置用于组合画笔和图案的混合模式，如图5-100所示分别是“正片叠底”和“线性高度”模式。

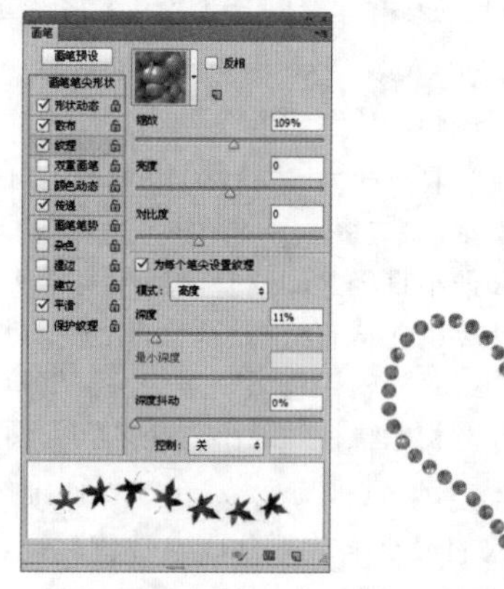

图5—96　图5—97

图5—98

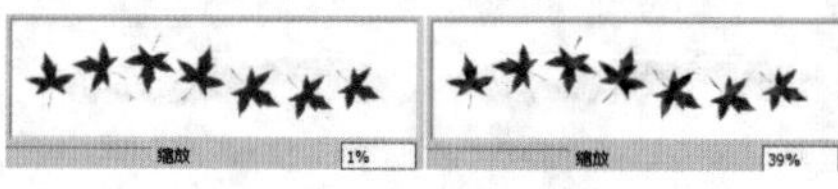

图5—99

图5—100

- **深度**：设置油彩渗入纹理的深度。数值越大，渗入的深度越大，如图5-101所示。
- **最小深度**：当“深度抖动”下面的“控制”选项设置为“渐隐”、“钢笔压力”、“钢笔斜度”或“光笔轮”选项，并且选中“为每个笔尖设置纹理”复选框时，“最小深度”选项用来设置油彩可渗入纹理的最小深度。
- **深度抖动/控制**：当选中“为每个笔尖设置纹理”复选框时，“深度抖动”选项用来设置深度的改变方式，如图5-102所示。然后要指定如何控制画笔笔迹的深度变化，可以从下面的“控制”下拉列表中进行选择。

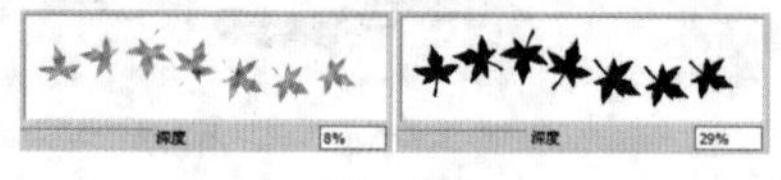

图5—101

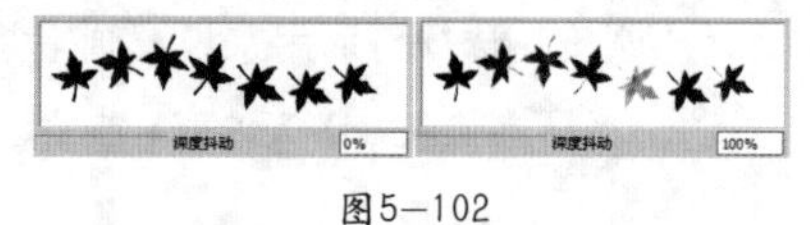

图5—102

5.3.7 双重画笔

视频精讲：Photoshop CS6新手学视频精讲课堂/使用双重画笔.flv

技术速查：选中“双重画笔”复选框可以使绘制的线条呈现出两种画笔的效果。

想要制作“双重画笔”效果，首先需要设置“画笔笔尖形状”主画笔参数属性，然后选中“双重画笔”复选框，并从“双重画笔”选项中选择另外一个笔尖（即双重画笔）。其参数非常简单，大多与其他选项中的参数相同，如图5-103所示。最顶部的“模式”是指选择从主画笔和双重画笔组合画笔笔迹时要使用的混合模式。如图5-104所示为启用“双重画笔”制作出的效果。

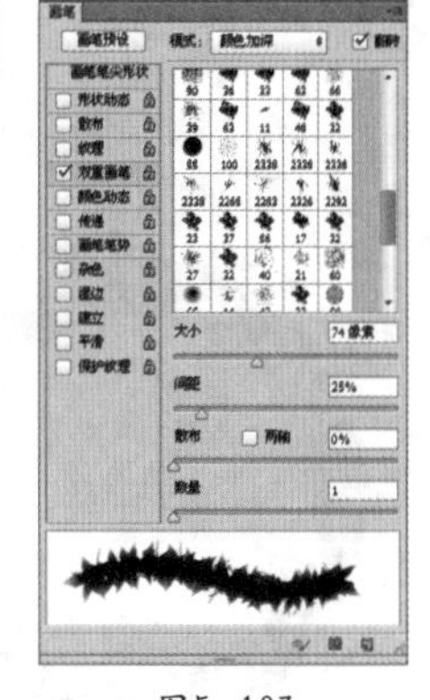

图5—103

图5—104

5.3.8 颜色动态

视频精讲：Photoshop CS6新手学视频精讲课堂/画笔颜色动态设置.flv

技术速查：选中“颜色动态”复选框，可以通过设置选项绘制出颜色变化的效果。

选中“颜色动态”复选框，并单击“颜色动态”进入其设置页面，如图5-105所示。如图5-106所示为启用“颜色动态”设置制作出的效果。

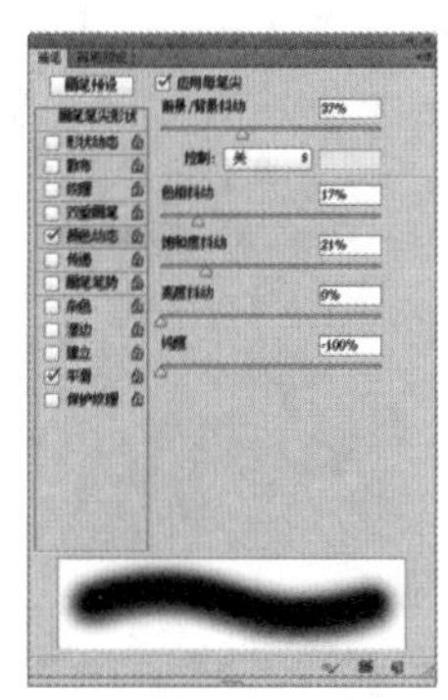

图5—105

图5—106

- **前景/背景抖动/控制**：用来指定前景色和背景色之间的油彩变化方式。数值越小，变化后的颜色越接近前景色；数值越大，变化后的颜色越接近背景色。如果要指定如何控制画笔笔迹的颜色变化，可以在下面的“控制”下拉列表中进行选择，如图5-107和图5-108所示。

图5—107

图5—108

- **色相抖动**：设置颜色变化范围。数值越小，颜色越接近前景色；数值越高，色相变化越丰富，如图5-109所示。
- **饱和度抖动**：设置颜色的饱和度变化范围。数值越小，饱和度越接近前景色；数值越高，色彩的饱和度越高，如图5-110所示。
- **亮度抖动**：设置颜色的亮度变化范围。数值越小，亮度越接近前景色；数值越高，颜色的亮度值越大，如图5-111所示。
- **纯度**：用来设置颜色的纯度。数值越小，笔迹的颜色越接近于黑白色；数值越高，颜色饱和度越高，如图5-112和图5-113所示。

图5—109

图5—110

图5—111

图5—112

图5—113

思维点拨：

色彩的混合有加色混合、减色混合和中性混合3种形式，如图5-114～图5-116所示。

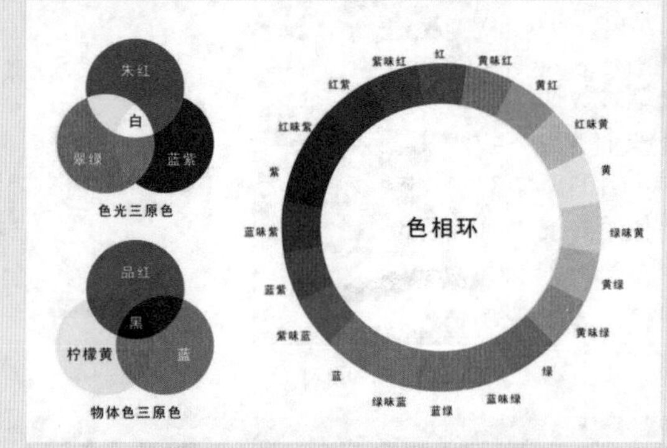

图5-114

图5-115

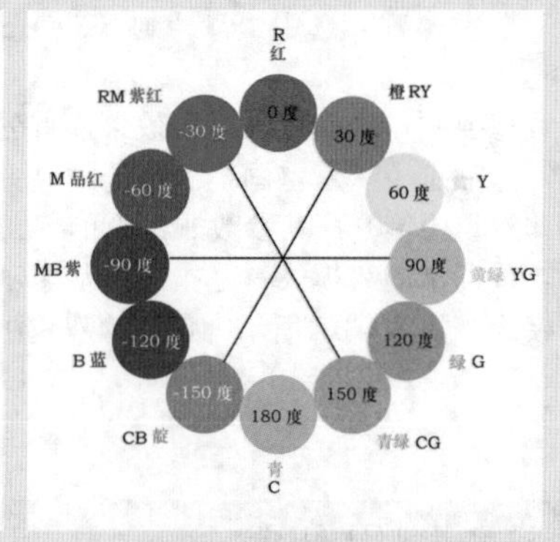

图5-116

★ 案例实战——使用“颜色动态”选项制作多彩花朵

案例文件	案例文件\第5章\使用“颜色动态”选项制作多彩花朵.psd
视频教学	视频文件\第5章\使用“颜色动态”选项制作多彩花朵.flv
难易指数	★★★★★
技术要点	“颜色动态”选项的使用

案例效果

本案例主要使用“颜色动态”选项制作多彩的花朵效果，如图5-117和图5-118所示。

图5-117　　图5-118

操作步骤

01 打开本书配套光盘中的素材文件“1.jpg”，使用吸管工具吸取花瓣的颜色为前景色，吸取花蕊的部分为背景色，如图5-119所示。单击工具箱中的“画笔工具”按钮，在其选项栏的“画笔预设选取器”菜单中执行“特殊效果画笔”命令，如图5-120所示。

图5-119

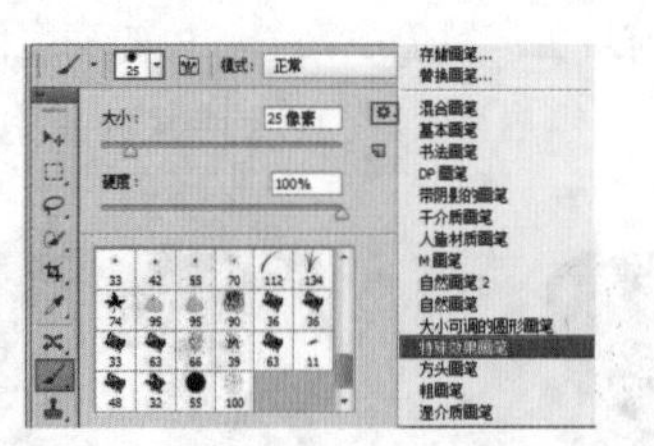

图5-120

02 在弹出的对话框中单击“追加”按钮，如图5-121所示。此时新增画笔会出现在画笔预设选取器中。

03 执行“窗口>画笔”命令，打开“画笔”面板，在“画笔笔尖形状”中选择一个花朵形状的画笔，设置“大小”为“70像素”，设置“间距”为182%，如图5-122所示。此时在画面中按住鼠标左键拖曳绘制，效果如图5-123所示。

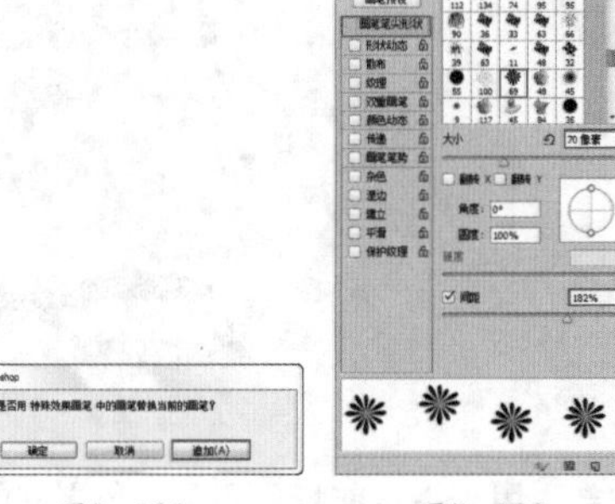

图5-121　　图5-122　　图5-123

04 选中画笔样式列表中的“颜色动态”复选框，并单击进入设置页面，设置“前景/背景抖动”为100%，如图5-124所示。此时再次绘制可以看到花朵的颜色在前景色以及背景色之间变化，如图5-125所示。

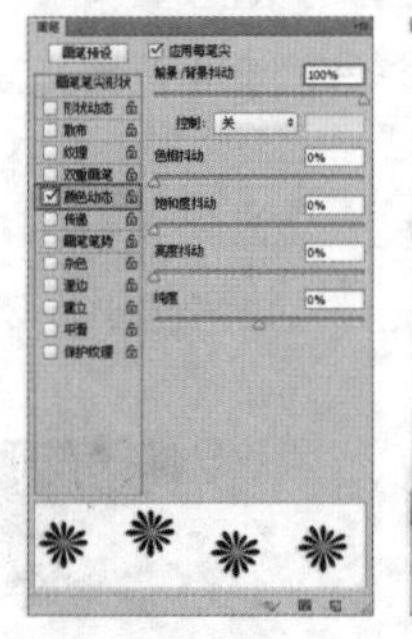

图5-124

图5-125

05 如果想要绘制出多种颜色的花朵，可以适当设置“色相抖动”数值，此处设置为50%，如图5-126所示。此时再次绘制可以看到多种颜色的花朵，如图5-127所示。

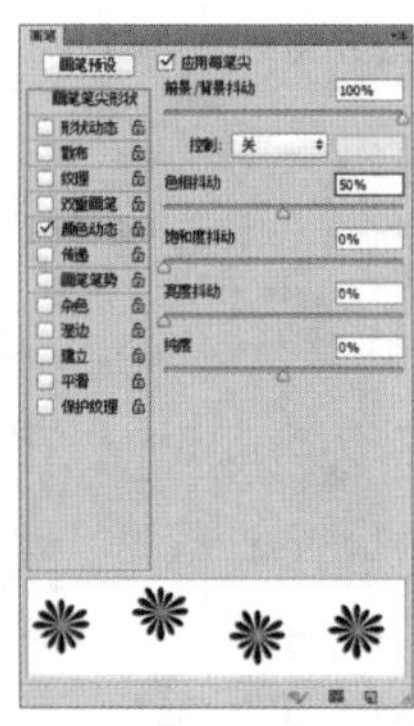

图5—126　　图5—127

5.3.9 传递

视频精讲：Photoshop CS6新手学视频精讲课堂/画笔传递的设置.flv

技术速查：使用“传递”选项可以确定油彩在描边路线中的改变方式。

选中“传递”复选框，并单击“传递”进入其设置页面，如图5-128所示。“传递”选项中包含不透明度、流量、湿度、混合等抖动的控制，如图5-129所示为启用“传递”设置制作出的效果。

- **不透明度抖动/控制**：指定画笔描边中油彩不透明度的变化方式，最高值是选项栏中指定的不透明度值。如果要指定如何控制画笔笔迹的不透明度变化，可以从下面的“控制”下拉列表中进行选择。
- **流量抖动/控制**：用来设置画笔笔迹中油彩流量的变化程度。如果要指定如何控制画笔笔迹的流量变化，可以从下面的“控制”下拉列表中进行选择。
- **湿度抖动/控制**：用来控制画笔笔迹中油彩湿度的变化程度。如果要指定如何控制画笔笔迹的湿度变化，可以从下面的“控制”下拉列表中进行选择。
- **混合抖动/控制**：用来控制画笔笔迹中油彩混合的变化程度。如果要指定如何控制画笔笔迹的混合变化，可以从下面的“控制”下拉列表中进行选择。

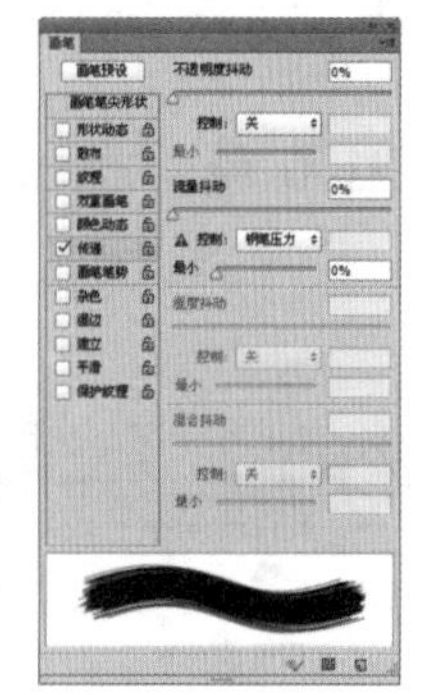

图5—128　　图5—129

★ 案例实战——使用“传递”选项制作飘雪效果

案例文件	案例文件\第5章\使用“传递”选项制作飘雪效果.psd
视频教学	视频文件\第5章\使用“传递”选项制作飘雪效果.flv
难易指数	★★★★
技术要点	“传递”选项的使用

案例效果

本案例主要使用“传递”选项绘制飘雪效果，如图5-130所示。

操作步骤

01 打开本书配套光盘中的人像素材文件，设置前景色为白色，如图5-131所示。

图5—130　　图5—131

02 单击工具箱中的“画笔工具”按钮，按F5键快速打开“画笔预设”面板，单击“画笔笔尖形状”，选择一种圆形的画笔，设置“大小”为“50像素”，“间距”为85%，如图5-132所示。选中“形状动态”复选框，设置其“大小抖动”为56%，“角度抖动”为100%，“圆度抖动”为61%，“最小圆度”为25%，如图5-133所示。

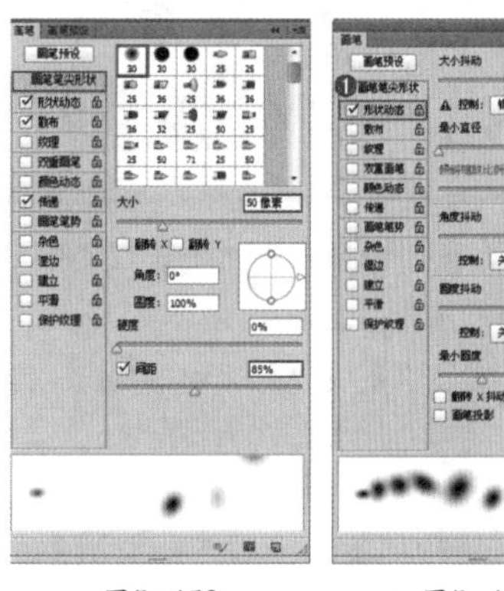

图5—132　　图5—133

03 选中“散布”复选框，选中“两轴”复选框并设置其数值为1000%，设置“数量抖动”为100%，如图5-134所示。选中“传递”复选框，设置其“不透明度抖动”为100%，新建图层1，如图5-135所示。

04 设置完毕后，将光标移动到画面中按住鼠标左键，拖曳绘制出飘雪的效果，最终效果如图5-136所示。

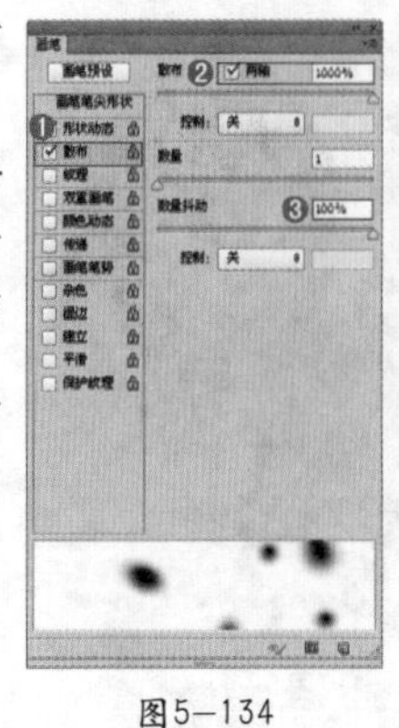

图5-134

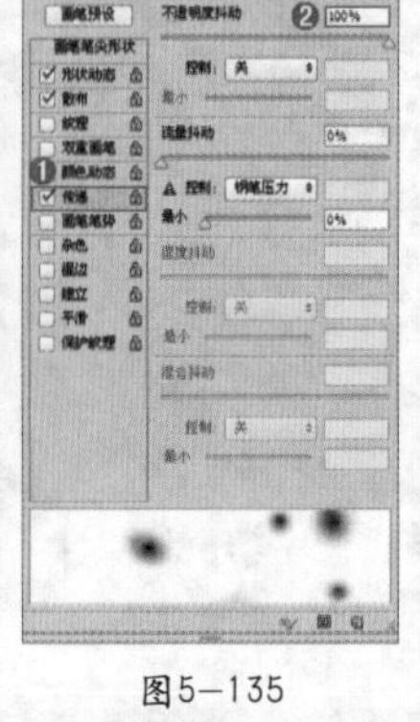

图5-135

图5-136

5.3.10 画笔笔势

视频精讲：Photoshop CS6新手学视频精讲课堂/画笔笔势的设置.flv

技术速查：“画笔笔势”选项用于调整毛刷画笔笔尖、侵蚀画笔笔尖的角度。

选中“画笔笔势”复选框，并单击“画笔笔势”进入其设置页面，如图5-137所示。

- **倾斜X/倾斜Y**：使笔尖沿X轴或Y轴倾斜。
- **旋转**：设置笔尖旋转效果。
- **压力**：压力数值越高，绘制速度越快，线条效果越粗犷。

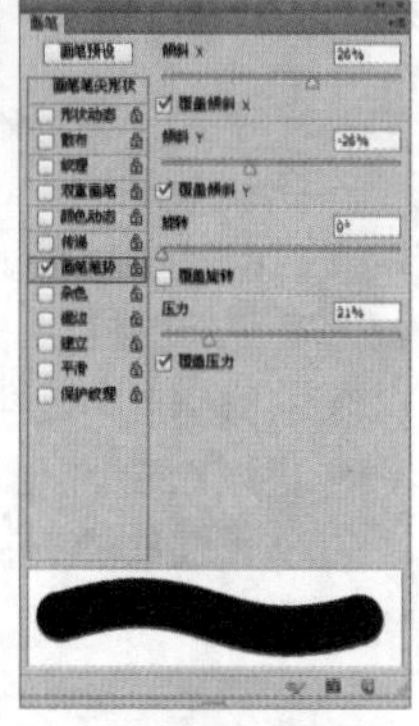

图5-137

5.3.11 其他选项

视频精讲：Photoshop CS6新手学视频精讲课堂/画笔其他选项的设置.flv

“画笔”面板中还有“杂色”、“湿边”、“建立”、“平滑”和“保护纹理”这5个选项。这些选项不能调整参数，如果要启用其中某个选项，将其选中即可，如图5-138所示。

- **杂色**：为个别画笔笔尖增加额外的随机性，如图5-139和图5-140所示分别是取消选中与选中“杂色”复选框时的笔迹效果。当使用柔边画笔时，该选项最能出效果。
- **湿边**：沿画笔描边的边缘增大油彩量，从而创建出水彩效果，如图5-141和图5-142所示分别是取消选中与选中“湿边”复选框时的笔迹效果。

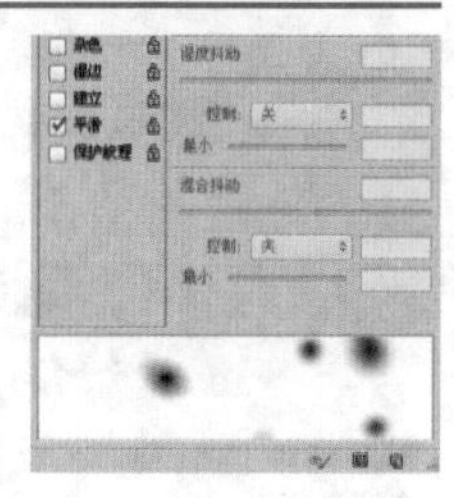

图5-138

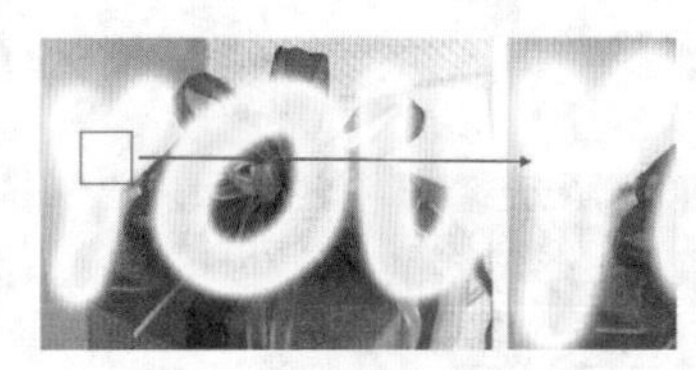

图5-139

图5-140

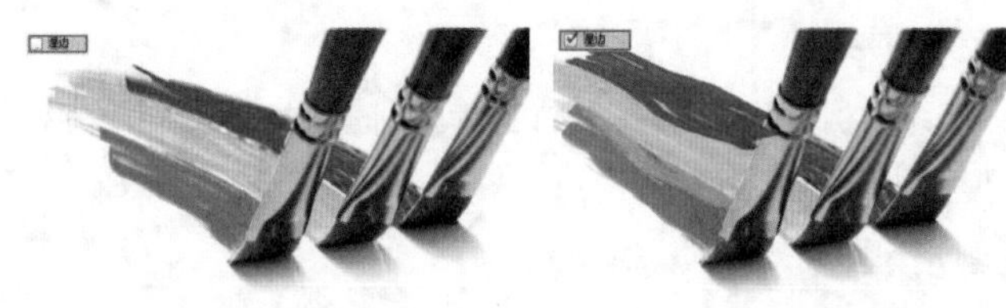

图5-141　　图5-142

- **建立**：模拟传统的喷枪技术，根据鼠标按键的单击程度确定画笔线条的填充数量。
- **平滑**：在画笔描边中生成更加平滑的曲线。当使用压感笔进行快速绘画时，该选项最有效。
- **保护纹理**：将相同图案和缩放比例应用于具有纹理的所有画笔预设。选中该复选框后，在使用多个纹理画笔绘画时，可以模拟出一致的画布纹理。

读书笔记

★ 案例实战——使用多种画笔设置制作散景效果

案例文件	案例文件\第5章\使用多种画笔设置制作散景效果.psd
视频教学	视频文件\第5章\使用多种画笔设置制作散景效果.flv
难易指数	★★★★★
技术要点	“画笔”面板的使用

案例效果

本案例主要使用形状动态、散布、颜色动态和传递等命令制作唯美散景效果，如图5-143所示。

操作步骤

01 打开素材文件，如图5-144所示。设置合适的前景色以及背景色，如图5-145所示。

图5-143

图5-144

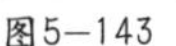

图5-145

02 单击工具箱中的“画笔工具”按钮，在选项栏中选择一种柔圆边画笔，设置其“不透明度”为80%，“流量”为80%，设置前景色为浅紫色，背景色为深紫色，按F5键快速打开“画笔预设”面板，单击“画笔笔尖形状”，选择一种圆形的花纹，设置“大小”为“240像素”，“硬度”为100%，“间距”为240%，如图5-146所示。选中“形状动态”复选框，设置“大小抖动”为4%，如图5-147所示。选中“散布”复选框，设置为340%，如图5-148所示。选中“传递”复选框，设置“不透明度抖动”为90%，“流量抖动”为66%，如图5-149所示。

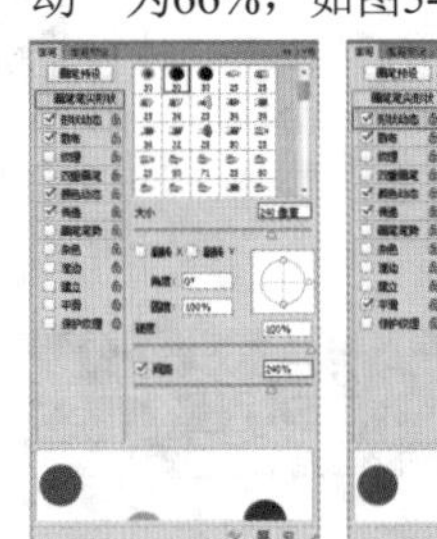

图5-146

图5-147

图5-148

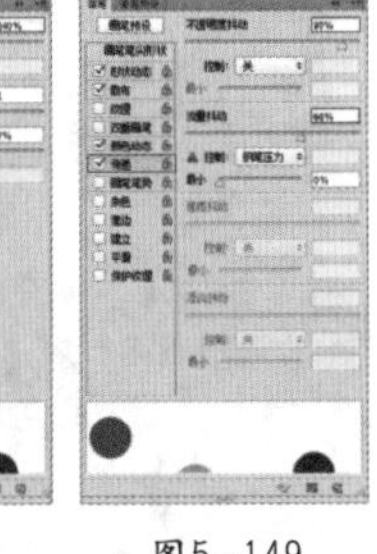

图5-149

03 新建图层1，在画面中按住鼠标左键并拖动光标绘制出分散的圆形效果，如图5-150所示。

04 新建图层2，设置前景色为深紫色，在画面中进行绘制，设置图层2的混合模式为“滤色”，如图5-151所示。新建图层3，继续使用画笔工具，适当增大画笔大小，降低画笔硬度，在画面中绘制，同样设置图层3的混合模式为“滤色”，如图5-152所示。

05 设置较小的画笔大小，在画面中单击绘制，如图5-153所示。导入光效素材置于画面中合适的位置，设置其混合模式为“滤色”，如图5-154所示。最终效果如图5-155所示。

图5-150

图5-151

图5-152

图5-153

图5-154

图5-155

思维点拨：散景

散景也称为“焦外成像”的摄影手法，利用失焦或是正确对焦交叉的效果来呈现，营造出温暖柔和的氛围。所谓散景，最简单的说法是主体与背景之间那种前清后蒙的效果。

以单反相机镜头而言，一般人都会说镜头光圈越大，散景越明显，这在大部分情况下是对的。大光圈容易有散景是因为光圈越大，景深越浅，失焦的范围越多，散景效果也越强。相反，光圈越细，景深越长，失焦的范围越细，散景就显得弱。

焦距也是散景的关键，比较广角镜与长焦镜的景深范围，广角镜是景深较长，而长焦镜的景深较浅，所以拍人像大都会用中焦及长焦距镜头拍摄，如图5-156和图5-157所示。

图5-156

图5-157

☆ 视频课堂——海底创意葡萄酒广告

案例文件\第5章\视频课堂——海底创意葡萄酒广告.psd
视频文件\第5章\视频课堂——海底创意葡萄酒广告.flv

思路解析：

01 打开背景，导入素材。
02 使用画笔绘制光束，并进行变换操作。
03 定义锁链形状的画笔。
04 调用锁链笔刷，使用画笔面板调整笔刷属性。
05 在酒瓶底部绘制锁链效果。
06 适当调整颜色，完成操作。

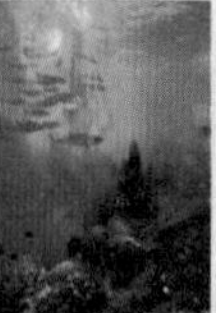

5.4 使用画笔与铅笔进行绘画

技术速查：使用绘画工具不仅能够绘制出传统意义上的插画，还能够对数码相片进行美化处理，同时还能够对数码相片制作各种特效。

在Photoshop的工具箱中右击“画笔工具组”按钮，可以看到隐藏工具中包含画笔工具、铅笔工具两种非常常用的绘制工具。无论是进行数字绘画、平面设计还是照片编修都离不开画笔工具，而铅笔工具则主要用作绘制像素画，如图5-158和图5-159所示分别为使用颜色替换工具和混合器画笔工具制作的作品。

图5—158

图5—159

5.4.1 画笔工具

视频精讲：Photoshop CS6新手学视频精讲课堂/画笔工具的使用方法.flv

技术速查：使用画笔工具和前景色可以绘制出各种线条以及笔触，同时也可以利用它来修改通道和蒙版，如图5-160和图5-161所示。

图5—160

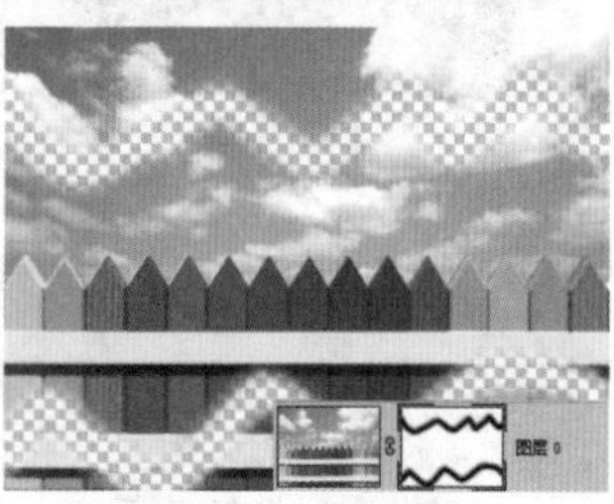
图5—161

画笔工具是使用频率最高的工具之一，在工具箱中单击“画笔工具”按钮即可打开画笔工具。使用画笔工具进行绘制之前不仅需要设置好前景色，还需要在选项栏中设置画笔大小、模式、不透明度以及流量等属性。如图5-162所示是画笔工具的选项栏。

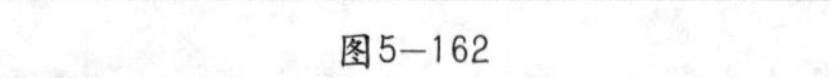

图5—162

- **“画笔预设”选取器**：单击该图标，打开“画笔预设”选取器，在这里面可以选择笔尖、设置画笔的大小和硬度。

技巧提示

在英文输入法状态下，可以按[键和]键来减小或增大画笔笔尖的大小。

- **模式**：设置绘画颜色与下面现有像素的混合方法，如图5-163和图5-164所示分别是使用“正片叠底”模式和“强光”模式绘制的笔迹效果。可用模式将根据当前选定工具的不同而变化。
- **不透明度**：设置画笔绘制出来的颜色的不透明度。数值越大，笔迹的不透明度越高，如图5-165所示；数值越小，笔迹的不透明度越低，如图5-166所示。

图5-163

图5-164

图5-165

图5-166

技巧提示

在使用画笔工具绘画时，可以按数字键0～9来快速调整画笔的不透明度，数字1代表10%，数值9则代表90%的“不透明度”，0代表100%。

- 流量：设置当将光标移到某个区域上方时应用颜色的速率。在某个区域上方进行绘画时，如果一直按住鼠标左键，颜色量将根据流动速率增大，直至达到“不透明度”设置。

技巧提示

流量也有自己的快捷键，按住Shift+0～9的数字键即可快速设置流量。

- 启用喷枪模式按钮：激活该按钮以后，可以启用喷枪功能，Photoshop会根据鼠标左键的单击程度来确定画笔笔迹的填充数量。例如，关闭喷枪功能时，每单击一次会绘制一个笔迹，如图5-167所示；而启用喷枪功能以后，按住鼠标左键不放，即可持续绘制笔迹，如图5-168所示。
- “绘图板压力控制大小”按钮：使用压感笔压力可以覆盖“画笔”面板中的“不透明度”和“大小”设置。

图5-167

图5-168

技巧提示

如果使用绘图板绘画，则可以在“画笔”面板和选项栏中通过设置钢笔压力、角度、旋转或光笔轮来控制应用颜色的方式。

★ 案例实战——调整画笔间距制作日历

案例文件	案例文件\第5章\调整画笔间距制作日历.psd
视频教学	视频文件\第5章\调整画笔间距制作日历.flv
难易指数	★★★★★
技术要点	画笔工具、“画笔”面板

案例效果

本案例主要使用画笔工具和“画笔”面板制作日历效果，如图5-169所示。

图5-169

操作步骤

01 打开本书配套光盘中的素材文件“1.jpg”，如图5-170所示。设置前景色为绿色，单击工具箱中的“画笔工具”按钮，在选项栏中选择圆形硬角画笔，设置画笔“大小”为“60像素”，“硬度”为100%，如图5-171所示。

图5-170

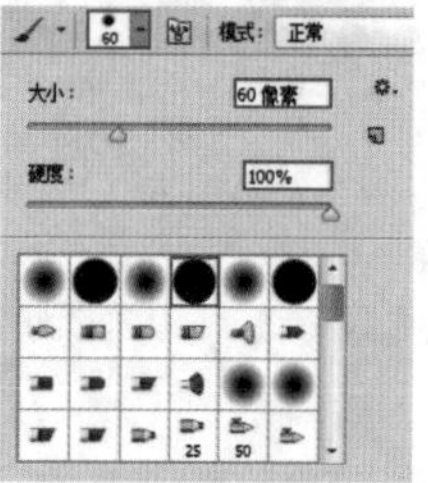

图5-171

02 按F5键调出预设面板，设置其“间距”为220%，如图5-172所示。新建图层，将画笔移动到左上角，按住鼠标左键并按住Shift键向右拖曳鼠标，此时可以看到图像顶端出现绿色的不连续的圆形点，如图5-173所示。

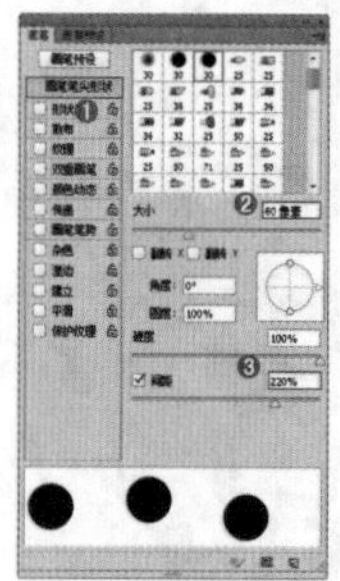

图5-172

图5-173

03 选择画笔绘制图层，为其添加图层样式，执行“图层>图层样式>内阴影”命令，设置“混合模式”为“正片叠底”，颜色为黑色，“不透明度”为75%，“角度”为124度，“距离”为5像素，“阻塞”为0%，“大小”为5像素，如图5-174所示。效果如图5-175所示。

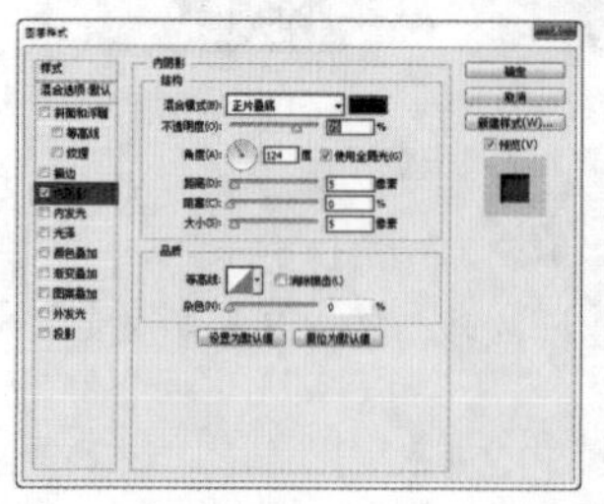

图5-174

图5-175

04 同样的方法绘制出顶部的白色圆点，继续导入铁环素材“2.png”置于画面中合适位置，最终制作效果如图5-176所示。

> **技巧提示**
>
> 使用画笔工具时，按住Shift键可以绘制出水平或垂直的直线。

图5-176

5.4.2 铅笔工具

视频精讲：Photoshop CS6新手学视频精讲课堂/铅笔工具的使用方法.flv

技术速查：使用铅笔工具更易于绘制出硬边线条。

铅笔工具与画笔工具的使用方法非常相似，例如近年来比较流行的像素画以及像素游戏都可以使用铅笔工具进行绘制，如图5-177和图5-178所示。

图5-177

图5-178

> **思维点拨：像素画**
>
> 画像素画也属于点阵式图像，但它是一种图标风格的图像，更强调清晰的轮廓、明快的色彩，几乎不用混叠方法来绘制光滑的线条，所以常常采用.gif格式，同时它的造型比较卡通，得到很多朋友的喜爱。
>
> 我们这里说的“像素画”并不是和矢量图对应的点阵式图像，其实像素画的应用范围相当广泛，从小时候玩的家用红白机的画面直到今天的GBA手掌机，从黑白的手机图片直到今天全彩的掌上电脑，包括我们天天面对的电脑中也到处能看到各类软件的像素图标，更有现在大家熟悉的QQshow形象，手机背景、QQ表情、泡泡表情等。

右击工具箱中的“画笔工具组”按钮，在弹出的菜单中选择铅笔工具，如图5-179所示。在选项栏中可以看到相关选项，如图5-180所示。

图5—179

图5—180

选中“自动抹除”复选框后，如果将光标中心放置在包含前景色的区域上，可以将该区域涂抹成背景色，如图5-181所示；如果将光标中心放置在不包含前景色的区域上，则可以将该区域涂抹成前景色，如图5-182所示。

技巧提示

“自动抹除”选项只适用于原始图像，也就是只能在原始图像上才能绘制出设置的前景色和背景色。如果是在新建的图层中进行涂抹，则“自动抹除”选项不起作用。

图5—181

图5—182

5.5 使用橡皮擦工具擦除图像

视频精讲：Photoshop CS6新手学视频精讲课堂/擦除工具的使用方法.flv

Photoshop提供了3种擦除工具，其位于工具箱中的橡皮擦工具组中，分别是橡皮擦工具、背景橡皮擦工具和魔术橡皮擦工具，如图5-183所示。这3种工具都是用于擦除，在普通图层中进行擦除则擦除的像素将变成透明，在“背景”图层或锁定了透明像素的图层中进行擦除，则擦除的像素将变成背景色，如图5-184和图5-185所示。

图5—183

图5—184

图5—185

5.5.1 橡皮擦工具

技术速查：使用橡皮擦工具可以根据用户需要对画面进行不同程度的擦除，如图5-186和图5-187所示。

橡皮擦工具可以像使用橡皮一样随意地将像素更改为背景色或透明，单击工具箱中的橡皮擦工具，在选项栏中需要设置橡皮擦工具笔尖的大小等属性，在“模式”的下拉列表中可以选择橡皮擦的种类。选择“画笔”选项时，可以创建柔边擦除效果；选择“铅笔”选项时，可以创建硬边擦除效果；选择“块”选项时，擦除的效果为块状，如图5-188所示。设置完毕后在画面中按住鼠标左键并拖动光标即可擦除像素。

图5—186

图5—187

图5—188

- **不透明度**：用来设置橡皮擦工具的擦除强度。设置为100%时，可以完全擦除像素。当设置“模式”为“块”时，该选项将不可用。
- **流量**：用来设置橡皮擦工具的涂抹速度。
- **抹到历史记录**：选中该复选框以后，橡皮擦工具的作用相当于历史记录画笔工具。

5.5.2 背景橡皮擦工具

技术速查：背景橡皮擦工具是一种基于色彩差异的智能化擦除工具。

背景橡皮擦工具的功能非常强大，可以智能地识别前景与背景的差异，抹除背景的同时保留前景对象的边缘。除了可以使用它来擦除图像以外，最重要的方面运用在抠图中，如图5-189所示。

原图像

使用背景橡皮擦工具

图5-189

单击工具箱中的“背景橡皮擦工具” 按钮，首先需要在选项栏中进行取样模式的设置，不同的取样模式擦除方法也不相同。然后进行“限制”以及“容差”的设置，如图5-190所示为工具选项栏。

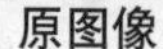

图5-190

- 取样：用来设置取样的方式。激活“取样:连续”按钮，在拖曳鼠标时可以连续对颜色进行取样，凡是出现在光标中心十字线以内的图像都将被擦除，如图5-191所示；激活“取样:一次”按钮，只擦除包含第1次单击处颜色的图像，如图5-192所示；激活“取样:背景色板”按钮，只擦除包含背景色的图像，如图5-193所示。
- 限制：设置擦除图像时的限制模式。选择“不连续”选项时，可以擦除出现在光标下任何位置的样本颜色；选择“连续”选项时，只擦除包含样本颜色并且相互连接的区域；选择“查找边缘”选项时，可以擦除包含样本颜色的连接区域，同时更好地保留形状边缘的锐化程度。
- 容差：用来设置颜色的容差范围。
- 保护前景色：选中该复选框后，可以防止擦除与前景色匹配的区域。

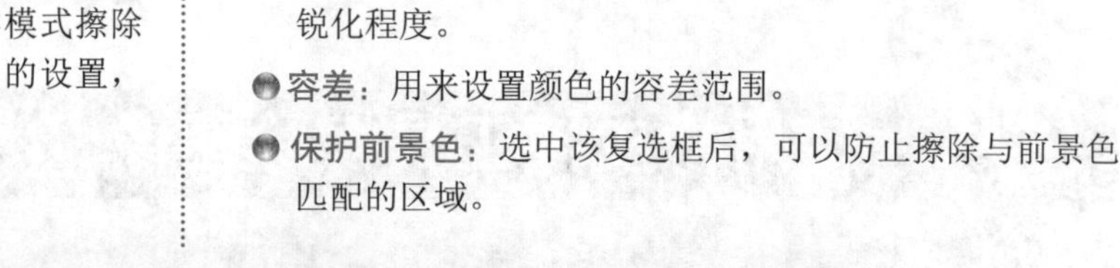

图5-191

图5-192

图5-193

★ 案例实战——使用背景橡皮擦工具擦除背景

案例文件	案例文件\第5章\使用背景橡皮擦工具擦除背景.psd
视频教学	视频文件\第5章\使用背景橡皮擦工具擦除背景.psd
难易指数	★★★★★
技术要点	背景橡皮擦工具

案例效果

本案例主要是使用背景橡皮擦工具为牛奶菠萝照片换背景，对比效果如图5-194和图5-195所示。

图5-194

图5-195

操作步骤

01 打开素材文件“1.jpg”，按住Alt键双击背景图层，将其转换为普通图层。单击工具箱中的“吸管工具”按钮，单击采集红色背景的颜色为背景色，并按住Alt键单击黄色的菠萝部分作为前景色，如图5-196和图5-197所示。

图5-196　图5-197

02 单击工具箱中的“背景橡皮擦工具”按钮，单击选项栏中画笔预设下拉箭头，设置“大小”为“296像素”，“硬度”为100%，单击“取样：背景色板”按钮，设置其“容差”为50%，选中“保护前景色”复选框，如图5-198所示。

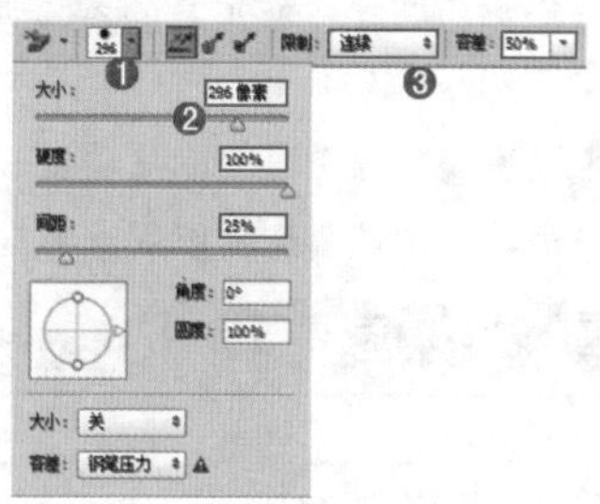

图5-198

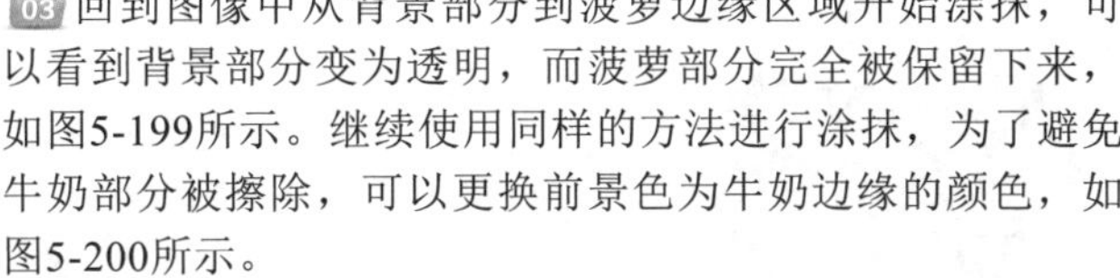

03 回到图像中从背景部分到菠萝边缘区域开始涂抹，可以看到背景部分变为透明，而菠萝部分完全被保留下来，如图5-199所示。继续使用同样的方法进行涂抹，为了避免牛奶部分被擦除，可以更换前景色为牛奶边缘的颜色，如图5-200所示。

04 为了擦除叶子缝隙中的背景部分，更换前景色为菠萝的叶子颜色继续擦除。如图5-201所示为导入背景素材置于菠萝图层下方，最终效果如图5-202所示。

图5—199

图5—200

图5—201

图5—202

5.5.3 魔术橡皮擦工具

技术速查：使用魔术橡皮擦工具在图像中单击时，可以将所有相似的像素更改为透明。如果在已锁定了透明像素的图层中工作，这些像素将更改为背景色。

单击工具箱中的“魔术橡皮擦工具”按钮，首先在选项栏中调整“容差”数值以控制可擦除的颜色范围。然后确定是否要选中“连续”复选框，选中该复选框时只擦除与单击点像素邻近的像素，取消选中该复选框时可以擦除图像中所有相似的像素。选中“消除锯齿”复选框可以使擦除区域的边缘变得平滑。其选项栏如图5-203所示。

设置完毕后在画面中单击，相似颜色的区域会自动被擦除，如图5-204和图5-205所示。

图5—203

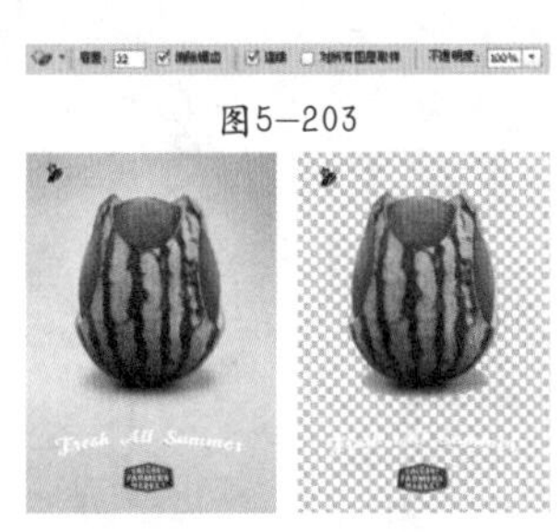

图5—204　图5—205

★ 案例实战——使用魔术橡皮擦工具去除背景天空

案例文件	案例文件\第5章\使用魔术橡皮擦工具去除背景天空.psd
视频教学	视频文件\第5章\使用魔术橡皮擦工具去除背景天空.flv
难易指数	★★★★
技术要点	魔术橡皮擦工具

案例效果

本案例主要是使用魔术橡皮擦工具去除背景天空，如图5-206和图5-207所示。

图5—206

图5—207

操作步骤

01 打开素材文件“1.jpg”，从图中可以看出天空部分颜色非常接近，如图5-208所示。

02 复制背景图层并隐藏原图层，单击工具箱中的“魔术橡皮擦工具”按钮，在选项栏中设置“容差”为15，选中“消除锯齿”和“连续”复选框，如图5-209所示。在图像顶部单击，可以看到顶部的天空被去除，如图5-210所示。

图5—208

图5—209

图5—210

03 同样的方法依次向下进行单击可以顺利擦除，如图5-211所示。由于效果的边缘颜色稍微复杂，所以可以将“容差”值增大为30左右，取消选中“连续”复选框，并继续单击擦除剩余部分，如图5-212所示。

图5—211

图5—212

04 导入背景素材“2.jpg”，最终效果如图5-213所示。

图5-213

课后练习

【课后练习——为婚纱照换背景】

思路解析：拍摄数码照片时，画面的背景经常并不理想，这时就可以通过抠图换背景的方法美化照片。本案例的天空部分颜色比较单一，可以使用魔术橡皮擦工具进行擦除，并更换为新的背景。

本章小结

本章学习的虽然都是数字绘画的工具，但是这些工具并非只能使用在插画绘制中。例如在照片修饰、画面合成、调色等操作中都能够使用到画笔以及橡皮擦工具，而填充更是应用在平面设计的方方面面。

读书笔记

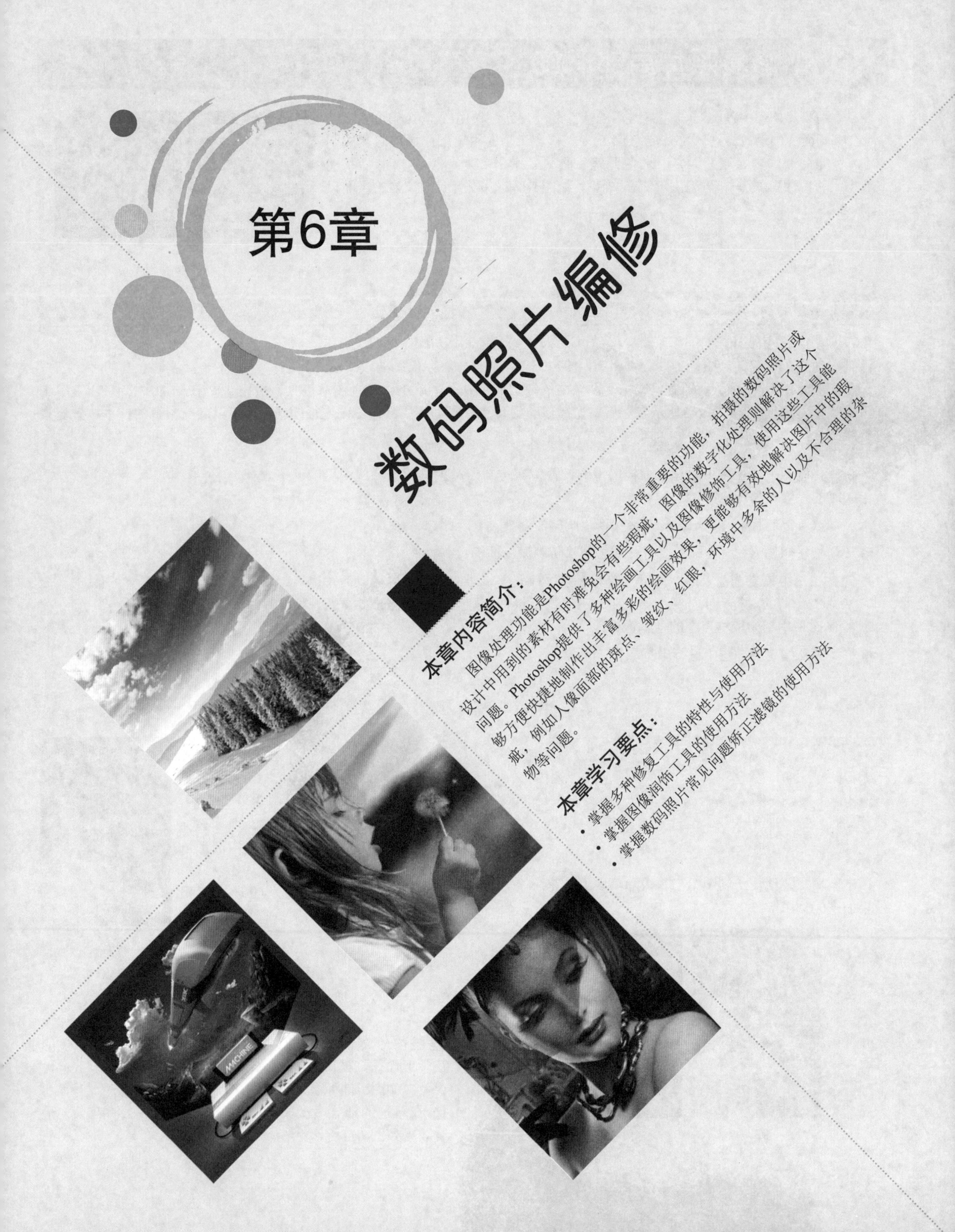

第6章 数码照片编修

本章内容简介：

图像处理功能是Photoshop的一个非常重要的功能，拍摄的数码照片或设计中用到的素材有时难免会有些瑕疵，图像的数字化处理则解决了这个问题。Photoshop提供了多种绘画工具以及图像修饰工具，使用这些工具能够方便快捷地制作出丰富多彩的绘画效果，更能够有效地解决图片中的瑕疵，例如人像面部的斑点、皱纹、红眼，环境中多余的人以及不合理的杂物等问题。

本章学习要点：

- 掌握多种修复工具的特性与使用方法
- 掌握图像润饰工具的使用方法
- 掌握数码照片常见问题矫正滤镜的使用方法

6.1 修复照片局部瑕疵

数码照片处理中Photoshop是最常用的软件之一，通过使用Photoshop可以轻松地去除画面中的瑕疵。在Photoshop工具箱中就包含大量的用于画面局部修复的工具，例如污点修复画笔工具、修复画笔工具、修补工具、内容感知移动工具、红眼工具、仿制图章工具等。如图6-1和图6-2所示为优秀的平面设计作品。

图6—1

图6—2

6.1.1 仿制图章工具

视频精讲：Photoshop CS6新手学视频精讲课堂/仿制图章工具与图案图章工具.flv

技术速查：使用仿制图章工具可以将图像的一部分作为样本，以绘制的模式填充到图像上的另一个位置上。

仿制图章工具对于复制对象或修复图像中的缺陷非常有用，单击“仿制图章工具”按钮，在画面中按住Alt键单击即可进行样本的拾取，如图6-3所示。然后将光标移动到其他位置，按住鼠标左键进行绘制，即可以之前拾取的样本位置像素进行绘制，如图6-4所示。

在“仿制源”面板中可以进行取样的源的设置，在仿制图章工具的选项栏中可以进行绘制时的设置，如图6-5所示。

- “切换画笔面板”按钮：打开或关闭“画笔”面板。
- “切换仿制源面板”按钮：打开或关闭“仿制源”面板。
- 对齐：选中该复选框以后，可以连续对像素进行取样，即使是释放鼠标以后，也不会丢失当前的取样点。如果取消选中“对齐”复选框，则会在每次停止并重新开始绘制时使用初始取样点中的样本像素。
- 样本：从指定的图层中进行数据取样。

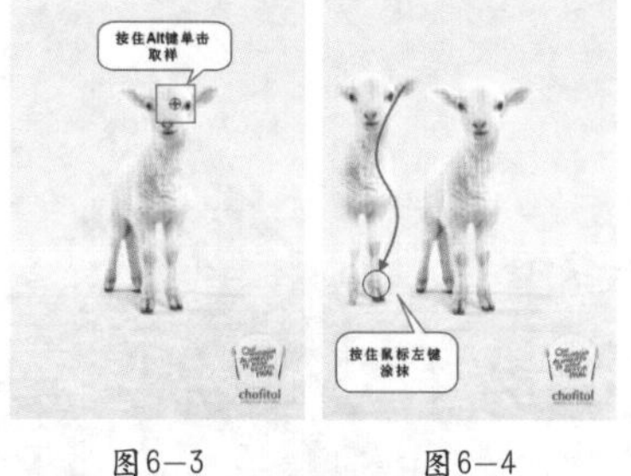

图6—3　　图6—4

图6—5

★ 案例实战——使用仿制图章工具修补草地

案例文件	案例文件\第6章\使用仿制图章工具修补草地.psd
视频教学	视频文件\第6章\使用仿制图章工具修补草地.flv
难易指数	★★★★★
技术要点	仿制图章工具

案例效果

本案例主要使用仿制图章工具去除草地上的花朵，对比效果如图6-6和图6-7所示。

图6—6

图6—7

操作步骤

01 打开素材文件“1.jpg”，可以看到草地上散落着一些花朵，如图6-8所示。单击工具箱中的“仿制图章工具”按钮，在选项栏中设置一种柔角圆形画笔，设置其大小为100像素，“模式”为正常，“不透明度”为100%，“流量”为100%，选中“对齐”复选框，如图6-9所示。

图6—8

图6—9

02 按住Alt键单击草地部分进行取样，松开鼠标后在右侧的花朵上涂抹，如图6-10所示。随着涂抹花朵部分逐渐被草地代替，如图6-11所示。

03 在草地的部分多次取样，并在花朵上涂抹去除花朵，最终效果如图6-12所示。

图6—10

图6—11

图6—12

☆ 视频课堂——使用仿制图章工具修补天空

案例文件\第6章\视频课堂——使用仿制图章工具修补天空.psd
视频文件\第6章\视频课堂——使用仿制图章工具修补天空.flv

思路解析：

01 单击工具箱中的“仿制图章工具”按钮，设置合适的画笔属性。
02 在空白天空处按住Alt键单击进行取样。
03 在需要去除的地方进行涂抹去除。

6.1.2 图案图章工具

视频精讲：Photoshop CS6新手学视频精讲课堂/仿制图章工具与图案图章工具.flv

技术速查：图案图章工具可以像使用画笔一样在画面中绘制图案。

单击“图章工具组”中的“图案图章工具” 按钮，在选项栏中单击“图案拾色器”按钮，在列表中选择一个图案，如图6-13所示。然后在画面中进行涂抹，即可以画笔的形式用所选图案进行绘制，如图6-14所示。

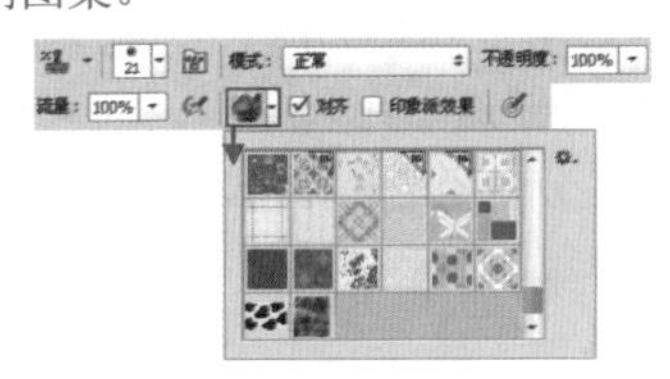

图6—13

图6—14

- 对齐：选中该复选框后，可以保持图案与原始起点的连续性，即使多次单击也不例外，如图6-15所示；取消选中该复选框时，则每次单击都重新应用图案，如图6-16所示。
- 印象派效果：选中该复选框后，可以模拟出印象派效果的图案，如图6-17所示。

图6—15

图6—16

图6—17

6.1.3 “仿制源”面板

技术速查：“仿制源”面板可以用来设置图章工具或修复工具使用样本源的属性。

“仿制源”面板最多可以设置5个样本源，并且可以查看样本源的叠加，以便在特定位置进行仿制。另外，通过“仿制源”面板还可以缩放或旋转样本源，以更好地匹配仿制目标的大小和方向。执行“窗口>仿制源”命令，打开“仿制源”面板，如图6-18所示。

图6-18

技巧提示

对于基于时间轴的动画，"仿制源"面板还可以用于设置样本源视频/动画帧与目标视频/动画帧之间的帧关系。

- **仿制源**：激活"仿制源"按钮以后，按住Alt键的同时使用图章工具或图像修复工具在图像上单击，可以设置取样点。再次单击"仿制源"按钮，还可以继续取样，如图6-19所示。

图6-19

- **位移**：指定X轴和Y轴的像素位移，可以在相对于取样点的精确位置进行仿制。
- **W/H**：输入W（宽度）或H（高度）值，可以缩放所仿制的源，如图6-20所示。
- **旋转**：在文本框中输入旋转角度，可以旋转仿制的源，如图6-21所示。

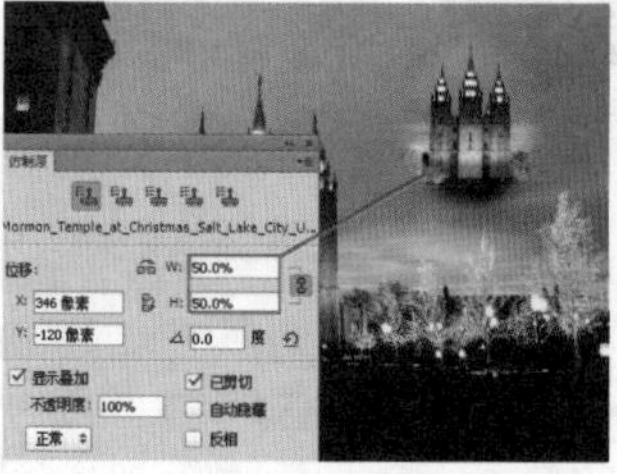

图6-20

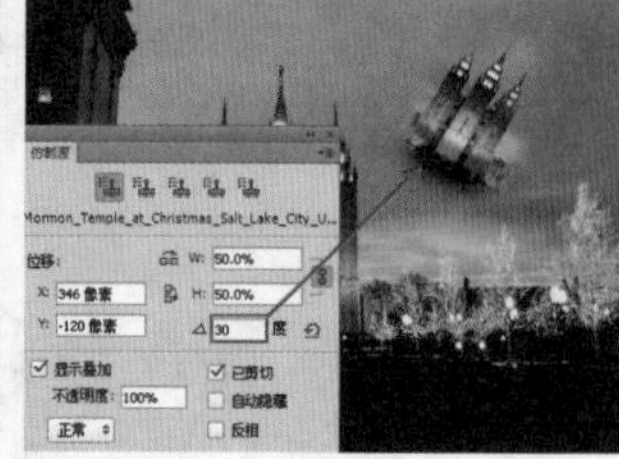

图6-21

- **翻转**：单击"水平翻转"按钮，可以水平翻转仿制源，如图6-22所示；单击"垂直翻转"按钮，可垂直翻转仿制源，如图6-23所示。

图6-22

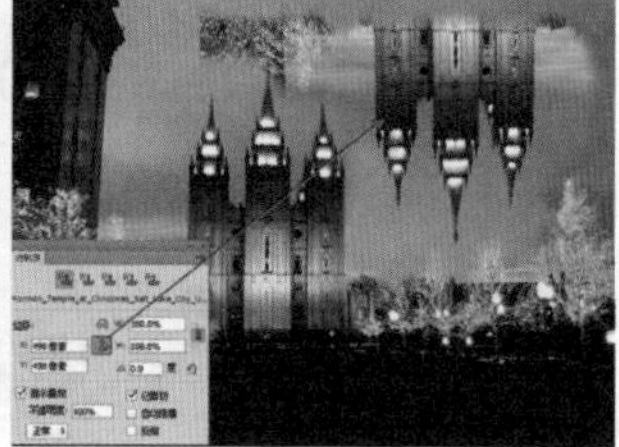

图6-23

- **"复位变换"按钮**：将W、H、角度值和翻转方向恢复到默认的状态。
- **帧位移/锁定帧**：在"帧位移"文本框中输入帧数，可以使用与初始取样的帧相关的特定帧进行仿制，输入正值时，要使用的帧在初始取样的帧之后；输入负值时，要使用的帧在初始取样的帧之前。如果选中"锁定帧"复选框，则总是使用初始取样的相同帧进行仿制。
- **显示叠加**：选中"显示叠加"复选框，并设置了叠加方式以后，可以在使用图章工具或修复工具时，更好地查看叠加以及下面的图像。"不透明度"用来设置叠加图像的不透明度；"自动隐藏"选项可以在应用绘画描边时隐藏叠加；"已剪切"选项可将叠加剪切到画笔大小；如果要设置叠加的外观，可以从下面的叠加下拉列表中进行选择；"反相"选项可反相叠加选中的颜色，如图6-24所示。

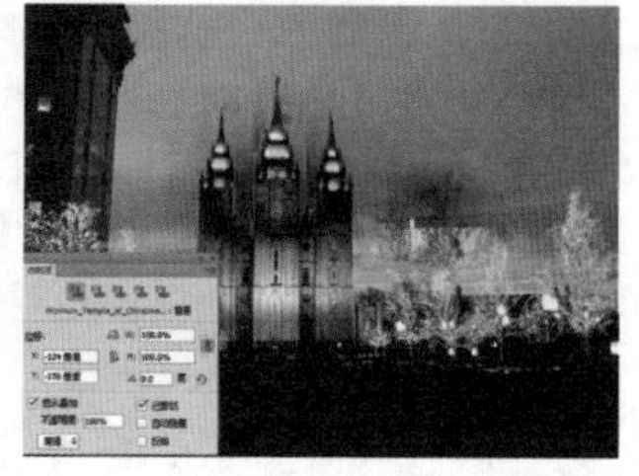

图6-24

6.1.4 污点修复画笔工具

视频精讲：Photoshop CS6新手学视频精讲课堂/使用污点修复画笔.flv

技术速查：使用污点修复画笔工具可以快速地消除图像中的污点和某个对象。

污点修复画笔工具不需要设置取样点，因为它可以自动从所修饰区域的周围进行取样。例如，在斑点处单击即可快速去除点状的瑕疵，按住鼠标左键涂抹也可去除区域较大的瑕疵，如图6-25和图6-26所示。其选项栏如图6-27所示。

图6-25

图6-26

图6-27

- 模式：用来设置修复图像时使用的混合模式。除“正常”、“正片叠底”等常用模式以外，还有一个“替换”模式，该模式可以保留画笔描边的边缘处的杂色、胶片颗粒和纹理，如图6-28所示为原始图像，如图6-29所示为所有的模式效果。
- 类型：用来设置修复的方法。选中“近似匹配”单选按钮时，可以使用选区边缘周围的像素来查找要用作选定区域修补的图像区域；选中“创建纹理”单选按钮时，可以使用选区中的所有像素创建一个用于修复该区域的纹理；选中“内容识别”单选按钮时，可以使用选区周围的像素进行修复。

图6—28

图6—29

★ 案例实战——使用污点修复画笔工具祛斑

案例文件	案例文件\第6章\使用污点修复画笔工具祛斑.psd
视频教学	视频文件\第6章\使用污点修复画笔工具祛斑.flv
难易指数	★★★★★
技术要点	污点修复画笔工具

案例效果

本案例主要使用污点修复画笔工具去除人像面部的斑点，如图6-30所示。

操作步骤

01 打开素材文件，单击工具箱中的“污点修复画笔工具”按钮，在人像左边面部有斑点的地方单击，如图6-31所示。松开鼠标后斑点会被自动去除，如图6-32所示。

图6—30

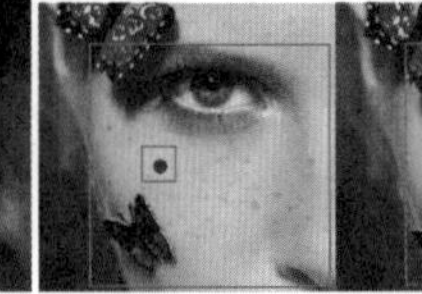
图6—31

图6—32

02 同样在人像右边面部有斑点的地方单击进行修复，处理不同大小的斑点时需要在选项栏中设置不同的大小，如图6-33所示。最终效果如图6-34所示。

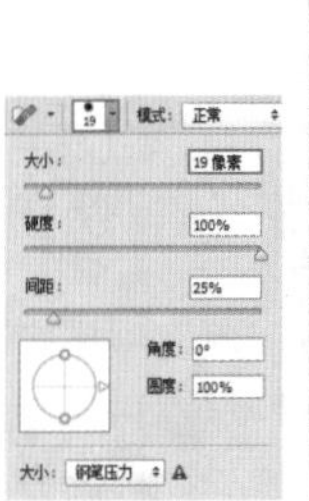
图6—33

图6—34

6.1.5 修复画笔工具

视频精讲：Photoshop CS6新手学视频精讲课堂/修复画笔工具的使用.flv

技术速查：使用修复画笔工具可以用图像中的像素作为样本进行绘制。

修复画笔工具的使用方法与仿制图章工具相同，在画面中按住Alt键单击进行取样，然后在其他区域进行涂抹，不同的是修复画笔工具可将样本像素的纹理、光照、透明度和阴影与所修复的像素进行匹配，从而使修复后的像素不留痕迹地融入图像的其他部分。对比效果如图6-35和图6-36所示。其选项栏如图6-37所示。

- 源：设置用于修复像素的源。选中“取样”单选按钮时，可以使用当前图像的像素来修复图像；选中“图案”单选按钮时，可以使用某个图案作为取样点。
- 对齐：选中该复选框后，可以连续对像素进行取样，即使释放鼠标也不会丢失当前的取样点；取消选中该复选框后，则会在每次停止并重新开始绘制时使用初始取样点中的样本像素。

图6—35

图6—36

图6—37

★ 案例实战——使用修复画笔工具去皱纹

案例文件	案例文件\第6章\使用修复画笔工具去皱纹.psd
视频教学	视频文件\第6章\使用修复画笔工具去皱纹.flv
难易指数	★★★★★
技术要点	修复画笔工具

案例效果

本案例主要使用修复画笔工具去除人像眼部的细纹以及嘴部的皱纹，效果如图6-38和图6-39所示。

图6-38

图6-39

操作步骤

01 打开素材文件，可以看到人像面部有很多皱纹，可以使用修复画笔工具进行去除，如图6-40所示。

02 单击工具箱中的“修复画笔工具”按钮，在选项栏中设置画笔大小为31，在人像眼部皱纹附近的区域按住Alt键进行单击取样，然后在皱纹处涂抹，如图6-41所示。可以看到皱纹完美地去除了，效果如图6-42所示。

图6-40

图6-41

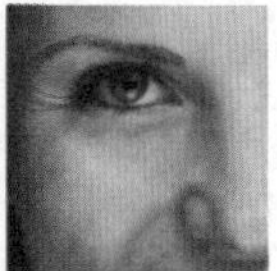

图6-42

03 当去除眼部睫毛附近的皱纹时，在“修复画笔工具”选项栏中设置画笔大小为19，如图6-43所示。按住Alt键单击眼部附近的部分设置取样点，如图6-44所示。松开Alt键，在需要修复的眼睫毛附近皮肤单击进行修复，如图6-45所示。修复完毕后，效果如图6-46所示。

图6-43

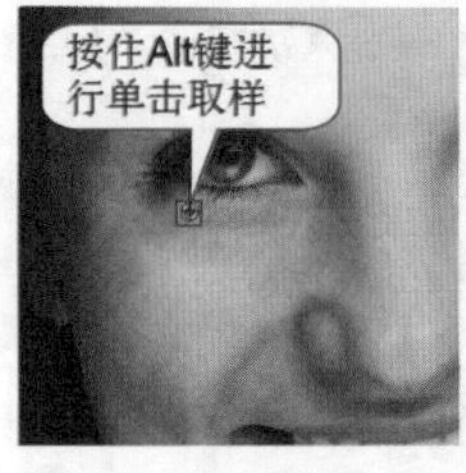

图6-44

图6-45

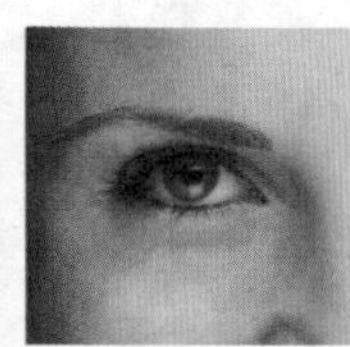

图6-46

04 使用同样的方法去除其他区域的皱纹，效果如图6-47所示。

图6-47

05 为了使人像皮肤更加光滑美观，可以使用外挂滤镜为其进行适当的磨皮，如图6-48所示。最后执行“图层>新建调整图层>曲线”命令，调整曲线形状，如图6-49所示。适当提亮曲线，最终制作效果如图6-50所示。

图6-48

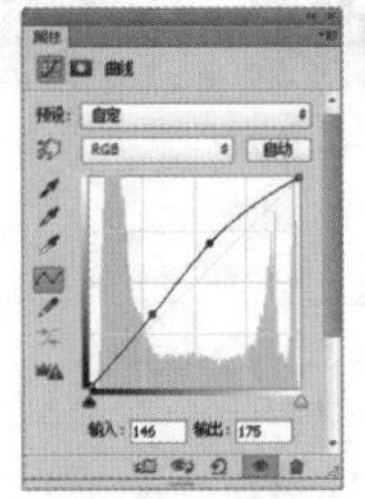

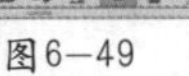

图6-49

图6-50

6.1.6 修补工具

视频精讲：Photoshop CS6新手学视频精讲课堂/修补工具的使用.flv

技术速查：修补工具可以利用样本或图案来修复所选图像区域中不理想的部分。

打开需要进行处理的图像，如图6-51所示。单击工具箱中的“修补工具” 按钮，在需要去除的区域绘制轮廓，如图6-52所示。松开鼠标后即可得到选区，将光标定位到选区中按住鼠标左键并向其他区域拖动，随着拖动可以看到拖动到的区域会覆盖到需要修复的区域上，如图6-53所示。松开光标后即可进行自动修复，最终效果如图6-54所示。

如图6-55所示为修补工具的选项栏。

- **选区创建方式**：激活“新选区”按钮，可以创建一个新选区（如果图像中存在选区，则原始选区将被新选区替代）；激活“添加到选区”按钮，可以在当前选区的基础上添加新的选区；激活“从选区减去”按钮，可以在原始选区中减去当前绘制的选区；激活“与选区交叉”按钮，可以得到原始选区与当前创建的选区相交的部分。

图6—51

图6—52

图6—53

图6—54

图6—55

技巧提示

添加到选区的快捷键为Shift键；从选区减去的快捷键为Alt键；与选区交叉的快捷键为Alt+Shift。

- 修补：创建选区，选中“源”单选按钮时，将选区拖曳到要修补的区域以后，松开鼠标左键就会用当前选区中的图像修补原来选中的内容；选中“目标”单选按钮时，则会将选中的图像复制到目标区域。
- 透明：选中该复选框后，可以使修补的图像与原始图像产生透明的叠加效果，该选项适用于修补具有清晰分明的纯色背景或渐变背景的图像。
- 使用图案：使用修补工具创建选区后，单击“使用图案”按钮，可以使用图案修补选区内的图像，如图6-56和图6-57所示。

图6—56

图6—57

★ 案例实战——使用修补工具去除黑眼圈

案例文件	案例文件\第6章\使用修补工具去除黑眼圈.psd
视频教学	视频文件\第6章\使用修补工具去除黑眼圈.flv
难易指数	★★★★★
技术要点	修补工具

案例效果

本案例主要使用修补工具去除人物的黑眼圈。案例效果如图6-58和图6-59所示。

图6—58

图6—59

操作步骤

01 打开本书配套光盘中的素材文件，可以看到人像的黑眼圈很严重，如图6-60所示。

图6—60

02 单击工具箱中的“修补工具”按钮，在选项栏中单击“新选区”按钮，选中“源”单选按钮，如图6-61所示。拖曳鼠标绘制黑眼圈的选区，按住左键向上拖曳，如图6-62所示。松开鼠标能够看到黑眼圈部分与周围完好的皮肤部分进行了混合，如图6-63所示。

图6—61

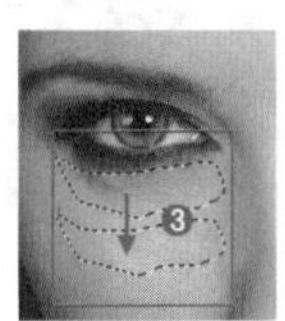
图6—62

图6—63

03 同样方法对右侧的黑眼圈进行去除，最终效果如图6-64所示。

图6—64

6.1.7 内容感知移动工具

视频精讲：Photoshop CS6新手学视频精讲课堂/内容感知移动工具的使用.flv

技术速查：使用内容感知移动工具可以在无需复杂图层或慢速精确地选择选区的情况下快速地重构图像。

内容感知移动工具的选项栏与修补工具的用法相似，如图6-65所示。首先单击工具箱中的“内容感知移动工具”按钮，在图像上绘制区域，如图6-66所示，并将影像任意地移动到指定的区块中，如图6-67所示。这时Photoshop就会自动将影像与四周的环境融合在一块，而原始的区域则会进行智能填充，如图6-68所示。

图6－65

图6－66

图6－67

图6－68

6.1.8 红眼工具

视频精讲：Photoshop CS6新手学视频精讲课堂/红眼工具的使用.flv

技术速查：使用红眼工具可以去除由闪光灯导致的红色反光。

在光线较暗的环境中照相时，由于主体的虹膜张开得很宽，经常会出现“红眼”现象。此时可以用红眼工具将红眼去除。方法非常简单，单击工具箱中的“红眼工具” 按钮，在选项栏中设置“瞳孔大小”数值，并调整“变暗量”以控制瞳孔的暗度，如图6-69所示。然后在红眼的位置单击即可去除由闪光灯导致的红色反光，如图6-70和图6-71所示。

图6－69

- **瞳孔大小**：用来设置瞳孔的大小，即眼睛暗色中心的大小。
- **变暗量**：用来设置瞳孔的暗度。

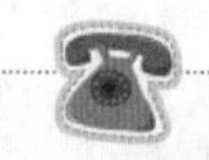

答疑解惑：“红眼”还有哪些处理方法？

“红眼”是由于相机闪光灯在主体视网膜上反光引起的。为了避免出现红眼，除了可以在Photoshop中进行矫正以外，还可以使用相机的红眼消除功能来消除红眼。

图6－70

图6－71

6.1.9 历史记录画笔工具

视频精讲：Photoshop CS6新手学视频精讲课堂/历史记录画笔工具组的使用.flv

技术速查：使用历史记录画笔工具可以将标记的历史记录状态或快照用作源数据对图像进行修改。

历史记录画笔工具需要配合“历史记录”面板使用。历史记录画笔工具可以理性、真实地还原某一区域的某一步操作，历史记录画笔工具的选项与画笔工具的选项基本相同，因此这里不再进行讲解。如图6-72所示为原始图像，如图6-73所示为进行了滤镜操作的效果，如图6-74所示为使用历史记录画笔工具还原局部画面的效果图像。

图6－72

图6－73

图6－74

★ 案例实战——使用历史记录画笔还原局部效果

案例文件	案例文件\第6章\使用历史记录画笔工具还原局部效果.psd
视频教学	视频文件\第6章\使用历史记录画笔工具还原局部效果.flv
难易指数	★★★★★
技术要点	历史记录画笔工具

案例效果

本案例主要使用历史记录画笔工具还原图像局部效果，如图6-75所示。

操作步骤

01 打开素材文件，复制背景素材文件将其置于图层面板顶部，如图6-76所示。

图6-75

图6-76

02 执行“图像>调整>色相/饱和度”命令，在弹出的“色相/饱和度”对话框中设置“色相”为-120，如图6-77和图6-78所示。

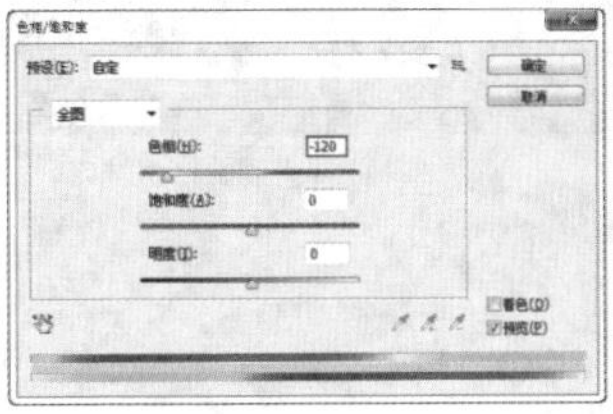

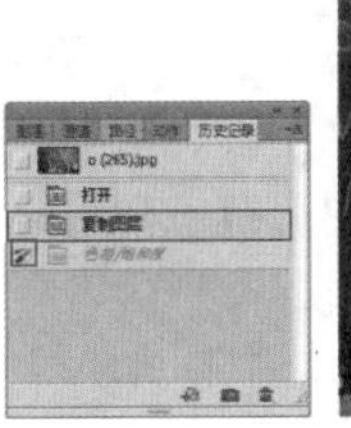

图6-77

图6-78

03 进入“历史记录”面板，选中“色相/饱和度”复选框，标记该步骤，并选择“复制图层”，如图6-79所示。回到图像中，此时可以看到图像还原到原始效果，单击工具箱中的“历史记录画笔工具”按钮，调整画笔大小，对衣服部分进行适当涂抹，最终效果如图6-80所示。

图6-79

图6-80

6.1.10 历史记录艺术画笔工具

视频精讲：Photoshop CS6新手学视频精讲课堂/历史记录画笔工具组的使用.flv

技术速查：使用历史记录艺术画笔工具也可以将标记的历史记录状态或快照用作源数据对图像进行艺术化的修改。

历史记录艺术画笔工具的使用方法与历史记录画笔工具相同，都需要在“历史记录”面板中标记需要还原的步骤。不同的是，历史记录艺术画笔工具在使用原始数据的同时，还可以为图像创建不同的颜色和艺术风格，如图6-81和图6-82所示。

图6-81

图6-82

> **技巧提示**
>
> 历史记录艺术画笔工具在实际工作中的使用频率并不高。因为它属于任意涂抹工具，很难有规整的绘画效果，不过它提供了一种全新的创作思维方式，可以创作出一些独特的效果。

在其选项栏中可以设置历史记录艺术画笔艺术化的参数，如图6-83所示。

图6-83

- 样式：选择一个选项来控制绘画描边的形状，包括“绷紧短”、“绷紧中”和“绷紧长”等，如图6-84和图6-85所示分别是“绷紧短”和“绷紧卷曲”效果。
- 区域：用来设置绘画描边所覆盖的区域。数值越高，覆盖的区域越大，描边的数量也越多。
- 容差：限定可应用绘画描边的区域。低容差可以用于在图像中的任何地方绘制无数条描边；高容差会将绘画描边限定在与源状态或快照中的颜色明显不同的区域。

图6-84

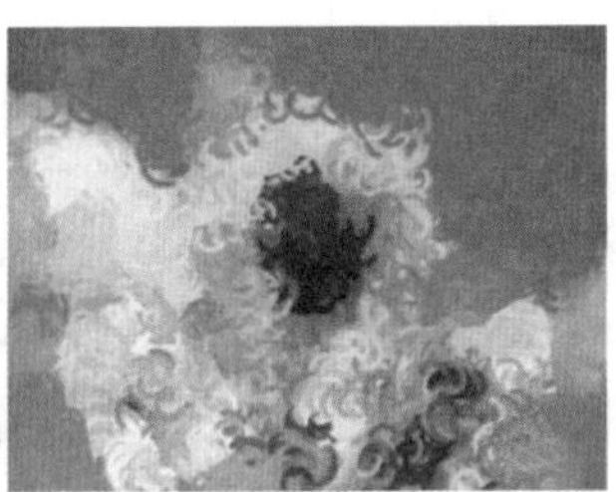

图6-85

6.2 常用的图像润饰工具

视频精讲：Photoshop CS6新手学视频精讲课堂/模糊、锐化、涂抹、加深、减淡、海绵.flv

图像润饰工具组包括两组6个工具：模糊工具、锐化工具和涂抹工具可以对图像进行模糊、锐化和涂抹处理；减淡工具、加深工具和海绵工具可以对图像局部的明暗、饱和度等进行处理。如图6-86和图6-87所示为优秀的设计作品。

图6-86

图6-87

6.2.1 模糊工具

技术速查：使用模糊工具可柔化硬边缘或减少图像中的细节。

模糊工具的使用方法与画笔工具非常相似，使用模糊工具在某个区域上方绘制的次数越多，该区域就越模糊，如图6-88和图6-89所示。

图6-88

图6-89

模糊工具的选项栏如图6-90所示。

图6-90

- 模式：用来设置模糊工具的混合模式，包括"正常"、"变暗"、"变亮"、"色相"、"饱和度"、"颜色"和"明度"。
- 强度：用来设置模糊工具的模糊强度。

技巧提示

在Photoshop中可以使用模糊工具制作景深效果，同时也可以在摄影时拍摄景深效果。一般来说，在进行拍摄时，调节相机镜头，使距离相机一定距离的景物清晰成像的过程，叫做对焦，而景物所在的点，称为对焦点，因为"清晰"并不是一种绝对的概念，所以，对焦点前后一定距离内的景物的成像都可以是清晰的，这个前后范围的总和，就叫做景深。如图6-91和图6-92所示为带有景深效果的数码照片。

图6-91

图6-92

★ 案例实战——使用模糊工具制作景深效果

案例文件	案例文件\第6章\使用模糊工具制作景深效果.psd
视频教学	视频文件\第6章\使用模糊工具制作景深效果.flv
难易指数	★★★★★
技术要点	模糊工具

案例效果

本案例主要使用模糊工具制作出景深效果，如图6-93和图6-94所示。

图6-93

图6-94

操作步骤

01 打开本书配套光盘中的素材文件，如图6-95所示。

02 单击工具栏中的"模糊工具"按钮，在选项栏中选择比较大的圆形柔角笔刷，设置强度为100%，在图像中单击并拖动绘制较远处的天空与远山部分，如图6-96所示。

图6-95

图6-96

03 为了模拟真实的景深效果，降低选项栏中的强度为50%，然后绘制近处的人物部分，此时可以看到前景的人像显得非常的突出，如图6-97所示。

图6—97

思维点拨：景深的作用与形成原理

景深就是指拍摄主体前后所能在一张照片上成像的空间层次的深度。简单地说，景深就是聚焦清晰的焦点前后“可接受的清晰区域”。景深在实际工作中的使用频率非常高，常用于突出画面重点。以图6—98为例来说，背景非常模糊，则显得前景的鸟和花朵非常突出。

景深可以很好地突出画面的主体，不同的景深效果也是不相同的，如图6—99所示突出的是右边的人物，而图6—100突出的就是左边的人物。

图6—98

图6—99　图6—100

6.2.2 锐化工具

技术速查：锐化工具可以增强图像中相邻像素之间的对比，以提高图像的清晰度。

锐化工具与模糊工具的大部分选项相同，如图6-101所示。选中“保护细节”复选框后，在进行锐化处理时，将对图像的细节进行保护，如图6-102和图6-103所示。

图6—101

图6—102

图6—103

6.2.3 涂抹工具

技术速查：使用涂抹工具可以模拟手指划过湿油漆时所产生的效果。

涂抹工具的使用方法与画笔工具相似，选项栏中的“强度”用来设置涂抹工具的涂抹强度。选中“手指绘画”复选框后，可以使用前景颜色进行涂抹绘制，如图6-104所示。设置完毕后使用该工具在画面中按住鼠标左键并拖动即可拾取鼠标单击处的颜色，并沿着拖曳的方向展开这种颜色，如图6-105所示。

图6—104

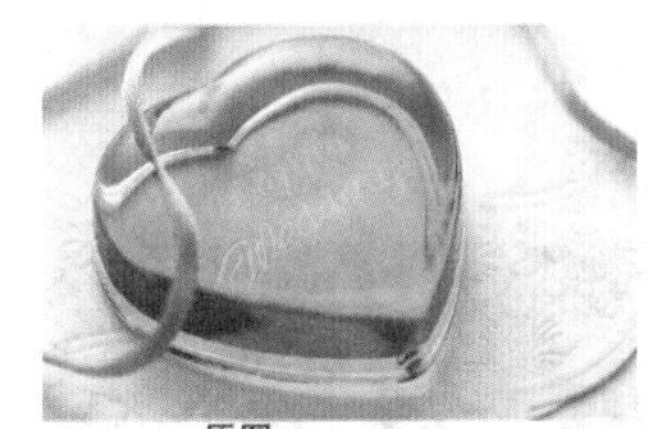

原图

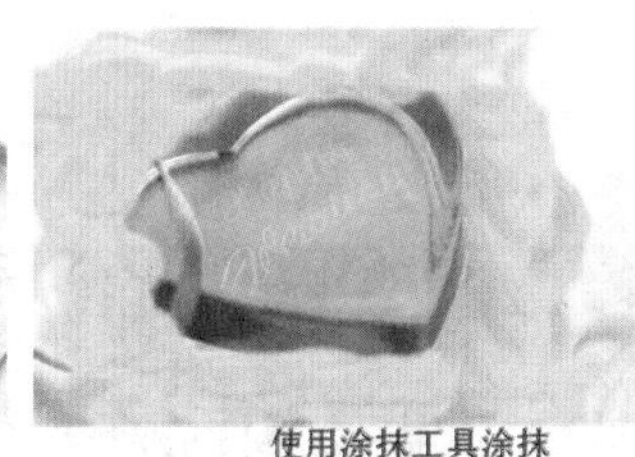

使用涂抹工具涂抹

图6—105

6.2.4 减淡工具

技术速查：使用减淡工具可以对图像“亮部”、“中间调”和“暗部”分别进行减淡处理。

减淡工具的使用方法非常简单，只需在画面中涂抹即可减淡涂抹的区域，在某个区域上方绘制的次数越多，该区域就会变得越亮，如图6-106所示。

图6—106

其选项栏如图6-107所示。

图6—107

- 范围：选择要修改的色调。选择“中间调”选项时，可以更改灰色的中间范围；选择“阴影”选项时，可以更改暗部区域；选择“高光”选项时，可以更改亮部区域，如图6-108所示。

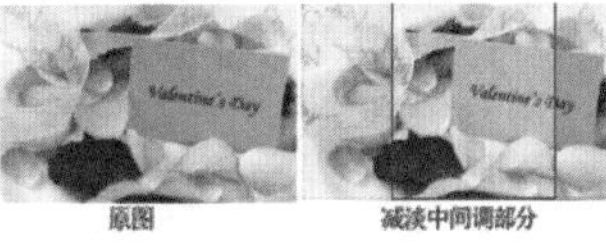

原图　减淡中间调部分

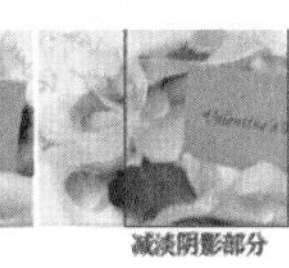

减淡阴影部分

减淡高光部分

图6—108

- **曝光度**：用于设置减淡的强度。
- **保护色调**：可以保护图像的色调不受影响，如图6-109所示。

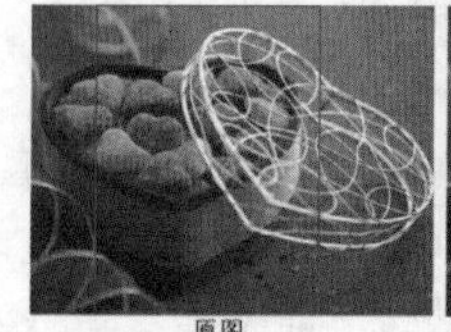
原图

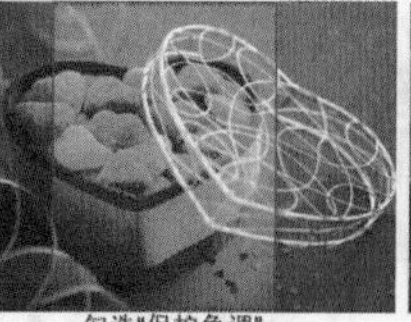
勾选"保护色调"

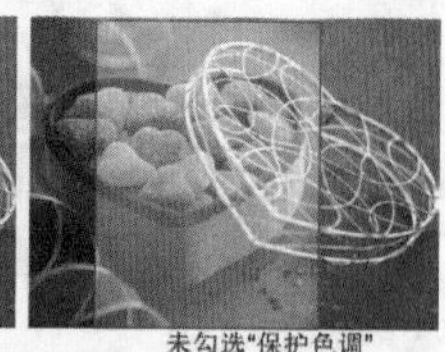
未勾选"保护色调"

图6-109

6.2.5 加深工具

技术速查：使用加深工具可以对图像进行加深处理。

加深工具与减淡工具正相反，可以对图像进行加深处理，其选项栏与减淡工具相同。在某个区域上方绘制的次数越多，该区域就会变得越暗，如图6-110和图6-111所示。

原图像

加深主体

图6-110　　图6-111

技巧提示

加深工具的选项栏与减淡工具的选项栏完全相同，因此这里不再讲解，如图6-112所示。

图6-112

★ 案例实战——使用减淡/加深工具美化人像

案例文件	案例文件\第6章\使用减淡/加深工具美化人像.psd
视频教学	视频文件\第6章\使用减淡/加深工具美化人像.flv
难易指数	★★★★★
技术要点	减淡工具、加深工具、颜色替换工具

案例效果

本案例主要是使用减淡工具、加深工具、颜色替换工具美化人像，对比效果如图6-113和图6-114所示。

图6-113 　　图6-114

操作步骤

01 打开背景素材，从画面中可以看到女孩的面部受光不足，产生大面积的阴影，如图6-115所示。

02 复制背景图层，选择工具箱中的减淡工具，在选项栏中选择圆形柔角画笔，设置画笔大小为300，“曝光度”为40%，如图6-116所示。在人像面部暗部的区域进行涂抹绘制，效果如图6-117所示。

图6-115

图6-116

图6-117

03 随着减淡操作，人像面部中央区域出现偏色情况，如图6-118所示。复制当前图层并命名为“颜色替换工具”，按住Alt键吸取人像面部亮部的颜色为前景色。在工具箱中选择颜色替换工具，在选项栏中设置画笔大小为400，“模式”为颜色，“容差”为50%，在人像面部继续绘制，效果如图6-119所示。

图6-118

图6-119

04 更改颜色替换工具图层“不透明度”为50%，如图6-120所示。效果如图6-121所示。

05 按Ctrl+Shift+Alt+E组合键盖印当前图像效果，选择加深工具，在选项栏中设置“范围”为阴影，“曝光度”为30%，取消选中“保护色调”复选框，在人像眉毛部分进行涂抹绘制，使人像更加具有神采，如图6-122所示。最终制作效果如图6-123所示。

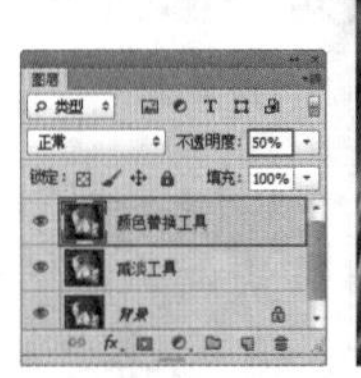

图6—120

图6—121

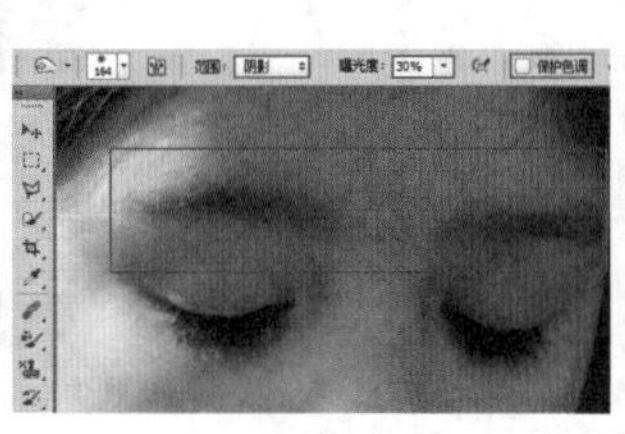

图6—122

图6—123

6.2.6 海绵工具

技术速查：使用海绵工具可以增加或降低图像中某个区域的饱和度。

单击“海绵工具”按钮，在选项栏中设置工具模式，如图6-124所示。选择“饱和”选项时，可以增加色彩的饱和度；选择“降低饱和度”选项时，可以降低色彩的饱和度。如果是灰度图像，该工具将通过灰阶远离或靠近中间灰色来增加或降低对比度，如图6-125所示。“流量”数值越高，“海绵工具”的强度越大，效果越明显，如图6-126所示。选中“自然饱和度”复选框后，可以在增加饱和度的同时防止颜色过度饱和而产生溢色现象。

图6—124

原图像

“饱和”模式

“降低饱和度”模式

图6—125

流量为30%

流量为80%

图6—126

6.2.7 颜色替换工具

视频精讲：Photoshop CS6新手学视频精讲课堂/颜色替换工具的使用方法.flv

技术速查：颜色替换工具可以将选定的颜色替换为其他颜色。

图6—127

颜色替换工具位于画笔工具组中，在选项栏中可以进行参数设置，如图6-127所示。首先需要设置合适的前景色，然后单击该工具按钮，在选项栏中首先需要设置“模式”，也就是使用前景色替换画面颜色的方式。继续设置“取样”、“限制”、“容差”等参数，如图6-128所示。设置完成后在画面中进行涂抹即可替换颜色，如图6-129所示。

图6—128

图6—129

- 模式：选择替换颜色的模式，包括“色相”、“饱和度”、“颜色”和“明度”。当选择“颜色”模式时，可以同时替换色相、饱和度和明度。
- 取样：用来设置颜色的取样方式。激活“取样:连续”按钮以后，在拖曳光标时，可以对颜色进行取样；激活“取样:一次”按钮以后，只替换包含第1次单击的颜色区域中的目标颜色；激活“取样:背景色板”按钮以后，只替换包含当前背景色的区域。

- **限制**：当选择“不连续”选项时，可以替换出现在光标下任何位置的样本颜色；当选择“连续”选项时，只替换与光标下的颜色接近的颜色；当选择“查找边缘”选项时，可以替换包含样本颜色的连接区域，同时保留形状边缘的锐化程度。
- **容差**：用来设置“颜色替换工具”的容差，如图6-130所示分别是“容差”为20%和100%时的颜色替换效果。
- **消除锯齿**：选中该复选框以后，可以消除颜色替换区域的锯齿效果，从而使图像变得平滑。

图6-130

★ 案例实战——使用颜色替换工具改变花朵颜色

案例文件	案例文件\第6章\使用颜色替换工具改变花朵颜色.psd
视频教学	视频文件\第6章\使用颜色替换工具改变花朵颜色.flv
难易指数	★★★★
技术要点	掌握颜色替换工具的使用方法

案例效果

本案例主要是针对颜色替换工具的使用方法进行练习。原图与效果图如图6-131和图6-132所示。

图6-131

图6-132

操作步骤

01 打开本书配套光盘中的素材文件，如图6-133所示。设置前景色为R：236、G：5、B：48，如图6-134所示。

图6-133

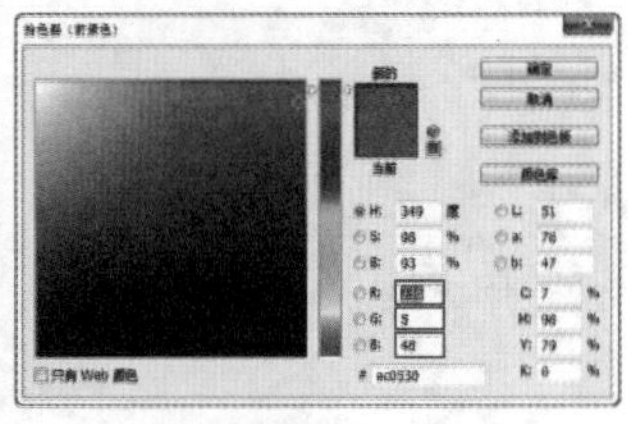

图6-134

02 按Ctrl+J快捷键复制一个图层，在颜色替换工具的选项栏中设置画笔的“大小”为101像素，“硬度”为100%，“间距”为25%，“容差”为30%，“模式”为“颜色”，“限制”为“连续”，如图6-135所示。

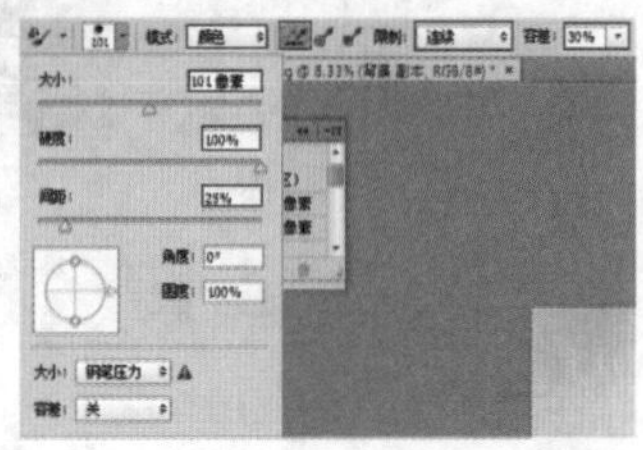

图6-135

> **答疑解惑：为什么要复制背景图层？**
>
> 由于使用颜色替换工具必须在原图上进行操作，而在操作中可能会造成不可返回的错误。为了在错误操作时避免破坏源图像，以备后面进行修改，所以制作出原图的副本是一项非常好的习惯。

03 在花朵部分涂抹绘制，注意不要涂抹到花朵外的部分，这样黄色花朵变成粉色花朵，如图6-136所示。同样的方法涂抹其他花朵，使其他花朵也变为粉色系，如图6-137所示。

图6-136

图6-137

> **技巧提示**
>
> 在替换颜色的同时可适当减小画笔大小以及画笔间距，这样在绘制小范围时，比较准确。

6.2.8 混合器画笔工具

视频精讲：Photoshop CS6新手学视频精讲课堂/混合器画笔的使用方法.flv

技术速查：混合器画笔工具可以像传统绘画过程中混合颜料一样混合像素。

混合器画笔工具位于画笔工具组中，使用混合器画笔工具可以轻松模拟真实的绘画效果，并且可以混合画布颜色和使用不同的绘画湿度，对比效果如图6-138和图6-139所示。在“混合器画笔工具”选项栏中可以设置画笔的混合属性，如图6-140所示。

- 潮湿：控制画笔从画布拾取的油彩量。较高的设置会产生较长的绘画条痕，如图6-141和图6-142所示分别是“潮湿”为100%和0%时的条痕效果。
- 载入：指定储槽中载入的油彩量。载入速率较低时，绘画描边干燥的速度会更快。
- 混合：控制画布油彩量与储槽油彩量的比例。当混合比例为100%时，所有油彩将从画布中拾取；当混合比例为0%时，所有油彩都来自储槽。
- 流量：控制混合画笔的流量大小。

图6－138

图6－139

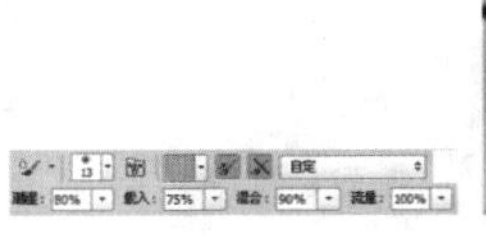

图6－140

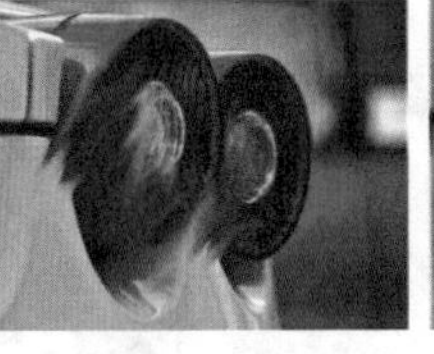

图6－141

图6－142

6.3 数码照片处理常用滤镜

6.3.1 动手学：使用“自适应广角”滤镜矫正广角畸变

视频精讲：Photoshop CS6新手学视频精讲课堂/“自适应广角”滤镜.flv

技术速查：“自适应广角”滤镜可以对广角、超广角及鱼眼效果进行变形校正。

使用广角镜头拍摄照片经常会出现畸变，在图6-143中可以观察到沙滩与海平面衔接的位置呈弯曲状。下面就使用“自适应广角”滤镜调整畸变。执行“滤镜>自适应广角”命令，打开滤镜窗口。在校正下拉列表中可以选择校正的类型，包含鱼眼、透视、自动、完整球面，如图6-144所示。

图6－143

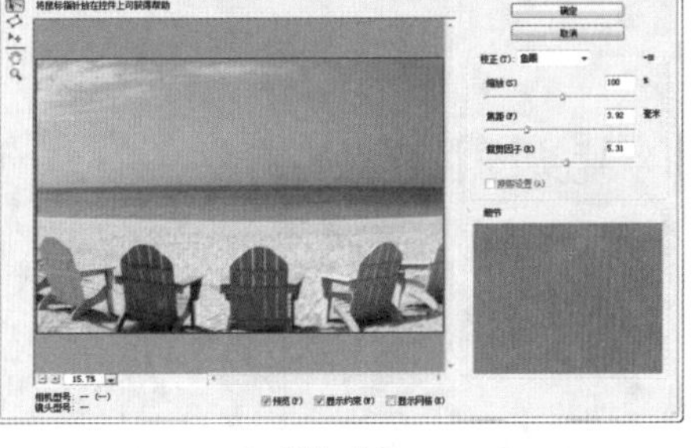

图6－144

单击窗口左侧的“约束工具”按钮，将光标移动至左侧沙滩边缘，单击定位起点。然后向右侧拖动鼠标，光标会拖曳出一条青色的约束线，如图6-145所示。然后在右侧相应的位置进行单击，完成约束线的建立。此时，弯曲的沙滩被拉直，如图6-146所示。

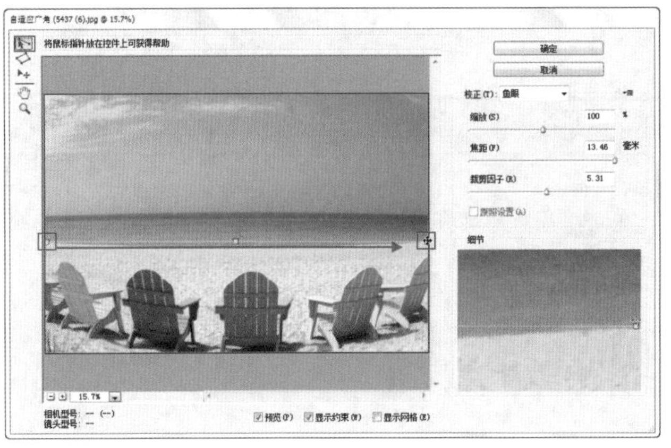

图6－145

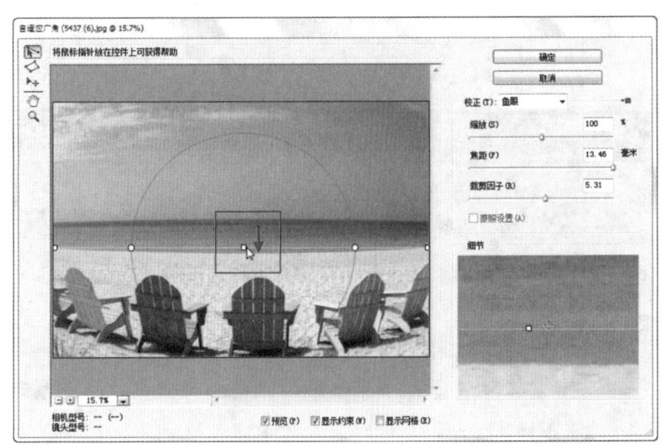

图6－146

再次在海水与天空的交界处绘制约束线，如图6-147所示。可以看到海天相接处也变得水平了。单击“确定”按钮，提交当前操作。画面效果如图6-148所示。

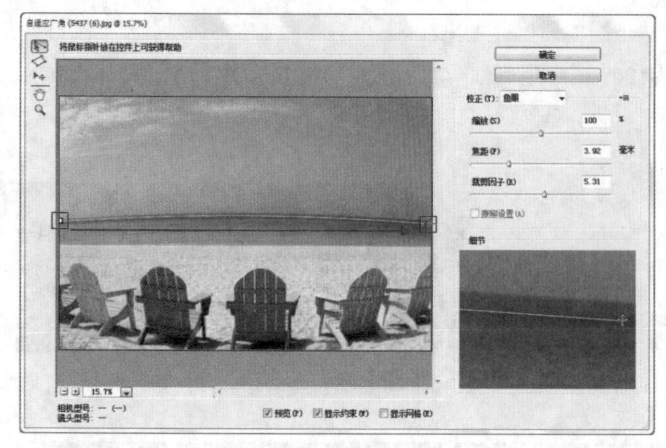
图6—147

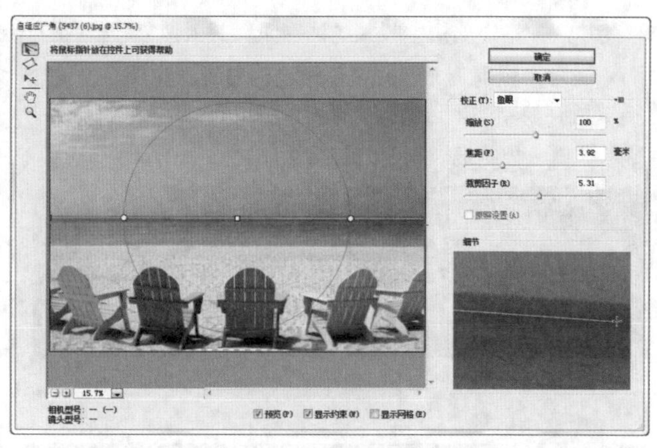
图6—148

技术拓展：详解“自适应广角”滤镜

- 约束工具：单击图像或拖动端点可添加或编辑约束。按住Shift键单击可添加水平/垂直约束。按住Alt键单击可删除约束。
- 多边形约束工具：单击图像或拖动端点可添加或编辑约束。按住Shift键单击可添加水平/垂直约束。按住Alt键单击可删除约束。
- 移动工具：拖动以在画布中移动内容。
- 抓手工具：放大窗口的显示比例后，可以使用该工具移动画面。
- 缩放工具：单击即可放大窗口的显示比例，按住Alt键单击即可缩小显示比例。

思维点拨：镜头的视角

镜头和人眼一样，其视野有一定的角度，称为视角。视角的大小，取决于镜头焦距的长短和所拍摄底片的大小。焦距长的镜头视角小，焦距越短，视角越大。

- 镜头视角的测定方法：当镜头与底片保持在焦点距离时，由镜头中心至底片对角线两端引一直线，其所形成之夹角，便是该镜头的视角。
- 标准镜头：镜头焦距和底片对角线长度相等的镜头，其视角接近于人眼的正常视角，约为50度，所拍摄到的影像最接近人眼正常视觉效果，没有明显的变形现象。
- 长焦距镜头：镜头焦距长于所用胶片对角线长度，其视角小于人眼正常视角，所拍摄到的影像比人眼看到的范围要小。
- 广角镜头：镜头焦距短于所用胶片对角线长度，其视角大于人眼正常视角，拍到的画面比人眼所能看到的范围大。

6.3.2 使用“镜头校正”滤镜修复常见镜头瑕疵

视频精讲：Photoshop CS6新手学视频精讲课堂/镜头校正滤镜.flv

技术速查：“镜头校正”滤镜可以快速修复常见的镜头瑕疵，也可以用来旋转图像，或修复由于相机在垂直或水平方向上倾斜而导致的图像透视错误现象（该滤镜只能处理 8位/通道和16位/通道的图像）。

执行“滤镜>镜头校正”命令，打开“镜头校正”对话框，如图6-149所示。

- 移去扭曲工具：使用该工具可以校正镜头桶形失真或枕形失真。
- 拉直工具：绘制一条直线，以将图像拉直到新的横轴或纵轴。
- 移动网格工具：使用该工具可以移动网格，以将其与图像对齐。

- 抓手工具 / 缩放工具 ：这两个工具的使用方法与工具箱中的相应工具完全相同。

下面讲解“自定”面板中的参数选项，如图6-150所示。

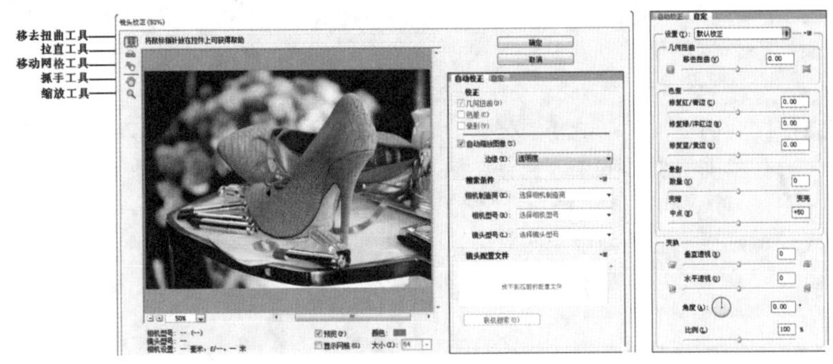

图6-149　　图6-150

- 几何扭曲：该选项主要用来校正镜头桶形失真或枕形失真，如图6-151所示。数值为正时，图像将向外扭曲；数值为负时，图像将向中心扭曲，如图6-152所示。
- 色差：用于校正色边。在进行校正时，放大预览窗口的图像，可以清楚地查看色边校正情况。
- 晕影：校正由于镜头缺陷或镜头遮光处理不当而导致边缘较暗的图像。“数量”选项用于设置沿图像边缘变亮或变暗的程度，如图6-153所示；“中点”选项用来指定受“数量”数值影响的区域的宽度，如图6-154所示。

图6-151　　图6-152　　图6-153　　图6-154

- 变换：“垂直透视”选项用于校正由于相机向上或向下倾斜而导致的图像透视错误，如图6-155所示是一张正常透视的图像。设置“垂直透视”为-100时，可以将其变换为俯视效果，如图6-156所示。设置“垂直透视”为100时，可以将其变换为仰视效果，如图6-157所示；“水平透视”选项用于校正图像在水平方向上的透视效果，如图6-158和图6-159所示；“角度”选项用于旋转图像，以针对相机歪斜加以校正，如图6-160所示；“比例”选项用来控制镜头校正的比例。

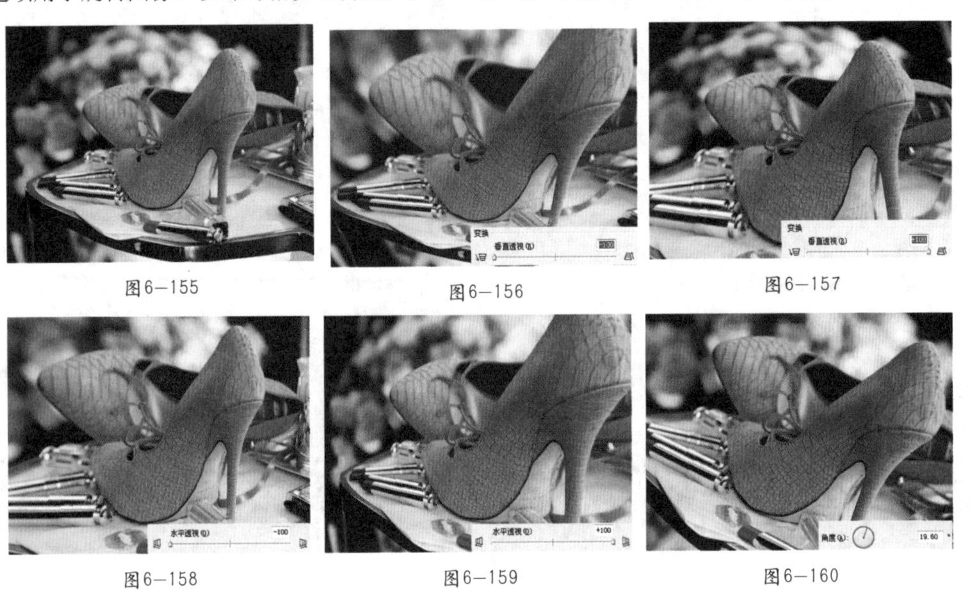

图6-155　　图6-156　　图6-157

图6-158　　图6-159　　图6-160

6.3.3 使用“液化”滤镜轻松扭曲图像

视频精讲：Photoshop CS6新手学视频精讲课堂/液化滤镜的使用.flv

技术速查：“液化”滤镜是修饰图像和创建艺术效果的强大工具，常用于数码照片修饰，例如人像身型调整、面部结构调整等。

“液化”命令的使用方法比较简单，但功能相当强大，可以创建推、拉、旋转、扭曲和收缩等变形效果。执行“滤镜>液化”命令，打开“液化”对话框，默认情况下“液化”窗口以简洁的基础模式显示，很多功能处于隐藏状态。选中右侧面板中的“高级模式”复选框可以显示出完整的功能，如图6-161所示。

在“液化”滤镜窗口的左侧排列着多种工具，其中包括变形工具、蒙版工具、视图平移缩放工具。

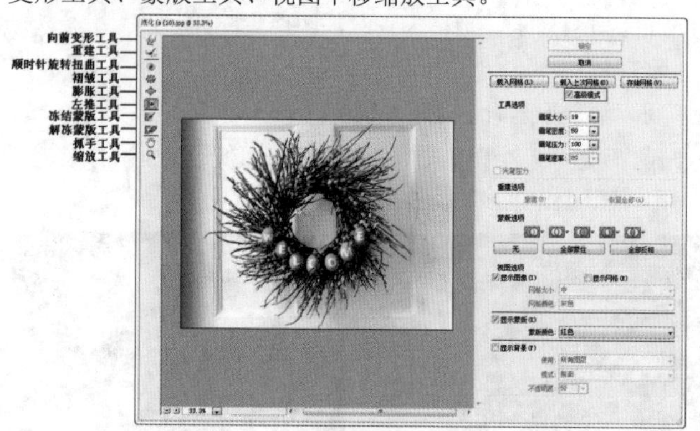

图6－161

- 向前变形工具：可以向前推动像素，如图6-162所示。

图6－162

- 重建工具：用于恢复变形的图像。在变形区域单击或拖曳鼠标进行涂抹时，可以使变形区域的图像恢复到原来的效果。
- 顺时针旋转扭曲工具：拖曳鼠标可以顺时针旋转像素，如图6-163所示。如果按住Alt键进行操作，则可以逆时针旋转像素，如图6-164所示。

图6－163

图6－164

- 褶皱工具：可以使像素向画笔区域的中心移动，使图像产生内缩效果，如图6-165所示。
- 膨胀工具：可以使像素向画笔区域中心以外的方向移动，使图像产生向外膨胀的效果，如图6-166所示。

图6－165

图6－166

- 左推工具：当向上拖曳鼠标时，像素会向左移动；当向下拖曳鼠标时，像素会向右移动，如图6-167所示；按住Alt键向上拖曳鼠标时，像素会向右移动；按住Alt键向下拖曳鼠标时，像素会向左移动，如图6-168所示。

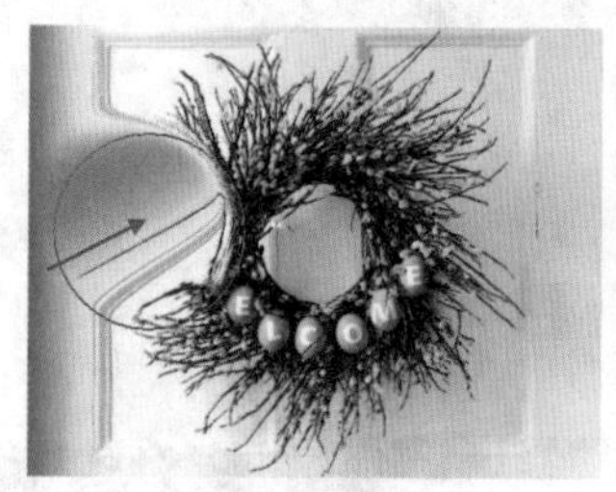

图6－167

图6－168

- 冻结蒙版工具：如果需要对某个区域进行处理，并且不希望操作影响到其他区域，可以使用该工具绘制出冻结区域（该区域将受到保护而不会发生变形），如图6-169所示。
- 解冻蒙版工具：使用该工具在冻结区域涂抹，可以将其解冻，如图6-170所示。

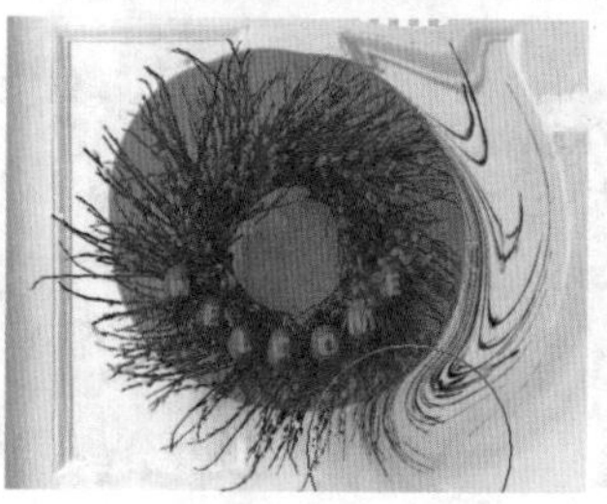

图6－169

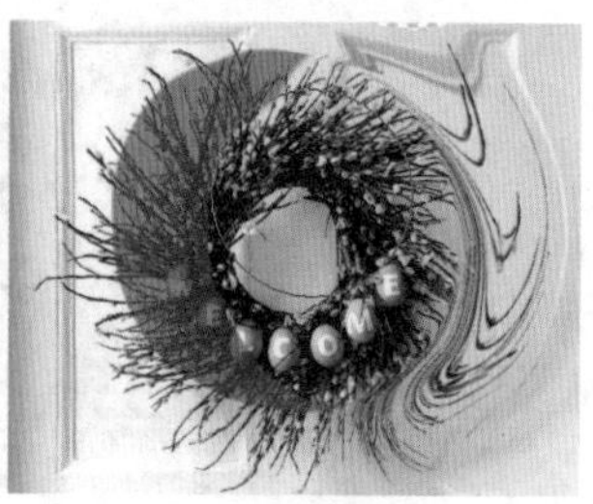

图6－170

- 抓手工具/缩放工具：这两个工具的使用方法与工具箱中的相应工具完全相同。

在“液化”滤镜窗口的右侧包含多种选项设置，分别介绍如下。

- 工具选项：在该选项组下，可以设置当前使用的工具的大小、密度、压力、速率等各种属性。
- 重建选项：该选项组下的参数主要用来设置重建方式以及如何撤销所执行的操作。
- 蒙版选项：如果图像中包含有选区或蒙版，可以通过该选项组来设置蒙版的保留方式。
- 视图选项：该选项组主要用来显示或隐藏图像、网格和背景。另外，还可以设置网格大小和颜色、蒙版颜色、背景模式和不透明度。

★ 案例实战——使用“液化”滤镜为美女瘦身

案例文件	案例文件\第6章\使用“液化”滤镜为美女瘦身.psd
视频教学	视频文件\第6章\使用“液化”滤镜为美女瘦身.flv
难易指数	★★★★★
技术要点	“液化”滤镜

案例效果

使用“液化”滤镜中的工具对画面进行变形，从而达到为人像瘦身的目的，原图与效果图如图6-171和图6-172所示。

操作步骤

01 打开本书配套光盘中的素材文件“1.jpg”，如图6-173所示。

图6-171

图6-172

图6-173

02 对人像执行“滤镜>液化”命令，设置“画笔大小”为300，“画笔密度”为50，使用向前变形工具对人物手臂部分沿箭头所指的方向进行调整，如图6-174所示。然后更改“画笔大小”为60，调整人像肩颈处以及面部的区域，调整完成后单击“确定”按钮提交液化操作，如图6-175所示。

图6-174

图6-175

03 由于“液化”滤镜的使用，丢失了一些画面的细节，所以对人像进行锐化处理，执行“滤镜>锐化>智能锐化”命令，设置“数量”为50%，“半径”为1.5像素，单击“确定”按钮，如图6-176所示。最终效果如图6-177所示。

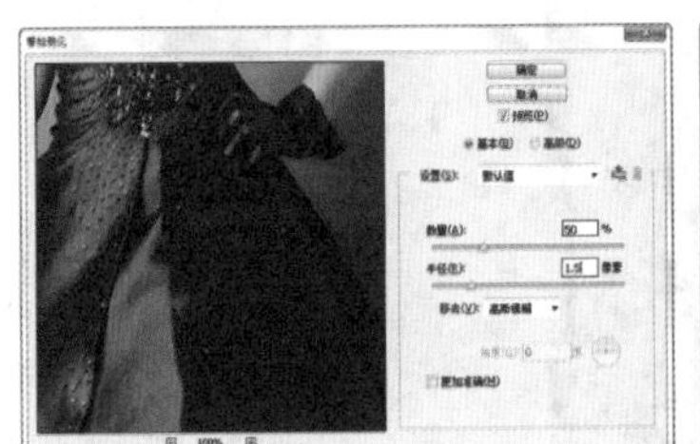

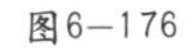

图6-176

图6-177

6.3.4 使用“油画”滤镜

视频精讲：Photoshop CS6新手学视频精讲课堂/油画滤镜的使用.flv

技术速查：使用“油画”滤镜可以为普通照片添加油画效果。“油画”滤镜最大的特点就是笔触鲜明，整体感觉厚重，有质感。

如图6-178所示为原图。执行“滤镜>油画”命令，打开“油画”对话框，在这里可以对参数进行调整，如图6-179所示。

图6－178

图6－179

- 样式化：通过调整参数调整笔触样式。
- 清洁度：通过调整参数设置纹理的柔化程度。
- 缩放：设置纹理缩放程度。
- 硬毛刷细节：设置画笔细节程度，数值越大，毛刷纹理越清晰。
- 角方向：设置光线的照射方向。
- 闪亮：控制纹理的清晰度，产生锐化效果。

思维点拨：油画

油画是西洋画的主要画种之一。油画是用干性的植物油（亚麻仁油、罂粟油、核桃油等）调和颜料，在画布、亚麻布、纸板或木板上进行制作的一个画种。作画时使用的稀释剂为挥发性的松节油和干性的亚麻仁油等。画面所附着的颜料有较强的硬度，当画面干燥后，能长期保持光泽。凭借颜料的遮盖力和透明性能较充分地表现描绘对象，色彩丰富，立体质感强。

★ 案例实战——使用“油画”滤镜制作淡彩油画

案例文件	案例文件\第6章\使用“油画”滤镜制作淡彩油画.psd
视频教学	视频文件\第6章\使用“油画”滤镜制作淡彩油画.flv
难易指数	★★★★★
技术要点	“油画”滤镜

案例效果

本案例主要是通过使用“油画”滤镜制作淡彩油画效果，如图6-180所示。

操作步骤

01 打开素材“1.jpg ”，如图6-181所示。再次导入素材图片“2.jpg”，置于画面中的合适位置，如图6-182所示。

图6－180

图6－181

图6－182

02 选中图层1，设置其混合模式为“正片叠底”，单击“图层”面板底部的“添加图层蒙版”按钮，为其添加图层蒙版，使用黑色柔角画笔在蒙版中绘制画面中四周的部分，如图6-183所示。效果如图6-184所示。

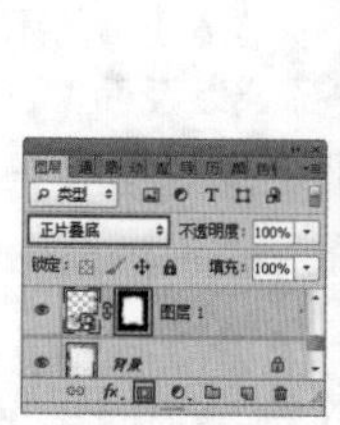
图6－183

图6－184

03 对图层1执行“滤镜>油画”命令，设置“样式化”为10，“清洁度”为10，“缩放”为1，“硬毛刷细节”为2，“角方向”为300，“闪亮”为2，如图6-185所示。单击“确定”按钮，效果如图6-186所示。

04 执行“图层>新建调整图层>曲线”命令，调整曲线的形状，增强画面的对比度，如图6-187所示。选中曲线调整图层，单击鼠标右键，在弹出的快捷菜单中执行“创建剪贴蒙版”命令，如图6-188所示。最终画面效果如图6-189所示。

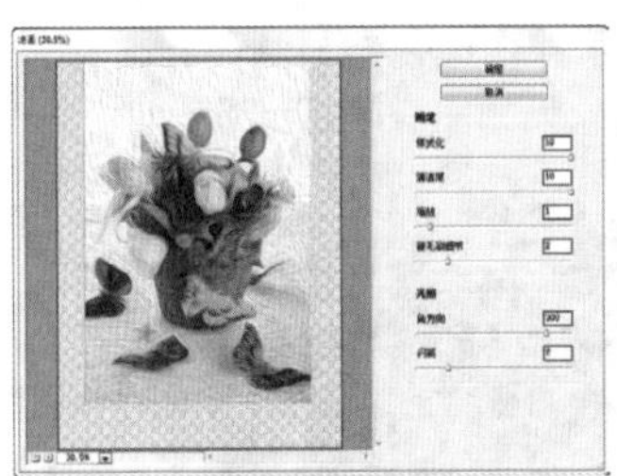

图6-185

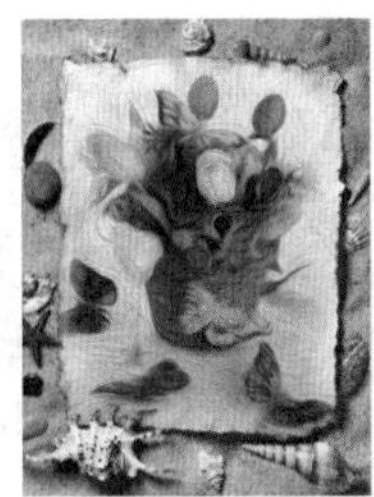

图6-186

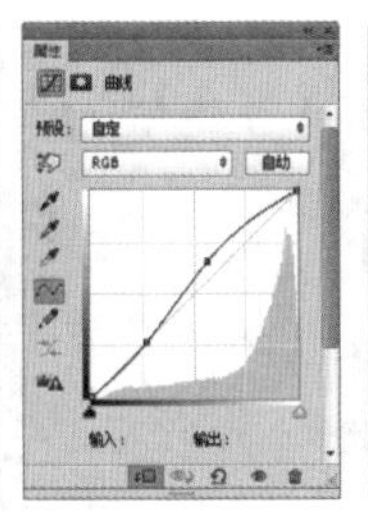

图6-187

图6-188

图6-189

6.3.5 动手学：使用“消失点”滤镜修复透视画面

视频精讲：Photoshop CS6新手学视频精讲课堂/“消失点”滤镜.flv

“消失点”滤镜可以在包含透视平面（如建筑物的侧面、墙壁、地面或任何矩形对象）的图像中进行透视校正操作。在修饰、仿制、复制、粘贴或移去图像内容时，Photoshop可以准确确定这些操作的方向。

01 下面使用“消失点”滤镜为带有透视感的画面添加窗户，如图6-190所示。执行“滤镜>消失点”命令，打开“消失点”窗口，如图6-191所示。

图6-190

图6-191

技术拓展：详解“消失点”滤镜

- 编辑平面工具：用于选择、编辑、移动平面的节点以及调整平面的大小。
- 创建平面工具：用于定义透视平面的4个角节点。创建好4个角节点以后，可以使用该工具对节点进行移动、缩放等操作。如果按住Ctrl键拖曳边节点，可以拉出一个垂直平面。另外，如果节点的位置不正确，可以按Backspace键删除该节点。
- 选框工具：使用该工具可以在创建好的透视平面上绘制选区，以选中平面上的某个区域。建立选区以后，将光标放置在选区内，按住Alt键拖曳选区，可以复制图像。如果按住Ctrl键拖曳选区，则可以用源图像填充该区域。
- 图章工具：使用该工具时，按住Alt键在透视平面内单击，可以设置取样点。
- 画笔工具：该工具主要用来在透视平面上绘制选定的颜色。
- 变换工具：该工具主要用来变换选区，其作用相当于执行“编辑>自由变换”命令。
- 吸管工具：可以使用该工具在图像上拾取颜色，以用作画笔工具的绘画颜色。
- 测量工具：使用该工具可以在透视平面中测量项目的距离和角度。
- 抓手工具：在预览窗口中移动图像。
- 缩放工具：在预览窗口中放大或缩小图像的视图。
- 抓手工具/缩放工具：这两个工具的使用方法与工具箱中的相应工具完全相同。

02 单击该窗口左侧的“创建平面工具”按钮，使用该工具可以绘制出带有4个节点的透视平面。沿着左侧窗户边缘单击生成节点，创建透视网格。若觉得节点位置不满意，可以单击面板左侧的“编辑平面工具”按钮，调整节点位置，如图6-192所示。

图6-192

技巧提示

若要删除节点，可以按Backspace键。若要结束对角节点的创建，不能按Esc键，否则会直接关闭“消失点”对话框，所做的一切操作都将丢失。

03 单击面板左侧的“选框工具”按钮，该工具可以在创建好的透视平面上绘制出带有透视感的选区，如图6-193所示。选区绘制完成后，按住Alt键将选中的内容向右移动并复制，如图6-194所示。随着移动可以发现，复制的对象也具有透视效果。移动到相应位置后，松开鼠标。

图6—193

图6—194

04 此时右侧出现新增的窗户，并使透视感与画面相吻合，单击“确定”按钮结束操作。效果如图6-195所示。

图6—195

课后练习

【课后练习——去除皱纹还原年轻态】

思路解析：拍摄数码照片时，画面中经常会出现瑕疵，例如环境中的杂物、多余的人影或者人像面部的瑕疵，在Photoshop中可以使用多种修复工具对画面中的瑕疵进行去除。

本章小结

本章节学习了多种修饰修复工具，通过这些工具的使用可以去除数码照片中大部分的常见瑕疵。需要注意的是，在数码照片修饰时不要局限于只用某一个工具处理。不同的工具适用的情况各不相同，所以配合多种工具使用更有利于解决问题。

读书笔记

第7章

文字在平面设计中的应用

本章内容简介：

平面设计作品不仅需要有图像，文字信息也在平面设计中占有至关重要的位置。Photoshop中提供了多种文字工具，创建出的文字对象是基于矢量的文字轮廓组成，所以文字也具有部分矢量图形所特有的属性。例如，对已有的文字对象进行编辑时，任意缩放文字或调整文字大小都不会产生锯齿现象。

本章学习要点：

- 掌握文字工具的使用方法
- 掌握点文字、段落文字、路径文字与变形文字的制作方法
- 掌握段落格式的设置方法

7.1 使用文字工具创建文字

视频精讲：Photoshop CS6新手学视频精讲课堂/文字的创建、编辑与使用.flv

右击Photoshop工具箱中的文字工具组按钮，可以看到该工具组中4种创建文字的工具，如图7-1所示。横排文字工具T和直排文字工具IT主要用来创建实体的文字对象，如图7-2所示。而横排文字蒙版工具T和直排文字蒙版工具IT主要用来创建文字选区，如图7-3所示。

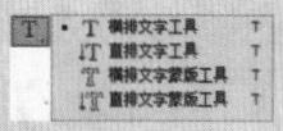

图7-1

图7-2

图7-3

在设计中经常会需要使用到多种版式类型的文字，在Photoshop中将文字分为几个类型，如点文字、段落文字、路径文字和变形文字等。如图7-4~图7-7所示为一些包含多种文字类型的作品。

图7-4

图7-5

图7-6

图7-7

思维点拨

字体是文字的表现形式，不同的字体给人的视觉感受和心理感受不同，这就说明字体具有强烈的感情性格，设计者要充分利用字体的这一特性，选择正确的字体，有助于主题内容的表达；美的字体可以使读者感到愉悦，帮助阅读和理解。

7.1.1 动手学：文字工具创建点文字

Photoshop中包括两种文字的工具，分别是横排文字工具T和直排文字工具IT。横排文字工具T可以用来输入横向排列的文字；直排文字工具IT可以用来输入竖向排列的文字，如图7-8和图7-9所示。

图7-8

图7-9

01 单击工具箱中的“横排文字工具”按钮T，在选项栏中可以设置字体的系列、样式、大小、颜色和对齐方式等，“横排文字工具”与“直排文字工具”的选项栏参数基本相同，如图7-10所示。

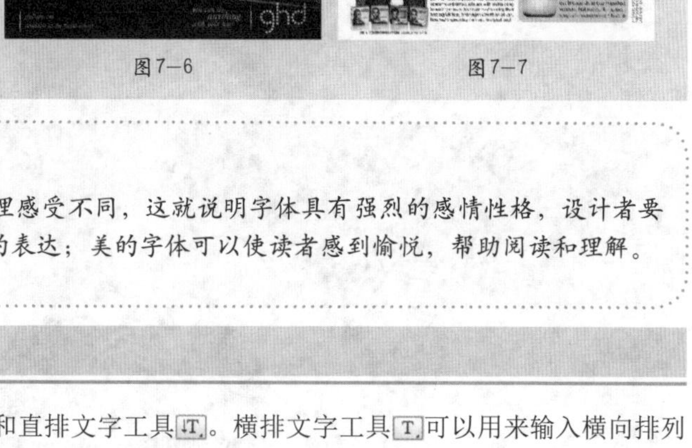

显/隐字符和段落面板　设置字体和字体样式　设置消除锯齿的方法　设置文本颜色
更改文本方向　字体大小　设置文本对齐方式　文字变形

图7-10

技术拓展

● 更改文本方向：如果当前文字为横排文字，单击该按钮，可将其转换为直排文字；如果是直排文字，则可将其转换为横排文字。

● 设置字体：在该选项下拉列表中可以选择字体。

● 设置字体样式：用来为字符设置样式，该选项只对部分英文字体有效。

● 设置字体大小：可以选择字体的大小，或者直接输入数值来进行调整。

● 设置消除锯齿的方法：可以为文字消除锯齿选择一种方法，Photoshop会通过部分地填充边缘像素来产生边缘平滑的文字，使文字的边缘混合到背景中而看不出锯齿。

● 设置文本对齐方式：文本对齐方式是根据输入字符时光标的位置来设置文本对齐方式。在文字工具的选项栏中提供了3种设置文本段落对齐方式的按钮，选择文本以后，单击所需要的对齐按钮，就可以使文本按指定的方式对齐。

● 设置文本颜色：单击颜色块，可以在打开的拾色器中设置文字的颜色。

● 创建文字变形：单击该按钮，可在打开的“变形文字”对话框中为文本添加变形样式，创建变形文字。

● 显示/隐藏字符和段落面板：单击该按钮，可以显示或隐藏“字符”和“段落”面板。

02 文字工具选项设置完毕后可以在画面输入文字，不同的输入方法可以输入不同的文字。在画面中单击即可输入文字，此时输入的文字为“点文字”，如图7-11所示。点文字是一个水平或垂直的文本行，每行文字都是独立的。行的长度随着文字的输入而不断增加，不会进行自动换行，需要手动使用Enter键进行换行，如图7-12所示。输入完毕后单击选项栏中的“提交所有当前编辑”按钮，如图7-13所示。

03 文字输入完成后可以在“图层”面板中看到新增的文字图层，如果需要更改整个文字的属性，可以选择文字图层并在文字工具的选项栏中进行修改，如图7-14所示。如果要修改部分字符的属性，则需要使用文字工具在要更改的字符前单击并向后拖曳，选中需要更改的字符后进行设置，如图7-15所示。

图7-11

图7-12

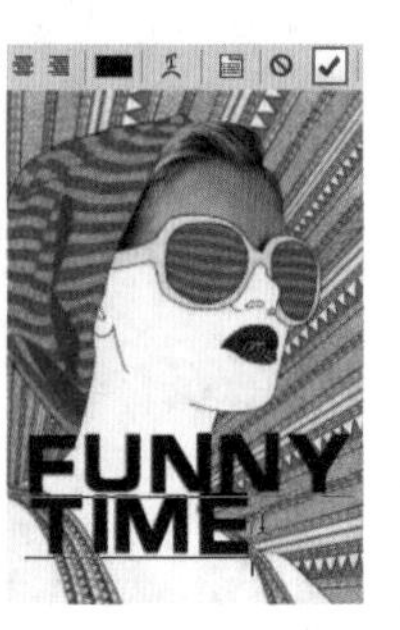

图7-13

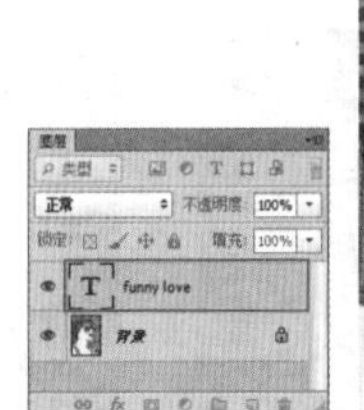

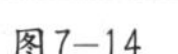

图7-14

图7-15

技术拓展：“文字”首选项设置详解

执行“编辑>首选项>文字”命令或按Ctrl+K快捷键，在打开的“首选项”对话框中选择“文字”选项，如图7-16所示。

● 使用智能引号：设置在Photoshop中是否显示智能引号。

● 启用丢失字形保护：设置是否启用丢失字形保护。选中该复选框，如果文件中丢失了某种字体，Photoshop会弹出一个警告提示框。

● 以英文显示字体名称：选中该复选框后，在字体列表中只能以英文的方式来显示字体的名称。

● 选取文本引擎选项：在“东亚”和“中东”两个选项选择文本引擎。

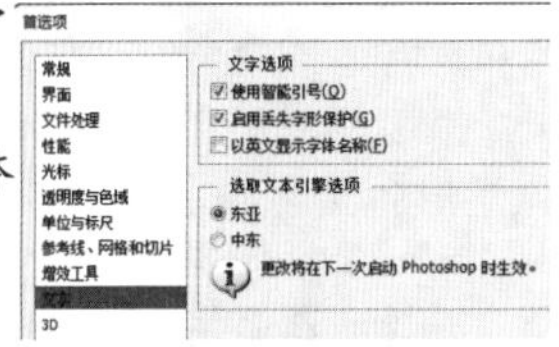

图7-16

★ 案例实战——使用文字工具制作彩色文字海报

案例文件	案例文件\第7章\使用文字工具制作彩色文字海报.psd
视频教学	视频文件\第7章\使用文字工具制作彩色文字海报.flv
难易指数	★★★★★
技术要点	文字工具、自由变换

案例效果

本案例主要通过使用文字工具、自由变换等命令制作彩色文字海报。效果如图7-17所示。

图7-17

操作步骤

01 执行“文件>新建”命令，设置“宽度”为2310像素，“高度”为3114像素，如图7-18所示。为背景填充为黑色，如图7-19所示。

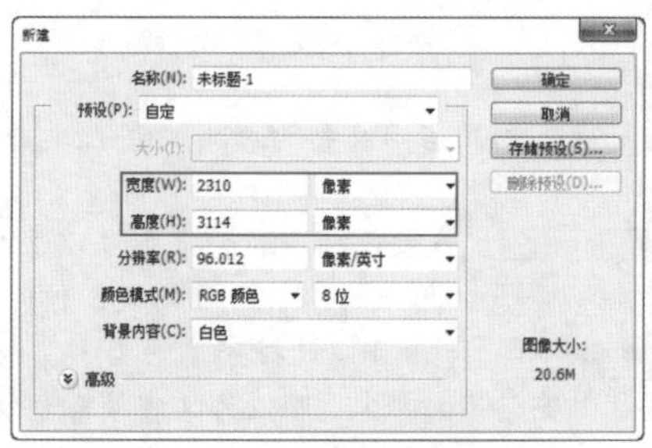

图7-18

图7-19

02 单击工具箱中的“横排文字工具”按钮，在选项栏中设置合适字体及大小，设置颜色为黄色，在画面中单击并输入文字，如图7-20所示。继续使用文字工具更改字体大小，在左侧输入小一点的文字，如图7-21所示。

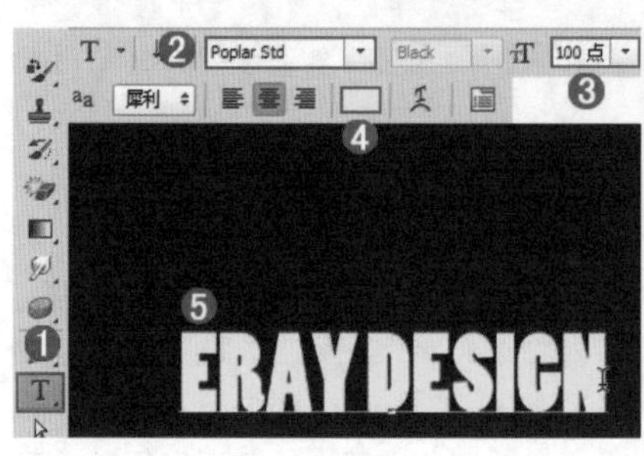

图7-20

图7-21

03 选中左侧的文字图层，执行“编辑>自由变换”命令，单击鼠标右键，在弹出的快捷菜单中执行“旋转90度（顺时针）”命令，如图7-22所示。按Enter键结束操作，如图7-23所示。

图7-22　图7-23

04 同样方法制作其他不同颜色及字体的文字，调整合适位置，如图7-24所示。单击“图层”面板中的“创建新组”按钮，将文字图层放置在该组中，如图7-25所示。

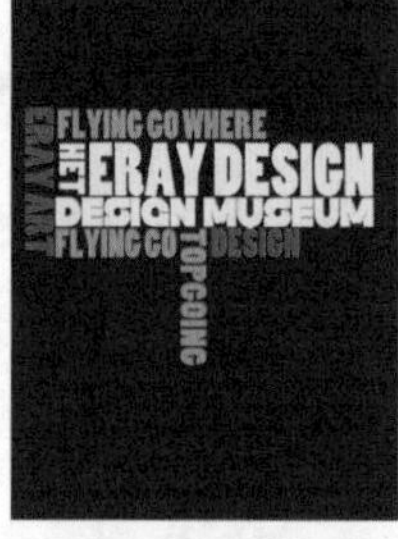

图7-24

图7-25

05 选择“组1”，执行“编辑>自由变换”命令，将调整组旋转至合适角度，如图7-26所示。按Enter键结束旋转，如图7-27所示。

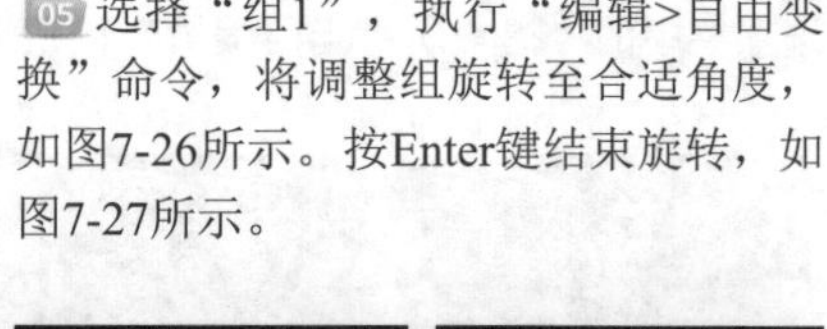

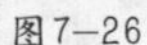

图7-26

图7-27

06 单击工具箱中的“矩形选框工具”按钮，在画面下方绘制一个合适大小的矩形选区，新建图层并填充白色，如图7-28所示。使用文字工具在矩形上分别输入粉色和黑色文字，如图7-29所示。

07 新建图层组并命名为“组2”，将白色矩形和文字放在组2中，执行“编辑>自由变换”命令，将其旋转至合适角度，如图7-30所示。导入喷溅素材文件“1.png”，将其放置在图层组下，最终效果如图7-31所示。

图7-28

图7-29

图7-30

图7-31

7.1.2 动手学：制作段落文字

技术速查：段落文字是一种以文本框进行控制，具有自动换行、可调整文字区域大小等优势的文字。所以常用于大量的文本排版中，如海报、画册等，如图7-32和图7-33所示。

01 单击工具箱中的“横排文字工具”按钮T，设置合适的字体及大小，在操作界面单击并拖曳创建出文本框，如图7-34所示。输入字符，完成后选择该文字图层，可以在“段落”面板中设置合适的对齐方式，如图7-35所示。

02 创建段落文本以后，再次使用文字工具在段落文本中单击即可显示出界定框。可以根据实际需求来调整文本框的大小，文字会自动在调整后的文本框内重新排列。另外，调整文本框与自由变换有些相似，都可以进行移动、旋转、缩放和斜切等操作，如图7-36所示。当定界框较小而不能显示全部文字时，它右下角的控制点会变为田形状，如图7-37所示。

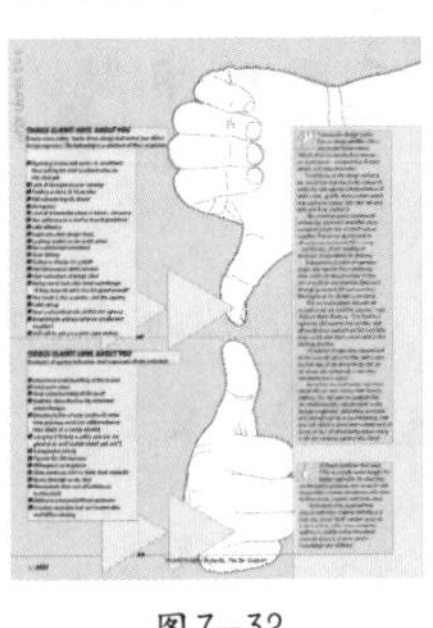

图7—32

图7—33

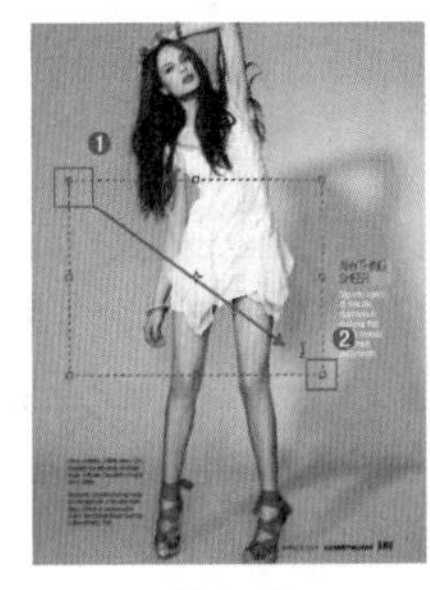

图7—34

图7—35

图7—36

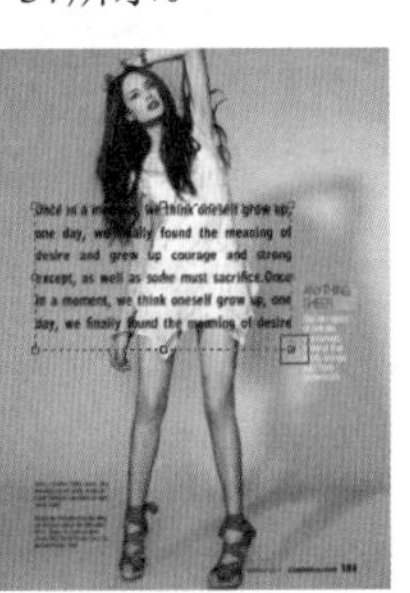

图7—37

技术拓展：点文本和段落文本的转换

如果当前选择的是点文本，执行“文字>转换为段落文本”命令，可以将点文本转换为段落文本；如果当前选择的是段落文本，执行“文字>转换为点文本”命令，可以将段落文本转换为点文本。

★ 案例实战——使用点文字、段落文字制作杂志版式

案例文件	案例文件\第7章\使用点文字、段落文字制作杂志版式.psd
视频教学	视频文件\第7章\使用点文字、段落文字制作杂志版式.flv
难易指数	★★★★★
知识掌握	点文字、段落文字

案例效果

本案例主要通过使用点文字、段落文字制作杂志版式。效果如图7-38所示。

操作步骤

01 执行“文件>新建”命令，设置“宽度”为2670像素，“高度”为2000像素，如图7-39所示。

图7—38

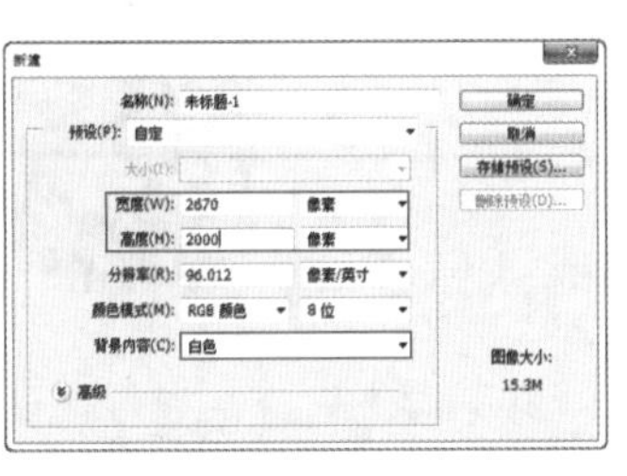

图7—39

02 导入人像素材“1.jpg”，调整合适大小，如图7-40所示。单击工具箱中的“钢笔工具”按钮，在画面左侧绘制一个合适形状的闭合路径，如图7-41所示。

图7—40

图7—41

03 单击鼠标右键，在弹出的快捷菜单中执行“建立选区”命令，将闭合路径转换为选区，如图7-42所示。选中人像照片图层，单击“图层”面板中的“添加图层蒙版”按钮，隐藏多余部分，如图7-43所示。

图7—42

图7—43

04 单击工具箱中的“文字工具”按钮，在选项栏上设置合适字体及大小，在画面右下角的位置按住鼠标左键拖曳绘制文本框，如图7-44所示。在文本框中单击并输入文字，完成段落文字的制作，如图7-45所示。

图7-44

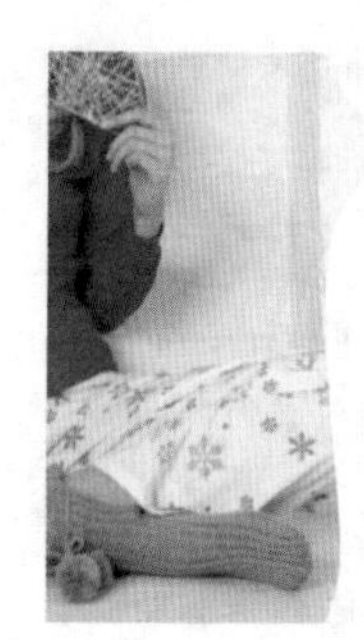

图7-45

技巧提示

这里可以看到文本的两端对齐得非常工整，这是由于在“段落面板”中设置了“全部对齐”方式，如图7-46所示。

图7-46

05 同样方法制作另外两组文字，如图7-47所示。继续使用横排文字工具，在选项栏中设置不同的字体，设置较大的字号，设置颜色为粉色，在顶部单击输入标题文字，如图7-48所示。

图7-47

图7-48

06 执行“图层>图层样式>内阴影”命令，设置“不透明度”为45%，“距离”为3像素，“大小”为3像素，如图7-49和图7-50所示。

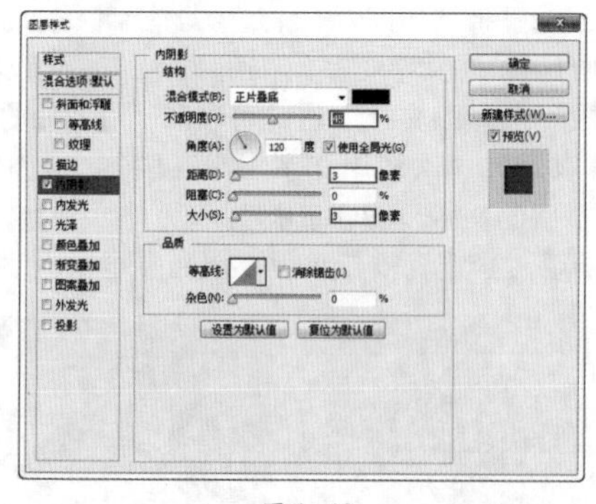

图7-49

SIPLY

图7-50

07 再次使用文字工具，在画面中其他位置输入点文字，最终效果如图7-51所示。

图7-51

☆ 视频课堂——使用文字工具制作时尚杂志

案例文件\第7章\视频课堂——使用文字工具制作时尚杂志.psd
视频文件\第7章\视频课堂——使用文字工具制作时尚杂志.flv

思路解析：

01 导入素材，使用形状工具绘制画面中的彩色形状。
02 使用文字工具在画面中单击输入标题文字。
03 使用文字工具在画面中拖动光标绘制出段落文本框，并在其中输入段落文字。

7.1.3 路径文字

技术速查：路径文字是一种可以沿规定路径排列的文字，如图7-52和图7-53所示。

路径文字常用于创建走向不规则的文字行。在Photoshop中为了制作路径文字需要先绘制路径，然后将文字工具指定到路径上，如图7-54所示。创建的文字会沿着路径排列，如图7-55所示。改变路径形状时，文字的排列方式也会随之发生改变，如图7-56所示。

图7-52

图7-53

图7-54

图7-55

图7-56

★ 案例实战——使用路径文字制作文字招贴

案例文件	案例文件\第7章\使用路径文字制作文字招贴.psd
视频教学	视频文件\第7章\使用路径文字制作文字招贴.flv
难易指数	★★★★★
技术要点	文字工具、钢笔工具

案例效果

本案例主要通过使用文字工具、钢笔工具制作创意文字招贴。效果如图7-57所示。

操作步骤

01 打开背景素材文件“1.jpg”，如图7-58所示。单击工具箱中的“文字工具”按钮，在选项栏中设置一种合适的字体及大小，在画面中心单击并输入一个较大的字母，如图7-59所示。

图7-57

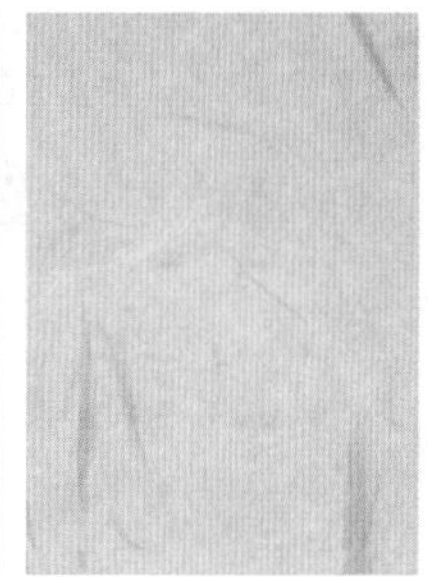

图7-58

图7-59

02 执行“图层>图层样式>渐变叠加”命令，设置一种红色系渐变，如图7-60和图7-61所示。

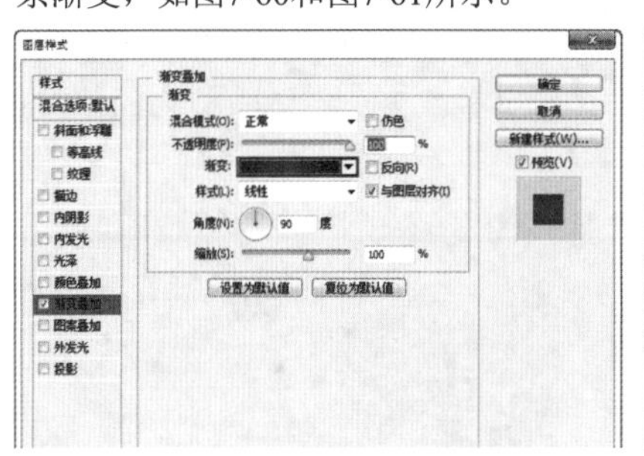

图7-60

图7-61

03 单击工具箱中的“钢笔工具”按钮，在字母上方单击并绘制一个曲线路径，如图7-62所示。使用文字工具，将鼠标移至路径前，当光标变为如图7-63所示的形状时单击路径并输入文字，效果如图7-64所示。

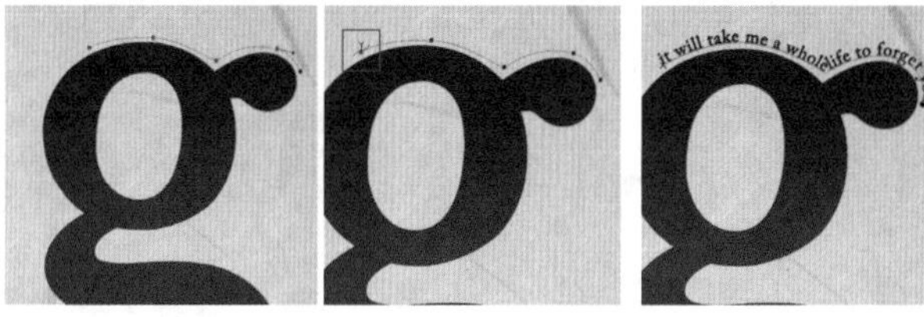

图7-62　图7-63　图7-64

04 右击字母图层“g”，在弹出的快捷菜单中执行“拷贝图层样式”命令，如图7-65所示。回到路径文字图层上单击鼠标右键，在弹出的快捷菜单中执行“粘贴图层样式”命令，为文字添加渐变效果，如图7-66所示。

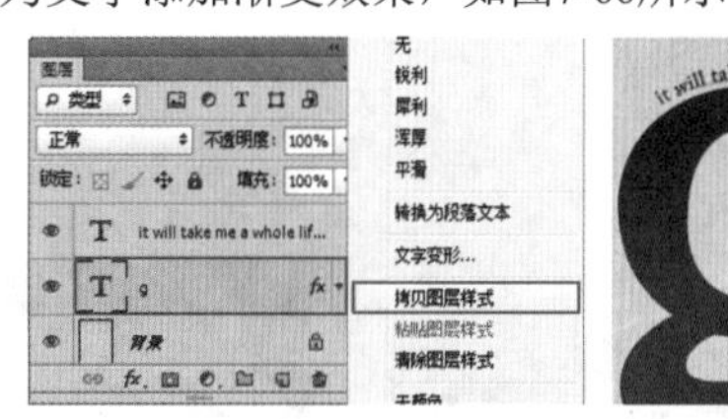

图7-65

图7-66

05 同样方法输入另外两组路径文字，如图7-67所示。使用文字工具在字母中单击，输入单词，制作点文字，粘贴渐变图层样式，如图7-68所示。

06 使用文字工具输入剩余的文字，并赋予相同的渐变叠加图层样式，最终效果如图7-69所示。

图7-67

图7-68

图7-69

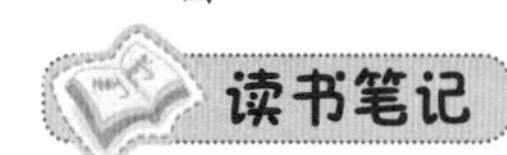

7.1.4 制作区域文字

技术速查：区域文字是使用文字工具在闭合路径中创建出的位于闭合路径内的文字，如图7-70和图7-71所示。

首先在画面中绘制封闭路径，如图7-72所示。单击工具箱中的“横排文字工具”按钮T，在选项栏中设置合适文字、大小、颜色。将光标移至路径内，光标会变为①状态，如图7-73所示。单击，正圆路径四周出现了区域文字的界定框，如图7-74所示。输入文字，可以观察到，文字只在圆形路径内排列，单击选项栏中的✓按钮完成文字的输入。完成本案例的制作。

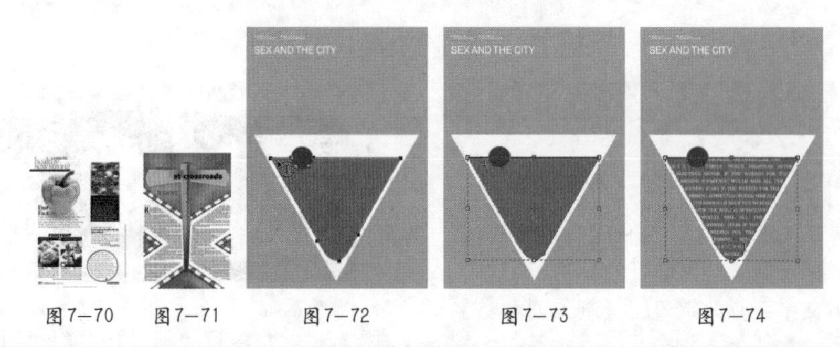

图7-70　图7-71　图7-72　图7-73　图7-74

7.1.5 变形文字

技术速查：在Photoshop中，文字对象可以进行一系列内置的变形效果，通过这些变形操作可以在不栅格化文字图层的状态下制作多种变形文字，如图7-75和图7-76所示。

输入文字以后，在文字工具的选项栏中单击“创建文字变形”按钮，打开“变形文字”对话框，在该对话框中可以选择变形文字的方式，如图7-77所示，如图7-78所示是这些变形文字的效果。

图7-75

图7-76

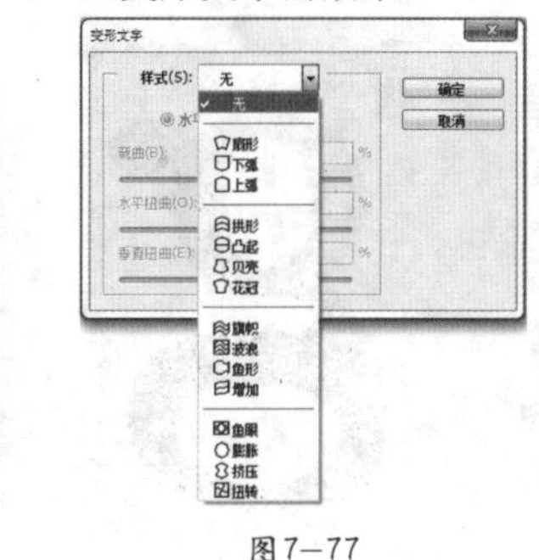

图7-77

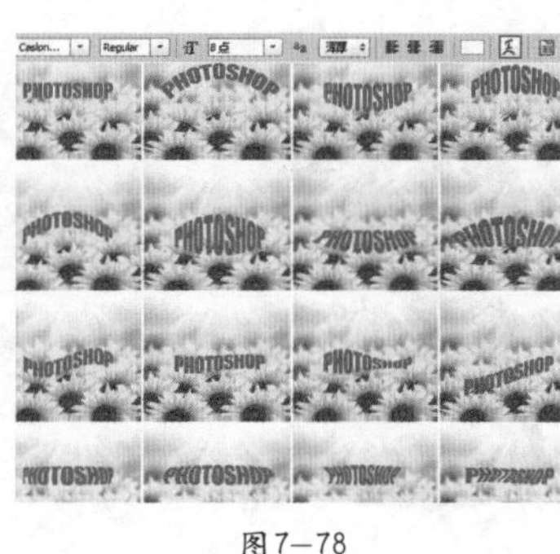

图7-78

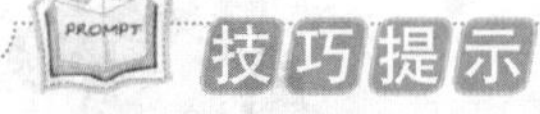

对带有“仿粗体”样式的文字进行变形会弹出如下窗口，单击“确定”按钮将去除文字的“仿粗体”样式，并且经过变形操作的文字不能够添加“仿粗体”样式，如图7-79所示。

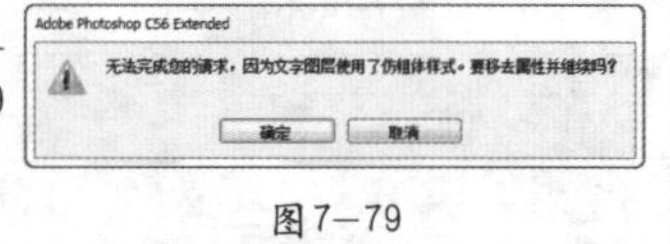

图7-79

创建变形文字后，可以调整其他参数选项来调整变形效果。每种样式都包含相同的参数选项，下面以“鱼形”样式为例来介绍变形文字的各项功能，如图7-80和图7-81所示。

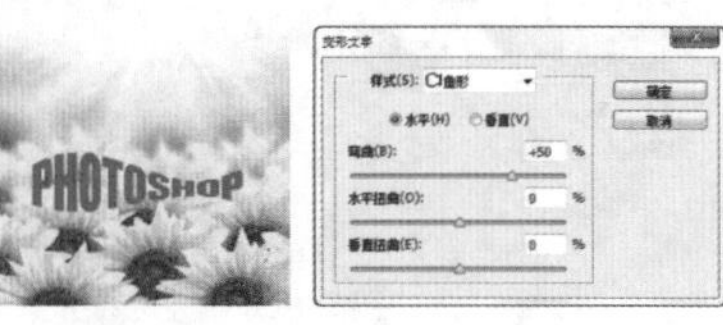

图7-80　图7-81

- 水平/垂直：选中“水平”单选按钮时，文本扭曲的方向为水平方向，如图7-82所示；选中“垂直”单选按钮时，文本扭曲的方向为垂直方向，如图7-83所示。
- 弯曲：用来设置文本的弯曲程度，如图7-84和图7-85所示分别是“弯曲”为-50%和100%时的效果。

- **水平扭曲**：设置水平方向的透视扭曲变形的程度，如图7-86和图7-87所示分别是“水平扭曲”为-66%和86%时的扭曲效果。
- **垂直扭曲**：用来设置垂直方向的透视扭曲变形的程度，如图7-88和图7-89所示分别是“垂直扭曲”为-60%和60%时的扭曲效果。

图7-82

图7-83

图7-84

图7-85

图7-86

图7-87

图7-88

图7-89

7.2 使用文字蒙版工具创建文字选区

技术速查：使用文字蒙版工具能够以创建文字的方法创建文字选区。

在文字工具组中包含横排文字蒙版工具和直排文字蒙版工具两种文字蒙版工具。单击横排文字蒙版工具按钮，首先仍然需要在选项栏中设置字符属性，然后在画面中单击，此时画面被覆盖上了半透明的红色效果，使用文字蒙版工具输入文字，文字区域为正常画面效果，如图7-90所示。输入完毕后在选项栏中单击“提交当前编辑”按钮✓后文字将以选区的形式出现，如图7-91所示。得到文字选区后即可进行进一步编辑，如图7-92所示。

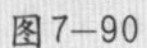
图7-90

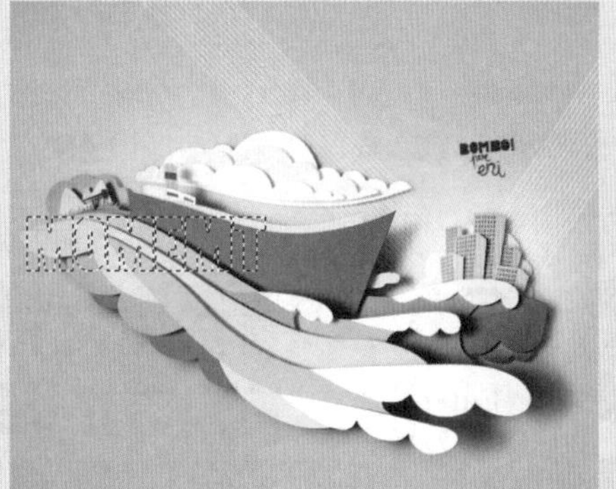
图7-91

图7-92

技巧提示：文字蒙版的变换

在使用文字蒙版工具输入文字且鼠标移动到文字以外区域时，光标会变为移动状态，这时单击并拖曳可以移动文字蒙版的位置，如图7-93所示。

按住Ctrl键，文字蒙版四周会出现类似自由变换的界定框，如图7-94所示。可以对该文字蒙版进行移动、旋转、缩放、斜切等操作，如图7-95～图7-97所示分别为旋转、缩放和斜切效果。

图7-93

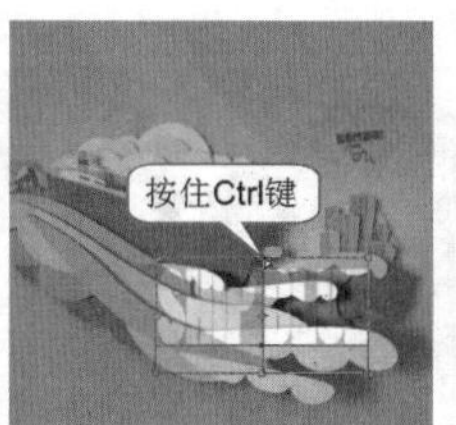

图7-94

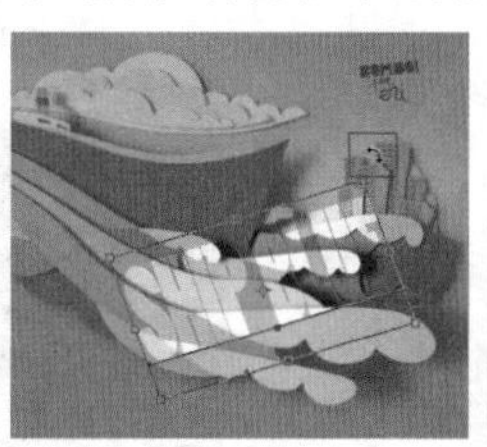
图7-95

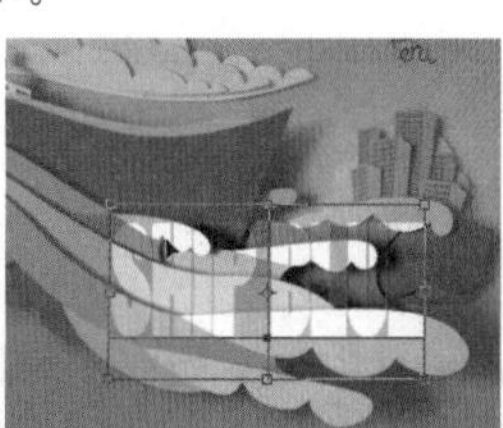
图7-96

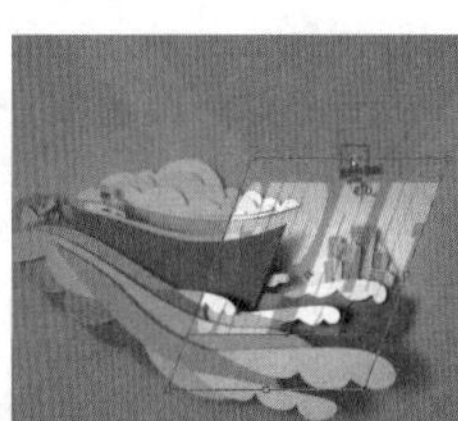
图7-97

7.3 编辑字符属性

在一副平面设计作品中所用到的文字经常是多种多样的，为了制作不同的文字效果可以通过选项栏进行字体、大小、对齐、颜色等参数的快速设置。如果要对文本进行更多的设置，就需要使用到“字符”面板和“段落”面板。如图7-98和图7-99所示为优秀的平面设计作品。

图7—98

图7—99

7.3.1 “字符”面板

技术速查：“字符”面板中提供了比文字工具选项栏更多的调整选项。

文字在画面中占有重要的位置。文字本身的变化及文字的编排、组合对画面来说极为重要。文字不仅是信息的传达，也是视觉传达最直接的方式，在画面中运用好文字，首先要掌握的是字体、字号、字距、行距等参数的设置，这也就需要使用到“字符”面板。执行“窗口>字符”命令，打开“字符”面板，在该面板中，除了包括常见的字体系列、字体样式、字体大小、文字颜色和消除锯齿等设置，还包括如行距、字距等常见设置，如图7-100所示。

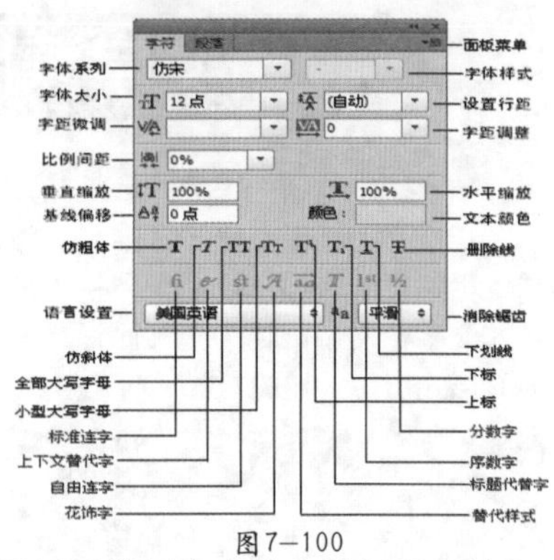

图7—100

- 设置字体大小：在下拉列表中选择预设数值，或者输入自定义数值即可更改字符大小。
- 设置行距：行距就是上一行文字基线与下一行文字基线之间的距离。选择需要调整的文字图层，然后在“设置行距”下拉列表框中输入行距数值或在其下拉列表中选择预设的行距值，接着按Enter键即可，如图7-101和图7-102所示分别是行距值为30点和60点时的文字效果。

图7—101

图7—102

- 字距微调：用于设置两个字符之间的字距微调。在设置时先要将光标插入到需要进行字距微调的两个字符之间；然后在下拉列表框中输入所需的字距微调数量。输入正值时，字距会扩大；输入负值时，字距会缩小，如图7-103~图7-105所示为插入光标以及字距为200与－100的对比效果。

图7—103

图7—104

图7—105

- 字距调整：字距用于设置文字的字符间距。输入正值时，字距会扩大；输入负值时，字距会缩小，如图7-106和图7-107所示为正字距与负字距。

图7—106

图7—107

- 比例间距：是按指定的百分比来减少字符周围的空间。因此，字符本身并不会被伸展或挤压，而是字符之间的间距被伸展或挤压了，如图7-108和图7-109所示是比例间距分别为0%和100%时的字符效果。

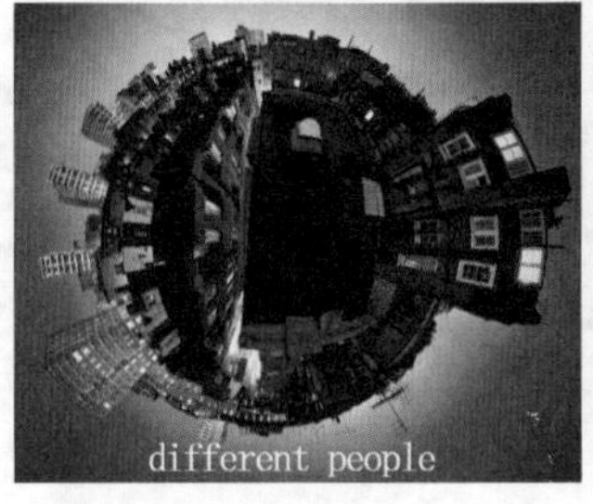

图7—108

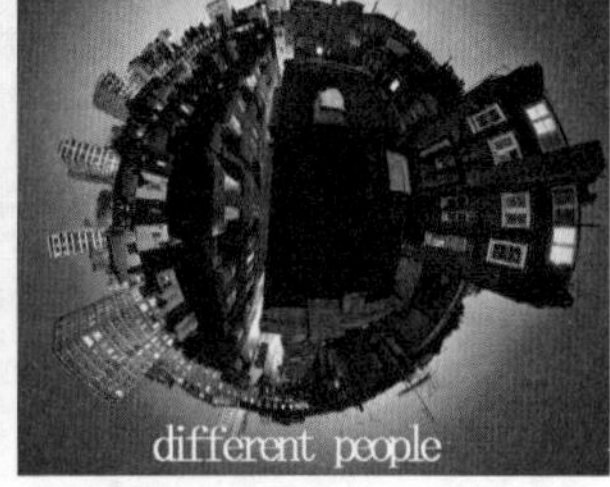

图7—109

- 垂直缩放/水平缩放：用于设置文字的垂直或水平缩放比例，以调整文字的高度或宽度，如图7-110~图7-112所示分别为100%垂直和水平缩放、300%垂直、120%水平以及80%垂直、150%水平缩放比例的文字效果。

图7-110

图7-111

图7-112

- 基线偏移：用来设置文字与文字基线之间的距离。输入正值时，文字会上移，；输入负值时，文字会下移，如图7-113和图7-114所示为基线偏移为50点与－50点。

图7-113

图7-114

- 颜色：单击色块，即可在弹出的拾色器中选取字符的颜色。

- 文字样式：设置文字的效果，共有仿粗体、仿斜体、全部大写字母、小型大写字母、上标、下标、下划线和删除线8种，如图7-115所示。

sample sample SAMPLE
SAMPLE sample sample
sample sample sample

图7-115

- Open Type功能：标准连字、上下文替代字、自由连字、花饰字、文体替代字、标题替代字、序数字、分数字。
- 语言设置：用于设置文本连字符和拼写的语言类型。
- 消除锯齿方式：输入文字以后，可以在选项栏中为文字指定一种消除锯齿的方式。

7.3.2 动手学：修改文本属性

使用文字工具输入文字以后，在"图层"面板中单击选中文字图层，对文字的大小、大小写、行距、字距、水平/垂直缩放等进行设置。

01使用横排文字工具在操作区域中输入字符，如图7-116所示。

02如果要修改文本内容，可以在"图层"面板中双击文字图层，此时该文字图层的文本处于全部选中的状态，如图7-117和图7-118所示。

图7-116

图7-117

图7-118

03将光标放置在要修改的内容的前面单击并向后拖曳选中需要更改的字符，比如将WER修改为YOU，需要将光标放置在WER前单击并向后拖曳选中WER，接着输入YOU即可，如图7-119~图7-121所示。

图7-119

图7-120

图7-121

技巧提示

在文本输入状态下，单击3次可以选择一行文字；单击4次可以选择整个段落的文字；按Ctrl+A快捷键可以选择所有的文字。

04如果要修改字符的颜色，可以选择要修改颜色的字符，如图7-122所示，然后在“字符”面板中修改字号以及颜色，如图7-123所示，可以看到只有选中的文字发生了变化，如图7-124所示。

05同样的方法修改其他文字的属性，效果如图7-125所示。

图7—122

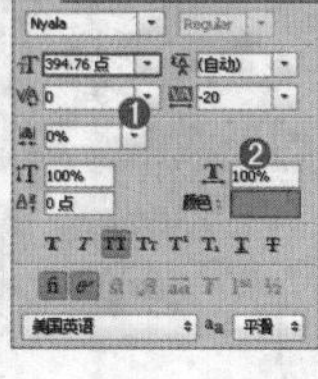
图7—123

图7—124

图7—125

☆ 视频课堂——使用文字工具制作多彩花纹立体字

案例文件\第7章\视频课堂——使用文字工具制作多彩花纹立体字.psd
视频文件\第7章\视频课堂——使用文字工具制作多彩花纹立体字.flv

思路解析：

01 使用文字工具依次输入单个文字。
02 将文字栅格化后进行变形操作。
03 复制每个字符，放置在后面并更改颜色，模拟出立体效果。
04 导入花纹素材，并赋予文字表面。

7.3.3 “段落”面板

技术速查：“段落”面板提供了用于设置段落编排格式的所有选项。

在文字排版中经常会用到“段落”面板，通过该面板可以设置段落文本的对齐方式和缩进量等参数，如图7-126所示。

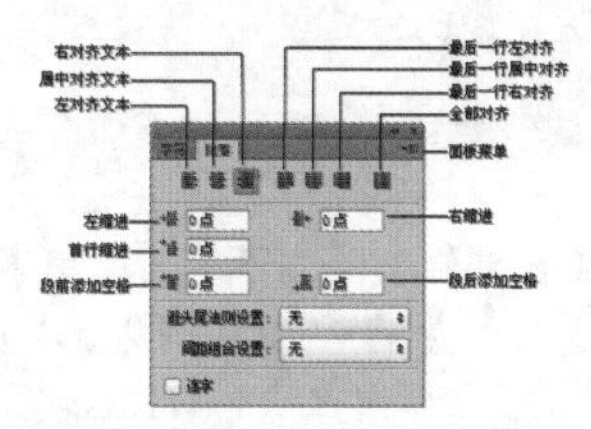

图7—126

- **左对齐文本**：文字左对齐，段落右端参差不齐，如图7-127所示。
- **居中对齐文本**：文字居中对齐，段落两端参差不齐，如图7-128所示。

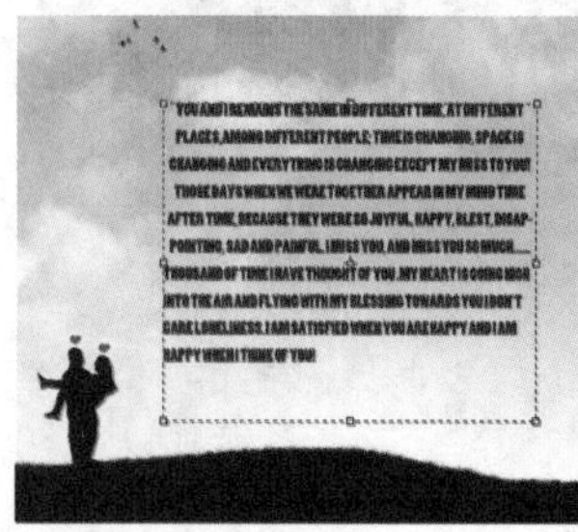
图7—127

图7—128

- **右对齐文本**：文字右对齐，段落左端参差不齐，如图7-129所示。
- **最后一行左对齐**：最后一行左对齐，其他行左右两端强制对齐，如图7-130所示。

图7—129

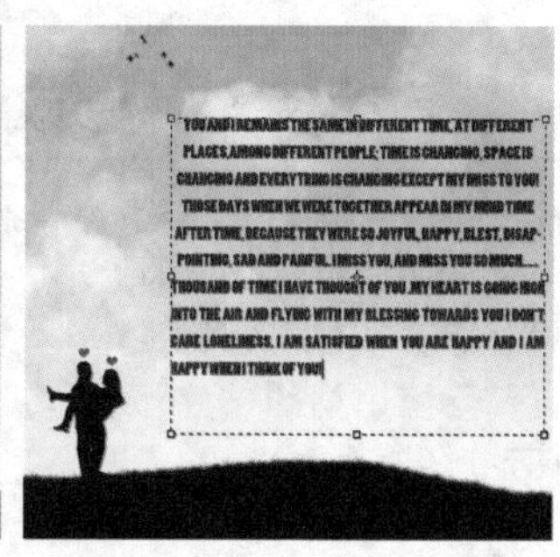
图7—130

- **最后一行居中对齐**：最后一行居中对齐，其他行左右两端强制对齐，如图7-131所示。
- **最后一行右对齐**：最后一行右对齐，其他行左右两端强制对齐，如图7-132所示。
- **全部对齐**：在字符间添加额外的间距，使文本左右两端强制对齐，如图7-133所示。

图7—131

图7—132

图7—133

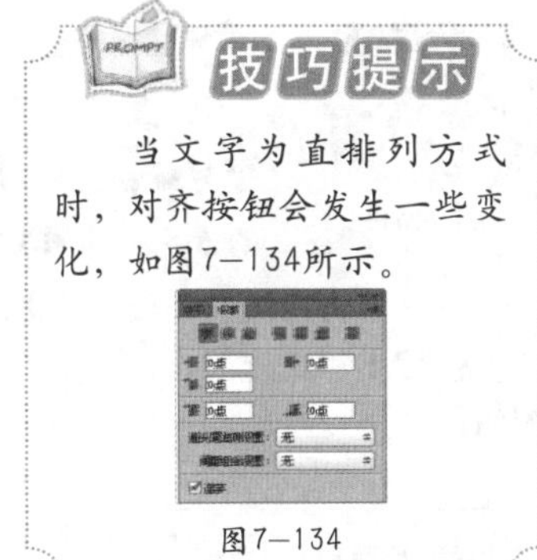

技巧提示

当文字为直排列方式时，对齐按钮会发生一些变化，如图7—134所示。

图7—134

- 左缩进：用于设置段落文本向右（横排文字）或向下（直排文字）的缩进量，如图7-135所示是设置“左缩进”为6点时的段落效果。
- 右缩进：用于设置段落文本向左（横排文字）或向上（直排文字）的缩进量，如图7-136所示是设置“右缩进”为6点时的段落效果。

图7—135

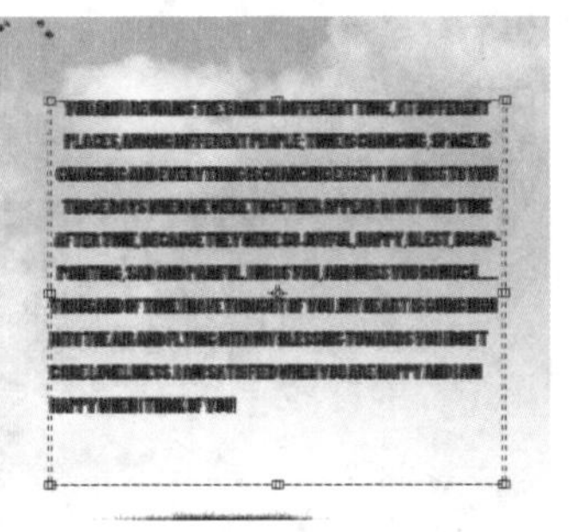

图7—136

- 首行缩进：用于设置段落文本中每个段落的第1行向右（横排文字）或第1列文字向下（直排文字）的缩进量，如图7-137所示是设置“首行缩进”为10点时的段落效果。
- 段前添加空格：设置光标所在段落与前一个段落之间的间隔距离，如图7-138所示是设置“段前添加空格”为10点时的段落效果。

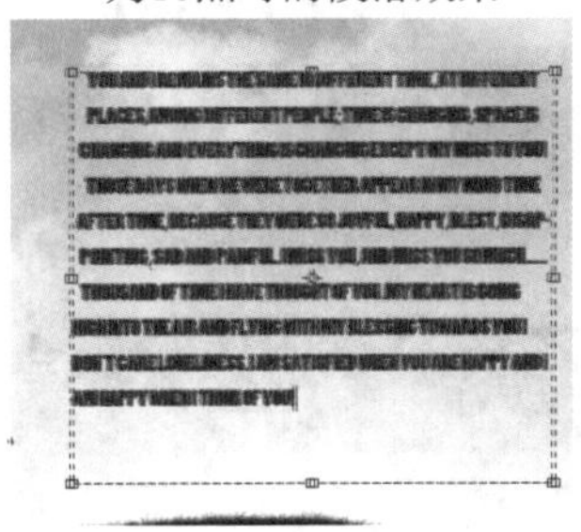

图7—137

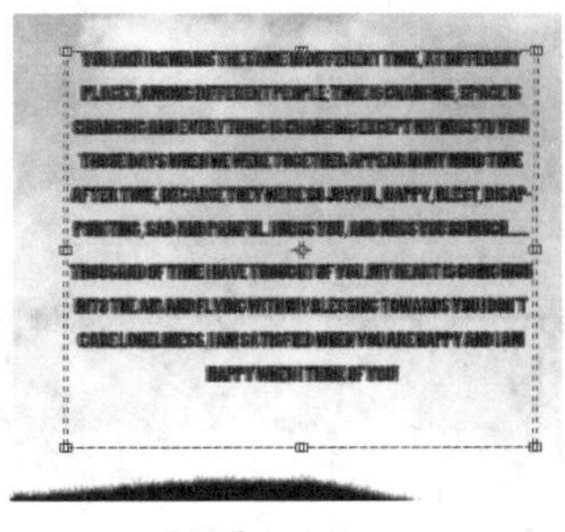

图7—138

- 段后添加空格：设置当前段落与另外一个段落之间的间隔距离，如图7-139所示是设置“段后添加空格”为10点时的段落效果。
- 避头尾法则设置：不能出现在一行的开头或结尾的字符称为避头尾字符，Photoshop提供了基于标准JIS的宽松和严格的避头尾集，宽松的避头尾设置忽略长元音字符和小平假名字符。选择“JIS宽松”或“JIS严格”选项时，可以防止在一行的开头或结尾出现不能使用的字母。
- 间距组合设置：间距组合用于设置日语字符、罗马字符、标点和特殊字符在行开头、行结尾和数字的间距文本编排方式。选择“间距组合1”选项，可以对标点使用半角间距；选择“间距组合2”选项，可以对行中除最后一个字符外的大多数字符使用全角间距；选择“间距组合3”选项，可以对行中的大多数字符和最后一个字符使用全角间距；选择“间距组合4”选项，可以对所有字符使用全角间距。
- 连字：选中“连字”复选框后，在输入英文单词时，如果段落文本框的宽度不够，英文单词将自动换行，并在单词之间用连字符连接起来，如图7-140所示。

图7—139　　图7—140

7.3.4 “字符样式”面板

技术速查：在“字符样式”面板中可以创建字符样式，更改字符属性，并将字符属性储存在“字符样式”面板中。

在进行例如书籍、报刊杂志等的包含大量文字排版的任务时，经常会需要为多个文字图层赋予相同的样式，而在Photoshop CS6中提供的“字符样式”面板功能为此类操作提供了便利的操作方式。在需要使用时，只需要选中文字图层，并单击相应字符样式即可，如图7-141所示。

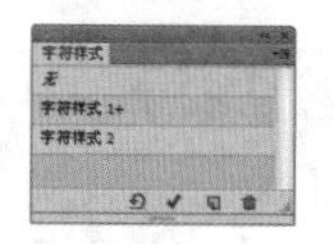
图7-141

- 清除覆盖：单击即可清除当前字体样式。
- 通过合并覆盖重新定义字符样式：单击该按钮，即可以所选文字合并覆盖当前字符样式。
- 创建新样式：单击该按钮，可以创建新的样式。
- 删除选项样式/组：单击该按钮，可以将当前选中的新样式或新样式组删除。

在“字符样式”面板中单击“创建新样式” 按钮，然后双击新创建出的字符样式，即可弹出“字符样式选项”对话框，在这里包含三组设置页面：“基本字符格式”、“ 高级字符格式”和“OpenType”功能，可以对字符样式进行详细的编辑，如图7-142所示。“字符样式选项”对话框中的选项与“字符”面板中的设置选项基本相同，这里不做重复讲解，如图7-143和图7-144所示。

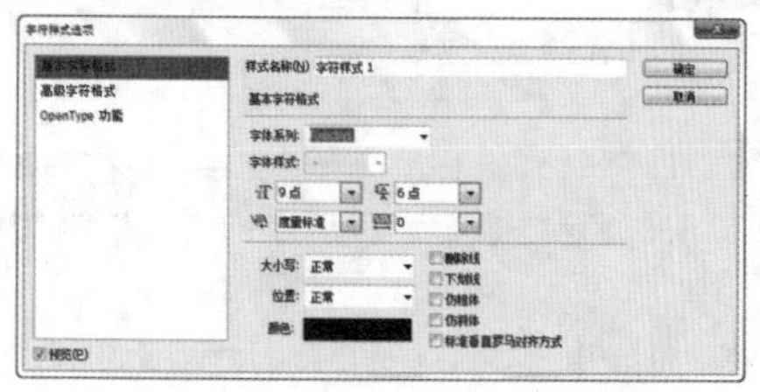
图7-142

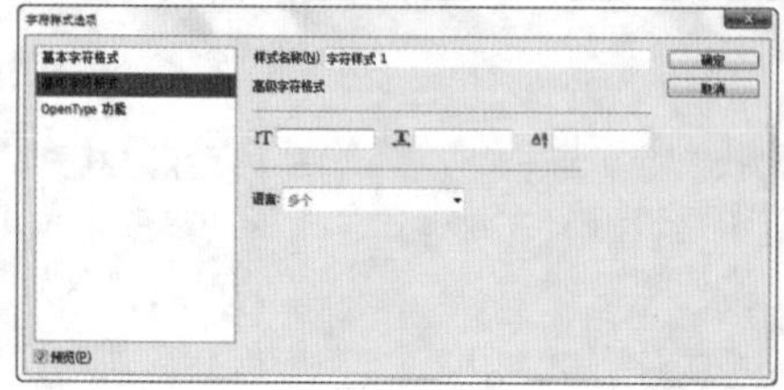
图7-143

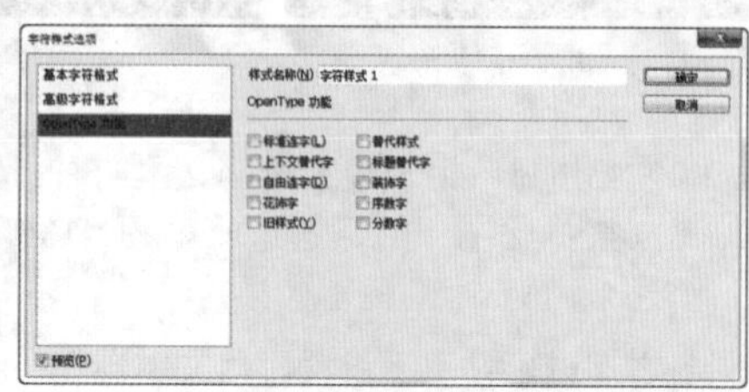
图7-144

如果需要将当前文字样式定义为可以调用的“字符样式”，那么可以在“字符样式”面板中单击“创建新样式” 按钮，创建一个新的样式，如图7-145所示。选中所需文字图层，并在“字符样式”面板中选中新建的样式，在该样式名称的后方会出现“+”，单击“通过合并覆盖重新定义字符样式” 按钮即可，如图7-146所示。

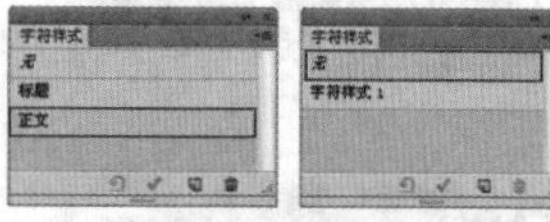
图7-145　图7-146

如果需要为某个文字使用新定义的字符样式，则选中该文字图层，并在“字符样式”面板中单击所需样式即可，如图7-147和图7-148所示。

如果需要去除当前文字图层的样式，选中该文字图层，并单击“字符样式”面板中的“无”即可，如图7-149所示。

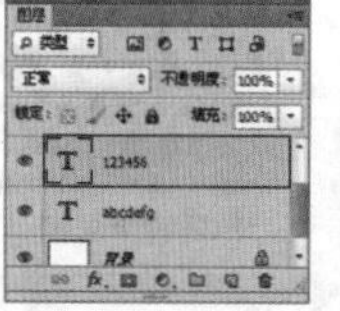
图7-147

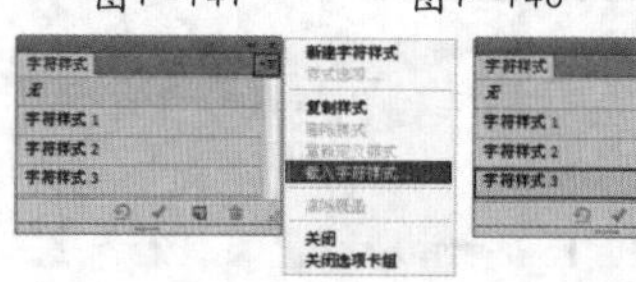
图7-148　图7-149

可以将另一个PSD文档的字符样式导入到当前文档中。打开“字符样式”面板，在其菜单中选择“载入字符样式”命令，弹出“载入”对话框，找到需要导入的素材，双击即可将该文件包含的样式导入到当前文档中，如图7-150所示。

如果需要复制或删除某一字符样式，只需在“字符样式”面板中选中某一项，并在菜单栏中执行“复制样式”或“删除样式”命令即可，如图7-151所示。

图7-150　图7-151

7.3.5 “段落样式”面板

技术速查：“段落样式”面板与“字符样式”面板的使用方法相同，都可以进行样式的定义、编辑与调用。

字符样式主要用于类似标题文字的较少文字的排版，而段落样式的设置选项多应用于类似正文的大段文字的排版，如图7-152所示。

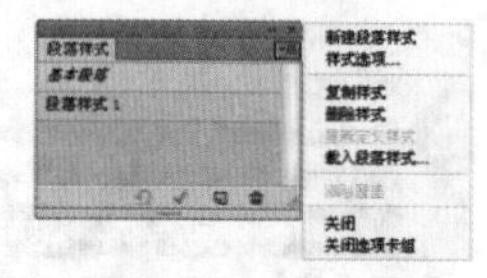
图7-152

7.4 文本对象的编辑操作

平面设计作品中经常需要添加大量的文案，在Photoshop中也可以对文字对象进行错误的检查、更正拼写、查找和替换文本等操作，这些功能在大量文字排版的作品制作中非常常用，如图7-153和图7-154所示。

图7-153

图7-154

7.4.1 拼写检查

技术速查：拼写检查可以检查当前文本中的英文单词拼写是否有错误。

选择需要处理的文本图层，然后执行“编辑>拼写检查”命令，打开“拼写检查”对话框，Photoshop会提供修改建议，如需更改单击“更改”按钮即可，单击“忽略”按钮可以忽略当前查找到的字符，如图7-155和图7-156所示。

图7—155

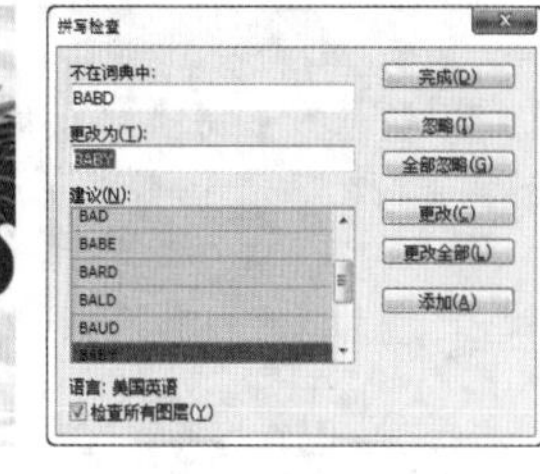

图7—156

- 不在词典中：在这里显示错误的单词。
- 更改为/建议：在“建议”列表中选择单词以后，“更改为”文本框中就会显示选中的单词。
- 忽略：继续拼写检查而不更改文本。
- 全部忽略：在剩余的拼写检查过程中忽略有疑问的字符。
- 更改：单击该按钮可以校正拼写错误的字符。
- 更改全部：校正文档中出现的所有拼写错误。
- 添加：可以将无法识别的正确单词存储在词典中。这样后面再次出现该单词时，就不会被检查为拼写错误。
- 检查所有图层：选中该复选框后，可以对所有文字图层进行拼写检查。

7.4.2 动手学：查找和替换文本

技术速查：使用“查找和替换文本”命令能够快速地查找和替换指定的文字。

选择需要处理的文本图层，执行“编辑>查找和替换文本”命令，打开“查找和替换文本”对话框，在这里设置“查找内容”和“更改为”的内容，然后单击“查找下一个”按钮即可进行查找，如图7-157所示。

图7—157

- 查找内容：在这里输入要查找的内容。
- 更改为：在这里输入要更改的内容。
- 查找下一个：单击该按钮即可查找到需要更改的内容。
- 更改：单击该按钮即可将查找到的内容更改为指定的文字内容。
- 更改全部：若要替换所有要查找的文本内容，可以单击该按钮。
- 完成：单击该按钮可以关闭“查找和替换文本”对话框，完成查找和替换文本的操作。
- 搜索所有图层：选中该复选框后，可以搜索当前文档中的所有图层。
- 向前：从文本中的插入点向前搜索。如果取消选中该复选框，不管文本中的插入点在任何位置，都可以搜索图层中的所有文本。
- 区分大小写：选中该复选框后，可以搜索与“查找内容”文本框中的文本大小写完全匹配的一个或多个文字。
- 全字匹配：选中该复选框后，可以忽略嵌入在更长字中的搜索文本。

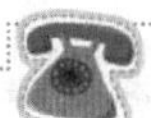

答疑解惑：如何为Photoshop添加其他的字体？

在实际工作中，为了达到特殊效果经常需要使用到各种各样的字体，这时就需要用户自己安装额外的字体。Photoshop中所使用的字体其实是调用操作系统中的系统字体，所以用户只需要把字体文件安装在操作系统的字体文件夹下即可。安装好字体以后，重新启动Photoshop就可以在选项栏中的字体系列中查找到安装的字体。目前比较常用的字体安装方法有以下几种。

- 光盘安装：打开光驱，放入字体光盘，光盘会自动运行安装字体程序，选中你所需要安装的字体，按照提示即可安装到指定目录下。
- 自动安装：很多时候我们使用到的字体文件是EXE格式的可执行文件，这种字库文件安装比较简单，双击运行并按照提示进行操作即可。
- 手动安装：当遇到没有自动安装程序的字体文件时，需要执行“开始>设置>控制面板”命令，打开控制面板，然后双击“字体”项目，接着将外部的字体复制到打开的“字体”文件夹中。

7.5 将文字图层转化为其他图层

文字图层作为一种特殊图层是无法直接进行扭曲变形、调色命令以及滤镜等操作的，如果想要对文字的形态进行更改，制作出艺术字效果或者进行滤镜操作，就需要将文字转换为普通图层或是形状图层等。如图7-158和图7-159所示为使用文字工具可以制作的丰富效果。

图7—158

图7—159

7.5.1 将文字图层转化为普通图层

Photoshop中的文字图层不能直接应用滤镜或进行涂抹绘制等变换操作，若要对文本应用这些滤镜或变换，就需要将其转换为普通图层，使矢量文字对象变成像素对象。在“图层”面板中选择文字图层，然后在图层名称上单击鼠标右键，在弹出的快捷菜单中选择“栅格化文字”命令，就可以将文字图层转换为普通图层，如图7-160所示。

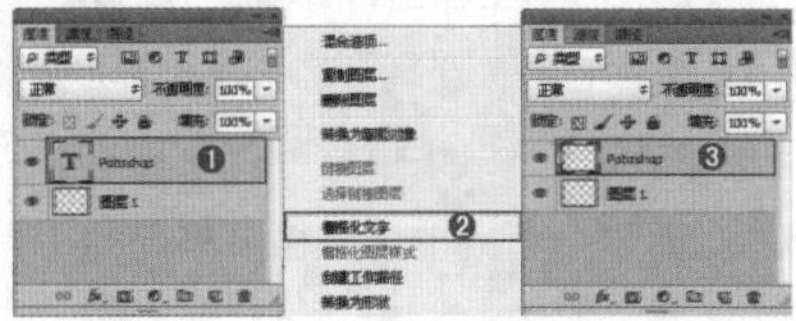

图7—160

★ 案例实战——栅格化文字制作文字招贴

案例文件	案例文件\第7章\栅格化文字制作文字招贴.psd
视频教学	视频文件\第7章\栅格化文字制作文字招贴.flv
难易指数	★★★★★
技术要点	文字工具、矩形选框工具

案例效果

本案例主要通过使用文字工具、矩形选框工具等命令制作文字招贴。效果如图7-161所示。

操作步骤

01 执行“文件>新建”命令，设置“宽度”为2290像素，“高度”为1550像素，如图7-162所示。

图7—161

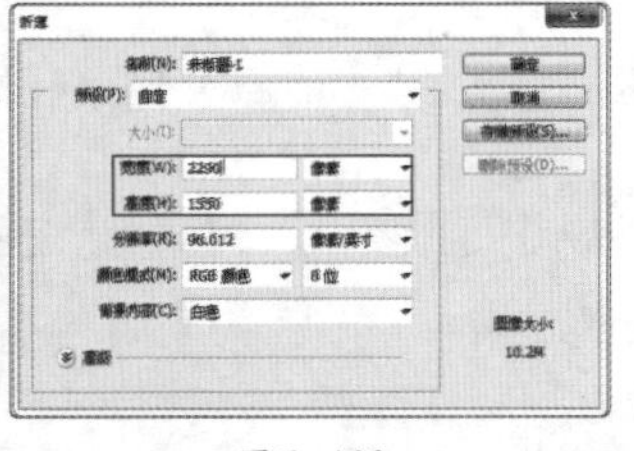

图7—162

02 单击工具箱中的“渐变工具”按钮，在选项栏中设置一种灰色系渐变，单击“径向渐变”按钮，如图7-163所示。在背景图层上从中心到四周进行拖曳填充，如图7-164所示。

图7—163

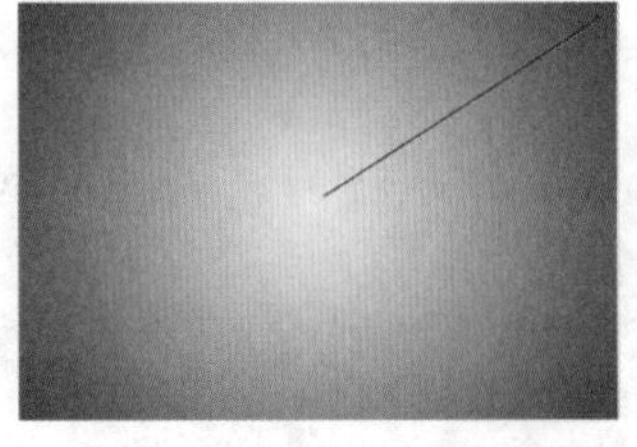

图7—164

03 单击工具箱中的“矩形选框工具”按钮，在画面中心位置绘制一个合适大小的矩形选区，如图7-165所示。新建图层，填充浅灰色，按Ctrl+D快捷键取消选区，如图7-166所示。

图7—165

图7—166

04 单击工具箱中的“文字工具”按钮，在选项栏中设置合适的字体及大小，在画面中输入字母，如图7-167所示。调整不同大小，输入其他字母，如图7-168所示。

图7—167

图7—168

05 合并文字和灰色矩形，使用矩形选框工具在文字左侧绘制一个合适大小的矩形选区，如图7-169所示。按Ctrl+J快捷键复制选区，为了方便观察，可以隐藏文字图层，如图7-170所示。

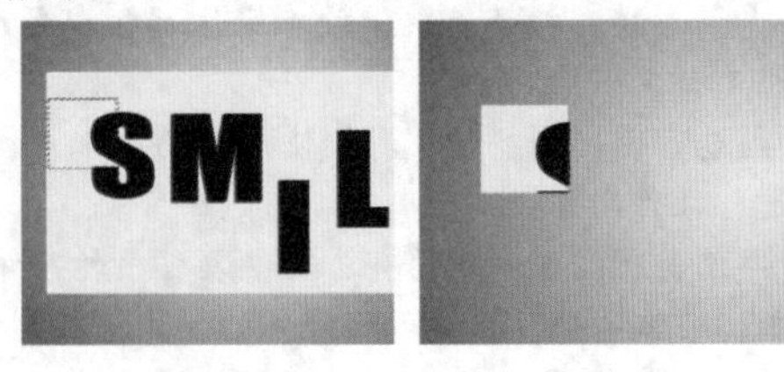

图7—169　　图7—170

06 执行“图层>图层样式>投影”命令，设置“不透明度”为50%，“角度”为101度，“距离”为21像素，“大小”为40像素，如图7-171和图7-172所示。

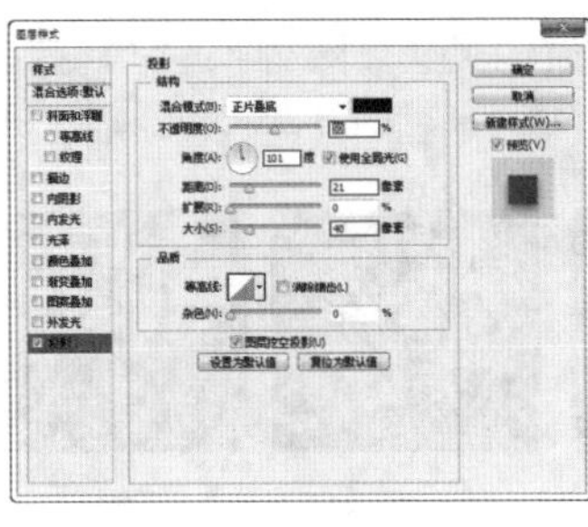

图7—171

图7—172

07 显示文字图层，继续使用矩形选框工具在文字上方绘制合适大小的矩形选区（选区之间要保留间距），如图7-173所示。按Ctrl+J快捷键复制选区内容，复制S选区图层的图层样式，在新复制的选区图层上粘贴图层样式，如图7-174所示。

图7—173

图7—174

08 同样方法复制出其他文字选区，粘贴阴影图层样式，适当调整位置，隐藏原始的文字图层，如图7-175所示。

图7—175

09 新建图层，使用黑色柔角画笔在四角处涂抹制作暗角效果，最终效果如图7-176所示。

图7—176

7.5.2 将文字转换为形状

技术速查：“转换为形状”命令可以将文字转换为矢量的形状图层。

选择文字图层，然后在图层名称上单击鼠标右键，在弹出的快捷菜单中选择“转换为形状”命令，执行该命令以后不会保留原始文字属性，如图7-177所示。

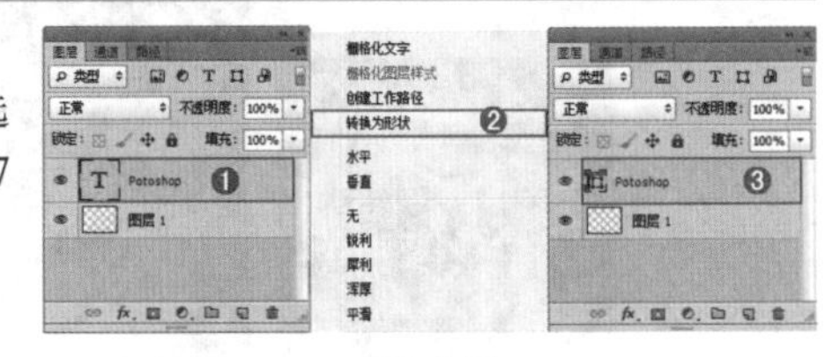

图7—177

☆ 视频课堂——使用文字工具制作清新自然风艺术字

案例文件\第7章\视频课堂——使用文字工具制作清新自然风艺术字.psd
视频文件\第7章\视频课堂——使用文字工具制作清新自然风艺术字.flv

思路解析：

01 使用横排文字工具分别输入4个文字。
02 转换为形状后，调整文字形态。
03 将所有文字合并为一个图层，并添加描边和外发光样式。
04 导入风景素材，对文字合并图层创建剪贴蒙版。
05 导入前景素材。

★ 案例实战——使用“文字转换为形状”命令制作创意字体海报

案例文件	案例文件\第7章\使用“文字转换为形状”命令制作创意字体海报.psd
视频教学	视频文件\第7章\使用“文字转换为形状”命令制作创意字体海报.flv
难易指数	★★★★★
技术要点	文字转换为形状、文字工具、钢笔工具

案例效果

本案例主要通过使用文字转换为形状、文字工具、钢笔工具等命令制作创意字体海报。效果如图7-178所示。

操作步骤

01 打开背景素材文件“1.jpg”，如图7-179所示。单击工具箱中的“多边形套索工具”按钮，在画面中合适位置绘制一个合适大小的四边形选区，如图7-180所示。

图7−178

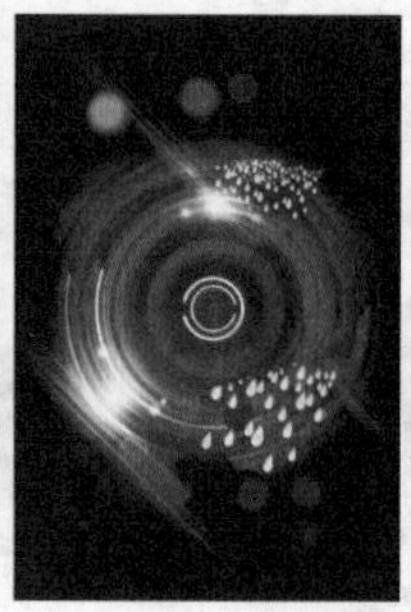
图7−179

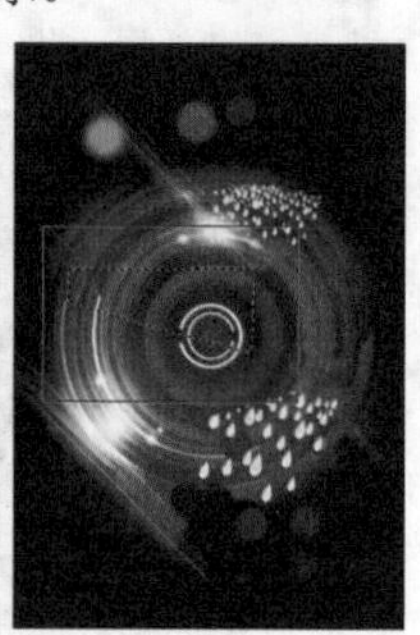
图7−180

02 新建图层填充一种从红色到黑色的渐变，如图7-181所示。继续使用多边形套索工具，绘制其他的图形，填充相应颜色，如图7-182所示。

图7−181

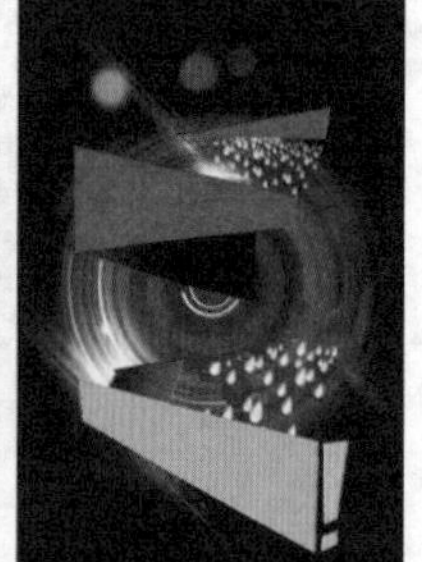
图7−182

03 单击工具箱中的“文字工具”按钮，在选项栏中设置合适的字体及大小，在画面中输入合适文字，如图7-183所示。在“图层”面板上单击鼠标右键，在弹出的快捷菜单中执行“栅格化图层”命令，然后执行“编辑>自由变换”命令，单击鼠标右键，在弹出的快捷菜单中执行“透视”命令，调整控制点，如图7-184所示。

图7−183

图7−184

04 单击鼠标右键，在弹出的快捷菜单中执行“自由变换”命令，将其旋转至合适角度，按Enter键结束操作，如图7-185所示。按Ctrl键并单击变形文字图层，载入变形文字选区，如图7-186所示。

05 选择黄色四边形图层，按Delete键删除文字选区部分，隐藏文字图层，如图7-187所示。同样的方法制作顶部红色四边形上镂空的文字效果，如图7-188所示。

图7−185

图7−186

图7−187

图7−188

06 设置合适字体，在画面中心位置输入白色文字，执行“图层>图层样式>投影”命令，设置“混合模式”为“正常”，选择一种淡蓝色，调整“不透明度”为26%，“距离”为36像素，“大小”为5像素，如图7-189和图7-190所示。

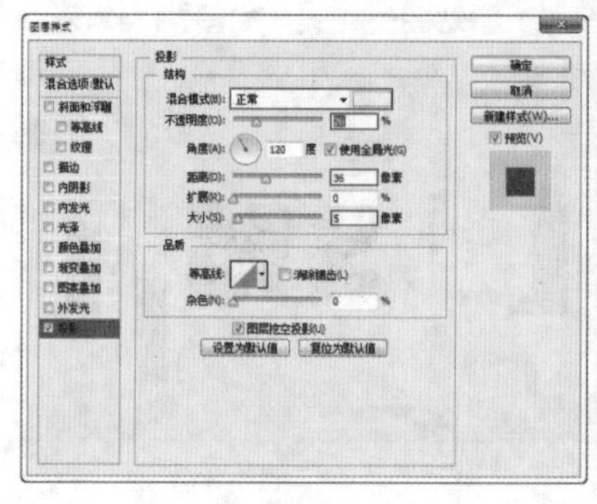
图7−189

图7−190

07 使用多边形套索工具在画面合适位置绘制四边形选区，新建图层，填充灰蓝色，如图7-191所示。使用文字工具输入合适的文字，如图7-192所示。选择文字图层，单击鼠标右键，在弹出的快捷菜单中执行“栅格化文字图层”命令，然后使用白色画笔在文字边缘上绘制飘逸的笔画，如图7-193所示。

图7−191

图7−192

图7−193

08 单击工具箱中的“椭圆选框工具”按钮，在画面中合适位置绘制一个椭圆形选区，新建图层并填充黄色，如图7-194所示。使用文字工具在圆形上输入合适文字，如图7-195所示。

09 继续使用文字工具在红色矩形上输入文字，如图7-196所示。调整字号大小，输入其他文字，如图7-197所示。载入文字图层选区，新建图层并填充白色，然后适当移动白色的文字图层，如图7-198所示。

图7-194

图7-195

图7-196

图7-197

图7-198

10 继续使用横排文字工具，设置合适字体及大小，在画面上方输入蓝色文字，旋转合适角度，如图7-199所示。单击工具箱中的“钢笔工具”按钮，在选项栏中设置“工具模式”为形状，调整“填充”颜色为蓝色，“描边”为无。在文字上绘制两个云朵的形状，最终效果如图7-200所示。

图7-199

图7-200

思维点拨：文字变形设计在标志设计中的应用

文字变形设计在标志设计中常以夸张的手法进行再现，运用各种对文字的变形赋予标志不同的含义及内容，使标志更具有内涵，引起人们对其关注，赢得人们的喜爱与欣赏，起到对产品及品牌的推广作用，达到对品牌的宣传目的，给人以深刻印象，如图7-201～图7-203所示。

图7-201

图7-202

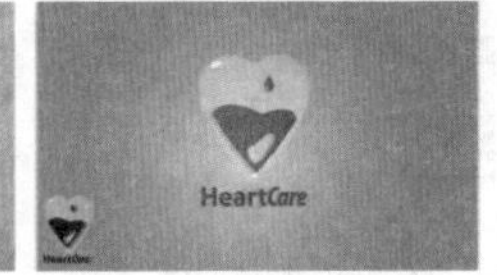

图7-203

7.5.3 创建文字的工作路径

技术速查：“创建工作路径”命令可以将文字的轮廓转换为工作路径。

选中文字图层，执行“文字>创建工作路径”命令，或在文字图层上单击鼠标右键，在弹出的快捷快捷菜单中执行“创建工作路径”命令，即可得到文字的路径，原始文字图层也不会被删除，如图7-204和图7-205所示。

图7-204

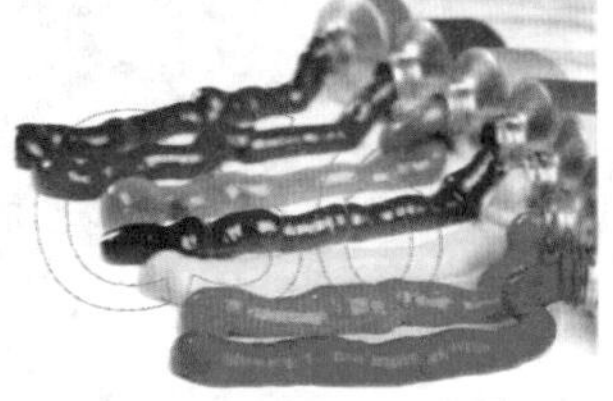

图7-205

★ 案例实战——创建工作路径制作云朵文字

案例文件	案例文件\第7章\创建工作路径制作云朵文字.psd
视频教学	视频文件\第7章\创建工作路径制作云朵文字.flv
难易指数	★★★★★
技术要点	文字工具、画笔工具、钢笔工具

案例效果

本案例主要通过使用文字工具、画笔工具、钢笔工具等命令创建工作路径制作云朵文字。效果如图7-206所示。

图7-206

操作步骤

01 打开背景素材“1.jpg”，如图7-207所示。单击工具箱中的“文字工具”按钮，在选项栏中设置一种合适的字体及大小，在画面中合适的位置输入文字，如图7-208所示。

图7-207

图7-208

02 选择文字图层，在“图层”面板上单击鼠标右键，在弹出的快捷菜单中执行“创建工作路径”命令，如图7-209所示。隐藏文字图层，画面中只显示路径，如图7-210所示。

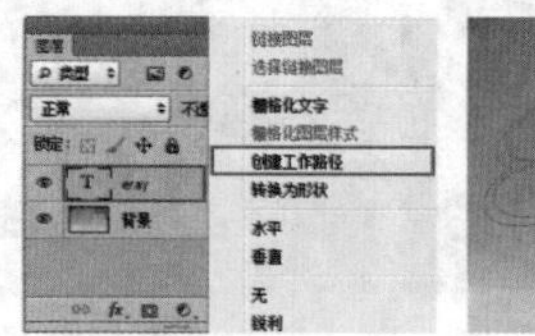
图7—209

图7—210

03 单击工具箱中的“画笔工具”按钮，按F5键打开“画笔”面板，选择一种柔角边画笔，设置“大小”为40像素，“间距”为35%，如图7-211所示。选中“形状动态”复选框，设置“大小抖动”为100%，如图7-212所示。

04 选中“散布”复选框，设置“散布”为235%，“数量”为5，如图7-213所示。选中“传递”复选框，设置“不透明度抖动”为20%，“流量抖动”为20%，如图7-214所示。

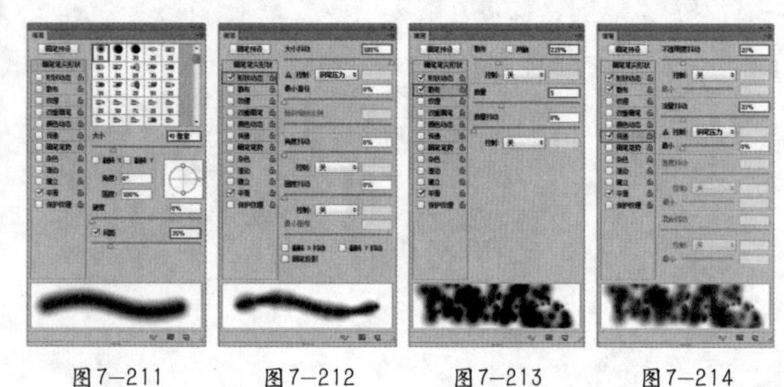
图7—211　图7—212　图7—213　图7—214

05 单击工具箱中的“路径选择工具”按钮，框选画面中的路径，如图7-215所示。新建图层，单击鼠标右键，在弹出的快捷菜单中执行“描边路径”命令，在选项面板中设置“工具”为画笔，如图7-216所示。

图7—215

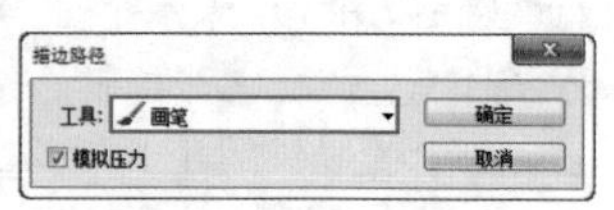

图7—216

06 单击“确定”按钮完成描边，如图7-217所示。单击鼠标右键，在弹出的快捷菜单中执行“删除路径”命令，如图7-218所示。

图7—217

图7—218

思维点拨

在进行一些真实存在的事物的模拟时，为了达到“以假乱真”的目的，通常需要找到大量的实拍素材进行参考。例如本案例中模拟的是云朵的效果，那么就需要使用云朵的照片进行参考，在图像中能够看到云朵具有形态不规则、薄厚不均匀、边缘较柔和、颜色为白色等特征。掌握了这些特征后在进行制图时就可以更好地进行模拟，如图7—219和图7—220所示。当然以此类推，想要模拟雪天的效果就需要参考真实的雪景，想要模拟沙漠效果就需要参考真实的沙漠图片。

图7—219

图7—220

07 单击工具箱中的“钢笔工具”按钮，在飞机与文字中间绘制一个曲线路径，如图7-221所示。新建图层，再次单击鼠标右键，在弹出的快捷菜单中执行“描边路径”命令，最后删除路径，效果如图7-222所示。

图7—221

图7—222

☆ 视频课堂——电影海报风格金属质感文字

案例文件\第7章\视频课堂——电影海报风格金属质感文字.psd
视频文件\第7章\视频课堂——电影海报风格金属质感文字.flv

思路解析：

01 使用横排文字工具在画面中单击并输入标题文字。
02 在标题文字下方输入四行文字，并在“字符”面板中设置对齐方式。
03 为标题文字设置图层样式。
04 复制标题文字的图层样式并粘贴到底部文字图层上。

★ 综合实战——清新岛屿海报设计

案例文件	案例文件\第7章\清新岛屿海报设计.psd
视频教学	视频文件\第7章\清新岛屿海报设计.flv
难易指数	★★★★★
技术要点	文字工具、图层样式

案例效果

本案例主要是利用文字工具和图层样式制作清新岛屿海报，如图7-223所示。

操作步骤

01 打开背景素材文件“1.jpg”，如图7-224所示。

图7-223

图7-224

02 导入树木1素材“2.jpg”，置于画面中合适位置，设置其“混合模式”为“深色”，如图7-225所示。效果如图7-226所示。

03 再次导入素材“3.png”，置于画面中合适位置。单击工具箱中的“横排文字工具”按钮，设置合适的字号以及字体，在画面中输入数字3，如图7-227所示。

图7-225

图7-226

图7-227

04 执行“图层>图层样式>渐变叠加”命令，编辑一种黄色系的渐变，设置“样式”为线性，如图7-228所示。选中“外发光”复选框，设置“不透明度”为90%，颜色为黄色，“方法”为“柔和”，“扩展”为35%，“大小”为20像素，如图7-229所示。效果如图7-230所示。

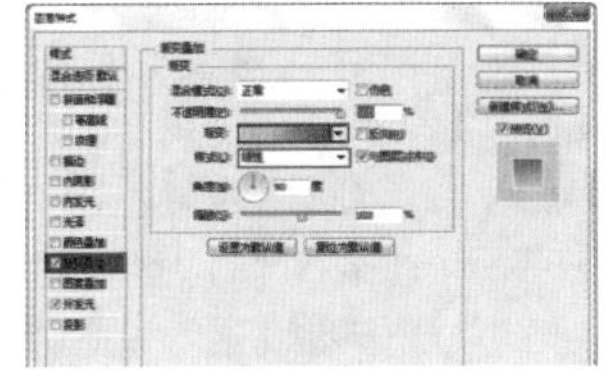

图7-228

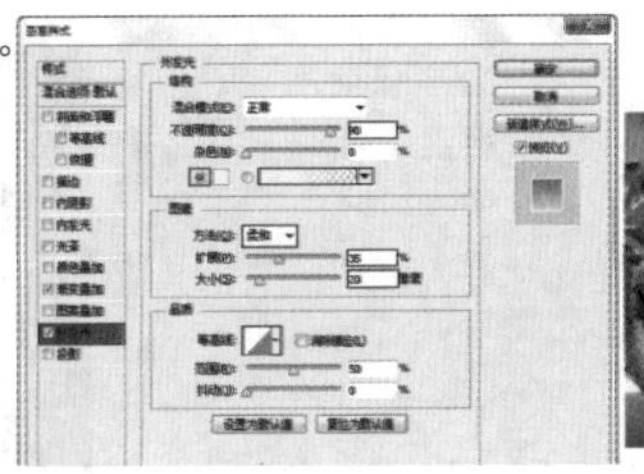

图7-229

图7-230

05 使用同样方法制作其他的文字，并再次导入素材“4.png”，如图7-231所示。

06 选中顶部的文字，按Ctrl+T快捷键对其执行“自由变换”命令，将其旋转到合适的角度，按住Ctrl键，单击并拖曳四角控制点，调整文字形状，如图7-232所示。按Enter键完成自由变换，如图7-233所示。

图7-231

图7-232

图7-233

07 选中除背景外的所有图层，将其置于同一图层组中，并将其命名为小岛，为其添加图层蒙版，隐藏合适的部分，如图7-234所示。效果如图7-235所示。

08 使用横排文字工具，设置合适的字体以及字号，在画面中输入文字，如图7-236所示。

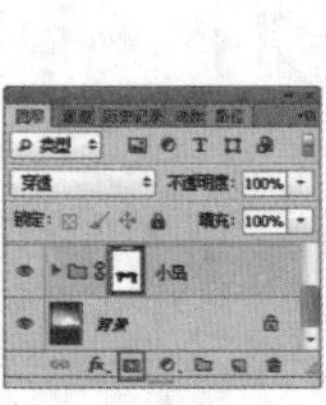

图7-234

图7-235

图7-236

09 对其执行“图层>图层样式>渐变叠加”命令，编辑一种黄绿色系的渐变颜色，设置“样式”为“线性”，如图7-237所示。选中“内发光”复选框，设置“混合模式”为“滤色”，设置颜色为黄色，“方法”为“柔和”，选中“边缘”单选按钮设置，设置“大小”为25像素，如图7-238所示。效果如图7-239所示。

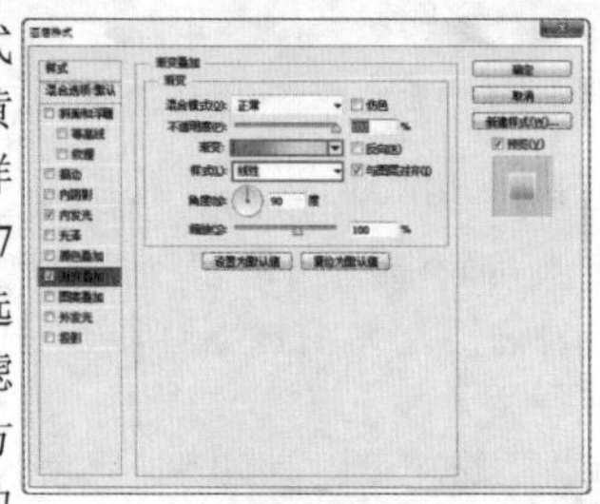

图7-237

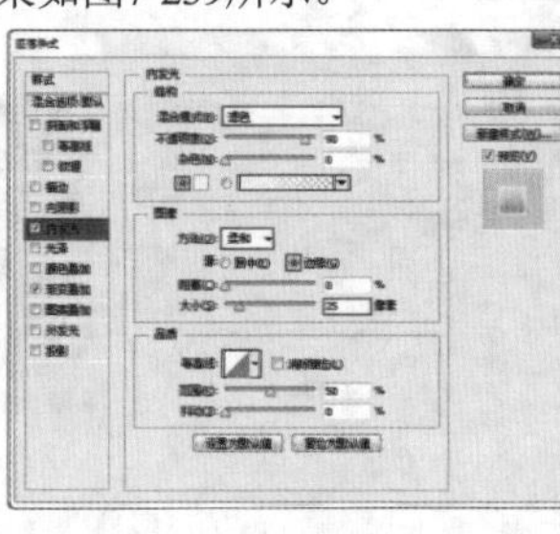

图7-238

图7-239

10 导入水花素材“5.png”置于文字上方，设置其混合模式为“滤色”，如图7-240所示。效果如图7-241所示。同样方法制作底部的文字，如图7-242所示。

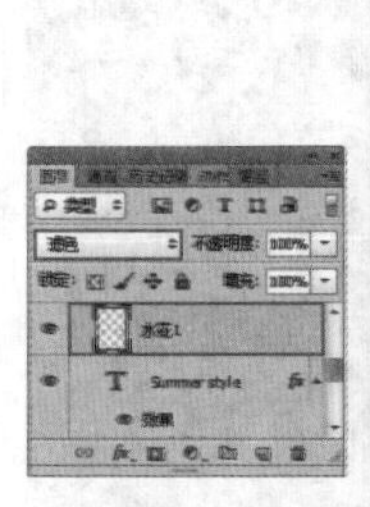

图7-240

图7-241

图7-242

11 再次使用横排文字工具设置合适的前景色，设置合适的字号以及字体，设置颜色为黄绿色，对齐方式为居中对齐，在画面中输入多行文字，效果如图7-243所示。同样的方法输入其他文字，如图7-244所示。

图7-243

图7-244

12 选中白色标题文字图层，执行“图层>图层样式>内发光”命令，设置其“不透明度”为100%，颜色为黄色，“大小”为40像素，如图7-245所示。选中“渐变叠加”复选框，编辑一种黄绿渐变，设置“样式”为“线性”，如图7-246所示。效果如图7-247所示。

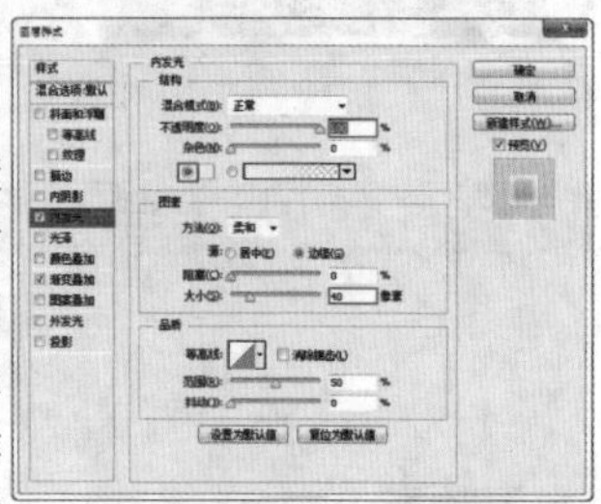

图7-245

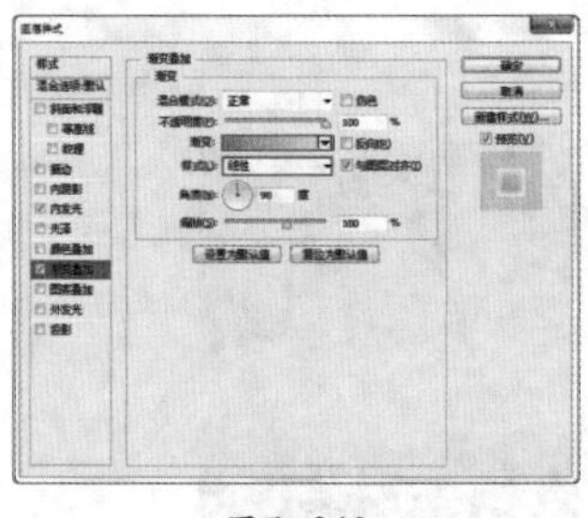
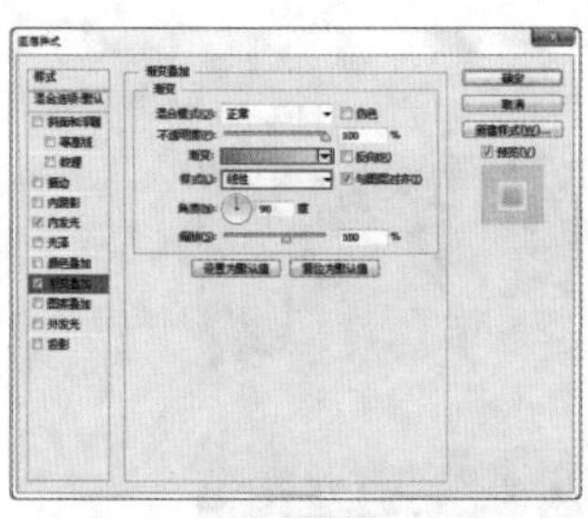

图7-246

图7-247

13 选中底部的红色文字图层，对其执行“图层>图层样式>外发光”命令，设置其“不透明度”为75%，颜色为黄色，“方法”为“柔和”，“扩展”为5%，“大小”为10像素，如图7-248和图7-249所示。

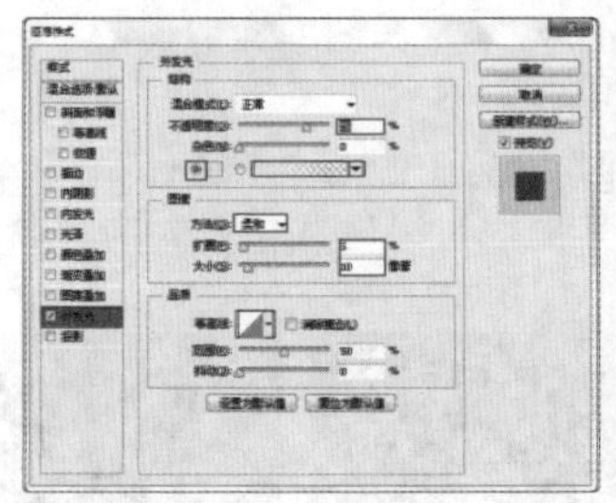

图7-248

图7-249

14 导入前景素材“6.png”置于画面中，效果如图7-250所示。

图7-250

★ 综合实战——制作杂志内页

案例文件	案例文件\第7章\制作杂志内页.psd
视频教学	视频文件\第7章\制作杂志内页.flv
难易指数	
技术要点	文字工具、矩形选框工具、圆角矩形工具

案例效果

本案例主要通过矩形选框工具、圆角矩形工具、文字工具等命令的使用制作杂志内页。效果如图7-251所示。

图7-251

操作步骤

01 打开背景素材文件“1.jpg”，如图7-252所示。单击工具箱中的“矩形选框工具”按钮，在画面右侧绘制一个同书面一样大小的矩形选区，如图7-253所示。

图7-252

图7-253

02 新建图层并填充白色，如图7-254所示。导入图片素材“2.jpg”，调整大小及位置，如图7-255所示。

图7-254

图7-255

03 为了方便观察，可以降低图片的不透明度，使用矩形选框工具绘制出左侧书页大小的矩形选区，如图7-256所示。选择图片素材图层，单击“图层”面板中的“添加图层蒙版”按钮，隐藏多余部分，如图7-257所示。

图7-256

图7-257

04 使用矩形选框工具在选项栏上单击“添加到选区”按钮，绘制两个小的矩形选区，新建图层，填充浅灰色，如图7-258所示。同样方法制作横向的黑色分割线，如图7-259所示。

图7-258

图7-259

05 单击工具箱中的“圆角矩形工具”按钮，在选项栏中设置“工具模式”为“形状”，“填充”为蓝色，“半径”为25像素，如图7-260所示。在画面中绘制合适大小的圆角矩形，如图7-261所示。

图7-260

图7-261

06 执行“图层>图层样式>渐变叠加”命令，设置“不透明度”为20%，调整一种黑色到白色的渐变，如图7-262所示。选中“投影”复选框，设置“距离”为5像素，“大小”为15像素，如图7-263和图7-264所示。

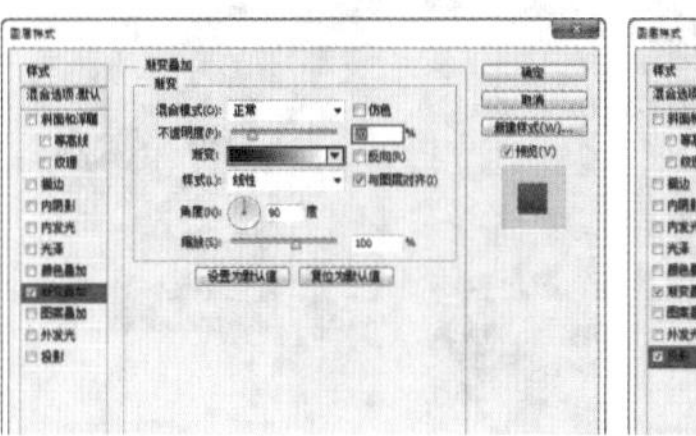

图7-262

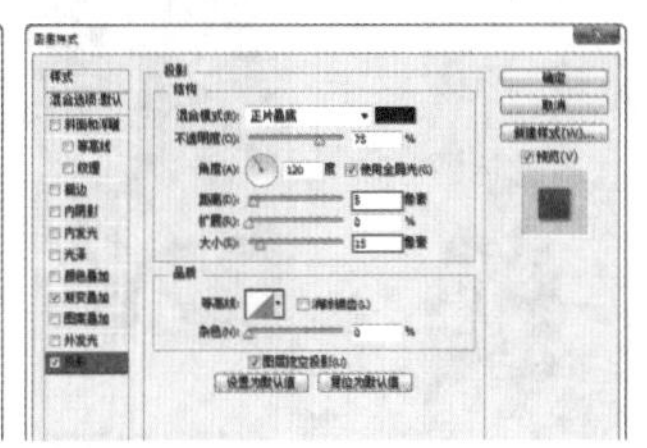

图7-263

图7-264

07 导入素材“3.png”，调整合适大小，将其放置在圆角矩形左上角，如图7-265所示。继续使用圆角矩形工具，在蓝色圆角矩形上绘制一个小一点的白色圆角矩形，如图7-266所示。

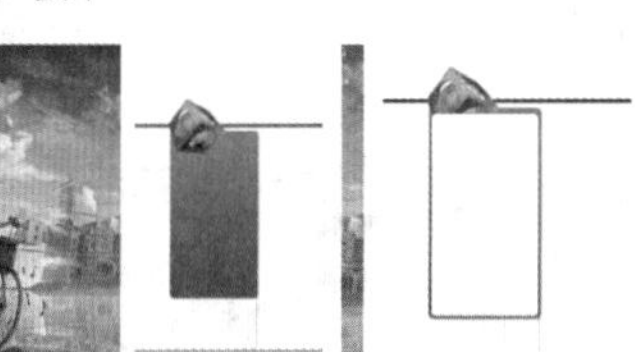

图7-265　图7-266

08 选择该图层，使用矩形选框工具在白色圆角矩形上绘制一个合适大小的矩形选框，如图7-267所示。按Delete键删除多余部分，如图7-268所示。

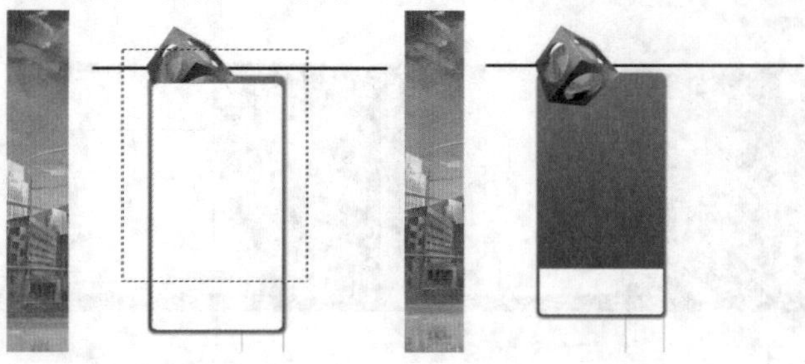

图7-267　图7-268

09 使用矩形选框工具在蓝色圆角矩形左侧绘制一个合适大小的矩形选区，新建图层并填充粉色，如图7-269所示。执行“图层>图层样式>投影”命令，设置“距离”为5像素，“大小”为15像素，如图7-270和图7-271所示。

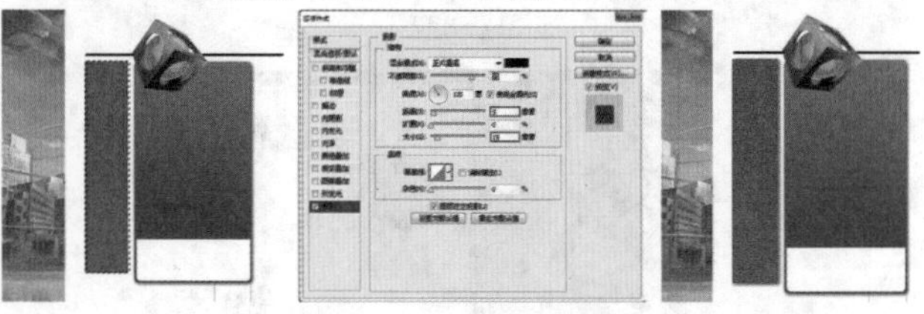

图7-269　图7-270　图7-271

10 在粉色矩形上绘制一个小一点的矩形选框，新建图层并填充白色，如图7-272所示。设置白色矩形“不透明度”为15%，如图7-273所示。

图7-272　图7-273

11 继续使用圆角矩形工具在蓝色矩形右上角绘制一个小一点的圆角矩形，填充任意颜色，如图7-274所示。执行“图层>图层样式>渐变叠加”命令，设置“不透明度”为100%，调整一种黄色系渐变，“角度”为22度，如图7-275所示。

图7-274　图7-275

12 选中“投影”复选框，设置“距离”为5像素，“大小”为5像素，如图7-276和图7-277所示。

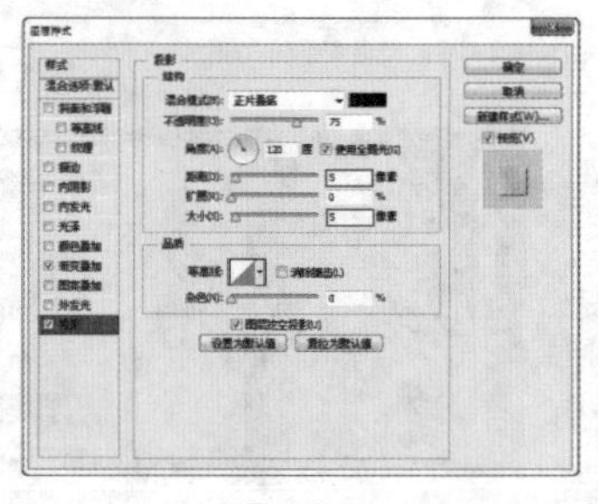

图7-276　图7-277

13 导入图像素材文件“4.jpg”，调整合适大小，将其放置在书页右下角，如图7-278所示。导入图像素材文件“5.jpg”，调整大小，将其放置在白色圆角矩形右侧，如图7-279所示。

图7-278　图7-279

14 单击工具箱中的“文字工具”按钮，在选项栏中设置合适字体及大小，在粉色矩形上方单击并输入文字，如图7-280所示。

15 继续使用文字工具，在粉色矩形上按住左键并拖曳，绘制一个合适大小的文字选框，如图7-281所示。在选项栏中设置合适大小及字体，单击选项栏中的“右对齐文本”按钮，在文字框中单击并输入文字，如图7-282所示。

图7-280　图7-281　图7-282

16 同样方法输入其他不同颜色及字体的文字，如图7-283所示。新建图层组，命名为“平面”，将制作的书页内容放置在图层组中，如图7-284所示。

图7-283　图7-284

17 设置该图层组的“混合模式”为“正片叠底”，如图7-285所示。使用矩形选框工具在左侧书页上绘制一个合适大小的选区，如图7-286所示。

图7—285

图7—286

18 单击工具箱中的“渐变工具”按钮，在选项栏中单击渐变编辑器，在编辑器中编辑一种黑色到透明的渐变。新建图层，在选区内从左到右拖曳填充，制作书页的阴影效果，如图7-287所示。设置该渐变图层的“混合模式”为“正片叠底”，“不透明度”为50%，如图7-288所示。

图7—287

图7—288

19 同样方法在合适位置制作白色到透明的渐变，如图7-289所示。设置白色图层的“混合模式”为“柔光”，最终效果如图7-290所示。

图7—289

图7—290

课后练习

【课后练习——使用文字工具制作欧美风海报】

思路解析：本案例主要使用到了文字工具，通过对创建的文字进行属性与样式的更改，制作出丰富的文字海报效果。

本章小结

本章主要讲解了文字工具的使用方法，通过“字符/段落”面板更改文字属性，以及使用“文字”菜单中的命令对文字进行编辑。但是文字的应用却不仅仅局限在图像上的说明，更多的时候文字的出现是为了丰富和增强画面效果。所以这就需要我们将文字工具与其他知识相结合使用，例如文字与图层样式的结合可以制作出多种多样的特效文字，文字与矢量工具结合可以制作出变化万千的艺术字，文字与图像的结合则能够制作出丰富多彩的设计作品。

读书笔记

第8章

钢笔工具与矢量对象

本章内容简介：

矢量图形因其缩放数倍不会变虚的特性而被广泛使用在平面设计中，而且矢量图形所特有的视觉效果也备受追捧。比较有代表性的矢量软件有Adobe Illustrator、CorelDraw、CAD等。在Photoshop中也有两组专门用于绘制和编辑矢量对象的工具组：钢笔工具组和形状工具组。通过这两组工具的使用不仅仅可以制作矢量风格广告，还可以为位图的设计作品添加矢量元素以增强画面美感。更重要的是钢笔工具不仅仅用于绘制矢量图形，更多的时候还被用在精确抠图中。

本章学习要点：

- 熟练掌握钢笔工具的使用方法
- 掌握路径的操作与编辑方法
- 掌握形状工具的使用方法
- 掌握“路径”面板的使用方法

8.1 矢量对象相关知识

矢量图像也称为矢量形状或矢量对象，在数学上定义为一系列由线连接的点。与位图图像不同，矢量文件中的图形元素称为矢量图像的对象，每个对象都是一个自成一体的实体，它具有颜色、形状、轮廓、大小和屏幕位置等属性，所以矢量图形与分辨率无关，任意移动或修改矢量图形都不会丢失细节或影响其清晰度。如图8-1和图8-2所示为矢量作品。

技巧提示

当调整矢量图形的大小、将矢量图形打印到任何尺寸的介质上、在PDF文件中保存矢量图形或将矢量图形导入到基于矢量的图形应用程序中时，矢量图形都将保持清晰的边缘。

图8-1

图8-2

钢笔工具主要用于绘制不规则的图形，而形状工具则是通过选取内置的图形样式绘制较为规则的图形。在使用Photoshop中的钢笔工具和形状工具绘图前，首先要了解使用这些工具可以绘制出什么对象，也就是通常所说的绘图模式。而在了解了绘图模式之后，就需要了解路径与锚点之间的关系，因为在使用钢笔工具等矢量工具绘图时，基本上都会涉及它们。

8.1.1 了解绘图模式

Photoshop的矢量绘图工具包括钢笔工具和形状工具。在使用钢笔工具和形状工具绘图前首先要在工具选项栏中选择合适的绘图模式，在选项栏中单击“绘图模式”按钮，在弹出的菜单中可以看到形状、路径和像素3种类型，如图8-3所示。不同的绘制模式需要设置的内容不同，例如“形状”模式需要设置填充以及描边的内容，“路径”则无须设置，而“像素”只需要设置前景色即可。分别使用这3种绘图模式绘制的效果如图8-4所示。

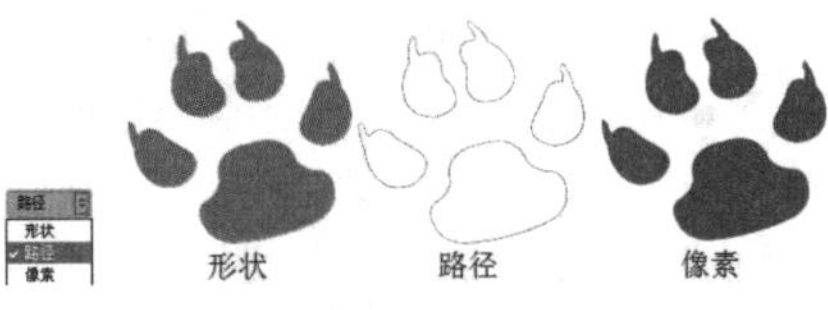

图8-3　图8-4

- 形状：使用该模式可以创建出带有矢量路径以及填充描边属性的“形状”图层。
- 路径：路径是由线段和锚点组成的，锚点标记路径上每一条线段的两个端点，锚点可以控制曲线。在曲线段上，每个选中的锚点显示一条或两条方向线，方向线以方向点结束。
- 像素：使用当前设置的形状工具类型在画面中绘制出像素图像，而不包含矢量路径。

创建形状

01 在工具箱中单击“自定义形状工具”按钮，然后设置绘制模式为“形状”后，可以在选项栏中单击填充：或描边：，在弹出的窗口中设置渐变或填充的类型，可以从“无颜色”、“纯色”、“渐变”、“图案”4个类型中选择一种。然后单击按钮，在弹出的“描边选项”对话框中设置形状描边的类型，也可以单击“描边选项”对话框底部的“更多选项”按钮，在弹出的“描边”对话框中进行进一步的设置，如图8-5所示。

02 设置了合适的选项后，在画布中进行拖曳即可出现形状，绘制形状可以在单独的一个图层中创建形状，在“路径”面板中显示了这一形状的路径，如图8-6所示。

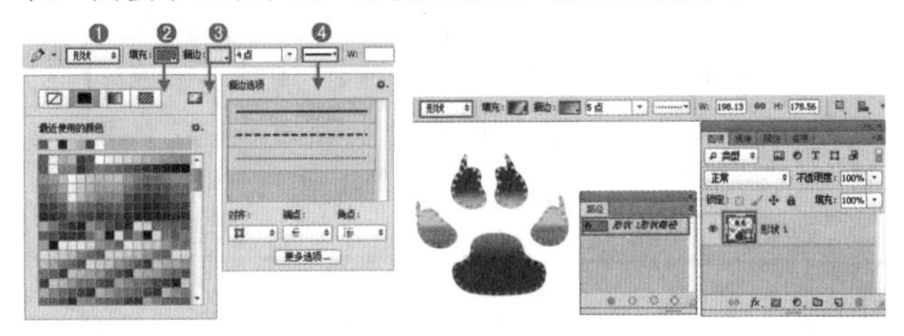

图8-5　图8-6

技巧提示

在“描边选项”对话框中可以选择预设的描边类型，还可以对描边的对齐方式、端点类型以及角点类型进行设置，如图8-7所示。单击“更多选项”按钮，在弹出的“描边”对话框中创建新的描边类型，如图8-8所示。

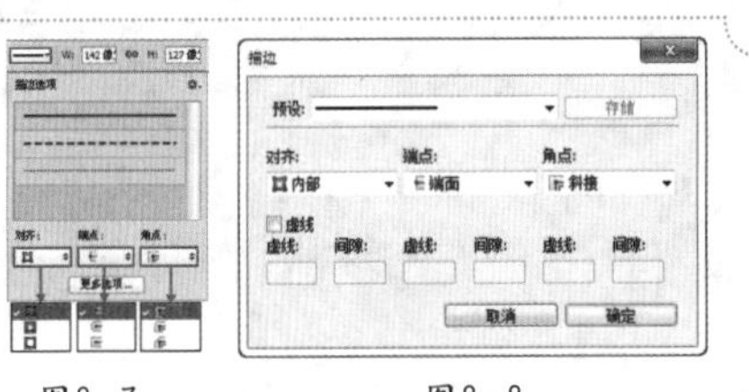

图8-7　图8-8

创建路径

单击工具箱中的形状工具，然后在选项栏中选择“路径”选项，可以创建工作路径。工作路径不会出现在“图层”面板中，只出现在“路径”面板中。绘制完毕后可以在选项栏中快速地将路径转换为选区、蒙版或形状，如图8-9所示。

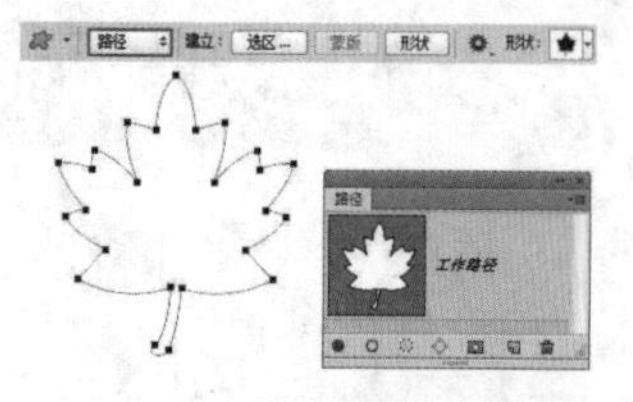

图8-9

创建像素

在使用形状工具状态下可以选择“像素”方式，在选项栏中设置绘制模式为“像素”，设置合适的混合模式与不透明度。这种绘图模式会以当前前景色在所选图层中进行绘制，如图8-10所示。

图8-10

8.1.2 认识路径与锚点

在矢量工具的3种绘制模式中，“路径”模式与“形状”模式绘制出的对象都包含矢量路径，那么路径是什么呢？路径上的点又是什么呢？如图8-11所示。

路径

路径是一种轮廓，虽然路径不包含像素，但是可以使用颜色填充或描边路径。路径可以作为矢量蒙版来控制图层的显示区域。为了方便随时使用，可以将路径保存在“路径”面板中，并且路径可以转换为选区。

路径可以使用钢笔工具和形状工具来绘制，绘制的路径可以是开放式、闭合式和组合式，如图8-12所示。

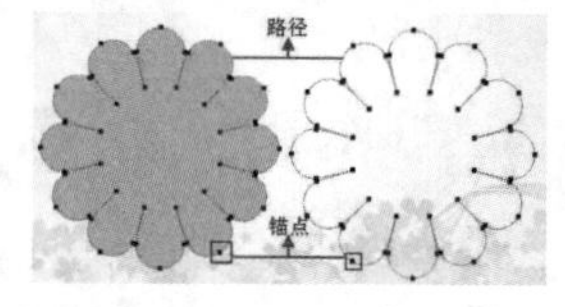

图8-11

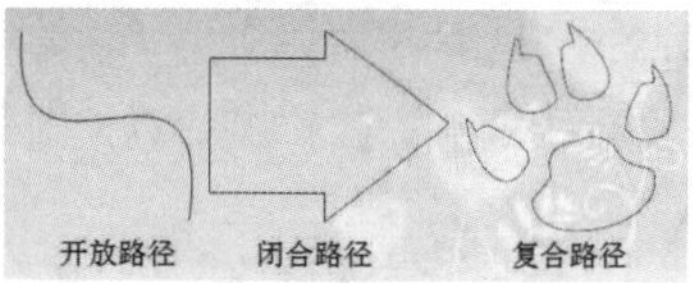

开放路径 闭合路径 复合路径

图8-12

锚点

路径由一个或多个直线段或曲线段组成，锚点标记路径段的端点。在曲线段上，每个选中的锚点显示一条或两条方向线，方向线以方向点结束，方向线和方向点的位置共同决定了曲线段的大小和形状（A：曲线段，B：方向点，C：方向线，D：选中的锚点，E：未选中的锚点），如图8-13所示。

锚点分为平滑点和角点两种类型。由平滑点连接的路径段可以形成平滑的曲线，如图8-14所示；由角点连接起来的路径段可以形成直线或转折曲线，如图8-15所示。

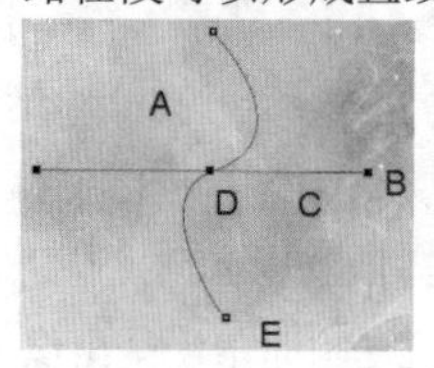

图8-13

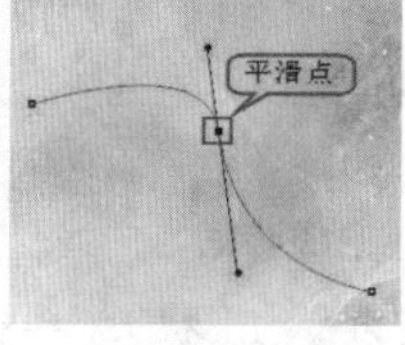

图8-14

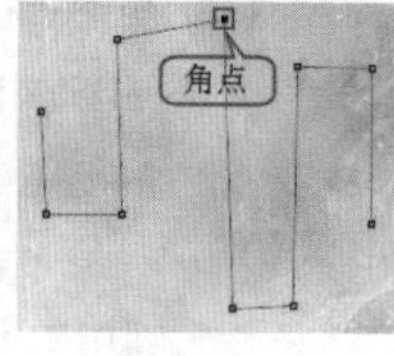

图8-15

8.1.3 路径与抠图

钢笔工具作为矢量工具可以绘制出矢量的路径，如图8-16所示。而路径可以转换成选区，如图8-17所示。得到选区后即可将主体分离出来，如图8-18所示。也就是说钢笔工具可以间接地制作选区，这也就达到了抠图的目的。

图8-16

图8-17

图8-18

8.2 使用钢笔工具绘制矢量对象

在Photoshop中有两种钢笔工具，即钢笔工具和自由钢笔工具，都位于钢笔工具组中。右击钢笔工具组按钮，在弹出的菜单中可以看到这两个工具，如图8-19所示。另外，从自由钢笔工具还能够延伸出磁性钢笔工具，常用于抠图合成中。如图8-20和图8-21所示为使用钢笔工具制作的作品。

图8-19　　图8-20　　图8-21

8.2.1 钢笔工具

视频精讲：Photoshop CS6新手学视频精讲课堂/使用钢笔工具.flv

技术速查：使用钢笔工具可以绘制任意形状的直线或曲线路径。

钢笔工具是最基本、最常用的路径绘制工具，钢笔工具的使用方法非常简单，在画面中单击即可创建锚点，再次单击创建出第二个锚点，两点之间即可出现路径。在选项栏中可以看到钢笔工具智能绘制出“形状”与“路径”两种类型的对象，其选项栏如图8-22所示。另外，钢笔工具的选项栏中有一个“橡皮带”选项，选中该复选框后，可以在绘制路径的同时观察到路径的走向。

图8-22

8.2.2 动手学：使用钢笔工具绘制直线路径

01 单击工具箱中的“钢笔工具”按钮，然后在选项栏中单击“路径”按钮，将光标移至画面中，单击可创建一个锚点，如图8-23所示。

02 松开鼠标，将光标移至下一处位置单击创建第2个锚点，两个锚点会连接成一条由角点定义的直线路径，如图8-24所示。继续绘制出第3个点，如图8-25所示。

03 将光标放在路径的起点时光标会变为，单击即可得到闭合路径，如图8-26所示。如果要结束一段开放式路径的绘制，可以按住Ctrl键并在画面的空白处单击，单击其他工具，或者按Esc键也可以结束路径的绘制，如图8-27所示。

技巧提示

按住Shift键可以绘制水平、垂直或以45°角为增量的直线。

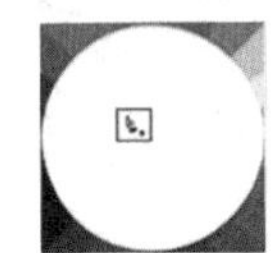
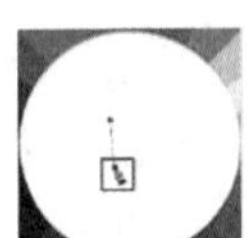
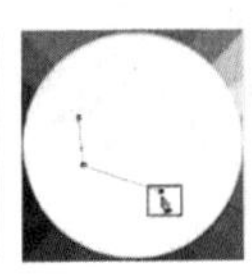
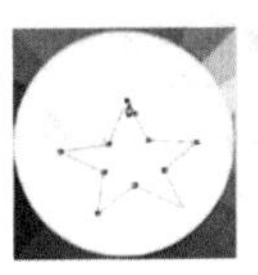

图8-23　　图8-24　　图8-25　　图8-26　　图8-27

8.2.3 动手学：使用钢笔工具绘制曲线路径

01 单击工具箱中的“钢笔工具”按钮，然后在选项栏中单击“路径”按钮，接着在画布中单击创建出第一个锚点，然后将光标移动到另外的位置按住鼠标左键并拖曳光标即可创建一个平滑点，如图8-28所示。

02 将光标放置在下一个位置，再次按住鼠标左键并拖曳光标创建第2个平滑点，注意要控制好曲线的走向，如图8-29所示。继续绘制出其他的平滑点，如图8-30所示。

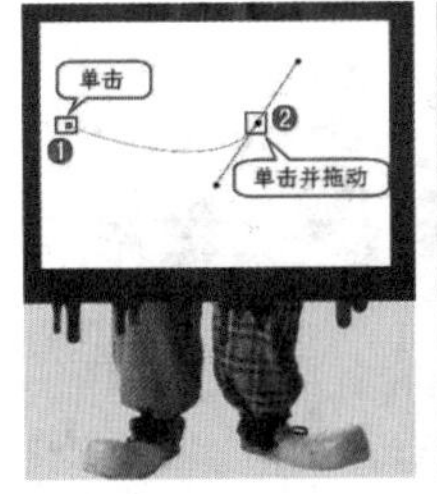

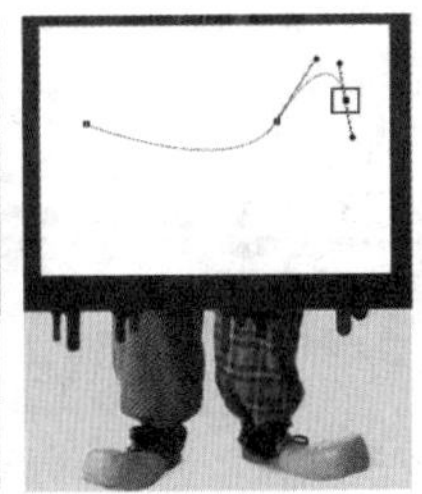
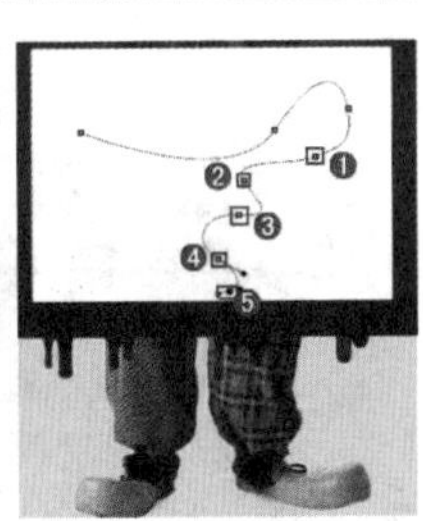

图8-28　　图8-29　　图8-30

技巧提示

初次使用钢笔工具绘制曲线路径时可能很难控制绘制曲线的走向，如果绘制的曲线与预期不符，或创建的锚点为尖角的点也没关系，可以通过使用转换锚点工具以及直接选择工具进行路径形态的调整。

★ 案例实战——城市主题设计感招贴

案例文件	案例文件\第8章\城市主题设计感招贴.psd
视频教学	视频文件\第8章\城市主题设计感招贴.flv
难易指数	★★★★★
技术要点	钢笔工具、形状、文字工具

案例效果

本案例主要使用钢笔工具、形状工具和文字工具等制作城市主题设计感招贴，如图8-31所示。

操作步骤

01 打开素材文件“1.jpg”，如图8-32所示。

图8-31

图8-32

02 单击工具箱中的“钢笔工具”按钮，在选项栏中设置绘制模式为“形状”，设置填充类型为渐变，编辑一种粉色系渐变，设置描边颜色为深一些的粉色，设置描边宽度为1点，如图8-33所示。

03 在画面中绘制一个四边形，如图8-34所示。

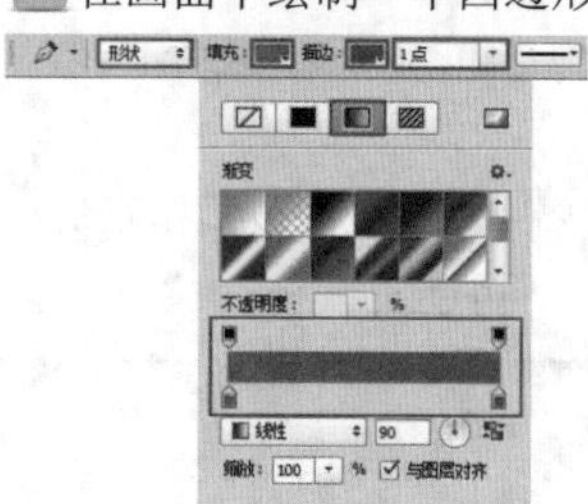
图8-33

图8-34

04 同样的方法再次使用钢笔工具在底部绘制多边形形状，设置合适的填充色以及描边颜色，如图8-35所示。

05 继续在侧面绘制形状，设置填充颜色为紫红色，此时一个立方体绘制完成，如图8-36所示。

图8-35

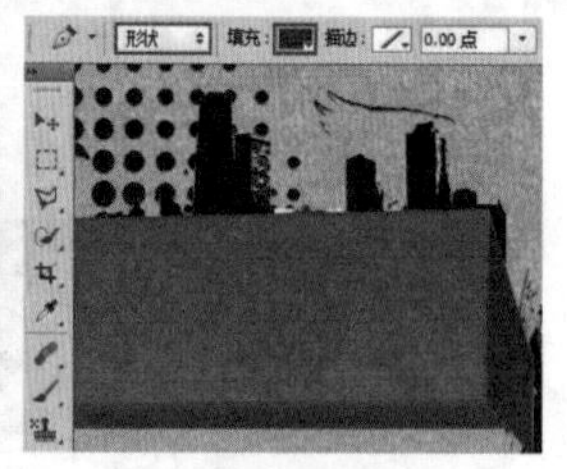
图8-36

06 同样方法制作其他的立方体，效果如图8-37所示。

07 继续使用钢笔工具，在选项栏中设置填充颜色为黑色，在画面中绘制黑色区域，如图8-38所示。

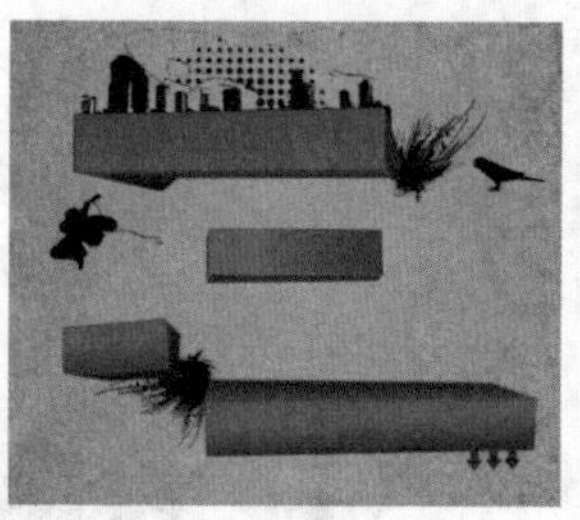
图8-37

图8-38

技巧提示

如果想要使绘制的两部分作为一个形状图层，那么就需要在绘制第二部分之前在选项栏中设置绘制模式为“合并形状”，如图8-39所示。

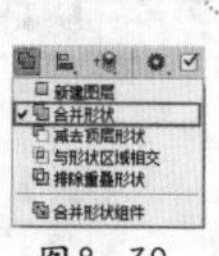

图8-39

08 使用横排文字工具在画面中合适位置单击输入文字，效果如图8-40所示。

图8-40

答疑解惑：矢量图像主要应用在哪些领域？

矢量图像在设计中应用得比较广泛。例如常见的室外大型喷绘：为了保证放大数倍后的喷绘质量，又需要在设备能够承受的尺寸内进行制作，所示使用矢量软件进行制作非常合适。另一种是网络中比较常见的Flash动画，因其独特的视觉效果以及较小的空间占用量而广受欢迎。矢量图像的每一点都有自己的属性，因此放大后不会失真，而位图由于受到像素的限制，因此放大后会失真模糊。

8.2.4 自由钢笔工具

视频精讲：Photoshop CS6新手学视频精讲课堂/自由钢笔工具的使用.flv

技术速查：使用自由钢笔工具可以绘制出比较随意的路径以及矢量形状。

单击工具箱中的“自由钢笔工具”按钮，在路径的起点处按住鼠标左键并拖动光标，光标移动经过的路径将自动添加锚点。无须确定锚点的位置，就像用铅笔在纸上随意地绘图一样，完成路径后可进一步对其进行调整，如图8-41所示。

单击控制栏中的按钮，在下拉菜单中可以设置“拟合曲线”的控制参数，该数值越高，创建的路径锚点越少，路径越简单，如图8-42所示为曲线拟合数值为10像素；该数值越低，创建的路径锚点越多，路径细节越多，如图8-43所示为曲线拟合数值为1像素。

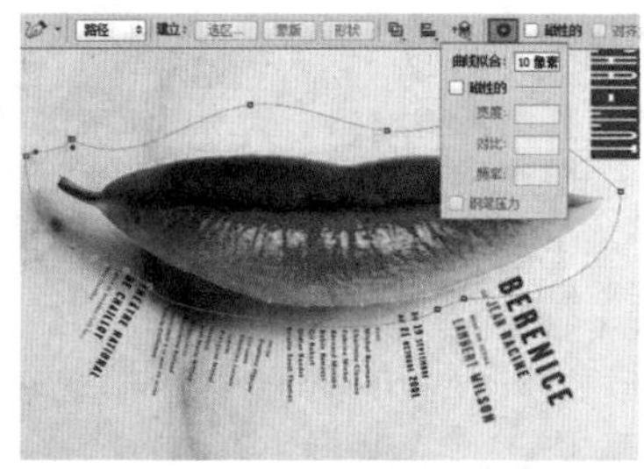

图8—41

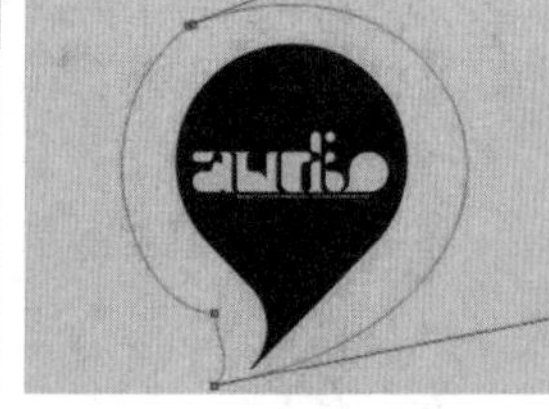

图8—42

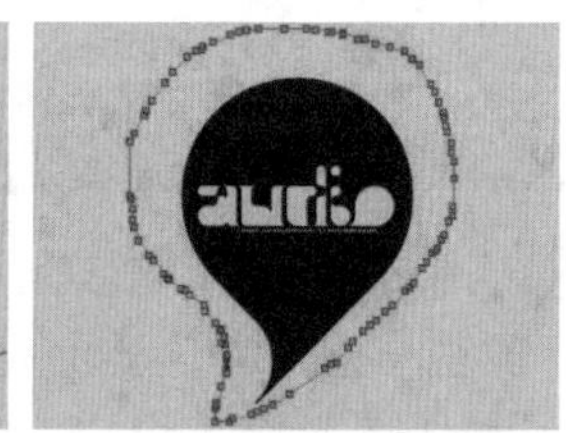

图8—43

8.2.5 磁性钢笔工具

技术速查：磁性钢笔工具可以自动识别颜色差异并创建路径，常用于抠图操作中。

在自由钢笔工具的选项栏中有一个“磁性的”复选框，选中该复选框将切换为磁性钢笔工具。使用磁性钢笔工具在起点处单击，然后移动光标，随着光标的移动光标会沿着不同颜色之间的交接处自动创建锚点，使用该工具可以像使用磁性套索工具一样快速勾勒出对象轮廓的路径，如图8-44所示。

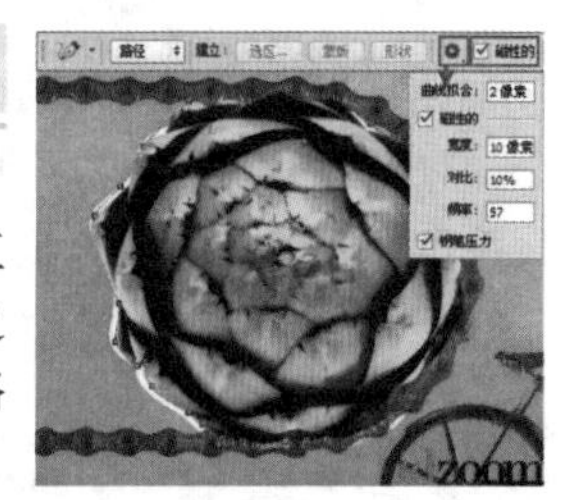

图8—44

☆ 视频课堂——使用钢笔工具抠图合成

案例文件\第8章\视频课堂——使用钢笔工具抠图合成.psd

视频文件\第8章\视频课堂——使用钢笔工具抠图合成.flv

思路解析：

01 打开人像素材，使用钢笔工具绘制需要保留的人像部分的路径。

02 将路径转换为选区。

03 以人像选区为人像图层添加图层蒙版，使背景隐藏。

04 导入新的前景背景素材。

8.3 路径形状编辑

在8.2节中讲解了使用钢笔工具创建路径的过程，如果对创建出的路线形态不满意，则可以通过使用路径选择工具、直接选择工具、添加锚点工具、删除锚点工具以及转换为点工具进行调整。如图8-45和图8-46所示为使用路径形状工具制作的作品。

图8—45

图8—46

8.3.1 使用路径选择工具选择并移动路径

技术速查：想要移动图像内容可以使用工具箱中的移动工具，而想要选择或移动矢量路径对象则需要使用工具箱中的路径选择工具。

使用路径选择工具单击路径上的任意位置可以选择单个的路径，如图8-47所示。按住Shift键单击可以选择多个路径，如图8-48所示。

选中某个路径后，按住鼠标左键并拖动即可移动路径，如图8-49和图8-50所示。如果移动时按住Alt键可实现移动复制，如图8-51所示。

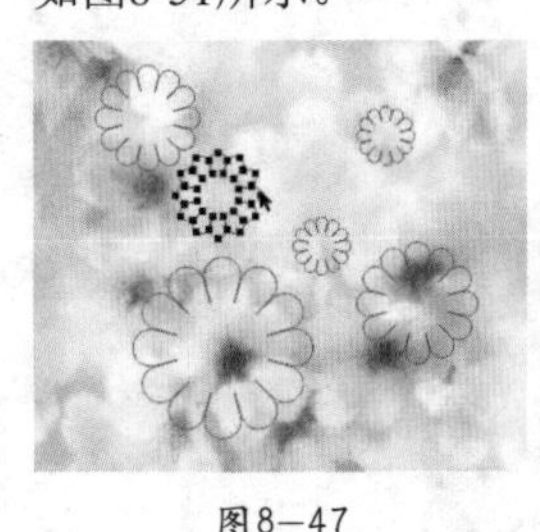

图8—47

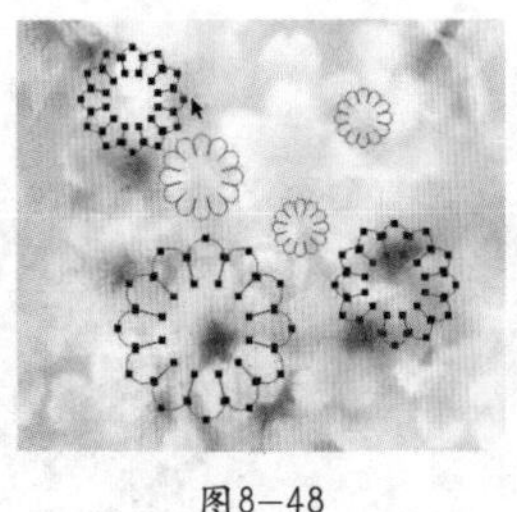

图8—48

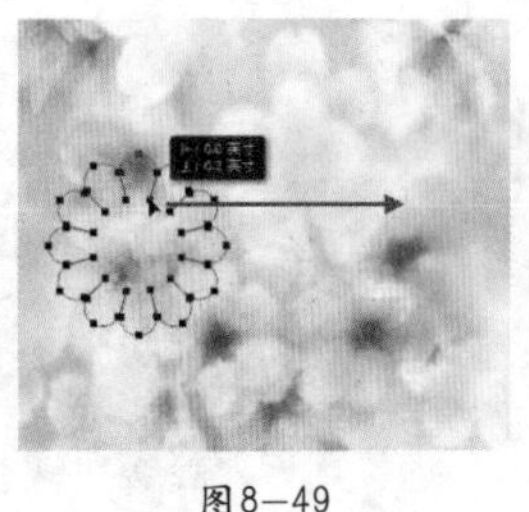

图8—49

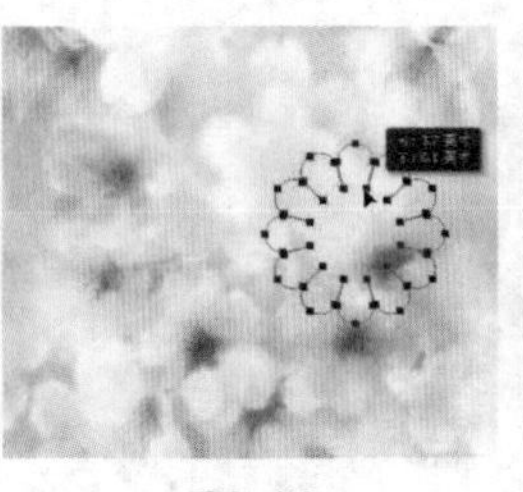

图8—50

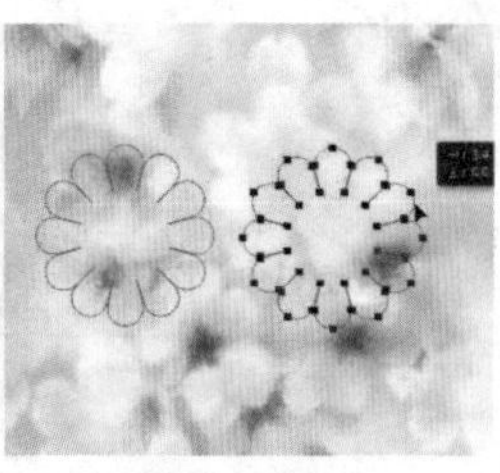

图8—51

还可以通过路径选择工具的选项来组合、对齐和分布路径。其选项栏如图8-52所示。

图8—52

- **路径运算**：选择两个或多个路径时，在工具选项栏中单击运算按钮，会产生相应的交叉结果。
- **路径对齐方式**：设置路径对齐与分布的选项。
- **路径排列**：设置路径的层级排列关系。

技巧提示

使用路径选择工具时，按住Ctrl键可以将当前工具转换为直接选择工具。

8.3.2 使用直接选择工具选择并移动锚点

技术速查：直接选择工具用来选择路径上的单个或多个锚点，可以移动锚点或调整方向线。

使用直接选择工具单击可以选中其中某一个锚点，如图8-53所示。框选可以选中多个锚点，如图8-54所示。按住Shift键单击可以选择多个锚点，如图8-55所示。

在选中一个锚点或方向线时按住鼠标左键并拖动光标即可调整锚点或方向线的位置，从而达到调整对象形态的目的，如图8-56和图8-57所示。

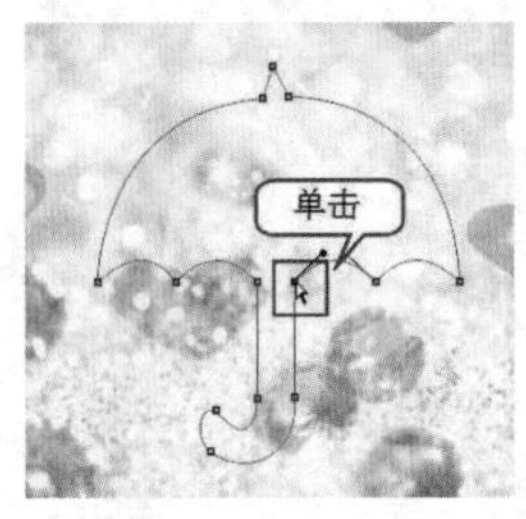

图8—53

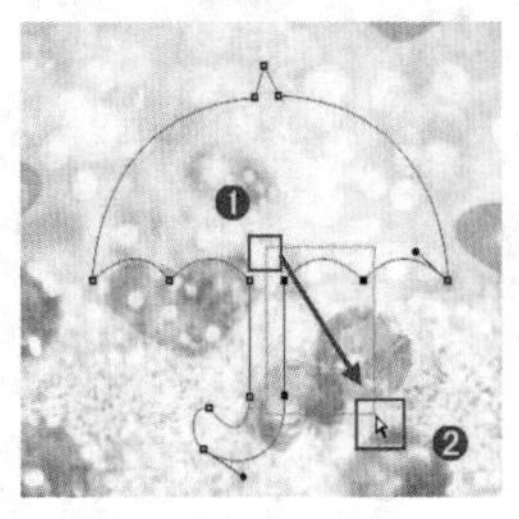

图8—54

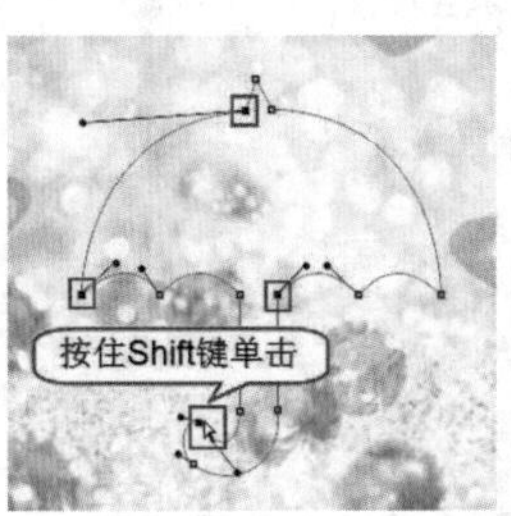

图8—55

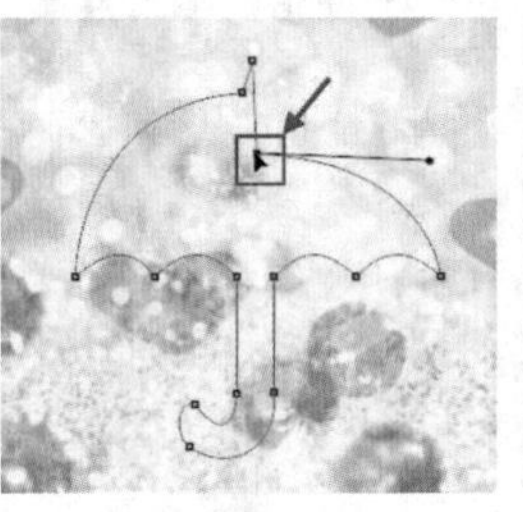

图8—56

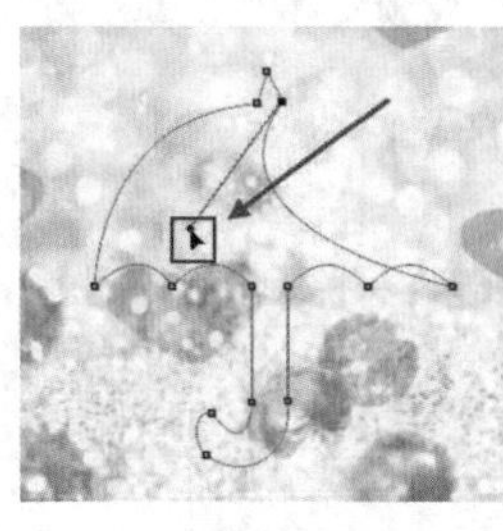

图8—57

技巧提示

使用直接选择工具时，按住Ctrl键并单击可以将当前工具转换为路径选择工具。

8.3.3 在路径上添加锚点工具

当路径上的锚点数量不足时，经常会造成路径细节度不够而无法进行进一步编辑。使用钢笔工具组中的添加锚点工具可以直接在路径上单击以添加新的锚点。在使用钢笔工具的状态下，将光标放在路径上，光标变成形状，在路径上单击也可添加一个锚点，如图8-58和图8-59所示。

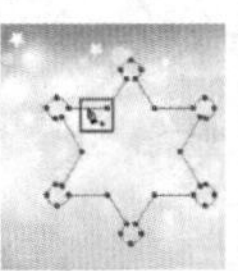

图8—58

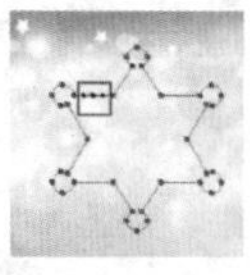

图8—59

8.3.4 在路径上删除锚点工具

使用删除锚点工具可以删除路径上的锚点。将光标放在锚点上，如图8-60所示，当光标变成形状时，单击即可删除锚点。或者在使用钢笔工具的状态下直接将光标移动到锚点上，光标也会变为形状，如图8-61所示。

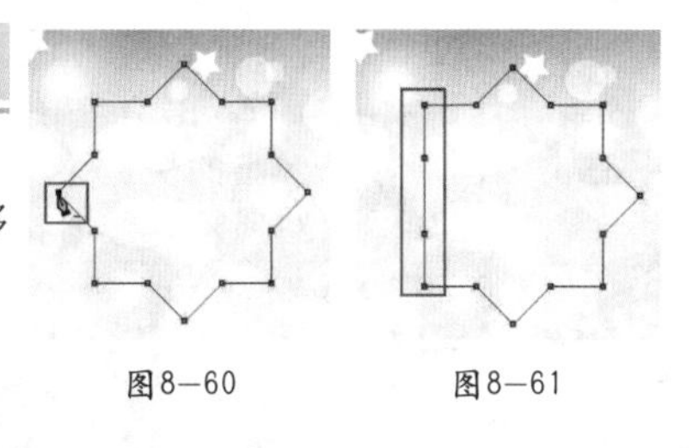

图8－60　　图8－61

8.3.5 动手学：使用转换为点工具调整路径弧度

技术速查：使用转换为点工具可以转换锚点的类型。

01 使用转换为点工具在角点上单击并拖动，可以将角点转换为平滑点，如图8-62和图8-63所示。

02 使用转换为点工具在平滑点上单击，可以将平滑点转换为角点，如图8-64和图8-65所示。

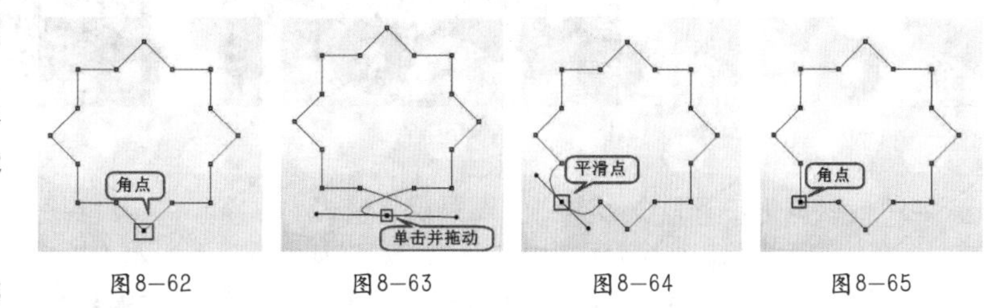

图8－62　　图8－63　　图8－64　　图8－65

★ 案例实战——使用钢笔工具制作质感按钮

实例文件	案例文件\第8章\使用钢笔工具制作质感按钮.psd
视频教学	视频文件\第8章\使用钢笔工具制作质感按钮.flv
难易指数	★★★★★
技术要点	钢笔工具的使用

案例效果

本案例主要使用钢笔工具制作质感按钮，效果如图8-66所示。

操作步骤

01 新建文件，执行“文件>新建”命令，设置“宽度”为3500像素，“高度”为2400像素，如图8-67所示。单击工具箱中的“渐变填充工具”按钮，设置一种由浅蓝到深蓝色的渐变，单击选项栏中的“径向渐变”按钮，在画面中进行拖曳填充，如图8-68所示。

图8－66

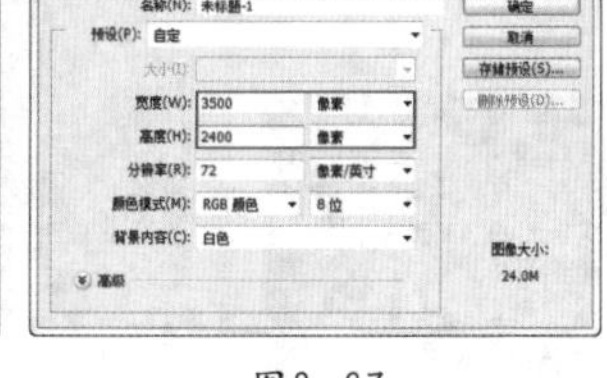

图8－67

图8－68

02 单击工具箱中的“钢笔工具”按钮，在选项栏中设置绘制模式为“形状”，填充类型为渐变，编辑一种橙色系的渐变，设置“描边”为无，然后将光标定位到画面中从起点处单击创建锚点，接着依次在其他位置单击创建多个锚点，最后将光标定位到起点处，封闭路径，如图8-69所示。

03 调整按钮的形状，单击工具箱中的“转换为点工具”按钮，在尖角的点上按住鼠标左键进行拖动，使其变为圆角的点，如图8-70所示。同样的方法处理另外一侧的锚点，如图8-71所示。继续处理其他位置的锚点，此时按钮的形状变得非常圆润，如图8-72所示。

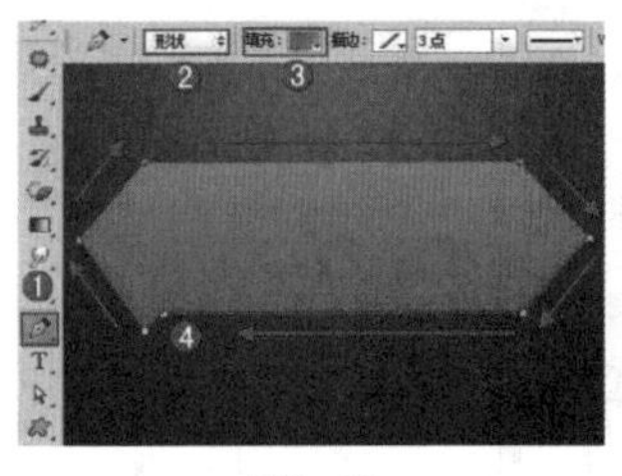

图8－69

图8－70

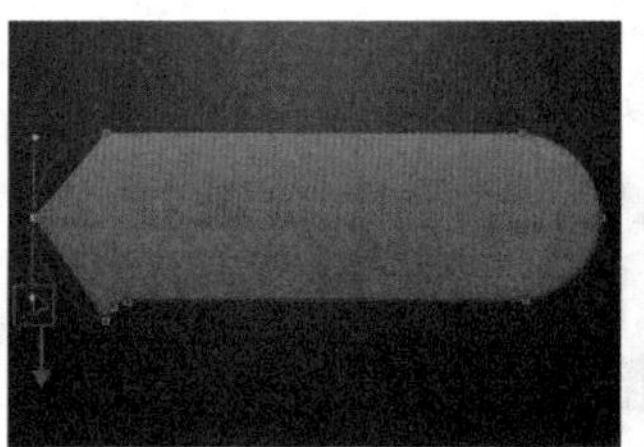

图8－71

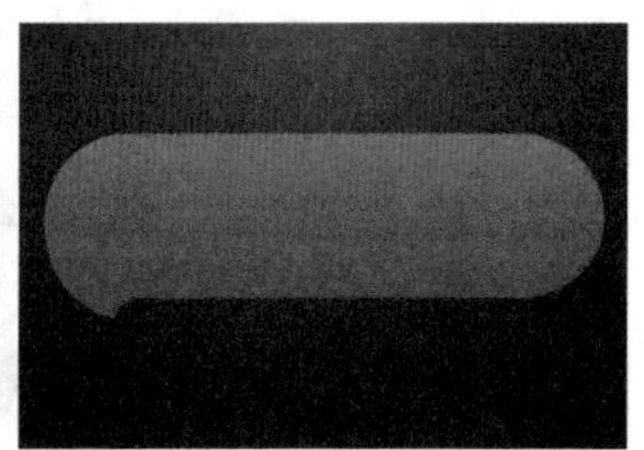

图8－72

04 执行“文件>置入”命令，置入条纹图案素材文件“1.png”。将其摆放在按钮的上方，在“图层”面板中右击该图层，在弹出的快捷菜单中执行“创建剪贴蒙版”命令，如图8-73所示。此时按钮表面呈现出条纹效果，如图8-74所示。

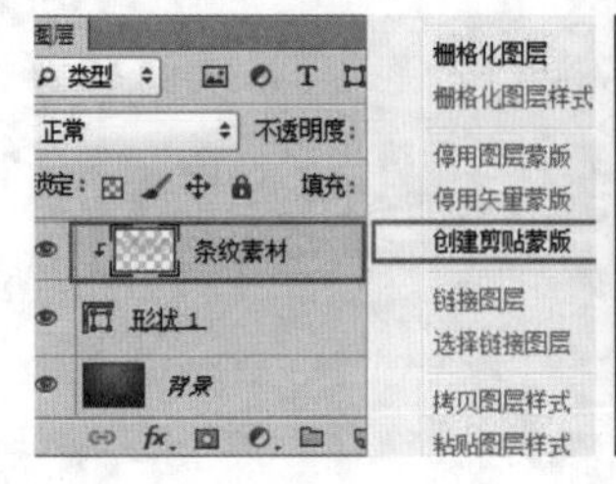

图8-73

图8-74

05 继续使用钢笔工具，在选项栏中设置绘制模式为“路径”，在按钮下方绘制一个合适形状的闭合路径，如图8-75所示。单击鼠标右键，在弹出的快捷菜单中执行“建立选区”命令，新建图层，为选区填充橙色，如图8-76所示。

图8-75

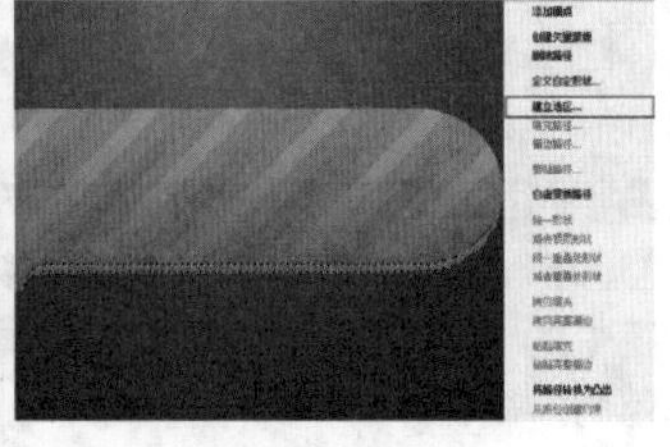

图8-76

06 按住Ctrl键单击按钮图层“形状1”的缩览图，载入按钮选区。新建图层“高光1”，对选区进行适当缩放后填充为白色。然后使用椭圆选区工具绘制椭圆选区，如图8-77所示。按Delete键删除选区内的部分，如图8-78所示。

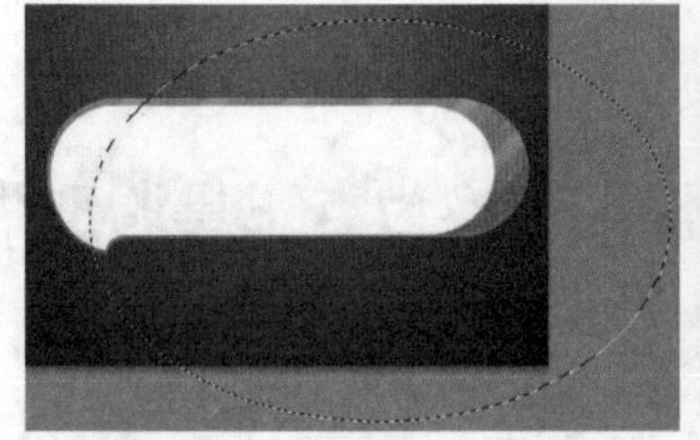

图8-77

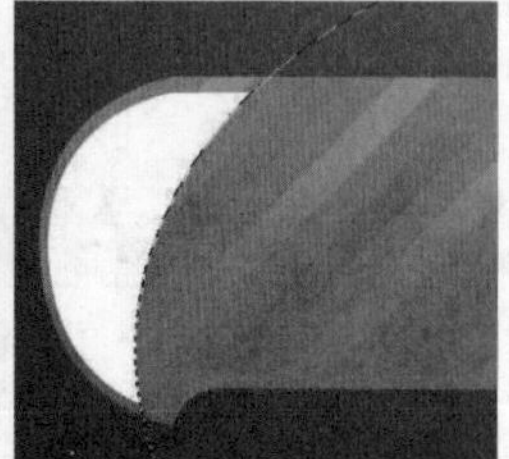

图8-78

07 继续使用柔角橡皮擦工具擦除顶部区域，如图8-79所示。设置“不透明度”为35%，效果如图8-80所示。

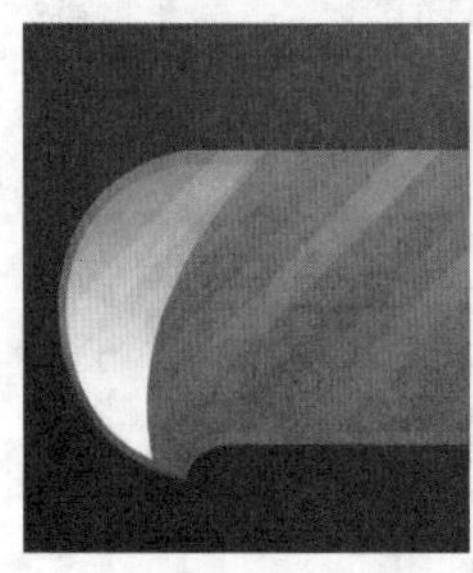

图8-79

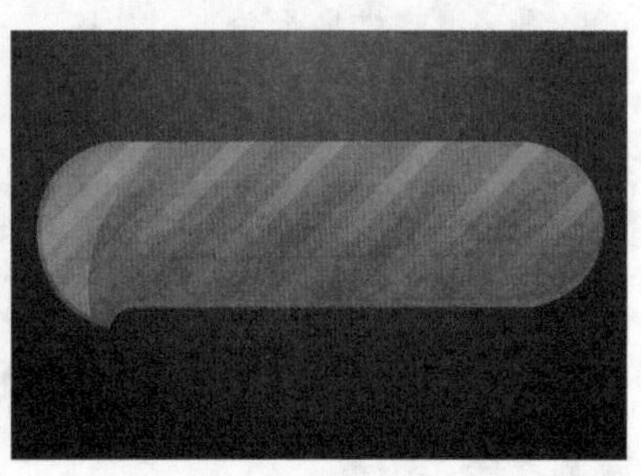

图8-80

08 同样的方法制作其他部分光泽效果，如图8-81所示。

09 单击工具箱中的“文字工具”按钮T，设置合适字体及大小，在按钮上输入白色的文字，如图8-82所示。执行“图层>图层样式>斜面和浮雕”命令，设置“大小”为10像素，“角度”为-42度，设置阴影的“不透明度”为25%，如图8-83和图8-84所示。

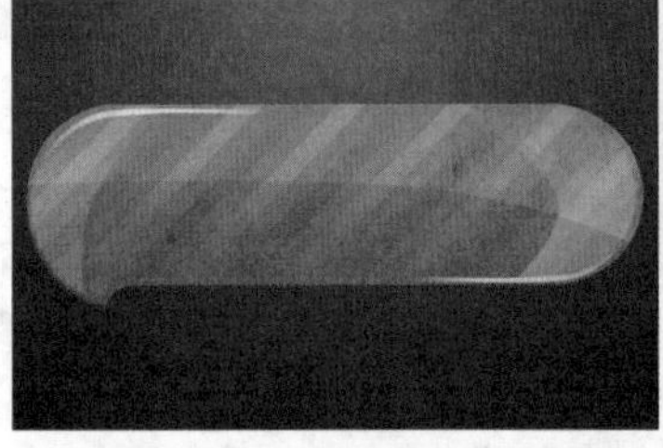

图8-81

图8-82

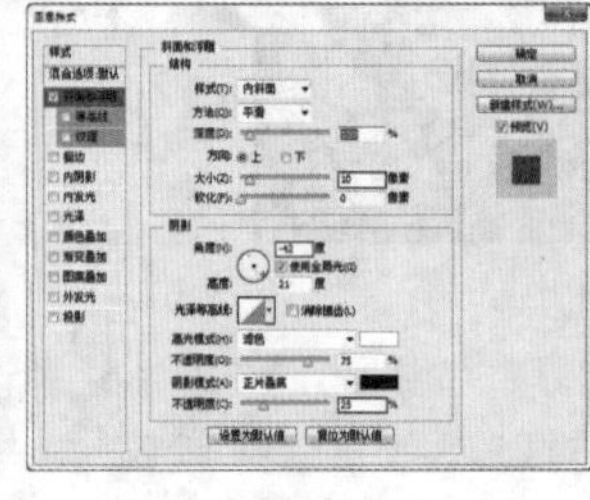

图8-83

图8-84

10 新建图层“丝带”，继续使用钢笔工具在按钮右侧绘制丝带的闭合路径，单击鼠标右键，在弹出的快捷菜单中执行“建立选区”命令，将其填充为白色，如图8-85所示。设置“丝带”图层的“不透明度”为35%，如图8-86所示。

11 载入“丝带”图层选区，单击鼠标右键，在弹出的快捷菜单中执行“羽化”命令，设置“羽化”为20像素，如图8-87所示。新建图层“阴影”，为选区填充灰色并放置在白色图层下，如图8-88所示。设置“阴影”图层的“不透明度”为10%，完成阴影效果的制作，如图8-89所示。

图8-85

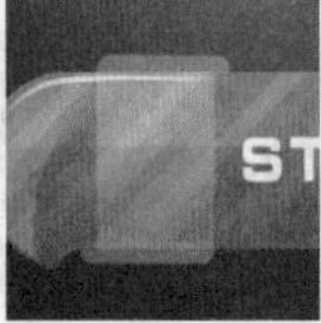

图8-86

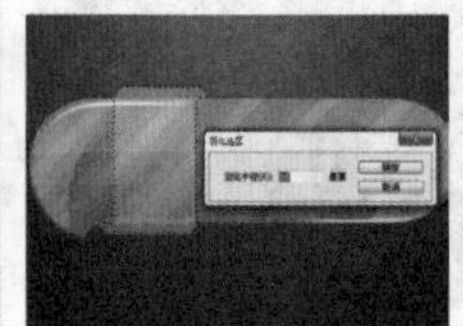

图8-87

图8-88

12 新建图层“高光”，使用较小的白色柔角画笔在丝带周围绘制白色光泽，如图8-90所示。

13 新建图层“暗面”，使用钢笔工具在丝带右上方绘制一个阴影的闭合路径，建立选区后填充黑色，如图8-91所示。设置“暗面”图层的“不透明度”为40%，添加图层蒙版，隐藏多余部分，完成阴影效果的制作，如图8-92所示。同样方法制作出左下角的阴影效果，如图8-93所示。

14 使用文字工具在按钮上输入合适大小的黑色文字，将其旋转合适角度，并为其添加“斜面和浮雕”样式，最终效果如图8-94所示。

图8–89

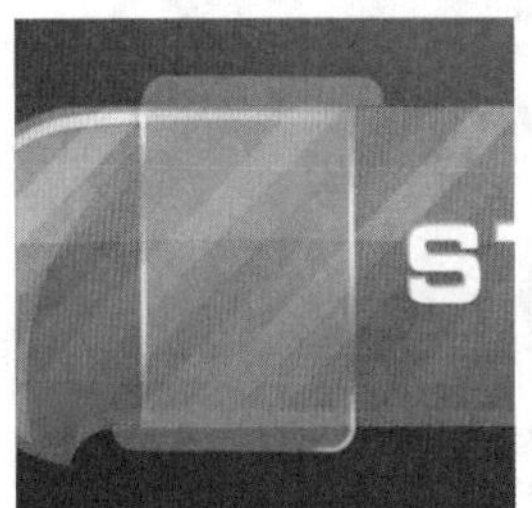
图8–90

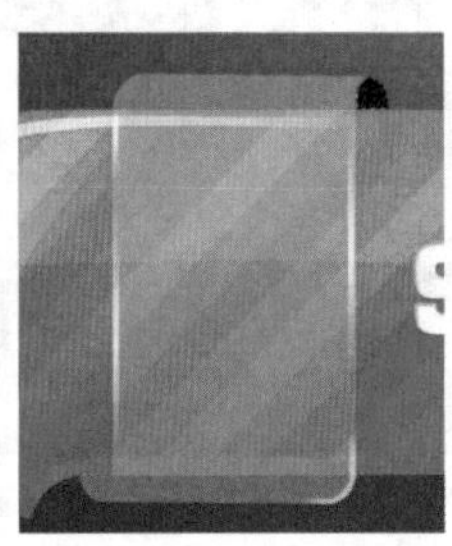
图8–91

图8–92

图8–93

图8–94

8.4 矢量对象的基本操作

路径对象作为矢量对象也可以进行“排列”、“对齐”、“分布”等常规的操作，还可以进行路径之间的“运算”，也可以将路径定义为“自定义形状”以便于随时调用。另外，作为抠图的重要手段之一的“钢笔路径抠图法”，路径与选区之间也有着密不可分的关系。如图8-95和图8-96所示为可以使用矢量工具制作的作品。

图8–95

图8–96

8.4.1 使用“路径”面板管理路径

技术速查：“路径”面板主要用来存储、管理以及调用路径，在面板中显示了存储的所有路径、工作路径和矢量蒙版的名称和缩览图。

执行“窗口>路径”命令，打开“路径”面板，其面板菜单如图8-97所示。

- 用前景色填充路径：单击该按钮，可以用前景色填充路径区域。
- 用画笔描边路径：单击该按钮，可以用设置好的画笔工具对路径进行描边。
- 将路径作为选区载入：单击该按钮，可以将路径转换为选区。
- 从选区生成工作路径：如果当前文档中存在选区，单击该按钮，可以将选区转换为工作路径。
- 添加图层蒙版：单击该按钮，即可以当前选区为图层添加图层蒙版。
- 创建新路径：单击该按钮，可以创建一个新的路径。按住Alt键的同时单击“创建新路径”按钮，可以弹出“新建路径”对话框，并进行名称的设置。拖曳需要复制的路径到“路径”面板下的“创建新路径”按钮上，可以复制出路径的副本。
- 删除当前路径：将路径拖曳到该按钮上，可以将其删除。

图8–97

8.4.2 动手学：路径与选区的相互转换

将路径转换为选区有以下几种方式：

01 当绘制模式为“路径”时，在选项栏上单击“路径”按钮，或者在路径上单击鼠标右键，在弹出的快捷菜单中执行“建立选区”命令，如图8-98所示，都可以弹出“建立选区”对话框，如图8-99所示。

图8—98

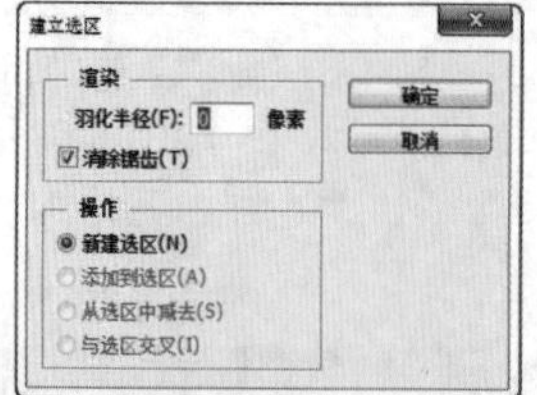

图8—99

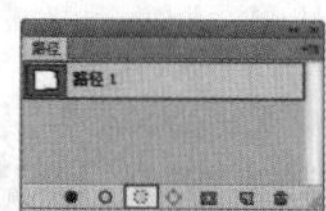

图8—100

图8—101

技巧提示

羽化半径用于控制路径转换为选区时，选区边缘的羽化程度。数值为0时，可以建立出边缘锐利的选区，而羽化数值越大，边缘越模糊。

操作选项组主要用于设置当前选区与已有选区之间的运算方式，如果当前画面中没有选区，那么“新建选区”以外的选项不可用。如果当前画面中有选区，那么可以选择一种方式使路径转换的选区与已有选区进行运算。

02 执行“窗口>路径”命令，打开“路径”面板，单击“将路径作为选区载入”按钮载入路径的选区，如图8-100所示。效果如图8-101所示。

技巧提示

使用快捷键Ctrl+Enter可以快速地将路径转换为选区。

03 如果想要将已有的选区转换为路径，可以在选区工具状态下单击鼠标右键，在弹出的快捷菜单中执行“建立工作路径”命令，接着弹出“建立工作路径”对话框，在这里设置合适的容差值，如图8-102所示。可以看到选区转换为路径，如图8-103所示。

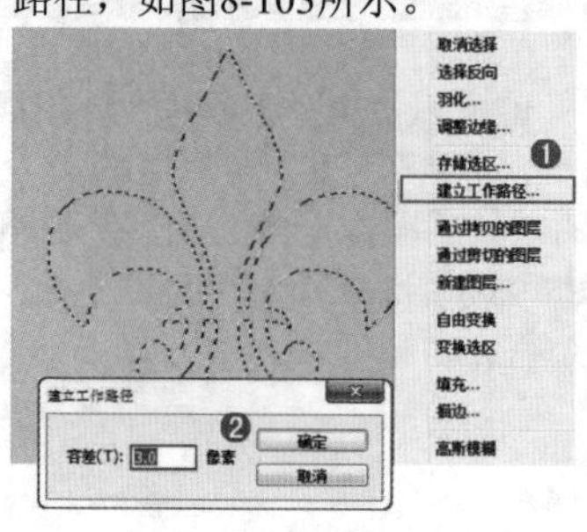

图8—102

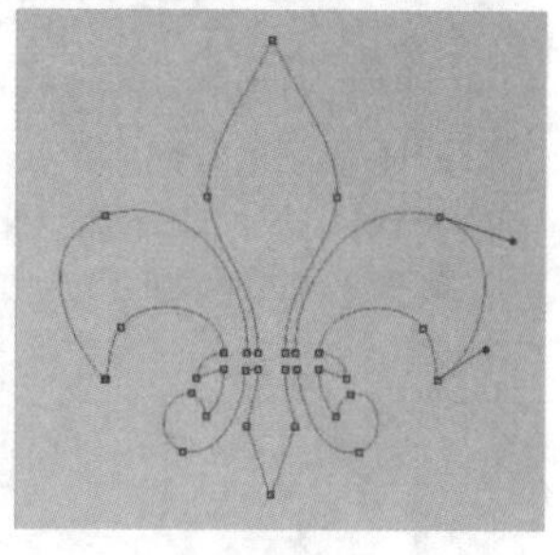

图8—103

容差数值越小，建立的路径与原始选区越相似，锚点数量越多，路径也就越复杂。相反，容差值越大，建立的路径越平滑，与原始路径差异越大，锚点数量越少，路径相对也越简单。

8.4.3 复制/粘贴路径

如果要复制路径，在“路径”面板中拖曳需要复制的路径到“路径”面板下的“创建新路径”按钮上，复制出路径的副本，如图8-104所示。如果要将当前文档中的路径复制到其他文档中，执行“编辑>拷贝”命令，然后切换到其他文档，接着执行“编辑>粘贴”命令即可，如图8-105所示。

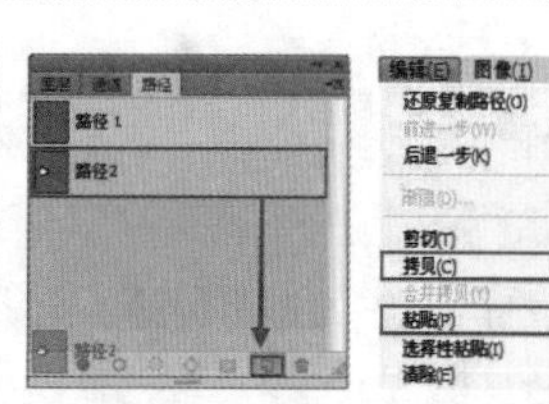

图8—104　　图8—105

8.4.4 隐藏/显示路径

在“路径”面板中单击路径以后，文档窗口中就会始终显示该路径，如果不希望它妨碍我们的操作，在“路径”面板的空白区域单击，即可取消对路径的选择，将其隐藏起来，如图8-106所示。如果要将路径在文档窗口中显示出来，可以在“路径”面板中单击该路径，如图8-107所示。

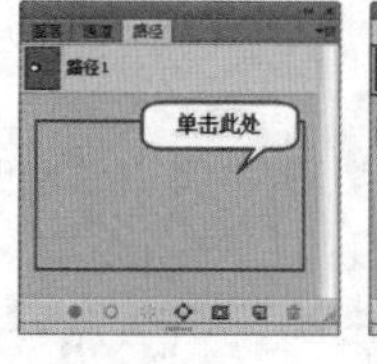

图8—106

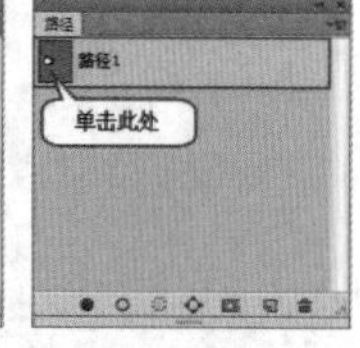

图8—107

技巧提示

按Ctrl+H快捷键也可以切换路径显示与隐藏状态。

8.4.5 矢量对象的运算

创建多个路径或形状时，可以在工具选项栏中单击相应的运算按钮，设置子路径的重叠区域的交叉结果，如图8-108所示。下面通过以下两个形状来讲解路径的运算方法。如图8-109和图8-110所示为即将进行运算的两个图形。

- 合并形状：单击该按钮，新绘制的图形将添加到原有的图形中，如图8-111所示。
- 减去顶层形状：单击该按钮，可以从原有的图形中减去新绘制的图形，如图8-112所示。
- 与形状区域相交：单击该按钮，可以得到新图形与原有图形的交叉区域，如图8-113所示。
- 排除重叠形状：单击该按钮，可以得到新图形与原有图形重叠部分以外的区域，如图8-114所示。

图8-108

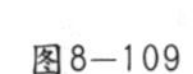
图8-109

图8-110

图8-111

图8-112

图8-113

图8-114

8.4.6 路径的自由变换

如果需要对路径进行自由变换，首先在“路径”面板中选择路径，然后执行“编辑>变换路径”菜单下的命令即可对其进行相应的变换。变换路径与对图像使用自由变换的方法完全相同，这里不再进行重复讲解，如图8-115所示。

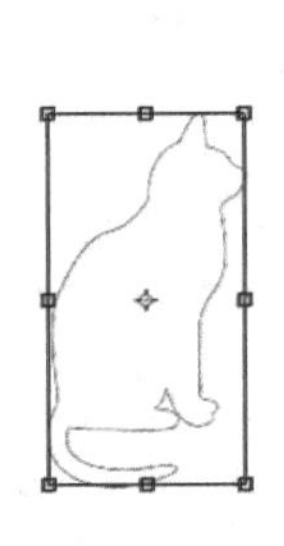
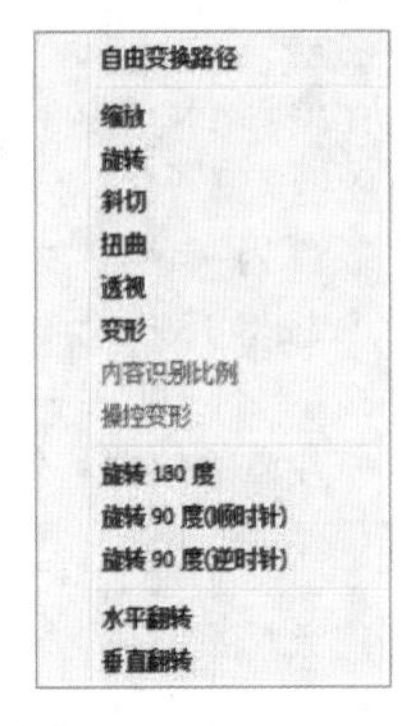

图8-115

8.4.7 对齐、分布与排列路径

使用路径选择工具选择多个路径，在选项栏中单击“路径对齐方式”按钮，在弹出的菜单中执行相应命令即可对所选路径进行对齐、分布操作，如图8-116所示。

当文件中包含多个路径时，选择路径单击选项栏中的“路径排列方法”按钮，在下拉列表中单击并执行相关命令。可以将选中路径的层级关系进行相应的排列，如图8-117所示。

图8-116

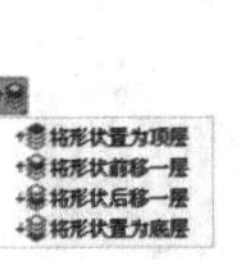

图8-117

8.4.8 动手学：存储工作路径

01 工作路径是临时路径，是在没有新建路径的情况下使用钢笔等工具绘制的路径，一旦重新绘制了路径，原有的路径将被当前路径所替代，如图8-118所示。

02 如果不想工作路径被替换掉，可以双击其缩览图，打开“存储路径”对话框，将其保存起来，如图8-119和图8-120所示。

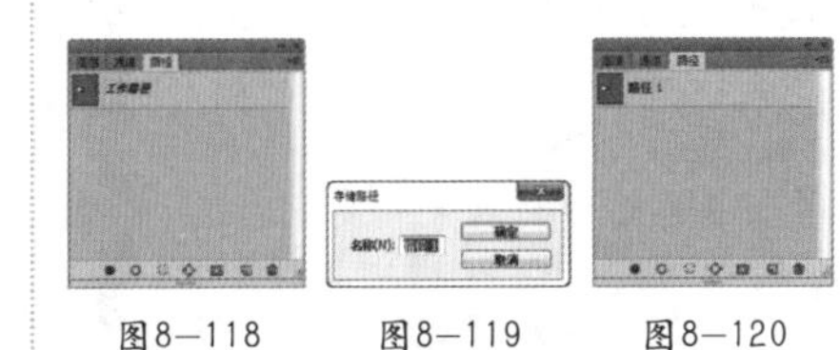
图8-118　图8-119　图8-120

★ 案例实战——制作矢量创意海报

案例文件	案例文件\第8章\制作矢量创意海报.psd
视频教学	视频文件\第8章\制作矢量创意海报.flv
难易指数	★★★★★
技术要点	钢笔工具、路径转换为选区

案例效果

本案例主要使用钢笔工具和路径转换为选区等命令制作创意海报，如图8-121所示。

图8-121

图8-122

操作步骤

01 打开背景素材“1.jpg”，如图8-122所示。

02 新建图层，单击工具箱中的“钢笔工具”按钮，设置绘制模式为路径，在画面中绘制花纹形状，如图8-123所示。按Ctrl+Enter快捷键将路径快速转化为选区，为其填充白色，效果如图8-124所示。

图8-123

图8-124

03 对其执行“图层>图层样式>斜面和浮雕”命令，设置“样式”为“内斜面”，“方法”为“平滑”，“方向”为“上”，“大小”为40像素，“软化”为10像素，设置“高光”和“阴影”的“不透明度”均为100%，如图8-125所示。选中“渐变叠加”复选框，编辑合适的渐变颜色，设置“样式”为“径向”，如图8-126所示。效果如图8-127所示。

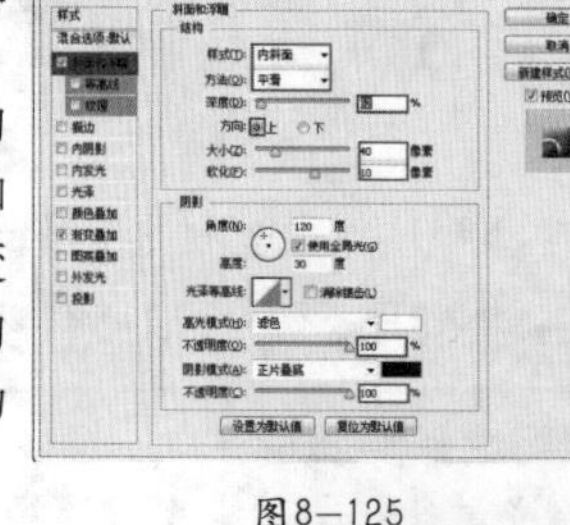
图8-125

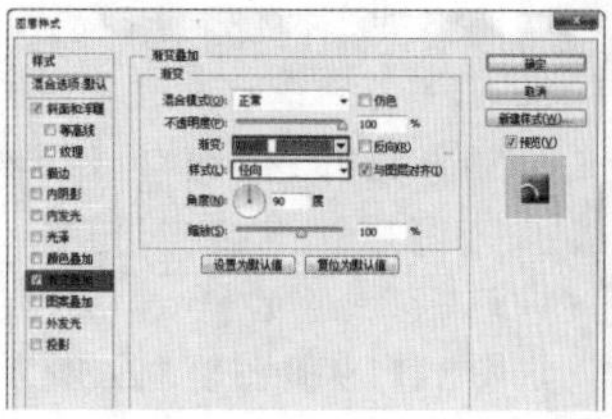

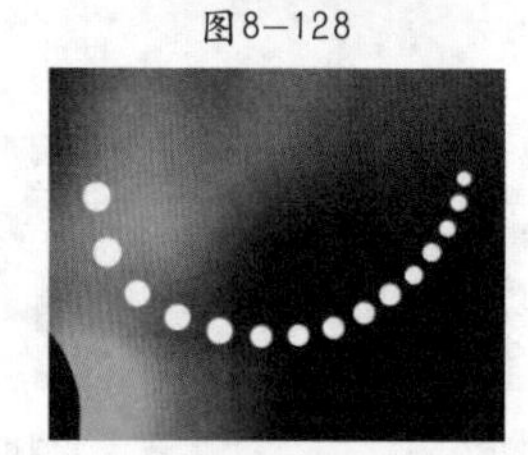
图8-126

图8-127

04 新建图层，设置前景色为白色。使用椭圆形状工具，设置绘制模式为“像素”，如图8-128所示。在画面中按住Shift键绘制多个白色正圆，效果如图8-129所示。

图8-128

图8-129

05 对其执行“图层>图层样式>斜面和浮雕”命令，设置“样式”为“内斜面”，“方法”为“平滑”，“方向”为“上”，“大小”为21像素，“软化”为14像素，阴影的“不透明度”为58%，如图8-130所示。效果如图8-131所示。

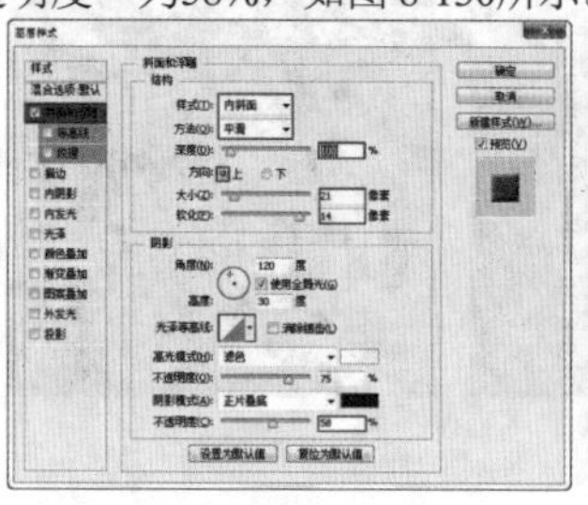
图8-130

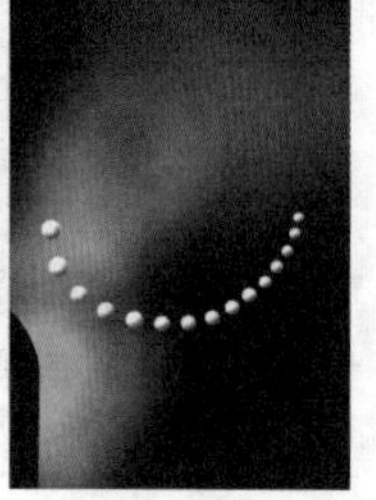
图8-131

06 使用同样方法制作其他的图形，如图8-132所示。将所有花纹图层置于同一图层组中，为其添加图层蒙版，使用黑色画笔在蒙版中绘制隐藏瓶口部分，如图8-133所示。效果如图8-134所示。

图8-132

图8-133

图8-134

07 单击工具箱中的“横排文字工具”按钮T，设置合适的字号以及字体，在画面中输入文字，单击选项栏中的“创建文字变形”按钮，设置“样式”为“旗帜”，选中“水平”单选按钮，设置“弯曲”为16%，如图8-135所示。效果如图8-136所示。

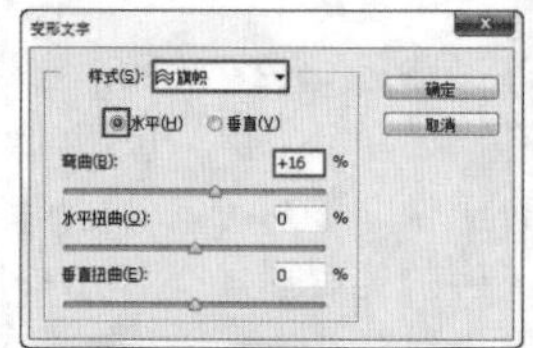

图8-135

图8-136

08 对其执行“图层>图层样式>光泽”命令，设置颜色为白色，“不透明度”为100%，“角度”为19度，“距离”为13像素，“大小”为18像素，如图8-137所示。选中“渐变叠加”复选框，设置颜色为灰色，“不透明度”为100%，如图8-138所示。效果如图8-139所示。

09 使用同样方法制作其他的文字，并导入文字素材“2.png”，置于画面中合适的位置，效果如图8-140所示。

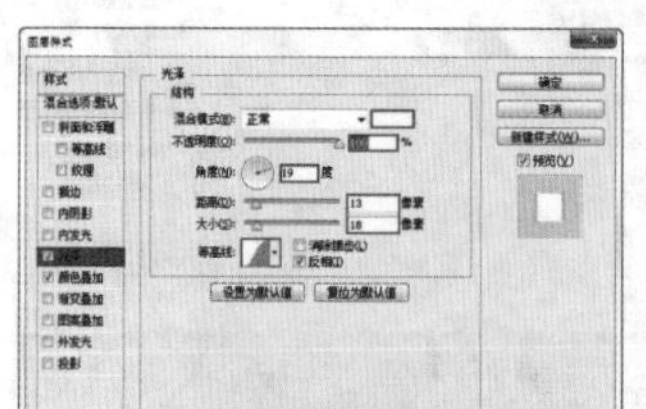
图8-137

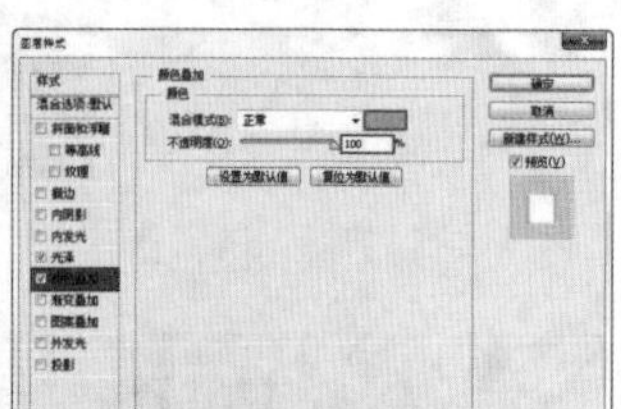
图8-138

图8-139

图8-140

8.5 形状工具组

视频精讲：Photoshop CS6新手学视频精讲课堂/使用形状工具.flv

形状工具组包含6种工具：矩形工具▭、圆角矩形工具▢、椭圆工具◯、多边形工具⬠、直线工具╱和自定形状工具✿。而通过自定形状工具✿还可以创建出更多的不规则形状，如图8-141所示。

图8－141

8.5.1 矩形工具

技术速查：矩形工具可以绘制出正方形和矩形。

矩形工具▭的使用方法与矩形选框工具类似，在画面中的一点按住鼠标左键并向其他位置拖曳即可绘制出形状矩形，绘制时按住Shift键可以绘制出正方形，如图8-142所示。在选项栏中单击⚙图标，打开矩形工具的设置选项，在其中可以定义绘制形状的比例，如图8-143所示。

图8－142

图8－143

- 不受约束：选中该单选按钮，可以绘制出任何大小的矩形。
- 方形：选中该单选按钮，可以绘制出任何大小的正方形。
- 固定大小：选中该单选按钮，可以在其后面的文本框中输入宽度（W）和高度（H），然后在图像上单击即可创建出矩形，如图8-144所示。
- 比例：选中该单选按钮，可以在其后面的文本框中输入宽度（W）和高度（H）比例，此后创建的矩形始终保持这个比例，如图8-145所示。
- 从中心：以任何方式创建矩形时，选中该复选框，鼠标单击点即为矩形的中心。
- 对齐像素：选中该选项后，可以使矩形的边缘与像素的边缘相重合，这样图形的边缘就不会出现锯齿。

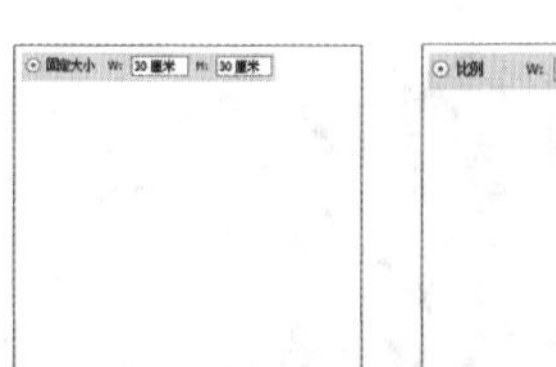

图8－144

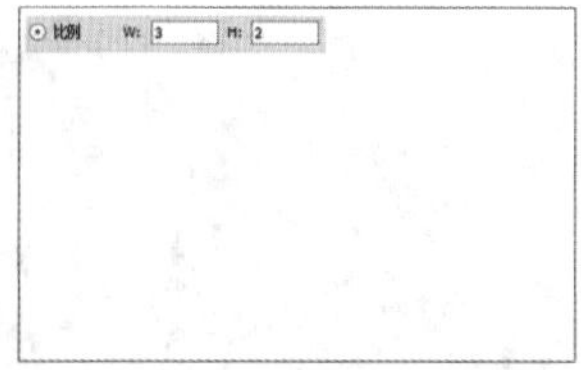

图8－145

8.5.2 圆角矩形工具

技术速查：圆角矩形工具可以创建出具有圆角效果的矩形，其创建方法与选项与矩形完全相同。

使用圆角矩形工具▢绘制图形时首先需要在选项栏中对“半径”数值进行设置，“半径”选项用来设置圆角的半径，数值越大，圆角越大，如图8-146所示。

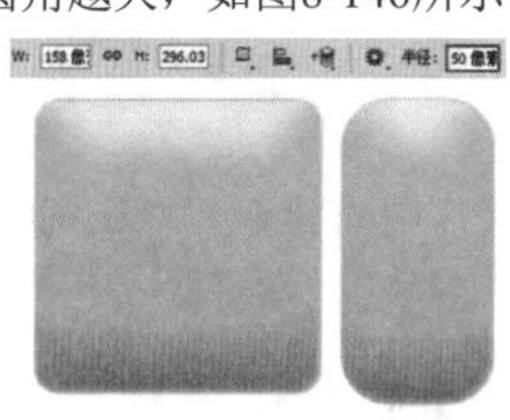

图8－146

8.5.3 椭圆工具

技术速查：使用椭圆工具可以创建出椭圆和圆形。

如果要使用椭圆工具◯创建椭圆，可以在画面中按住鼠标左键并拖曳鼠标进行创建；如果要创建正圆形，可以按住Shift键或Shift+Alt快捷键（以鼠标单击点为中心）进行创建，如图8-147所示。

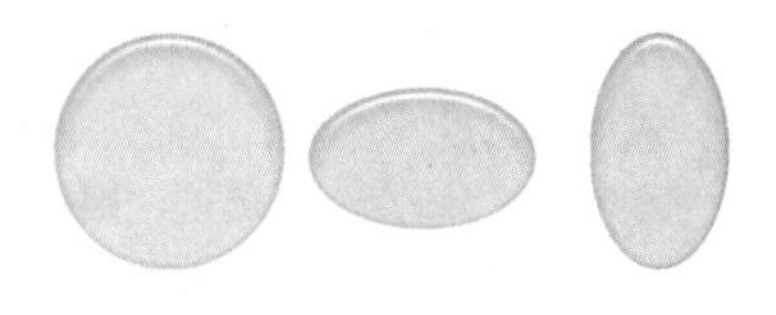

图8－147

8.5.4 多边形工具

技术速查：使用多边形工具可以创建出正多边形（最少为3条边）和星形。

单击形状工具组中的“多边形工具”按钮⬠，在选项栏中设置边数，单击⚙按钮可以设置形状的半径以及其他的属性，如图8-148所示。

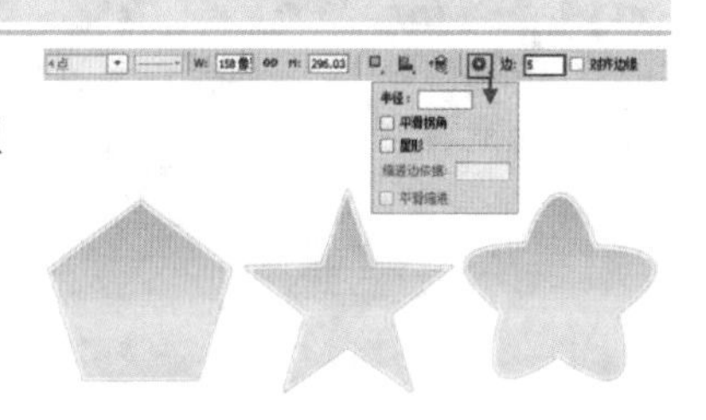

图8－148

- 边：设置多边形的边数，设置为3时，可以创建出正三角形；设置为4时，可以绘制出正方形；设置为5时，可以绘制出正五边形，如图8-149所示。

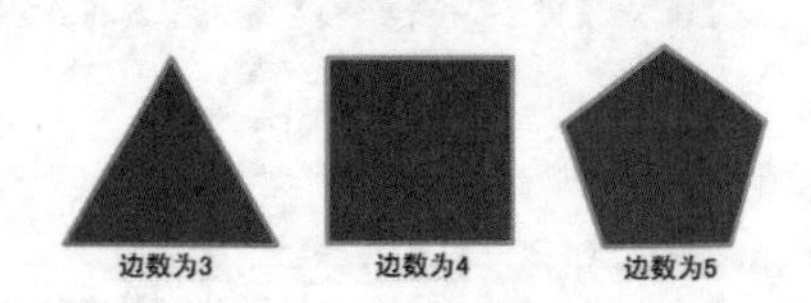

图8—149

- 半径：用于设置多边形或星形的半径长度（单位为cm），设置好半径以后，在画面中拖曳鼠标即可创建出相应半径的多边形或星形。

- 平滑拐角：选中该复选框后，可以创建出具有平滑拐角效果的多边形或星形，如图8-150所示。

图8—150

- 平滑缩进：选中该复选框后，可以使星形的每条边向中心平滑缩进，如图8-152所示。

图8—152

- 星形：选中该复选框后，可以创建星形，下面的“缩进边依据”文本框主要用来设置星形边缘向中心缩进的百分比，数值越高，缩进量越大，如图8-151所示分别是20%、50%和80%的缩进效果。

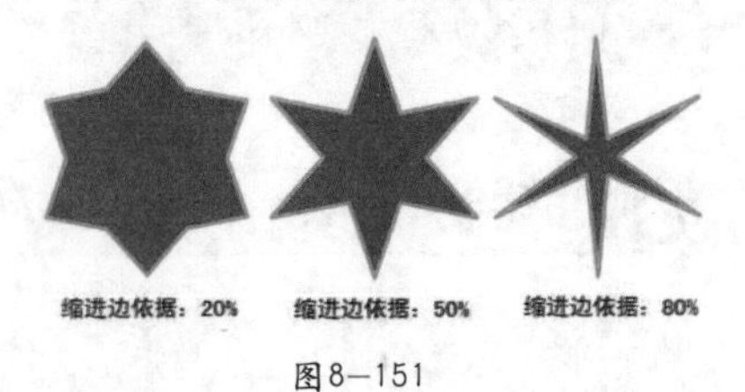

图8—151

☆ 视频课堂——使用矢量工具进行交互界面设计

案例文件\第8章\视频课堂——使用矢量工具进行交互界面设计.psd
视频文件\第8章\视频课堂——使用矢量工具进行交互界面设计.flv

思路解析：

01 使用圆角矩形工具制作右侧屏幕主体。
02 使用圆角矩形工具制作底部按钮。
03 使用钢笔工具绘制左上角不规则形态。

8.5.5 直线工具

技术速查：使用直线工具可以创建出直线和带有箭头的路径。

直线工具的使用方法非常简单，首先可以在选项栏中设置绘制直线的粗细。如果想要为线条添加箭头可以单击按钮，在弹出的直线工具选项中进行设置，如图8-153所示。

- 粗细：设置直线或箭头线的粗细，单位为“像素”，如图8-154所示。
- 起点/终点：选中“起点”复选框，可以在直线的起点处添加箭头；选中“终点”复选框，可以在直线的终点处添加箭头；选中“起点”和“终点”复选框，则可以在两头都添加箭头，如图8-155所示。

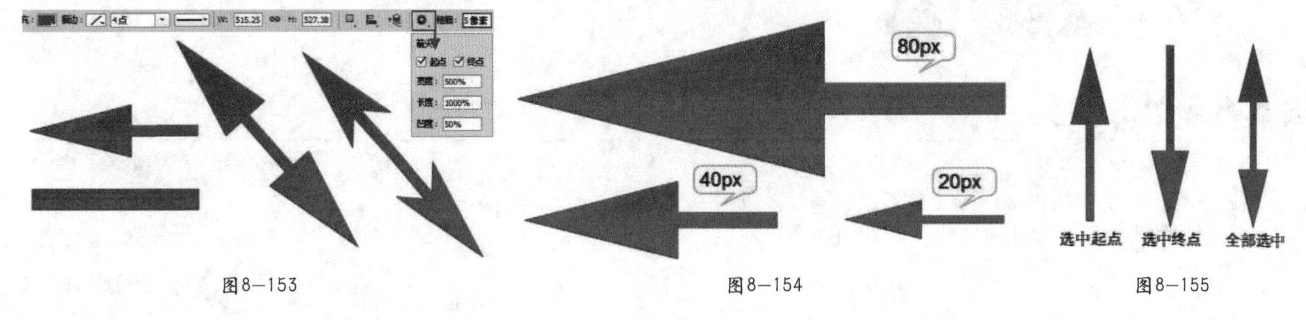

图8—153　图8—154　图8—155

- 宽度：用来设置箭头宽度与直线宽度的百分比，范围为10%~1000%，如图8-156所示分别为使用200%、800%和1000%创建的箭头。

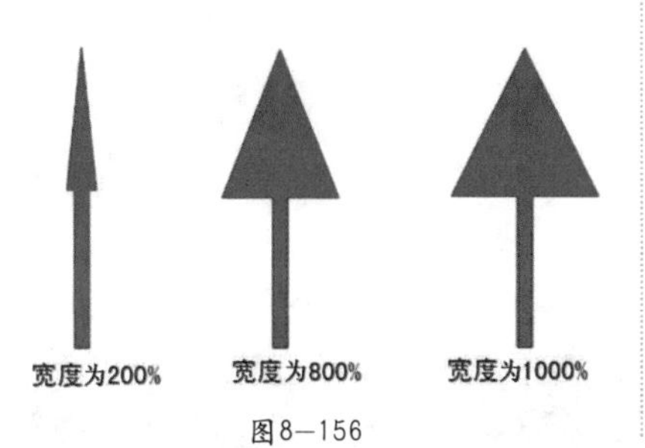

图8－156

- 长度：用来设置箭头长度与直线宽度的百分比，范围为10%~5000%，如图8-157所示分别为使用100%、500%、1000%创建的箭头。

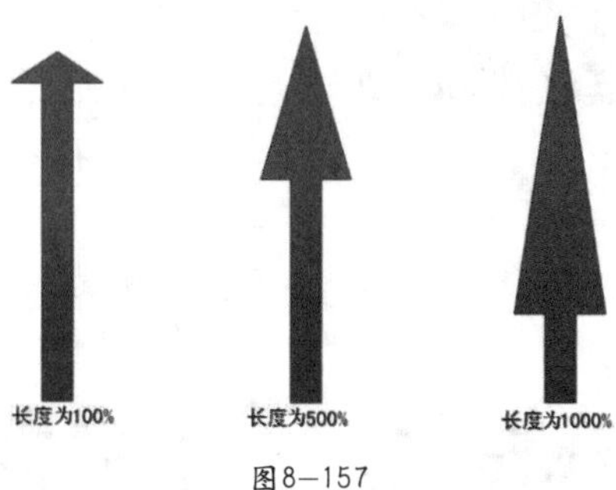

图8－157

- 凹度：用来设置箭头的凹陷程度，范围为－50%~50%。值为0%时，箭头尾部平齐；值大于0%时，箭头尾部向内凹陷；值小于0%时，箭头尾部向外凸出，如图8-158所示。

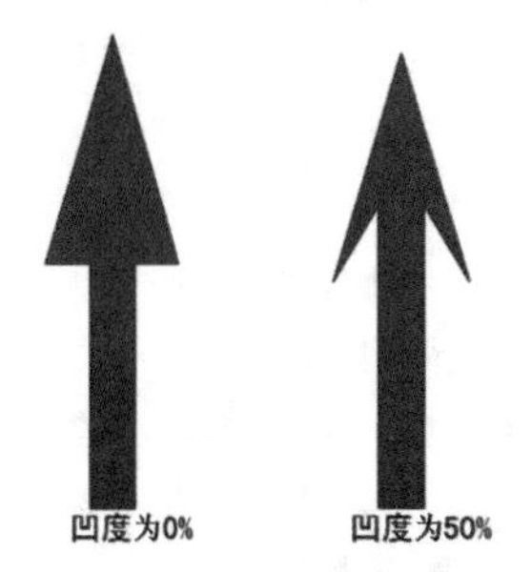

图8－158

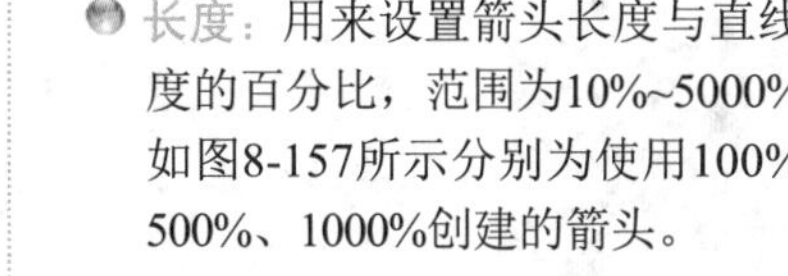

8.5.6 自定形状工具

使用自定形状工具可以创建出非常多的形状，其选项设置如图8-159所示。这些形状既可以是Photoshop的预设，也可以是我们自定义或加载的外部形状，如图8-160所示。

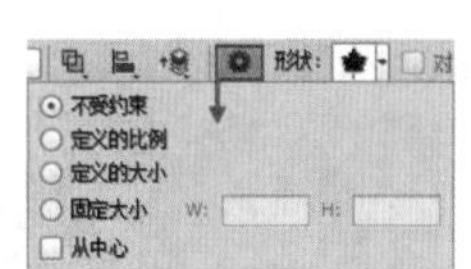

图8－159

图8－160

8.5.7 定义为自定形状

对路径执行“编辑>定义自定形状”命令，在弹出的对话框中设置名称，即可将其定义为自定义形状，如图8-161和图8-162所示。

定义的形状可以保存到自定形状工具的形状预设中，以后如果需要绘制相同的形状，可以直接调用自定的形状，如图8-163所示。

图8－161

图8－162

图8－163

★ 案例实战——使用形状工具制作水晶标志

案例文件	案例文件\第8章\使用形状工具制作水晶标志.psd
视频教学	视频文件\第8章\使用形状工具制作水晶标志.flv
难易指数	★★★★★
技术要点	钢笔工具、椭圆选框工具以及图层样式

案例效果

本案例主要使用钢笔工具和椭圆选框工具等制作出水晶质感的标志，效果如图8-164所示。

图8－164

操作步骤

01 执行“文件>打开”命令，打开背景素材“1.jpg”，如图8-165所示。单击工具箱中的“椭圆工具”按钮，在选项栏中设置绘制模式为“形状”，单击填充按钮，设置填充方式为“渐变”，编辑一种蓝色系渐变，设置渐变模式为“径向”，设置完毕后按住Shift键绘制正圆形状，如图8-166所示。

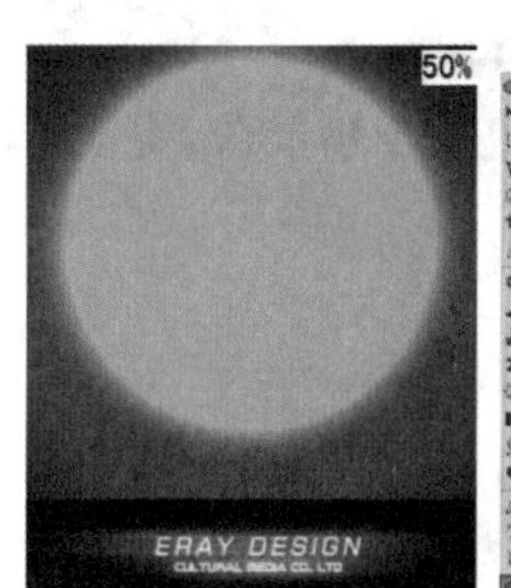

图8－165

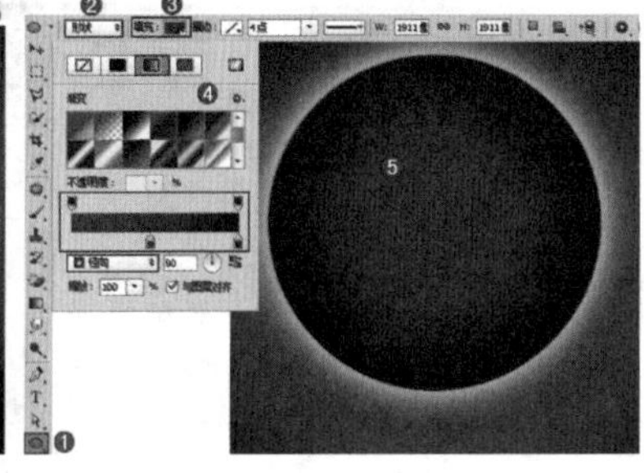
图8－166

02 新建图层“阴影”，使用黑色柔角画笔在画面中圆形底部绘制阴影效果，如图8-167所示。

图8-167

03 再次单击工具箱中的“椭圆工具”按钮，在选项栏中设置一种蓝灰色的渐变，并在圆形顶部绘制椭圆形状，如图8-168所示。在“图层”面板中设置该图层的“不透明度”为70%，如图8-169所示。效果如图8-170所示。

图8-168

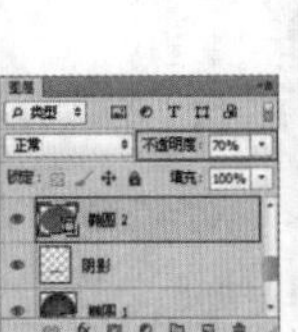
图8-169

图8-170

04 同样的方法绘制顶部的另一个椭圆形，如图8-171所示。新建图层，载入正圆选区，设置前景色为青色，在圆形底部绘制反光效果，如图8-172所示。

图8-171

图8-172

05 绘制按钮表面的标志部分，使用钢笔工具，设置“绘制模式”为路径，在画面中绘制如图8-173所示的路径。按Ctrl+Enter快捷键将路径转换为选区，新建图层，并为其填充任意颜色，如图8-174所示。

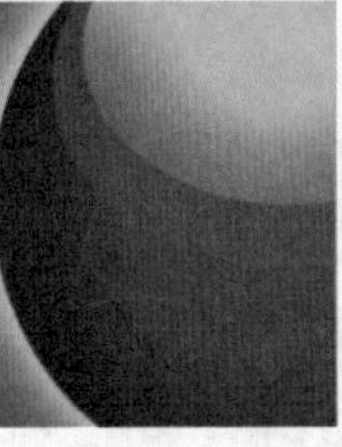
图8-173

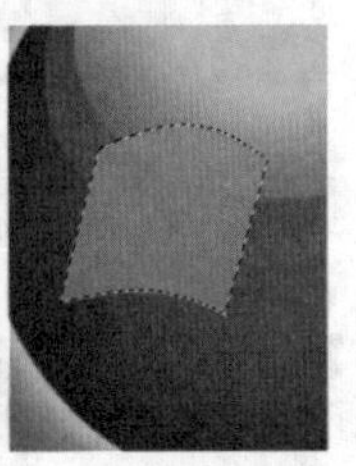
图8-174

06 对其执行“图层>图层样式>内阴影”命令，设置“混合模式”为“正片叠底”，颜色为蓝色，“角度”为132度，“距离”为28像素，“阻塞”为0%，“大小”为158像素，如图8-175所示。选中“投影”复选框，设置投影颜色为青色，“角度”为132度，“距离”为4像素，“扩展”为0%，“大小”为5像素，如图8-176所示。

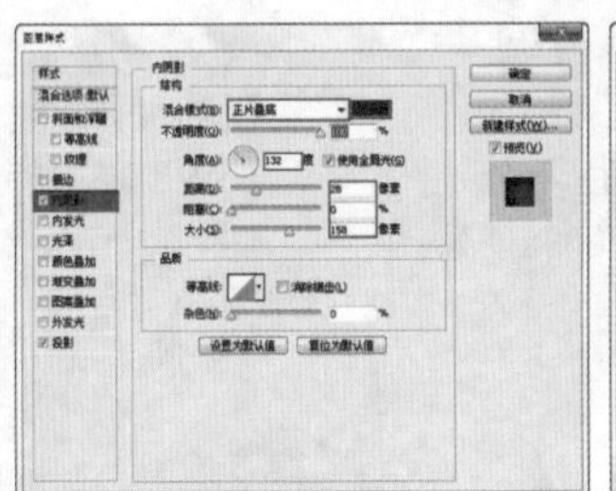
图8-175

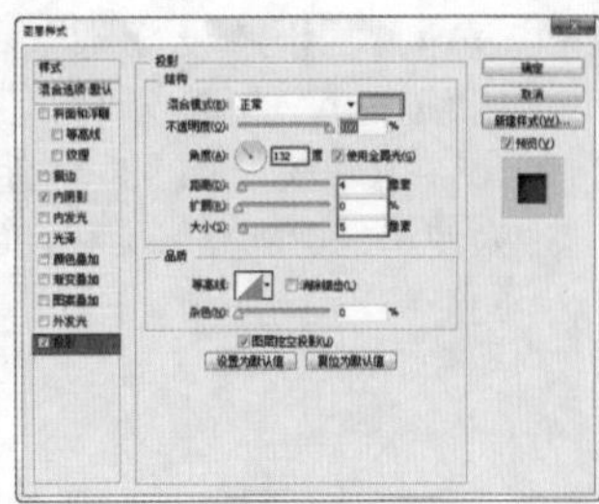
图8-176

07 设置图层的“填充”为0%，如图8-177所示。效果如图8-178所示。

08 复制该图层并摆放在合适位置上，如图8-179所示。

图8-177

图8-178

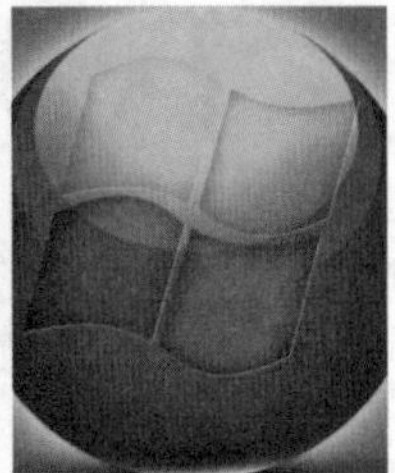
图8-179

09 制作标志光泽部分。新建图层，在此使用钢笔工具继续在画面中绘制合适的路径，如图8-180所示。按Ctrl+Enter快捷键将路径转换为选区，为其填充蓝色，并设置该图层的“不透明度”为90%，如图8-181所示。

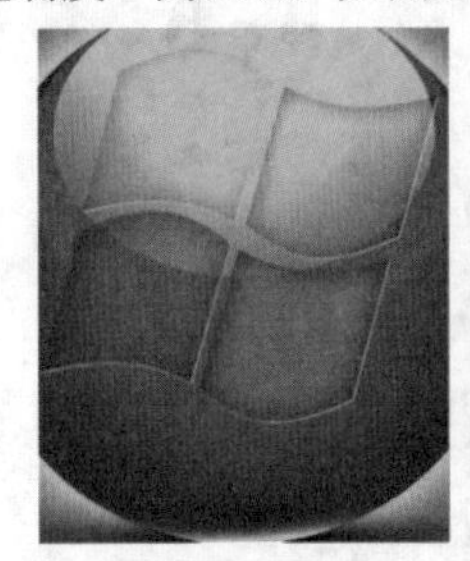
图8-180

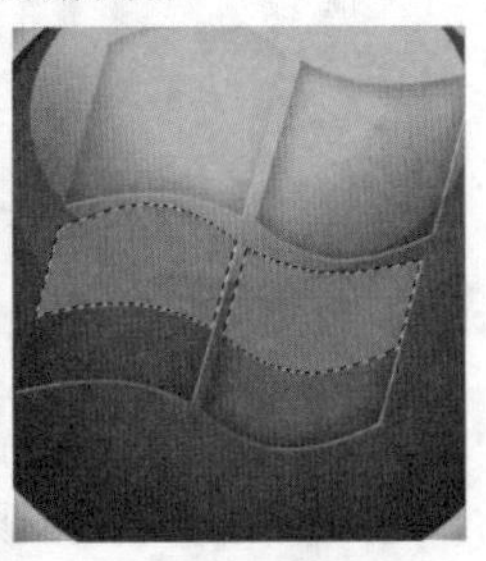
图8-181

10 设置前景色为青色，新建图层，使用柔角画笔工具在画面中心位置单击进行绘制，如图8-182所示。载入标志部分选区，为其添加图层蒙版，设置其“混合模式”为“颜色减淡”，如图8-183所示。效果如图8-184所示。

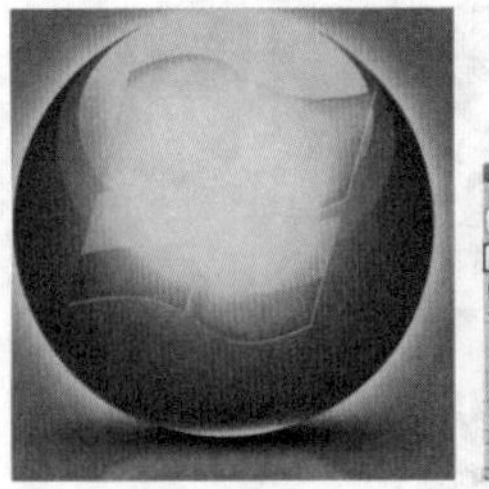
图8-182

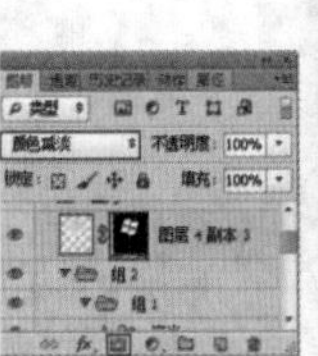
图8-183

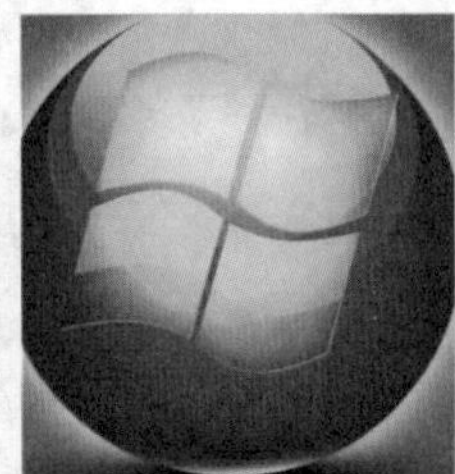
图8-184

11 设置前景色为深蓝色，新建图层，使用柔角画笔工具在画面四角进行绘制，制作暗角效果，最后导入前景素材“1.jpg”，最终效果如图8-185所示。

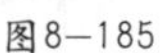
图8—185

8.6 填充路径与描边路径

视频精讲：Photoshop CS6新手学视频精讲课堂/填充路径与描边路径.flv

路径对象可以不通过转换为选区即可进行填充或描边的设置，使用方法非常简单，可以通过在快捷菜单中执行“填充路径/描边路径”命令，或通过“路径”面板进行相应操作，如图8-186和图8-187所示为使用到“路径描边”以及“路径填充”制作的效果。

图8—186

图8—187

8.6.1 动手学：填充路径

01 使用钢笔工具或形状工具（自定形状工具除外）状态下，在绘制完成的路径上单击鼠标右键，在弹出的快捷菜单中执行“填充路径”命令，打开“填充子路径”对话框，如图8-188所示。

02 在“填充子路径”对话框中可以对填充内容进行设置，这里包含多种类型的填充内容，并且可以设置当前填充内容的混合模式以及不透明度等属性，如图8-189所示。

03 可以尝试使用“颜色”与“图案”填充路径，效果如图8-190和图8-191所示。

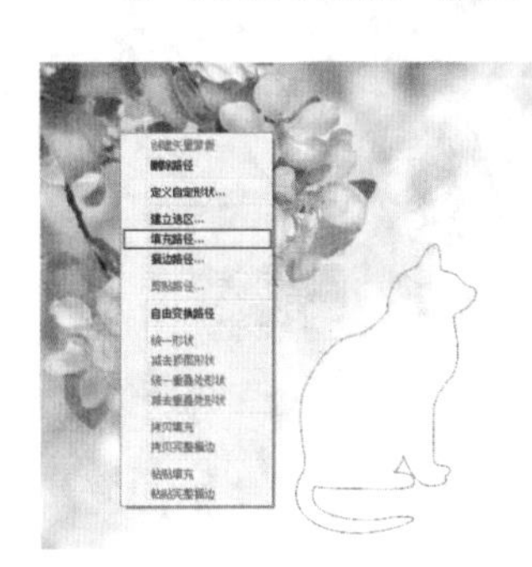
图8—188

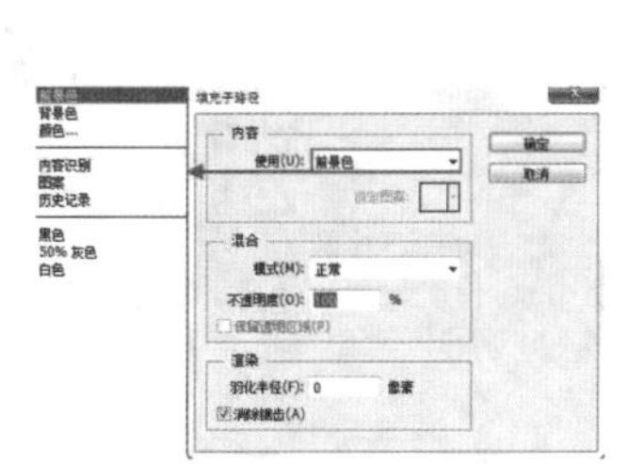
图8—189

图8—190

图8—191

8.6.2 动手学：描边路径

视频精讲：Photoshop CS6新手学视频精讲课堂/填充路径与描边路径.flv

技术速查：“描边路径”命令能够以设置好的绘画工具沿任何路径创建描边。

在Photoshop中可以使用多种工具进行描边路径，例如画笔、铅笔、橡皮擦、仿制图章等，如图8-192所示。选中“模拟压力”复选框可以模拟手绘描边效果，取消选中该复选框，描边为线性、均匀的效果。如图8-193和图8-194所示为未选中和选中“模拟压力”复选框的效果。

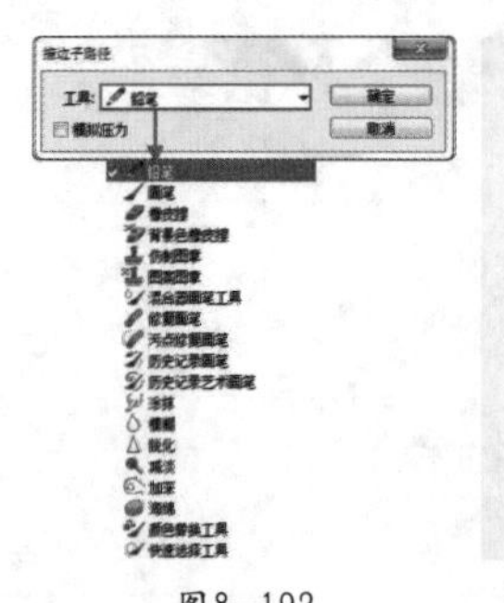
图8-192

图8-193

图8-194

01 在描边之前需要先设置好描边所使用的工具的参数，例如本案例使用画笔进行描边，那么就需要在“画笔”面板中设置合适的类型、大小，并设置合适的前景色。使用钢笔工具或形状工具绘制出路径，如图8-195所示。

02 在路径上单击鼠标右键，在弹出的快捷菜单中选择“描边路径”命令，打开“描边子路径”对话框，在该对话框中可以选择描边的工具，如图8-196所示。如图8-197所示是使用画笔描边路径的效果。

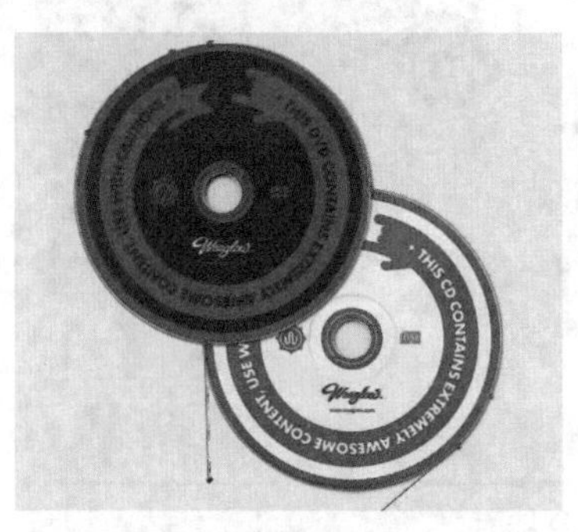
图8-195

图8-196

图8-197

技巧提示

设置好画笔的参数以后，在使用画笔状态下按Enter键可以直接为路径描边。

☆ 视频课堂——制作儿童主题网站设计

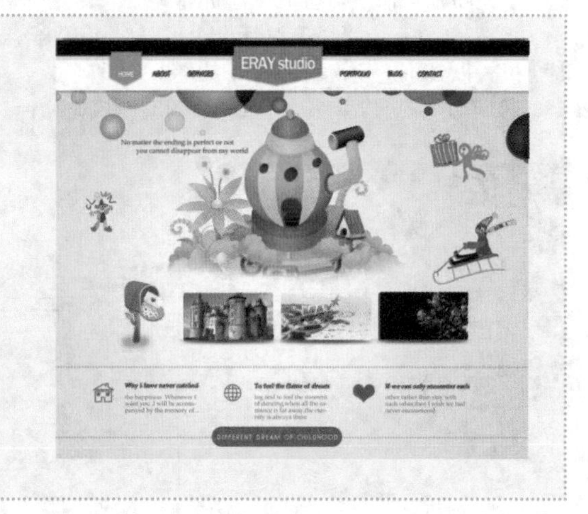

案例文件\第8章\视频课堂——制作儿童主题网站设计.psd
视频文件\第8章\视频课堂——制作儿童主题网站设计.flv

思路解析：

01 首先使用矩形工具制作背景以及顶部导航栏。
02 使用钢笔工具绘制导航栏上的五边形。
03 使用椭圆工具绘制页面上的多彩圆形。
04 使用自定形状工具绘制底部的图标。
05 使用圆角矩形工具制作底部粉色按钮。
06 导入素材并输入文字。

★ 综合实战——使用矢量工具制作简单VI

案例文件	案例文件\第8章\使用矢量工具制作简单VI.psd
视频教学	视频文件\第8章\使用矢量工具制作简单VI.flv
难易指数	★★★★★
技术要点	钢笔工具、形状工具、图层样式以及图层蒙版

案例效果

本案例主要使用钢笔工具和形状等工具制作简单的VI，效果如图8-198所示。

操作步骤

01 新建文件，将画面背景填充为黑色。首先制作标志部分，然后使用横排文字工具设置前景色为橘色，设置合适的字号以及字体，在画面顶部合适位置单击输入合适的文字，效果如图8-199所示。

02 单击工具箱中的“自定形状工具”按钮，在选项栏中设置绘制模式为“形状”，设置“填充”颜色为橙色，“描边”为无，选择合适的形状，如图8-200所示。在画面中合适位置单击进行绘制，效果如图8-201所示。

图8—198

图8—199

图8—200

图8—201

03 选择该形状图层，在“图层”面板中单击“添加图层蒙版”按钮，在蒙版中使用黑色画笔涂抹隐藏部分区域，如图8-202所示。效果如图8-203所示。

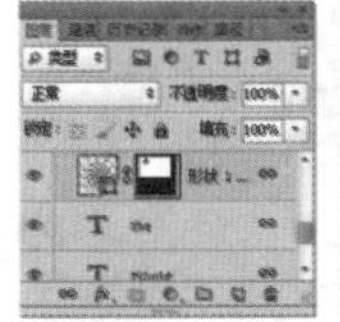

图8—202

图8—203

04 再次使用钢笔工具，在选项栏中设置绘制模式为“形状”，“填充”颜色为橙色，“描边”为无，如图8-204所示。在画面中合适位置单击绘制形状，效果如图8-205所示。

图8—204

图8—205

05 制作信纸部分。设置前景色为白色，新建图层，使用矩形工具在选项栏中设置绘制模式为像素。在画面中绘制合适的白色矩形，如图8-206所示。使用多边形套索工具绘制白色矩形右下角部分，按Delete键删除选区内的部分，效果如图8-207所示。

图8—206

图8—207

06 复制并合并橙色标志部分，摆放在“图层”面板的顶部，如图8-208所示。再次复制橙色标志图层作为“标志副本2”图层，置于矩形右下角，设置其“不透明度”为25%，载入白色矩形选区，为“标志 副本2”图层添加图层蒙版，如图8-209所示。效果如图8-210所示。

图8—208

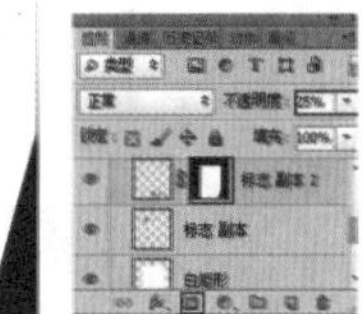

图8—209

图8—210

07 设置前景色为黑色，使用横排文字工具输入合适的文字。效果如图8-211所示。

08 在“图层”面板中选中所有页面内容的图层，按Ctrl+T快捷键对其执行“自由变换”命令，将其旋转到合适角度。此时信纸部分制作完成，如图 8-212所示。

09 制作名片部分，再次使用矩形工具绘制较小的白色矩形，将信纸上的部分内容复制并摆放在名片上，然后将制作好的名片适当旋转。效果如图 8-213所示。

图8—211

图8—212

图8—213

10 复制所有名片图层，合并复制图层，为其添加图层蒙版隐藏多余部分，设置图层的“不透明度”为80%，如图 8-214所示。制作名片倒影效果，如图 8-215所示。

图8－214　图8－215

11 制作表盘部分，使用椭圆形状工具，设置绘制模式为“形状”，“填充”颜色为白色，“描边”色为橙色，按住Shift键在画面中绘制正圆。对其执行“图层>图层样式>外发光”命令，设置颜色为黑色，设置“不透明度”为25%，“大小”为160像素，如图 8-216所示。效果如图 8-217所示。

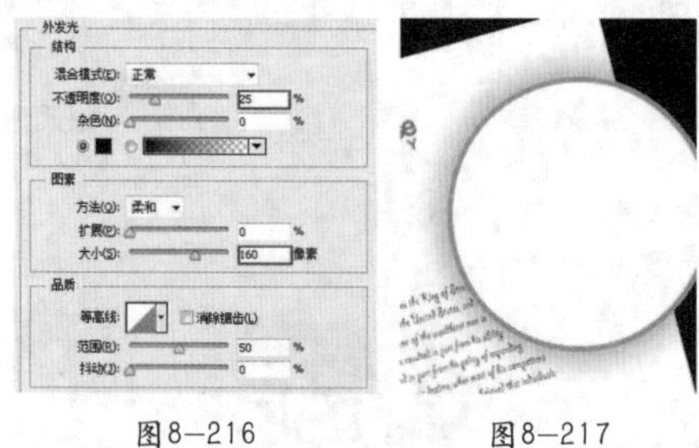

图8－216　图8－217

12 继续复制标志图层，放置在画面合适位置，并适当降低底部标志的不透明度，效果如图 8-218所示。新建图层，设置前景色为橙色，使用画笔工具在选项栏中设置“大小”为35像素，“硬度”为100%。在画面中合适的位置单击绘制橙色圆点，效果如图 8-219所示。

图8－218　图8－219

13 再次使用钢笔工具，在选项栏中设置绘制模式为“形状”，“填充”为无，“描边”颜色为黑色，大小为28.06点，选择直线，设置断点为圆形，如图 8-220所示。在钟表中心绘制直线作为钟表的指针。同样的方法绘制其他指针，效果如图 8-221所示。

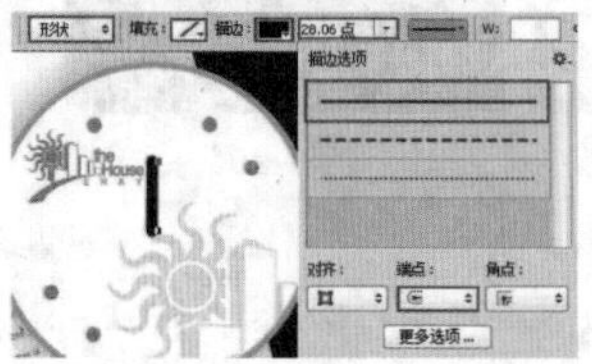

图8－220　图8－221

14 在表盘的合适位置分别输入合适的数字，最终制作效果如图8-222所示。

图8－222

★ 综合实战——绘制可爱卡通人物

案例文件	案例文件\第8章\绘制可爱卡通人物.psd
视频教学	视频文件\第8章\绘制可爱卡通人物.flv
难易指数	★★★★★
技术要点	钢笔工具的使用

案例效果

本案例主要是利用钢笔工具以及图层样式制作可爱卡通人物，如图8-223所示。

操作步骤

01 打开本书配套光盘素材“1.jpg”作为人物的背景，如图8-224所示。

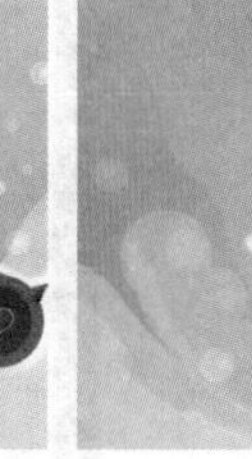

图8－223　图8－224

02 使用钢笔工具，在选项栏中设置绘制模式为形状，“填充”颜色为棕色，“描边”为无，如图8-225所示。在画面中绘制人物头发底色的形状，如图8-226所示。然后使用转换锚点工具以及直接选择工具对形状进行调整，如图8-227所示。

图8-225

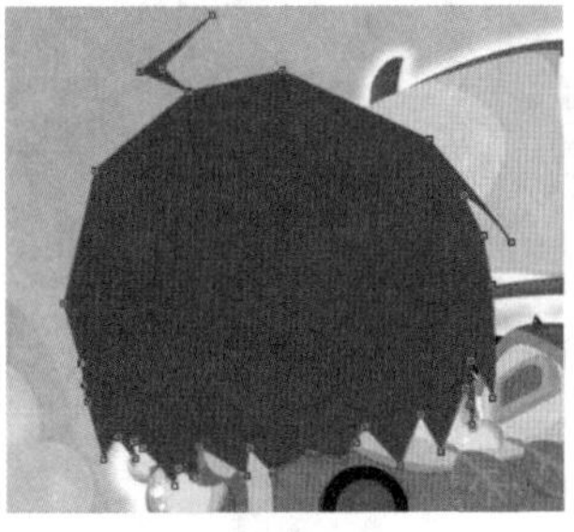

图8-226

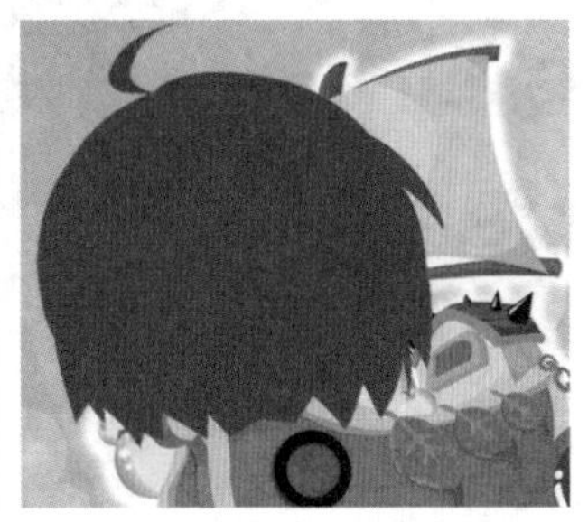

图8-227

03 继续使用钢笔工具，在选项栏中设置绘制模式为形状，“填充”颜色为皮肤色，“描边”颜色为黑色，描边大小为8点，描边样式为直线，如图8-228所示。在画面中绘制人物的脸型，效果如图8-229所示。

图8-228

图8-229

04 继续使用钢笔工具，同样在选项栏中设置绘制模式为形状，“填充”颜色为深一些的肤色，“描边”为无，如图8-230所示。继续在画面中绘制人物的刘海部分，效果如图8-231所示。

05 新建图层，设置前景色为浅粉色，单击工具箱中的“画笔工具”按钮，使用合适的柔角画笔在画面中绘制人物的腮红效果，如图8-232所示。

图8-230

图8-231

图8-232

06 继续使用钢笔工具，在选项栏中设置绘制模式为“形状”，“填充”为无，“描边”颜色为粉色，大小为6.69点，如图8-233所示。在画面中分别绘制短小的直线效果，效果如图8-234所示。

07 新建图层，使用白色柔角画笔在画面中绘制人物的脸部高光效果，如图8-235所示。同样方法制作另外一侧的脸部高光腮红，效果如图8-236所示。

图8-233

图8-234

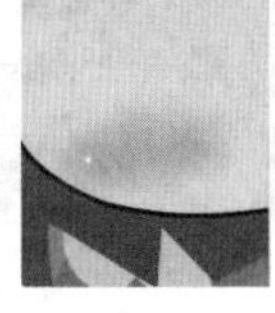

图8-235

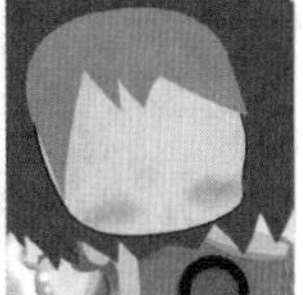

图8-236

08 制作眼睛部分。使用钢笔工具，在选项栏中设置绘制模式为“形状”，“填充”颜色为白色，“描边”为无，如图8-237所示。在画面中绘制人物眼睛的底色形状。效果如图8-238所示。继续使用钢笔工具，设置合适的“填充”颜色，绘制其他的眼睛部分。效果如图8-239所示。

图8-237

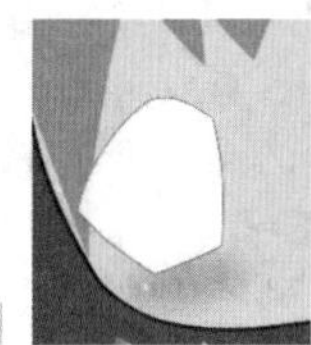

图8-238

图8-239

09 使用钢笔工具，设置绘制模式为“形状”，“填充”为无，“描边”颜色为棕色，描边大小为11.89点，设置描边样式为直线，端点形状为圆形，角点形状为圆形，如图8-240所示。在画面中绘制眼睛中的直线。同样方法制作其他的直线，如图8-241所示。

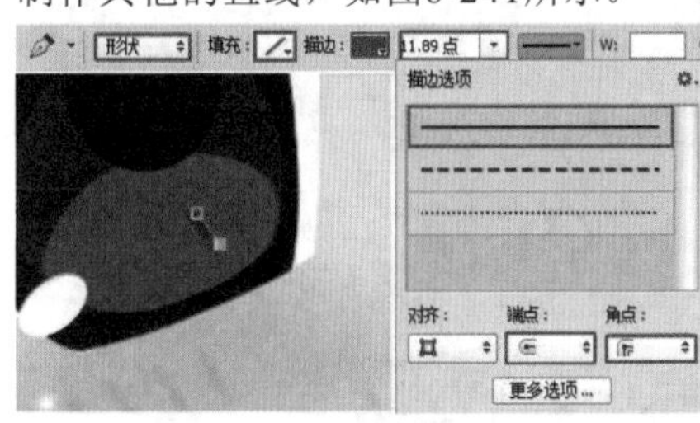

图8-240

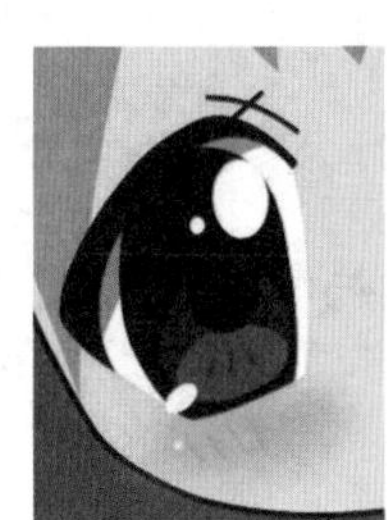

图8-241

10 同样方法制作右侧眼睛以及头发的细节，绘制过程非常简单，不过需要细心地分成多个部分进行绘制，例如在这里将剩余的头发部分分为额头的刘海部分、头发暗部、头发高光以及细节线条4个部分，如图8-242所示。

图8-242

11 同样的方法绘制出卡通人物的身体部分，这里遵循着从绘制“基本色”到添加“明暗色”最后添加“细节”的规律，如图8-243所示。

图8—243

思维点拨：Q版人物

Q来自英文的Cute（可爱）的谐音。在一些卡通作品中，使用到“Q”的地方往往是要表达一种较为俏皮的风格。基本意思为：小巧可爱的。Q版就是大头小身的可爱造型。最常见的有1:1、1:2、1:3、1:4等头身比。5头身是少男少女比例，再往上去就是更成熟的比例。

Q版要注意的就是大头、窄肩、短手、短脚、眼睛大、嘴巴小。下半身通常要比一般的瘦小一些，更可爱一些，如图 8—244和图 8—245所示。

图8—244

图8—245

12 再次使用钢笔工具，设置合适的填充色以及描边颜色及大小，在画面中绘制吉他的形状，如图 8-246所示。

图8—246

13 绘制小一点的吉他顶面，如图8-247所示。对顶部的吉他形状执行“图层>图层样式>渐变叠加”命令，在弹出的对话框中编辑一种合适的黄色系的渐变，设置“样式”为“径向”，如图8-248所示。单击“确定”按钮，效果如图8-249所示。

图8—247

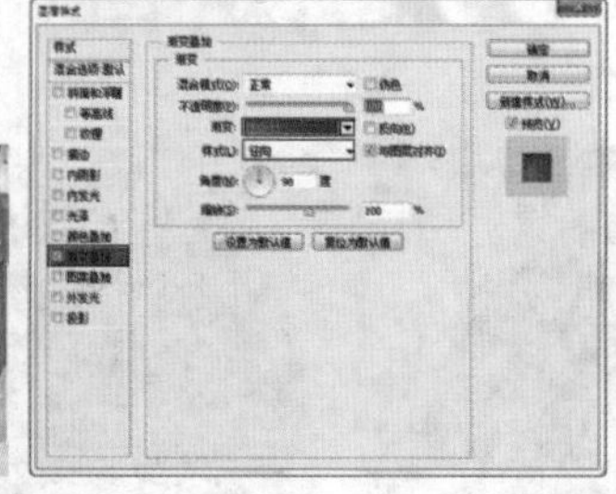

图8—248

图8—249

14 继续使用钢笔工具绘制吉他的其他部分，最终效果如图8-250和图8-251所示。

图8—250

图8—251

课后练习

【课后练习1——使用形状工具制作矢量招贴】

思路解析：本案例通过多种形状工具的使用制作出卡通风格的画面，并配合渐变的使用丰富画面效果。

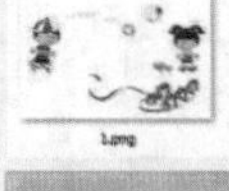

【课后练习2——使用画笔与钢笔工具制作飘逸头饰】

思路解析：本案例通过使用钢笔描边制作出平滑曲线，然后将曲线定义为画笔并进行再次的画笔描边制作出飘逸的头饰。

本章小结

钢笔工具是Photoshop中最具代表性的矢量工具，也是Photoshop中最为常用的工具之一，钢笔工具不仅仅用于形状的绘制，更多的是用于复制精确选区的制作，从而实现“抠图”的目的。所以为了更快、更好地使用钢笔工具，熟记路径编辑工具的快捷键切换方式是非常有必要的。

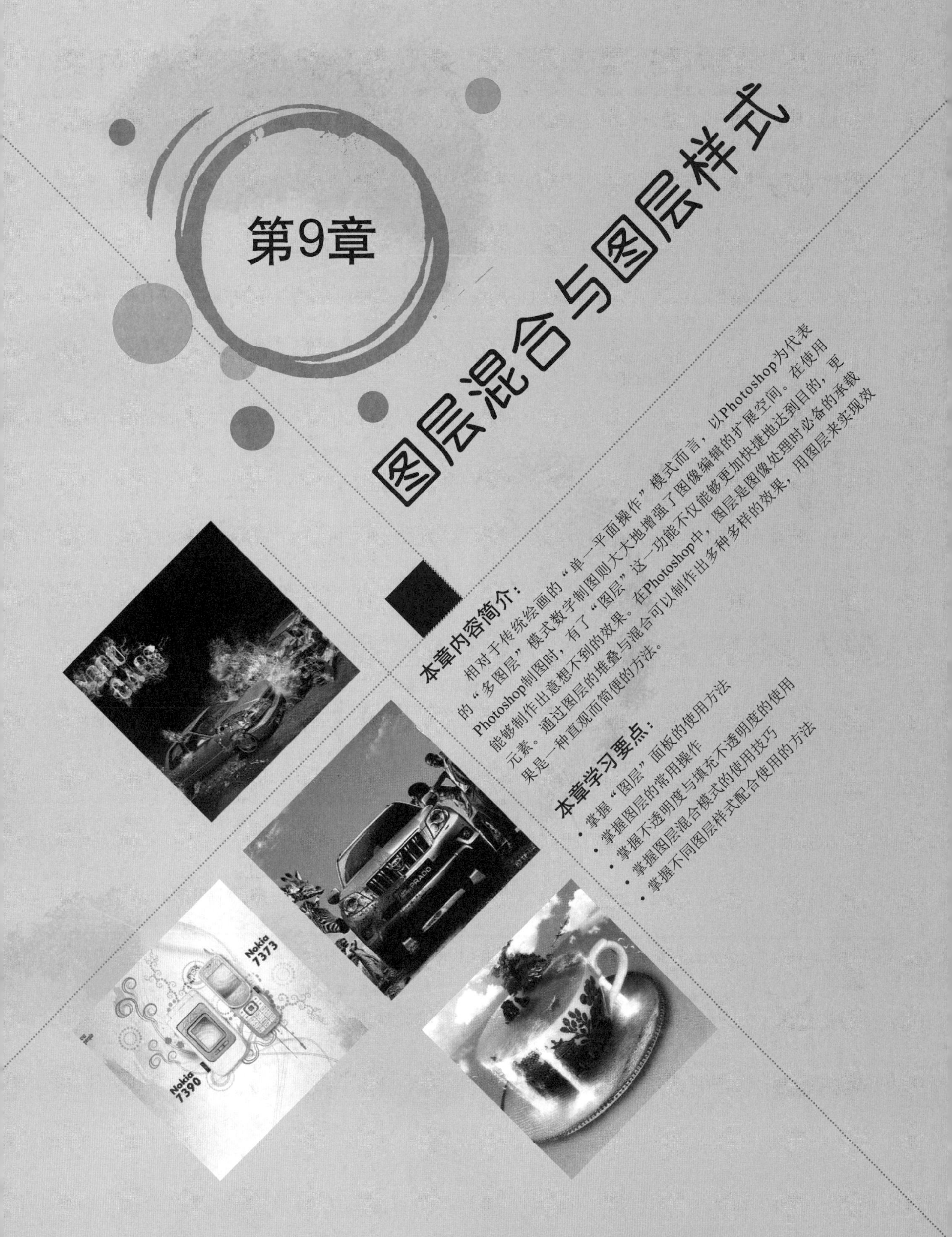

第9章

图层混合与图层样式

本章内容简介：

相对于传统绘画的“单一平面操作”模式而言，以Photoshop为代表的“多图层”模式数字制图则大大地增强了图像编辑的扩展空间。在使用Photoshop制图时，有了“图层”这一功能不仅能够更加快捷地达到目的，更能够制作出意想不到的效果。在Photoshop中，图层是图像处理时必备的承载元素。通过图层的堆叠与混合可以制作出多种多样的效果，用图层来实现效果是一种直观而简便的方法。

本章学习要点：

- 掌握“图层”面板的使用方法
- 掌握图层的常用操作
- 掌握不透明度与填充不透明度的使用
- 掌握图层混合模式的使用技巧
- 掌握不同图层样式配合使用的方法

9.1 图层的管理

在“图层”面板中不仅可以对文档中的众多图层进行如选择、新建、删除等基本操作，还可以对图层对象进行特有的操作，例如链接图层、锁定图层、合并图层等操作，通过这些操作可以方便地对图层进行管理。

9.1.1 链接图层

技术速查：链接图层可以快速地对多个图层进行如移动、变换、创建剪贴蒙版等操作。

例如LOGO的文字和图形部分、包装盒的正面和侧面部分等，如果每次操作都必须选中这些图层将会很麻烦，取而代之的是可以将这些图层“链接”在一起，如图9-1和图9-2所示。

图9—1

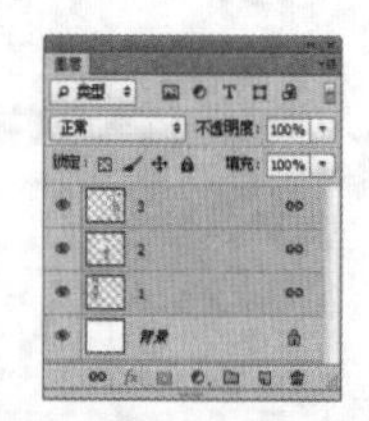

图9—2

选择需要进行链接的图层（两个或多个图层），然后执行“图层>链接图层”命令或单击“图层”面板底部的“链接图层”按钮，可以将这些图层链接起来，如图9-3所示。效果如图9-4所示。

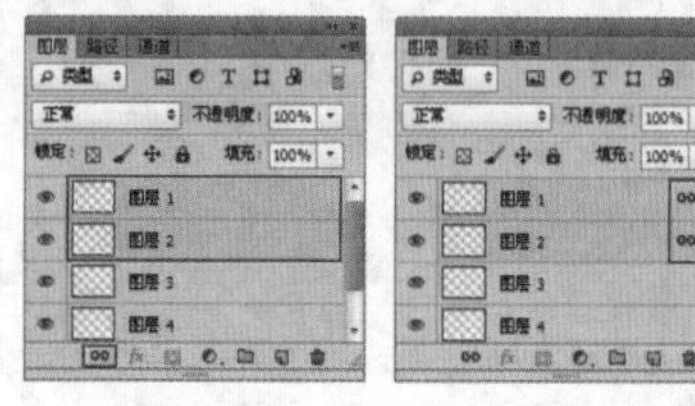

图9—3　图9—4

如果要取消某一图层的链接，可以选择其中一个链接图层，然后单击“链接图层”按钮，若要取消全部链接图层，需要选中全部链接图层并单击“链接图层”按钮。

如果要选择链接的图层，先选择一个链接图层，然后执行“图层>选择链接图层”命令即可。

9.1.2 锁定图层

技术速查：锁定图层可以用来保护图层透明区域、图像像素和位置的锁定功能，使用这些按钮可以根据需要完全锁定或部分锁定图层，以免因操作失误而对图层的内容造成破坏。

在“图层”面板的上半部分有多个锁定按钮，单击某一项即可将当前图层的该属性进行锁定，如图9-5所示。

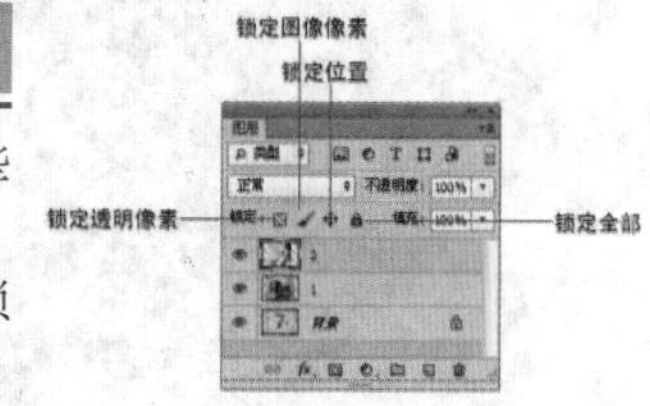

图9—5

- **锁定透明像素**：打开素材图像，如图9-6所示。激活“锁定透明像素”按钮以后，可以将编辑范围限定在图层的不透明区域，图层的透明区域会受到保护，如图9-7所示。锁定了图层的透明像素，使用画笔工具在图像上进行涂抹，只能在含有图像的区域进行绘画，如图9-8所示。

图9—6

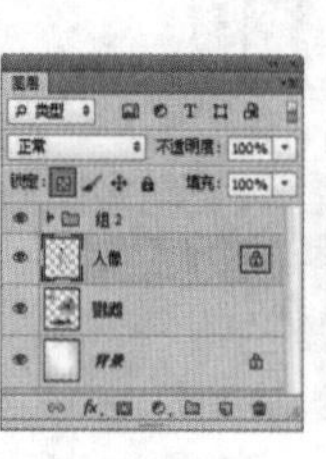

图9—7

图9—8

- **锁定图像像素**：激活“锁定图像像素”按钮后，只能对图层进行移动或变换操作，不能在图层上绘画、擦除或应用滤镜。
- **锁定位置**：激活“锁定位置”按钮后，图层将不能移动。这个功能对于设置了精确位置的图像非常有用。
- **锁定全部**：激活“锁定全部”按钮后，图层将不能进行任何操作。

答疑解惑：为什么锁定状态有空心的和实心的？

当图层被完全锁定之后，图层名称的右侧会出现一个实心的锁；当图层只有部分属性被锁定时，图层名称的右侧会出现一个空心的锁。

9.1.3 使用图层组管理图层

技术速查：图层组可以将图层进行分门别类，使文档操作更加有条理，寻找起来也更加方便快捷。

在进行一些比较复杂的合成时，图层的数量往往会越来越多，要在如此之多的图层中找到需要的图层，将会是一件非常麻烦的事情。

创建“图层组”

01 单击“图层”面板底部的“创建新组”按钮，即可在“图层”面板中出现新的图层组，如图9-9所示。或者执行“图层>新建>组”命令，在弹出的“新建组”对话框中可以对组的名称、颜色、模式、不透明度进行设置，设置结束之后单击“确定”按钮即可创建新组，如图9-10所示。

图9—9

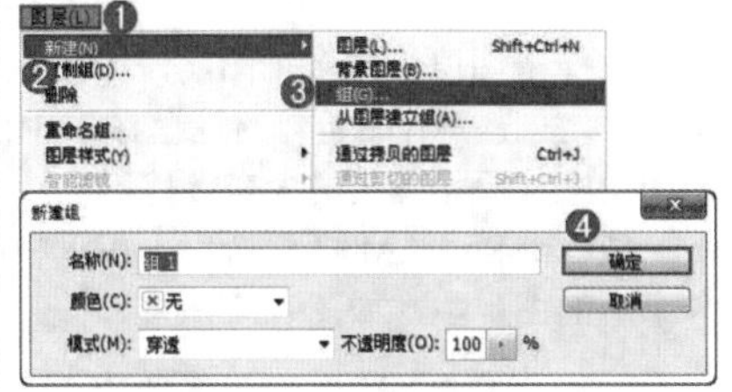

图9—10

02 在“图层”面板中按住Alt键选择需要的图层，然后单击并拖曳至“新建组”按钮上，如图9-11所示，即可以所选图层创建图层组，如图9-12所示。

03 也可以创建嵌套结构的图层组，就是在该组内还包含有其他的图层组，也就是“组中组”。创建方法是将当前图层组拖曳到“创建新组”按钮上，这样原始图层组将成为新组的下级组。或者创建新组，将原有的图层组拖曳放置在新创建的图层组中，如图9-13和图9-14所示。

图9—11

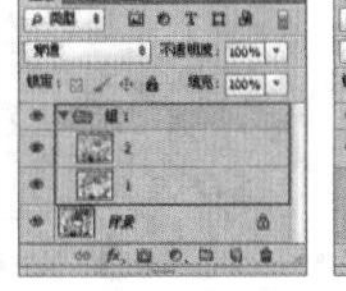

图9—12

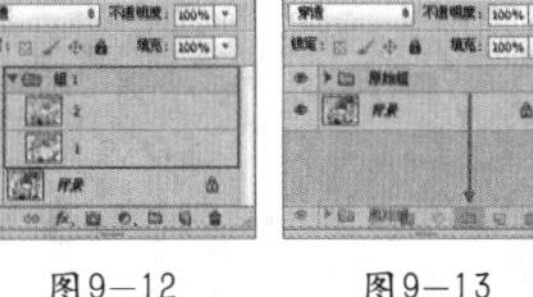

图9—13

图9—14

将图层移入或移出图层组

01 选择一个或多个图层，然后将其拖曳到图层组内，如图9-15所示，就可以将其移入到该组中，如图9-16所示。

02 将图层组中的图层拖曳到组外，如图9-17所示，就可以将其从图层组中移出，如图9-18所示。

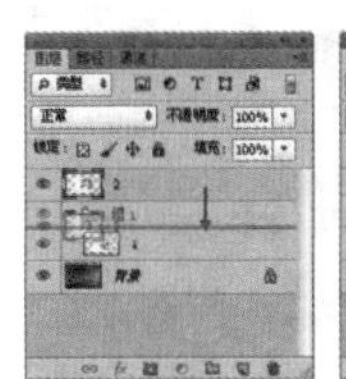

图9—15

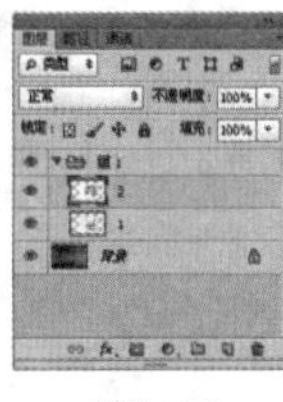

图9—16

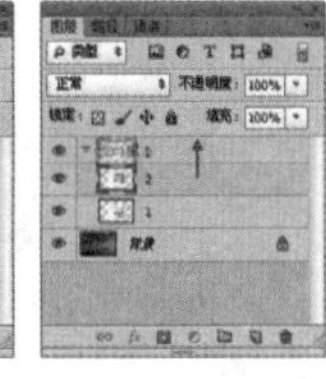

图9—17

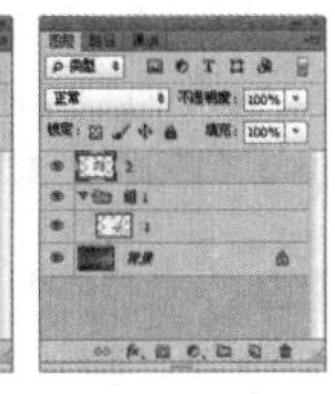

图9—18

取消图层编组

取消图层编组有3种常用的方法：

01 创建图层组以后，如果要取消图层编组，可以执行“图层>取消图层编组”命令，或按Shift+Ctrl+G组合键。

02 在图层组名称上单击鼠标右键，在弹出的快捷菜单中执行“取消图层编组”命令，如图9-19所示。

03 选中该图层组，单击“图层”面板底部的删除按钮，如图9-20所示，并在弹出的窗口中单击“仅组”按钮，如图9-21所示。图层组被删除，而图层组中的图层被保留了下来，如图9-22所示。

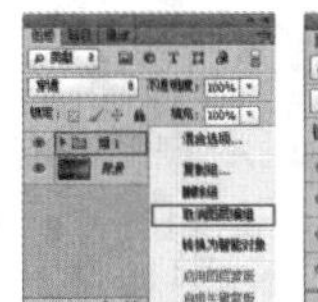

图9—19

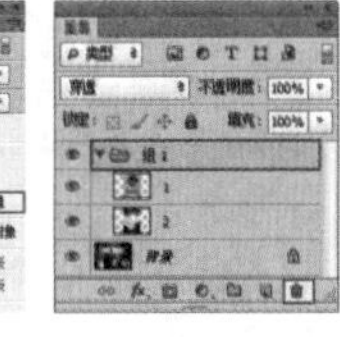

图9—20

图9—21

图9—22

9.1.4 合并图层

视频精讲：Photoshop CS6新手学视频精讲课堂/合并图层与盖印图层.flv

技术速查：在编辑过程中经常会需要将几个图层进行合并编辑或将文件进行整合以减少内存的浪费，这时就需要使用到“合并图层”命令。

执行“图层>向下合并”命令或按Ctrl+E快捷键，将一个图层与它下面的图层合并，如图9-23所示。合并以后的图层使用下面图层的名称，如图9-24所示。

如果要将多个图层合并为一个图层时，可以在“图层”面板中选择要合并的图层，然后执行“图层>合并图层”命令或按Ctrl+E快捷键，合并以后的图层使用上面图层的名称，如图9-25和图9-26所示。

执行“图层>合并可见图层”命令或按Ctrl+Shift+E组合键，如图9-27所示，可以合并“图层”面板中的所有可见图层，如图9-28所示。

图9-23

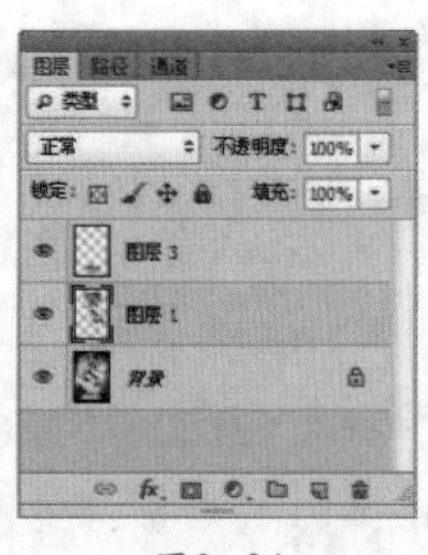

图9-24

图9-25

图9-26

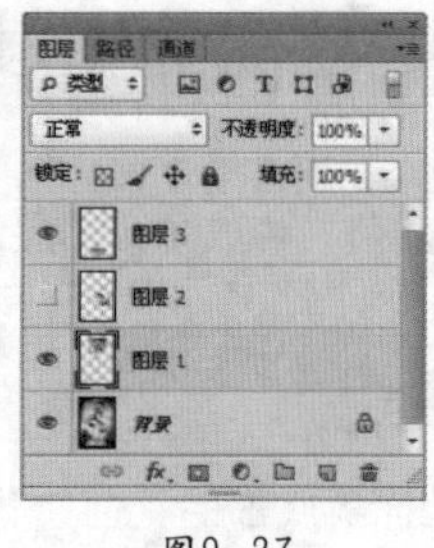

图9-27

图9-28

9.1.5 盖印图层

视频精讲：Photoshop CS6新手学视频精讲课堂/合并图层与盖印图层.flv

技术速查：“盖印”是一种合并图层的特殊方法，可以将多个图层的内容合并到一个新的图层中，同时保持其他图层不变。

盖印图层在实际工作中经常用到，是一种很实用的图层合并方法，如图9-29~图9-31所示。

图9-29

图9-30

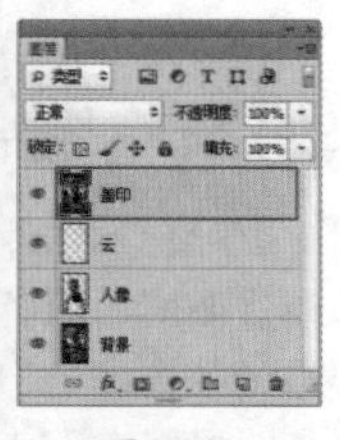

图9-31

选择了图层组或多个图层，如图9-32所示。使用盖印图层组合键Ctrl+Alt+E可以将这些图层中的图像盖印到一个新的图层中，原始图层的内容保持不变，如图9-33所示。

按Ctrl+Shift+Alt+E组合键，可以将所有可见图层盖印到一个新的图层中，如图9-34所示。

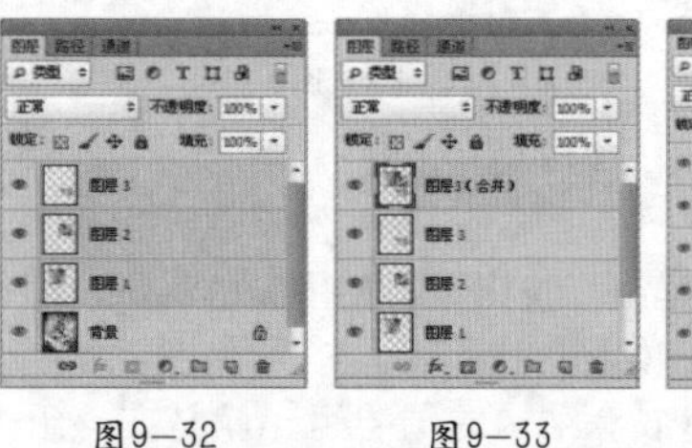

图9-32　图9-33

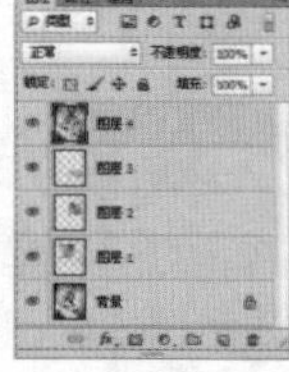

图9-34

9.1.6 栅格化图层内容

技术速查：栅格化图层内容是指将矢量对象或不可直接进行编辑的图层转换为可以直接进行编辑的像素图层的过程。

文字图层、形状图层、矢量蒙版图层或智能对象等包含矢量数据的图层是不能够直接进行编辑的，如图9-35所示。所以需要先将其栅格化以后才能进行相应的编辑。选择需要栅格化的图层，然后执行“图层>栅格化”菜单下的子命令，可以将相应的图层栅格化；或者在“图层”面板中选中该图层并单击鼠标右键，在弹出的快捷菜单中执行栅格化命令，如图9-36所示；或者在图像上单击鼠标右键，在弹出的快捷菜单中执行栅格化命令，如图9-37所示。

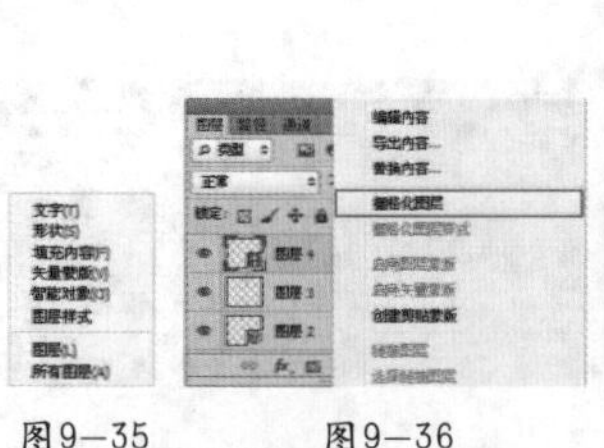

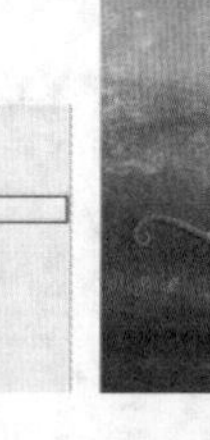

图9-35　图9-36

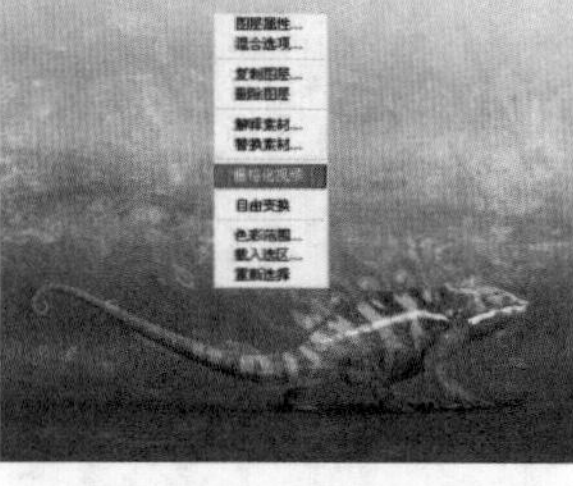

图9-37

9.1.7 清除图像的杂边

技术速查：使用“修边”命令可以去除抠图过程中边缘处残留的多余的像素。

针对于人像头发部分的抠图，经常会残留一些多余的与前景颜色差异较大的像素，执行“图层>修边”菜单下的子命令，如图9-38所示。效果如图9-39和图9-40所示。

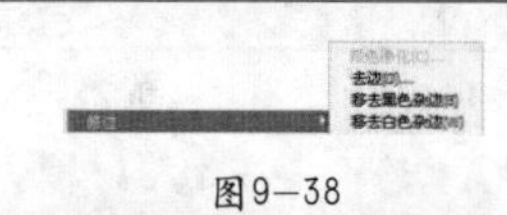

图9-38

- **颜色净化**：去除一些彩色杂边。
- **去边**：用包含纯色（不包含背景色的颜色）的邻近像素的颜色替换任何边缘像素的颜色。
- **移去黑色杂边**：如果将黑色背景上创建的消除锯齿的选区图像粘贴到其他颜色的背景上，可执行该命令来消除黑色杂边。
- **移去白色杂边**：如果将白色背景上创建的消除锯齿的选区图像粘贴到其他颜色的背景上，可执行该命令来消除白色杂边。

图9-39　图9-40

9.1.8 图层过滤

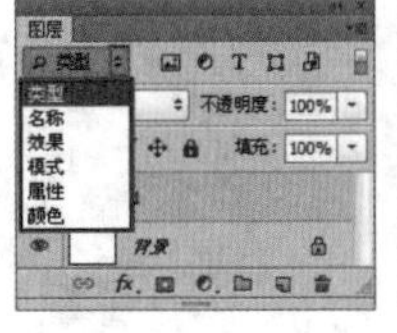
图9-41

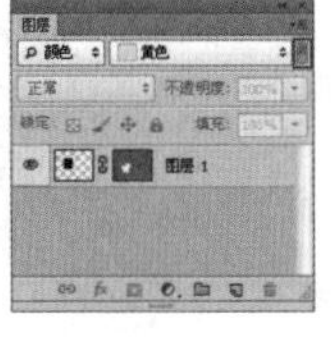
图9-42

技术速查：图层过滤主要是通过对图层进行多种方法的分类、过滤与检索，帮助用户迅速找到复杂的文件中的某个图层。

在“图层”面板的顶部可以看到图层的过滤选项，包括“类型”、“名称”、“效果”、“模式”、“属性”和“颜色”6种过滤方式，如图9-41所示。在使用图层过滤时只显示部分图层，单击右侧的“打开或关闭图层过滤” 按钮即可显示出所有图层，如图9-42所示。

- **类型**：设置过滤方式为“类型”时，可以从“像素图层滤镜”、“调整图层滤镜”、“文字图层滤镜”、“形状图层滤镜”、“智能对象滤镜”中选择一种或多种，可以看到“图层”面板中所选图层滤镜类型以外的图层全部被隐藏了，如果没有该类型的图层，则不显示任何图层。
- **名称**：设置过滤方式为“名称”时，可以在右侧的文本框中输入关键字，所有包含该关键字的图层都将显示出来。
- **效果**：设置过滤方式为“效果”时，在右侧的下拉列表中选中某种效果，所有包含该效果的图层将显示在“图层”面板中。
- **模式**：设置过滤方式为“模式”时，在右侧的下拉列表中选中某种模式，使用该模式的图层将显示在“图层”面板中。
- **属性**：设置过滤方式为“属性”时，在右侧的下拉列表中选中某种属性。含有该属性的图层将显示在“图层”面板中。
- **颜色**：设置过滤方式为“颜色”时，在右侧的下拉列表中选中某种颜色，该颜色的图层将显示在“图层”面板中。

9.1.9 拼合图像

视频精讲：Photoshop CS6新手学视频精讲课堂/合并图层与盖印图层.flv

技术速查：执行“图层>拼合图像”命令可以将所有图层都拼合到“背景”图层中。

如果有隐藏的图层，则会弹出一个提示对话框，提醒用户是否要扔掉隐藏的图层，如图9-43所示。

图9-43

9.1.10 导出图层

技术速查：执行“文件>脚本>将图层导出到文件”命令可以将图层作为单个文件进行导出。

在“将图层导出到文件”对话框中可以设置图层的保存路径、文件前缀名、保存类型等，同时还可以只导出可见图层，如图9-44所示。效果如图9-45所示。

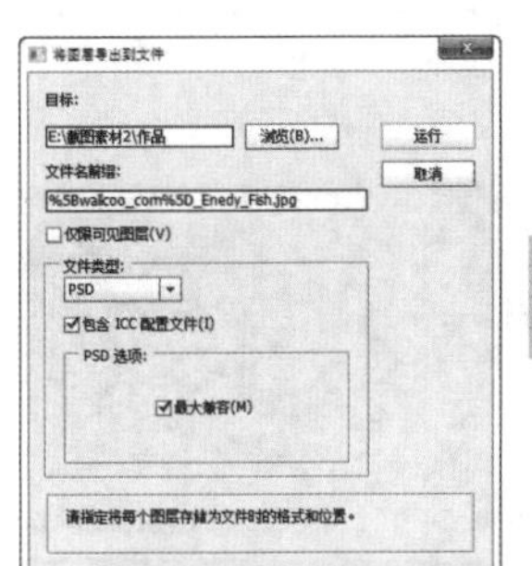
图9-44

图9-45

技术拓展

如果要在导出的文件中嵌入工作区配置文件，可以选中“包含ICC配置文件”复选框，对于有色彩管理的工作流程，这一点很重要。

9.2 图层不透明度

视频精讲：Photoshop CS6新手学视频精讲课堂/图层的不透明度与混合模式的设置.flv

图9-46

“图层”面板中有专门针对图层的“不透明度”与“填充”进行调整的选项，如图9-46所示。两者在一定程度上来讲都是针对透明度进行调整，但是“不透明度”控制着图层内容以及图层的效果样式等全部内容的透明度，而“填充”只控制图层原有像素的透明度。

不透明度数值越高，图层越不透明；不透明度越低，图层越透明。数值为100%时为完全不透明，如图9-47所示。数值为50%时为半透明，如图9-48所示。数值为0%时为完全透明，此时将完全显示底层图像，如图9-49所示。

图9-47

图9-48

图9-49

9.2.1 动手学：调整图层不透明度

技术速查：“不透明度”选项控制着整个图层的透明属性，包括图层中的形状、像素以及图层样式。

以下面的图为例，文档中包含一个“背景”图层与一个图层1，图层1包含多种图层样式，如图9-50所示。效果如图9-51所示。

选中需要调整的图层，将“不透明度”调整为50%，可以观察到整个主体以及图层样式都变为半透明的效果，如图9-52所示。效果如图9-53所示。

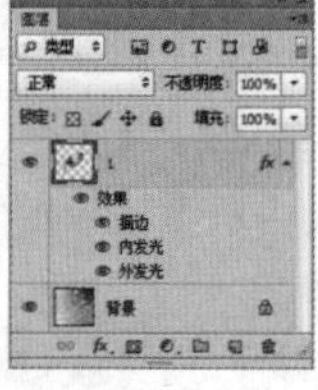

图9-50

图9-51

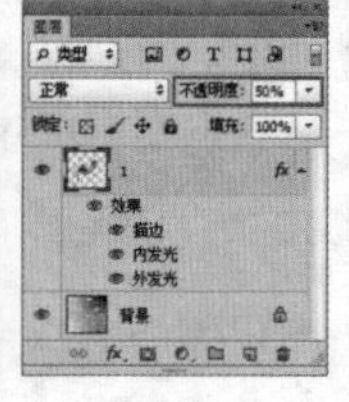

图9-52

图9-53

技巧提示

按键盘上的数字键即可快速修改图层的“不透明度”，例如按一下5键，“不透明度”会变为50%；如果按两次5键，“不透明度”会变成55%。

9.2.2 动手学：调整图层填充不透明度

技术速查：“填充”不透明度只影响图层中绘制的像素和形状的不透明度，与“不透明度”选项不同，“填充”不透明度对附加的图层样式效果部分没有影响。

选中该图层，将“填充”调整为50%，可以观察到主体部分变为半透明效果，而样式效果则没有发生任何变化，如图9-54所示。效果如图9-55所示。

将“填充”调整为0%，可以观察到主体部分变为透明，而样式效果则没有发生任何变化，如图9-56所示。效果如图9-57所示。

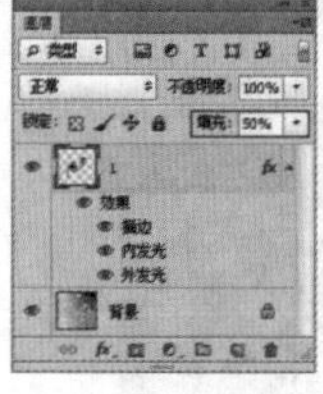

图9-54

图9-55

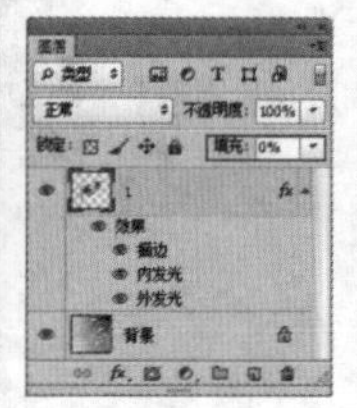

图9-56

图9-57

9.3 图层的混合模式

视频精讲：Photoshop CS6新手学视频精讲课堂/图层的不透明度与混合模式的设置.flv

技术速查：在Photoshop中“混合模式”是用于将顶层对象颜色与底层对象的颜色进行混合的方式，而在图层中“混合模式”则是指一个图层与其下方图层的色彩混合的方式。

在“图层”面板中选择一个除“背景”以外的图层，单击面板顶部的⇕下拉按钮，在弹出的下拉列表中可以选择一种混合模式。图层的“混合模式”分为6组，共27种，如图9-58所示。

图层的“混合模式”多用于调色、混合、溶图、合成等操作。例如，将两张图像通过设置混合模式可以很好地融合到一起，如图9-59和图9-60所示。

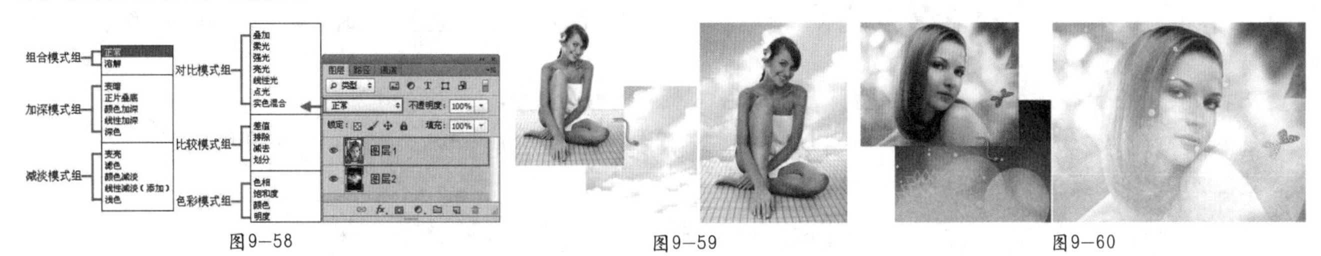

图9—58　图9—59　图9—60

默认情况下，新建图层的混合模式为正常，除了正常以外，还有很多种混合模式，它们都可以产生迥异的合成效果。如图9-61~图9-64所示为一些使用到混合模式制作的作品。

图9—61　图9—62　图9—63　图9—64

技巧提示

混合模式是Photoshop的一项非常重要的功能，它不仅仅存在于“图层”面板中，在使用绘画工具时也可以通过更改混合模式来调整绘制对象与下面图像的像素的混合方式，用来创建各种特效，并且不会损坏原始图像的任何内容。在绘画工具和修饰工具的选项栏，以及“渐隐”、“填充”、“描边”命令和“图层样式”对话框中都包含有混合模式。

9.3.1 “组合”模式组

技术速查：“组合”模式组中的混合模式需要降低图层的“不透明度”或“填充”数值才能起作用，这两个参数的数值越低，就越能看到下面的图像。

下面将以一个包含两个图层的文档进行尝试，选择顶部的图层，在图层的“混合模式”下拉列表中选择不同的混合模式。

- **正常**：这种模式是Photoshop默认的模式。“图层”面板中包含两个图层，如图9-65所示。在正常情况下（“不透明度”为100%），如图9-66所示。上层图像将完全遮盖住下层图像，只有降低“不透明度”数值以后才能与下层图像相混合，如图9-67所示是设置“不透明度”为70%时的混合效果。
- **溶解**：在“不透明度”和“填充”为100%时，该模式不会与下层图像相混合，只有这两个数值中的任何一个低于100%时才能产生效果，使透明度区域上的像素离散，如图9-68所示。

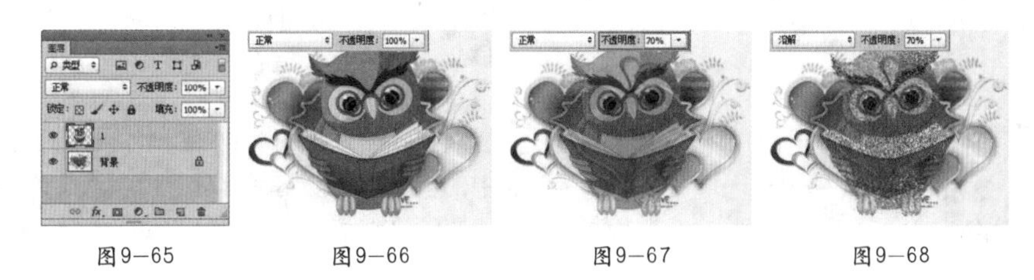

图9—65　图9—66　图9—67　图9—68

9.3.2 “加深”模式组

技术速查：“加深”模式组中的混合模式可以使图像变暗。在混合过程中，当前图层的白色像素会被下层较暗的像素替代。

- **变暗**：比较每个通道中的颜色信息，并选择基色或混合色中较暗的颜色作为结果色，同时替换比混合色亮的像素，而比混合色暗的像素保持不变，如图9-69所示。
- **正片叠底**：任何颜色与黑色混合产生黑色，任何颜色与白色混合保持不变，如图9-70所示。
- **颜色加深**：通过增加上下层图像之间的对比度来使像素变暗，与白色混合后不产生变化，如图9-71所示。
- **线性加深**：通过减小亮度使像素变暗，与白色混合不产生变化，如图9-72所示。
- **深色**：通过比较两个图像的所有通道的数值的总和，然后显示数值较小的颜色，如图9-73所示。

图9－69

图9－70

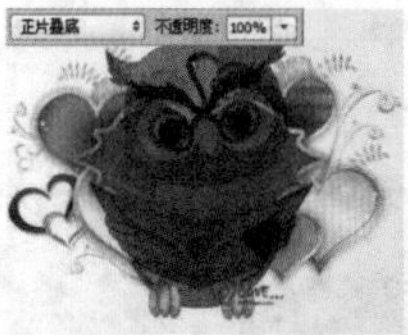

图9－71

图9－72

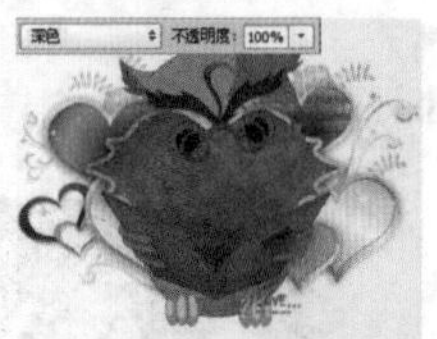
图9－73

★ 案例实战——使用混合模式制作奇妙的瓶中世界

案例文件	案例文件\第9章\使用混合模式制作奇妙的瓶中世界.psd
视频教学	视频文件\第9章\使用混合模式制作奇妙的瓶中世界.flv
难易指数	★★★★★
技术要点	正片叠底、图层蒙版

案例效果

本案例主要是使用“正片叠底”混合模式制作奇妙的瓶中世界，如图9-74所示。

图9－74

操作步骤

01 打开书中配套光盘素材“1.jpg”，如图9-75所示。再次导入玻璃瓶素材“2.jpg”，如图9-76所示。从图中可以看到玻璃瓶的背景部分为纯白色，而使用“加深”模式组中的混合模式很容易就能将画面中的白色滤除。

图9－75

图9－76

02 在“图层”面板中选中“瓶子”图层，设置其图层的“混合模式”为“正片叠底”，如图9-77所示。此时白色部分被滤除掉，瓶身部分被很好地保留了下来，效果如图9-78所示。

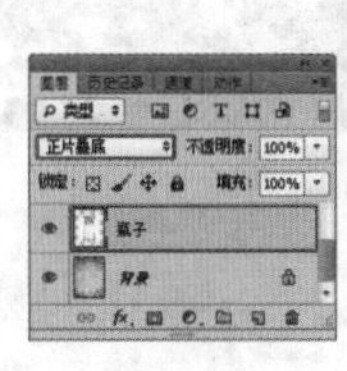
图9－77

图9－78

03 继续导入风景素材“3.jpg”，置于画面中合适位置，如图9-79所示。为了将风景素材混合到画面中成为瓶子中的内容物，也需要设置风景图层的“混合模式”，在这里将“混合模式”设置为“正片叠底”，效果如图9-80所示。

图9－79

图9－80

04 由于风景素材的形状与瓶子的形状不符合，所以需要为其添加图层蒙版，使用黑色画笔在蒙版中涂抹瓶子以外的画面，如图9-81所示。风景图像中的多余部分被隐藏了，如图9-82所示。

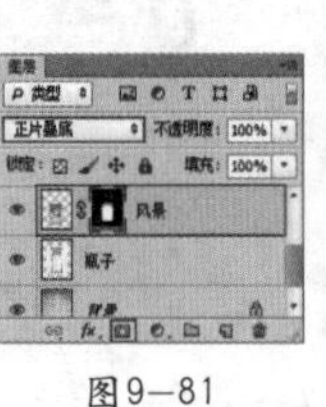
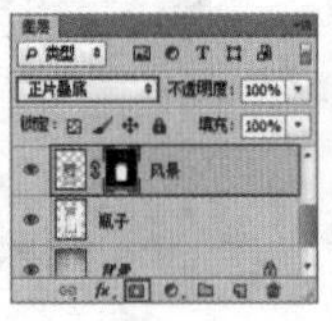
图9－81

图9－82

05 执行“图层>新建调整图层>曲线”命令，创建曲线调整图层，调整曲线的形状，如图9-83所示。使用黑色柔角画笔在调整图层蒙版四角处进行涂抹，如图9-84所示。此时提亮的区域只有玻璃瓶中央的区域，如图9-85所示。

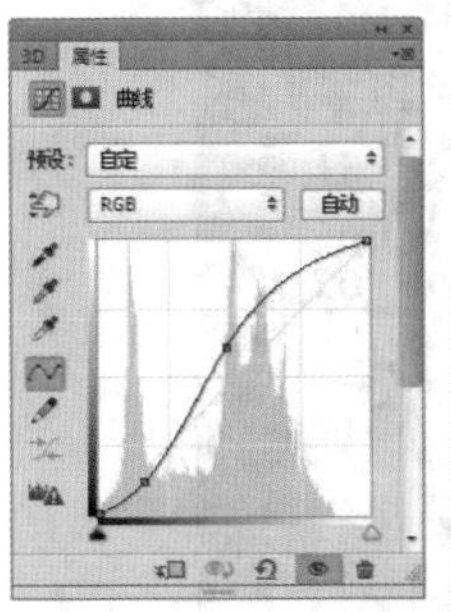
图9—83

图9—84

图9—85

★ 案例实战——怀旧文字招贴

案例文件	案例文件\第9章\怀旧文字招贴.psd
视频教学	视频文件\第9章\怀旧文字招贴.flv
难易指数	★★★★
技术要点	正片叠底、颜色加深

案例效果

本案例主要使用正片叠底、颜色加深这两种混合模式制作怀旧文字招贴，如图9-87所示。

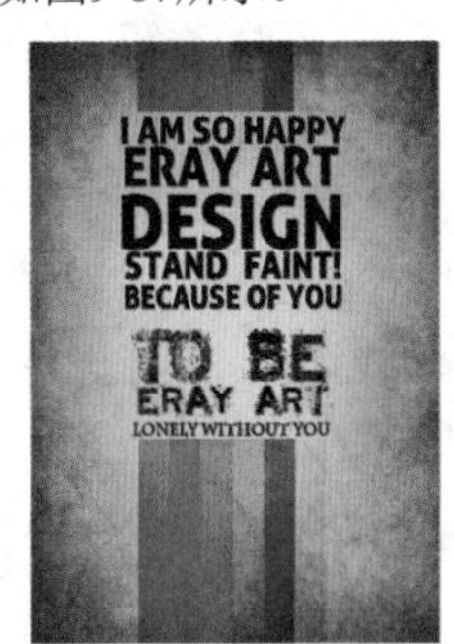

图9—87

操作步骤

01 打开本书配套光盘素材“1.jpg”，如图9-88所示。再次导入素材“2.jpg”，并设置其图层的“混合模式”为“正片叠底”，如图9-89所示。效果如图9-90所示。

图9—88

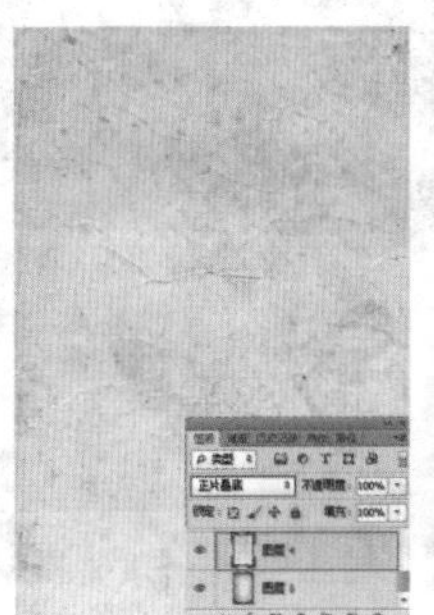
图9—89

图9—90

06 导入前景飞鸟的素材，最终制作效果如图9-86所示。

图9—86

02 执行“图层>新建调整图层>可选颜色”命令，创建可选颜色调整图层，在弹出的对话框中设置“颜色”为“红色”，“青色”为49%，“洋红”为5%，“黄色”为-34%，“黑色”为0%，如图9-91所示。效果如图9-92所示。

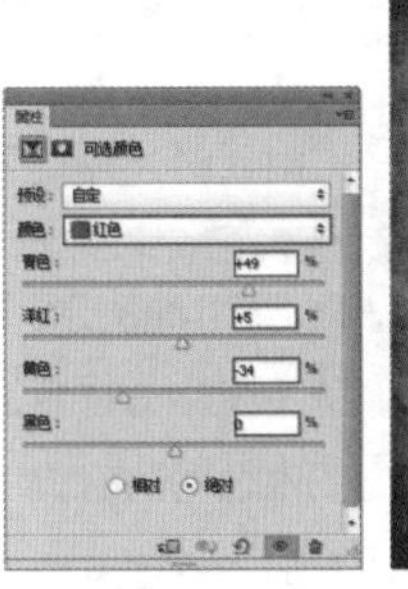
图9—91

图9—92

03 新建图层，设置前景色为浅橙色，单击工具箱中的“画笔工具”按钮，在选项栏中设置画笔的“不透明度”为30%，在画面中央区域绘制，如图9-93所示。使用横排文字工具设置前景色为黑色，设置合适的字体以及字号，在画面中合适的位置单击输入文字，如图9-94所示。

图9—93

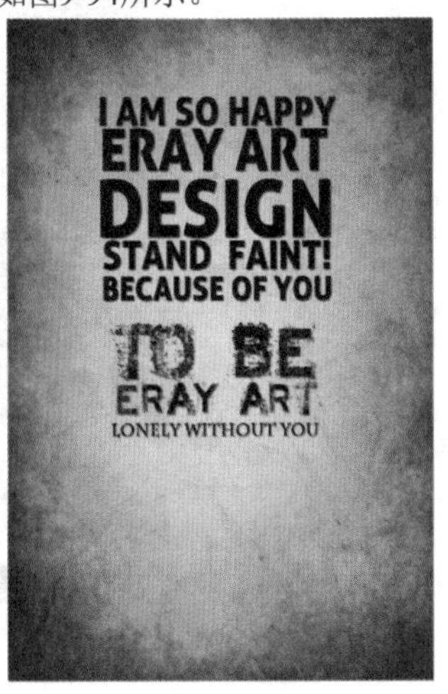

图9—94

04 新建图层，设置前景色为红色，使用矩形选框工具在画面中合适位置单击进行绘制，并为其填充红色，如图9-95所示。为了使其能够混合到画面中，需要选中该图层，并在“图层”面板中设置“混合模式”为“颜色加深”，如图9-96所示。同样方法制作其他颜色的矩形，效果如图9-97所示。

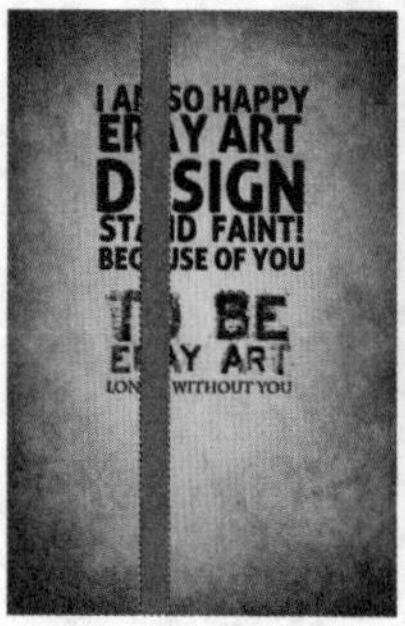

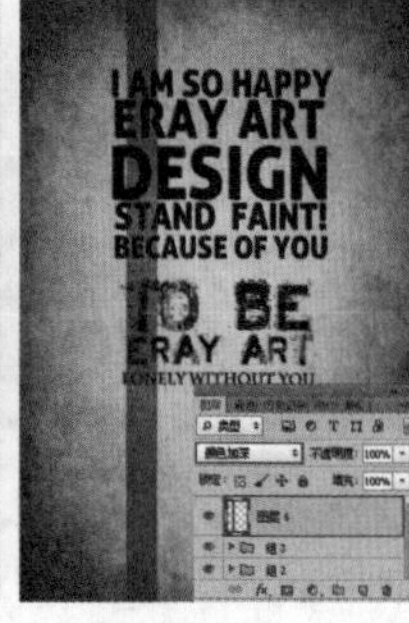
图9—95

图9—96

图9—97

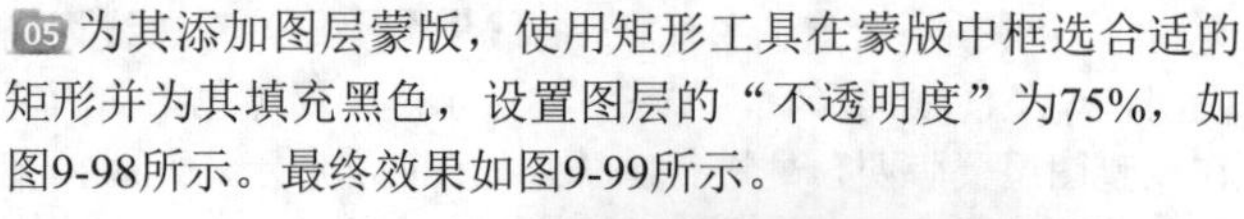
05 为其添加图层蒙版，使用矩形工具在蒙版中框选合适的矩形并为其填充黑色，设置图层的“不透明度”为75%，如图9-98所示。最终效果如图9-99所示。

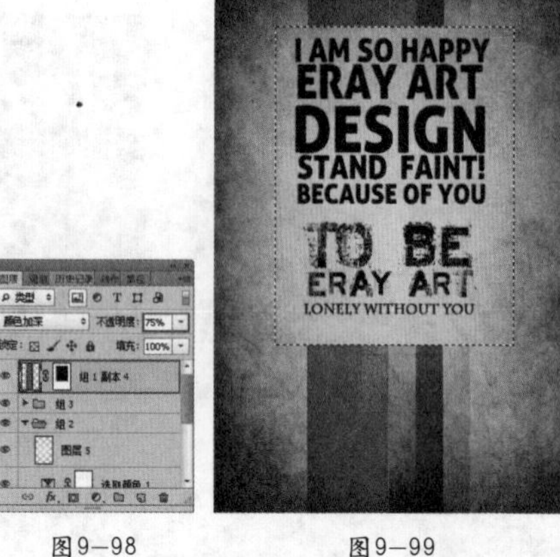

图9—98

图9—99

9.3.3 “减淡”模式组

技术速查：“减淡”模式组与“加深”模式组产生的混合效果完全相反，它们可以使图像变亮。在混合过程中，图像中的黑色像素会被较亮的像素替换，而任何比黑色亮的像素都可能提亮下层图像。

- **变亮**：比较每个通道中的颜色信息，并选择基色或混合色中较亮的颜色作为结果色，同时替换比混合色暗的像素，而比混合色亮的像素保持不变，如图9-100所示。
- **滤色**：与黑色混合时颜色保持不变，与白色混合时产生白色，如图9-101所示。
- **颜色减淡**：通过减小上下层图像之间的对比度来提亮底层图像的像素，如图9-102所示。
- **线性减淡（添加）**：与“线性加深”模式产生的效果相反，可以通过提高亮度来减淡颜色，如图9-103所示。
- **浅色**：通过比较两个图像的所有通道的数值的总和，然后显示数值较大的颜色，如图9-104所示。

图9—100

图9—101

图9—102

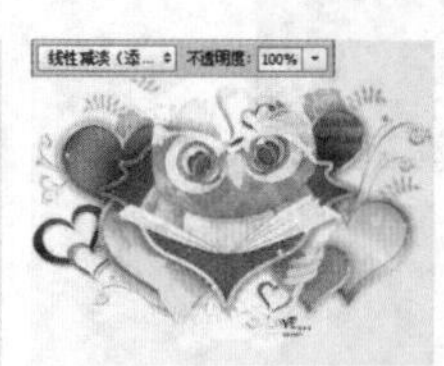
图9—103

图9—104

★ 案例实战——使用混合模式制作炫彩效果

案例文件	案例文件\第9章\使用混合模式制作炫彩效果.psd
视频教学	视频文件\第9章\使用混合模式制作炫彩效果.flv
难易指数	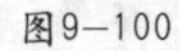
技术要点	变亮混合模式、叠加混合模式

案例效果

本案例主要是通过使用画笔工具绘制彩色的光斑，并通过图层混合模式的使用使彩色光斑融入到画面中制作炫彩效果，如图9-105所示。

图9—105

操作步骤

01 打开素材文件“1.jpg”，如图9-106所示。执行“图层>新建调整图层>曲线”命令，调整曲线的形状，如图9-107所示。效果如图9-108所示。

图9－106

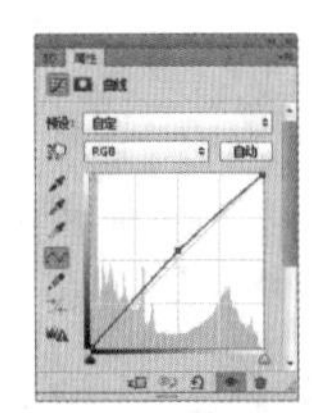

图9－107

图9－108

02 新建图层1，单击工具箱中的“画笔工具”按钮，在画面中使用不同的颜色绘制光斑效果，如图9-109所示。设置图层的“混合模式”为“变亮”，“不透明度”为25%，如图9-110所示。此时可以看到画面中央的区域变亮，而且颜色清新，效果如图9-111所示。

图9－109

图9－100

图9－111

03 复制图层1，重命名为图层2，适当缩小并向右移动，设置“混合模式”为“变亮”，如图9-112所示。效果如图9-113所示。

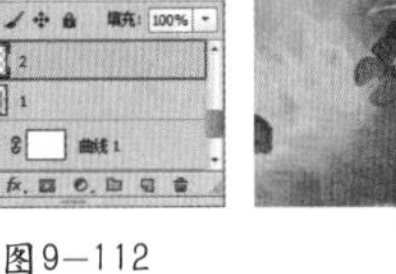

图9－112

图9－113

04 继续复制之前绘制的光斑图层，并使用“色相/饱和度”对其进行颜色更改，如图9-114所示。设置其“混合模式”为“叠加”，“不透明度”为15%，如图9-115所示。效果如图9-116所示。

图9－114

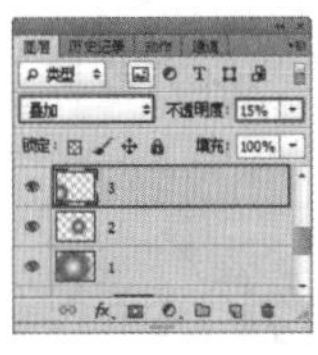

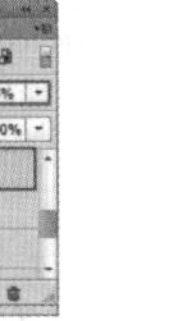

图9－115

图9－116

05 再次复制光斑图层，更改颜色为紫色，如图9-117所示。设置图层的“混合模式”为“叠加”，“不透明度”为30%，如图9-118所示。效果如图9-119所示。

图9－117

图9－118

图9－119

06 同样的方法继续复制光斑，并调整颜色、大小及位置，摆放在不同位置上，设置合适的混合模式，丰富画面效果，如图9-120和图9-121所示。

图9－120

图9－121

07 导入前景装饰素材“2.png”，置于画面中合适位置，最终制作效果如图9-122所示。

图9－122

9.3.4 “对比”模式组

技术速查：“对比”模式组中的混合模式可以加强图像的差异。在混合时，50%的灰色会完全消失，任何亮度值高于50%灰色的像素都可能提亮下层的图像，亮度值低于50%灰色的像素则可能使下层图像变暗。

- **叠加**：对颜色进行过滤并提亮上层图像，具体取决于底层颜色，同时保留底层图像的明暗对比，如图9-123所示。
- **柔光**：使颜色变暗或变亮，具体取决于当前图像的颜色。如果上层图像比50%灰色亮，则图像变亮；如果上层图像比50%灰色暗，则图像变暗，如图9-124所示。
- **强光**：对颜色进行过滤，具体取决于当前图像的颜色。如果上层图像比50%灰色亮，则图像变亮；如果上层图像比50%灰色暗，则图像变暗，如图9-125所示。
- **亮光**：通过增加或减小对比度来加深或减淡颜色，具体取决于上层图像的颜色。如果上层图像比50%灰色亮，则图像变亮；如果上层图像比50%灰色暗，则图像变暗，如图9-126所示。

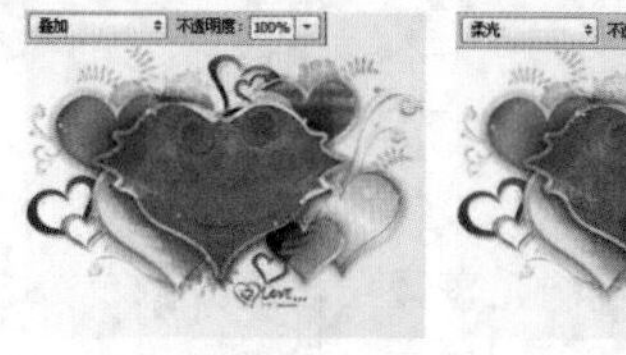
图9—123

图9—124

图9—125

图9—126

- **线性光**：通过减小或增加亮度来加深或减淡颜色，具体取决于上层图像的颜色。如果上层图像比50%灰色亮，则图像变亮；如果上层图像比50%灰色暗，则图像变暗，如图9-127所示。
- **点光**：根据上层图像的颜色来替换颜色。如果上层图像比50%灰色亮，则替换比较暗的像素；如果上层图像比50%灰色暗，则替换较亮的像素，如图9-128所示。
- **实色混合**：将上层图像的RGB通道值添加到底层图像的RGB值。如果上层图像比50%灰色亮，则使底层图像变亮；如果上层图像比50%灰色暗，则使底层图像变暗，如图9-129所示。

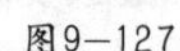
图9—127

图9—128

图9—129

9.3.5 “比较”模式组

技术速查：“比较”模式组中的混合模式可以比较当前图像与下层图像，将相同的区域显示为黑色，不同的区域显示为灰色或彩色。如果当前图层中包含白色，那么白色区域会使下层图像反相，而黑色不会对下层图像产生影响。

- **差值**：上层图像与白色混合将反转底层图像的颜色，与黑色混合则不产生变化，如图9-130所示。
- **排除**：创建一种与“差值”模式相似，但对比度更低的混合效果，如图9-131所示。
- **减去**：从目标通道中相应的像素上减去源通道中的像素值，如图9-132所示。
- **划分**：比较每个通道中的颜色信息，然后从底层图像中划分上层图像，如图9-133所示。

图9—130

图9—131

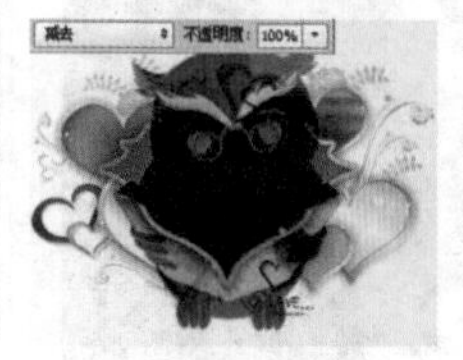
图9—132

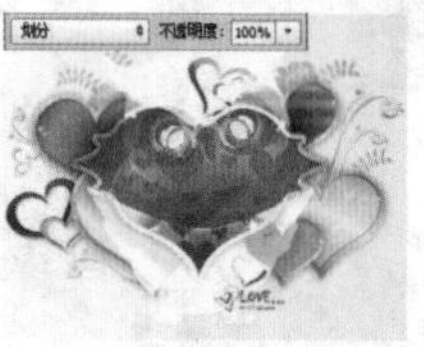
图9—133

9.3.6 “色彩”模式组

技术速查：使用：“色彩”模式组中的混合模式时，Photoshop会将色彩分为色相、饱和度和亮度3种成分，然后再将其中的一种或两种应用在混合后的图像中。

- **色相**：用底层图像的明亮度和饱和度以及上层图像的色相来创建结果色，如图9-134所示。
- **饱和度**：用底层图像的明亮度和色相以及上层图像的饱和度来创建结果色，在饱和度为0的灰度区域应用该模式不会产生任何变化，如图9-135所示。
- **颜色**：用底层图像的明亮度以及上层图像的色相和饱和度来创建结果色，这样可以保留图像中的灰阶，对于为单色图像上色或给彩色图像着色非常有用，如图9-136所示。
- **明度**：用底层图像的色相和饱和度以及上层图像的明亮度来创建结果色，如图9-137所示。

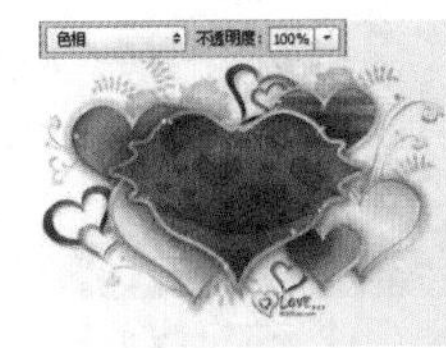

图9—134

图9—135

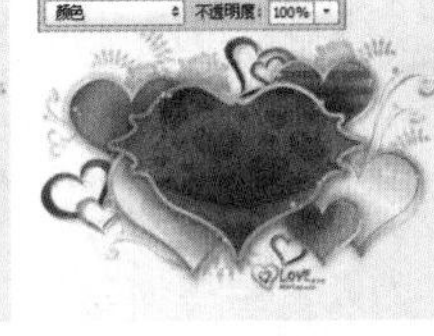

图9—136

图9—137

★ 案例实战——欧美风撞色招贴

案例文件	案例文件\第9章\欧美风撞色招贴.psd
视频教学	视频文件\第9章\欧美风撞色招贴.flv
难易指数	★★★★★
技术要点	混合模式、图层蒙版

案例效果

本案例主要使用混合模式和图层蒙版命令制作欧美风格招贴，如图9-138所示。

图9—138

操作步骤

01 新建文件，使用渐变工具，在选项栏中编辑灰色系的渐变，设置渐变类型为径向渐变，如图9-139所示。在画面中绘制合适的渐变，效果如图9-140所示。导入人像素材“1.jpg”，如图9-141所示。

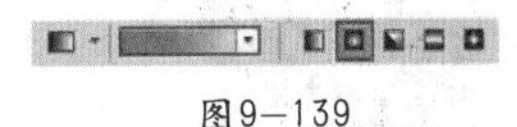

图9—139

图9—140

图9—141

02 单击工具箱中的“魔棒”工具按钮，在选项栏中设置绘制模式为“添加到选区”，“容差”为10，选中“连续”复选框，在背景处多次单击得到背景选区，如图9-142所示。按Delete键删除背景部分，如图9-143所示。然后在人像图层底部新建图层，使用黑色柔角画笔在人像手臂下方绘制阴影效果，如图9-144所示。

图9—142

图9—143

图9—144

03 在背景图层上方新建图层，使用矩形选框工具绘制合适的矩形选区，单击工具箱中的“渐变工具”按钮，在选项栏中编辑一种稍浅些的灰色系渐变，设置渐变类型为线性，在选框中绘制渐变效果，如图9-145图9-146所示。

图9—145

图9—146

04 执行“图层>新建调整图层>自然饱和度”命令，创建新的“自然饱和度”调整图层，设置“自然饱和度”为 - 100，“饱和度”为 - 100，如图9-147所示。将该图层放置在人像图层上方，单击鼠标右键，在弹出的快捷菜单中执行“创建剪贴蒙版”命令，效果如图9-148所示。

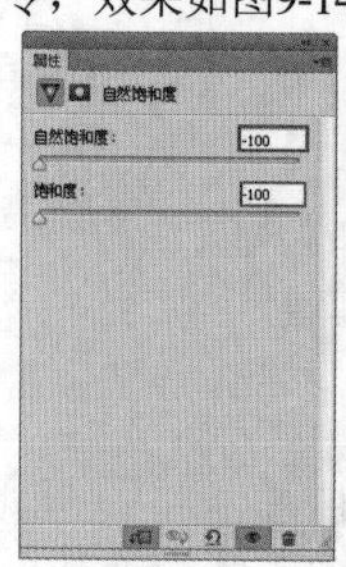

图9—147

图9—148

05 执行“图层>新建调整图层>曲线”命令，调整曲线的形状，压暗画面效果，如图9-149所示。同样为人像图层创建剪贴蒙版，效果如图9-150所示。

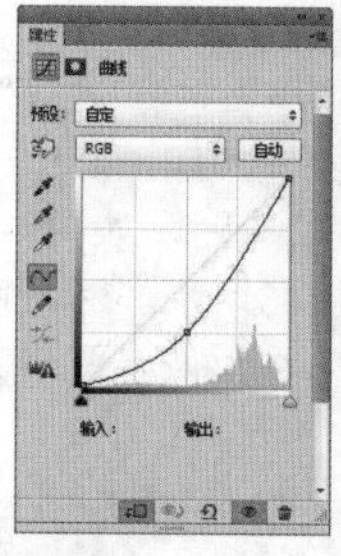

图9—149

图9—150

06 新建图层，使用椭圆选框工具，按住Shift键在画面中绘制正圆选区，并为其填充青色，如图9-151所示。设置圆形的“混合模式”为“变暗”，如图9-152所示。效果如图9-153所示。

图9—151

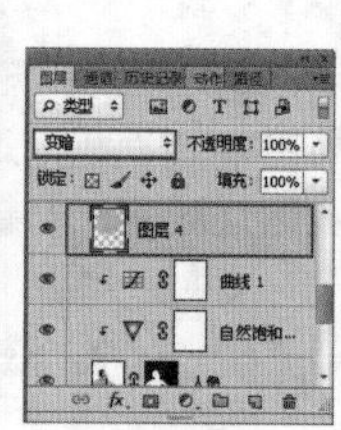

图9—152

图9—153

07 复制正圆图层，设置其“不透明度”为64%，为其添加图层蒙版，使用黑色画笔在蒙版中绘制多余的部分，如图9-154所示。效果如图9-155所示。

图9—154

图9—155

08 使用钢笔工具在选项栏中设置绘制模式为“形状”，“填充”为无，“描边”颜色为黄色，大小为4.28点，选择直线，如图9-156所示。在画面中绘制直线，如图9-157所示。

图9—156

图9—157

09 新建图层，再次使用椭圆选框工具绘制正圆选区，并为其填充黑色，如图9-158所示。设置黑色正圆的“不透明度”为80%，同样为其添加图层蒙版，使用黑色画笔在蒙版中进行绘制，如图9-159所示。使黑色圆形的右下部分隐藏，效果如图9-160所示。

图9—158

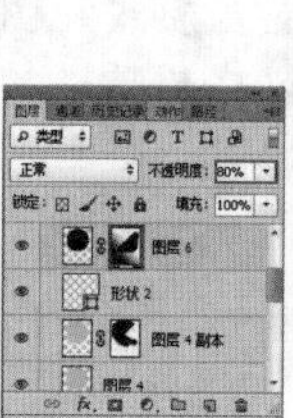

图9—159

图9—160

10 使用横排文字工具设置合适的字体以及字号，在画面中合适位置单击输入文字。最终效果如图9-161所示。

图9—161

☆ 视频课堂——使用混合模式打造创意饮品合成

案例文件\第9章\视频课堂——使用混合模式打造创意饮品合成.psd
视频文件\第9章\视频课堂——使用混合模式打造创意饮品合成.flv

思路解析：

01 使用渐变填充、纯色填充、画笔工具制作背景。
02 导入饮料素材，通过调整图层调整颜色，并使用图层蒙版将背景隐藏。
03 导入光效素材、水花素材、气泡素材等，通过调整混合模式将其融入到画面中。
04 导入其他装饰素材并通过创建曲线调整图层增强画面对比度。

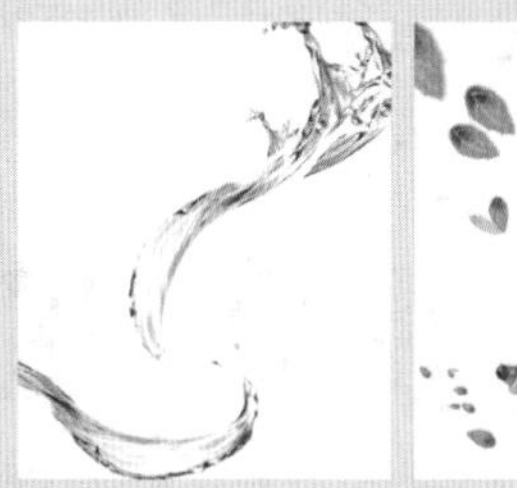

9.4 混合选项设置

执行“图层>图层样式>混合选项”命令，或者双击该图层，打开“图层样式”对话框。“混合选项”是“图层样式”对话框的第一项，包括常规混合、高级混合与混合颜色带，如图9-162所示。

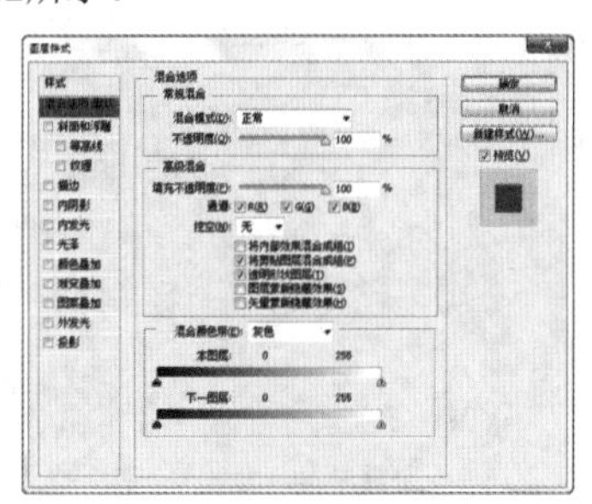

图9－162

技巧提示

“常规混合”选项组中的“混合模式”与“不透明度”以及“高级混合”选项组中的“填充不透明度”与“图层”面板中的选项是完全相同的，如图9－163和图9－164所示。

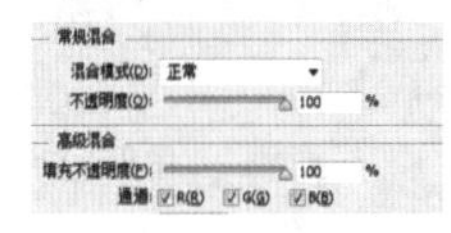

图9－163

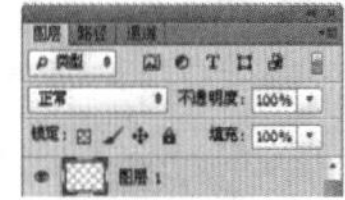

图9－164

9.4.1 高级选项与挖空

技术速查：使用“挖空”选项可以指定下面的图像全部或部分穿透上面的图层显示出来。

创建挖空通常需要3部分的图层，分别是“要挖空的图层”、“被穿透的图层”和“要显示的图层”，如图9-165所示。选中要挖空的图层，执行“图层>图层样式>混合选项”命令，在打开的图层样式混合选项窗口中可以对挖空的类型以及选项进行设置，如图9-166所示。

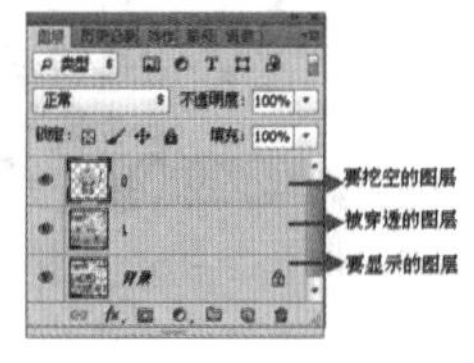

图9－165

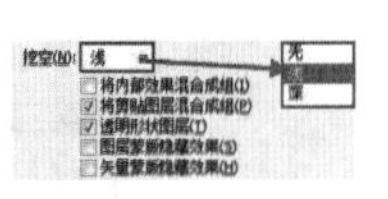

图9－166

- **挖空**：包括3个选项，选择“无”选项表示不挖空。选择“浅” 选项表示将挖空到第一个可能的停止点，例如图层组之后的第一个图层或剪贴蒙版的基底图层。选择“深” 选项表示将挖空到背景。如果没有背景，选择“深” 选项会挖空到透明。
- **将内部效果混合成组**：当为添加了“内发光”、“颜色叠加”、“渐变叠加”和“图案叠加”效果的图层设置挖空时，如果选中该复选框，则添加的效果不会显示；如果取消选中该复选框，则显示该图层样式。
- **将剪贴图层混合成组**：用来控制剪贴蒙版组中基底图层的混合属性。默认情况下，基底图层的混合模式影响整个剪贴蒙版组。取消选中该复选框，则基底图层的混合模式仅影响自身，不会对内容图层产生作用。
- **透明形状图层**：可以限制图层样式和挖空范围。默认情况下，该选项为选中状态，此时图层样式或挖空被限定在图层的不透明区域；取消选中该复选框，则可在整个图层范围内应用这些效果。
- **图层蒙版隐藏效果**：为添加了图层蒙版的图层应用图层样式，选中该复选框，蒙版中的效果不会显示；取消选中该复选框，则效果也会在蒙版区域内显示。
- **矢量蒙版隐藏效果**：如果为添加了矢量蒙版的图层应用图层样式，选中该复选框，矢量蒙版中的效果不会显示；取消选中该复选框，则效果也会在矢量蒙版区域内显示。

★ 案例实战——创建“挖空”

案例文件	案例文件\第9章\创建“挖空”.psd
视频教学	视频文件\第9章\创建“挖空”.flv
难易指数	★★★★★
技术要点	挖空

案例效果

本案例首先通过“挖空”的设置，创建图层挖空效果，如图9-167和图9-168所示。

图9-167

图9-168

操作步骤

01 将被挖空的图层放到要被穿透的图层上方，如图9-169所示，然后将需要显示出来的图层设置为“背景”图层，如图9-170所示。

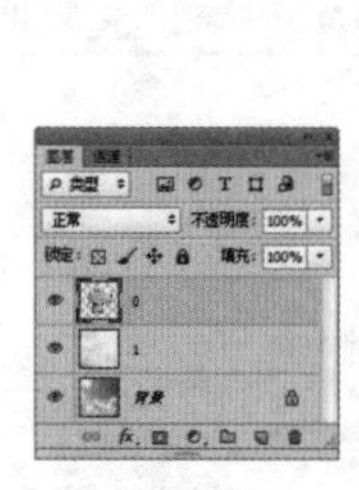
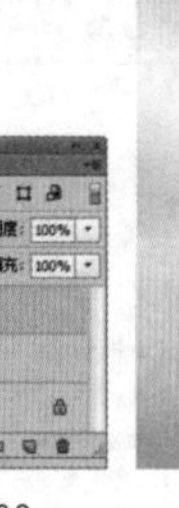
图9-169

图9-170

02 选择要挖空的图层，执行“图层>图层样式>混合选项”命令，打开“图层样式”对话框，设置“填充不透明度”为0%，在“挖空”下拉列表中选择“浅”选项，单击“确定”按钮完成操作，如图9-171所示。

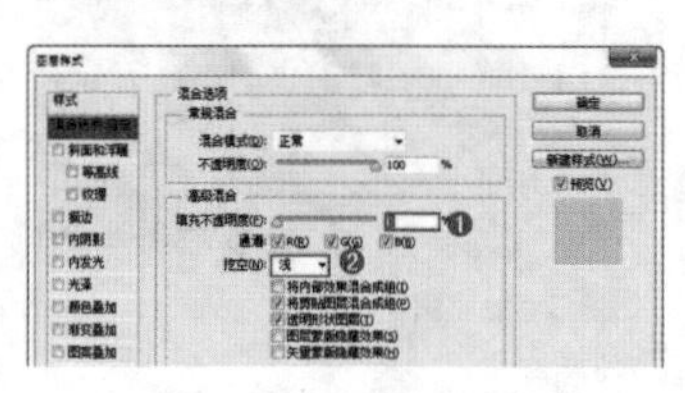
图9-171

技巧提示

这里的“填充不透明度”控制的是“要挖空图层”的不透明度，当数值为100%时没有挖空效果，如图9-172所示；当数值是50%时则是半透明的挖空效果，如图9-173所示；当数值是0%时则是完全挖空效果，如图9-174所示。

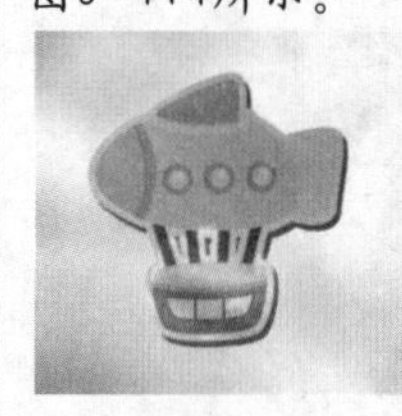
图9-172

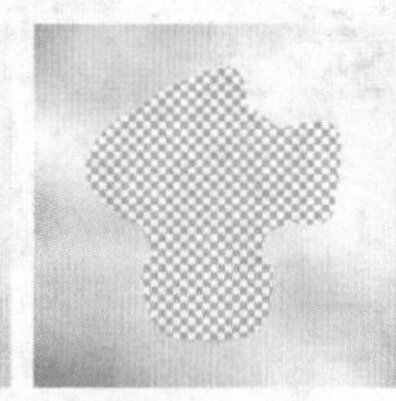
图9-173

图9-174

03 由于当前文件包含“背景”图层，所以最终显示的是背景图层，如图9-175所示。如果文档中没有“背景”图层，则无论选择“浅”还是“深”，都会挖空到透明区域，如图9-176所示。

图9-175

图9-176

9.4.2 混合颜色带

技术速查：混合颜色带是利用图像本身的灰度映射图像的透明度，用来混合上、下两个图层的内容。

使用混合颜色带可以快速隐藏像素，创建图像混合效果。在混合颜色带中进行设置是隐藏像素而不是删除像素。重新打开“图层样式”对话框后，将滑块拖回原来的起始位置，便可以将隐藏的像素显示出来。混合颜色带常用来混合云彩、光效、火焰、烟花、闪电等半透明素材，如图9-177~图9-179所示。

在“混合颜色带”选项组中可以切换通道，如图9-180所示。

图9-177

图9-178

图9-179

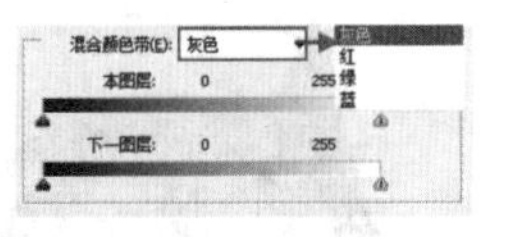

图9-180

- **混合颜色带**：在该下拉列表中可以选择控制混合效果的颜色通道。选择“灰色” 选项，表示使用全部颜色通道控制混合效果，也可以选择一个颜色通道来控制混合效果。
- **本图层**：是指当前正在处理的图层，拖动本图层滑块，可以隐藏当前图层中的像素，显示出下面图层中的内容。例如，将左侧的黑色滑块移向右侧时，当前图层中所有比该滑块所在位置暗的像素都会被隐藏；将右侧的白色滑块移向左侧时，当前图层中所有比该滑块所在位置亮的像素都会被隐藏，如图9-181和图9-182所示。

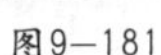

图9-181

图9-182

- **下一图层**：是指当前图层下面的那一个图层，拖动下一图层中的滑块，可以使下面图层中的像素穿透当前图层显示出来。例如，将左侧的黑色滑块移向右侧时，可以显示下面图层中较暗的像素；将右侧的白色滑块移向左侧时，可以显示下面图层中较亮的像素，如图9-183和图9-184所示。

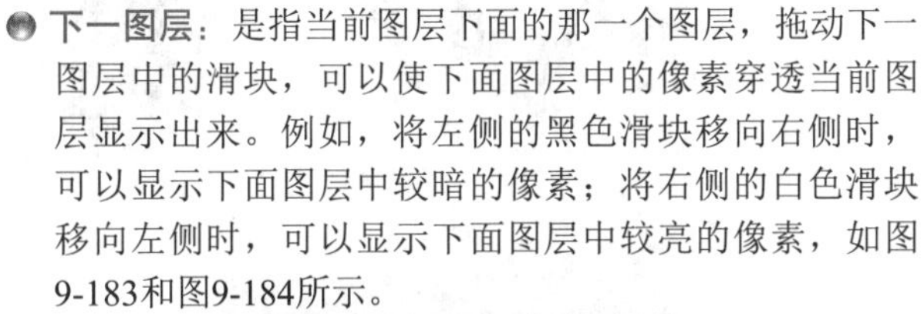

图9-183

图9-184

9.5 使用图层样式

技术速查：使用图层样式可以快速为图层中的内容添加多种效果，例如浮雕、描边、发光、投影等效果。

在平面设计中，图层样式的使用非常普遍，图层样式以其使用简单、效果多变、修改方便的特性广受用户的青睐，使之成为制作质感效果的“绝对利器”。例如，为产品广告中的产品添加投影效果，为广告中的文字添加描边，或使画面某一部分产生浮雕状的立体感，通过图层样式都可以轻松地制作出来。如图9-185~图9-187所示为使用多种图层样式制作的作品。

执行“图层>图层样式”菜单下的子命令，如图9-188所示，打开“图层样式”对话框，在这里可以看到Photoshop中包含10种图层样式：斜面和浮雕、描边、内阴影、内发光、光泽、颜色叠加、渐变叠加、图案叠加、外发光与投影。这些图层样式基本包括阴影、发光、凸起、光泽、叠加、描边这样几种属性。在面板左侧的列表中单击某项图层样式使样式前方出现☑，即表示该项样式处于启用状态，如图9-189所示。

图9-185

图9-186

图9-187

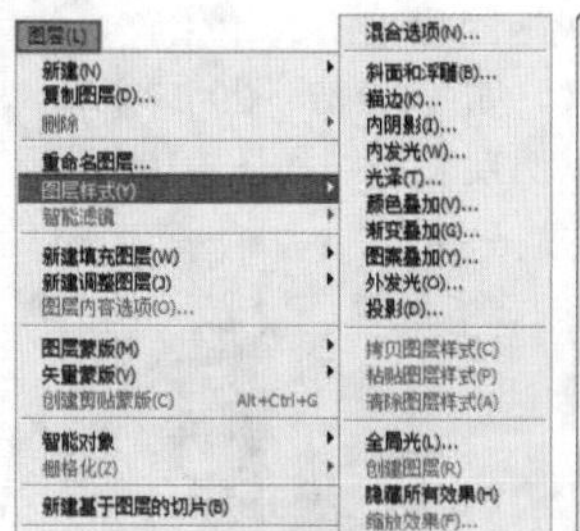

图9-188

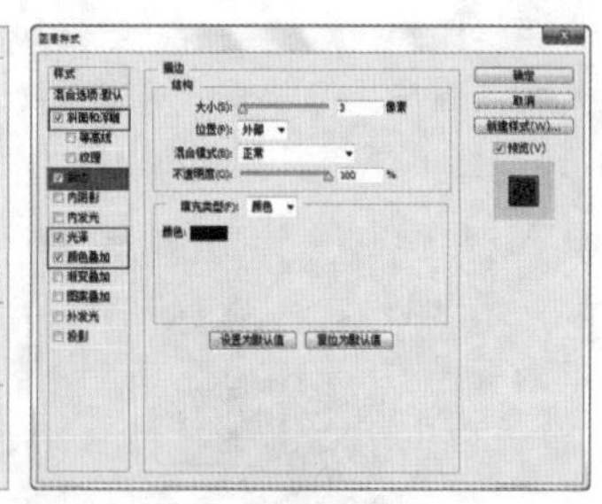

图9-189

如图9-190所示为未添加图层样式的效果。如图9-191所示为分别使用了这12种图层样式的效果。如果为同一图层使用多种图层样式，还可以制作出更加丰富的奇特效果。

图9-190　　图9-191

9.5.1 动手学：添加与修改图层样式

技术速查：“图层样式”对话框集合了全部的图层样式以及图层混合选项，在这里可以添加、删除或编辑图层样式。

01 执行“图层>图层样式”菜单下的子命令，将弹出“图层样式”对话框，在某一项样式前单击，样式名称前面的复选框内有☑标记，表示在图层中添加了该样式。调整好相应的设置以后单击“确定”按钮，即可为当前图层添加该样式，如图9-192和图9-193所示。

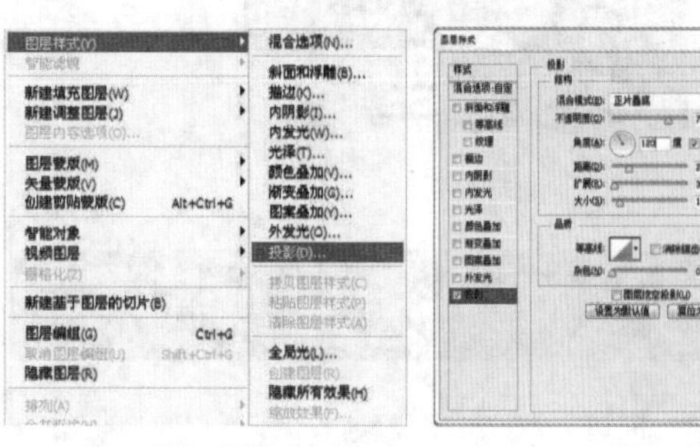

图9-192　　图9-193

02 在“图层”面板下单击“添加图层样式”按钮fx，在弹出的菜单中选择一种样式即可打开“图层样式”对话框，如图9-194所示。或在“图层”面板中双击需要添加样式的图层缩览图，打开“图层样式”对话框，然后在对话框左侧选择要添加的效果即可，如图9-195所示。

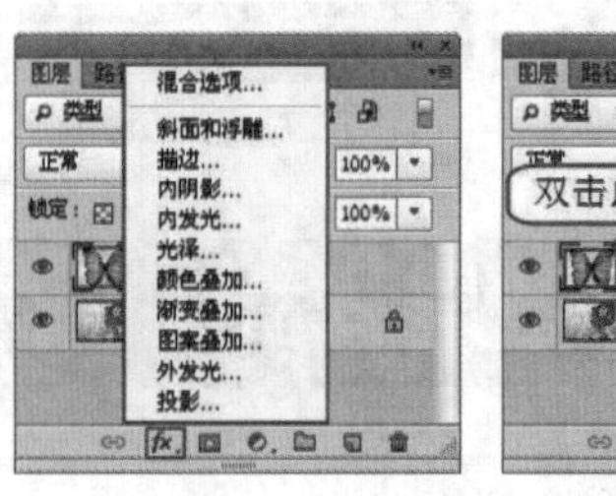

图9-194

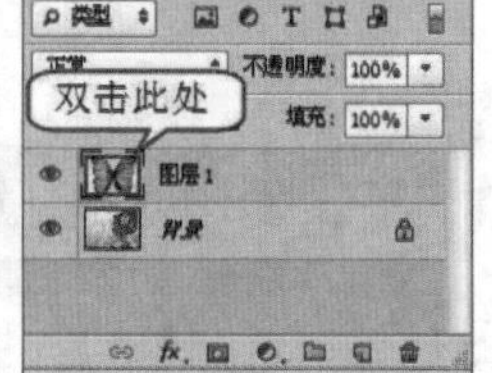

图9-195

03 “图层样式”对话框的左侧列出了10种样式。单击一个样式的名称，可以选中该样式，同时切换到该样式的设置面板，如图9-196所示。如果选中样式名称前面的复选框，则可以应用该样式，但不会显示样式设置面板，如图9-197所示。

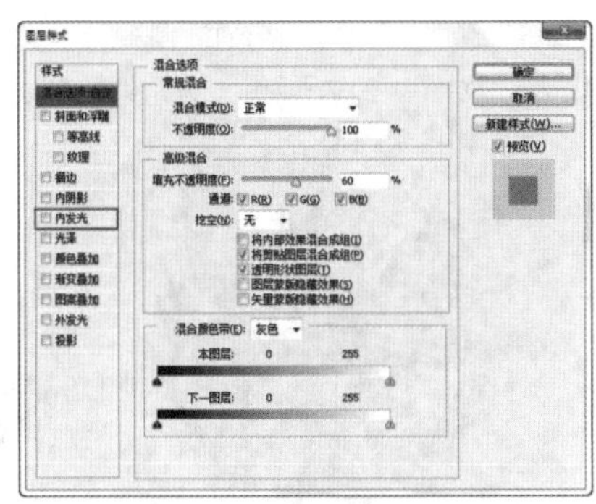

图9－196　　图9－197

04 在“图层样式”对话框中设置好样式参数以后，单击“确定”按钮即可为图层添加样式，添加了样式的图层的右侧会出现一个fx图标，如图9-198所示。

05 再次对图层执行“图层>图层样式”命令或在“图层”面板中双击该样式的名称，弹出“图层样式”对话框，进行参数的修改即可，如图9-199和图9-200所示。

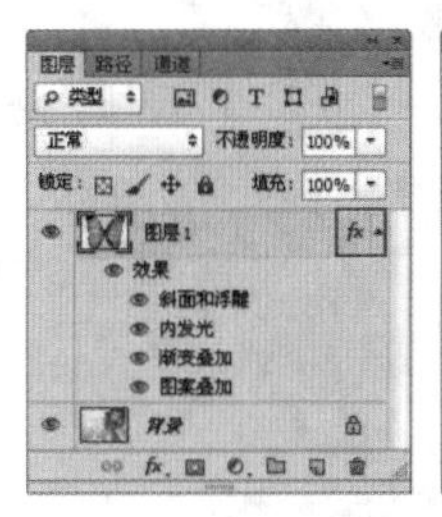

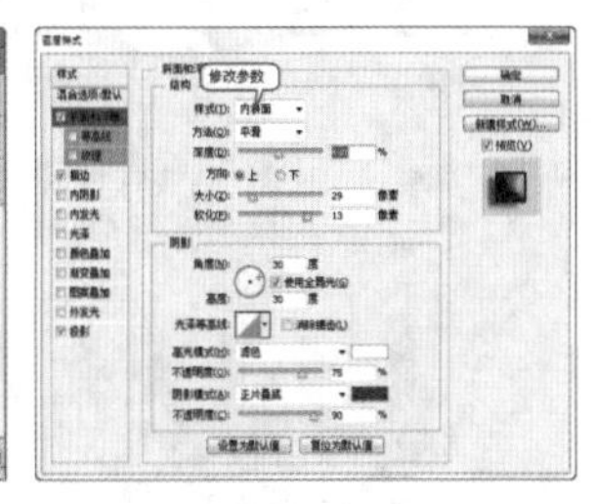

图9－198　　图9－199　　图9－200

9.5.2 斜面和浮雕

视频精讲：Photoshop CS6新手学视频精讲课堂/斜面与浮雕样式.flv

技术速查：“斜面和浮雕”样式可以为图层添加高光与阴影，使图像产生立体的浮雕效果，常用于立体文字的模拟。

在“斜面和浮雕”参数面板中可以对“斜面和浮雕”的结构以及阴影属性进行设置，如图9-201所示。如图9-202和图9-203所示为原始图像与添加了“斜面和浮雕”样式以后的图像效果。

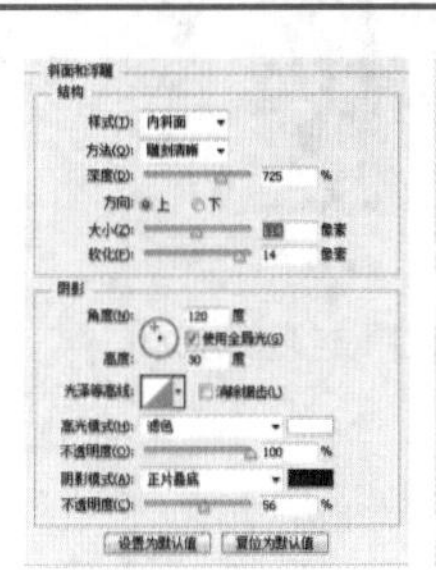

图9－201

图9－202

图9－203

设置斜面和浮雕

- **样式**：选择斜面和浮雕的样式。如图9-204所示为未添加任何效果的原图片。选择“外斜面”选项，可以在图层内容的外侧边缘创建斜面，如图9-205所示。选择“内斜面”选项，可以在图层内容的内侧边缘创建斜面，如图9-206所示；选择“浮雕效果” 选项，可以使图层内容相对于下层图层产生浮雕状的效果，如图9-207所示。选择“枕状浮雕” 选项，可以模拟图层内容的边缘嵌入到下层图层中产生的效果，如图9-208所示。选择“描边浮雕” 选项，可以将浮雕应用于图层的“描边”样式的边界，如果图层没有“描边”样式，则不会产生效果，如图9-209所示。

图9－204

图9－205

图9－206

图9－207

图9－208

图9－209

- **方法**：用来选择创建浮雕的方法。选择“平滑”选项，可以得到比较柔和的边缘，如图9-210所示；选择“雕刻清晰”选项，可以得到最精确的浮雕边缘，如图9-211所示；选择“雕刻柔和”选项，可以得到中等水平的浮雕效果，如图9-212所示。

图9-210

图9-211

图9-212

- **深度**：用来设置浮雕斜面的应用深度，该值越高，浮雕的立体感越强，如图9-213和图9-214所示。

图9-213

图9-214

- **方向**：用来设置高光和阴影的位置，该选项与光源的角度有关。
- **大小**：该选项表示斜面和浮雕的阴影面积的大小。
- **软化**：用来设置斜面和浮雕的平滑程度。如图9-215和图9-216所示分别为软化数值为0和软化数值为16。

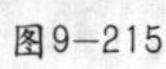
图9-215

图9-216

- **角度/高度**：“角度”选项用来设置光源的发光角度，如图9-217所示；“高度”选项用来设置光源的高度，如图9-218所示。

图9-217

图9-218

- **使用全局光**：如果选中该复选框，那么所有浮雕样式的光照角度都将保持在同一个方向。
- **光泽等高线**：选择不同的等高线样式，可以为斜面和浮雕的表面添加不同的光泽质感，也可以自己编辑等高线样式，如图9-219和图9-220所示。

图9-219

图9-220

- **消除锯齿**：当设置了光泽等高线时，斜面边缘可能会产生锯齿，选中该复选框可以消除锯齿。
- **高光模式/不透明度**：这两个选项用来设置高光的混合模式和不透明度，后面的色块用于设置高光的颜色。
- **阴影模式/不透明度**：这两个选项用来设置阴影的混合模式和不透明度，后面的色块用于设置阴影的颜色。

设置等高线

单击“斜面和浮雕”样式下面的“等高线”选项，切换到“等高线”设置面板。使用等高线可以在浮雕中创建凹凸起伏的效果，如图9-221所示。

图9-221

设置纹理

单击“等高线”选项下面的“纹理”选项，切换到“纹理”设置面板，如图9-222~图9-224所示。

- **图案**：单击“图案”选项右侧的▪图标，可以在弹出的“图案”拾色器中选择一个图案，并将其应用到斜面和浮雕上。
- **从当前图案创建新的预设**▪：单击该按钮，可以将当前设置的图案创建为一个新的预设图案，同时新图案会保存在“图案”拾色器中。
- **贴紧原点**：将原点对齐图层或文档的左上角。
- **缩放**：用来设置图案的大小。
- **深度**：用来设置图案纹理的使用程度。
- **反相**：选中该复选框后，可以反转图案纹理的凹凸方向。
- **与图层链接**：选中该复选框后，可以将图案和图层链接在一起，这样在对图层进行变换等操作时，图案也会跟着一同变换。

图9-222

图9-223

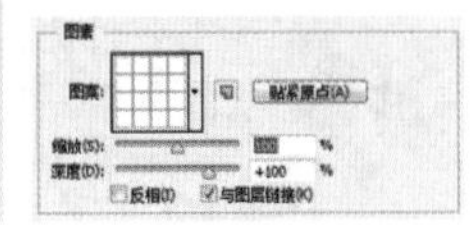

图9-224

思维点拨：关于“浮雕”

去料谓之雕，堆料谓之塑。浮雕是雕塑与绘画结合的产物，用压缩的办法来处理对象，靠透视因素来表现三维空间，并只供一面或两面观看。浮雕一般是附属在另一平面上的，因此在建筑上使用更多。占用空间较小，所以适用于多种环境的装饰。近年来，它在城市美化环境中占据了越来越重要的地位，如图9-225所示。

图9-225

读书笔记

9.5.3 描边

视频精讲：Photoshop CS6新手学视频精讲课堂/描边样式.flv

技术速查：“描边”样式可以使用颜色、渐变以及图案来描绘图像的轮廓边缘。

在“描边”窗口中首先可以对描边大小、位置、混合模式、不透明度进行设置，如图9-226所示。然后单击填充类型列表，从“颜色”、“渐变”以及“图案”中选择一种方式，如图9-227~图9-229所示为颜色描边、渐变描边和图案描边效果。

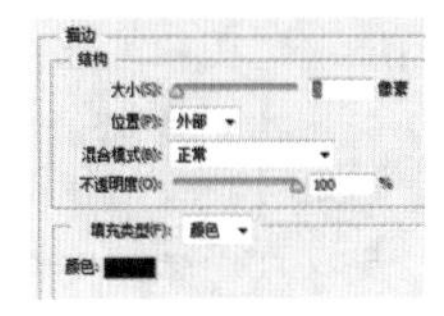

图9-226

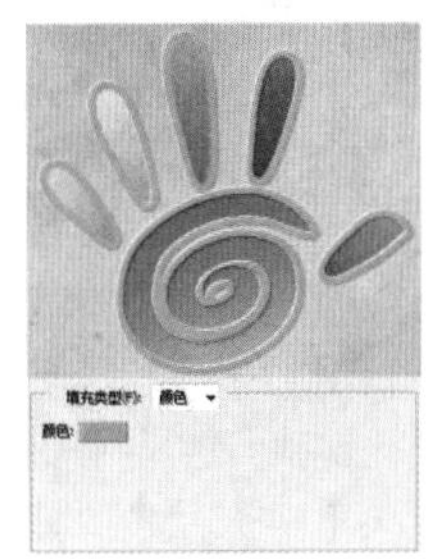

图9-227

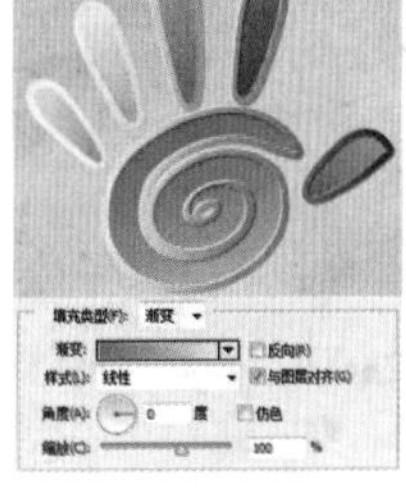

图9-228

图9-229

★ 案例实战——质感水晶文字

案例文件	案例文件\第9章\质感水晶文字.psd
视频教学	视频文件\第9章\质感水晶文字.flv
难易指数	★★★★★
技术要点	描边样式、内发光样式、动感模糊滤镜

案例效果

本案例主要使用描边样式、内发光样式、动感模糊滤镜制作质感水晶文字，如图9-230所示。

图9—230

操作步骤

01 新建文件，设置“宽度”为3500像素，“高度”为2514像素，“背景内容”颜色为白色，如图9-231所示。设置前景色为银白色，并使用画笔工具在画面四周进行涂抹，如图9-232所示。

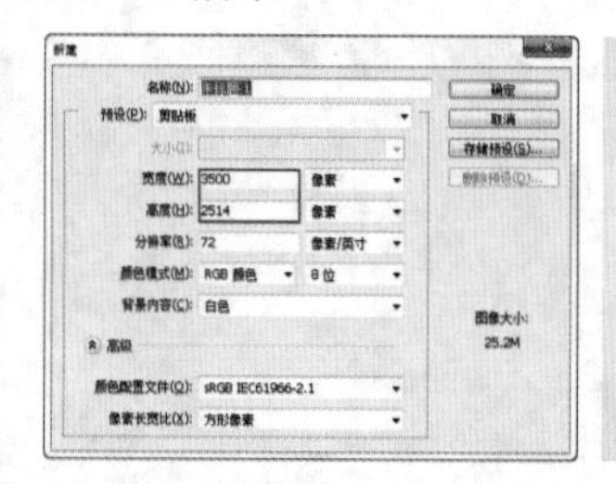

图9—231　　图9—232

02 新建图层，设置前景色为蓝色，使用矩形选框工具按住Shift键单击，在画面中拖曳绘制合适的正方形选区，为其填充前景色，如图9-233所示。对其执行“滤镜>模糊>动感模糊”命令，设置“角度”为0度，“距离”为150像素，如图9-234所示。单击“确定”按钮，效果如图9-235所示。

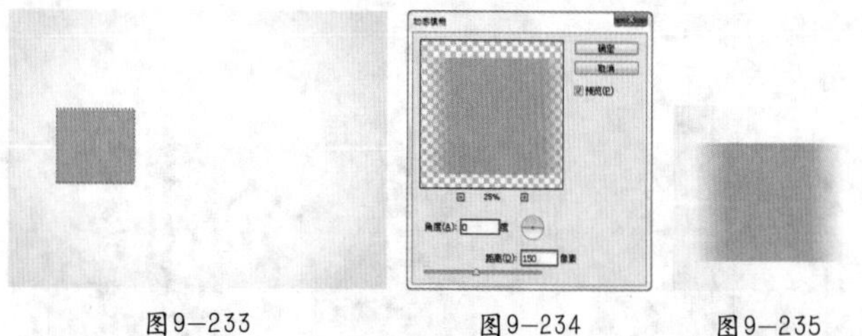

图9—233　　图9—234　　图9—235

03 复制动感模糊填充置于其上方，设置图层的“不透明度”为70%，如图9-236所示。按Crtl+T快捷键执行“自由变换”命令，单击鼠标右键，在弹出的快捷菜单中执行“顺时针旋转90度”命令，如图9-237所示。

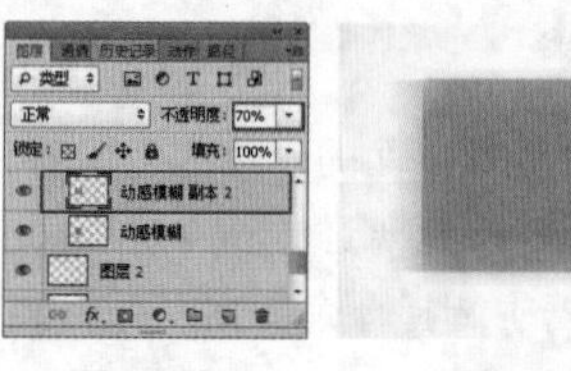

图9—236　　图9—237

04 单击工具箱中的“圆角矩形工具”按钮，在选项栏中设置绘制模式为“形状”，“填充”颜色为蓝色，“半径”为8像素，如图9-238所示。在画面中单击并按住Shift键绘制正圆角矩形，如图9-239所示。

图9—238

图9—239

05 为该圆角矩形图层添加图层样式，执行“图层>图层样式>描边”命令，设置“大小”为10像素，“位置”为“外部”，“填充类型”为“颜色”，“颜色”为蓝色，如图9-240所示。选中“内发光”复选框，设置“混合模式”为“正常”，“不透明度”为50%，选中“颜色”单选按钮，设置“方法”为“柔和”，选中“边缘”单选按钮，设置“阻塞”为0%，“大小”为100像素，如图9-241所示。设置完毕后单击“确定”按钮，效果如图9-242所示。

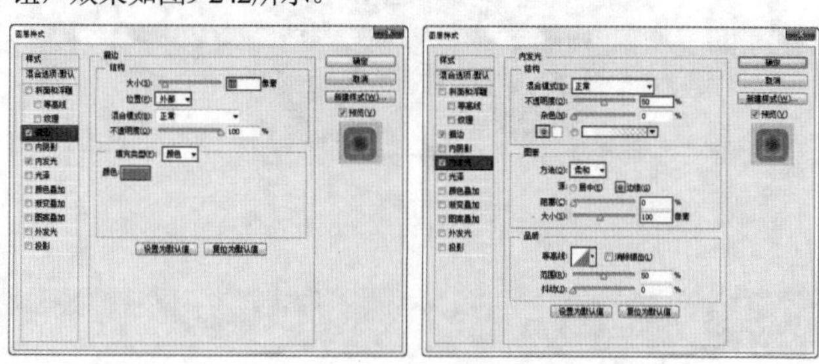

图9—240　　图9—241

图9—242

06 按住Ctrl键单击图层缩览图载入选区，新建图层并填充白色，如图9-243所示。单击“图层”面板底部的“添加图层蒙版”按钮为其添加图层蒙版，使用黑色柔角画笔在蒙版中涂抹多余区域，并设置图层的“不透明度”为10%，如图9-244所示，效果如图9-245所示。

图9-243

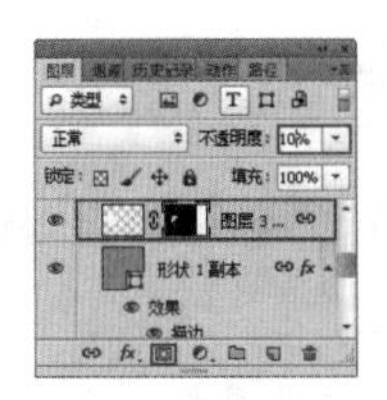

图9-244

图9-245

07 使用横排文字工具设置前景色为白色，设置合适的字号以及字体，在画面中合适位置单击输入文字，如图9-246所示。同样为文字图层添加图层样式，对其执行“图层>图层样式>描边”命令，设置“大小”为10像素，“位置”为“外部”，“填充类型”为“颜色”，设置合适的描边颜色，单击“确定”按钮，如图9-247所示。效果如图9-248所示。

图9-246

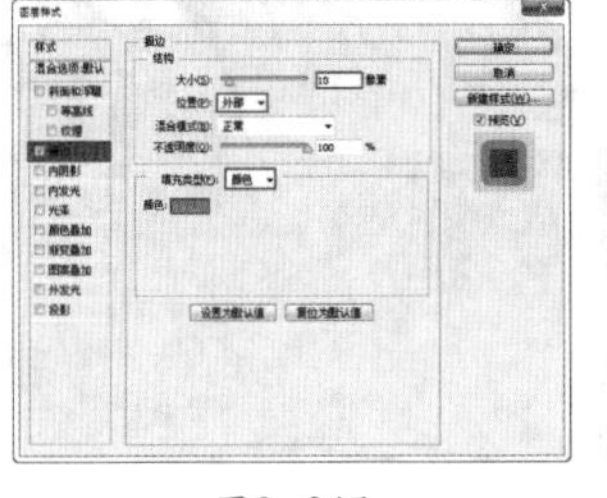

图9-247

图9-248

08 同样方法制作其他的质感水晶，如图9-249所示。

图9-249

9.5.4 内阴影

视频精讲：Photoshop CS6新手学视频精讲课堂/内阴影样式与投影样式.flv

技术速查：“内阴影”样式可以在紧靠图层内容的边缘内添加阴影，使图层内容产生凹陷效果。

在“内阴影”参数面板中可以对内阴影的结构以及品质进行设置，如图9-250所示。如图9-251和图9-252所示分别为原始图像以及添加了“内阴影”样式后的效果。

图9-250

图9-251

图9-252

- **混合模式**：用来设置投影与下面图层的混合方式，默认设置为“正片叠底”模式。
- **阴影颜色**：单击“混合模式”选项右侧的颜色块，可以设置阴影的颜色。
- **不透明度**：设置投影的不透明度。数值越低，投影越淡。
- **角度**：用来设置投影应用于图层时的光照角度，指针方向为光源方向，相反方向为投影方向。
- **使用全局光**：当选中该复选框时，可以保持所有光照的角度一致；取消选中该复选框时，可以为不同的图层分别设置光照角度。
- **距离**：用来设置投影偏移图层内容的距离。
- **大小**：用来设置投影的模糊范围，该值越高，模糊范围越广，反之投影越清晰。
- **扩展**：用来设置投影的扩展范围，注意，该值会受到“大小”选项的影响。
- **等高线**：以调整曲线的形状来控制投影的形状，可以手动调整曲线形状，也可以选择内置的等高线预设。

- **消除锯齿**：混合等高线边缘的像素，使投影更加平滑。该选项对于尺寸较小且具有复杂等高线的投影比较实用。
- **杂色**：用来在投影中添加杂色的颗粒感效果，数值越大，颗粒感越强。
- **图层挖空投影**：用来控制半透明图层中投影的可见性。勾选该选项后，如果当前图层的“填充”数值小于100%，则半透明图层中的投影不可见。

☆ 视频课堂——制作质感晶莹文字

案例文件\第9章\视频课堂——制作质感晶莹文字.psd
视频文件\第9章\视频课堂——制作质感晶莹文字.flv

思路解析：

01 使用横排文字工具在画面中输入文字。
02 为其添加“斜面和浮雕”图层样式。
03 为其添加“内阴影”图层样式。
04 为其添加“内发光”图层样式。
05 为其添加“外发光”图层样式。

9.5.5 内发光

视频精讲：Photoshop CS6新手学视频精讲课堂/内发光与外发光效果.flv

技术速查：“内发光”效果可以沿图层内容的边缘向内创建发光效果，也会使对象出现些许的“突起感”。

在“内发光”参数面板中可以对“内发光”的结构、图素以及品质进行设置，如图9-253所示。如图9-254和图9-255所示为原始图像以及添加了“内发光”样式以后的图像效果。

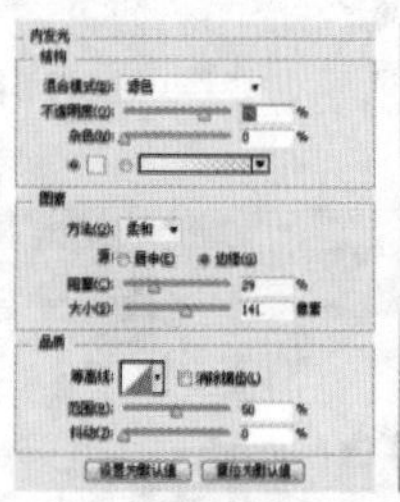

图9-253

图9-254

图9-255

- **混合模式**：设置发光效果与下面图层的混合方式。
- **不透明度**：设置发光效果的不透明度。
- **杂色**：在发光效果中添加随机的杂色效果，使光晕产生颗粒感。
- **发光颜色**：单击“杂色”选项下面的颜色块，可以设置发光颜色；单击颜色块后面的渐变条，可以在“渐变编辑器”对话框中选择或编辑渐变色。
- **方法**：用来设置发光的方式。选择“柔和”选项，发光效果比较柔和；选择“精确”选项，可以得到精确的发光边缘。
- **源**：控制光源的位置。
- **阻塞**：用来在模糊之前收缩发光的杂边边界。
- **大小**：设置光晕范围的大小。
- **等高线**：使用等高线可以控制发光的形状。
- **范围**：控制发光中作为等高线目标的部分或范围。
- **抖动**：改变渐变的颜色和不透明度的应用。

★ 案例实战——使用混合模式与图层样式制作迷幻光效

案例文件	案例文件\第9章\使用混合模式与图层样式制作迷幻光效.psd
视频教学	视频文件\第9章\使用混合模式与图层样式制作迷幻光效.flv
难易指数	★★★★★
技术要点	图层不透明度、圆角矩形工具

案例效果

本案例主要是使用混合模式与图层样式制作迷幻光效，如图9-256所示。

图9-256

操作步骤

01 打开背景素材“1.jpg”，如图9-257所示。新建图层，单击工具箱中的“椭圆选框工具”按钮，按住Shift键在画面中单击拖曳绘制正圆选区，为其填充黑色，如图9-258所示。

图9-257

图9-258

02 为其添加图层样式，执行“图层>图层样式>内发光”命令，设置“混合模式”为“滤色”，“颜色”为白色，“方法”为“柔和”，“大小”为75像素，如图9-259所示。设置其“混合模式”为“变亮”，“不透明度”为60%，如图9-260所示。当前效果如图9-261所示。

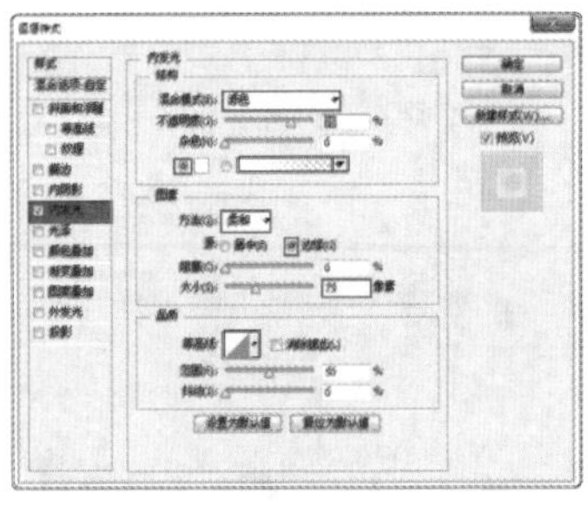

图9-259

图9-260

图9-261

03 继续制作正圆，同样为其添加“内发光”的图层样式，设置不同的发光大小，如图9-262所示。同样设置其“混合模式”为“变亮”，“不透明度”为60%，如图9-263所示。效果如图9-264所示。

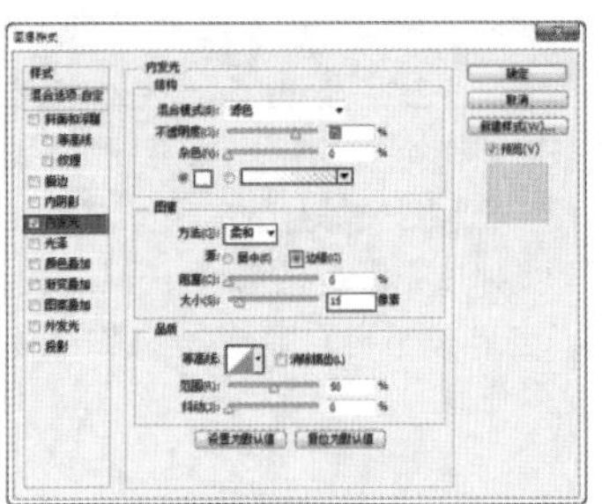

图9-262

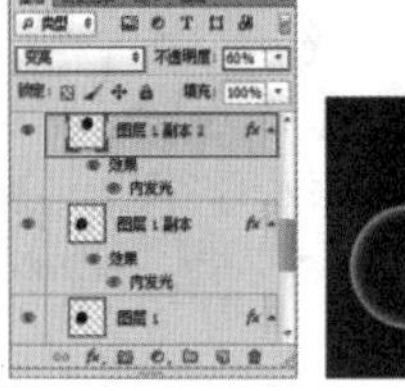

图9-263

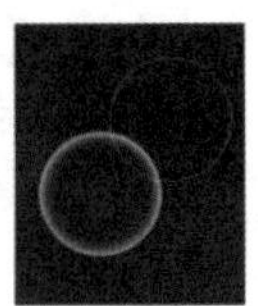

图9-264

04 使用同样方法制作较小的正圆，如图9-265所示。

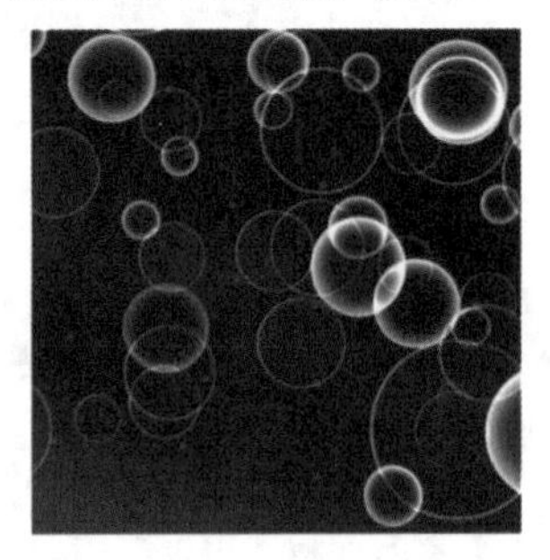

图9-265

05 继续新建图层，使用渐变工具，在选项栏中编辑合适的渐变颜色，设置绘制模式为线性，在画面中拖曳绘制，如图9-266所示。设置其“混合模式”为“叠加”，效果如图9-267所示。

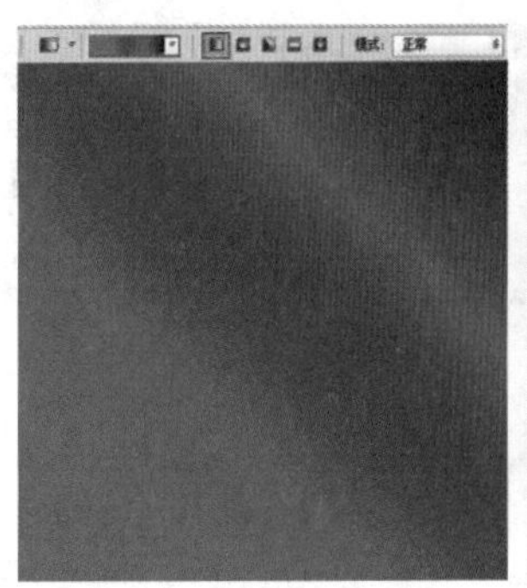

图9-266

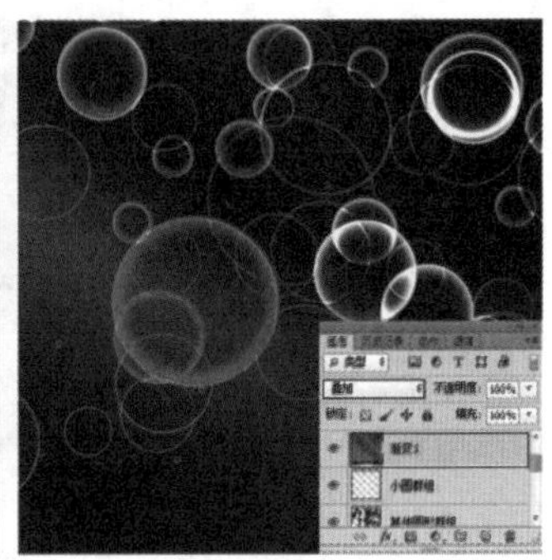

图9-267

06 使用横排文字工具设置合适的字号以及字体，最终效果如图9-268所示。

图9-268

9.5.6 光泽

视频精讲：Photoshop CS6新手学视频精讲课堂/光泽效果.flv

技术速查：“光泽”样式可以为图像添加光滑的具有光泽的内部阴影，通常用来制作具有光泽质感的按钮和金属。

在“光泽”参数面板中可以对“光泽”的颜色、混合模式、不透明度、角度、距离、大小、等高线进行设置。“光泽”样式的参数没有特别的选项，这里就不再重复讲解，如图9-269所示。如图9-270和图9-271所示分别为原始图像以及添加了“光泽”样式以后的图像效果。

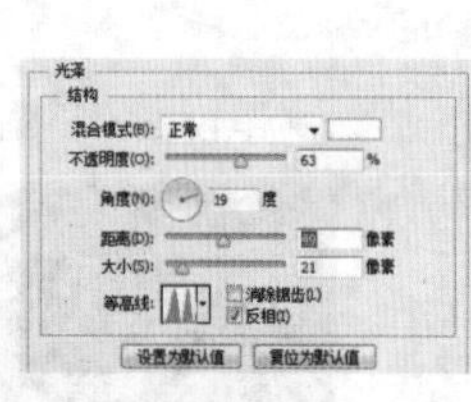

图9-269

图9-270

图9-271

9.5.7 颜色叠加

视频精讲：Photoshop CS6新手学视频精讲课堂/颜色叠加、渐变叠加、图案叠加.flv

技术速查：“颜色叠加”样式可以在图像上叠加设置的颜色，并且可以通过模式的修改调整图像与颜色的混合效果。

在“颜色叠加”参数面板中可以对“颜色叠加”的颜色、混合模式以及不透明度进行设置，如图9-272所示。如图9-273和图9-274所示分别为原始图像以及添加了“颜色叠加”样式以后的图像效果。

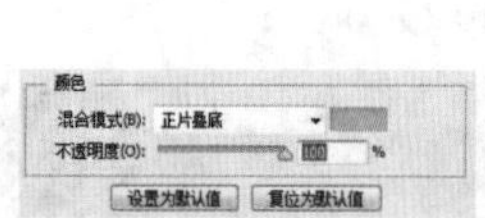

图9-272

图9-273

图9-274

9.5.8 渐变叠加

视频精讲：Photoshop CS6新手学视频精讲课堂/颜色叠加、渐变叠加、图案叠加.flv

技术速查：“渐变叠加”样式可以在图层上叠加指定的渐变色，渐变叠加不仅仅能够制作带有多种颜色的对象，更能够通过巧妙的渐变颜色设置制作出突起、凹陷等三维效果以及带有反光的质感效果。

在“渐变叠加”参数面板中可以对“渐变叠加”的渐变颜色、混合模式、角度、缩放等参数进行设置，如图9-275所示。如图9-276和图9-277所示分别为原始图像以及添加了“渐变叠加”样式以后的效果。

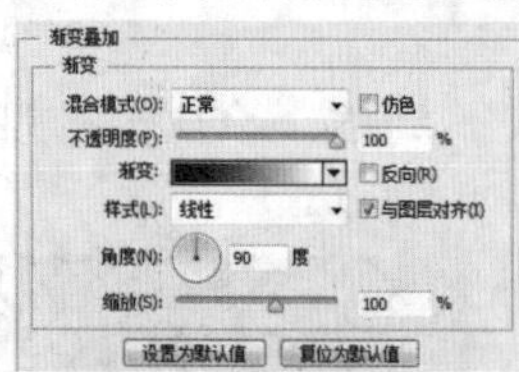

图9-275

图9-276

图9-277

思维点拨

为文字制作渐变效果是模拟金属质感的一种方法，如图9-278所示。

要想做得更加真实，可以在表面设置纹理，如图9-279所示。

图9-278

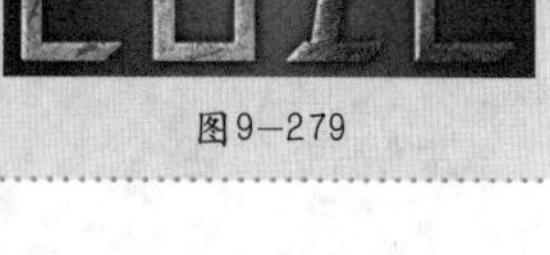

图9-279

9.5.9 图案叠加

视频精讲：Photoshop CS6新手学视频精讲课堂/颜色叠加、渐变叠加、图案叠加.flv

技术速查：“图案叠加”样式可以在图像上叠加图案，与“颜色叠加”、“渐变叠加”相同，也可以通过混合模式的设置使叠加的“图案”与原图像进行混合。

在“图案叠加”参数面板中可以对“图案叠加”的图案、混合模式、不透明度等参数进行设置，如图9-280所示。如图9-281和图9-282所示分别为原始图像以及添加了“图案叠加”样式以后的图像效果。

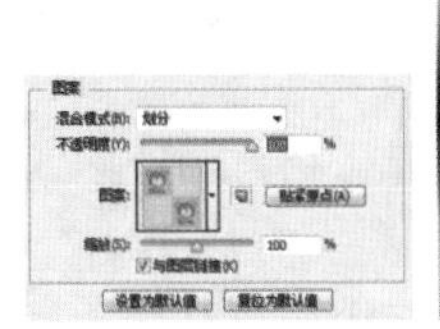

图9—280

图9—281

图9—282

9.5.10 外发光

视频精讲：Photoshop CS6新手学视频精讲课堂/内发光与外发光效果.flv

技术速查：“外发光”样式可以沿图层内容的边缘向外创建发光效果，可用于制作自发光效果以及人像或者其他对象的梦幻般的光晕效果。

在“外发光”参数面板中可以对“外发光”的结构、图素以及品质进行设置，如图9-283所示。如图9-284和图9-285所示分别为原始图像以及添加了“外发光”样式以后的图像效果。

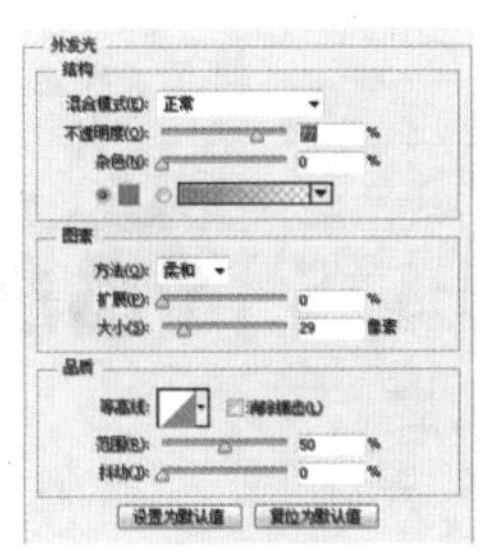

图9—283

图9—284

图9—285

- **混合模式/不透明度**：“混合模式”选项用来设置发光效果与下面图层的混合方式；“不透明度”选项用来设置发光效果的不透明度。
- **杂色**：在发光效果中添加随机的杂色效果，使光晕产生颗粒感。
- **发光颜色**：单击“杂色”选项下面的颜色块，可以设置发光颜色；单击颜色块后面的渐变条，可以在“渐变编辑器”对话框中选择或编辑渐变色。
- **方法**：用来设置发光的方式。选择“柔和”选项，发光效果比较柔和；选择“精确”选项，可以得到精确的发光边缘。
- **扩展/大小**：“扩展”选项用来设置发光范围的大小；“大小”选项用来设置光晕范围的大小。

☆ 视频课堂——制作杂志风格空心字

案例文件\第9章\视频课堂——制作杂志风格空心字.psd
视频文件\第9章\视频课堂——制作杂志风格空心字.flv

思路解析：

01 打开素材，使用文字工具在画面中输入文字。
02 将文字摆放在合适位置上。
03 为主体文字添加外发光样式与渐变叠加样式。
04 复制并移动主体文字。

9.5.11 投影

视频精讲：Photoshop CS6新手学视频精讲课堂/内阴影样式与投影样式.flv

技术速查：使用“投影”样式可以为图层模拟出向后的投影效果，可增强某部分层次感以及立体感，平面设计中常用于需要突显的文字中。

在“投影”参数面板中可以对“投影”的结构、品质进行设置，如图9-286所示。如图9-287和图9-288所示分别为添加投影样式前后效果。

“投影”与“内阴影”的参数设置基本相同，只不过“投影”是用“扩展”选项来控制投影边缘的柔化程度，而“内阴影”是通过“阻塞”选项来控制的。“阻塞”选项可以在模糊之前收缩内阴影的边界。另外，“大小”选项与“阻塞”选项是相互关联的，“大小”数值越高，可设置的“阻塞”范围就越大。

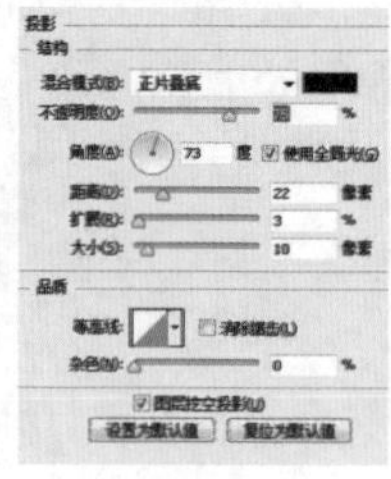

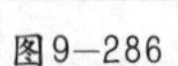

图9—286

图9—287

图9—288

★ 案例实战——花开富贵中式文字制作

案例文件	案例文件\第9章\花开富贵中式文字制作.psd
视频教学	视频文件\第9章\花开富贵中式文字制作.flv
难易指数	★★★★★
技术要点	多种图层样式共同使用、剪贴蒙版、定义图案

案例效果

本案例主要使用图层样式和剪贴蒙版命令制作中式文字效果，如图9-289所示。

图9—289

操作步骤

01 由于本案例需要使用到一个特殊的图案作为文字的底纹，所以首先需要按Ctrl+O快捷键打开“2.jpg”文件，如图9-290所示，然后执行“编辑>定义图案”命令，将其定义成图案，如图9-291所示。

图9—290

图9—291

02 打开本书配套光盘中的素材文件“1.jpg”。在工具箱中单击“横排文字工具”按钮，在选项栏中选择一个较粗的字体，并设置合适字体大小，字体颜色为黑色，在画布中输入文字，如图9-292所示。

图9—292

03 为文字添加图层样式，执行“图层>图层样式>投影”命令，打开“图层样式”对话框，然后设置投影“颜色”为褐色，“角度”为120度，“距离”为12像素，“大小”为5像素，如图9-293和图9-294所示。

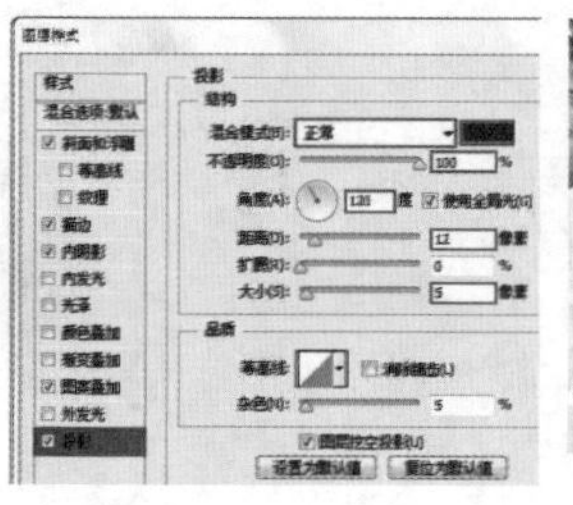

图9—293

图9—294

04 在“图层样式”对话框左侧选中“内阴影”复选框，然后设置“混合模式”为“正片叠底”，“不透明度”为34%，“角度”为120度，“距离”为6像素，“阻塞”为6%，“大小”为13像素，如图9-295所示。此时内阴影效果不明显是由于当前文字颜色为黑色的原因，在后面添加了图案叠加后即可出现内阴影效果，如图9-296所示。

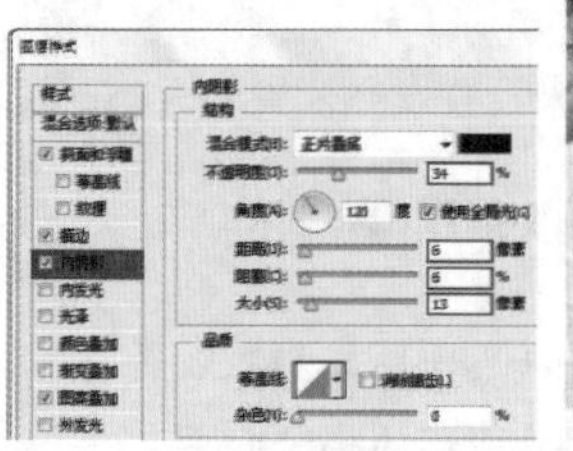

图9—295

图9—296

05 在“图层样式”对话框左侧选中“斜面和浮雕”复选框，然后在“结构”选项组下设置“样式”为“斜面浮雕”，“深度”为378%，“大小”为87像素，“软化”为16像素，接着在“阴影”选项组下设置“角度”为120度，“高度”为30度，高光的“不透明度”为75%，阴影的“不透明度”为75%，如图9-297和图9-298所示。

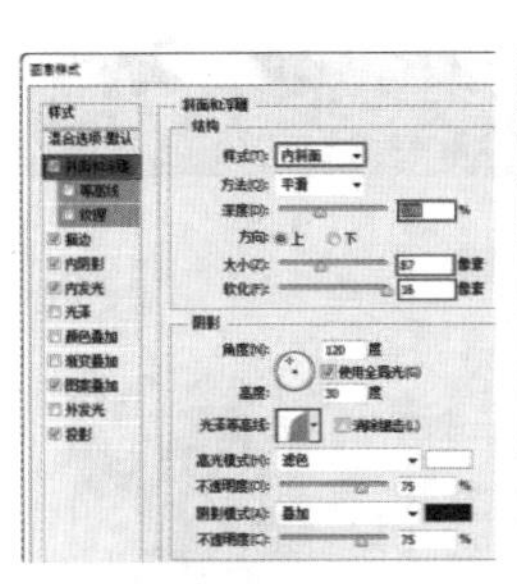

图9-297

图9-298

06 在“图层样式”对话框左侧选中“图案叠加”复选框，单击图案列表，选择之前定义的图案，如图9-299和图9-300所示。

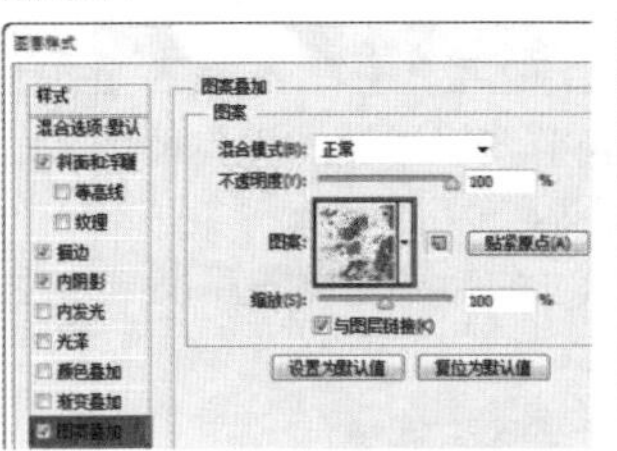

图9-299

图9-300

07 添加描边效果，在“图层样式”对话框左侧选中“描边”复选框，然后设置“大小”为3像素，“位置”为“外部”，“填充类型”为“渐变”，单击渐变颜色，打开“渐变编辑器”窗口，调整一种红白相间的渐变颜色，设置类型为线性，如图9-301和图9-302所示。

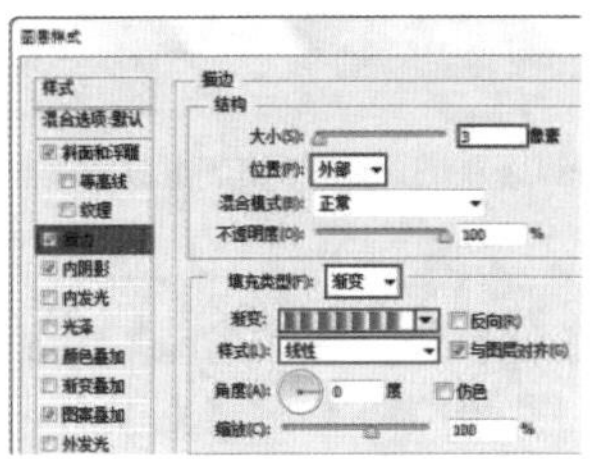

图9-301

图9-302

08 再次使用横排文字工具，设置合适字体及大小，输入英文字母，如图9-303所示。由于两部分文字使用的样式相同，所以需要在“花开富贵”图层上单击鼠标右键，在弹出的快捷菜单中执行“拷贝图层样式”命令，如图9-304所示。

图9-303

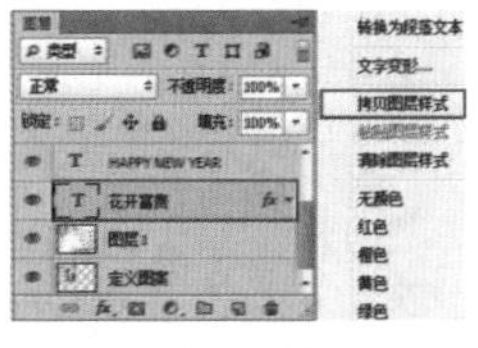

图9-304

09 在“HAPPY NEW YEAR”图层上单击鼠标右键，在弹出的快捷菜单中执行“粘贴图层样式”命令，使其具有相同的图层样式，如图9-305所示。然后再次单击鼠标右键，在弹出的快捷菜单中执行“栅格化图层样式”命令，如图9-306所示。

图9-305

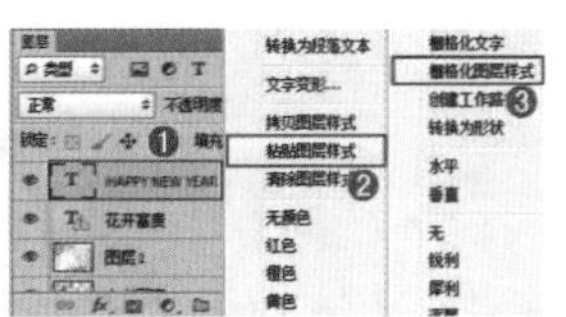

图9-306

10 执行“图层>新建调整图层>渐变映射”命令，在“HAPPY NEW YEAR”图层上方创建新的“渐变映射”调整图层，调整渐变颜色为黄色与白色渐变，如图9-307所示，并在属性面板中单击按钮，使其只对当前图层做调整。最终效果如图9-308所示。

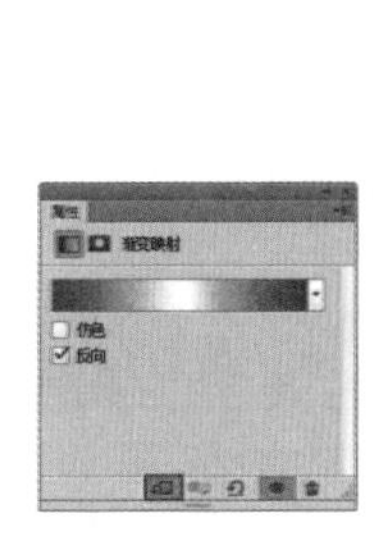

图9-307

图9-308

☆ 视频课堂——使用图层技术制作月色荷塘

案例文件\第9章\视频课堂——使用图层技术制作月色荷塘.psd
视频文件\第9章\视频课堂——使用图层技术制作月色荷塘.flv

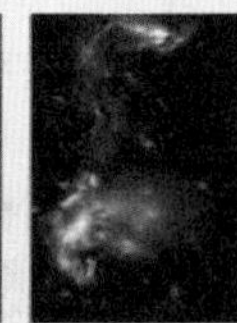

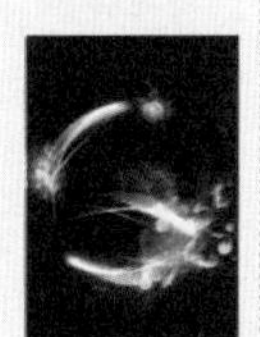

思路解析：

01 使用泥沙、光效、彩色、水花等图层混合制作出背景。
02 使用钢笔工具绘制出主体形状，并为其添加图层样式。
03 导入鱼、水、花、人像等素材。
04 添加光效并适当调整颜色。

9.6 编辑图层样式

视频精讲：Photoshop CS6新手学视频精讲课堂/图层样式的基本操作.flv

图层样式作为一种附着于图层内容存在的特殊效果，可以通过简单的操作进行显示、隐藏、复制、粘贴、移动、清除等操作。还能够以独立外挂文件的形式进行存储、传输，也可以载入外挂的图层样式文件，在进行平面设计时快速地调用已有的样式进行操作，如图9-309和图9-310所示。

图9-309

图9-310

9.6.1 动手学：显示与隐藏图层样式

在添加了图层样式的图层名称右侧都有一个图层样式图标，单击向下的箭头，即可看到当前图层添加的样式堆栈。如果要隐藏图层的某个样式，可以在“图层”面板中单击该样式前面的眼睛图标，如图9-311和图9-312所示。

如果要隐藏某个图层中的所有样式，可以单击“效果”前面的眼睛图标，如图9-313所示。如果要隐藏整个文档中图层的图层样式，可以执行“图层>图层样式>隐藏所有效果”命令。

图9-311

图9-312

图9-313

9.6.2 动手学：复制/粘贴图层样式

当文档中有多个需要使用同样样式的图层时，无须为每一个图层进行重复的设置，只需要设置其中一个图层的样式，然后选择设置好样式的图层，执行“图层>图层样式>拷贝图层样式”命令，或者在图层名称上单击鼠标右键，在弹出的快捷菜单中选择“拷贝图层样式”命令，如图9-314所示。接着选择目标图层，再执行“图层>图层样式>粘贴图层样式”命令，或者在目标图层的名称上单击鼠标右键，在弹出的快捷菜单中选择“粘贴图层样式”命令，复制的图层样式即可出现在当前图层上，如图9-315所示。

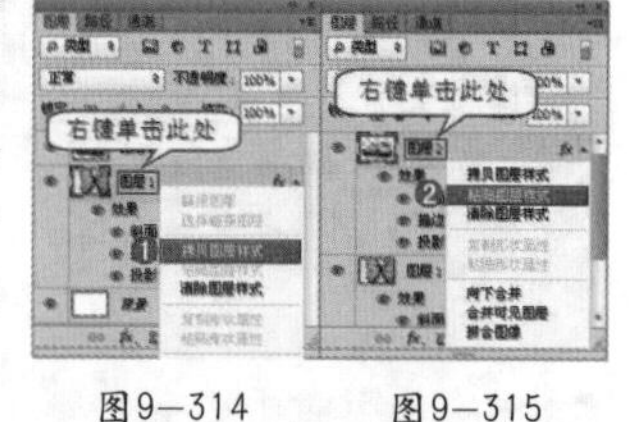

图9-314 图9-315

9.6.3 动手学：缩放图层样式

“缩放效果”命令可以快速地对当前图层的全部样式进行按比例的放大或缩小。这个命令非常常用，例如在为一个图层使用了预设的图层样式时，发现所选择的样式相对于当前图层不成比例。或是从一个较大的图层上复制图层样式粘贴到较小图层上时，会出现图层样式过大或过小，可以使用“缩放效果”命令进行样式的缩放。

01 展开需要缩放样式图层的样式堆栈，然后在图层样式上单击鼠标右键，在弹出的快捷菜单中执行“缩放效果”命令，如图9-316和图9-317所示。

02 在弹出的“缩放图层效果”对话框中可以进行图层样式缩放比例的设置，如图9-318所示。例如此处设置为20%，可以看到图层的样式明显减小，如图9-319所示。

图9-316

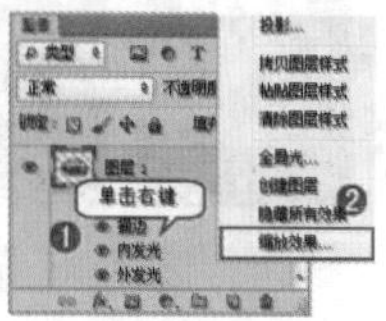

图9-317

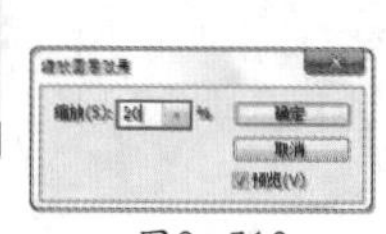

图9-318

图9-319

9.6.4 动手学：删除图层样式

技术速查：使用“清除图层样式”命令可以去除图层样式、混合模式以及不透明度属性。

想要删除图层上的某一个样式可以展开图层样式堆栈，使用鼠标左键按住某一样式并拖曳到“删除图层”按钮 上，如图9-320所示。

如果要删除某个图层中的所有样式，可以选择该图层，然后执行“图层>图层样式>清除图层样式”命令，或在图层名称上单击鼠标右键，在弹出的快捷菜单中选择“清除图层样式”命令，如图9-321所示。

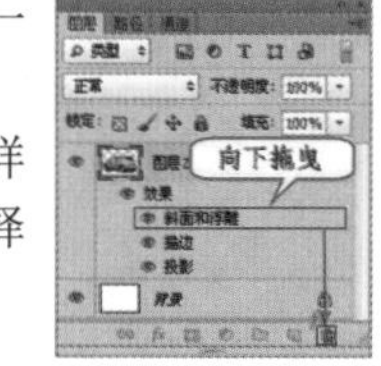

图9—320

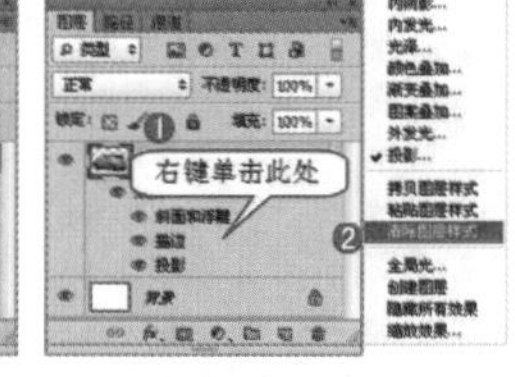

图9—321

9.6.5 动手学：栅格化图层样式

技术速查：栅格化图层样式可以将图层样式部分转换为与普通图层的其他部分一样进行编辑处理，但是不再具有可以调整图层参数的功能。

选中图层样式图层，如图9-322所示。执行“图层>栅格化>图层样式”命令，即可将当前图层的图层样式栅格化到当前图层中，如图9-323和图9-324所示。

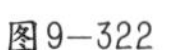

图9—322

图9—323

图9—324

★ 案例实战——复制图层样式制作炫色文字

案例文件	案例文件\第9章\复制图层样式制作炫色文字.psd
视频教学	视频文件\第9章\复制图层样式制作炫色文字.flv
难易指数	★★★★★
技术要点	复制图层样式、粘贴图层样式、缩放图层样式、混合模式

案例效果

本案例主要使用复制图层样式、粘贴图层样式和缩放图层样式等命令制作炫彩质感的文字，如图9-325所示。

图9—325

操作步骤

01 打开素材文件“1.psd”，如图9-326所示。这里包含一个背景图层与两个文字图层，其中一个文字图层包含图层样式，如图9-327所示。

图9—326

图9—327

02 在带有图层样式的图层上单击鼠标右键，在弹出的快捷菜单中执行“拷贝图层样式”命令，如图9-328所示。在没有图层样式的图层上单击鼠标右键，在弹出的快捷菜单中执行“粘贴图层样式”命令，如图9-329所示。此时另外一组文字也具有了相同的文字样式，如图9-330所示。

图9—328

图9—329

图9—330

03 此时可以看到当前的图层样式对于该文字有些大，所以需要适当缩放。在该图层样式上单击鼠标右键，在弹出的快捷菜单中执行“缩放效果”命令，如图9-331所示。设置“缩放”为30%，如图9-332所示。此时可以看到图层样式尺寸有所变化，如图9-333所示。

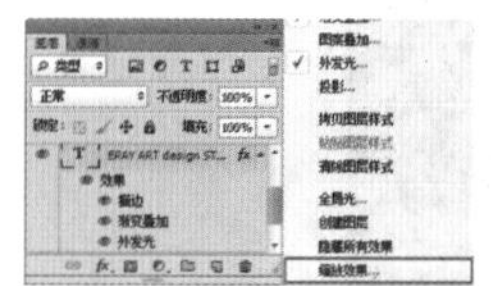

图9—331

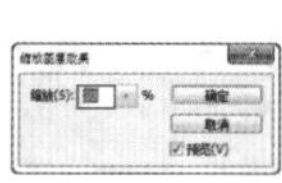

图9—332

图9—333

04 导入光效素材，设置“混合模式”为“滤色”，如图9-334所示。最终效果如图9-335所示。

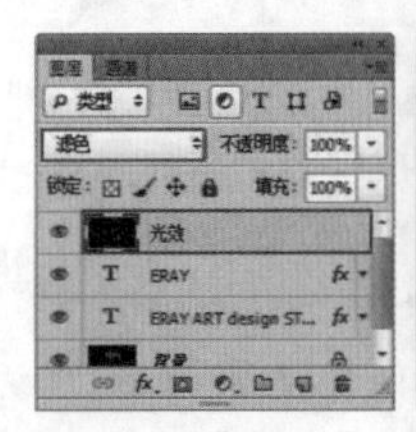
图9-334

图9-335

9.6.6 动手学：使用“样式”面板管理图层样式

视频精讲：Photoshop CS6新手学视频精讲课堂/使用样式面板.flv

技术速查：在“样式”面板中可以快速地为图层添加样式，也可以创建新的样式或删除已有的样式。

为了便于样式的调用，可以对创建好的图层样式进行存储。同样，图层样式也可以进行载入、删除、重命名等操作。如图9-336所示为“样式”面板中包含的样式。如图9-337所示为使用这几种样式的文字效果。

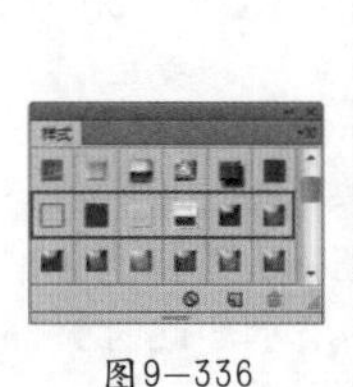
图9-336

图9-337

01 执行“窗口>样式”命令，打开“样式”面板，在该面板的底部包含3个按钮用于快速地清除、创建和删除样式。在面板菜单中可以更改显示方式，还可以复位、载入、存储、替换图层样式，如图9-338所示。

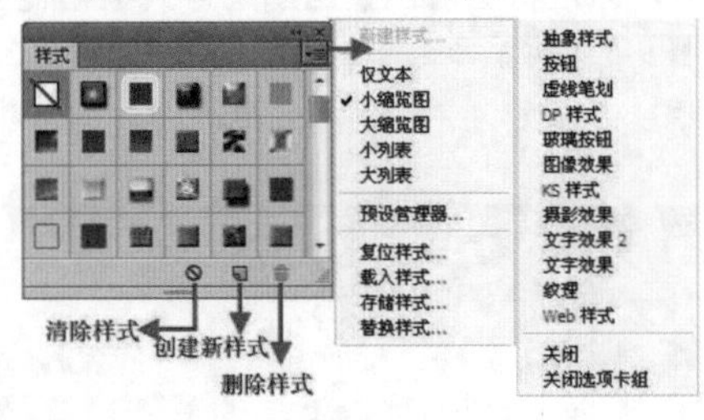

图9-338

02 选择一个带有图层样式的图层，单击“清除样式”按钮即可清除所选图层的样式。

03 如果要将当前图层的图层样式存储在“样式”面板中，可以在“图层”面板中选择添加了效果的图层，然后单击“样式”面板中的“创建新样式”按钮，如图9-339所示，打开“新建样式”对话框，设置选项并单击“确定”按钮即可创建样式，如图9-340所示。

04 将“样式”面板中的一个样式拖动到删除样式按钮上，即可将该样式从“样式”面板中删除，如图9-341所示。

图9-339

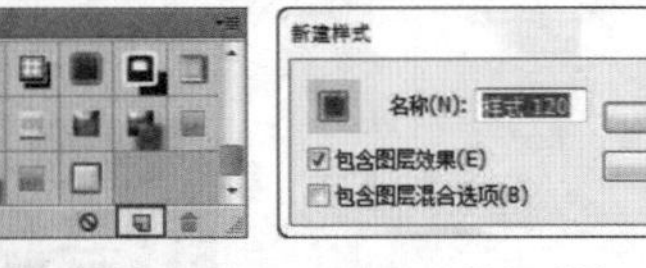

图9-340

图9-341

★ 案例实战——使用“样式”面板制作可爱按钮

案例文件	案例文件\第9章\使用“样式”面板制作可爱按钮.psd
视频教学	视频文件\第9章\使用“样式”面板制作可爱按钮.flv
难度级别	★★★★☆
技术要点	“样式”面板

案例效果

本案例主要是使用“样式”面板制作可爱按钮，如图9-342所示。

图9-342

操作步骤

01 打开背景素材文件，新建图层，使用圆角矩形工具在选项栏中设置绘制模式为“路径”，“半径”为“50像素”，如图9-343所示。在画面中绘制圆角矩形路径，如图9-344所示。按Ctrl+Enter快捷键将路径转化为选区，为其填充蓝色，如图9-345所示。

图9-343

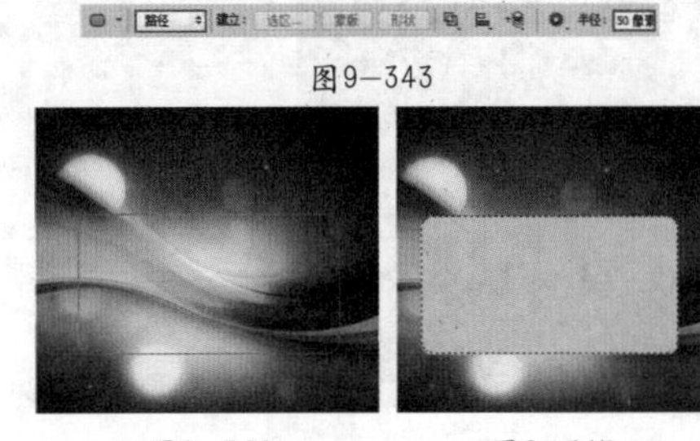
图9-344　图9-345

02 执行“窗口>样式”命令，调出“样式”面板，执行面板菜单中的“载入样式”命令，如图9-346所示。在弹出的对话框中选择样式，单击“载入”按钮，如图9-347所示。成功载入素材样式，如图9-348所示。选择矩形图层，在“样式”面板中选择刚载入的样式，如图9-349所示。效果如图9-350所示。

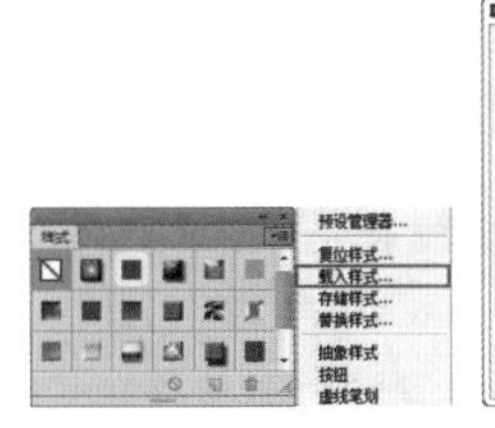

图9-346

图9-347

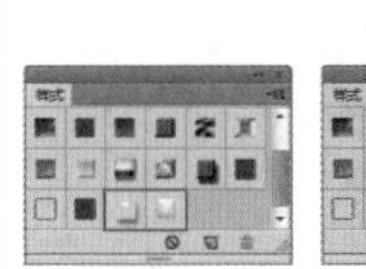

图9-348

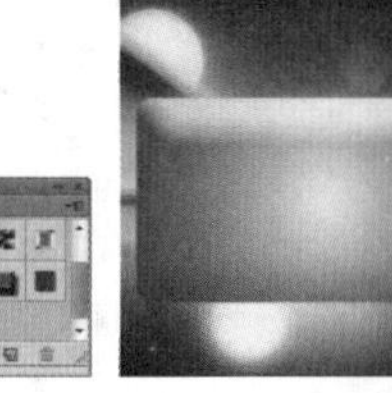

图9-349

图9-350

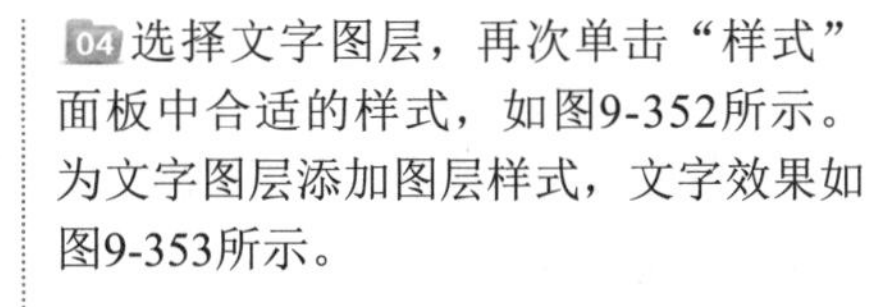

03 使用横排文字工具，设置合适的字号以及字体，在画面中合适位置单击输入文字，如图9-351所示。

图9-351

04 选择文字图层，再次单击“样式”面板中合适的样式，如图9-352所示。为文字图层添加图层样式，文字效果如图9-353所示。

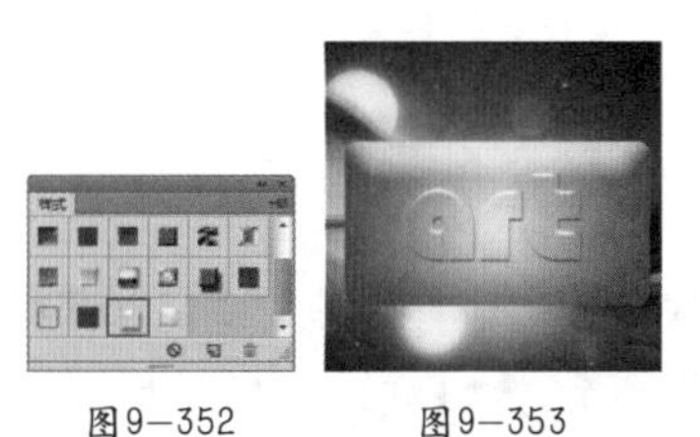

图9-352　　图9-353

05 导入前景装饰素材置于画面中合适位置，最终效果如图9-354所示。

图9-354

技巧提示

很多时候使用外挂样式时会出现与预期效果相差甚远的情况，这时可以检查到当前样式参数对于当前图像并不适合，所以可以在图层样式上单击鼠标右键，在弹出的快捷菜单中执行“缩放样式”命令进行调整。

9.6.7 动手学：存储样式库

如果想要将“样式”面板中的样式文件存储为可供传输调用的独立外挂样式库文件，也可以在面板菜单中选择“存储样式”命令，打开“存储为”对话框，然后为其设置一个名称，将其保存为一个单独的样式库，如图9-355和图9-356所示。

技术拓展

如果将样式库保存在Photoshop安装程序的Presets>Styles文件夹中，那么在重启Photoshop后，该样式库的名称会出现在“样式”面板菜单的底部。

图9-355

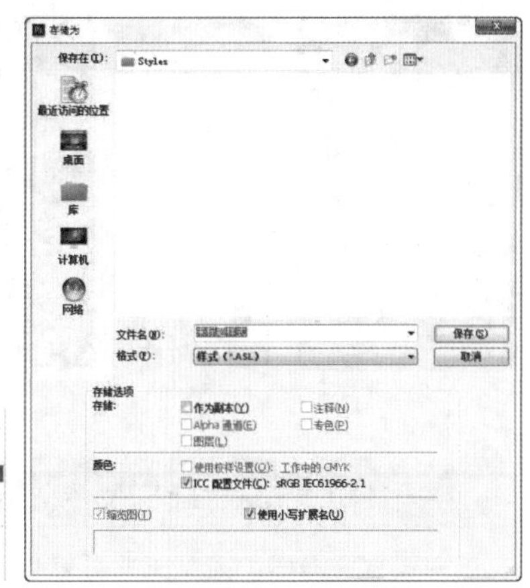

图9-356

9.6.8 动手学：载入样式库

01 “样式”面板菜单的下半部分是Photoshop提供的预设样式库，选择一种样式库，如图9-357所示。

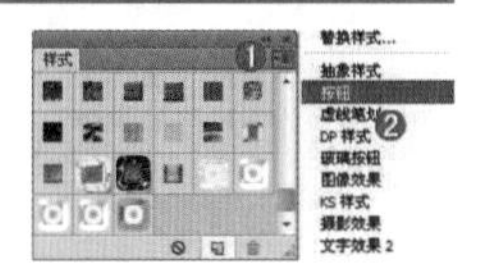

图9-357

02 系统会弹出一个提示对话框，如图9-358所示。如果单击“确定”按钮，可以载入样式库并替换掉“样式”面板中的所有样式；如果单击“追加”按钮，则该样式库会添加到原有样式的后面，效果如图9-359所示。

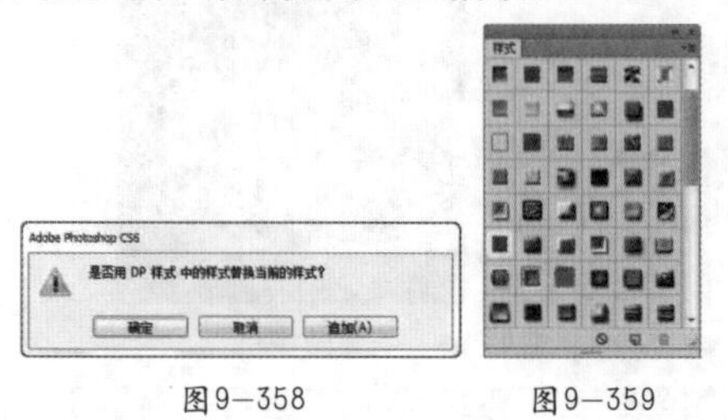

图9-358　　图9-359

03 如果想要载入外挂的样式库文件，可以执行面板菜单中的“载入样式”命令，在弹出的对话框中选择“.asl”格式的外挂样式文件即可，如图9-360所示。

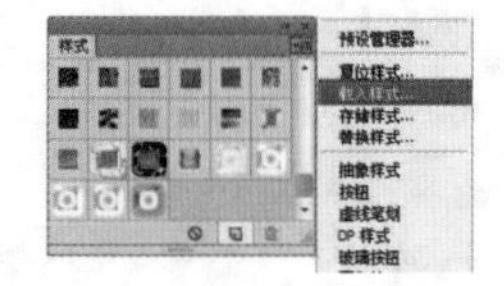

图9-360

答疑解惑：如何将“样式”面板中的样式恢复到默认状态？

如果要将样式恢复到默认状态，可以在“样式”面板菜单中执行“复位样式”命令，然后在弹出的对话框中单击“确定”按钮。另外，在这里介绍一下如何载入外部的样式。执行面板菜单中的“载入样式”命令，打开“载入”对话框，选择外部样式即可将其载入到“样式”面板中。

9.7 智能对象图层

技术速查：在Photoshop中，智能对象可以看作为嵌入当前文件的一个独立文件，它可以包含位图，也可以包含Illustrator中创建的矢量图形。而且在编辑过程中不会破坏智能对象的原始数据，因此对智能对象图层所执行的操作都是非破坏性操作。

以下面文件为例，文档中包含一个饮料瓶的智能对象，由于智能对象不能够直接进行编辑，所以也就保持了智能对象非破坏性的编辑，如图9-361所示。例如，为其添加智能滤镜时可以发现应用过滤镜后的智能对象仍能够通过对智能滤镜的关闭还原原始效果，如图9-362所示。

图9-361

图9-362

如果对智能对象的原始内容进行了编辑，如图9-363所示，那么文档中的智能对象也会发生相应的变化，如图9-364所示。

图9-363

图9-364

9.7.1 动手学：创建智能对象

创建智能对象的方法主要有以下3种。

01 执行“文件>打开为智能对象”命令，可以选择一个图像作为智能对象打开。打开以后，在“图层”面板的智能对象图层的缩览图右下角会出现一个智能对象图标，如图9-365所示。

02 先打开一个图像，然后执行“文件>置入”命令，如图9-366所示。可以选择一个图像作为智能对象置入到当前文档中，如图9-367所示。

图9-365　　图9-366

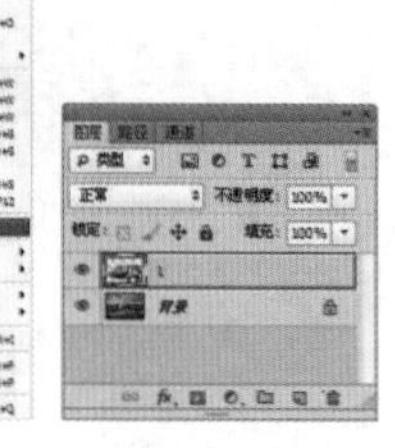

图9-367

03 在“图层”面板中选择一个图层，然后执行“图层>智能对象>转换为智能对象”命令，如图9-368所示。或者单击鼠标右键，在弹出的快捷菜单中执行“转换为智能对象”命令，如图9-369所示。

图9-368

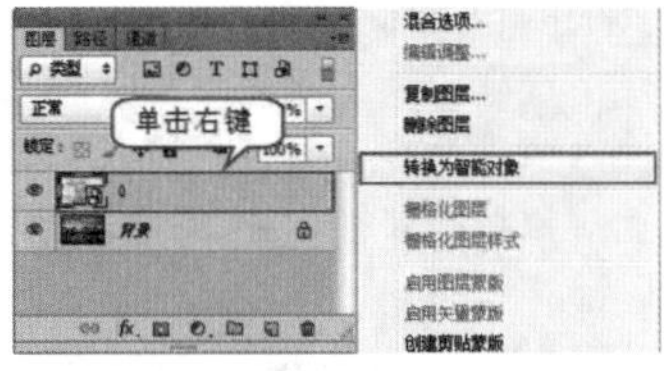

图9-369

04 还可以将Adobe Illustrator中的矢量图形作为智能对象导入到Photoshop中，或是将PDF文件创建为智能对象，如图9-370和图9-371所示。

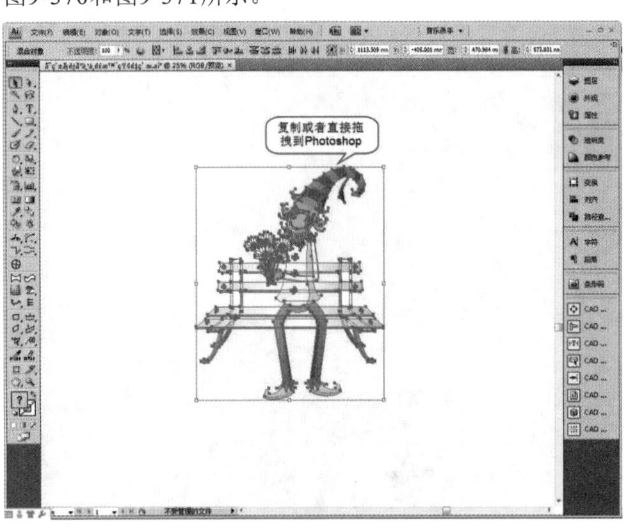

图9-370

图9-371

9.7.2 动手学：编辑智能对象内容

技术速查：创建智能对象以后，可以根据实际情况对其进行编辑。编辑智能对象不同于编辑普通图层，它需要在一个单独的文档中进行操作。

01 选择文档中的智能对象，如图9-372所示。执行“图层>智能对象>编辑内容”命令，或双击智能对象图层的缩览图，Photoshop会弹出一个对话框，单击“确定”按钮，如图9-373所示。

图9-372

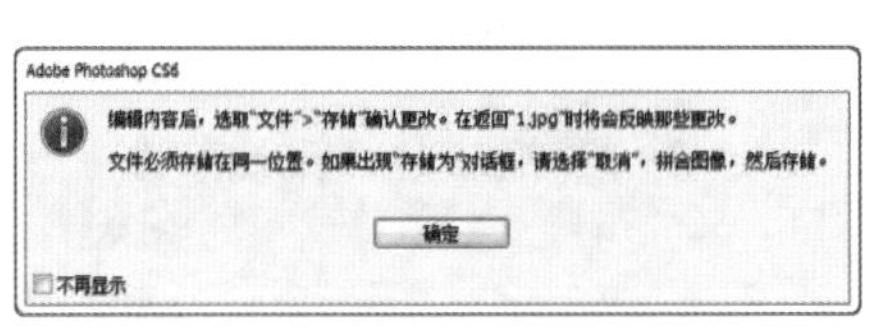

图9-373

02 可以将智能对象在一个单独的文档中打开，如图9-374所示。在新文档中可以对其进行编辑，如图9-375所示。

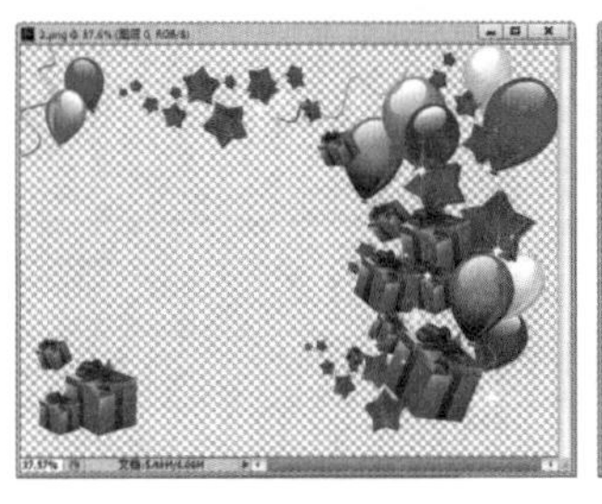

图9-374

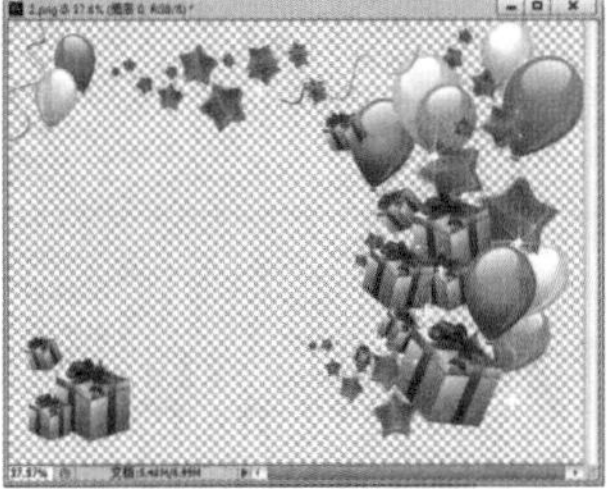

图9-375

03 编辑完成后关闭该文档，然后在弹出的提示对话框中单击“是”按钮即可保存对智能对象所进行的修改，如图9-376所示。

图9-376

9.7.3 动手学：替换智能对象内容

创建智能对象以后，如果对其不满意，可以将其替换成其他的智能对象。

选择“智能对象”图层，然后执行“图层>智能对象>替换内容”命令，打开“置入”对话框，选择新文件，此时智能对象将被替换，如图9-377所示。

图9-377

> **技巧提示**
> 替换智能对象时，图像虽然发生变化，但是图层名称不会改变。

9.7.4 将智能对象转换为普通图层

执行“图层>智能对象>栅格化”命令可以将智能对象转换为普通图层。转换为普通图层以后，原始图层缩览图上的智能对象标志也会消失，如图9-378和图9-379所示。

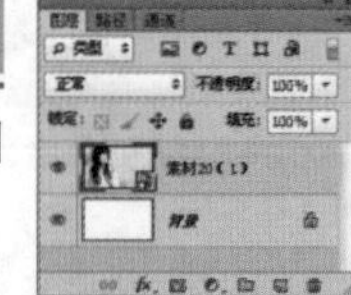

图9-378

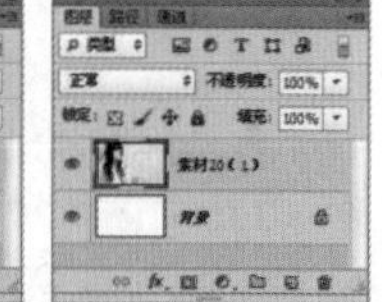

图9-379

★ 综合实战——制作唯美婚纱版式

案例文件	案例文件\第9章\制作唯美婚纱版式.psd
视频教学	视频文件\第9章\制作唯美婚纱版式.flv
难易指数	
技术要点	混合模式、不透明度、剪贴蒙版

案例效果

本案例主要使用混合模式、不透明度和剪贴蒙版制作唯美婚纱版式，如图9-380所示。

图9-380

操作步骤

01 新建文件，单击工具箱中的“渐变工具”按钮，在选项栏中编辑一种灰绿色系的渐变，设置渐变模式为“径向渐变”，在画面中拖曳填充得到如图9-381所示的效果。新建图层，使用白色柔角画笔在画面右上角绘制作为光晕，如图9-382所示。

图9-381

图9-382

02 导入花纹素材“1.png”置于画面中合适的位置，如图9-383所示，并为其添加图层蒙版，使用黑色画笔在蒙版中绘制多余的部分，并设置图层的“不透明度”为50%，使其融入画面中，如图9-384所示。效果如图9-385所示。

图9-383

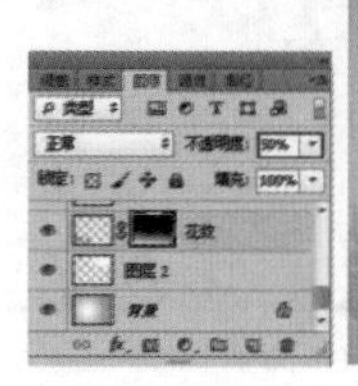

图9-384

图9-385

03 继续导入花纹“2.png”置于画面右上角的位置，设置其“不透明度”为20%，如图9-386所示。效果如图9-387所示。

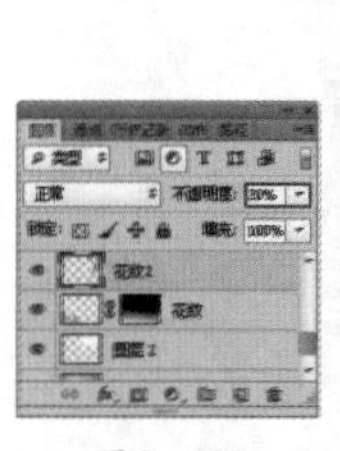

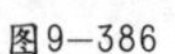

图9-386

图9-387

04 导入花纹“3.png”，设置其“混合模式”为“正片叠底”，图层的“不透明度”为60%，如图9-388所示。效果如图9-389所示。

图9-388

图9-389

05 单击工具箱中的“矩形形状工具”按钮，设置绘制模式为“形状”，设置合适的填充颜色，“描边”类型为无，在画面中单击拖曳进行绘制，如图9-390所示。

06 同样的方法在画面中合适位置绘制其他颜色的矩形，如图9-391所示。

图9-390

图9-391

07 同样使用矩形工具，在选项栏中设置绘制模式为“形状”，颜色为黑色，绘制黑色的矩形，如图9-392所示。

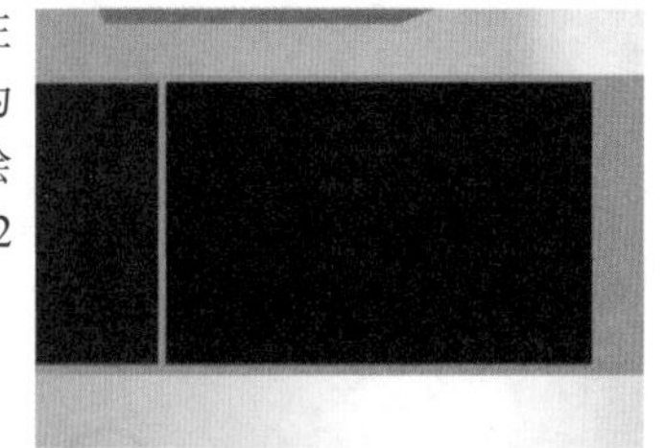
图9-392

08 导入照片素材“4.png”，在该图层上单击鼠标右键，在弹出的快捷菜单中执行“创建剪贴蒙版”命令，如图9-393所示。此时照片只显示了黑色矩形范围内的区域，如图9-394所示。

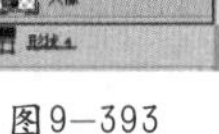
图9-393

图9-394

09 同样方法导入素材“5.png”制作另一个照片，如图9-395所示。

10 使用横排文字工具设置合适的前景色、字号字体，在画面中合适的位置单击输入文字。最终效果如图9-396所示。

图9-395

图9-396

★ 综合实战——使用混合模式制作炫彩破碎效果

案例文件	案例文件\第9章\使用混合模式制作炫彩破碎效果.psd
视频教学	视频文件\第9章\使用混合模式制作炫彩破碎效果.flv
难易指数	★★★★★
技术要点	图层不透明度、混合模式、图层蒙版

案例效果

本案例主要使用图层样式、混合模式和图层蒙版等功能制作炫彩破碎人像效果，如图9-397所示。

操作步骤

01 新建空白文档，单击工具箱中的渐变工具，为背景填充灰色径向渐变，如图9-398所示。

图9-397

图9-398

02 单击“钢笔工具”按钮，在选项栏中设置绘制模式为“形状”，“填充”颜色为白色，如图9-399所示。使用钢笔工具绘制合适的形状，效果如图9-400所示。

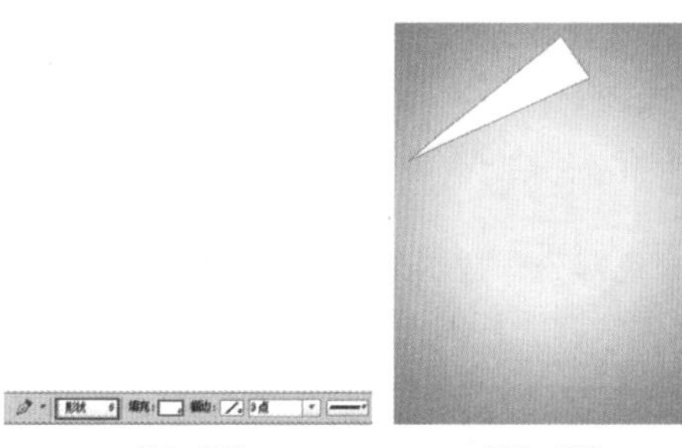
图9-399　　图9-400

03 为其添加图层样式，执行“图层>图层样式>内发光”命令，在弹出的对话框中设置“混合模式”为“正常”，“不透明度”为35%，颜色为黑色，“方法”为“柔和”，选中“边缘”单选按钮，设置“阻塞”为0%，“大小”为125像素，如图9-401所示。效果如图9-402所示。同样方法绘制其他的形状，如图9-403所示。

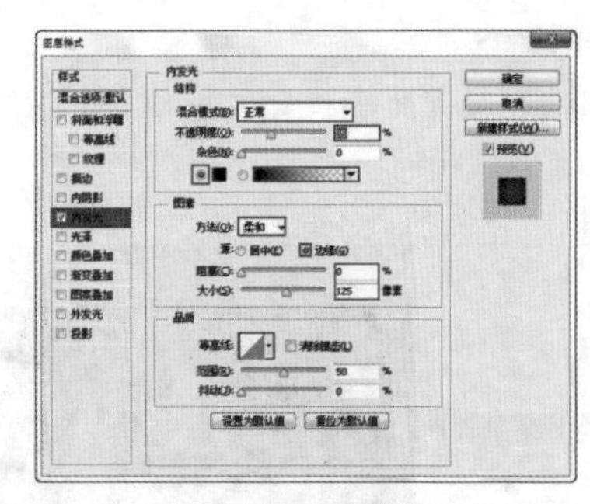

图9-401

图9-402

图9-403

04 使用椭圆工具绘制灰色系径向渐变填充的圆形，如图9-404所示。复制该圆形并填充为白色，然后使用钢笔工具绘制合适的路径形状，如图9-405所示。

05 按Ctrl+Enter快捷键将其转化为选区，按Delete键将选区内部分删除，如图9-406所示。同样方法删除另一部分，效果如图9-407所示。

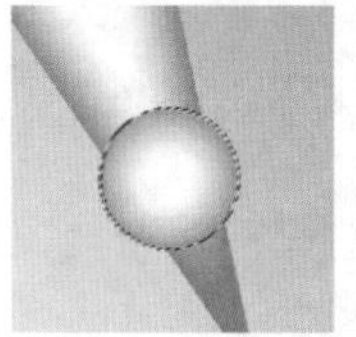

图9-404

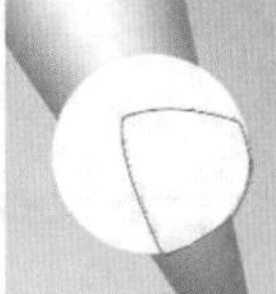

图9-405

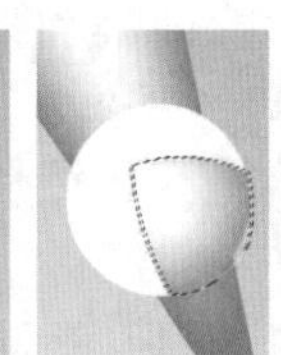

图9-406

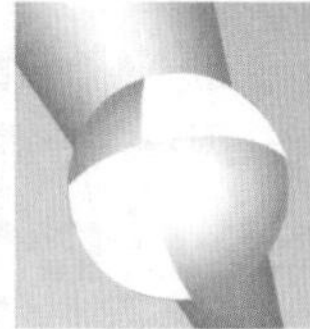

图9-407

06 选中白色部分，按Ctrl+U快捷键，在弹出的对话框中设置“明度”为-100，如图9-408所示。效果如图9-409所示。

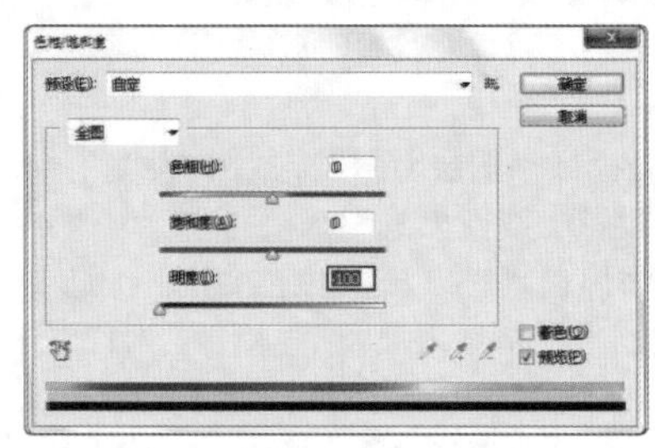

图9-408

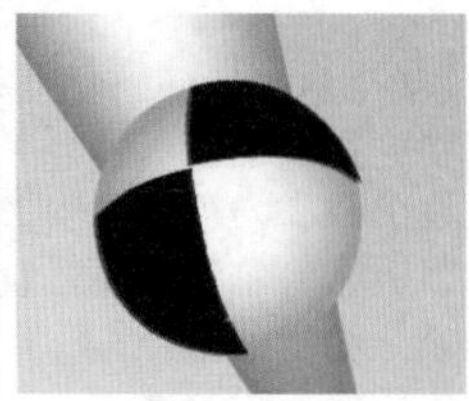

图9-409

07 同样方法制作其他的球体，效果如图9-410所示。

08 导入人像素材“1.jpg”，为其添加图层蒙版，使用黑色画笔涂抹背景区域，使之隐藏，如图9-411和图9-412所示。

图9-410

图9-411

图9-412

09 载入人像图层蒙版选区，在人像图层下方新建图层，为其填充黑色，并适当向下移动，单击图层蒙版底部的“添加图层蒙版”按钮为其添加图层蒙版，使用黑色画笔去除多余部分，设置图层的“不透明度”为50%，如图9-413所示。此时人像底部可以观察到灰色的厚度效果，如图9-414所示。

图9-413

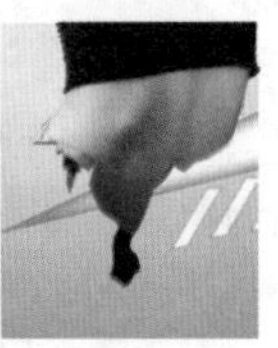

图9-414

10 制作手臂部分的截面效果。新建图层，使用椭圆选框工具绘制椭圆形的截面，吸取皮肤色，为其填充合适的皮肤色，如图9-415所示。执行“图层>图层样式>渐变叠加”命令，设置“混合模式”为“正常”，“不透明度”为35%，编辑由黑色到白色的渐变，设置“样式”为“线性”，“角度”为-107度，“缩放”为100%，单击“确定”按钮，如图9-416所示。效果如图9-417所示。

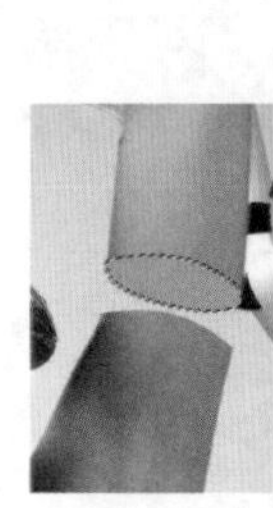

图9-415

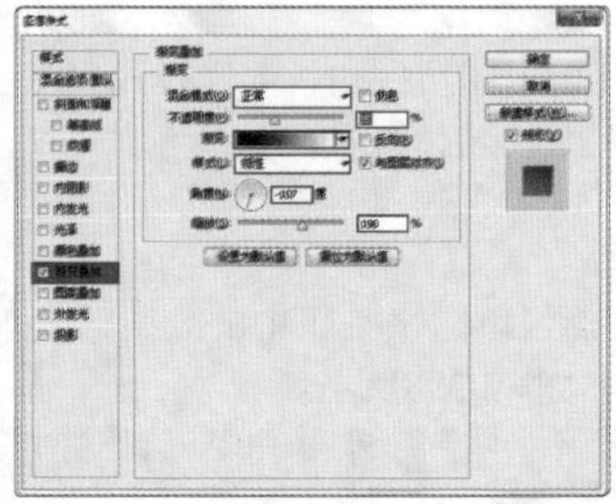

图9-416

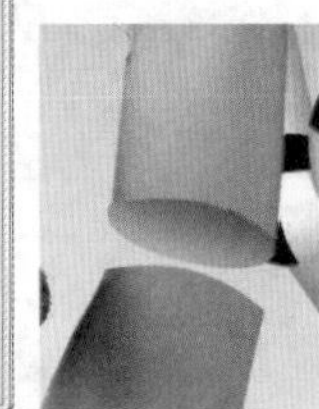

图9-417

11 使用钢笔工具绘制手臂断开处的路径，如图9-418所示。按Ctrl+Enter快捷键将其转换为选区，选中人像图层，并复制选区以内的部分到新图层，如图9-419所示。效果如图9-420所示。

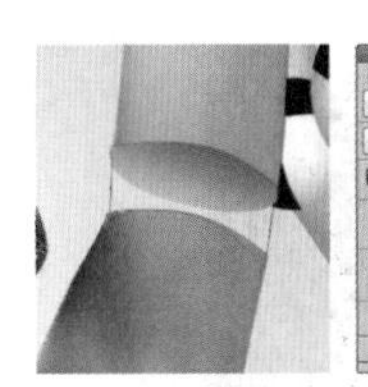

图9－418

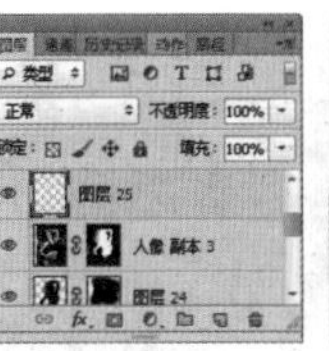

图9－419

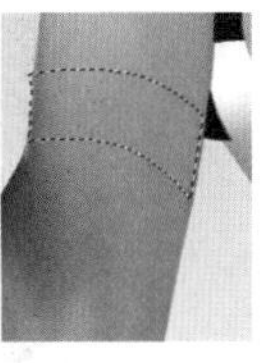

图9－420

12 新建图层组并将其命名为切割，将复制图层置于此图层组中，在其下方新建图层，如图9-421所示。为其填充皮肤色，模拟切面效果，如图9-422所示。

图9－421

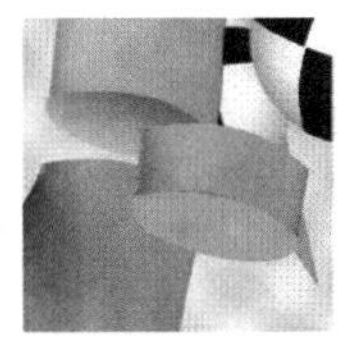

图9－422

13 选择截面部分，执行“图层>图层样式>渐变叠加”命令，设置“混合模式”为“正常”，“不透明度”为100%，编辑一种皮肤色系的渐变色，设置“样式”为“线性”，“角度”为57度，“缩放”为150%，如图9-423所示。选择“切割”图层组，单击“图层”面板底部的“添加图层蒙版”按钮为其添加图层蒙版，使用黑色画笔涂抹多余区域，如图9-424所示。此时切割部分呈现出夹在手臂断裂处的效果，如图9-425所示。

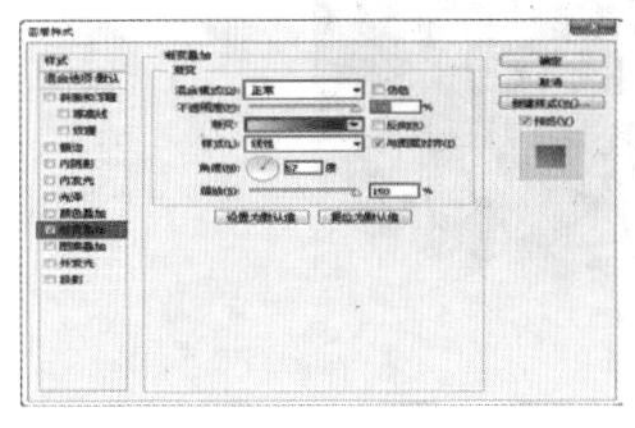

图9－423

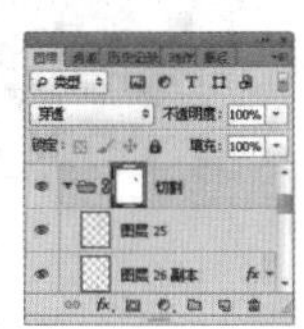

图9－424

图9－425

14 执行“图层>新建调整图层>黑白”命令，设置“红色”为40，“黄色”为60，“绿色”为40，“青色”为60，“蓝色”为20，“洋红”为80，如图9-426所示。导入烟雾素材“2.png”为其添加图层蒙版，使用黑色柔角画笔涂抹与人物头发重叠部分，使其过渡更加自然，如图9-427所示。效果如图9-428所示。

图9－426

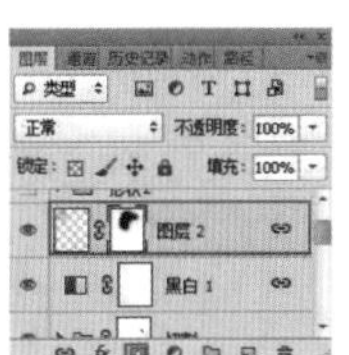

图9－427

图9－428

15 单击工具箱中的“钢笔工具”按钮，在选项栏中设置绘制模式为“形状”，设置合适的填充颜色，“描边”为无，如图9-429所示。单击在画面中绘制合适的形状，并适当降低图层的不透明度，如图9-430所示。效果如图9-431所示。同样方法制作其他的形状，并在画面合适位置输入文字，如图9-432所示。

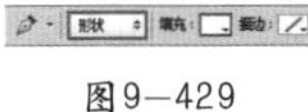

图9－429

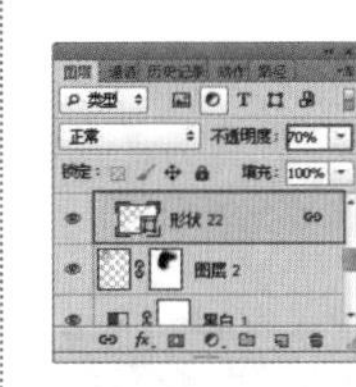

图9－430

图9－431

图9－432

16 导入碎片素材“3.png”，如图9-433所示。再次新建图层，绘制多个彩色直线，设置其“混合模式”为“变亮”，如图9-434所示。效果如图9-435所示。

图9－433

图9－434

图9－435

17 新建图层，设置合适的前景色，使用画笔工具在画面中合适位置涂抹绘制彩色线条，设置该图层的“混合模式”为“叠加”，“不透明度”为60%，如图9-436所示。效果如图9-437所示。

18 再次新建图层，设置合适的前景色，使用画笔工具在画面中合适位置涂抹绘制，设置图层的混合模式为“正常”，“不透明度”为70%，如图9-438所示。效果如图9-439所示。

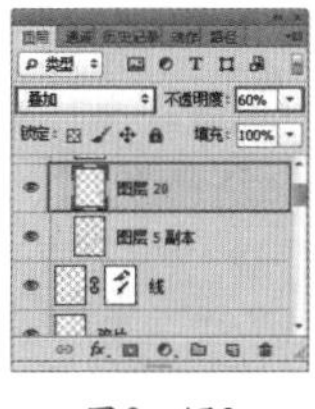

图9－436

图9－437

图9－438

图9－439

19 同样的方法再次绘制其他颜色的光斑，设置图层的混合模式为“滤色”，如图9-440所示。最终效果如图9-441所示。

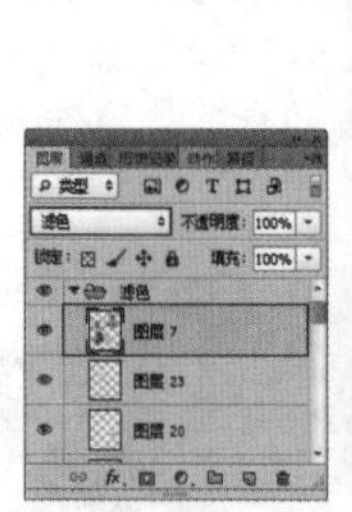
图9-440

图9-441

★ 综合实战——清新创意手机广告

案例文件	案例文件/第9章/清新创意手机广告.psd
视频教学	视频文件/第9章/清新创意手机广告.flv
难易指数	★★★★★
技术要点	图层混合模式的使用、图层不透明度的使用、图层样式的使用

案例效果

本案例主要使用画笔工具和图层样式等命令制作清新创意手机广告，如图9-442所示。

操作步骤

01 新建图层，自上而下地绘制灰色系的渐变，如图9-443所示。

图9-442

图9-443

02 使用椭圆工具，在选项栏中设置绘制模式为像素，前景色为黑色。新建图层，绘制黑色的圆形，如图9-444所示。执行“图层>图层样式>内发光”命令，设置“混合模式”为“正常”，“不透明度”为80%，选中“颜色”单选按钮，设置颜色为白色，“方法”为“柔和”，选中“边缘”单选按钮，设置“阻塞”为0%，“大小”为250像素，如图9-445和图9-446所示。

图9-444

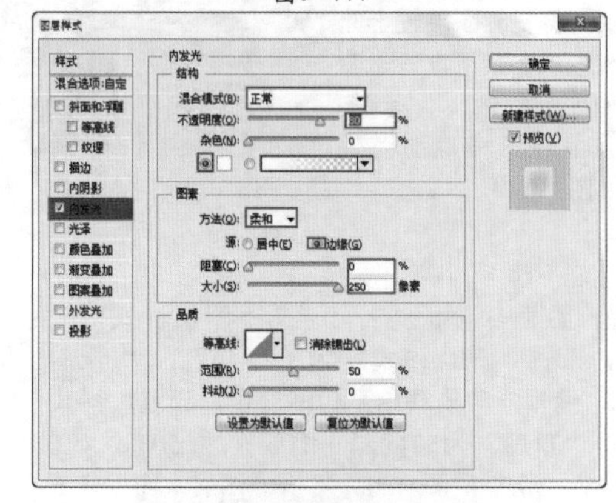
图9-445

图9-446

03 设置图层的“不透明度”为70%，“填充”为0%，如图9-447所示。效果如图9-448所示。

04 导入素材“1.png”，如图9-449所示。

图9-447

图9-448

图9-449

05 导入树叶素材“2.png”，置于画面中合适位置，执行“图层>图层样式>投影”命令，设置“混合模式”为“正片叠底”，颜色为黑色，“角度”为120度，“距离”为5像素，“扩展”为0%，“大小”为15像素，如图9-450所示。效果如图9-451所示。

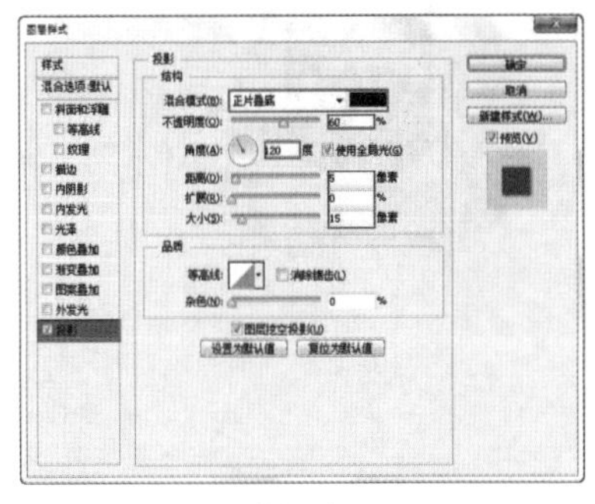

图9－450

图9－451

06 复制绿叶图层，执行“编辑>变换>水平翻转”命令，然后向左进行移动，如图9-452所示。

07 导入素材“3.png”，如图9-453所示。为其添加图层蒙版，使用黑色柔角画笔在蒙版中绘制边缘部分，制作出过渡自然的效果，如图9-454所示。

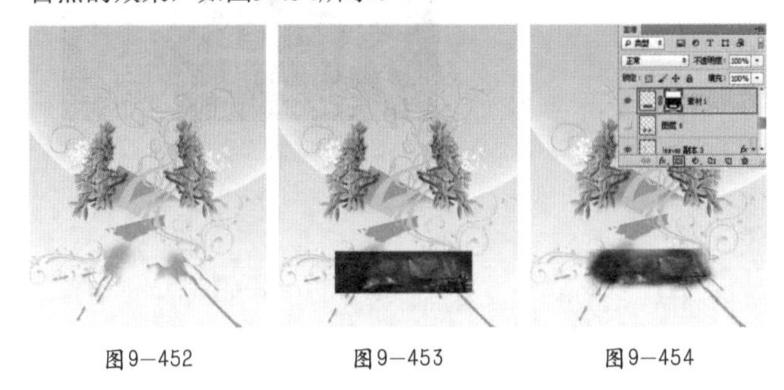

图9－452　　图9－453　　图9－454

08 在其底部新建图层，设置前景色为灰绿色，使用半透明的柔角画笔绘制阴影，如图9-455所示。再次导入树叶素材“4.png”，如图9-456所示。

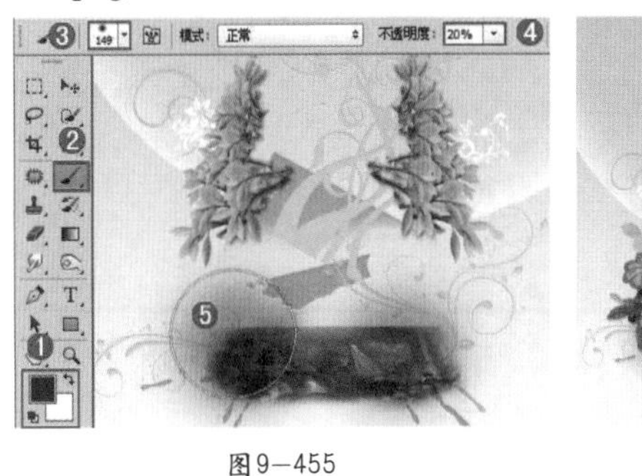

图9－455

图9－456

09 导入手机素材“5.png”，置于画面中合适位置，如图9-457所示。对手机图层执行“图层>图层样式>外发光”命令，设置“混合模式”为“正片叠底”，“不透明度”为75%，颜色为黑色，“大小”为16像素，如图9-458所示。此时效果如图9-459所示。

图9－457

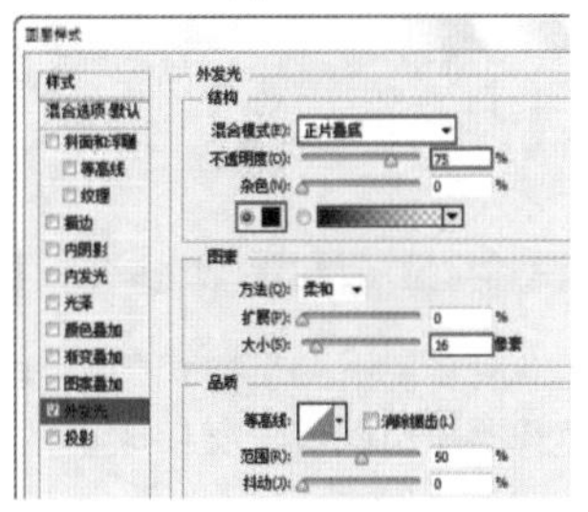

图9－458

图9－459

10 导入蝴蝶素材“6.png”，置于画面中合适位置，同样在蝴蝶图层下放新建图层，使用黑色柔角画笔工具在画面中绘制蝴蝶的阴影效果，如图9-460所示。

图9－460

11 再次导入放在屏幕上的蝴蝶素材“7.png”，如图9-461所示。执行“图层>图层样式>投影”命令，设置颜色为黑色，“距离”为9像素，大小为18像素，如图9-462所示。效果如图9-463所示。

图9－461

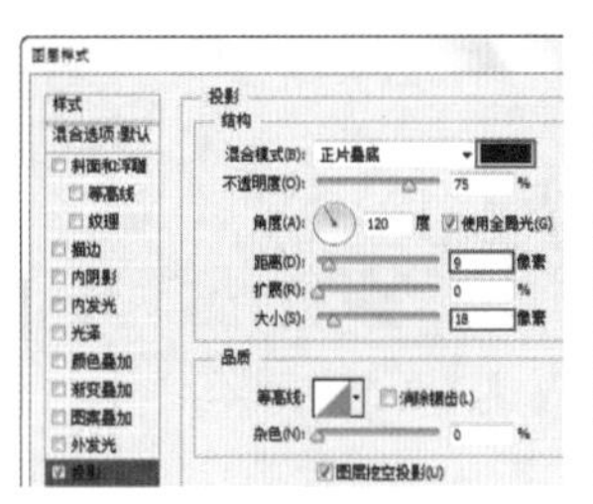

图9－462

图9－463

12 导入花朵素材“8.png”，放在手机的底部，如图9-464所示。为了使花朵图层上出现与“蝴蝶2”图层上相同的图层样式，需要在“蝴蝶2”的图层样式上单击鼠标右键，在弹出的快捷菜单中执行“拷贝图层样式”命令，并在花朵图层上单击鼠标右键，在弹出的快捷菜单中执行“粘贴图层样式”命令，最终效果如图9-465所示。

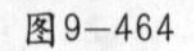
图9－464

图9－465

课后练习

【课后练习——使用混合模式与图层样式制作多彩文字】

思路解析：本案例中的文字主要使用图层样式制作出立体以及投影效果，然后通过为多彩条纹设置合适的混合模式制作出附着于文字表面的多彩效果。

本章小结

图层既是Photoshop进行一切操作的基础，又是制作特殊效果的利器。图层样式以及混合模式的使用几乎可以存在于任何平面设计作品的制作中，所以熟练掌握它们的使用方法是非常必要的。

读书笔记

第10章

实用调色技术

本章内容简介：

"调色"是Photoshop核心技术之一，是指将特定的色调加以改变，形成不同感觉的另一色调图片。调色技术在实际应用中主要分为两大方面：校正错误色彩和创造风格化色彩。所谓错误的颜色在数码相片中主要体现在曝光过度、亮度不足、画面偏灰、色调偏色等，通过使用调色技术可以很轻松地调整为正常效果。而创造风格化色彩则相对复杂些，不仅可以使用调色技术，还可以与图层混合、绘制工具等共同使用。

本章学习要点：

- 熟悉色彩的相关知识
- 掌握矫正问题图像的方法
- 熟练掌握常用调整命令
- 掌握多种风格化调色技巧

10.1 调色前的准备工作

10.1.1 颜色模式

使用计算机进行图像处理时经常会涉及“颜色模式”这一概念。图像的颜色模式是指将某种颜色表现为数字形式的模型，或者说是一种记录图像颜色的方式。在Photoshop中，颜色模式分为位图模式、灰度模式、双色调模式、索引颜色模式、RGB颜色模式、CMYK颜色模式、Lab颜色模式和多通道模式。执行“图像>模式”命令，在子菜单中即可对图像的颜色模式进行设置，如图10-1所示。

不同的颜色模式适用于不同目的。例如，在处理数码照片时一般比较常用RGB颜色模式。涉及需要印刷的产品时需要使用CMYK颜色模式。而Lab颜色模式是色域最宽的色彩模式，也是最接近真实世界颜色的一种色彩模式。如图10-2所示为同一图像的各种颜色模式对比效果。

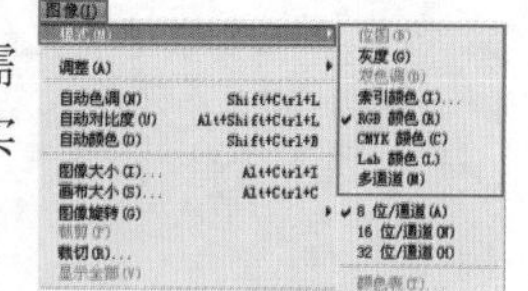

图10—1

图10—2

10.1.2 调色常用方法

在Photoshop中，图像色彩的调整共有两种方式。一种是直接执行“图像>调整”菜单下的调色命令进行调节，这种方式属于不可修改方式，也就是说一旦调整了图像的色调，就不可以再重新修改调色命令的参数，如图10-3所示。

图10—3

另外一种方式就是使用调整图层，调整图层与调整命令相似，都可以对图像进行颜色的调整。不同的是调整命令每次只能对一个图层进行操作，而调整图层则会影响在该图层下方所有图层的效果，可以重复修改参数并且不会破坏原图层。调整图层作为“图层”还具备图层的一些属性，例如可以像普通图层一样进行删除、切换显示隐藏、调整不透明度、混合、创建图层蒙版、剪切蒙版等操作。这种方式属于可修改方式，也就是说如果对调色效果不满意，还可以重新对调整图层的参数进行修改，直到满意为止，如图10-4和图10-5所示。

图10—4

图10—5

技巧提示

调整图层在Photoshop中既是一种非常重要的工具，又是一种特殊的图层。作为“工具”，它可以调整当前图像显示的颜色和色调，并且不会破坏文档中的图层，可以重复修改。作为“图层”，调整图层还具备图层的一些属性，例如不透明度、混合模式、图层蒙版、剪切蒙版等属性的可调性。

10.1.3 “调整”面板与“属性”面板

视频精讲：Photoshop CS6新手学视频精讲课堂/使用调整图层.flv

“调整”面板中包含了用于调整颜色的工具。执行“窗口>调整”命令，打开“调整”面板，单击某一项即可创建相应的调整图层，如图10-6所示。新创建的调整图层会出现在“图层”面板上，如图10-7所示。

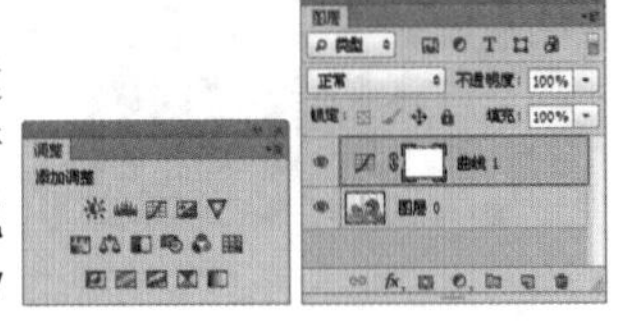

图10—6　图10—7

技巧提示

也可以执行“图层>新建调整图层”菜单下的调整命令，或在“图层”面板下面单击“创建新的填充或调整图层”按钮，然后在弹出的菜单中选择相应的调整命令。

打开“属性”面板，选中“图层”面板中的调整图层，可以在“属性”面板中进行参数选项的设置，单击右上角的“自动”按钮即可实现对图像的自动调整，在“属性”面板中包含一些对调整图层可用的按钮，如图10-8所示。

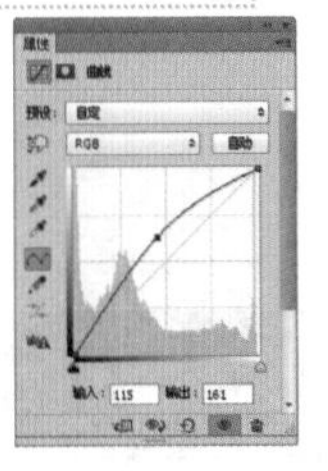

图10—8

技术拓展：详解“属性”面板

- 蒙版：单击即可进入该调整图层蒙版的设置状态。
- 此调整影响下面的所有图层：单击可剪切到图层。
- 切换图层可见性：单击该按钮，可以隐藏或显示调整图层。
- 查看上一状态：单击该按钮，可以在文档窗口中查看图像的上一个调整效果，以比较两种不同的调整效果。
- 复位到调整默认值：单击该按钮，可以将调整参数恢复到默认值。
- 删除此调整图层：单击该按钮，可以删除当前调整图层。

技巧提示

因为调整图层包含的是调整数据而不是像素，所以它们增加的文件大小远小于标准像素图层。如果要处理的文件非常大，可以将调整图层合并到像素图层中来减小文件的大小。

★ 案例实战——使用调整图层制作七色花

案例文件	案例文件\第10章\使用调整图层制作七色花.psd
视频教学	视频文件\第10章\使用调整图层制作七色花.flv
难易指数	★★★★★
技术要点	调整图层、蒙版

案例效果

本案例主要是通过使用“调整图层”和“蒙版”制作七色花，如图10-9和图10-10所示。

图10—9

图10—10

操作步骤

01 打开背景素材“1.jpg”，如图10-11所示。执行“图层>新建调整图层>色相/饱和度”命令，创建“色相/饱和度”调整图层。

02 设置“色相”为46，“饱和度”为25，如图10-12所示。此时画面颜色发生了变化，如图10-13所示。

图10—11

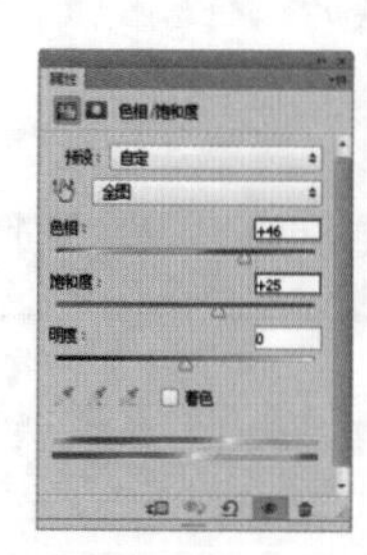
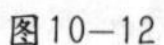

图10－12　　图10－13

03 单击该调整图层的图层蒙版，使用黑色画笔涂抹其中一个花瓣以外的部分，如图10-14所示。此时当前调整图层只影响花瓣以外的区域，效果如图10-15所示。

图10－14　　图10－15

04 使用套索工具绘制第二朵花瓣选区，如图10-16所示。再次创建“色相/饱和度”调整图层，设置“色相”为72，“饱和度”为46，“明度”为9，如图10-17所示。此时只有花瓣颜色发生了变化，如图10-18所示。

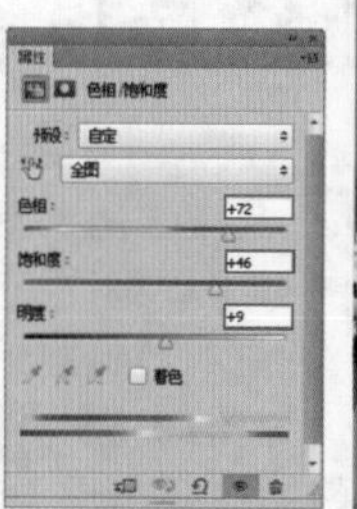

图10－16　　图10－17　　图10－18

05 同样的方法处理其他花瓣，如果要删除调整图层，可以直接按Delete键，也可以将其拖曳到“图层”面板下的“删除图层”按钮上。最终效果如图10-19所示。

图10－19

10.2 快速调整图像

“图像”菜单中包含大量的与调色相关的命令，其中包含多个可以快速调整图像的颜色和色调的命令，例如“自动色调”、“自动对比度”、“自动颜色”、“照片滤镜”、“变化”、“去色”和“色彩均化”等命令。这些快速调整命令可以通过非常简单的操作达到快速调整画面的目的，如图10-20和图10-21所示为调色对比效果。

图10－20　　图10－21

10.2.1 自动调整色调/对比度/颜色

视频精讲：Photoshop CS6新手学视频精讲课堂/自动调整图像.flv

在“图像”菜单中包含三个可以自动调整图像效果的命令：“自动色调”、“自动对比度”和“自动颜色”，如图10-22所示。这3个命令不需要进行参数设置，通常主要用于校正数码相片出现的明显的偏色、对比度过低、颜色暗淡等常见问题。如图10-23和图10-24所示分别为发灰的图像与偏色图像的校正效果。

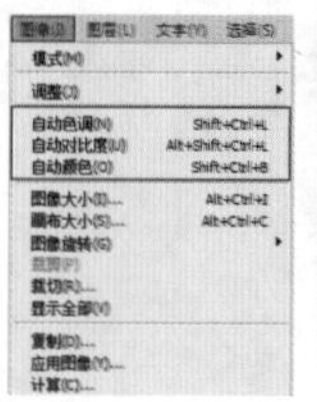
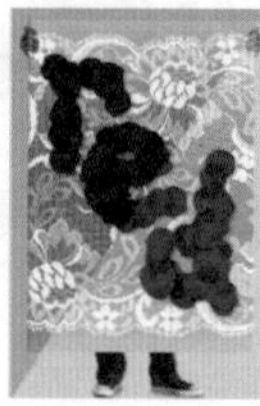

图10－22　　图10－23　　图10－24

10.2.2 照片滤镜

技术速查："照片滤镜"调整命令可以模仿在相机镜头前面添加彩色滤镜的效果，如图10-25和图10-26所示。

图10—25

图10—26

使用"照片滤镜"命令可以快速调整通过镜头传输的光的色彩平衡、色温和胶片曝光，以改变照片颜色倾向。打开一张图像，如图10-27所示。执行"图像>调整>照片滤镜"命令，打开"照片滤镜"对话框，如图10-28所示。

图10—27

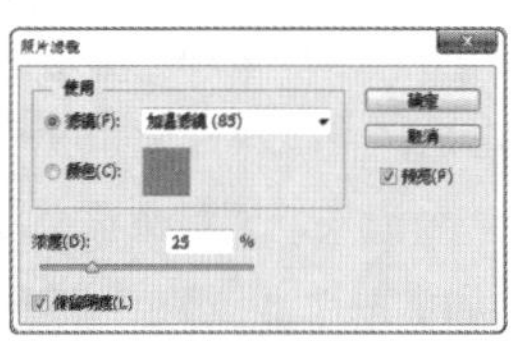
图10—28

- **滤镜**：在"滤镜"下拉列表中可以选择一种预设的效果应用到图像中，如图10-29所示。

图10—29

- **颜色**：选中"颜色"单选按钮，可以自行设置颜色，如图10-30所示。
- **浓度**：设置滤镜颜色应用到图像中的颜色百分比。数值越高，应用到图像中的颜色浓度就越大，如图10-31所示；数值越小，应用到图像中的颜色浓度就越低，如图10-32所示。
- **保留明度**：选中该复选框后，可以保留图像的明度不变。

图10—30

图10—31

图10—32

技巧提示

在调色命令的对话框中，如果对参数的设置不满意，可以按住Alt键，此时"取消"按钮将变成"复位"按钮，单击该按钮可以将参数设置恢复到默认值，如图10—33所示。

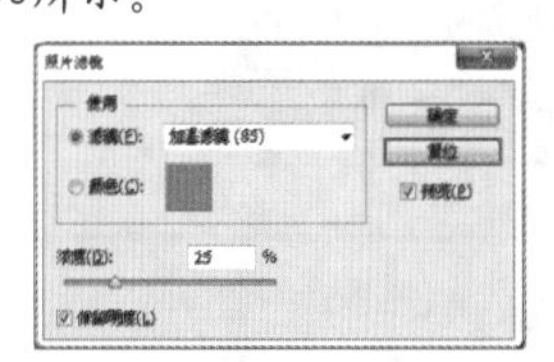
图10—33

10.2.3 变化

技术速查：使用"变化"命令可以从提供的多种效果中挑选，并通过简单的单击调整图像的色彩、饱和度和明度，同时还可以预览调色的整个过程。

"变化"命令是一个非常简单直观的调色命令。打开一张图像，如图10-34所示。执行"图像>调整>变化"命令，打开

“变化”对话框，如图10-35所示。单击调整缩览图即可为图像应用该效果，在使用变化命令时，单击调整缩览图产生的效果是累积性的。

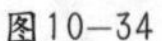

图10—34

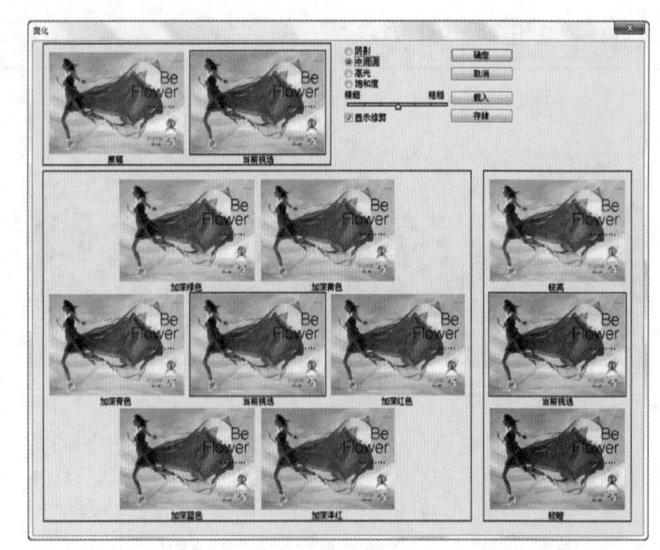

图10—35

- 原稿/当前挑选：“原稿”缩览图显示的是原始图像；“当前挑选”缩览图显示的是图像调整结果。
- 阴影/中间调/高光：可以分别对图像的阴影、中间调和高光进行调节。
- 饱和度/显示修剪：专门用于调节图像的饱和度。选中“饱和度”复选框后，在对话框的下面会显示出“减少饱和度”、“当前挑选”和“增加饱和度”3个缩览图，单击“减少饱和度”缩览图可以减少图像的饱和度，单击“增加饱和度”缩览图可以增加图像的饱和度。另外，选中“显示修剪”复选框，可以警告饱和度范围的最高限度。
- 精细-粗糙：用来控制每次进行调整的量。特别注意，每移动一个滑块，调整数量会双倍增加。
- 各种调整缩览图：单击相应的缩览图，可以进行相应的调整，比如单击“加上颜色”缩览图，可以应用一次加深颜色效果。

☆ 视频课堂——制作视觉杂志

案例文件\第10章\视频课堂——制作视觉杂志.psd
视频文件\第10章\视频课堂——制作视觉杂志.flv

思路解析：

01 打开素材文件。
02 对三组照片依次使用“变化”命令进行颜色调整。

10.2.4 去色

技术速查：“去色”命令可以将图像中的颜色去掉，使其成为灰度图像。

打开一张图像，如图10-36所示，然后执行“图像>调整>去色”命令或按Shift+Ctrl+U组合键，可以将其调整为灰度效果，如图10-37所示。

图10—36

图10—37

★ 案例实战——沉郁的单色效果

案例文件	案例文件\第10章\沉郁的单色效果.psd
视频教学	视频文件\第10章\沉郁的单色效果.flv
难易指数	★★★★★
技术要点	去色、可选颜色

案例效果

本案例主要使用去色和可选颜色命令制作沉郁的单色效果，如图10-38所示。

操作步骤

01 新建文件，将画面背景色填充为黑色，导入素材风景文件“1.jpg”，如图10-39所示。

图10—38

图10—39

02 要使图片变成单一色系，需要选择照片素材图层，执行“图像>调整>去色”命令，此时照片变为无色的黑白效果，如图10-40所示。

图10—40

03 执行“图层>创建调整图层>可选颜色”命令，创建新的“可选颜色”调整图层，在弹出的“可选颜色”对话框中调整参数。设置“颜色”为“白色”，“黄色”为61%，“黑色”为-100%，如图10-41所示。设置“颜色”为“中性色”，“青色”为-14%，“洋红”为6%，“黄色”为25%，如图10-42所示。设置“颜色”为黑色，“黄色”为-37%，“黑色”为20%，如图10-43所示。在该调整图层上单击鼠标右键，在弹出的快捷菜单中执行“创建剪贴蒙版”命令，效果如图10-44所示。

图10—41

图10—42

图10—43

04 制作暗角效果。新建图层，设置前景色为黑色，单击工具箱中的“画笔工具”按钮，在选项栏中调整合适的大小，并适当降低画笔的“不透明度”，如图10-45所示。对画面的四周进行涂抹，注意暗边大小不要超过背景白边部分，最后输入装饰文字，如图10-46所示。

图10—44

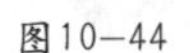

图10—45

图10—46

10.2.5 色调均化

技术速查：“色调均化”命令可以使画面中的像素均匀地呈现所有范围的亮度级。

对图像使用“色调均化”命令，可以将图像中像素的亮度值进行重新分布，图像中最亮的值将变成白色，最暗的值将变成黑色，中间的值将分布在整个灰度范围内，如图10-47所示。效果如图10-48所示。

如果图像中存在选区，如图10-49所示，则执行“色调均化”命令时会弹出一个“色调均化”对话框。在这里可以选择色调均化的区域，如图10-50所示。

图10—47

图10—48

图10-49

图10-50

读书笔记

10.3 调整图像明暗

视频精讲：Photoshop CS6新手学视频精讲课堂/影调调整命令.flv

“影调”是图像的重要视觉特征之一，是指画面的明暗层次、虚实对比和色彩的色相明暗等之间的关系。通过这些关系，使欣赏者感到光的流动与变化。而图像影调的调整主要是针对图像的明暗、曝光度、对比度等属性的调整。在“图像”菜单下的“色阶、“曲线”、“曝光度”等命令都可以对图像的影调进行调整。如图10-51和图10-52所示为不同影调下的图像效果。

图10-51

图10-52

10.3.1 亮度/对比度

技术速查：“亮度/对比度”命令经常用于调整画面的明暗程度，以及矫正画面偏灰等问题，如图10-53和图10-54所示。

图10-53

图10-54

“亮度/对比度”命令可以对图像的色调范围进行简单的调整，是非常常用的影调调整命令，能够快速地校正图像“发灰”的问题。执行“图像>调整>亮度/对比度”命令，打开“亮度/对比度”对话框，如图10-55所示。

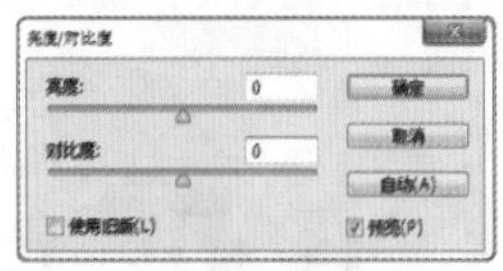

图10-55

- 亮度：用来设置图像的整体亮度。数值为负值时，表示降低图像的亮度，如图10-56所示；数值为正值时，表示提高图像的亮度，如图10-57所示。

图10-56

图10-57

- 对比度：用于设置图像亮度对比的强烈程度，如图10-58和图10-59所示。
- 预览：选中该复选框后，在“亮度/对比度”对话框中调节参数时，可以在文档窗口中观察到图像的亮度变化。

- 使用旧版：选中该复选框后，可以得到与Photoshop CS3以前的版本相同的调整结果。
- 自动：单击“自动”按钮Photoshop会自动根据画面进行调整。

图10—58

图10—59

思维点拨：对比度

对比度就是把白色信号在100%和0%的饱和度相减，再除以Lux（光照度，即勒克斯，每平方米的流明值）为计量单位下0%的白色值，所得到的数值。对比度是最黑与最白亮度单位的相除值。因此白色越亮，黑色越暗，对比度就越高。

10.3.2 色阶

技术速查：“色阶”命令不仅可以针对图像进行明暗对比的调整，还可以对图像的阴影、中间调和高光强度级别进行调整，以及分别对各个通道进行调整，以调整图像明暗对比或者色彩倾向，如图10-60～图10-62所示。

图10—60

图10—61

图10—62

执行“图像>调整>色阶”命令或按Ctrl+L快捷键，打开“色阶”对话框。通过调整各色阶的滑块位置即可达到调整画面效果的目的，随着滑块的调整“直方图”也发生改变，如图10-63和图10-64所示。

图10—63

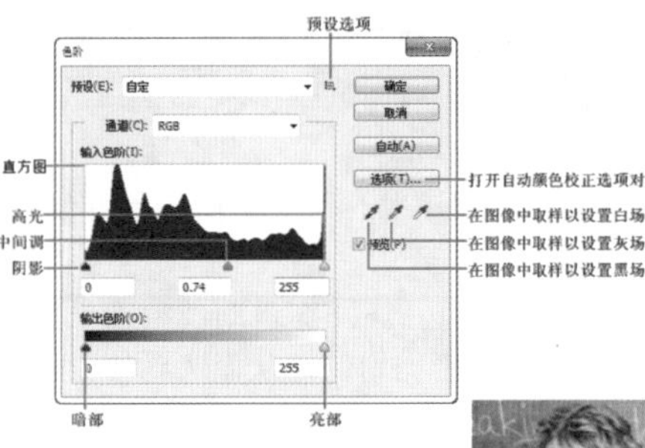

图10—64

- 预设/预设选项：单击“预设”下拉列表，可以选择一种预设的色阶调整选项来对图像进行调整；单击“预设选项”按钮，可以对当前设置的参数进行保存，或载入一个外部的预设调整文件。
- 通道：在该下拉列表中可以选择一个通道来对图像进行调整，以校正图像的颜色，如图10-65所示。

图10—65

- **输入色阶**：这里可以通过拖曳滑块来调整图像的阴影、中间调和高光，同时也可以直接在对应的文本框中输入数值。将滑块向左拖曳，可以使图像变暗，如图10-66所示；将滑块向右拖曳，可以使图像变亮，如图10-67所示。

图10—66

图10—67

- **输出色阶**：这里可以设置图像的亮度范围，从而降低对比度，如图10-68所示。
- **自动**：单击该按钮， Photoshop会自动调整图像的色阶，使图像的亮度分布更加均匀，从而达到校正图像颜色的目的。
- **选项**：单击该按钮，打开“自动颜色校正选项”对话框，如图10-69所示。在该对话框中可以设置单色、每通道、深色和浅色的算法等。
- **在图像中取样设置黑/灰/白场**：使用“在图像中取样以设置黑场”在图像中单击取样，可以将单击点处的像素调整为黑色，同时图像中比该单击点暗

图10—68

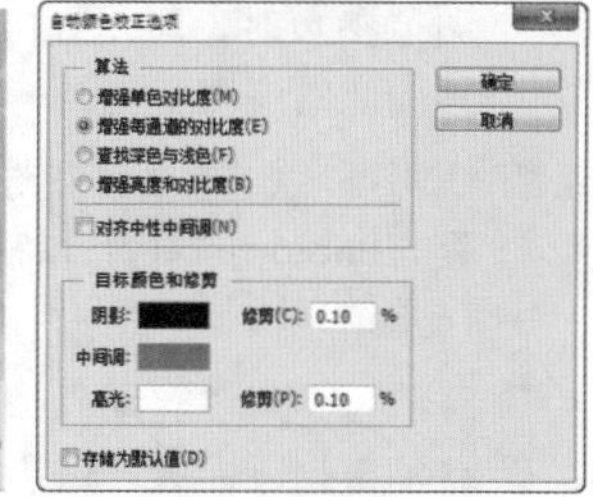

图10—69

的像素也会变成黑色，如图10-70所示。使用“在图像中取样以设置灰场”在图像中单击取样，可以根据单击点像素的亮度来调整其他中间调的平均亮度，如图10-71所示。使用“在图像中取样以设置白场”在图像中单击取样，可以将单击点处的像素调整为白色，同时图像中比该单击点亮的像素也会变成白色，如图10-72所示。

图10—70

图10—71

图10—72

技术拓展：认识“直方图”

“直方图”是用图形来表示图像的每个亮度级别的像素数量，展示像素在图像中的分布情况。通过直方图可以快速浏览图像色调范围或图像基本色调类型。而色调范围有助于确定相应的色调校正。如图10—73～图10—75所示的3张图分别是曝光过度、曝光正常以及曝光不足的图像，在直方图中可以清晰地看出差别。

图10—73

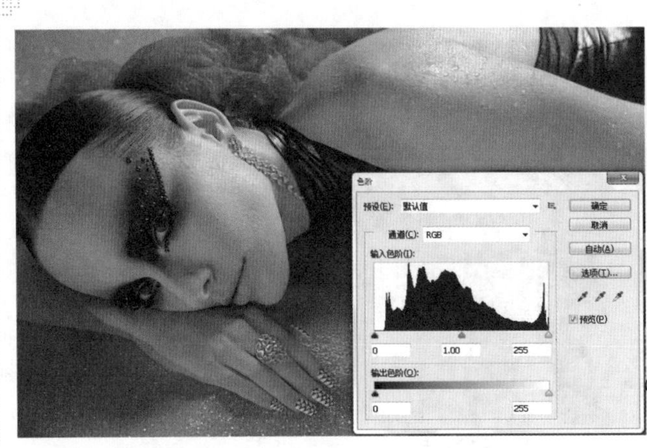

图10—74

图10—75

10.3.3 曲线

技术速查："曲线"功能非常强大，不单单可以进行图像明暗的调整，更加具备了"亮度/对比度"、"色彩平衡"、"阈值"和"色阶"等命令的功能。通过调整曲线的形状，可以对图像的亮度、对比度和色调进行非常便捷的调整，如图10-76和图10-77所示。

图10—76　　图10—77

执行"曲线>调整>曲线"命令或按Ctrl+M快捷键，打开"曲线"对话框，在该对话框的斜线上按下鼠标左键并移动即可调整曲线形态，如图10-78所示。

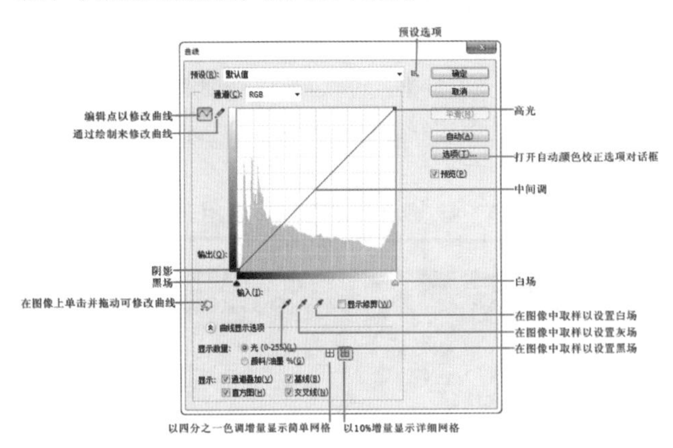

图10—78

曲线基本选项

- 预设/预设选项：在"预设"下拉列表中共有9种曲线预设效果；单击"预设选项"按钮，可以对当前设置的参数进行保存，或载入一个外部的预设调整文件。如图10-79和图10-80所示分别为原图与预设效果。

图10—79

图10—80

- 通道：在该下拉列表中可以选择一个通道来对图像进行调整，以校正图像的颜色。
- 编辑点以修改曲线：使用该工具在曲线上单击，可以添加新的控制点，通过拖曳控制点可以改变曲线的形状，从而达到调整图像的目的，如图10-81所示。

图10-81

- **通过绘制来修改曲线**：使用该工具可以以手绘的方式自由绘制出曲线，绘制好曲线以后单击“编辑点以修改曲线”按钮，可以显示出曲线上的控制点，如图10-82所示。

图10-82

- **平滑**：使用“通过绘制来修改曲线”绘制出曲线以后，单击“平滑”按钮，可以对曲线进行平滑处理，如图10-83所示。

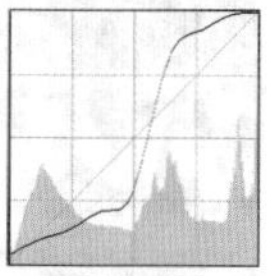

图10-83

- **在图像上单击并拖动可修改曲线**：选择该工具以后，将光标放置在图像上，曲线上会出现一个圆圈，表示光标处的色调在曲线上的位置，如图10-84所示，在图像上单击并拖曳鼠标左键可以添加控制点以调整图像的色调，如图10-85所示。

图10-84

图10-85

- **输入/输出**：“输入”即“输入色阶“，显示的是调整前的像素值；“输出”即“输出色阶”，显示的是调整以后的像素值。
- **自动**：单击该按钮，可以对图像应用“自动色调”、“自动对比度”或“自动颜色”校正。
- **选项**：单击该按钮，可以打开“自动颜色校正选项”对话框。在该对话框中可以设置单色、每通道、深色和浅色的算法等。

曲线显示选项

- **显示数量**：包含“光（0-255）”和“颜料/油墨%”两种显示方式。
- **以四分之一色调增量显示简单网格/以10%增量显示详细网格**：单击“以四分之一色调增量显示简单网格”按钮，可以以1/4（即25%）的增量来显示网格，这种网格比较简单，如图10-86所示；单击“以10%增量显示详细网格”按钮，可以以 10% 的增量来显示网格，这种更加精细，如图10-87所示。

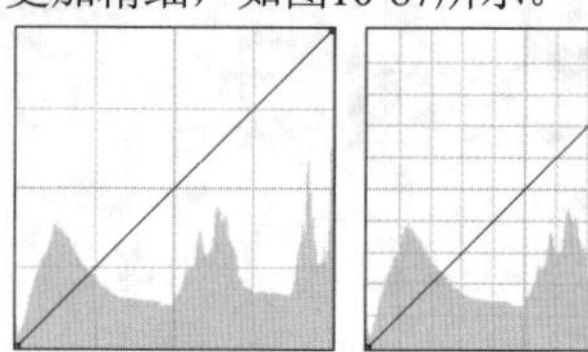

图10-86　　图10-87

- **通道叠加**：选中该复选框，可以在复合曲线上显示颜色通道。
- **基线**：选中该复选框，可以显示基线曲线值的对角线。
- **直方图**：选中该复选框，可在曲线上显示直方图以作为参考。
- **交叉线**：选中该复选框，可以显示用于确定点的精确位置的交叉线。

★ 案例实战——使用曲线调整图层提亮人像

案例文件	案例文件\第10章\使用曲线调整图层提亮人像.psd
视频教学	视频文件\第10章\使用曲线调整图层提亮人像.flv
难度级别	★★★★★
技术要点	曲线调整图层

案例效果

本案例主要是通过使用曲线调整图层调整画面明度。对比效果如图10-88与图10-89所示。

操作步骤

01 打开人像照片素材“1.jpg”，画面整体偏暗，人像部分

尤为严重。在这里可以使用“曲线”命令进行画面亮度的调整，如图10-90所示。

图10-88

图10-89

图10-90

02 执行“图层>新建调整图层>曲线”命令，创建出一个曲线调整图层，在曲线中段部分单击创建一个点，向左上拖动该点的位置，如图10-91所示。曲线中段部分为画面中间调区域，调整这部分曲线形态可以调整画面整体亮度。此时人像明显变亮，效果如图10-92所示。

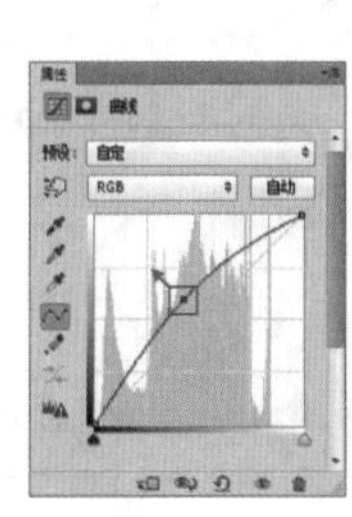
图10-91

图10-92

03 虽然画面亮度有所提高，但是画面整体呈现出一种过度偏红的暖色调效果，如果想要使画面不再偏红，可以在曲线通道列表中选择“红通道”，然后在红通道曲线上进行调整，如图10-93所示。此时画面中红色成分减少，画面的色温也随之降低，如图10-94所示。

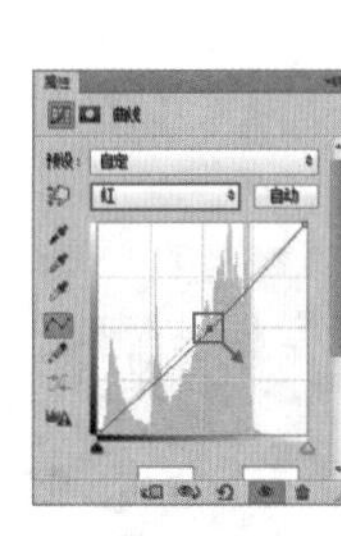
图10-93

图10-94

04 对画面进行进一步的提亮，再次执行“图层>新建调整图层>曲线”命令，创建“曲线2”调整图层。在曲线中段创建一个控制点并向左上移动，在此上半部分创建控制点并向左上移动，此时画面的中间调与亮部区域明显变亮，为了避免画面产生“偏灰”的问题，需要在曲线的底部创建控制点并向右下移动，使画面暗部区域变暗，如图10-95所示。效果如图10-96所示。

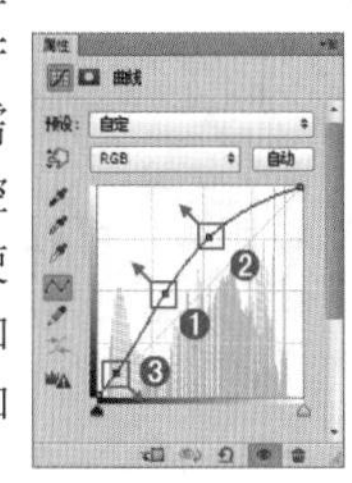
图10-95

图10-96

05 由于曲线的调整画面整体的明暗调整基本完成，但是裙子部分似乎有一些曝光。所以需要在“图层”面板中单击“曲线2”调整图层的蒙版，如图10-97所示。使用灰色柔角画笔涂抹裙子部分区域，使裙子部分曝光的情况有所缓解，最终效果如图10-98所示。

图10-97

图10-98

读书笔记

10.3.4 曝光度

技术速查：使用“曝光度”命令可以通过调整曝光度、位移、灰度系数3个参数调整照片的对比反差，修复数码照片中常见的曝光过度与曝光不足等问题，如图10-99～图10-101所示分别为曝光过度、曝光正常以及曝光不足的效果。

图10-99

图10-100

图10-101

“曝光度”命令是通过在线性颜色空间执行计算而得出的曝光效果。执行“图像>调整>曝光度”命令，打开“曝光度”对话框，如图10-102所示。

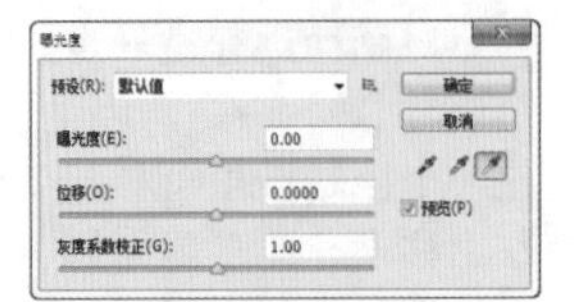

图10—102

- 预设/预设选项：Photoshop预设了4种曝光效果，分别是“减1.0”、“减2.0”、“加1.0”和“加2.0”；单击“预设选项”按钮，可以对当前设置的参数进行保存，或载入一个外部的预设调整文件。
- 曝光度：向左拖曳滑块，可以降低曝光效果，如图10-103所示；向右拖曳滑块，可以增强曝光效果，如图10-104所示。

图10—103

图10—104

- 位移：该选项主要对阴影和中间调起作用，可以使其变暗，但对高光基本不会产生影响。
- 灰度系数校正：使用一种乘方函数来调整图像灰度系数。

思维点拨：曝光

简单来说，使胶片感光的过程叫“曝光”，它是胶片上的化学物质接受光照发生化学反应的过程，反应的结果是在胶片上生成潜影。曝光是感光材料获取影像信息的第一步，曝光后的胶片生成潜影，曝光是决定影像技术质量最关键的环节。曝光是一门技术，但是又不是纯技术。之所以说曝光是技术，是因为它有着科学的客观规律，违背了这些规律，就必然导致曝光上的失误。之所以说它不是纯技术，是因为它是摄影艺术的一个组成部分，直接体现了摄影者的摄影风格、主观感受，从这个角度讲，曝光在技巧上又有着很大的灵活性和实践性，如图10—105和图10—106所示。

图10—105

图10—106

读书笔记

10.3.5 阴影/高光

技术速查：“阴影/高光”命令可以基于阴影/高光中的局部相邻像素来校正每个像素，常用于还原图像阴影区域过暗或高光区域过亮造成的细节损失。如图10-107和图10-108所示为还原暗部细节与还原亮部细节的对比效果。

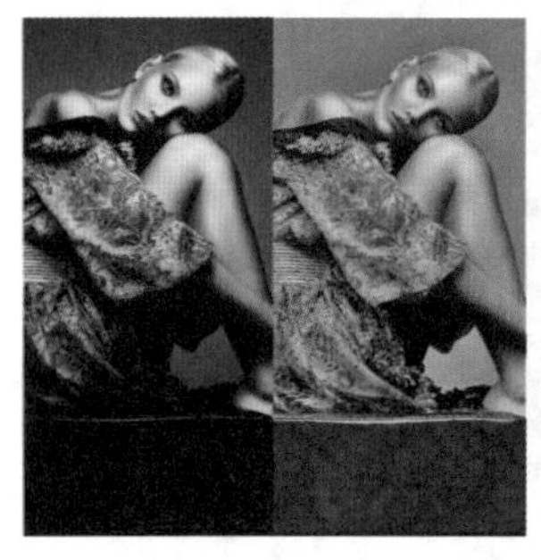

图10—107

图10—108

打开一张图像，从图像中可以直观地看出高光区域与阴影区域的分布情况，如图10-109所示。执行“图像>调整>阴影/高光”命令，打开“阴影/高光”对话框，选中“显示更多选项”复选框后，如图10-110所示，可以显示“阴影/高光”的完整选项，如图10-111所示。

图10—109

图10—110

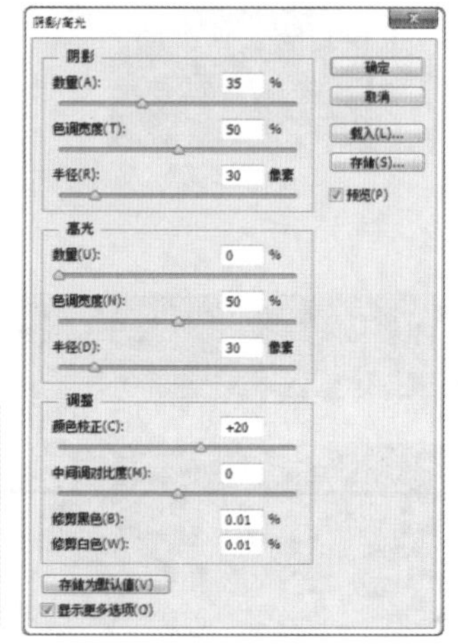

图10—111

- 阴影：“数量”选项用来控制阴影区域的亮度，值越大，阴影区域就越亮，如图10-112所示；“色调宽度”选项用来控制色调的修改范围，值越小，修改的范围就只针对较暗的区域；“半径”选项用来控制像素是在阴影中还是在高光中，如图10-113所示。

图10—112

图10—113

- 高光：“数量”用来控制高光区域的黑暗程度，值越大，高光区域越暗，如图10-114所示；“色调宽度”选项用来控制色调的修改范围，值越小，修改的范围就只针对较亮的区域；“半径”选项用来控制像素是在阴影中还是在高光中，如图10-115所示。

图10—114

图10—115

- 调整：“颜色校正”选项用来调整已修改区域的颜色；“中间调对比度”选项用来调整中间调的对比度；“修剪黑色”和“修剪白色”决定了在图像中将多少阴影和高光剪到新的阴影中。
- 存储为默认值：如果要将对话框中的参数设置存储为默认值，可以单击该按钮。存储为默认值以后，再次打开“阴影/高光”对话框时，就会显示该参数。

技巧提示

如果要将存储的默认值恢复为Photoshop的默认值，可以在“阴影/高光”对话框中按住Shift键，此时“存储为默认值”按钮会变成“复位默认值”按钮，单击即可复位为Photoshop的默认值。

★ 案例实战——制作沙滩高彩效果

案例文件	案例文件\第10章\制作沙滩高彩效果.psd
视频教学	视频文件\第10章\制作沙滩高彩效果.flv
难度级别	★★★★★
技术要点	阴影/高光、亮度/对比度、自然饱和度

案例效果

本案例主要使用“阴影/高光”、“亮度/对比度”和“自然饱和度”命令制作沙滩高彩效果，如图10-116和图10-117所示。

图10－116

图10－117

操作步骤

01 打开本书配套光盘中的“1.jpg”文件，如图10-118所示。

图10－118

02 执行“图像>调整>阴影/高光”命令，设置“阴影”选项组中的“数量”为25。如图10-119所示。可以看到画面暗部区域细节明显增多，如图10-120所示。

03 创建新的“亮度/对比度”调整图层，设置“对比度”为58，如图10-121和图10-122所示。

04 再次创建新的“自然饱和度”调整图层，设置“自然饱和度”为100，如图10-123所示。此时画面颜色感明显增强。最后嵌入艺术字，最终效果如图10-124所示。

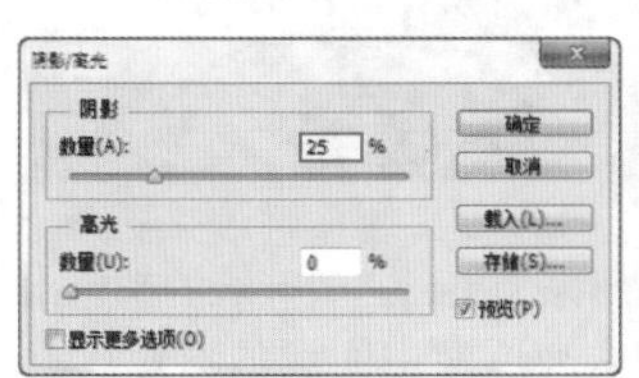

图10－119

图10－120

图10－121

图10－122

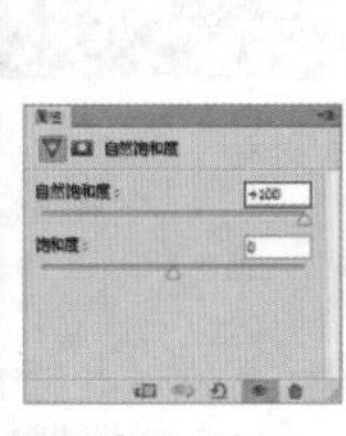

图10－123

图10－124

10.4 调整图像颜色

视频精讲：Photoshop CS6新手学视频精讲课堂/常用色调调整命令.flv

颜色是图像最显著的特征，也是影响人们视觉感受的重要因素。在“图像>调整”命令中有多个命令可以对图像整体或者局部进行调整，以达到使图像产生另外一种颜色的目的，如图10-125和图10-126所示为调色的对比效果。

图10－125

图10－126

10.4.1 自然饱和度

技术速查："自然饱和度"命令可以针对图像饱和度进行调整。

虽然"色相/饱和度"命令也可以对图像的饱和度进行调整，但是相对而言使用"自然饱和度"命令可以在增加图像饱和度的同时有效地控制由于颜色过于饱和而出现溢色现象。如图10-127所示为原图，如图10-128和图10-129所示为使用"自然饱和度"命令增强画面饱和度，以及使用"色相/饱和度"命令增强画面饱和度的效果。

图10-127

图10-128

图10-129

执行"图像>调整>自然饱和度"命令，打开"自然饱和度"对话框，如图10-130所示。

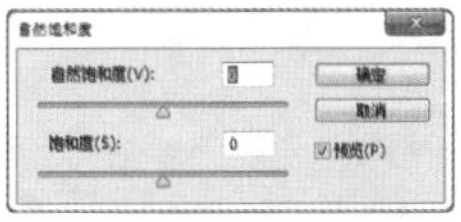

图10-130

技巧提示

调节"自然饱和度"选项，不会生成饱和度过高或过低的颜色，画面始终会保持一个比较平衡的色调，对于调节人像非常有用。

- **自然饱和度**：向左拖曳滑块，可以降低颜色的饱和度，如图10-131所示；向右拖曳滑块，可以增加颜色的饱和度，如图10-132所示。

图10-131

图10-132

- **饱和度**：向左拖曳滑块，可以增加所有颜色的饱和度，如图10-133所示；向右拖曳滑块，可以降低所有颜色的饱和度，如图10-134所示。

图10-133

图10-134

10.4.2 色相/饱和度

技术速查：“色相/饱和度”命令可以对色彩的三大属性，即色相、饱和度（纯度）和明度进行修改。

执行“图像>调整>色相/饱和度”命令或按Ctrl+U快捷键，打开“色相/饱和度”对话框，如图10-135所示。使用“色相/饱和度”命令既可调整整个画面的色相、饱和度和明度，也可以单独调整单一颜色的色相、饱和度和明度。如图10-136所示为原图。

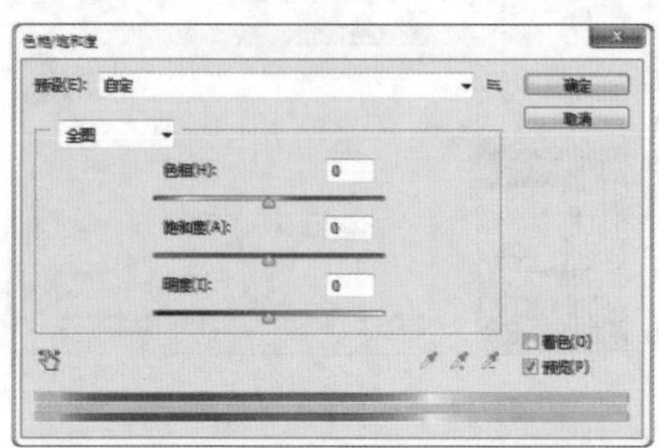

图10-135

图10-136

- **预设/预设选项**：在“预设”下拉列表中提供了8种色相/饱和度预设，如图10-137所示；单击“预设选项”按钮，可以对当前设置的参数进行保存，或载入一个外部的预设调整文件。

图10-137

- **通道下拉列表** 全图：在通道下拉列表中可以选择全图、红色、黄色、绿色、青色、蓝色和洋红通道进行调整。选择好通道以后，拖曳下面的“色相”、“饱和度”和“明度”滑块，可以对该通道的色相、饱和度和明度进行调整，如图10-138所示。
- **在图像上单击并拖动可修改饱和度**：使用该工具在图像上单击设置取样点以后，向右拖曳鼠标可以增加图像的饱和度，向左拖曳鼠标可以降低图像的饱和度，如图10-139所示。
- **着色**：选中该复选框后，图像会整体偏向于单一的红色调，还可以通过拖曳3个滑块来调节图像的色调，如图10-140所示。

图10-138

图10-139

图10-140

★ 案例实战——使用色相/饱和度制作暖调橙红色

案例文件	案例文件\第10章\使用色相/饱和度制作暖调橙红色.psd
视频教学	视频文件\第10章\使用色相/饱和度制作暖调橙红色.flv
难易指数	★★★★★
技术要点	色相/饱和度、曲线、可选颜色、混合模式

案例效果

本案例主要使用色相/饱和度、曲线、可选颜色和混合模式等制作橙红色照片效果，如图10-141和图10-142所示。

图10-141

图10-142

操作步骤

01 打开素材“1.jpg”，从画面中可以看到人像的肤色偏黄，如图10-143所示。

02 进行肤色的调整，执行“图层>新建调整图层>曲线”命令，调整曲线的形状，如图10-144所示。使用黑色画笔在调整图层蒙版中绘制人物皮肤以外的部分，如图10-145所示。此时只有皮肤部分变亮，效果如图10-146所示。

图10—143

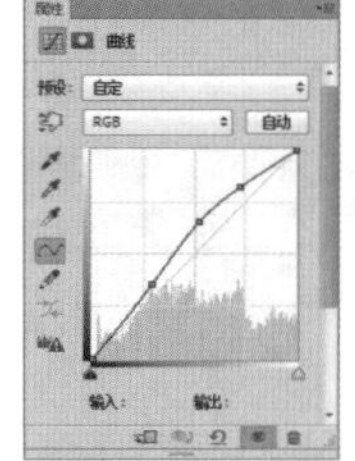
图10—144

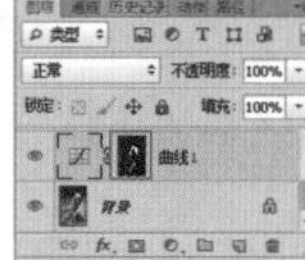
图10—145

图10—146

03 使肤色变为粉嫩的颜色，执行“图像>新建调整图层>可选颜色”命令，设置“颜色”为“黄色”，“黄色”为-54%，“黑色”为-24%，如图10-147所示。设置“颜色”为“中性色”，“黄色”为-18%，如图10-148所示。同样使用黑色画笔在调整图层蒙版中绘制人物皮肤以外部分，如图10-149所示。效果如图10-150所示。

图10—147

图10—148

图10—149

图10—150

04 对画面整体色调进行调整，执行“图层>新建调整图层>色相/饱和度”命令，设置“通道”为“红色”，设置“色相”为-21%，“饱和度”为10，如图10-151所示。设置“通道”为“黄色”，“色相”为-28，“饱和度”为51，如图10-152所示。使用黑色画笔在调整图层蒙版中绘制人物的皮肤部分，如图10-153所示。此时画面整体倾向于暖调的橙红色，效果如图10-154所示。

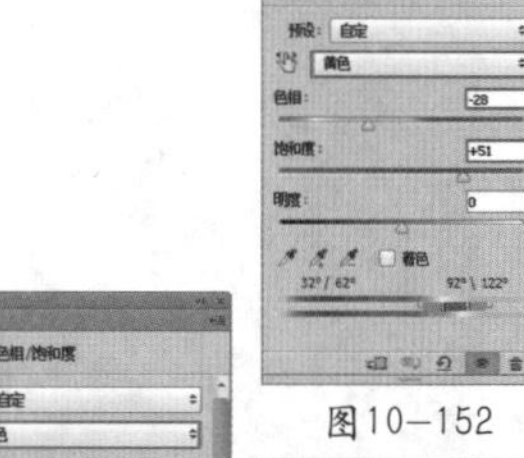
图10—152

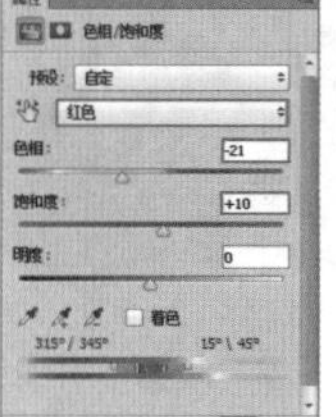
图10—151

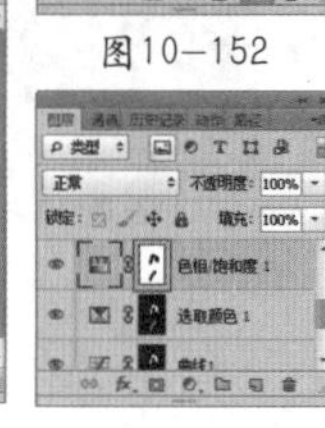
图10—153

图10—154

05 执行“图层>新建调整图层>可选颜色”命令，设置“颜色”为“黄色”，“洋红”为63%，如图10-155所示。设置“颜色”为“白色”，“黑色”为-100%，如图10-156所示。使用黑色画笔在调整图层蒙版中绘制人物皮肤部分，如图10-157所示。此时画面颜色更加通透，效果如图10-158所示。

图10—155

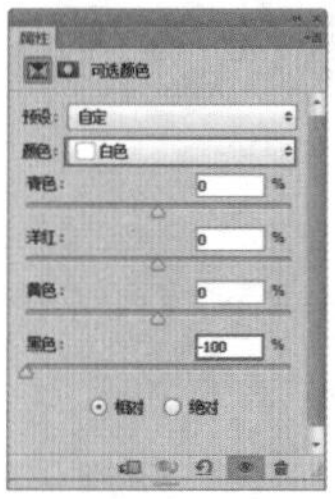

图10—156

图10—157

图10—158

06 设置合适的前景色，如图10-159所示。新建图层，使用半透明的柔角画笔在画面中绘制，效果如图10-160所示。

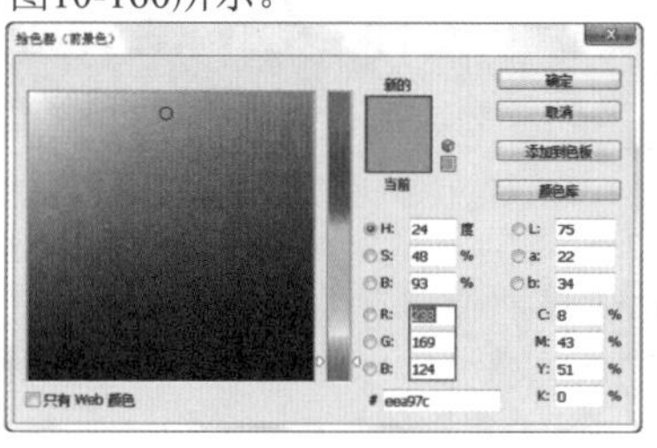
图10—159

图10—160

07 设置该图层的"混合模式"为"强光"，如图10-161所示。最后导入前景光斑素材"2.png"，最终效果如图10-162所示。

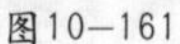

图10-161

图10-162

10.4.3 色彩平衡

技术速查："色彩平衡"命令调整图像的颜色时根据颜色的补色原理，要减少某个颜色就增加这种颜色的补色。该命令可以控制图像的颜色分布，使图像整体达到色彩平衡。

打开一张画面偏红的图像，如图10-163所示，执行"图像>调整>色彩平衡"命令或按Ctrl+B快捷键，打开"色彩平衡"对话框，调整色彩平衡滑块的位置，使画面红色成分减少，如图10-164所示。可以看到画面颜色接近正常，效果如图10-165所示。

图10-163

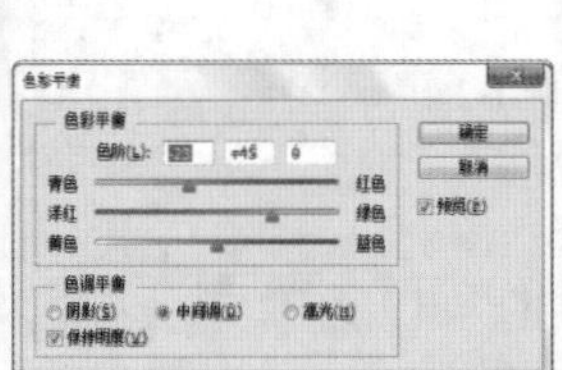

图10-164

图10-165

- 色彩平衡：用于调整"青色-红色"、"洋红-绿色"以及"黄色-蓝色"在图像中所占的比例，可以手动输入，也可以拖曳滑块来进行调整。如图10-166所示为原图，向左拖曳"洋红-绿色"滑块，可以在图像中增加绿色，同时减少其补色洋红色，如图10-167所示。

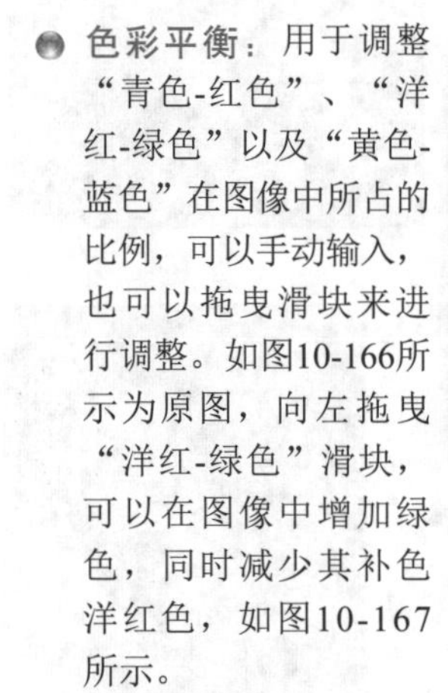

图10-166

图10-167

- 色调平衡：选择调整色彩平衡的方式，包含"阴影"、"中间调"和"高光"3个选项。如果选中"保持明度"复选框，还可以保持图像的色调不变，以防止亮度值随着颜色的改变而改变。如图10-168～图10-170所示分别是原图、向"阴影"和"高光"添加蓝色以后的效果。

图10—168

图10—169

图10—170

10.4.4 黑白

技术速查："黑白"命令具有两项功能：一是把彩色图像转换为黑色图像的同时还可以控制每一种色调的量；二是可以将黑白图像转换为带有颜色的单色图像。

执行"图像>调整>黑白"命令或按Alt+Shift+Ctrl+B组合键，打开"黑白"对话框，如图10-171～10-173所示。

图10—171

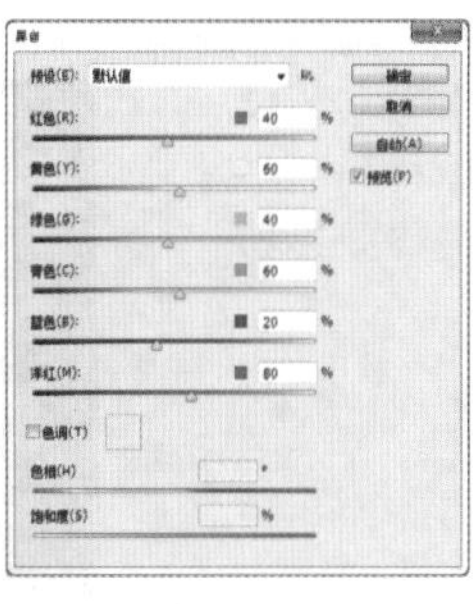

图10—172

图10—173

答疑解惑："去色"命令与"黑白"命令有什么不同？

"去色"命令只能简单地去掉所有颜色，只保留原图像中单纯的黑白灰关系，并且将丢失很多细节。而"黑白"命令则可以通过参数的设置调整各个颜色在黑白图像中的亮度，这是"去色"命令所不能够达到的，所以如果想要制作高质量的黑白照片则需要使用"黑白"命令。

- 预设：在"预设"下拉列表中提供了12种黑色效果，可以直接选择相应的预设来创建黑白图像。
- 颜色：这6个选项用来调整图像中特定颜色的灰色调。例如，在这张图像中，向左拖曳"黄色"滑块，可以使由黄色转换而来的灰度色变暗，如图10-174所示；向右拖曳，则可以使灰度色变亮，如图10-175所示。
- 色调/色相/饱和度：选中"色调"复选框，可以为灰度图像着色，以创建单色图像，另外还可以调整单色图像的色相和饱和度，如图10-176和图10-177所示。

图10—174

图10—175

图10—176

图10—177

★ 案例实战——使用黑白命令制作层次丰富的黑白照片

案例文件	案例文件\第10章\使用"黑白"命令制作层次丰富的黑白照片.psd
视频教学	视频文件\第10章\使用"黑白"命令制作层次丰富的黑白照片.flv
难度级别	★★★★★
技术要点	"黑白"命令

案例效果

本案例利用“黑白”命令可以对画面中不同颜色区域转换为灰度图像后的明暗进行分别调整的特性，制作层次丰富的黑白照片，对比效果如图10-178和图10-179所示。

操作步骤

01 打开本书配套光盘中的素材“1.jpg”文件，如图10-180所示。

图10—178

图10—179

图10—180

02 执行“图层>新建调整图层>黑白”命令，分别调整“红色”为86，设置“黄色”为150，设置“绿色”为300，“青色”为60，“蓝色”为47，“洋红”为25，如图10-181和图10-182所示。

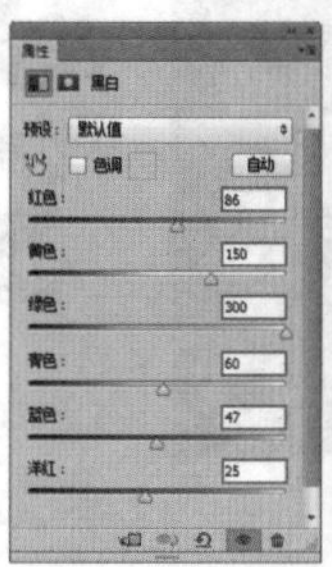

图10—181

图10—182

技巧提示

如果单纯地使用“去色”命令则只能够得到无颜色的灰色图像，而画面中的黑白灰关系是无法进行调整的，如图10—183所示。

图10—183

03 为了突出主体人像，可以使用黑色柔角画笔涂抹画面中人像的背景部分，最终效果如图10-184所示。

图10—184

☆ 视频课堂——制作古典水墨画

案例文件\第10章\视频课堂——制作古典水墨画.psd
视频文件\第10章\视频课堂——制作古典水墨画.flv

思路解析：

01 打开水墨背景素材，导入人像素材，将人像素材从背景中分离出来。
02 创建“黑白”调整图层，在蒙版中设置影响范围为人像服装部分。
03 创建“色相/饱和度”调整图层，降低皮肤部分饱和度。
04 导入水墨前景素材。

10.4.5 通道混合器

技术速查：“通道混合器”命令可以对图像的某一个通道的颜色进行调整，以创建出各种不同色调的图像。

打开一张图片，如图10-185所示。执行“通道混合器”命令，在弹出的“通道混合器”对话框中首先需要选择“输出通道”，然后在“源通道”选项组中进行各个颜色滑块的调整，如图10-186所示。同时通道混合器可以用来创建高品质的灰度图像，选中“单色”复选框后图像将变成黑白效果。

图10—185

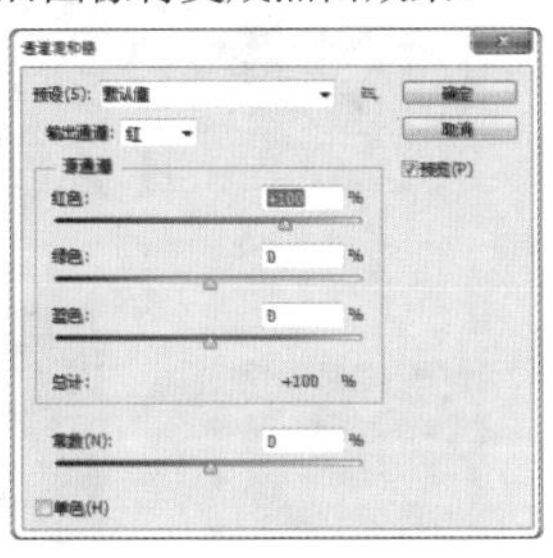

图10—186

- **预设/预设选项**：Photoshop提供了6种制作黑白图像的预设效果；单击“预设选项”按钮，可以对当前设置的参数进行保存，或载入一个外部的预设调整文件。
- **输出通道**：在该下拉列表中可以选择一种通道来对图像的色调进行调整。
- **源通道**：用来设置源通道在输出通道中所占的百分比。将一个源通道的滑块向左拖曳，可以减小该通道在输出通道中所占的百分比，如图10-187所示；向右拖曳，则可以增加百分比，如图10-188所示。

图10—187

- **总计**：显示源通道的计数值。如果计数值大于100%，则有可能会丢失一些阴影和高光细节。
- **常数**：用来设置输出通道的灰度值，负值可以在通道中增加黑色，正值可以在通道中增加白色。

图10—188

★ 案例实战——使用通道混合器制作欧美暖色调

案例文件	案例文件\第10章\使用通道混合器制作欧美暖色调.psd
视频教学	视频文件\第10章\使用通道混合器制作欧美暖色调.flv
难易指数	★★★★★
技术要点	色彩平衡、通道混合器、亮度/对比度

案例效果

本案例主要使用色彩平衡、通道混合器和亮度/对比度命令制作欧美暖色调，如图10-189和图10-190所示。

图10—189

图10—190

操作步骤

01 首先打开本书配套光盘中的素材“1.jpg”文件。如图10-191所示。

图10—191

02 执行“图层>新建调整图层>曲线”命令，设置“通道”为红，调整红通道曲线的形状，如图10-192所示。设置“通道”为RGB，调整曲线的形状，如图10-193所示。效果如图10-194所示。

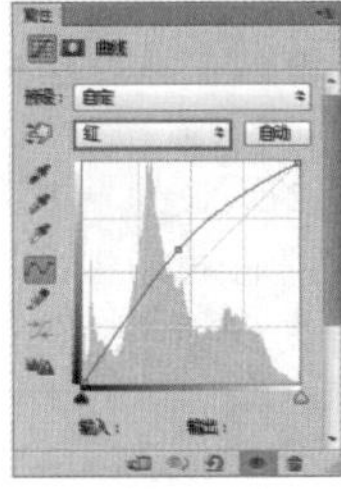

图10—192

图10—193

图10—194

03 执行“图层>新建调整图层>通道混合器”命令，创建新的“通道混合器”调整图层，设置“输出通道”为“红”，“红色”为100%，如图10-195所示。设置“输出通道”为“蓝”，“蓝色”为72%，如图10-196所示。设置“输出通道”为“绿”，“绿色”为100%，如图10-197所示。

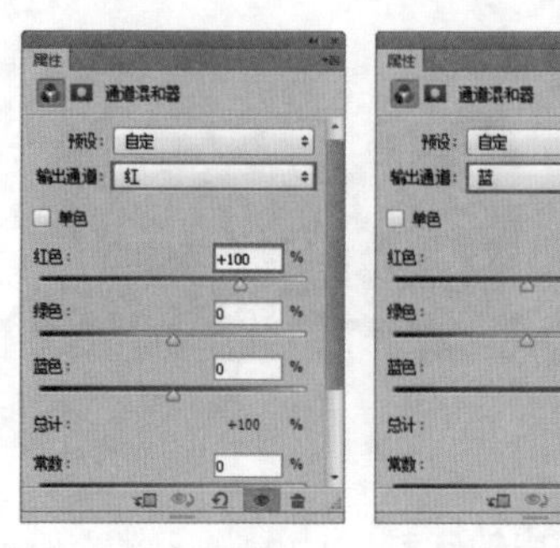
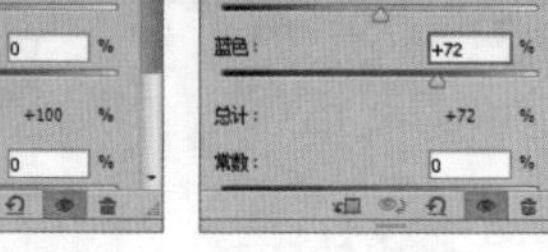

图10-195　　图10-196

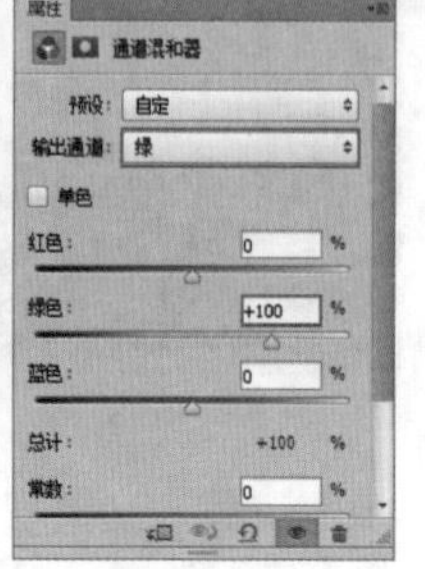

图10-197

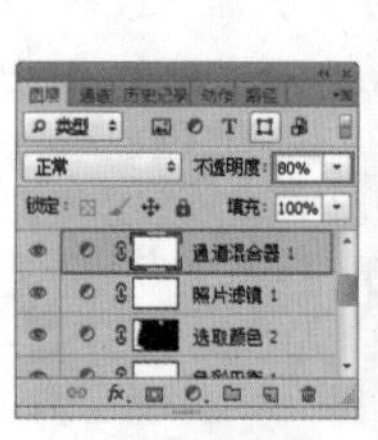
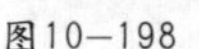

图10-198

图10-199

04 设置通道图层的“不透明度”为80%，如图10-198所示。效果如图10-199所示。

05 创建一个“亮度/对比度”调整图层，设置“对比度”为50，如图10-200所示。最后导入前景装饰素材“2.jpg”文件，将该图层的“混合模式”设置为滤色，效果如图10-201所示。

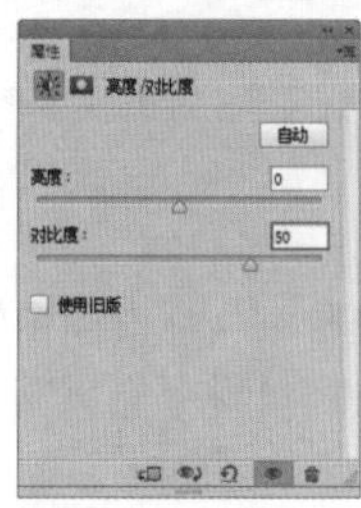

图10-200

图10-201

10.4.6 颜色查找

技术速查：“颜色查找”命令可以使画面颜色在不同的设备之间精确传递和再现。

数字图像输入或输出设备都有自己特定的色彩空间，这就导致了色彩在不同的设备之间传输时出现不匹配的现象。执行“颜色查找”命令，在弹出的对话框中可以从以下方式中选择用于颜色查找的方式：3DLUT文件、摘要和设备链接，并在每种方式的下拉列表中选择合适的类型，选择完成后可以看到图像整体颜色产生了风格化的效果，如图10-202所示。对比效果如图10-203和图10-204所示。

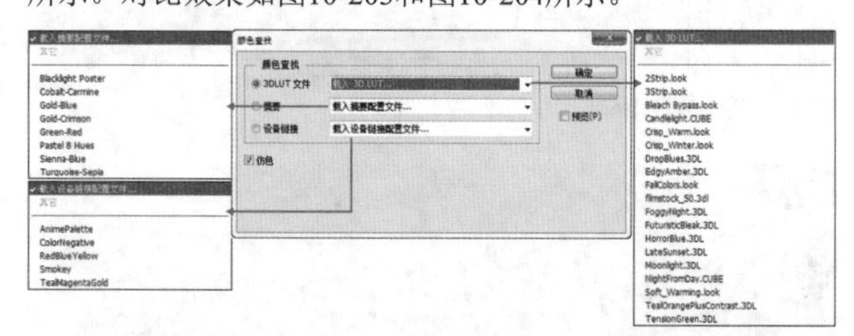

图10-202

图10-203

图10-204

思维点拨：色域

色域是另一种形式上的色彩模型，它具有特定的色彩范围。例如，RGB色彩模型就有好几个色域，即Adobe RGB、sRGB和ProPhoto RGB等。在现实世界中，自然界中可见光谱的颜色组成了最大的色域空间，该色域空间中包含了人眼所能见到的所有颜色。

为了能够直观地表示色域这一概念，CIE国际照明协会制定了一个用于描述色域的方法，即CIE-xy色度图。在这个坐标系中，各种显示设备能表现的色域范围用RGB三点连线组成的三角形区域来表示，三角形的面积越大，表示这种显示设备的色域范围越大，如图10-205所示。

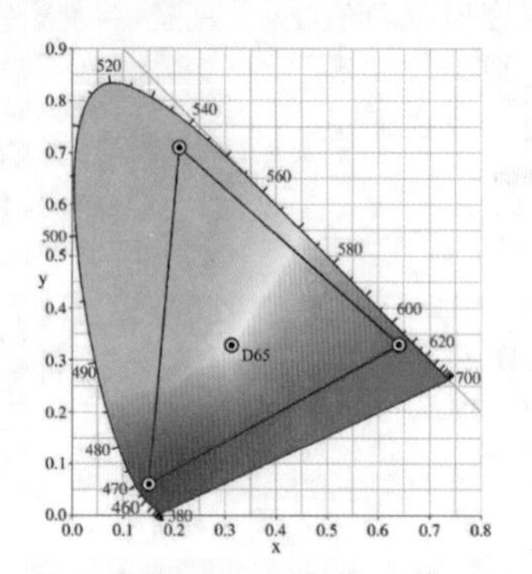

图10-205

10.4.7 可选颜色

技术速查：“可选颜色”命令可以在图像中的每个主要原色成分中更改印刷色的数量，也可以在不影响其他主要颜色的情况下有选择地修改任何主要颜色中的印刷色数量。

打开一张图像，如图10-206所示。执行“图像>调整>可选颜色”命令，打开“可选颜色”对话框，如图10-207所示。在“颜色”下拉列表中选择要修改的颜色，然后在下面的颜色中进行调整，可以调整该颜色中青色、洋红、黄色和黑色所占的百分比，如图10-208所示。

在底部的“方法”中选择“相对”方式，可以根据颜色总量的百分比来修改青色、洋红、黄色和黑色的数量；选择“绝对”方式，可以采用绝对值来调整颜色。

图10—206

图10—207

图10—208

★ 案例实战——使用可选颜色打造反转片效果

案例文件	案例文件\第10章\使用可选颜色打造反转片效果.psd
视频教学	视频文件\第10章\使用可选颜色打造反转片效果.flv
难易指数	★★★★★
技术要点	可选颜色、曲线

案例效果

本案例主要是通过使用可选颜色调整图层对画面各部分区域颜色进行调整，以模拟出青色调的反转片效果，如图10-209和图10-210所示。

图10—209　　图10—210

操作步骤

01 新建文件，填充背景为黑色，导入本书配套光盘中的人物素材文件“1.jpg”，如图10-211所示。

02 由于要将画面整体色调调整为青色调，那么首先需要执行“图层>新建调整图层>可选颜色”命令，创建一个“可选颜色”调整图层。首先对画面的亮部区域进行调整，设置“颜色”为白色，“青色”为-80%，“黄色”为66%，“黑色”为-53%，如图10-212所示。然后对画面的中间调区域进行调整，设置“颜色”为中性色，“青色”为31%，如图10-213所示。接着设置“颜色”为黑色，“青色”为100%，如图10-214所示。此时画面倾向于青色，效果如图10-215所示。

图10—211

图10—212

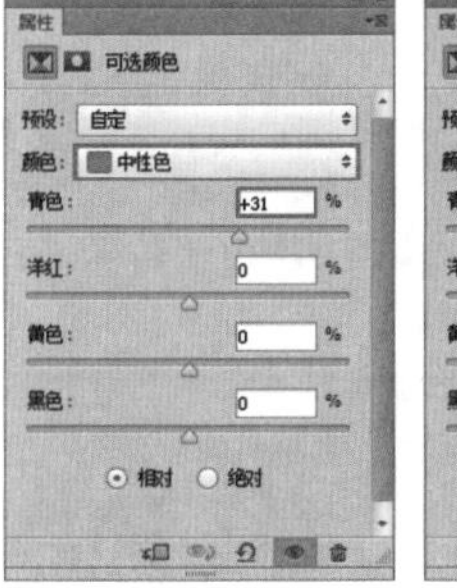

图10—213

图10—214

图10—215

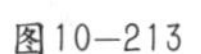

03 但是目前人像肤色部分偏暗，主要由红色以及黄色构成，设置“颜色”为“红色”，“黑色”为-100%，如图10-216所示。设置“颜色”为“黄色”，“洋红”为38%，“黄色”为-17%，“黑色”为-100%，如图10-217所示。此时画面颜色如图10-218所示。

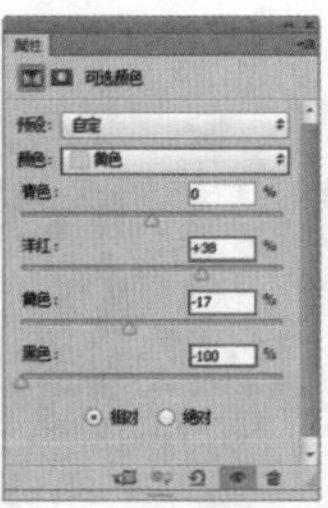

图10—216　图10— 217　图10—218

04 选择“可选颜色”调整图层的蒙版，使用黑色柔角画笔在蒙版中绘制人物婚纱部分，如图10-219所示。使这部分适当还原原始颜色，效果如图10-220所示。

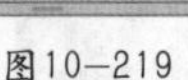

图10—219　图10—220

05 执行“图层>新建调整图层>曲线”命令，如图10-221所示，创建新的“曲线”调整图层，调整曲线的形状。选择“曲线”图层蒙版，使用黑色柔角画笔在蒙版中绘制画面中心部分，如图10-222所示。此时画面四周被压暗，效果如图10-223所示。

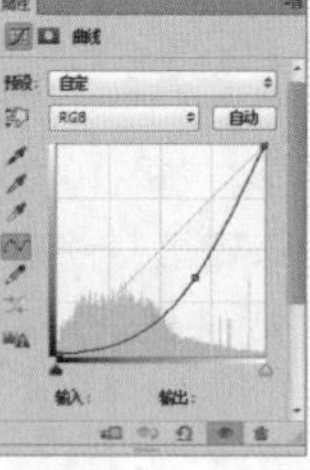

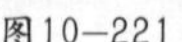

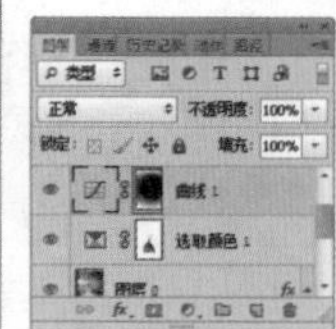

图10—221　图10—222

06 导入前景装饰素材“2.png”，并将其置于画面中合适位置。最终效果如图10-224所示。

图10—223　图10—224

10.4.8 匹配颜色

技术速查：“匹配颜色”命令的原理是，将一个图像作为源图像，另一个图像作为目标图像。然后以源图像的颜色与目标图像的颜色进行匹配。源图像和目标图像可以是两个独立的文件，也可以匹配同一个图像中不同图层之间的颜色。

打开两张图像，如图10-225和图10-226所示。选中其中一个文档，执行“图像>调整>匹配颜色”命令，打开“匹配颜色”对话框，如图10-227所示。首先需要在“源”下拉列表中选择用于匹配的素材文件，即可观察到匹配效果。如果对效果不满意可以通过调整“图像选项”选项组中的参数进行设置。

图10—225

图10—226

图10—227

- **目标**：这里显示要修改的图像的名称以及颜色模式。
- **应用调整时忽略选区**：如果目标图像（即被修改的图像）中存在选区，选中该复选框，Photoshop将忽视选区的存在，并将调整应用到整个图像，如图10-228所示；如果不选中该复选框，那么调整只针对选区内的图像，如图10-229所示。

图10—228

图10—229

- **明亮度**：用来调整图像匹配的明亮程度。
- **颜色强度**：相当于图像的饱和度，因此它用来调整图像的饱和度，如图10-230和图10-231所示，分别是设置该值为178和41时的颜色匹配效果。

图10—230　　图10—231

- **渐隐**：有点类似于图层蒙版，它决定了有多少源图像的颜色匹配到目标图像的颜色中，如图10-232和图10-233所示分别是设置该值为50和100（不应用调整）时的匹配效果。

图10—232　　图10—233

- **中和**：主要用来去除图像中的偏色现象，如图10-234所示。

图10—234

- **使用源选区计算颜色**：可以使用源图像中选区图像的颜色来计算匹配颜色，如图10-235和图10-236所示。

图10—235　　图10—236

- **使用目标选区计算调整**：可以使用目标图像中选区图像的颜色来计算匹配颜色（注意，这种情况必须选择源图像为目标图像），如图10-237和图10-238所示。

图10—237　　图10—238

- **源**：用来选择源图像，即将其颜色匹配到目标图像的图像。

● **图层**：用来选择需要匹配颜色的图层。

● **载入数据统计和存储数据统计**：主要用来载入已存储的设置与存储当前的设置。

10.4.9 替换颜色

技术速查："替换颜色"命令可以修改图像中选定颜色的色相、饱和度和明度，从而将选定的颜色替换为其他颜色。

打开一张图像，如图10-239所示。然后执行"图像>调整>替换颜色"菜单命令，打开"替换颜色"对话框，如图10-240所示。在"替换颜色"对话框中首先使用吸管工具在画面中选择需要替换的颜色，然后在预览窗口中观察被选中的区域（白色区域为被选中的区域）并配合容差值进行调整。区域确定完成后则可以进行"替换"颜色的设置，此时即可观察到画面被选区域颜色发生变化，如图10-241所示。

图10—239

图10—240

图10—241

● **吸管**：使用吸管工具在图像上单击，可以选中单击点处的颜色，同时在"选区"缩览图中也会显示出选中的颜色区域（白色代表选中的颜色，黑色代表未选中的颜色）；使用添加到取样在图像上单击，可以将单击点处的颜色添加到选中的颜色中；使用从取样中减去在图像上单击，可以将单击点处的颜色从选定的颜色中减去。如图10-242和图10-243所示为添加取样与减去取样的效果。

图10—242

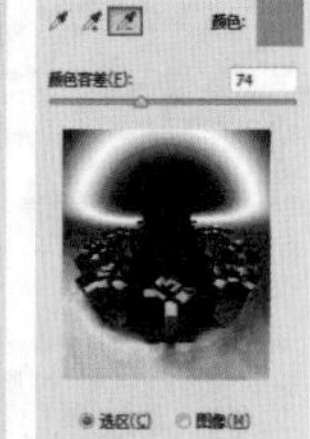
图10—243

● **本地化颜色簇**：主要用来在图像上选择多种颜色。例如，如果要选中图像中的红色和黄色，可以先选中该复选框，然后使用吸管工具在红色上单击，再使用"添加到取样"在黄色上单击，同时选中这两种颜色（如果继续单击其他颜色，还可以选中多种颜色），这样就可以同时调整多种颜色的色相、饱和度和明度。

● **颜色**：显示选中的颜色。

● **颜色容差**：用来控制选中颜色的范围。数值越大，选中的颜色范围越广，如图10-244和图10-245所示。

● **选区/图像**：选择"选区"方式，可以以蒙版方式进行显示，其中白色表示选中的颜色，黑色表示未选中的颜色，灰色表示只选中了部分颜色，如图10-246所示；选择"图像"方式，则只显示图像，如图10-247所示。

图10—244

图10—245

图10—246

图10—247

● **色相/饱和度/明度**：这3个选项与"色相/饱和度"命令的3个选项相同，可以调整选定颜色的色相、饱和度和明度。

★ 案例实战——使用替换颜色改变美女衣服颜色

案例文件	案例文件\第10章\使用替换颜色改变衣服颜色.psd
视频教学	视频文件\第10章\使用替换颜色改变衣服颜色.flv
难易指数	★★★★★
技术要点	替换颜色

案例效果

本案例主要使用"替换颜色"命令为人物更改衣服颜色，如图10-248和图10-249所示。

图10—248

图10—249

操作步骤

01 按Ctrl+O快捷键，打开本书配套光盘中的素材文件"1.jpg"，如图10-250所示。

图10—250

02 执行“图像>调整>替换颜色”命令，在弹出的对话框中使用滴管工具吸取服装的颜色，如图10-251所示，并使用添加到区域工具加选没有被选择到的区域，将替换组中的“颜色容差”调整为60，此时在选区预览图中裙子部分为全白，其他部分为黑色，如图10-252所示。

03 设置“色相”为-180，“饱和度”为20，如图10-253所示。裙子颜色变为红色，最终效果如图10-254所示。

图10-251

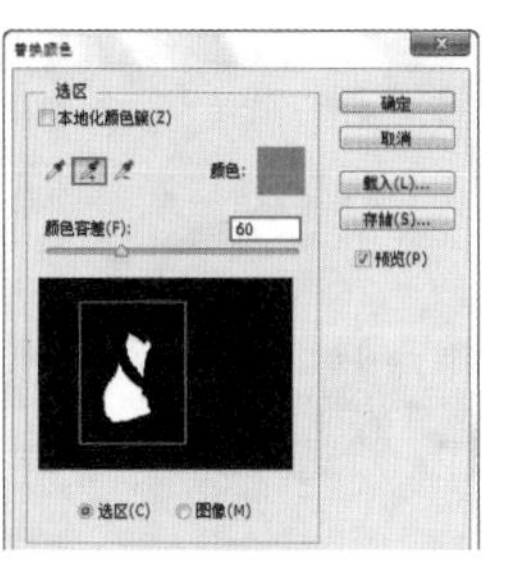

图10-252

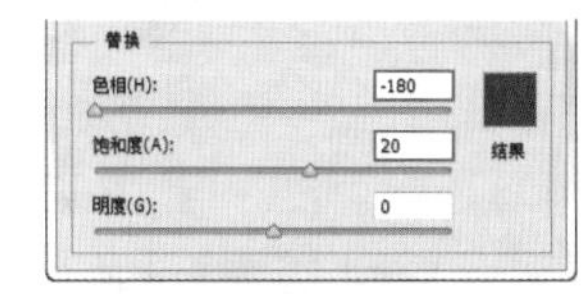

图10-253

图10-254

☆ 视频课堂——制作绚丽的夕阳火烧云效果

案例文件\第10章\视频课堂——制作绚丽的夕阳火烧云效果.psd
视频文件\第10章\视频课堂——制作绚丽的夕阳火烧云效果.flv

思路解析：

01 打开风景素材，并导入天空素材。
02 将天空素材与原始风景素材进行融合。
03 使用多种调色命令调整画面颜色倾向。

10.5 特殊色调调整的命令

视频精讲：Photoshop CS6新手学视频精讲课堂/特殊色调调整命令.flv

10.5.1 反相

技术速查：“反相”命令可以将图像中的某种颜色转换为它的补色，即将原来的黑色变成白色，将原来的白色变成黑色，从而创建出负片效果。

执行“图层>调整>反相”命令或按Ctrl+I快捷键，即可得到反相效果。“反相”命令是一个可以逆向操作的命令，比如对一张图像执行“反相”命令，创建出负片效果，再次对负片图像执行“反相”命令，又会得到原来的图像，如图10-255和图10-256所示。

图10-255

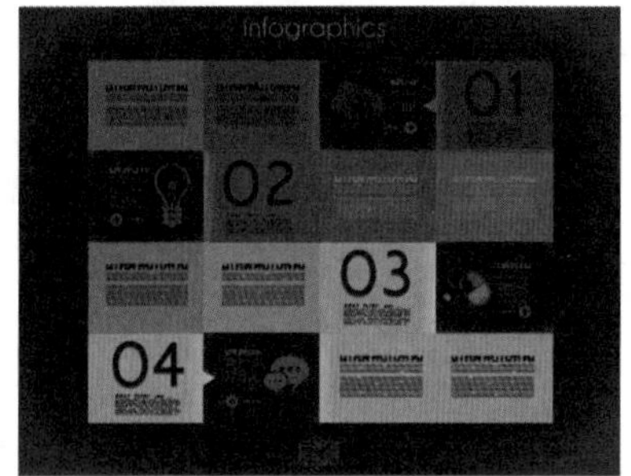

图10-256

10.5.2 色调分离

技术速查：“色调分离”命令可以指定图像中每个通道的色调级数目或亮度值，然后将像素映射到最接近的匹配级别。

对一个图像执行“图像>调整>色调分离”命令，在“色调分离”对话框中可以进行“色阶”数量的设置，如图10-257和图10-258所示。

设置的色阶值越小，分离的色调越多；色阶值越大，保留的图像细节就越多，如图10-259和图10-260所示。

图10—257

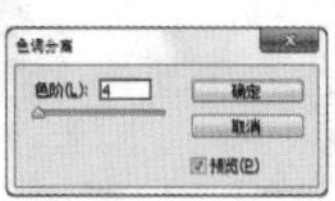

图10—258

图10—259

图10—260

10.5.3 阈值

技术速查：“阈值”是基于图片亮度的一个黑白分界值。在Photoshop中使用“阈值”命令将删除图像中的色彩信息，将其转换为只有黑白两种颜色的图像。

打开一个图像，如图10-261所示。在“阈值”对话框中拖曳直方图下面的滑块或输入“阈值色阶”数值可以指定一个色阶作为阈值，如图10-262所示。比阈值亮的像素将转换为白色，比阈值暗的像素将转换为黑色，如图10-263所示。

图10—261

图10—262

图10—263

10.5.4 渐变映射

技术速查：“渐变映射”的工作原理其实很简单，先将图像转换为灰度图像，然后将相等的图像灰度范围映射到指定的渐变填充色，就是将渐变色映射到图像上。

执行“图像>调整>渐变映射”命令，打开“渐变映射”对话框，如图10-264和图10-265所示。

图10—264

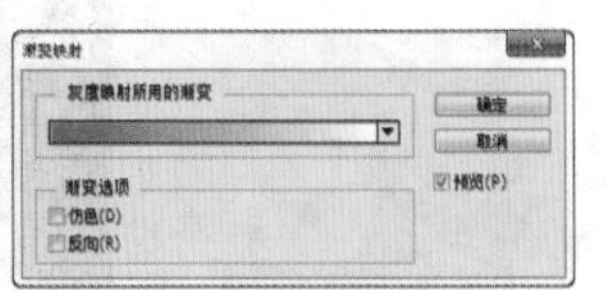

图10—265

- **灰度映射所用的渐变**：单击下面的渐变条，打开“渐变编辑器”窗口，在该窗口中可以选择或重新编辑一种渐变应用到图像上，如图10-266所示。效果如图10-267所示。

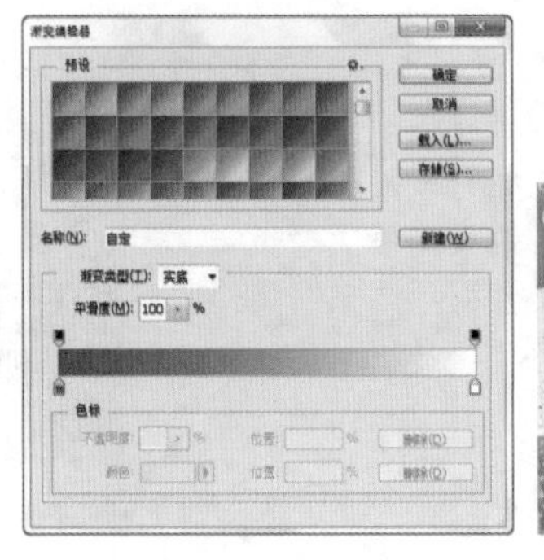

图10—266

图10—267

- **仿色**：选中该复选框后，Photoshop会添加一些随机的杂色来平滑渐变效果。
- **反向**：选中该复选框后，可以反转渐变的填充方向，映射出的渐变效果也会发生变化。

★ 案例实战——打造浓重的油画色感

案例文件	案例文件\第10章\打造浓重的油画色感.psd
视频教学	视频文件\第10章\打造浓重的油画色感flv
难易指数	★★★★☆
技术要点	渐变映射、曲线

案例效果

本案例主要是通过使用“渐变映射”和“曲线”命令打造浓重色感的油画效果，如图10-268和图10-269所示。

图10-268

图10-269

操作步骤

01 打开本书配套光盘中的素材文件“1.jpg”，如图10-270所示。

图10-270

02 执行“图层>新建调整图层>渐变映射”命令，单击“渐变映射”中的渐变色块，如图10-271所示。在弹出的“渐变编辑器”窗口中选择紫色到橙色的渐变，如图10-272所示。此时效果如图10-273所示。

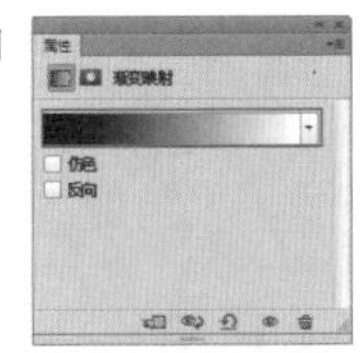

图10-271

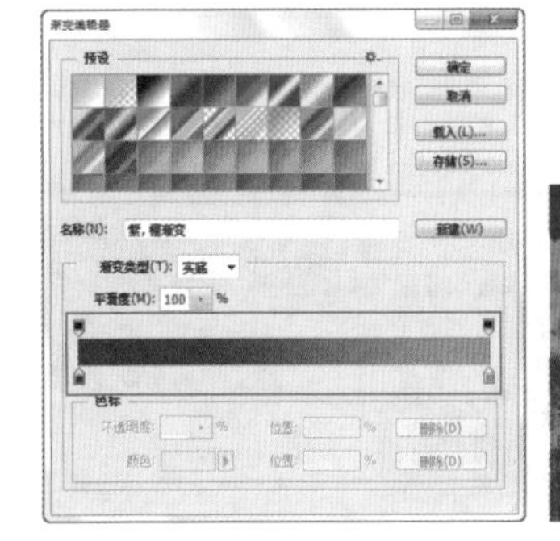

图10-272

图10-273

03 设置该渐变映射调整图层的“混合模式”为“柔光”，“不透明度”为45%，如图10-274所示。此时渐变映射的效果被减弱，画面色感增强，如图10-275所示。

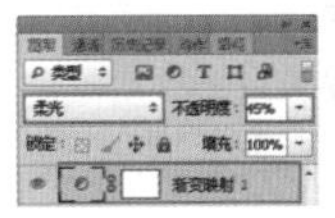

图10-274

图10-275

04 执行“图层>新建调整图层>曲线”命令，调整曲线形状，压暗画面，如图10-276所示。选择曲线调整图层蒙版，使用黑色柔角画笔在蒙版中绘制中心区域，如图10-277所示。曲线只对画面四角起作用，效果如图10-278所示。

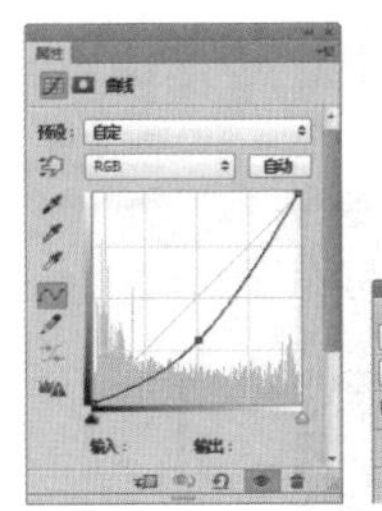

图10-276

图10-277

图10-278

05 继续执行“图层>新建调整图层>曲线”命令，调整蓝通道曲线和RGB曲线的形状，如图10-279和图10-280所示。

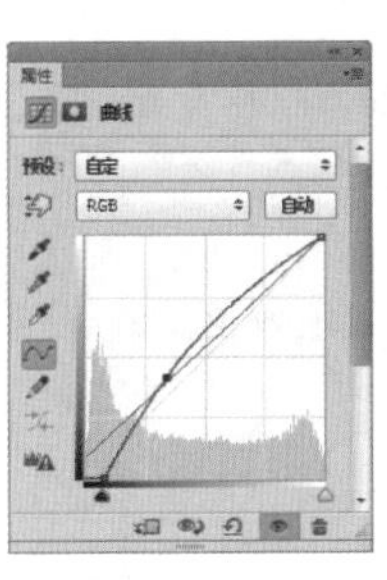

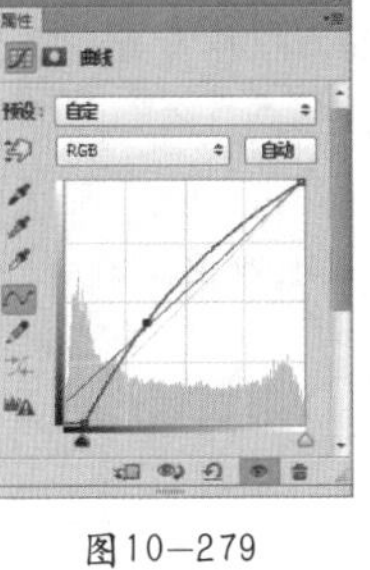

图10-279

图10-280

06 为了增强画面油画效果，使用组合键Ctrl+Alt+Shift+E盖印当前画面效果，执行“滤镜>油画”命令，适当设置参数，此时画面产生油画的肌理，最终效果如图10-281所示。

图10-281

10.5.5 HDR色调

技术速查：HDR的全称是High Dynamic Range，即高动态范围，“HDR色调”命令可以用来修补太亮或太暗的图像，制作出高动态范围的图像效果，对于处理风景图像非常有用。

HDR是高动态范围的英文缩写，所谓动态范围是指某一景物光线从最亮到最暗的变化范围，而高动态范围的图像拥有普通图像所无法达到的宽容度，并且对于亮部以及暗部的细节表现尤为突出。HDR是近年来比较流行的一种摄影技术，也可以通过Photoshop模拟HDR效果。打开一张图像，如图10-282所示。执行“图像>调整>HDR色调”命令，打开“HDR色调”对话框，在该对话框中可以使用预设选项，也可以自行设定参数，如图10-283所示。

图10-282

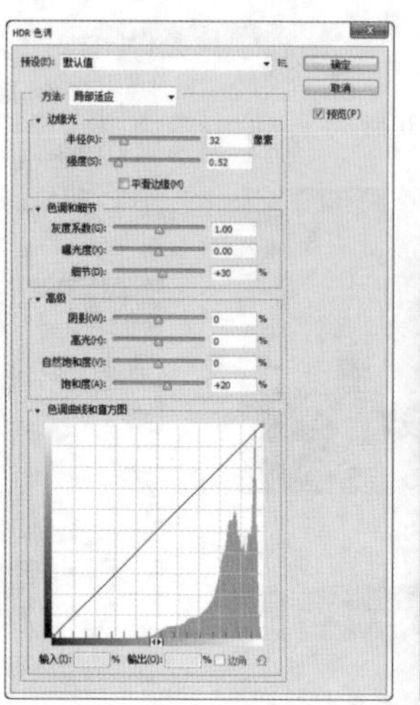

图10-283

技巧提示

HDR图像具有几个明显的特征：亮的地方可以非常亮，暗的地方可以非常暗，并且亮、暗部的细节都很明显。

- **预设**：在下拉列表中可以选择预设的HDR效果，既有黑白效果，也有彩色效果。
- **方法**：选择调整图像采用何种HDR方法。
- **边缘光**：用于调整图像边缘光的强度，如图10-284和图10-285所示。
- **色调和细节**：调节该选项组中的选项可以使图像的色调和细节更加丰富细腻。例如增大“灰度系数”数值会使画面对比度增强，如图10-286所示。减小“曝光度”数值会使画面变暗，如图10-287所示。增大“细节”数值可以使画面细节更加丰富，如图10-288所示。

图10-284

图10-285

图10-286

图10-287

图10-288

- **高级**：在该选项组中可以控制画面中阴影与高光区域的亮度以及画面的饱和度，如图10-289和图10-290所示。
- **色调曲线和直方图**：该选项组的使用方法与“曲线”命令相同。

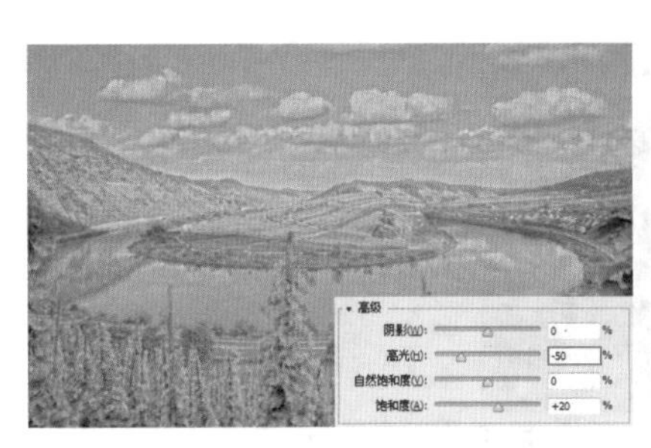

图10-289

图10-290

思维点拨

HDR图像其实是同一场景的不同曝光程度的多张图片的合作而得来的。普通的JPG图像是8位影像，亮度值范围为0～255级，可以称为低动态范围图像，而HDR图像是32位图像，通过多张不同曝光度的低动态范围图像的合并，HDR图像亮度值的记录范围远远超过255级，因此其拥有超过肉眼的光线范围记录能力，如图10-291和图10-292所示。

图10-291

图10-292

★ 综合实战——曲线与混合模式打造浪漫红树林

案例文件	案例文件\第10章\曲线与混合模式打造浪漫红树林.psd
视频教学	视频文件\第10章\曲线与混合模式打造浪漫红树林.flv
难易指数	★★★★★
技术要点	曲线、混合模式

案例效果

本案例主要使用曲线和混合模式等命令打造浪漫红树林，效果如图10-293和图10-294所示。

图10-293

图10-294

操作步骤

01 打开本书配套光盘中的素材“1.jpg”文件，如图10-295所示。

图10-295

02 设置前景色为棕色，新建图层，为其填充棕色，如图10-296所示。设置“混合模式”为“色相”，如图10-297所示。此时画面颜色发生了明显的变化，效果如图10-298所示。

图10-296

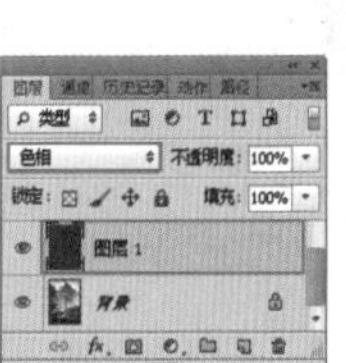

图10-297

图10-298

03 为了使画面颜色丰富一些，执行“图层>新建调整图层>

曲线”命令，设置通道为“蓝”，调整曲线的形状，如图10-299所示。此时画面的暗部区域将会倾向于蓝紫色，如图10-300所示。

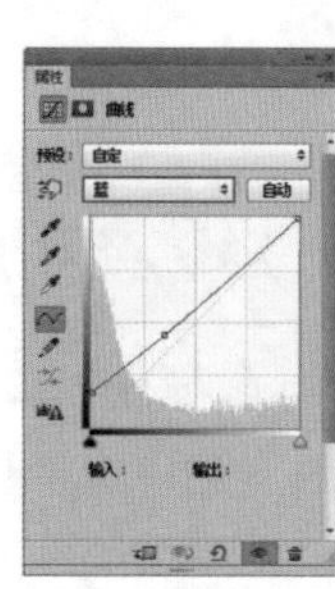

图10—299

图10—300

04 为了增强画面对比度，设置通道为RGB，调整曲线的形状，如图10-301所示。效果如图10-302所示。最后导入素材“2.png”，最终效果如图10-303所示。

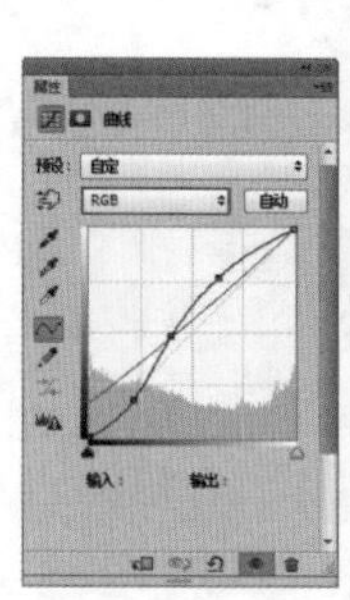

图10—301

图10—302

图10—303

★ 综合实战——打造电影感复古色调

案例文件	案例文件\第10章\打造电影感复古色调.psd
视频教学	视频文件\第10章\打造电影感复古色调.flv
难易指数	★★★★☆
技术要点	色相/饱和度、可选颜色、曲线

案例效果

本案例主要使用色相/饱和度、可选颜色和曲线命令打造电影感复古色调，效果如图10-304和图10-305所示。

图10—304

图10—305

操作步骤

01 打开本书配套光盘中的素材文件“1.jpg”，画面整体颜色较单一，首先对画面整体颜色进行调整，如图10-306所示。

图10—306

02 执行“图层>新建调整图层>色相/饱和度”命令，设置“通道”为“全图”，“饱和度”为31，如图10-307所示。设置“通道”为“黄色”，“饱和度”为-100，如图10-308所示。设置“通道”为“青色”，“色相”为-36，“明度”为-100，如图10-309所示。设置“通道”为“蓝色”，“色相”为-30，“饱和度”为13，“明度”为-34，如图10-310所示。效果如图10-311所示。

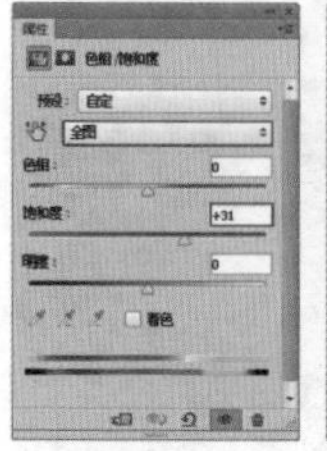

图10—307

图10—308

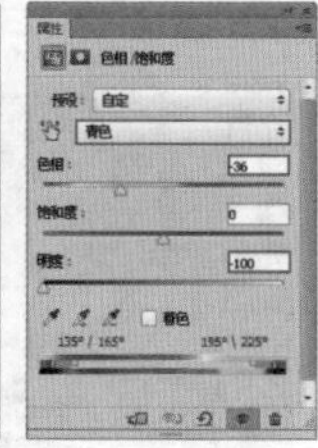

图10—309

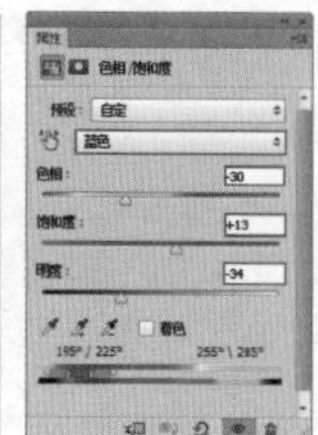

图10—310

图10—311

03 执行“图层>新建调整图层>可选颜色”命令，设置“颜色”为“蓝色”，“青色”为100%，“洋红”为-100%，“黄色”为100%，如图10-312所示。设置“颜色”为“白色”，“黄色”为100%，如图10-313所示。设置“颜色”为“黑色”，“黄色”为-19%，“黑色”为7%，如图10-314所示。效果如图10-315所示。

图10—312

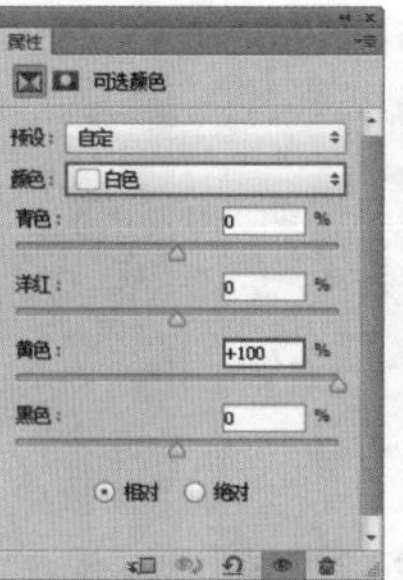

图10—313

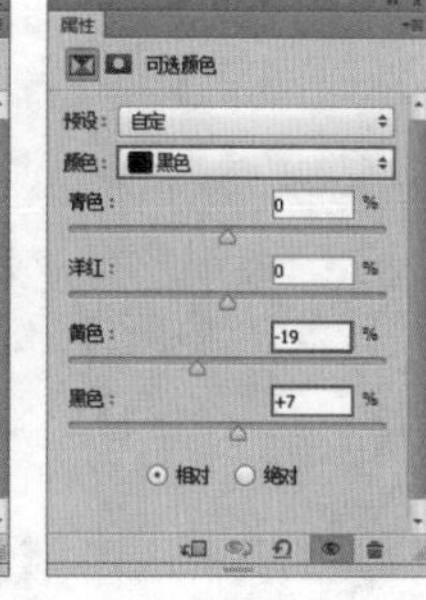

图10—314

04 对天空部分进行压暗，首先使用磁性套索工具绘制天空部分的选区，然后创建新的“曲线”调整图层，调整曲线的形状，如图10-316所示。在该调整图层蒙版中即可看到只有天空部分是白色，如图10-317所示。此时只有天空部分被压暗了，如图10-318所示。

图10-315

05 继续对地面部分进行处理。创建新的“曲线2”调整图层，调整曲线的形状压暗画面，如图10-319所示。设置蒙版背景为黑色，使用白色画笔绘制地面部分，如图10-320所示。效果如图10-321所示。

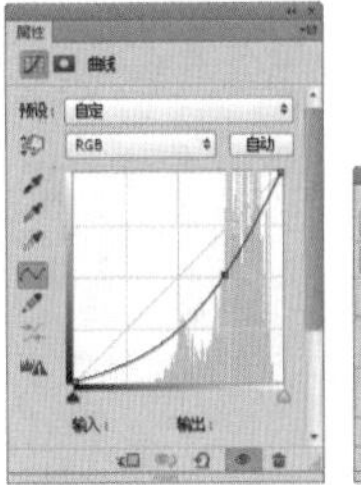

图10-316

图10-317

图10-318

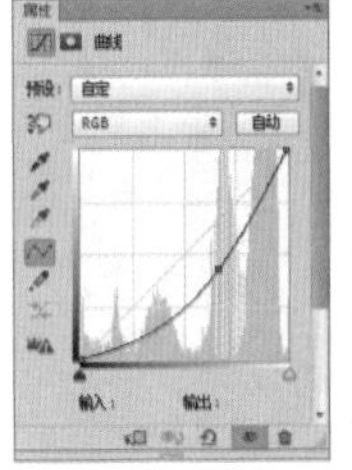

图10-319

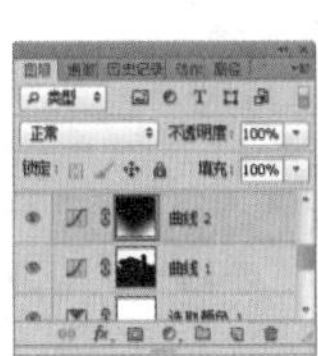

图10-320

图10-321

06 对画面进行适当提亮，创建新的“曲线3”调整图层，调整曲线的形状，如图10-322所示。至此图像颜色调整完成，效果如图10-323所示。

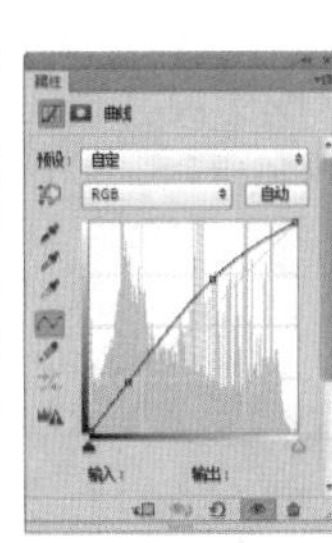

图10-322

图10-323

07 创建新图层，单击工具箱中的“圆角矩形工具”按钮，设置绘制模式为路径，“半径”为“100像素”，如图10-324所示。在图像边缘处绘制，按下Ctrl+Enter快捷键建立选区，按Ctrl + Shift + I组合键反向选择，填充白色，并输入文字，如图10-325所示。

图10-324

图10-325

08 按Ctrl + Alt + Shift + E组合键盖印图层，此时图像颜色基本调整完毕，如图10-326所示。下面对天空颜色偏白的地方和钟楼内部白色的漏洞处进行绘制。先用吸管工具吸取天空中间颜色，然后使用颜色替换工具设置为柔边圆画笔，在偏色的天空和钟楼里绘制。最终效果如图10-327所示。

图10-326

图10-327

★ 综合实战——高调梦幻人像

案例文件	案例文件\第10章\高调梦幻人像.psd
视频教学	视频文件\第10章\高调梦幻人像.flv
难易指数	
技术要点	曲线调整图层、图层混合模式

案例效果

本案例主要使用曲线调整图层和图层混合模式等命令制作梦幻感人像，如图10-328和图10-329所示。

图10-328

操作步骤

01 打开本书配套光盘中的素材文件“1.jpg”，如图10-330所示。

02 执行“图层>新建调整图层>曲线”命令，创建“曲线”调整图层。首先对人像肤色区域进行处理，设置通道为

图10-329

图10-330

"红"，调整曲线的形状，如图10-331所示。再次设置通道为RGB，调整曲线的形状，如图10-332所示。效果如图10-333所示。

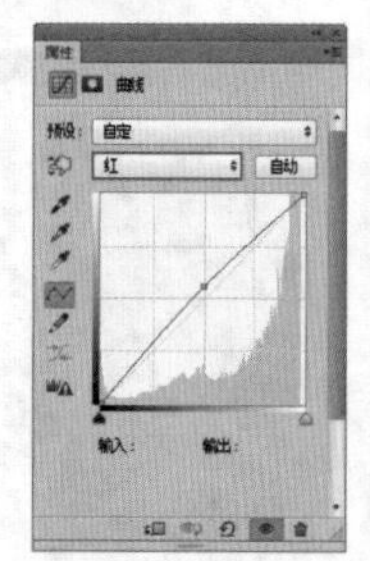
图10-331

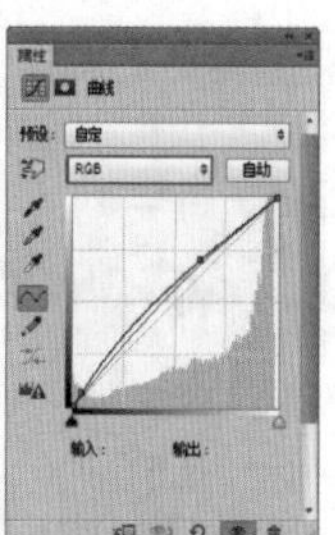
图10-332

图10-333

03 新建图层，使用渐变工具在选项栏中设置橙色系的渐变，设置渐变类型为线性，如图10-334所示。在画面中拖曳绘制，如图10-335所示。设置混合模式为柔光，为其添加图层蒙版，使用黑色画笔在蒙版中绘制，如图10-336所示。效果如图10-337所示。

图10-334

图10-335

图10-336

图10-337

04 再次新建图层，使用渐变工具，在选项栏中设置粉色到透明的渐变，选择渐变模式为线性，如图10-338所示。在画面右上角拖曳绘制，设置粉色渐变的混合模式为滤色，如图10-339所示。最终效果如图10-340所示。

图10-338

图10-339　　图10-340

课后练习

【课后练习1——制作水彩色调】

思路解析：本案例通过使用可选颜色以及其他多种颜色调整命令调整画面颜色，模拟水彩画轻柔的色调效果。

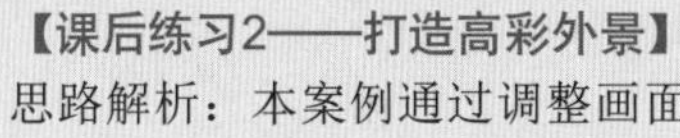

【课后练习2——打造高彩外景】

思路解析：本案例通过调整画面饱和度增强色彩感，并通过前景可爱素材的使用制造出童趣的高彩外景效果。

本章小结

调色命令的使用方法简单而且效果直观，很容易学习和掌握，但是调色技术却是博大精深的。想要调出完美的颜色，不仅仅需要掌握调色命令的使用方法，更需要深刻体会每种调色命令的特性，多种调色命令搭配使用，并配合图层、通道、蒙版、滤镜等其他工具命令共同操作，当然也需要在色彩的构成及搭配上多多考虑。

第11章

通道的应用

本章内容简介：

通道技术虽然并不如图层技术、蒙版技术那么“引人注目”，甚至是经常被忽略，但是通道技术却是非常重要的技术之一，与调色、抠图、合成以及印刷都有着不可分割的关联。下面就让我们从通道的基础知识入手，学习通道的基本操作与高级操作，并借助通道技术进行调色以及复杂的抠图操作。

本章学习要点：

- 掌握通道的基本操作方法
- 掌握通道调色思路与技巧
- 熟练掌握通道抠图法

11.1 “通道”的基础知识

通道是用于存储图像颜色信息和选区信息等不同类型信息的灰度图像。在Photoshop中除复合通道外，还包含3种类型的通道，分别是颜色通道、Alpha通道和专色通道。与“图层”面板的功能相似，Photoshop中的各种通道也都存储在一个名为“通道”的面板中，在这里可以查看以及管理通道，如图11-1和图11-2所示。

图11—1

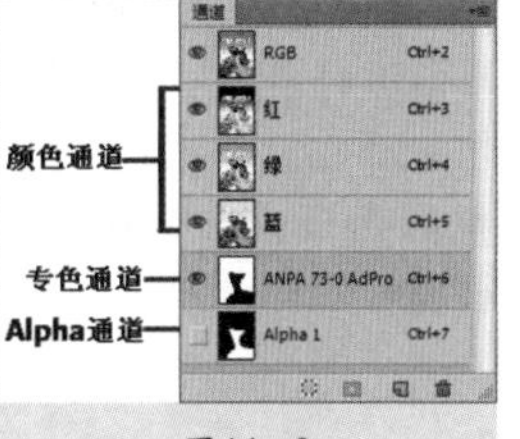

图11—2

- 颜色通道：用来记录图像颜色信息。
- 复合通道：用来记录图像的所有颜色信息。
- Alpha通道：用来保存选区和灰度图像的通道。

技巧提示

一个图像最多可有 56个通道。

11.1.1 认识“通道”面板

技术速查：“通道”面板主要用于创建、存储、编辑和管理通道。

打开任意一张图像，在“通道”面板中能够看到Photoshop自动为这张图像创建颜色信息通道，如图11-3所示。默认情况下“通道”面板与“图层”面板、“路径”面板叠放在一起，如果在界面中找不到也可以执行“窗口>通道”命令打开“通道”面板。

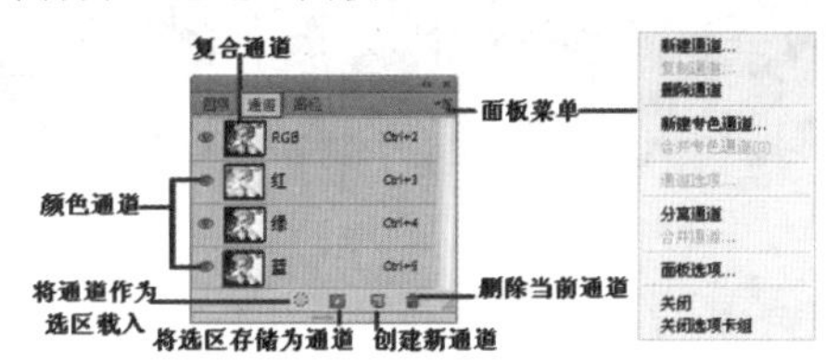

图11—3

- 将通道作为选区载入：单击该按钮，可以载入所选通道图像的选区。
- 将选区存储为通道：如果图像中有选区，单击该按钮，可以将选区中的内容存储到通道中。
- 创建新通道：单击该按钮，可以新建一个Alpha通道。
- 删除当前通道：将通道拖曳到该按钮上，可以删除选择的通道。

如果“通道”面板中包含多通道，除默认的颜色通道的顺序是不能进行调整的以外，其他通道可以像调整图层位置一样调整通道的排列位置，如图11-4和图11-5所示。

图11—4

图11—5

答疑解惑：如何更改通道的缩览图大小？

在“通道”面板下面的空白处单击鼠标右键，在弹出的快捷菜单中选择相应的命令，如图11—6所示，即可改变通道缩览图的大小，如图11—7所示。

图11—6

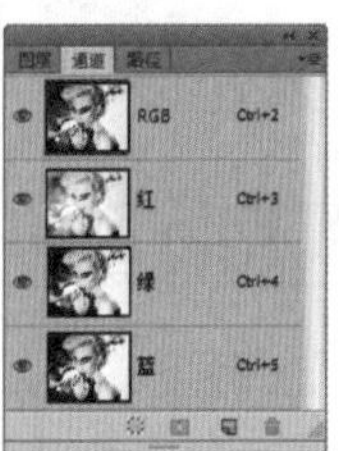

图11—7

或者在面板菜单中选择“面板选项”命令，如图11—8所示，在弹出的“通道面板选项”对话框中可以修改通道缩览图的大小，如图11—9所示。

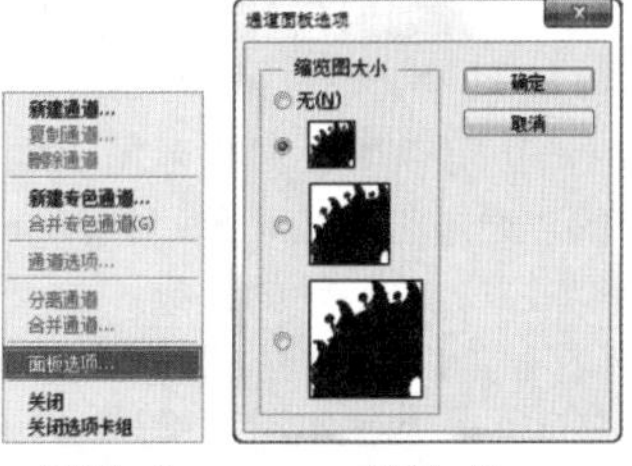

图11—8　　图11—9

11.1.2 构成图像的颜色通道

技术速查：颜色通道是将构成整体图像的颜色信息整理并表现为单色图像的通道。

颜色通道的数量是根据图像颜色模式的不同而发生变化的。例如，RGB模式的图像包含红（R）、绿（G）、蓝（B）3个颜色通道，如图11-10所示；而CMYK颜色模式的图像则包含青色（C）、洋红（M）、黄色（Y）、黑色（K）4个颜色通道，如图11-11所示。最顶部的RGB、CMYK为复合通道，在Photoshop中，只要是支持图像颜色模式的格式，都可以保留颜色通道。

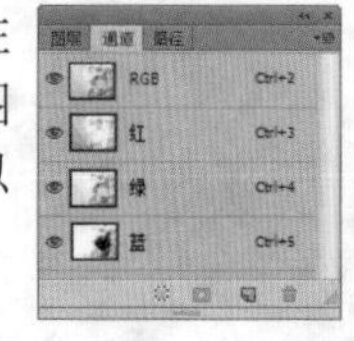
图11-10

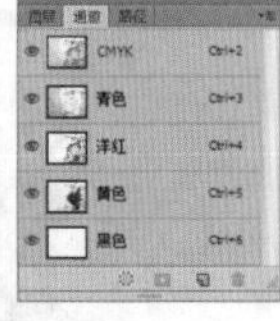
图11-11

颜色通道也可以使用“图像>调整”菜单下的用于画面明暗调整的命令。如果对颜色通道的明暗程度进行调整，则会直接影响到画面的颜色倾向。例如选择蓝通道，如图11-12所示，并使用曲线命令将蓝通道提亮，那么画面中蓝色的成分则会增加，如图11-13所示。通道调色技术也正是利用了颜色通道的这一原理。

图11-12

图11-13

默认情况下，“通道”面板中所显示的单通道都为灰色。也可以用彩色显示单色通道，执行“编辑>首选项>界面”命令，打开“首选项”窗口，然后在“选项”组下选中“用彩色显示通道”复选框，如图11-14和图11-15所示。

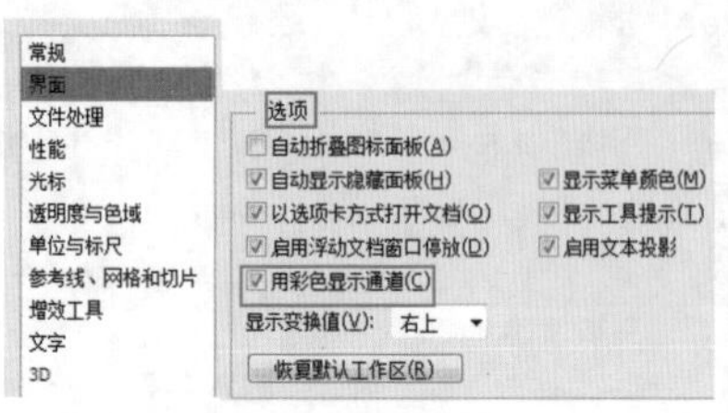

图11-14

图11-15

如图11-16所示为原图，图11-17~图11-19为构成画面的红通道、绿通道以及蓝通道。

图11-16

图11-17

图11-18

图11-19

11.1.3 与选区密不可分的Alpha通道

技术速查：Alpha通道用于选区的存储编辑与调用。

与其说Alpha通道是一种通道工具，不如说Alpha通道是一种选区工具，因为Alpha通道更多的时候是用于选区的操作。Alpha通道其实是一个8位的灰度通道，该通道用256级灰度来记录图像中的透明度信息，定义透明、不透明和半透明区域。其中黑色处于未选中的状态，白色处于完全选择状态，灰色则表示部分被选择状态（即羽化区域）。使用白色涂抹Alpha通道可以扩大选区范围；使用黑色涂抹则收缩选区；使用灰色涂抹可以增加羽化范围。如图11-20所示为包含Alpha通道的“通道”面板，使用该Alpha通道的选区删除画面则会得到如图11-21所示的效果。如果要保存Alpha通道，可以将文件存储为PDF、TIFF、PSB或 RAW格式。

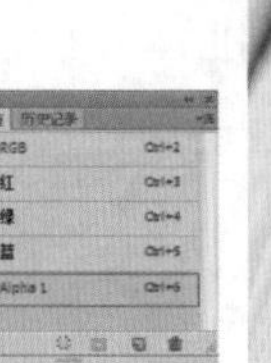
图11-20

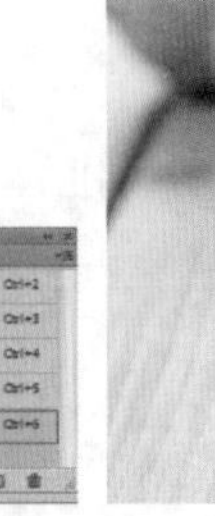
图11-21

在包含选区的情况下，如图11-22所示。在“通道”面板下单击“将选区存储为通道”按钮，可以创建一个Alpha1通道，同时选区会存储到通道中，这就是Alpha通道的第1个功能，即存储选区，如图11-23所示。

图11—22

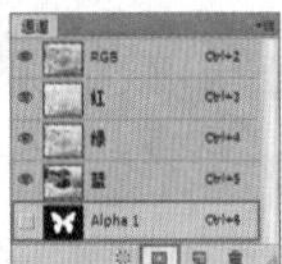

图11—23

将选区转化为Alpha通道后，单独显示Alpha通道可以看到一个黑白图像，如图11-24所示，这时可以对该黑白图像进行编辑从而达到编辑选区的目的，如图11-25所示。

图11—24

图11—25

在“通道”面板下单击“将通道作为选区载入”按钮，如图11-26所示。或者按住Ctrl键单击Alpha通道缩览图，即可载入之前存储的Alpha1通道的选区，如图11-27所示。

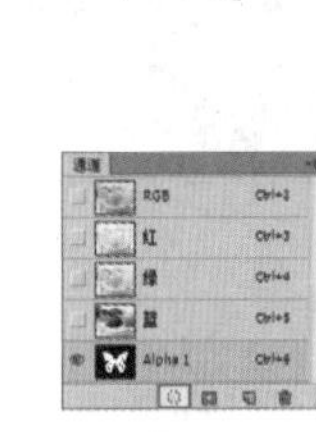

图11—26

图11—27

11.2 通道的基本操作

视频精讲：Photoshop CS6新手学视频精讲课堂/通道的基础操作.flv

在Photoshop中通道的操作基本集中在“通道”面板中。“通道”面板从布局上来看与“图层”面板非常相似，虽然没有类似“图层”面板中的混合以及不透明度的调整，但是在“通道”面板中还是可以进行例如选择通道、切换通道的隐藏和显示，或对其进行复制、删除、分离、合并等操作。

11.2.1 选择通道的快捷方法

在“通道”面板中单击即可选中某一通道，在每个通道后面有对应的“Ctrl+数字”格式快捷键，如图11-28所示，按相应的快捷键则会快捷切换到该通道，如在图11-28中“蓝”通道后面有Ctrl+5快捷键，这就表示按Ctrl+5快捷键可以单独选择“蓝”通道，如图11-29所示。

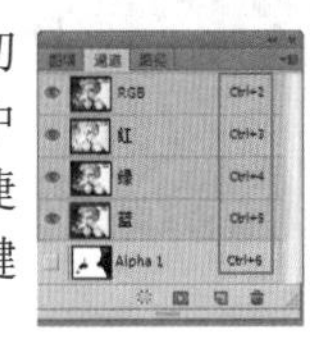

图11—28

图11—29

在“通道”面板中按住Shift键并进行单击可以一次性选择多个颜色通道，或者多个Alpha通道和专色通道，如图11-30所示。但是颜色通道不能与另外两种通道共同处于被选中状态，如图11-31所示。

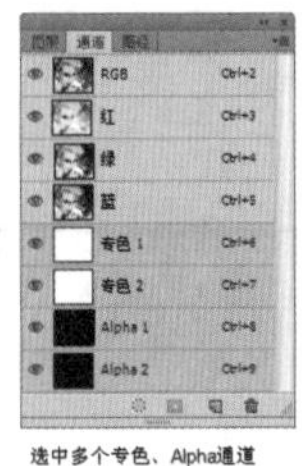

图11—30

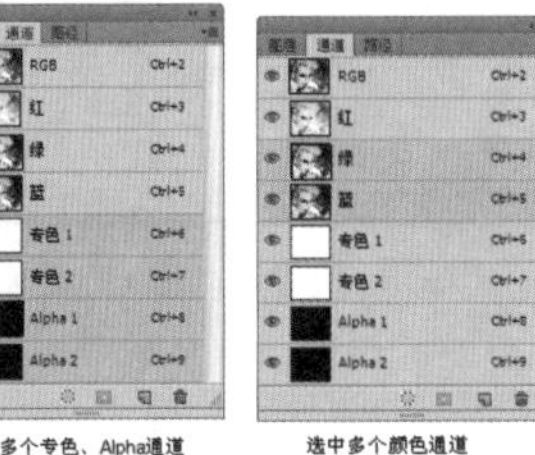

图11—31

技巧提示

选中Alpha通道或专色通道后可以直接使用移动工具进行移动，而想要移动整个颜色通道则需要进行全选后移动。

★ 案例实战——移动通道内容模拟3D电影效果

案例文件	案例文件\第11章\移动通道内容模拟3D电影效果.psd
视频教学	视频文件\第11章\移动通道内容模拟3D电影效果.flv
难易指数	★★★★★
技术要点	通道、文字工具

案例效果

本案例主要是通过使用移动通道内容模拟3D电影效果，如图11-32和图11-33所示。

图11—32

图11—33

操作步骤

01 打开素材文件“1.jpg”，如图11-34所示。执行“窗口>通道”命令，打开“通道”面板。

图11—34

02 进入“通道”面板，单击选择“红”通道，如图11-35所示。按快捷键Ctrl+A全选画面，如图11-36所示。

图11—35

图11—36

03 使用移动工具向右侧适当移动，如图11-37所示。此时效果并不明显，单击RGB复合通道，此时即可观察到红蓝错位的3D效果，如图11-38所示。

图11—37

图11—38

04 回到“图层”面板，使用横排文字工具添加一些文字，然后新建图层在画面的上下绘制黑色矩形，增强电影感效果，如图11-39所示。

图11—39

11.2.2 显示/隐藏通道

通道的显示/隐藏与“图层”面板相同，每个通道的左侧都有一个眼睛图标，如图11-40所示。在通道上单击该图标，可以使该通道隐藏；单击隐藏状态的通道左侧的眼睛图标，可以恢复该通道的显示，如图11-41所示。

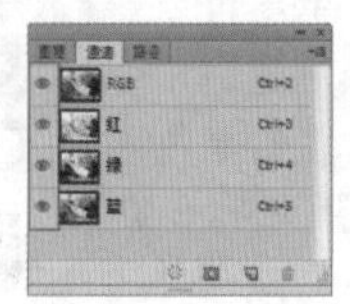

图11—40

图11—41

技巧提示

在任何一个颜色通道隐藏的情况下，复合通道都被隐藏，并且在所有颜色通道显示的情况下，复合通道不能单独被隐藏。

11.2.3 重命名通道

要重命名Alpha通道或专色通道，可以在“通道”面板中双击该通道的名称，激活输入框，如图11-42所示。然后输入新名称，如图11-43所示。默认的颜色通道的名称是不能进行重命名的。

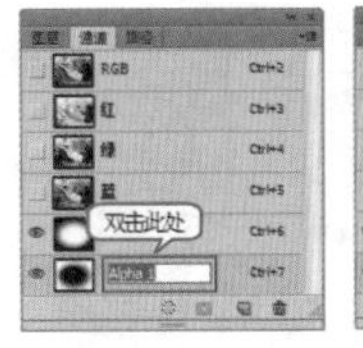

图11－42

图11－43

11.2.4 动手学：新建Alpha通道

01 如果要新建Alpha通道，可以在“通道”面板下面单击“创建新通道”按钮，如图11-44和图11-45所示。所有的新通道都具有与原始图像相同的尺寸和像素数目。

图11－44

图11－45

02 Alpha通道可以使用大多数绘制修饰工具进行创建，也可以使用命令、滤镜等进行编辑，如图11-46所示。

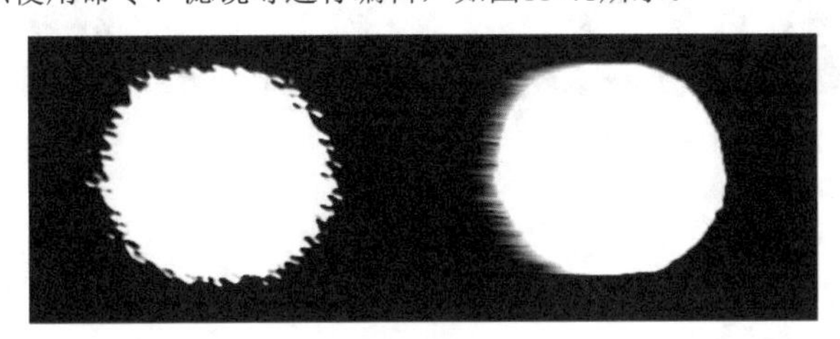
图11－46

技巧提示

默认情况下，编辑Alpha通道时文档窗口中只显示通道中的图像，如图11－47所示。为了能够更精确地编辑Alpha通道，可以将复合通道显示出来。在复合通道前单击使图标显示出来，此时蒙版的白色区域将变为透明，黑色区域为半透明的红色，类似于快速蒙版的状态，如图11－48所示。

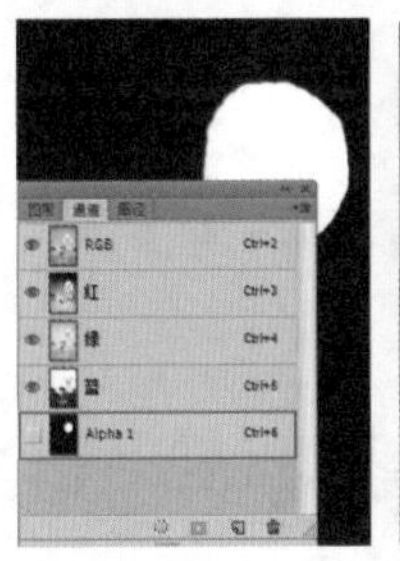
图11－47

图11－48

11.2.5 复制通道

想要复制通道可以在面板菜单中选择“复制通道”命令，即可将当前通道复制出一个副本，如图11-49所示；或在通道上单击鼠标右键，在弹出的快捷菜单中选择“复制通道”命令，如图11-50所示；或者直接将通道拖曳到“创建新通道”按钮上，如图11-51所示。

图11－49

图11－50

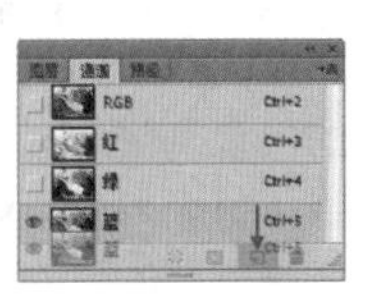
图11－51

11.2.6 动手学：删除通道

复杂的Alpha通道会占用很大的磁盘空间，因此在保存图像之前，可以删除无用的Alpha通道和专色通道。如果要删除通道，可以采用以下两种方法来完成。

01 将通道拖曳到“通道”面板下面的“删除当前通道”按钮上，如图11-52和图11-53所示。

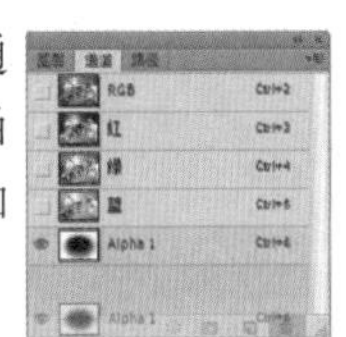
图11－52

图11－53

02 在通道上单击鼠标右键，在弹出的快捷菜单中选择“删除通道”命令，如图11-54所示。

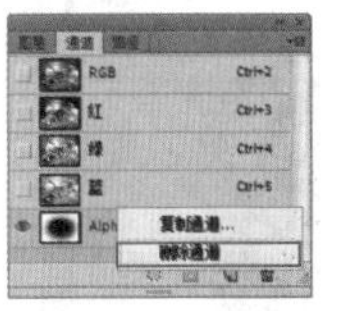
图11－54

答疑解惑：可以删除颜色通道吗？

可以。但是在删除颜色通道时，特别要注意，如果删除的是红、绿、蓝通道中的一个，那么RGB通道也会被删除，如图11－55和图11－56所示；如果删除的是RGB通道，那么将删除Alpha通道和专色通道以外的所有通道，如图11-57所示。

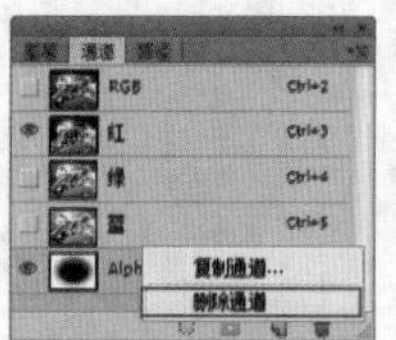
图11-55

图11-56

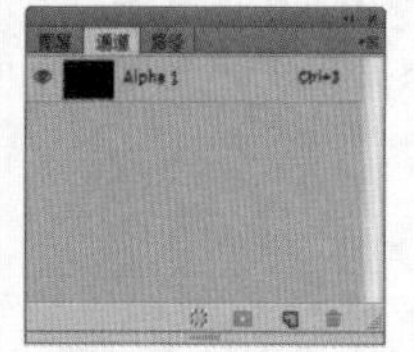
图11-57

读书笔记

11.3 通道的高级编辑

通道的功能非常强大，它不仅可以用来存储颜色与选区，还可以用来设置专色印刷、混合图像、分离出灰度图像以及合并等，如图11-58和图11-59所示为利用通道创建的平面作品。

图11-58

图11-59

11.3.1 动手学：使用专色通道

技术速查：专色通道主要用来指定用于专色油墨印刷的附加印版。

提到“专色”就必须要了解一下“专色印刷”，专色印刷是指采用黄、品红、青和黑四色墨以外的其他色油墨来复制原稿颜色的印刷工艺。包装印刷中经常采用专色印刷工艺印刷大面积底色，如图11-60和图11-61所示。而Photoshop中的专色通道可以保存专色信息，同时也具有Alpha通道的特点。每个专色通道只能存储一种专色信息，而且是以灰度形式来存储的。除了位图模式以外，其余所有的色彩模式图像都可以建立专色通道。如果要保存专色通道，可以将文件存储为DCS 2.0 格式。

图11-60

图11-61

01 打开素材文件“1.jpg”，如图11-62所示。在本案例中需要将图像中大面积的白色背景部分采用专色印刷，所以首先需要进入“通道”面板，选择红通道载入选区，得到背景部分的选区，如图11-63和图11-64所示。

图11-62

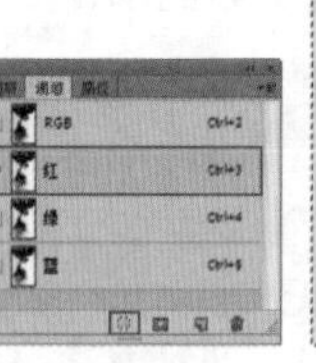
图11-63

图11-64

思维点拨

在专色的设置过程中会有关于陷印的问题。在建立专色的同时为了把重要信息显露出来，要把专色的某部分挖空。但由于印刷精度的问题，专色版和四色版并不能很好地重合在一起，在挖空部分的边缘有可能会出现白边，因此在挖空时把理论范围的选区缩小1～2个像素，使专色部分与印刷色部分有1～2个像素左右的重合。

02 在“通道”面板的菜单中选择“新建专色通道”命令，如图11-65所示。在弹出的“新建专色通道”对话框中首先设置密度为100%，并单击颜色色块，如图11-66所示。

图11—65

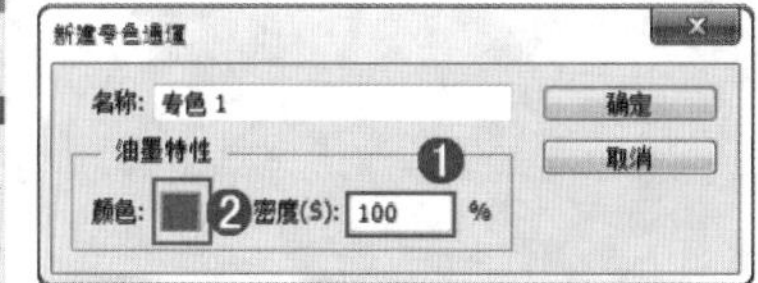

图11—66

03 在弹出的“拾色器”对话框中单击“颜色库”按钮，如图11-67所示。在弹出的“颜色库”对话框中选择一个专色，并单击“确定”按钮，如图11-68所示。回到“新建专色通道”对话框中单击“确定”按钮完成操作，如图11-69所示。

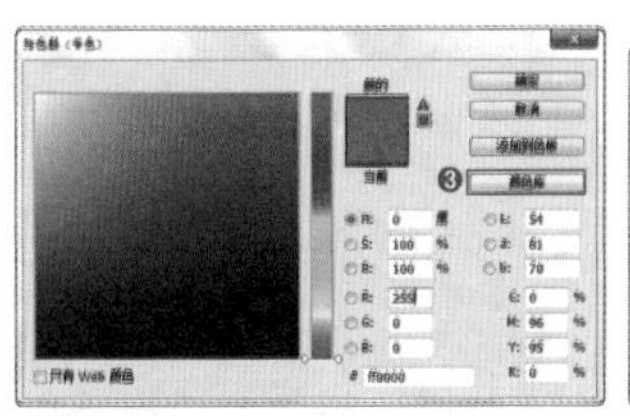

图11—67

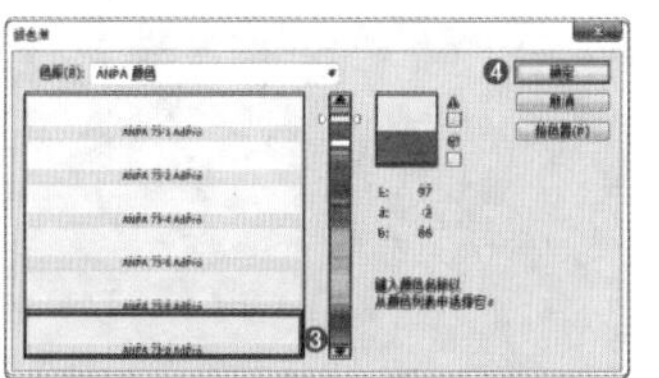

图11—68

04 此时在通道最底部出现新建的专色通道，如图11-70所示，并且当前图像中的黑色部分被刚才所选的黄色专色填充，如图11-71所示。

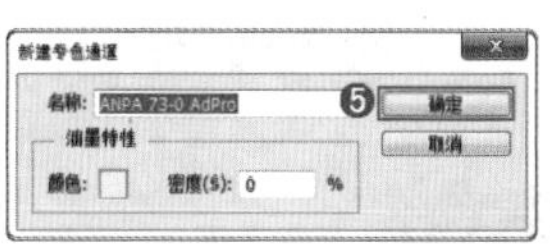

图11—69

图11—70

图11—71

技巧提示

创建专色通道以后，也可以通过使用绘画或编辑工具在图像中以绘画的方式编辑专色。使用黑色绘制的为有专色的区域；用白色涂抹的区域无专色；用灰色绘画可添加不透明度较低的专色；绘制时该工具的“不透明度”选项决定了用于打印输出的实际油墨浓度。

05 如果要修改专色设置，可以双击专色通道的缩览图，如图11-72所示，即可重新打开“新建专色通道”对话框进行修改，如图11-73所示。

图11—72

图11—73

11.3.2 动手学：将通道复制为灰度图层

01 打开一张图片，如图11-74所示。在“通道”面板中选择绿色通道，画面中会显示该通道的灰度图像，如图11-75所示。

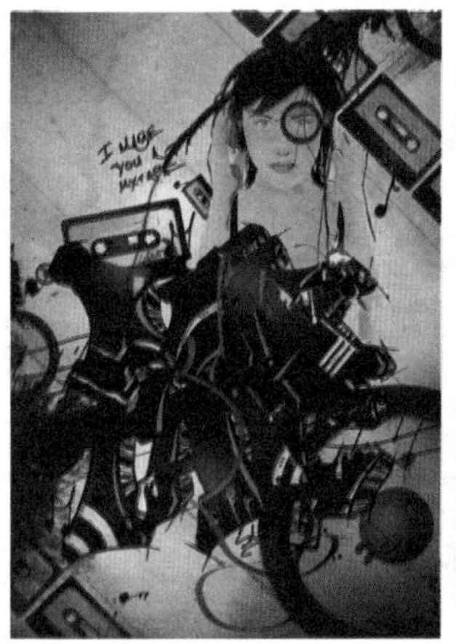

图11—74

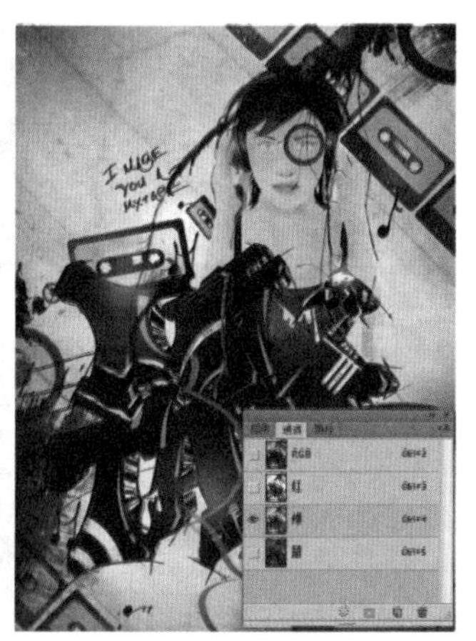

图11—75

02 按Ctrl+A快捷键全选，按Ctrl+C快捷键复制，如图11-76所示。单击RGB复合通道显示彩色的图像，并回到“图层”面板，按Ctrl+V快捷键可以将复制的通道粘贴到一个新的图层中，如图11-77所示。

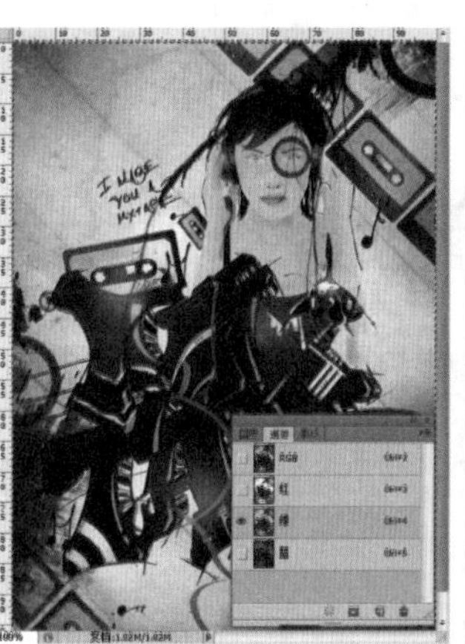

图11—76

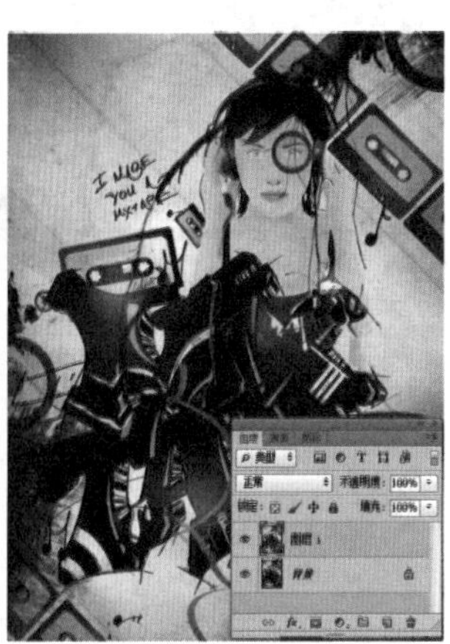

图11—77

11.3.3 动手学：将图层内容粘贴到通道中

01 打开两个图像文件，在其中一个图片的文档窗口中按Ctrl+A快捷键全选图像，然后按Ctrl+C快捷键复制图像，如图11-78所示。切换到另外一个图片的文档窗口，进入“通道”面板，单击“创建新通道”按钮，新建一个Alpha1通道，接着按Ctrl+V快捷键将复制的图像粘贴到通道中，如图11-79所示。

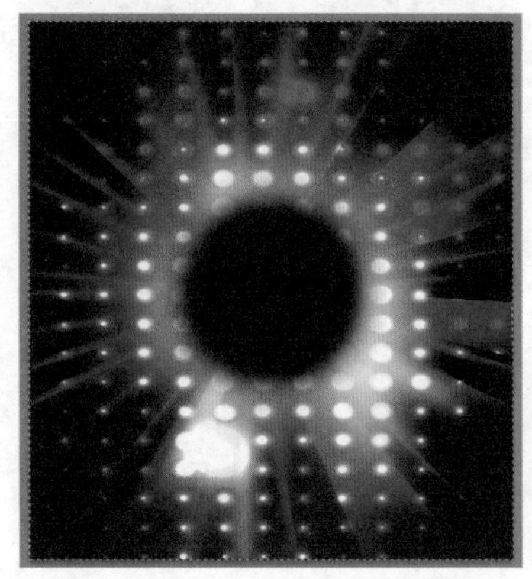

图11—78

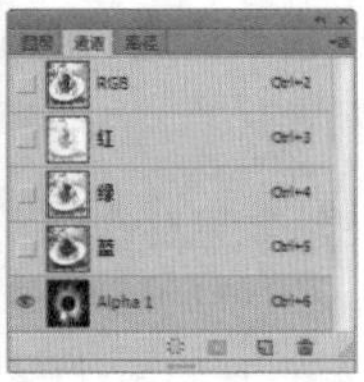

图11—79

02 显示出RGB复合通道与Alpha通道，如图11-80和图11-81所示。

图11—80

图11—81

★ 案例实战——制作奇幻图像效果

案例文件	案例文件\第11章\制作奇幻图像效果.psd
视频教学	视频文件\第11章\制作奇幻图像效果.flv
难易指数	★★★★★
技术要点	通道的复制粘贴

案例效果

本案例主要是通过将图像粘贴到通道中制作奇幻图像效果，如图11-82所示。

图11—82

操作步骤

01 打开闪电背景素材文件“1.jpg”，如图11-83所示。导入人像素材“2.jpg”，如图11-84所示。继续导入光效素材“3.jpg”，如图11-85所示。

图11—83

图11—84

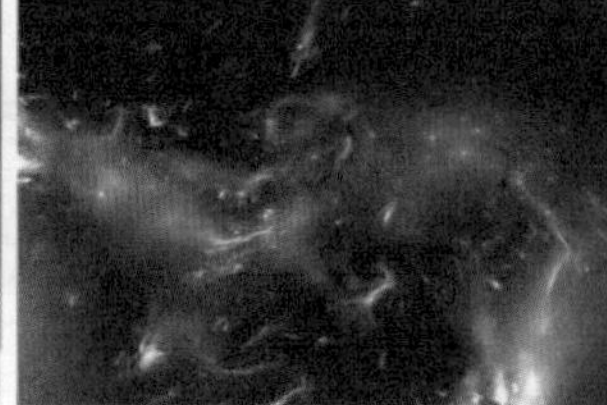

图11—85

02 选中光效图层，隐藏其他图层，进入“通道”面板，选择“红”通道，按Ctrl+A快捷键进行全选，按Ctrl+C快捷键进行复制，回到人像素材中按Ctrl+V快捷键粘贴到“红”通道，如图11-86和图11-87所示。效果如图11-88所示。

03 选中背景图层，隐藏其他的图层，如图11-89所示。单击进入“通道”面板，选择“蓝”通道，如图11-90所示。

图11—86　　图11—87　　图11—88

图11—89

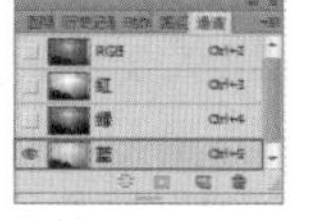

图11—90

04 同样方法复制“蓝”通道内容，将“蓝”通道粘贴到人像图层中的“蓝”通道中，如图11-91所示。效果如图11-92所示。

图11—91

图11—92

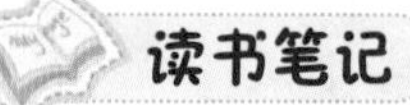

11.3.4 动手学：合并通道

在Photoshop中可以将多个灰度图像合并为一个图像的通道。需要注意的是，要合并的图像必须为打开的已拼合的灰度模式图像，并且像素尺寸相同。不满足以上条件的情况下“合并通道”命令将不可用。

01 打开3张颜色模式、大小相同的图片文件，如图11-93~图11-95所示。

图11—93

图11—94

图11—95

技巧提示

已打开的灰度图像的数量决定了合并通道时可用的颜色模式。比如，4张图像可以合并为一个RGB图像、CMYK图像、Lab图像或多通道图像。而打开3张图像则不能够合并出CMYK模式图像。

02 对3张图像分别执行“图像>模式>灰度”命令，如图11-96所示。在弹出的对话框中单击“扔掉”按钮，将图片全部转换为灰度图像，如图11-97所示。

图11—96

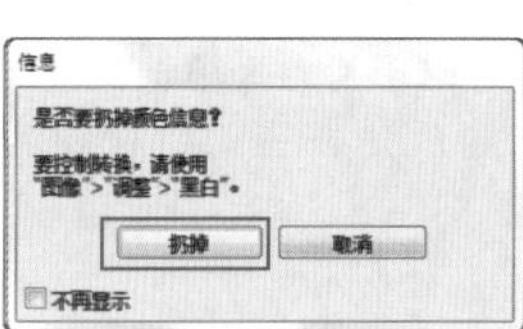

图11—97

03 在第1张图像的“通道”面板菜单中选择“合并通道”命令，如图11-98所示。打开“合并通道”对话框，设置“模式”为“RGB颜色”，单击“确定”按钮，如图11-99所示。

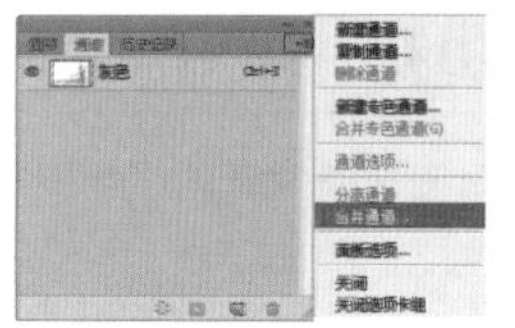

图11—98

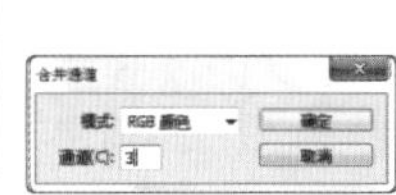

图11—99

04 弹出“合并RGB通道”对话框，在该对话框中可以选择以哪个图像来作为红色、绿色、蓝色通道，如图11-100所示。选择好通道图像以后单击“确定”按钮，此时在“通道”面板中会出现一个RGB颜色模式的图像，如图11-101所示。

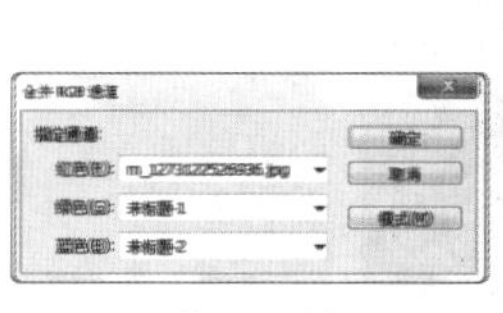

图11—100

图11—101

11.3.5 分离通道

打开一张RGB颜色模式的图像，如图11-102所示。在“通道”面板的菜单中选择“分离通道”命令，如图11-103所示。可以将红、绿、蓝3个通道单独分离成3张灰度图像，同时每个图像的灰度都与之前的通道灰度相同，如图11-104~图11-106所示。

图11—102

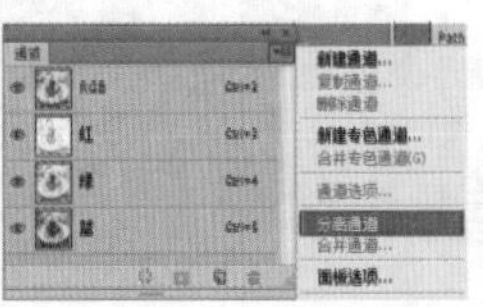

图11—103

图11—104

图11—105

图11—106

11.3.6 设置通道高级混合

选择需要处理的图层，执行“图层>图层样式>混合选项”命令，在“混合选项”页面的“高级混合”选项组中即可对通道进行设置，如图11-107所示。“通道”选项中的RGB分别代表红（R）、绿（G）和蓝（B）3个颜色通道，与“通道”面板中的通道相对应，如图11-108所示。RGB图像包含它们混合生成的RGB复合通道，复合通道中的图像也就是在窗口中看到的彩色图像。

图11—107

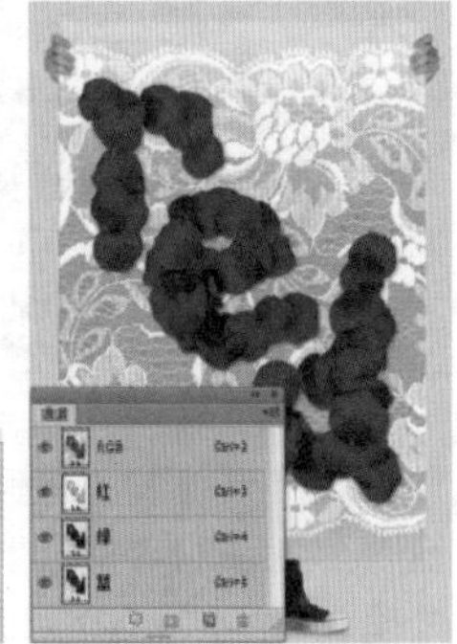

图11—108

在这里取消选中某个通道，并不是将某一通道隐藏，而是从复合通道中排除此通道，在“通道”面板中体现出该通道为黑色。如果在通道混合设置中取消选中R通道（红通道），那么在“通道”面板中“红”通道将被填充为黑色，如图11-109所示。此时看到的图像则是另外两个通道“绿”通道与“蓝”通道混合生成的效果，如图11-110所示。

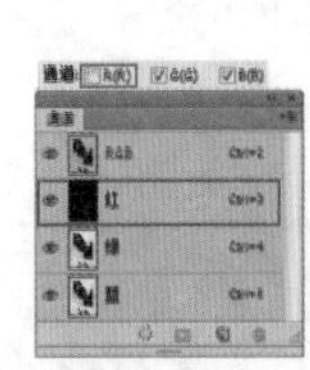

图11—109

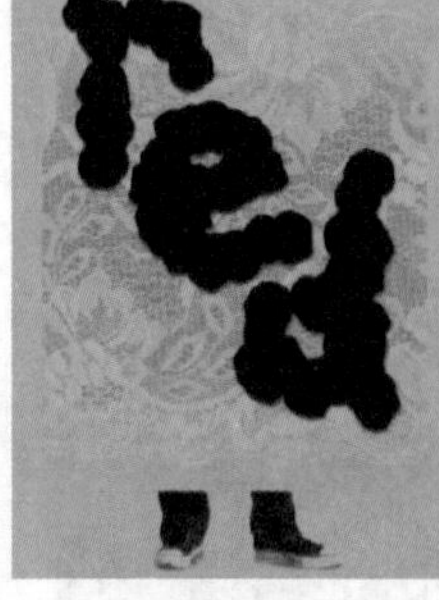

图11—110

11.3.7 使用“应用图像”命令

视频精讲：Photoshop CS6新手学视频精讲课堂/“应用图像”命令的使用.flv

技术速查：“应用图像”命令可以将作为“源”的图像的图层或通道与作为“目标”的图像的图层或通道进行混合。

打开包含两个图层的文档，如图11-111和图11-112所示。下面就以这个文档来讲解如何使用“应用图像”命令来混合通道。

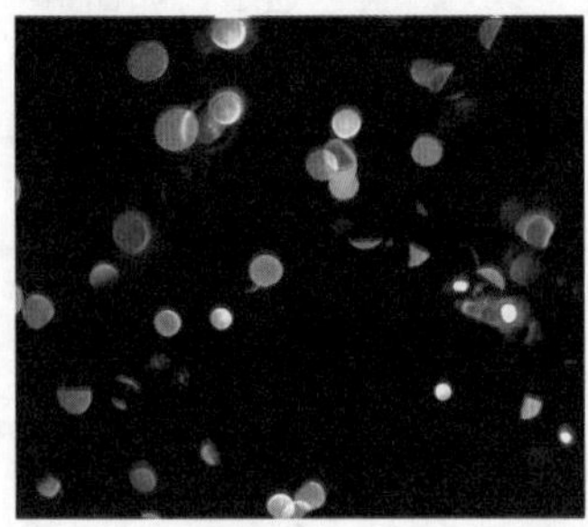

图11—111

图11—112

选择“光效”图层，然后执行“图像>应用图像”命令，打开“应用图像”对话框。在这里首先需要设置需要混合的源，然后设置混合的方式，如图11-113所示。

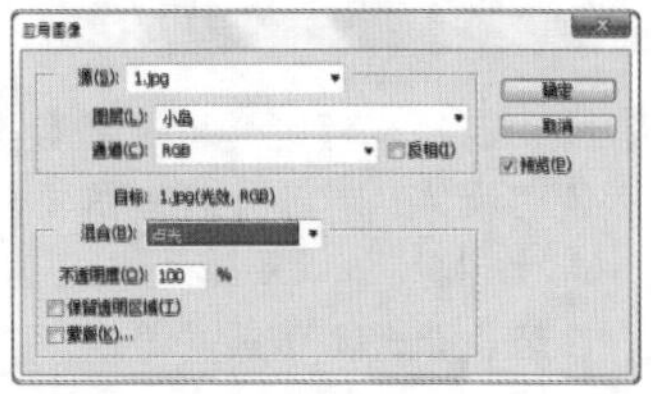

图11—113

- 源：该选项组主要用来设置参与混合的源对象。“源”下拉列表用来选择混合通道的文件（必须是打开的文档才能进行选择）；“图层”下拉列表用来选择参与混合的图层；“通道”下拉列表用来选择参与混合的通道；“反相”复选框可以使通道先反相，然后再进行混合，如图11-114所示。

图11－114

- 目标：显示被混合的对象。
- 混合：该选项组用于控制“源”对象与“目标”对象的混合方式。“混合” 下拉列表用于设置混合模式，如图11-115所示为“滤色”混合效果。“不透明度”文本框用来控制混合的程度；选中“保留透明区域” 复选框，可以将混合效果限定在图层的不透明区域范围内；选中“蒙版” 复选框，可以显示出“蒙版”的相关选项，可以选择任何颜色通道和Alpha通道来作为蒙版，如图11-116所示。

图11－115

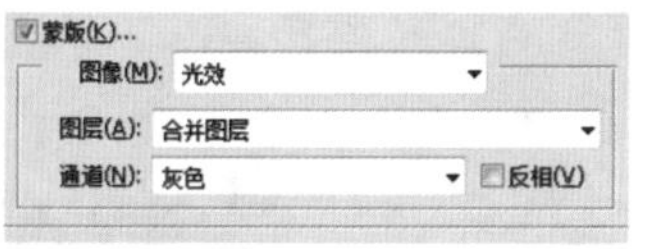

图11－116

技术拓展：什么是“相加模式”与“减去模式”

在“图层”面板中不具备这两种混合模式，即相加模式与减去模式，这两种模式是通道独特的混合模式。相加这种混合方式可以增加两个通道中的像素值；减去这种混合方式可以从目标通道中相应的像素上减去源通道中的像素值，如图11－117和图11－118所示。

图11－117

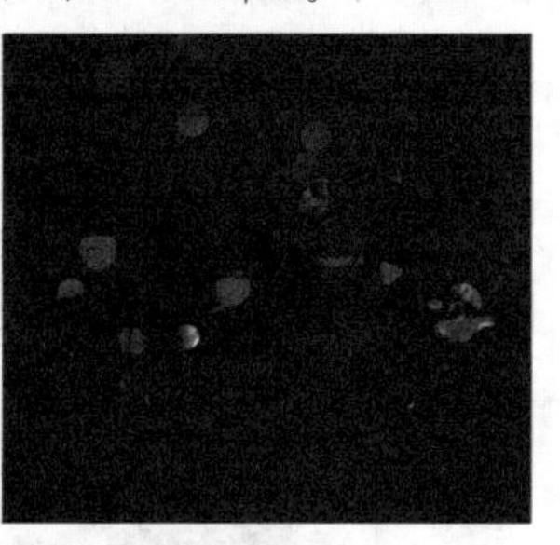

图11－118

读书笔记

11.3.8 使用“计算”命令

视频精讲：Photoshop CS6新手学视频精讲课堂/“计算”命令的使用.flv

技术速查：“计算”命令是将两个来自一个源图像或多个源图像的单个通道进行混合，从而生成新的灰度图像、新的选区或新的通道。

执行“图像>计算”命令，打开“计算”对话框。与“应用图像”相似，首先需要设置用于计算的两个源，然后设置计算的混合模式，如图11-119所示。

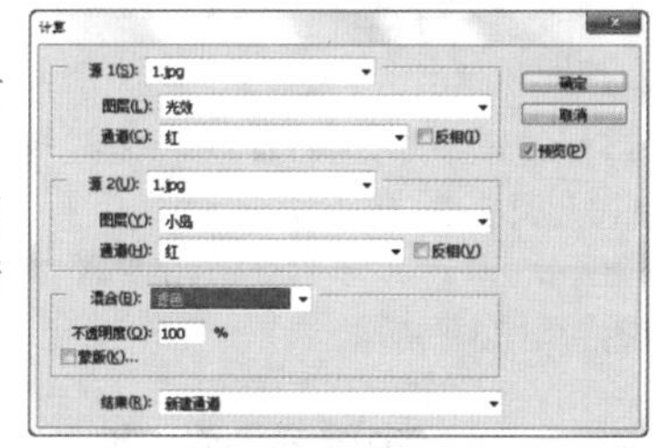

图11－119

- 源1：用于选择参与计算的第1个源图像、图层及通道。
- 源2：用于选择参与计算的第2个源图像、图层及通道。
- 图层：如果源图像具有多个图层，可以在这里进行图层的选择。
- 混合：与“应用图像”命令的“混合”选项相同。
- 结果：选择计算完成后生成的结果。选择“新建的文档”方式，可以得到一个灰度图像，如图11-120所示；选择“新建通道”方式，可以将计算结果保存到一个新的通道中，如图11-121所示；选择“选区”方式，可以生成一个新的选区，如图11-122所示。

图11－120

图11－121

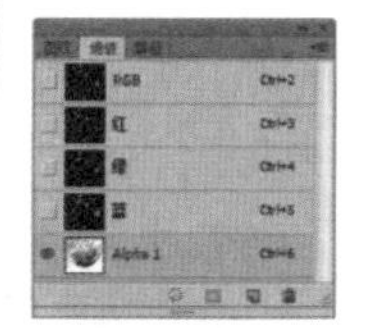

图11－122

★ 案例实战——使用“计算”命令制作古铜色质感肌肤

案例文件	案例文件\第11章\使用“计算”命令制作古铜色质感肌肤.psd
视频教学	视频文件\第11章\使用“计算”命令制作古铜色质感肌肤.flv
难易指数	★★★★★
技术要点	通道、调整图层

案例效果

本案例主要是通过使用“计算”命令制作古铜色质感肌肤，如图11-123所示。

图11—123

操作步骤

01 打开素材文件“1.jpg”，如图11-124所示。使用外挂滤镜对图像进行适当的磨皮，如图11-125所示。

图11—124

图11—125

02 对其执行“滤镜>锐化>智能锐化”命令，设置“数量”为40%，“半径”为10像素，如图11-126所示。

03 为了强化人像肌肤的高光部分，可以使用“计算”命令制作出更加精确的高光选区。执行“图像>计算”命令，设置“通道”均为蓝，“混合”为颜色加深，如图11-127所示。得到Alpha1，单击“将通道载入选区”按钮，如图11-128所示。

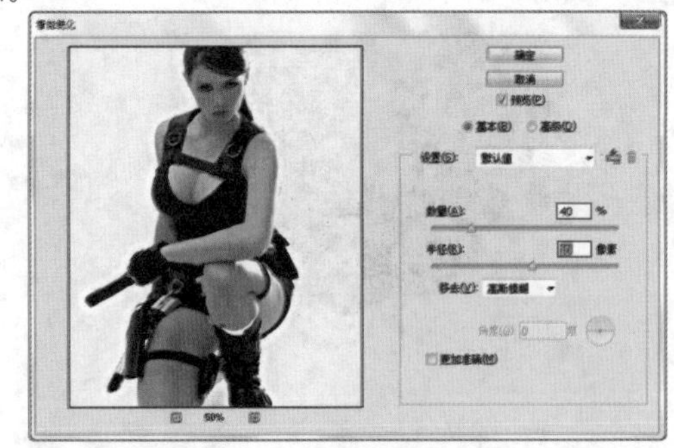
图11—126

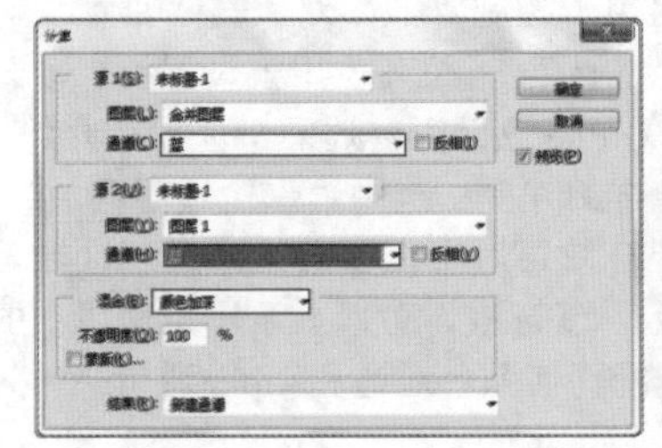
图11—127

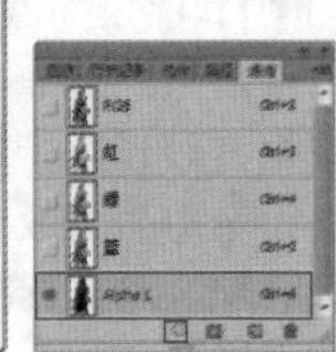
图11—128

04 执行“图层>新建调整图层>曲线”命令，创建曲线调整图层，如图11-129所示。调整曲线的形状，如图11-130所示。效果如图11-131所示。

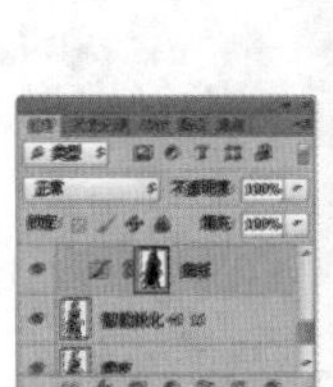
图11—129

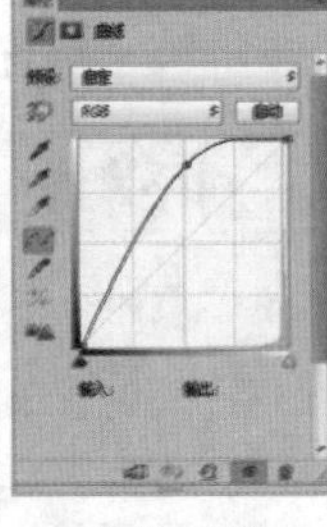
图11—130

图11—131

05 通过观察我们发现，曲线提亮的边缘较为生硬，选中曲线调整图层蒙版，对其执行“滤镜>模糊>高斯模糊”命令，设置“半径”为3像素，如图11-132所示。效果如图11-133所示。

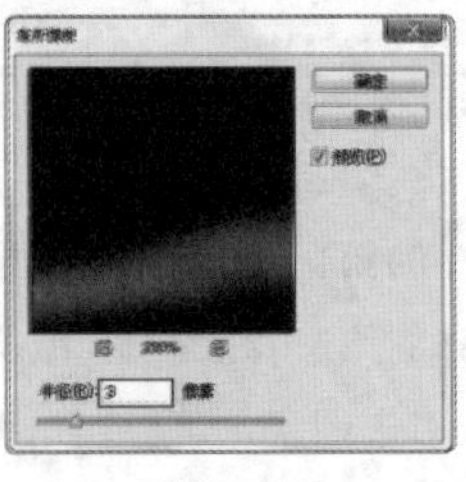
图11—132

图11—133

06 进入“通道”面板，复制“Alpha1” 通道，如图11-134所示，按Ctrl+M快捷键，调整曲线的形状，如图11-135所示。效果如图11-136所示。

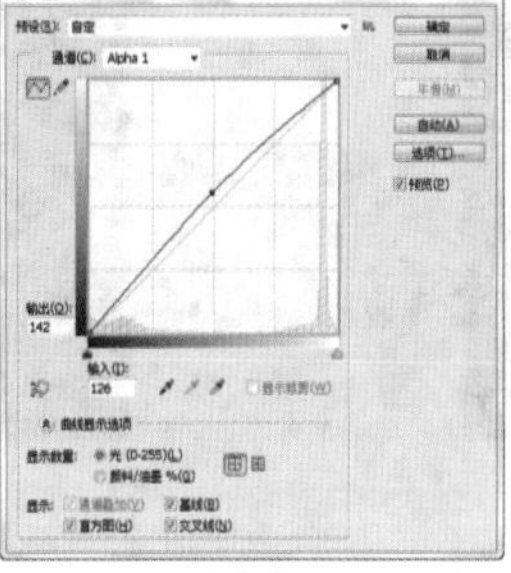
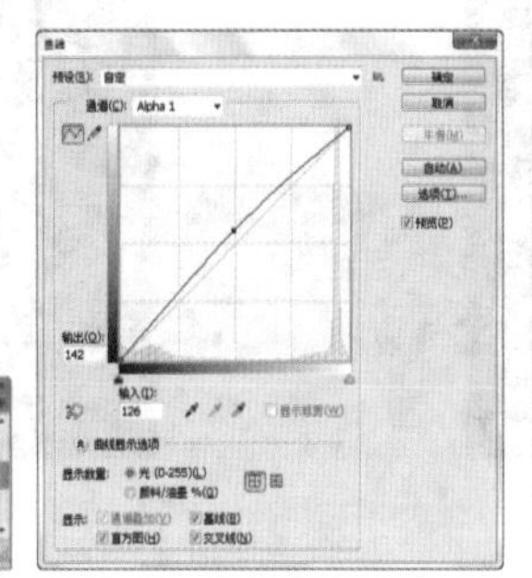

图11－134　图11－135　图11－136

07 单击“图层”面板底部的“将通道载入选区”按钮，如图11-137所示。效果如图11-138所示。

图11－137　图11－138

08 执行“图层>新建调整图层>曲线”命令，以当前选区创建曲线调整图层，如图11-139所示。调整曲线的形状，如图11-140所示。效果如图11-141所示。

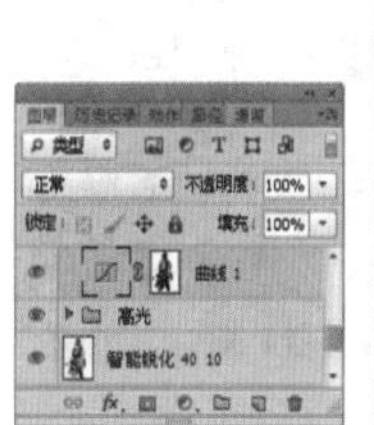

图11－139　图11－140　图11－141

09 执行“图层>新建调整图层>曲线”命令，调整曲线形状，如图11-142所示。按Ctrl+Shift+Alt+E组合键盖印所有图层，如图11-143所示。

10 对其执行“图像>调整>阴影/高光”命令，设置“阴影”选项组中的“数量”为20%，“高光”选项组中“数量”为0%，如图11-144所示。效果如图11-145所示。

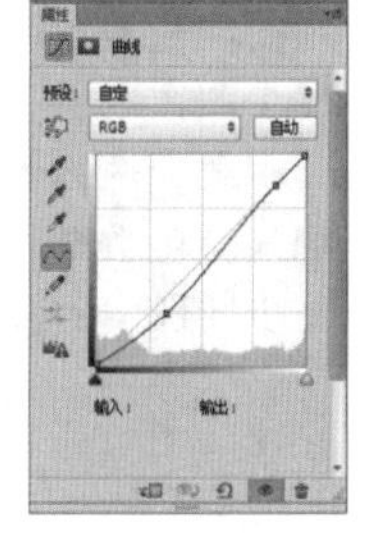

图11－142

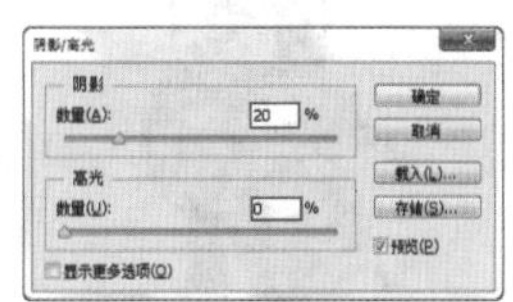
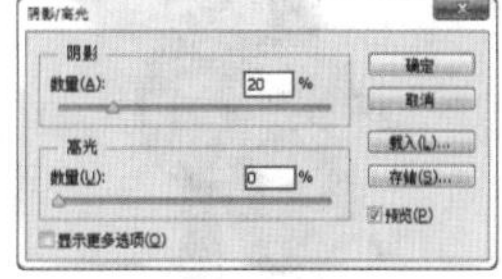

图11－143　图11－144　图11－145

11 复制盖印图层，按Ctrl+Shift+U组合键对其执行去色命令，接着对其执行“滤镜>锐化>智能锐化”命令，设置“数量”为40%，“半径”为10像素，如图11-146所示。效果如图11-147所示。

12 设置去色图层的“混合模式”为“正片叠底”，“不透明度”为50%，如图11-148所示。效果如图11-149所示。

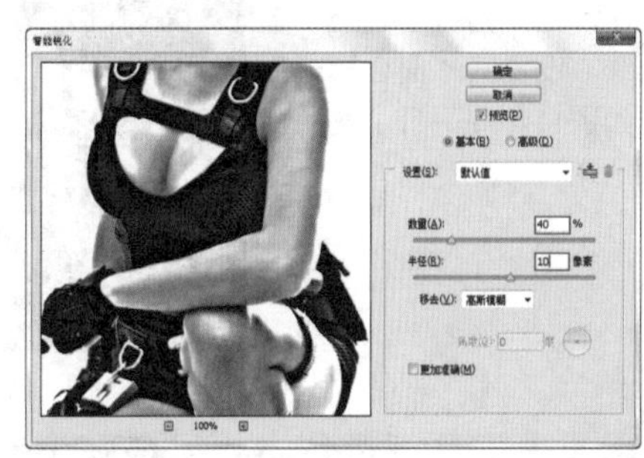

图11－146

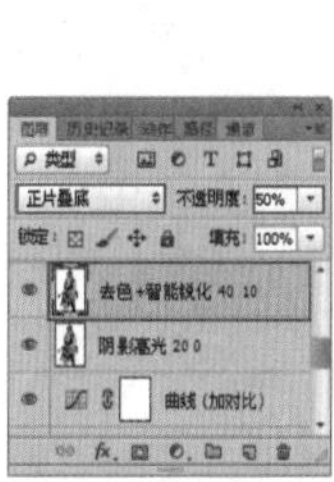

图11－147　图11－148　图11－149

13 执行“图层>新建调整图层>曲线”命令，调整曲线的形状，如图11-150所示。使用黑色画笔在蒙版中绘制合适的部分，如图11-151所示。效果如图11-152所示。

14 使用钢笔工具在画面中绘制人像的选区形状，如图11-153所示。继续盖印所有图层，按Ctrl+Enter快捷键将路径转化为选区，按Ctrl+Shift+I组合键进行反选，按Delete键删除选区内的部分，如图11-154所示。

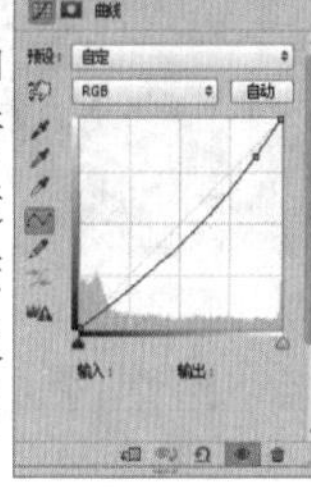
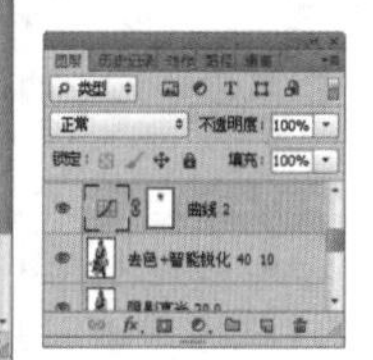

图11－150　图11－151

图11－152

图11－153

图11－154

图11－156

图11－157

图11－158

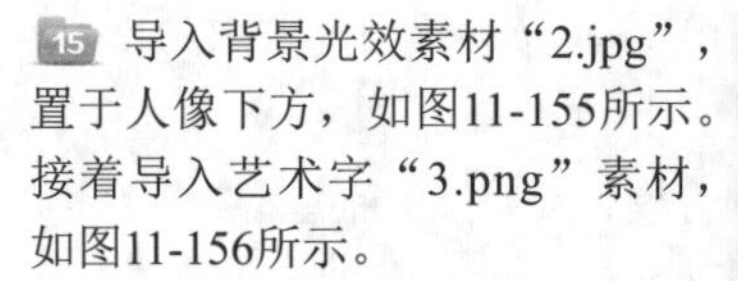

15 导入背景光效素材“2.jpg”，置于人像下方，如图11-155所示。接着导入艺术字“3.png”素材，如图11-156所示。

16 再次导入光效素材“4.jpg”置于画面顶部，设置其“混合模式”为滤色，如图11-157所示。效果如图11-158所示。

图11－155

读书笔记

11.4 借助通道调整画面颜色

因为有了“通道”，所以我们可以对一张图像的单个通道应用各种调色命令，从而达到调整图像中单种色调的目的。通道调色的原理主要是通过调整单个通道的明暗程度调整该颜色在画面中所占比例，从而达到为画面调色的目的。打开一张图像，如图11-159所示，其“通道”面板如图11-160所示。下面就用这张图像和“曲线”命令来介绍如何用通道调色。

图11－159

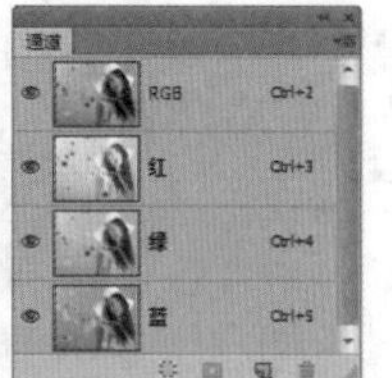

图11－160

单独选择“红”通道，按Ctrl+M快捷键，打开“曲线”对话框，将曲线向上调节，可以增加图像中的红色数量，如图11-161所示；将曲线向下调节，则可以减少图像中的红色，如图11-162所示。

图11－161

图11－162

单独选择“绿”通道，将曲线向上调节，可以增加图像中的绿色数量，如图11-163所示；将曲线向下调节，则可以减少图像中的绿色，如图11-164所示。

单独选择“蓝”通道，将曲线向上调节，可以增加图像中的蓝色数量，如图11-165所示；将曲线向下调节，则可以减少图像中的蓝色，如图11-166所示。

图11—163

图11—164

图11—165

图11—166

★ 案例实战——使用Lab模式制作复古青红调

案例文件	案例文件\第11章\使用Lab模式制作复古青红调.psd
视频教学	视频文件\第11章\使用Lab模式制作复古青红调.flv
难易指数	★★★★★
技术要点	切换图像颜色模式、调整图层

案例效果

本案例主要是通过使用Lab模式制作复古青红调，对比效果如图11-167和图11-168所示。

图11—167

图11—168

操作步骤

01 打开素材文件“1.jpg”，如图11-169所示。由于图像是RGB模式，而此处调色需要在Lab颜色模式下进行，所以需要对其执行“图像>模式>Lab颜色”命令，进入“通道”面板，可以看到通道也发生了变化，如图11-170所示。

图11—169

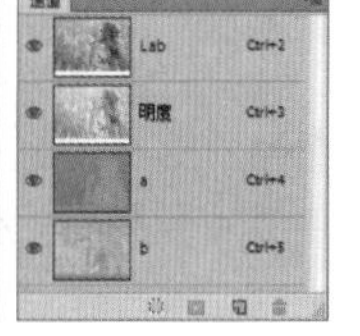

图11—170

02 执行“图层>新建调整图层>曲线”命令，调整“通道”为明度，调整曲线形状，如图11-171所示。效果如图11-172所示。

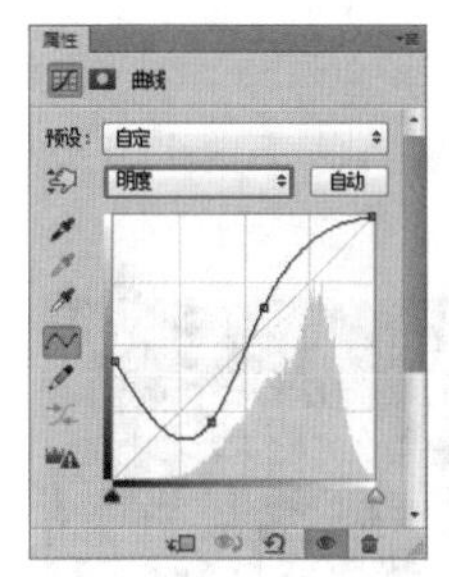

图11—171

图11—172

03 调整“通道”为a通道，调整曲线形状，如图11-173所示。效果如图11-174所示。

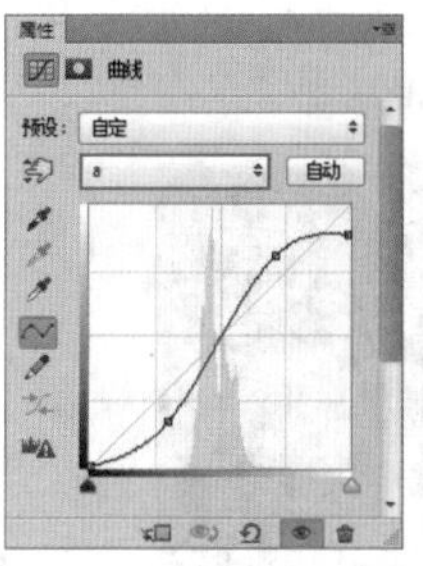

图11—173

图11—174

04 调整“通道”为b，调整曲线形状，如图11-175所示。效果如图11-176所示。

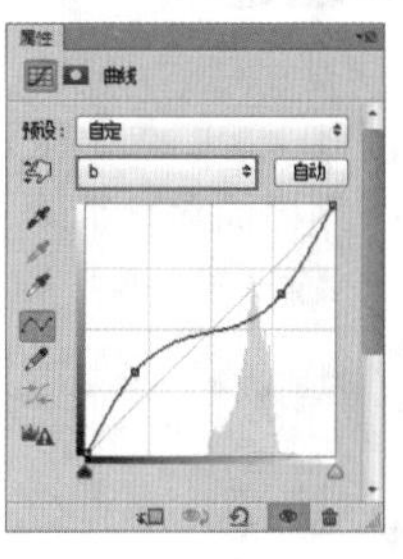

图11—175

图11—176

05 继续导入素材“2.png”置于画面中合适的位置，最终效果如图11-177所示。

图11—177

★ 案例实战——使用通道打造奇妙的色感

案例文件	案例文件\第11章\使用通道打造奇妙的色感.psd
视频教学	视频文件\第11章\使用通道打造奇妙的色感.flv
难易指数	★★★★★
技术要点	通道的使用

案例效果

本案例主要使用通道命令打造奇妙的色感效果，如图11-178和图11-179所示。

图11—178

图11—179

操作步骤

01 打开素材文件“1.jpg”，如图11-180所示。

图11—180

02 由于图像是RGB模式，对图像执行“图像>模式>CMYK颜色”命令，将图像转化为CMYK模式，在弹出的对话框中单击“确定”按钮，如图11-181所示。此时“通道”面板如图11-182所示。

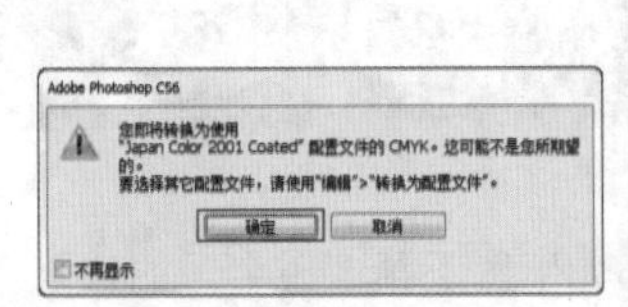

图11—181

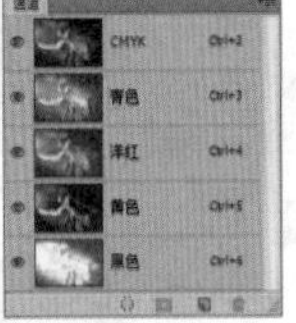

图11—182

03 进入“通道”面板，选中“黄色”通道，按Ctrl+A快捷键全选，按Ctrl+C快捷键复制“黄色”通道，如图11-183所示。选中“洋红”通道，按Ctrl+V快捷键将“黄色”通道粘贴到“洋红”通道中，如图11-184所示。

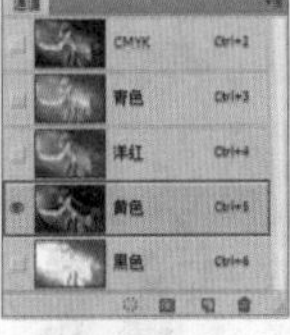

图11—183

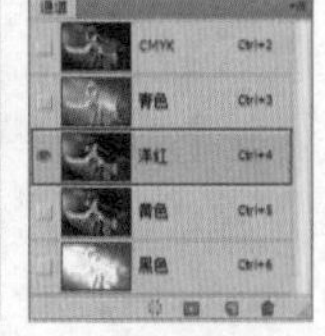

图11—184

04 单击CMYK复合通道，如图11-185所示，即可观察到画面效果，此时照片整体颜色发生了明显的变化，如图11-186所示。

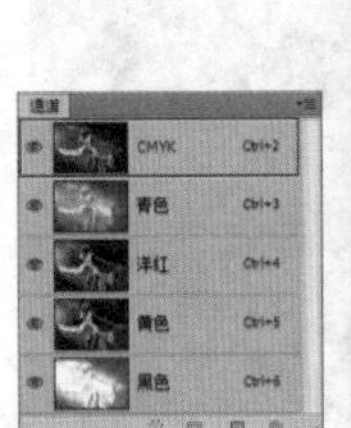

图11—185

图11—186

05 导入素材“2.png”置于画面中合适的位置，最终效果如图11-187所示。

图11—187

☆ 视频课堂——使用通道校正偏色图像

案例文件\第11章\视频课堂——使用通道校正偏色图像.psd
视频文件\第11章\视频课堂——使用通道校正偏色图像.flv

思路解析：

01 分析画面偏色情况，画面倾向于蓝紫色。
02 进入“通道”面板选择蓝色通道，进行调整。
03 对红通道进行调整。
04 将画面整体提亮。

11.5 使用通道进行复杂对象的抠图

“抠图”也称“抠像”，是从早期电视制作中得来的。英文称作Key，意思是吸取画面中的某一种颜色作为透明色，将它从画面中抠去，从而使背景透出来，形成二层画面的叠加合成。这样在室内拍摄的人物经抠像后与各种景物叠加在一起，形成神奇的艺术效果。在Photoshop中的抠图则更为丰富，不仅限于将人像从照片中提取出来，甚至可以抠取水花、云朵、烟雾等复杂对象。在Photoshop中可供抠图的工具有很多种，例如套索工具、选框工具、快速蒙版、钢笔抠图、抽出滤镜、通道、计算等，如图11-188和图11-189所示。

通道抠图主要是利用图像的色相差别或明度差别来创建选区，在操作过程中可以多次重复使用“亮度/对比度”、“曲线”、“色阶”等调整命令，以及画笔、加深、减淡等工具对通道进行调整，以得到最精确的选区。通道抠图法常用于抠选毛发、云朵、烟雾以及半透明的婚纱等对象。如图11-190和图11-191所示为将人像扣出，并添加背景的前后对比效果。

图11—188

图11—189

图11—190

图11—191

★ 案例实战——使用通道抠图提取长发美女

案例文件	案例文件\第11章\使用通道抠图提取长发美女.psd
视频教学	视频文件\第11章\使用通道抠图提取长发美女.flv
难易指数	★★★★★
技术要点	通道抠图法

案例效果

本案例主要是通过使用通道抠图为长发美女换背景，如图11-192和图11-193所示。

图11—192

图11—193

操作步骤

01 打开素材文件“1.jpg”，如图11-194所示。导入人像素材“2.jpg”，如图11-195所示。为了便于操作可以先将背景图层隐藏。

图11—194　　图11—195

02 如果想要将人像以及细密的发丝从白色背景中分离出来，那么在通道中就需要选择一个黑白对比明确的通道。进入“通道”面板，通过观察发现“蓝”通道的黑白对比最强烈，如图11-196所示。因此选择“蓝”通道，单击鼠标右键，在弹出的快捷菜单中执行“复制通道”命令，得到“蓝副本” 通道，如图11-197所示。

03 进一步强化通道中的黑白对比，选择“蓝副本” 通道，执行“图像>调整>曲线”命令，单击“在画面中取样已设置黑场”按钮，在人像身体部分进行单击，如图11-198所示。此时被单击的区域变为黑色。

图11—196

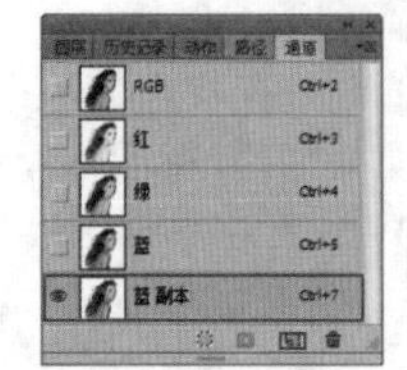

图11—197

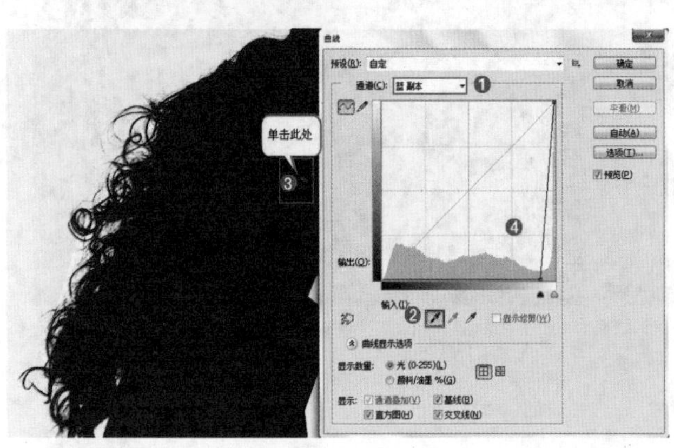

图11—198

技巧提示

如果人像部分没有完全变黑，也可以配合加深工具对画面的暗部区域进行加深。

04 选择“蓝副本”，单击“通道”面板底部的“将通道作为选区载入”按钮，如图11-199所示。得到选区，如图11-200所示。

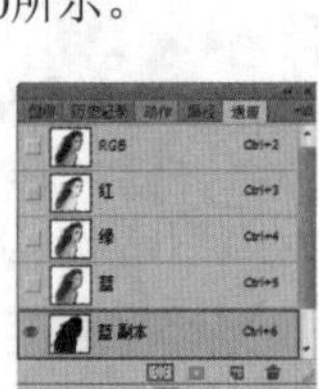

图11—199　图11—200

05 单击鼠标右键，在弹出的快捷菜单中执行“选择反向”命令，得到人像选区。回到“图层”面板，选中人像图层，单击“图层”面板底部的“添加图层蒙版”按钮，为其添加图层蒙版，如图11-201所示。效果如图11-202所示。

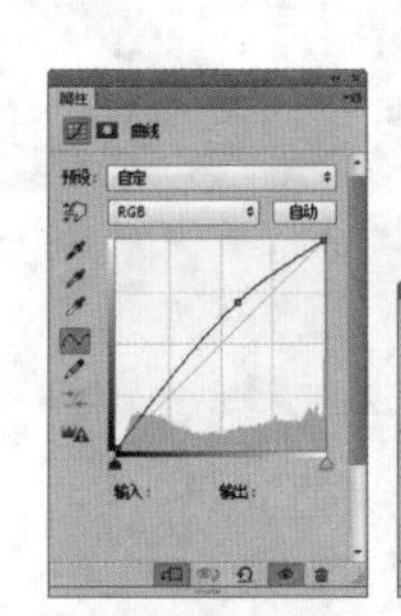

图11—201

图11—202

06 执行“图层>新建调整图层>曲线”命令，调整曲线的形状，如图11-203所示。选择曲线图层，单击鼠标右键，在弹出的快捷菜单中执行“创建剪贴蒙版”命令，效果如图11-204所示。人像效果如图11-205所示。

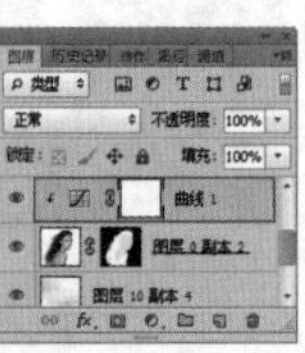

图11—203　图11—204　图11—205

07 继续导入花朵装饰素材“3.png”和光效素材“4.jpg”，并设置“光效”图层的“混合模式”为“滤色”，如图11-206所示。效果如图11-207所示。

图11—206　图11—207

★ 实例练习——使用通道为婚纱照片换背景

案例文件	案例文件\第11章\使用通道为婚纱照片换背景.psd
视频教学	视频文件\第11章\使用通道为婚纱照片换背景.flv
难易指数	★★★★★
技术要点	通道抠图

案例效果

本案例主要使用通道抠图法抠出半透明的婚纱，并更换背景，对比效果如图11-208和图11-209所示。

图11—208

图11—209

操作步骤

01 打开背景素材文件，从画面中可以看到本案例抠图的难点在于飘逸的人像头纱部分。这一部分应该为透明效果，需要通过通道抠图法制作出半透明效果，如图11-210所示。

02 按Ctrl+J快捷键复制出一个副本。首先选择原图层，使用钢笔工具勾勒出人像的轮廓，按Ctrl+Enter快捷键载入路径的选区，然后使用反向选择组合键Ctrl+Shift+I反选，再按Delete键，删除背景部分，如图11-211所示。

03 选择副本图层，使用钢笔工具勾勒出飘逸的头纱部分路径，按Ctrl+Enter快捷键载入选区后复制为独立图层，如图11-212所示。

图11—210

图11—211

图11—212

04 由于婚纱头饰部分的纱应该是半透明效果，所以需要对纱的部分进行进一步处理。隐藏其他图层只留下纱图层，如图11-213所示。效果如图11-214所示。

05 进入“通道”面板，可以看出蓝通道中纱颜色与背景颜色差异最大，在蓝通道上单击鼠标右键，在弹出的快捷菜单中执行“复制通道”命令，此时将会出现一个新的 “蓝副本” 通道，如图11-215所示。此时效果如图11-216所示。

06 为了使纱部分更加透明，就需要尽量增大该通道中前景色与背景色的差距，使用曲线快捷键Ctrl+M打开“曲线”对话框，建立两个控制点，调整好曲线形状，如图11-217所示。此时头纱部分黑白对比非常强烈，如图11-218所示。

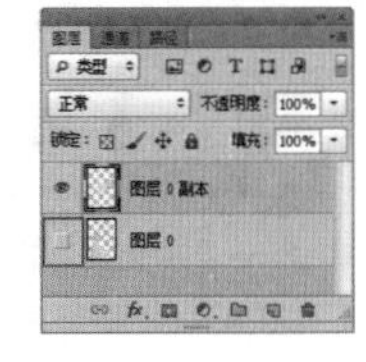

图11—213

图11—214

图11—215

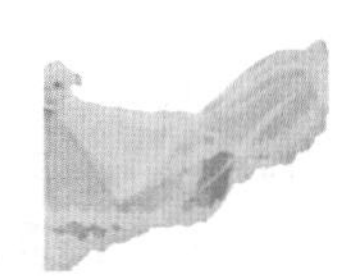

图11—216

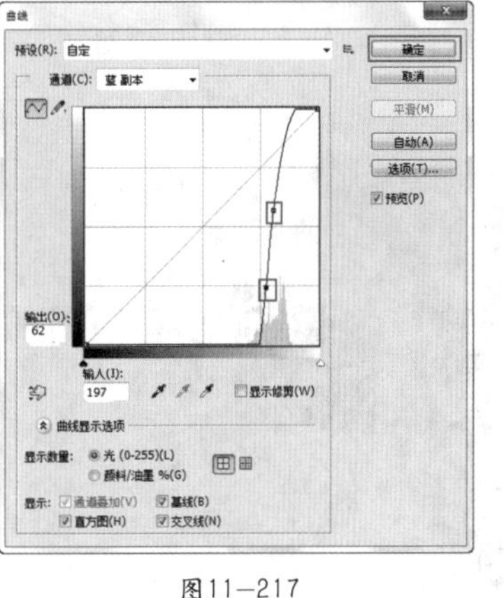

图11—217

图11—218

07 完成后按住Ctrl键并单击蓝通道副本缩览图载入选区，如图11-219所示。

08 选择RGB通道，再回到“图层”面板，为图层添加一个图层蒙版，如图11-220所示。打开隐藏的人像图层，如图11-221所示。

09 导入背景素材文件，将其放置在最底层位置，并创建新图层，使用黑色画笔在婚纱底部进行涂抹，制作出阴影效果，如图11-222所示。

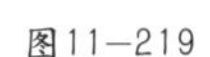

图11—219

10 创建新的“曲线”调整图层，分别调整蓝通道和RGB通道曲线形状，如图11-223和图11-224所示。使图像整体倾向于梦幻的蓝紫色，如图11-225所示。

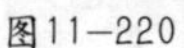

图11-220

图11-221

图11-222

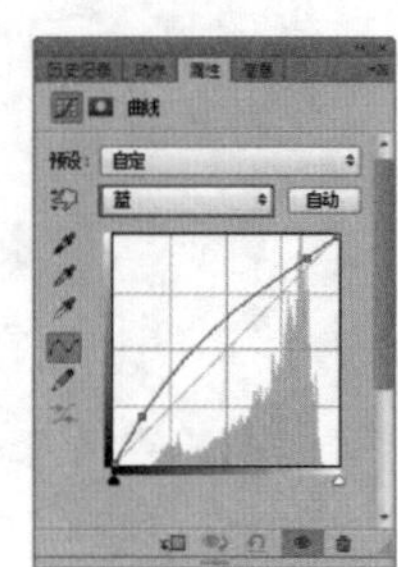

图11-223

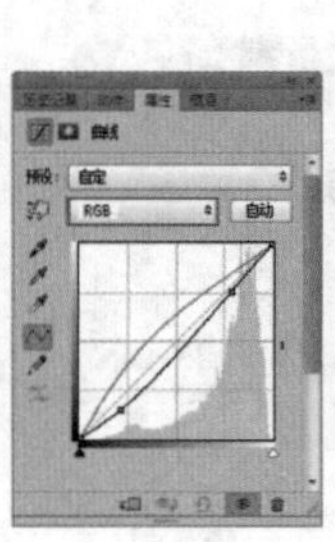

图11-224

图11-225

11 导入光效素材，设置“混合模式”为滤色，如图11-226所示。最终效果如图11-227所示。

图11-226

图11-227

☆ 视频课堂——使用通道抠出云朵

案例文件\第11章\视频课堂——使用通道抠出云朵.psd
视频文件\第11章\视频课堂——使用通道抠出云朵.flv

思路解析：

01 打开云朵素材，在“通道”面板中选择灰度适中的通道并复制。
02 调整复制通道的黑白对比，保留适当的灰色区域。
03 载入通道选区，复制出云朵部分。
04 将抠出的云朵放在人像照片合适的位置上。

课后练习

【课后练习——使用通道制作水彩画效果】

思路解析：本例通过复制人像通道并进行编辑从而得到新的Alpha通道，载入选区后为水彩素材添加图层蒙版，制作出水彩画效果。

本章小结

通道虽然是存储图像颜色信息和选区信息等不同类型信息的灰度图像，但是通过通道可以进行很多的高级操作，例如调色、抠图、磨皮以及制作特效图像等。了解通道的原理，掌握通道的操作方法会为图像的合成与编辑提供很大便利。

第12章

蒙版技术与合成

本章内容简介：

在Photoshop中，“蒙版”常常与抠图、合成连在一起，也可以说蒙版是抠图、合成的手段之一。如果在不使用蒙版的情况下想要为人像抠图，需要删除背景，而使用了蒙版则可以通过蒙版将背景部分“隐藏”，想要再次显示背景时也可以轻松地将背景还原。所以，蒙版这种非破坏性的编辑方式在合成中非常受欢迎。

本章学习要点：

- 掌握快速蒙版的使用方法
- 掌握剪贴蒙版的使用方法
- 掌握图层蒙版的使用方法
- 掌握矢量蒙版的使用方法

12.1 蒙版的基础知识

简单地说，“蒙版”就像将挡板放在彩色喷漆与墙面之间一样，被喷到的区域应该为挡板中镂空的部分，如图12-1所示。Photoshop中的蒙版是用于图像编辑以及合成的必备利器，蒙版不仅能够遮盖住部分图像使其避免受到操作的影响，还可以通过隐藏而非删除的方式进行非破坏性的编辑。

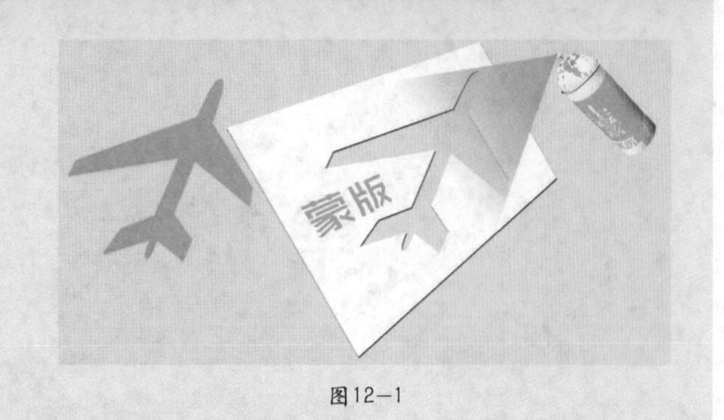

图12—1

12.1.1 蒙版的类型

使用蒙版编辑图像，不仅可以避免因为使用橡皮擦或剪切、删除等造成的失误操作，另外，还可以对蒙版应用一些滤镜，以得到一些意想不到的特效。在合成作品中经常会使用到不同种类的蒙版，如图12-2和图12-3所示为使用蒙版制作的作品。

在Photoshop中包含4种蒙版：快速蒙版、剪贴蒙版、矢量蒙版和图层蒙版。快速蒙版是一种用于创建和编辑选区的功能。剪贴蒙版通过一个对象的形状来控制其他图层的显示区域。矢量蒙版则通过路径和矢量形状控制图像的显示区域。图层蒙版通过蒙版中的灰度信息来控制图像的显示区域。

图12—2

图12—3

12.1.2 使用“属性”面板调整蒙版

“属性”面板是一个多功能面板，当所选图层包含图层蒙版或矢量蒙版时，“属性”面板将显示与蒙版相关的参数设置。在这里可以对所选图层的图层蒙版以及矢量蒙版的不透明度和羽化进行调整。执行“窗口>属性”命令，打开“属性”面板，如图12-4所示。

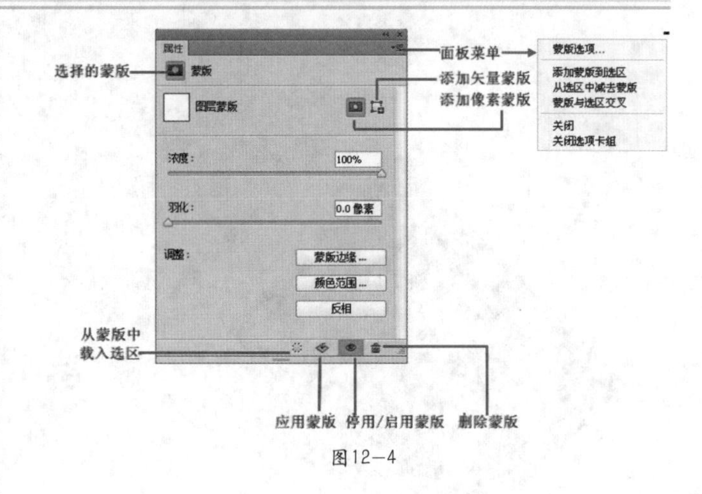

图12—4

- 选择的蒙版：显示了当前在“图层”面板中选择的蒙版。
- 添加像素蒙版/添加矢量蒙版：单击“添加像素蒙版”按钮，可以为当前图层添加一个像素蒙版；单击“添加矢量蒙版”按钮，可以为当前图层添加一个矢量蒙版。
- 浓度：该选项类似于图层的“不透明度”，用来控制蒙版的不透明度，也就是蒙版遮盖图像的强度。
- 羽化：用来控制蒙版边缘的柔化程度。数值越大，蒙版边缘越柔和；数值越小，蒙版边缘越生硬。
- 蒙版边缘：单击该按钮，打开“调整蒙版”对话框。在该对话框中，可以修改蒙版边缘，也可以使用不同的背景来查看蒙版，其使用方法与“调整边缘”对话框相同。

- 颜色范围：单击该按钮，打开“色彩范围”对话框。在该对话框中可以通过修改“颜色容差”来修改蒙版的边缘范围。
- 反相：单击该按钮，可以反转蒙版的遮盖区域，即蒙版中黑色部分会变成白色，而白色部分会变成黑色，未遮盖的图像将边调整为负片。
- 从蒙版中载入选区：单击该按钮，可以从蒙版中生成选区。另外，按住Ctrl键单击蒙版的缩览图，也可以载入蒙版的选区。
- 应用蒙版：单击该按钮可将蒙版应用到图像中，同时删除蒙版以及被蒙版遮盖的区域。
- 停用/启用蒙版：单击该按钮，可以停用或重新启用蒙版。停用蒙版后，在“属性”面板的缩览图和“图层”面板中的蒙版缩览图中都会出现一个红色的交叉线×。
- 删除蒙版：单击该按钮，可以删除当前选择的蒙版。

12.2 使用快速蒙版创建与编辑选区

12.2.1 认识快速蒙版

视频精讲：Photoshop CS6新手学视频精讲课堂/快速蒙版.flv

快速蒙版与其他蒙版不同，它不具备隐藏画面像素的功能。快速蒙版其实是一种可以创建和编辑选区的工具，进入快速蒙版状态后选区会以“半透明的红色薄膜”形式呈现，并且可以使用画笔、滤镜、调整命令等对快速蒙版进行编辑，从而达到编辑选区的目的，退出快速蒙版后即可以“半透明的红色薄膜”覆盖的区域得到选区。如图12-5和图12-6所示为使用快速蒙版编辑制作的复杂选区。

在工具箱中单击“以快速蒙版模式编辑”按钮或按Q键，可以进入快速蒙版编辑模式，当在快速蒙版模式中工作时，“通道”面板中出现一个临时的快速蒙版通道，如图12-7和图12-8所示，但是所有的蒙版编辑都是在图像窗口中完成的。

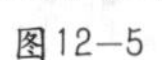

图12—5

图12—6

图12—7

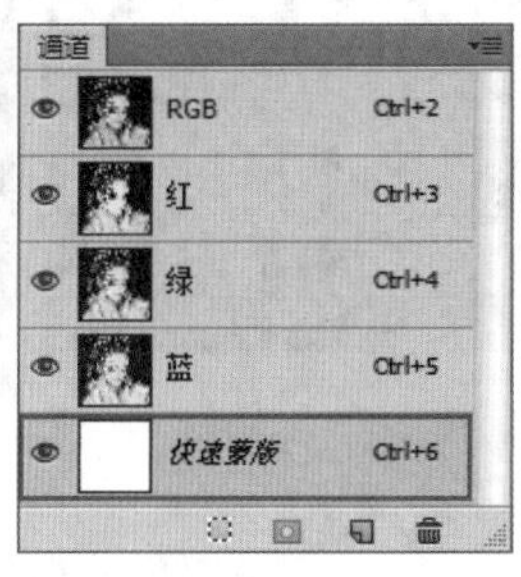

图12—8

12.2.2 动手学：使用快速蒙版创建选区

❶当画面中不包含选区时可以通过快速蒙版创建选区。在工具箱中单击“以快速蒙版模式编辑”按钮或按Q键，可以进入快速蒙版编辑模式，此时在“通道”面板中可以观察到一个快速蒙版通道，如图12-9和图12-10所示。

❷进入快速蒙版编辑模式以后，可以使用绘画工具（如画笔工具）在图像上进行绘制，绘制区域将以红色显示出来，如果使用橡皮擦工具则会擦除蒙版。红色的区域表示未选中的区域，非红色区域表示选中的区域，如图12-11所示。

❸在工具箱中单击“以快速蒙版模式编辑”按钮或按Q键退出快速蒙版编辑模式，蒙版以外的部分自动变为选区，如图12-12所示。

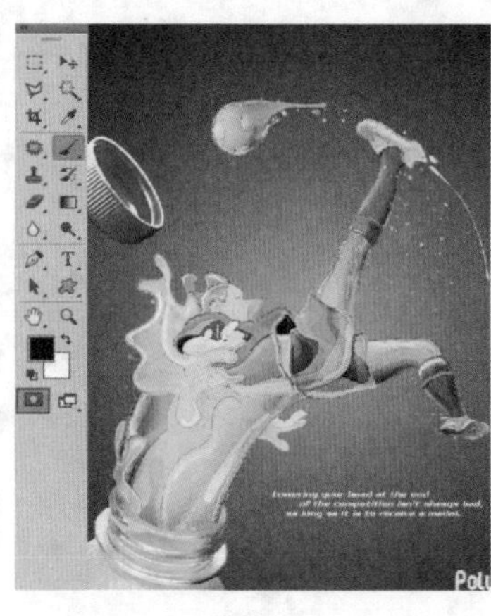

图12-9

图12-10

图12-11

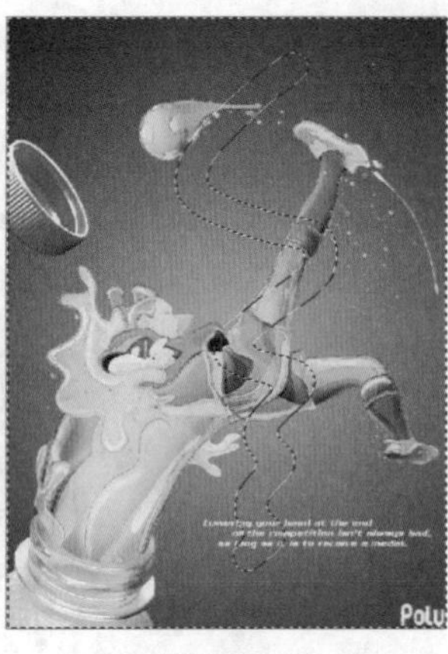

图12-12

12.2.3 动手学：使用快速蒙版编辑选区

❶当画面中包含选区时，如图12-13所示。在工具箱中单击“以快速蒙版模式编辑”按钮或按Q键，可以进入快速蒙版编辑模式，此时选区以外的部分表面被半透明的红色快速蒙版覆盖，如图12-14所示。

❷此时可以使用黑色画笔进行绘制，也可以使用滤镜对快速蒙版进行处理，如图12-15和图12-16所示。

❸编辑完毕后，再次单击工具箱中的“以快速蒙版模式编辑”按钮或按Q键退出快速蒙版编辑模式，可以得到我们想要的选区，如图12-17所示。

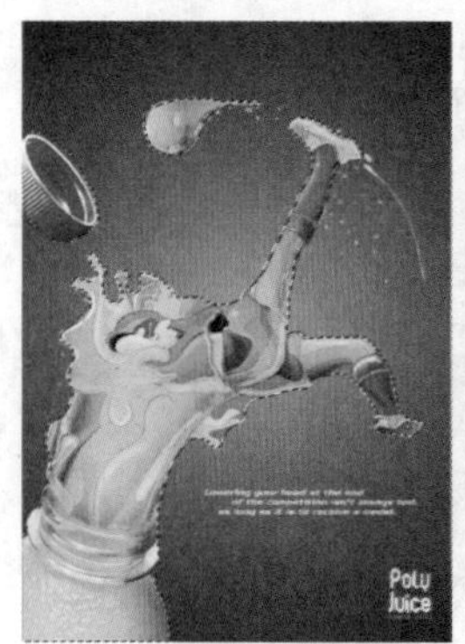

图12-13

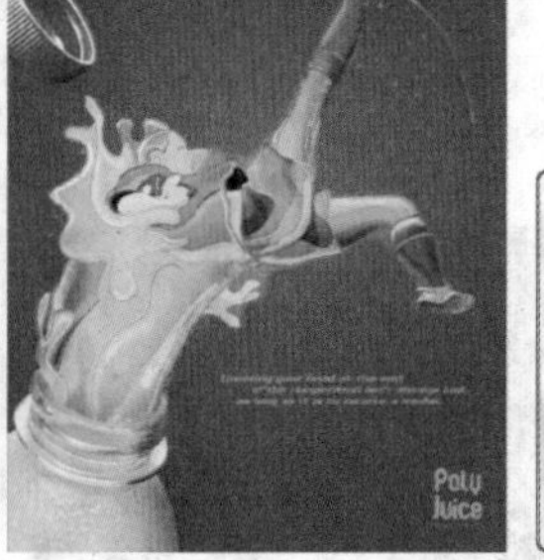

图12-14

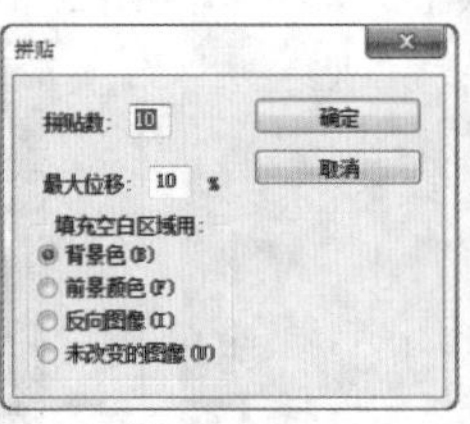

图12-15

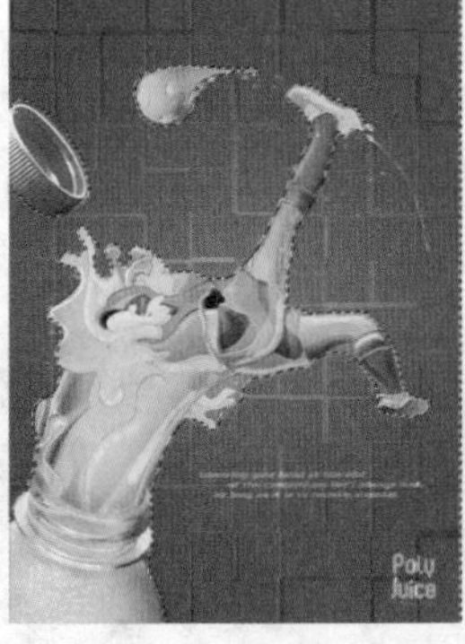

图12-16

图12-17

12.3 使用剪贴蒙版

视频精讲：Photoshop CS6新手学视频精讲课堂/使用剪贴蒙版.flv

剪贴蒙版是通过使用处于下方图层的形状来限制上方图层的显示状态，在平面设计制图中非常常用，如图12-18和图12-19所示为使用剪贴蒙版制作的作品。

图12-18

图12-19

12.3.1 剪贴蒙版的原理

剪贴蒙版是通过使用处于下方图层的形状来限制上方图层的显示状态。剪贴蒙版组由两个部分组成：基底图层和内容图层。基底图层用于限定最终图像的形状，而内容图层则用于限定最终图像显示的颜色图案。如图12-20和图12-21 所示为剪贴蒙版的原理图。效果如图12-22所示。

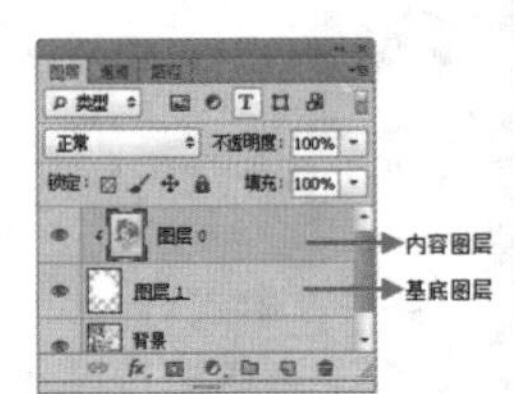

图12—20

图12—21

图12—22

技术拓展：基底图层和内容图层

- 基底图层：是位于剪贴蒙版组最底端的一个图层，基底图层只有一个，它决定了位于其上面的图像的显示范围。如果对基底图层进行移动、变换等操作，那么上面的图像也会随之受到影响。
- 内容图层：可以是一个或多个。对内容图层的操作不会影响基底图层，但是对其进行移动、变换等操作时，其显示范围也会随之而改变。需要注意的是，剪贴蒙版虽然可以应用在多个图层中，但是这些图层不能是隔开的，必须是相邻的图层。

剪贴蒙版的内容图层不仅可以是普通的像素图层，还可以是“调整图层”、“形状图层”、“填充图层”等类型图层，如图12-23所示。使用“调整图层”作为剪贴蒙版中的内容图层是非常常见的，主要可以用作对某一图层的调整而不影响其他图层，如图12-24和图12-25所示。

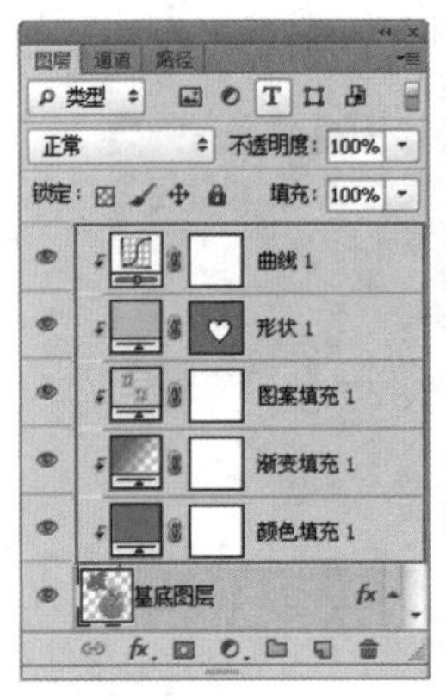

图12—23

图12—24

图12—25

12.3.2 动手学：创建与释放剪贴蒙版

打开一个包含3个图层的文档，下面就以这个文档来讲解如何创建剪贴蒙版，如图12-26和图12-27所示。

图12—26

图12—27

01在“内容图层”的名称上单击鼠标右键，在弹出的快捷菜单中执行“创建剪贴蒙版”命令，或选择“内容图层”并执行“图层>创建剪贴蒙版”命令，可以将“内容图层”和“基底图层”创建为一个剪贴蒙版，如图12-28所示。创建剪贴蒙版以后，“内容图层”就只显示“基底图层”的区域，如图12-29所示。

02在“内容图层”的名称上单击鼠标右键，在弹出的快捷菜单中选择“释放剪贴蒙版”命令，或者执行“图层>

释放剪贴蒙版”命令，即可释放剪贴蒙版，如图12-30所示。释放剪贴蒙版以后，“内容图层”显示的区域就不再受“基底图层”控制，如图12-31所示。

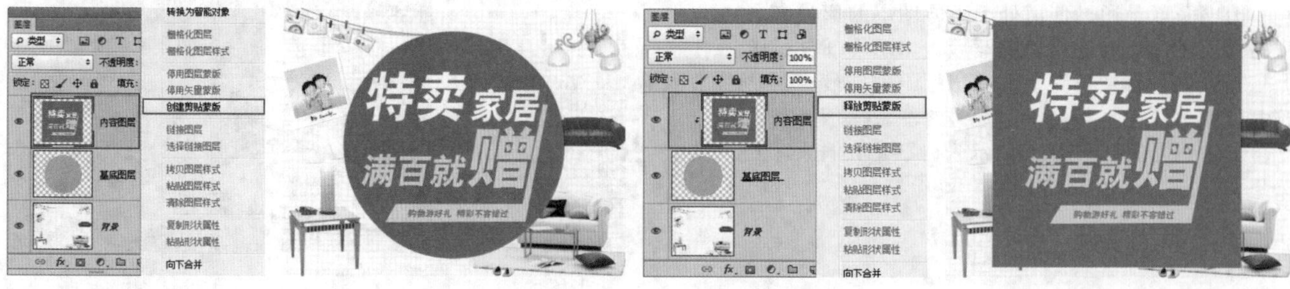

图12—28　　图12—29　　图12—30　　图12—31

技巧提示

按住Alt键，然后将光标放置在内容图层和基底图层之间的分隔线上，待光标变成↓□/↘□形状时单击鼠标左键即可创建或释放剪贴蒙版，如图12—32和图12—33所示。

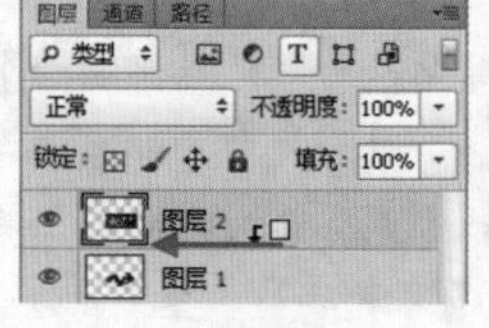
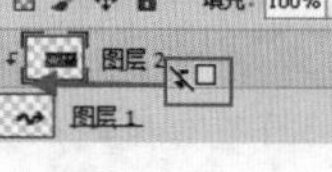

图12—32　　图12—33

12.3.3 动手学：调整剪贴蒙版组中图层的顺序

剪贴蒙版的内容图层有多个，调整内容图层的顺序与调整普通图层顺序相同，单击并拖动调整即可，如图12-34和图12-35所示。需要注意的是，一旦移动到基底图层的下方就相当于释放剪贴蒙版。

在已有剪贴蒙版的情况下，将一个图层拖动到基底图层上方，如图12-36所示，即可将其加入到剪贴蒙版组中，如图12-37所示。

图12—34　　图12—35　　图12—36　　图12—37

12.3.4 动手学：为剪贴蒙版添加样式与设置混合

如图12-38所示为未添加样式的画面效果。若要为剪贴蒙版添加图层样式，需要在基底图层上添加，如图12-39和图12-40所示。如果错将图层样式添加在内容图层上，那么位于基底图层以外的样式是不会显示的。

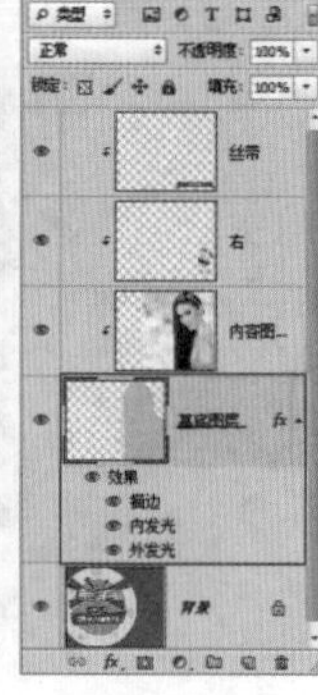

图12—38　　图12—39　　图12—40

当对内容图层的“不透明度”和“混合模式”进行调整时，只有与基底图层混合效果发生变化，不会影响到剪贴蒙版中的其他图层，如图12-41所示。当对基底图层的“不透明度”和“混合模式”调整时，整个剪贴蒙版中的所有图层都会以设置的不透明度数值以及混合模式进行混合，如图12-42所示。

图12—41

图12—42

★ 案例实战——使用剪贴蒙版制作多彩文字

案例文件	案例文件\第12章\使用剪贴蒙版制作多彩文字.psd
视频教学	视频文件\第12章\使用剪贴蒙版制作多彩文字.flv
难易指数	★★★★★
技术要点	剪贴蒙版

案例效果

本案例主要使用剪贴蒙版为文字添加多彩的光感效果，如图12-43所示。

图12—43

操作步骤

01 打开背景素材“1.jpg”，如图12-44所示。选择“横排文字工具”，在选项栏中设置合适的字号以及字体，在画面中输入文字，如图12-45所示。

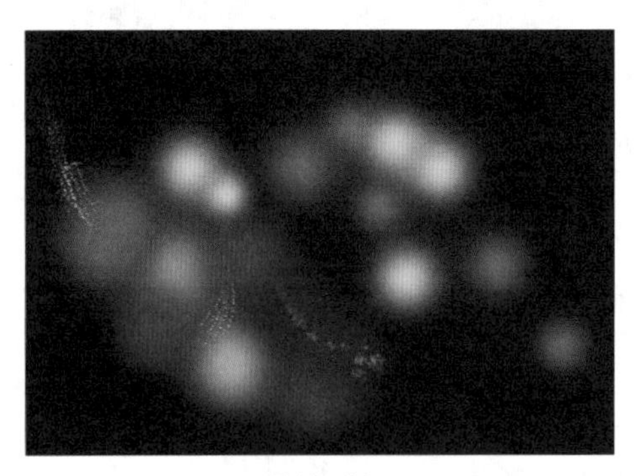

图12—44

图12—45

02 新建图层“渐变”，使用矩形选框工具绘制选区，单击工具箱中的“渐变工具”按钮，编辑橙黄色系的渐变，并在新建图层中进行填充，如图12-46所示。

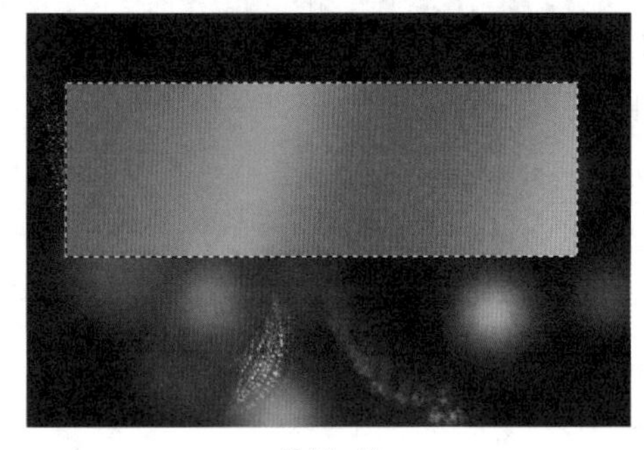

图12—46

03 为了使文字表面具有渐变图层中的效果，需要在“渐变”图层上单击鼠标右键，在弹出的快捷菜单中执行“创建剪贴蒙版”命令，为文字创建剪贴蒙版，如图12-47所示。此时渐变效果出现在文字上，而且文字以外的渐变区域被隐藏，效果如图12-48所示。

04 导入条纹素材“2.png”置于文字上方，同样为其创建剪贴蒙版，如图12-49和图12-50所示。

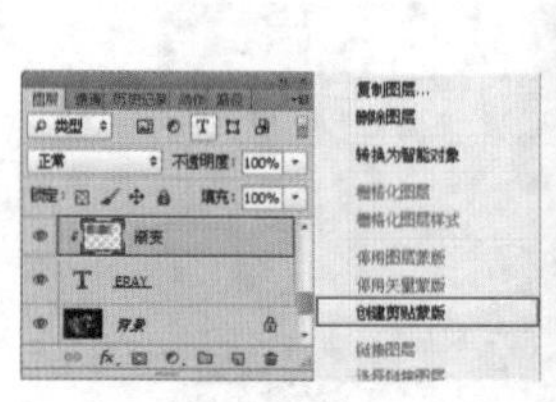

图12-47

图12-48

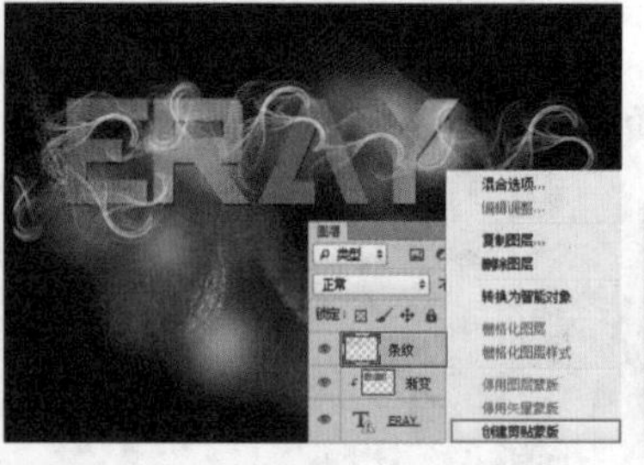

图12-49

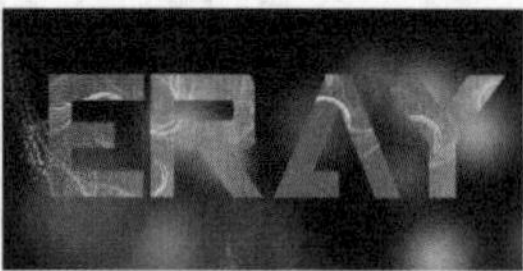

图12-50

05 为文字部分添加投影的图层样式，增强文字的立体感。所以需要选中作为基底图层的文字图层，执行“图层>图层样式>投影”命令，设置“混合模式”为正常，颜色为黑色，“不透明度”为75%，“角度”为120度，“距离”为17像素，“扩展”为0%，“大小”为1像素，单击“确定”按钮，如图12-51所示。效果如图12-52所示。

06 同样方法制作其他的文字，效果如图12-53所示。导入光效素材“3.jpg”，设置图层的“混合模式”为滤色。最终效果如图12-54所示。

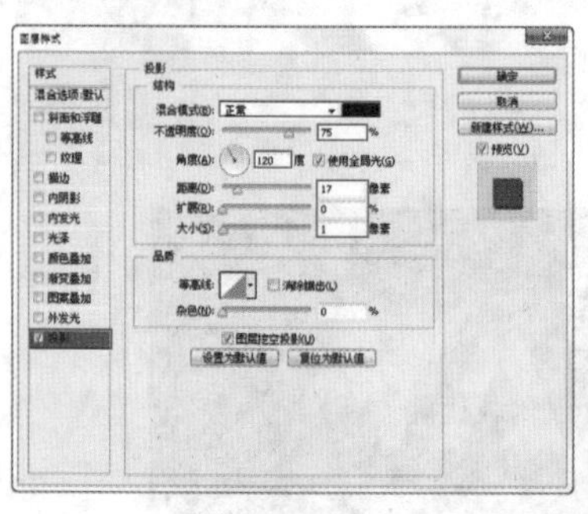

图12-51

图12-52

图12-53

图12-54

12.4 使用图层蒙版进行非破坏性抠图

视频精讲：Photoshop CS6新手学视频精讲课堂/使用图层蒙版.flv

图层蒙版是Photoshop抠像合成必备的工具，因为图层蒙版是以隐藏多余像素代替删除的方法对画面进行编辑，既能够达到抠图的目的，又避免了对原图层的破坏，属于非破坏性编辑工具。如图12-55和图12-56所示为使用到图层蒙版进行制作的作品。

图12-55

图12-56

12.4.1 图层蒙版的工作原理

技术速查：图层蒙版是一种位图工具，通过蒙版中的黑白关系控制画面的显示与隐藏，蒙版中黑色的区域表示隐藏，白色的区域为显示，而灰色的区域则为半透明显示，灰色程度越深画面越透明。

可以通过使用画笔工具、填充命令、滤镜操作等处理蒙版的黑白关系，从而控制图像的显示隐藏。打开包含两个图层的文档，顶部图层包含图层蒙版，并且图层蒙版为白色，如图12-57所示。按照图层蒙版“黑透、白不透”的工作原理，此时文档窗口中将完全显示“图层1”的内容，如图12-58所示。

如果要全部显示“背景”图层的内容，可以选择顶部图层的蒙版，然后用黑色填充图层蒙版，如图12-59所示。如果以半透明方式来显示当前图像，可以用灰色填充顶部图层的图层蒙版，如图12-60所示。

除了可以在图层蒙版中填充颜色以外，也可以在图层蒙版中填充渐变、使用不同的画笔工具来编辑蒙版，还可以在图层蒙版中应用各种滤镜。如图12-61~图12-63所示分别是填充渐变、使用画笔以及应用“纤维”滤镜以后的蒙版状态与图像效果。

图12—57

图12—58

图12—59

图12—60

图12—61

图12—62

图12—63

技术拓展：剪贴蒙版与图层蒙版的差别

01从形式上看，普通的图层蒙版只作用于一个图层，给人的感觉好象是在图层上面进行遮挡一样。但剪贴蒙版却是对一组图层进行影响，而且是位于被影响图层的最下面。

02普通的图层蒙版本身不是被作用的对象，而剪贴蒙版本身又是被作用的对象。

03普通的图层蒙版仅仅是影响作用对象的不透明度，而剪贴蒙版除了影响所有顶层的不透明度外，其自身的混合模式及图层样式都将对顶层产生直接影响。

12.4.2 动手学：创建图层蒙版

创建图层蒙版的方法有很多种，既可以直接在“图层”面板或“属性”面板中进行创建，也可以从选区或图像中生成图层蒙版。

创建并编辑图层蒙版

01在文档中导入两个图像素材，分别作为图层1、图层2，首先将图层2隐藏，如图12-64所示。

02选择需要添加图层蒙版的图层1，单击“图层”面板底部的“添加图层蒙版”按钮，如图12-65所示，即可为该图层添加一个图层蒙版，如图12-66所示。

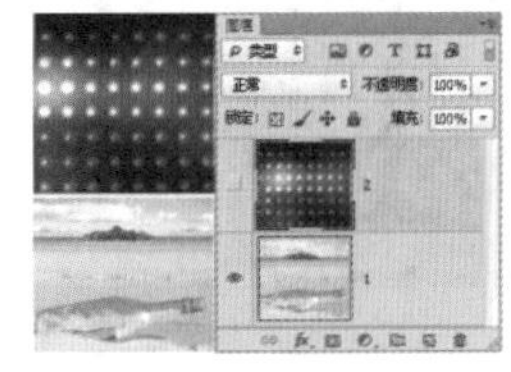

图12—64

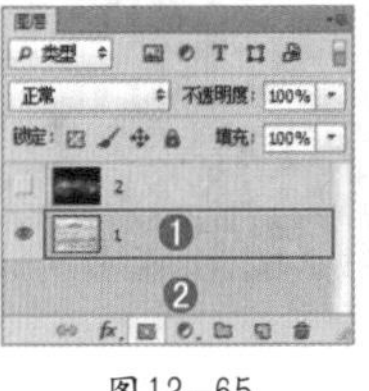

图12—65

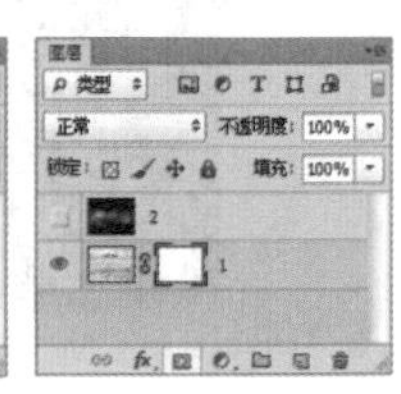

图12—66

03图层蒙版添加完成后单击该图层蒙版，进入蒙版编辑状态，此时可以使用黑色画笔进行绘制，如图12-67所示。在画面中可以看到黑色画笔绘制的区域变为透明，如图12-68所示。

04正常编辑状态下是无法观看整个图层蒙版的，如果想要在蒙版视图下进行编辑，可以按住Alt键单击蒙版缩览图，如图12-69所示。将图层蒙版在文档窗口中显示出来，如图12-70所示。

图12—67

图12—68

图12—69

图12—70

技巧提示

这一步操作主要是为了更加便捷地显示出图层蒙版，也可以打开“通道”面板，显示出最底部的“图层0蒙版”通道并进行粘贴，如图12-71所示。

图12-71

05在蒙版编辑状态下还可以进行内容的粘贴。例如，事前复制好图层2的全部内容，然后在图层1蒙版视图下按粘贴快捷键Ctrl+V，那么刚刚复制的内容会被粘贴到蒙版中，如图12-72所示。单击图层内容缩览图即可回到图像显示状态下，如图12-73和图12-74所示。

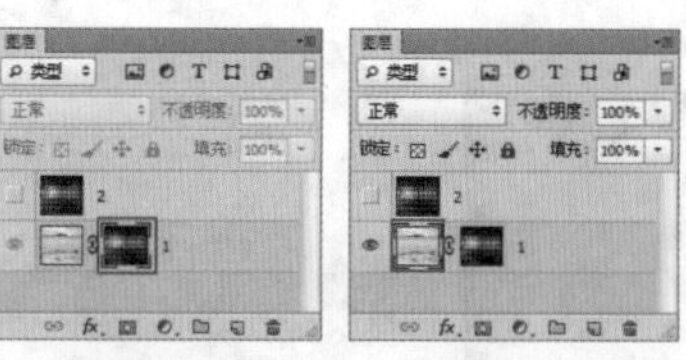

图12-72　图12-73　图12-74

技巧提示

由于图层蒙版只识别灰度图像，所以粘贴到图层蒙版中的内容将会自动转换为黑白效果。

★ 案例实战——使用图层蒙版制作走出画面的大象

案例文件	案例文件\第12章\使用图层蒙版制作走出画面的大象.psd
视频教学	视频文件\第12章\使用图层蒙版制作走出画面的大象.flv
难易指数	★★★★★
技术要点	图层蒙版、混合模式

案例效果

本案例主要是使用图层蒙版以及混合模式制作走出画面的大象，如图12-75所示。

图12-75

操作步骤

01打开背景素材文件，如图12-76所示。

图12-76

02导入前景路标素材，设置其“混合模式”为“正片叠底”，如图12-77所示。效果如图12-78所示。

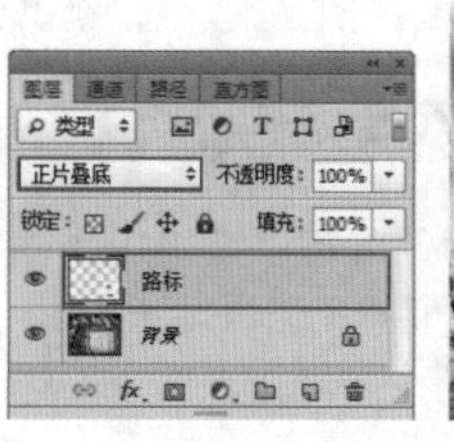

图12-77　图12-78

03选择路标图层，单击“图层”面板底部的“添加图层蒙版”按钮，为其添加图层蒙版，使用黑色硬角画笔在蒙版中绘制路标的合适部分，如图12-79所示。隐藏路标相框外的部分，效果如图12-80所示。

图12-79　图12-80

04导入大象素材置于画框位置，如图12-81所示。

图12-81

05隐藏大象图层，使用矩形选框工具沿着相框内部区域绘制选区，如图12-82所示。选择大象图层，单击“图层”面板底部的“添加图层蒙版”按钮，以当前选区为其添加图层蒙版，如图12-83所示。效果如图12-84所示。

06 使用白色画笔在蒙版中绘制大象的头部，如图12-85所示。最终效果如图12-86所示。

图12—82

图12—83

图12—84

图12—85

图12—86

★ 案例实战——炫彩风格服装广告

案例文件	案例文件\第12章\炫彩风格服装广告.psd
视频教学	视频教学\第12章\炫彩风格服装广告.flv
难易指数	★★★★★
技术要点	图层蒙版、钢笔工具、文字工具

案例效果

本案例主要是利用图层蒙版、钢笔工具、文字工具等工具制作炫彩风格服装广告，效果如图12-87所示。

图12—87

操作步骤

01 新建文件，执行“文件>新建”命令，设置“宽度”为3500像素，“高度”为2400像素，如图12-88所示。

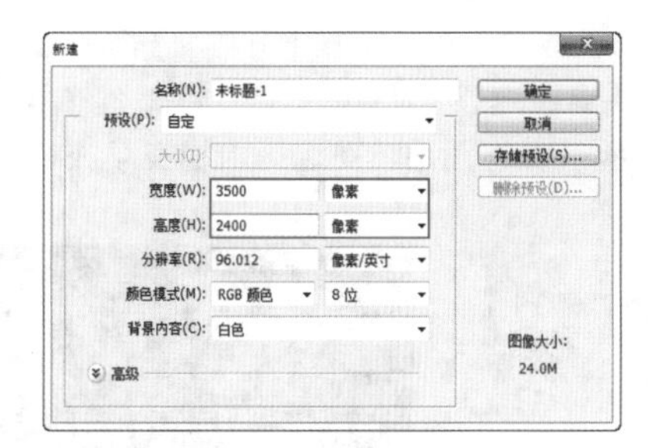

图12—88

02 将图层填充为黑色，新建图层组，导入人像素材文件“1.jpg”，调整合适大小，将其放置在画面左侧，如图12-89所示。单击工具箱中的“矩形选框工具”按钮，在人像素材上绘制合适大小的矩形选区，如图12-90所示。

图12—89　图12—90

03 单击“图层”面板上的“添加图层蒙版”按钮，如图12-91所示，隐藏多余部分，如图12-92所示。分别导入人像素材文件“2.jpg”、“3.jpg”、“4.jpg”、“5.jpg”、“6.jpg”、“7.jpg”和“8.jpg”，同样方法为其添加图层蒙版并依次排列，如图12-93所示。

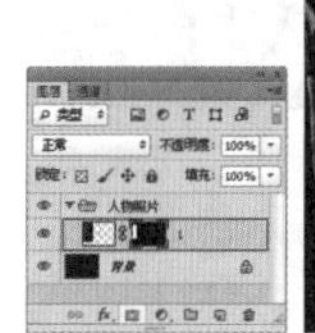
图12—91　图12—92

图12—93

04 单击工具箱中的“钢笔工具”按钮，在画面中绘制一个曲线形状的闭合路径，如图12-94所示。单击鼠标右键，在弹出的快捷菜单中执行“建立选区”命令，设置羽化半径为0，得到选区，如图12-95所示。

图12—94

图12—95

05 新建图层，单击工具箱中的“渐变填充工具”按钮，在“渐变编辑器”窗口中设置一种玫红色系渐变，如图12-96所示。新建图层，在选区内拖曳填充，如图12-97所示。

图12—96

图12—97

06 同样方法绘制另外一个小一些的选区，如图12-98所示。新建图层填充黑色，并设置该图层的“不透明度”为85%，如图12-99所示。

图12—98

图12—99

07 为黑色图层添加图层蒙版，使用黑色画笔在蒙版上进行适当的涂抹，隐藏多余部分，如图12-100所示。同样的方法制作另外一些颜色不同的形状，如图12-101所示。

图12—100

图12—101

08 继续使用钢笔工具在左侧绘制一个弯曲的形状，新建图层并填充为白色，如图12-102所示。设置“不透明度”为20%，如图12-103所示。

图12—102

图12—103

09 在右侧绘制另外一个弯曲的形状，新建图层并填充为洋红色，如图12-104所示。设置图层的“混合模式”为柔光，“不透明度”为80%，如图12-105所示。

图12—104

图12—105

10 制作光斑。单击“画笔工具”按钮，设置一种柔角画笔，调整较大画笔，新建图层并单击绘制一个紫色的柔角圆，如图12-106所示。按Ctrl+T自由变换快捷键，将圆调整为条形，如图12-107所示。

图12—106

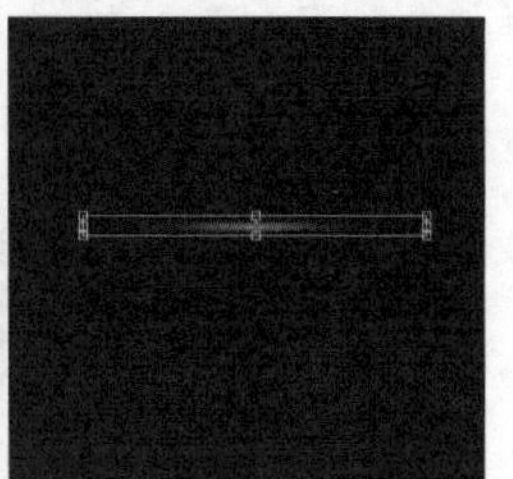

图12—107

11 复制条形并将其旋转至合适角度，如图12-108所示。新建图层，使用圆形柔角画笔在十字中心单击绘制一个圆形光点，完成光斑的制作，如图12-109所示。

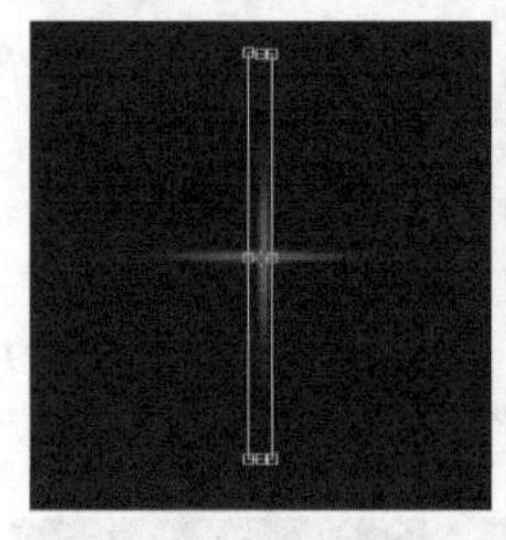

图12—108

图12—109

12 将光斑图层合并并调整为白色，多次复制摆放在其他位置，如图12-110所示。

图12—110

制作文字部分，单击工具箱中的“横排文字工具”按钮T，在选项栏中设置合适字体及大小，在画面右下角输入多组粉色文字，如图12-111所示。将全部文字图层合并为一个图层，并设置文字图层的“混合模式”为颜色减淡，如图12-112所示。

思维点拨

本案例充分地展现出了玫瑰红的特点。玫瑰红是女人的象征，玫瑰红的色彩透彻明晰，流露出含蓄的美感，华丽而不失典雅。玫瑰红色充分展现了女性的美。

14 继续使用横排文字工具输入画面的其他文字。导入标志素材文件“9.png”，调整合适大小及位置，最终效果如图12-113所示。

图12—111

图12—112

图12—113

12.4.3 蒙版与选区

蒙版与选区是相互关联的，也是可以互相转换的。如果想要得到图层蒙版的选区，可以按住Ctrl键单击蒙版的缩览图载入蒙版的选区。

如果当前图像中存在选区，如图12-114所示。选择一个图层并单击“图层”面板下的“添加图层蒙版”按钮，可以基于当前选区为图层添加图层蒙版，在蒙版中选区以内的部分为白色，选区以外的部分为黑色，如图12-115所示。也就是说选区以外的图像将被蒙版隐藏，如图12-116所示。

如果当前画面中包含选区，那么就可以使蒙版中的选区与现有选区进行计算。在图层蒙版缩览图上单击鼠标右键，如图12-117所示，在弹出的快捷菜单中即可看到3个关于蒙版与选区运算的命令，如图12-118所示。此处的运算与选区运算完全相同。

图12—114

图12—115

图12—116

图12—117

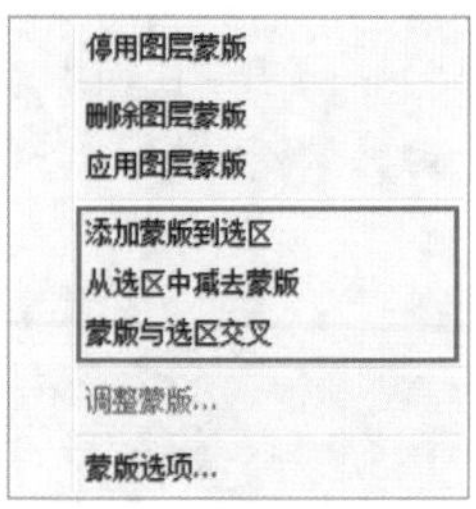

图12—118

12.4.4 动手学：停用与启用图层蒙版

01 如果要停用图层蒙版，可以选择要停用的图层，执行“图层>图层蒙版>停用”命令，或在图层蒙版缩览图上单击鼠标右键，在弹出的快捷菜单中选择“停用图层蒙版”命令，如图12-119和图12-120所示。停用蒙版后，在“属性”面板的缩览图和“图层”面板中的蒙版缩览图中都会出现一个红色的交叉线×。

02在停用图层蒙版以后，如果要重新启用图层蒙版，可以执行“图层>图层蒙版>启用”命令，或在蒙版缩览图上单击鼠标右键，在弹出的快捷菜单中选择“启用图层蒙版”命令，如图12-121和图12-122所示。

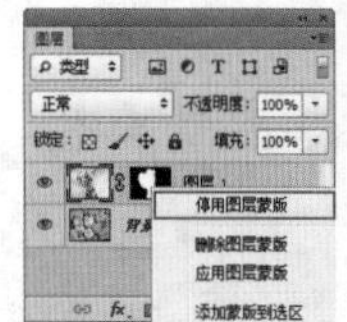
图12—119

图12—120

图12—121

图12—122

技巧提示

也可以选择图层蒙版，在“属性”面板中单击“停用/启用蒙版”按钮，如图12—123和图12—124所示。

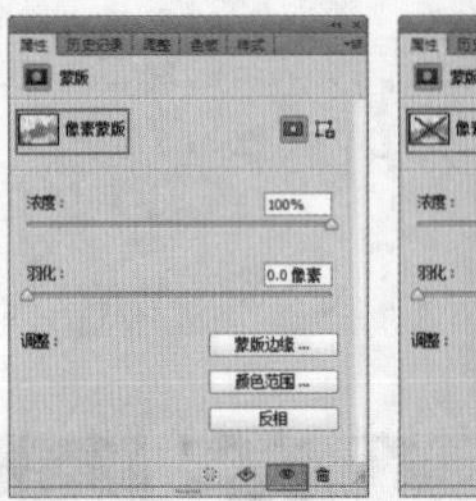
图12—123

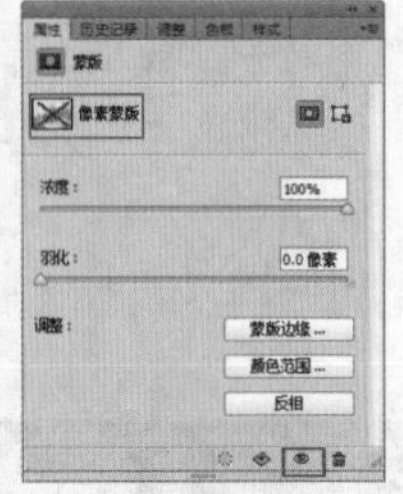
图12—124

★ 案例实战——图层蒙版配合不同笔刷制作涂抹画

案例文件	案例文件\第12章\图层蒙版配合不同笔刷制作涂抹画.psd
视频教学	视频文件\第12章\图层蒙版配合不同笔刷制作涂抹画.flv
难易指数	★★★★★
技术要点	图层蒙版、笔刷

案例效果

本案例主要是使用图层蒙版配合不同笔刷制作涂抹画，如图12-125所示。

图12—125

操作步骤

01 打开背景素材文件，如图12-126所示。导入照片素材“2.jpg”置于画面中合适位置，如图12-127所示。

图12—126

图12—127

02 为照片图层添加图层蒙版，并将蒙版填充黑色，如图12-128所示。设置前景色为白色，选择画笔工具，在选项栏中选择合适的笔尖形状，设置“不透明度”为79%，“流量”为62%，在蒙版中绘制涂抹，效果如图12-129所示。

图12—128

图12—129

03 在选项栏中更改画笔形状，适当降低画笔的“不透明度”以及“流量”，在蒙版中绘制涂抹，如图12-130所示。

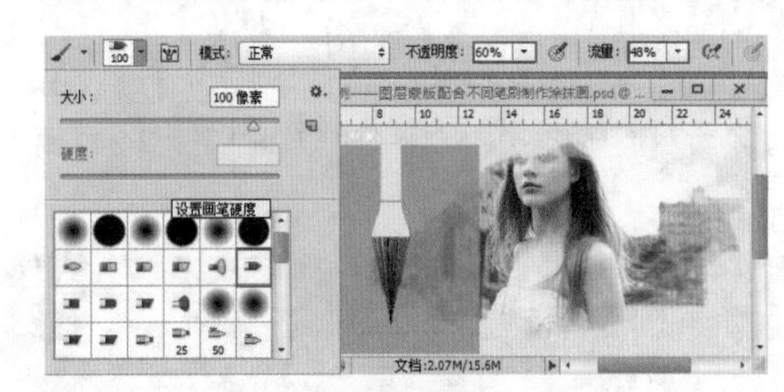
图12—130

04 再次更换画笔形状，在蒙版中绘制涂抹，效果如图12-131所示。

图12—131

05 使用同样方法继续绘制，效果如图12-132所示。最后导入相框素材“3.png”，置于画面中合适的位置，使用横排文字工具，设置合适的前景色、字号以及字体，在画面中输入文字，效果如图12-133所示。

图12—132

图12—133

12.4.5 应用图层蒙版

技术速查：应用图层蒙版是指将图像中对应蒙版中的黑色区域删除，白色区域保留下来，而灰色区域将呈透明效果，并且删除图层蒙版。

在图层蒙版缩览图上单击鼠标右键，在弹出的快捷菜单中选择“应用图层蒙版”命令，如图12-134所示，可以将蒙版应用在当前图层中。应用图层蒙版以后，蒙版效果将会应用到图像上，如图12-135所示。

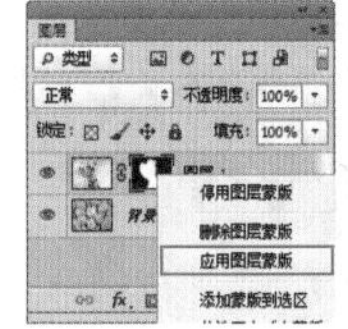

图12—134

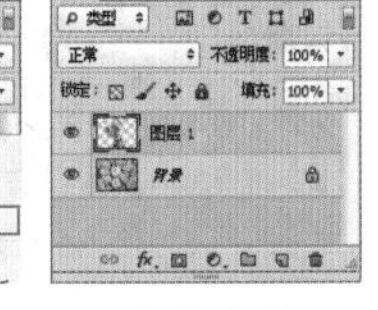

图12—135

12.4.6 动手学：图层蒙版的转移与复制

01 单击选中要转移的图层蒙版缩览图并将蒙版拖曳到其他图层上，如图12-136所示，即可将该图层的蒙版转移到其他图层上，如图12-137所示。如果移动到另一个包含蒙版的图层上，则可以选择是否要替换该图层的蒙版。

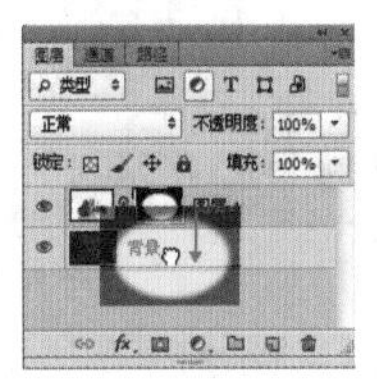

图12—136

图12—137

02 如果要将一个图层的蒙版复制到另外一个图层上，可以按住Alt键将蒙版缩览图拖曳到另外一个图层上，如图12-138和图12-139所示。

图12—138

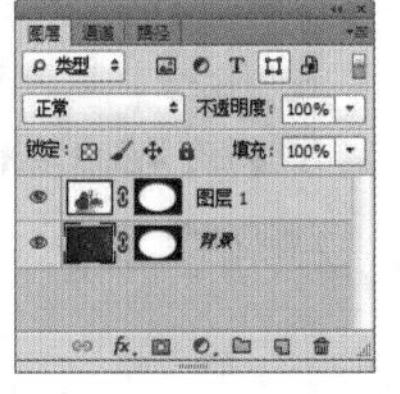

图12—139

☆ 视频课堂——炸开的破碎效果

案例文件\第12章\视频课堂——炸开的破碎效果.psd

视频文件\第12章\视频课堂——炸开的破碎效果.flv

思路解析：

01 打开背景素材，导入人像素材。

02 使用快速选择工具将人像素材的背景部分选中并去除。

03 为人像图层添加图层蒙版，在蒙版中绘制大量飞鸟，制作出破碎效果。

04 使用飞鸟画笔在裙子周围绘制出大量飞鸟，作为碎片。

05 最后进行画面整体的调色处理。

12.4.7 删除图层蒙版

如果要删除图层蒙版，可以选中图层，执行“图层>图层蒙版>删除”命令。在蒙版缩览图上单击鼠标右键，在弹出的快捷菜单中选择“删除图层蒙版”命令，如图12-140所示。也可选择蒙版，然后直接在“属性”面板中单击“删除蒙版”按钮，如图12-141所示。

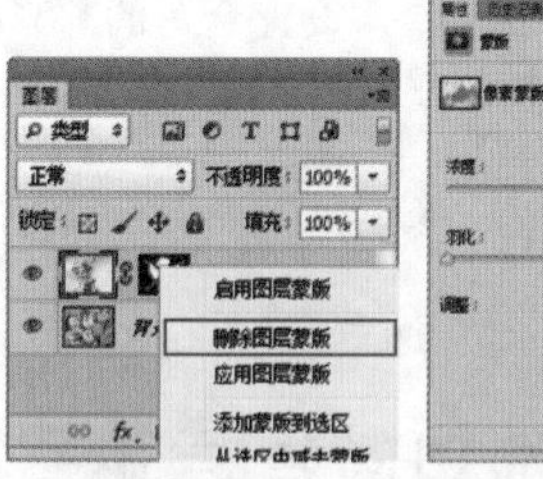

图12－140

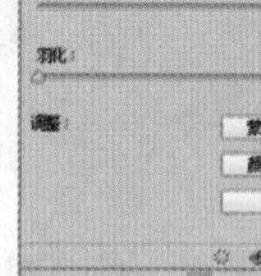

图12－141

★ 案例实战——图层蒙版制作橘子苹果

案例文件	案例文件\第12章\图层蒙版制作橘子苹果.psd
视频教学	视频文件\第12章\图层蒙版制作橘子苹果.flv
难易指数	★★★★★
技术要点	图层蒙版

案例效果

本案例主要是使用图层蒙版制作橘子苹果，如图12-142所示。

图12－142

操作步骤

01 打开背景素材文件“1.jpg”，如图12-143所示。导入苹果素材“2.png”，如图12-144所示。

图12－143

图12－144

02 继续导入前景橘子素材，使用钢笔工具在画面中沿着橘子瓣的边缘绘制路径，如图12-145所示。按Ctrl+Enter快捷键将路径转化为选区，效果如图12-146所示。

图12－145

图12－146

03 按Ctrl+J快捷键将选区内的部分复制并粘贴到新的图层，隐藏原橘子图层，如图12-147所示。按自由变换快捷键Ctrl+T将橘子瓣变换到合适的大小并摆放在合适位置上，如图12-148所示。

图12－147

图12－148

04 为了使橘子融合到苹果中，选择该图层，单击“图层”面板底部的“添加图层蒙版”按钮，为其添加图层蒙版，使用黑色柔角画笔在蒙版中绘制橘子边缘部分，如图12-149所示。效果如图12-150所示。

图12－149

图12－150

05 同样方法制作其他的橘子瓣，效果如图12-151所示。

图12－151

06 再次复制橘子瓣图层，将其置于“图层”面板顶部，按Ctrl+T快捷键调整橘子瓣形状与下面的苹果形状大致重合，单击 “图层”面板底部的“添加图层蒙版”按钮，为其添加图层蒙版，然后选中图层蒙版，并为蒙版填充黑色，使用白色画笔在蒙版中绘制出橘子瓣的部分，如图12-152所示。最终效果如图12-153所示。

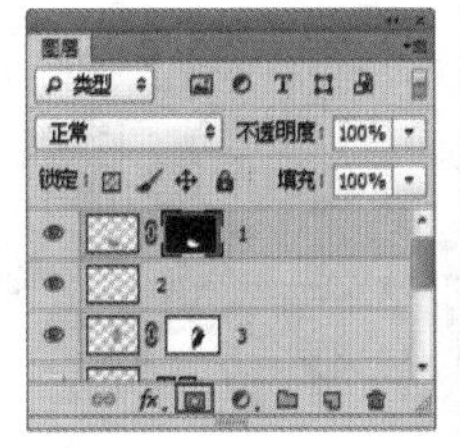

图12—152

图12—153

☆ 视频课堂——制作婚纱摄影版式

案例文件\第12章\视频课堂——制作婚纱摄影版式.psd
视频文件\第12章\视频课堂——制作婚纱摄影版式.flv

思路解析：

01 打开背景素材，导入左侧主体人像素材。

02 为人像素材添加图层蒙版，在蒙版中进行涂抹，使背景部分隐藏。

03 继续导入右侧人像素材，绘制合适的选区，以选区为人像素材添加图层蒙版，使多余区域隐藏。

04 导入其他素材，设置合适的混合模式。

12.5 使用矢量蒙版

视频精讲：Photoshop CS6新手学视频精讲课堂/使用矢量蒙版.flv

矢量蒙版与图层蒙版非常相似，都是以隐藏像素代替删除像素的非破坏性编辑方式。但是矢量蒙版是矢量工具，需要以钢笔或形状工具在蒙版上绘制路径形状控制图像显示隐藏，并且矢量蒙版可以调整路径节点，从而制作出精确的蒙版区域。如图12-154和图12-155所示为使用矢量蒙版制作的作品。

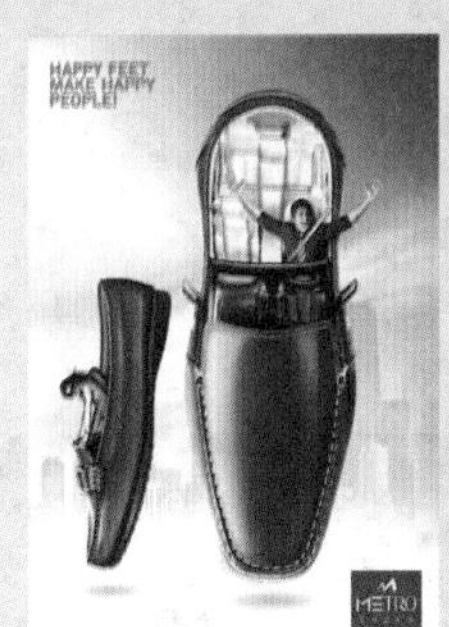

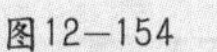
图12—154

图12—155

12.5.1 动手学：创建与编辑矢量蒙版

使用钢笔工具绘制一个路径，如图12-156所示。然后执行“图层>矢量蒙版>当前路径”命令，可以基于当前路径为图层创建一个矢量蒙版，如图12-157所示。路径以内的部分显示，路径以外的部分被隐藏，如图12-158所示。

按住Ctrl键在“图层”面板下单击“添加图层蒙版”按钮，也可以为图层添加矢量蒙版，如图12-159所示。创建矢量蒙版以后，可以继续使用钢笔工具或形状工具在矢量蒙版中绘制形状，如图12-160所示。

针对矢量蒙版的编辑主要是对矢量蒙版中路径的编辑，除了可以使用钢笔、形状工具在矢量蒙版中绘制形状以外，还可以通过调整路径锚点的位置改变矢量蒙版的外形，或者通过变换路径调整其角度大小等，如图12-161所示。

图12-156

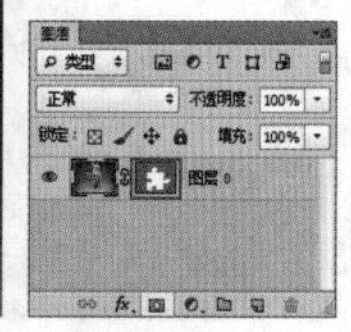

图12-157

图12-158

图12-159

图12-160

图12-161

技巧提示

矢量蒙版可以像普通图层一样添加图层样式，只不过图层样式只对矢量蒙版中的内容起作用，对隐藏的部分不会有影响。

在矢量蒙版缩览图上单击鼠标右键，在弹出的快捷菜单中选择“删除矢量蒙版”命令即可删除矢量蒙版，如图12-162所示。

图12-162

12.5.2 动手学：链接/取消链接矢量蒙版

技术速查：如果不想变换图层或矢量蒙版时影响对方，可以单击链接图标取消链接。

在默认状态下，图层与矢量蒙版是链接在一起的（链接处有一个图标），当移动、变换图层时，矢量蒙版也会跟着发生变化。如果要恢复链接，可以在取消链接的地方单击，或者执行“图层>矢量蒙版>链接”命令，如图12-163和图12-164所示。

图12-163

图12-164

思维点拨：蒙版的概念

蒙版在图像合成中起着非常重要的作用，利用蒙版可以把两幅或多幅图像非常巧妙地合成为一幅图像，能达到以假乱真的效果。蒙版是将不同灰度色值转化为不同的透明度，并作用到它所在的图层中，使图层不同部位透明度产生相应的变化。蒙版还具有保护和隐藏图像的功能，当对图像的某一部分进行特殊处理时，利用蒙版可以隔离并保护其余的图像部分不被修改和破坏。

12.5.3 矢量蒙版转换为图层蒙版

技术速查：栅格化矢量蒙版以后，蒙版就会转换为图层蒙版，不再有矢量形状存在。

在蒙版缩览图上单击鼠标右键，在弹出的快捷菜单中选择“栅格化矢量蒙版”命令，如图12-165所示。效果如图12-166所示。

图12-165

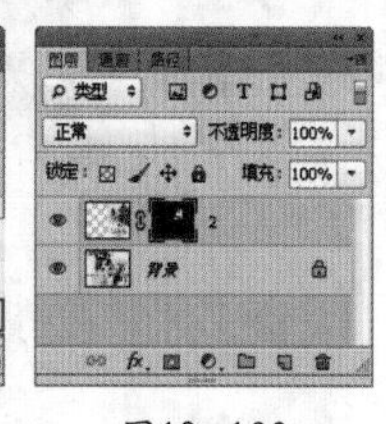

图12-166

技巧提示

先选择图层，然后执行“图层>栅格化>矢量蒙版”命令，也可以将矢量蒙版转换为图层蒙版。

★ 综合实战——使用蒙版模拟作旧招贴

案例文件	案例文件\第12章\使用蒙版模拟作旧招贴.psd
视频教学	视频文件\第12章\使用蒙版模拟作旧招贴.flv
难易指数	★★★★★
技术要点	剪贴蒙版、图层蒙版、图层样式

案例效果

本案例主要是使用剪贴蒙版与图层蒙版制作仿旧效果招贴，如图12-167所示。

操作步骤

01 打开背景素材文件，如图12-168所示。导入纸张素材“2.png”，并将其置于画面中合适位置，如图12-169所示。

图12—167

图12—168

图12—169

02 为纸张图层添加图层样式，执行“图层>图层样式>投影”命令，设置“距离”为11像素，“大小”为22像素，如图12-170所示。效果如图12-171所示。

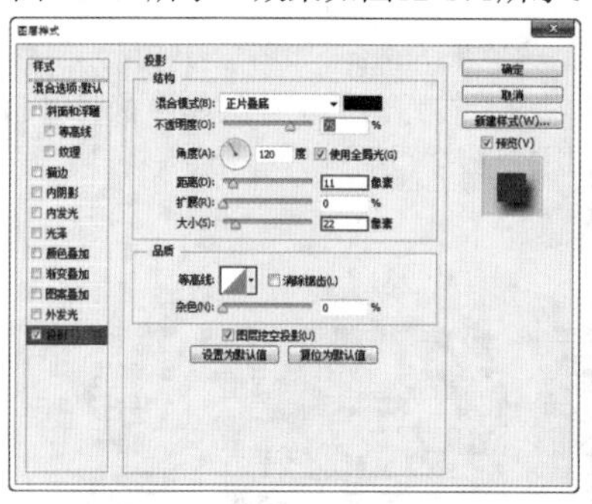

图12—170

图12—171

03 继续导入前景人物照片素材“3.jpg”，置于画面中合适的位置，并设置其“混合模式”为正片叠底，如图12-172所示。效果如图12-173所示。

图12—172

图12—173

04 执行“图层>新建调整图层>自然饱和度”命令，设置“自然饱和度”为 - 68，如图12-174所示。在“图层”面板中单击鼠标右键，在弹出的快捷菜单中执行“创建剪贴蒙版”命令，如图12-175所示。使其只对人像照片素材起作用，效果如图12-176所示。

图12—174

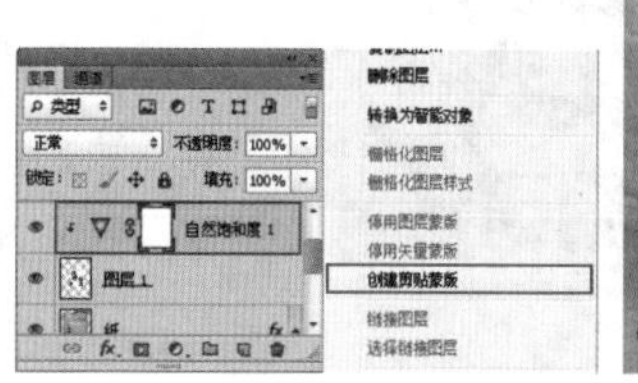

图12—175

图12—176

05 使用横排文字工具，设置合适的字号以及字体，设置前景色为黑色，在画面中单击输入合适的文字，如图12-177所示。将所有文字图层置于同一图层组中，并为其添加图层蒙版，如图12-178所示。

图12—177

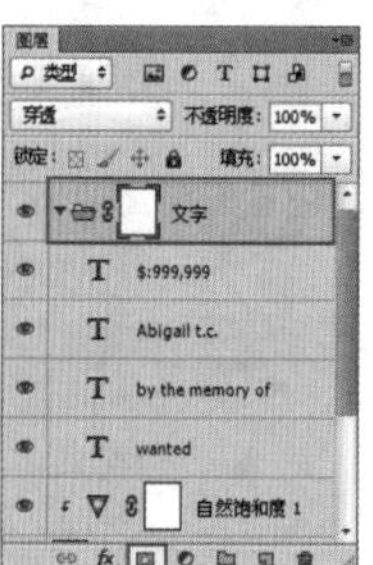

图12—178

06 在工具箱中选择画笔工具，设置前景色为黑色，在选项栏中选择合适的笔尖形状，如图12-179所示。在蒙版中进行绘制涂抹，最终效果如图12-180所示。

图12—179

图12—180

★ 综合实战——使用蒙版制作杯子城市

案例文件	案例文件\第12章\使用蒙版制作杯子城市.psd
视频教学	视频文件\第12章\使用蒙版制作杯子城市.flv
难度级别	★★★★★
技术要点	图层蒙版、剪贴蒙版、图层样式

案例效果

本案例主要使用图层蒙版、剪贴蒙版和图层样式等命令制作杯子城市效果，如图12-181所示。

操作步骤

01 新建文件，使用渐变工具绘制淡黄色的渐变，如图12-182所示。

图12—181

图12—182

02 导入素材“1.png”，如图12-183所示。在“图层”面板中选择杯子图层，单击“添加图层蒙版”按钮，为其添加蒙版，如图12-184所示。

图12—183

图12—184

03 使用套索工具绘制不规则的选区，如图12-185所示。选择图层蒙版，为其填充黑色，隐藏多余部分，如图12-186所示。

图12—185

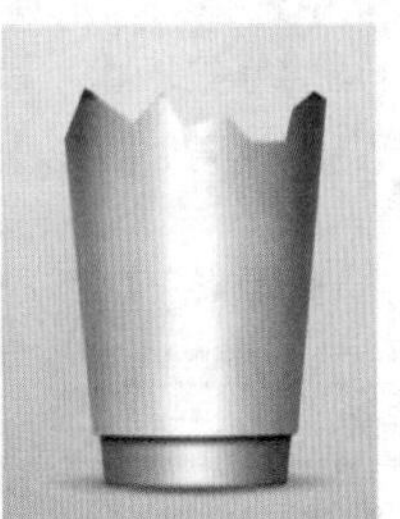

图12—186

04 导入橙子图案素材“2.jpg”，放在杯子的上方，如图12-187所示。在“图层”面板中设置该图层的混合模式为“正片叠底”，并在该图层上单击鼠标右键，在弹出的快捷菜单中执行“创建剪贴蒙版”命令，如图12-188所示。此时橙子图案只显示杯子内部的区域，如图12-189所示。

图12—187

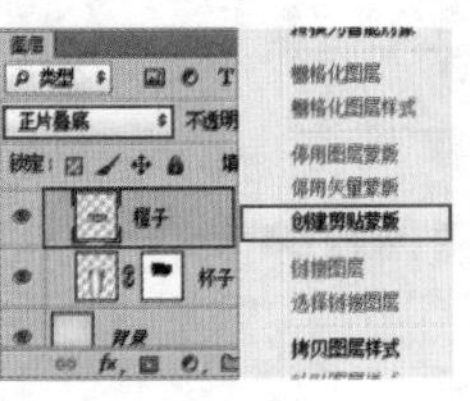

图12—188

图12—189

05 使用椭圆选框工具在杯子上半部分绘制椭圆选区，如图12-190所示。选中“橙子”图层，单击图层蒙版上的“添加图层蒙版”按钮，使橙子图层的下半部分呈现出半圆效果，如图12-191所示。

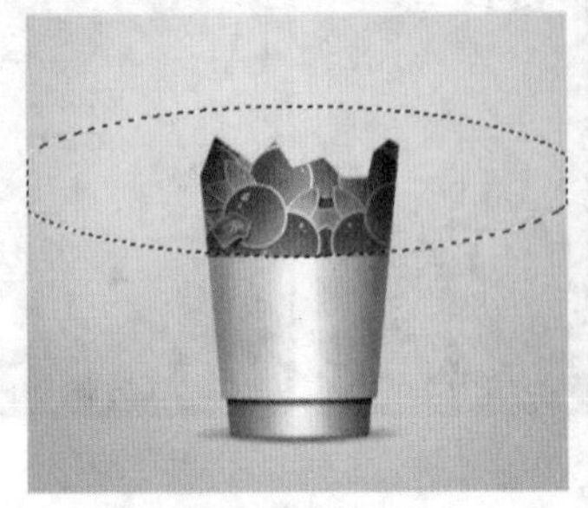

图12—190

图12—191

06 对杯子的颜色进行调整。执行“图层>新建调整图层>可选颜色”命令，设置“颜色”为“中性色”，“青色”为1%，“洋红”为5%，“黄色”为6%，如图12-192所示。在该调整图层上单击鼠标右键，在弹出的快捷菜单中执行“创建剪贴蒙版”命令，如图12-193所示。

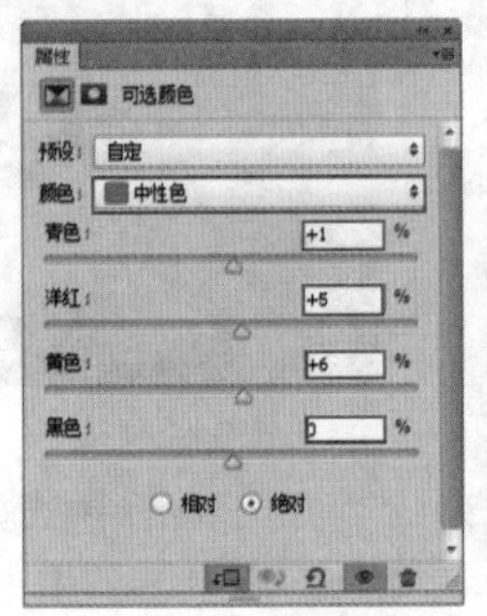

图12—192

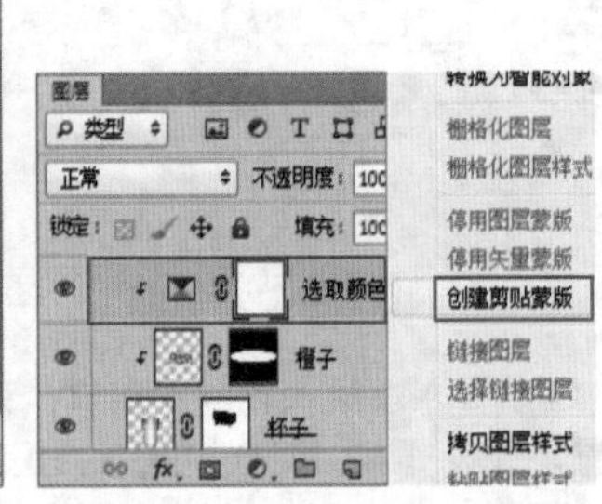

图12—193

07 新建图层，设置前景色为白色，使用套索工具绘制杯子的厚度选区，为其填充白色，如图12-194所示。

图12—194

08 导入素材“3.png”置于杯子图层的下方，如图12-195所示。使用套索工具绘制选区，并单击“图层”面板底部的“添加图层蒙版”按钮，如图12-196所示。此时选区以外的部分被隐藏，如图12-197所示。

09 导入素材“4.png”置于杯子图层下方，如图12-198所示。导入果篮素材“5.png”，放在画面顶部，并输入合适的文字。最终效果如图12-199所示。

图12—195

图12—196

图12—197

图12—198

图12—199

课后练习

【课后练习1——使用剪贴蒙版制作撕纸人像】

思路解析：本案例通过剪贴蒙版与图层蒙版的使用，将人像面部制作出局部的黑白效果，并将纸卷素材合成到画面中。

【课后练习2——使用蒙版合成瓶中小世界】

思路解析：本案例主要通过使用图层蒙版，将海星素材合成到瓶中。

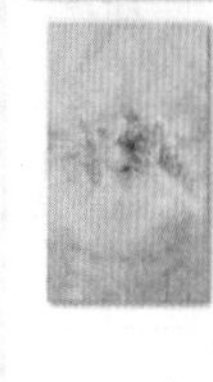

本章小结

蒙版作为一种非破坏性工具在合成作品的制作中经常会被使用。通过本章节的学习需要熟练掌握这4种蒙版的使用方法，并了解每种蒙版适合使用的情况，以便在设计作品中快速地合成画面元素。

读书笔记

第13章

奇妙的滤镜

本章内容简介：

滤镜本身是一种摄影器材，安装在相机上用于改变光源的色温，符合摄影的目的及制作特殊效果的需要。Photoshop中滤镜的功能并不仅仅局限于这几项摄影常用的功能。Photoshop中滤镜的功能非常强大，常用于模拟如素描、印象派绘画等特殊艺术效果。

本章学习要点：

- 掌握滤镜的操作方法
- 熟练掌握模糊滤镜的使用方法
- 熟练掌握锐化滤镜的使用方法
- 了解各种滤镜的效果特点

13.1 初识滤镜

滤镜不仅可以用来处理图层内容，还可以用来处理图层蒙版、快速蒙版和通道。Photoshop中的滤镜都位于菜单栏中的“滤镜”菜单中，其中包含三大类型的滤镜：“特殊滤镜组”、“滤镜组”以及“外挂滤镜”，如图13-1所示。

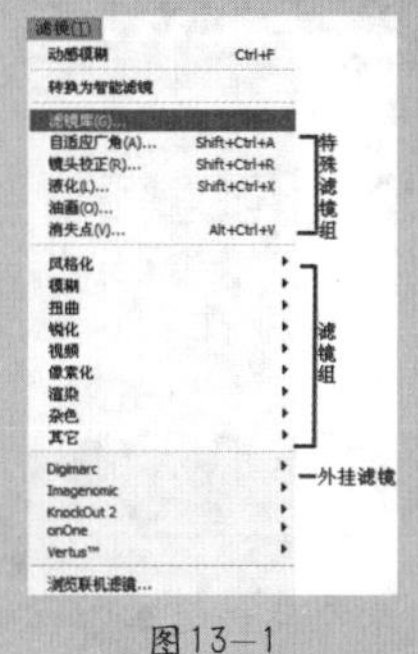

图13—1

13.1.1 滤镜的基本使用方法

01使用滤镜处理图层中的图像时，该图层必须是可见图层。选择需要进行滤镜操作的图层，如图13-2所示。执行“滤镜”菜单下的命令，选择某个滤镜，如图13-3所示。

图13—2　　图13—3

技巧提示

只有“云彩”滤镜可以应用在没有像素的区域，其余滤镜都必须应用在包含像素的区域（某些外挂滤镜除外）。

02在弹出的对话框中设置合适的参数，如图13-4所示。滤镜效果以像素为单位进行计算，因此，相同参数处理不同分辨率的图像，其效果也不一样。最终单击“确定”按钮完成滤镜操作。如果图像中存在选区，则滤镜效果只应用在选区之内，如图13-5所示。如果没有选区，则滤镜效果将应用于整个图像。

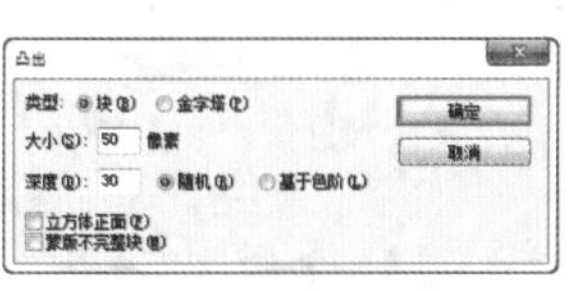

图13—4

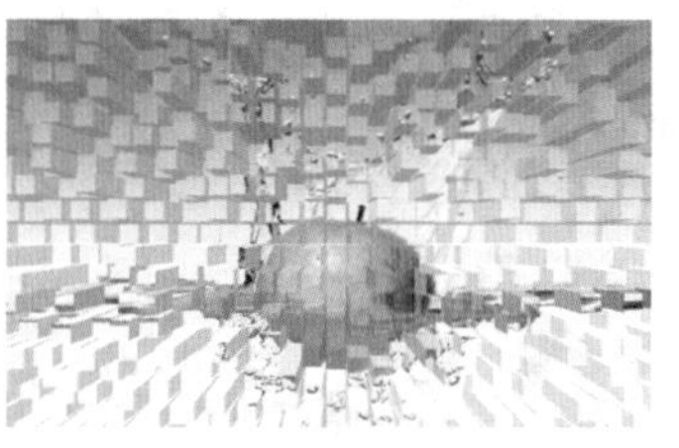

图13—5

技巧提示

在应用滤镜的过程中，如果要终止处理，可以按Esc键。

03在应用滤镜时，通常会弹出该滤镜的对话框或滤镜库，在预览窗口中可以预览滤镜效果，同时可以拖曳图像，以观察其他区域的效果，如图13-6所示。单击-按钮和+按钮可以缩放图像的显示比例。另外，在图像的某个点上单击，可以在预览窗口中显示出该区域的效果，如图13-7所示。

图13—6

图13—7

04在任何一个滤镜对话框中按住Alt键，“取消”按钮都将变成“复位”按钮，单击“复位”按钮，可以将滤镜参数恢复到默认设置。效果如图13-8所示。

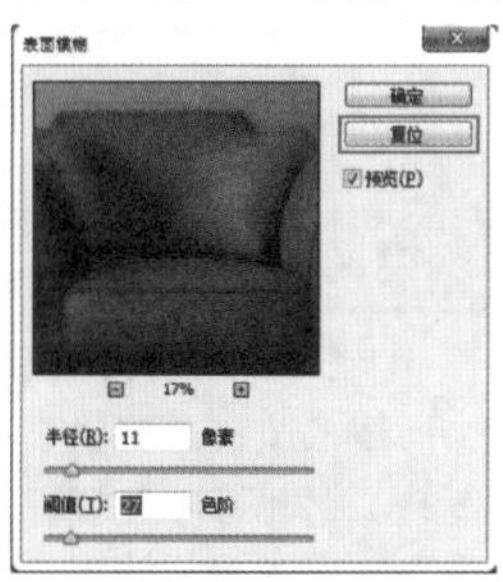

图13—8

⑤当应用完一个滤镜以后，“滤镜”菜单下的第1行会出现该滤镜的名称，如图13-9所示。执行该命令或按Ctrl+F快捷键，可以按照上一次应用该滤镜的参数配置再次对图像应用该滤镜。另外，按Alt+Ctrl+F组合键可以打开滤镜的对话框，对滤镜参数进行重新设置。

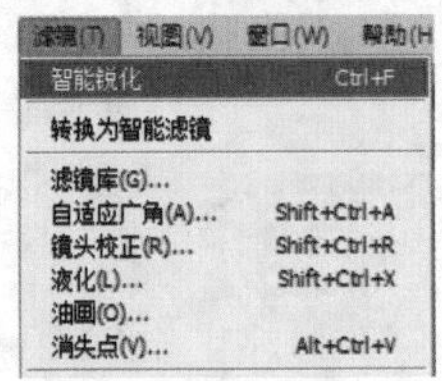

图13—9

答疑解惑：为什么有时候滤镜不可用？

在CMYK颜色模式下，某些滤镜将不可用；在索引和位图颜色模式下，所有的滤镜都不可用。如果要对CMYK图像、索引图像和位图图像应用滤镜，可以执行“图像>模式>RGB颜色”命令，将图像模式转换为RGB颜色模式后，再应用滤镜。

13.1.2 渐隐滤镜效果

技术速查：“渐隐”命令可以用于更改滤镜效果的不透明度和混合模式，就相当于将滤镜效果图层放在原图层的上方，并调整滤镜图层的混合模式以及透明度得到的效果。

①对一个图像执行“滤镜>滤镜库”命令，如图13-10和图13-11所示。

②在“滤镜库”中选择一个滤镜，设置合适的参数，如图13-12所示。效果如图13-13所示。

图13—10

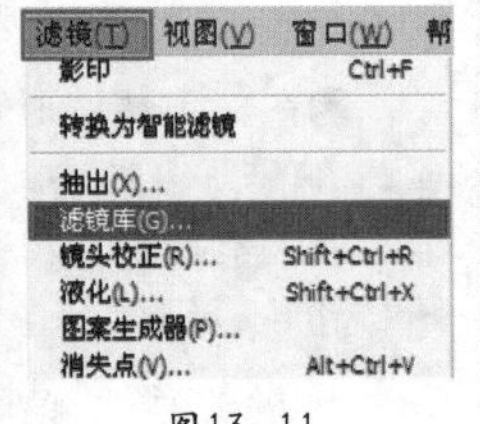

图13—11

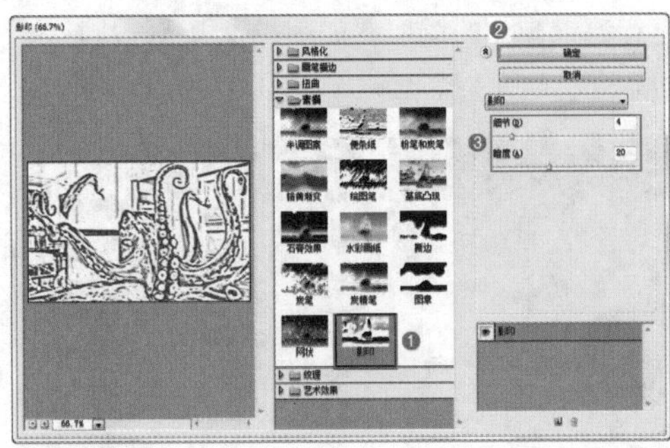

图13—12

图13—13

“渐隐”命令必须是在进行了编辑操作之后立即执行，如果这中间又进行其他操作，则该命令会发生相应的变化。

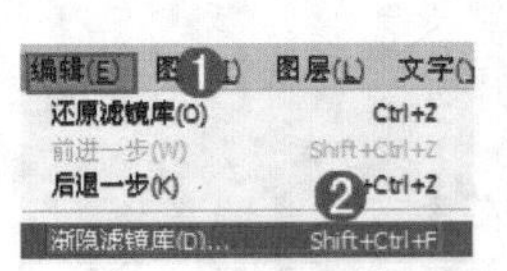

图13—14

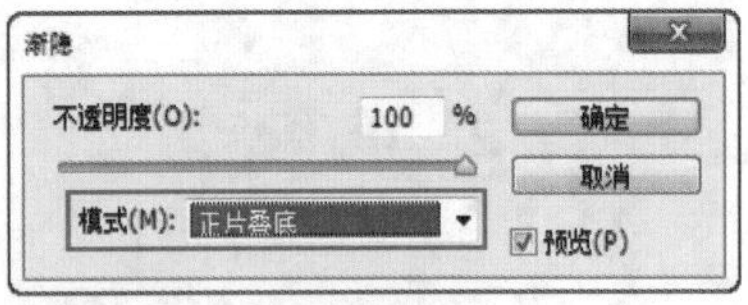

图13—15

③执行“编辑>渐隐”命令，如图13-14所示。然后在弹出的“渐隐”对话框中设置“模式”为“正片叠底”，如图13-15所示。可以看到滤镜效果与原始图像产生了混合，如图13-16所示。

图13—16

13.1.3 使用智能滤镜

视频精讲：Photoshop CS6新手学视频精讲课堂/滤镜与智能滤镜.flv

技术速查：应用于智能对象的任何滤镜都是智能滤镜，智能滤镜属于“非破坏性滤镜”。由于智能滤镜的参数是可以调整的，因此可以调整智能滤镜的作用范围，或对其进行移除、隐藏等操作。

要使用智能滤镜，首先需要将普通图层转换为智能对象。在普通图层的缩览图上单击鼠标右键，在弹出的快捷菜单中选择“转换为智能对象”命令，即可将普通图层转换为智能对象，如图13-17所示。之后再为智能对象添加滤镜时即可出现智能滤镜，在智能滤镜的前方还有一个蒙版，通过控制蒙版的黑白关系即可控制智能滤镜效果的显示与隐藏，如图13-18所示。

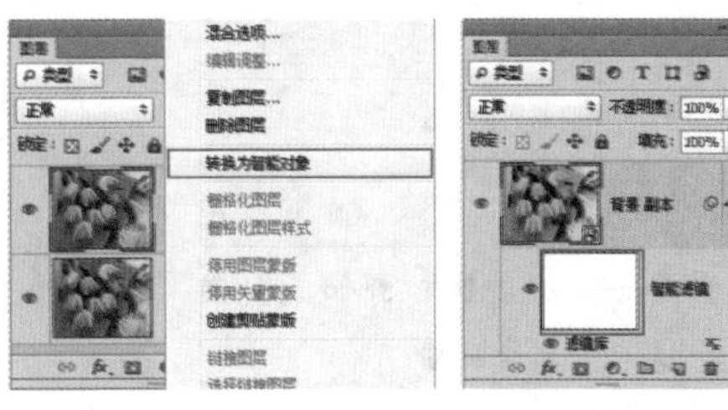

图13—17　　图13—18

智能滤镜包含一个类似于图层样式的列表，因此可以隐藏、停用和删除滤镜，如图13-19所示。另外，还可以设置智能滤镜与图像的混合模式，双击滤镜名称右侧的图标，可以在弹出的“混合选项”对话框中调节滤镜的“模式”和“不透明度”，如图13-20所示。

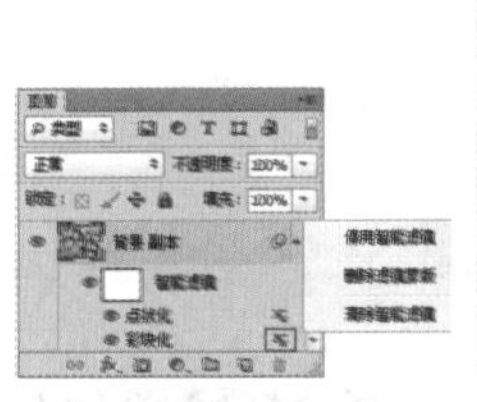

图13—19

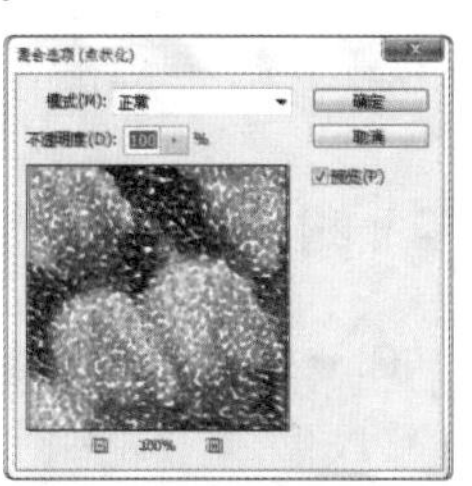

图13—20

答疑解惑：哪些滤镜可以作为智能滤镜使用？

除了“抽出”滤镜、“液化”滤镜和“镜头模糊”滤镜以外，其他滤镜都可以作为智能滤镜应用，当然也包含支持智能滤镜的外挂滤镜。另外，“图像>调整”菜单下的“应用/高光”和“变化”命令也可以作为智能滤镜来使用。

技术拓展：提高滤镜性能

在应用某些滤镜时，会占用大量的内存，如“铬黄渐变”滤镜、“光照效果”滤镜等，特别是处理高分辨率的图像，Photoshop的处理速度会更慢。遇到这种情况，可以尝试使用以下3种方法来提高处理速度。

第1种：关闭掉多余的应用程序。

第2种：在应用滤镜之前先执行“编辑>清理”菜单下的命令，释放出部分内存。

第3种：将计算机内存多分配给Photoshop一些。执行“编辑>首选项>性能”命令，打开“首选项”对话框，然后在“内存使用情况”选项组下将Photoshop的内容使用量设置得高一些。

13.2 使用滤镜库处理画面

视频精讲：Photoshop CS6新手学视频精讲课堂/滤镜库的使用方法.flv

技术速查：滤镜库是一个集合了多个滤镜的对话框。

在滤镜库中，可以对一张图像应用一个或多个滤镜，或对同一图像多次应用同一滤镜，另外还可以使用其他滤镜替换原有的滤镜。选中需要处理的图层，执行“滤镜>滤镜库”命令，打开滤镜库窗口。在滤镜库中选择某个组，并在其中单击某个滤镜，在预览窗口中即可观察到滤镜效果，在右侧的参数设置面板中可以进行参数的设置，调整完成后单击“确定”按钮结束操作，如图13-21所示。

图13—21

- **效果预览窗口**：用来预览滤镜的效果。
- **缩放预览窗口**：单击按钮，可以缩小显示比例；单击按钮，可以放大预览窗口的显示比例。另外，还可以在缩放列表中选择预设的缩放比例。
- **显示/隐藏滤镜缩览图**：单击该按钮，可以隐藏滤镜缩览图，以增大预览窗口。
- **滤镜列表**：在该列表中可以选择一个滤镜。这些滤镜是按名称汉语拼音的先后顺序排列的。
- **参数设置面板**：单击滤镜组中的一个滤镜，可以将该滤镜应用于图像，同时在参数设置面板中会显示该滤镜的参数选项。
- **当前使用的滤镜**：显示当前使用的滤镜。

- **滤镜组**：单击滤镜组前面的▶图标，可以展开该滤镜组。
- **“新建效果图层”按钮**：单击该按钮，可以新建一个效果图层，在该图层中可以应用一个滤镜。
- **“删除效果图层”按钮**：选择一个效果图层以后，单击该按钮可以将其删除。
- **当前选择的滤镜**：单击一个效果图层，可以选择该滤镜。选择一个滤镜效果图层以后，使用鼠标左键可以向上或向下调整该图层的位置。效果图层的顺序对图像效果有影响。
- **隐藏的滤镜**：单击效果图层前面的👁图标，可以隐藏滤镜效果。

技巧提示

滤镜库中只包含一部分滤镜，例如“模糊”滤镜组和“锐化”滤镜组就不在滤镜库中。

★ 案例实战——使用滤镜库制作欧美风格人像海报

案例文件	案例文件\第13章\使用滤镜库制作欧美风格人像海报.psd
视频教学	视频文件\第13章\使用滤镜库制作欧美风格人像海报.flv
难易指数	★★★★★
技术要点	滤镜库的使用

案例效果

本案例主要是通过使用滤镜库制作欧美风格人像海报，如图13-22所示。

操作步骤

01 打开背景素材“1.jpg ”，如图13-23所示。再次导入人像素材图片“2.jpg”，将其置于画面中的合适位置，如图13-24所示。

02 使用钢笔工具，沿着人像的边缘绘制路径，如图13-25所示。绘制完毕后按Ctrl+Enter快捷键将其快速转化为选区，为其添加图层蒙版，复制选区中的内容并隐藏原始人像图层，如图13-26所示。

图13—22

图13—23

图13—24

图13—25

图13—26

03 对人像图层执行“滤镜>滤镜库”命令，在弹出的对话框中单击“素描”滤镜组，选择“撕边”。在右侧设置“图像平衡”为12，“平滑度”为10，“对比度”为17，单击“确定”按钮完成滤镜操作，如图13-27所示。导入前景装饰素材“3.png”，最终效果如图13-28所示。

图13—27

图13—28

13.3 模糊滤镜

视频精讲：Photoshop CS6新手学视频精讲课堂/模糊滤镜与锐化滤镜.flv

模糊效果是平面设计中常用的效果之一，而模糊滤镜也是Photoshop最为常用的功能性滤镜，其使用频率非常高。在“滤镜>模糊”命令下可以看到多种用于制作模糊效果的滤镜，这些滤镜不仅可以对画面整体进行操作，也能够方便地对画面的局部进行模糊处理。如图13-29和图13-30所示为使用模糊滤镜制作的作品。

图13—29

图13—30

13.3.1 场景模糊

技术速查：使用“场景模糊”滤镜可以使画面呈现出不同区域、不同模糊程度的效果。

执行“滤镜>模糊>场景模糊”命令，在画面中单击即可添加“图钉”，选中每个图钉并通过调整模糊数值即可使画面产生渐变的模糊效果。模糊调整完成后，在“模糊效果”面板中还可以针对模糊区域的“光源散景”、“散景颜色”、“光照范围”进行调整，如图13-31所示。

- **光源散景**：用于控制光照亮度，数值越大，高光区域的亮度就越高。
- **散景颜色**：通过调整数值控制散景区域颜色的程度。
- **光照范围**：通过调整滑块用色阶来控制散景的范围。

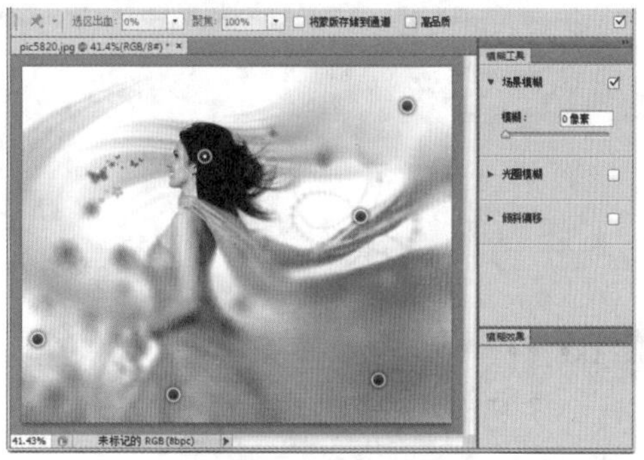

图13—31

13.3.2 光圈模糊

技术速查：使用“光圈模糊”命令可将一个或多个焦点添加到图像中。

可以根据不同的要求而对焦点的大小与形状、图像其余部分的模糊数量以及清晰区域与模糊区域之间的过渡效果进行相应的设置。执行“滤镜>模糊>光圈模糊”命令，在“模糊工具”面板中可以对“光圈模糊”的数值进行设置，数值越大，模糊程度也越大。在“模糊效果”面板中还可以针对模糊区域的“光源散景”、“散景颜色”、“光照范围”进行调整。也可以将光标定位到控制框上，调整控制框的大小以及圆度。调整完成后单击选项栏中的“确定”按钮即可，如图13-32所示。

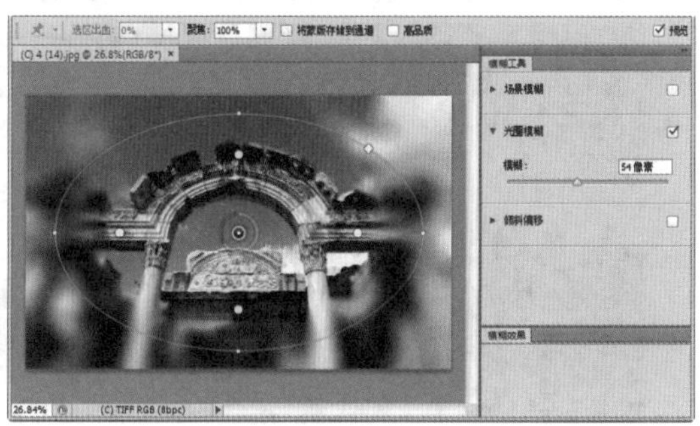

图13—32

13.3.3 倾斜偏移

技术速查：使用“倾斜偏移”滤镜轻松地模拟“移轴摄影”效果。

移轴摄影，即移轴镜摄影，泛指利用移轴镜头创作的作品，所拍摄的照片效果就像是缩微模型一样，非常特别，如图13-33和图13-34所示。

图13—33

图13—34

执行“滤镜>模糊>倾斜偏移”命令，通过调整中心点的位置可以调整清晰区域的位置，调整控制框可以调整清晰区域的大小，如图13-35所示。

图13—35

★ 案例实战——使用“倾斜偏移”滤镜制作移轴摄影

案例文件	案例文件\第13章\使用“倾斜偏移”滤镜制作移轴摄影.psd
视频教学	视频文件\第13章\使用“倾斜偏移”滤镜制作移轴摄影.flv
难易指数	★★★★★
技术要点	倾斜偏移滤镜

案例效果

本案例主要是通过使用“倾斜偏移”滤镜制作移轴摄影，如图13-36所示。

图13—36

操作步骤

01 打开素材背景文件，如图13-37所示。

图13—37

02 执行“滤镜>模糊>倾斜偏移”命令，首先将中心点位置移动到建筑中心，然后设置“模糊”为20像素，此时可以看到焦外的区域变得模糊，如图13-38所示。

03 调整完成后单击“确定”按钮结束操作，效果如图13-39所示。

图13—38

图13—39

13.3.4 表面模糊

技术速查：“表面模糊”滤镜可以在保留边缘的同时模糊图像，可以用该滤镜创建特殊效果并消除杂色或粒度。

执行“滤镜>模糊>表面模糊”命令，在“表面模糊”对话框中设置“半径”数值，可以控制模糊取样区域的大小。“阈值”用于控制相邻像素色调值与中心像素值相差多大时才能成为模糊的一部分。色调值差小于阈值的像素将被排除在模糊之外，如图13-40所示。如图13-41和图13-42所示分别为原始图像以及应用“表面模糊”滤镜以后的效果。

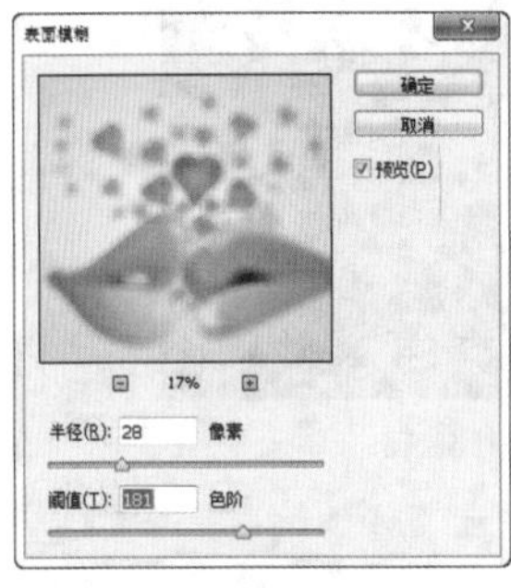

图13—40

图13—41

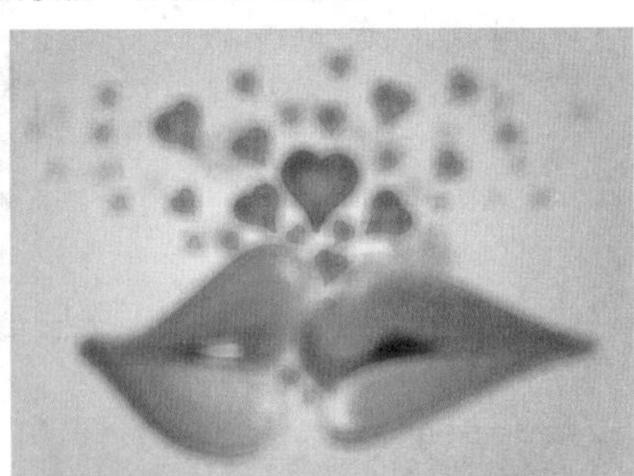

图13—42

13.3.5 动感模糊

技术速查：“动感模糊”滤镜可以沿指定的方向（－360°~360°），以指定的距离（1~999）进行模糊，所产生的效果类似于在固定的曝光时间拍摄一个高速运动的对象。

执行“滤镜>模糊>动感模糊”命令，在弹出的“动感模糊”对话框中首先需要设置角度的数值以控制模糊的方向。然后调整“距离”数值设置像素模糊的程度。如图13-43所示为“动感模糊”对话框。如图13-44和图13-45所示分别为原始图像以及应用“动感模糊”滤镜以后的效果。

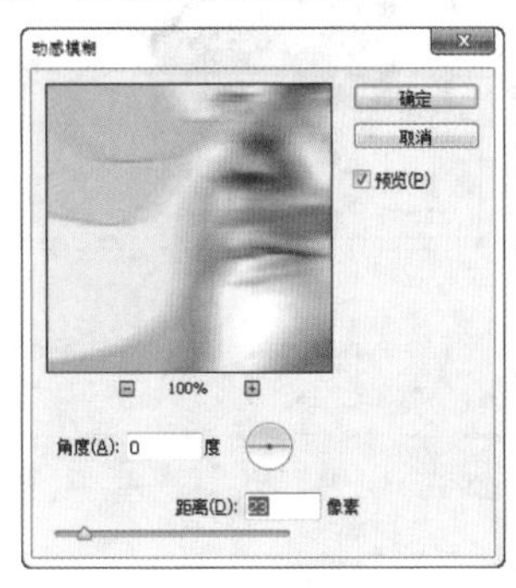

图13—43

图13—44

图13—45

☆ 视频课堂——使用“动感模糊”滤镜制作动感光效人像

案例文件\第13章\视频课堂——使用“动感模糊”滤镜制作动感光效人像.psd
视频文件\第13章\视频课堂——使用“动感模糊”滤镜制作动感光效人像.flv
思路解析：

01 打开背景素材，导入人像素材。
02 多次复制人像图层，并进行动感模糊滤镜的操作。
03 擦除模糊图层中多余的部分。
04 添加光效素材。

13.3.6 方框模糊

技术速查：“方框模糊”滤镜可以基于相邻像素的平均颜色值来模糊图像，生成的模糊效果类似于方块模糊。

执行“滤镜>模糊>方框模糊”命令，在弹出的“方框模糊”对话框中设置“半径”数值可以用于计算指定像素平均值的区域大小，数值越大，产生的模糊效果越好，如图13-46所示。如图13-47和图13-48所示分别为原始图像以及应用“方框模糊”滤镜以后的效果。

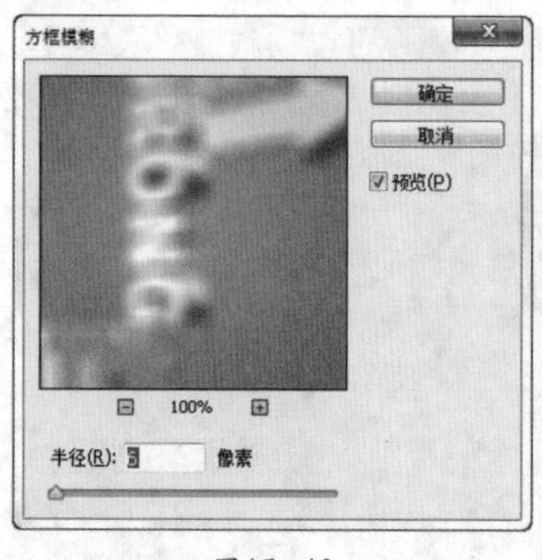

图13-46

图13-47

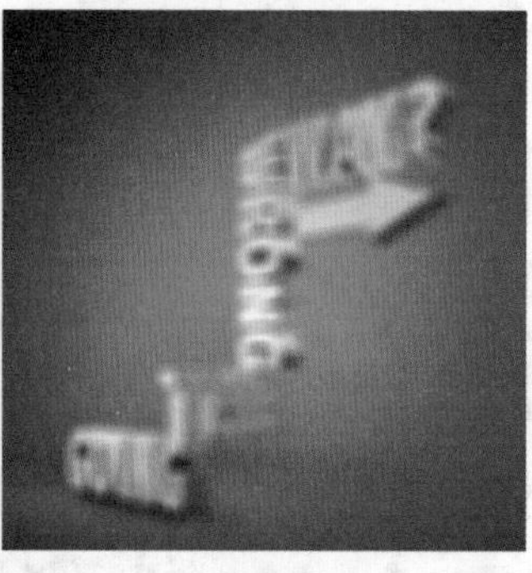
图13-48

13.3.7 高斯模糊

技术速查：“高斯模糊”滤镜可以向图像中添加低频细节，使图像产生一种朦胧的模糊效果。

执行“滤镜>模糊>高斯模糊”命令，“半径”数值用于计算指定像素平均值的区域大小，数值越大，产生的模糊效果越好，如图13-49所示。如图13-50和图13-51所示分别为原始图像以及应用“高斯模糊”滤镜以后的效果。

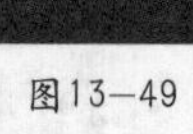
图13-49

图13-50

图13-51

13.3.8 进一步模糊

技术速查：“进一步模糊”滤镜可以平衡已定义的线条和遮蔽区域的清晰边缘旁边的像素，使变化显得柔和（该滤镜属于轻微模糊滤镜，并且没有参数设置对话框）。

执行“滤镜>模糊>进一步模糊”命令，如图13-52和图13-53所示分别为原始图像以及应用“进一步模糊”滤镜以后的效果。

图13—52

图13—53

13.3.9 径向模糊

技术速查：“径向模糊”滤镜用于模拟缩放或旋转相机时所产生的模糊，产生的是一种柔化的模糊效果。

如图13-54~图13-56所示分别为原始图像、应用“径向模糊”滤镜以后的效果以及“径向模糊”对话框。

图13—54

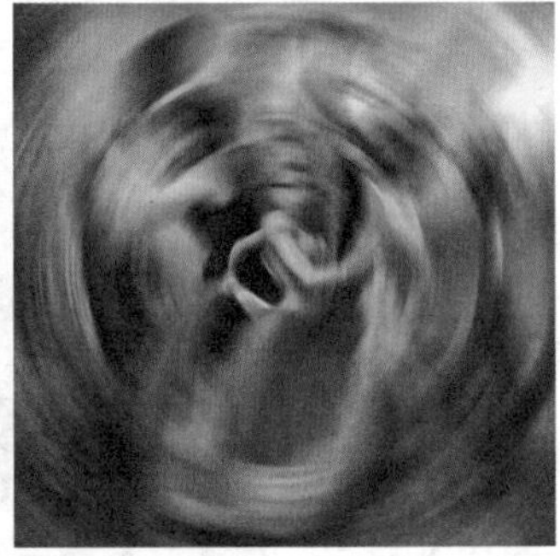
图13—55

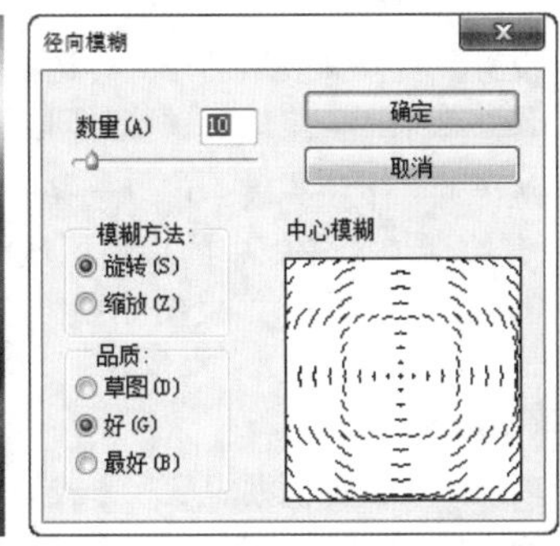

图13—56

- **数量**：用于设置模糊的强度。数值越高，模糊效果越明显。
- **模糊方法**：选中“旋转”单选按钮时，图像可以沿同心圆环线产生旋转的模糊效果；选中“缩放”单选按钮时，可以从中心向外产生反射模糊效果，如图13-57所示。
- **中心模糊**：将光标放置在设置框中，使用鼠标左键拖曳可以定位模糊的原点，原点位置不同，模糊中心也不同，如图13-58所示分别为不同原点的旋转模糊效果。
- **品质**：用来设置模糊效果的质量。“草图”的处理速度较快，但会产生颗粒效果；“好”和“最好”的处理速度较慢，但是生成的效果比较平滑。

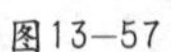
图13—57

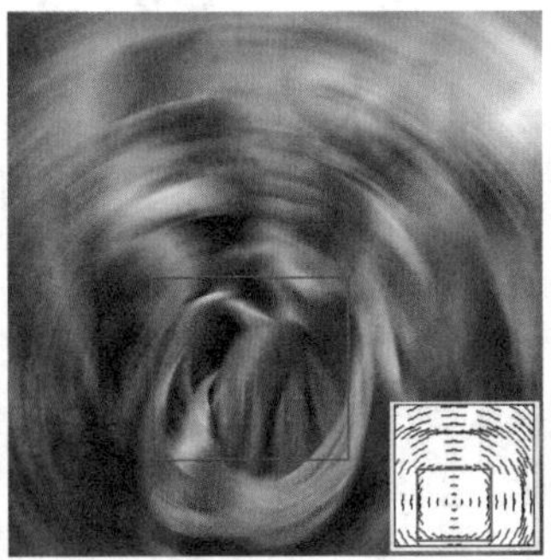
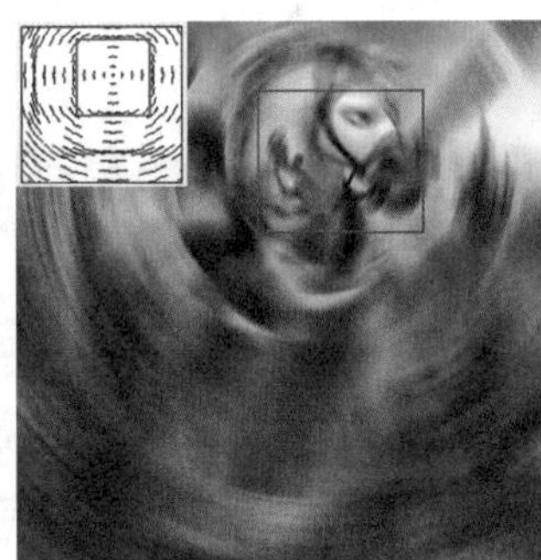
图13—58

13.3.10 镜头模糊

技术速查：“镜头模糊”滤镜可以向图像中添加模糊，模糊效果取决于模糊的“源”设置。

如果图像中存在Alpha通道或图层蒙版，则可以为图像中的特定对象创建景深效果，使这个对象在焦点内，而使另外的区域变得模糊。如图13-59所示是一张普通人物照片，图像中没有景深效果。如果要模糊背景区域，则可以将这个区域存储为选区蒙版或Alpha通道，如图13-60所示。这样在应用“镜头模糊”滤镜时，将“源”设置为“图层蒙版”或Alpha1通道，就可以模糊选区中的图像，即模糊背景区域，如图13-61所示。

图13-59

图13-60

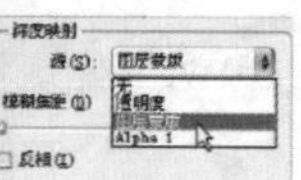

图13-61

执行“滤镜>模糊>镜头模糊”命令，打开“镜头模糊”对话框，如图13-62所示。

- **预览**：用来设置预览模糊效果的方式。选中“更快”单选按钮，可以提高预览速度；选中“更加准确”单选按钮，可以查看模糊的最终效果，但生成的预览时间更长。
- **深度映射**：从“源”下拉列表中可以选择使用Alpha通道或图层蒙版来创建景深效果（前提是图像中存在Alpha通道或图层蒙版），其中通道或蒙版中的白色区域将被模糊，而黑色区域则保持原样；“模糊焦距”选项用来设置位于焦点内的像素的深度；“反相”选项用来反转Alpha通道或图层蒙版。
- **光圈**：该选项组用来设置模糊的显示方式。“形状”选项用来选择光圈的形状；“半径”选项用来设置模糊的数量；“叶片弯度”选项用来设置对光圈边缘进行平滑处理的程度；“旋转”选项用来旋转光圈。
- **镜面高光**：该选项组用来设置镜面高光的范围。“亮度”选项用来设置高光的亮度；“阈值”选项用来设置亮度的停止点，比停止点值亮的所有像素都被视为镜面高光。
- **杂色**：“数量”选项用来在图像中添加或减少杂色；“分布”选项用来设置杂色的分布方式，包含“平均分布”和“高斯分布”两种；如果选中“单色”复选框，则添加的杂色为单一颜色。

图13-62

★ 案例实战——使用“镜头模糊”滤镜强化主体

案例文件	案例文件\第13章\使用“镜头模糊”滤镜强化主体.psd
视频教学	视频文件\第13章\使用“镜头模糊”滤镜强化主体.flv
难易指数	★★★★★
技术要点	“镜头模糊”滤镜

案例效果

本案例主要使用“镜头模糊”滤镜强化主体效果，对比效果如图13-63和图13-64所示。

图13-63

图13-64

操作步骤

01 打开素材文件“1.psd”，在“通道”面板中可以看到一个Alpha1通道，如图13-65所示。在Alpha通道中人像与前景部分为黑色，海面与天空为白色，如图13-66所示。

图13－65

图13－66

02 执行“滤镜>模糊>镜头模糊”命令，设置“源”为Alpha，“半径”为100，如图13-67所示。可以看到天空与海面部分被模糊了，而人像显得非常突出，如图13-68所示。

图13－67

图13－68

13.3.11 模糊

技术速查：“模糊”滤镜用于在图像中有显著颜色变化的地方消除杂色，它可以通过平衡已定义的线条和遮蔽区域的清晰边缘旁边的像素来使图像变得柔和。

执行“滤镜>模糊>模糊”命令，该滤镜没有参数设置对话框，如图13-69所示为原始图像，应用“模糊”滤镜以后的效果如图13-70所示。

图13－69

图13－70

技巧提示

“模糊”滤镜与“进一步模糊”滤镜都属于轻微模糊滤镜。相比于“进一步模糊”滤镜，“模糊”滤镜的模糊效果要低3～4倍左右。

13.3.12 平均

技术速查：“平均”滤镜可以查找图像或选区的平均颜色，再用该颜色填充图像或选区，以创建平滑的外观效果）。

如图13-71和图13-72所示分别为原始图像，以及框选一块区域，应用“平均”滤镜以后的效果。

图13－71

图13－72

13.3.13 特殊模糊

技术速查："特殊模糊"滤镜可以精确地模糊图像。

执行"滤镜>模糊>特殊模糊"命令，如图13-73所示为"特殊模糊"滤镜对话框。如图13-74和图13-75所示分别为原始图像以及应用"特殊模糊"滤镜以后的效果。

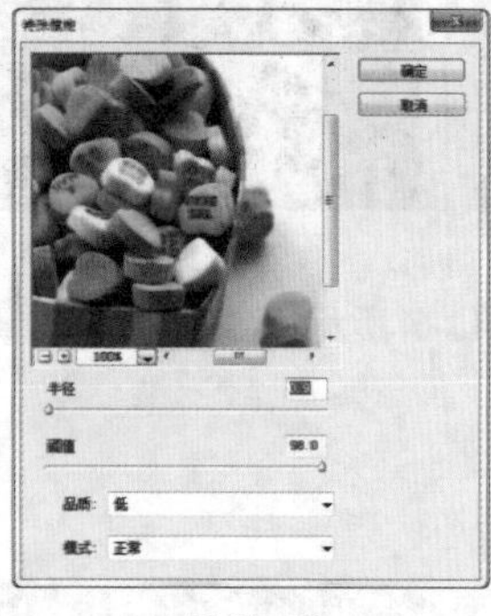

图13-73

图13-74

图13-75

- **半径**：用来设置要应用模糊的范围。
- **阈值**：用来设置像素具有多大差异后才会被模糊处理。
- **品质**：设置模糊效果的质量，包含"低"、"中等"和"高"3种。
- **模式**：选择"正常"选项，不会在图像中添加任何特殊效果，如图13-76所示；选择"仅限边缘"选项，将以黑色显示图像，以白色描绘出图像边缘像素亮度值变化强烈的区域，如图13-77所示；选择"叠加边缘"选项，将以白色描绘出图像边缘像素亮度值变化强烈的区域，如图13-78所示。

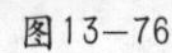

图13-76

图13-77

图13-78

13.3.14 形状模糊

技术速查："形状模糊"滤镜可以用设置的形状来创建特殊的模糊效果。

执行"滤镜>模糊>形状模糊"命令，在弹出的"形状模糊"对话框中可以在"形状列表"中选择一个形状来模糊图像，如图13-79所示。如图13-80和图13-81所示分别为原始图像以及应用"形状模糊"滤镜以后的效果。

- **半径**：用来调整形状的大小。数值越大，模糊效果越好。
- **形状列表**：在形状列表中选择一个形状，可以使用该形状来模糊图像。

图13-79

图13-80

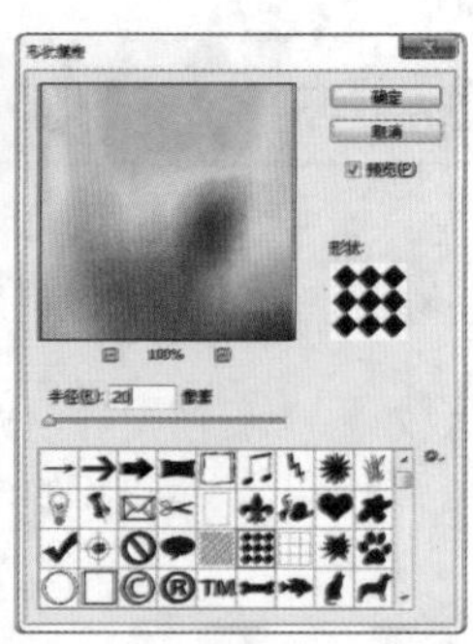

图13-81

13.4 锐化滤镜

视频精讲：Photoshop CS6新手学视频精讲课堂/模糊滤镜与锐化滤镜.flv

"锐化"滤镜组可以通过增强相邻像素之间的对比度来聚集模糊的图像。"锐化"滤镜组包含5种滤镜："USM锐化"、"进一步锐化"、"锐化"、"锐化边缘"和"智能锐化"。如图13-82和图13-83所示为锐化与模糊的对比效果。

图13—82

图13—83

13.4.1 USM锐化

技术速查："USM锐化"滤镜可以查找图像颜色发生明显变化的区域，然后将其锐化。

执行"滤镜>锐化>USM锐化"命令，在弹出的"USM锐化"对话框中调整"数量"数值用来设置锐化效果的精细程度。调整"半径"数值可以设置图像锐化的半径范围大小。"阈值"数值用于控制相邻像素之间可进行锐化的差值，达到所设置的"阈值"数值时才会被锐化。阈值越高，被锐化的像素就越少。如图13-84所示为"USM锐化"对话框。如图13-85和图13-86所示分别为原始图像以及应用"USM锐化"滤镜以后的效果。

图13—84

图13—85

图13—86

13.4.2 进一步锐化

技术速查："进一步锐化"滤镜可以通过增加像素之间的对比度使图像变得清晰，但锐化效果不是很明显。

执行"滤镜>锐化>进一步锐化"命令，该滤镜没有参数设置对话框，如图13-87和图13-88所示分别为原始图像以及与应用两次"进一步锐化"滤镜以后的效果。

图13—87

图13—88

13.4.3 锐化

技术速查："锐化"滤镜与"进一步锐化"滤镜一样，都可以通过增加像素之间的对比度使图像变得清晰。

执行"滤镜>锐化>锐化"命令可以对图像进行"锐化"处理。"锐化"滤镜没有参数设置对话框，其锐化效果没有"进一步锐化"滤镜的锐化效果明显，应用一次"进一步锐化"滤镜，相当于应用了3次"锐化"滤镜。

13.4.4 锐化边缘

技术速查："锐化边缘"滤镜只锐化图像的边缘，同时会保留图像整体的平滑度。

"锐化边缘"滤镜没有参数设置对话框，执行"滤镜>锐化>锐化边缘"命令，如图13-89和图13-90所示分别为原始图像及应用"锐化边缘"滤镜以后的效果。

图13-89

图13-90

13.4.5 智能锐化

技术速查："智能锐化"滤镜的功能比较强大，它具有独特的锐化选项，可以设置锐化算法、控制阴影和高光区域的锐化量。

执行"滤镜>锐化>智能锐化"命令，在弹出的"智能锐化"对话框右侧可以进行"基本"以及"高级"的设置，如图13-91和图13-92所示分别为原始图像与"智能锐化"对话框。

设置基本选项

在"智能锐化"对话框中选中"基本"单选按钮，可以设置"智能锐化"滤镜的基本锐化功能。

- **设置**：单击"存储当前设置的拷贝"按钮，可以将当前设置的锐化参数存储为预设参数；单击"删除当前设置"按钮，可以删除当前选择的自定义锐化配置。
- **数量**：用来设置锐化的精细程度。数值越高，越能强化边缘之间的对比度，如图13-93所示分别是设置"数量"为100%和500%时的锐化效果。

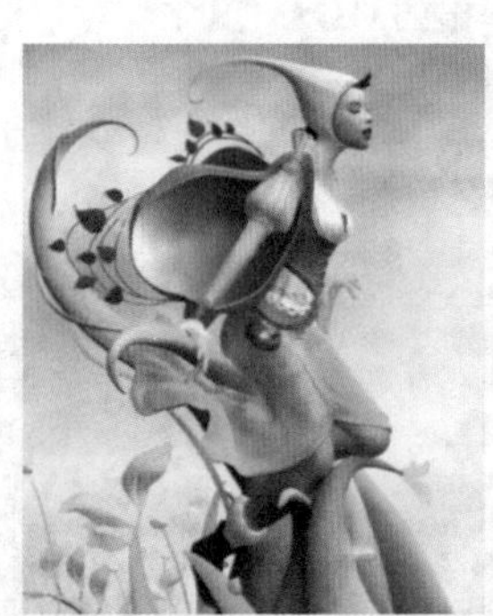

图13-91

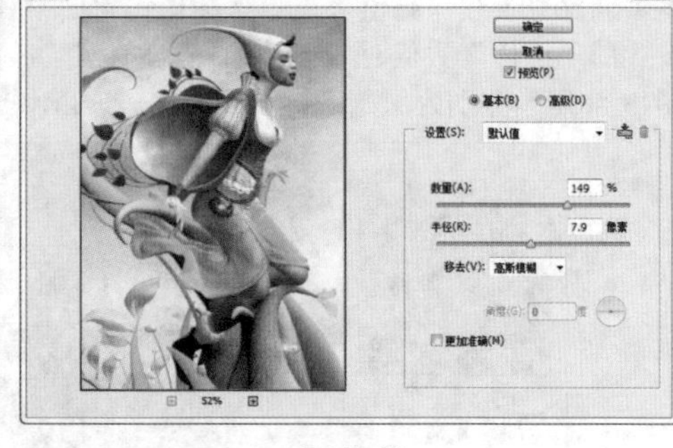

图13-92

- **半径**：用来设置受锐化影响的边缘像素的数量。数值越高，受影响的边缘就越宽，锐化的效果也越明显，如图13-94所示分别是设置"半径"为3像素和6像素时的锐化效果。

图13-93

图13-94

- **移去**：选择锐化图像的算法。选择"高斯模糊"选项，可以使用"USM锐化"滤镜锐化图像；选择"镜头模糊"选项，可以查找图像中的边缘和细节，并对细节进行更加精细的锐化，以减少锐化的光晕；选择"动感模糊"选项，可以激活下面的"角度"选项，通过设置"角度"值可以减少由于相机或对象移动而产生的模糊效果。
- **更加准确**：选中该复选框，可以使锐化效果更加精确。

设置高级选项

在"智能锐化"对话框中选中"高级"单选按钮，可以设置"智能锐化"滤镜的高级锐化功能。高级锐化功能包含"锐化"、"阴影"和"高光"3个选项卡，如图13-95~图13-97所示，其中"锐化"选项卡中的参数与基本锐化选项完全相同。

- **渐隐量**：用于设置阴影或高光中的锐化程度。
- **色调宽度**：用于设置阴影和高光中色调的修改范围。
- **半径**：用于设置每个像素周围的区域的大小。

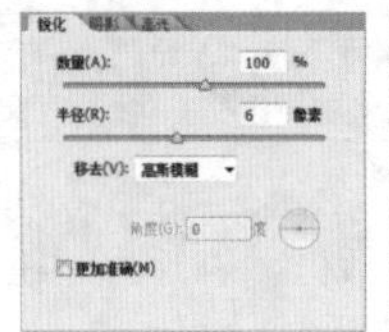

图13-95

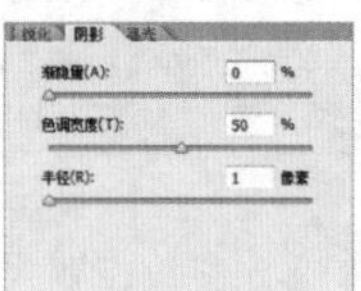

图13-96

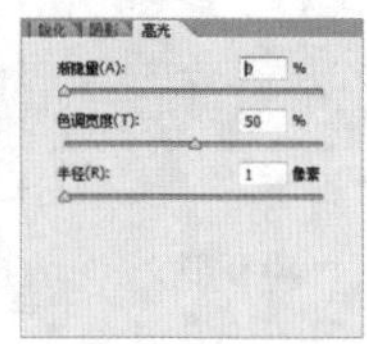

图13-97

13.5 风格化滤镜组

视频精讲：Photoshop CS6新手学视频精讲课堂/风格化滤镜组.flv

在风格化滤镜组中有9种滤镜，分别是“查找边缘”、“等高线”、“风”、“浮雕效果”、“扩散”、“拼贴”、“曝光过度”、“凸出”和“照亮边缘”。这些滤镜分布在“滤镜>风格化”菜单下以及滤镜库中的风格化滤镜组中。

13.5.1 查找边缘

技术速查：使用“查找边缘”滤镜后可以自动查找图像像素对比度变换强烈的边界。

对图像使用“查找边缘”滤镜可以将高反差区变亮，将低反差区变暗，而其他区域则介于两者之间，同时硬边会变成线条，柔边会变粗，从而形成一个清晰的轮廓，打开一张素材图片，如图13-98所示。执行“滤镜>风格化>查找边缘”命令，即可为图像添加“查找边缘”滤镜效果，如图13-99所示。

图13—98

图13—99

13.5.2 等高线

技术速查：“等高线”滤镜用于查找主要亮度区域，并为每个颜色通道勾勒主要亮度区域，以获得与等高线图中的线条类似的效果。

打开一张素材图片，如图13-100所示。执行“滤镜>风格化>等高线”命令，如图13-101所示。设置完成后单击“确定”按钮，效果如图13-102所示。

- **色阶**：用来设置区分图像边缘亮度的级别。
- **边缘**：用来设置处理图像边缘的位置，以及便捷的产生方法。选中“较低”单选按钮时，可以在基准亮度等级以下的轮廓上生成等高线；选中“较高”单选按钮时，可以在基准亮度等级以上生成等高线。

图13—100

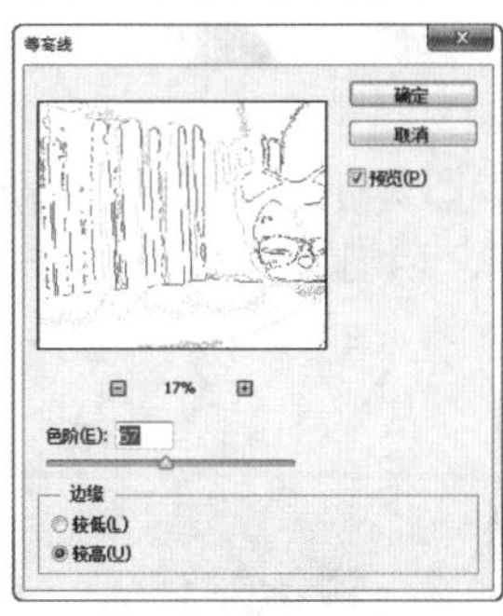

图13—101

图13—102

13.5.3 风

技术速查：“风”滤镜在图像中放置一些细小的水平线条来模拟风吹效果。

打开素材图片，如图13-103所示。执行“滤镜>风格化>风”命令，打开“风”对话框，如图13-104所示。

- **方法**：包含“风”、“大风”和“飓风”3种等级，如图13-105所示分别是这3种等级的效果。
- **方向**：用来设置风源的方向，包含“从右”和“从左”两种。

图13—103

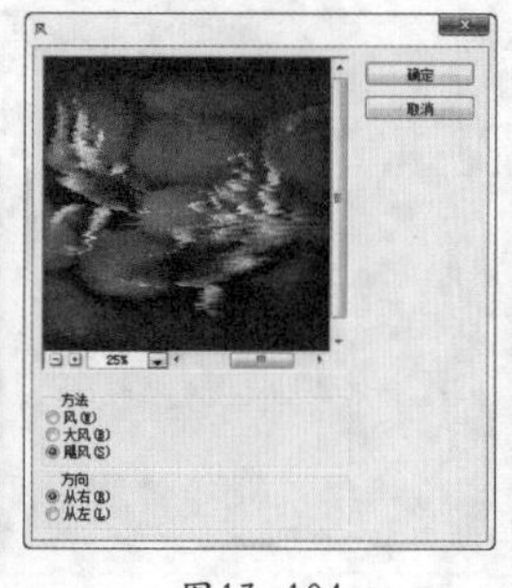

图13—104

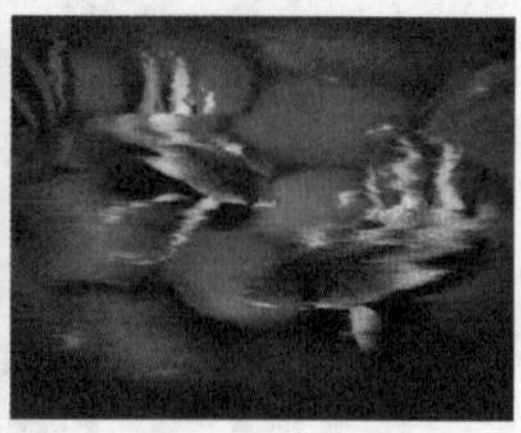

图13—105

13.5.4 浮雕效果

技术速查：“浮雕效果”滤镜可以通过勾勒图像或选区的轮廓和降低周围颜色值来生成凹陷或凸起的浮雕效果。

打开素材图片，如图13-106所示。执行“滤镜>风格化>浮雕效果”命令，打开“浮雕效果”对话框，如图13-107所示。在面板中可以更改“角度”、“高度”和“数量”，效果如图13-108所示。

- **角度**：用于设置浮雕效果的光线方向。光线方向会影响浮雕的凸起位置。
- **高度**：用于设置浮雕效果的凸起高度。
- **数量**：用于设置“浮雕”滤镜的作用范围。数值越高，边界越清晰（小于40%时，图像会变灰）。

图13—106

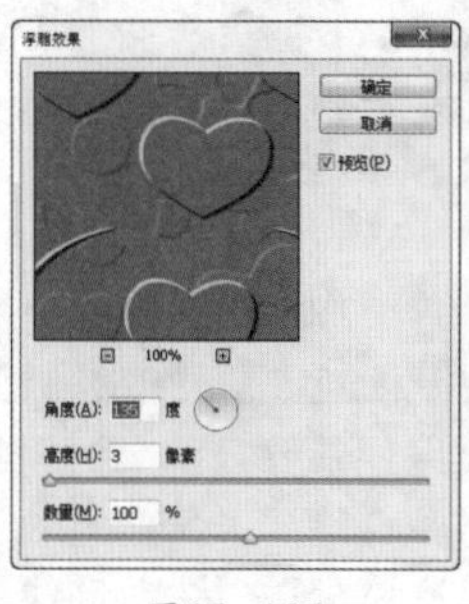

图13—107

图13—108

13.5.5 扩散

技术速查：“扩散”滤镜可以通过使图像中相邻的像素按指定的方式有机移动，让图像形成一种类似于透过磨砂玻璃观察物体时的分离模糊效果。

打开一张图片，如图13-109所示。执行“滤镜>风格化>扩散”命令，打开“扩散”对话框，在该对话框中，可以通过更改“模式”来更改效果，如图13-110所示。

- **正常**：使图像的所有区域都进行扩散处理，与图像的颜色值没有任何关系。
- **变暗优先**：用较暗的像素替换亮部区域的像素，并且只有暗部像素产生扩散。
- **变亮优先**：用较亮的像素替换暗部区域的像素，并且只有亮部像素产生扩散。
- **各向异性**：使用图像中较暗和较亮的像素产生扩散效果，即在颜色变化最小的方向上搅乱像素。

图13—109

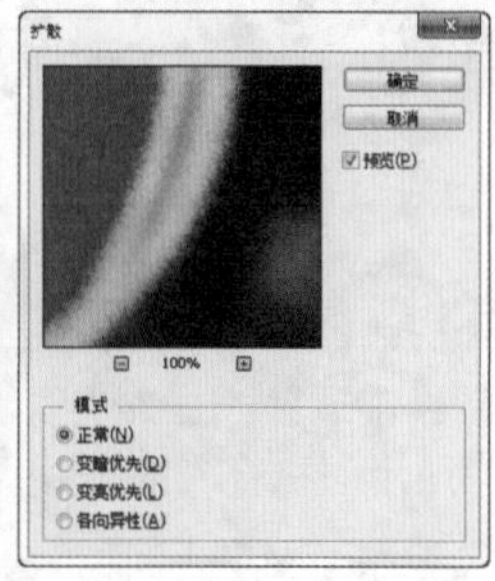

图13—110

13.5.6 拼贴

技术速查：“拼贴”滤镜可以将图像分解为一系列块状，并使其偏离其原来的位置，以产生不规则拼砖的图像效果。

打开一张图片，如图13-111所示。执行“滤镜>风格化>拼贴”命令，打开“拼贴”对话框，如图13-112所示，在该对话框中可以设置相应的参数，设置完成后单击“确定”按钮，效果如图13-113所示。

- **拼贴数**：用来设置在图像每行和每列中要显示的贴块数。
- **最大位移**：用来设置拼贴偏移原始位置的最大距离。
- **填充空白区域用**：用来设置填充空白区域的使用方法。

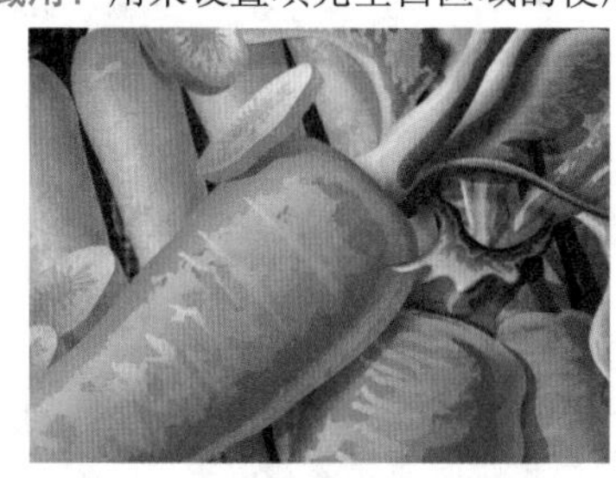

图13-111

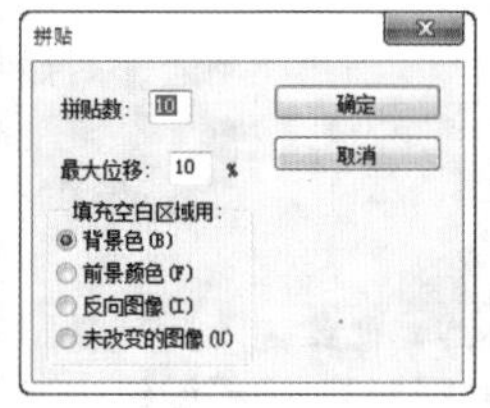

图13-112

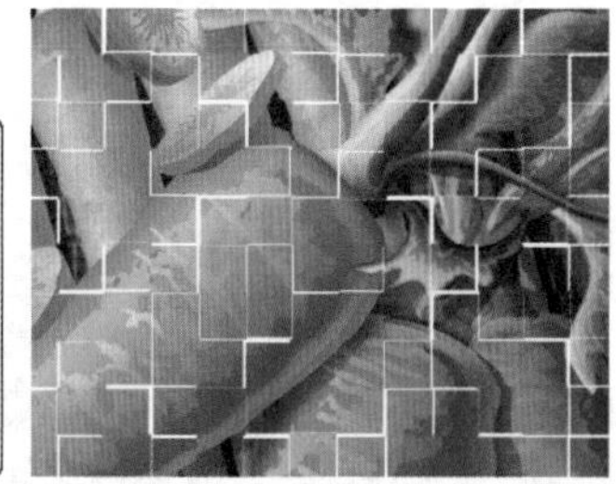

图13-113

13.5.7 曝光过度

技术速查：“曝光过度”滤镜可以混合负片和正片图像，类似于显影过程中将摄影照片短暂曝光的效果。

使用Photoshop打开一张图片，如图13-114所示。执行“滤镜>风格化>曝光过度”命令，无须任何参数设置，图像自动变为“曝光过度”效果，如图13-115所示。

图13-114

图13-115

13.5.8 凸出

技术速查：“凸出”滤镜可以将图像分解成一系列大小相同且有机重叠放置的立方体或锥体，以生成特殊的3D效果。

打开一张图片，如图13-116所示。执行“滤镜>风格化>凸出”命令，打开“凸出”对话框，可以在该对话框中设置参数，改变凸出效果，如图13-117所示。参数设置完成后，单击“确定”按钮，效果如图13-118所示。

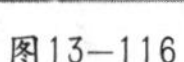

图13-116

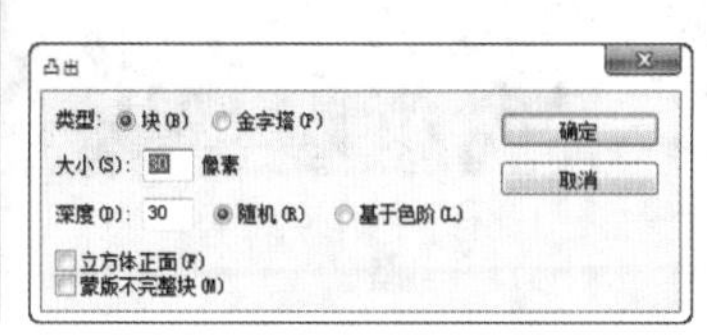

图13-117

图13-118

- **类型**：用来设置三维方块的形状，包含“块”和“金字塔”两种，如图13-119所示。
- **大小**：用来设置立方体或金字塔底面的大小。
- **深度**：用来设置凸出对象的深度。“随机”选项表示为每个块或金字塔设置一个随机的任意深度；“基于色阶”选项表示使每个对象的深度与其亮度相对应，亮度越亮，图像越凸出。
- **立方体正面**：选中该复选框以后，将失去图像的整体轮廓，生成的立方体上只显示单一的颜色，如图13-120所示。
- **蒙版不完整块**：使所有图像都包含在凸出的范围之内。

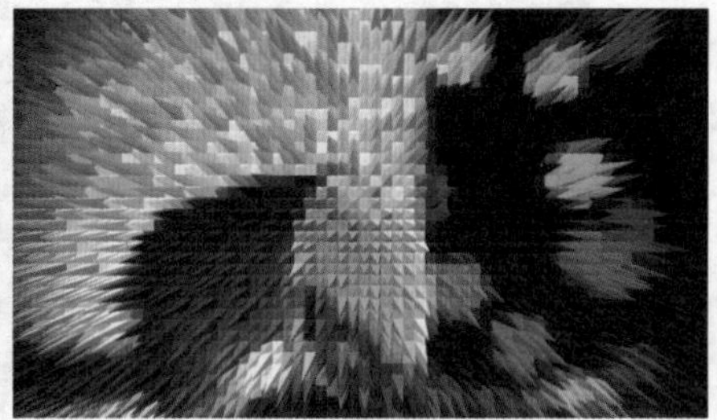

图13-119

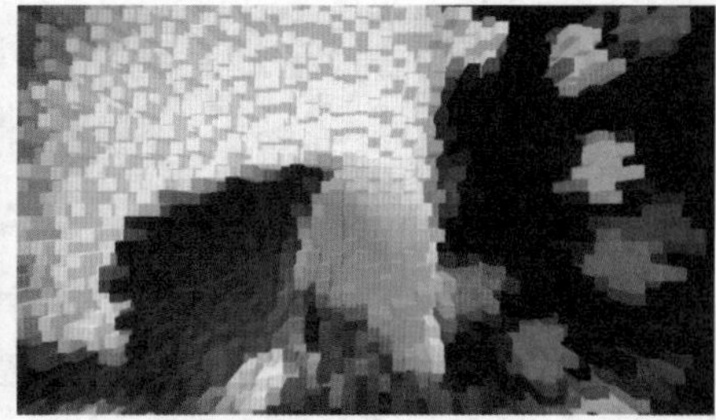

图13-120

☆ 视频课堂——使用滤镜制作冰美人

案例文件\第13章\视频课堂——使用滤镜制作冰美人.psd

视频文件\第13章\视频课堂——使用滤镜制作冰美人.flv

思路解析：

01 使用钢笔工具将人像从背景中分离出来。同样将人像皮肤部分复制为单独的图层。

02 复制皮肤部分，使用水彩滤镜，并进行混合颜色带的调整。

03 复制皮肤部分，使用照亮边缘滤镜，设置混合模式制作出发光效果。

04 复制皮肤部分，使用铬黄渐变滤镜，制作出银灰色质感效果，并设置混合模式。

05 进行一系列的颜色调整，并添加裂痕效果。

13.6 扭曲滤镜组

视频精讲：Photoshop CS6新手学视频精讲课堂/扭曲滤镜组.flv

在“扭曲”滤镜组中包含“波浪”、“波纹”、“玻璃”、“海洋波纹”、“极坐标”、“挤压”、“扩散亮光”、“切变”、“球面化”、“水波”、“旋转扭曲”以及“置换”滤镜。执行“滤镜>扭曲”命令，即可在子菜单中找到这些滤镜。如图13-121和图13-122所示为优秀的平面设计作品。

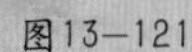

图13-121

图13-122

13.6.1 波浪

技术速查：“波浪”滤镜可以在图像上创建类似于波浪起伏的效果。

打开一张图片，如图13-123所示。执行“滤镜>扭曲>波浪”命令，打开“波浪”对话框，如图13-124所示。在参数面板中可以进行相应的设置，效果如图13-125所示。

- **生成器数**：用来设置波浪的强度。
- **波长**：用来设置相邻两个波峰之间的水平距离，包含“最小”和“最大”两个选项，其中“最小”数值不能超过“最大”数值。
- **波幅**：设置波浪的宽度（最小）和高度（最大）。
- **比例**：设置波浪在水平方向和垂直方向上的波动幅度。

图13-123

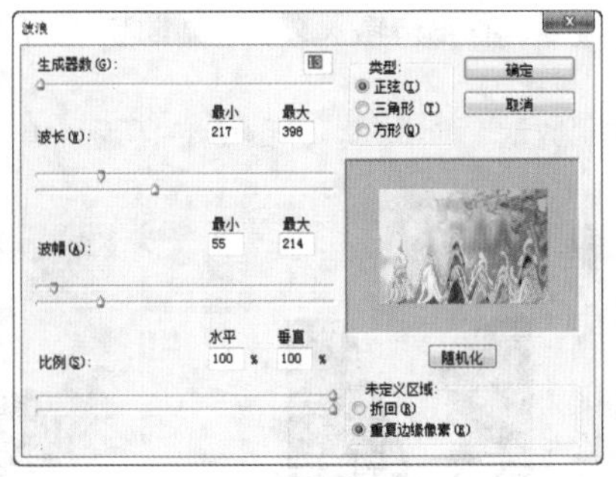

图13-124

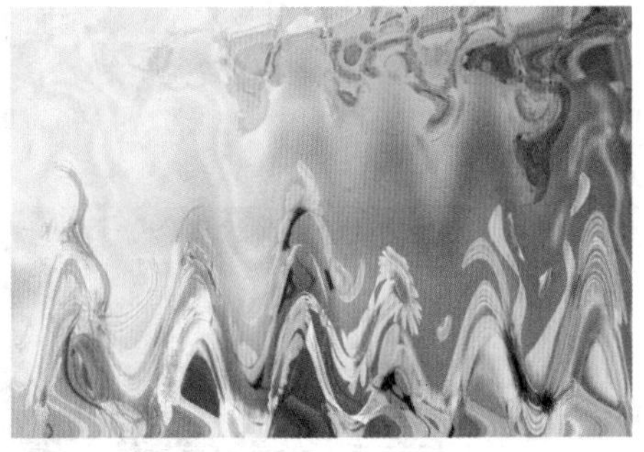

图13-125

- **类型**：选择波浪的形态，包括“正弦”、“三角形”和“方形”3种形态，如图13-126所示。
- **随机化**：如果对波浪效果不满意，可以单击该按钮，以重新生成波浪效果。
- **未定义区域**：用来设置空白区域的填充方式。选中“折回”单选按钮，可以在空白区域填充溢出的内容；选中“重复边缘像素”单选按钮，可以填充扭曲边缘的像素颜色。

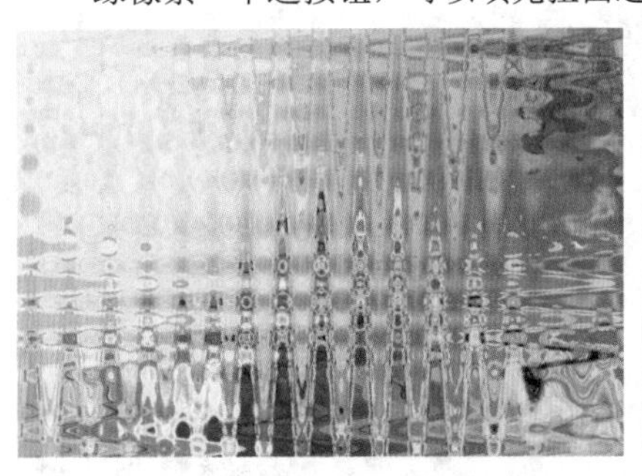

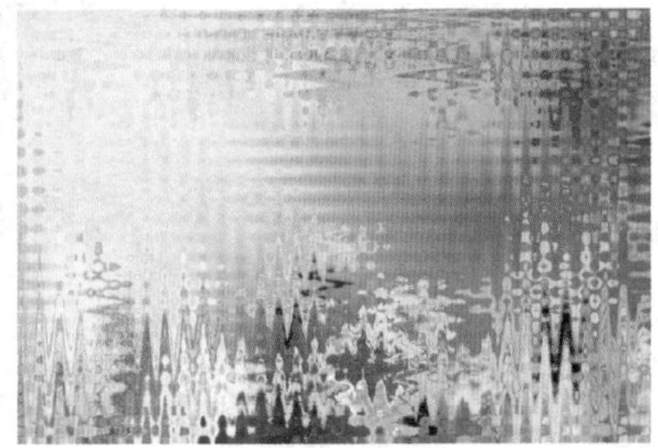

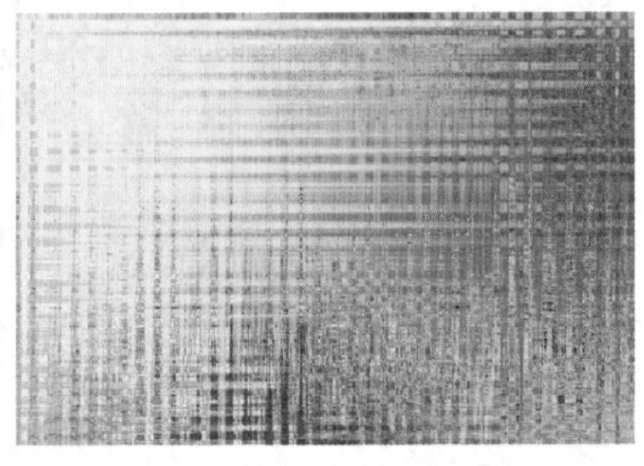

图13-126

13.6.2 波纹

技术速查：“波纹”滤镜与“波浪”滤镜类似，但只能控制波纹的数量和大小。

“波纹”滤镜会使图像产生一种像水面波纹的效果，打开一张图片，如图13-127所示。执行“滤镜>扭曲>波纹”命令，打开“波纹”对话框，如图13-128所示。在“波纹”对话框中可以通过调整“数量”来调整产生波纹的数量，通过调整“大小”来调整产生波纹的大小。

图13-127

图13-128

★ 案例实战——使用滤镜制作饼干文字

案例文件	案例文件\第13章\使用滤镜制作饼干文字.psd
视频教学	视频文件\第13章\使用滤镜制作饼干文字.flv
难易指数	★★★★★
技术要点	波浪滤镜、波纹滤镜、添加杂色滤镜

案例效果

本案例通过对文字使用波浪滤镜、波纹滤镜，将文字的形态转变为饼干的边缘效果，并通过图层样式的使用模拟饼干质感，效果如图13-129所示。

图13-129

操作步骤

01 打开本书配套光盘中的背景文件“1.jpg”，使用横排文

字工具设置合适的字体以及字号，在画面中合适位置单击输入文字，如图13-130所示。在文字图层上单击鼠标右键，在弹出的快捷菜单中执行“栅格化文字”命令。

02 对其执行“滤镜>扭曲>波纹”命令，设置“数量”为100%，如图13-131所示。单击“确定”按钮，效果如图13-132所示。

图13-130

图13-131

图13-132

03 为了使文字出现体积感，需要为其添加图层样式。执行“图层>图层样式>斜面和浮雕”命令，设置“样式”为“浮雕效果”，“方法”为“平滑”，“深度”为70%，“大小”为70像素，“软化”为16像素，高光不透明度为35%，如图13-133所示。选中“描边”复选框，设置“大小”为30像素，“位置”为“居中”，填充颜色为灰色，如图13-134所示。

04 继续选中“颜色叠加”复选框，设置“混合模式”为“正常”，“颜色”为白色，“不透明度”为100%，如图13-135所示。效果如图13-136所示。

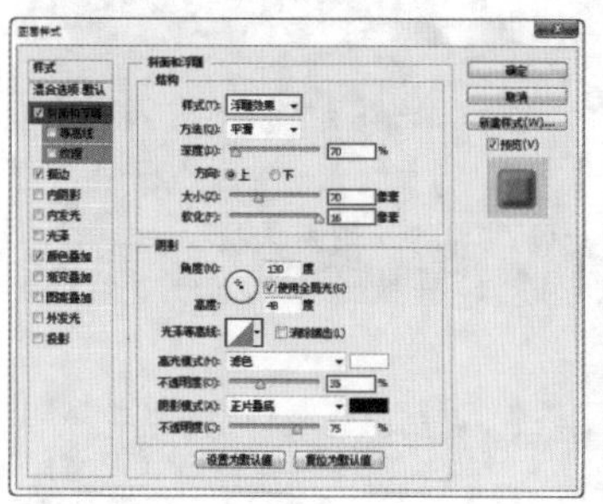

图13-133

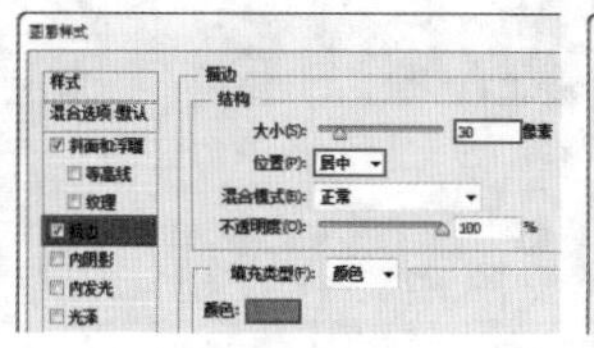

图13-134

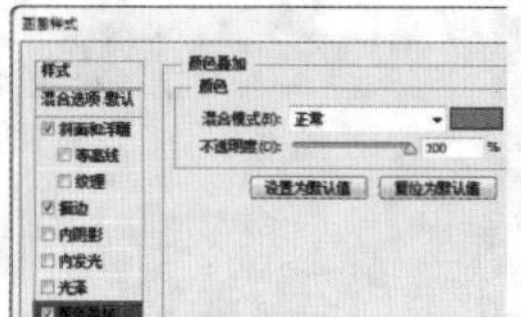

图13-135

图13-136

05 新建图层，为其填充黑色，对其执行“滤镜>杂色>添加杂色”命令，设置“数量”为60%，选中“平均分布”单选按钮，选中“单色”复选框，如图13-137所示。单击“确定”按钮，效果如图13-138所示。

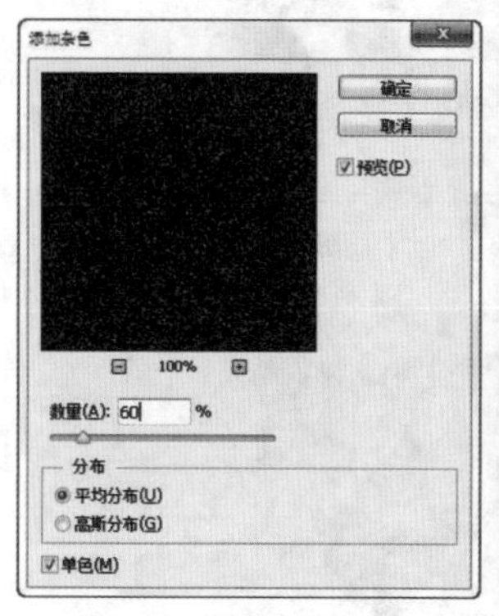

图13-137

图13-138

06 进入“通道”面板，单击选中蓝通道，单击“将通道载入选区”按钮，如图13-139所示。回到“图层”面板中，执行“选择>选择反向”命令，并按Delete键删除白色杂点以外的区域，如图13-140所示。

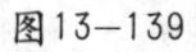

图13-139

图13-140

07 载入文字图层的选区，并为杂色图层添加图层蒙版，隐藏文字以外的部分，并设置其“混合模式”为“溶解”，如图13-141所示。效果如图13-142所示。

图13-141

图13-142

08 新建图层，设置合适的前景色，如图13-143所示。载入文字选区，为其填充前景色，设置其“混合模式”为“叠加”，如图13-144所示。效果如图13-145所示。

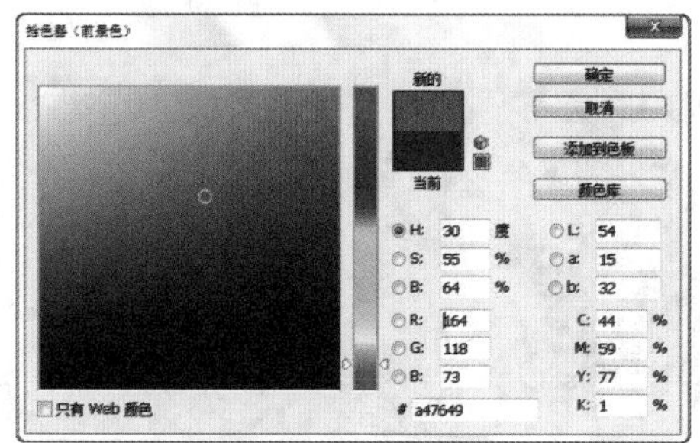

图13—143

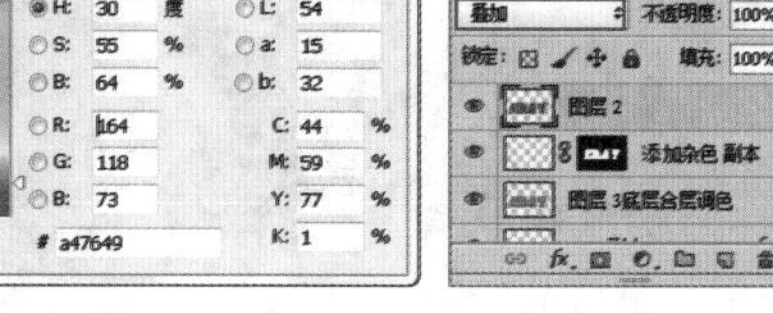

图13—144

图13—145

09 新建小一点的黑色文字，摆放在之前文字的上方，并对其执行“滤镜>扭曲>波浪”命令，选中“三角形”单选按钮，设置“生成器数”为5，“最小波长”为10，“最大波长”为120，“最小波幅”为5，“最大波幅”为17，如图13-146所示。单击“确定”按钮，如图13-147所示。

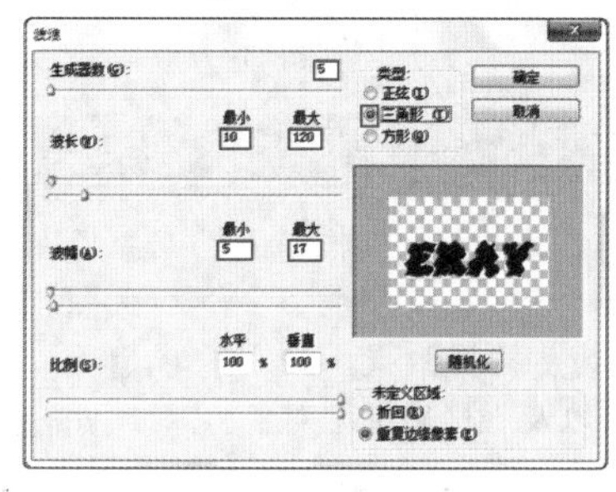

图13—146

图13—147

10 继续对其执行“滤镜>液化”命令，使用向前变形工具，对其进行适当的形状调整，如图13-148所示。单击“确定”按钮，如图13-149所示。

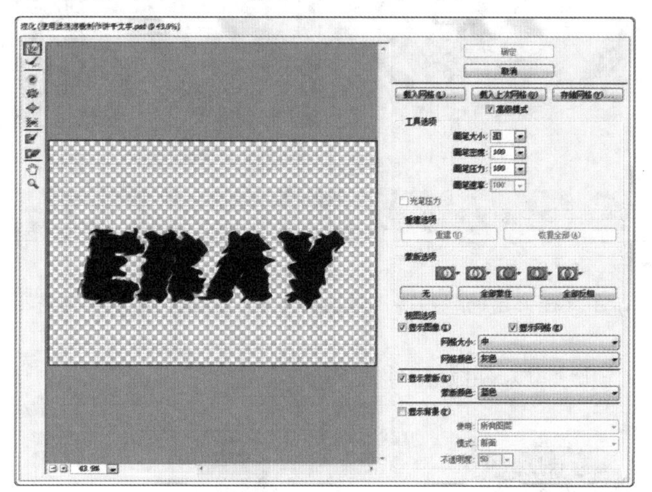

图13—148

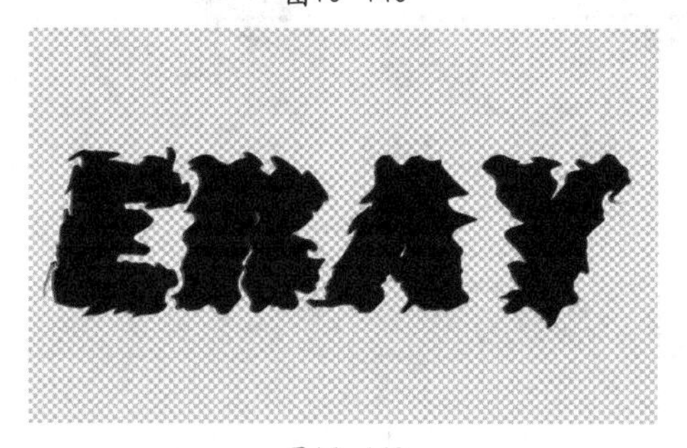

图13—149

11 对其执行“图层>图层样式>斜面和浮雕”命令，设置“样式”为“浮雕效果”，“方法”为“平滑”，“深度”为388%，“大小”为29像素，“软化”为16像素，设置高光颜色为棕黄色，如图13-150所示。继续选中“颜色叠加”复选框，设置颜色与高光颜色相同，如图13-151所示。此时饼干文字呈现出双层，效果如图13-152所示。

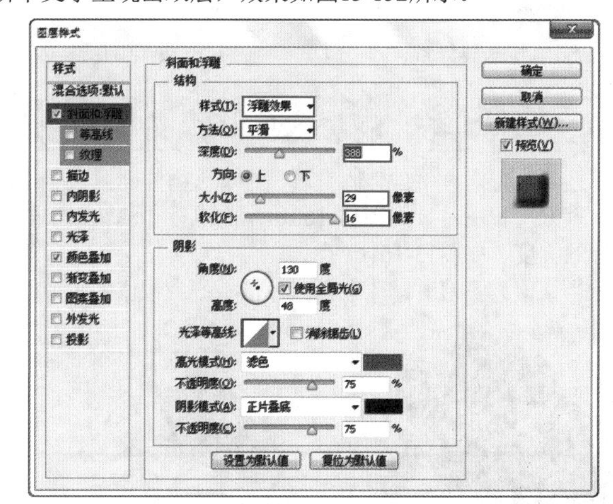

图13—150

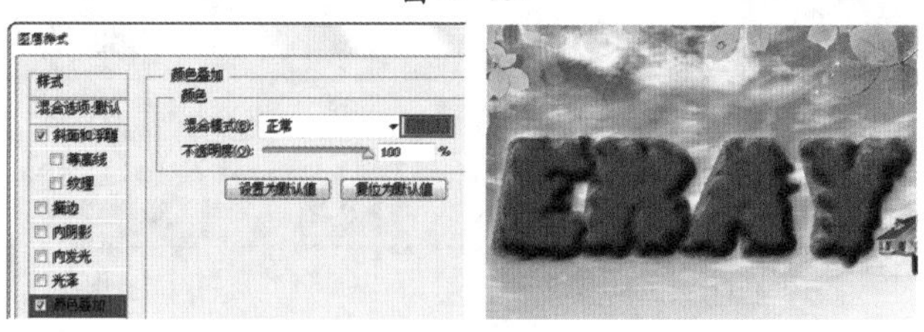

图13—151　　图13—152

12 同样方法制作最顶部的浅色饼干效果，如图13-153所示。新建图层，设置前景色为咖啡色，使用画笔在画面中合适的部分绘制斑点，如图13-154所示。

13 置入前景装饰素材，最终制作效果如图13-155所示。

图13—153

图13—154

图13—155

13.6.3 极坐标

技术速查：“极坐标”滤镜可以将图像从平面坐标转换到极坐标，或从极坐标转换到平面坐标。

“极坐标”滤镜非常适合模拟鱼眼镜头拍摄效果，如图13-156和图13-157所示分别为原始图像以及“极坐标”对话框。

- **平面坐标到极坐标**：使矩形图像变为圆形图像，如图13-158所示。
- **极坐标到平面坐标**：使圆形图像变为矩形图像，如图13-159所示。

图13—156

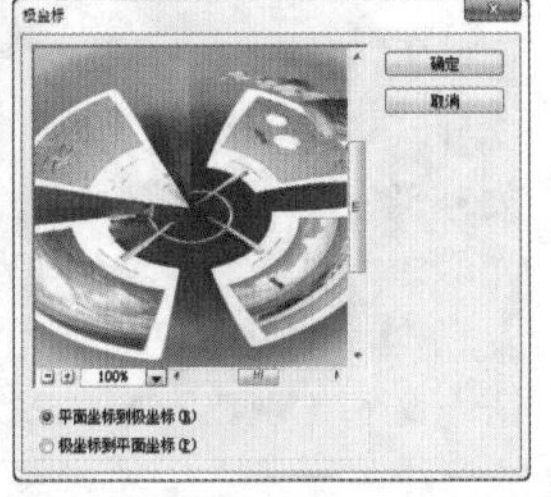

图13—157

图13—158

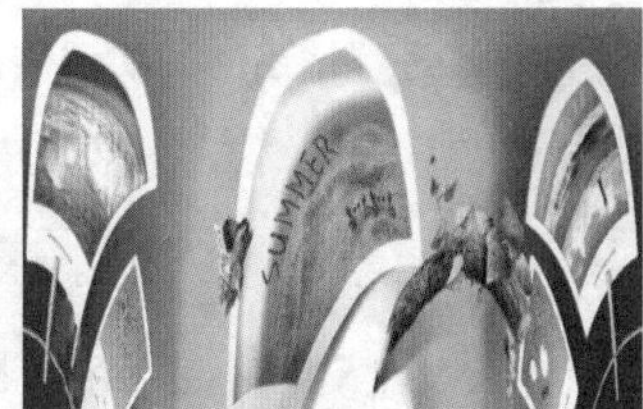

图13—159

13.6.4 挤压

技术速查：“挤压”滤镜可以将选区内的图像或整个图像向外或向内挤压。

打开一张图片，如图13-160所示。执行“滤镜>扭曲>挤压”命令，在弹出的“挤压”对话框中通过调整数量来控制挤压图像的程度，如图13-161所示。

当数值为负值时，图像会向外挤压；当数值为正值时，图像会向内挤压，如图13-162所示。

图13—160

图13—161

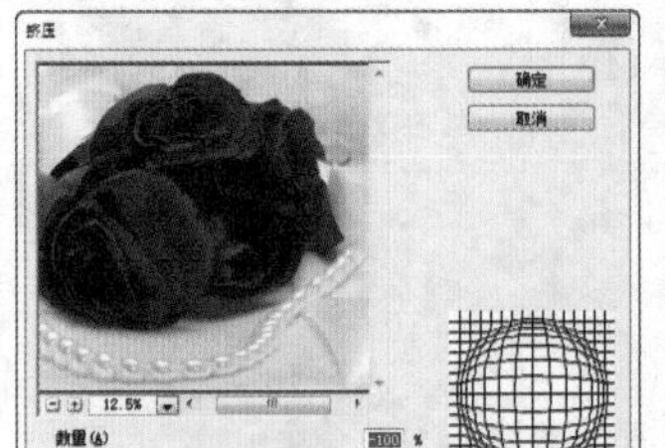

图13—162

13.6.5 切变

技术速查：“切变”滤镜可以沿一条曲线扭曲图像，通过拖曳调整框中的曲线可以应用相应的扭曲效果。

打开一张图片，如图13-163所示。执行“滤镜>扭曲>切变”命令，打开“切变”对话框，如图13-164所示。在“切变”

对话框中可以调整参数，设置“切变”的变形效果。

- **曲线调整框**：可以通过控制曲线的弧度来控制图像的变形效果，如图13-165所示为不同的变形效果。
- **折回**：在图像的空白区域中填充溢出图像之外的图像内容，如图13-166所示。
- **重复边缘像素**：在图像边界不完整的空白区域填充扭曲边缘的像素颜色，如图13-167所示。

图13—163

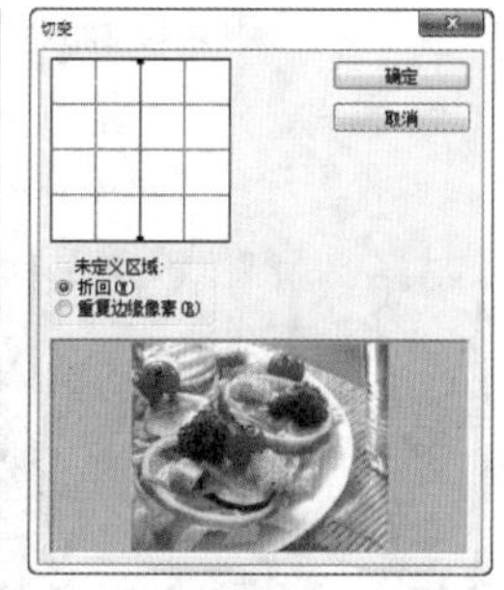

图13—164

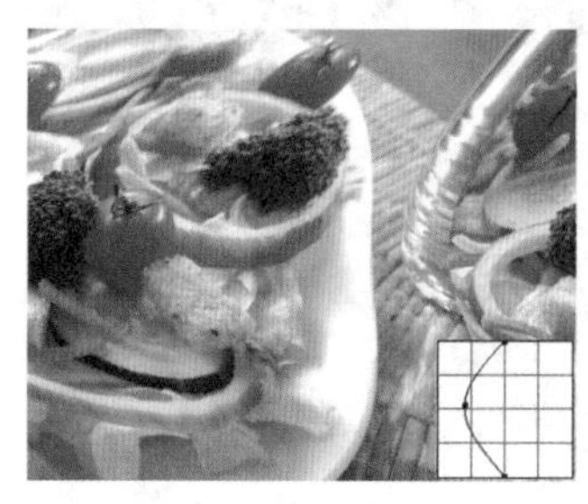

图13—165

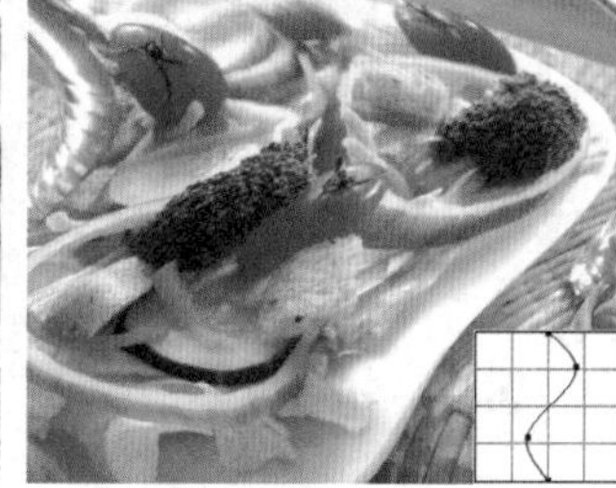
图13—166

图13—167

13.6.6 球面化

技术速查：“球面化”滤镜可以将选区内的图像或整个图像扭曲为球形。

打开一张图片，如图13-168所示。执行“滤镜>扭曲>球面化”命令，打开“球面化”对话框，如图13-169所示。

- **数量**：用来设置图像球面化的程度。当设置为正值时，图像会向外凸起；当设置为负值时，图像会向内收缩，如图13-170所示。
- **模式**：用来选择图像的挤压方式，包含“正常”、“水平优先”和“垂直优先”3种方式。

图13—168

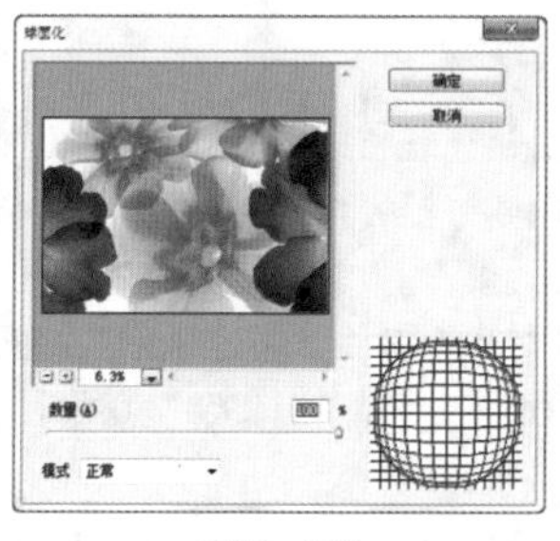

图13—169

图13—170

13.6.7 水波

技术速查：“水波”滤镜可以使图像产生真实的水波波纹效果。

首先，打开一张图片，在需要添加“水波”滤镜的地方绘制选区，如图13-171所示。然后，执行“滤镜>扭曲>水波”命令，打开水波对话框，如图13-172所示。在“水波”对话框中可以对“数量”、“起伏”、“样式”参数进行设置。

- **数量**：用来设置波纹的数量。当设置为负值时，将产生下凹的波纹；当设置为正值时，将产生上凸的波纹，如图13-173所示。

图13—171

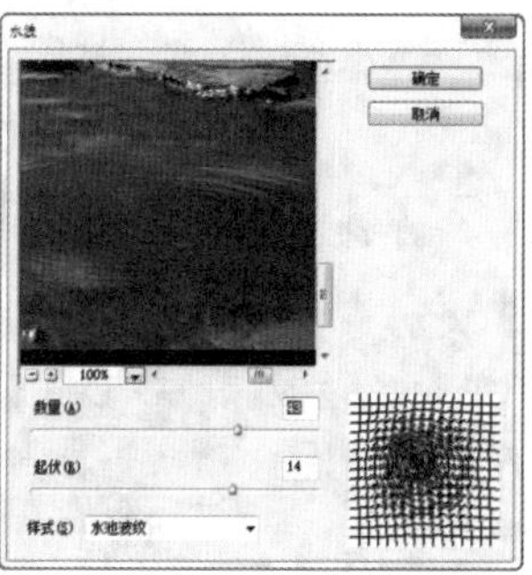

图13—172

- 起伏：用来设置波纹的数量。数值越大，波纹越多。
- 样式：用来选择生成波纹的方式。选择“围绕中心”选项时，可以围绕图像或选区的中心产生波纹；选择“从中心向外”选项时，波纹将从中心向外扩散；选择“水池波纹”选项时，可以产生同心圆形状的波纹，如图13-174所示。

图13-173

图13-174

13.6.8 旋转扭曲

技术速查：“旋转扭曲”滤镜可以顺时针或逆时针旋转图像，旋转会围绕图像的中心进行处理。

打开一张图片，如图13-175所示。执行“滤镜>扭曲>旋转扭曲”命令，打开“旋转扭曲”对话框，如图13-176所示。

- 角度：用来设置旋转扭曲方向。当设置为正值时，会沿顺时针方向进行扭曲；当设置为负值时，会沿逆时针方向进行扭曲，如图13-177所示。

图13-175

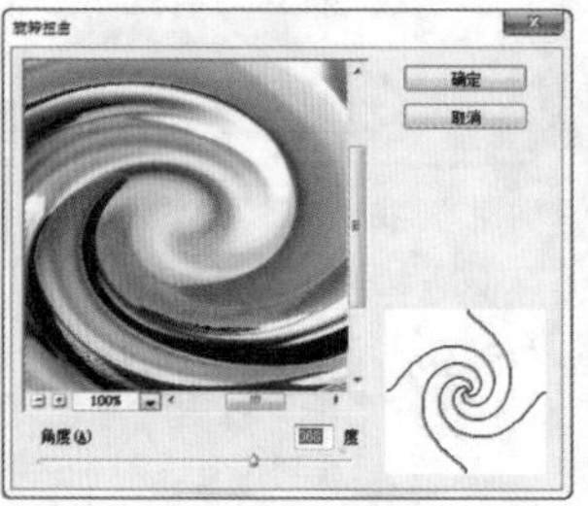

图13-176

图13-177

13.6.9 置换

技术速查：“置换”滤镜可以用另外一张图像（必须为PSD文件）的亮度值使当前图像的像素重新排列，并产生位移效果。

打开一个素材文件，如图13-178所示。执行“滤镜>扭曲>置换”命令，在弹出的“置换”对话框（如图13-179所示）中设置合适的参数，单击“确定”按钮后选择PSD格式的用于置换的文件，如图13-180所示。通过Photoshop的自动运算即可得到位移效果，如图13-181所示。

- 水平/垂直比例：可以用来设置水平方向和垂直方向所移动的距离。单击“确定”按钮可以载入PSD文件，然后用该文件扭曲图像。
- 置换图：用来设置置换图像的方式，包括“伸展以适合”和“拼贴”两种。

图13-178

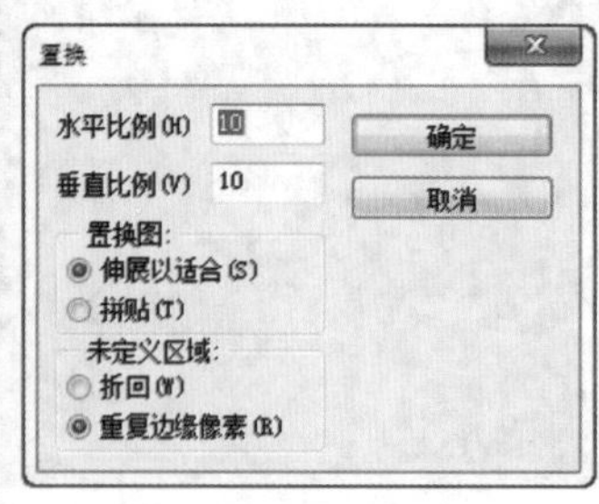

图13-179

图13-180

图13-181

★ 案例实战——使用“置换”滤镜制作水晶质感小提琴

案例文件	案例文件\第13章\使用置换滤镜制作水晶质感小提琴.psd
视频教学	视频文件\第13章\使用置换滤镜制作水晶质感小提琴.flv
难易指数	★★★★★
技术要点	“置换”滤镜

案例效果

本案例主要是通过使用“置换”滤镜制作水晶质感小提琴，如图13-182所示。

操作步骤

01 打开背景素材“1.jpg ”，如图13-183所示。再次导入一张用于置换的素材“2.jpg”，作为“背景2”图层，如图13-184所示。

图13—182

图13—183

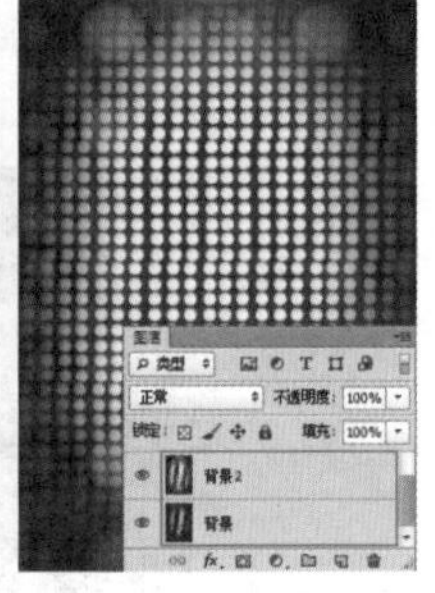

图13—184

02 执行“文件>新建”命令，创建与之前的文档尺寸完全相同的文档。执行“文件>置入”命令，导入一张小提琴素材“3.jpg”，如图13-185所示。然后使用“文件>储存”命令将其保存为PSD格式文件，如图13-186所示。

图13—185

图13—186

03 回到最初的文档中，选中“背景2”图层，对其执行“滤镜>扭曲>置换”命令，在弹出的对话框中设置“水平比例”为200，“垂直比例”为200，选中“拼贴”与“折回”单选按钮，如图13-187所示。单击“确定”按钮后，在弹出的对话框中选中先前存储的PSD文件，如图13-188所示。此时“背景2”图层表面出现了小提琴的轮廓，如图13-189所示。

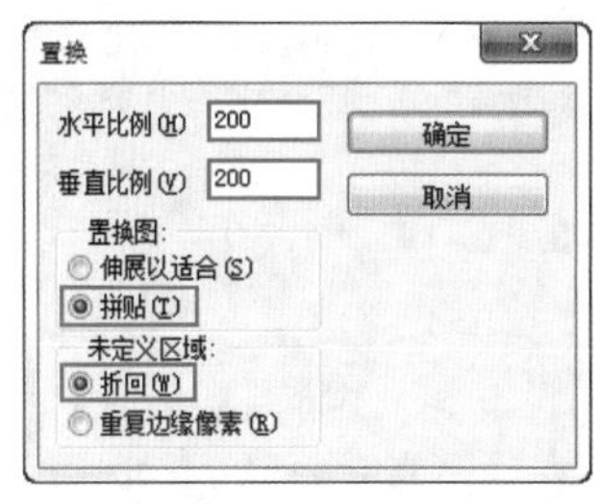

图13—187

图13—188

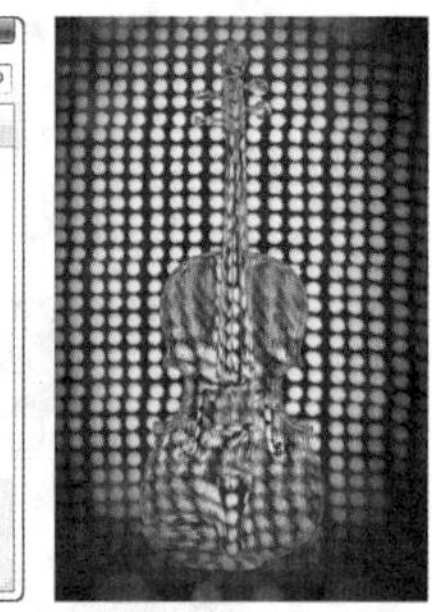

图13—189

04 使用钢笔工具沿着小提琴的边缘绘制路径，如图13-190所示。按Ctrl+Enter快捷键将路径快速转换为选区，选择反向后删除多余背景，如图13-191所示。

05 导入前景装饰素材“4.png”，放置在画面中合适的位置，最终制作效果如图13-192所示。

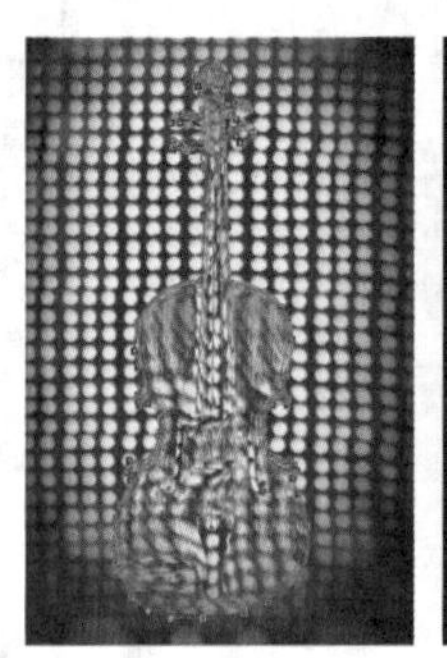

图13—190

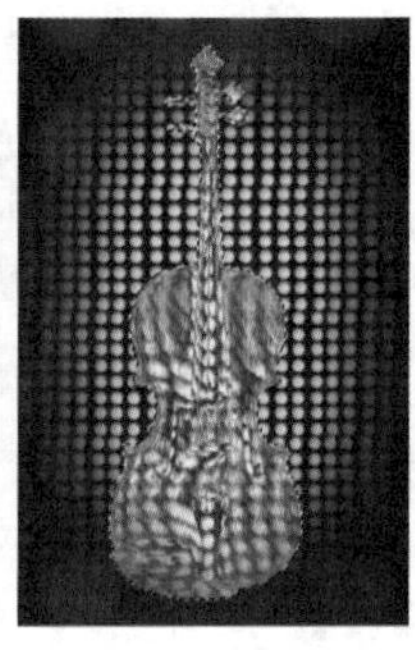

图13—191

图13—192

13.7 像素化滤镜组

视频精讲：Photoshop CS6新手学视频精讲课堂/像素化滤镜组.flv

像素化滤镜组可以将图像进行分块或平面化处理。像素化滤镜组包含7种滤镜：“彩块化”、“彩色半调”、“点状化”、“晶格化”、“马赛克”、“碎片”和“铜版雕刻”，如图13-193所示。

彩块化
彩色半调...
点状化...
晶格化...
马赛克...
碎片
铜版雕刻...

图13—193

13.7.1 彩块化

技术速查：“彩块化”滤镜可以将纯色或相近色的像素结成相近颜色的像素块（该滤镜没有参数设置对话框）。

“彩块化”滤镜常用来制作手绘图像、抽象派绘画等艺术效果。打开一张图片，如图13-194所示。执行“滤镜>像素化>彩块化”命令，图像就会自动添加“彩块化”效果，如图13-195所示。

图13—194

图13—195

13.7.2 彩色半调

技术速查：“彩色半调”滤镜可以模拟在图像的每个通道上使用放大的半调网屏的效果。

打开一张图片，如图13-196所示。执行“滤镜>像素化>彩色半调”命令，打开“彩色半调”对话框，如图13-197所示。“最大半径”用来设置生成的最大网点的半径。“网角（度）”用来设置图像各个原色通道的网点角度。设置相应参数后，单击“确定”按钮，图像效果如图13-198所示。

图13—196

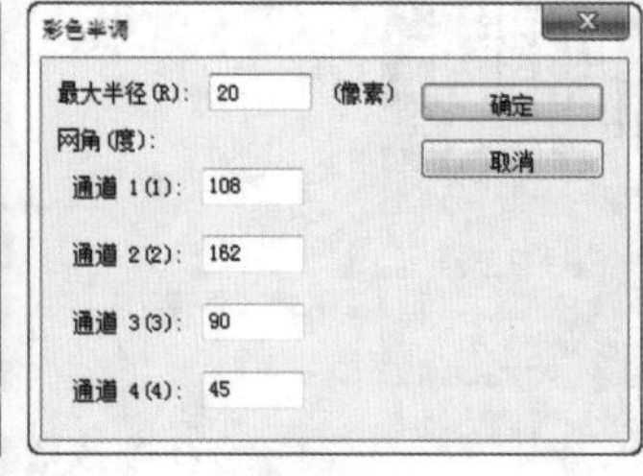

图13—197

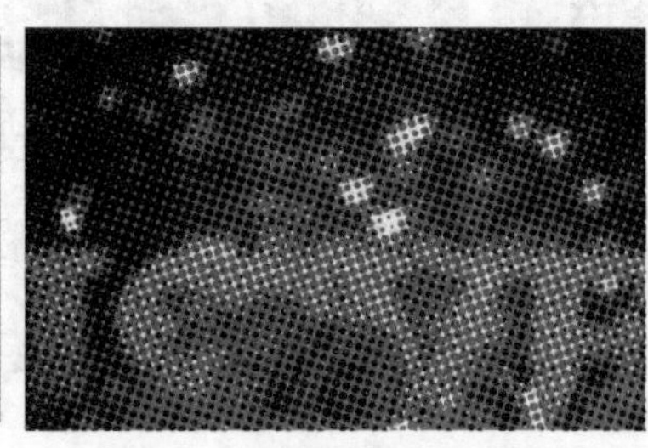

图13—198

13.7.3 点状化

技术速查：“点状化”滤镜可以将图像中的颜色分解成随机分布的网点，并使用背景色作为网点之间的画布区域。

打开一张图片，如图13-199所示。执行“滤镜>像素化>点状化”命令，打开“点状化”对话框，“单元格大小”用来设置每个多边形色块的大小。设置完成后，单击“确定”按钮，如图13-200所示。

图13—199

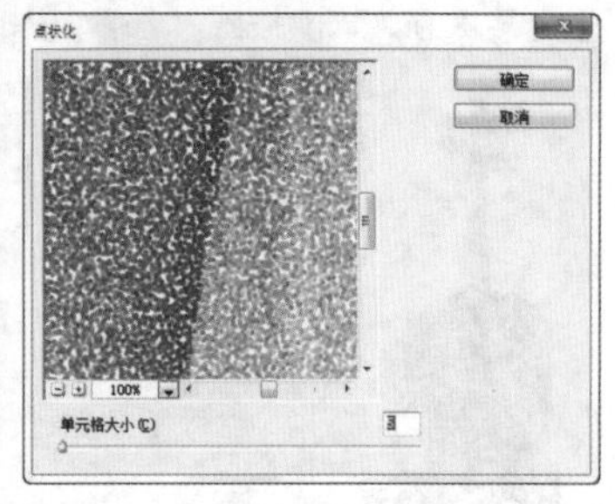

图13—200

13.7.4 晶格化

技术速查：“晶格化”滤镜可以使图像中颜色相近的像素结块形成多边形纯色。

打开一张需要添加“晶格化”的图片，如图13-201所示。执行“滤镜>像素化>晶格化”命令，打开“晶格化”对话框，设置合适的单元格大小，如图13-202所示。

图13—201

图13—202

13.7.5 马赛克

技术速查：“马赛克”滤镜可以使像素结为方形色块，创建出类似于马赛克的效果。

打开一张图片，如图13-203所示。执行“滤镜>像素化>马赛克”命令，打开“马赛克”对话框，设置合适的单元格大小，如图13-204所示。

思维点拨：什么是“马赛克”

现今马赛克泛指这种类型五彩斑斓的视觉效果。马赛克也指现行广为使用的一种图像（视频）处理手段，此手段将影像特定区域的色阶细节劣化并造成色块打乱的效果，因为这种模糊看上去由一个个的小格子组成，便形象地称这种画面为马赛克。其目的通常是使之无法辨认。

图13-203

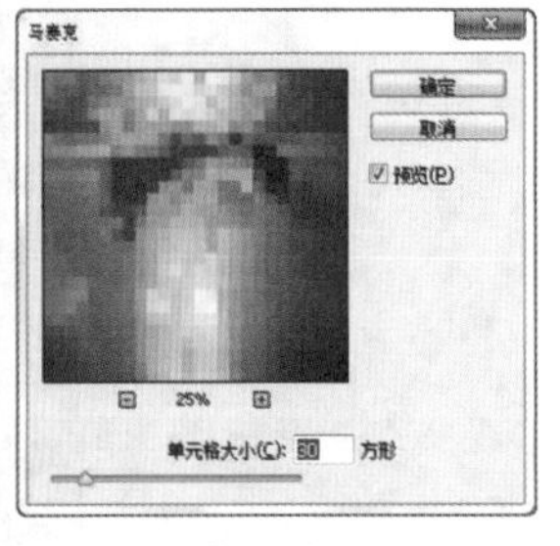

图13-204

13.7.6 碎片

技术速查：“碎片”滤镜可以将图像中的像素复制4次，然后将复制的像素平均分布，并使其相互偏移（该滤镜没有参数设置对话框）。

打开一张图片，如图13-205所示。执行“滤镜>像素化>碎片”命令，效果如图13-206所示。如果效果不明显，可以使用“重复上一次滤镜操作”快捷键Ctrl+F。

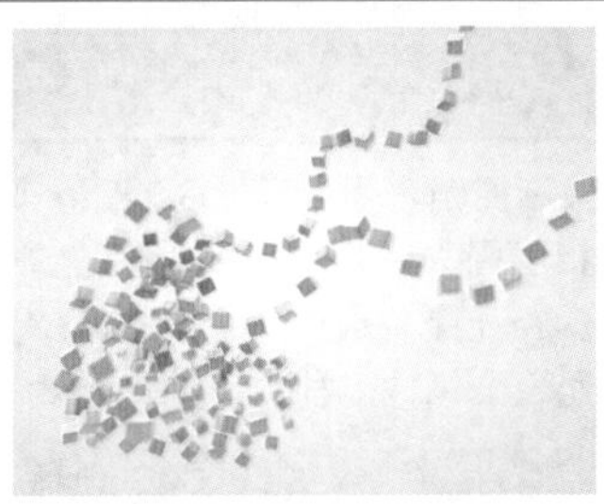

图13-205

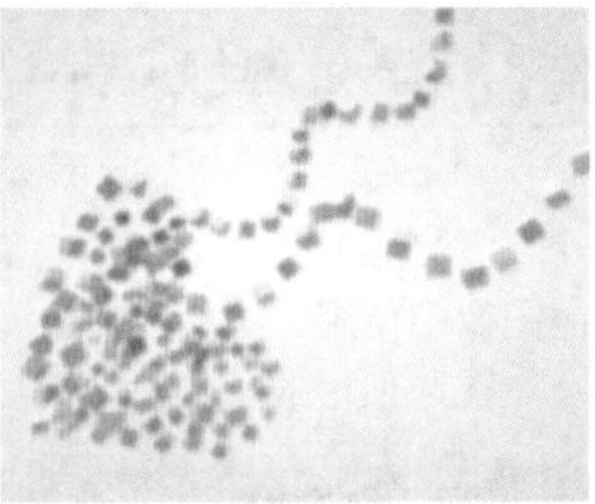

图13-206

13.7.7 铜版雕刻

技术速查：“铜版雕刻”滤镜可以将图像转换为黑白区域的随机图案或彩色图像中完全饱和颜色的随机图案。

打开一张素材图片，如图13-207所示。执行“滤镜>像素化>铜版雕刻”命令，打开“铜版雕刻”对话框，在“类型”下拉列表中可以选择铜版雕刻的类型，包含“精细点”、“中等点”、“粒状点”、“粗网点”、“短直线”、“中长直线”、“长直线”、“短描边”、“中长描边”和“长描边”10种类型，如图13-208所示。

图13-207

图13-208

13.8 渲染滤镜组

视频精讲：Photoshop CS6新手学视频精讲课堂/渲染滤镜组.flv

渲染滤镜组在图像中创建云彩图案、3D形状、折射图案和模拟的光反射效果。渲染滤镜组包含5种滤镜：“分层云彩”、“光照效果”、“镜头光晕”、“纤维”和“云彩”。如图13-209和图13-210所示为使用渲染滤镜组中的滤镜制作的作品。

图13-209

图13-210

13.8.1 分层云彩

技术速查：“分层云彩”滤镜可以将云彩数据与现有的像素以“差值”方式进行混合（该滤镜没有参数设置对话框）。

打开一张图片，如图13-211所示。执行“滤镜>渲染>分层云彩”命令，效果如图13-212所示。首次应用该滤镜时，图像的某些部分会被反相成云彩图案。

图13—211

图13—212

13.8.2 光照效果

技术速查：使用“光照效果”滤镜，可以在 RGB 图像上产生多种光照效果。

“光照效果”滤镜的功能相当强大，也可以使用灰度文件的凹凸纹理图产生类似 3D 的效果，并存储为自定样式以在其他图像中使用。执行“滤镜>渲染>光照效果”命令，打开“光照效果”窗口，如图13-213所示。

在选项栏的“预设”下拉列表中包含多种预设的光照效果，选中某一项即可更改当前画面效果，如图13-214所示。

图13—213

预设：自定
两点钟方向点光
蓝色全光源
圆形光
向下交叉光
交叉光
默认
五处下射光
五处上射光
手电筒
喷涌光
平行光
RGB 光
柔化直接光
柔化全光源
柔化点光
三处下射光
三处点光
载入...
存储...
删除
自定

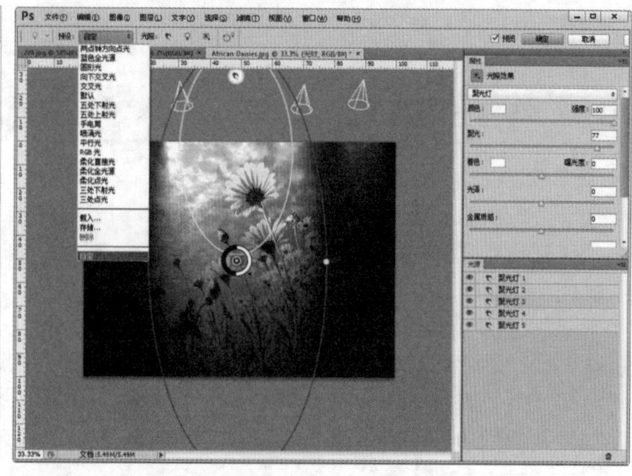

图13—214

- **存储**：若要存储预设，需要在“预设”下拉列表选择“存储”选项，在弹出的窗口中选择存储位置并命名该样式，然后单击“确定”按钮。存储的预设包含每种光照的所有设置，并且无论何时打开图像，存储的预设都会出现在“样式”菜单中。
- **载入**：若要载入预设，需要从“预设”下拉列表中选择“载入”选项，在弹出的窗口中选择文件并单击“确定”按钮即可。
- **删除**：若要删除预设，需要从“预设”下拉列表中选择“删除”选项。
- **自定**：若要创建光照预设，需要从“预设”下拉列表中选择“自定”选项，然后单击“光照”图标以添加点光、点测光和无限光类型。按需要重复，最多可获得 16 种光照。

在选项栏中单击“光源”右侧的按钮即可快速在画面中添加光源，单击“重置当前光照”按钮即可对当前光源进行重置，如图13-215~图13-217所示分别为3种光源的对比效果。

- **聚光灯**：投射一束椭圆形的光柱。预览窗口中的线条定义光照方向和角度，而手柄定义椭圆边缘。若要移动光源需要在外部椭圆内拖动光源。若要旋转光源需要在外部椭圆外拖动光源。若要更改聚光角度需要拖动内部椭圆的边缘。若要扩展或收缩椭圆需要拖动4个外部手

图13-215

图13-216

图13-217

柄中的一个。按住 Shift 键并拖动，可使角度保持不变而只更改椭圆的大小。按住 Ctrl 键并拖动可保持大小不变并更改点光的角度或方向。若要更改椭圆中光源填充的强度，应拖动中心部位强度环的白色部分。

- **点光**：像灯泡一样使光在图像正上方向的各个方向照射。若要移动光源，需要将光源拖动到画布上的任何地方。若要更改光的分布（通过移动光源使其更近或更远来反射光），需要拖动中心部位强度环的白色部分。
- **无限光**： 像太阳一样使光照射在整个平面上。若要更改方向需要拖动线段末端的手柄。若要更改亮度需要拖动光照控件中心部位强度环的白色部分。

创建光源后，在“属性”面板中即可对该光源进行光源类型和参数的设置，在灯光类型下拉列表中可以对光源类型进行更改，如图13-218所示。

- **强度**：用来设置灯光的光照大小。
- **颜色**：单击后面的颜色图标，可以在弹出的“选择光照颜色”对话框中设置灯光的颜色。
- **聚光**：用来控制灯光的光照范围。该选项只能用于聚光灯。
- **着色**：单击以填充整体光照。
- **曝光度**：用来控制光照的曝光效果。数值为负值时，可以减少光照；数值为正值时，可以增加光照。
- **光泽**：用来设置灯光的反射强度。
- **金属质感**：用来控制光照或光照投射到的对象哪个反射率更高。
- **环境**：漫射光，使该光照如同与室内的其他光照（如日光或荧光）相结合一样。选取数值 100 表示只使用此光源，或者选取数值 - 100 以移去此光源。
- **纹理**：在该下拉列表中选择通道，为图像应用纹理通道。
- **高度**：启用“纹理”后，该选项可以用。可以控制应用纹理后凸起的高度，拖动“高度”滑块将纹理从“平滑”（90）改变为“凸起”（100）。

在“光源”面板中显示着当前场景中包含的光源，如果需要删除某个灯光，单击在“光源”面板右下角的“回收站”图标以删除光照，如图13-219所示。

在“光照效果”工作区中，使用纹理通道可以将Alpha通道添加到图像中的灰度图像（称作凹凸图）来控制光照效果。向图像中添加 Alpha 通道，在“光照效果”工作区中，如图13-220所示，从“属性”面板的“纹理”下拉列表中选择一种通道，拖动“高度”滑块即可观察到画面将以纹理所选通道的黑白关系发生从“平滑”（0）到“凸起”（100）的变化，如图13-221所示。效果如图13-222所示。

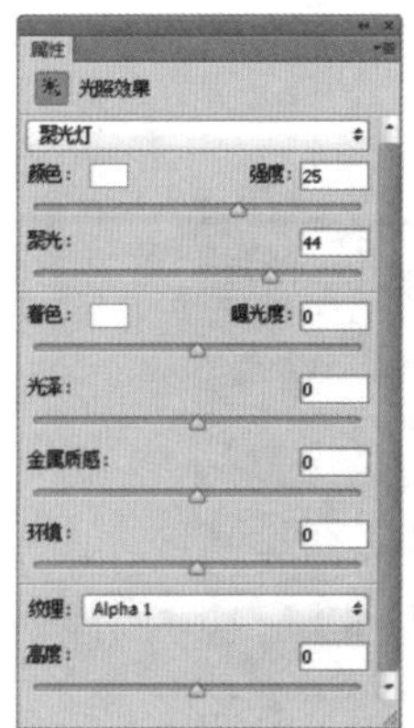

图13-218

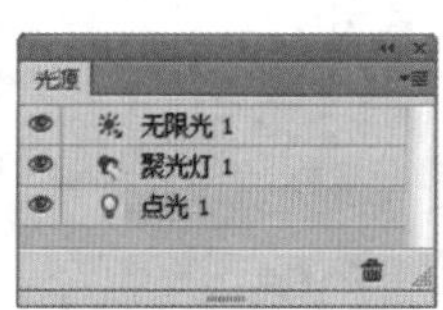

图13-219

图13-220

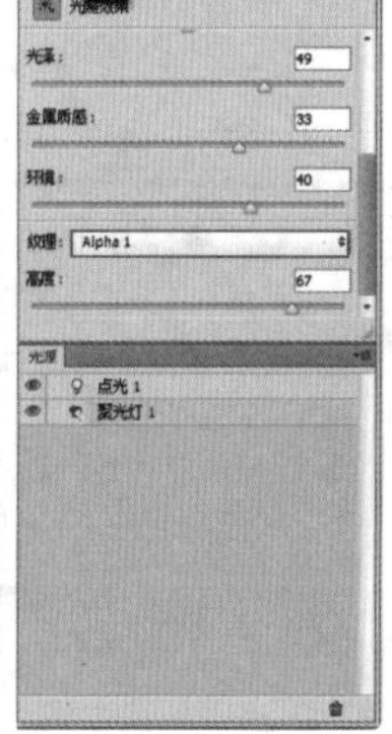

图13-221

图13-222

13.8.3 镜头光晕

技术速查：“镜头光晕”滤镜可以模拟亮光照射到相机镜头所产生的折射效果。

打开一张素材图片，如图13-223所示，执行“滤镜>渲染>镜头光晕”命令，打开“镜头光晕”对话框，首先将光标放置到预览窗口中定位光晕位置，然后通过设置亮度数值以及镜头类型修改光晕效果，如图13-224所示。

- **预览窗口**：在该窗口中可以通过拖曳十字线来调节光晕的位置，如图13-225所示。
- **亮度**：用来控制镜头光晕的亮度，其取值范围为10%~300%，如图13-226所示分别是设置“亮度”值为100%和200%时的效果。

图13—223

图13—224

图13—225

图13—226

- **镜头类型**：用来选择镜头光晕的类型，包括“50-300毫米变焦”、“35毫米聚焦”、“105毫米聚焦”和“电影镜头”4种类型，如图13-227~图13-230所示。

图13—227

图13—228

图13—229

图13—230

13.8.4 纤维

技术速查：“纤维”滤镜可以根据前景色和背景色来创建类似编织的纤维效果。

在使用“纤维”滤镜之前，先设置前景色与背景色，如图13-231所示。执行“滤镜>渲染>纤维”命令，打开纤维对话框，如图13-232所示。

- **差异**：用来设置颜色变化的方式。较低的数值可以生成较长的颜色条纹；较高的数值可以生成较短且颜色分布变化更大的纤维，如图13-233所示。
- **强度**：用来设置纤维外观的明显程度。
- **随机化**：单击该按钮，可以随机生成新的纤维。

图13—231　图13—232　图13—233

13.8.5 云彩

技术速查：“云彩”滤镜可以根据前景色和背景色随机生成云彩图案（该滤镜没有参数设置对话框）。

在使用该滤镜之前先设置前景色与背景色，如图13-234所示。执行“滤镜>渲染>云彩”命令，如图13-235所示为应用“云彩”滤镜以后的效果。

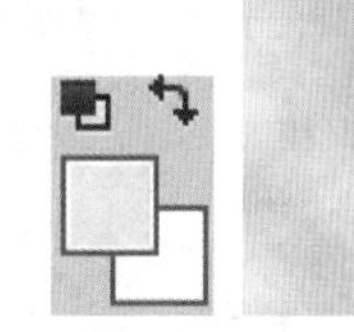

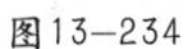

图13-234　图13-235

13.9 杂色滤镜组

视频精讲：Photoshop CS6新手学视频精讲课堂/杂色滤镜组.flv

“杂色”滤镜组可以添加或移去图像中的杂色，这样有助于将选择的像素混合到周围的像素中。“杂色”滤镜组包含5种滤镜：“减少杂色”、“蒙尘与划痕”、“去斑”、“添加杂色”和“中间值”。如图13-236和图13-237所示为优秀的平面设计作品。

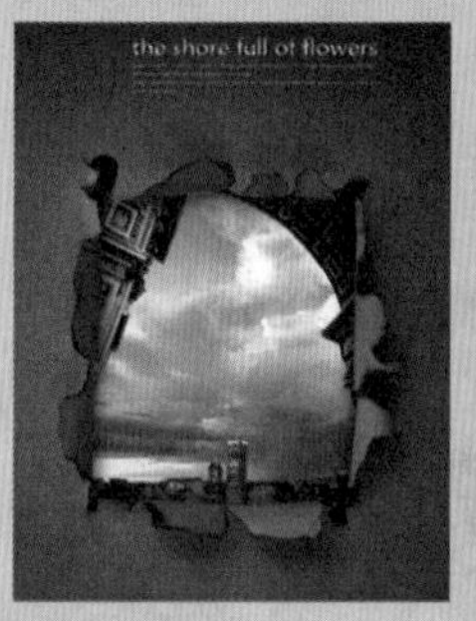

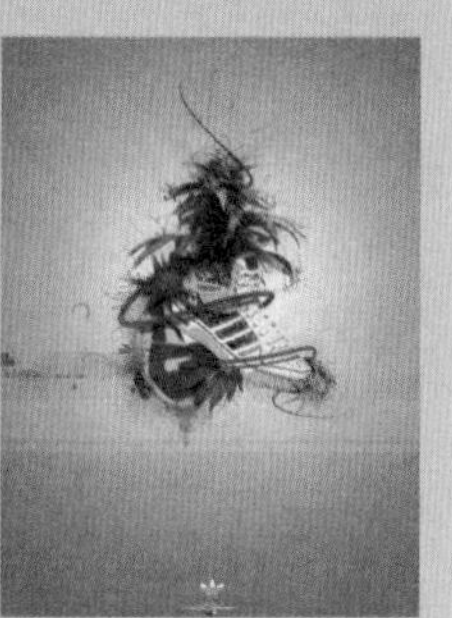

图13-236　图13-237

13.9.1 减少杂色

技术速查：“减少杂色”滤镜可以基于影响整个图像或各个通道的参数设置来保留边缘并减少图像中的杂色。

执行“滤镜>杂色>减少杂色”命令，在弹出的“减少杂色”对话框中选中“基本”单选按钮可以对“减少杂色”的强度与细节保留等参数进行设置，选中“高级”单选按钮则可以对单一通道进行高级处理，如图13-238所示。

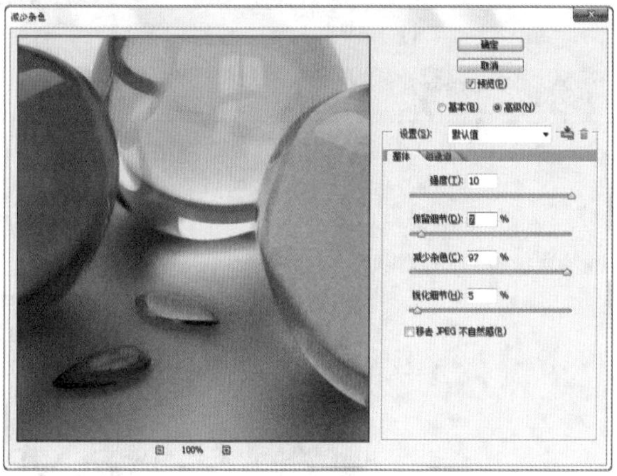

图13-238

设置基本选项

在“减少杂色”对话框中选中“基本”单选按钮，可以设置“减少杂色”滤镜的基本参数。

- 强度：用来设置应用于所有图像通道的明亮度杂色的减少量。
- 保留细节：用来控制保留图像的边缘和细节（如头发）的程度。数值为100%时，可以保留图像的大部分细节，但是会将明亮度杂色减到最低。
- 减少杂色：移去随机的颜色像素。数值越大，减少的颜色杂色越多。
- 锐化细节：用来设置移去图像杂色时锐化图像的程度。
- 移去JPEG不自然感：选中该复选框以后，可以移去因JPEG压缩而产生的不自然块。

设置高级选项

在“减少杂色”对话框中选中“高级”单选按钮，可以设置“减少杂色”滤镜的高级参数。其中“整体”选项卡与基本参数完全相同，如图13-239所示；“每通道”选项卡可以基于红、绿、蓝通道来减少通道中的杂色，如图13-240所示。

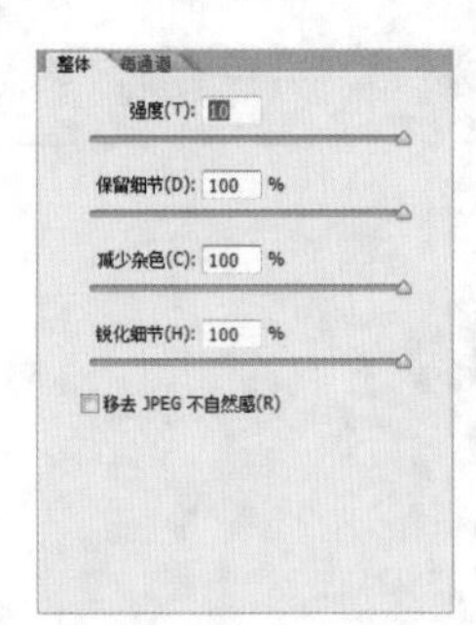

图13-239

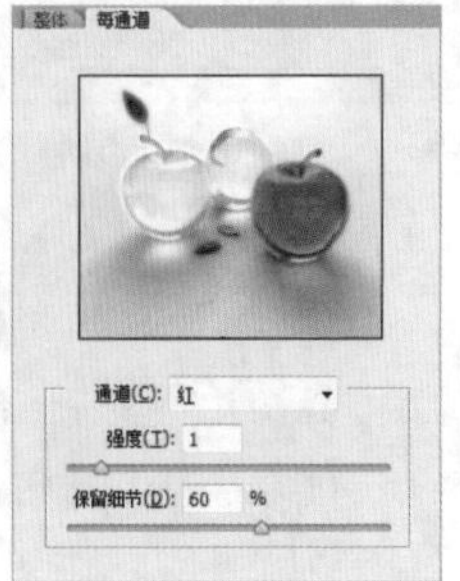

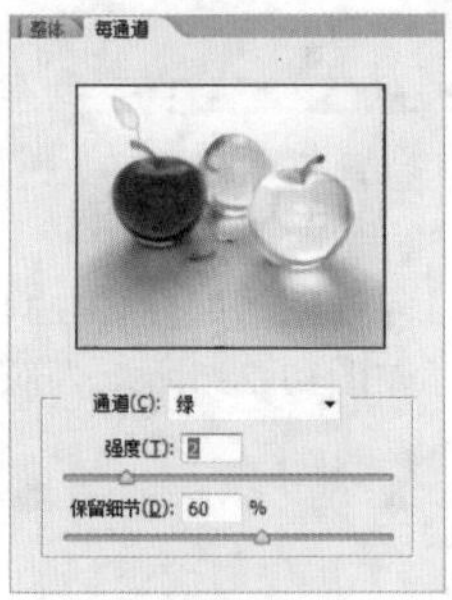

图13-240

13.9.2 蒙尘与划痕

技术速查："蒙尘与划痕"滤镜可以通过修改具有差异化的像素来减少杂色，可以有效地去除图像中的杂点和划痕。

执行"滤镜>杂色>蒙尘与划痕"命令，在弹出的"蒙尘与划痕"对话框中同样可以进行"半径"以及"阈值"的设置，如图13-241所示。如图13-242和图13-243所示分别为原始图像以及应用"蒙尘与划痕"滤镜以后的效果。

- 半径：用来设置柔化图像边缘的范围。
- 阈值：用来定义像素的差异有多大才被视为杂点。数值越高，消除杂点的能力越弱。

图13-241

图13-242

图13-243

13.9.3 去斑

技术速查："去斑"滤镜可以检测图像的边缘（发生显著颜色变化的区域），并模糊那些边缘外的所有区域，同时会保留图像的细节（该滤镜没有参数设置对话框）。

执行"滤镜>杂色>去斑"命令，该滤镜没有参数设置对话框，如图13-244和图13-245所示分别为原始图像以及应用"去斑"滤镜以后的效果。

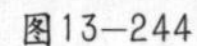

图13-244

图13-245

13.9.4 添加杂色

技术速查："添加杂色"滤镜可以在图像中添加随机像素，也可以用来修缮图像中经过重大编辑过的区域。

打开一张需要"添加杂色"的图片，如图13-246所示。执行"滤镜>杂色>添加杂色"命令，打开"添加杂色"对话框，如图13-247所示。在该对话框中，可以进行相应的参数设置，效果如图13-248所示。

- **数量**：用来设置添加到图像中杂点的数量。
- **分布**：选中“平均分布”单选按钮，可以随机向图像中添加杂点，杂点效果比较柔和；选中“高斯分布”单选按钮，可以沿一条钟形曲线分布杂色的颜色值，以获得斑点状的杂点效果。
- **单色**：选中该复选框后，杂点只影响原有像素的亮度，并且像素的颜色不会发生改变。

图13-246

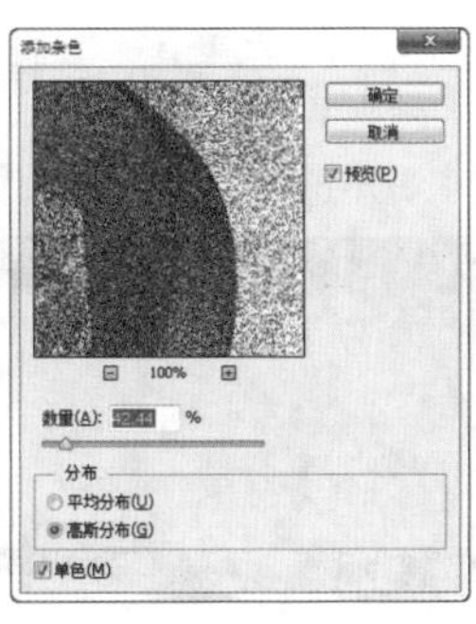

图13-247

图13-248

★ 案例实战——使用杂色滤镜制作怀旧老电影

案例文件	案例文件\第13章\使用杂色滤镜制作怀旧老电影.psd
视频教学	视频文件\第13章\使用杂色滤镜制作怀旧老电影.flv
难易指数	★★★★★
技术要点	杂色滤镜、调整图层

案例效果

本案例主要是通过使用杂色滤镜以及调整图层制作怀旧老电影，如图13-249所示。

图13-249

操作步骤

01 创建空白文件，将背景色填充为黑色，导入风景素材“1.jpg ”放在画面中，如图13-250所示。

图13-250

02 复制背景图层，对其执行“滤镜>杂色>添加杂色”命令，设置“数量”为10%，选中“高斯分布”单选按钮，选中“单色”复选框，如图13-251所示。效果如图13-252所示。

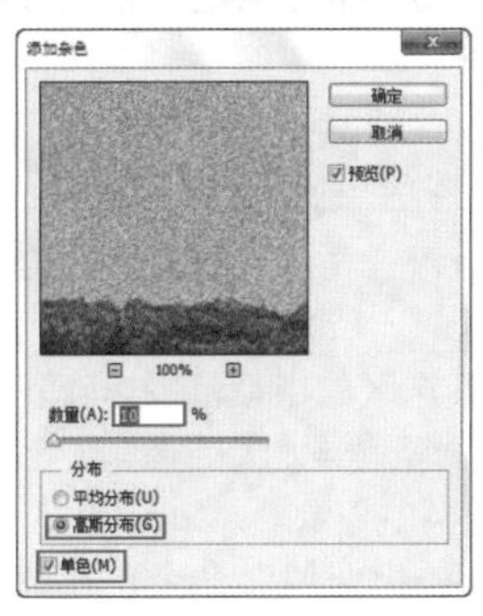

图13-251

图13-252

03 执行“图层>新建调整图层>黑白”命令，选中“色调”复选框，设置颜色为米黄色，适当调整数值，如图13-253所示。效果如图13-254所示。

图13-253

图13-254

04 再次创建一个曲线调整图层，调整曲线形状，如图13-255所示。增强画面对比度，如图13-256所示。

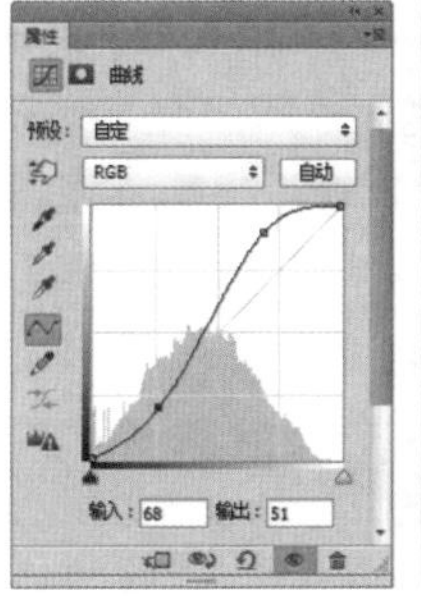

图13-255

图13-256

05 新建图层，在工具箱中选择单列选框工具，在画面中按住Shift键多次单击绘制细线选框，并为其填充白色，按Ctrl+D快捷键取消选区，如图13-257所示。

06 使用横排文字工具在画面中合适的位置单击输入文字，最终效果如图13-258所示。

图13—257

图13—258

13.9.5 中间值

技术速查：“中间值”滤镜可以混合选区中像素的亮度来减少图像的杂色。

“中间值”滤镜是通过搜索像素选区的半径范围以查找亮度相近的像素，并且扔掉与相邻像素差异太大的像素，然后用搜索到的像素的中间亮度值来替换中心像素。如图13-259所示为原始图像，执行“滤镜>杂色>中间值”命令，在弹出的对话框中“半径”数值用于设置搜索像素选区的半径范围，如图13-260所示。

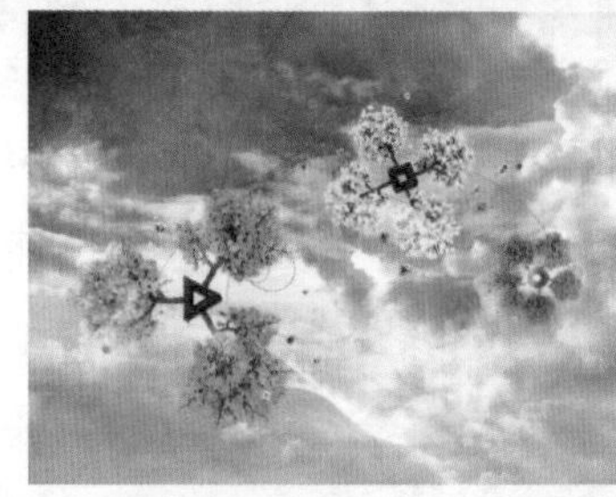

图13—259

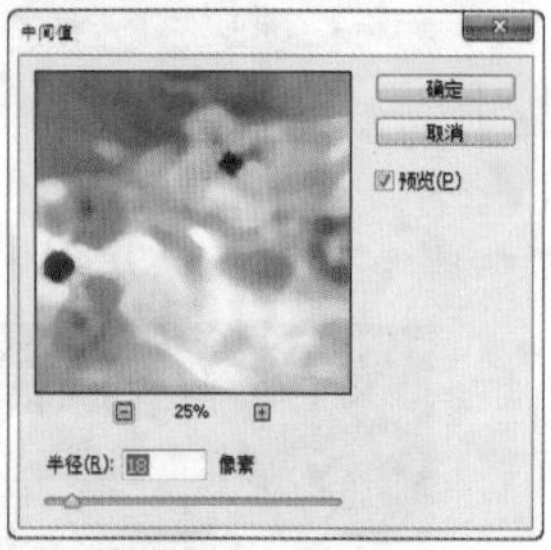

图13—260

13.10 其他滤镜组

视频精讲：Photoshop CS6新手学视频精讲课堂/其他滤镜组.flv

其他滤镜组中的有些滤镜可以允许用户自定义滤镜效果，有些滤镜可以修改蒙版、在图像中使选区发生位移和快速调整图像颜色。其他滤镜组包含5种滤镜：“高反差保留”、“位移”、“自定”、“最大值”和“最小值”。

13.10.1 高反差保留

技术速查：“高反差保留”滤镜可以在具有强烈颜色变化的地方按指定的半径来保留边缘细节，并且不显示图像的其余部分。

打开一张图片，如图13-261所示。执行“滤镜>其他>高反差保留”命令，打开“高反差保留”对话框。可以在对话框中设置“半径”的大小，数值越大，所保留的原始像素就越多，当数值为0.1像素时，仅保留图像边缘的像素，如图13-262所示。

图13—261

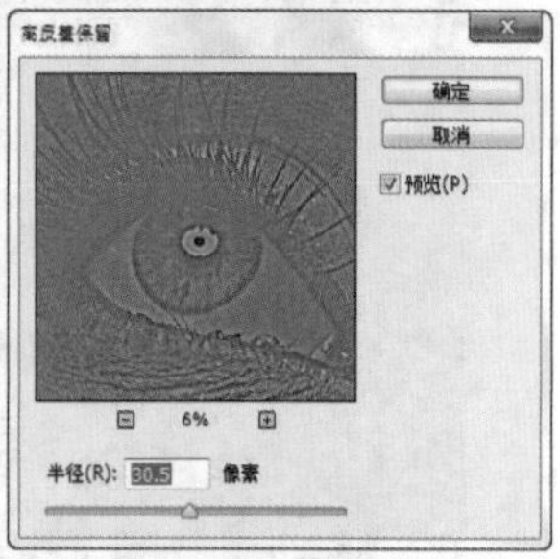

图13—262

13.10.2 位移

技术速查：“位移”滤镜可以在水平或垂直方向上偏移图像。

打开一张图片，如图13-263所示。执行“滤镜>其他>位移”命令，打开“位移”对话框，如图13-264所示。在对话框中设置相应参数，单击“确定”按钮，效果如图13-265所示。

- **水平**：用来设置图像像素在水平方向上的偏移距离。数值为正值时，图像会向右偏移，同时左侧会出现空缺。
- **垂直**：用来设置图像像素在垂直方向上的偏移距离。数值为正值时，图像会向下偏移，同时上方会出现空缺。
- **未定义区域**：用来选择图像发生偏移后填充空白区域的方式。选中“设置为背景”单选按钮时，可以用背景色填充空缺区域；选中“重复边缘像素”单选按钮时，可以在空缺区域填充扭曲边缘的像素颜色；选中“折回”单选按钮时，可以在空缺区域填充溢出图像之外的图像内容。

图13—263

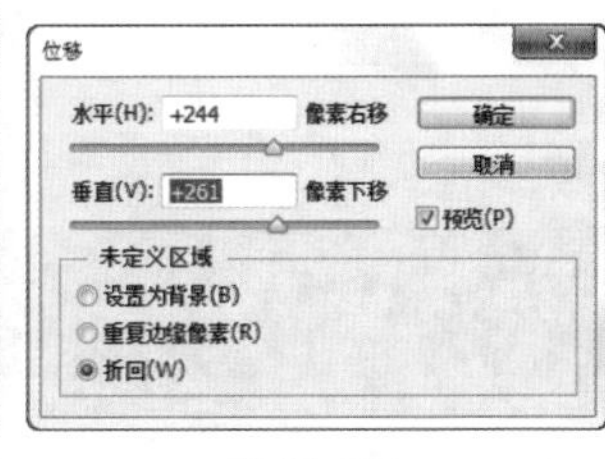

图13—264

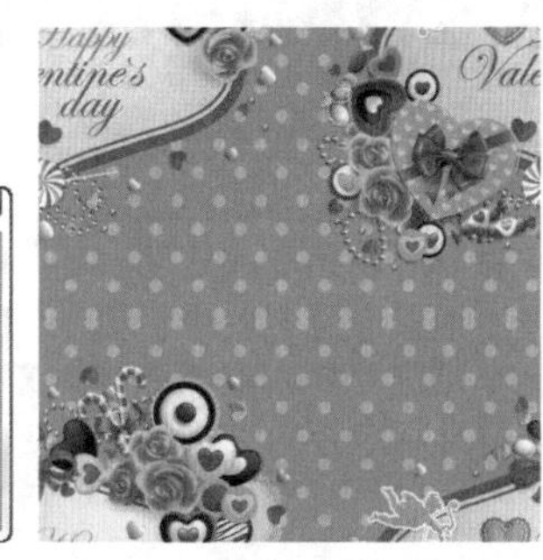

图13—265

13.10.3 自定

技术速查：“自定”滤镜可以根据预定义的卷积数学运算来更改图像中每个像素的亮度值。

使用“自定”滤镜可以设计用户自己的滤镜效果。如图13-266所示为“自定”对话框。

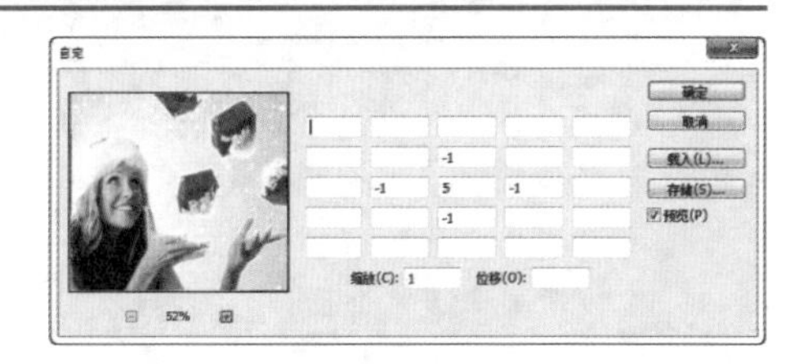

图13—266

13.10.4 最大值

技术速查：“最大值”滤镜可以在指定的半径范围内，用周围像素的最高亮度值替换当前像素的亮度值。

“最大值”滤镜对于修改蒙版非常有用。“最大值”滤镜具有阻塞功能，可以展开白色区域，而阻塞黑色区域。如图13-267~图13-269所示分别为原始图像、应用“最大值”滤镜以后的效果以及“最大值”对话框。

- **半径**：设置用周围像素的最高亮度值来替换当前像素的亮度值的范围。

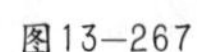

图13—267

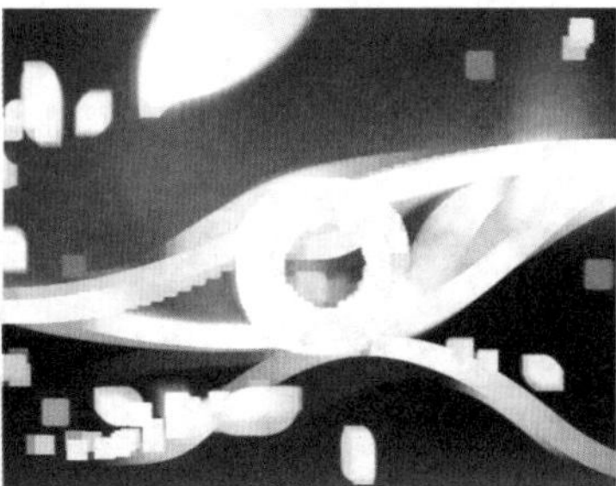

图13—268

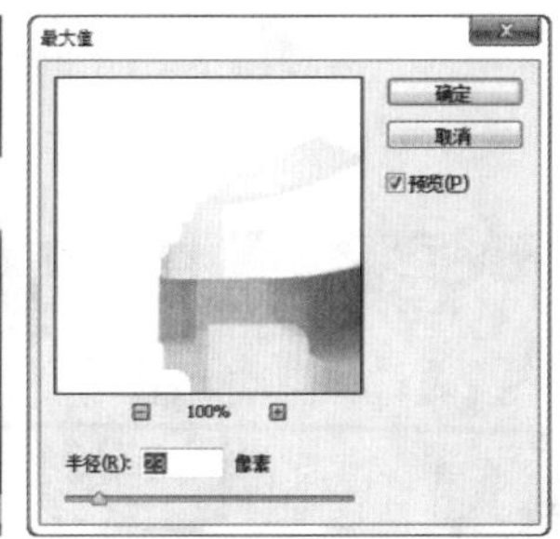

图13—269

13.10.5 最小值

技术速查：“最小值”滤镜具有伸展功能，可以扩展黑色区域，而收缩白色区域。

“最小值”滤镜对于修改蒙版非常有用。首先打开一张图片，如图13-270所示。然后执行“滤镜>其他>最小值”命令，打开“最小值”对话框，如图13-271所示。效果如图13-272所示。

- **半径**：设置滤镜扩展黑色区域、收缩白色区域的范围。

图13-270

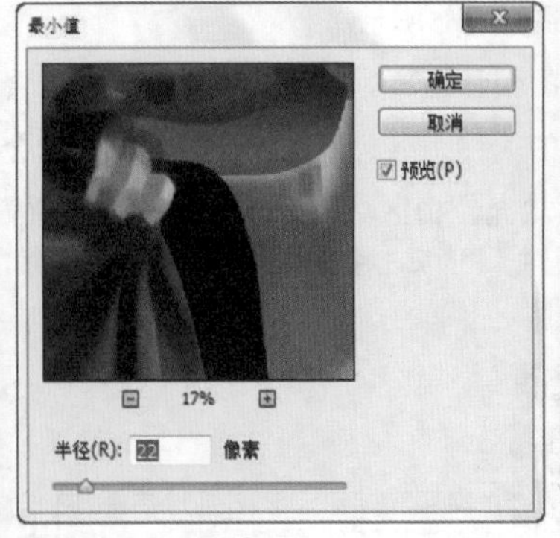

图13-271

图13-272

13.11 常用的外挂滤镜

外挂滤镜也就是通常所说的第3方滤镜，是由第3方厂商或个人开发的一类增效工具。外挂滤镜以其种类繁多，效果明显而备受Photoshop用户喜爱。外挂滤镜与内置滤镜不同，它需要用户自己手动安装，外挂滤镜的种类繁多、安装方法可能有所差异。不过基本可以通过以下方法进行安装。

01 如果是封装的外挂滤镜，可以直接按正常方法进行安装。如果是普通的外挂滤镜，需要将文件安装到Photoshop安装文件下的Plug-in目录下。如图13-273所示为外挂滤镜。

02 安装完外挂滤镜后，在“滤镜”菜单的最底部就可以观察到外挂滤镜，如图13-274所示。

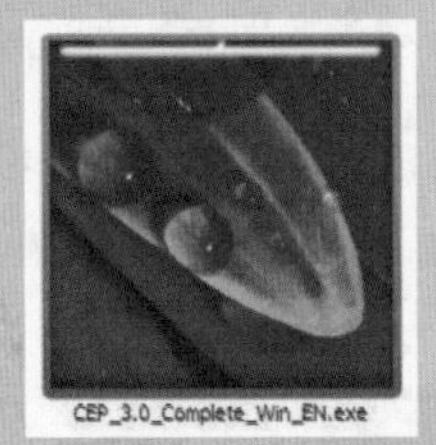

图13-273

图13-274

13.11.1 专业调色滤镜——Nik Color Efex Pro 3.0

Nik Color Efex Pro 3.0滤镜是美国Nik Multimedia公司出品的基于Photoshop的一套滤镜插件。它的complete版本包含75个不同效果的滤镜，Nik Color Efex Pro 3.0滤镜可以很轻松地制作出例如彩色转黑白效果、反转负冲效果以及各种暖调镜、颜色渐变镜、天空镜、日出日落镜等特殊效果，如图13-275所示。

如果要使用Nik Color Efex Pro 3.0滤镜制作各种特殊效果，只需在其左侧内置的滤镜库中选择相应的滤镜即可。同时，每一个滤镜都具有很强的可控性，可以任意调节方向、角度、强度、位置，从而得到更精确的效果，如图13-276所示。

图13-275

图13-276

从细微的图像修正到颠覆性的视觉效果，Nik Color Efex Pro3.0滤镜都提供了一套相当完整的插件。Nik Color Efex Pro 3.0滤镜允许用户为照片加上原来所没有的东西，比如“岱赭”滤镜可以将白天拍摄的照片变成夜晚背景，如图13-277所示。

图13—277

技巧提示

Nik Color Efex Pro 3.0滤镜的种类非常多，并且大部分滤镜都包含多个预设效果，这里就不再进行过多介绍，如图13—278所示是“油墨”滤镜的所有预设效果。

图13—278

★ 案例实战——使用外挂滤镜调色

案例文件	案例文件\第13章\使用外挂滤镜调色.psd
视频教学	视频文件\第13章\使用外挂滤镜调色.flv
难易指数	★★★★★
技术要点	掌握Color Efex Pro 3.0 Complete的使用方法

案例效果

本案例主要是针对Nik Color Efex Pro 3.0滤镜的使用方法进行练习，如图13-279所示。

操作步骤

01 打开本书配套光盘中的素材文件“1.psd”，如图13-280所示。

图13—279

图13—280

02 选中人像图层，执行“滤镜>Nik Software>Color Efex Pro 3.0 Complete”命令，打开Color Efex Pro 3.0对话框，选择“色彩风格化”，如图13-281所示。

图13—281

03 单击“确定”按钮完成滤镜操作，最终效果如图13-282所示。

图13—282

13.11.2 智能磨皮滤镜——Imagenomic Portraiture

Portraiture 是一款Photoshop 的插件，用于人像图片润色，减少了人工选择图像区域的重复劳动。它能智能地对图像中的皮肤材质、头发、眉毛、睫毛等部位进行平滑和减少疵点处理，如图13-283所示。使用方法也非常简单，打开滤镜后可以通过使用工具吸取人像皮肤部分像素，此时滤镜会自动进行磨皮。如果对磨皮效果并不满意可以手动调整左侧的参数。

图13-283

13.11.3 位图特效滤镜——KPT 7.0

KPT滤镜的全称为Kai' s Power Tools，由Metacreations公司开发。作为Photoshop第3方滤镜的佼佼者，KPT系列滤镜一直受到广大用户的青睐。KPT系列滤镜经历了KPT 3.0、KPT 5.0、KPT 6.0和KPT 7.0等几个版本的升级，如今的最新版为KPT 7.0。成功安装KPT 7.0滤镜之后，在滤镜菜单的底部能够找到KPT effects滤镜组，如图13-284所示。

KPT Channel Surfing...
KPT Fluid...
KPT FraxFlame II...
KPT Gradient Lab...
KPT Hyper Tiling...
KPT Ink Dropper...
KPT Lightning...
KPT Pyramid Paint...
KPT Scatter...

图13-284

- KPT Channel Surfing：该滤镜允许用户单独对图像中的各个通道进行处理（比如模糊或锐化所选中的通道），也可以调整色彩的对比度、色彩数、透明度等属性，如图13-285所示为原始图像，如图13-286所示为KPT Channel Surfing滤镜效果。

图13-285

图13-286

- KPT Fluid：该滤镜可以在图像中加入模拟液体流动的效果，如扭曲变形等，如图13-287所示。
- KPT FraxFlame Ⅱ：该滤镜能够捕捉并修改图像中不规则的几何形状，并且能够改变选中的几何形状的颜色、对比度、扭曲等，如图13-288所示。

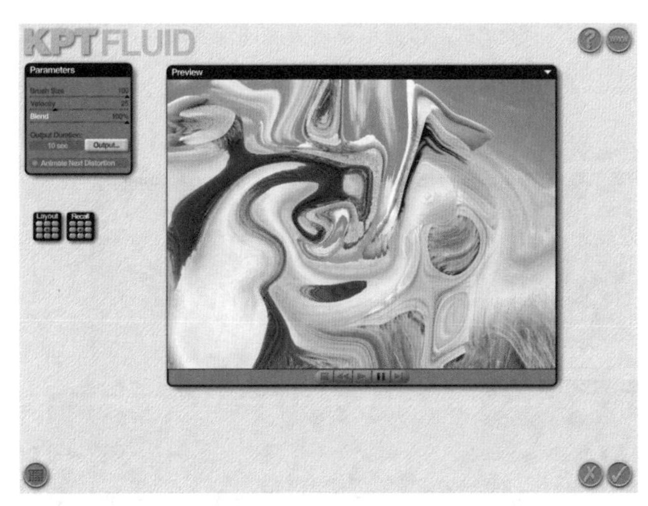

图13-287

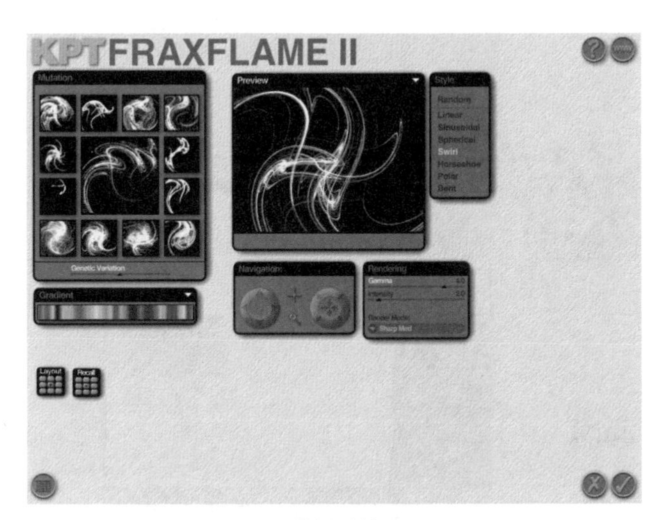

图13-288

- KPT Gradient Lab：使用该滤镜可以创建不同形状、不同水平高度、不同透明度的复杂的色彩组合并运用在图像中，如图13-289所示。

图13-289

- KPT Hyper Tiling：该滤镜可以制作出类似于瓷砖贴墙的效果，将相似或相同的图像元素组合成一个可供反复调用的对象，如图13-290所示。

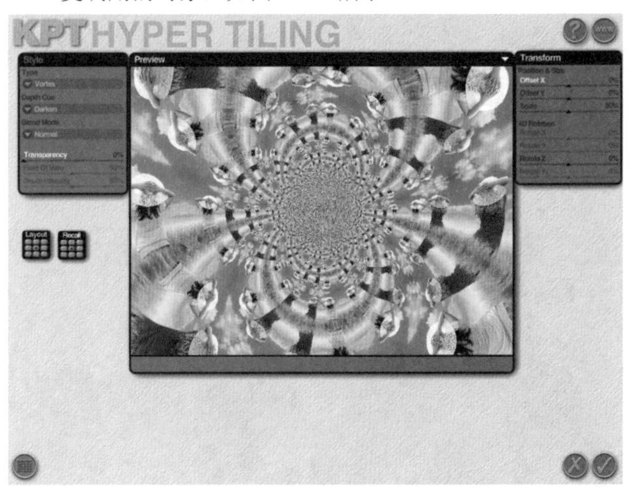

图13-290

- KPT Ink Dropper：该滤镜可以在图像中绘制出墨水滴入静水中的效果，如图13-291所示。

图13-291

- KPT Lightning：该滤镜可以通过简单的设置在图像中创建出惟妙惟肖的闪电效果，如图13-292所示。

图13-292

● KPT Pyramid Paint：该滤镜可以将图像转换为手绘感较强的绘画效果，如图13-293所示。

图13-293

● KPT Scatter：该滤镜可以去除图像表面的污点或在图像中创建各种微粒运动的效果，同时还可以控制每一个质点的具体位置、颜色、阴影等，如图13-294所示。

图13-294

13.11.4 位图特效滤镜——Eye Candy 4000

Eye Candy 4000滤镜是AlienSkin公司出品的一组极为强大的、非常经典的Photoshop外挂滤镜。Eye Candy 4000滤镜的功能千变万化，拥有极为丰富的特效。它包含23种滤镜，可以模拟出反相、铬合金、闪耀、发光、阴影、HSB 噪点、水滴、水迹、挖剪、玻璃、斜面、烟幕、漩涡、毛发、木纹、编织、星星、斜视、大理石、摇动、运动痕迹、溶化、火焰等效果，如图13-295～图13-298所示为部分滤镜效果。

图13-295

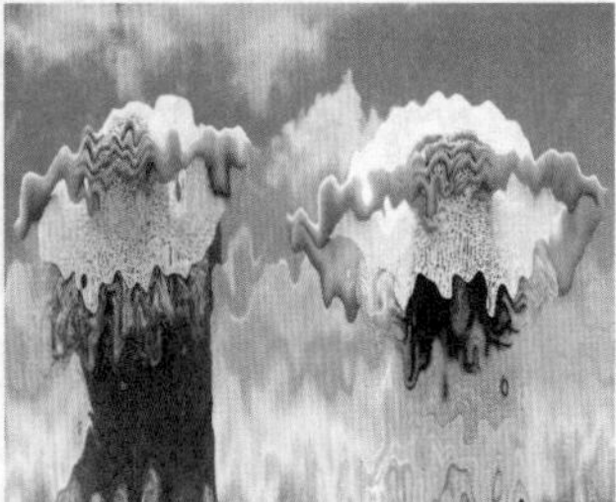

图13-296

图13-297

图13-298

13.11.5 位图特效滤镜——Alien Skin Xenofex

Xenofex是Alien Skin公司的最新滤镜套件之一，具有操作简单、效果精彩的优势。内含的滤镜套件高达16种之多，包括Baked Earth（龟裂）、Constellation（星化）、Crumple（捏皱）、Distress（挤压）、Electrify（电花）、Flag（旗飘）、Lightning（闪电）、Little Fluffy Clouds（云霭）、Origami（结晶）、Puzzle（拼图）、Rounded Rectangle（圆角）、Shatter（爆炸）、Shower Door（毛玻璃）、Stain（上釉）、Stamper（邮图）、Television（电视）等16种特效滤镜。如图13-299~图13-301所示为部分滤镜效果。

图13-299

图13-300

图13-301

技术拓展：其他外挂滤镜

Photoshop的外挂滤镜多达千余种，下面再介绍另外几种比较常用的外挂滤镜。

- BladePro滤镜：是一个套用材质处理图像的滤镜。该滤镜可以将木材、纸张等质料叠加在另一张图片上，使原来普通的图像变成具有各种质感的特殊效果。
- FeatherGIF滤镜：在网页设计中，经常会遇到将背景透明的GIF图片嵌入到网页上，或者将图片边缘修剪得比较自然、好看，这时一般会用到淡入淡出、边缘羽化、边缘颗粒等方法，虽然这些操作并不难，然而却比较繁琐。但是，如果使用FeatherGIF滤镜来进行操作的话，那么对图片的这些边缘处理就可以变得非常轻松快捷。
- Four Seasons滤镜：可以模拟出一年四季中的任何效果，以及日出日落、天空、阳光等大自然效果。
- Photo Graphics滤镜：使用该滤镜可以很轻易地绘制出复杂的几何图形或按曲线排列文字等效果。

★ 综合实战—使用滤镜模拟水墨风景画效果

实例文件	案例文件\第13章\使用滤镜模拟水墨风景画效果.psd
视频教学	视频文件\第13章\使用滤镜模拟水墨风景画效果.flv
难易指数	★★★★★
技术要点	干画笔滤镜、素描滤镜、混合模式、调整图层

案例效果

本案例主要使用干画笔滤镜、素描滤镜和混合模式等命令制作水墨画风景效果，如图13-302所示。

图13—302

操作步骤

01 打开本书配套光盘中的素材文件“1.jpg”，将其作为风景背景，如图13-303所示。

02 导入照片素材文件“2.jpg”，调整好大小和位置，如图13-304所示。执行“图层>图层样式>描边”命令，然后设置“大小”为10像素，“位置”为“外部”，“颜色”为黑色，如图13-305和图13-306所示。

图13—303

读书笔记

图13-304

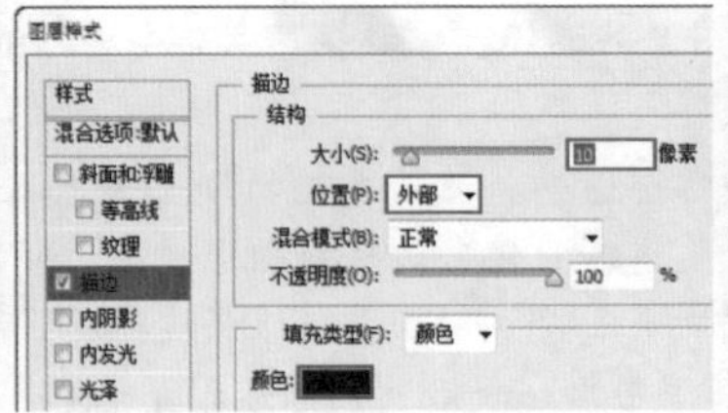

图13-305

图13-306

03 按Ctrl+J快捷键复制出一个风景副本，删除描边样式，执行“图像>调整>去色”命令，将其制作成黑白色调，如图13-307所示。

04 创建“曲线”调整图层，调整曲线形状，如图13-308所示。将调整图层和风景图层副本合并为同一个图层，如图13-309所示。

图13-307

图13-308

图13-309

05 执行“滤镜>滤镜库”命令，单击“艺术效果”按钮，在下拉列表中选择“干画笔”选项，设置“画笔大小”为8，“画笔细节”为8，“纹理”为2，如图13-310所示。设置该图层的“混合模式”为“滤色”，调整“不透明度”为90%，并为图层添加一个“图层蒙版”，在图层蒙版中使用黑色画笔涂抹灯的部分，如图13-311所示。

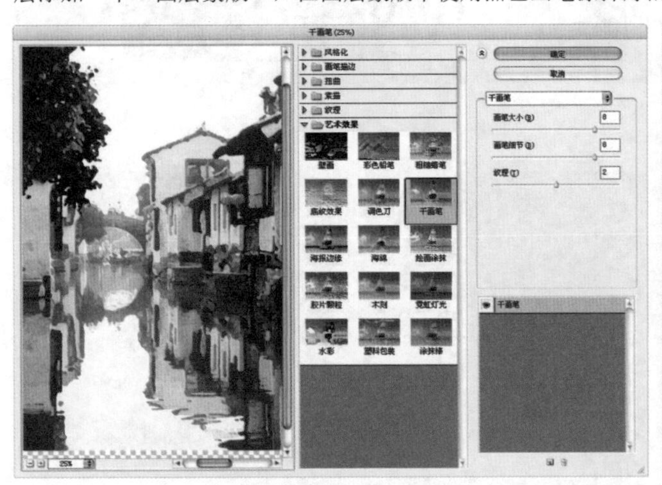

图13-310

图13-311

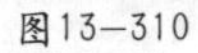

06 按Ctrl+J快捷键复制出一个副本，将“混合模式”设置为“颜色”，调整“不透明度”为85%，添加“图层蒙版”，在图层蒙版中使用黑色画笔涂抹灯的部分，如图13-312所示。

图13—312

07 再次按Ctrl+J快捷键复制出一个副本，执行“滤镜>滤镜库”命令，单击“素描”按钮，在下拉列表中选择“水彩画纸”选项，设置“纤维长度”为23，“亮度”为57，“对比度”为71，如图13-313所示。调整“不透明度”为60%，添加图层蒙版，在图层蒙版中使用黑色画笔涂抹灯的部分，如图13-314所示。

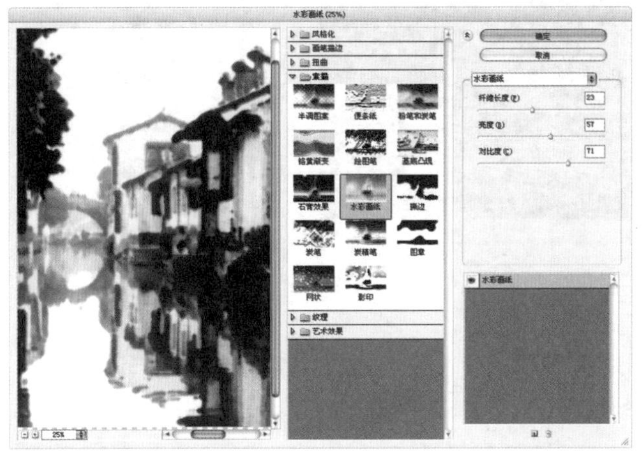

图13—313

图13—314

08 单击工具箱中的“矩形选框工具”按钮，绘制一个和风景画一样大小的选区，如图13-315所示。新建图层，填充黄色（R: 201G:185B:97），设置“混合模式”为线性加深，调整“不透明度”为28%，如图13-316所示。

图13—315

图13—316

09 导入文字素材“3.png”，调整合适大小及位置，如图13-317所示。

图13—317

10 创建“曲线”调整图层，调整曲线图形，如图13-318所示。最终效果如图13-319所示。

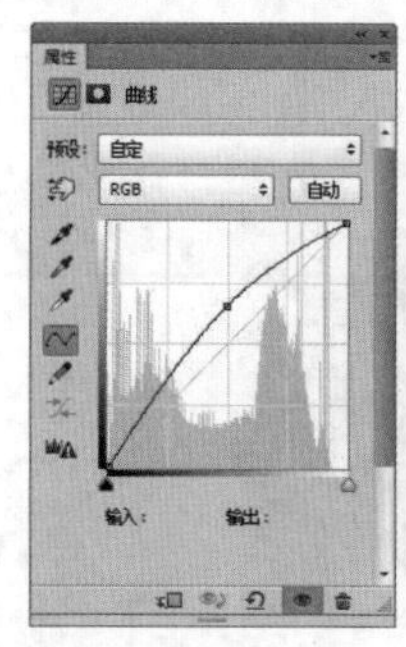

图13—318

图13—319

课后练习

【课后练习——利用查找边缘滤镜制作彩色速写】

思路解析：本案例通过对数码照片执行“查找边缘”滤镜操作，并与源图像进行混合模拟出彩色速写效果。

本章小结

Photoshop中的滤镜可以用来实现各种各样的特殊效果。而且操作方法非常简单，效果明显。但是想要真正发挥滤镜的强大之处，需要多种滤镜混合使用，并且配合图层、通道、蒙版等功能才能取得最佳艺术效果。

读书笔记

第14章

Web图形与网页设计

本章内容简介：

Photoshop在网页制作中是必不可少的工具，不仅可以用于制作页面广告、边框、装饰等，还能够通过Web工具进行设计和优化Web图形或页面元素，以及制作交互式按钮图形和Web照片画廊。

本章学习要点：

- 掌握Web安全色的使用方法
- 熟练掌握网页划分切片的方法
- 掌握Web图形的输出设置

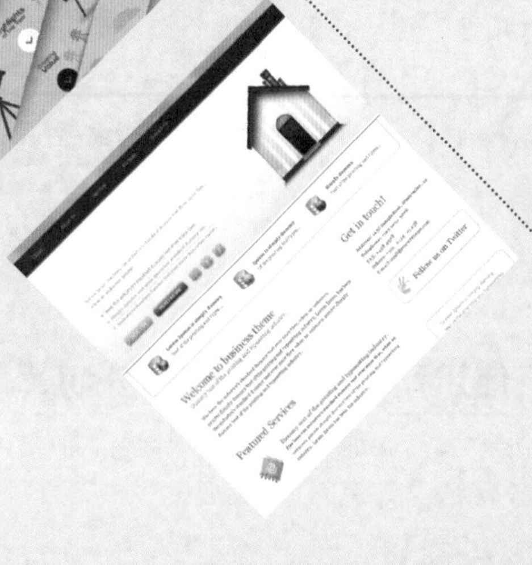

14.1 在Web安全色下工作

由于网页会在不同的操作系统下或在不同的显示器中浏览，而不同操作系统的颜色都有一些细微的差别，不同的浏览器对颜色的编码显示也不同，确保制作出的网页颜色能够在所有显示器中显示相同的效果是非常重要的，所以在制作网页时就需要使用“Web安全色”。Web安全色是指能在不同操作系统和不同浏览器中同时正常显示颜色，如图14-1所示。

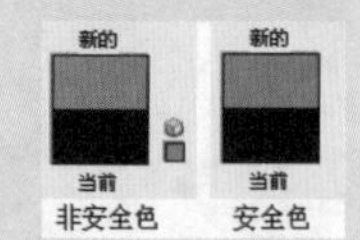

图14—1

01在“拾色器”中选择颜色时，在所选颜色右侧出现警告图标，就说明当前选择的颜色不是Web安全色，如图14-2所示。单击该图标，即可将当前颜色替换为与其最接近的Web安全色，如图14-3所示。

02在“拾色器”中选择颜色时，可以选中底部的“只有Web颜色”复选框，选中之后可以始终在Wed安全色下工作，如图14-4所示。

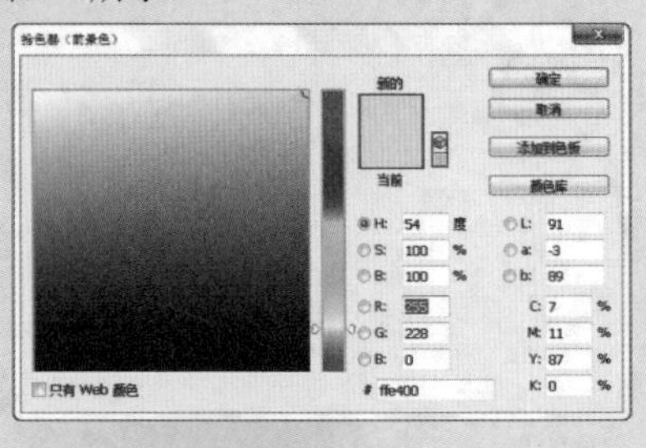
图14—2

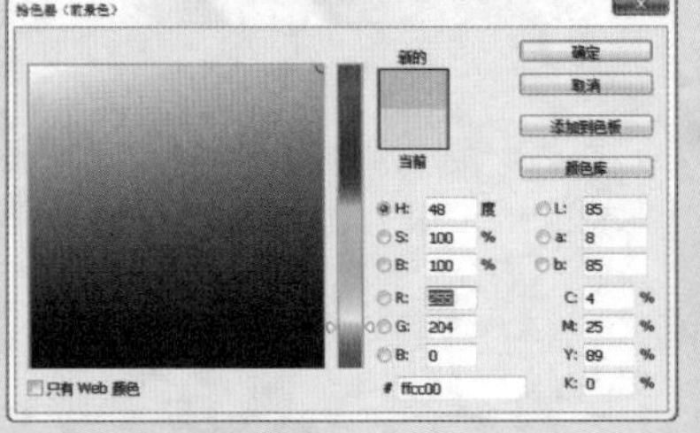
图14—3

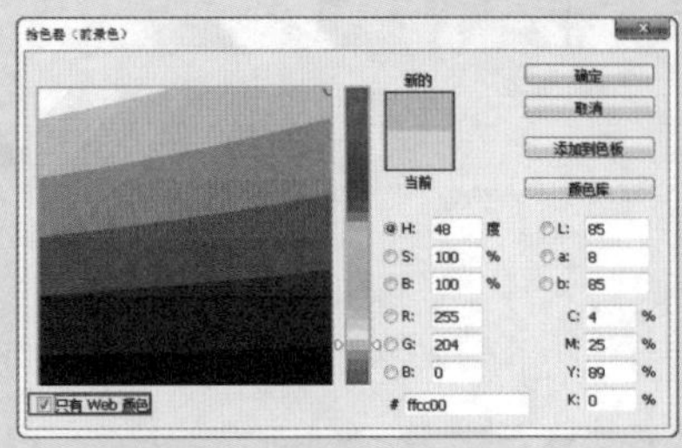
图14—4

03在使用“颜色”面板设置颜色时，如图14-5所示。可以在其菜单中执行“Web颜色滑块”命令，如图14-6所示。“颜色”面板会自动切换为“Web颜色滑块”模式，并且可选颜色数量明显减少，如图14-7所示。

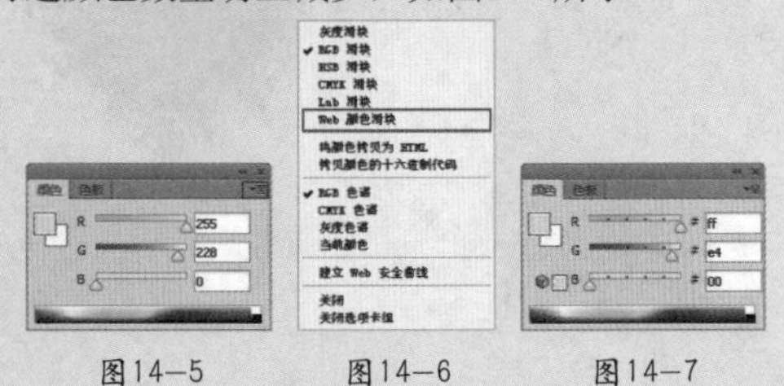
图14—5　图14—6　图14—7

04也可以在其菜单中执行“建立Web安全曲线”命令，如图14-8和图14-9所示。单击之后能够发现底部的四色曲线图出现明显的“阶梯”效果，并且可选颜色数量同样减少了很多，如图14-10所示。

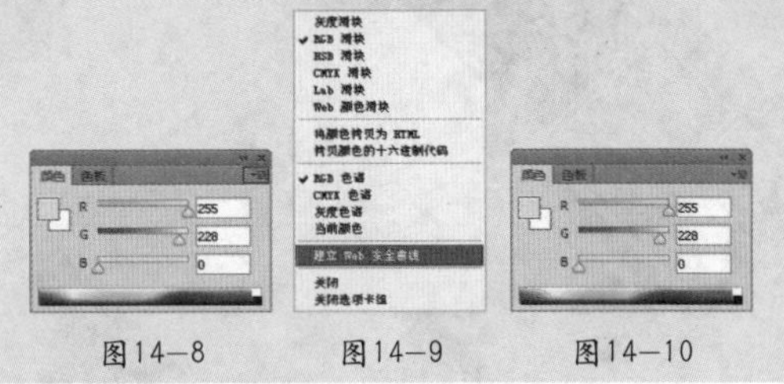
图14—8　图14—9　图14—10

14.2 为网页划分切片

为了使网页浏览得流畅，在网页制作中往往不会直接使用整张大尺寸的图像。通常情况下都会将整张图像“分割”为多个部分，这就需要使用到“切片技术”。“切片技术”就是将一整张图切割成若干小块，并以表格的形式加以定位和保存，如图14-11和图14-12所示。

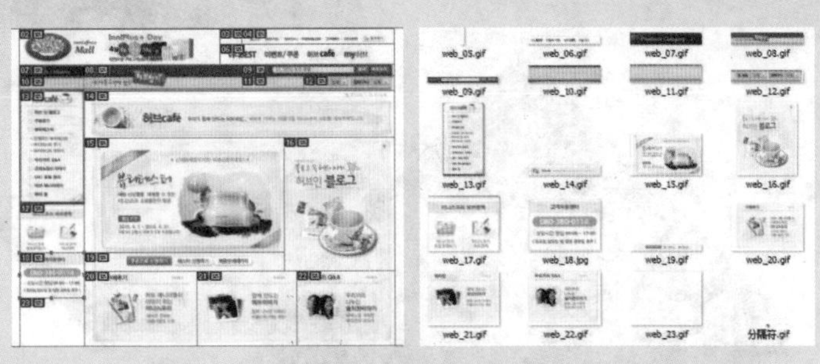
图14—11　图14—12

14.2.1 动手学：使用切片工具手动划分切片

01长按工具箱中的“裁剪工具”按钮，在弹出的工具列表中可以看到“切片工具”和“切片选择工具”，如图14-13所示。

02使用切片工具创建切片时，可以在其选项栏中设置切片的创建样式，如图14-14所示。选择“正常”选项可以通过拖曳鼠标来确定切片的大小。选择“固定长宽比”选项可以在后面“宽度”和“高度”文本框中设置切片的宽高比。选择“固定大小”选项可以在后面的“宽度”和“高度”文本框中设置切片的固定大小。单击“基于参考线的切片”按钮可以在创建参考线以后，从参考线创建切片。

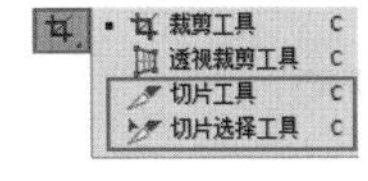

图14—13

图14—14

03单击工具箱中的“切片工具”按钮，然后在其选项栏中设置“样式”为“正常”。与绘制选区的方法相同，在图像中单击并拖曳鼠标创建一个矩形选框，如图14-15所示。释放鼠标左键以后就可以创建一个用户切片，而用户切片以外的部分将生成自动切片，如图14-16所示。

图14—15

图14—16

技术拓展：用户切片与自动切片

在Photoshop中存在两种切片：用户切片和自动切片。用户切片是使用切片工具创建的切片，由实线定义；而创建新的用户切片时会生成附加的自动切片来占据图像的区域，自动切片则由虚线定义。每一次添加或编辑切片时，都会重新生成自动切片。

技巧提示

切片工具与矩形选框工具有很多相似之处，例如使用切片工具创建切片时，按住Shift键可以创建正方形切片；按住Alt键可以从中心向外创建矩形切片；按住Shift+Alt快捷键，可以从中心向外创建正方形切片。

14.2.2 动手学：自动创建切片

01在包含参考线的文件中可以创建基于参考线的切片，单击工具箱中的“切片工具”按钮，然后在选项栏中单击“基于参考线的切片”按钮，即可基于参考线的划分方式创建出切片，如图14-17所示。切片效果如图14-18所示。

02选择一个图层，执行“图层>新建基于图层的切片”命令，就可以创建包含该图层所有像素的切片，如图14-19所示。基于图层创建切片以后，当对图层进行移动、缩放、变形等操作时，切片会跟随该图层进行自动调整，如图14-20所示。

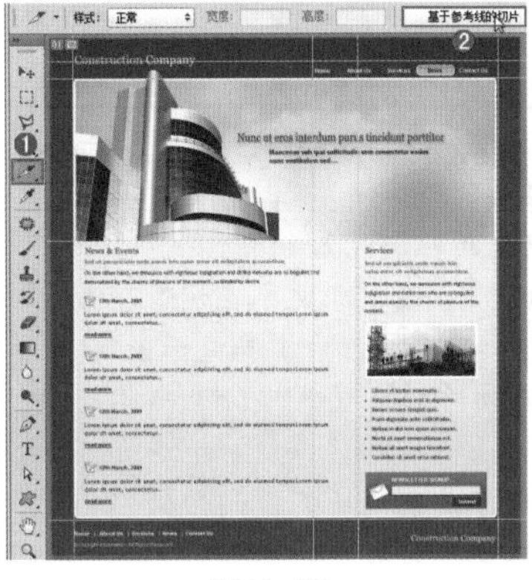

图14—17

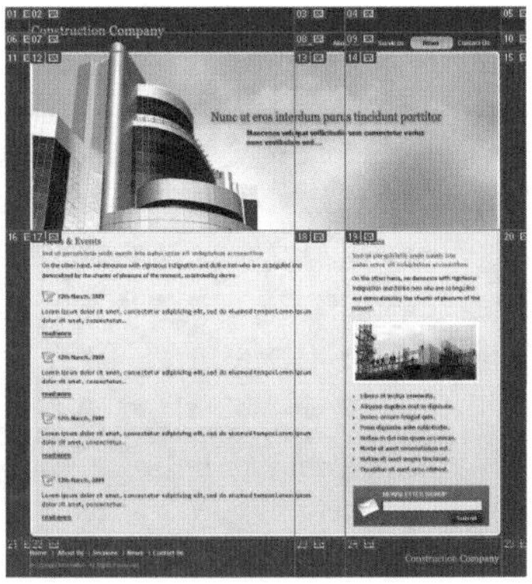

图14—18

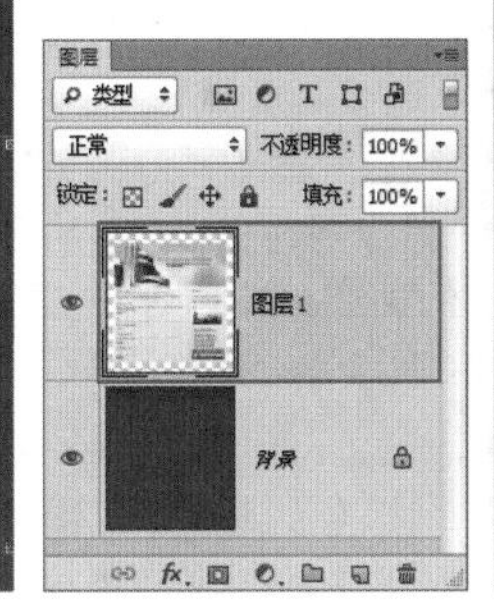

图14—19

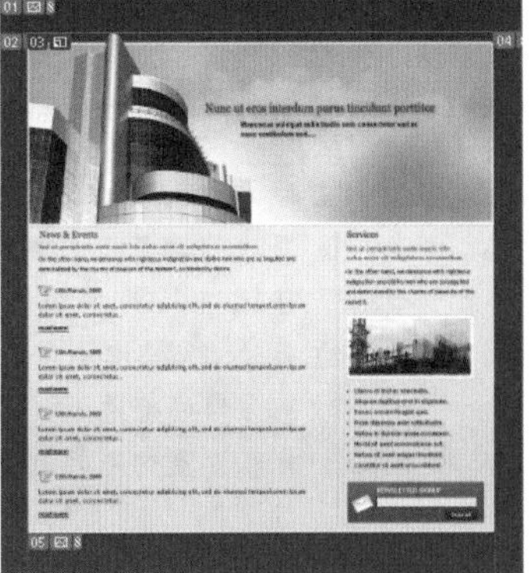

图14—20

14.2.3 动手学：使用切片选择工具

技术速查：使用“切片选择工具”可以对切片进行选择、调整堆叠顺序、对齐与分布等操作。

在工具箱中单击“切片选择工具”按钮，在图像中单击选中一个切片，如图14-21所示。按住Shift键的同时单击其他切片进行加选，如图14-22所示。

如果要移动切片，先选择切片，然后拖曳鼠标即可，如图14-23所示。如果要调整切片的大小，可以拖曳切片定界点进行调整，如图14-24所示。

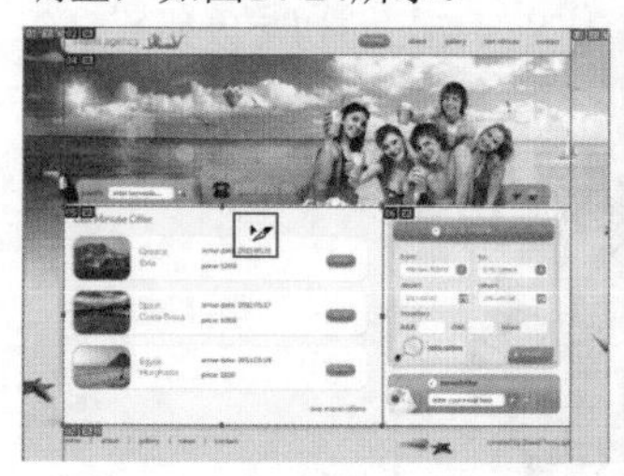

图14—21

图14—22

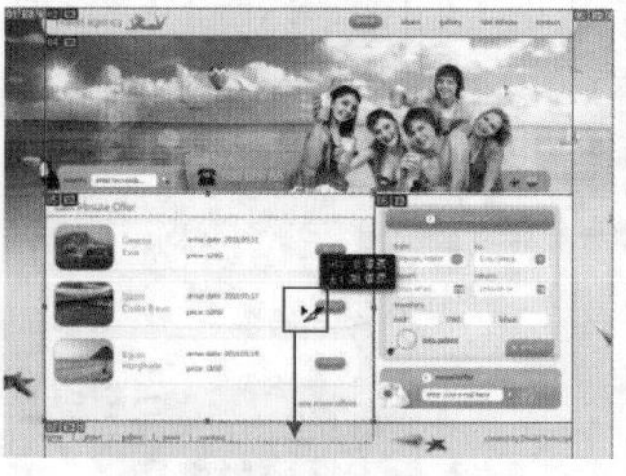

图14—23

图14—24

技巧提示

如果在移动切片时按住Shift键，可以在水平、垂直或45°角方向进行移动。可以按住Alt键的同时拖曳切片进行复制。

切片选择工具的选项栏如图14-25所示。在这里可以设置切片的顺序、转换切片类型、自动划分切片、对切片进行对齐与分布等。

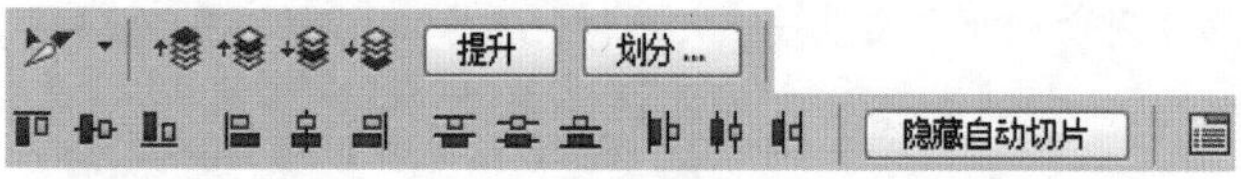

提升 划分... 隐藏自动切片

图14—25

- 调整切片堆叠顺序：创建切片以后，最后创建的切片处于堆叠顺序中的最顶层。如果要调整切片的堆叠顺序，可以利用“置为顶层”按钮、“前移一层”按钮、“后移一层”按钮和“置为底层”按钮来完成。
- 提升：选择自动切片，单击该按钮，可以将所选的自动切片或图层切片提升为用户切片。
- 划分：单击该按钮，打开“划分切片”对话框。在“划分切片”对话框中可以沿水平方向、垂直方向或同时沿这两个方向划分切片。不论原始切片是用户切片还是自动切片，划分后的切片总是用户切片，如图14-26所示。
- 对齐与分布切片：选择多个切片后，可以单击相应的按钮来对齐或分布切片。
- 隐藏自动切片：单击该按钮，可以隐藏自动切片。
- “为当前切片设置选项”按钮：单击该按钮，可在弹出的“切片选项”对话框中设置切片的名称、类型、指定URL地址等，如图14-27所示。

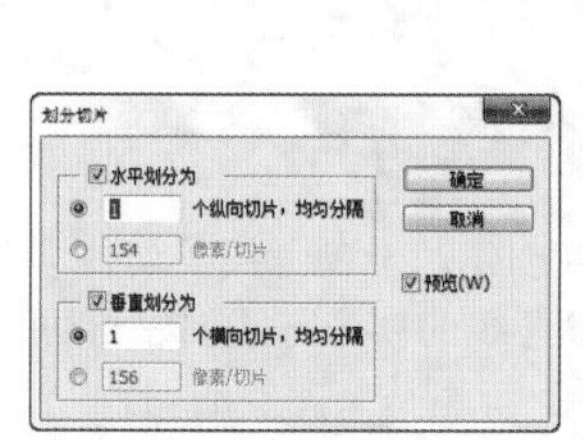

图14—26

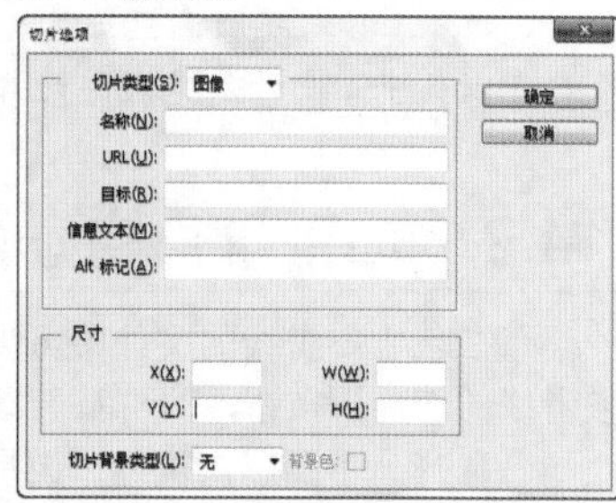

图14—27

技术拓展：详解“切片选项”对话框

- 切片类型：设置切片输出的类型，即在与HTML文件一起导出时，切片数据在Web中的显示方式。选择“图像”选项时，切片包含图像数据；选择“无图像”选项时，可以在切片中输入HTML文本，但无法导出图像，也无法在Web中浏览；选择“表”选项时，切片导出时将作为嵌套表写入到HTML文件中。
- 名称：用来设置切片的名称。
- URL：设置切片链接的Web地址（只能用于“图像”切片），在浏览器中单击切片图像时，即可链接到这里设置的网址和目标框架。
- 目标：设置目标框架的名称。
- 信息文本：设置哪些信息出现在浏览器中。
- Alt标记：设置选定切片的Alt标记。Alt文本在图像下载过程中取代图像，并在某些浏览器中作为工具提示出现。
- 尺寸：X、Y选项用于设置切片的位置，W、H选项用于设置切片的大小。
- 切片背景类型：选择一种背景色来填充透明区域（用于“图像”切片）或整个区域（用于“无图像”切片）。

14.2.4 组合切片

使用组合切片命令，Photoshop会通过连接组合切片的外边缘创建的矩形来确定所生成切片的尺寸和位置，将多个切片组合成一个单独的切片。使用切片选择工具选择多个切片，单击鼠标右键，在弹出的快捷菜单中选择“组合切片”命令，如图14-28所示。所选的切片即可组合为一个切片，如图14-29所示。

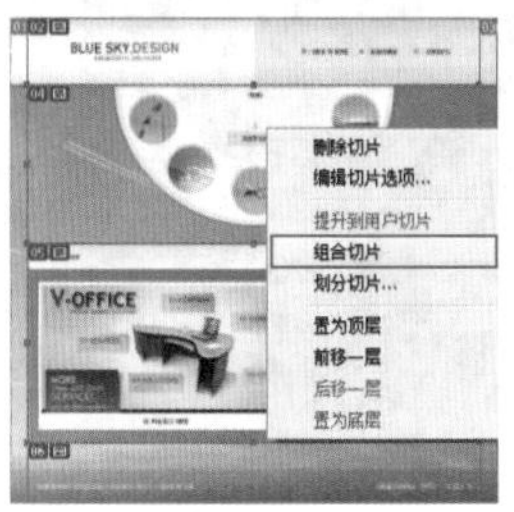

图14—28

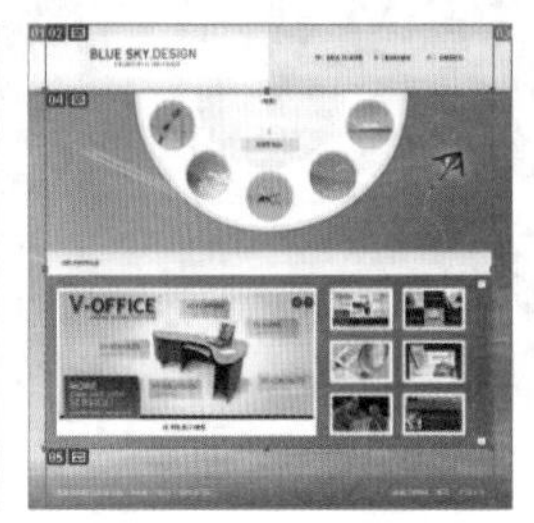

图14—29

技巧提示

组合切片时，如果组合切片不相邻，或者比例、对齐方式不同，则新组合的切片可能会与其他切片重叠。组合切片将采用选定的切片系列中的第1个切片的优化设置，并且始终为用户切片，而与原始切片是否包含自动切片无关。

14.2.5 隐藏切片与删除切片

01执行“视图>显示>切片”命令可以切换切片的显示与隐藏状态。

02若要删除单个切片可以选择切片以后，单击鼠标右键，在弹出的快捷菜单中选择“删除切片”命令即可删除该切片，如图14-30所示。

03若要删除多个切片可以使用切片选择工具选择多个切片以后，按Delete键或Back Space键可以删除多个选中的切片。

04执行“视图>清除切片”命令可以删除所有的用户切片和基于图层的切片。

图14—30

技巧提示

删除了用户切片或基于图层的切片后，将会重新生成自动切片以填充文档区域。

删除基于图层的切片并不会删除相关图层，但是删除与基于图层的切片相关的图层会删除该基于图层的切片（无法删除自动切片）。

如果删除一个图像中的所有用户切片和基于图层的切片，将会保留一个包含整个图像的自动切片。

14.2.6 锁定切片

执行“视图>锁定切片”命令，可以锁定所有的用户切片和基于图层的切片。锁定切片以后，将无法对切片进行移动、缩放或其他更改。再次执行“视图>锁定切片”命令即可取消锁定，如图14-31所示。

图14—31

14.3 网页翻转按钮

在网页中按钮的使用非常常见，并且按钮“按下”、“弹起”或将光标放在按钮上都会出现不同的效果，这就是“翻转”。要创建翻转，至少需要两个图像，一个用于表示处于正常状态的图像，另一个用于表示处于更改状态的图像，如图14-32和图14-33所示为播放器中按钮翻转的效果。

创建网页翻转的手段有很多，例如更改按钮色相、明度等颜色信息，或者对按钮的形态进行变化，如图14-34和图14-35所示。

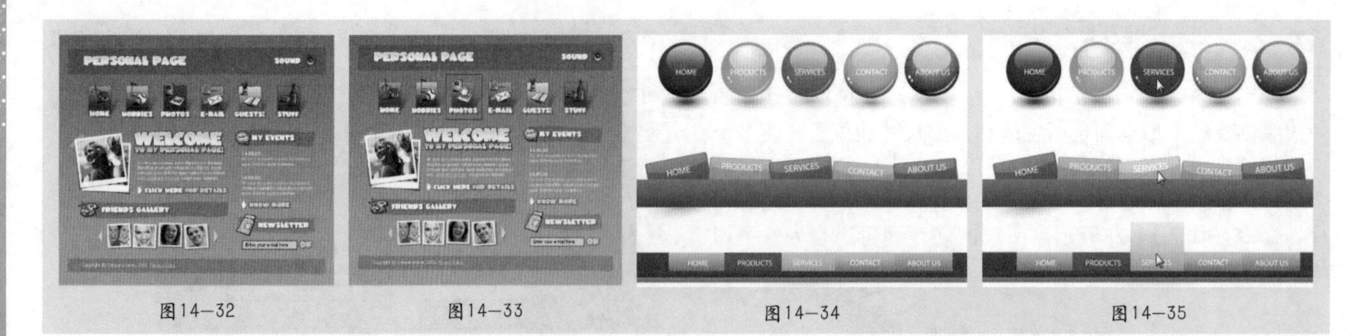

图14—32　　图14—33　　图14—34　　图14—35

14.4 网页图形的输出设置

使用“存储为Web和设备所用格式”可以导出和优化切片图像。该命令会将每个切片储存为单独的文件并生成显示切片所需的HTML或CSS代码。执行“文件>存储为Web和设备所用格式”命令，设置参数并单击“存储”按钮，选择储存位置及类型。

14.4.1 存储为Web和设备所用格式

创建切片后对图像进行优化可以减小图像的大小，而较小的图像可以使Web服务器更加高效地储存、传输和下载图像。执行“文件>存储为Web和设备所用格式”命令，打开“存储为Web和设备所用格式”对话框，在该对话框中可以对图像进行优化和输出，如图14-36所示。

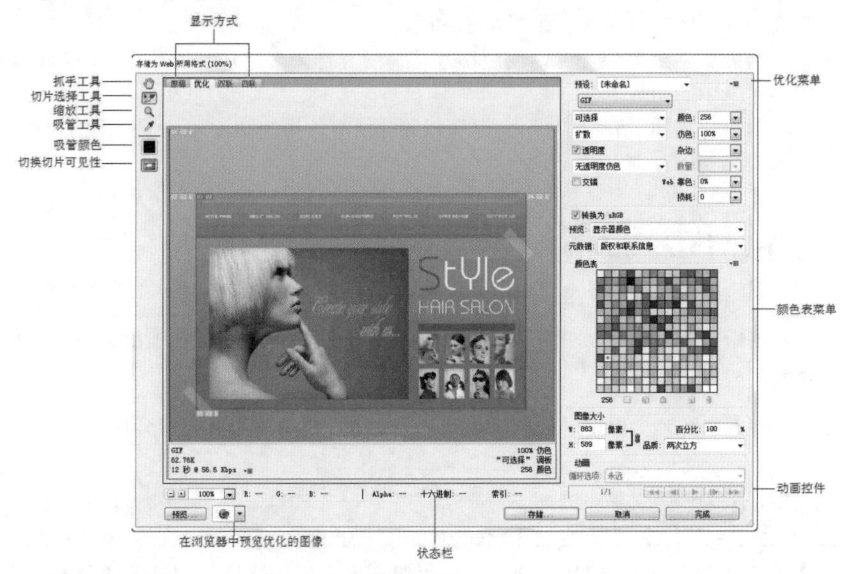

图14—36

- 显示方式：选择“原稿”选项卡，窗口只显示没有优化的图像，如图14-37所示；选择“优化”选项卡，窗口只显示优化的图像，如图14-38所示；选择“双联”选项卡，窗口会显示优化前和优化后的图像，如图14-39所示；选择“四联”选项卡，窗口会显示图像的4个版本，除了原稿以外的3个图像可以进行不同的优化，如图14-40所示。

图14—37

图14—38

图14—39

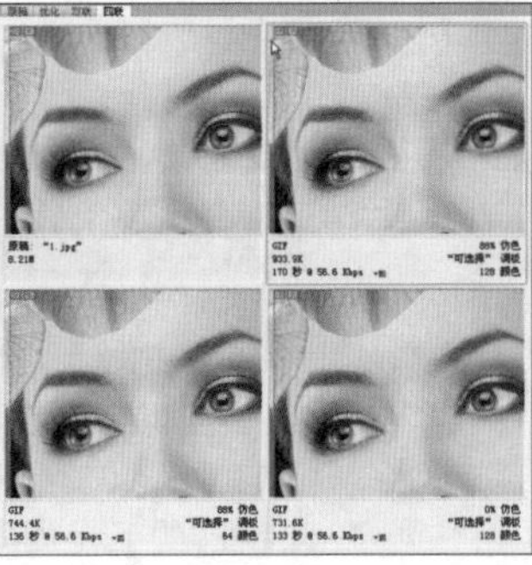

图14—40

- 抓手工具/缩放工具：使用抓手工具可以移动查看图像；使用缩放工具可以放大图像窗口，按住Alt键单击窗口则会缩小显示比例。
- 切片选择工具：当一张图像上包含多个切片时，可以使用该工具选择相应的切片进行优化。
- 吸管工具/吸管颜色：使用吸管工具在图像上单击，可以拾取单击处的颜色，并显示在“显示颜色”图标中。
- 切换切片可见性：激活该按钮，在窗口中才能显示出切片。
- 优化菜单：在该菜单中可以存储优化设置、设置优化文件大小等，如图14-41所示。
- 颜色表：将图像优化为GIF、PNG-8、WBMP格式时，可以在“颜色表”中对图像的颜色进行优化设置。
- 颜色表菜单：该菜单下包含与颜色表相关的一些命令，可以删除颜色、新建颜色、锁定颜色或对颜色进行排序等。
- 图像大小：将图像大小设置为指定的像素尺寸或原稿大小的百分比。
- 状态栏：这里显示光标所在位置的图像的颜色值等信息。
- 在浏览器中预览优化图像：单击按钮，可以在Web浏览器中预览优化后的图像。

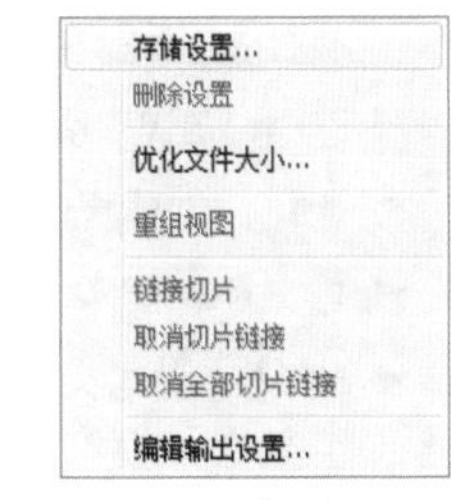

图14-41

14.4.2 设置合适的网页优化格式

不同格式的图像文件其质量与大小也不同，合理选择优化格式，可以有效地控制图形的质量。可供选择的Web图形的优化格式包括GIF、JPEG、PNG-8、PNG-24和WBMP。

优化为GIF格式

GIF是用于压缩具有单调颜色和清晰细节的图像的标准格式，它是一种无损的压缩格式。GIF文件支持8位颜色，因此它可以显示多达256种颜色，如图14-42所示是GIF格式的设置选项。

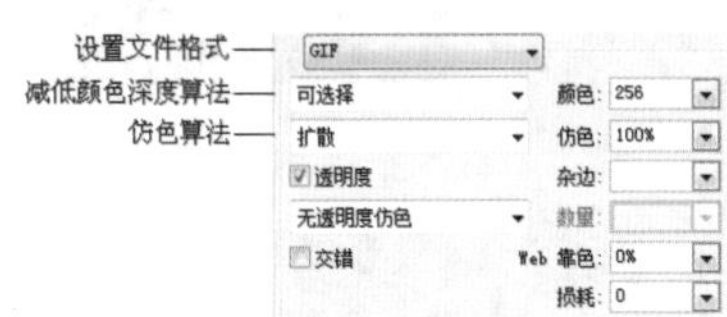

图14-42

- 设置文件格式：设置优化图像的格式。
- 减低颜色深度算法/颜色：设置用于生成颜色查找表的方法，以及在颜色查找表中使用的颜色数量，如图14-43所示分别是设置“颜色”为256和8时的优化效果。

图14-43

- 仿色算法/仿色：“仿色”是指通过模拟计算机的颜色来显示提供的颜色的方法。较高的仿色百分比可以使图像生成更多的颜色和细节，但是会增加文件的大小。
- 透明度/杂边：设置图像中的透明像素的优化方式。
- 交错：当正在下载图像文件时，在浏览器中显示图像的低分辨率版本。
- Web靠色：设置将颜色转换为最接近Web面板等效颜色的容差级别。数值越高，转换的颜色越多，如图14-44所示是设置“Web靠色”为80%和20%时的图像效果。

图14-44

- 损耗：扔掉一些数据来减小文件的大小，通常可以将文件减小5%~40%，设置5~10的“损耗”值不会对图像产生太大的影响。如果设置的“损耗”值大于10，文件虽然会变小，但是图像的质量会下降。

优化为JPEG格式

JPEG格式是用于压缩连续色调图像的标准格式。将图像优化为JPEG格式的过程中，会丢失图像的一些数据，如图14-45所示是JPEG格式的参数选项。

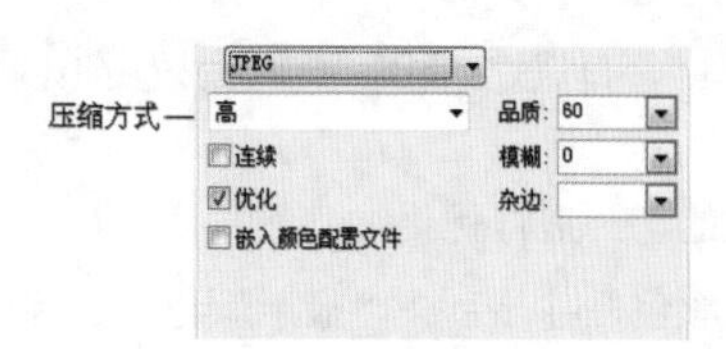

图14—45

- 压缩方式/品质：选择压缩图像的方式。后面的“品质”数值越高，图像的细节越丰富，但文件也越大。
- 连续：在Web浏览器中以渐进的方式显示图像。
- 优化：创建更小但兼容性更低的文件。
- 嵌入颜色配置文件：在优化文件中存储颜色配置文件。
- 模糊：创建类似于“高斯模糊”滤镜的图像效果。数值越大，模糊效果越明显，但会减小图像的大小，在实际工作中，“模糊”值最好不要超过0.5。
- 杂边：为原始图像的透明像素设置一个填充颜色。

优化为PNG-8格式

PNG-8格式与GIF格式一样，可以有效地压缩纯色区域，同时保留清晰的细节。PNG-8格式也支持8位颜色，因此它可以显示多达256种颜色，如图14-46所示是PNG-8格式的参数选项。

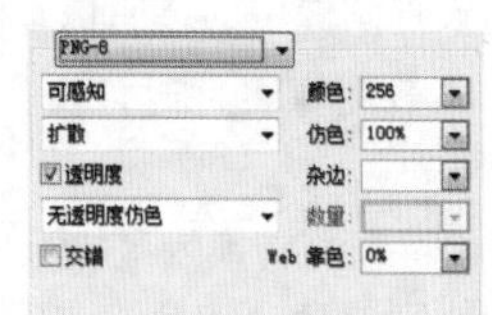

图14—46

优化为PNG-24格式

PNG-24格式可以在图像中保留多达256个透明度级别，适合于压缩连续色调图像，但它所生成的文件比JPEG格式生成的文件要大得多，如图14-47所示。

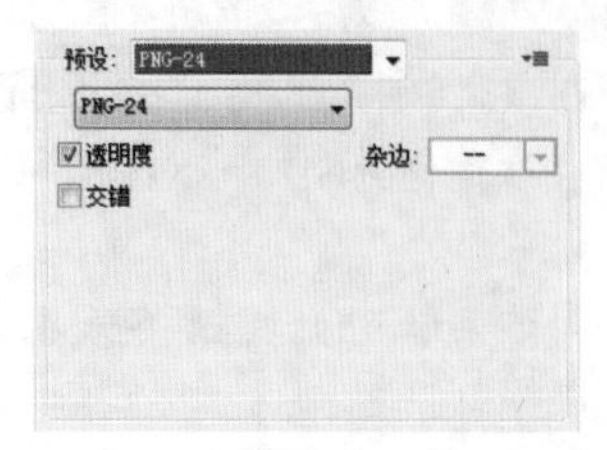

图14—47

优化为WBMP格式

WBMP格式是用于优化移动设备图像的标准格式，其参数选项如图14-48所示。WBMP格式只支持1位颜色，即WBMP图像只包含黑色和白色像素，如图14-49所示。

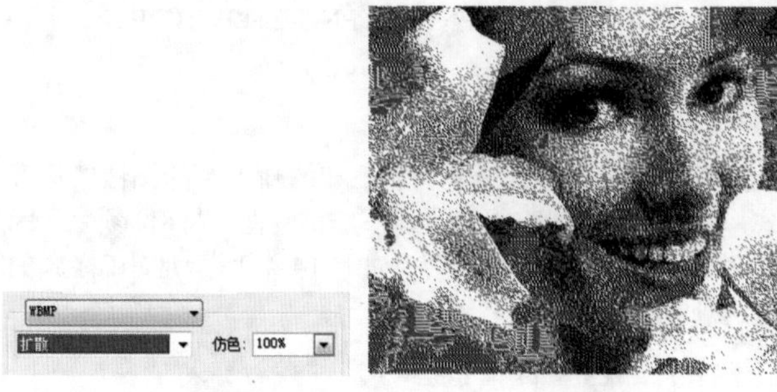

图14—48　　图14—49

14.4.3 Web图形输出设置

在“存储为Web和设备所用格式”对话框右上角的优化菜单中选择“编辑输出设置”命令，打开“输出设置”对话框，在这里可以对Web图形进行输出设置。直接在“输出设置”对话框中单击“确定”按钮即可使用默认的输出设置，如图14-50所示。也可以选择其他预设进行输出，如图14-51所示。

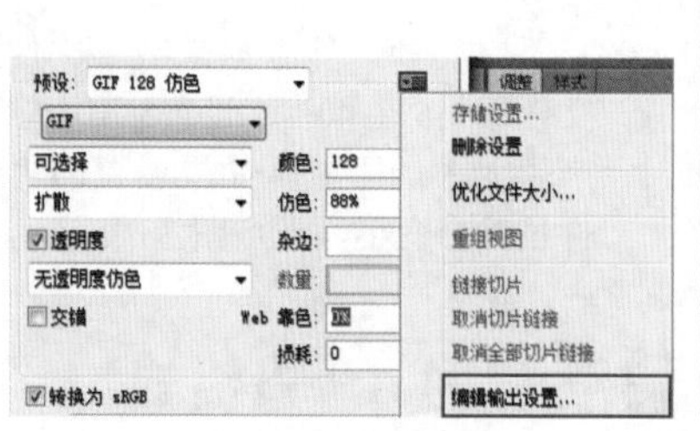

图14—50

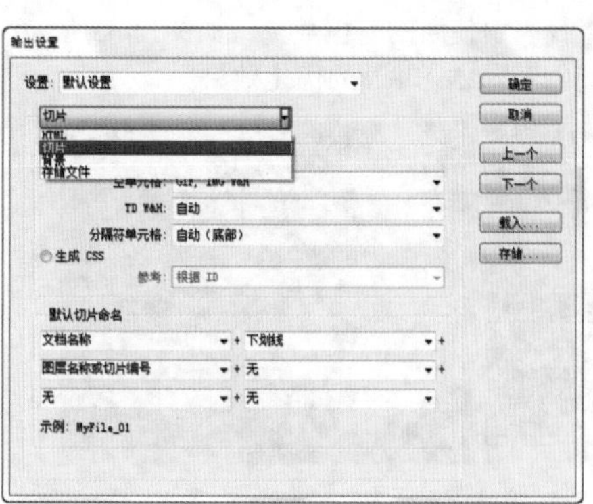

图14—51

14.5 使用Zoomify命令

Photoshop可以导出高分辨率的JPEG文件和HTML文件，然后将这些文件上载到Web服务器上，以便查看者平移和缩放该图像的更多细节。执行“文件>导出>Zoomify”命令，打开“Zoomify™导出”对话框，在该对话框中可以设置导出图像和文件的相关选项，如图14-52所示。效果如图14-53所示。

图14—52

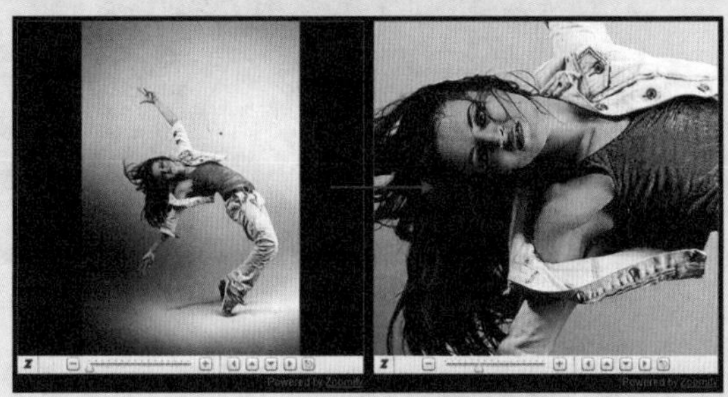

图14—53

- 横板：设置在浏览器中查看图像的背景和导航。
- 输出位置：指定文件的位置和名称。
- 图像拼贴选项：设置图像的品质。
- 浏览器选项：设置基本图像在查看者的浏览器中的像素宽度和高度。

14.6 网页广告设计

14.6.1 网页促销广告

案例文件	案例文件\第14章\网页促销广告.psd
视频教学	视频文件\第14章\网页促销广告.flv
难易指数	★★★★★
技术要点	图层混合、图层样式、文字工具

案例效果

本案例主要是利用图层混合、图层样式和文字工具等工具，制作网页促销广告，如图14-54所示。

图14—54

操作步骤

01 新建文件，执行“文件>新建”命令，设置“宽度”为800像素，“高度”为500像素，“分辨率”为72像素/英寸，“颜色模式”为RGB颜色，如图14-55所示。然后将得到的空白文件背景填充为黑色，如图14-56所示。

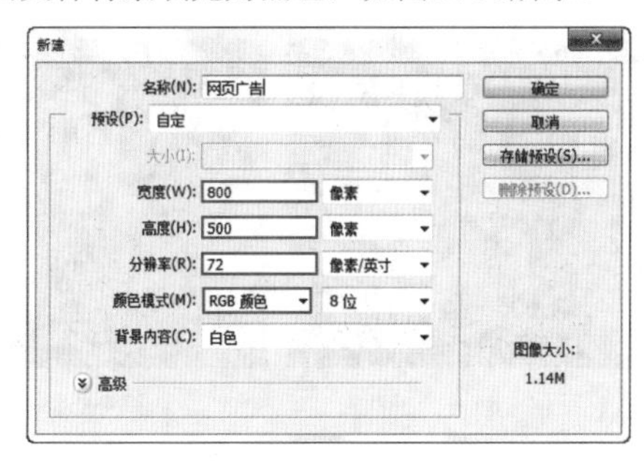

图14—55

图14—56

02 将图层填充为黑色，导入花纹素材文件“1.jpg”，在“图层”面板中单击“添加图层蒙版”按钮，使用画笔工具，适当降低“不透明度”，在蒙版上进行绘制，如图14-57所示。压暗花纹素材四周，如图14-58所示。

03 新建图层并填充紫色，设置“不透明度”为75%，如图14-59所示。复制紫色图层，设置“混合模式”为颜色减淡，添加图层蒙版，使用画笔工具，适当降低“不透明度”，在蒙版四周进行涂抹，如图14-60所示。

图14-57

图14-58

图14-59

图14-60

04 执行“图层>新建调整图层>曲线”命令，调整曲线形状，如图14-61所示。使用黑色画笔在调整图层蒙版四周进行涂抹，使调整图层只对画面中心起作用，如图14-62所示。新建图层，使用黑色画笔适当调整画笔的不透明度，在画面四周进行绘制，如图14-63所示。

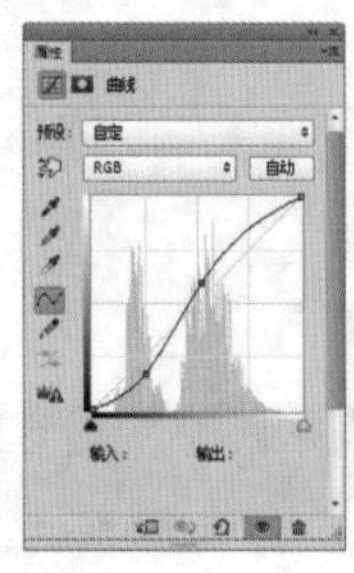

图14-61

图14-62

图14-63

05 导入人像素材文件“2.jpg”，调整合适大小及位置，如图14-64所示。使用钢笔工具绘制人物边缘路径，转换为选区后为人像图层添加图层蒙版，隐藏人像背景部分，如图14-65所示。

06 单击工具箱中的“文字工具”按钮，设置合适字体及大小，在画面中输入文字，如图14-66所示。执行“图层>图层样式>渐变叠加”命令，设置“渐变”颜色为淡粉色系渐变，“角度”为90度，如图14-67所示。

图14-64

图14-65

图14-66

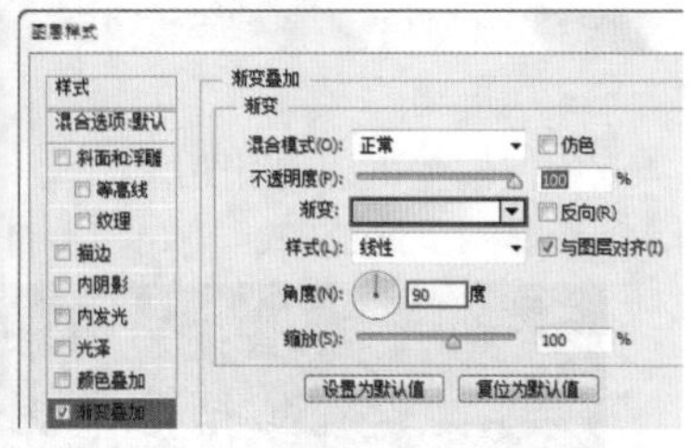

图14-67

07 选中“投影”复选框，设置颜色为紫红色，“距离”为10像素，“扩展”为10%，“大小”为15像素，如图14-68和图14-69所示。

08 同样方法制作出另外一组文字，设置合适大小及位置，如图14-70所示。添加图层蒙版，使用矩形选框工具在文字上绘制一个合适大小的矩形，在蒙版上填充黑色，隐藏多余部分，如图14-71所示。

09 继续使用横排文字工具在右上角输入文字，为其赋予橙色系的渐变叠加，并在左侧输入较大的数字1，如图14-72所示。

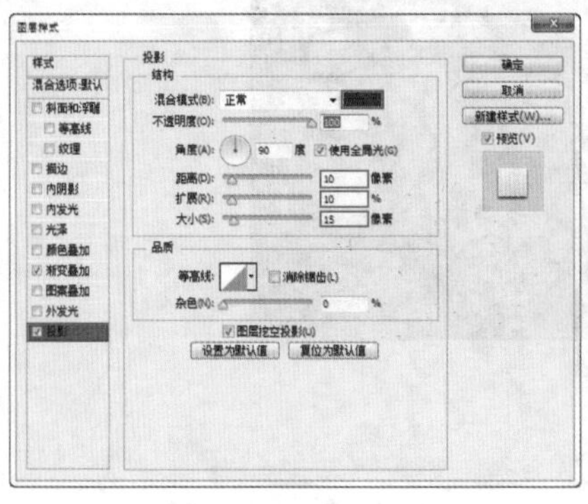

图14-68

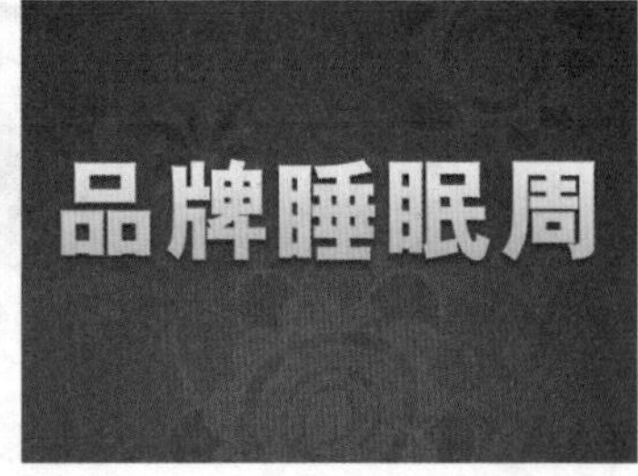

图14-69

图14—70　　图14—71　　图14—72

10 执行“图层>图层样式>投影”命令，设置投影颜色为黑色，“距离”为10像素，“大小”为20像素，如图14-73所示。效果如图14-74所示。

11 选中“描边”复选框，设置“填充类型”为“渐变”，编辑一种渐变效果，适当设置角度以及缩放数值。然后设置描边“大小”为4像素，描边“位置”为“内部”，如图14-75所示。效果如图14-76所示。

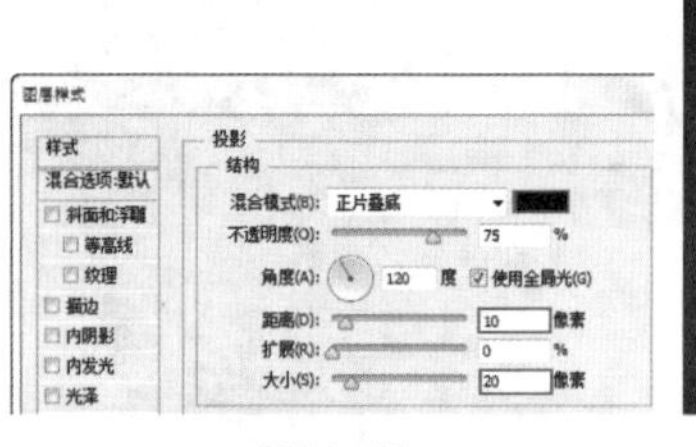

图14—73　　图14—74

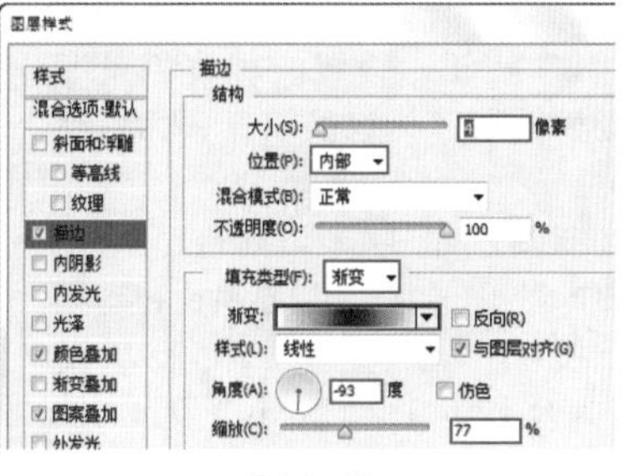

图14—75

图14—76

12 选中“图案叠加”复选框，在“图案”下拉列表中选择一种合适的图案，设置“缩放”为51%，如图14-77和图14-78所示。

13 选中“颜色叠加”复选框，设置颜色为橘黄色，“混合模式”为“叠加”，如图14-79所示。文字效果如图14-80所示。

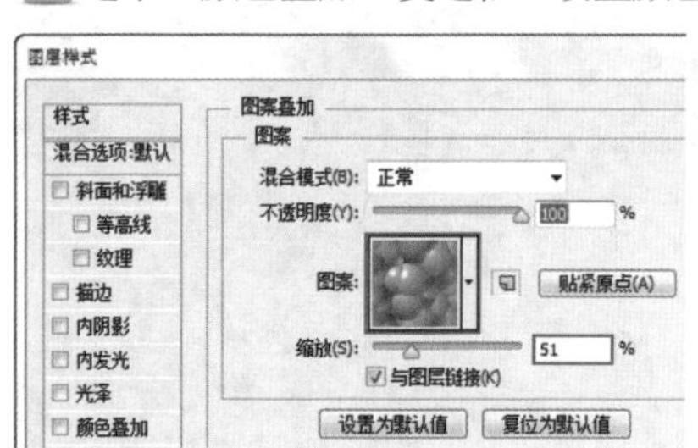

图14—77　　图14—78

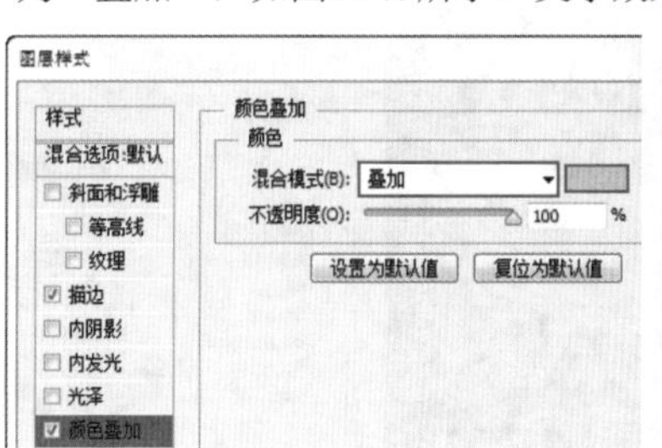

图14—79

图14—80

14 单击工具箱中的“多边形套索工具”按钮，在文字下绘制一个矩形选区，填充白色，如图14-81所示。选择粉色渐变文字图层，单击鼠标右键，在弹出的快捷菜单中执行“拷贝图层样式”命令，在矩形图层上单击鼠标右键，在弹出的快捷菜单中执行“粘贴图层样式”命令，如图14-82所示。

15 使用文字工具在矩形上输入合适文字，如图14-83所示。按Ctrl键载入文字选区，选择矩形图层，按Delete键，隐藏原始文字，制作出镂空效果，如图14-84所示。

图14—81

图14—82

图14—83

图14—84

16 单击“画笔工具”按钮，设置一种柔角画笔，调整较大画笔，新建图层并单击绘制一个白色的柔角圆，如图14-85所示。按Ctrl+T自由变换快捷键，将圆调整为条形，如图14-86所示。

17 多次复制条形，使用“自由变换”命令调整角度，制作星光，将其放置在数字1的右上角，如图14-87所示。使用多边形套索工具在文字右侧绘制一个合适大小的选区，如图14-88所示。

图14-85

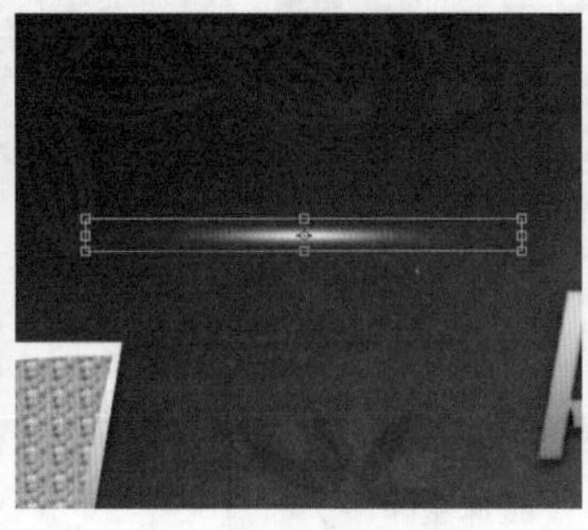
图14-86

图14-87

图14-88

18 单击“渐变填充工具”按钮，设置一种黄色系渐变，如图14-89所示。新建图层，为选区填充黄色系渐变，如图14-90所示。

19 单击工具箱中的“椭圆选框工具”按钮，在渐变矩形左侧绘制一个圆形选区，按Delete键删除，如图14-91所示。执行“图层>图层样式>内发光”命令，设置颜色为红棕色，“大小”为10像素，如图14-92和图14-93所示。

图14-89

图14-90

图14-91

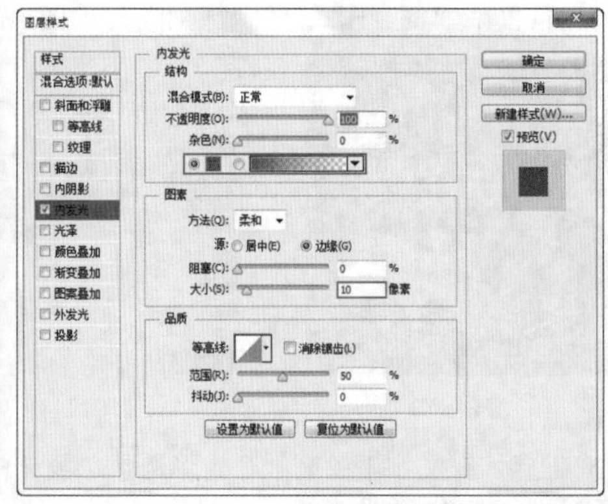

图14-92

图14-93

20 同样的方法制作标签的阴影效果，如图14-94所示。使用画笔工具在标签右侧绘制绳子部分，如图14-95所示。

21 再次使用横排文字工具在标签上输入文字，将其旋转至合适大小，如图14-96所示。执行“图层>图层样式>描边”命令，设置“大小”为7像素，颜色为棕色，如图14-97所示。最终效果如图14-98所示。

22 执行“文件>存储为”命令，在弹出的“存储为”对话框中设置合适的文件名，格式设置为“.jpg”，单击“保存”按钮，如图14-99所示。然后在弹出的“JPEG选项”对话框中对图像的品质进行设置，例如本案例中需要将该广告的大小限制为100K以内，那么就可以适当降低

图14-94

图14-95

图像品质，如图14-100所示。

图14—96

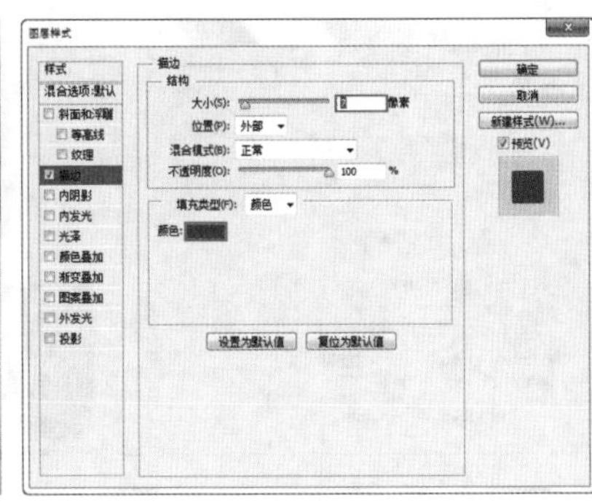

图14—97

图14—98

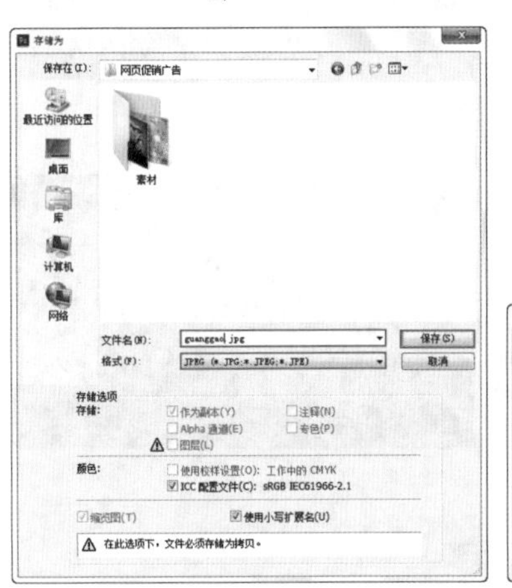

图14—99

图14—100

思维点拨：网页广告常用尺寸

广告类型	像素大小
产品或新闻照片展示	120×120
LOGO展示	120×60
产品演示或大型LOGO	120×90
照片效果表现类的图像广告	125×125
框架或左右形式主页的广告链接	234×60
页眉或页脚处较多图片展示的广告条	392×72
常见的页眉或页脚处广告条尺寸	468×60
网页链接或网站小型LOGO	88×31

14.6.2 网页产品展示模块设计

案例文件	案例文件\第14章\网页产品展示模块设计.psd
视频教学	视频文件\第14章\网页产品展示模块设计.flv
难易指数	★★★★★
技术要点	钢笔工具、形状工具、图层样式

案例效果

本案例主要是使用钢笔工具、形状工具和图层样式等工具制作网页产品展示模块。效果如图14-101所示。

图14—101

操作步骤

01 新建文件，使用渐变工具，在选项栏中设置绿色系的渐变颜色，设置“样式”为径向，如图14-102所示。在画面中绘制渐变，效果如图14-103所示。

图14—102

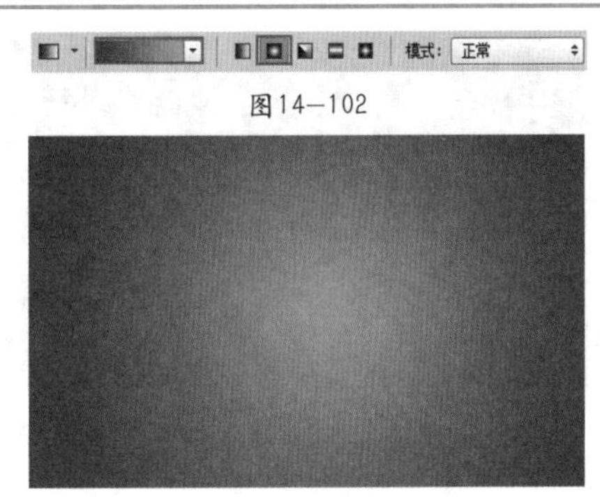

图14—103

02 在工具箱中选中钢笔工具，在画面中绘制叶子的路径形状，如图14-104所示。新建图层，按Ctrl+Enter快捷键将其快速转化为选区，为其填充黄色，如图14-105所示。使用同样方法制作其他的叶子，效果如图14-106所示。

03 对橘黄色的叶片执行“图层>图层样式>斜面和浮雕”命令，设置“大小”为30像素，“高光模式”为叠加，“颜色”为绿色，“不透明度”为70%，设置“阴影”的“不透明度”为0%，如图14-107所示。效果如图14-108所示。同样方法制作其他的叶子，效果如图14-109所示。

图14—104

图14—105

图14—106

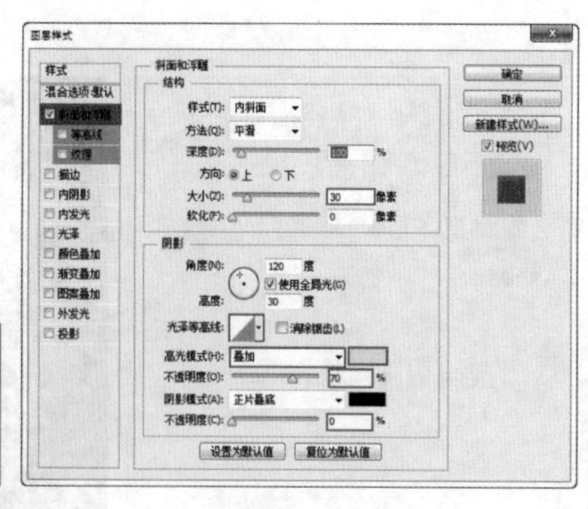

图14—107

图14—108

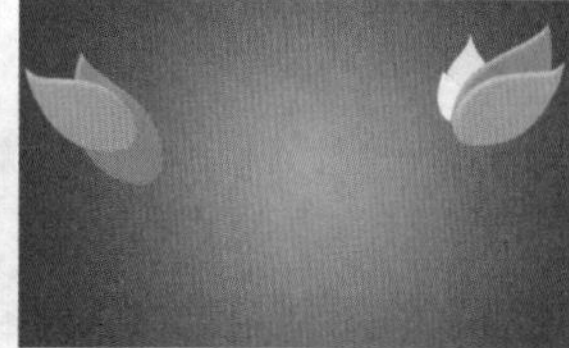

图14—109

04 新建图层，使用矩形选框工具，在画面中绘制合适的选区，为其填充绿色，如图14-110所示。执行“图层>图层样式>描边”命令，设置描边“大小”为5像素，“位置”为“外部”，“填充类型”为“颜色”，“颜色”为“绿色”，如图14-111所示。

05 选择绿色矩形，在“图层”面板中设置“填充”为80%，如图14-112和图14-113所示。

图14—110

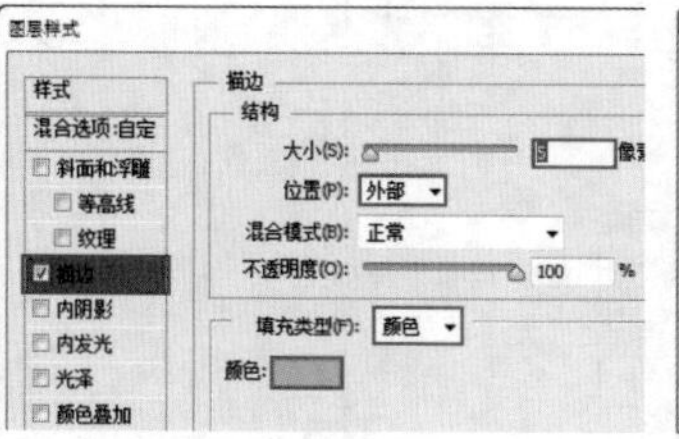

图14—111

图14—112

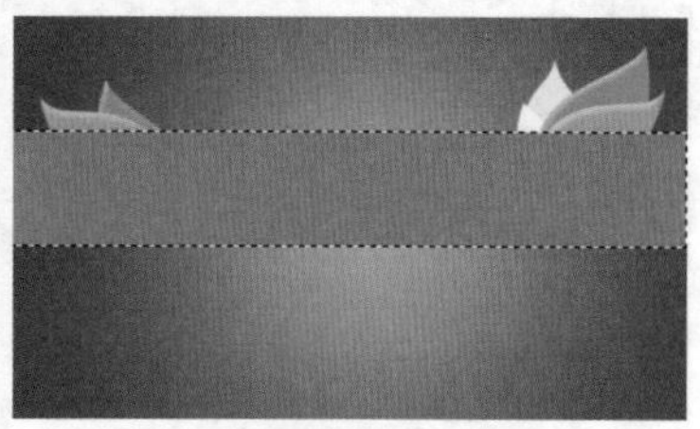

图14—113

06 使用圆角矩形工具，在选项栏中设置“填充”颜色为黄色，“描边”为无，“半径”为10像素，如图14-114所示。在画面中单击拖曳进行绘制，效果如图14-115所示。

图14—114

图14—115

07 单击工具箱中的“移动工具”按钮，按住Alt键进行移动复制，复制出其他的圆角矩形，如图14-116所示。

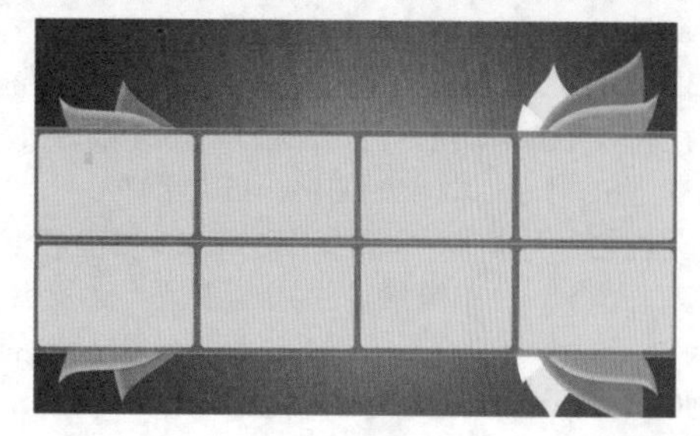

图14—116

技巧提示

为了使移动复制出的圆角矩形能够均匀地排列和分布，在移动复制出第一排的4个圆角矩形时，应在“图层”面板中选中这4个图层，并使用移动工具选项栏中的对齐按钮和分布按钮，如图14—117所示。第一排对齐分布完毕后可以选中第一排的四个圆角矩形移动复制为第二排。另外，在移动复制之前也可以执行“视图>显示>智能参考线”命令开启智能参考线。

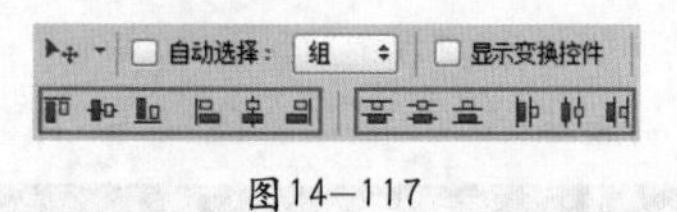

图14—117

08 导入照片素材“1.png”摆放在画面中合适的位置，如图14-118所示。为其添加同样的描边样式，设置“颜色”为绿色，如图14-119和图14-120所示。

图14—118

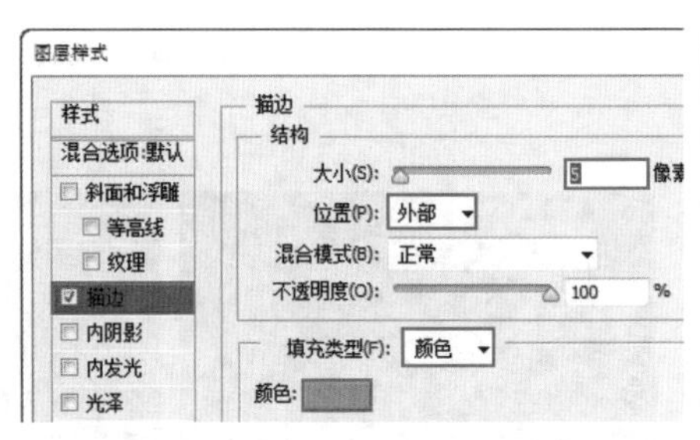

图14—119　　图14—120

技巧提示

如果需要为该图层赋予与其他图层相同的图层样式，那么在其他图层的图层样式上单击鼠标右键，在弹出的快捷菜单中执行“复制图层样式”命令，并在该图层上单击鼠标右键，在弹出的快捷菜单中执行“粘贴图层样式”命令即可。

09 使用横排文字工具设置相应的前景色，设置合适的字号以及字体，在画面中分别输入合适的文字，如图14-121所示。

10 导入前景LOGO素材“2.png”，置于画面左上角，并在LOGO图层底部新建图层，使用黑色柔角画笔在画面中绘制LOGO的阴影效果，设置其“不透明度”为40%，如图14-122所示。最终制作效果如图14-123所示。

图14—121

图14—122

图14—123

14.7 网页设计——自然主题趣味网页

案例文件	案例文件\第14章\自然主题趣味网页.psd
视频教学	视频文件\第14章\自然主题趣味网页.flv
难易指数	★★★★★
技术要点	形状工具、描边路径、剪贴蒙版

案例效果

本案例主要是利用形状工具、描边路径和剪贴蒙版等工具制作自然主题趣味网页，效果如图14-124所示。

图14—124

操作步骤

01 打开本书配套光盘中的素材文件“1.jpg”，如图14-125所示。新建图层，为其填充棕色，设置图层的“不透明度”为65%，如图14-126所示。

图14—125

图14—126

02 继续新建图层，使用黑色柔角画笔在画面四周绘制黑色暗角，如图14-127所示。新建图层，继续使用柔角画笔工具，设置前景色为白色，在画面中绘制大小不同的光斑效果，如图14-128所示。

图14—127

图14—128

03 导入植物素材“2.png”置于画面底部，为了使植物更真实地融入到画面中，需要在植物素材的底部新建图层，使用黑色柔角画笔工具在画面中进行涂抹，制作出植物的阴影效果，如图14-129所示。

图14—129

04 单击工具箱中的“圆角矩形工具”按钮，在选项栏中设置“绘制模式”为“形状”，“填充”颜色为黑色，“半径”为“8像素”，如图14-130所示。在画面中绘制一个圆角矩形，并在“图层”面板中调整该图层的“不透明度”为50%，效果如图14-131所示。

图14—130

图14—131

05 同样方法，继续在画面中绘制黑色的圆角矩形，如图14-132所示。新建图层，使用白色画笔工具在画面右下角绘制较大的半透明光斑，如图14-133所示。

图14—132

图14—133

06 再次使用圆角矩形工具设置“绘制模式”为“形状”，“填充”颜色为白色，“半径”为“8像素”，如图14-134所示。在画面中单击绘制，如图14-135所示。

图14—134

图14—135

07 导入素材“3.png”置于画面合适位置，放在白色圆角矩形上，如图14-136所示。在图像素材图层上单击鼠标右键，在弹出的快捷菜单中执行“创建剪贴蒙版”命令，如图14-137所示。

图14—136

图14—137

08 继续使用圆角矩形工具绘制另外一些图片区域，如图14-138所示，并以同样方法继续导入其他素材制作圆角效果，如图14-139所示。

图14—138

图14—139

09 为了使画面右侧的人像照片产生投影效果，就需要选中右侧作为基底图层的圆角矩形，如图14-140所示。执行“图层>图层样式>投影”命令，设置“混合模式”为“正常”，“不透明度”为100%，“角度”为47度，“距离”为5像素，“扩展”为0%，“大小”为62像素，如图14-141所示。此时整个剪贴蒙版组才能够出现投影效果，如图14-142所示。

10 设置前景色为白色，在“画笔”面板中设置画笔大小为6，硬度为100。新建图层组并将其命名为光感，使用钢笔工具沿着屏幕的边缘绘制路径，单击鼠标右键，在弹出的快捷键中选择“描边路径”命令，在弹出的对话框中设置“工具”为“画笔”，选中“模拟压力”复选框，单击“确定”按钮，如图14-143所示。效果如图14-144所示。

图14—140

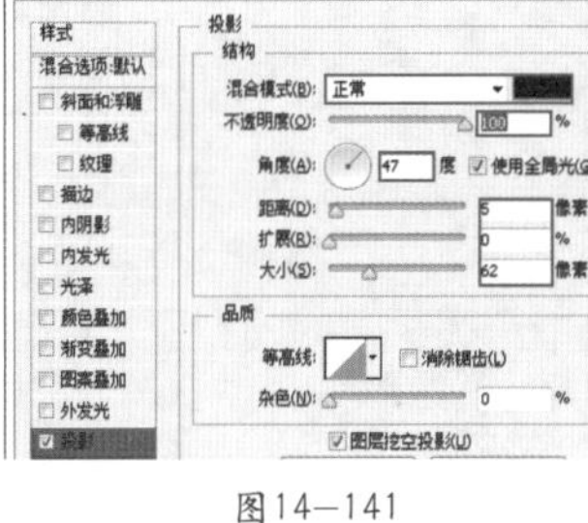
图14—141

图14—142

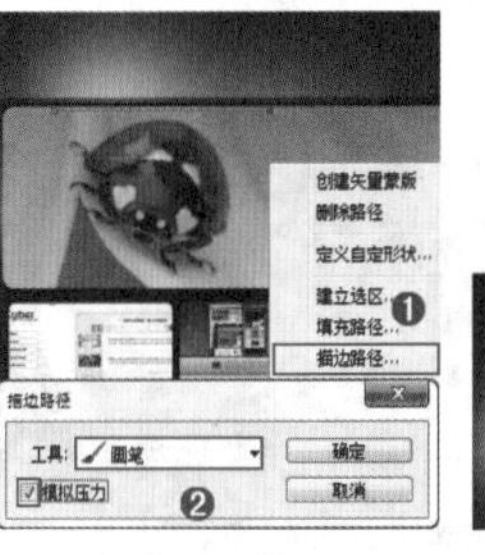
图14—143

图14—144

技巧提示

在描边路径时，如果想要使描边路径两端产生本案例的效果，必须要选中“模拟压力”复选框。并且在描边之前还需要在“画笔”面板中选中当前画笔笔尖的“形状动态”复选框，并设置“控制”为“钢笔压力”，如图14—145所示。

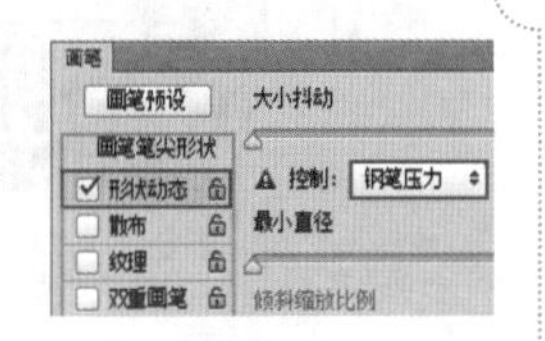
图14—145

11 导入藤蔓素材“11.png”，放置在画面中合适的位置，如图14-146所示。

12 使用横排文字工具在画面中单击输入合适的文字。在网页设计制作中，尽量避免使用特殊字体，以防其他电脑缺少字体而造成显示错误。网页完成效果如图14-147所示。

13 为网页进行切片。首先执行“视图>标尺”命令打开标尺，然后沿页面分区添加一些参考线，如图14-148所示。单击工具箱中的“切片工具”按钮，在选项栏中单击“基于参考线的切片”按钮，此时画面自动出现与参考线相同的切片，如图14-149所示。

图14—146

图14—147

图14—148

图14—149

14 单击“切片选择工具”按钮，在页面顶栏处选择一个切片，然后按住Shift键加选另外两个切片，单击鼠标右键，在弹出的快捷菜单中执行“组合切片”命令，如图14-150所示。此时3个切片被组合为一个，如图14-151所示。

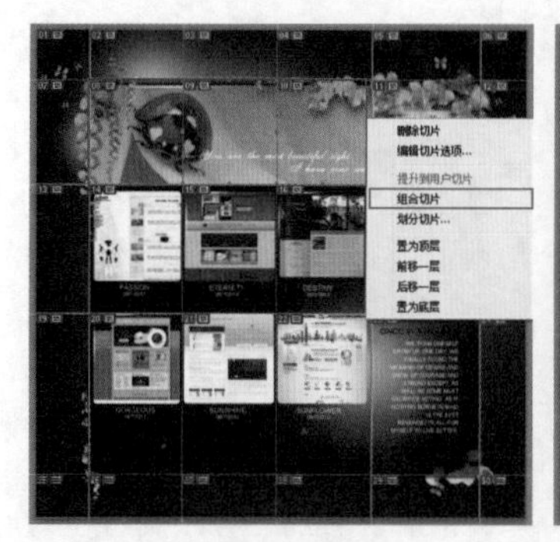

图14—150

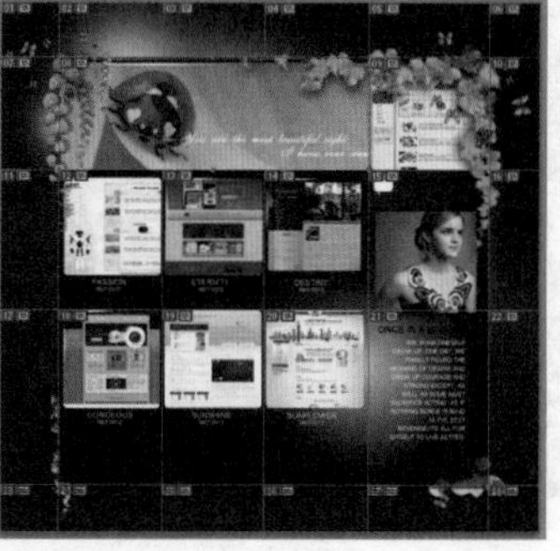

图14—151

15 执行“文件>存储为Web所用格式”命令，在弹出的对话框中设置参数，并单击“存储”按钮，如图14-152所示。在弹出的对话框中设置名称和格式，单击“保存”按钮即可，如图14-153所示。

图14—152

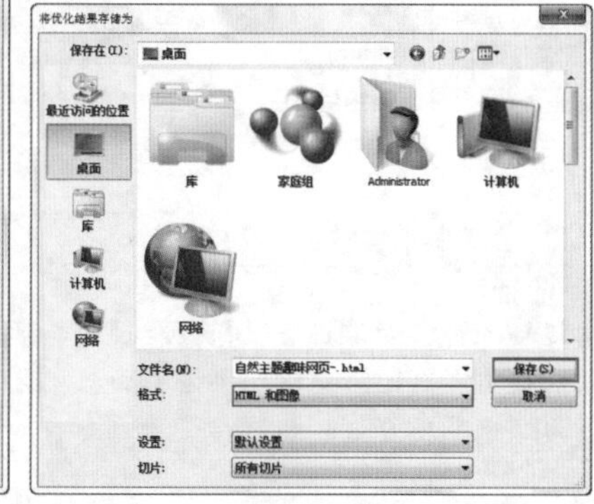

图14—153

思维点拨：网页设计

网站是企业向用户和网民提供信息、产品和服务的一种方式，是企业开展电子商务的基础设施和信息平台。当然网站也可以是一种通信工具，就像布告栏一样，人们可以通过网站来发布自己想要公开的信息，或者利用网站来提供相关的网络服务。在互联网的早期，网站还只能保存单纯的文本。经过几年的发展，当万维网出现之后，图像、声音、动画、视频，甚至3D技术开始在互联网上流行起来，网站也慢慢地发展成我们现在看到的图文并茂的样子。因此网页设计也成为平面设计中至关重要的一个方面，如图14—154和图14—155所示。

图14—154

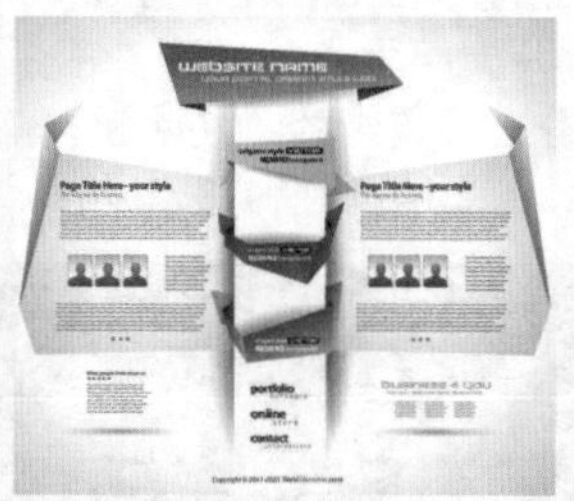

图14—155

读书笔记

第15章

文件自动化处理与常用设置

本章内容简介：

本章主要讲解了两方面内容：文件自动化处理的几种方法以及Photoshop中比较常用的设置。“动作”功能是自动化处理的基础，批处理命令是建立在运行“动作”的基础上。对于“首选项”的设置作为了解内容，在需要进行某部分参数设置时可以随时查阅本章内容。

本章学习要点：

- 掌握记录与播放动作的方法
- 掌握批处理文件的方法
- 熟悉Photoshop的常用设置

15.1 用“动作”快速处理文件

技术速查：使用“动作”相关功能可以记录使用过的操作，然后快速地对某个文件进行指定操作或者对一批文件进行同样处理。

“动作”是用于对一个或多个文件执行一系列命令的操作。使用“动作”进行自动化处理不仅能够确保操作结果的一致性，而且避免重复的操作步骤，从而节省了处理大量文件的时间。

15.1.1 认识“动作”面板

技术速查：“动作”面板是进行文件自动化处理的核心工具之一，在“动作”面板中可以进行“动作”的记录、播放、编辑、删除、管理等操作。

执行“窗口>动作”命令或按下快捷键Alt+F9，打开“动作”面板，如图15-1所示。

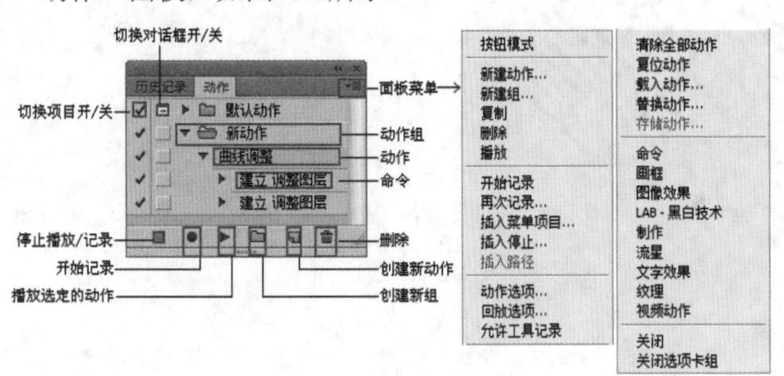

图15—1

- 切换项目开/关：如果动作组、动作和命令前显示有该图标，代表该动作组、动作和命令可以执行；如果没有该图标，代表不可以被执行。
- 切换对话框开/关：如果命令前显示该图标，表示动作执行到该命令时会暂停，并打开相应命令的对话框，此时可以修改命令的参数，单击“确定”按钮可以继续执行后面的动作；如果动作组和动作前出现该图标，并显示为红色，则表示该动作中有部分命令设置了暂停。
- 动作组/动作/命令：动作组是一系列动作的集合，而动作是一系列操作命令的集合。
- “停止播放/记录”按钮：用来停止播放动作和停止记录动作。
- “开始记录”按钮：单击该按钮，可以开始录制动作。
- “播放选定的动作”按钮：选择一个动作后，单击该按钮可以播放该动作。
- “创建新组”按钮：单击该按钮，可以创建一个新的动作组，以保存新建的动作。
- “创建新动作”按钮：单击该按钮，可以创建一个新的动作。
- “删除”按钮：选择动作组、动作和命令后单击该按钮，可以将其删除。

单击“动作”面板右上角的图标，可以打开“动作”面板的菜单。在“动作”面板的菜单中，可以切换动作的显示状态、记录/插入动作、加载预设动作等操作，如图15-2所示。

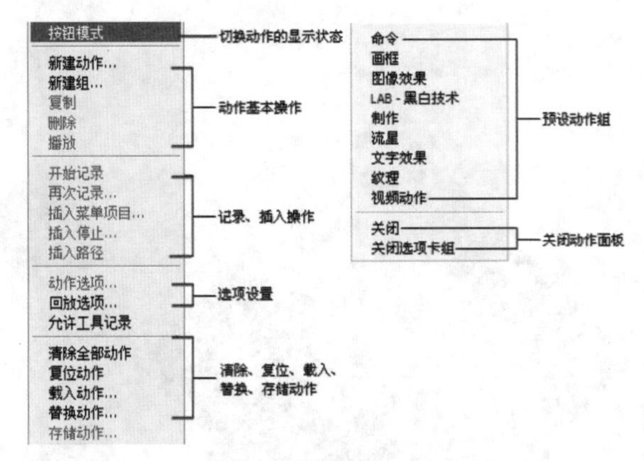

图15—2

- 按钮模式：执行该命令，可以将动作切换为按钮状态。再次执行该命令，可以切换到普通显示状态。
- 动作基本操作：执行这些命令，可以新建动作或动作组、复制/删除动作或动作组以及播放动作。
- 记录、插入操作：执行这些命令，可以记录动作、插入菜单项目、插入停止以及插入路径。
- 选项设置：设置动作和回放的相关选项。
- 清除、复位、载入、替换、存储动作：执行这些命令可以清除全部动作、复位动作、载入动作、替换和存储动作。
- 预设动作组：执行这些命令可以将预设的动作组添加到“动作”面板中。

15.1.2 动手学：记录动作

在Photoshop中并不是所有工具和命令操作都能够被直接记录下来，使用选框、套索、魔棒、裁剪、切片、魔术橡皮擦、渐变、油漆桶、文字、形状、注释、吸管和颜色取样器等工具进行操作时，都将这些操作记录下来。“历史记录”面板、

“色板”面板、“颜色”面板、“路径”面板、“通道”面板、“图层”面板和“样式”面板中的操作也可以记录为动作。

01打开素材文件，执行“窗口>动作”命令或按Alt+F9快捷键，打开“动作”面板。在“动作”面板中单击“创建新组”按钮，如图15-3所示。然后在弹出的“新建组”对话框中设置“名称”为“新动作”，如图15-4所示。

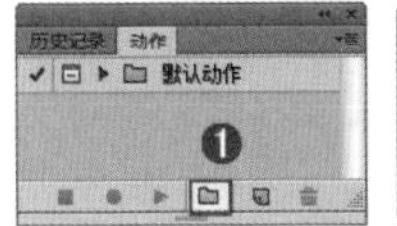

图15-3

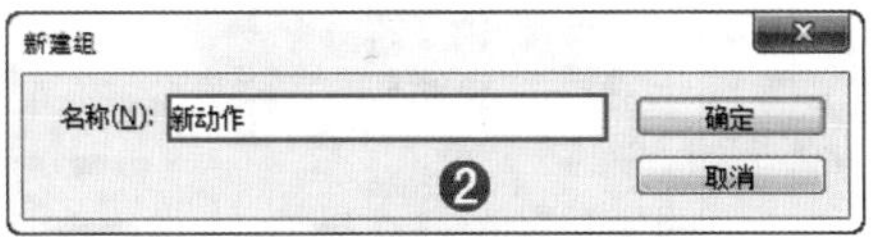

图15-4

02在“动作”面板中单击“创建新动作”按钮，如图15-5所示。然后在弹出的“新建动作”对话框中设置“名称”为“曲线调整”，为了便于查找可以将“颜色”设置为“蓝色”，最后单击“记录”按钮，开始记录操作，如图15-6所示。

图15-5

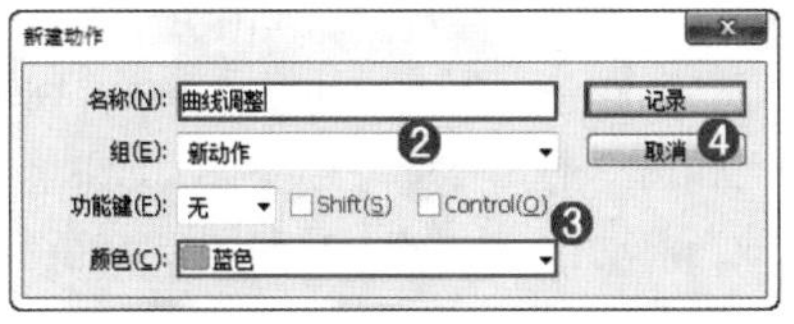

图15-6

03进行一系列操作，这些操作都会以名称的形式被记录在“动作”面板中。记录完成后需要在“动作”面板中单击“停止播放/记录”按钮，停止记录，如图15-7所示。

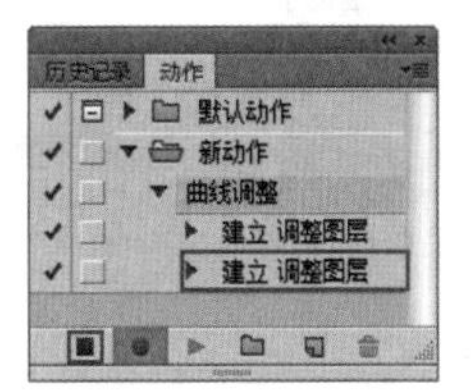

图15-7

15.1.3 动手学：在已有动作中插入项目

插入菜单项目

01记录完成的动作也可以进行调整，比如要在其中一个操作后面插入另一命令，可以选择该命令，然后在面板菜单中执行“插入菜单项目”命令，如图15-8所示。

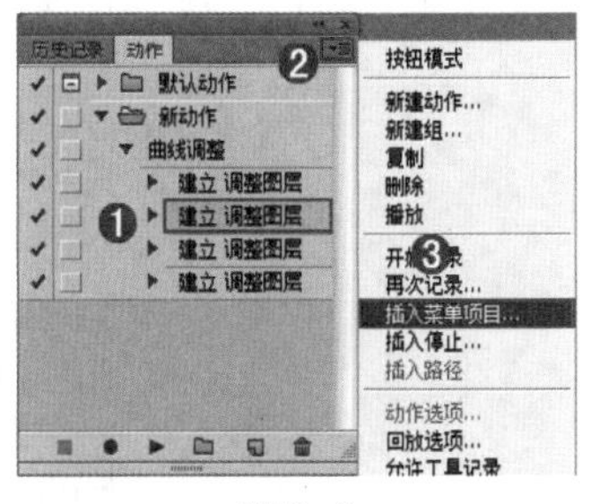

图15-8

技巧提示

插入菜单项目是指在动作中插入菜单中的命令，这样可以将很多不能录制的命令插入到动作中。除此之外还可以向动作插入停止和路径。

02打开“插入菜单项目”对话框，接着执行要加入的菜单命令（此时的菜单命令无法进行参数调整，但是“插入菜单项目”对话框中会出现刚刚执行的命令），然后在“插入菜单项目”对话框中单击“确定”按钮，这样就可以将新增命令插入到相应命令的后面，如图15-9所示。

03插入命令之后需要在“动作”面板中双击新添加的菜单命令，并在弹出的对话框中进行参数设置，如图15-10和图15-11所示。

图15-9

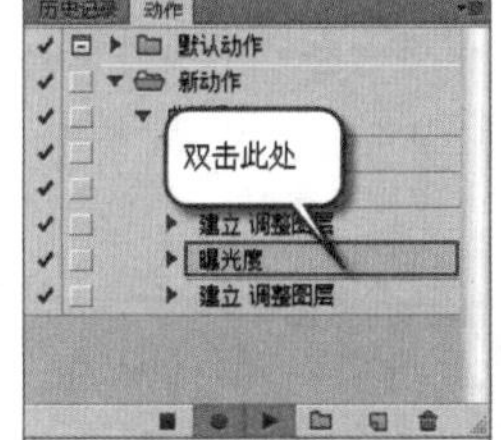

图15-10

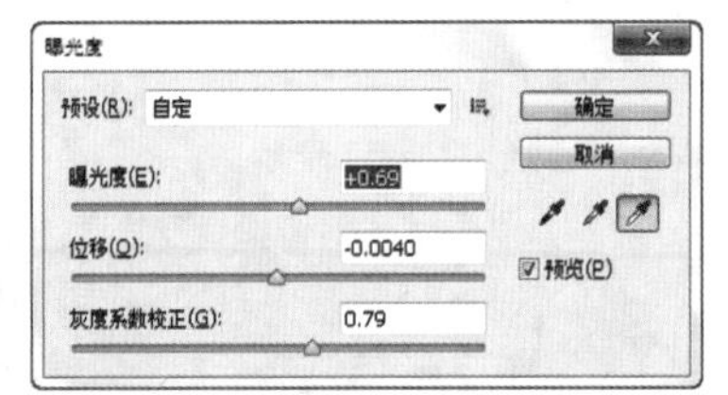

图15-11

插入停止

前面的章节中提到过并不是所有的操作都能够被记录下来，这时就需要使用“插入停止”命令。插入停止是指让动作播放到某一个步骤时自动停止，并弹出提示。这样就可以手动执行无法记录为动作的操作，例如使用画笔工具绘制或者使用加深减淡、锐化模糊等工具。

01选择一个命令，然后在“动作”面板菜单中执行“插入停止”命令，如图15-12所示。接着在弹出的“记录停止”对话框框中输入提示信息，并选中“允许继续”复选框，单击“确定”按钮，如图15-13所示。

02此时“停止”动作就会插入到“动作”面板中。在“动作”面板中播放选定的动作后播放到“停止”动作时Photoshop会弹出一个“信息”对话框，如果单击“继续”按钮，则不会停止，并继续播放后面的动作；单击“停止”按钮则会停止播放当前动作，如图15-14和图15-15所示。

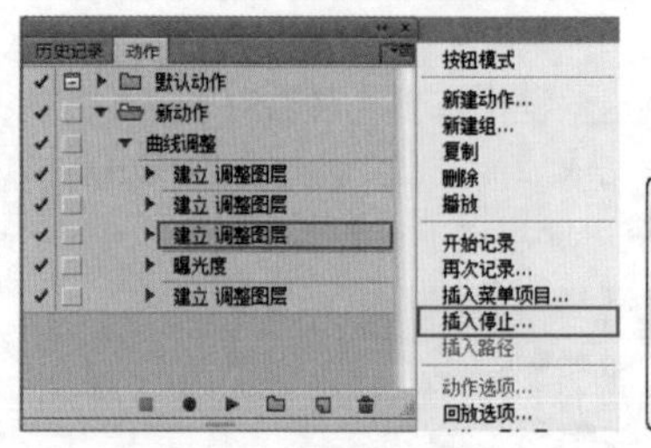

图15—12

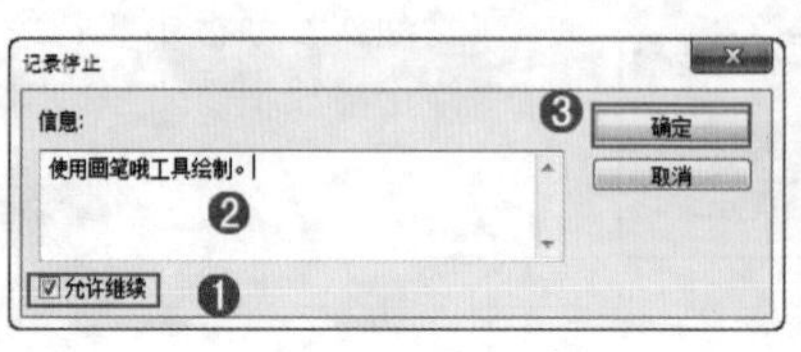

图15—13

图15—14

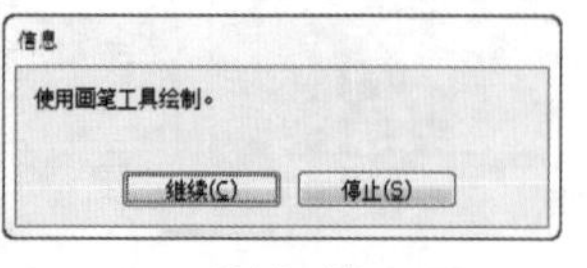

图15—15

插入路径

由于在自动记录时，路径形状是不能够被记录的，使用“插入路径”命令可以将路径作为动作的一部分包含在动作中。插入的路径可以是钢笔和形状工具创建的路径，也可以是从Illustrator中粘贴的路径。

01在文件中绘制需要使用的路径，然后在“动作” 面板中选择一个命令，执行“动作”面板菜单中的“插入路径”命令，如图15-16和图15-17所示。

02在“动作”面板中出现“设置工作路径”命令，在对文件执行动作时会自动添加该路径，如图15-18所示。

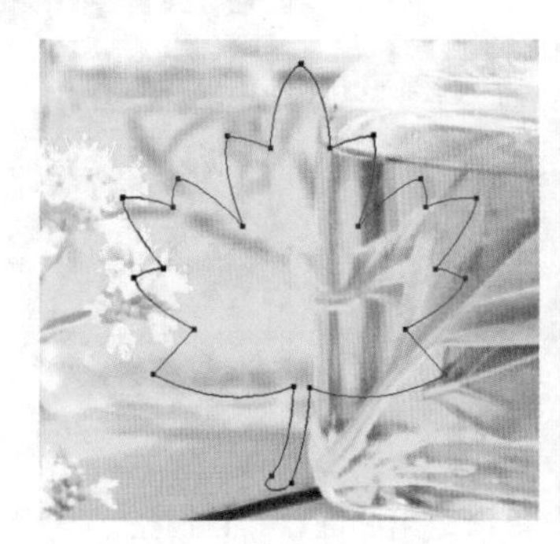

图15—16

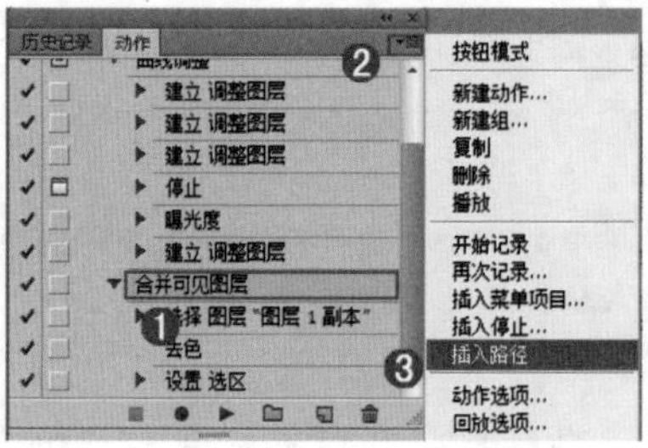

图15—17

图15—18

技巧提示

记录下的一个动作会被用于不同的画布大小，为了确保所有的命令和画笔描边能够基于相关的画布大小比例而不是基于特定的像素坐标记录，可以在标尺上单击鼠标右键，在弹出的快捷菜单中选择“百分比”命令，将标尺单位转变为百分比，如图15—19所示。

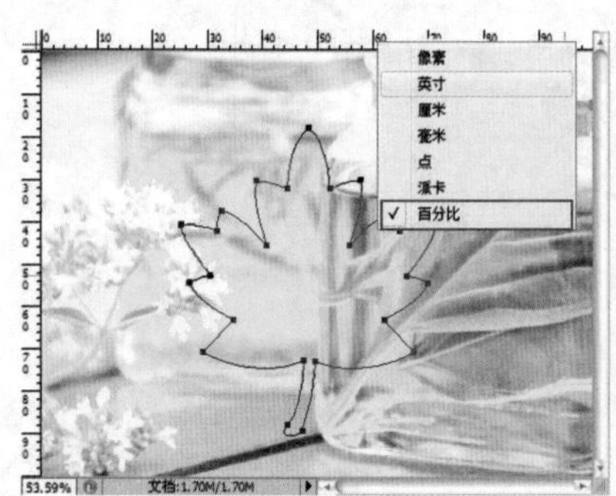

使用厘米作为标尺单位

使用百分比作为标尺单位

图15—19

15.1.4 播放动作

技术速查：播放动作就是对图像应用所选动作或者动作中的一部分。

如果要对文件播放整个动作，可以选择该动作的名称，然后在“动作”面板中单击“播放选定的动作”按钮▶，如图15-20所示。如果要对文件播放动作的一部分，可以选择要开始播放的命令，然后在“动作”面板中单击“播放选定的动作”按钮▶，或从面板菜单中执行“播放”命令，如图15-21所示。

技巧提示

如果要对文件播放单个命令，可以选择该命令，然后按住Ctrl键的同时在“动作”面板中单击“播放选定的动作”按钮▶，或按住Ctrl键双击该命令。

图15—20

图15—21

技术拓展：指定动作回放速度

在“回放选项”对话框中可以设置动作的播放速度，也可以将其暂停，以便对动作进行调试。在“动作”面板的菜单中执行“回放选项”命令，可以打开“回放选项”对话框，如图15—22和图15—23所示。

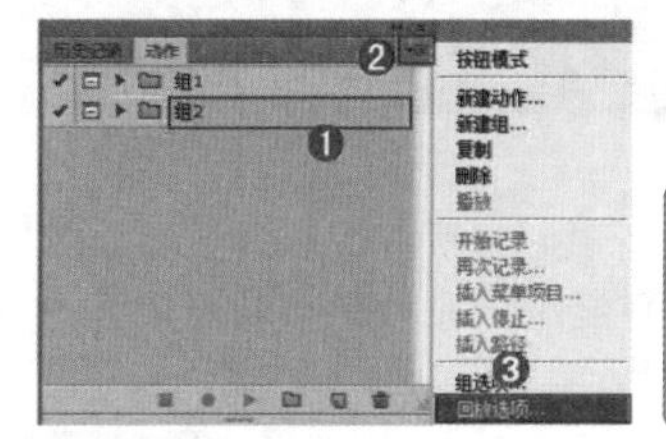

图15—22

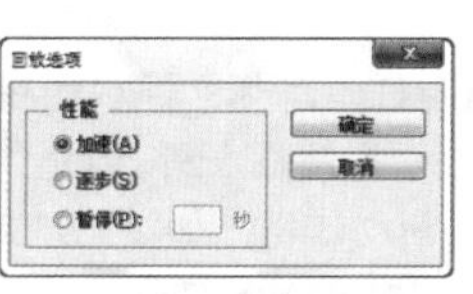

图15—23

- 加速：以正常的速度播放动作。在加速播放动作时，计算机屏幕可能不会在动作执行的过程中更新（即不出现应用动作的过程，而直接显示结果）。
- 逐步：显示每个命令的处理结果，然后再执行动作中的下一个命令。
- 暂停：选中该单选按钮，并在后面设置时间以后，可以指定播放动作时各个命令的间隔时间。

15.1.5 将动作存储为便携文件

如果要将记录的动作存储起来，可以在面板菜单中执行“存储动作”命令，如图15-24和图15-25所示，然后将动作组存储为ATN格式的文件，如图15-26所示。

技巧提示

按住 Ctrl+Alt 快捷键的同时执行“存储动作”命令，可以将动作存储为TXT文本，在该文本中可以查看动作的相关内容，但是不能载入到Photoshop中。

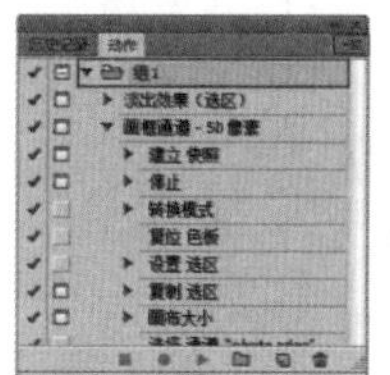

图15—24

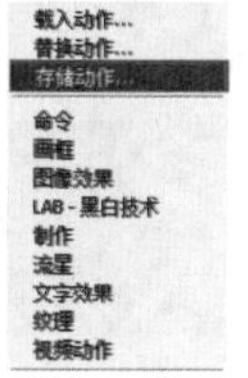

图15—25

图15—26

15.1.6 载入外挂动作库

为了快速地制作某些特殊效果可以在网站上下载相应的动作库，下载完毕后需要将其载入到Photoshop中。在面板菜单中执行“载入动作”命令，然后选择硬盘中的动作组文件即可，如图15-27和图15-28所示。

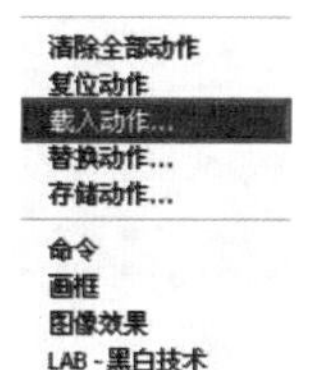

图15—27

清除全部动作
复位动作
载入动作...
替换动作...
存储动作...
命令
画框
图像效果
LAB - 黑白技术

图15—28

★ 案例实战——创建动作并应用

案例文件	案例文件\第15章\创建动作并应用.psd
视频教学	视频文件\第15章\创建动作并应用.flv
难易指数	★★★★★
技术要点	记录动作、播放动作

案例效果

本案例主要是通过使用“动作”面板，记录新动作并为照片播放动作。效果如图15-29所示。

图15-29

操作步骤

01 打开素材文件，如图15-30所示。执行“窗口>动作”命令或按Alt+F9快捷键，打开“动作”面板，如图15-31所示。

图15-30

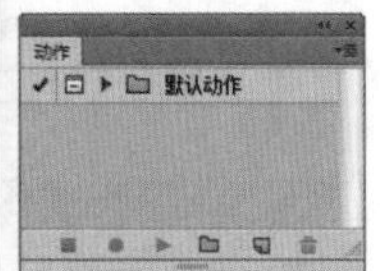

图15-31

02 在“动作”面板中单击“创建新组”按钮，如图15-32所示。然后在弹出的“新建组”对话框中设置“名称”为“新动作”，如图15-33所示。效果如图15-34所示。

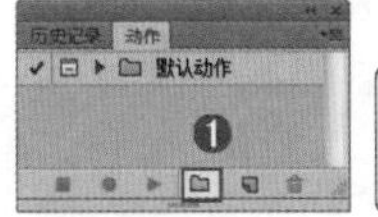

图15-32

图15-33

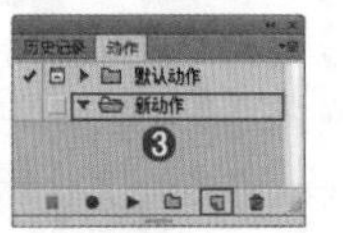

图15-34

03 在“动作”面板中单击“创建新动作”按钮，如图15-35所示。然后在弹出的“新建动作”对话框中设置“名称”，最后单击“记录”按钮，开始记录操作，如图15-36所示。

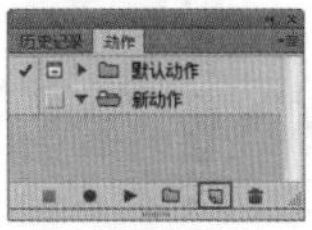

图15-35 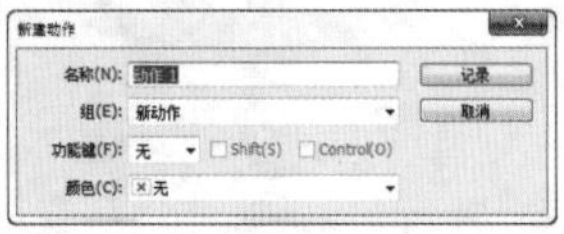　　图15-36

04 按Ctrl+M快捷键，打开“曲线”对话框调整曲线形状，如图15-37所示。增强画面对比度，如图15-38所示。此时在“动作”面板中出现“曲线”动作，如图15-39所示。

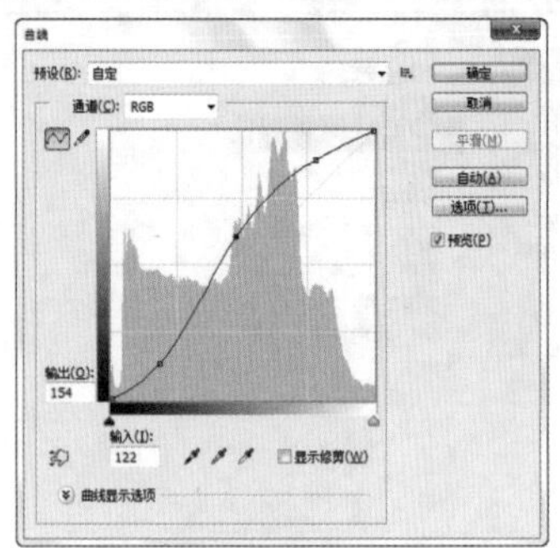

图15-37

图15-38

图15-39

05 执行“图像>调整>自然饱和度”命令，在弹出的对话框中，设置参数，如图15-40所示。效果如图15-41所示。

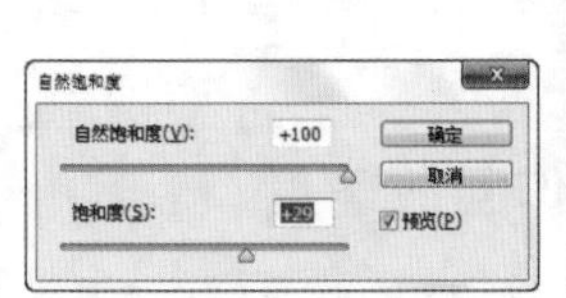

图15-40

图15-41

06 此时图像调整完成，按Shift+Ctrl+S组合键存储文件，关闭当前文档。然后在“动作”面板中单击“停止播放/记录”按钮停止记录，如图15-42所示。

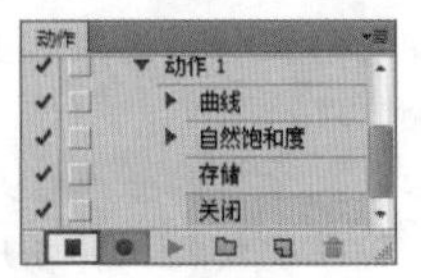

图15-42

07 打开其他照片素材文件，在“动作”面板中选择“曲线”动作，并单击“播放”按钮，如图15-43所示。此时Photoshop会按照前面记录的动作处理图像，如图15-44所示。

图15-43

图15-44

技巧提示

为了避免使用动作后得到不满意的结果而多次撤销，可以在运行一个动作之前打开“历史记录”面板，创建一个当前效果的快照。如果需要撤销操作只需要单击之前创建的快照，即可快速还原使用动作之前的效果。

15.2 批量自动处理文件

在实际操作中，很多时候需要对大量的图像进行同样的处理，例如，调整多张数码照片的尺寸、统一调整色调、制作大量的证件照等。这时就可以通过使用Photoshop中的批处理功能来完成大量重复的操作，提高工作效率并实现图像处理的自动化。如图15-45和图15-46所示为使用批处理得到的相同的画面处理结果。

图15—45

图15—46

15.2.1 动手学：使用批处理批量调整画面

技术速查：“批处理”命令可以对大量文件自动地运行相同“动作”，来实现快速自动地处理相同效果的目的。

01使用“批处理”命令处理一批图像无须打开素材图像，但是需要将要处理的图像放在一个文件夹中，如图15-47所示。

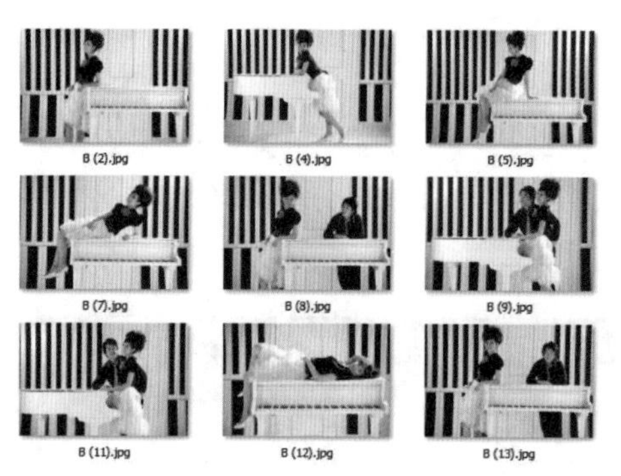

图15—47

02进行批处理之前首先需要载入已有的动作素材，在“动作”面板的菜单中执行“载入动作”命令，如图15-48所示。然后在弹出的“载入”对话框中选择已有的动作素材文件，完成后可以看到载入的样式出现在“动作”面板中，如图15-49所示。

图15—48

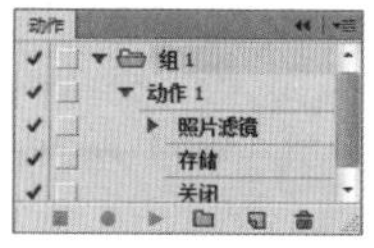

图15—49

03执行“文件>自动>批处理”命令，打开“批处理”对话框，然后在“播放”选项组下选择上一步载入的动作，如图15-50所示。

04在“源”选项组中需要选择要处理的文件，设置“源”为“文件夹”，接着单击下面的“选择”按钮，最后在弹出的对话框中选择要处理照片所在的文件夹，如图15-51所示。

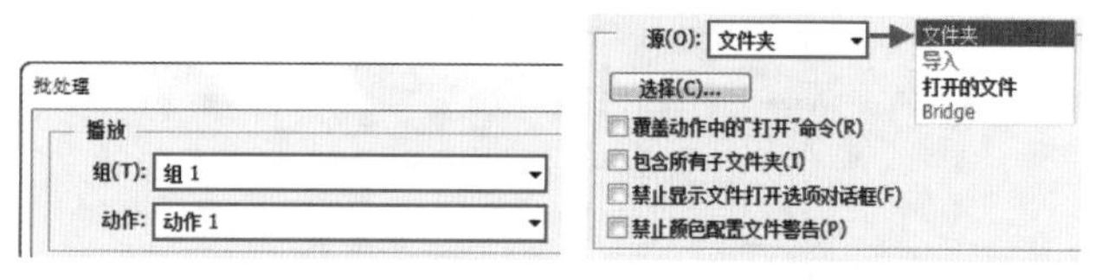

图15—50 图15—51

- 选中“覆盖动作中的‘打开’命令”复选框时，在批处理时可以忽略动作中记录的“打开”命令。
- 选中“包含所有子文件夹” 复选框时，可以将批处理应用到所选文件夹中的子文件夹。
- 选中“禁止显示文件打开选项对话框” 复选框时，在批处理时不会打开文件选项对话框。
- 选中“禁止颜色配置文件警告” 复选框时，在批处理时会关闭颜色方案信息的显示。

05在“目标”选项组中可以设置完成批处理以后文件的保存位置，在这里可以选择“存储并关闭”选项，当设置“目标”为“文件夹”选项时，可以在该选项组下设置文件的命名格式，以及文件的兼容性（Windows、Mac OS和Unix），如图15-52所示。设置完毕后单击右上角的“确定”按钮，Photoshop会自动处理文件夹中的图像，并将其保存到设置好的文件夹中，如图15-53所示。

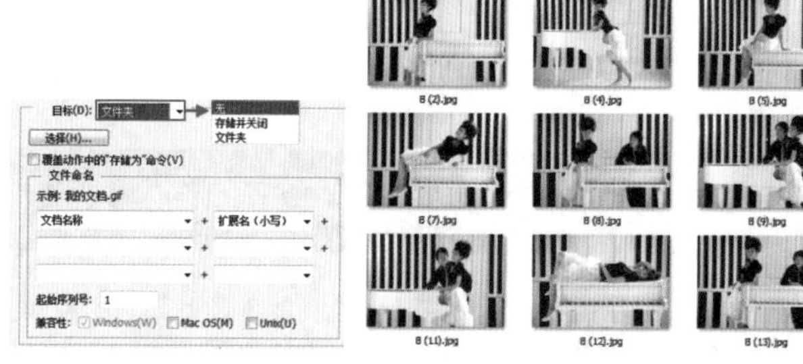

图15—52 图15—53

15.2.2 图像处理器：批量更改格式、大小、质量

图像处理器可以方便并且批量地转换图像文件格式、调整文件大小、调整质量。执行“文件>脚本>图像处理器”命令，打开“图像处理器”对话框，使用“图像处理器”命令可以将一组文件转换为JPEG、PSD或TIFF文件中的一种，或者将文件同时转换为这3种格式，如图15-54所示。

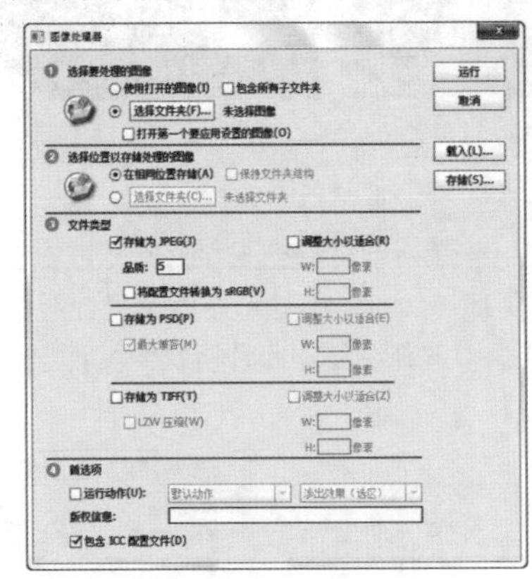

图15—54

- 选择要处理的图像：选择需要处理的文件，也可以选择一个文件夹中的文件。如果选中“打开第一个要应用设置的图像”复选框，将对所有图像应用相同的设置。

技巧提示

通过图像处理器应用的设置是临时性的，只能在图像处理器中使用。如果未在图像处理器中更改图像的当前Camera Raw设置，则会使用这些设置来处理图像。

- 选择位置以存储处理的图像：选择处理后文件的存储路径。
- 文件类型：设置将文件处理成何种类型，包含JPEG、PSD和TIFF。可以将文件处理成其中一种类型，也可以将其处理成2种或3种类型。
- 首选项：在该选项组下可以选择动作来运用处理程序。

技巧提示

设置好参数配置以后，可以单击“存储”按钮，将当前配置存储起来。在下次需要使用这个配置时，就可以单击“载入”按钮来载入保存的参数配置。

15.3 限制图像尺寸

“限制图像”命令可以用于控制打开的图像的大小。打开一张图像，如图15-55所示，执行“文件>自动>限制图像”命令，在打开的“限制图像”对话框中可以进行图像尺寸的设置，单击“确定”按钮后即可将当前图像限制在该尺寸范围内，如图15-56所示。最终效果如图15-57所示。

图15—55

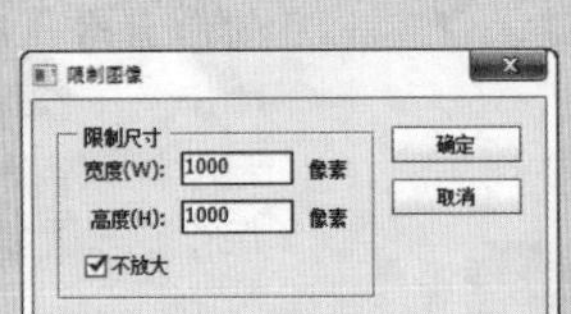

图15—56

图15—57

15.4 更换菜单命令颜色

在Photoshop中，用户可以为菜单命令设置颜色，使菜单命令表面被半透明颜色覆盖，可以帮助用户快速查找到被标记的命令。执行“编辑>菜单”命令或按Alt+Shift+Ctrl+M组合键，打开“键盘快捷键和菜单”对话框，然后在“应用程序菜单命令”栏中选择某个命令，再在颜色下拉列表中选择一个合适的颜色即可，如图15-58所示。再次执行该命令即可看到该命令的颜色已经变成了所选择的颜色，如图15-59所示。

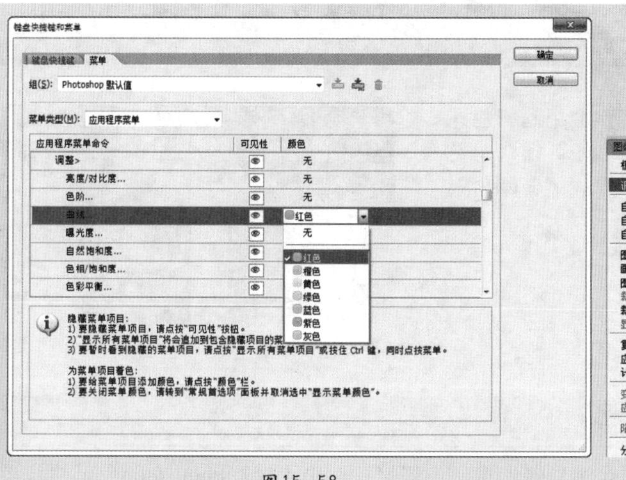

图15—58

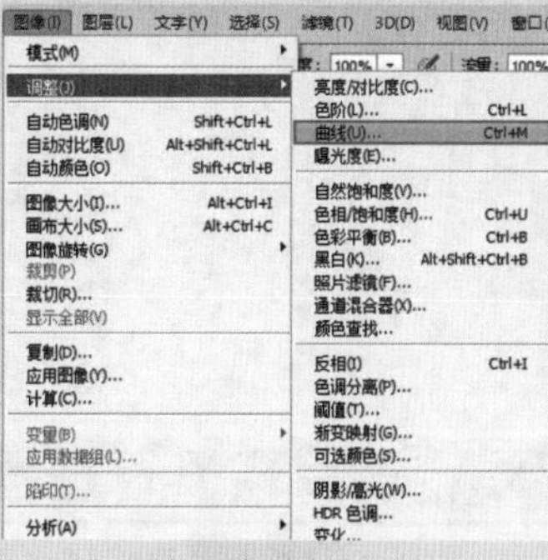

图15—59

技巧提示

如果要存储对当前菜单组所做的所有更改，需要在“键盘快捷键和菜单”对话框中单击“存储对当前菜单组的所有更改”按钮。如果存储的是对Photoshop默认值组所做的更改，系统会弹出“存储”对话框，提醒用户为新组设置一个名称。

15.5 自定义命令快捷键

在Photoshop中，可以对默认的快捷键进行更改，也可以为没有配置快捷键的常用命令和工具设置一个快捷键，这样可以大大提高工作效率。以非常常用的“亮度/对比度”命令为例，在默认情况下是没有配置快捷键的，因此为其配置一个快捷键是非常必要的。

执行“编辑>键盘快捷键”命令，打开“键盘快捷键和菜单”对话框，选择某一个命令，此时会出现一个用于定义快捷键的文本框，同时按住需要设置的快捷键即可，如图15-60所示。再次执行该命令，即可看到命令后面出现一个快捷键，如图15-61所示。

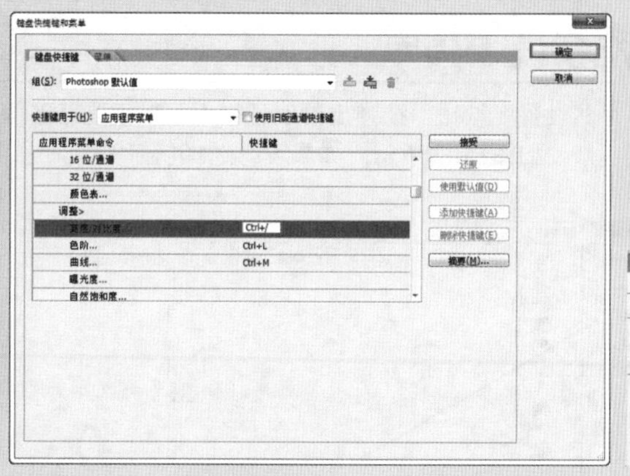

图15—60

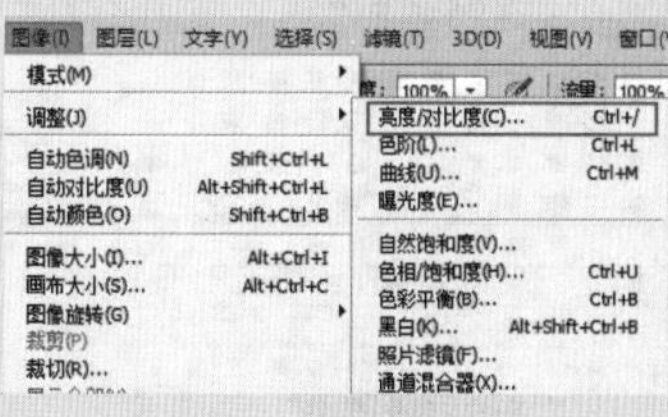

图15—61

技巧提示

在为命令配置快捷键时，只能在键盘上进行操作，不能手动输入。因为Photoshop目前还不支持手动输入功能，因此只能用键盘操作来配置快捷键。

15.6 管理预设工具

使用Photoshop进行编辑创作的过程中，经常会用到一些外置素材，例如渐变库、图案库、笔刷库等。用户还可以自定义预设工具。如图15-62~图15-64所示分别为渐变库、图案库和笔刷库。

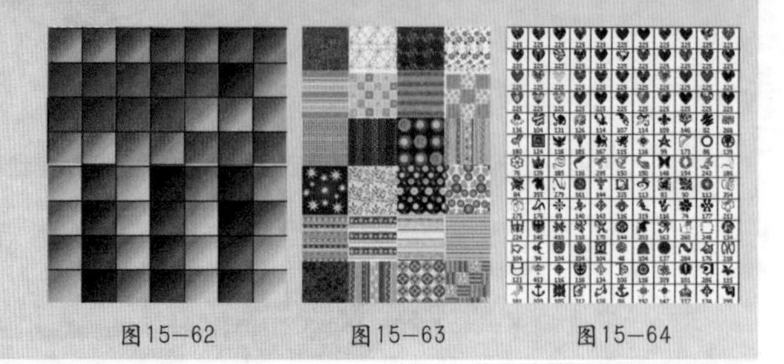

图15—62　图15—63　图15—64

15.6.1 动手学：使用预设管理器

执行“编辑>预设管理器”命令，打开“预设管理器”窗口。在该窗口中可以对Photoshop自带的预设画笔、色板、渐变、样式、图案、等高线、自定形状和预设工具进行管理。在“预设管理器”窗口中，载入了某个库以后，就能够在选项栏、面板或对话框等位置中访问该库的项目。同时，可以使用“预设管理器”窗口来更改当前的预设项目集或创建新库，如图15-65所示。

01在“预设类型”下拉列表中选择需要编辑的预设类型，其中包括画笔、色板、渐变、样式、图案、等高线、自定形状和工具，单击“预设管理器”窗口右上角的按钮，还可以调出更多的预设选项，如图15-66所示。

02单击“重命名”按钮可以将所选资源重新命名，单击“删除”按钮可以将其删除，如图15-67所示。

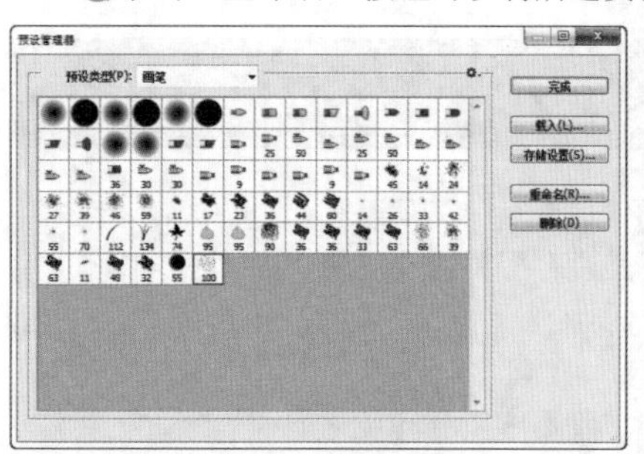

图15—65

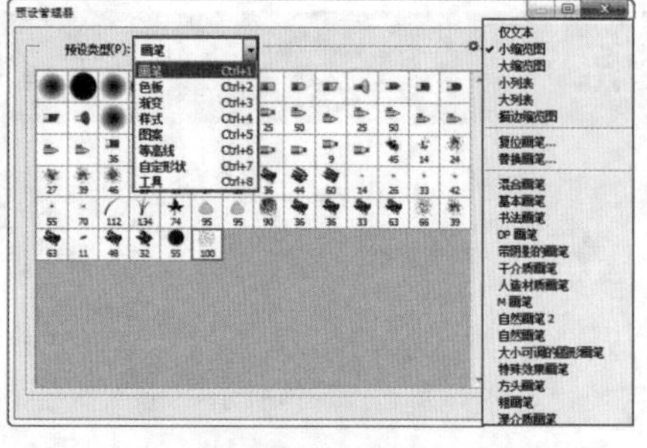

图15—66

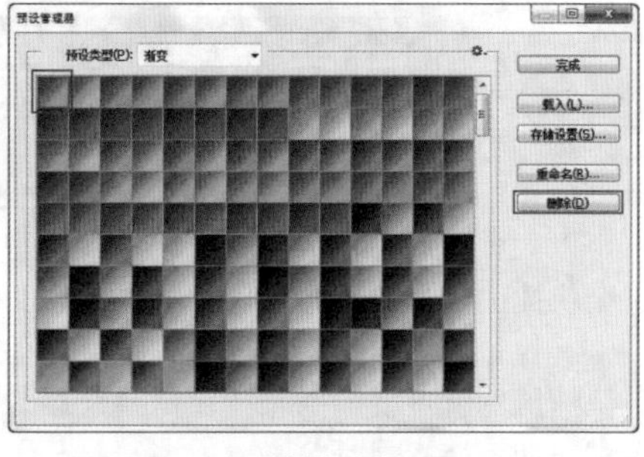

图15—67

15.6.2 动手学：存储预设与载入外挂预设工具库

01在“预设管理器”窗口中选择部分资源后单击“存储设置”按钮，在弹出的对话框中可以设置存储位置，如图15-68所示。这样就能够将所选资源作为便携的预设工具库存储起来。如图15-69所示。如果没有选择任何资源时进行存储，则可以存储整个资源库。

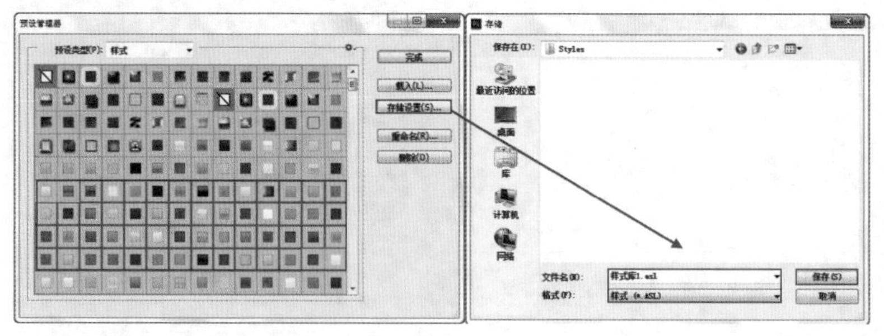

图15—68

图15—69

技巧提示

在“预设管理器”窗口中选择资源时按住Ctrl键可以进行加选，也可以按住Shift键进行批量选择。

02在制图过程中经常会使用到例如外挂笔刷、外挂样式、外挂渐变、外挂图形等外挂资源库。这些工具资源库通常都是以单独的文件出现，想要使用这些文件就需要通过“预设管理器”窗口进行载入。在“预设管理器”窗口中选择相应的预设类型，然后单击“载入”按钮，如图15-70所示。在弹出的对话框中选择要载入的文件，即可载入外挂的画笔、色板、渐变等资源，如图15-71所示。

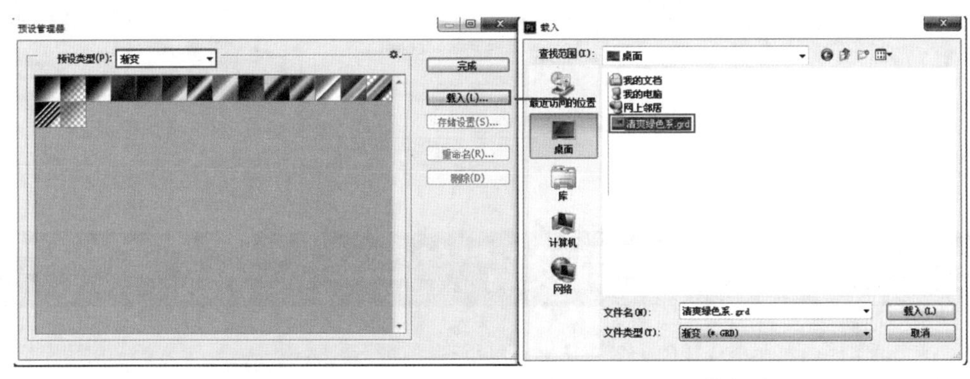

图15—70　　图15—71

☆ 视频课堂——载入外挂画笔库和外挂渐变库

视频文件\第15章\视频课堂——载入外挂画笔库和外挂渐变库.flv

思路解析：

01 打开“预设管理器”窗口。

02 找到相应的预设类型。

03 单击“载入”按钮，选择预设文件所在位置。

15.6.3 管理预设

在“编辑>预设”菜单中还有另外两个命令，使用“迁移预设”命令可以将旧版本的预设迁移到新版本中。使用“导出/导入预设”命令可以导入其他预设文件，或者将当前的预设导出，如图15-72所示。

图15—72

15.7 清理Photoshop

使用Photoshop进行平面设计时，操作实践时间长了会出现运行不流畅的情况，这时执行“编辑>清理”命令下的子命令可以清理“还原操作”、“历史记录”、“剪贴板”以及“全部”选项所占的内存，这样可以缓解因编辑图像的操作过多导致的Photoshop的运行速度变慢的问题，如图15-73所示。

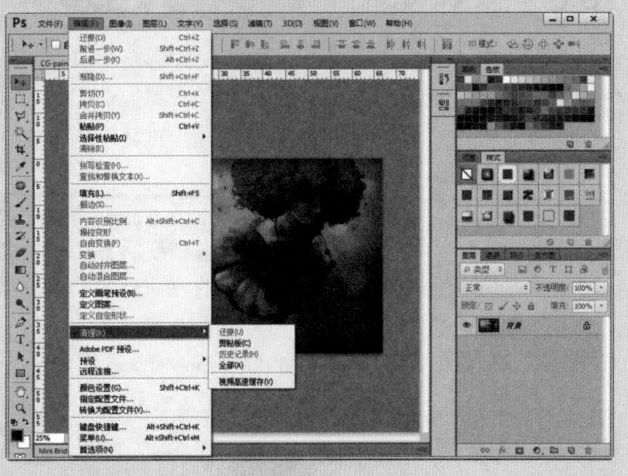

图15—73

在执行“清理”命令时，系统会弹出一个警告对话框，提醒用户该操作会将缓冲区所存储的记录从内存中永久清除，无法还原，如图15-74所示。例如，执行“编辑>清理>历史记录”命令，将从“历史记录”面板中删除全部的操作历史记录，如图15-75所示。

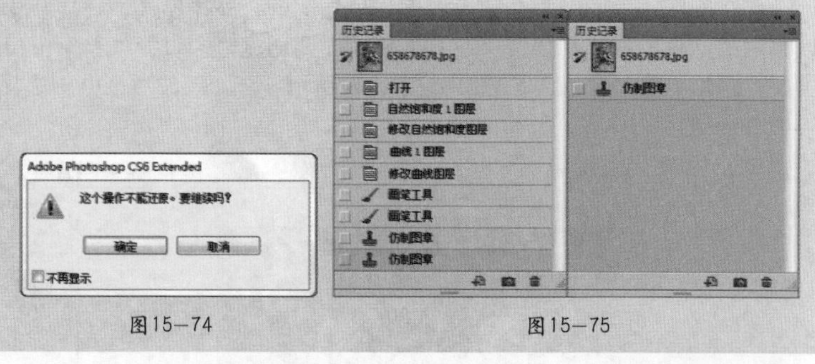

图15—74　　图15—75

15.8 了解Photoshop常用设置

执行“编辑>首选项>常规”命令或按Ctrl+K快捷键，可以打开“首选项”对话框。在该对话框中，可以进行Photoshop CS6常规设置、界面、文件处理、性能、光标、透明度与色域等参数的修改。设置好首选项以后，每次启动Photoshop都会按照这个设置来运行，如图15-76和图15-77所示。

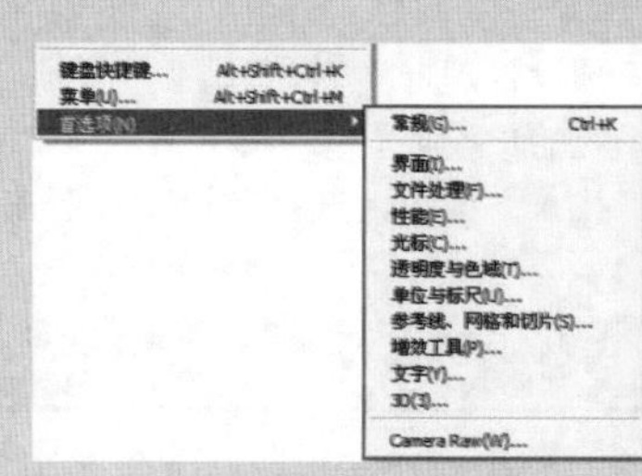

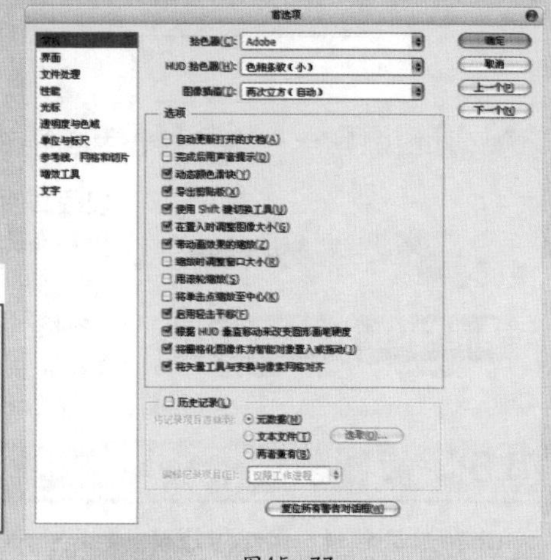

图15—76　　图15—77

技巧提示

在开启“首选项”对话框时按住Alt键，“取消”按钮变为“复位”按钮，单击即可将首选项设置恢复为默认设置。

15.8.1 常规设置

在“常规”面板中可以进行常规设置的修改，如图15-78所示。

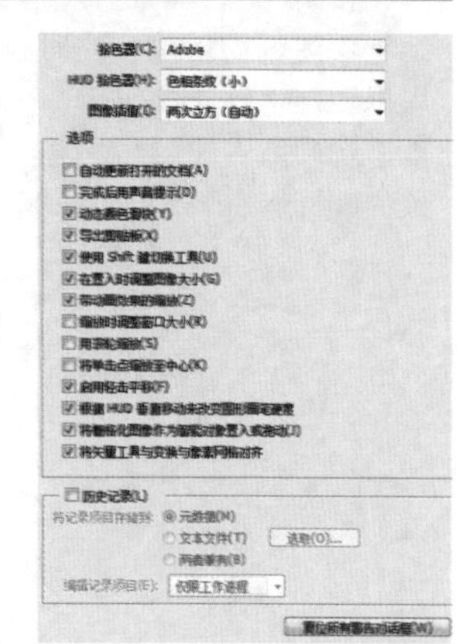

图15—78

- **拾色器：** 包含Windows和Adobe两种拾色器。
- **HUD拾色器：** 选择“色相条纹”选项，可显示垂直拾色器；选择“色相轮”选项，可以显示圆形拾色器。
- **图像插值：** 当改变图像的大小时，Photoshop会按这里设置的插值方法来增加或删除图像的像素。选择“邻近”方式，可以以低精度的方法来生成像素；选择“两次线性”方式，可以通过平均化图像周围像素颜色值的方法来生成像素；选择“两次立方”方式，可以将周围像素进行分析，以分析为依据生成像素。
- **选项：** 在该选项组中可以设置Photoshop的一些常规选项。
- **历史记录：** 在该选项中可以设置存储及编辑历史记录的方式。
- **复位所有警告对话框：** 在执行某些命令时，Photoshop会弹出一个警告对话框，选中“不再显示”复选框，下一次执行相同的操作时就不会显示出警告对话框。如果要恢复警告对话框的显示，可以单击“复位所有警告对话框”按钮。

15.8.2 界面设置

在“首选项”对话框左侧单击“界面”选项，切换到“界面”面板，如图15-79所示。

- 外观：在该选项组中可以对操作界面的颜色方案进行设置，还可以对标准屏幕模式的显示、全屏显示、通道显示、图标显示、菜单颜色显示以及工具提示等进行设置。
- 选项：在该选项组中可以设置面板和文档的显示，其中包含面板的折叠方式、是否隐藏面板、面板位置、打开文档的方式，以及是否启用浮动文档窗口停放等。
- 文本：在该选项组中可以设置界面的语言和用户界面的字体大小。

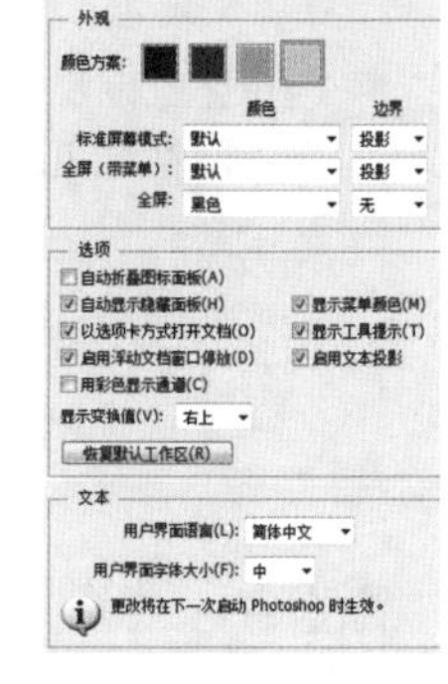

图15—79

15.8.3 文件处理设置

在“首选项”对话框左侧单击“文件处理”选项，切换到“文件处理”面板，如图15-80所示。

- 文件存储选项：在该选项组中可以设置图像在预览时文件的存储方法、文件扩展名的写法、是否后台存储以及是否自动存储。
- 文件兼容性：在该选项组中可以设置Camera Raw的首选项，以及文件兼容性的相关选项。
- Adobe Drive：简化工作组文件管理。选中“启用Adobe Drive”复选框，可以提高上传/下载文件的效率。

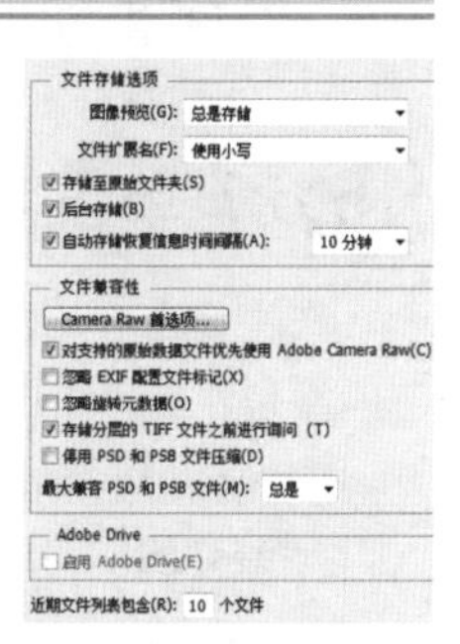

图15—80

15.8.4 性能设置

在“首选项”对话框左侧单击“性能”选项，切换到“性能”面板，如图15-81所示。

- 内存使用情况：在该选项组中可以设置Photoshop使用内存的大小。
- 暂存盘：暂存盘是指当运行Photoshop时，文件暂存的空间。选择的暂存盘的空间越大，可以打开的文件大小也越大。在这里可以设置作为暂存盘的计算机驱动器。
- 历史记录与高速缓存：在该选项组中可以设置历史记录的次数和高速缓存的级别。“历史记录状态”和“高速缓存级别”的数值不宜设置得过大，否则会减慢计算机的运行，一般保持默认设置即可。
- 图形处理器设置：选中“使用图形处理器”复选框，可以加速处理大型的文件和复杂的图像（比如3D文件）。

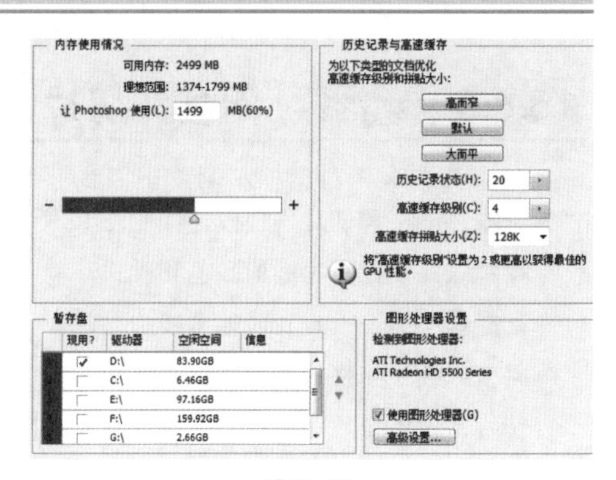

图15—81

15.8.5 光标设置

在“首选项”对话框左侧单击“光标”选项，切换到“光标”面板，如图15-82所示。

- 绘画光标：设置使用画笔、铅笔、橡皮擦等绘画工具时光标的显示效果。
- 其他光标：设置除了绘画工具以外的其他工具的光标显示效果。
- 画笔预览：设置预览画笔时的颜色。

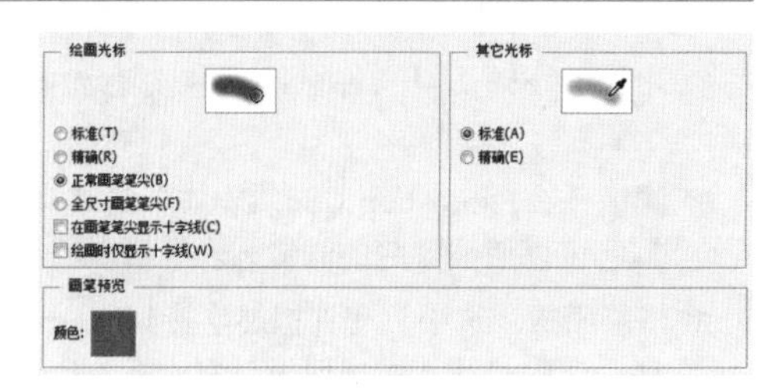

图15—82

15.8.6 透明度与色域

在“首选项”对话框左侧单击“透明度与色域”选项，切换到“透明度与色域”面板，如图15-83所示。

- **透明区域设置**：默认情况下图像中的透明区域会显示为棋盘格状，在“网格大小”下拉列表中可以设置棋盘格的大小；在“网格颜色”下拉列表中可以设置棋盘格的颜色。
- **色域警告**：当图像中的色彩过于鲜艳而出现溢色时，如图15-84所示，执行“视图>色域警告”命令，溢色会显示为灰色，如图15-85所示。可在该选项中修改溢色的颜色以及不透明度，如图15-86所示。

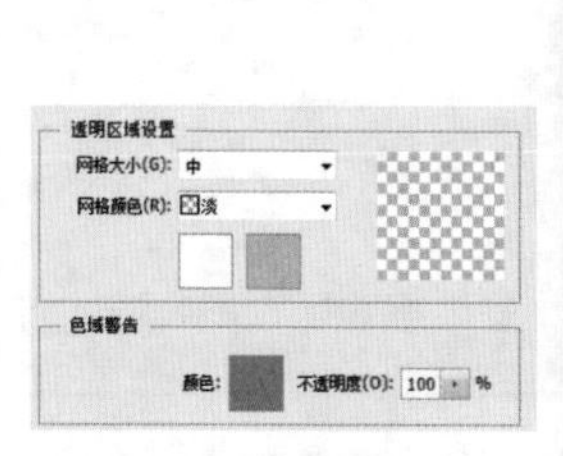

图15—83

图15—84

图15—85

图15—86

15.8.7 单位与标尺

在“首选项”对话框左侧单击“单位与标尺”选项，切换到“单位与标尺”面板，如图15-87所示。

- **单位**：设置标尺和文字的单位。
- **列尺寸**：如果要将图像导入到排版软件中，并用于打印和装订时，可在该选项组中设置“宽度”和“装订线”的尺寸，用列来指定图像的宽度，使图像正好占据特定数量的列。
- **新文档预设分辨率**：设置新建文档时预设的打印分辨率和屏幕分辨率。
- **点/派卡大小**：设置如何定义每英寸的点数。

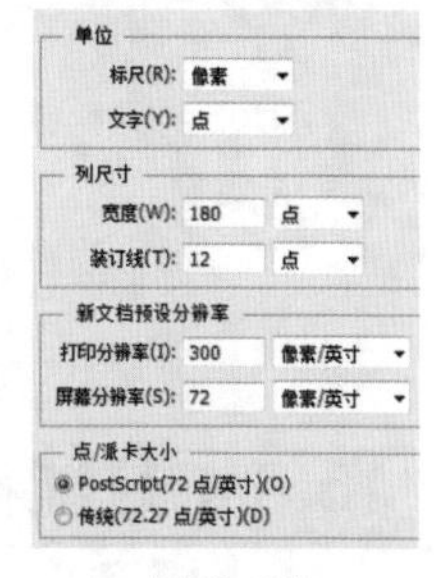

图15—87

15.8.8 参考线、网格和切片

在“首选项”对话框左侧单击“参考线、网格和切片”选项，切换到“参考线、网格和切片”面板，如图15-88所示。

- **参考线**：设置参考线的颜色和样式。
- **智能参考线**：设置智能参考线的颜色。
- **网格**：设置网格的颜色和样式。
- **切片**：设置切片边界框的颜色以及是否显示切片编号。

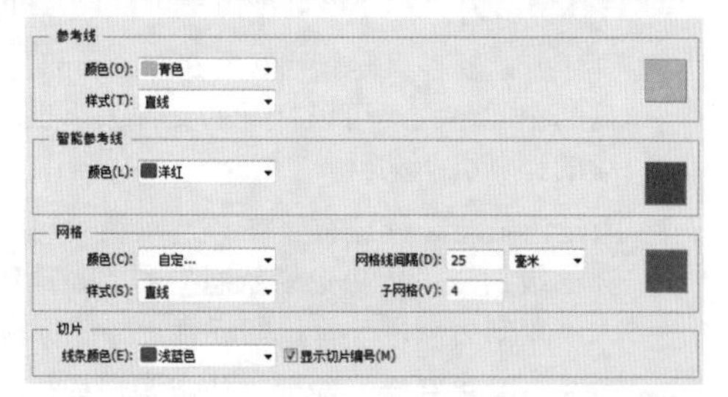

图15—88

15.8.9 增效工具

在“首选项”对话框左侧单击“增效工具”选项，切换到“增效工具”面板，如图15-89所示。

- **附加的增效工具文件夹**：选中该复选框后可以单击“选取”按钮，选择文件夹作为可供拾取调用的外挂滤镜或者插件位置。
- **滤镜**：在Photoshop CS6版本中，滤镜菜单中的部分滤镜库中的滤镜被隐藏，选中“显示滤镜库的所有组和名称”复选框，可以使被隐藏的滤镜列表显示在滤镜菜单中，如图15-90所示。
- **扩展面板**：选中“允许扩展连接到Internet”复选框，表示允许Photoshop扩展面板连接到Internet获取新内容，以及更新程序；选中“载入扩展面板”复选框，启动时可以载入已安装的扩展面板。

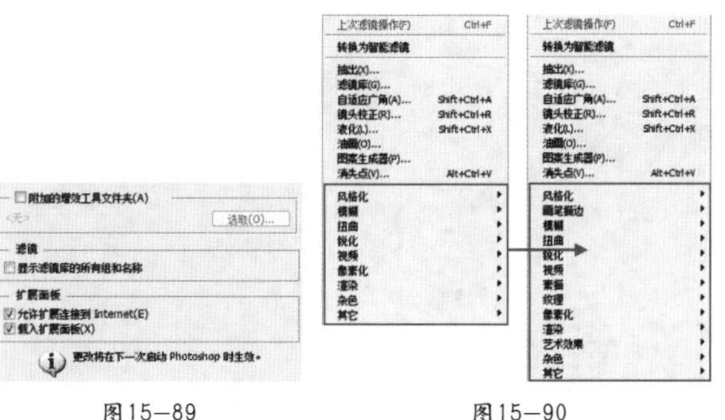

图15—89　　图15—90

15.8.10 文字

在“首选项”对话框左侧单击“文字”选项，切换到“文字”面板，如图15-91所示。

图15—91

- 文字选项：选中“使用智能引号”复选框输入文本时可使用弯曲的引号替代直引号。选中“启用丢失字形保护”复选框后，如果文档使用了系统上未安装的字体，在打开该文档时会出现一条警告信息，Photoshop会指明缺少哪些字体，可以使用可用的匹配字体替换缺少的字体。选中“以英文显示字体名称”复选框可以在“字符”面板和文字工具选项栏的字体下拉列表中以英文显示亚洲字体的名称。
- 选取文本引擎选项：用于设置在Photoshop界面中显示文字的类型。

15.8.11 3D

在“首选项”对话框左侧单击3D选项，切换到3D面板，需要注意的是，关于3D功能以及设置需要在Adobe Photoshop Extended（扩展版）中才能进行，如图15-92所示。

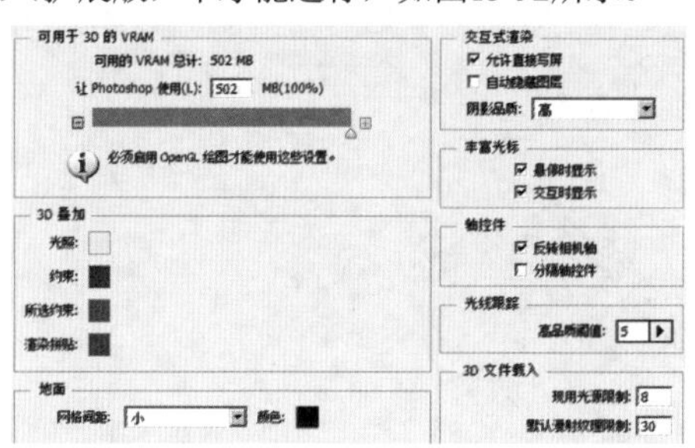

图15—92

- 可用于3D的VRAM：用于控制系统分配给Photoshop的显存。
- 3D叠加：单击各个颜色块，可以指定各种参考线的颜色，以便在进行3D操作时高亮显示可用的3D组件。在“视图>显示”下拉菜单中，可以选择显示或者隐藏这些额外内容。
- 交互式渲染：用于设置进行3D对象交互时Photoshop渲染选项的首选项。
- 丰富光标：用于设置实时显示光标和对象的相关信息。
- 轴控件：用于控制轴交互和显示模式。
- 光线跟踪：当3D场景面板中的“品质”菜单设置为“光线跟踪最终效果”时，可通过该选项定义光线跟踪渲染的图像品质阈值。
- 3D文件载入：用于指定3D文件载入时光源以及纹理的限制。

课后练习

【课后练习——批处理图像文件】

思路解析：本案例将以四张图像为例进行批处理。对多个图像文件进行批处理首先需要创建或载入相关“动作”，然后执行“文件>自动>批处理”命令进行相应设置即可。

本章小结

“动作”与“批处理”这两项功能在实际设计中非常重要，尤其是在处理统一拍摄的大量照片时，或者统一为商品图片添加文字说明或装饰元素时，不仅节省了时间以及人力，更能够确保处理效果的精准统一。

第16章

印前知识与打印设置

本章内容简介：

无论是宣传海报、产品包装、企业画册或者是书籍装帧，大部分平面设计作品都是以实物的形式出现的，而印刷也是平面设计实体化的重要手段之一。想要得到正确的印刷品，不仅需要在Photoshop中进行正确的设置，在印刷之前了解一些与之相关的知识也是非常必要的。

本章学习要点：

- 了解印刷相关知识
- 掌握查找溢色的方法
- 掌握设置正确色彩的方法
- 掌握打印的相关参数设置

16.1 印前常见问题

16.1.1 溢色

技术速查：在计算机中，显示的颜色超出了CMYK颜色模式的色域范围，就会出现“溢色”。

在RGB颜色模式下，在图像窗口中将鼠标指针放置于溢色上，“信息”面板中的CMYK值旁会出现一个感叹号，如图16-1和图16-2所示。执行“视图>色域警告”命令，图像中溢色的区域将被高亮显示出来，默认显示为灰色显示，如图16-3所示。

图16—1

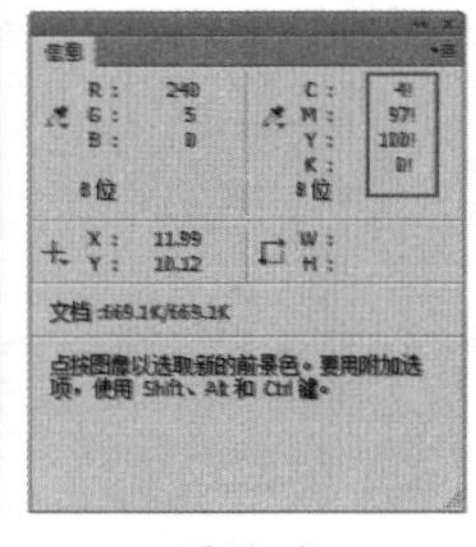

图16—2

图16—3

技术拓展：自定义色域警告颜色

默认的“色域警告”颜色为灰色，当图像颜色与默认的色域警告颜色相近时，可以通过更改色域警告颜色的方法来查找溢色区域。执行“编辑>首选项>透明度与色域”命令，打开“首选项”对话框，在“色域警告”选项组下修改“颜色”即可更改色域警告的颜色。

在拾色器中同样存在溢色，当用户选择了一种溢色时，“拾色器”对话框和“颜色”面板中都会出现一个“溢色警告”的三角形感叹号，同时色块中会显示与当前所选颜色最接近的CMYK颜色，单击三角形感叹号即可选定色块中的颜色，如图16-4所示。

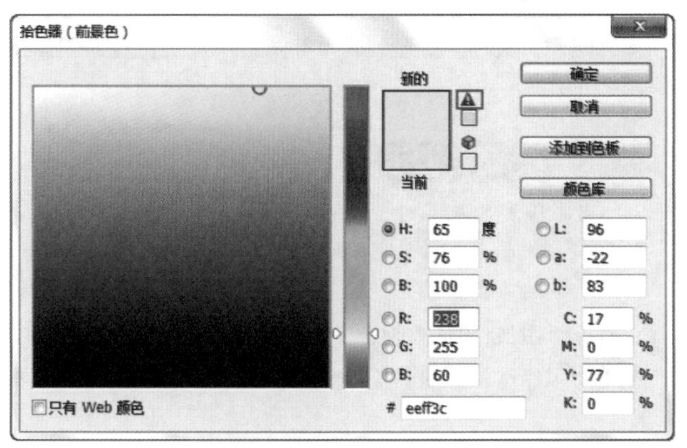

图16—4

16.1.2 分色

技术速查：印刷所用的电子文件一定要为四色文件（即C、M、Y、K），其他颜色模式的文件不能用于印刷输出。这就需要对图像进行分色，分色是一个印刷专业名词，指的就是将原稿上的各种颜色分解为黄、洋红、青、黑4种原色。

在电脑印刷设计或平面设计图像类软件中，分色工作就是将扫描图像或其他来源的图像的色彩模式转换为CMYK模式。在Photoshop中想要进行分色，需要把图像色彩模式从RGB模式转换为CMYK模式，执行“图像>模式>CMYK颜色”命令即可。在图像由RGB色彩模式转为CMYK色彩模式时，图像上的一些鲜艳的颜色会产生明显的变化，这种变化有时很明显地能观察得到，一般会由鲜艳的颜色变成较暗一些的颜色。如图16-5和图16-6所示为RGB模式与CMYK模式的对比效果。

图16—5　图16—6

技巧提示

这是因为RGB的色域比CMYK的色域大，也就是说有些在RGB色彩模式下能够表示的颜色在转为CMYK后，就超出了CMYK能表达的颜色范围，这些颜色只能用相近的颜色替代。因而这些颜色产生了较为明显的变化。在制作用于印刷的电子文件时，建议最初的文件设置即为CMYK模式，避免使用RGB颜色模式，以免在分色转换时造成颜色偏差。

16.1.3 出血

出血又叫出血位，其作用主要是保护成品裁切，防止因切多了纸张或折页而丢失内容，出现白边，如图16-7所示。

图16—7

16.1.4 陷印

“陷印”又称“扩缩”或“补漏白”，主要是为了弥补因印刷不精确而造成的相邻的不同颜色之间留下的无色空隙，如图16-8所示。

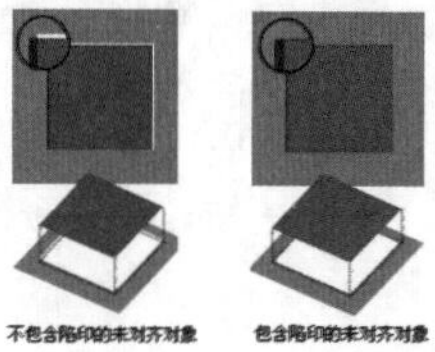

技巧提示

肉眼观察印刷品时，会出现一种深色距离较近，浅色距离较远的错觉。因此，在处理陷印时，需要使深色下的浅色不露出来，而保持上层的深色不变。

图16—8

执行“图像>陷印”命令，打开“陷印”对话框。其中，“宽度”文本框设置印刷时颜色向外扩张的距离，如图16-9所示。

图16—9

技巧提示

只有图像的颜色为CMYK颜色模式时，“陷印”命令才可用。另外，图像是否需要陷印一般由印刷商决定，如果需要陷印，印刷商会告诉用户要在“陷印”对话框中输入的数值。

16.2 了解印刷相关知识

平面设计与印刷息息相关，印刷是一门技术，有着很多的操作工艺与专业术语。如果不了解印刷相关的基础知识，很可能造成设计稿无法正常输出的情况发生。如图16-10和图16-11所示为印刷品。

图16—10

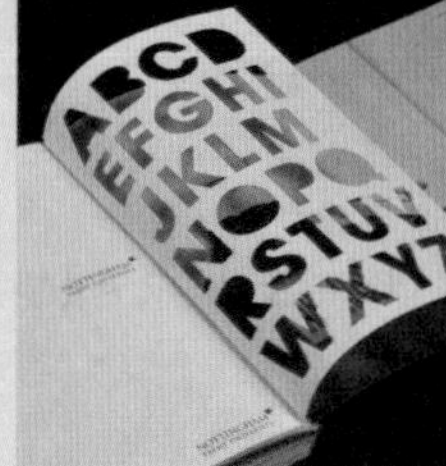

图16—11

16.2.1 印刷流程

一件印刷品的完成至少需要经过印前处理、印刷、印后加工3个过程。原稿的设计、图文信息处理、制版统称为印前处理，如图16-12所示；而把印版上的油墨向承印物上转移的过程叫做印刷，如图16-13所示；印刷后期的工作一般指印刷品的后加工，包括裁切、覆膜、模切、装订、装裱等，多用于宣传类和包装类印刷品，如图16-14所示。

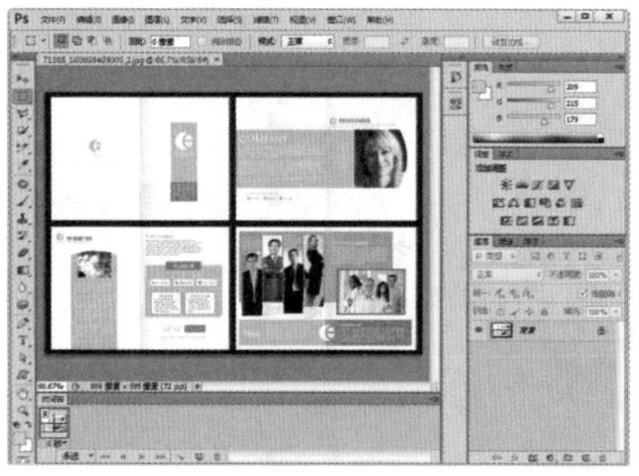

图16—12

图16—13

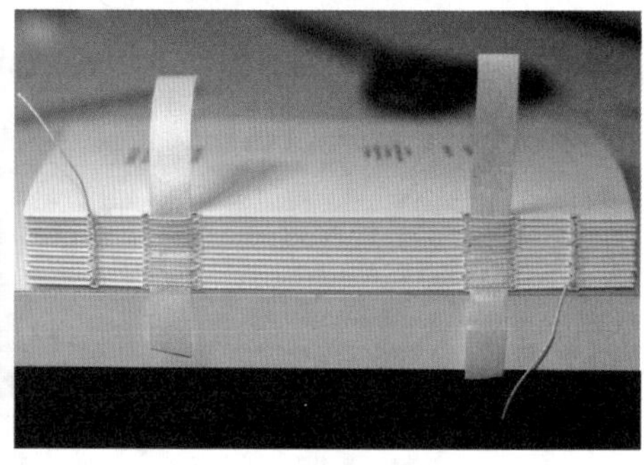

图16—14

印刷是一项使用印版或其他方式将原稿上的图文信息转移到承印物上的工艺技术。一般可以分为以下几个步骤：

01 印刷品的生产首先需要选择或设计适合印刷的原稿。

02 然后对原稿的图文信息进行处理，制作出供晒版或雕刻印版的原版（一般叫阳图或阴图底片），再用原版制出供印刷用的印版。

03 最后把印版安装在印刷机上，利用输墨系统将油墨涂敷在印版表面，由压力机械加压，油墨便从印版转移到承印物上。

04 如此复制的大量印张，经印后加工，便成了适应各种使用目的的成品。

16.2.2 四色印刷与印刷色

印刷通常提到“四色印刷”这个概念，是因为印刷品中的颜色都是由C、M、Y、K4种颜色所构成的。成千上万种不同的色彩都是由这几种色彩根据不同比例叠加、调配而成的。通常我们所接触的印刷品，如书籍杂志、宣传画等，是按照四色叠印而成的。也就是说，在印刷过程中，承印物（纸张）在印刷过程中经历了4次印刷，印刷一次黑色、一次洋红色、一次青色、一次黄色。完毕后4种颜色叠合在一起，就构成了画面上的各种颜色，如图16-15所示。

印刷色就是由C（青）、M（洋红）、Y（黄）和K（黑）4种颜色以不同的百分比组成的颜色。C、M、Y、K就是通常采用的印刷四原色。C、M、Y可以合成几乎所有颜色，但还需黑色，因为通过Y、M、C产生的黑色是不纯的，在印刷时需更纯的黑色K。在印刷时这4种颜色都有自己的色版，在色版上记录了这种颜色的网点，把4种色版合到一起就形成了所定义的原色。事实上，在纸张上面的4种印刷颜色网点并不是完全重合，只是距离很近。在人眼中呈现各种颜色的混合效果，于是产生了各种不同的原色，如图16-16所示。

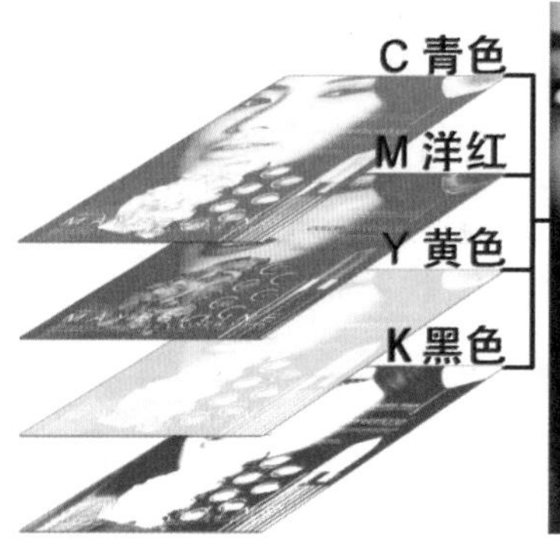

图16—15

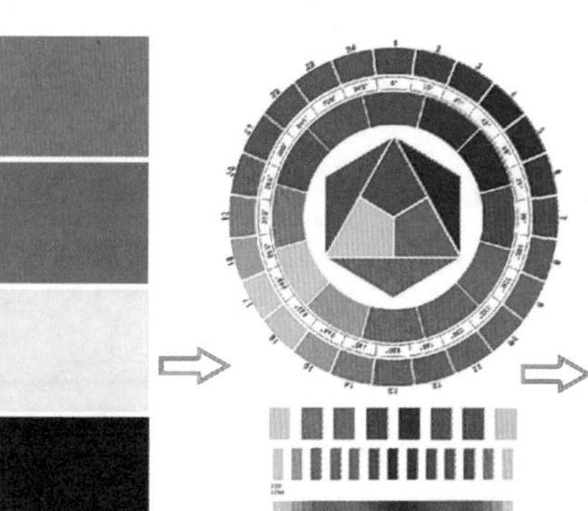

图16—16

16.2.3 拼版与合开

在工作中经常会涉及制作一些并不是正规开数的印刷品，如包装盒小卡片等。为了节约成本，需要在拼版时尽可能把成品放在合适的纸张开度范围内，如图16-17和图16-18所示。

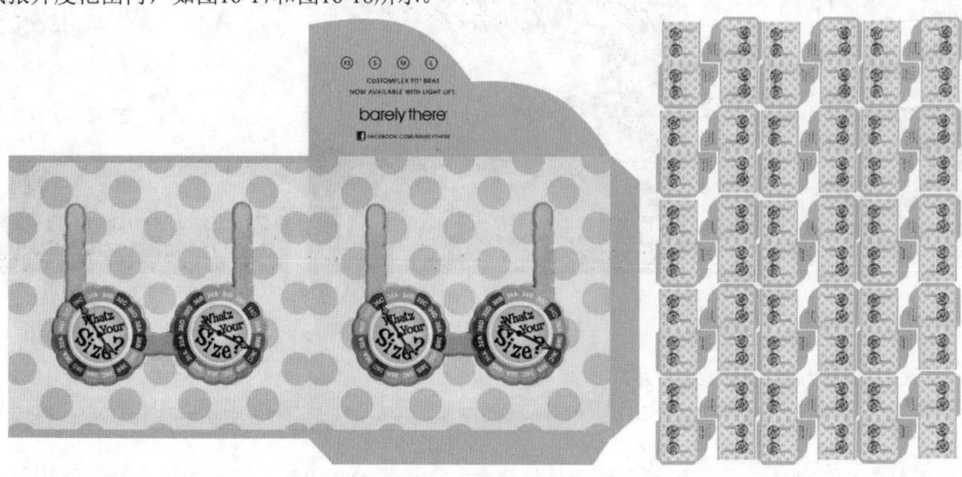

图16—17　　图16—18

16.2.4 纸张的基础知识

纸张的构成

印刷用纸张是由纤维、填料、胶料、色料4种主要原料混合制浆、抄造而成的。印刷使用的纸张按形式可分为平板纸和卷筒纸两大类。平板纸适用于一般印刷机，卷筒纸一般用于高速轮转印刷机，如图16-19和图16-20所示。

图16—19

图16—20

印刷常用纸张

纸张根据用处的不同，可以分为工业用纸、包装用纸、生活用纸、文化用纸等几类，在印刷用纸中，根据纸张的性能和特点分为新闻纸、凸版印刷纸、胶版印刷涂料纸、字典纸、地图及海图纸、凹版印刷纸、画报纸、周报纸、白板纸、书面纸等。

纸张的规格

纸张一般都要按照国家制定的标准生产。印刷、书写及绘图类用纸原纸尺寸是，卷筒纸宽度分1575mm、1092mm、880mm、787mm 4种；平板纸的原纸尺寸按大小分为880mm ×1230mm、850mm × 1168mm、880mm × 1092mm、787mm ×1092mm、787mm ×960mm、690mm ×960mm等6种。

纸张的重量、令数换算

纸张的重量是以定量和令重表示的。一般是以定量来表示，即我们日常俗称的“克重”。定量是指纸张单位面积的质量关系，用g/m²表示。如150g的纸是指该种纸每平方米的单张重量为150g。凡纸张的重量在200g/m²以下（含200g/m²）的纸张称为“纸”，超过200g/m²重量的纸则称为“纸板”。

16.3 色彩管理

在平面设计过程中会出现这样的情况：在数码相机中看到的照片颜色与在电脑图片浏览器中或上传到网络观察到的颜色不同，或者使用Photoshop制作的平面设计作品印刷之后的颜色与显示器上观看到的颜色存在差异。这就是由于色彩空间不同所造成的。在Photoshop中可以通过合理的色彩管理避免这些问题的发生。如图16-21～图16-23所示为同一图像在不同情况下的颜色差异。

图16—21

图16—22

图16—23

16.3.1 色彩空间

技术速查：色域又被称为色彩空间，它代表了一个色彩影像所能表现的色彩具体情况。

在现实世界中，自然界中可见光谱的颜色组成了最大的色域空间，该色域空间中包含了人眼所能见到的所有颜色。平面设计中比较常用的色彩空间有RGB、CMYK、Lab等。而RGB色彩模型就有好几个色域，即Adobe RGB、sRGB和ProPhoto RGB等。这些RGB色彩空间大多与显示设备、数码相机、扫描仪相关联。Adobe RGB与sRGB则是我们最为常见的，也是目前数码相机中重要的设置。

为了能够直观地表示色域这一概念，CIE国际照明协会制定了一个用于描述色域的方法，即CIE-xy色度图。在这个坐标系中，各种显示设备能表现的色域范围用RGB三点连线组成的三角形区域来表示，三角形的面积越大，表示这种显示设备的色域范围越大，如图16-24所示。

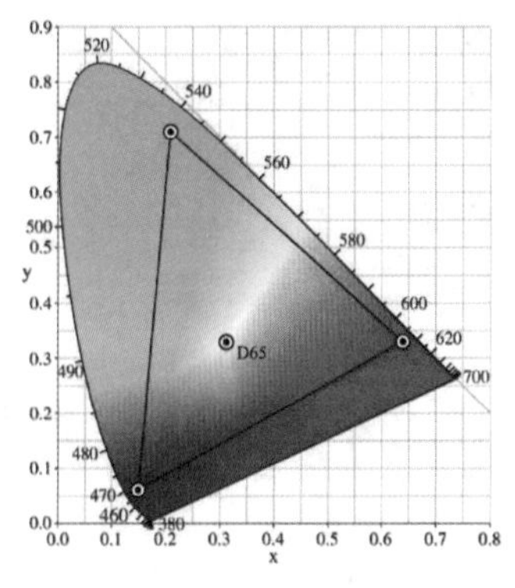

图16—24

16.3.2 在Photoshop中设置合适的色彩空间

日常工作中常见的各种图像输出与输入设备都不能够展现出与人类视觉感受相同的颜色，为了尽量模拟人眼可见的颜色，不同的设备都有其特定的色彩空间。而同一图像在不同的色彩空间产生的图像颜色效果也不相同，为了避免在不同设备之间图像颜色差异的产生，就需要一个可以在设备之间准确解释和转换颜色的系统。执行“编辑>颜色设置”命令，打开“颜色设置”对话框，这里可以借助ICC颜色配置文件来转换颜色，如图16-25所示。

图16—25

答疑解惑：什么是“ICC配置文件”？

ICC配置文件是一个用于描述设备怎样产生色彩的小文件，其格式由国际色彩联盟规定，把它提供给Photoshop，Photoshop就能在每台设备上产生一致的颜色。

- **设置**：颜色设置决定了应用程序使用的颜色工作空间、使用嵌入的配置文件打开和导入文件时的情况，以及色彩管理系统转换颜色的方式。在“设置”下拉列表中可以进行颜色设置的选择。
- **工作空间**：其中包括RGB、CMYK、灰色、专色4项，是Photoshop色彩工作的核心。RGB的工作空间决定了图像颜色调整的色域，在RGB的下拉列表中包含30多个色域空间可供选择。CMYK是用于印刷的一种设置。灰度是影响由黑白图像数字化得到的灰度图像的设置。专色用于专色印刷。
- **色彩管理方案**：用于设定色彩空间的自动转换、提示和警告等，包括RGB、CMYK、灰色3项。
- **说明**：将光标放在选项上，可以显示相关说明。

16.3.3 在显示器上模拟印刷效果

不同设备下的色彩空间所包含的颜色范围是不一样的，而校样颜色要做的就是模拟图片在不同的色彩空间下的显示效果。例如，在Photoshop中进行平面设计时，我们都知道在屏幕中观察到的色彩与最终印刷得到的色彩通常都会有些差异。这时就可以执行“视图>校样设置>工作中的CMYK”命令，如图16-26所示。然后执行“视图>校样颜色”命令，如图16-27所示。此时Photoshop会自动模拟图像印刷出的效果，以便于设计师进行颜色设置。

“校样颜色”只是提供了一个CMYK模式预览，以便用户查看转换后RGB颜色信息的丢失情况，而并没有真正将图像转换为CMYK模式。如果要关闭电子校样，可再次执行“校样颜色”命令。在“校样设置”菜单中提供了多种颜色校样方案，不同的方案下会有细微的不同，如图16-28所示。

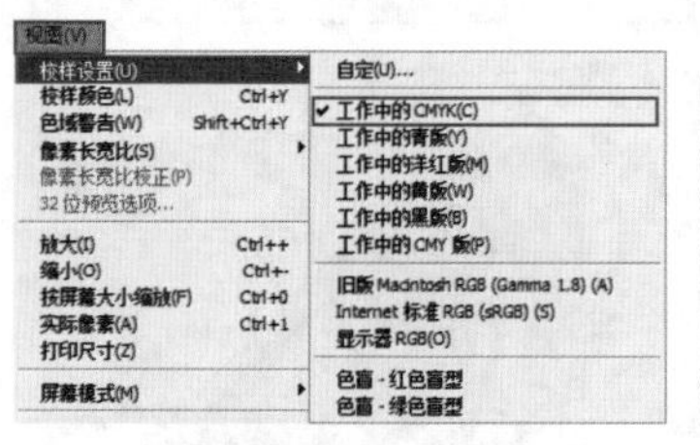

图16-26

图16-27

图16-28

16.3.4 指定配置文件

在图像窗口底部的状态栏中显示着当前图像的文档配置文件信息（如果没有显示单击三角按钮，在打开的菜单中选择“文档配置文件”命令，状态栏中就会显示该图像所使用的配置文件），如图16-29所示。执行“编辑>指定配置文件”命令，在打开的“指定配置文件”对话框中可以更换配置文件，如图16-30所示。

- **不对此文档应用色彩管理**：删除文档现有配置文件，颜色外观由应用程序工作空间的配置文件确定。
- **工作中的RGB**：给文档指定工作空间配置文件。
- **配置文件**：在列表中选择一个配置文件。应用程序为文档指定了新的配置文件，而不将颜色转换到配置文件空间，这可能大大改变颜色在显示器上的显示外观。

图16-29

图16-30

16.3.5 转换为配置文件

执行“编辑>转换为配置文件”命令，打开“转换为配置文件”对话框。在这里可以将当前图像的色彩空间转换为另一种色彩空间。在“目标空间”选项组的“配置文件”下拉列表中可以进行色彩空间的选择，如图16-31所示。

图16—31

16.4 打印设置

执行“文件>打印”命令，打开“Photoshop 打印设置”对话框，在该对话框中可以预览打印作业的效果，还可以对打印参数进行设置，以及对打印图像的色彩、输出的打印标记和函数进行设置，如图16-32所示。

图16—32

16.4.1 打印机设置

在右侧参数设置区域最顶端可以对打印机进行设置，如图16-33所示。从“打印机”列表中选择需要使用的打印机；在“份数”文本框中可以输入需要打印的副本数；单击“打印设置”按钮，打开打印机属性的设置窗口，如图16-34所示；在“版面”后可以通过单击按钮设置页面的方向是“纵向打印纸张”，或是“横向打印纸张”。

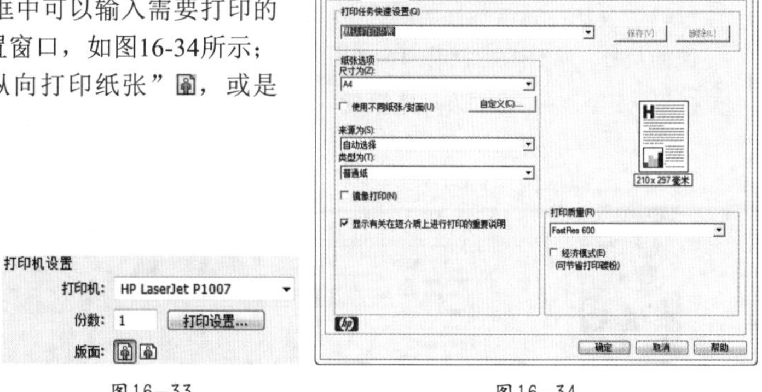

图16—33　　图16—34

16.4.2 打印色彩管理

在“打印”对话框中不仅可以对打印参数进行设置，还可以对打印图像的色彩以及对输出的打印标记和函数进行设置。在“打印”对话框右侧展开“色彩管理”选项，如图16-35所示。

- **颜色处理**：设置是否使用色彩管理。如果使用色彩管理，则需要确定将其应用在程序中还是打印设备中。
- **打印机配置文件**：选择适用于打印机和将要使用的纸张类型的配置文件。
- **渲染方法**：指定颜色从图像色彩空间转换到打印机色彩空间的方式，共有“可感知”、“饱和度”、“相对比色”、“绝对比色”4个选项。可感知渲染将尝试保留颜色之间的视觉关系，色域外颜色转变为可重现颜色时，色域内的颜色可能会发生变化。因此，如果图像的色域外颜色较多，可感知渲染是最理想的选择。相对比色渲染可以保留较多的原始颜色，是色域外颜色较少时的最理想选择。

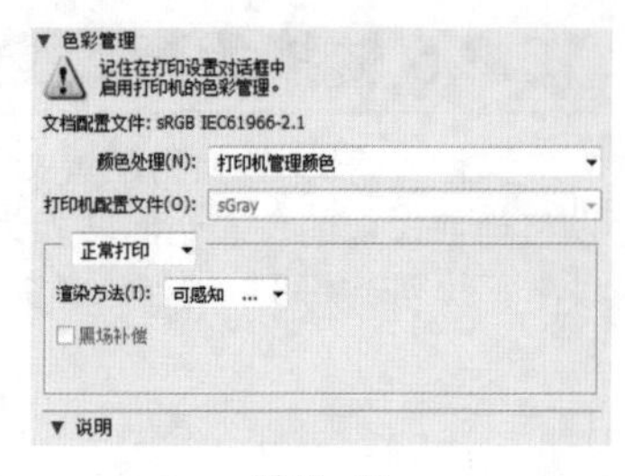

图16—35

技巧提示

在一般情况下，打印机的色彩空间要小于图像的色彩空间。因此，通常会造成某些颜色无法重现，而所选的渲染方法将尝试补偿这些色域外的颜色。

16.4.3 定位和缩放图像打印尺寸

文件在打印之前需要对其印刷参数进行设置。在“打印设置”窗口的右侧展开“位置和大小”选项组，如图16-36所示。

- **位置**：选中“居中”复选框，可以将图像定位于可打印区域的中心；取消选中 “居中”复选框，可以在“顶”和“左”文本框中输入数值来定位图像，也可以在预览区域中移动图像进行自由定位，从而打印部分图像，如图16-37和图16-38所示。

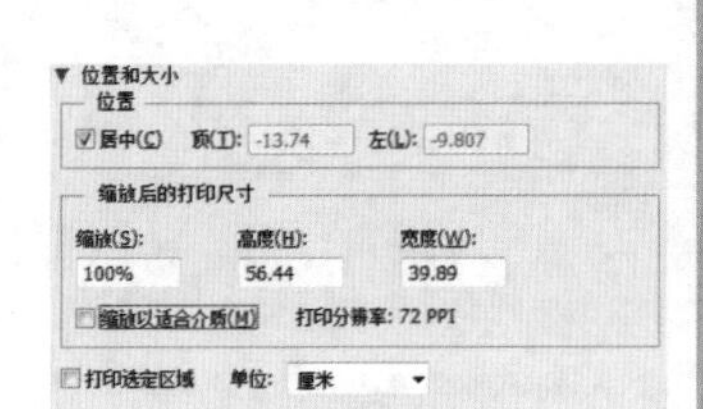

图16—36

图16—37

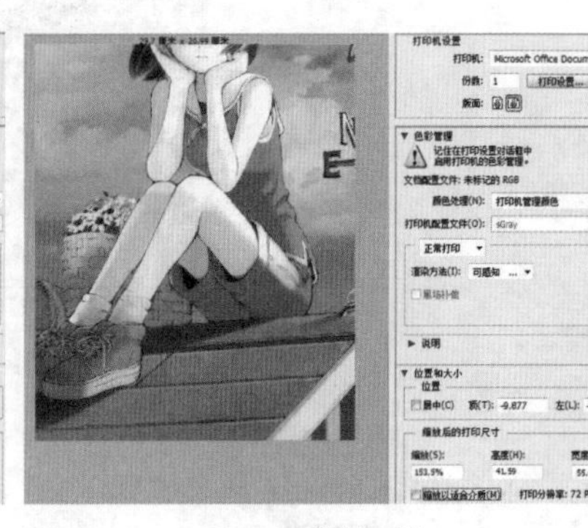

图16—38

- **缩放后的打印尺寸**：如果选中“缩放以适合介质”复选框，可以自动缩放图像到适合纸张的可打印区域；如果取消选中“缩放以适合介质”复选框，可以在“缩放”文本框中输入图像的缩放比例，或在“高度”和“宽度”文本框中设置图像的尺寸，如图16-39和图16-40所示。
- **打印选定区域**：选中该复选框后，可以在预览窗口中通过调整四周的控制点来确定打印范围，未被黑色覆盖的区域将作为选定区域，如图16-41所示。

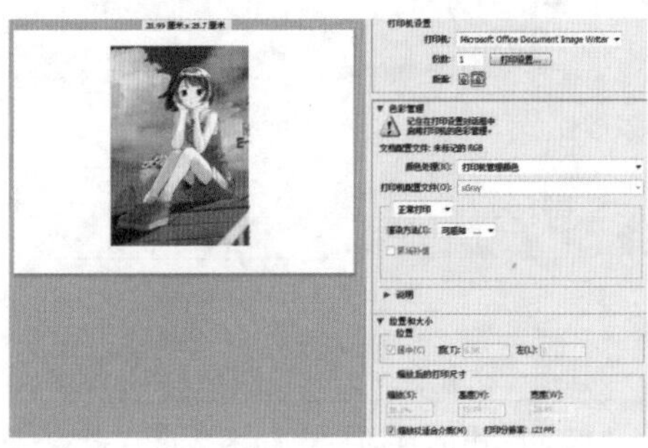

图16—39

图16—40

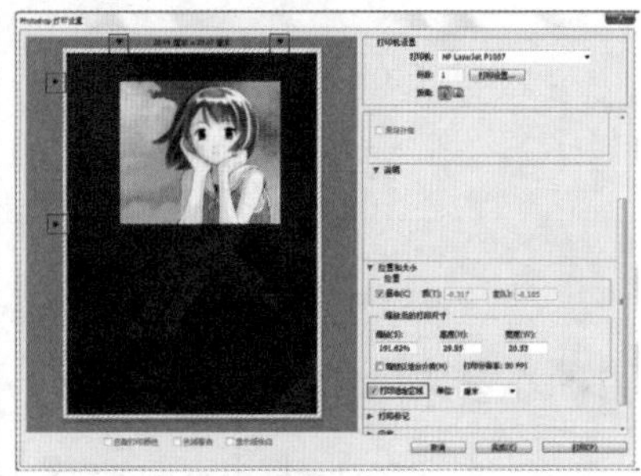

图16—41

16.4.4 设置打印标记

在“Photoshop 打印设置”对话框右侧展开“打印标记”选项组，如图16-42所示。

图16-42

- 角裁剪标志：在要裁剪页面的位置打印裁剪标记。可以在角上打印裁剪标记。在PostScript打印机上，选择该选项也将打印星形色靶。
- 说明：打印在“文件简介”对话框中输入的任何说明文本（最多约300个字符）。
- 中心裁剪标志：在要裁剪页面的位置打印裁切标记。可以在每条边的中心打印裁切标记。
- 标签：在图像上方打印文件名。如果打印分色，则将分色名称作为标签的一部分进行打印。
- 套准标记：在图像上打印套准标记（包括靶心和星形靶）。这些标记主要用于对齐PostScript 打印机上的分色。

16.4.5 设置打印函数

在“Photoshop 打印设置”对话框右侧展开“函数”选项组，如图16-43所示。

- 药膜朝下：使文字在药膜朝下（即胶片或像纸上的感光层背对）时可读。在正常情况下，打印在纸上的图像是药膜朝上打印的，感光层正对时文字可读。打印在胶片上的图像通常采用药膜朝下的方式打印。

图16—43

- 负片：打印整个输出（包括所有蒙版和任何背景色）的反相版本。
- 背景：选择要在页面上的图像区域外打印的背景色。
- 边界：在图像周围打印一个黑色边框。
- 出血：在图像内而不是在图像外打印裁剪标记。

16.4.6 打印一份

执行“文件>打印一份”命令，可以快速以之前设置好的打印选项打印出一份文档。

本章小结

本章主要讲解了设计稿件完成后与印刷前的相关知识，这部分知识的学习虽然与Photoshop软件操作关联不大，但印刷方面的知识也是平面设计师的必修课，这部分内容可以作为平面设计师了解学习印前技术的引导，是平面设计师必须了解的内容。

读书笔记

第17章 标志设计

本章内容简介：

标志是现代经济的产物，承载着企业的无形资产，是企业综合信息传递的媒介，在企业形象传递过程中，是应用最广泛、出现频率最高，同时也是最关键的元素。标志可以将具体的事物、事件、场景和抽象的精神、理念、方向等通过特殊的图形固定下来，使人们在看到标志的同时，自然的产生联想，从而对企业产生认同。本章将通过几个实例介绍标志设计的具体过程。

本章学习要点：

- 图文结合的多彩标志设计
- 多彩质感文字标志设计
- 反光质感图形标志设计
- 变形文字标志设计
- 自然风格图形标志设计
- 炫目动感风格音乐标志设计

17.1 图文结合的多彩标志设计

案例文件	案例文件\第17章\图文结合的多彩标志设计.psd
视频教学	视频文件\第17章\图文结合的多彩标志设计.flv
难易指数	★★★★★
技术要点	多边形套索工具、填充、文字工具

案例效果

本案例主要是通过使用多边形套索工具、填充、文字工具制作立体字LOGO，如图17-1所示。

图17—1

操作步骤

01 创建新的空白文件。首先绘制立体感的标志背景部分。新建图层，使用多边形套索工具绘制四边形选区，设置前景色为蓝色，使用快捷键Alt+Delete为其填充蓝色，如图17-2所示。再次新建图层，设置前景色为较深的蓝色，同样方法绘制蓝色形状的侧面，效果如图17-3所示。

02 同样方法制作其他的彩色形状，如图17-4所示。

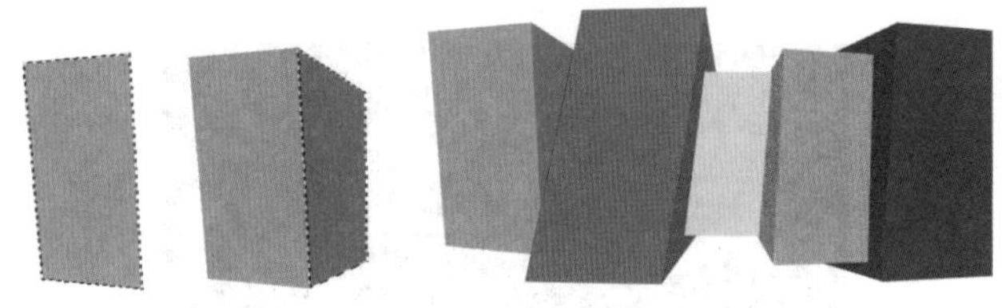

图17—2　图17—3　图17—4

思维点拨

标志是表明事物特征的记号，具有象征功能和识别功能，是企业形象、特征、信誉和文化的浓缩。标志的风格类型主要有几何型、自然型、动物型、人物型、汉字型、字母型和花木型等。标志主要包括商标、徽标和公共标志。按内容进行分类又可以分为商业性标志和非商业性标志。

03 在所有彩色矩形下方新建图层，再次使用多边形套索工具绘制阴影选区，并为其填充黑色，如图17-5所示。在“图层”面板中设置该图层的“不透明度”为20%，如图17-6所示。效果如图17-7所示。

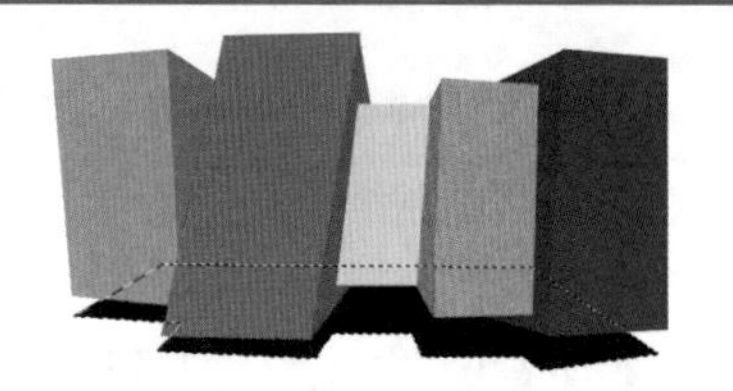

图17—5

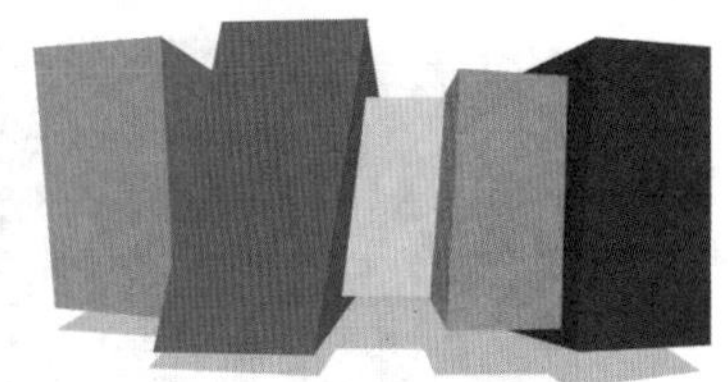

图17—6　图17—7

04 设置前景色为白色，新建图层组并命名为文字，使用横排文字工具在画面中合适位置单击并依次输入各个字母，不同的字母大小需要有所差异，如图17-8和图17-9所示。

图17—8　图17—9

05 复制文字图层组并置于原图层组下方，命名为文字阴影，如图17-10所示。按Ctrl+E快捷键，将其合并为一个图层，按色相/饱和度命令快捷键Ctrl+U，设置“明度”为 - 100，使该图层变为黑色，如图17-11所示。

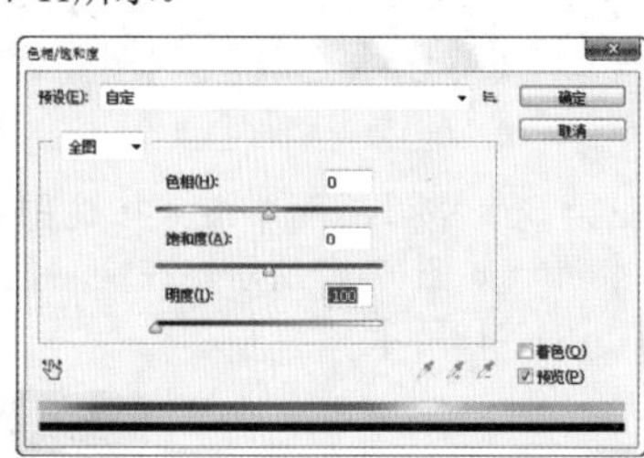

图17—10　图17—11

06 适当向下移动文字阴影图层，并设置该图层“不透明度”为30%，如图17-12所示。导入背景素材“1.jpg”，最终效果如图17-13所示。

图17—12　图17—13

17.2 多彩质感文字标志设计

案例文件	案例文件\第17章\多彩质感文字标志设计.psd
视频教学	视频文件\第17章\多彩质感文字标志设计.flv
难易指数	★★★★★
技术要点	文字工具、图层蒙版、动感模糊

案例效果

本案例主要通过使用文字工具、图层蒙版、动感模糊等命令制作多彩质感文字标志设计。效果如图17-14所示。

图17–14

操作步骤

01 打开背景素材文件，如图17-15所示。单击工具箱中的“文字工具”按钮T，设置合适字体及大小，在画面中心输入文字，如图17-16所示。

图17–15

图17–16

02 在第一个字母后面单击并按住鼠标向左拖曳，选择第一个字母，如图17-17所示。在文字选项栏上设置颜色为绿色，如图17-18所示。

图17–17

图17–18

03 同样方法调整其他不同颜色的文字，如图17-19所示。继续使用文字工具，在选项栏中设置合适字体及大小，在彩色文字下输入合适文字，如图17-20所示。

图17–19

图17–20

04 选中底部小文字，执行“图层>图层样式>渐变叠加”命令，设置“不透明度”为100%，调整一种彩色系渐变，设置“角度”为0度，如图17-21所示。效果如图17-22所示。

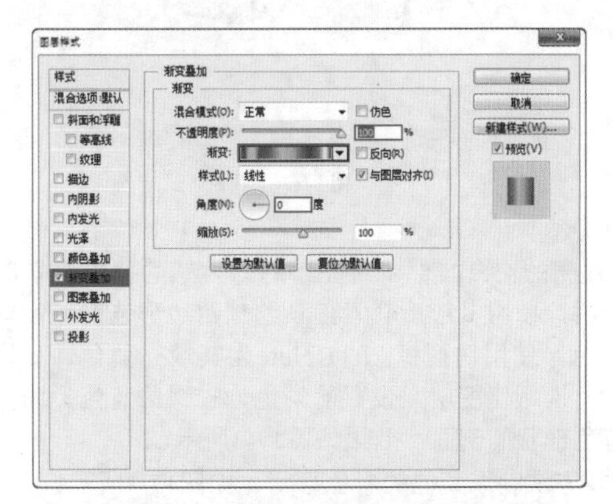

图17–21

图17–22

05 复制大的彩色文字图层，在文字图层上单击鼠标右键，在弹出的快捷菜单中执行“栅格化文字”命令，然后执行“滤镜>模糊>动感模糊”命令，在“动感模糊”对话框中设置“角度”为90度，“距离”为170像素，如图17-23所示。单击“确定”按钮结束操作，效果如图17-24所示。

06 单击工具箱中的“矩形选框工具”按钮，在文字上侧绘制一个合适大小的矩形，如图17-25所示。单击“图层”面板中的“添加图层蒙版”按钮，隐藏多余部分，如图17-26所示。

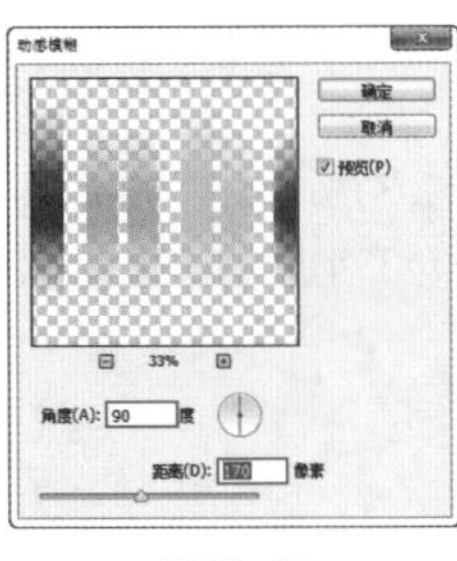

图17—23

图17—24

图17—25

图17—26

07 载入文字选区，新建图层，执行“编辑>填充”命令，设置“使用”为白色，“不透明度”为60%，如图17-27所示。继续使用矩形选框工具在填充图层上方绘制合适大小的矩形，如图17-28所示。

08 同样单击“添加图层蒙版”按钮，使多余部分隐藏，模拟出文字表面的光泽效果，最终效果如图17-29所示。

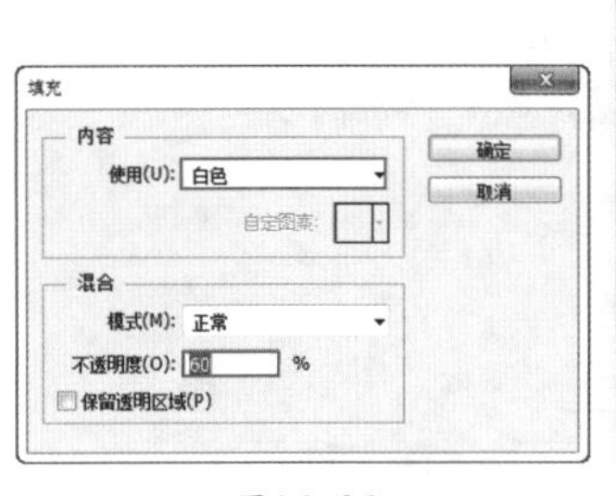

图17—27

图17—28

图17—29

思维点拨：成功标志必须具备的特点

一个具备塑造品牌形象功能的成功标志必须具备以下几个特点：

准确的意念：通过视觉形象传达思想，运用象征性、图形化、人性化符号去引导大众，获取清晰的理念感受。无论是抽象图形还是具象符号，应该把准确表达标志理念始终放在第一位，而且内容与形式必须在标志的意念中协调、统一。

记忆与识别：标志的记忆性在很大程度上取决于符号的筛选和贴切表达。识别性是标志创意特征所决定的，在强化共性的同时，仅标志识别而言，突出理念与个性尤为重要，否则它不会强化人们的记忆。

视觉美感：标志的视觉美感随着时代变化而升华，它源于人类文化现象及意识形态的转变，并体现着世界标志多元化所带来的视觉时尚潮流，体现着国家、民族、历史、传统、地域及文化特征，在更大程度上决定了人们的审美特点。

17.3 反光质感图形标志设计

案例文件	案例文件\第17章\反光质感图形标志设计.psd
视频教学	视频文件\第17章\反光质感图形标志设计.flv
难易指数	★★★★★
技术要点	椭圆选框工具、自由变换工具、画笔、图层样式

案例效果

本案例主要通过使用椭圆选框工具、自由变换工具、画笔、图层样式等命令制作反光质感图形标志设计。效果如图17-30所示。

操作步骤

01 执行“文件>新建”命令，设置“宽度”为1660像素，“高度”为1250像素，如图17-31所示。

图17—30

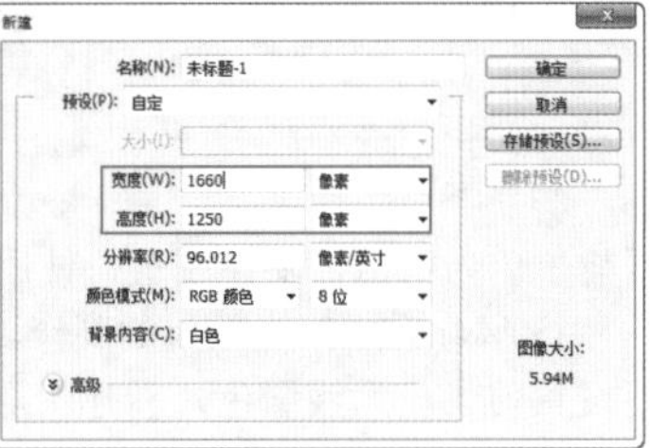

图17—31

02 单击工具箱中的"渐变工具"按钮，在选项栏中单击"渐变编辑器"，在编辑器中编辑一种灰色系渐变，单击"径向渐变"按钮，如图17-32所示。在背景图层上从中心向四周拖曳，如图17-33所示。

03 单击工具箱中的"椭圆选框工具"按钮，按住Shift键并按住左键在画面中绘制一个正圆选区，如图17-34所示。单击工具箱中的"套索工具"按钮，在选项栏中单击"从选区减去"按钮，在正圆选区上进行绘制，得到如图17-35所示的选区。

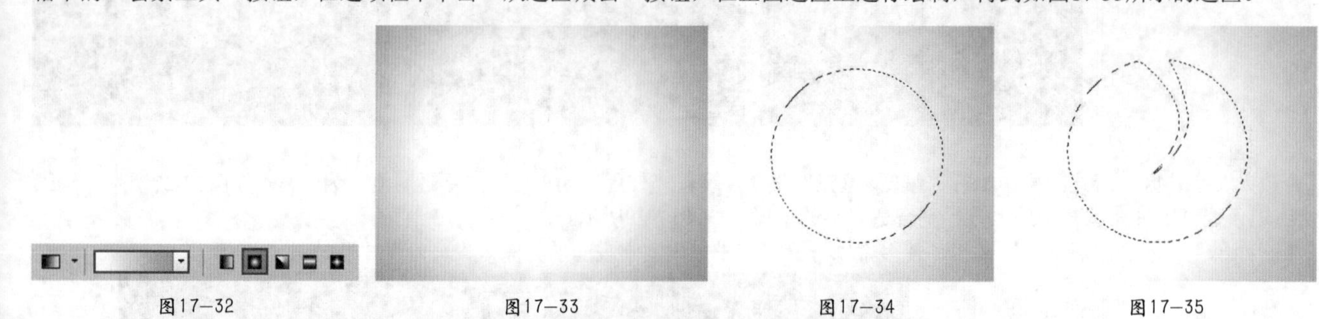

图17—32　图17—33　图17—34　图17—35

04 新建图层，填充深绿色，如图17-36所示。复制深绿色图层，按Ctrl+M快捷键，调整曲线形状，提亮复制图层，如图17-37所示。执行"编辑>自由变换"命令，按Ctrl键调整控制点，等比例缩小，调整合适位置，如图17-38所示。

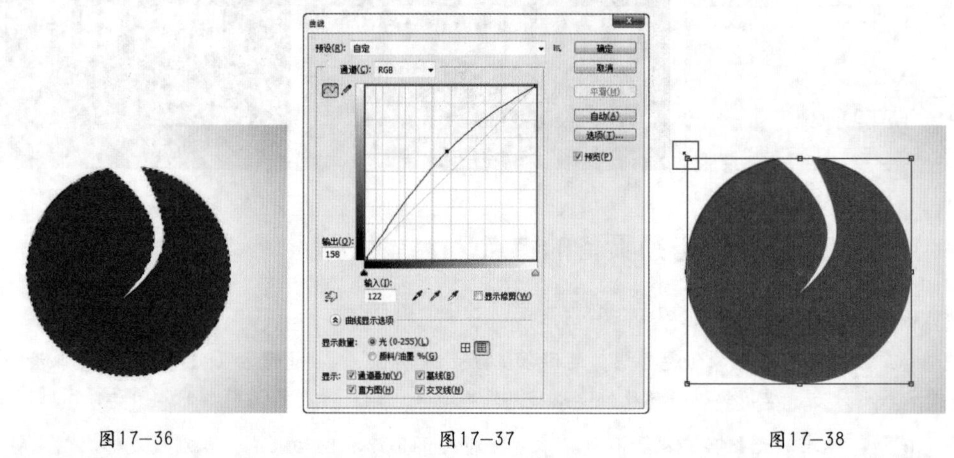

图17—36　图17—37　图17—38

05 再次复制上层的浅绿色图层，按Ctrl+M快捷键，调整曲线形状，压暗复制图层，如图17-39所示。等比例缩放，调整大小，如图17-40所示。同样方法制作多层次效果，如图17-41所示。

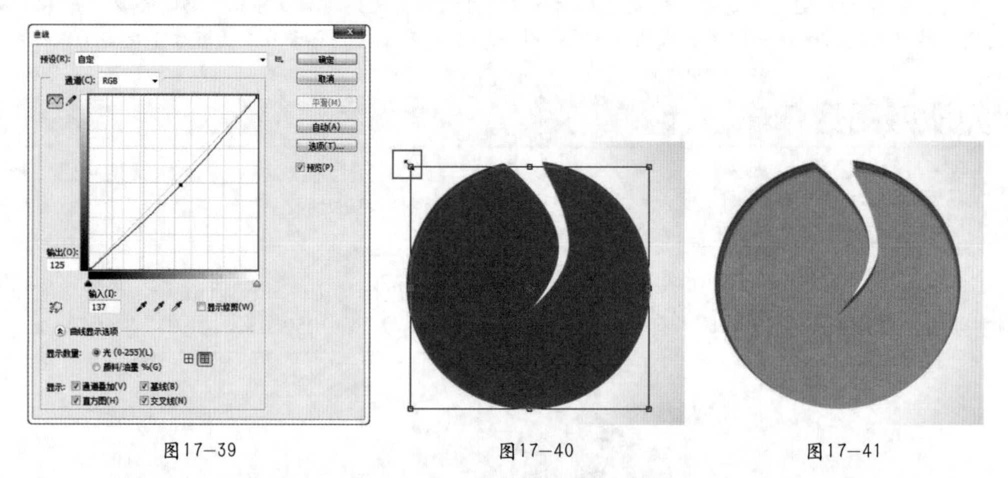

图17—39　图17—40　图17—41

06 载入顶层图形选区，设置前景色为白色，新建图层，使用柔角画笔工具在图层蒙版上进行适当涂抹，如图17-42所示。然后设置该图层的"不透明度"为50%，完成高光效果的制作，如图17-43所示。最终效果如图17-44所示。

07 再次载入顶层图形选区，设置前景色为浅绿色，新建图层，设置"不透明度"为70%，并使用画笔进行绘制，如图17-45所示。

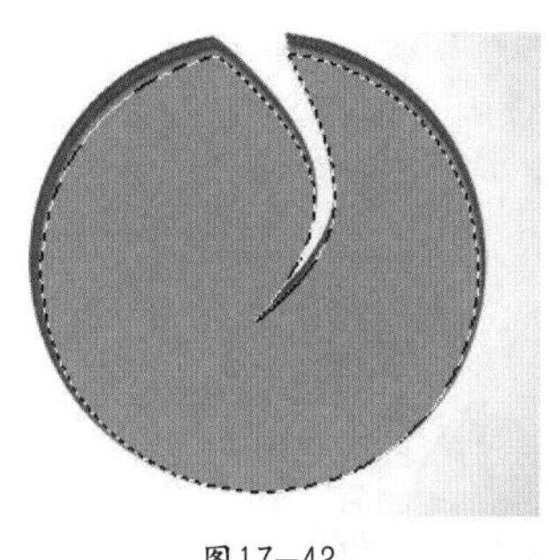
图17—42

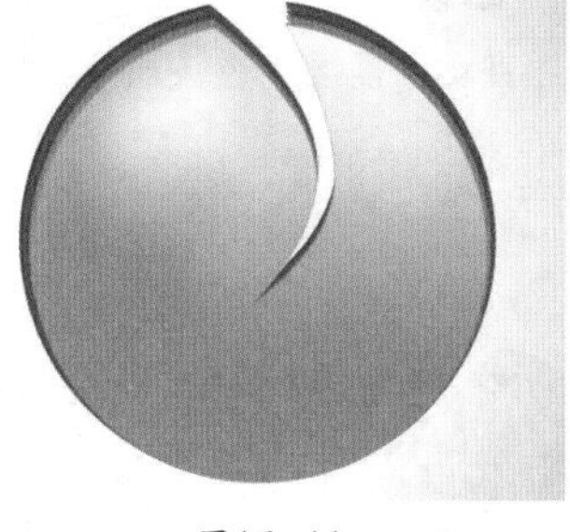
图17—43

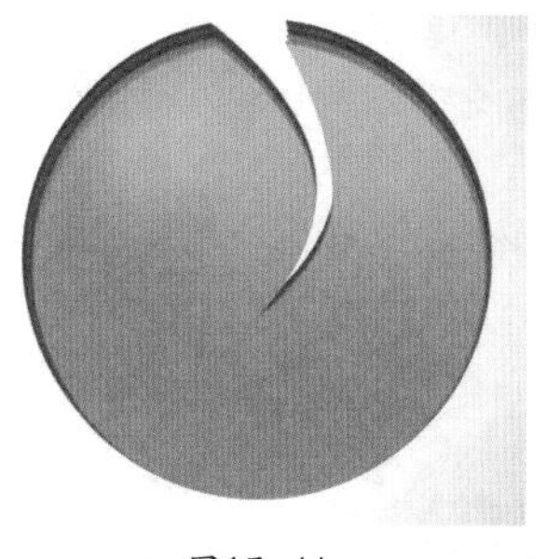
图17—44

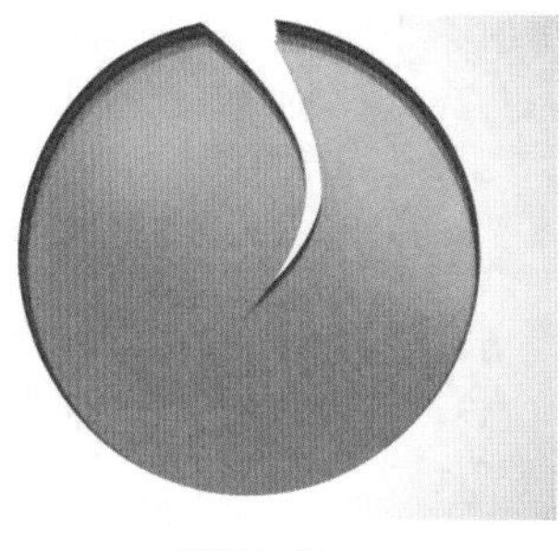
图17—45

08 新建图层，使用椭圆选框工具在右上侧绘制一个合适大小的椭圆，新建图层并填充白色，如图17-46所示。设置“不透明度”为60%，添加图层蒙版，隐藏多余部分，如图17-47所示。

09 再次载入图标的选区，新建图层，使用深绿色柔角画笔在底部绘制暗部效果，如图17-48所示。同样方法制作另一个黄色图形，如图17-49所示。

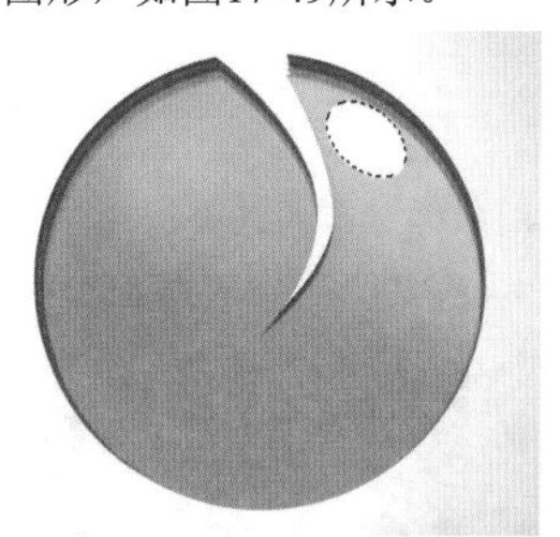
图17—46

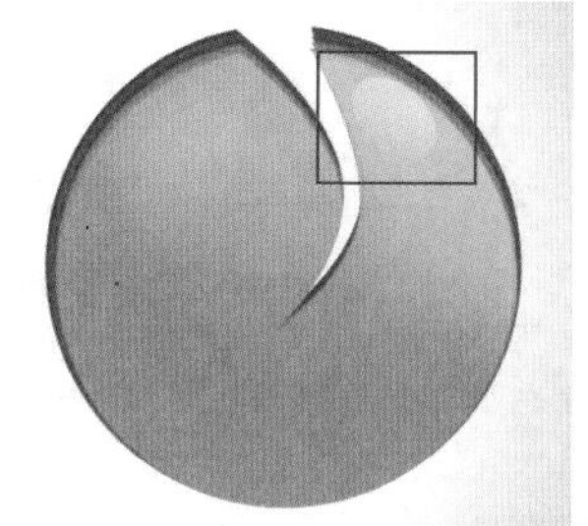
图17—47

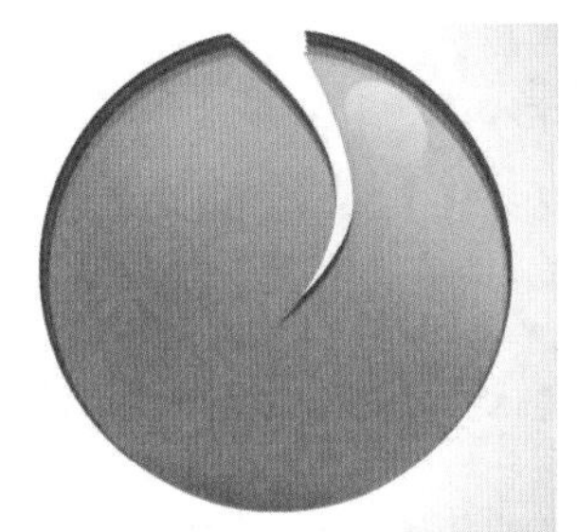
图17—48

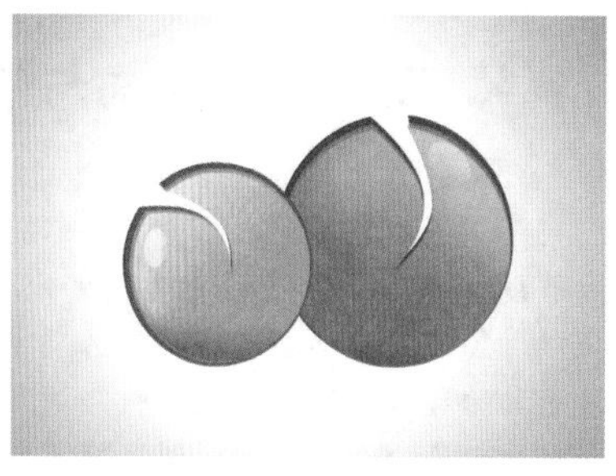
图17—49

10 单击工具箱中的“文字工具”按钮，在选项栏上设置合适字体及大小，在画面左上角单击输入文字，如图17-50所示。执行“图层>图层样式>渐变叠加”命令，设置“不透明度”为100%，“渐变”颜色为绿色系渐变，如图17-51所示。

11 选中“投影”复选框，设置“距离”为6像素，“大小”为1像素，如图17-52和图17-53所示。

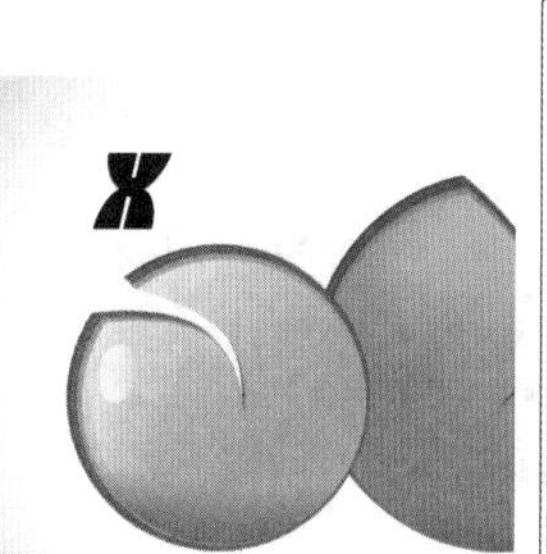
图17—50

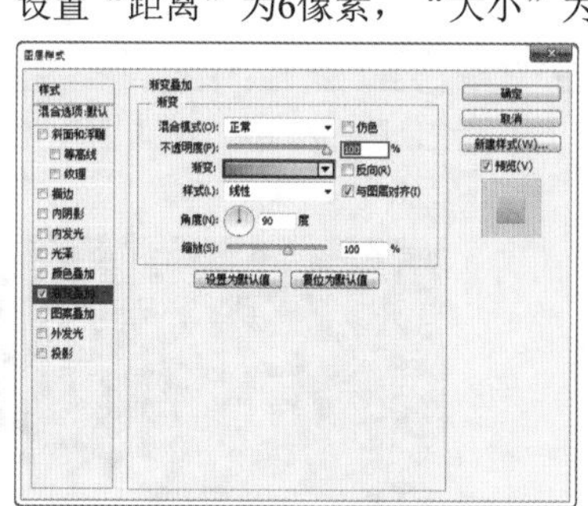
图17—51

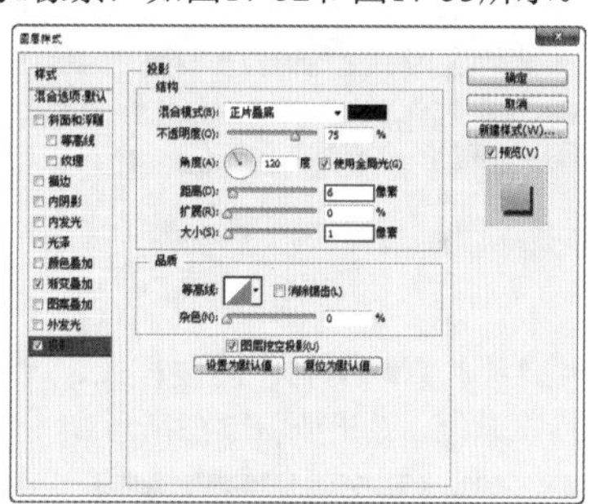
图17—52

图17—53

12 同样方法输入另外一组文字，并添加图层样式，设置渐变颜色为黄色系渐变，如图17-54所示。使用椭圆选框工具在文字上绘制一个合适大小的椭圆形选区，新建图层并填充白色，如图17-55所示。

13 载入文字选区，为白色椭圆图层添加图层蒙版，如图17-56所示。调整该图层的“不透明度”为39%，使文字顶部呈现出光泽感，如图17-57所示。

图17—54

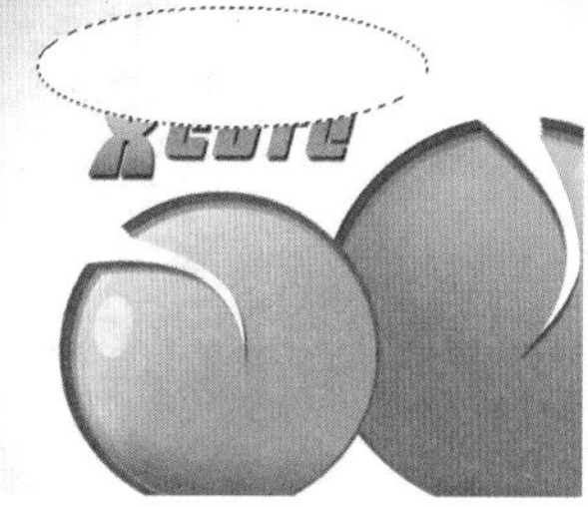
图17—55

图17—56

图17—57

14 复制两个图形，并合并为一个图层，执行“编辑>自由变换”命令，单击鼠标右键，在弹出的快捷菜单中执行“垂直翻转”命令，调整位置模拟倒影，如图17-58所示。为了使倒影更加真实，需要为该图层添加图层蒙版，在蒙版中使用黑色柔角画笔工具涂抹隐藏多余部分，如图17-59所示。

15 设置倒影图层的“不透明度”为40%，最终效果如图17-60所示。

图17—58

图17—59

图17—60

思维点拨：标志与色彩

色彩作为标志最显著的外貌特征，能够首先引起消费者的关注。色彩表达着人们的信念、期望和对未来生活的预测。“色彩就是个性”、“色彩就是思想”，色彩在标志设计中作为一种设计语言，在某种意义上可以说是标志的“标志”。在色彩的世界中，要使某一标志具有明显区别于其他标志的视觉特征，更富有诱惑消费者的魅力，达到刺激和引导消费的目的，这都离不开色彩的运用。不同的颜色给人带来的生理反应不同，其象征意义也各不相同，不同颜色的相互搭配也会激发人们不同的情感反应。所以，明确了每种颜色的含义才能更好地设计出成功的标志，如图17—61和图17—62所示。

图17—61

图17—62

17.4 变形文字标志设计

案例文件	案例文件\第17章\变形文字标志设计.psd
视频教学	视频文件\第17章\变形文字标志设计.flv
难易指数	★★★★★
技术要点	文字工具、钢笔工具、图层样式、“样式”面板

案例效果

本案例主要通过使用文字工具、钢笔工具、图层样式、“样式”面板制作变形文字的标志设计。效果如图17-63所示。

图17—63

操作步骤

01 打开背景素材文件，执行“窗口>字符”命令，打开“字符”面板，在其中设置合适的字体以及字号，单击“仿斜体”按钮，如图17-64所示。单击工具箱中的“横排文字工具”按钮，在画面中心输入合适大小的文字，如图17-65所示。

图17—64

图17—65

02 选择文字图层，单击“图层”面板上的“添加图层蒙版”按钮，使用黑色画笔在字母“K”的右上角进行适当涂抹，隐藏部分区域，如图17-66所示。然后单击工具箱中的“钢笔工具”按钮，在字母上绘制一个剑形的闭合路径，如图17-67所示。

03 单击鼠标右键，在弹出的快捷菜单中执行“建立选区”命令，新建图层，填充任意颜色，如图17-68所示。单击工具箱中的“多边形套索工具”按钮，单击选项栏中的“添加到选区”按钮，绘制一些三角形选区，填充白色，如图17-69所示。

图17—66

图17—67

图17—68

图17—69

04 将文字与剑的图层合并在一起作为“标志”图层，下面继续使用工具箱中的钢笔工具，在文字四周绘制外轮廓的闭合路径，如图17-70所示。单击鼠标右键，在弹出的快捷菜单中执行“转换选区”命令，在标志下方新建图层“绘制外轮廓”，填充任意颜色，如图17-71所示。

05 隐藏“标志”图层，载入文字选区，并执行“选择>反向”命令，为“绘制外轮廓”图层添加图层蒙版，隐藏多余部分，如图17-72和图17-73所示。

图17—70

图17—71

图17—72

图17—73

06 选择“绘制外轮廓”图层，执行“图层>图层样式>斜面和浮雕”命令，设置“深度”为700%，“大小”为13像素，阴影模式的“不透明度”为75%，如图17-74所示。选中“等高线”复选框，设置一种等高线形状，调整“范围”为66%，如图17-75所示。选中“渐变叠加”复选框，设置“不透明度”为100%，设置一种黄色系渐变，如图17-76所示。

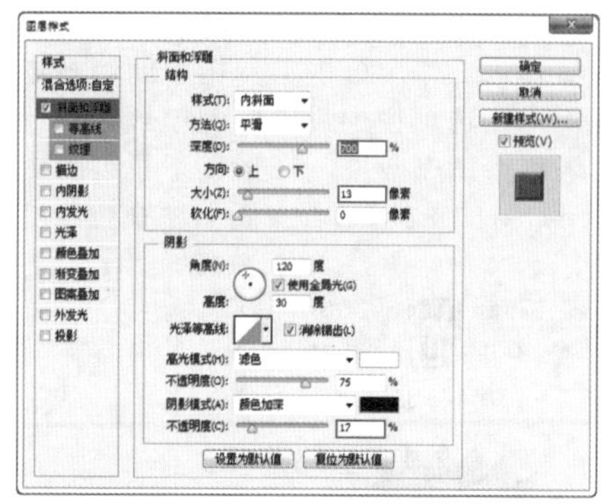
图17—74

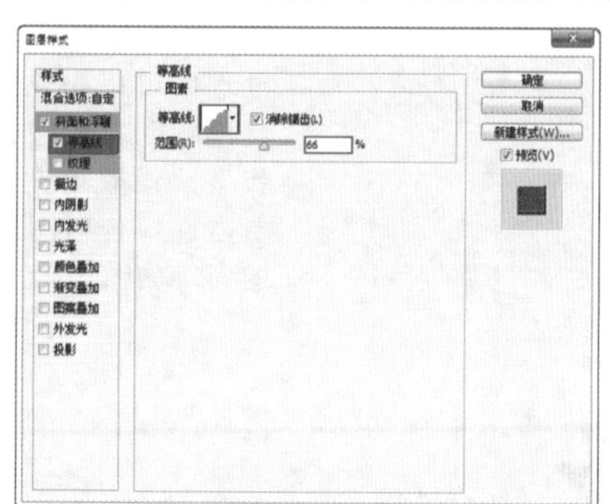
图17—75

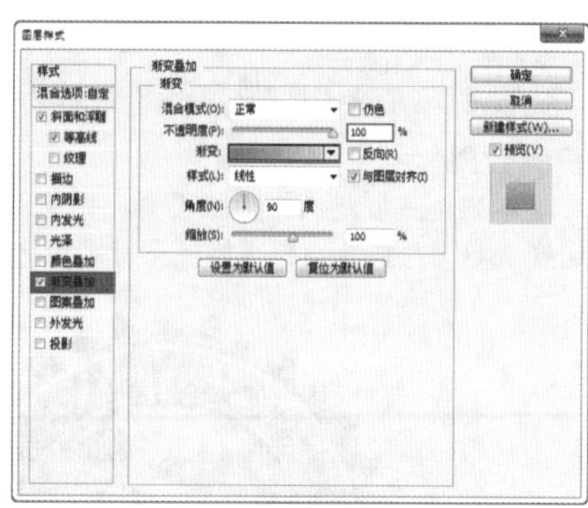
图17—76

07 选中“投影”复选框，设置“混合模式”为“正片叠底”，“不透明度”为9%，“距离”为13像素，如图17-77和图17-78所示。

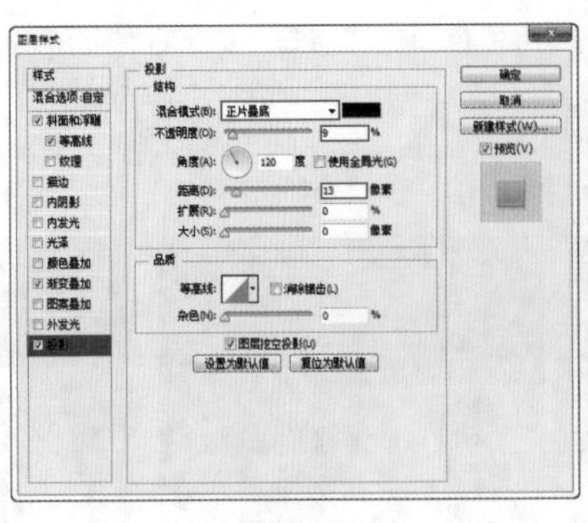

图17—77

图17—78

思维点拨

本案例主要把握住了“少而精”的原则，虽然丰富的颜色会看起来吸引人，但少量的颜色搭配，会使画面显得较为整体、不杂乱。

08 显示出“标志”图层，为其添加图层样式。载入样式素材“2.asl”，在“图层”面板中选择“标志”图层，并在“样式”面板中单击新导入的样式，如图17-79所示。最终效果如图17-80所示。

图17—79

图17—80

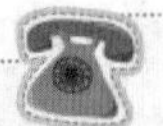

答疑解惑：如何载入样式素材？

执行“编辑>预设>预设管理器”命令，在弹出的窗口中设置预设类型为“样式”，单击“载入”按钮，并选择素材文件夹中的文件即可。

17.5 自然风格图形标志设计

案例文件	案例文件\第17章\自然风格图形标志设计.psd
视频教学	视频文件\第17章\自然风格图形标志设计.flv
难易指数	★★★★★
技术要点	形状工具、钢笔工具、文字工具、图层样式

案例效果

本案例主要是利用形状工具、钢笔工具、文字工具和图层样式等工具进行自然风格图形标志设计，如图17-81所示。

图17—81

操作步骤

01 新建文件，由于标志主体由很多部分构成，在制作过程中可以先从底部开始制作。单击工具箱中的“自定义形状工具”按钮，在选项栏中设置绘制模式为“形状”，设置填充为绿色系填充效果，在形状下拉列表中单击选择合适图形，如图17-82所示。在画面中拖曳绘制图形，如图17-83所示。

图17—82

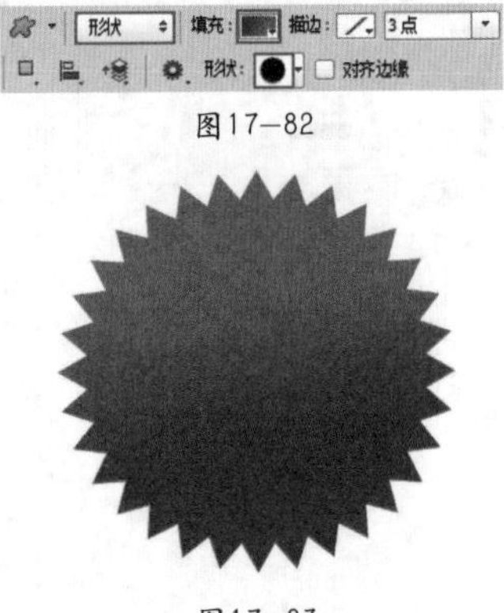

图17—83

02 为了使标志的底色具有立体感，需要为其执行“图层>图层样式>外发光”命令，设置颜色为黑色，“大小”为15像素，如图17-84所示。效果如图17-85所示。

03 单击工具箱中的“椭圆形状工具”按钮，设置颜色为白色，在画面中按住Shift键绘制白色正圆，如图17-86所示。执行“图层>图层样式>外发光”命令，设置颜色为深绿色，“扩展”为15%，“大小”为21像素，如图17-87和图17-88所示。

04 继续使用椭圆形状工具，在选项栏中设置绘制模式为“形状”，设置填充为红色系渐变，再次按住Shift键绘制一个小一点的正圆，如图17-89所示。

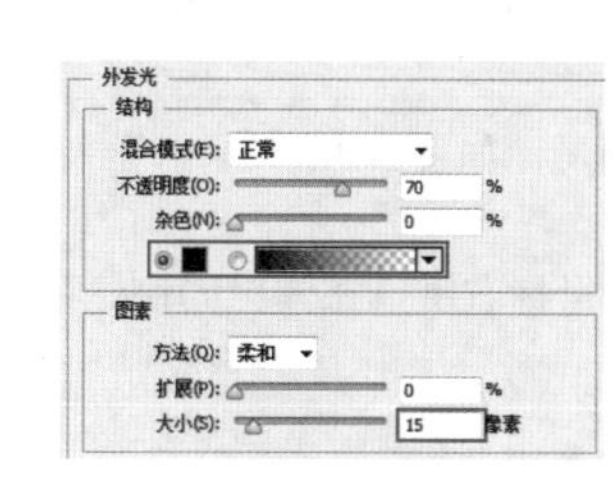
图17-84

图17-85

图17-86

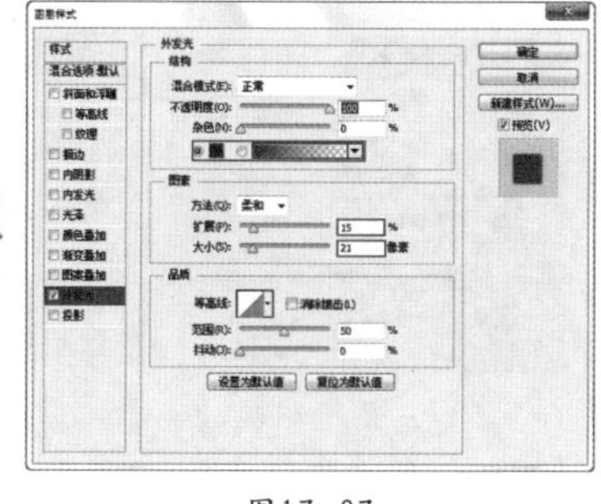
图17-87

图17-88

图17-89

05 执行“图层>图层样式>斜面和浮雕”命令，设置“大小”为59像素，“角度”为120度，“高光模式”颜色为黄色，“不透明度”为20%，阴影模式的“不透明度”为15%，如图17-90所示，最终效果如图17-91所示。

06 单击工具箱中的“钢笔工具”按钮，在红色圆的左上侧绘制高光部分的形状，绘制完毕后单击鼠标右键，在弹出的快捷菜单中执行“建立选区”命令，如图17-92所示。在“建立选区”面板中设置“羽化半径”为20像素，如图17-93所示。

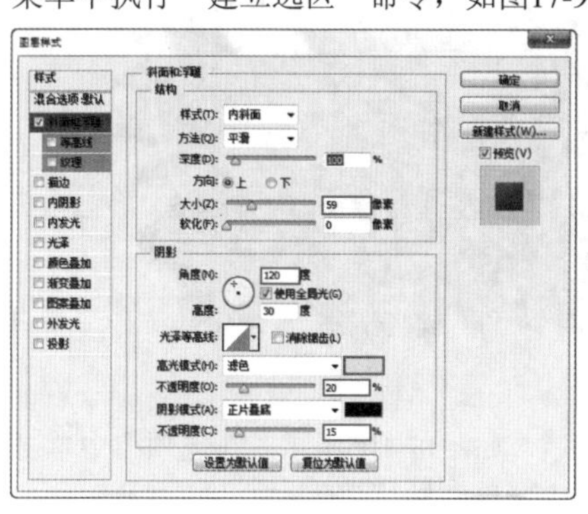
图17-90

图17-91

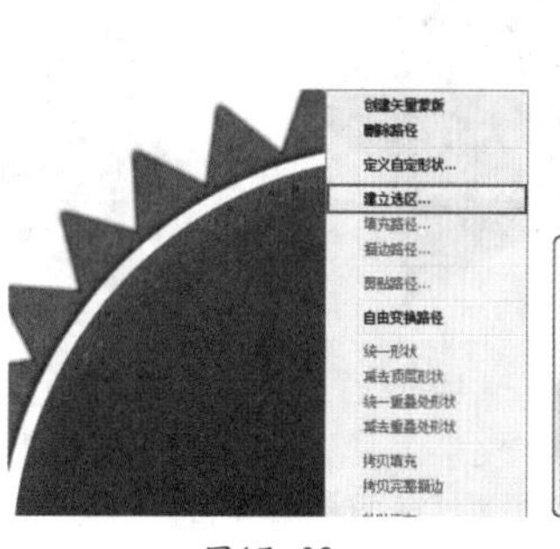
图17-92

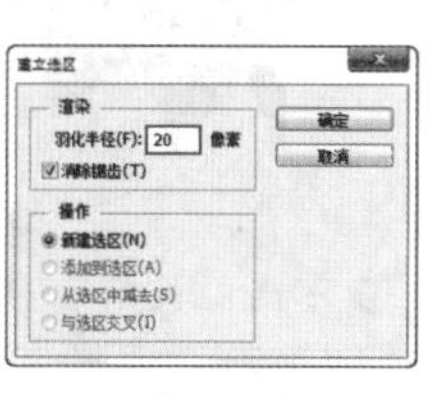
图17-93

07 新建图层填充白色，如图17-94所示。设置高光图层的“不透明度”为50%，完成高光的制作，如图17-95所示。

08 继续使用椭圆形状工具绘制白色描边橄榄绿色填充的圆形，如图17-96所示。

图17-94

图17-95

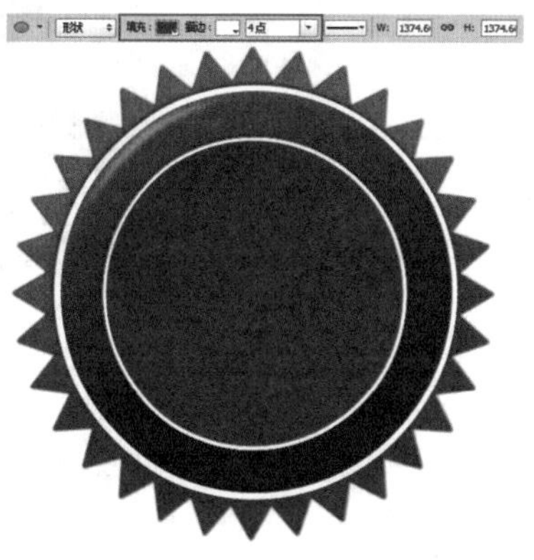
图17-96

技巧提示

为了使之前绘制的这些形状能够更好地对齐，可以在"图层"面板中选中这些图层，单击工具箱中的移动工具，在选项栏中单击"水平居中对齐"和"垂直居中对齐"按钮，如图17−97所示。

图17−97

09 继续绘制一个小一点的白色圆形，如图17-98所示。导入图案素材文件"1.jpg"，调整合适大小及位置，放在白色圆形图层的上方，如图17-99所示。

10 在"图层"面板该图层上单击鼠标右键，在弹出的快捷菜单中执行"创建剪贴蒙版"命令，如图17-100所示。此时圆形以外的部分被隐藏，如图17-101所示。

图17−98

图17−99

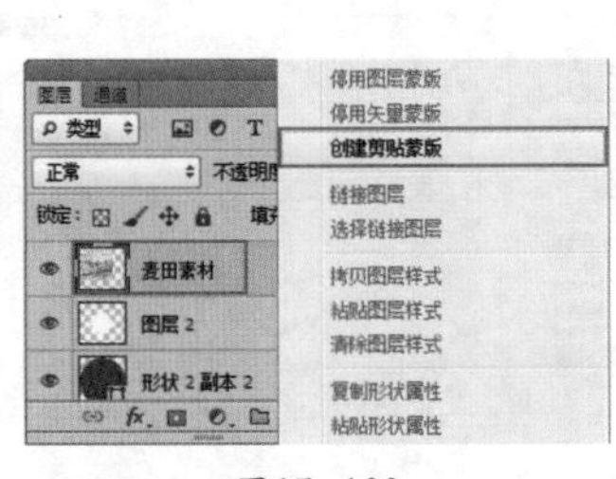

图17−100

图17−101

11 使用钢笔工具，在选项栏上设置工具模式为形状，设置"填充"为红色渐变，"描边"为深红色，描边大小为5点，在商标右下角绘制图形，如图17-102所示。复制刚绘制的图形，执行Ctrl+T自由变换快捷键，单击鼠标右键，在弹出的快捷菜单中执行"水平翻转"命令，将其移至商标左下方，如图17-103所示。

12 继续使用钢笔工具绘制丝带正面形状，如图17-104所示。

图17−102

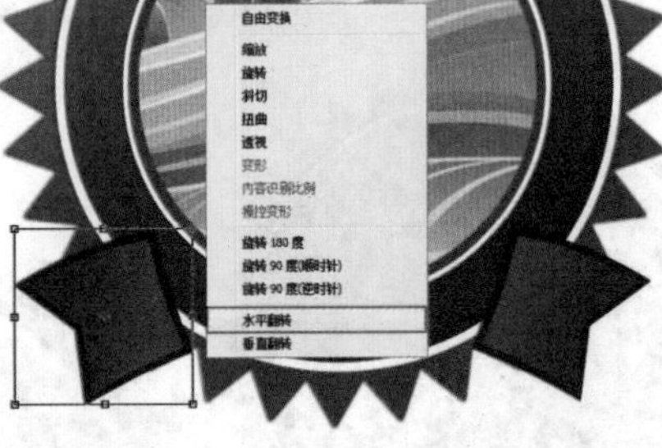

图17−103

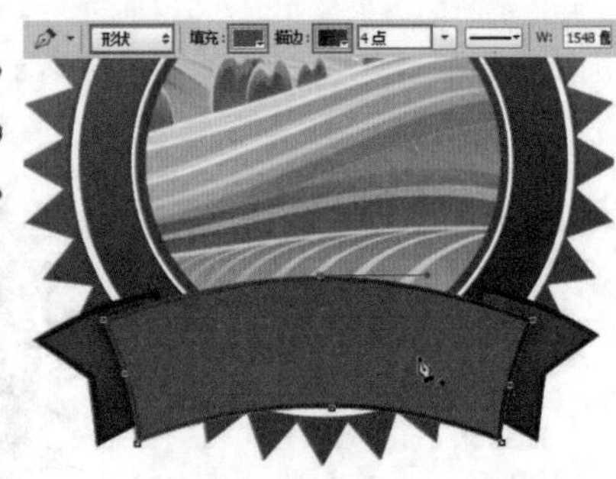

图17−104

13 单击工具箱中的"文字工具"按钮，设置合适字体及大小，在丝带上输入白色文字，如图17-105所示。在选项栏中单击"创建文字变形"按钮，在面板中设置"样式"为"扇形"，"弯曲"为25%，如图17-106和图17-107所示。

图17−105

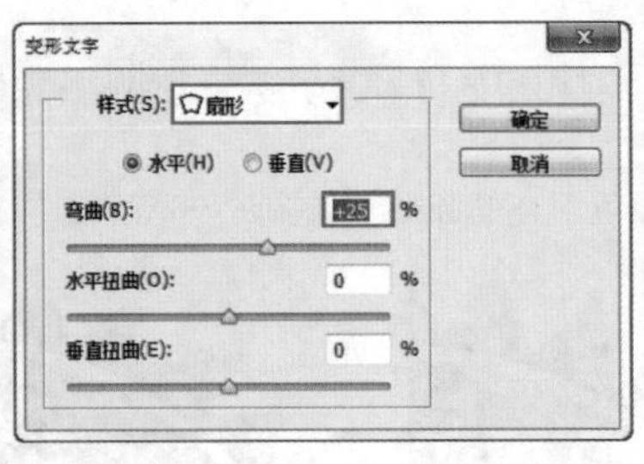

图17−106

图17−107

14 执行"图层>图层样式>投影"命令，设置"角度"为120度，"距离"数值为15像素，"大小"为5像素，如图17-108所示。文字阴影效果完成，如图17-109所示。

15 在商标上方使用钢笔工具绘制一个弯曲的路径，单击"文字工具"按钮，将光标移至路径上，单击并输入文字，如图17-110和图17-111所示。

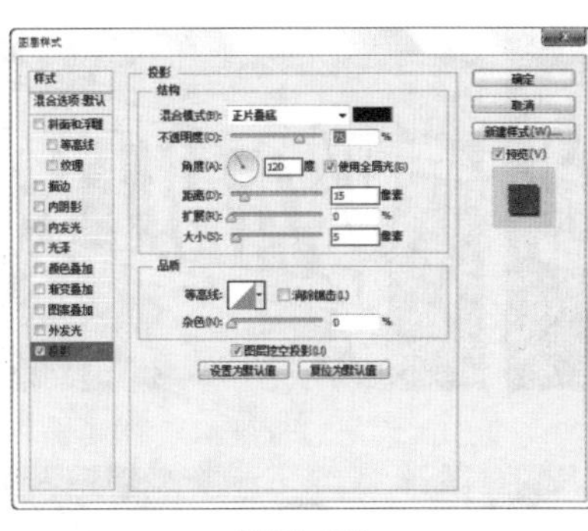
图17-108

图17-109

图17-110

图17-111

16 同样执行“图层>图层样式>投影”命令，为文字添加投影效果，如图17-112所示。导入水果素材“2.png”和背景素材“3.jpg”，调整合适大小及位置，最终效果如图17-113所示。

图17-112

图17-113

17.6 炫目动感风格音乐标志设计

案例文件	案例文件\第17章\炫目动感风格音乐标志设计.psd
视频教学	视频文件\第17章\炫目动感风格音乐标志设计.flv
难易指数	★★★★★
技术要点	选区工具、渐变工具、剪贴蒙版、图层样式

案例效果

本案例主要使用选区工具、渐变工具、剪贴蒙版、图层样式等工具制作炫目动感风格音乐标志，如图17-114所示。

图17-114

操作步骤

01 打开本书配套光盘中的背景素材文件“1.jpg”，如图17-115所示。设置前景色为白色，使用横排文字工具在画面中输入文字，并合并所有文字图层，如图17-116所示。

02 单击工具箱中的“多边形套索工具”按钮，在画面中绘制合适的选区，并为选区填充白色，如图17-117所示。同样方法继续使用套索工具绘制其他的选区，并填充白色，使文字效果更加丰富，如图17-118所示。

图17-115

图17-116

图17-117

图17-118

03 按Ctrl+T快捷键对文字进行自由变换，单击鼠标右键，在弹出的快捷菜单中执行“斜切”命令，对其进行适当的变形，如图17-119所示。按Enter键完成变换，效果如图17-120所示。

04 在文字图层底部新建图层，使用钢笔工具，在画面中绘制文字边缘的路径形状，如图17-121所示。按下Ctrl+Enter快捷键将其快速转化为选区，为其填充深蓝色，效果如图17-122所示。

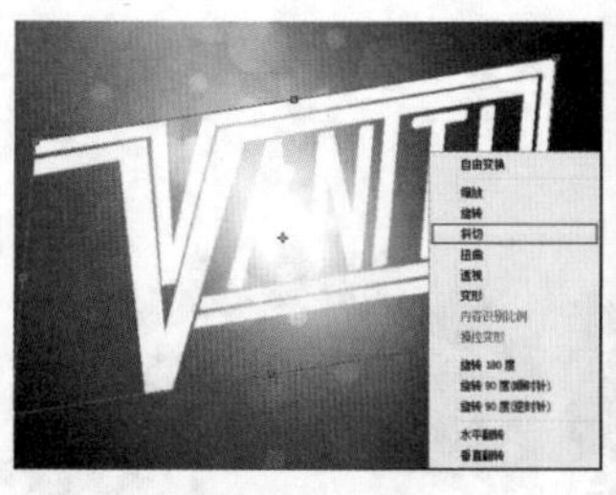

图17-119

图17-120

图17-121

图17-122

05 同样方法制作最底层的天蓝色形状，效果如图17-123所示。

06 对天蓝色图层执行“图层>图层样式>描边”命令，设置“大小”为20像素，“位置”为“外部”，“填充类型”为颜色，“颜色”为白色，如图17-124所示。选中“投影”复选框，设置“不透明度”为40%，“角度”为130度，“距离”为75像素，“扩展”为0%，“大小”为21像素，如图17-125所示。效果如图17-126所示。

图17-123

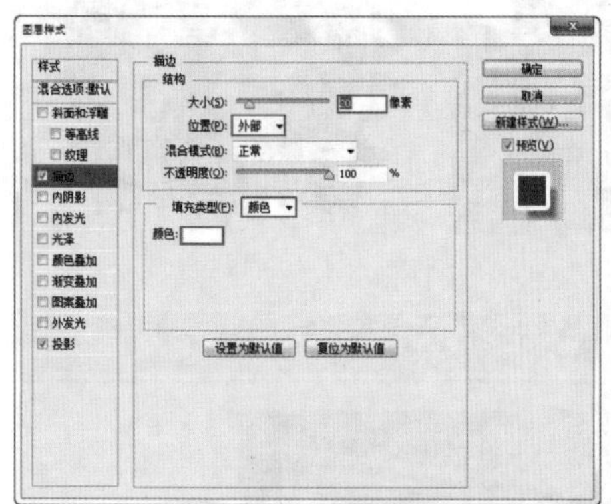

图17-124

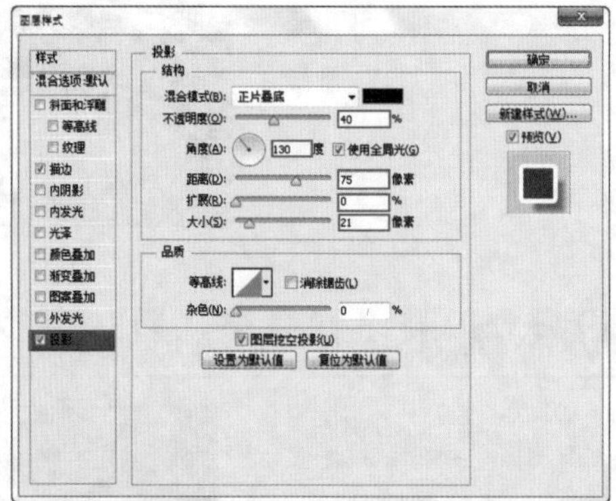

图17-125

图17-126

07 选中文字图层，使用魔棒工具在选项栏中设置“选区模式”为新选区，选中“连续”复选框，如图17-127所示。在画面中选择如图17-128所示部分，将其剪切并粘贴到新图层“小V”。

图17-127

图17-128

08 隐藏所有文字图层，载入刚刚剪切出的图层选区，使用渐变工具在选项栏中编辑黄蓝色系的渐变颜色，设置“绘制模式”为线性，如图17-129所示。在画面中自左向右进行拖曳填充，效果如图17-130所示。

图17-129　　图17-130

09 选中渐变图层，单击鼠标右键，在弹出的快捷菜单中执行“创建剪贴蒙版”命令，如图17-131所示。效果如图17-132所示。

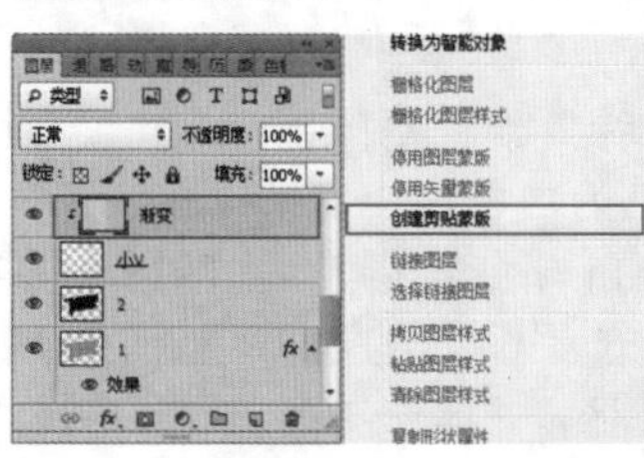

图17-131

图17-132

10 再次新建图层，使用多边形套索工具在画面中绘制矩形选区，为其填充白色到透明的渐变，如图17-133所示。同样单击鼠标右键为其创建剪贴蒙版，效果如图17-134所示。

11 继续新建图层，使用多边形套索工具在画面中绘制方形选区，填充红色，如图17-135所示。同样单击鼠标右键为其创建剪贴蒙版，丰富文字效果，如图17-136所示。

12 打开底部的文字图层，同样方法处理文字表面的其他部分，效果如图17-137所示。

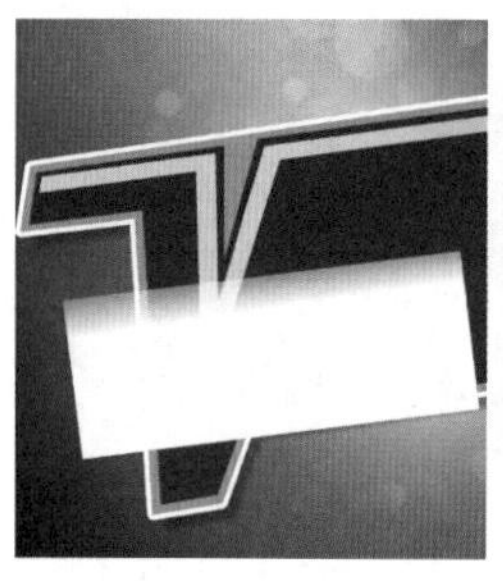
图17—133

图17—134

图17—135

图17—136

图17—137

思维点拨

本案例主要使用冷色系与暖色系的结合搭配，拉伸空间，使画面具有强烈的层次感。画面以前面凸出的彩色元素为主色调，与黑色底图搭配，产生强烈的明快感，更加突显了欢乐的感觉，使人印象深刻，如图17—138所示。

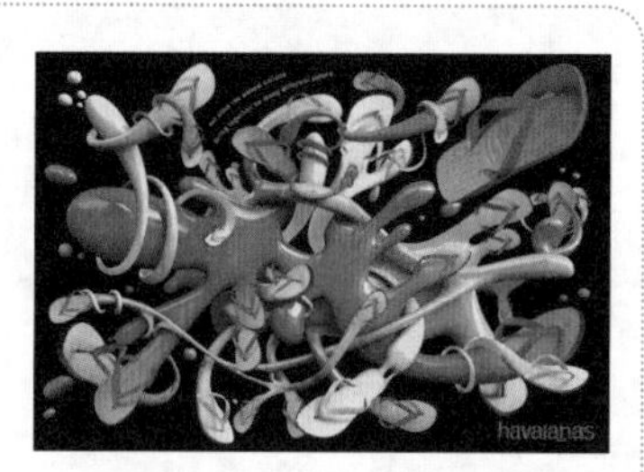

图17—138

13 单击工具箱中的“自定形状工具”按钮，在选项栏中设置“绘制模式”为形状，“填充”颜色为黄色，选择形状为五角星，如图17-139所示。在画面顶部绘制形状，效果如图17-140所示。

图17—140

图17—139

14 选中形状图层，为其添加图层样式，执行“图层>图层样式>斜面和浮雕”命令，设置“样式”为“内斜面”，“方法”为“平滑”，“深度”为664%，“角度”为130度，如图17-141所示。选中“描边”复选框，设置“大小”为20像素，“位置”为“外部”，“填充类型”为“颜色”，“颜色”为深蓝色，如图17-142所示。效果如图17-143所示。

15 最终制作效果如图17-144所示。

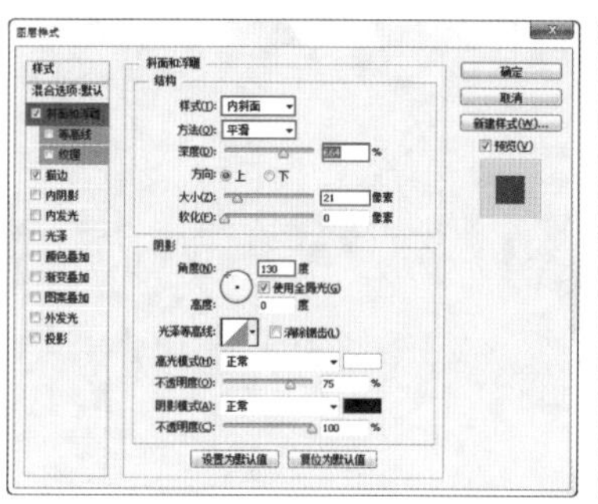
图17—141

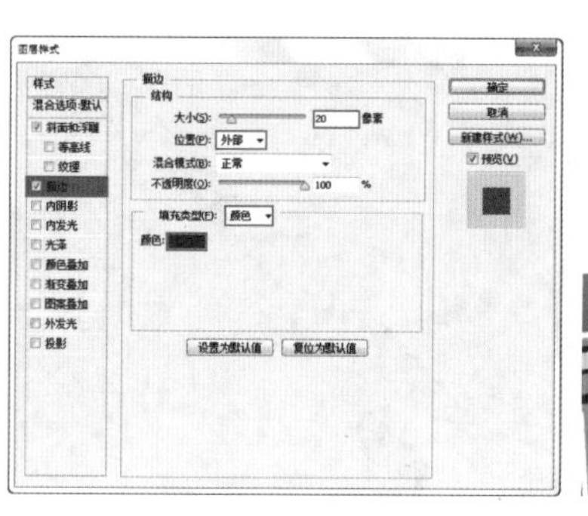
图17—142

图17—143

图17—144

读书笔记

第18章

企业VI设计

本章内容简介：

VI（Visual Identity）即视觉识别，是CIS（企业形象识别）系统中最具传播力和感染力的层面。VI通过一体化的符号形式来形成企业的独特形象，便于公众辨别、认同企业形象，促进企业产品或服务的推广。一个好的视觉识别系统，是传播企业经营理念、建立企业知名度、塑造企业形象的快速便捷之道。

本章学习要点：

- 企业标志设计
- 画册封面设计
- 信纸信封设计
- 光盘包装设计
- 光盘设计

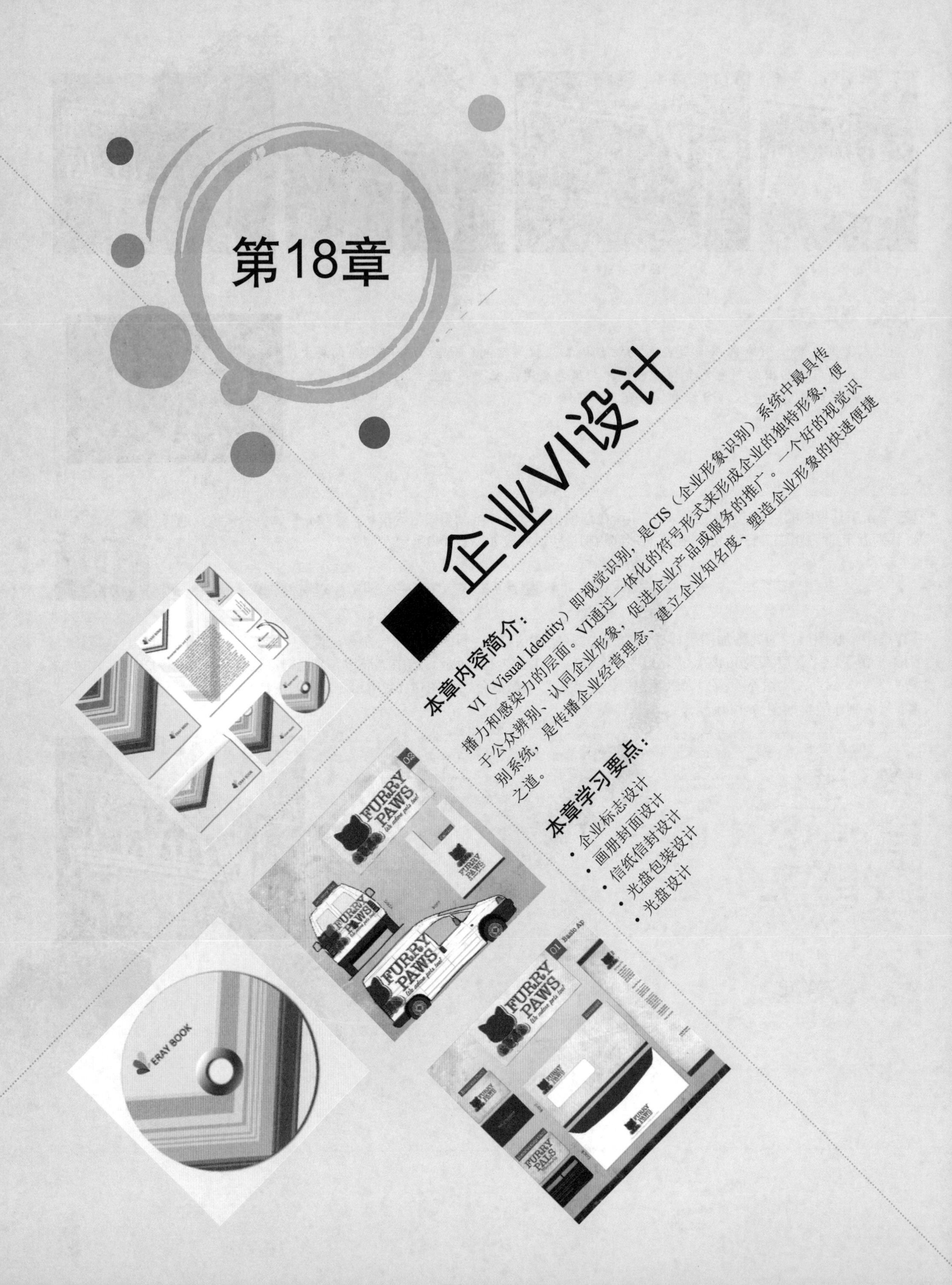

案例文件	案例文件\第18章\动感时尚风格企业VI设计.psd
视频教学	视频文件\第18章\动感时尚风格企业VI设计.flv
难易指数	★★★★★
技术要点	矩形选框工具、文字工具、剪贴蒙版

案例效果

VI全称Visual Identity，即视觉识别，是企业形象设计的重要组成部分。VI是以标志、标准字、标准色为核心展开的完整、系统的视觉表达体系，是将上述的企业理念、企业文化、服务内容、企业规范等抽象概念转换为具体记忆和可识别的形象符号，从而塑造出排他性的企业形象。

本案例主要通过使用矩形选框工具、文字工具、剪贴蒙版等命令来完成VI手册设计。效果如图18-1所示。

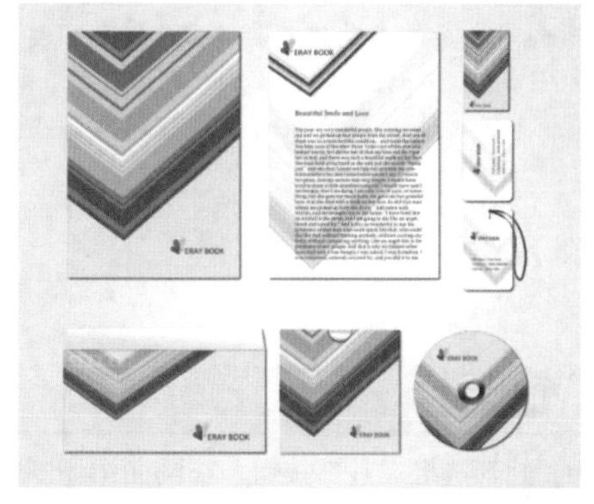

图18—1

18.1 企业标志设计

01 执行“文件>新建”命令，打开“新建”对话框设置“宽度”为4650像素，“高度”为3940像素，如图18-2所示。

02 为背景填充浅灰色，如图18-3所示。单击工具箱中的“自定形状工具”按钮，在选项栏中设置选择工具模式为路径，在“形状”下拉列表中选择雨滴形状，如图18-4所示。

03 在画面中单击绘制一个合适大小的雨滴闭合路径，如图18-5所示。单击工具箱中的“钢笔工具”按钮，调整雨滴形状，如图18-6所示。

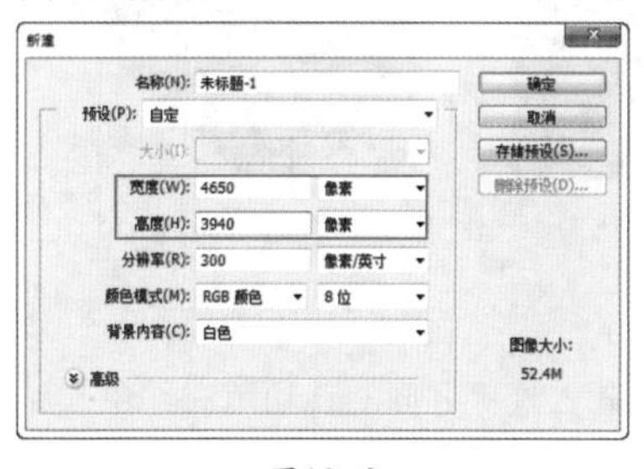

图18—2

图18—3

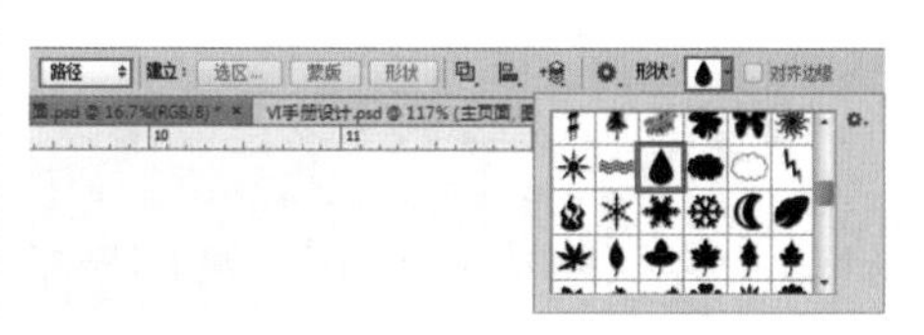

图18—4

图18—5　图18—6

04 执行“编辑>自由变换路径”命令，调整路径角度，如图18-7所示。按Enter键结束变形操作，单击鼠标右键，在弹出的快捷菜单中执行“建立选区”命令，新建图层并填充粉色，如图18-8所示。

05 载入水滴选区，新建图层并填充蓝色，执行“自由变换”命令，调整大小及角度，如图18-9所示。按Enter键结束变换操作，设置“混合模式”为“变暗”，如图18-10所示。

06 再次载入雨滴选区，新建图层并填充黄色，调整大小及角度，设置“混合模式”为“变暗”，如图18-11所示。载入雨滴选区，新建图层并填充绿色，调整大小及角度，如图18-12所示。

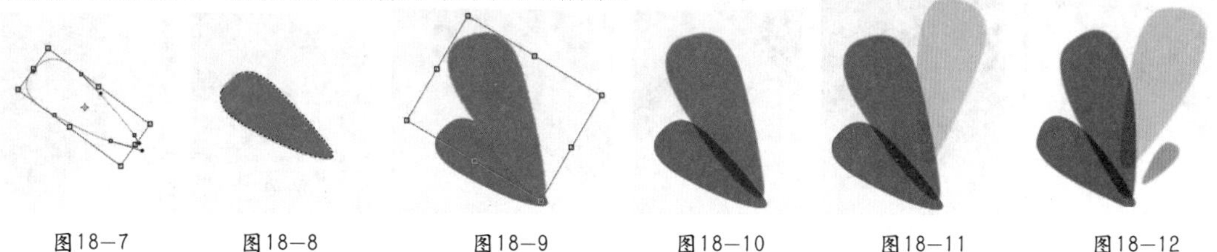

图18—7　图18—8　图18—9　图18—10　图18—11　图18—12

思维点拨：奥迪汽车标志释义——兄弟四人手挽手

标志通常与企业的经营紧密相关，标志设计是企业日常经营活动、广告宣传、文化建设、对外交流必不可少的元素，它随着企业的成长，其价值也不断增长。曾有人断言：“即使一把火把可口可乐的所有资产烧光，可口可乐凭着其商标（标志），就能重新起来”，可想而知，标志设计的重要性。因此，具有长远眼光的企业，十分重视标志设计。在企业建立初期，好的设计无疑是日后无形资产积累的重要载体，如果没有能客观反映企业精神、产业特点，造型科学优美的标志，等企业发展起来，在做变化调整，将对企业造成不必要的浪费和损失。

图18—13

德国大众汽车公司生产的奥迪轿车标志是4个连环圆圈（如图18-13所示），它是其前身——汽车联合公司于1932年成立时使用的统一车标。4个圆环表示当初是由霍赫、奥迪、DKW和旺德诺4家公司合并而成的。每一环都是其中一个公司的象征。半径相等的四个紧扣圆环，象征公司成员平等、互利、协作的亲密关系和奋发向上的敬业精神。

07 单击工具箱中的“文字工具”按钮，在选项栏中设置一种合适的字体，在标志右侧输入黑色文字，完成标志的设计，如图18-14所示。

图18-14

18.2 画册封面设计

01 单击工具箱中的“矩形选框工具”按钮，在画面中绘制一个合适大小的矩形，新建图层并填充深一点的灰色，如图18-15所示。

02 执行“图层>图层样式>投影”命令，设置“不透明度”为75%，“距离”为10像素，“大小”为10像素，如图18-16和图18-17所示。

03 使用矩形选框工具在画面中绘制一个合适大小的矩形选区，新建图层并填充红色，如图18-18所示。执行“编辑>自由变换”命令，将其旋转至合适角度，调整大小，如图18-19所示。

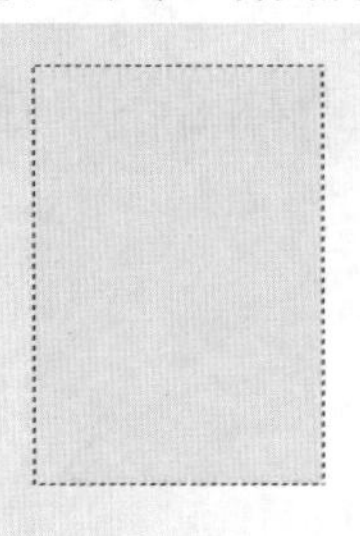

图18-15

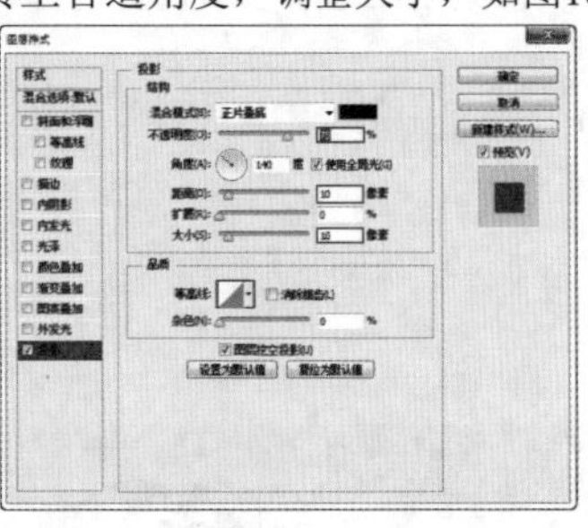

图18-16

图18-17

图18-18

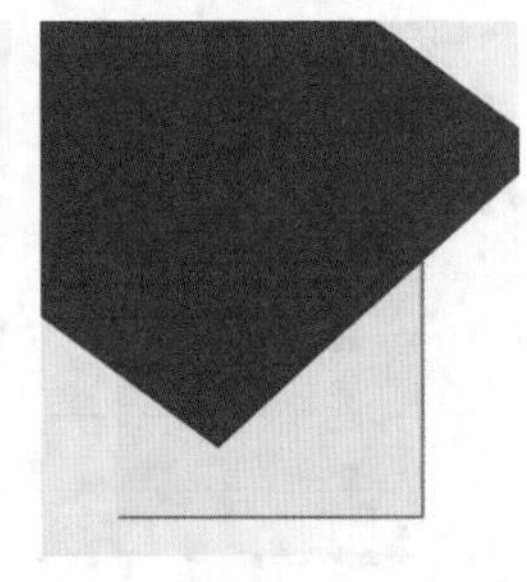

图18-19

04 载入红色图层的选区，并向上移动，新建图层并填充浅红色，如图18-20所示。继续载入选区并向上移动填充红色，如图18-21所示。

05 同样方法制作其他不同大小的彩色矩形，如图18-22所示。将彩色形状合并为一个图层，放在灰色矩形上方，并在“图层”面板上单击鼠标右键，在弹出的快捷菜单中执行“创建剪贴蒙版”命令，此时底色以外的部分被隐藏了，如图18-23所示。

06 将完成的标志放置在右下角，如图18-24所示。

图18-20

图18-21

图18-22

图18-23

图18-24

思维点拨：VI设计的一般原则

VI设计的一般原则包括统一性原则、差异性原则和民族性原则。

- 统一性原则：为了达成企业形象对外传播的一致性与一贯性，应该运用统一设计和统一大众传播，用完美的视觉一体化设计，将信息与认识个性化、明晰化、有序化，把各种形式传播媒体上的形象统一，创造能储存与传播的统一的企业理念与视觉形象，这样才能集中与强化企业形象，使信息传播更为迅速有效，给社会大众留下强烈的印象与影响力。
- 差异性原则：企业形象为了能获得社会大众的认同，必须是个性化的、与众不同的，因此差异性的原则十分重要。

● **民族性原则**：企业形象的塑造与传播应该依据不同的民族文化，美、日等许多企业的崛起和成功，民族文化是其根本的驱动力。美国企业文化研究专家秋尔和肯尼迪指出，“一个强大的文化几乎是美国企业持续成功的驱动力。”驰名于世的“麦当劳”和“肯德基”独具特色的企业形象，展现的就是美国生活方式的快餐文化。

18.3 信纸设计

01 使用矩形选框工具绘制一个合适大小的矩形选区，新建图层并填充白色，如图18-25所示。执行“图层>图层样式>投影”命令，设置“不透明度”为75%，“距离”为10像素，“大小”为10像素，如图18-26所示。

02 复制画册封面的部分彩色图像，如图18-27所示，并在顶层绘制一个小一点的白色形状，如图18-28所示。

03 新建图层组，将彩色矩形放置在同一个组中，设置该组的“不透明度”为15%，如图18-29所示。同样的方法制作小一些的彩条效果，将其放置在页面的上方，如图18-30所示。

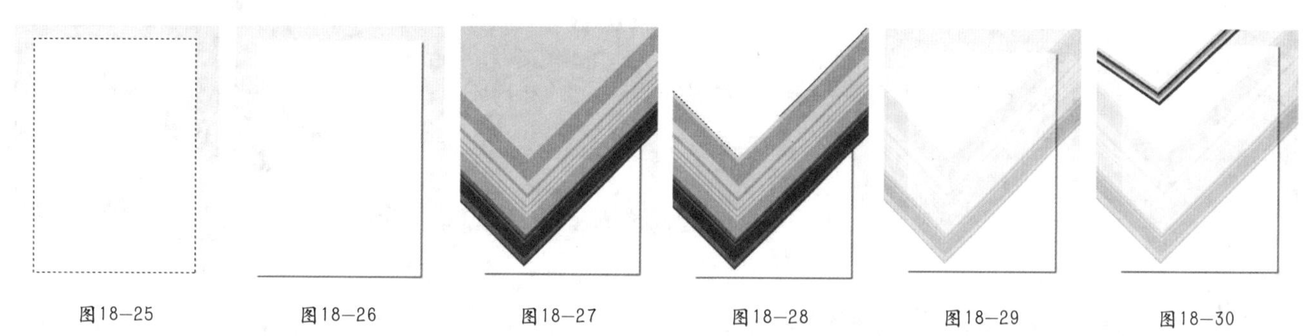

图18—25　图18—26　图18—27　图18—28　图18—29　图18—30

04 分别将这两部分彩色图像合并为独立图层，并对底色图层创建剪贴蒙版，如图18-31和图18-32所示。

05 复制标志，将其放置在画面左上方，如图18-33所示。使用横排文字工具在画面中输入粉色标题字，如图18-34所示。

06 继续使用横排文字工具在画面中按住左键并拖曳绘制一个文本框，如图18-35所示。在文本框中单击输入文字，如图18-36所示。

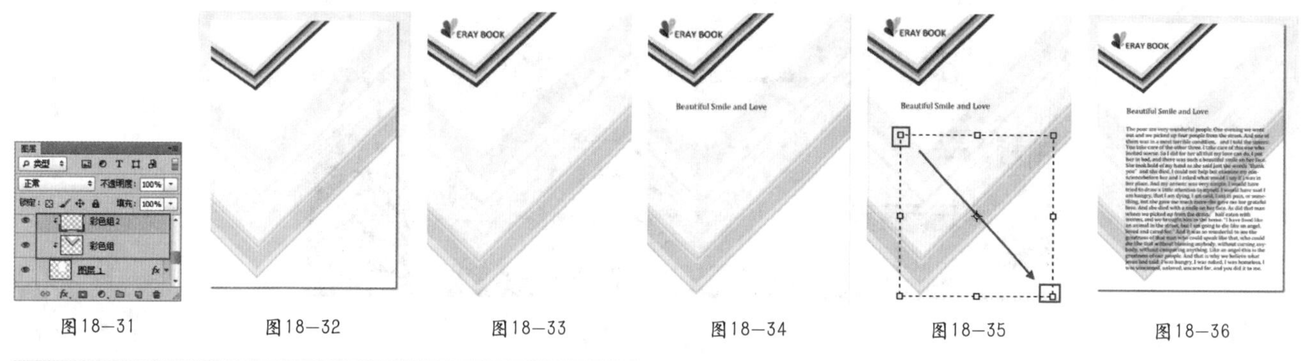

图18—31　图18—32　图18—33　图18—34　图18—35　图18—36

18.4 信封设计

01 单击工具箱中的“多边形套索工具”按钮，在画面中绘制合适的选区，如图18-37所示。单击工具箱中的“渐变工具”按钮，在选项栏中单击设置一种白色到灰色的渐变，新建图层，在选区中自上而下地拖曳填充渐变，如图18-38所示。

02 使用矩形选框工具在下方绘制合适的选区，新建图层，填充灰色，如图18-39所示。为绘制的两个图层添加阴影效果，如图18-40所示。

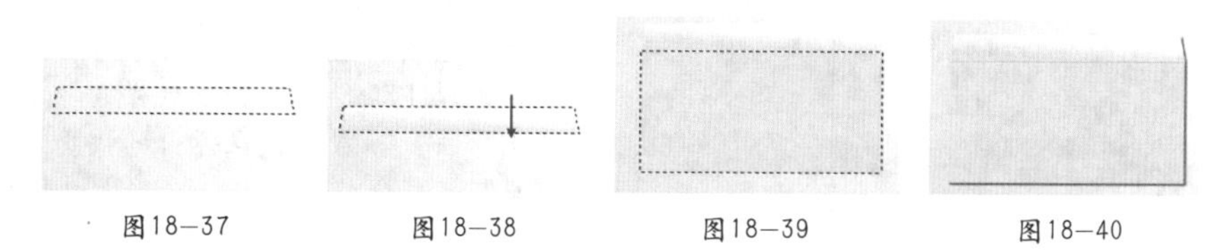

图18—37　图18—38　图18—39　图18—40

03 复制之前绘制的彩色图形，并合并为一个图层，放置在信封底色图层的上方，并单击鼠标右键，在弹出的快捷菜单中执行“创建剪贴蒙版”命令，使信封底色以外的区域隐藏，如图18-41和图18-42所示。将复制之前做好的标志放置在信封右下侧，如图18-43所示。

04 使用矩形选框工具在信封左上角绘制一个合适大小的矩形选区，如图18-44所示。新建图层，单击鼠标右键，在弹出的快捷菜单中执行“描边”命令，设置“宽度”为5像素，“颜色”为白色，如图18-45所示。单击“确定”按钮，完成描边操作，如图18-46所示。

图18-41

图18-42

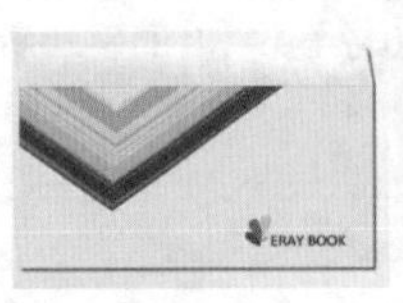

图18-43

图18-44

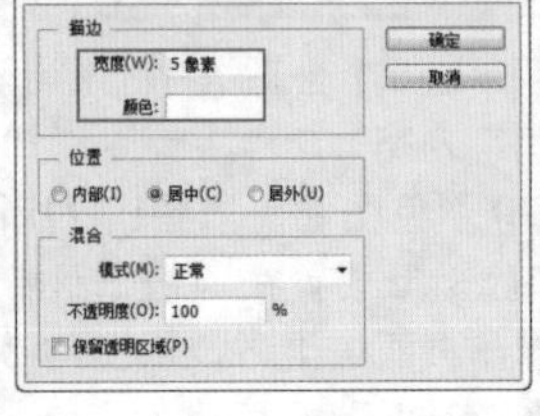

图18-45

图18-46

05 单击工具箱中的“移动工具”按钮，按住Alt键移动复制出另外几个矩形框，选中这些矩形框图层，在“移动工具”选项栏中进行对齐和分布，如图18-47和图18-48所示。

图18-47

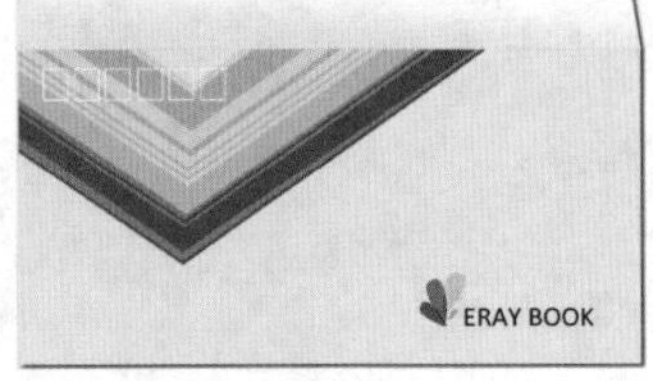

图18-48

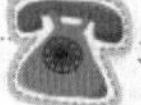

答疑解惑：完整的VI设计都包括什么？

一套VI设计的主要内容可以分为基本要素系统和应用系统两大类。

- 基本要素系统：包括标志、标准字 、标准色以及标志和标准字的组合。
- 应用系统：包括办公用品、企业外部建筑环境、企业内部建筑环境、交通工具、服装服饰、广告媒体、产品包装、公务礼品、陈列展示、印刷品，如图18-49和图18-50所示。

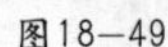

图18-49

图18-50

18.5 光盘包装设计

01 使用矩形选框工具绘制一个合适大小的矩形，单击工具箱中的“渐变工具”按钮，在“渐变编辑器”中编辑一种金属色系渐变，新建图层并拖曳填充作为光盘包装的底色，如图18-51所示，为底色图层添加“投影”效果，如图18-52所示。

图18-51　　图18-52

技巧提示

此处为光盘底色图层添加的投影效果与之前为画册封面图层添加的投影效果是相同的，所以可以在画册封面图层的图层样式上单击鼠标右键，在弹出的快捷菜单中执行“复制图层样式”命令，并在当前图层上单击鼠标右键，在弹出的快捷菜单中执行“粘贴图层样式”命令。

02 载入底色图层选区，单击工具箱中的“椭圆选框工具”按钮后，单击选项栏中的“从选区减去”按钮，在矩形选区上绘制一个椭圆选区，此时即可得到如图18-53所示的选区。下面新建图层并填充为灰色，在该图层下方新建图层，使用黑色柔角画笔在半圆形缺口处涂抹，制作出阴影效果，如图18-54所示。

03 再次复制之前多次使用过的彩色图案，摆放在光盘包装的上半部分，如图18-55所示。

04 将彩色图案放置在带有缺口的灰色图层上方，并在该图层上单击鼠标右键，在弹出的快捷菜单中执行“创建剪贴蒙版”命令，如图18-56所示。复制标志，将其放置在画面右下角，如图18-57所示。

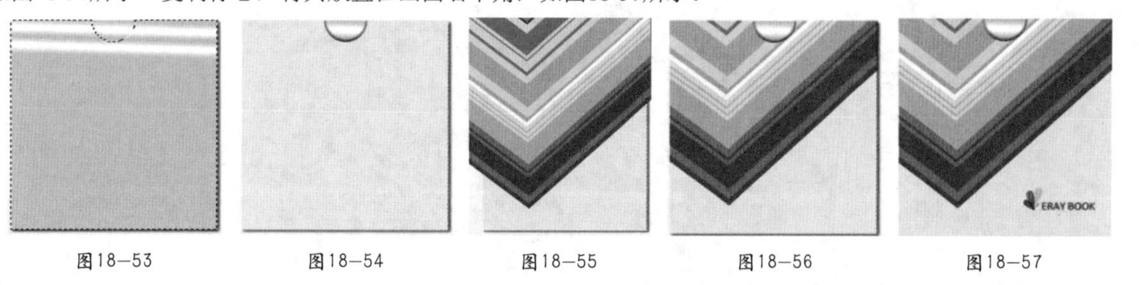

图18—53　图18—54　图18—55　图18—56　图18—57

18.6 光盘设计

01 使用椭圆选框工具，按Ctrl键绘制一个大一点的正圆选区，单击选项栏中的“从选区减去”按钮，在正圆中心绘制一个小一点的正圆选区，如图18-58所示。新建图层“盘底”，使用渐变工具为选区填充一种金属色系渐变并进行填充，如图18-59所示。

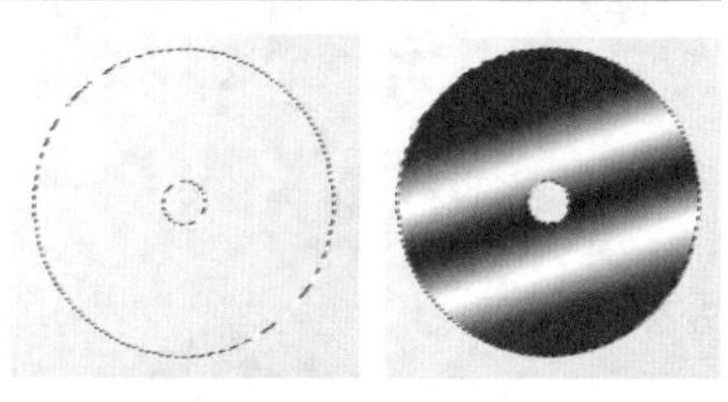

图18—58　图18—59

技巧提示

如果使用上述方法很难绘制出两个标准的同心正圆选区，可以通过以下方法进行操作：绘制正圆选区并填充颜色，再次新建图层绘制较小的正圆选区并填充颜色。选中小圆以及大圆图层，在“移动工具”选项栏中进行对齐分布，载入小圆选区后，在大圆图层上按Delete键进行删除即可。

02 为“盘底”图层添加投影效果，如图18-60所示。复制“盘底”图层，并填充为浅灰色，使用椭圆选框工具在中心绘制选区并删除，如图18-61所示。

03 将彩色图案移到光盘上，如图18-62所示。合并图层后对其执行“创建剪贴蒙版”命令，并将标志放置在光盘上合适的位置，如图18-63所示。

04 同样方法分别制作出书签、名片和吊牌。调整间距和位置，最终效果如图18-64所示。

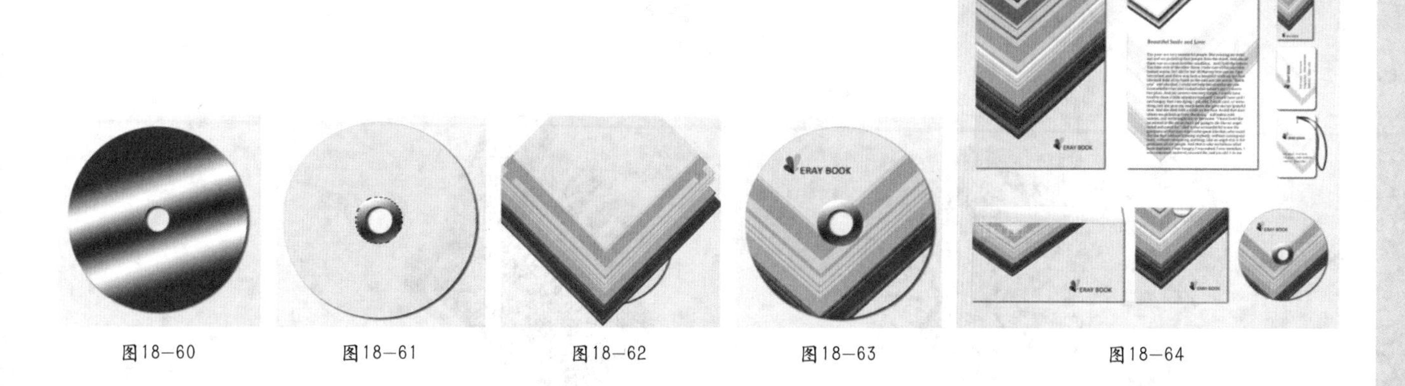

图18—60　图18—61　图18—62　图18—63　图18—64

第19章

卡片设计

本章内容简介：

工作生活中经常会看到各式各样的卡片，如名片、明信片及其他各种形式的卡片如景区门票、服装吊牌等，这些东西虽小，但通常都有很独特的风格，能在一定程度上传递相关信息，也是平面设计中的一个类型。本章将介绍几个具体的卡片设计实例。

本章学习要点：

- 商务简洁风格名片
- 卡通主题活动卡
- 风景明信片
- 矢量风格服装吊牌
- 音乐演唱会主题卡片

19.1 商务简洁风格名片

案例文件	案例文件\第19章\商务简洁风格名片.psd
视频教学	视频文件\第19章\商务简洁风格名片.flv
难易指数	★★★★★
技术要点	选区工具、自定形状、混合模式、图层样式

案例效果

本案例主要使用选区工具、自定形状、混合模式和图层样式等制作简洁商务名片，如图19-1所示。

操作步骤

01 打开本书配套光盘中的背景素材文件“1.jpg”，如图19-2所示。

图19—1

图19—2

02 设置前景色为蓝色，新建图层，使用矩形选框工具在画面中绘制矩形选框，并为其填充蓝色，如图19-3所示。执行“图层>图层样式>内发光”命令，设置“不透明度”为70%，“颜色”为蓝色，“方法”为“柔和”，设置“源”为“边缘”，“阻塞”为5%，“大小”为180像素，如图19-4所示。效果如图19-5所示。

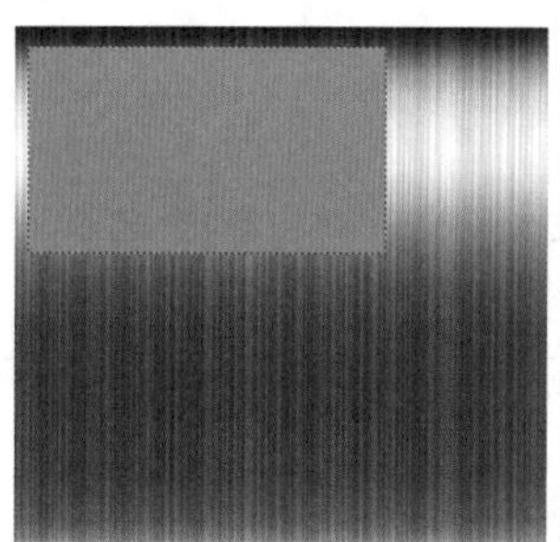

图19—3

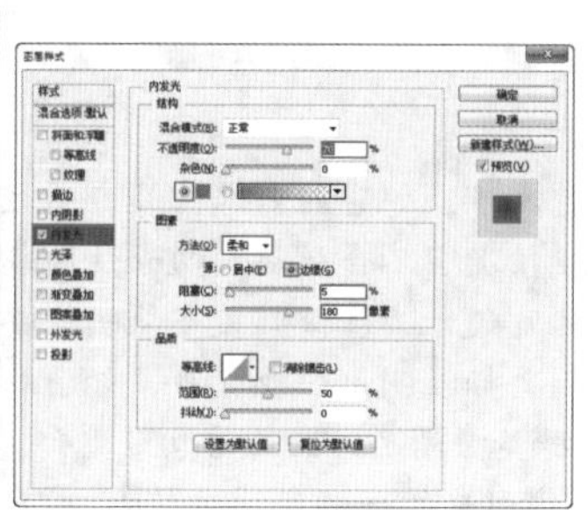

图19—4

图19—5

03 在蓝色图层下新建图层，载入蓝色图层选区，为其填充黑色，对其执行“滤镜>模糊>高斯模糊”命令，设置“半径”为4像素，如图19-6所示。效果如图19-7所示。

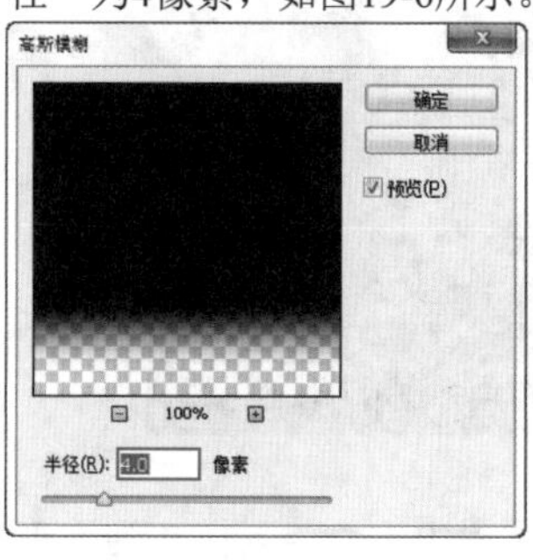

图19—6

图19—7

04 设置黑色图层的“不透明度”为60%，如图19-8所示。适当向右下移动该图层，作为名片的阴影，如图19-9所示。

图19—8

图19—9

05 在“图层”面板顶部新建图层，使用椭圆选框工具在画面中按住Shift键绘制正圆选区，如图19-10所示单击鼠标右键，在弹出的快捷菜单中执行“描边”命令，设置“宽度”为“60像素”，“颜色”为白色，“位置”为“居中”，如图19-11所示。单击“确定”按钮后可以看到描边效果，如图19-12所示。

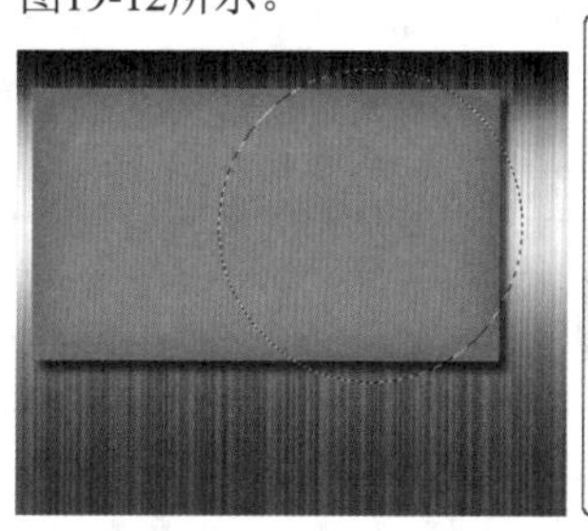

图19—10

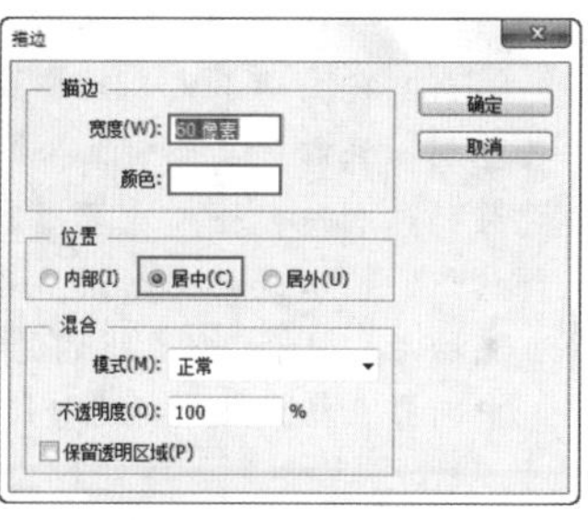

图19—11

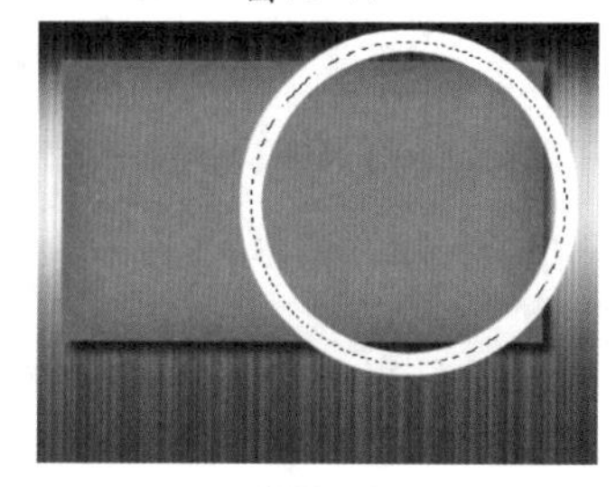

图19—12

06 载入蓝色矩形图层选区，选择圆环图层，单击“图层”面板底部的“添加图层蒙版”按钮，为其添加图层蒙版，设置其“混合模式”为“柔光”，如图19-13所示。效果如图19-14所示。

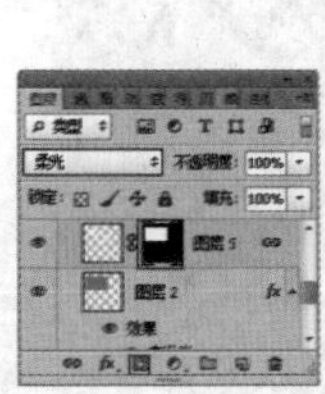

图19-13

图19-14

07 选择自定形状工具，在选项栏中设置绘制模式为“形状”，“填充”颜色为白色，在形状列表中选择箭头形状，如图19-15所示。在画面中绘制，如图19-16所示。按Ctrl+T快捷键将其旋转到合适的角度，按Enter键完成自由变换，效果如图19-17所示。

图19-15

图19-16

图19-17

08 设置箭头的“混合模式”为“柔光”，如图19-18所示。效果如图19-19所示。

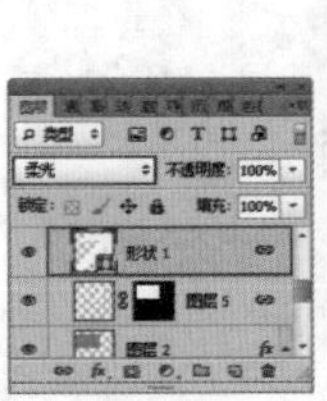

图19-18

图19-19

09 设置前景色为白色，使用横排文字工具设置合适的字号以及字体，在画面中输入合适的文字，效果如图19-20所示。同样方法制作名片的另一面，最终制作效果如图19-21所示。

图19-20

图19-21

思维点拨：名片设计

名片作为一个人、一种职业的独立媒体，在设计上要讲究艺术性。但它同艺术作品有明显的区别，它不像其他艺术作品那样具有很高的审美价值，可以去欣赏，去玩味。它在大多情况下不会引起人的专注和追求，而是便于记忆，具有更强的识别性，让人在最短的时间内获得所需要的情报。因此名片设计必须做到文字简明扼要，字体层次分明，强调设计意识，艺术风格要新颖。名片除标注清楚个人信息资料外，还要标注明白企业资料，如企业的名称、地址及企业的业务领域等。具有CI形象规划的企业名片纳入办公用品策划中，这种类型的名片企业信息最重要，个人信息是次要的。在名片中同样包括企业的标志、标准色、标准字等，使其成为企业整体形象的一部分，如图19—22和图19—23所示。

图19—22

图19—23

19.2 卡通主题活动卡

案例文件	案例文件\第19章\卡通主题活动卡.psd
视频教学	视频文件\第19章\卡通主题活动卡.flv
难易指数	★★★★★
技术要点	多边形套索工具、图层样式

案例效果

本案例主要使用多边形套索、图层样式等制作卡通主题活动卡，效果如图19-24所示。

图19-24

操作步骤

01 新建文件，首先进行底色的制作。选择渐变工具编辑一种由深蓝到浅蓝的渐变色，单击“线性渐变”按钮，如图19-25所示。单击拖曳绘制蓝色系的渐变，效果如图19-26所示。

02 新建图层，使用矩形选框工具在画面中拖曳绘制矩形选区，为其填充白色。效果如图19-27所示。

图19-25

图19-26

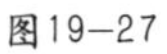

图19-27

03 新建图层，使用多边形套索工具在白色矩形右上角绘制三角形选区，如图19-28所示。为其填充淡蓝色系的渐变，如图19-29所示。

图19-28　图19-29

04 导入图像素材“1.jpg”，并将其置于画面中合适位置，使用多边形套索工具绘制四边形，如图19-30所示。单击“图层”面板上的“添加图层蒙版”按钮，为其添加图层蒙版，效果如图19-31所示。

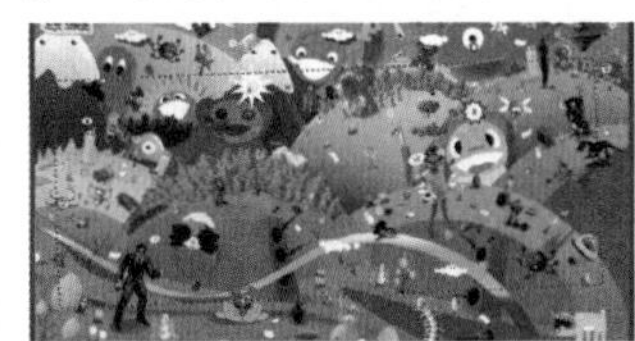

图19-30　图19-31

思维点拨

本案例的画面主要呈现的是卡通色，可爱的卡通色通常运用在电影海报、儿童书籍和食品包装中，展现纯真的效果。明亮柔和的色彩形成了温暖舒适的氛围，可爱的造型唤起人们儿时纯真的记忆，给人留下深刻印象。

05 新建图层，使用横排文字工具分别设置白色和蓝色的前景色，设置相应的字体以及字号，在画面中单击输入合适的文字，如图19-32所示。

图19-32

06 选中所有文字图层，按快捷键Ctrl+G置于同一图层组中，按快捷键Ctrl+T，将文字组旋转到合适的角度，效果如图19-33所示。

图19-33

07 选中顶部的文字标题，执行“图层>图层样式>渐变叠加”命令，设置“混合模式”为“正常”，“不透明度”为100%，编辑一种由白色到蓝色的对称渐变，设置“样式”为“线性”，“角度”为93度，如图19-34所示。效果如图19-35所示。

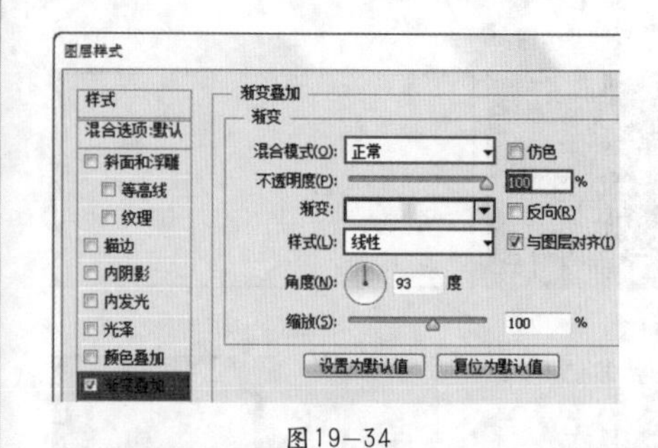
图19—34

图19—35

08 同样方法为其他白色文字标题添加渐变的图层样式，最终效果如图19-36所示。

图19—36

19.3 风景明信片

案例文件	案例文件\第19章\风景明信片.psd
视频教学	视频文件\第19章\风景明信片.flv
难易指数	★★★★★
技术要点	形状工具的使用

案例效果

本案例主要使用矩形工具制作风景明信片，如图19-37所示。

操作步骤

01 打开背景素材文件，如图19-38所示。首先需要将风景适当提亮。

图19—37

图19—38

02 执行“图层>新建调整图层>曲线”命令，创建曲线调整图层，调整曲线的形状，如图19-39所示。使用黑色柔角画笔在调整图层蒙版中绘制，如图19-40所示。效果如图19-41所示。

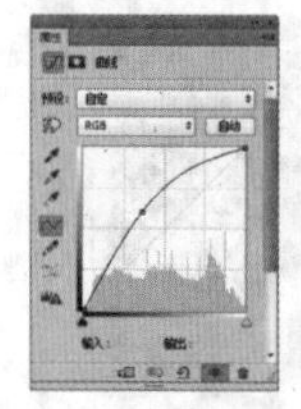
图19—39

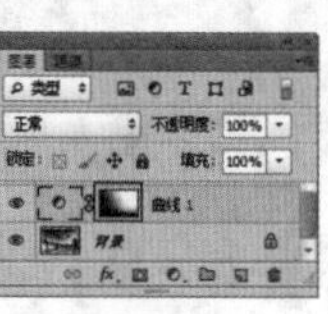
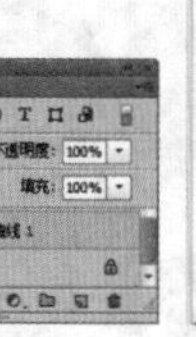

图19—40

图19—41

03 单击工具箱中的“矩形形状工具”按钮，在选项栏中设置绘制模式为“形状”，单击“填充”按钮，设置“填充”类型为渐变，设置渐变两端的颜色为白色，设置渐变顶部的不透明度色标的“不透明度”均为60%，设置描边颜色为白色，描边为2点，然后在画面中绘制出矩形，如图19-42所示。

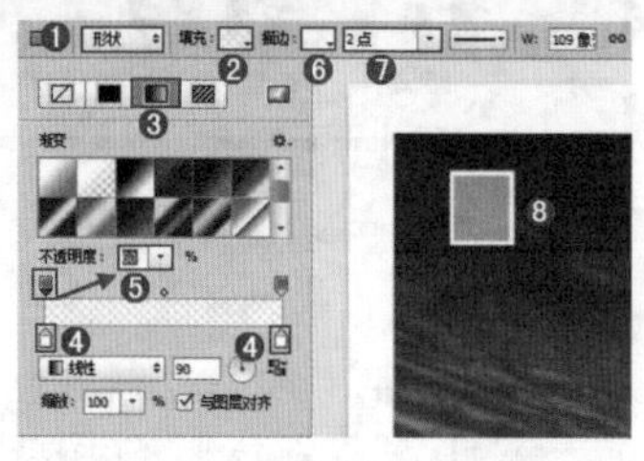
图19—42

04 单击工具箱中的“移动工具”按钮，按住Alt键进行移动复制，复制出多个，如图19-43所示。在“图层”面板中选中这些图层，并单击“移动工具”选项栏中的“顶对齐”和“水平居中分布”按钮，效果如图19-44所示。

图19—43

图19—44

05 复制背景照片图层，置于“图层”面板顶部，将其缩放至合适大小，摆放在画面中合适的位置，如图19-45所示。使用矩形选框工具，框选合适的选区，单击“图层”面板底部的“添加图层蒙版”按钮，为其添加图层蒙版，如图19-46所示。效果如图19-47所示。

图19—45

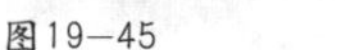
图19—46

图19—47

06 使用矩形选框工具绘制稍大一些的矩形选区，在照片底部新建图层，为其填充白色，如图19-48所示。

07 在工具箱中选择矩形工具，在选项栏中设置绘制模式为“形状”，“填充”为无，“描边”颜色为黑色，描边大小为3点，设置描边样式为圆点虚线，如图19-49所示。在画面中沿着白色底色边缘绘制，此时出现了圆点虚线矩形框，如图19-50所示。

图19—48

图19—49

图19—50

08 在“图层”面板中右击该图层并执行“栅格化图层”命令，将形状图层栅格化，如图19-51所示。载入矩形圆点选区，隐藏圆点图层，如图19-52所示。选中照片白色底色图层，按Delete键删除选区内的部分，效果如图19-53所示。

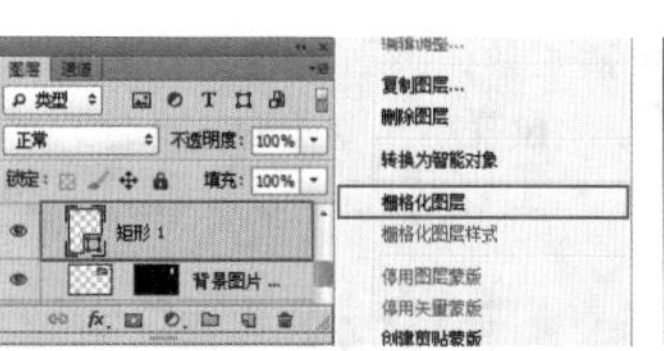

图19—51

图19—52

图19—53

09 使用横排文字工具设置合适的字号以及字体，设置前景色为白色，在邮票左下角单击并输入合适的文字，如图19-54所示。继续使用横排文字工具设置前景色为黑色，在画面中单击输入文字，最终效果如图19-55所示。

图19—54

图19—55

技术拓展：基本配色理论

有10种基本的配色设计，分别是：

- 105 101 98 无色设计：不用彩色，只用黑白灰。
- 92 88 73 类比设计：在色相环上任选3种连续的色彩或任一明色和暗色。
- 4 68 冲突设计：把一种颜色和它的补色左边或右边的色彩配合起来。
- 92 44 互补设计：使用色相环上全然相反的颜色。
- 81 85 88 单色设计：把一种颜色与它所有的明色、暗色配合起来。
- 17 32 26 中性设计：加入一种颜色的补色或黑色，使色彩消失或中性化。
- 20 57 73 分裂补色设计：把一种颜色和它补色任一边的颜色组合起来。
- 4 36 68 原色设计：把纯原色红、黄、蓝结合起来。
- 53 86 20 二次色设计：把二次色绿、紫、橙结合起来。
- 57 28 95 三次色三色设计：是下面两个组合中的一个：红橙、黄绿、蓝紫或是蓝绿、黄橙、红紫，并且在色相环上颜色间有相等的距离。

19.4 矢量风格服装吊牌

案例文件	案例文件\第19章\矢量风格服装吊牌.psd
视频教学	视频文件\第19章\矢量风格服装吊牌.flv
难易指数	★★★★★
技术要点	自定形状工具、文字变形

案例效果

本案例主要使用自定形状工具、文字变形工具制作矢量风格服装吊牌，效果如图19-56所示。

操作步骤

01 新建文件，设置前景色为淡粉色，使用Alt+Delete快捷键为整个画面填充前景色，如图19-57所示。

图19—56

图19—57

02 新建图层，使用多边形套索工具在画面中绘制多边形选区，并使用填充快捷键Shift+F5，设置填充颜色为紫红色，如图19-58所示。同样方法制作其他颜色的彩条，效果如图19-59所示。

图19—58

图19—59

03 新建图层，设置前景色为灰粉色，使用矩形工具，设置绘制模式为“像素”，在画面中绘制矩形，如图19-60所示。同样方法更改前景色为深一些的紫红色，并绘制另一个小一些的矩形，效果如图19-61所示。

图19—60

图19—61

04 导入素材花纹“1.jpg”，放在画面下半部分，如图19-62所示。在“图层”面板中设置其“混合模式”为“正片叠底”，如图19-63所示。效果如图19-64所示。

图19—62

图19—63

图19—64

05 使用自定形状工具，在选项栏中设置“绘制模式”为“形状”，“填充”颜色为淡黄色，选择合适的花纹形状，如图19-65所示。在画面中按住鼠标左键并拖曳绘制，效果如图19-66所示。同样方法绘制其他的花纹，效果如图19-67所示。

图19—65

图19—66

图19—67

06 新建图层，选择矩形选框工具，设置“绘制模式”为添加选区，在画面中绘制两个矩形选区，并为其填充淡黄色，效果如图19-68所示。

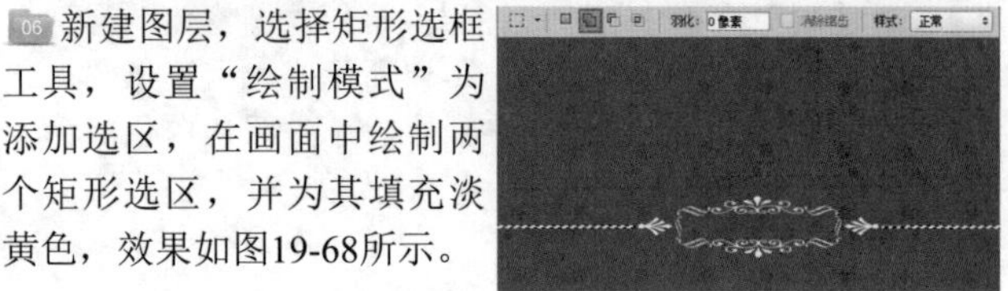

图19—68

07 使用横排文字工具设置合适的字号以及字体，在画面中输入文字，效果如图19-69所示。

08 新建图层组“中间花纹”，同样方法继续使用自定形状工具制作顶部的花纹，如图19-70所示。

图19—69

图19—70

09 使用横排文字工具，设置合适的字号以及字体，在画面中合适的位置单击输入文字，如图19-71所示。单击选项栏中的“创建文字变形”按钮，在弹出的对话框中设置“样式”为“下弧”，选中“水平”单选按钮，设置“弯曲”为50%，如图19-72所示。效果如图19-73所示。

图19—71

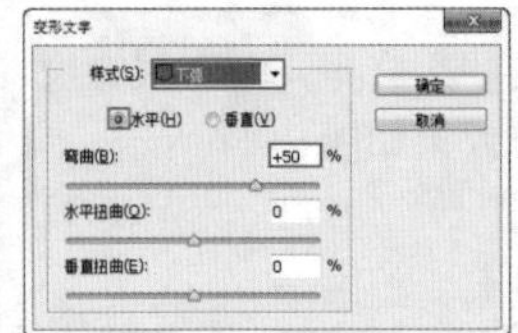

图19—72

图19—73

思维点拨

本案例的画面以紫色为主体色，紫色给人以优雅高贵的感觉，不经意地流露出让人心平气和的印象。紫色与同色系搭配，可以显现出变化感，制造出精神上的满足感和净化的感觉。

10 再次使用横排文字工具输入文字，单击选项栏中的“创建文字变形”按钮，在弹出的对话框中设置“样式”为“拱形”，选中“水平”单选按钮，设置“弯曲”为-28%，如图19-74所示。此时文字呈现出弧度效果，与弧线的角度相匹配，如图19-75所示。

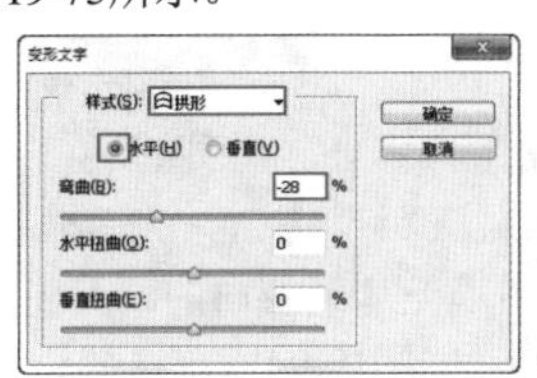

图19—74

图19—75

11 复制“中间花纹”组并合并为独立的图层，置于原始花纹图层组的底部，对其执行“图层>图层样式>描边”命令，设置“大小”为43像素，“位置”为“外部”，“填充类型”为颜色，“颜色”为淡黄色，如图19-76所示。此时花纹周边出现描边效果，如图19-77所示。

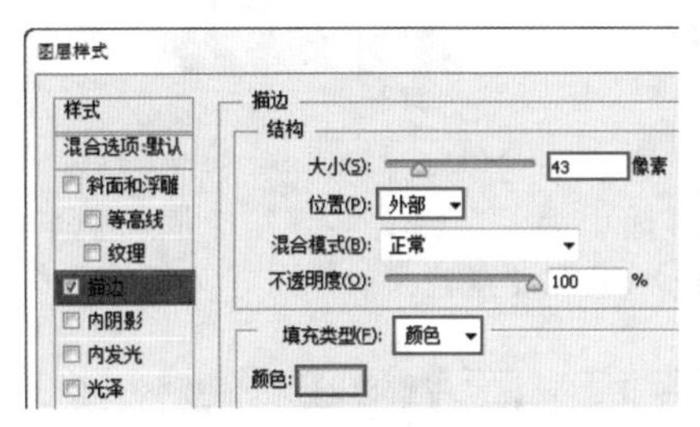

图19—76

图19—77

12 在中间花纹的底层新建图层，使用吸管工具吸取花纹的描边颜色作为前景色，使用画笔工具在花纹空缺处涂抹，补全底部的空缺，如图19-78所示。

图19—78

13 将所有的中间花纹元素合并为独立图层，并执行“图层>图层样式>外发光”命令，设置“不透明度”为40%，“颜色”为黑色，“大小”为50像素，如图19-79所示。最终效果如图19-80所示。

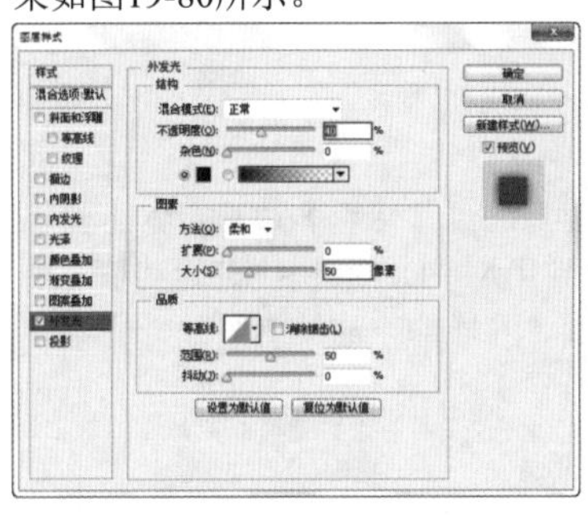

图19—79

图19—80

19.5 音乐演唱会主题卡片

案例文件	案例文件\第19章\演唱会音乐主题卡片.psd
视频教学	视频文件\第19章\演唱会音乐主题卡片.flv
难易指数	★★★★★
技术要点	选区工具、自定形状工具、文字工具

案例效果

本案例是通过矩形选框工具、自定形状工具和文字工具等的使用制作演唱会音乐主题卡片，效果如图19-81所示。

图19—81

操作步骤

01 新建文件，单击工具箱中的“矩形选框工具”按钮，在选项栏中设置“绘制模式”为“添加到选区”，如图19-82所示。在画面中绘制多个矩形选框，如图19-83所示。

图19—82

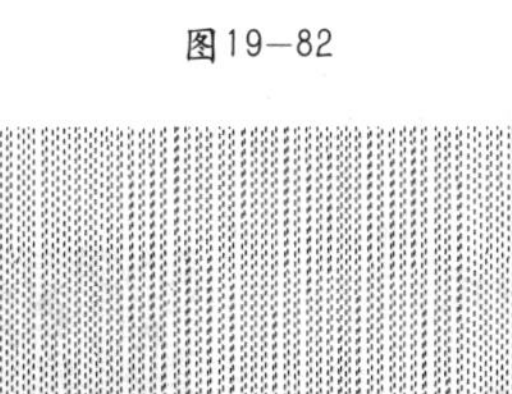

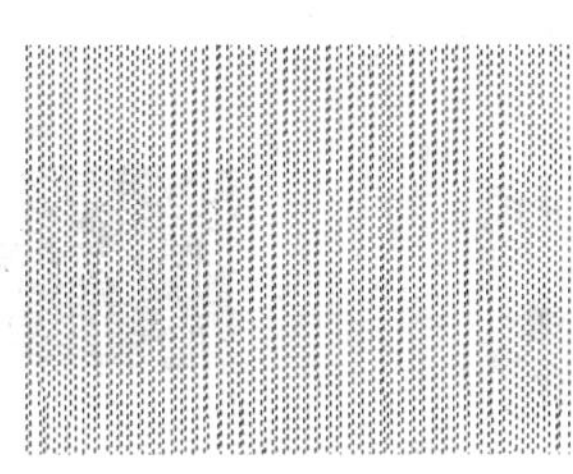

图19—83

02 新建图层“线条”，设置前景色为淡灰色，按Alt+Delete快捷键为其填充前景色，然后按Ctrl+D快捷键取消选区，如图19-84所示。下面使用快捷键Ctrl+T对该图层进行自由变换，适当地旋转，按Enter键完成变换，效果如图19-85所示。

图19—84　　图19—85

03 使用矩形选框工具在画面中绘制合适的选框，选中“线条”图层，在“图层”面板底部单击“添加图层蒙版”按钮，为其添加图层蒙版，如图19-86所示。此时选区以外的部分被隐藏，效果如图19-87所示。

图19—86　　图19—87

04 新建图层，设置前景色为绿色，使用多边形套索工具在画面中绘制多边形选区，使用Alt+Delete快捷键为其填充前景色，效果如图19-88所示。同样的方法绘制另外一个黑色的四边形，如图19-89所示。

图19—88　　图19—89

05 在工具箱中选中自定形状工具，在选项栏中设置绘制模式为“形状”，“填充”颜色为绿色，选中合适的形状，在多边形底部绘制箭头，如图19-90所示。

06 使用同样方法制作顶部的黑色矩形以及花纹形状，效果如图19-91所示。

图19—90 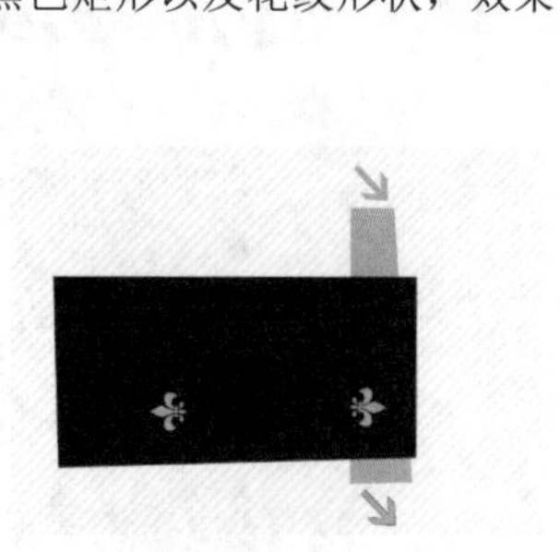　　图19—91

07 导入麦克风素材“1.png”，并将其置于画面中合适的位置，如图19-92所示。载入麦克风的选区，新建图层“图层3”，并为其填充黑色，如图19-93所示。

图19—92　　图19—93

08 为了制作麦克风的暗部效果，选中“图层3”，在“图层”面板中单击“添加图层蒙版”按钮，为其添加图层蒙版，使用渐变工具在蒙版中填充从黑到白的渐变，并设置该图层的“不透明度”为90%，如图19-94所示。效果如图19-95所示。

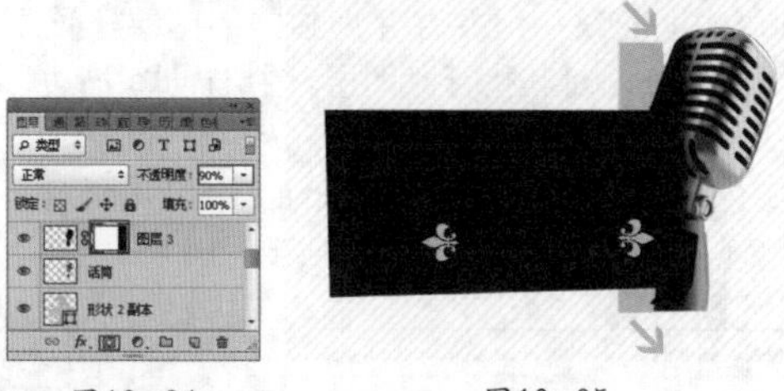

图19—94　　图19—95

09 单击工具箱中的“横排文字工具”按钮，设置合适的字体以及颜色，在画面中输入主体文字，然后框选上半部分的文字，并在选项栏中设置较大的字号，如图19-96所示。

图19—96

10 同样的方法使用横排文字工具输入另外几组文字，如图19-97和图19-98所示。

图19—97　　图19—98

11 继续使用横排文字工具在选项栏中设置合适的字体、字号，设置对齐方式为左对齐，颜色为黑色，在画面下半部分绘制矩形文本框，并在其中输入文字，如图19-99所示。

图19—99

12 使用光标在段落文字中选择部分字符，执行“窗口>字符”命令，打开“字符”面板，更改这部分字符大小为14点，并单击“仿粗体”按钮，如图19-100所示。此时这部分字符变大并且加粗，如图19-101所示。

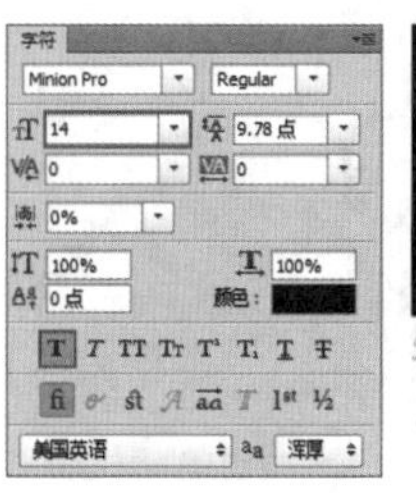

图19—100

图19—101

13 按快捷键Ctrl+T，对段落文字执行自由变换，适当旋转，如图19-102所示。旋转完成后按Enter键结束操作，最终效果如图19-103所示。

图19—102

图19—103

读书笔记

第20章

交互界面设计

本章内容简介：

交互界面设计也是设计的一个很重要的类型，本章将通过几个具体的实例介绍Photoshop在交互按钮、网页导航栏、播放器界面和智能手机交互界面中的设计过程。

本章学习要点：

- 质感定位标识
- 简洁矩形按钮
- 金属质感导航
- 智能手机界面
- 卡通播放器

20.1 质感定位标识

案例文件	案例文件\第20章\质感定位标识.psd
视频教学	视频文件\第20章\质感定位标识.flv
难易指数	★★★★★
技术要点	自定形状工具、图层样式、图层蒙版

案例效果

本案例主要是利用自定形状工具、图层样式、图层蒙版等工具制作质感按钮，如图20-1所示。

图20-1

操作步骤

01 新建文件，使用渐变工具，在选项栏中设置渐变模式为径向，编辑合适的渐变颜色，取消选中“反向” 复选框，如图20-2所示。在画面中进行拖曳填充，如图20-3所示。

图20-2

图20-3

02 使用自定形状工具在选项栏中设置绘制模式为“形状”，“填充”颜色为绿色，“描边”为无，选择合适的形状，如图20-4所示。在画面中绘制，如图20-5所示。

图20-4

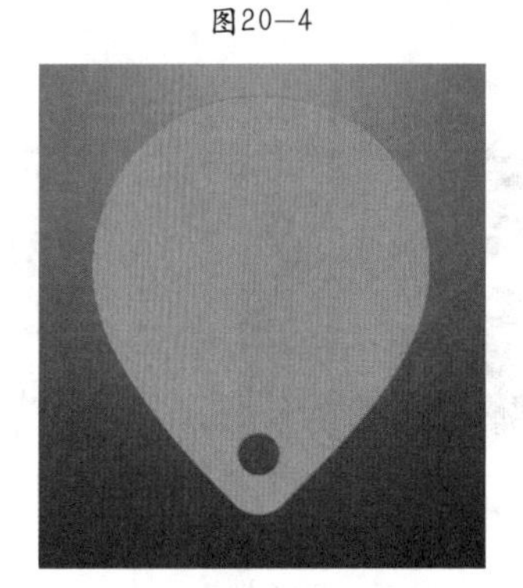

图20-5

03 对形状图层执行“图层>图层样式>渐变叠加”命令，设置“混合模式”为“柔光”，“不透明度”为100%，“渐变”为黑白渐变，设置“样式”为“径向”，如图20-6所示。效果如图20-7所示。

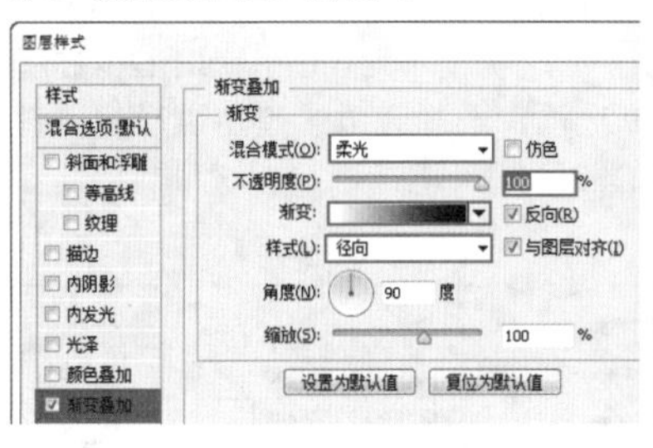

图20-6

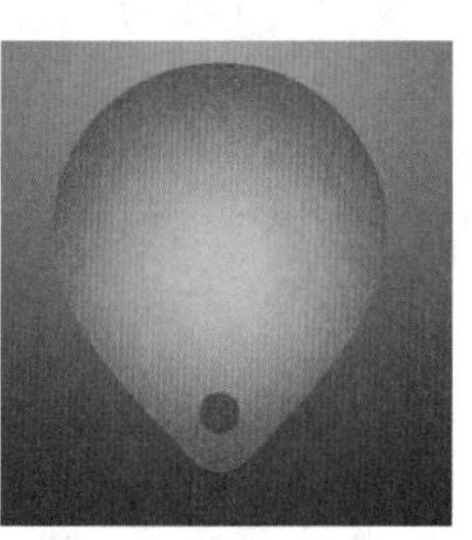

图20-7

04 在形状图层底部新建图层，设置前景色为黑色，单击工具箱中的“画笔工具”按钮，选择一个圆形柔角画笔，在选项栏中降低画笔不透明度，在画面中合适的位置绘制阴影效果，如图20-8所示。

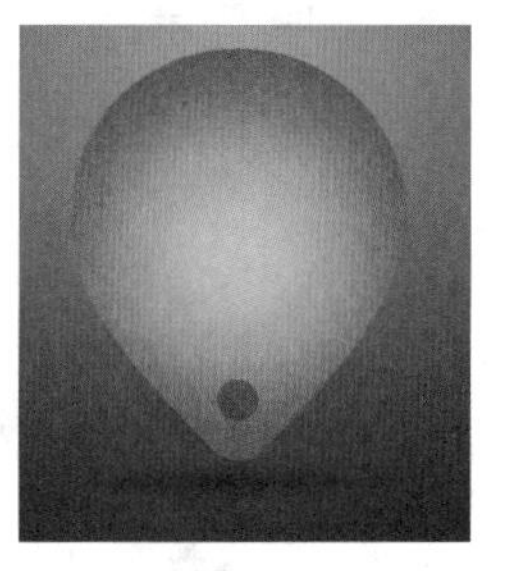

图20-8

05 载入形状图层选区，在“图层”面板顶部新建图层“高光1”，为其填充白色，如图20-9所示。使用椭圆选框工具框选如图20-10所示位置，并为其填充白色。

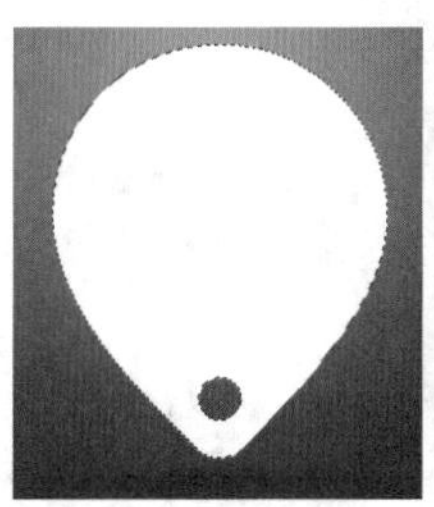

图20-9

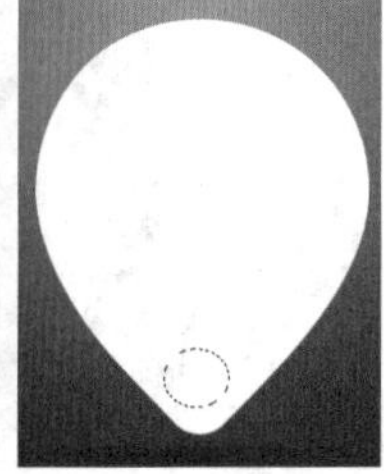

图20-10

06 将“高光1”图层适当向上移动，载入底层的绿色形状图层选区，如图20-11所示。按Ctrl+Shift+I快捷键执行反选，按Delete键删除选区内的部分，效果如图20-12所示。

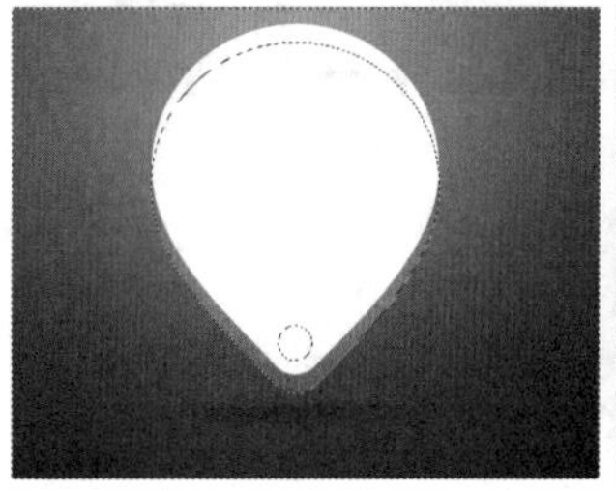

图20-11

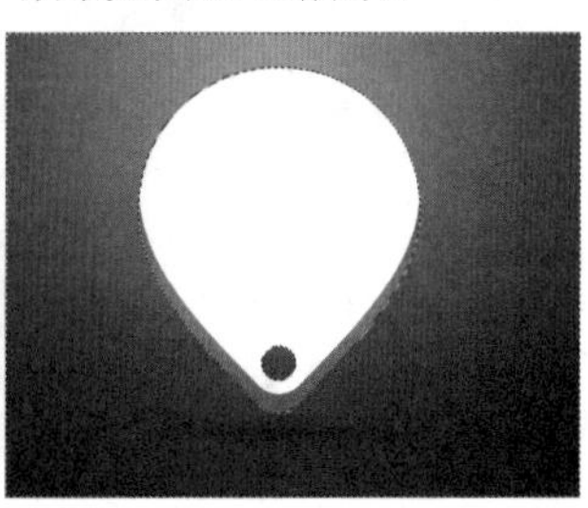

图20-12

07 选择“高光1”图层，单击图层面板底部的“添加图层蒙版”按钮，为其添加图层蒙版，使用渐变工具在蒙版中绘制黑白色系的线性渐变，如图20-13所示。效果如图20-14所示。

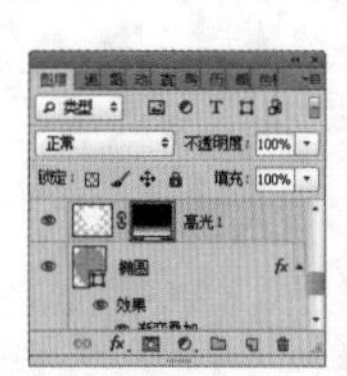

图20—13

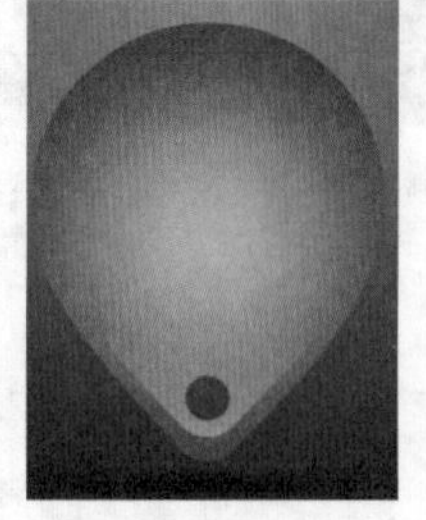

图20—14

08 新建图层，使用钢笔工具在画面中绘制合适的路径形状，如图20-15所示。将其转化为选区，并为其填充白色，如图20-16所示。同样为其添加图层蒙版，在蒙版中涂抹两端，使这部分高光过渡更加柔和，如图20-17所示。

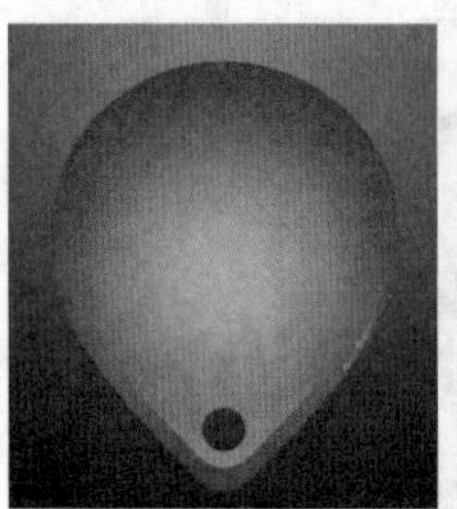

图20—15

图20—16

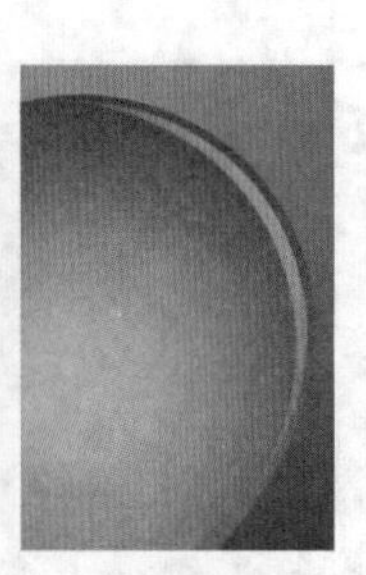

图20—17

09 同样方法制作其他的高光效果，如图20-18所示。

10 使用自定形状工具在选项栏中设置绘制模式为“形状”，“填充”颜色为黄色，“描边”为无，选择合适的形状，如图20-19所示。在画面中拖曳绘制，如图20-20所示。

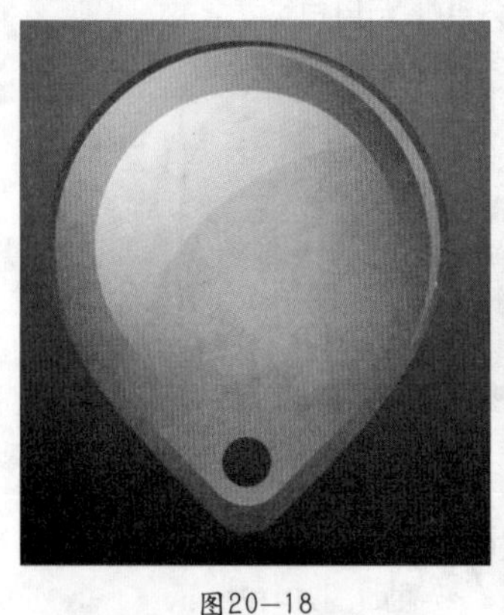

图20—18

图20—19

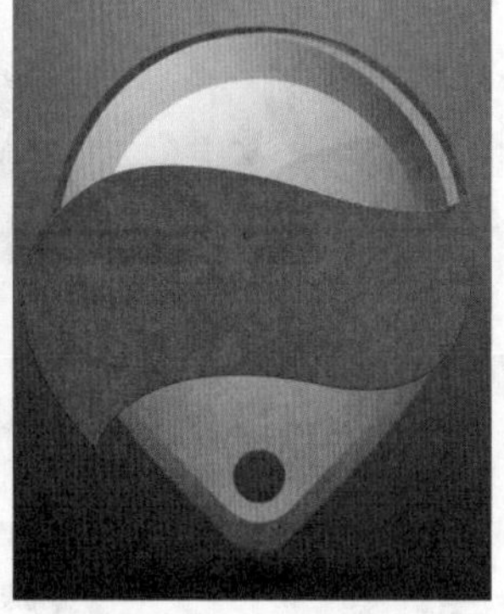

图20—20

11 对其执行“图层>图层样式>渐变叠加”命令，设置其“混合模式”为“柔光”，“不透明度”为100%，“渐变”颜色为黑白色，“样式”为“线性”，“角度”为32度，如图20-21和图20-22所示。

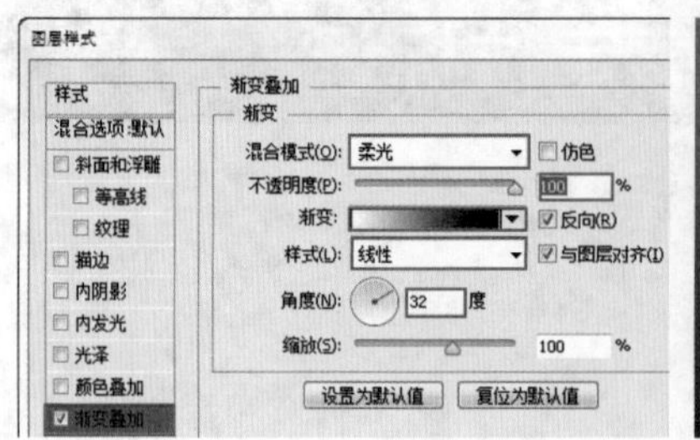

图20—21

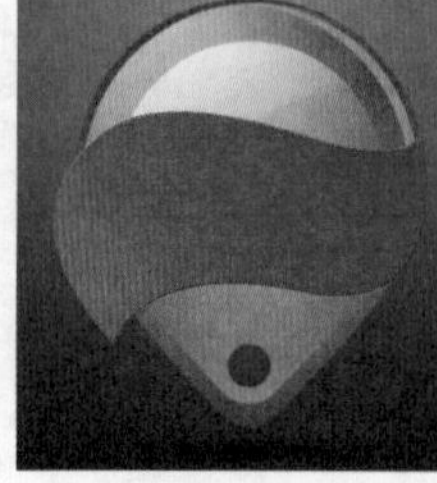

图20—22

12 同样方法制作黄色形状上的光泽效果，如图20-23所示。使用横排文字工具，设置颜色为白色，设置合适的字号以及字体，在画面中输入文字，效果如图20-24所示。

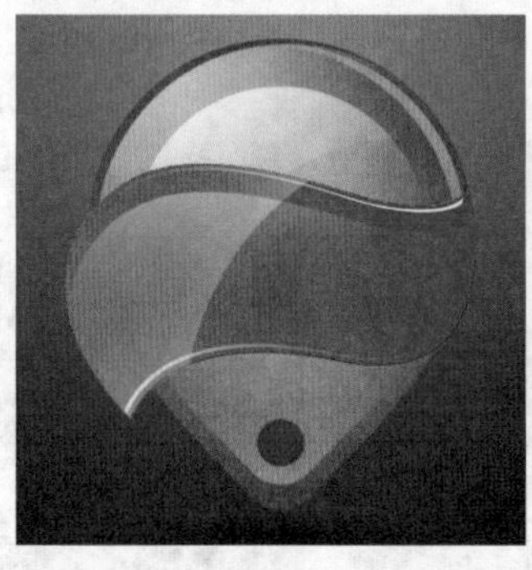

图20—23

图20—24

13 对文字图层执行“图层>图层样式>斜面和浮雕”命令，设置“样式”为“外斜面”，“方法”为“雕刻柔和”，“深度”为100%，“方向”为“下”，“大小”为1像素，“软化”为0像素。“角度”为120度，“高度”为67度，“高光模式”为叠加，设置“高光”颜色为浅粉色，高光“不透明度”为100%，设置“阴影模式”为正片叠底，“颜色”为黑色，阴影“不透明度”为100%，如图20-25所示。选中“等高线” 复选框，选择合适的等高线形状，设置“范围”为100%，如图20-26所示。

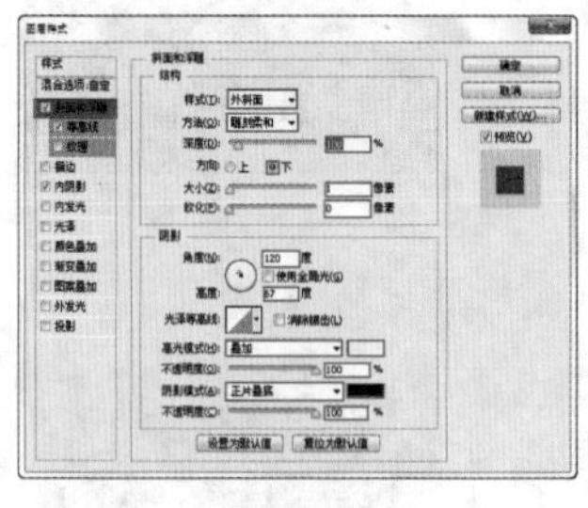

图20—25

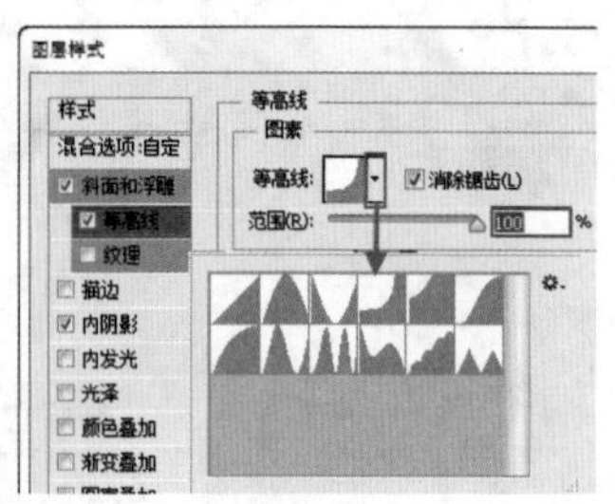

图20—26

14 选中“内阴影” 复选框，设置“混合模式”为“正片叠底”，“颜色”为黑色，“不透明度”为15%，“角度”为120度，“距离”为1像素，“阻塞”为0%，“大小”为0像素，如图20-27和图20-28所示。

15 最终制作效果如图20-29所示。

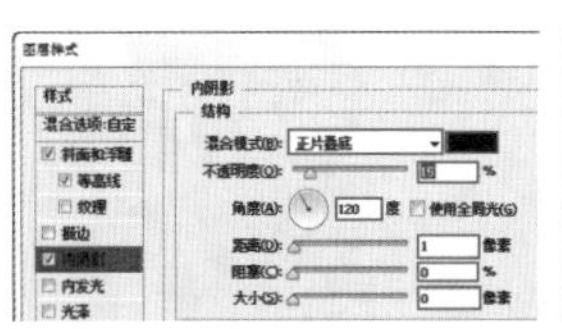
图20-27

图20-28

图20-29

思维点拨：用色的原则

色彩是视觉最敏感的东西。色彩的直接心理效应来自色彩的物理光刺激对人的生理发生的直接影响。一幅优秀作品最吸引观众的地方就是来自于色差对人们的感官刺激。当然摄影作品通常由很多种颜色组成，优秀的作品离不开合理的色彩搭配。颜色丰富虽然会看起来吸引人，但是一定要把握住“少而精”的原则，即颜色搭配尽量要少，这样画面会显得较为整体、不杂乱，当然特殊情况除外，比如要体现绚丽、缤纷、丰富的色彩时，色彩需要多一些。一般来说一张图像中色彩不宜超过5种。若颜色过多，虽然显得很丰富，但是会出现画面杂乱、跳跃、无重心的感觉。

20.2 简洁矩形按钮

案例文件	案例文件\第20章\简洁矩形按钮.psd
视频教学	视频文件\第20章\简洁矩形按钮.flv
难易指数	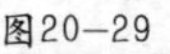
技术要点	圆角矩形工具、钢笔工具、渐变工具

案例效果

本案例主要是利用圆角矩形工具、钢笔工具和渐变工具制作矩形按钮，如图20-30所示。

图20-30

操作步骤

01 新建文件，使用渐变工具在选项栏中设置棕灰色系的渐变颜色，设置渐变模式为径向，在画面中拖曳填充，如图20-31所示。

02 在工具箱中选择圆角矩形工具，在选项栏中设置绘制模式为“形状”，“填充”颜色为暗红色，“描边”为无，“半径”为“50像素”，如图20-32所示。在画面中拖曳绘制，如图20-33所示。

图20-31

图20-32

图20-33

03 新建图层，载入红色矩形选区，执行“选择>变换选区”命令，按住Shift+Alt快捷键并将光标放在右上角的控制点上，以中心点进行等比例缩放，效果如图20-34所示。变换完毕后单击Enter键完成变换。

04 新建图层，在工具箱中选择渐变工具，编辑红色系渐变颜色，在选区中拖曳绘制线性渐变，如图20-35所示。

图20-34

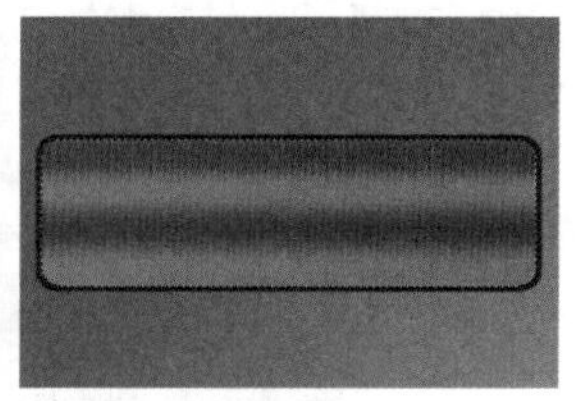
图20-35

05 再次在工具箱中选择圆角矩形工具，在选项栏中设置绘制模式为“形状”，“填充”颜色为红色，“描边”为无，“半径”为“50像素”，如图20-36所示。在画面中拖曳绘制一个小一点的圆角矩形，效果如图20-37所示。

图20-36

图20-37

06 使用横排文字工具，设置合适的字号以及字体，在画面中合适的位置单击输入文字，如图20-38所示。载入最底层的矩形选区，在顶层新建图层“浅红”，为其填充浅一些的红色，如图20-39所示。

图20-38

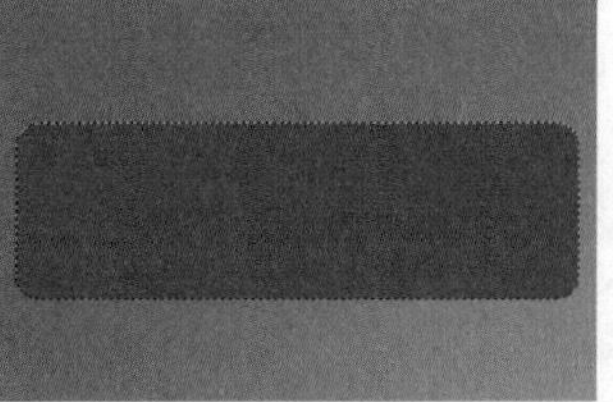

图20-39

07 使用多边形套索工具绘制选区，如图20-40所示。选择该图层，并单击“图层”面板底部的“添加图层蒙版”按钮，为其添加图层蒙版，设置其“混合模式”为“叠加”，“不透明度”为40%，如图20-41所示。效果如图20-42所示。

图20-40

图20-41

图20-42

08 载入“浅红”图层蒙版选区，新建图层“高光”并填充白色，然后为其添加蒙版，使用黑色画笔在蒙版中涂抹，使高光的上半部分隐藏，并设置图层“不透明度”为15%，如图20-43和图20-44所示。

图20-43

图20-44

思维点拨

本案例中的按钮使用了不同明度的红色。红色视认性强，它与纯度高的类似色搭配，展现出更华丽、更有动感的效果。使用补色和对照色，制造出鲜明刺激的印象。

09 新建图层，使用钢笔工具，在画面中绘制合适的箭头路径，如图20-45所示。将其转化为选区后使用渐变工具在选项栏中编辑黄色系渐变颜色，设置渐变模式为线性，在选区中拖曳填充，如图20-46所示。

图20-45

图20-46

10 载入箭头图层选区，在箭头图层底部新建图层，为其填充黑色，并适当向左下移动，如图20-47所示。执行“滤镜>模糊>高斯模糊”命令，设置“半径”为10像素，如图20-48和图20-49所示。

图20-47

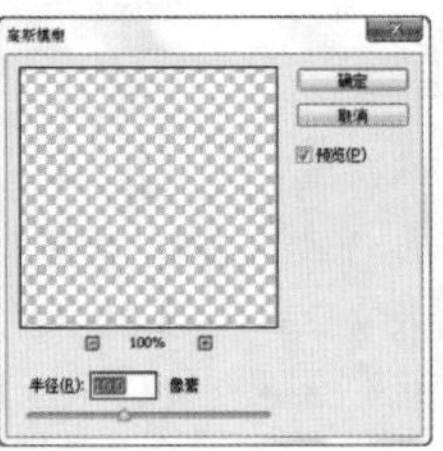

图20-48

图20-49

11 为其添加图层蒙版，使用黑色画笔在蒙版中涂抹，使箭头右侧的阴影部分隐藏，如图20-50和图20-51所示。

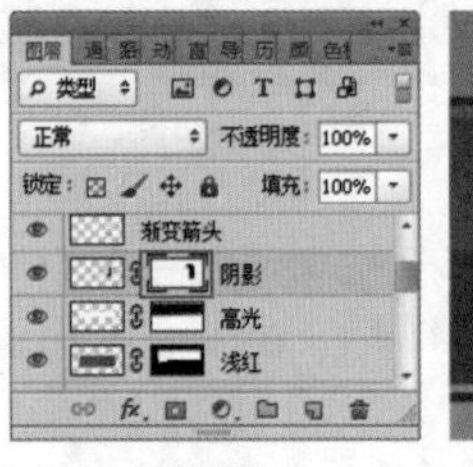

图20-50

图20-51

12 使用横排文字工具设置合适的字号以及字体，在按钮上单击输入文字，如图20-52所示。为了使按钮更加具有立体感，在所有按钮图层底部新建图层，使用黑色画笔在画面中绘制按钮的阴影效果，最终效果如图20-53所示。

图20-52

图20-53

20.3 金属质感导航

案例文件	案例文件\第20章\金属质感导航.psd
视频教学	视频文件\第20章\金属质感导航.flv
难易指数	★★★★★
技术要点	钢笔工具、渐变工具、模糊滤镜

案例效果

本案例主要是利用钢笔工具、渐变工具和模糊滤镜制作金属质感导航界面，效果如图20-54所示。

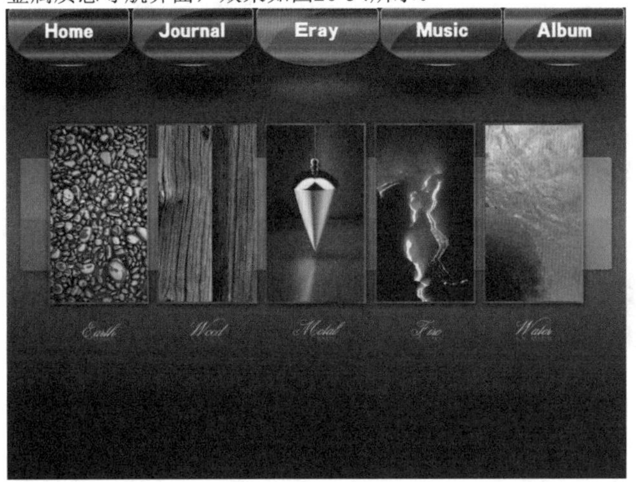

图20-54

操作步骤

01 打开背景素材，如图20-55所示。新建图层，使用椭圆选框工具在画面中绘制椭圆选区，执行“编辑>填充”命令，在弹出的窗口中设置填充颜色为黑色，为其填充黑色，如图20-56所示。

图20-55

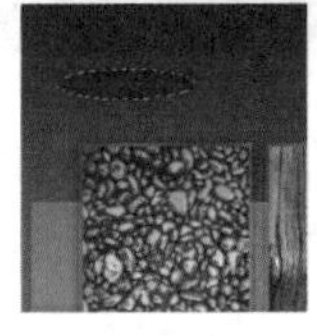

图20-56

思维点拨

本案例中的界面采用的黑色为主色调。黑暗之色的黑色，可以影响人情感的最深处。因为看不见，所以感觉到一种神秘的印象。黑色吸收了所有的光线，黑色既代表着黑暗，同时也是一切色彩的尊贵色彩。

02 执行“滤镜>模糊>高斯模糊”命令，设置“半径”为10像素，如图20-57所示。单击“确定”按钮结束操作，如图20-58所示。

03 新建图层，使用钢笔工具，绘制合适的路径形状，如图20-59所示。按Ctrl+Enter快捷键快速将路径转化为选区，如图20-60所示。

图20-57　图20-58

图20-59

图20-60

04 使用渐变工具在选项栏中编辑灰色系的渐变，设置绘制模式为线性，如图20-61所示。在选区中自下而上拖曳绘制渐变，如图20-62所示。

05 复制渐变图层，按自由变换快捷键Ctrl+T将其进行适当缩放，如图20-63所示。按Enter键完成自由变换，再次使用渐变工具在渐变编辑器中编辑黑白色系的金属质感渐变，在选区中填充，如图20-64所示。

图20-61

图20-62

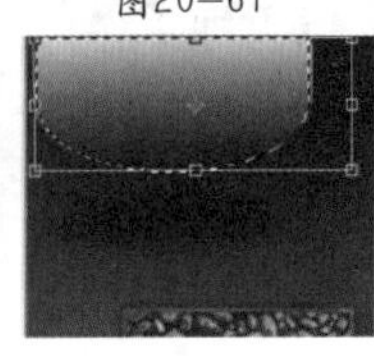

图20-63

图20-64

06 载入顶层灰色渐变图层选区，新建图层，为其填充白色，如图20-65所示。单击“图层”面板底部的“添加图层蒙版”按钮，为其添加图层蒙版，使用较大的圆形黑色画笔在蒙版中单击绘制，使右下部分被隐藏，并设置该图层的“不透明度”为20%，如图20-66和图20-67所示。

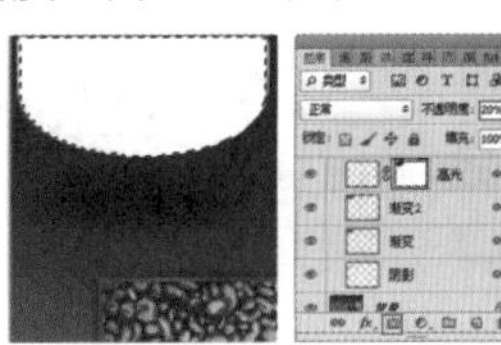

图20-65　图20-66　图20-67

同样方法制作其他的按钮，并摆放在顶部，为了使按钮分布均匀，可以借助对齐与分布的相关命令，效果如图20-68所示。最后使用横排文字工具在按钮上输入相应文字，最终制作效果如图20-69所示。

图20-68

图20-69

技巧提示

红色按钮其实可以通过对黑色按钮进行编辑得到。例如，通过对黑色按钮添加“颜色叠加”样式，设置叠加的颜色为红色，设置混合模式为正片叠底，即可显现出原始按钮上的光泽感。

20.4 智能手机界面设计

案例文件	案例文件\第20章\智能手机界面设计.psd
视频教学	视频文件\第20章\智能手机界面设计.flv
难易指数	★★★★★
技术要点	形状工具、图层样式、混合模式

案例效果

本案例主要通过使用形状工具、图层样式、混合模式等命令制作智能手机界面。效果如图20-70所示。

图20-70

操作步骤

01 打开背景素材文件“1.jpg”，如图20-71所示。导入照片素材文件“2.jpg”，调整合适大小，如图20-72所示。

图20-71

图20-72

02 单击工具箱中的“矩形选框工具”按钮，在人像素材上绘制合适大小的矩形，如图20-73所示。选中照片图层，单击“图层”面板中的“添加图层蒙版”按钮，隐藏多余部分，如图20-74所示。

图20-73

图20-74

03 在人像素材文件下绘制一个合适大小的矩形选区，单击工具箱中的“渐变工具”按钮，在选项栏中设置渐变类型为线性，编辑渐变颜色为蓝色系渐变，如图20-75所示。在矩形选区内拖曳填充渐变，如图20-76所示。

图20-75

图20-76

04 继续绘制一个合适大小的矩形选区，新建图层并填充紫色，如图20-77所示。添加图层蒙版，填充从白色到灰色再到白色的渐变，如图20-78所示。制作出透明效果，如图20-79所示。

图20-77

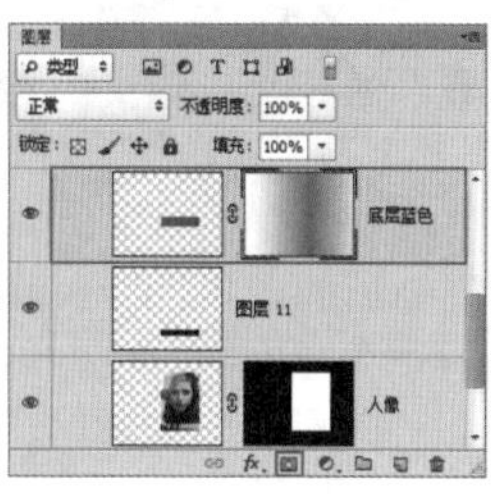

图20-78

图20-79

05 使用矩形选框工具，单击选项栏中的“添加到选区”按钮，在透明的紫色矩形上侧和下侧绘制两个矩形选区，并填充为白色，如图20-80所示。执行“图层>图层样式>描边”命令，设置描边“大小”为1像素，“位置”为“外部”，“填充类型”为“渐变”，编辑一种紫色系渐变，设置渐变类型为线性，“角度”为0度，如图20-81所示。

图20-80

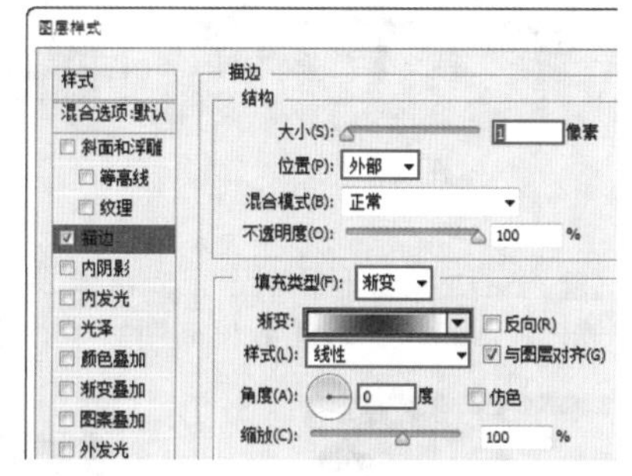

图20-81

06 选中“渐变叠加” 复选框，调整渐变颜色为紫色系的渐变，如图20-82所示。效果如图20-83所示。

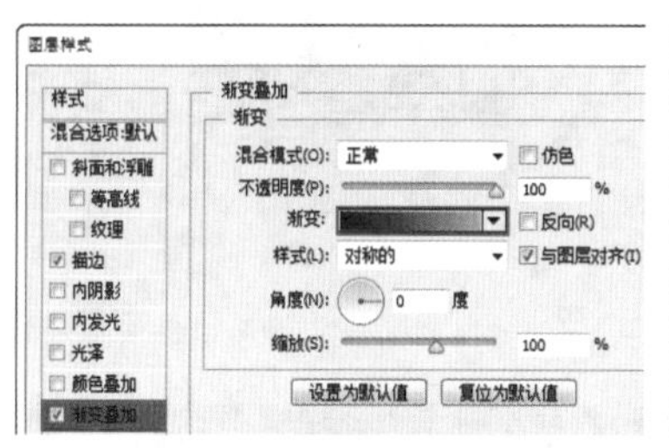

图20-82

图20-83

07 单击工具箱中的“矩形工具”按钮，在选项栏中设置绘制模式为“形状”，“填充”为灰色系金属效果渐变，“描边”为无，如图20-84所示。在合适位置绘制合适大小的渐变矩形，如图20-85所示。

08 单击工具箱中的“直接选择工具”按钮，调整上面两个锚点的位置，如图20-86所示。同样方法制作其上的紫色渐变形状，如图20-87所示。

图20-84

图20-85

图20-86

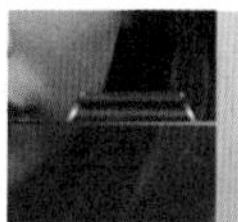

图20-87

09 使用钢笔工具绘制一个梯形形状，执行“图层>图层样式>投影”命令，设置颜色为深蓝色，“距离”为2像素，“大小”为2像素，如图20-88和图20-89所示。

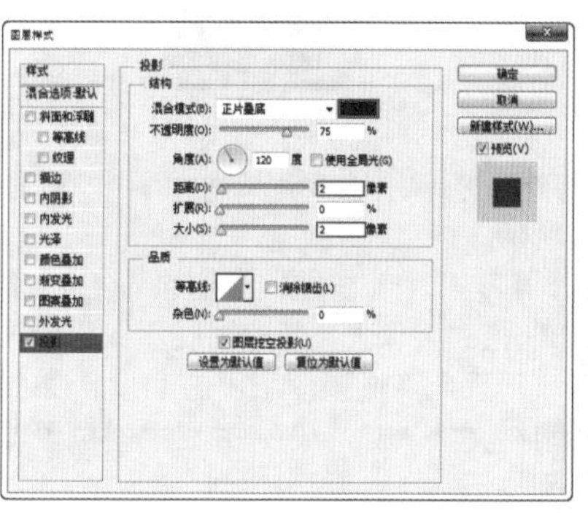

图20-88

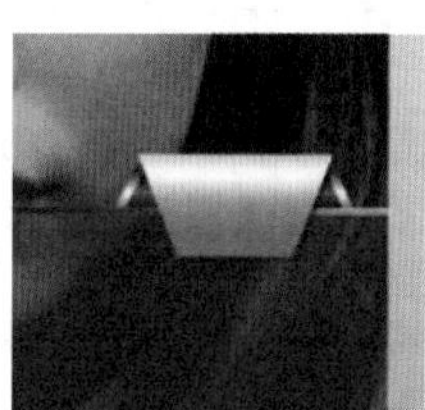

图20-89

10 继续在银色的梯形上添加一个紫色梯形，如图20-90所示。导入锁头素材文件“3.png”，调整合适大小及位置，如图20-91所示。

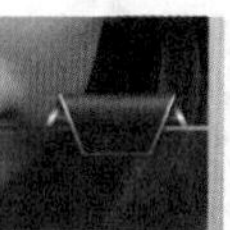

图20-90

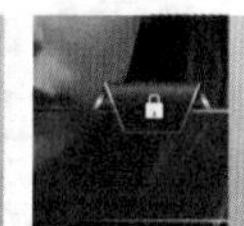

图20-91

11 对锁头素材图层执行“图层>图层样式>内阴影”命令，设置颜色为深紫色，“不透明度”为100%，“角度”为66度，“距离”为1像素，“大小”为1像素，如图20-92所示。选中“投影”复选框，设置“距离”为5像素，“大小”为5像素，效果如图20-93所示。

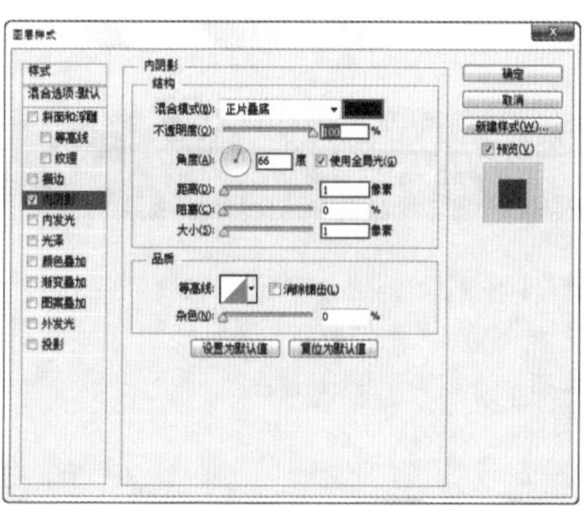

图20-92

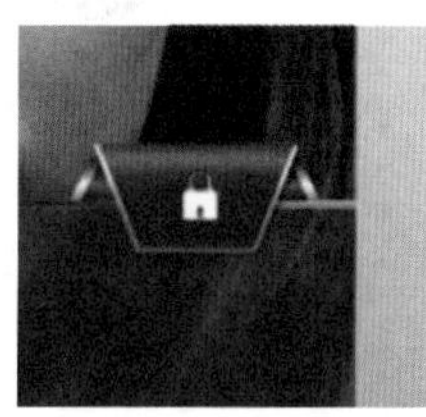

图20-93

12 单击工具箱中的“文字工具”按钮，在选项栏中设置合适的字体及大小，在紫色矩形上输入数字，如图20-94所示。执行“图层>图层样式>投影”命令，设置颜色为深蓝色，“距离”为2像素，“大小”为2像素，如图20-95所示。文字样式如图20-96所示。

图20-94

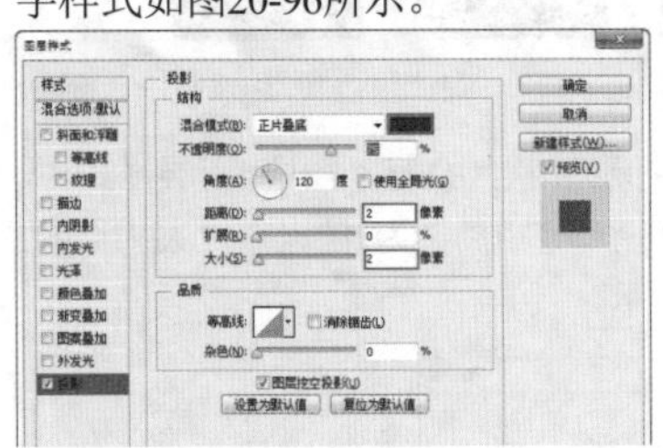

图20-95　　图20-96

13 同样方法制作另外几组文字，导入太阳素材文件“4.png”，如图20-97所示。

14 单击工具箱中的“矩形工具”按钮，设置前景色为黑色，在选项栏中设置绘制模式为像素，新建图层，在照片顶部绘制一个黑色矩形，并适当降低该图层不透明度，如图20-98所示。导入图标素材文件“5.png”，并在中间位置输入文字，如图20-99所示。

图20-97　　图20-98　　图20-99

15 导入图标素材文件“6.png”，调整合适大小及位置，如图20-100所示。由于图标为灰色，为了使图标的颜色与当前界面颜色相符合，需要按住Ctrl键单击图标素材图层，得到选区，然后新建图层填充紫色，如图20-101所示。设置紫色图层的“混合模式”为颜色，“不透明度”为77%，此时图标也变为紫色，如图20-102所示。

图20-100　　图20-101　　图20-102

16 复制图标和颜色叠加的图层，合并图层，执行“编辑>自由变换”命令，单击鼠标右键，在弹出的快捷菜单中执行“垂直翻转”命令，向下进行适当移动，如图20-103所示。为其添加图层蒙版，在蒙版中自下而上地拖曳绘制黑色到白色的渐变，制作倒影效果，如图20-104所示。

图20-103　　图20-104

17 到这里界面部分制作完成，效果如图20-105所示。将其放置在手机上，最终效果如图20-106所示。

图20-105　　图20-106

20.5 卡通播放器

案例文件	案例文件\第20章\卡通播放器.psd
视频教学	视频文件\第20章\卡通播放器.flv
难易指数	★★★★★
技术要点	形状工具、剪贴蒙版、钢笔工具、图层样式

案例效果

本案例主要是利用形状工具、剪贴蒙版、钢笔工具、图层样式等制作播放器，如图20-107所示。

操作步骤

01 打开背景素材“1.jpg”，如图20-108所示。设置前景色为白色，单击工具箱中的“椭圆形状工具”按钮，在选项栏中设置绘制模式为像素，按住Shift键在画面中拖曳绘制白色正圆，如图20-109所示。

图20—107　图20—108　图20—109

02 执行“图层>图层样式>外发光”命令，设置“不透明度”为50%，颜色为黑色，“方法”为“柔和”，“大小”为40像素，如图20-110和图20-111所示。

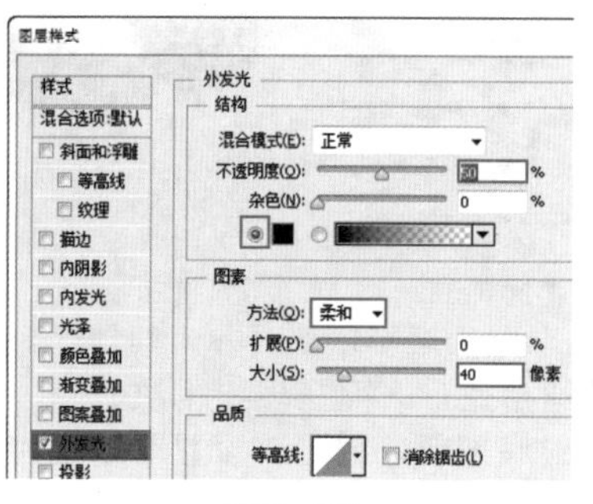

图20—110　图20—111

03 导入木纹素材“2.jpg”，并将其置于正圆上方，如图20-112所示。在“图层”面板上右击该图层，在弹出的快捷菜单中执行“创建剪贴蒙版”命令，如图20-113所示。

图20—112　图20—113

04 继续使用椭圆形状工具绘制一个小一点的正圆，如图20-114所示。执行“图层>图层样式>渐变叠加”命令，编辑一种黄色系的渐变，设置“样式”为“线性”，如图20-115所示。

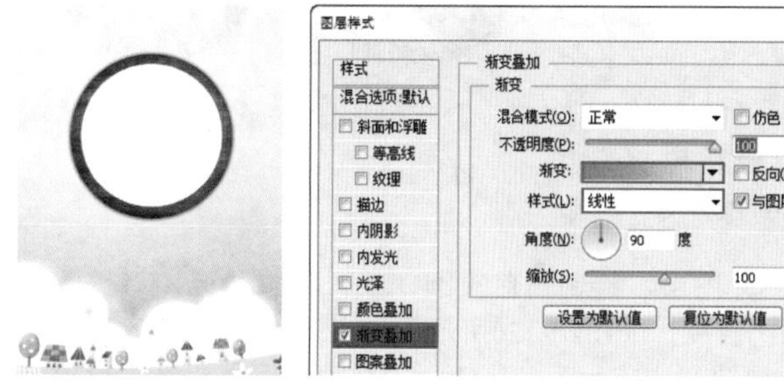

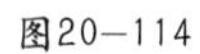

图20—114　图20—115

05 选中“外发光” 复选框，设置“不透明度”为50%，“方法”为“柔和”，“大小”为40像素，如图20-116和图20-117所示。

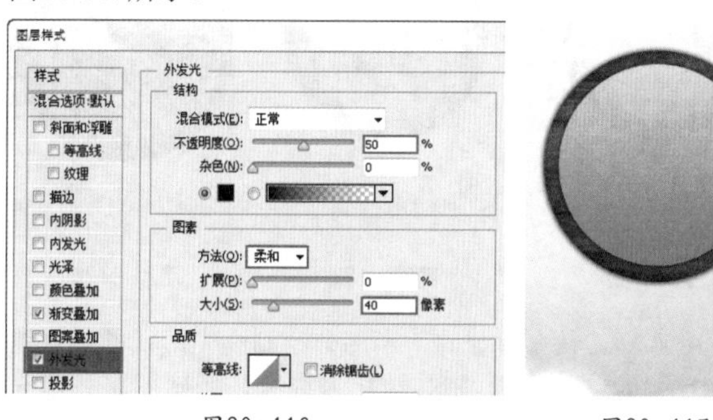

图20—116　图20—117

06 复制黄色正圆图层，置于“图层”面板顶部，按下自由变换快捷键Ctrl+T，按住Shift+Alt快捷键以中心点进行缩放，如图20-118所示。按Enter键完成自由变换，如图20-119所示。

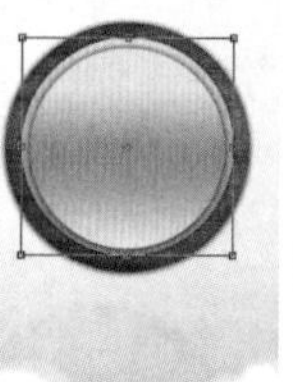

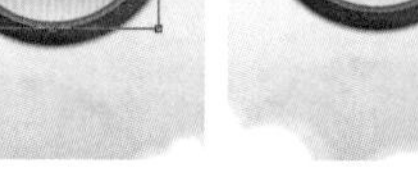

图20—118　图20—119

07 新建图层，使用椭圆选框工具按住Shift键绘制正圆选区，单击鼠标右键，在弹出的快捷菜单中执行“描边”命令，如图20-120所示。在弹出的对话框中设置“宽度”为“20像素”，“颜色”为黄色，选中“居中”单选按钮，如图20-121和图20-122所示。使用同样方法制作其他的圆环，如图20-123所示。

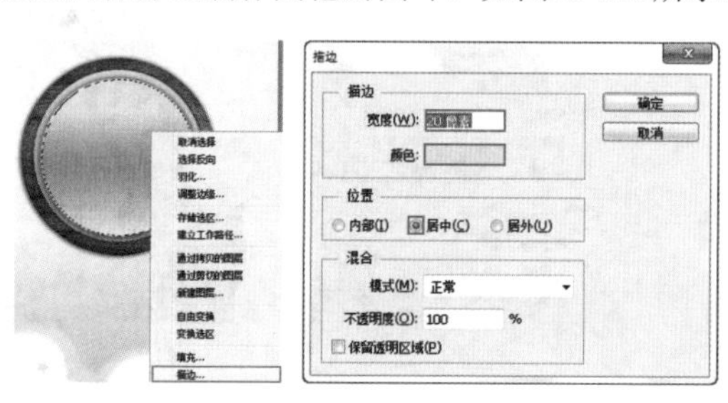

图20—120　图20—121　图20—122　图20—123

08 新建图层，继续使用椭圆形状工具绘制白色正圆，设置“不透明度”为60%，如图20-124所示。多次复制白色正圆，将其置于画面中合适位置，如图20-125所示。

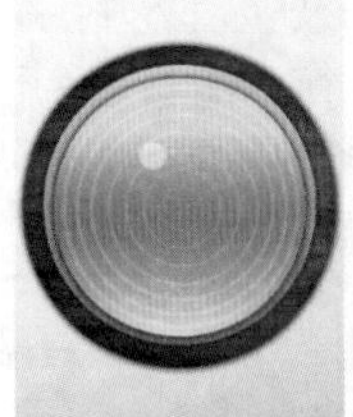
图20—124

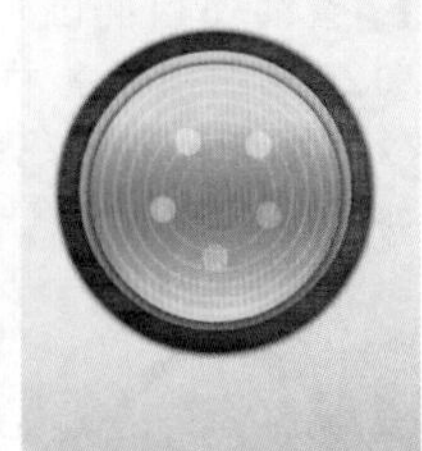
图20—125

09 新建图层，绘制白色正圆，载入正圆选区，将选区适当向下移动，如图20-126所示。按Delete键删除选区内的部分，如图20-127所示。按Ctrl+D快捷键取消选区，设置其“混合模式”为柔光，如图20-128所示。

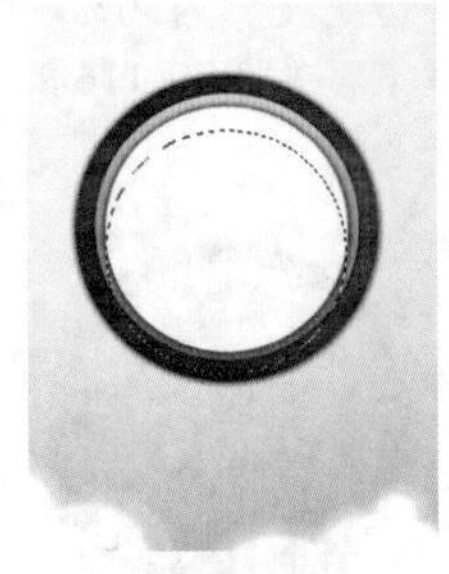
图20—126

图20—127

图20—128

10 使用钢笔工具在圆盘的下半部分绘制高光形状的闭合路径，如图20-129所示。将其转化为选区，新建图层并填充白色，设置“混合模式”为柔光，“不透明度”为70%，如图20-130所示。

11 选中所有圆形图层，按快捷键Ctrl+G，将所选图层置于同一图层组中，并将其命名为播放器，如图20-131所示。导入绿叶素材“3.png”和小猴素材“4.png”，摆放在播放器周围，如图20-132所示。

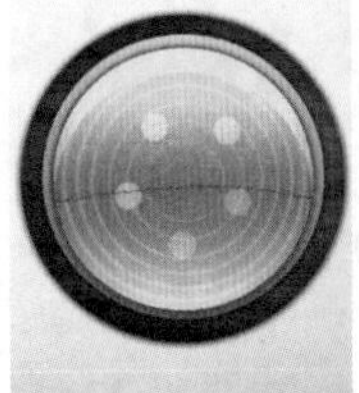
图20—129

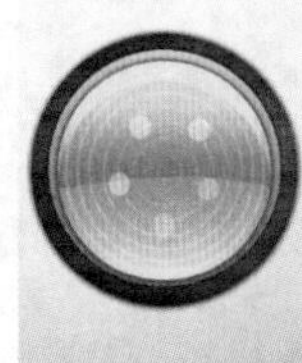
图20—130

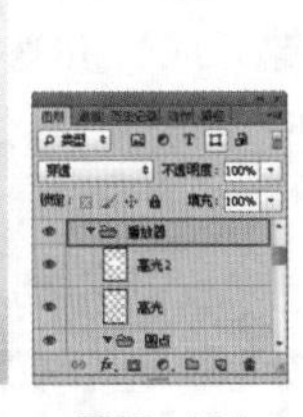
图20—131

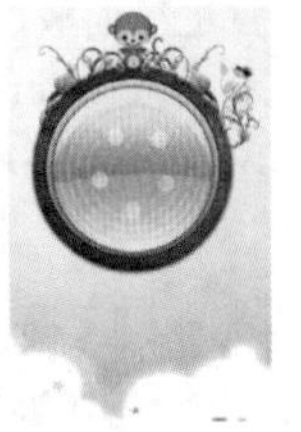
图20—132

12 导入水管素材“5.png”，并将其置于播放器左侧，如图20-133所示。

图20—133

13 新建图层，使用圆角矩形工具在选项栏中设置绘制模式为“形状”，“填充”颜色为白色，“描边”为无，“半径”为“100像素”，如图20-134所示。在画面中绘制圆角矩形，如图20-135所示。

14 对圆角矩形执行“图层>图层样式>内发光”命令，设置其“不透明度”为40%，颜色为黑色，“方法”为“柔和”，“大小”为21像素，如图20-136所示。效果如图20-137所示。

图20—134

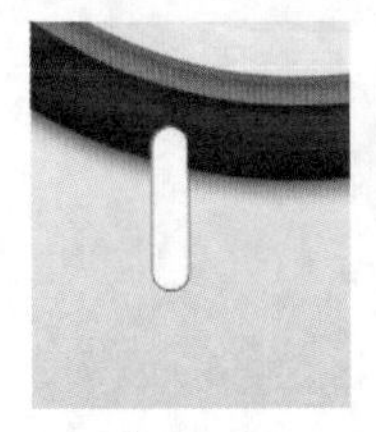
图20—135

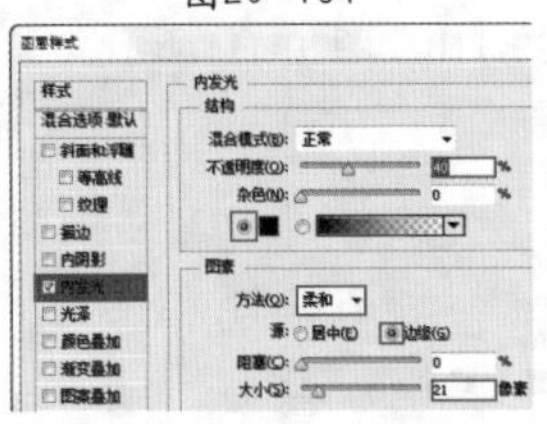
图20—136

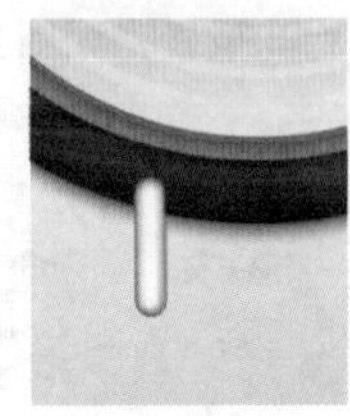
图20—137

15 导入木纹素材“6.jpg”置于矩形顶部，并为其创建剪贴蒙版，此时这一部分圆角矩形表面呈现出木纹质感，如图20-138所示。在矩形底部新建图层，设置前景色为黑色，使用画笔工具在圆角矩形底部绘制阴影效果，如图20-139所示。

16 制作播放器四周的小木块，在“图层”面板顶部新建图层，使用钢笔工具在画面中绘制如图20-140所示的形状，将其转化为选区，并为其填充白色。执行“图层>图层样式>内发光”命令，设置“不透明度”为60%，“方法”为“柔和”，选中“边缘”单选按钮，设置“大小”为30像素，如图20-141所示。

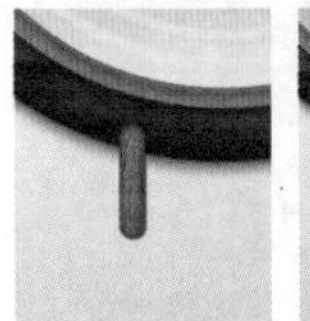
图20—138

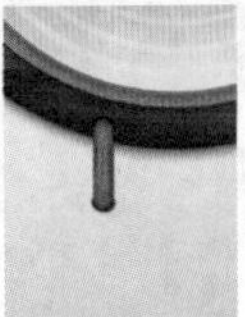
图20—139

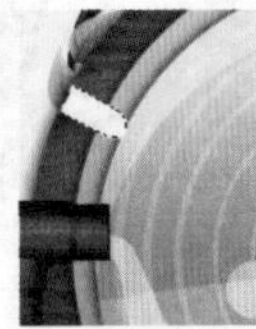
图20—140

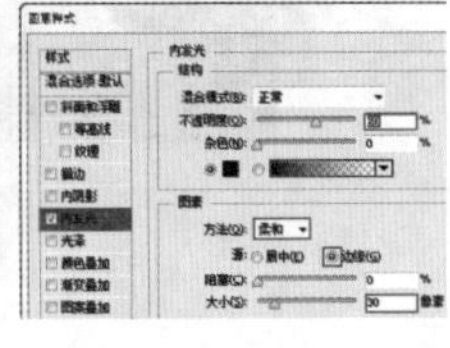
图20—141

17 选中“外发光” 复选框，设置“不透明度”为80%，“方法”为“柔和”，“大小”为10像素，如图20-142所示。效果如图20-143所示。

18 复制木纹素材置于白色图形顶部，创建剪贴蒙版，如图20-144所示。

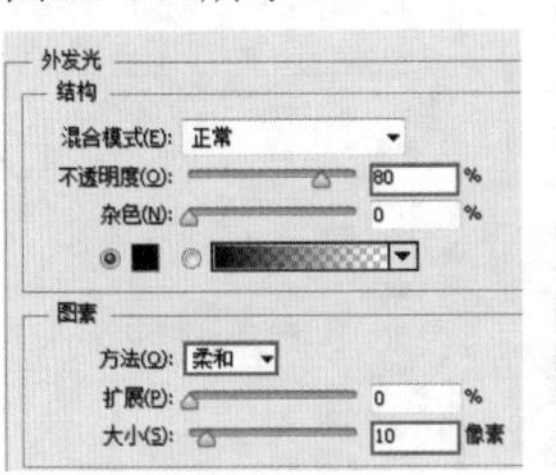

图20—142

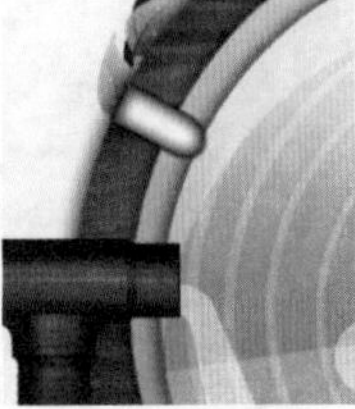
图20—143

图20—144

19 使用白色画笔在边缘处单击绘制一个圆形白点，如图20-145所示。对白点执行“图层>图层样式>外发光”命令，设置其“不透明度”为100%，“方法”为柔和，“大小”为10像素，如图20-146所示。此时这个圆形呈现出内陷的效果，如图20-147所示。

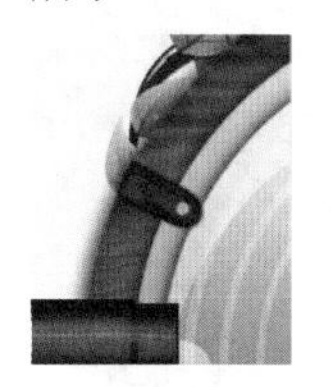

图20-145

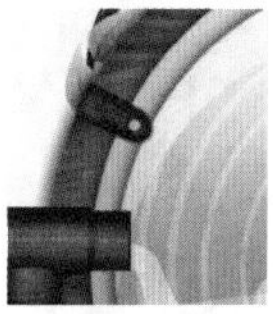

图20-147

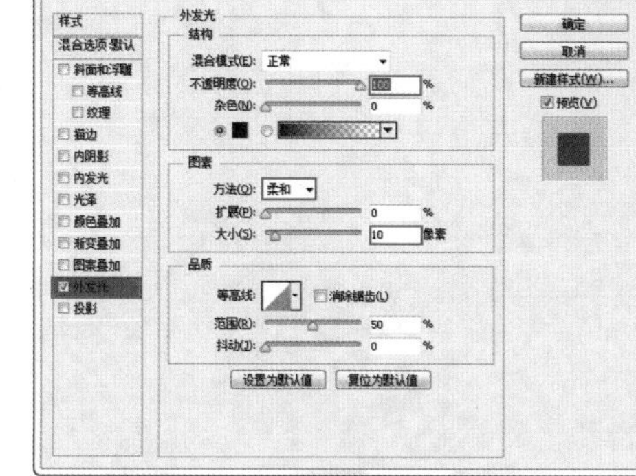

图20-146

20 复制小木块，并按Ctrl+T自由变换快捷键，将其旋转并摆放在合适位置，如图20-148所示。同样方法制作右侧的木梯效果，如图20-149所示。

图20-148

图20-149

21 使用横排文字工具设置合适的字体以及字号，在画面中合适位置单击输入文字，如图20-150所示。对文字图层执行“图层>图层样式>描边”命令，设置描边“大小”为10像素，“位置”为外部，“不透明度”为100%，“填充类型”为“颜色”，“颜色”为棕色，如图20-151所示。

图20-150

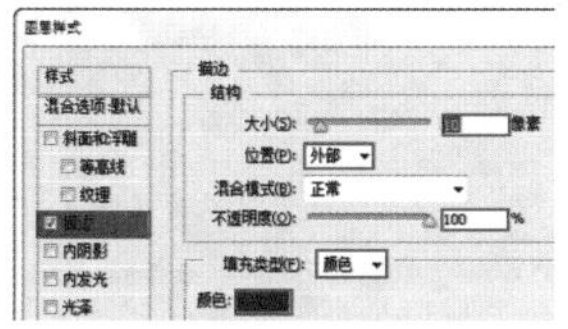

图20-151

22 选中“渐变叠加” 复选框，编辑一种黄色系的渐变，设置“样式”为“线性”，如图20-152所示。选中“投影” 复选框，设置颜色为黑色，“不透明度”为100%，“角度”为47度，“距离”为20像素，“扩展”为0%，“大小”为25像素，如图20-153所示。效果如图20-154所示。

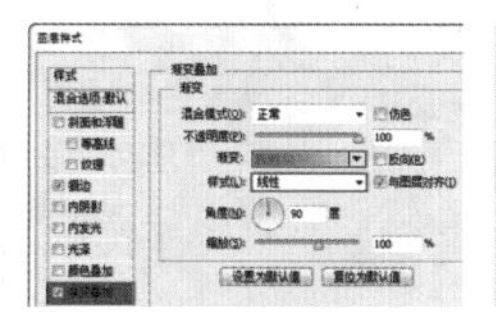

图20-152

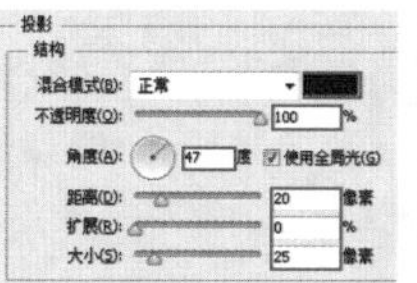

图20-153

图20-154

23 导入按钮素材“7.png”置于画面中合适位置，最终效果如图20-155所示。

图20-155

第21章

海报招贴设计

本章内容简介：

招贴又名“海报”或“宣传画”，属于户外广告，分布在各街道、影剧院、展览会、商业闹区、车站、码头、公园等公共场所。招贴相比其他广告具有画面面大、内容广泛、艺术表现力丰富、远视效果强烈的特点。对于学设计的人来说，提起广告，首先想到的大概就是海报招贴。本章将介绍几个具体的海报招贴设计实例。

本章学习要点：

- 剪影风格海报设计
- 创意汽车主题招贴
- 喜庆中式招贴
- 可爱甜点海报
- 电影海报设计

剪影风格海报设计

案例文件	案例文件\第21章\剪影风格海报设计.psd
视频教学	视频教学\第21章\剪影风格海报设计.flv
难易指数	★★★★★
技术要点	形状工具、文字工具、图层样式

案例效果

本案例主要使用形状工具、文字工具、图层样式等工具制作剪影风格的海报，效果如图21-1所示。

图21－1

操作步骤

01 新建文件，设置前景色为黑色，单击工具箱中的“矩形工具”按钮，在选项栏中设置绘制模式为“像素”，在画面上半部分绘制一个黑色矩形，如图21-2所示。更改前景色为淡青色，同样使用矩形工具在下半部分绘制淡青色的矩形，效果如图21-3所示。

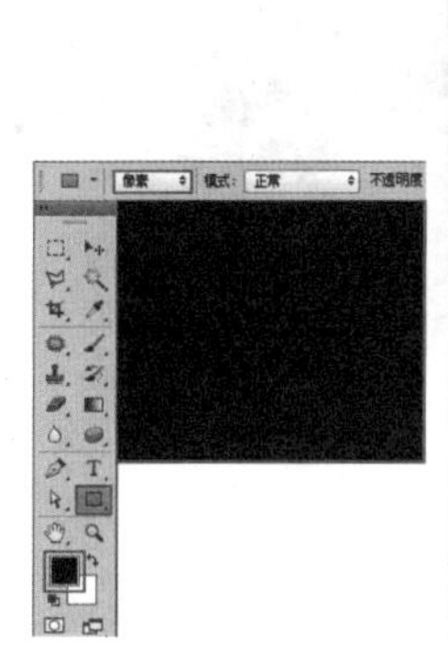
图21－2

图21－3

02 导入城堡照片素材“1.jpg”，使用磁性套索工具绘制天空部分选区，如图21-4所示。按Delete键删除天空部分，如图21-5所示。

图21－4

图21－5

03 使用自由变换快捷键Ctrl+T对其执行自由变换操作，单击鼠标右键，在弹出的快捷菜单中执行“透视”命令，如图21-6所示。调整控制点使照片产生透视效果，如图21-7所示。将其变换到合适的形状后，按Enter键完成自由变换，如图21-8所示。

图21－6

图21－7

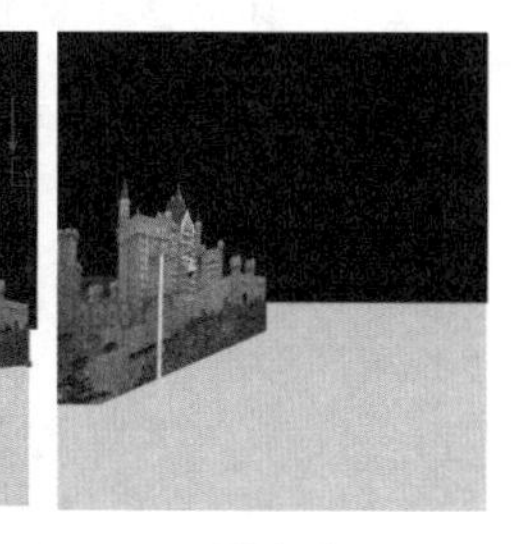
图21－8

04 载入城堡图层选区，设置前景色为青色，为其填充前景色，如图21-9所示。复制城堡图层，按Ctrl+T快捷键执行自由变换命令，将中心点移至界定框的右侧边界处，单击鼠标右键，在弹出的快捷菜单中执行“水平翻转”命令，如图21-10所示。按Enter键完成自由变换，效果如图21-11所示。

图21－9

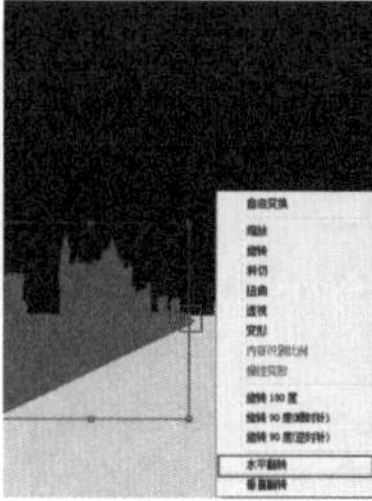
图21－10

图21－11

05 导入人像素材“2.jpg”并置于画面中合适的位置，使用钢笔工具绘制人像的路径形状，如图21-12所示。按Ctrl+Enter快捷键将其快速转化为选区，如图21-13所示。

图21－12

图21－13

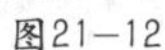

06 单击“图层”面板底部的“添加图层蒙版”按钮，为其添加图层蒙版，如图21-14所示。效果如图21-15所示。

图21-14　　图21-15

07 执行“图层>新建调整图层>可选颜色”命令，创建调整图层，并在该调整图层上单击鼠标右键，在弹出的快捷菜单中执行“创建剪贴蒙版”命令，使其只对照片起作用，如图21-16所示。双击调整图层，设置“颜色”为黄色，“青色”为78%，“洋红”为5%，“黄色”为-39%，如图21-17所示。设置“颜色”为青色，调整“青色”为80%，“洋红”为24%，如图21-18所示。

图21-16

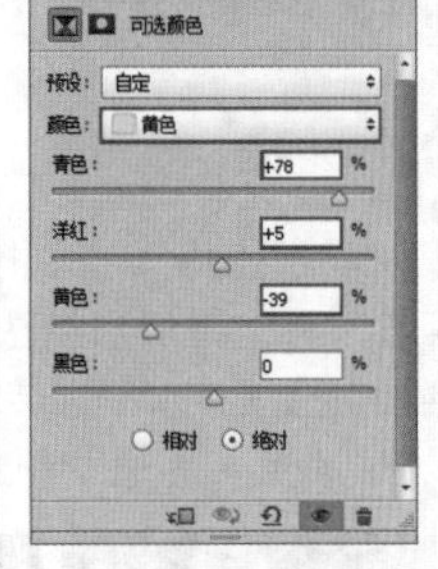

图21-17

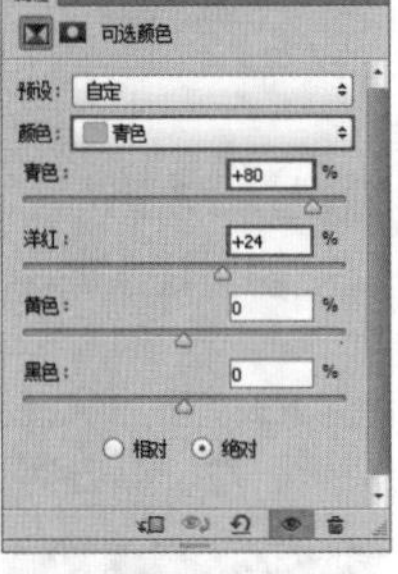

图21-18

08 设置“颜色”为蓝色，设置“青色”为-10%，“洋红”为80%，“黑色”为72%，如图20-19所示。设置“颜色”为中性色，“青色”为12%，“洋红”为-3%，“黄色”为-19%，“黑色”为20%，如图21-20所示。此时照片变为青色调，效果如图21-21所示。

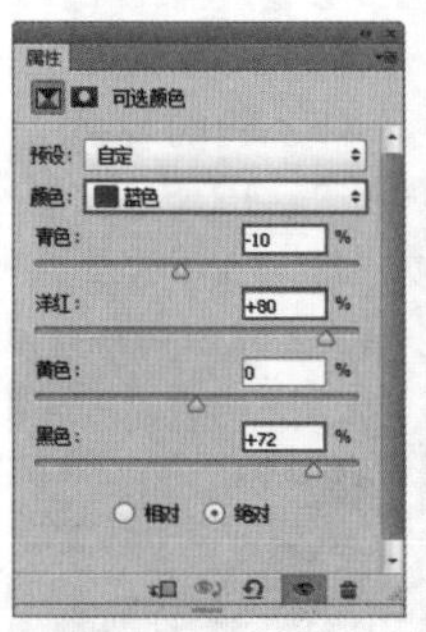

图21-19

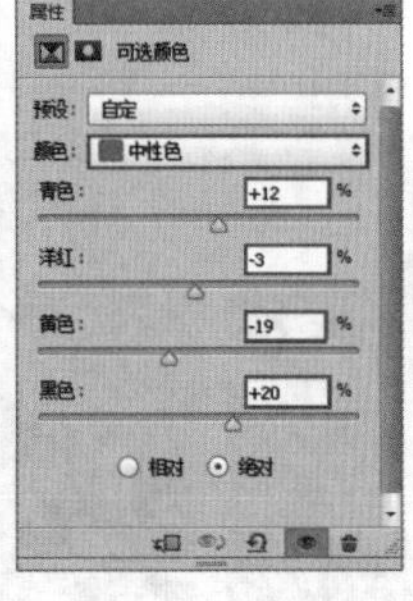

图21-20

图21-21

09 在人像图层底部新建图层，使用半透明的画笔在画面中合适的位置单击绘制阴影效果，如图21-22所示。

图21-22

思维点拨

本案例的画面大面积地应用了青色。青色是一种底色，清脆而不张扬，伶俐而不圆滑，清爽而不单调。青色给人耳目一新的感觉，具有很强的宣传力。青色体现很强的存在感，可以用来表现精神性，给人一种坚强的特性。

10 单击工具箱中的“横排文字工具”按钮，在选项栏中设置合适的字体、字号，设置对齐方式为居中对齐，颜色为白色。在画面中单击并输入文字，如图21-23所示。

图21-23

11 选择该文字图层，执行“图层>图层样式>内阴影”命令，设置颜色为青色，“混合模式”为“正常”，“不透明度”为100%，“距离”为9像素，“大小”为4像素，如图21-24所示。画面效果如图21-25所示。

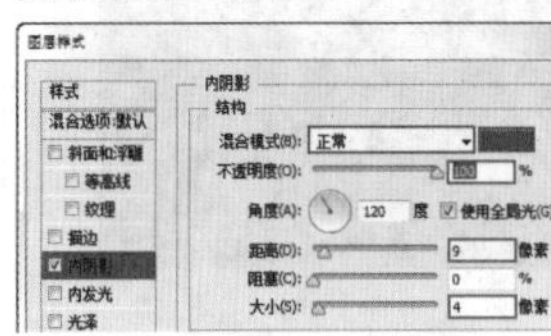

图21-24

图21-25

12 继续使用横排文字工具在主体文字下方输入另外几段文字，分别设置不同的字体、字号、颜色等属性，如图21-26所示。使用横排文字工具在画面底部输入两行文字，并对其中的部分字符进行单独的属性调整，设置对齐方式为居中对齐，如图21-27所示。

图21-26

图21-27

13 单击工具箱中的“自定形状工具”按钮，在选项栏中设置绘制模式为“形状”，“填充”颜色为青色，选择合适的形状。在画面右下角绘制形状，效果如图21-28所示，并在附近输入文字，效果如图21-29所示。

14 同样方法在人物周围制作另外几组标志和文字，因为标志文字与画面背景选取的颜色相同，所以在因颜色相同而导致的无法识别文字和图标的情况下，需要借助图层蒙版更改文字以及图标的局部颜色，如图21-30所示。最终效果如图21-31所示。

图21-28

图21-29

图21-30

图21-31

21.2 创意汽车主题招贴

案例文件	案例文件\第21章\创意汽车主题招贴.psd
视频教学	视频教学\第21章\创意汽车主题招贴.flv
难易指数	★★★★★
技术要点	“云彩”滤镜、魔棒工具、图层样式

案例效果

本案例主要使用“云彩”滤镜、魔棒工具和图层样式制作创意汽车主题招贴，效果如图21-32所示。

操作步骤

01 按Ctrl+N快捷键，新建一个大小为3000×2500像素的文档，如图21-33所示。

图21-32

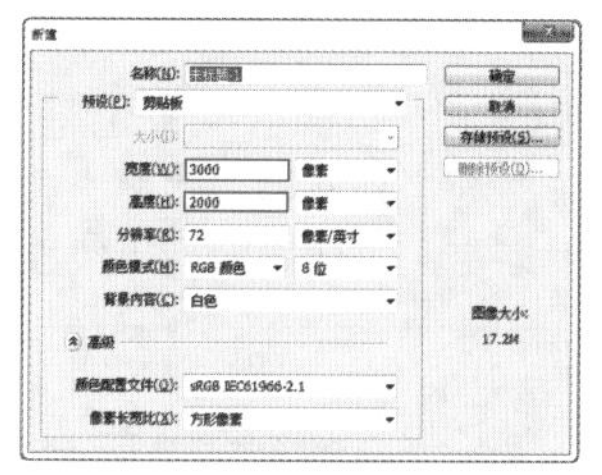

图21-33

02 制作背景效果。创建新图层，使用椭圆选框工具绘制一个椭圆选区，单击鼠标右键，在弹出的快捷菜单中执行“羽化”命令，设置“羽化半径”为85像素，如图21-34所示。分别设置前景色和背景色为白色和浅蓝色，执行“滤镜>渲染>云彩”命令，设置图层的“不透明度”为68%，如图21-35所示。

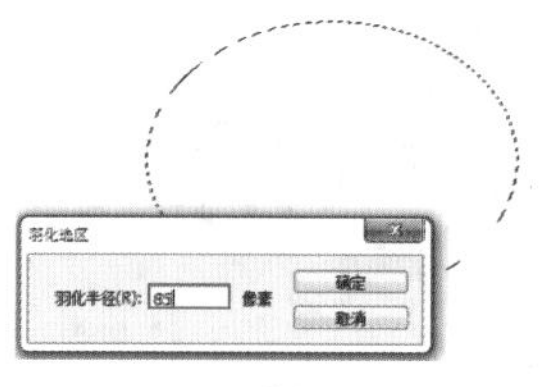

图21-34

图21-35

03 导入光效素材文件“1.jpg”，调整图层的“混合模式”为“滤色”，并为光效素材图层添加图层蒙版，使用黑色画笔涂抹画面顶部的区域，使这部分隐藏，如图21-36所示。效果如图21-37所示。

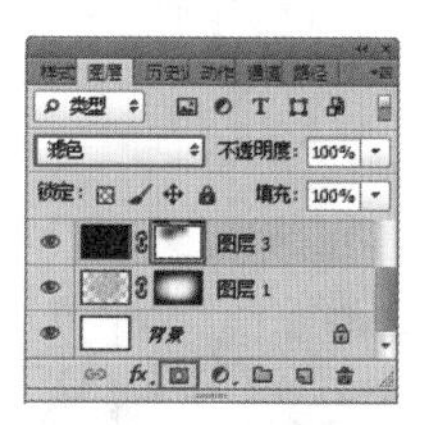

图21-36

图21-37

04 新建一个组，命名为“前景”。导入汽车素材文件“2.jpg”，单击工具箱中的“魔棒工具”按钮，在选项栏中设置“容差”为5，选中“连续”复选框，在背景处单击选择背景区域，然后按Delete键删除背景部分，如图21-38所示。继续对该图层执行“图层>图层样式>投影”命令，设置“混合模式”为“正片叠底”，“不透明度”为100%，“角度”为120度、“距离”为23像素，“大小”为24像素，如图21-39所示。效果如图21-40所示。

05 同样的方法导入另一个汽车“3.jpg”文件，去掉背景，如图21-41所示，并为其添加相同的投影样式，按Ctrl+J快捷键复制出一个副本来，将图层放置在下一层中，如图21-42所示。

技巧提示

如果需要为另一个图层赋予相同的图层样式，在包含图层样式的图层上单击鼠标右键，在弹出的快捷菜单中执行“复制图层样式”命令，并在另一个图层上单击鼠标右键，在弹出的快捷菜单中执行“粘贴图层样式”命令即可。

图21-38

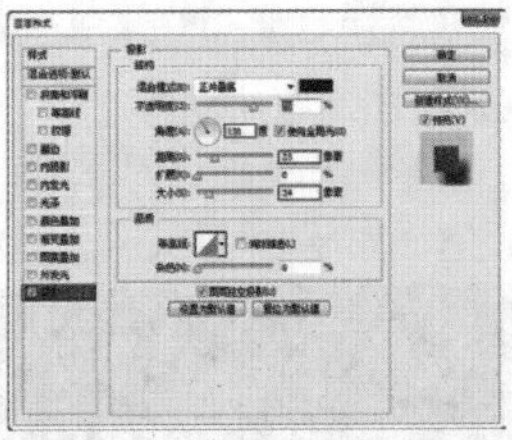

图21-39

图21-40

图21-41

图21-42

06 导入“4.jpg”文件，使用魔棒工具选择背景区域，如图21-43所示。按Delete键，图像被完整扣出来，将图层放置在车的下一层，如图21-44所示。

图21-43

图21-44

07 按Ctrl+J快捷键复制蓝色油漆图层。然后使用自由变换快捷键Ctrl+T，调整大小和位置，摆放在其他位置上，如图21-45所示。同样的方法多次复制，变形并分布在汽车周边，如图21-46所示。

图21-45

图21-46

思维点拨

本案例画面以不同明度的蓝色为背景，纯净的蓝色表现出一种美丽、冷静、理智、安详与广阔，由于蓝色沉稳的特性，具有理智、准确的意象。在商业设计中，强调科技、效率的商品或企业形象，大多选用蓝色当标准色、企业色，如电脑、汽车、影印机、摄影器材等。

08 新建一个组，命名为logo。复制出一个汽车图层，使用自由变换快捷键Ctrl+T，调整大小放置在右下角，如图21-47所示。使用横排文字工具T.在画面右下角输入文字，如图21-48所示。

图21-47

图21-48

09 对文字图层执行“图层>图层样式>投影”命令，设置“混合模式”为“正片叠底”，“不透明度”为75%，“角度”为120度，“距离”为5像素，“大小”为5像素，如图21-49所示。选中“渐变叠加” 复选框，调整渐变颜色从深蓝色到蓝色，设置“样式”为“线性”，“角度”为90度，如图21-50所示。

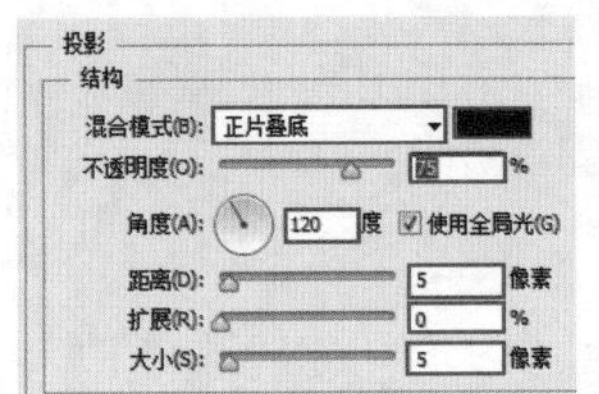

图21-49

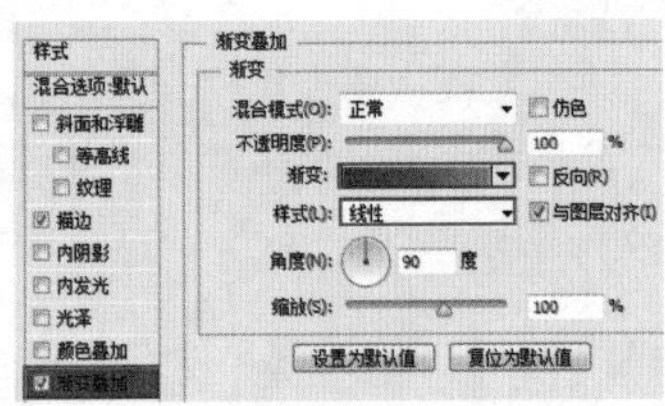

图21-50

10 选中“描边” 复选框，设置“大小”为3像素，“位置”为“外部”，“填充类型”为渐变，“渐变”颜色为灰白渐变，“样式”为“线性”，如图21-51和图21-52所示。

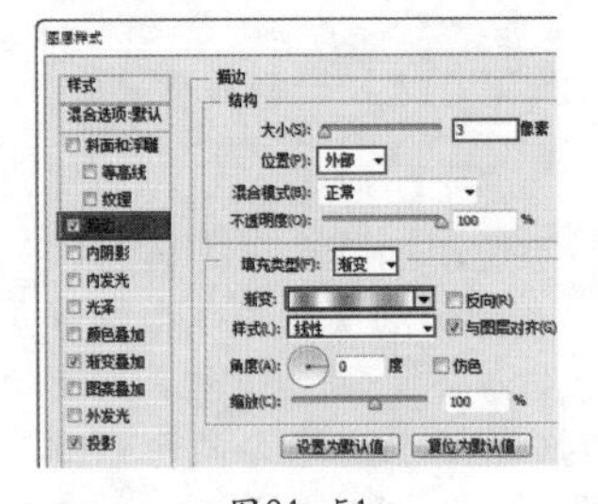

图21-51

图21-52

11 最终效果如图21-53所示。

图21-53

思维点拨：平面设计中的“点”、“线”、“面”

点的感觉是相对的，它是由形状、方向、大小、位置等形式构成的。这种聚散的排列与组合，带给人们不同的心理感应。点具有点缀和活跃画面的作用，还可以组合起来成为一种肌理或其他要素来衬托画面主体，如图21-54所示。

线游离于点与面之间，具有位置、长度、宽度、方向、形状和性格。直线和曲线是决定版面形象的基本要素。每种线都有自己独特的个性与情感存在着。将各种不同的线运用到版面设计中，将会获得各种不同的效果，如图21-55所示。

面在空间上占有的面积最多，因而在视觉上要比点、线来得强烈、实在，具有鲜明的个性特征。因此，在排版设计时要把握相互间整体的和谐，才能产生具有美感的视觉形式。在整个基本视觉要素中，面的视觉影响力最大，如图21-56所示。

图21-54

图21-55

图21-56

21.3 喜庆中式招贴

案例文件	案例文件\第21章\喜庆中式招贴.psd
视频教学	视频教学\第21章\喜庆中式招贴.flv
难易指数	★★★★★
技术要点	图层混合模式、不透明度

案例效果

本案例主要通过设置“图层混合模式”及“不透明度”制作背景部分，然后通过“样式”面板为文字添加样式。最后使用“图层样式”命令为其他文字添加样式，制作出喜庆中式风格的招贴，如图21-57所示。

图21-57

操作步骤

01 使用新建快捷键Ctrl+N打开新建窗口，新建一个宽度为2480像素，高度为1711像素的新文件，如图21-58所示。将前景色设置为红色，使用前景色填充快捷键Alt+Delete将“背景”图层填充为红色，如图21-59所示。

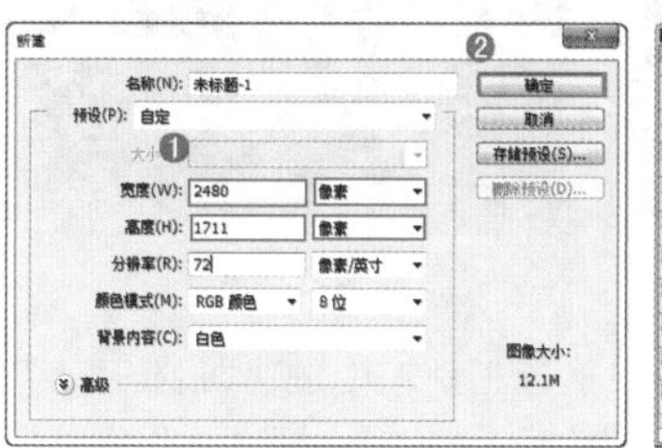

图21-58

图21-59

02 将素材“1.png”导入到文件中，摆放在画布的左上角，设置该图层的混合模式为“正片叠底”，“不透明度”为30%，如图21-60所示。效果如图21-61所示。

图21-60

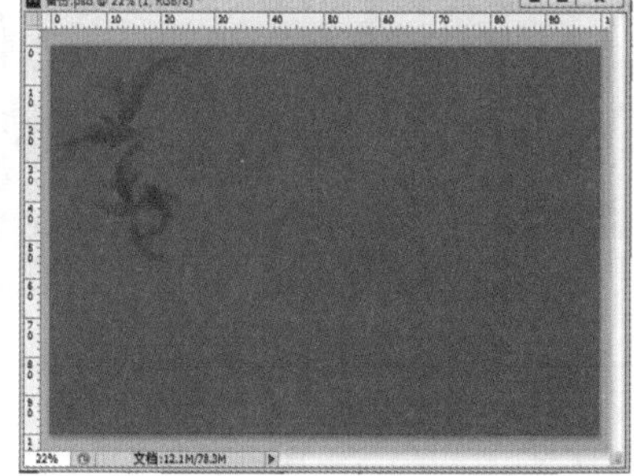

图21-61

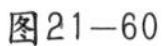

03 单击工具箱中的“横排文字工具”按钮，在选项栏中设置一个合适的字体，文字大小为140点，文字颜色为黑色。设置完成后，在画布中单击插入光标并输入“福”字，如图21-62所示。选择该文字图层，设置该图层的混合模式为“正片叠底”，“不透明度”为15%，如图21-63所示。文字效果如图21-64所示。

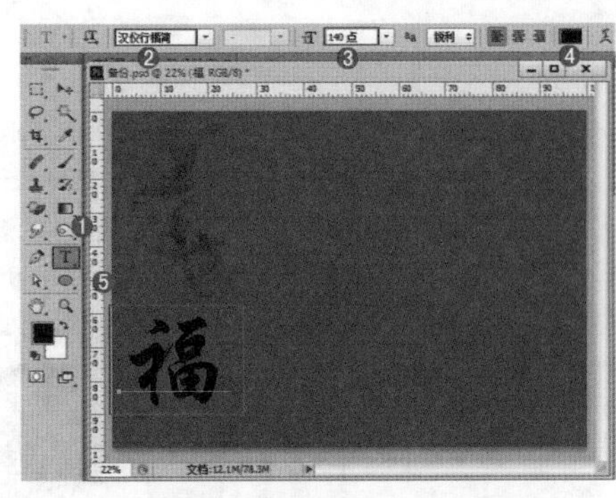

图21－62

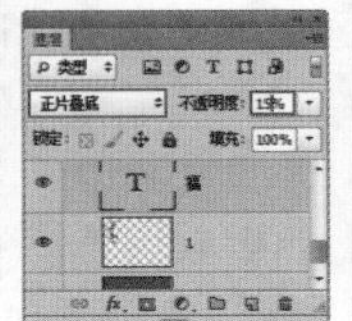

图21－63

图21－64

04 选择该文字图层，执行“编辑>变换>垂直翻转”命令，可以看见“福”倒了，如图21-65所示。使用同样的方法，利用直排文字工具，制作背景部分的其他文字，效果如图21-66所示。

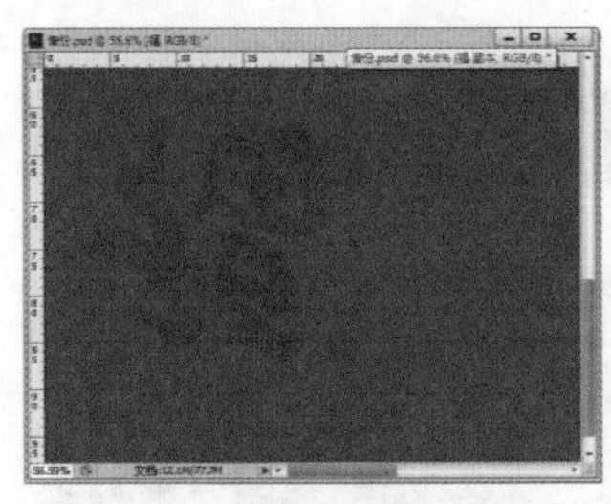

图21－65

图21－66

05 制作背景处的花朵装饰。单击工具箱中的“椭圆工具”按钮，在选项栏中设置绘制模式为“形状”，“填充”为红色，“描边”为黄色，“描边宽度”为6点，设置完成后在画布的右上角绘制椭圆形状，并利用画布的边缘将椭圆的一部分进行隐藏，如图21-67所示。将牡丹花素材“2.png”导入到文件中，将其放置在右上角的位置上，如图21-68所示。

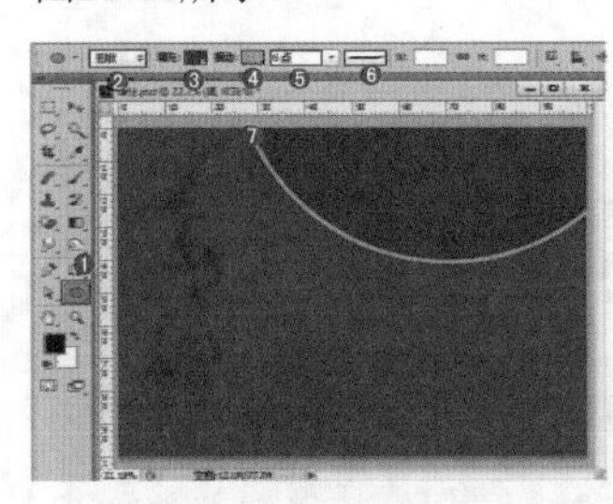

图21－67

图21－68

06 将“牡丹花”图层作为“内容图层”，形状图层作为“基底图层”创建剪贴蒙版。选择“牡丹花”图层，执行“图层>创建剪贴蒙版”命令，为该图层创建一个剪贴蒙版。效果如图21-69所示。使用同样的方法，制作左下角的装饰。制作完成后，设置“内容图层”（也就是花朵所在的图层）的混合模式为“柔光”，效果如图21-70所示。背景部分制作完成。

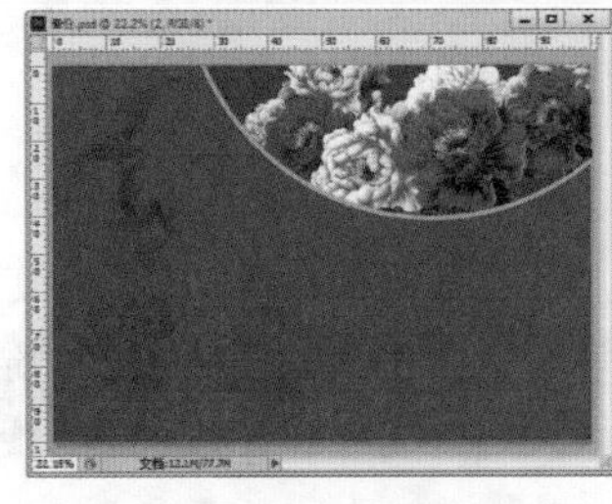

图21－69

图21－70

07 使用横排文字工具在画布中输入文字，如图21-71所示。下面使用“样式”面板，为文字添加图层样式。选择“窗口>样式”命令，打开“样式”面板。单击“菜单”按钮，在下拉菜单中执行“载入样式”命令，在弹出的“载入”面板中将素材“4.asl”进行载入，如图21-72所示。

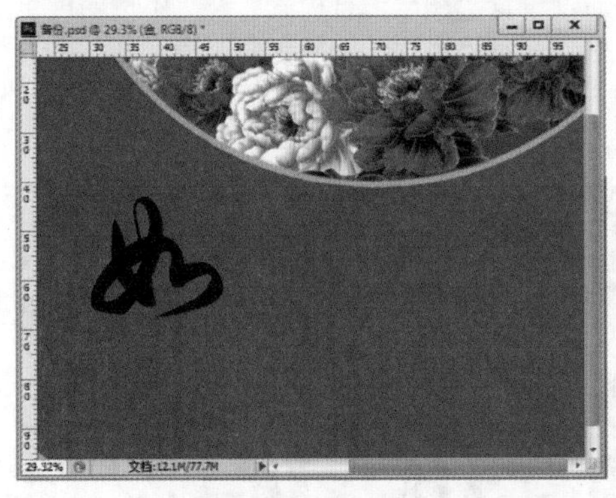

图21－71

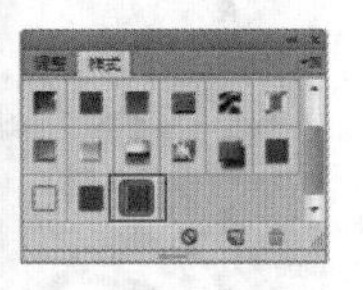

图21－72

08 选择文字图层，继续单击该样式按钮，可以看见文字被快速赋予了样式，如图21-73所示。

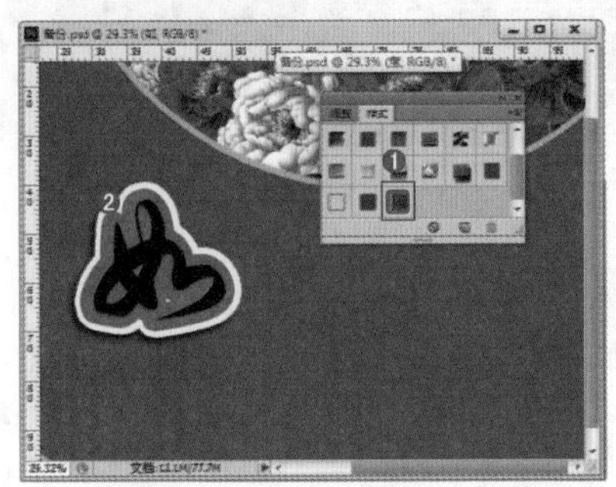

图21－73

09 制作文字上的“镀金”效果。导入金素材“5.jpg”，放置在文字图层上方，选择“金”图层，执行“图层>创建剪贴蒙版”命令，将该图层作为“内容图层”，文字作为“基底图层”，创建剪贴蒙版。文字效果如图21-74所示。使用同样的方法，制作其他几处文字部分，如图21-75所示。

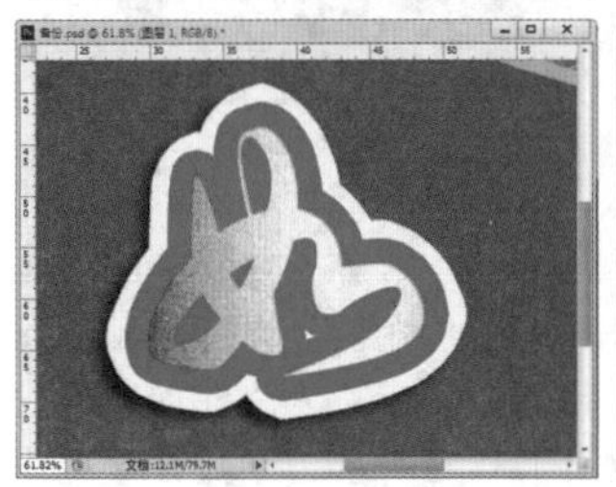

图21－74

图21－75

10 将素材“6.png”导入到文件中，如图21-76所示。选择该图层，执行“图层>图层样式>描边”命令，设置“大小”为30像素，“位置”为“外部”，“混合模式”为“正常”，“不透明度”为100%，“颜色”为黄色，如图21-77所示。描边效果如图21-78所示。

图21－76

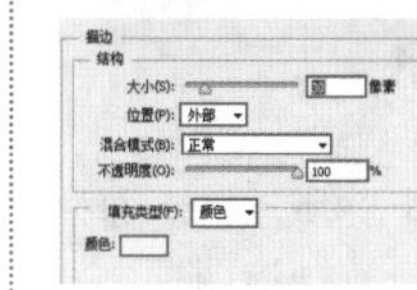

图21－77

图21－78

11 继续在画面中输入相应的文字并添加合适的“描边”样式。最后将素材“5.png”导入到文件中，摆放至合适位置，本案例制作完成。效果如图21-79所示。

图21－79

21.4 可爱甜点海报

案例文件	案例文件/第21章/可爱甜点海报.psd
视频教学	视频教学/第21章/可爱甜点海报.flv
难易指数	★★★★★
技术要点	矢量工具的使用、图层样式

案例效果

本案例主要讲解了可爱甜点海报的设计，主要是将水果素材通过渐变叠加融合在背景中，然后再使用蒙版进行抠图，还为图层添加图层样式，在画布中进入点文字和段落文字等操作，如图21-80所示。

图21－80

Prat 1 制作背景

01 使用快捷键Ctrl+N打开“新建”对话框，新建一个宽度为1798像素，高度为1199像素的新文件，如图21-81所示。单击前景色按钮，在弹出的“拾色器”中设置颜色数值为（R:250、G：225、B：100），设置完成后使用前景色填充快捷键Alt+Delete将“背景”图层填充为黄色，如图21-82所示。

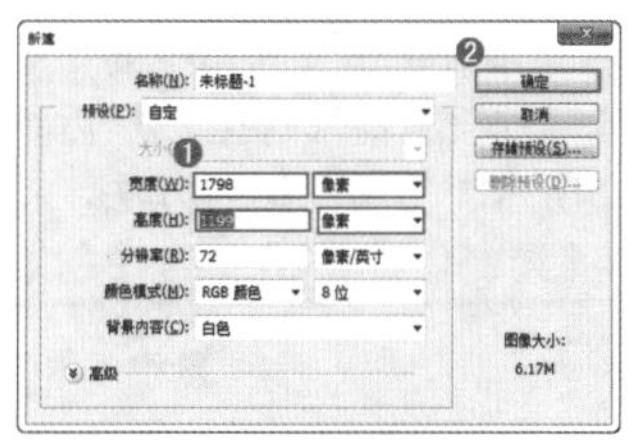

图21－81

图21－82

02 新建图层，将前景色设置为橘黄色，继续单击工具箱中的“画笔工具”按钮，在画布中单击鼠标右键，在弹出的画笔选取器中选择一个柔角画笔，设置“大小”为“1200像素”，“硬度”为0%，如图21-83所示。设置完成后，在画布的左右两侧分别进行单击，效果如图21-84所示。

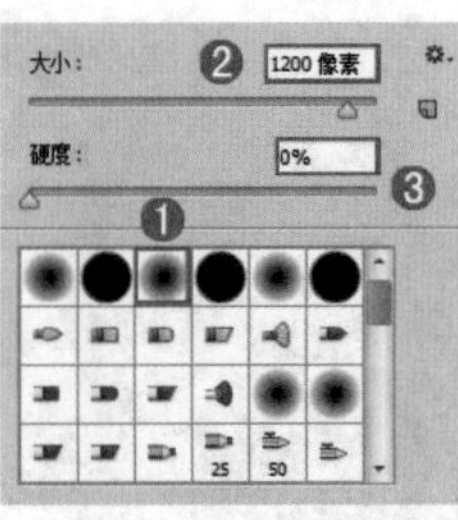

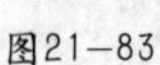

图21－83

图21－84

03 将素材“1.png”导入到文件中，如图21-85所示。下面为其添加图层样式，将其与背景融合在一起。选择该图层，执行“图层>图层样式>渐变叠加”命令，设置“混合模式”为“正常”，“不透明度”为100%，“渐变”为黄色系渐变，“样式”为“径向”，“角度”为90度，如图21-86所示。设置完成后单击“确定”按钮，画面效果如图21-87所示。

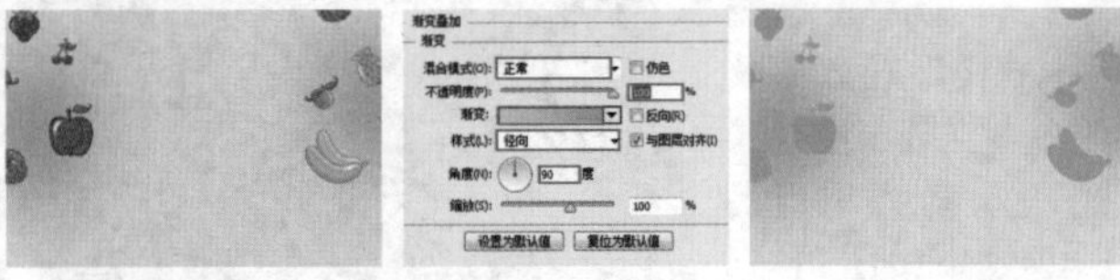

图21－85　　图21－86　　图21－87

04 将水果素材导入到文件中，如图21-88所示。下面将使用快速选择工具配合图层蒙版进行抠图。单击工具箱中的“快速选择工具”按钮，设置合适的笔尖大小，然后在画布中进行拖曳，将水果选中，单击“图层”面板底部的“添加图层蒙版”按钮，基于选区为该图层添加图层蒙版，如图21-89所示。

图21－88　　图21－89

05 新建图层，命名为“矩形1”。继续单击工具箱中的“矩形选框工具”按钮，在画布下方绘制矩形选区，然后将该选区填充为红色，如图21-90所示。使用同样的方法，新建图层并命名为“矩形2”，继续制作一个稍窄的红色矩形，如图21-91所示。

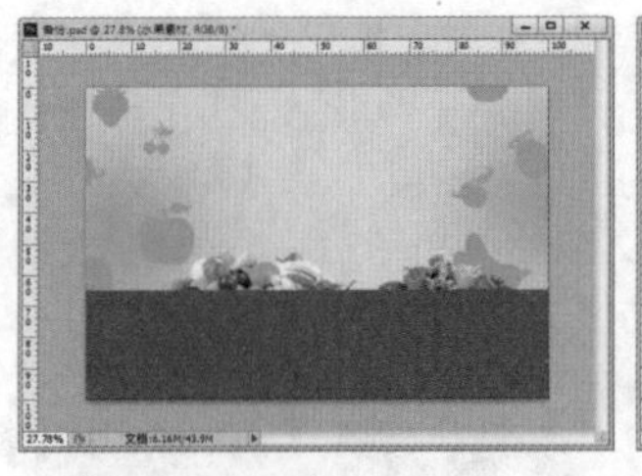

图21－90

图21－91

06 制作锯齿状边界效果。新建图层，单击工具箱中的“画笔工具”按钮，使用快捷键F5调出“画笔”窗口，在该窗口中选择一个圆形硬角画笔，设置“大小”为“50像素”，“间距”为136%，参数设置如图21-92所示。参数设置完成后，将光标放置在红色矩形的边缘处单击，按住Shift键将光标移动至画布的另一侧单击，如图21-93所示。

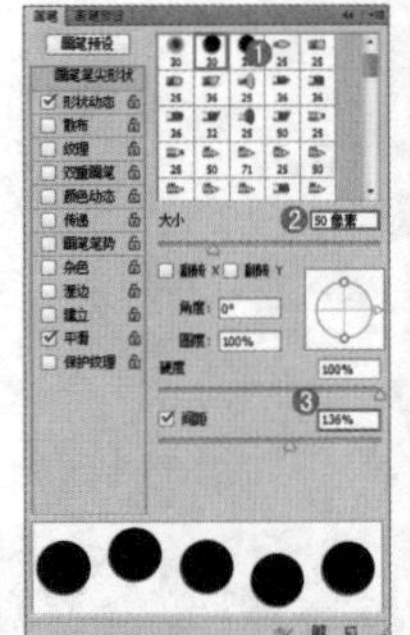

图21－92

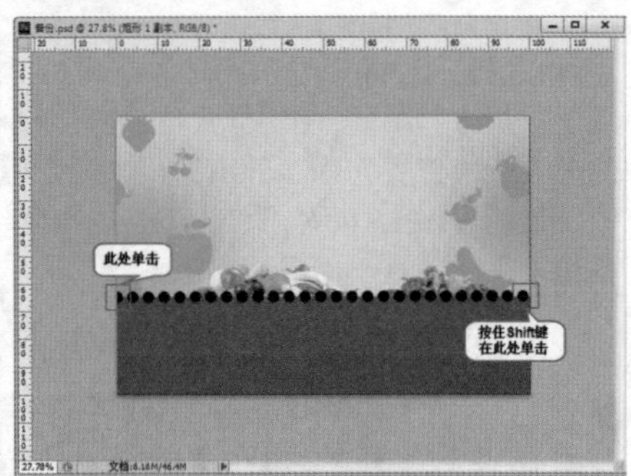

图21－93

07 按住Ctrl键单击该图层缩览图，得到该图层选区，并将该图层隐藏，如图21-94所示。单击选择“矩形1”图层，按Delete键将选区中的内容进行删除，效果如图21-95所示。

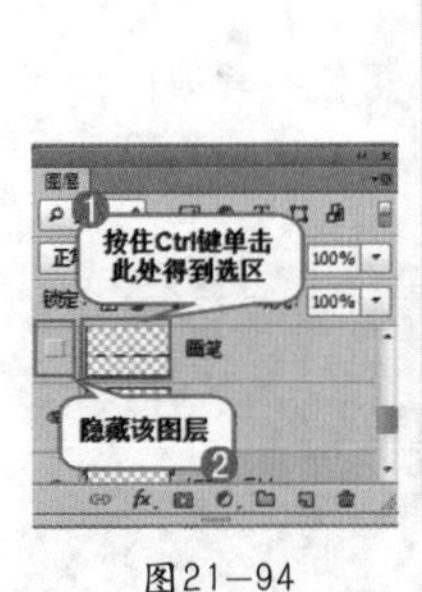

图21－94　　图21－95

Prat 2 制作中景

01 将素材“3.png”导入到文件中，如图21-96所示。选择该图层，执行“图层>图层样式>投影”命令，设置“混合模式”为“正片叠底”，颜色为黑色，“不透明度”为75%，“角度”为120度，“距离”为3像素，“大小”为35像素，如图21-97所示。画面效果如图21-98所示。

02 将冰激凌素材“4.jpg”导入到文件中，使用钢笔工具进行抠图。单击工具箱中的“钢笔工具”按钮，在选项栏中设置绘制模式为“路径”，然后使用钢笔工具在画布中沿着冰激凌的边缘绘制大概轮廓，如图21-99所示。

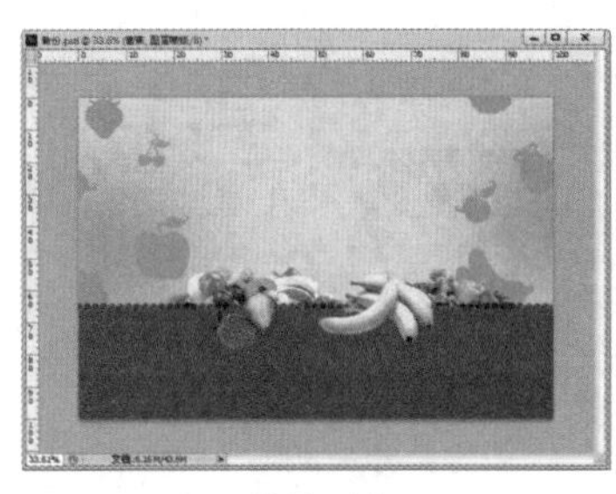

图21—96

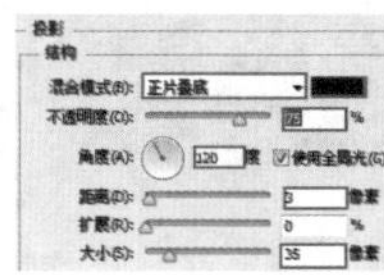
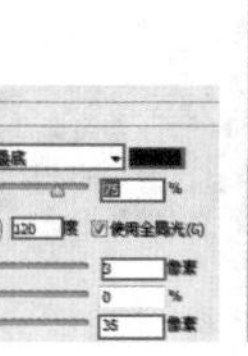

图21—97

图21—98

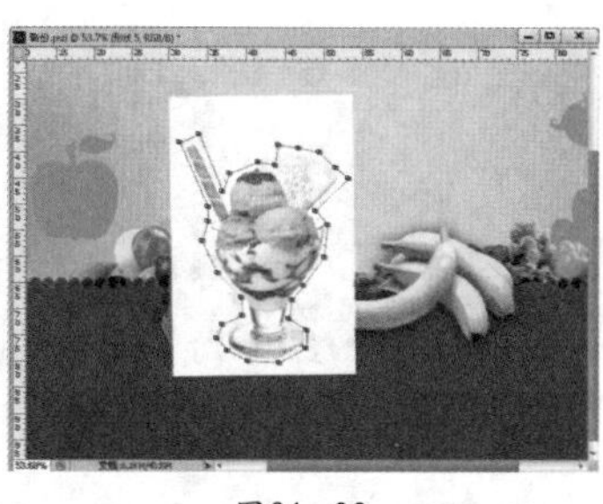

图21—99

03 调整锚点位置。在使用钢笔工具的状态下，按住Ctrl键切换到直接选择工具，在锚点上单击选中该锚点，然后将锚点拖曳至对象边缘，如图21-100所示。在需要将“角点”转换为“平滑锚点”时，按住Alt键切换到转换点工具，在锚点上拖曳即可，如图21-101所示。

图21—100

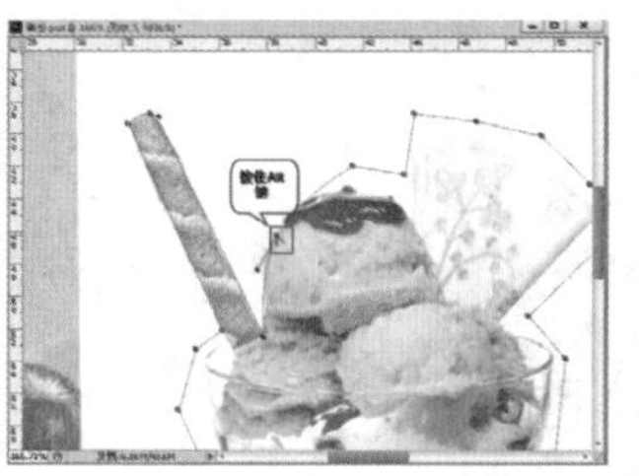

图21—101

04 若遇到需要添加锚点的情况，可以在使用钢笔工具的状态下，将钢笔放置在需要添加锚点的路径上方，光标变为状时，单击即可添加锚点，如图21-102所示。若遇见需要删除锚点的情况，可以将光标放置在所需删除的锚点的位置，光标变为形状，单击即可删除锚点，如图21-103所示。

图21—102

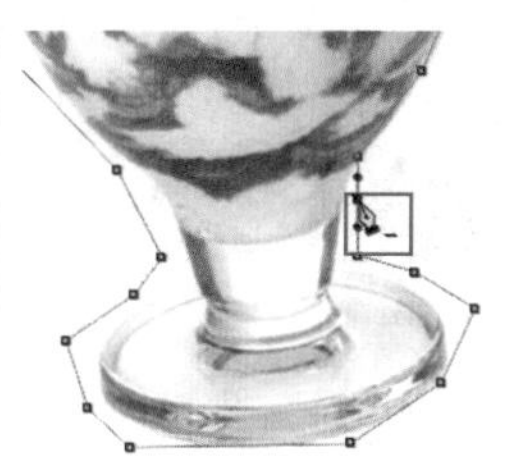

图21—103

05 继续调整锚点位置，如图21-104所示。使用快捷键Ctrl+Enrer得到选区，然后单击“图层”面板底部的“添加图层蒙版”按钮，基于选区为该图层添加图层蒙版，在蒙版中将白色背景进行隐藏，如图21-105所示。

图21—104

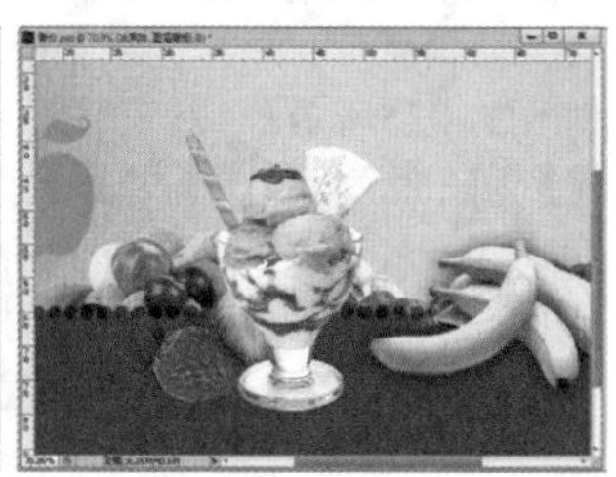

图21—105

06 使用自由变换快捷键Ctrl+T，将冰激凌旋转到合适角度，如图21-106所示。为该图层添加图层样式，选择该图层，执行“图层>图层样式>描边”命令，设置“大小”为10像素，“位置”为“外部”，“混合模式”为“正常”，“不透明度”为100%，“填充类型”为“颜色”，“颜色”为白色，如图21-107所示。

图21—106

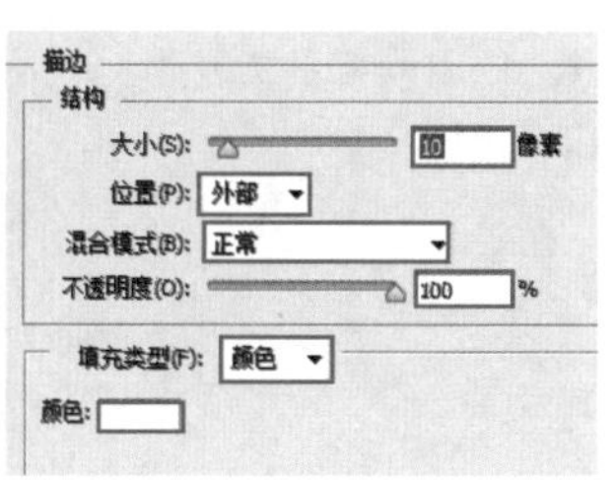

图21—107

07 继续选中“外发光” 复选框，设置“混合模式”为“正常”，“不透明度”为75%，颜色为黑色，“方法”为“柔和”，“扩展”为6%，“大小”为20像素，如图21-108所示。设置完成后，单击“确定”按钮，效果如图21-109所示。

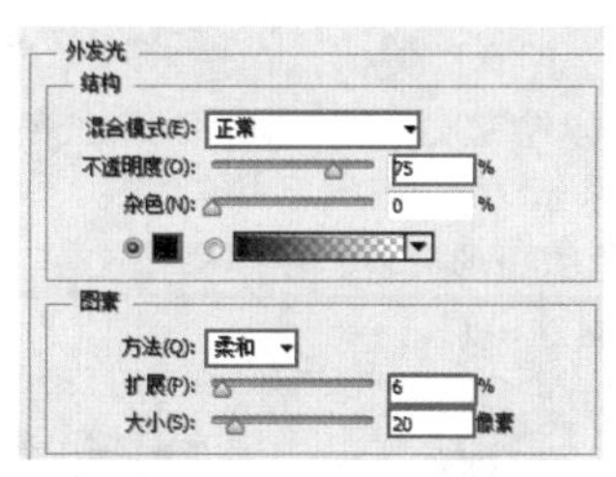

图21—108

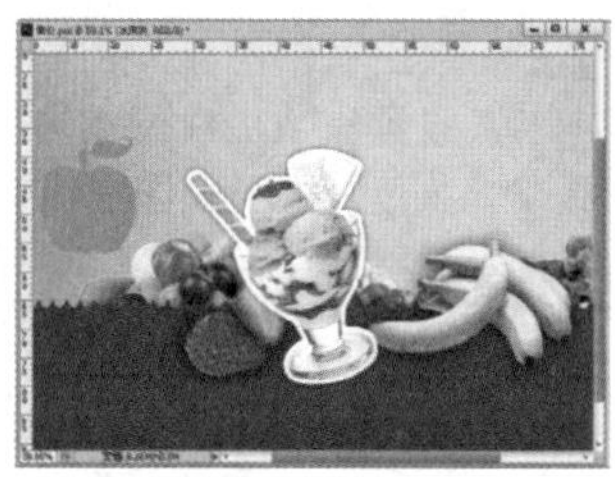

图21—109

08 选择“冰激凌”图层，使用快捷键Ctrl+J将该图层进行复制，然后将其旋转并放大，如图21-110所示。使用快捷键Ctrl+U调出“色相/饱和度”对话框，设置“色相”为－30，设置完成后单击“确定”按钮，如图21-111所示。效果如图21-112所示。

09 单击工具箱中的“自定形状工具”按钮，然后在选项栏中设置绘制模式为“形状”，继续单击“填充”按钮，在下拉面板中单击“渐变”按钮，继续编辑一个红色系渐变，设置渐变类型为“线性”，“角度”为169度。继续设置“描边”为白色，“描边宽度”为3点。然后再单击“形状”倒三角按钮，在下拉面板中选择一个箭头形状。最后在画布中绘制一个箭头形状，如图21-113所示。

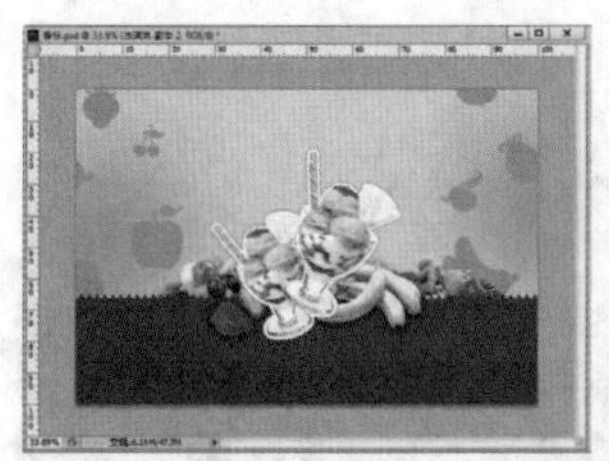
图21－110

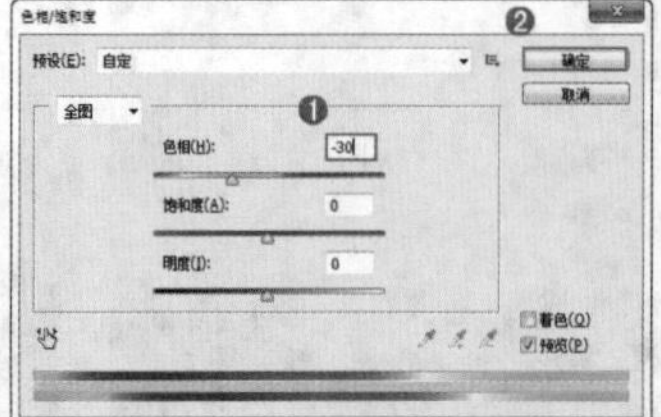
图21－111

图21－112

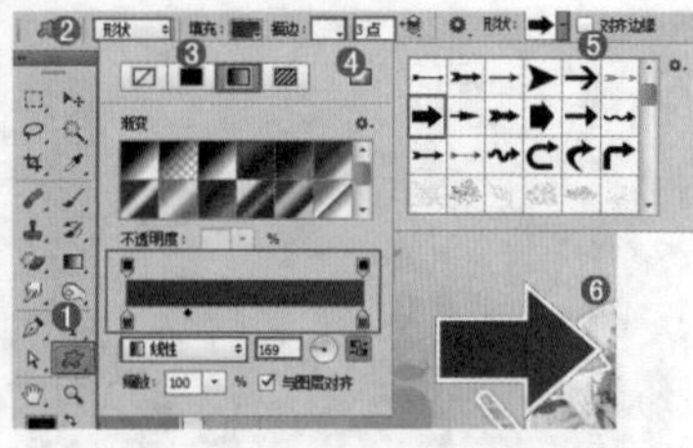
图21－113

10 形状绘制完成后，单击工具箱中的“直接选择工具”按钮，在该形状图形上单击，显示锚点，然后更改锚点位置，如图21-114所示。单击工具箱中的“转换点工具”按钮，将角点转换为平滑点，并将制作完成的形状移动到合适位置，效果如图21-115所示。

11 为画面添加文字。单击工具箱中的“横排文字工具”按钮，在选项栏中设置合适的字体，字号为17 点，文字颜色为白色。设置完成后在画布中单击插入光标并输入文字，如图21-116所示。选择该文字图层，单击选项栏中的“变形文字”按钮，在弹出的“变形文字”对话框中设置“样式”为“下弧”，“弯曲”为30%，“水平扭曲”为25%，参数设置完成后单击“确定”按钮，如图21-117所示。将变形后的文字移动到合适位置，如图21-118所示。

图21－114

图21－115

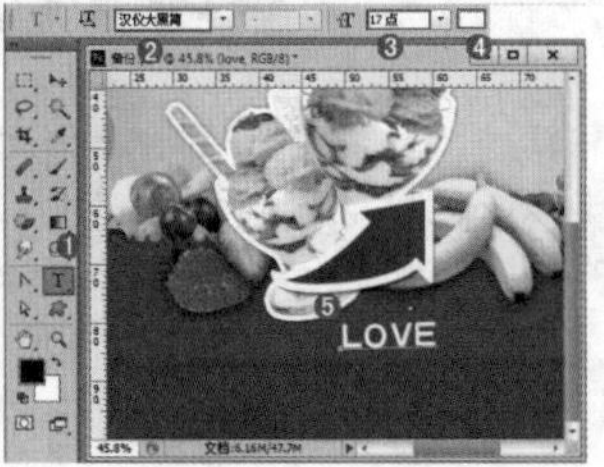

图21－116

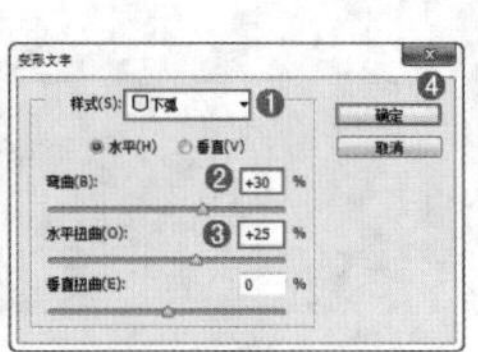
图21－117

图21－118

12 使用同样的方法制作另一处文字部分，如图21-119所示。左侧气泡装饰的制作方法和箭头装饰的制作方法相似，效果如图21-120所示。

图21－119

图21－120

Prat 3 为海报添加文字

01 单击工具箱中的“横排文字工具”按钮，在选项栏中设置合适的字体、字号、文字颜色，设置对齐方式为“左对齐文本”，设置完成后在画布的下段绘制文本框，如图21-121所示。文本框绘制完成后，在文本框中输入文字并将部分文字选中更改为黄色，效果如图21-122所示。

02 使用矩形工具绘制一个黄色的矩形形状。使用横排文字工具在其上方输入文字，如图21-123所示。使用同样的方法制作另一处相似的文字部分，如图21-124所示。

图21－121

图21－122

图21－123

图21－124

03 在画布中输入标题文字，如图21-125所示。选择该文字图层，执行“图层>图层样式>渐变叠加”命令，设置“混合模式”为“正常”，“不透明度”为100%，“渐变”为彩色系渐变，“样式”为“线性”，如图21-126所示。文字效果如图21-127所示。

04 使用同样的方法制作副标题的文字部分，本案例制作完成，效果如图21-128所示。

图21—125

图21—126

图21—127

图21—128

21.5 电影海报设计

案例文件	案例文件\第21章\电影海报设计.psd
视频教学	视频教学\第21章\电影海报设计.flv
难易指数	★★★★★
技术要点	调色命令、图层样式、“样式”面板

案例效果

本案例主要讲解使用调整图层为图像进行调色，使用相关命令和“样式”面板为文字等图层添加图层样式，并使用图层蒙版进行抠图等操作，制作的创意电影海报效果如图21-129所示

图21—129

Prat 1 制作背景

01 使用“新建”快捷键Ctrl+N打开新建窗口，新建一个高度为2480像素，宽度为3500像素的新文件，如图21-130所示。下面开始制作带有透视感的地板，增加画面的空间感。将地板素材“1.jpg”导入文件中，执行“编辑>变换>透视”命令，然后将“地板”进行透视处理，如图21-131所示。

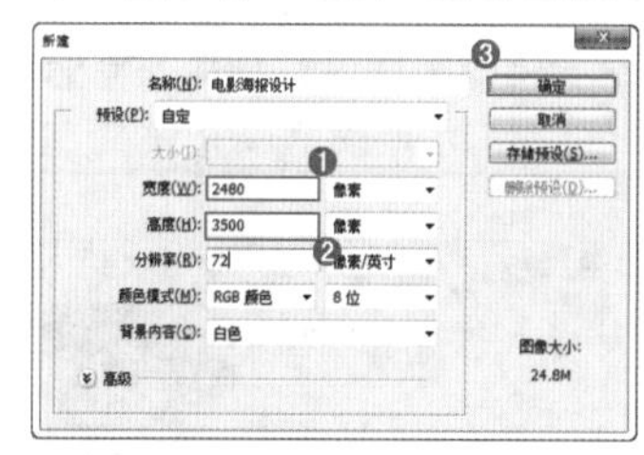

图21—130

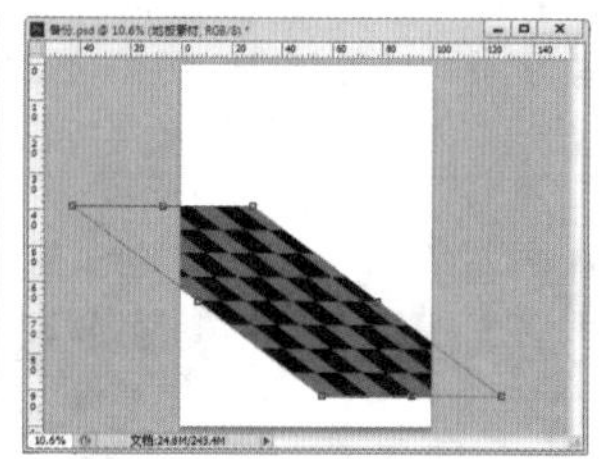

图21—131

02 透视效果制作完成后，在画布中单击鼠标右键，在弹出的快捷菜单中执行“自由变换”命令，将其进行不等比缩放，透视效果制作完成，如图21-132所示。将光标放置在角点处，按住Shift键将其等比放大，放大至合适角度后，按Enter键提交当前操作，如图21-133所示。

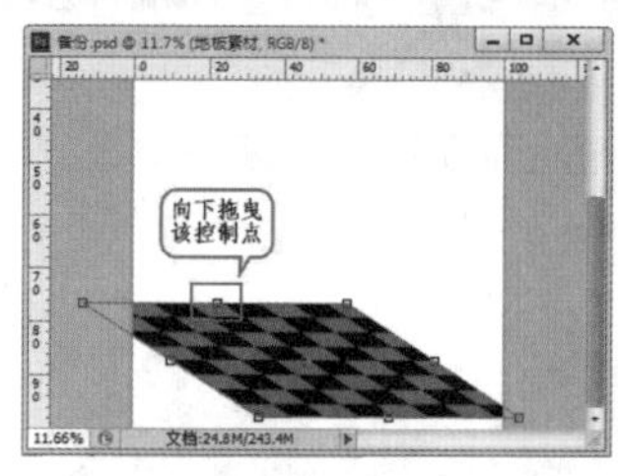

图21—132

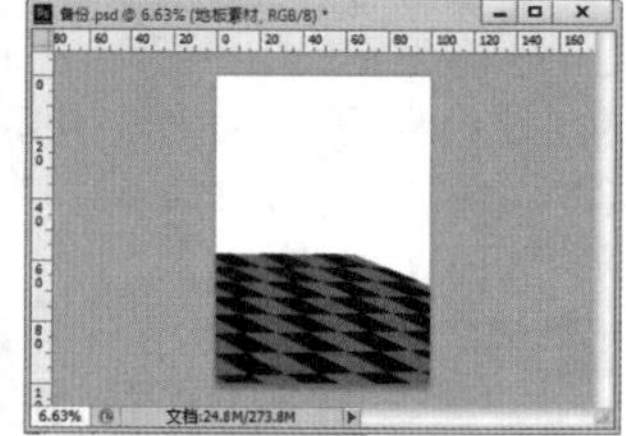

图21—133

03 新建图层，单击工具箱中的“渐变工具”按钮，在选项栏中单击“径向渐变”按钮，在“渐变编辑器”窗口中编辑一个由黑色到透明的渐变，如图21-134所示。编辑完成后在画布中由上至下进行拖曳填充，如图21-135所示。

图21—134

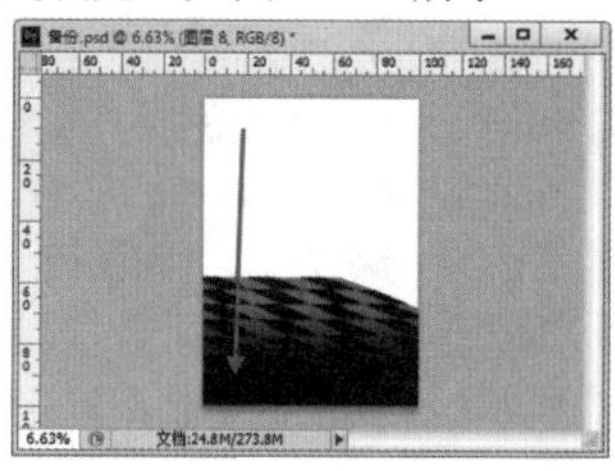

图21—135

04 导入教室图片素材“2.jpg”，由于“地板”与“教室”的衔接处太过生硬，所以下面处理一下衔接部分。选择教室图层，单击“图层”面板底部的“添加图层蒙版”按钮，为该图层添加图层蒙版，如图21-136所示。然后使用黑色的柔角画笔在蒙版中进行涂抹，让衔接位置过渡自然些，如图21-137所示。

图21—136

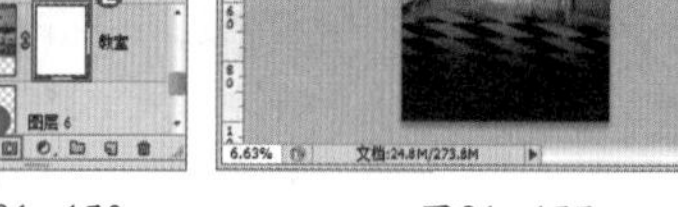

图21—137

05 为“教室”照片进行调色。执行“图层>新建调整图层>曲线”命令，调整RGB曲线形状，如图21-138所示。接着设置通道为“红通道”，调整曲线形状，如图21-139所示。调整“绿通道”曲线形状，如图21-140所示。调整“蓝通道”曲线形状，调整完成后，单击“曲线”属性面板底部的“创建剪贴蒙版”按钮，将调色效果只针对“教室”图层，如图21-141所示。此时画面效果如图21-142所示。

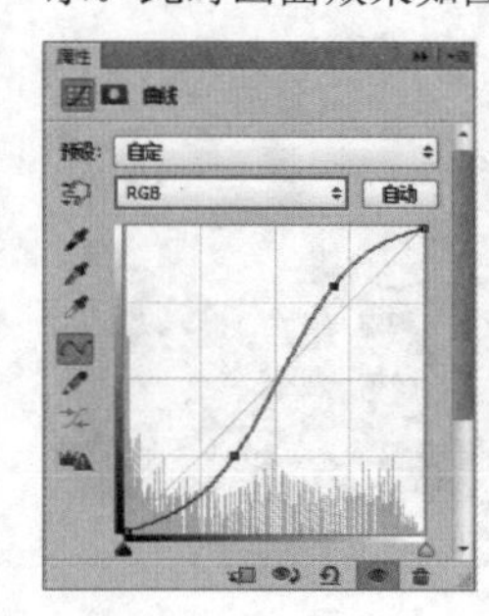
图21-138

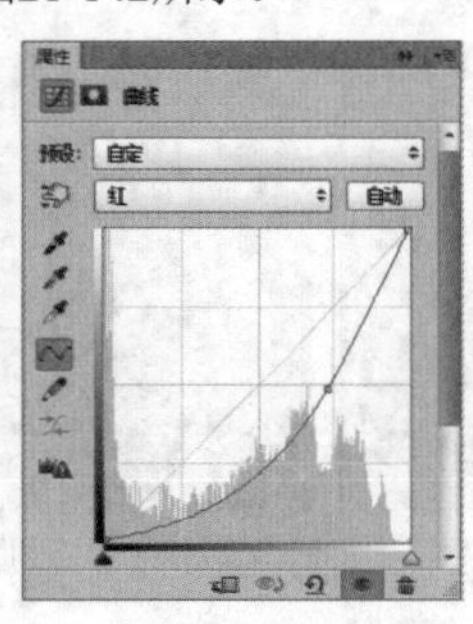
图21-139

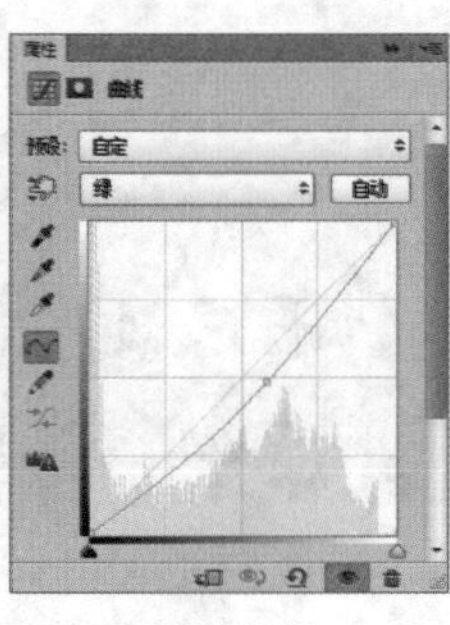
图21-140

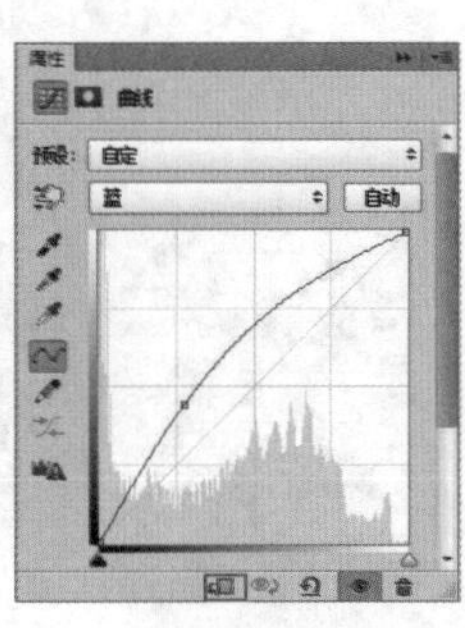
图21-141

图21-142

06 制作暗角效果。再次新建一个曲线调整图层，调整曲线形状，如图21-143所示，调整完成后，单击“曲线”属性面板底部的“创建剪贴蒙版”按钮，将调色效果只针对“教室”图层。效果如图21-144所示。单击该调整图层的“图层蒙版”缩览图，使用黑色柔角画笔在蒙版中进行涂抹，将调色效果在蒙版中隐藏，只保留4个角落的调色效果，如图21-145所示。

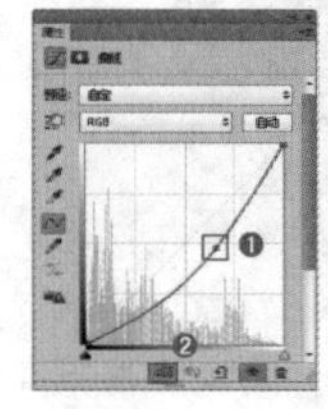
图21-143

图21-144

图21-145

07 将素材“3.png”导入文件中，摆放至画布的上方，如图21-146所示。选择该图层，执行“图层>图层样式>外发光”命令，设置“混合模式”为“滤色”，“不透明度”为75%，颜色为黄色，“方法”为“柔和”，“扩展”为10%，“大小”为65像素，如图21-147所示。设置完成后，单击“确定”按钮，效果如图21-148所示。

图21-146

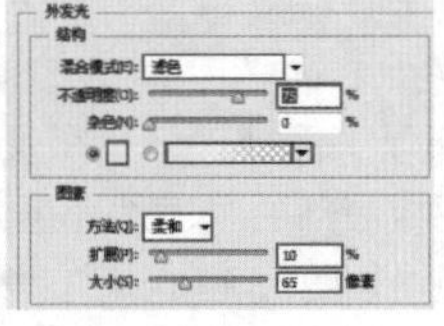

图21-147

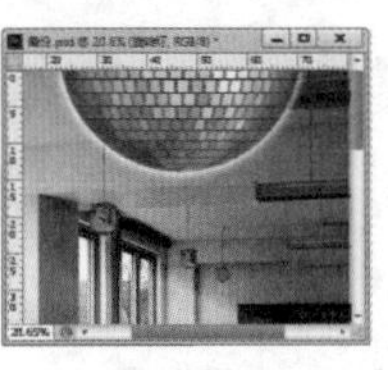
图21-148

08 此时素材“3.png”的颜色和画面颜色的色调不相符，下面为旋转灯调色。执行“图层>新建调整图层>可选颜色”命令，在“可选颜色”属性面板中设置“颜色”为“中性色”，,“青色”为25%，“洋红”为20%，“黄色”为-35%。参数设置完成后，单击“创建剪贴蒙版”按钮，将调色效果只针对“旋转灯”图层，如图21-149所示。效果如图21-150所示。

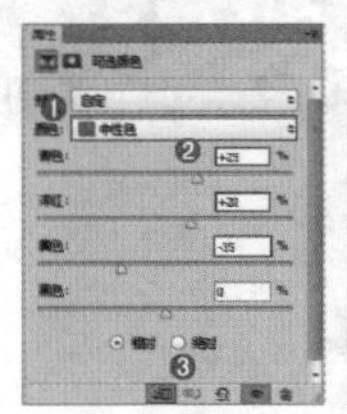
图21-149

图21-150

09 导入放射灯光素材“5.png”，如图21-151所示。选择该图层，继续单击“添加图层蒙版”按钮，为该图层添加图层蒙版并使用黑色的柔角画笔在蒙版中进行涂抹，在蒙版中隐藏部分“放射”效果，画面效果如图21-152所示。

图21-151

图21-152

Prat 2 制作中景装饰

01 制作“撕纸”效果。新建图层，单击工具箱中的“套索工具”按钮，在画布的左上角绘制选区，如图21-153所示。将前景色设置为浅灰色，使用前景色填充快捷键Ctrl+Delete将选区填充为灰色，如图21-154所示。

图21-153

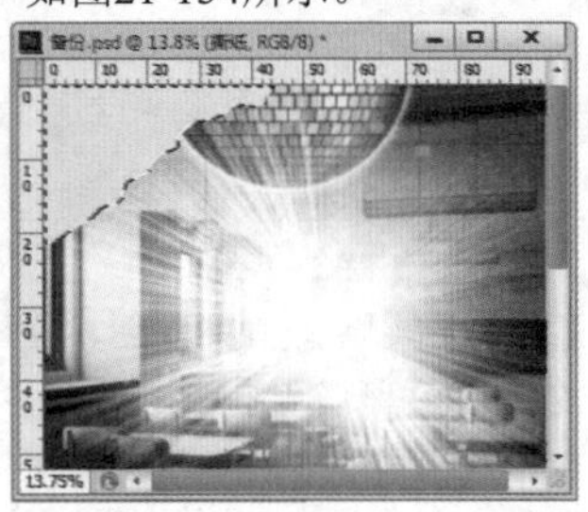
图21-154

02 选择该图层，执行“图层>图层样式>投影”命令，在该窗口中设置“混合模式”为“正片叠底”，颜色为黑色，“不透明度”为75%，“角度”为120度，“距离”为5像素，“大小”为90像素，如图21-155所示。画面效果如图21-156所示。

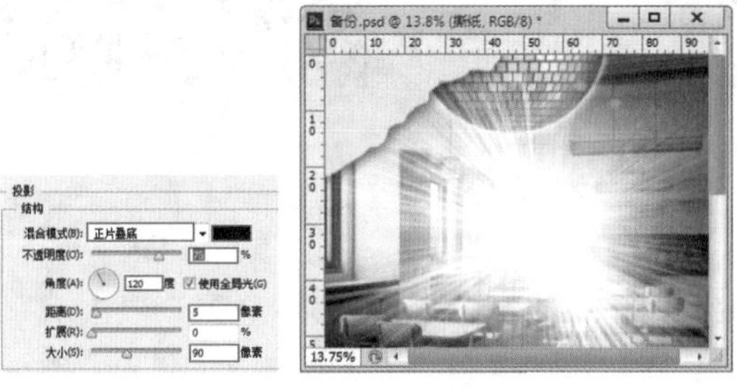

图21—155　图21—156

03 使用同样的方法制作另一处“撕纸”效果，如图21-157所示，并使用横排文字工具在画面中输入文字，将文字摆放至合适位置，如图21-158所示。

图21—157

图21—158

04 将喇叭素材“5.png”导入文件中，并将该图层复制一份，将复制后的图层水平翻转后，移动到合适位置，如图21-159所示。将铅笔素材“6.png”导入文件中，摆放至合适位置，如图21-160所示。

图21—159

图21—160

05 将人物素材“7.jpg”导入文件中。单击工具箱中的“快速选择工具”按钮，将笔尖调整至合适大小，在人物上方进行拖曳，选中人物部分，如图21-161所示。继续单击“图层”面板底部的“添加图层蒙版”按钮，基于选区为人像添加图层蒙版，将人物的白色背景在蒙版中隐藏，如图21-162所示。

图21—161

图21—162

06 为“人像”调色。执行“图层>新建调整图层>曲线”命令，调整RGB曲线形状，如图21-163所示。调整“红通道”曲线形状，如图21-164所示。调整“蓝通道”曲线形状，如图21-165所示。曲线形状调整完成后，单击“创建剪贴蒙版”按钮，画面效果如图21-166所示。

07 将人像素材“8.jpg”导入文件中，使用同样的方法进行蒙版抠图及调色处理，如图21-167所示。

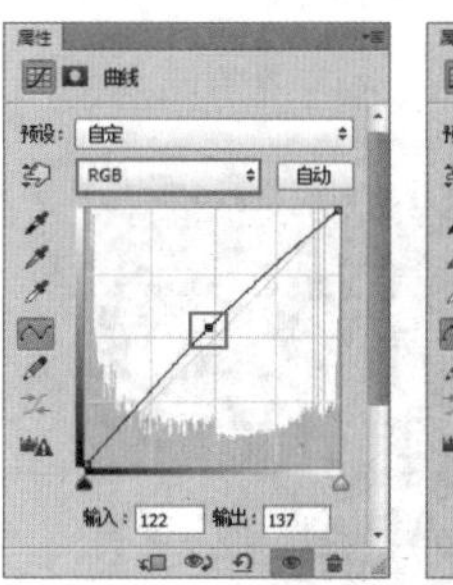

图21—163

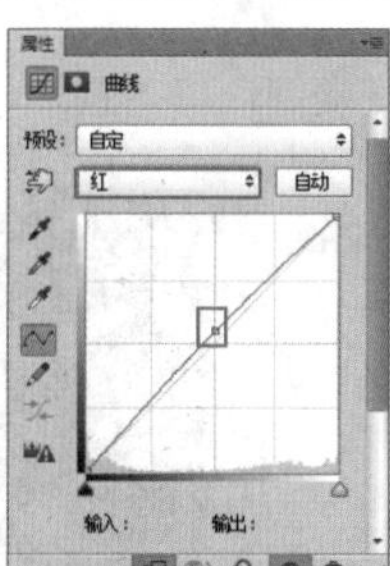

图21—164

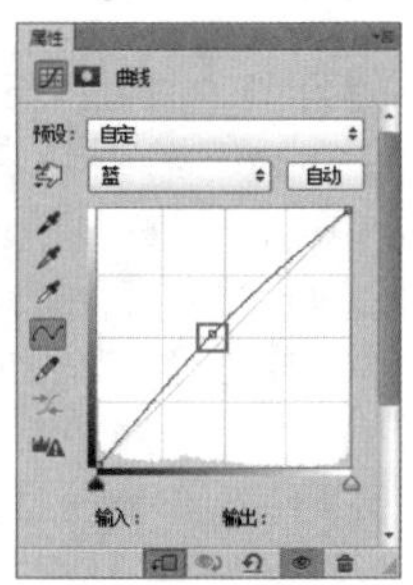

图21—165

图21—166

图21—167

Prat 3 制作前景

01 将黑板素材“9.png”导入文件中，将其摆放至合适位置，如图21-168所示。选择“黑板”图层，执行“图层>图层样式>投影”命令，设置“混合模式”为“正片叠底”，颜色为黑色，“不透明度”为75%，“角度”为120度，“距离”为15像素，“大小”为10像素，如图21-169所示。画面效果如图21-170所示。

02 此时黑板的投影不是很明显，在这里使用画笔工具进行绘制，让黑板在画面中更加突出。在黑板图层下方新建图层并将该图层命名为“投影”，如图21-171所示。使用黑色柔角画笔在画布中合适位置进行涂抹，效果如图21-172所示。

图21-168

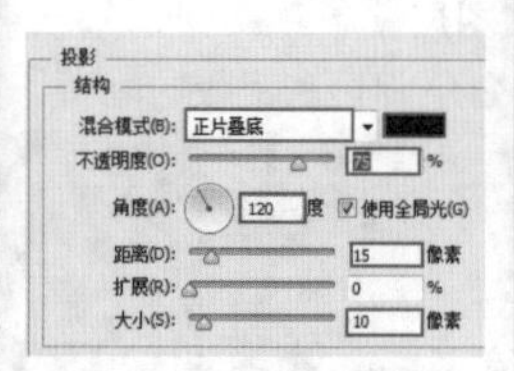

图21-169

图21-170

图21-171

图21-172

03 执行“图层>新建调整图层>曲线”命令，在“曲线”属性面板中调整曲线形状，调整完成后单击“创建剪贴蒙版”按钮，如图21-173所示。画面效果如图21-174所示。

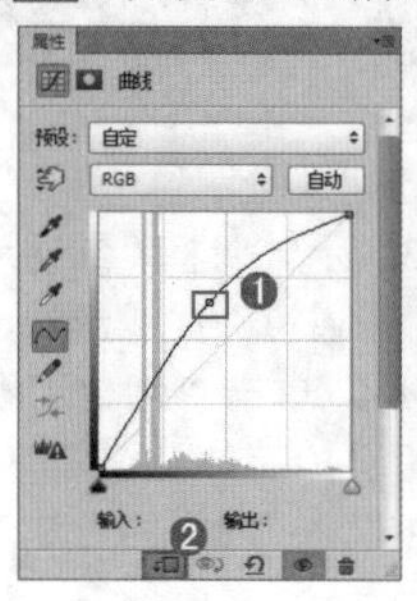

图21-173

图21-174

04 此时“黑板”亮度提高，单击选择该曲线调整图层的图层蒙版缩览图，在蒙版中填充黑白色系的线性渐变。此时只有黑板中心的部分被提亮，如图21-175所示。

图21-175

05 制作画面中的炫彩文字，使用横排文字工具在画布中输入文字并将其旋转到合适角度，如图21-176所示。对文字图层执行“图层>图层样式>描边”命令，设置“大小”为5像素，“位置”为“外部”，“混合模式”为“正常”，“不透明度”为100%，“填充类型”为“颜色”，“颜色”为白色，如图21-177所示。

图21-176

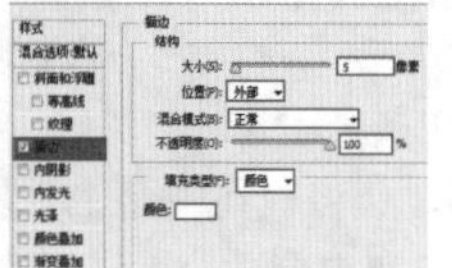

图21-177

06 继续选中“投影” 复选框，设置“混合模式”为“正片叠底”，颜色为黑色，“不透明度”为75%，“角度”为120度，“距离”为21像素，“大小”为10像素，如图21-178所示。设置完成后，单击“确定”按钮，文字效果如图21-179所示。

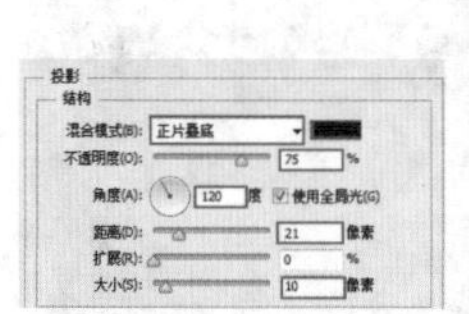

图21-178

图21-179

07 首先选择文字图层，使用快捷键Ctrl+J将该文字图层进行复制并将复制后的文字层命名为“上层文字”。然后将文字颜色更改为白色。最后，在使用移动工具的状态下按2~3下键盘上的“←”和“↑”键将复制后的文字向左上轻移，如图21-180和图21-181所示。

图21-180

图21-181

08 使用“样式”面板为文字添加图层样式。执行“窗口>样式”命令，打开“样式”面板。选择文字图层，单击“样式”面板中的样式，文字被快速赋予绚丽的样式，如图21-182和图21-183所示。

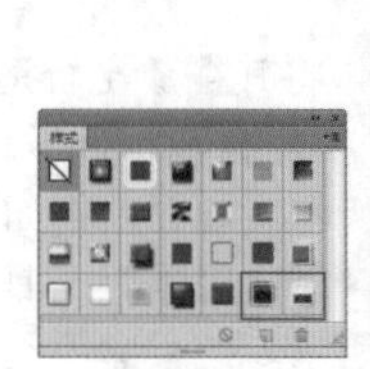

图21-182

图21-183

技巧提示

如果当前“样式”面板中没有需要用的样式，可以单击“样式”面板上的菜单按钮，在下拉菜单中执行“载入样式”命令，在弹出的“载入”窗口中选择“10.asl”，即可将样式载入“样式”面板中。

09 使用同样的方法制作其他炫彩效果文字。效果如图21-184所示。

图21－184

10 继续将卡通素材“11.png”导入文件中。为其添加刚刚载入的金色的图层样式，如图21-185所示。此时图层样式的效果与卡通小人的比例不协调，下面将样式进行缩放。执行“图层>图层样式>缩放效果”命令，在弹出的“缩放图层效果”对话框中设置“缩放”为40%，如图21-186所示。效果如图21-187所示。

11 将书本素材“12.jpg”和照片素材“13.png”导入文件中，如图21-188所示。

图21－185

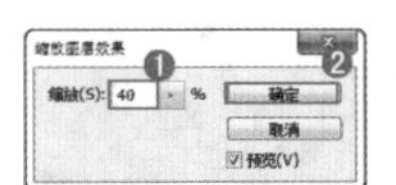

图21－186

图21－187

图21－188

12 在画布中输入底部的区域文字。单击工具箱中的“横排文字工具”按钮，在画面底部绘制文本框，如图21-189所示。继续在选项栏中设置合适的字体、字号，单击“居中对齐文本”按钮，然后在画布中输入相应的文字，如图21-190所示。

图21－189

图21－190

13 本案例制作完成，最终效果如图21-191所示。

图21－191

读书笔记

第22章

版式与书籍设计

本章内容简介：

封面设计和版式设计也是平面设计的一个重要方面，本章将介绍Photoshop在封面和版式设计中的应用。

本章学习要点：

- 古典水墨风婚纱版式
- 清新风格杂志版式
- 时尚杂志封面设计
- 浪漫唯美风格书籍设计

22.1 古典水墨风婚纱版式

案例文件	案例文件\第22章\古典水墨风婚纱版式.psd
视频教学	视频文件\第22章\古典水墨风婚纱版式.flv
难易指数	★★★★★
技术要点	图层蒙版、选取颜色

案例效果

本案例主要通过使用图层蒙版将照片融入画面中，并使用选取颜色调整命令对水墨素材进行颜色调整。效果如图22-1所示。

操作步骤

01 执行“文件>新建”命令，设置“宽度”为3300像素，“高度”为2550像素，如图22-2所示。

图22-1

图22-2

02 设置前景色为淡黄色，按填充前景色快捷键Alt+Delete为背景填充颜色，如图22-3所示。导入墨滴素材文件“1.png”，调整合适大小，将其放置在画面右侧，如图22-4所示。

图22-3

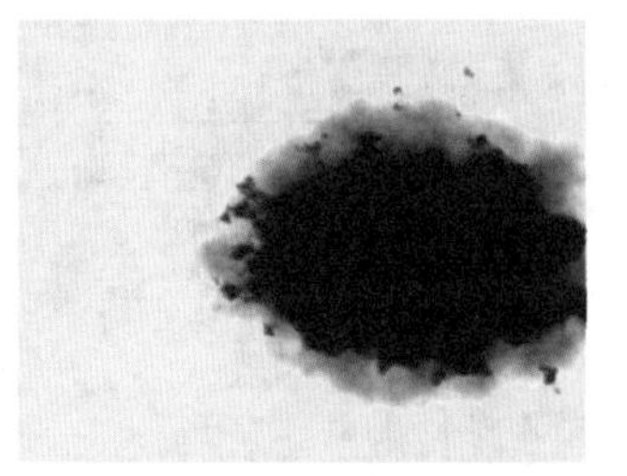

图22-4

03 选择墨滴图层，单击“图层”面板底部的“创建新的填充或调整图层”按钮，执行“选取颜色”命令，首先设置“颜色”为“中性色”，“青色”为31%，“洋红”为16%，“黄色”为11%，“黑色”为－4%，如图22-5所示。选择调整图层，在“图层”面板上单击鼠标右键，在弹出的快捷菜单中执行“创建剪贴蒙版”命令，使其只对墨滴素材产生影响，如图22-6所示。

图22-5

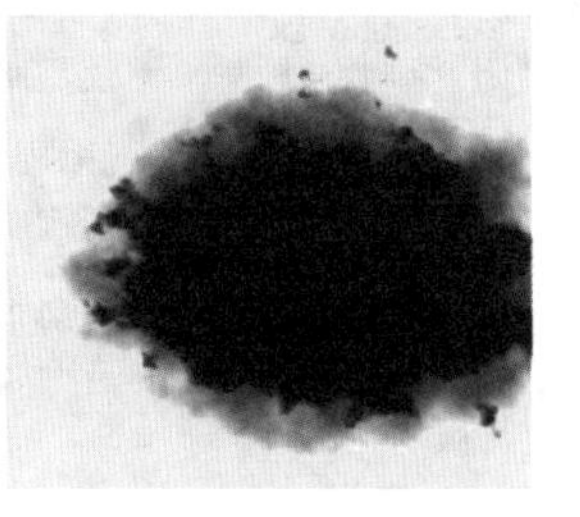

图22-6

04 导入泼墨素材文件“2.png”，调整合适大小，将其放置在画面左上角，如图22-7所示。在“图层”面板上设置“不透明度”为74%，如图22-8所示。

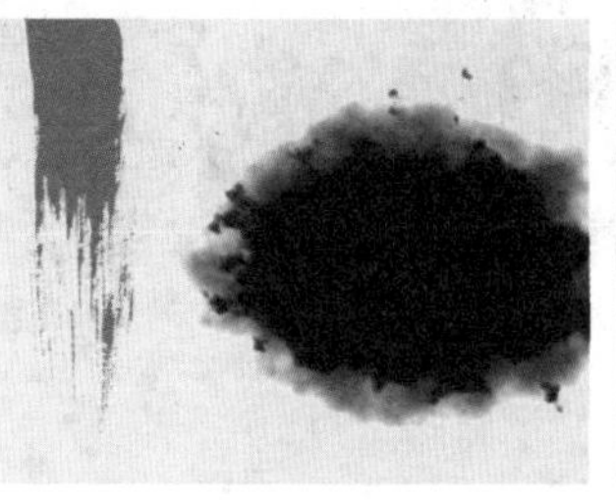

图22-7

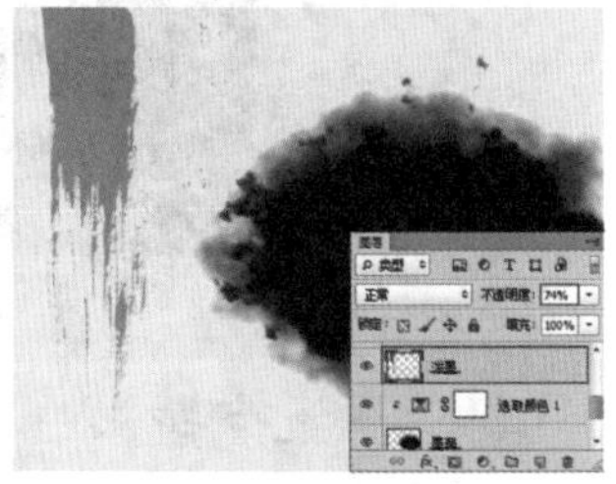

图22-8

05 复制之前创建的调整图层，并放置在泼墨图层的上方，单击鼠标右键，在弹出的快捷菜单中执行“创建剪贴蒙版”命令，使其只对泼墨产生影响，如图22-9所示。效果如图22-10所示。

图22-9

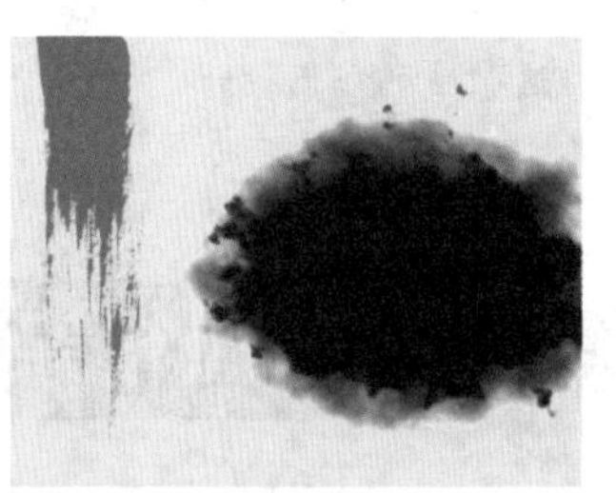

图22-10

06 导入人像素材“3.jpg”，调整大小，将其放置在画面左上角，如图22-11所示。单击“图层”面板上的“添加图层蒙版”按钮，使用黑色柔角画笔在蒙版上进行适当涂抹，隐藏多余部分，如图22-12所示。

图22-11

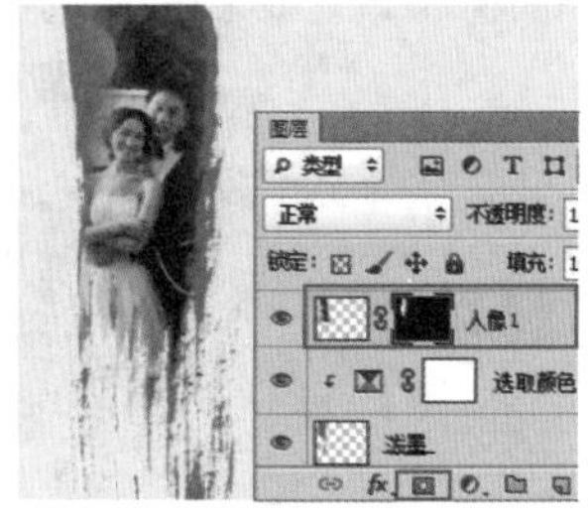

图22-12

07 导入另外一张人像素材“4.jpg”，将其放置在画面右侧，如图22-13所示。同样为其添加图层蒙版，使用黑色柔角画笔在边界上进行涂抹，使其与墨滴素材更加融合，如图22-14所示。

08 单击工具箱中的“文字工具”按钮，设置一种书法字体，在合适位置上输入文字。也可以导入书法文字素材“5.png”，调整位置及大小，最终效果如图22-15所示。

图22-13

图22-14

图22-15

思维点拨

版式即版面格式，具体指的是开本、版心和周围空白的尺寸，正文的字体、字号、排版形，字数、排列地位，还有目录和标题、注释、表格、图名、图注、标点符号、书眉、页码以及版面装饰等项的排法。版式设计是平面设计中的重要组成部分，我们经常在不知不觉中利用着版式。强调版面艺术性不仅是对观者阅读需要的满足，也是对其审美需要的满足。版式设计是一个调动文字字体、图片图形、线条和色块诸因素，根据特定内容的需要将它们有机组合起来的编排过程，并运用造型要素及形式原理把构思与计划以视觉形式表现出来。也就是寻求艺术手段来正确地表现版面信息，是一种直觉性、创造性的活动。它的设计范围包括传统的书籍、期刊、报纸的版面，以及现代信息社会中一切视觉传达与广告传达领域的版面设计。

22.2 清新风格杂志版式

案例文件	案例文件\第22章\清新风格杂志版式psd
视频教学	视频文件\第22章\清新风格杂志版式.flv
难易指数	★★★★★
技术要点	文字工具、钢笔工具

案例效果

本案例主要通过使用文字工具、钢笔工具等制作清新风格杂志版式。效果如图22-16所示。

图22-16

操作步骤

01 执行“文件>新建”命令，设置“大小”为A4，如图22-17所示。单击工具箱中的“矩形选框工具”按钮，在画面右侧绘制一个合适大小的矩形，新建图层并填充蓝色，如图22-18所示。

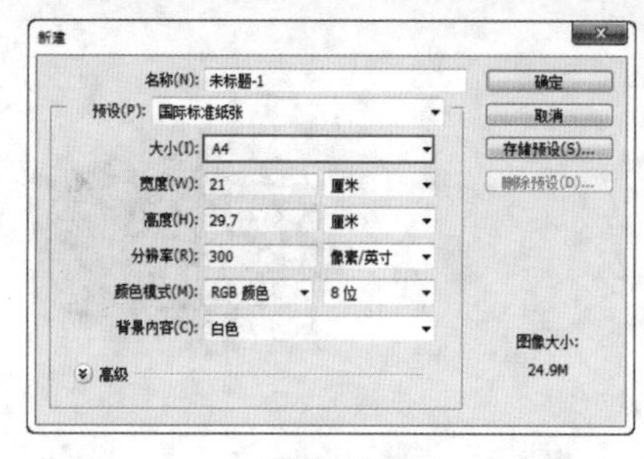

图22-17

图22-18

02 执行“图层>图层样式>图案叠加”命令，设置“不透明度”为10%，调整一种合适的图案，如图22-19所示。此时蓝色矩形上出现图案效果，如图22-20所示。

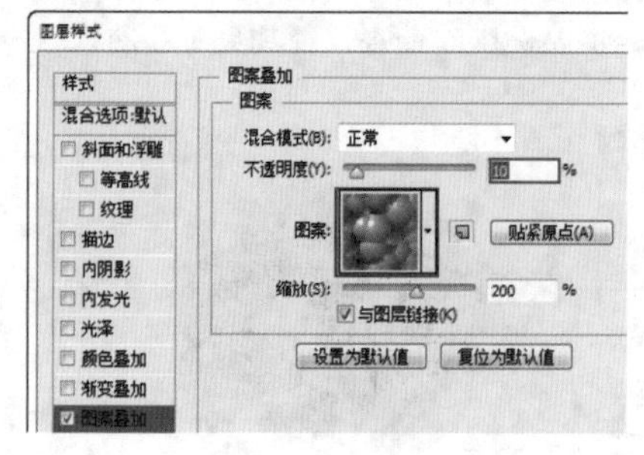

图22-19

图22-20

03 单击工具箱中的“钢笔工具”按钮，在选项栏中设置工具模式为“形状”，“描边”颜色为灰色，大小为2点，在“描边选项”下拉列表中，单击“更多选项”按钮，在弹出的“描边”对话框中设置“间隙”为3，单击“确定”按钮结束操作，如图22-21所示。在画面顶部单击并按住Shift键移动到另外的位置再次单击绘制一条直线，如图22-22所示。

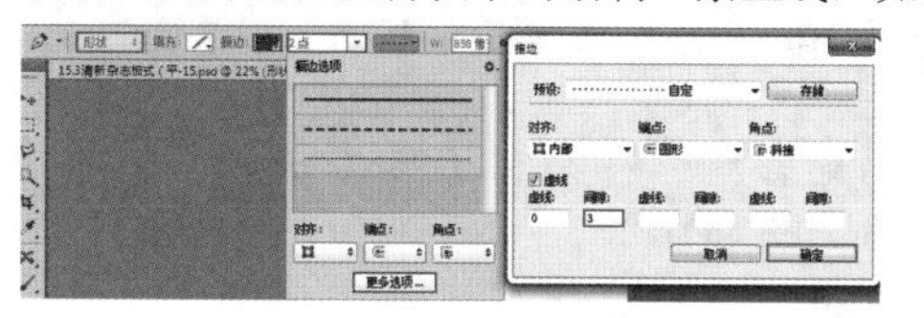

图22－21　　图22－22

04 选中虚线图层，按Ctrl+J快捷键，复制出另一条虚线，并向下移动，如图22-23所示。导入纸张素材文件“1.png”，执行“编辑>自由变换”命令，调整大小及角度，如图22-24所示。

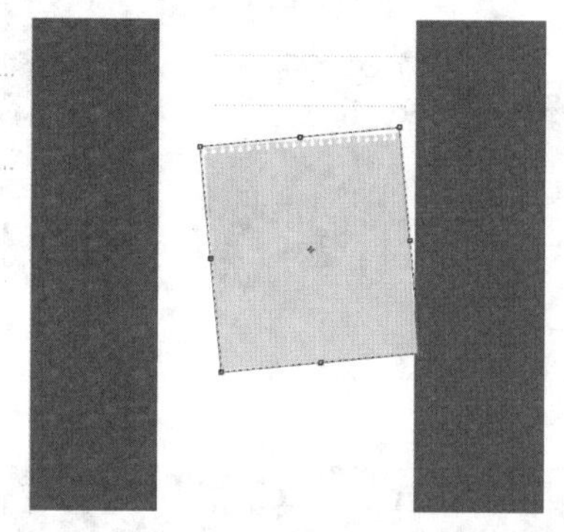

图22－23　　图22－24

05 再次使用矩形选框工具在画面右上角绘制一个矩形选区，新建图层并填充白色，如图22-25所示。执行“编辑>自由变换”命令，调整大小及角度，如图22-26所示。导入人像素材“2.jpg”，执行“编辑>自由变换”命令，调整大小及角度，将其移至白色矩形上，如图22-27所示。

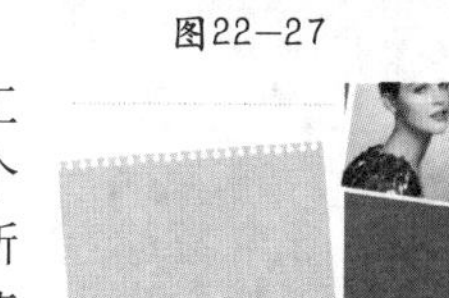

图22－25　　图22－26　　图22－27

06 单击工具箱中的“矩形选框工具”按钮，在画面下方绘制一个合适大小的矩形选区，如图22-28所示。单击鼠标右键，在弹出的快捷菜单中执行“描边”命令，设置“宽度”为5像素，“颜色”为灰色，如图22-29所示。单击“确定”按钮结束操作，按Ctrl+D快捷键，取消选区，如图22-30所示。

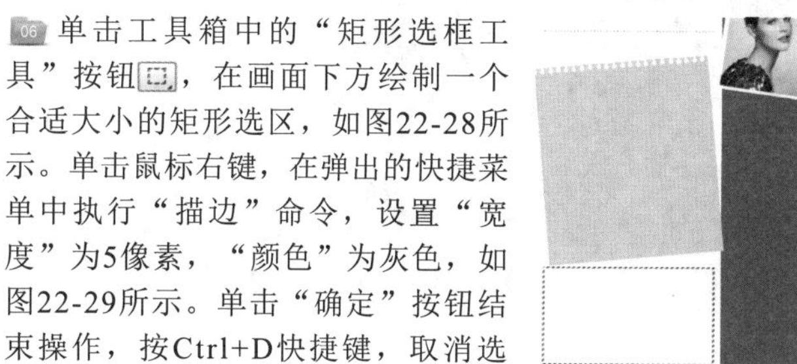

图22－28

图22－29　　图22－30

07 导入包素材“3.jpg”、化妆品素材文件“4.png”，调整合适大小及位置，如图22-31所示。

08 单击工具箱中的“横排文字工具”按钮，设置前景色为白色，调整合适字体、字号，在人像下方单击并输入点文字，如图22-32所示。继续使用横排文字工具在点文字下按住左键并向右下角拖曳，绘制一个段落文本框，如图22-33所示。

图22－31　　图22－32　　图22－33

思维点拨

本案例以蓝色为主色调。天蓝色是日常生活中常见的色彩，清凉感较强，被很多人喜欢。深蓝色的深远中潜藏着丰富的知性和感情，搭配浅色调，可以表现出更理智的感觉。搭配高明度色系，可以表现得较为清爽。

09 在文本框内输入文字，制作段文字，如图22-34所示。同样方法输入其他不同字体及大小的文字，最终效果如图22-35所示。

图22－34　　图22－35

思维点拨：版式的布局

版式的布局决定了版式设计的核心，是整体设计思路的体现。其中主要包括骨骼型、满版型、分割型、中轴型、曲线型、倾斜型、中间型等。

● 骨骼型：规范、理性的分割方法。常见的骨骼有竖向通栏、双栏、三栏和四栏等。一般以竖向分栏为多。如图22-36所示。

● 满版型：版面以图像充满整版，主要以图像为诉求，视觉传达直观而强烈。文字配置压置在上下、左右或中部（边部和中心）的图像上，如图22-37所示。

● 分割型：整个版面分成上下或左右两部分，在一部分配置图片，另一部分则配置文字，如图22-38所示。

● 中轴型：将图形作水平方向或垂直方向排列，文字配置在上下或左右，如图22-39所示。

● 曲线型：图片和文字排列成曲线，产生韵律与节奏的感觉，如图22-40所示。

● 倾斜型：版面主体形象或多幅图像作倾斜编排，造成版面强烈的动感和不稳定因素，引人注目，如图22-41所示。

● 中间型：中间型具有多种概念及形式，分别是：直接以独立而轮廓分明的形象占据版面焦点；以颜色和搭配的手法，使主题突出明确；向外扩运动，从而产生视觉焦点；视觉元素向版面中心做聚拢的运动，如图22-42所示。

图22-36

图22-37

图22-38

图22-39

图22-40

图22-41

图22-42

22.3 时尚杂志封面设计

案例文件	案例文件\第22章\时尚杂志封面设计.psd
视频教学	视频文件\第22章\时尚杂志封面设计.flv
难易指数	★★★★★
技术要点	文字工具、图层样式、椭圆选框工具、矩形选框工具

案例效果

本案例主要通过使用文字工具、图层样式、椭圆选框工具和矩形选框工具等制作时尚杂志版式。效果如图22-43所示。

操作步骤

01 新建一个文件，导入人像素材文件“1.jpg”，如图22-44所示。

图22-43

图22-44

02 单击工具箱中的“椭圆选框工具”按钮，在人像左侧按Shift键绘制一个合适大小的正圆选区，新建图层，填充任意颜色，如图22-45所示。单击工具箱中的“多边形套索工具”按钮，在圆形右上角绘制合适的选区，如图22-46所示。按Delete键删除这部分，如图22-47所示。

图22-45

图22-46

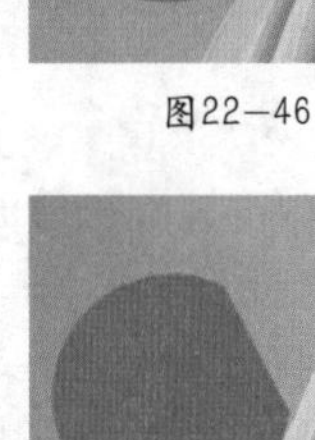

图22-47

03 执行“图层>图层样式>渐变叠加”命令，设置一种浅粉色到深粉色的渐变，设置“角度”为137度，如图22-48所示。选中“投影” 复选框，设置“混合模式”为“正片叠底”，颜色为紫色，“不透明度”为50%，“角度”为146度，“距离”为5像素，如图22-49和图22-50所示。

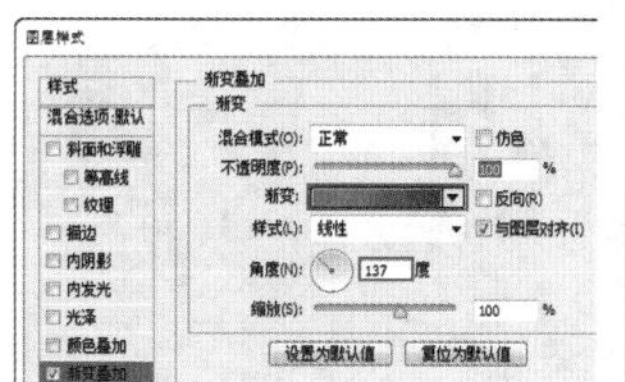

图22—48

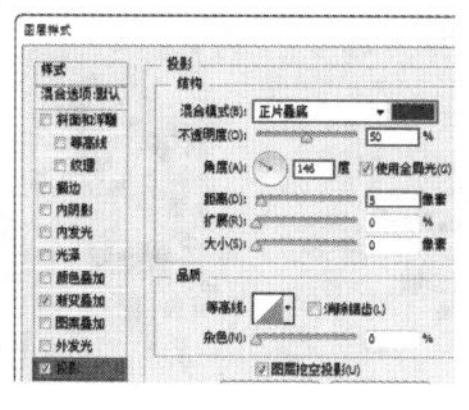

图22—49

图22—50

04 单击工具箱中的“横排文字工具”按钮，在选项栏中设置合适的字体，在正圆上单击并输入文字，如图22-51所示。在最后一个单词上单击并拖曳选中该单词，如图22-52所示。

05 在选项栏中增大该单词的大小，如图22-53所示。执行“编辑>自由变换”命令，调整文字角度，如图22-54所示。

图22—51

图22—52

图22—53

图22—54

06 单击Enter键结束操作，执行“图层>图层样式>投影”命令，设置“角度”为146度，“距离”为5像素，如图22-55所示。为文字添加投影效果，如图22-56所示。

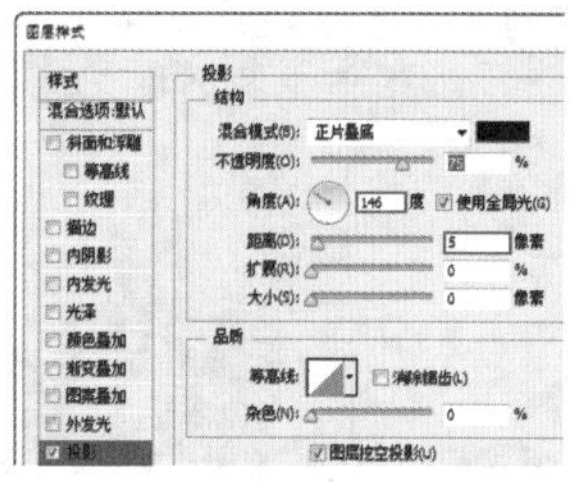

图22—55

图22—56

07 再次使用椭圆选框工具绘制一个正圆选区，新建图层填充粉红色，如图22-57所示。载入底部圆形的选区，并为新绘制的圆形图层添加图层蒙版，使选区以外的区域隐藏，如图22-58所示。

08 使用文字工具，设置小一点的字体，在文字中间输入文字，调整角度，如图22-59所示。

图22—57

图22—58

图22—59

09 单击工具箱中的“圆角矩形工具”按钮，在选项栏中设置工具模式为“形状”，“填充”为黄色，“半径”为30像素，如图22-60所示。在人像右侧绘制一个合适大小的圆角矩形，如图22-61所示。执行“图层>图层样式>描边”命令，设置“大小”为5像素，“位置”为“外部”，“颜色”为白色，如图22-62所示。

图22—60

图22—61

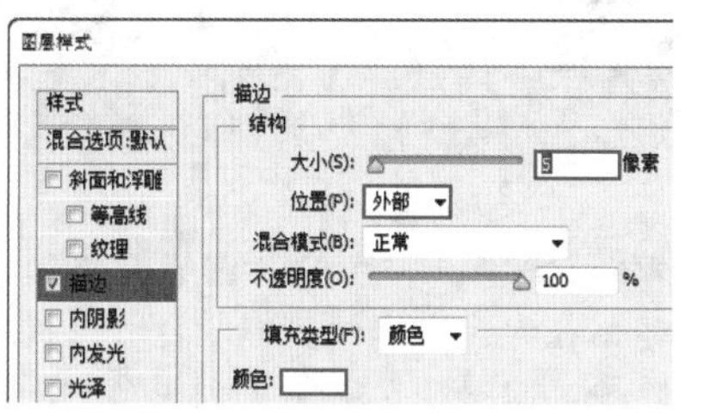

图22—62

10 选中“投影” 复选框，设置“混合模式”为“正片叠底”，颜色为紫色，“不透明度”为50%，“角度”为146度，“距离”为12像素，如图22-63和图22-64所示。

11 执行“编辑>自由变换”命令，将圆角矩形旋转至合适角度，如图22-65所示。使用多边形套索工具绘制需要保留的区域，并为其添加图层蒙版，如图22-66所示。

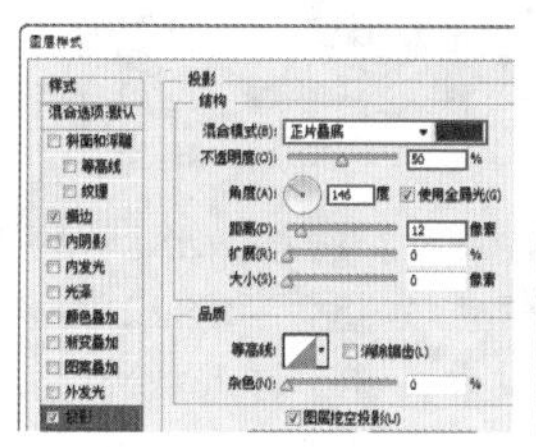

图22—63

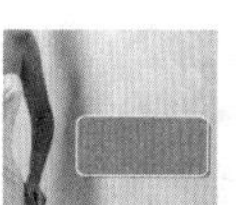

图22—64

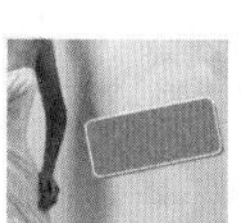

图22—65

图22—66

12 使用文字工具，设置合适字体及大小，在圆角矩形上输入白色文字，调整小一点的文字，输入黑色文字，如图22-67所示。将文字旋转至合适角度，如图22-68所示。

图22—67

图22—68

13 继续使用横排文字工具，设置较大的字号，在画面顶层输入文字，如图22-69所示。执行“图层>图层样式>投影”命令，设置“混合模式”为“正片叠底”，颜色为深紫色，“角度”为-66度，“距离”为10像素，“大小”为9像素，如图22-70所示。

图22—69

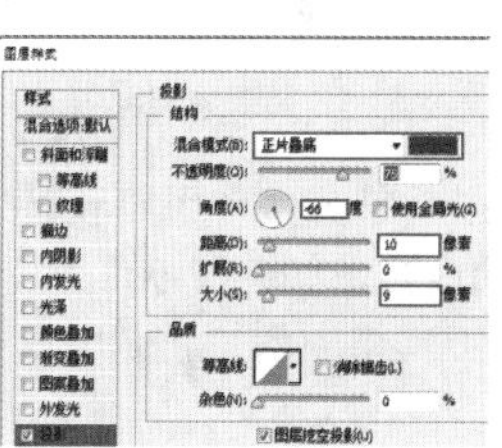

图22—70

14 设置“填充”为60%，文字效果如图22-71所示。添加图层蒙版，使用黑色画笔工具进行适当涂抹，隐藏文字对人像部分的影响，如图22-72所示。

图22-71

图22-72

15 单击工具箱中的“钢笔工具”按钮，在人像右侧绘制一个合适形状的路径，如图22-73所示。使用文字工具将光标移至路径前端，当光标变为路径文字输入状态时单击并输入文字，如图22-74所示。

图22-73

图22-74

16 使用文字工具在正圆下输入合适文字，执行“图层>图层样式>渐变叠加”命令，编辑一种橙色系渐变，设置“角度”为86度，如图22-75所示。使用“自由变换”命令，将文字旋转至合适角度，如图22-76所示。

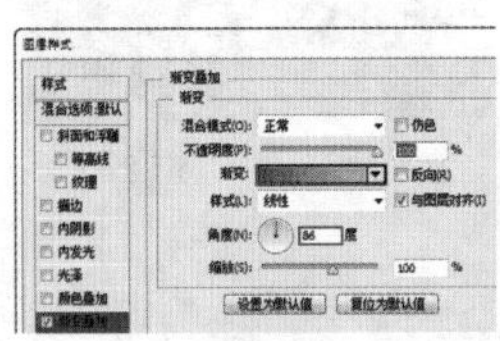
图22-75

图22-76

17 单击工具箱中的“矩形选框工具”按钮，在合适位置绘制一个矩形选区，新建图层并填充任意颜色，如图22-77所示。执行“图层>图层样式>渐变叠加”命令，设置“渐变”颜色为橙色系渐变，“角度”为86度，如图22-78所示。

图22-77　图22-78

18 选中“投影”复选框，设置“混合模式”为“正片叠底”，颜色为紫色，“不透明度”为50%，“角度”为146度，“距离”为1像素，如图22-79所示。使用文字工具在矩形上输入合适文字，如图22-80所示。

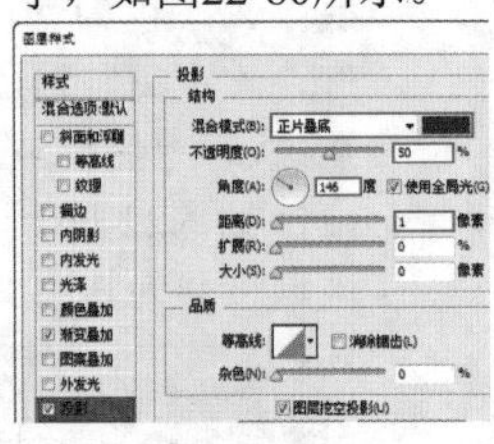
图22-79

图22-80

19 按Ctrl键单击文字图层，载入文字选区，如图22-81所示。选择渐变矩形，按Detele键删除，然后隐藏文字图层，制作出镂空效果，如图22-82所示。

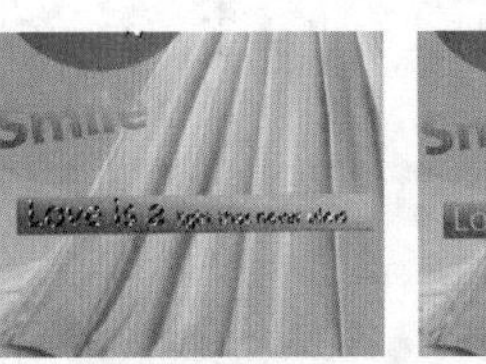

图22-81

图22-82

20 使用“自由变换”命令，将矩形旋转至合适角度，如图22-83所示。使用文字工具在画面左上侧输入点文字，如图22-84所示。

图22-83

图22-84

21 将光标放置在第二个字母后，单击并向前拖曳，选择第二个字母，如图22-85所示。在选项栏中设置颜色为黑色，如图22-86所示。

图22-85

图22-86

22 同样方法制作其他黑色文字，如图22-87所示。多次使用文字工具输入其他文字，制作相应的效果，如图22-88所示。

图22-87

图22-88

思维点拨

本案例在清淡的背景上添加了玫瑰红色和黄色的元素，给人悠闲的印象。同其他悠闲色搭配的效果相同，给人一种闲适、自由的印象，多以红色和黄色等明快色为主。画面极具闲淡特点的色彩搭配，给人轻松、舒适的氛围。

23 制作书脊部分，使用矩形选框工具在背景图左侧绘制一个矩形选框，如图22-89所示。按Ctrl+J快捷键复制选区内容，向左移动复制内容，如图22-90所示。

24 单击工具箱中的“仿制图章工具”按钮，按Alt键在地面上单击，如图22-91所示。在裙角部分进行涂抹修补，如图22-92所示。

25 将封面上的文字信息复制并移动到书脊上，如图22-93所示。杂志的平面图制作完成，复制并合并为独立图层。

图22-89

图22-90

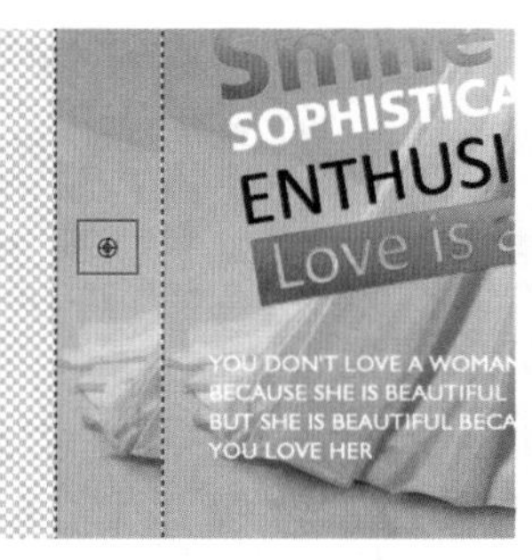
图22-91

图22-92

图22-93

26 打开立体书本的背景素材“2.jpg”，如图22-94所示。分别将封面和书脊图层变形并摆放在书本模型上，最终效果如图22-95所示。

图22-94

图22-95

22.4 浪漫唯美风格书籍设计

案例文件	案例文件\第22章\浪漫唯美风格书籍设计.psd
视频教学	视频文件\第22章\浪漫唯美风格书籍设计.flv
难易指数	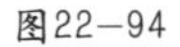
技术要点	图层混合模式、图层不透明度、剪贴蒙版、文字工具

案例效果

本案例主要通过使用图层混合模式、图层不透明度、剪贴蒙版、文字工具等命令制作浪漫唯美风格书籍。效果如图22-96所示。

图22-96

Part 1 封面、封底设计

01 新建一个透明背景的文件，单击工具箱中的“矩形选框工具”按钮，在画面中绘制一个合适大小的矩形选区，新建图层并填充白色，如图22-97所示。导入水墨画素材“1.jpg”，放置在白色矩形图层的上方，如图22-98所示。

02 选择水墨画图层，在“图层”面板上单击鼠标右键，在弹出的快捷菜单中执行“创建剪贴蒙版”命令，调整图像的位置，如图22-99所示。设置水墨图层的“不透明度”为30%，如图22-100所示。

图22-97

图22-98

图22-99

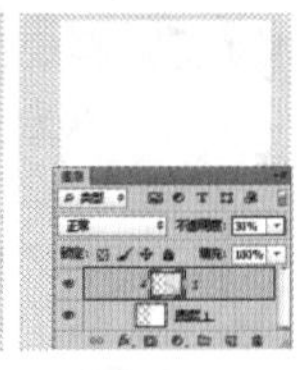
图22-100

03 单击工具箱中的“椭圆选框工具”按钮，在画面下方绘制一个椭圆选区，新建图层并填充粉色，如图22-101所示。对粉色椭圆形图层执行“编辑>自由变换”命令，适当旋转并调整大小，如图22-102所示。

04 在“图层”面板上设置椭圆的“不透明度”为60%，如图22-103所示。同样的方法制作另外几个椭圆形图层，摆放出层叠效果，如图22-104所示。

图22-101

图22-102　图22-103　图22-104

05 导入花纹素材“2.png”，调整合适大小及位置，如图22-105所示。按Ctrl键单击椭圆图层缩览图载入选区，然后使用椭圆选框工具按住Shift键加选右侧的椭圆选区，得到两部分的椭圆选区，如图22-106所示。

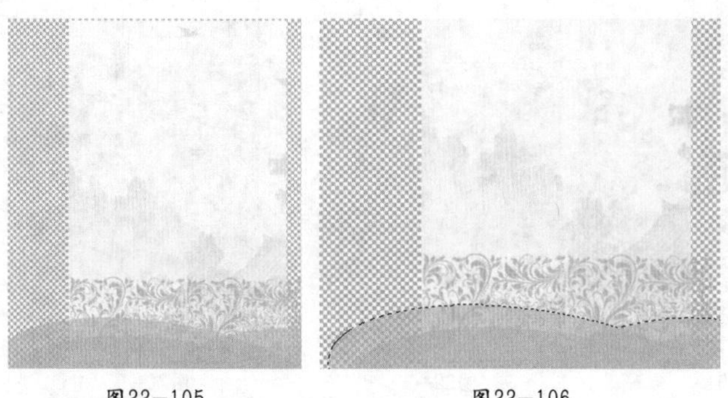
图22-105 图22-106

06 选择花纹素材图层，单击“图层”面板底部的“添加图层蒙版”按钮，隐藏多余部分。设置“混合模式”为“正片叠底”，“不透明度”为40%，如图22-107所示。效果如图22-108所示。

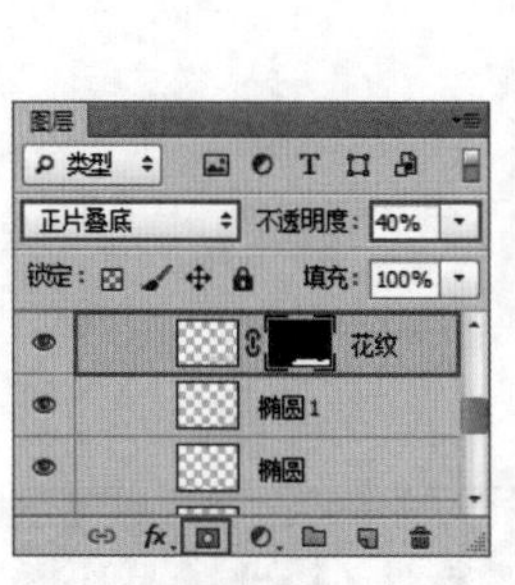
图22-107

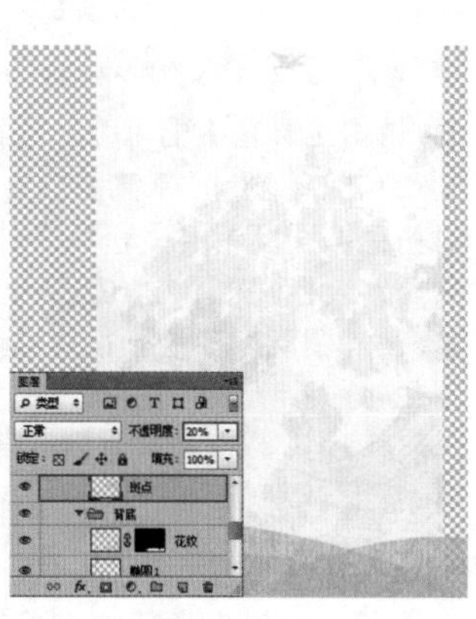
图22-108

07 设置前景色为浅紫色，单击工具箱中的“画笔工具”按钮，设置一种合适的画笔，新建图层并绘制点状效果，如图22-109所示。设置该图层的“不透明度”为20%，如图22-110所示。

图22-109

图22-110

08 导入水墨素材文件“3.png”，调整合适大小及位置，如图22-111所示。导入卡通人像素材文件“4.png”，调整合适大小及位置，为卡通人像添加图层蒙版，如图22-112所示。使用黑色柔角画笔在人像左下角进行涂抹，隐藏多余部分，如图22-113所示。

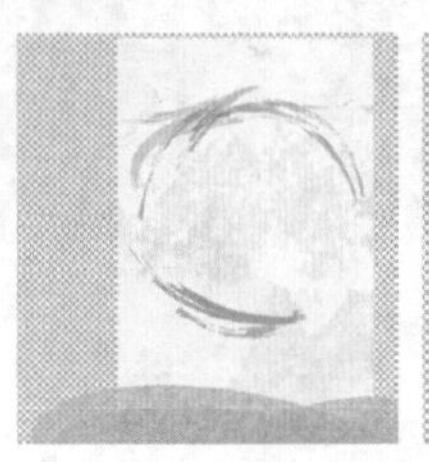
图22-111

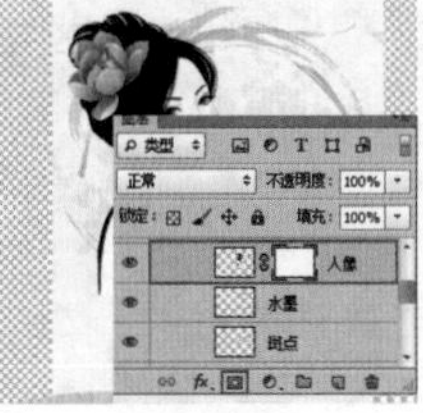
图22-112

图22-113

09 单击工具箱中的“横排文字工具”按钮，在选项栏中选择一种书法字体，分别输入“镜”、“花”、“娇”、“恨”4个字，如图22-114所示。

10 分别在“图层”面板中选择这4个文字图层，调整文字的大小及位置，如图22-115所示。同时选中这四个图层，在“横排文字工具”选项栏中设置文字颜色为粉色，如图22-116所示。

图22-114

图22-115

图22-116

11 合并文字图层，设置文字图层的“混合模式”为“正片叠底”，并对其执行“图层>图层样式>内阴影”命令，设置“混合模式”为“正片叠底”，颜色为黑色，“不透明度”为60%，“角度”为120度，“距离”为10像素，“大小”为1像素，如图22-117和图22-118所示。

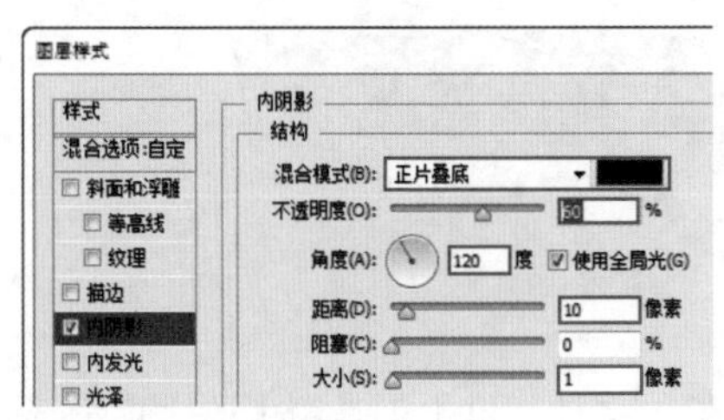
图22-117

图22-118

12 导入梅花花纹素材“5.png”，调整大小放置在粉色文字图层上，设置“混合模式”为“颜色加深”，“不透明度”为65%，如图22-119所示。在梅花图层上单击鼠标右键，在弹出的快捷菜单中执行“创建剪贴蒙版”命令，此时花纹只出现在文字中，如图22-120所示。

13 单击工具箱中的“直排文字工具”按钮，在选项栏中设置合适字体及大小，在主体文字左下角单击，输入竖排文字，如图22-121所示。同样方法继续在封面的下半部分输入其他文字信息，如图22-122所示。

图22—119

图22—120

图22—121

图22—122

14 为了便于管理，将封面部分的所有图层全部放置在一个图层组中，复制该图层组并摆放在画面左侧，如图22-123所示。由于封面封底所包含的画面元素基本相同，所以只需要删除多余部分并将已有元素的位置适当调整即可，如图22-124所示。

图22—123

图22—124

15 制作书脊部分。使用矩形选框工具绘制书脊部分选区，新建图层并填充白色，如图22-125所示。复制封面中的底纹素材，移动到书脊图层的位置，单击鼠标右键，在弹出的快捷菜单中执行“创建剪贴蒙版”命令，设置该图层的“不透明度”为30%，如图22-126所示。

图22—126

图22—125

16 选择矩形选框工具，单击其选项栏中的“添加到选区”按钮，在书脊上侧和下侧绘制选区。新建图层，填充粉色，如图22-127所示。再次单击工具箱中的“直排文字工具”按钮，在选项栏中设置合适的字体，输入书脊部分的文字信息，如图22-128所示。

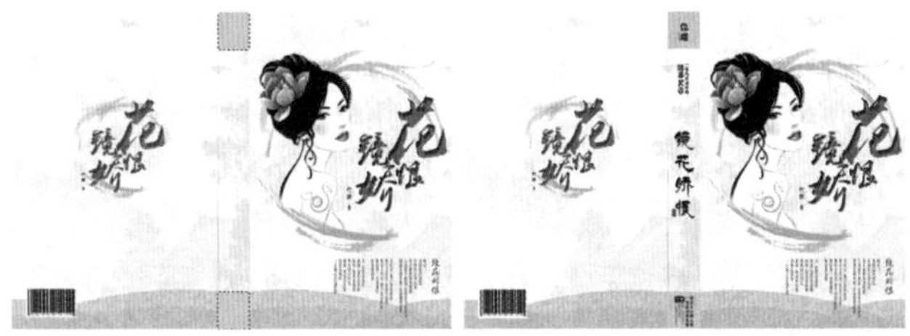

图22—127　　图22—128

Part 2 制作书籍效果图

01 导入书本素材文件“6.png”，调整合适大小及位置，如图22-129所示。在书本图层下新建阴影图层，使用黑色柔角画笔在书本下绘制阴影部分，如图22-130所示。

图22—129

图22—130

技巧提示

为了便于观察，可以在底部导入与书本素材颜色差别较大的图像作为背景。

02 设置阴影图层的“不透明度”为70%，如图22-131所示。复制并合并封面封底所在的图层组，使用矩形选框工具在右侧绘制书籍正面的选区，如图22-132所示。

图22-131

图22-132

03 按Ctrl+J快捷键复制选区内容，隐藏原始图层组，显示复制出的封面部分，如图22-133所示。选择封面部分，执行“编辑>自由变换”命令，调整大小，按Ctrl键单击四角控制点，使其与书籍模型正面更贴合，如图22-134所示。

图22-133

图22-134

04 按Enter键结束变换操作，如图22-135所示。同样的方法复制书脊部分，使用“自由变换”命令，调整书脊的角度及透视感，如图22-136所示。

图22-135

图22-136

05 单击鼠标右键，在弹出的快捷菜单中执行“变形”命令，调整书脊上侧和下侧的弧度，如图22-137所示。按Enter键结束变换操作，如图22-138所示。

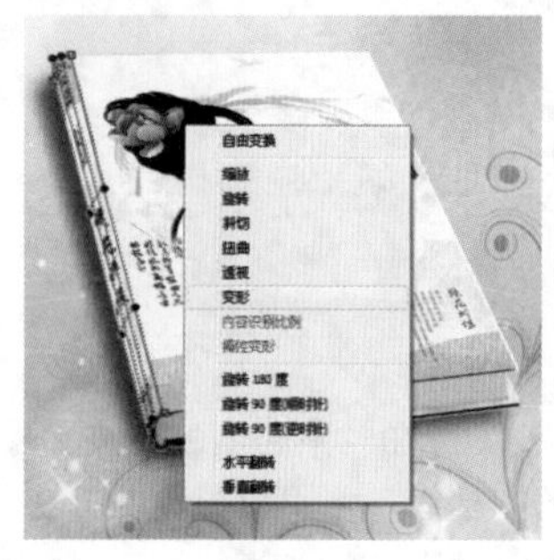

图22-137

图22-138

06 按Ctrl键单击书脊图层，载入书脊选区，如图22-139所示。使用渐变工具为选区填充白色到黑色再到白色的渐变，如图22-140所示。

图22-139

图22-140

思维点拨

书籍装帧设计是指书籍的整体设计。书籍装帧是在书籍生产过程中将材料和工艺、思想和艺术、外观和内容、局部和整体等组成和谐、美观的整体艺术。书籍装帧设计是书籍造型设计的总称。一般包括选择纸张、封面材料，确定开本、字体、字号，设计版式，决定装订方法以及印刷和制作方法等。

07 设置渐变图层的“混合模式”为“正片叠底”，“不透明度”为50%，如图22-141所示。

图22-141

08 导入书籍素材“7.png”，调整大小及位置，如图22-142所示。同样方法制作另外一个书籍的透视感，最后导入背景素材“8.jpg”与前景素材“9.png”，最终效果如图22-143所示。

图22-142

图22-143

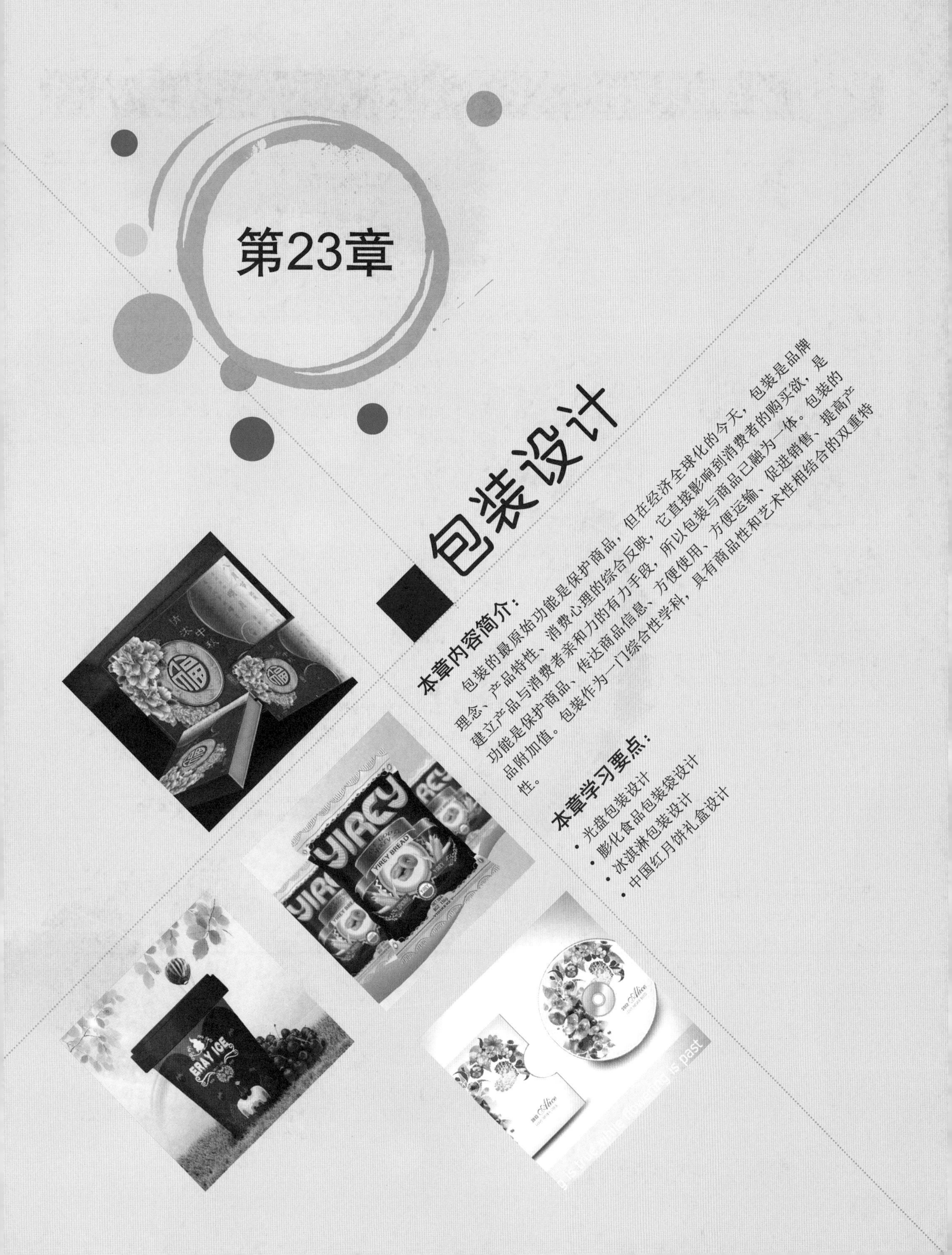

第23章

包装设计

本章内容简介：

包装的最原始功能是保护商品，但在经济全球化的今天，包装是品牌理念、产品特性、消费心理的综合反映，它直接影响到消费者的购买欲，是建立产品与消费者亲和力的有力手段，所以包装与商品已融为一体。包装的功能是保护商品、传达商品信息、方便使用、方便运输、促进销售、提高产品附加值。包装作为一门综合性学科，具有商品性和艺术性相结合的双重特性。

本章学习要点：

- 光盘包装设计
- 膨化食品包装袋设计
- 冰淇淋包装设计
- 中国红月饼礼盒设计

23.1 光盘包装设计

案例文件	案例文件\第23章\光盘包装设计.psd
视频教学	视频文件\第23章\光盘包装设计.flv
难易指数	
技术要点	选区工具、选区的变换、钢笔工具

案例效果

本案例主要是通过使用选区工具、选区的变换、钢笔工具等制作光盘包装。效果如图23-1所示。

图23—1

操作步骤

01 新建文件，单击工具箱中的“渐变工具”按钮，在选项栏中设置渐变类型为径向模式，打开“渐变编辑器”窗口，在其中编辑一种银白色的渐变色，如图23-2所示。在画面中拖曳填充渐变，如图23-3所示。

图23—2　　图23—3

02 新建图层，如图23-4所示，设置前景色为青色，使用矩形选框工具在画面下方绘制矩形选区，并为其填充前景色，如图23-5所示。设置图层的“不透明度”为15%，效果如图23-6所示。

图23—4

图23—5　　图23—6

03 单击工具箱中的“钢笔工具”按钮，在选项栏中设计绘制模式为“路径”，在画面中绘制光盘封套的形状，如图23-7所示。按Ctrl+Enter快捷键将其转换为选区，效果如图23-8所示。

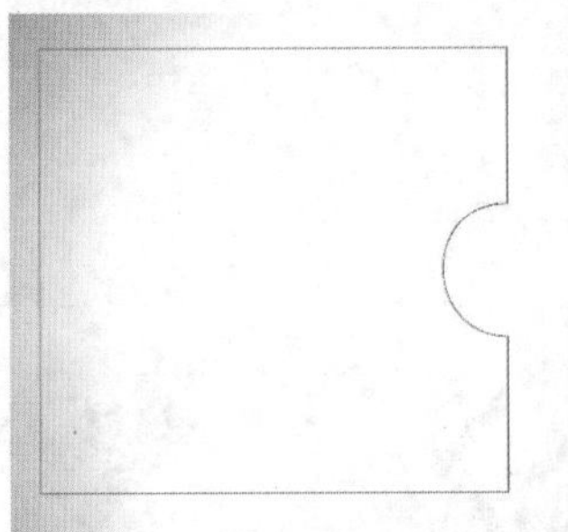

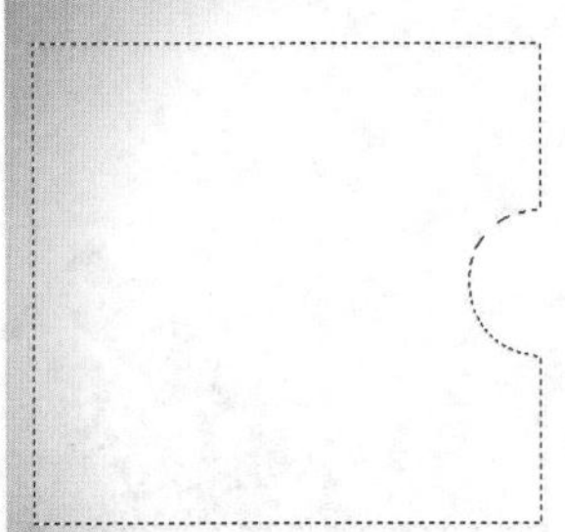

图23—7　　图23—8

04 单击工具箱中的“渐变工具” 按钮，在选项栏中设置渐变类型为线性模式，打开“渐变编辑器”对话框，在其中编辑一种白色到透明的渐变色，如图23-9所示。在选区中从左向右填充渐变，效果如图23-10所示。移动选区，新建图层，为其填充灰色，效果如图23-11所示。

图23—9

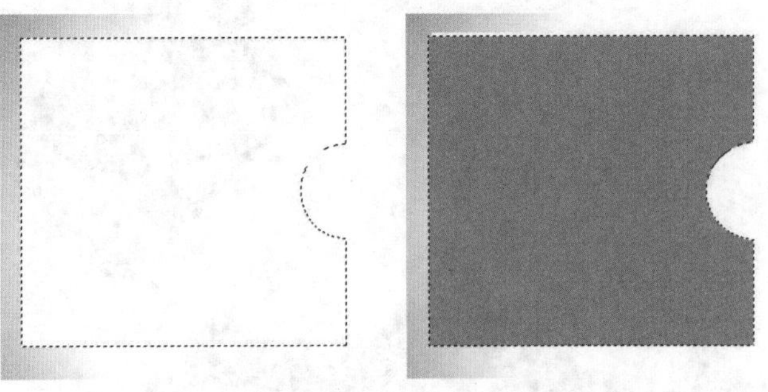

图23—10　　图23—11

05 导入花纹素材“1.jpg”置于画面中合适位置，载入下方图层选区，以当前选区为“花纹”图层添加图层蒙版，如图23-12所示。效果如图23-13所示。

图23-12

图23-13

06 使用横排文字工具设置合适的字体以及字号，在光盘封套的右下角输入文字，如图23-14所示。

图23-14

07 制作光盘部分。新建图层，使用椭圆选框工具按住Shift键在画面中单击拖曳绘制正圆，如图23-15所示。单击鼠标右键，在弹出的快捷菜单中执行“变换选区”命令，按住Alt+Shift快捷键以中心点进行等比例缩放选区，再次新建图层，填充为白色，如图23-16所示。

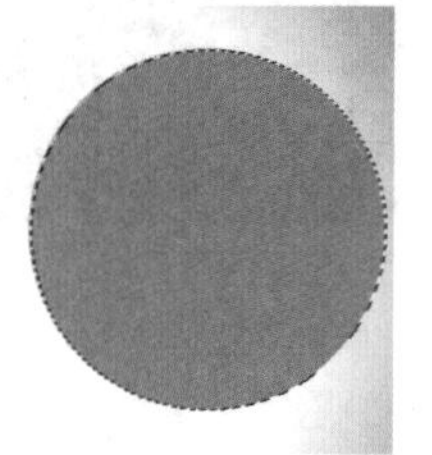

图23-15

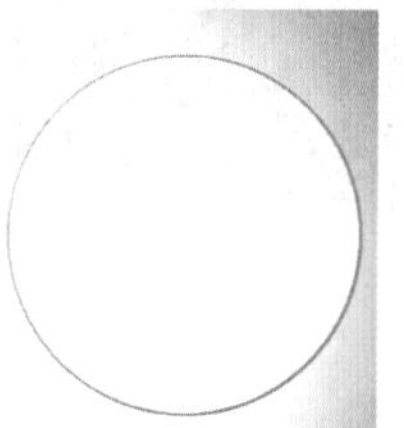

图23-16

08 再次导入花纹素材“1.jpg”，摆放在光盘上，载入白色圆形选区，并适当缩放，如图23-17所示。以该选区为“花纹”图层添加图层蒙版，如图23-18所示。

图23-17

图23-18

09 继续使用椭圆选框工具，在光盘中心处按住Shift键绘制正圆选区，如图23-19所示。选中花纹图层的蒙版，为选区填充黑色，此时这部分区域变为透明，如图23-20所示。

图23-19

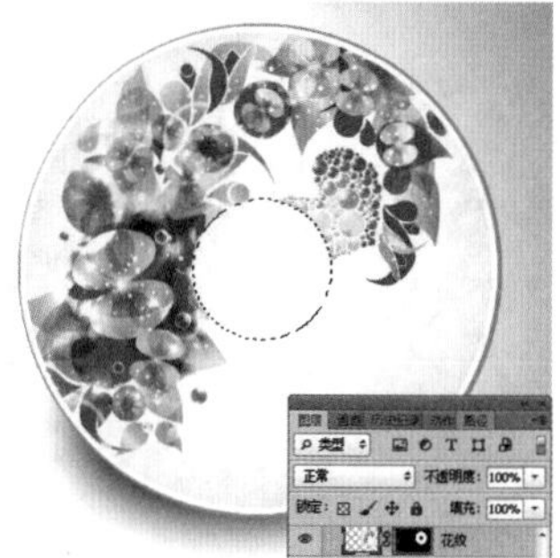

图23-20

10 保留刚刚绘制的正圆选区，新建图层，在画面中单击鼠标右键，在弹出的快捷菜单中执行“描边”命令，在弹出的快捷菜单中设置“颜色”为灰色，“位置”为“内部”，“宽度”为“2像素”，如图23-21所示。效果如图23-22所示。

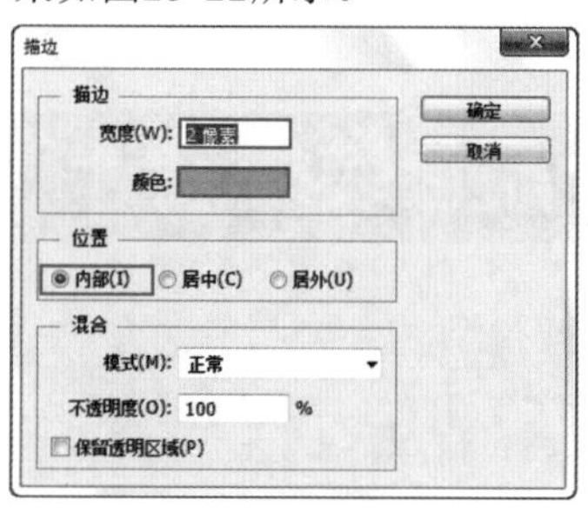

图23-21

图23-22

11 设置椭圆描边图层的“不透明度”为70%，如图23-23所示。效果如图23-24所示。

图23-23

图23-24

12 单击工具箱中的“渐变工具”按钮，在选项栏中设置渐变类型为线性模式，打开“渐变编辑器”窗口，在其中编辑一种银白的渐变色，如图23-25所示。使用椭圆选框工具，在光盘中央绘制正圆选区，在正圆选区中填充渐变，如图23-26所示。

图23-25

图23-26

13 在其中绘制正圆选区，并按Delete键，删除圆心部分，如图23-27所示。执行“图层>图层样式>描边”命令，设置“大小”为2像素，“位置”为“外部”，“填充类型”为“颜色”，设置“颜色”为灰色，如图23-28和图23-29所示。

14 同样方法制作中心的另外几层椭圆描边，并复制光盘封套上的文字，粘贴后移动到光盘上作为装饰，最终效果如图23-30所示。

图23-27

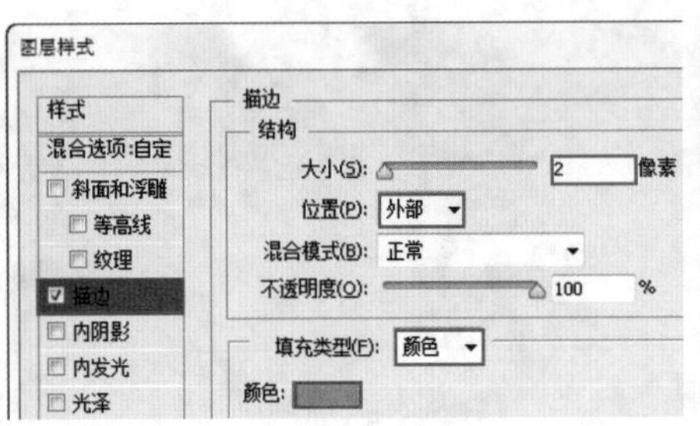

图23-28

图23-29

图23-30

思维点拨

光盘印刷一般有丝网印刷和胶印两种方式。不同的印刷方式有不同的设计要求。CDR刻录光盘一般是采用丝网印刷的方式，较少采用胶印。压制光盘一般可以采取胶印和丝网印刷两种方式。光盘设计应该根据印刷方式的不同，采用不同的设计方法。

23.2 膨化食品包装袋设计

案例文件	案例文件\第23章\膨化食品包装袋设计.psd
视频教学	视频文件\第23章\膨化食品包装袋设计.flv
难易指数	★★★★★
技术要点	自由变换、钢笔工具、画笔工具、剪贴蒙版等

案例效果

本案例主要是通过使用自由变换、钢笔工具、画笔工具、剪贴蒙版等工具制作膨化食品包装袋，如图23-31所示。

图23-31

操作步骤

01 新建文件，首先制作包装的底色部分。使用矩形选框工具在画面中绘制合适的矩形，新建图层，填充棕色，如图23-32所示。设置前景色为黄色，单击工具箱中的“画笔工具”按钮，在选项栏中选择一种圆形柔角的画笔，设置合适的画笔大小，然后使用画笔在画面中合适位置绘制，效果如图23-33所示。

图23-32

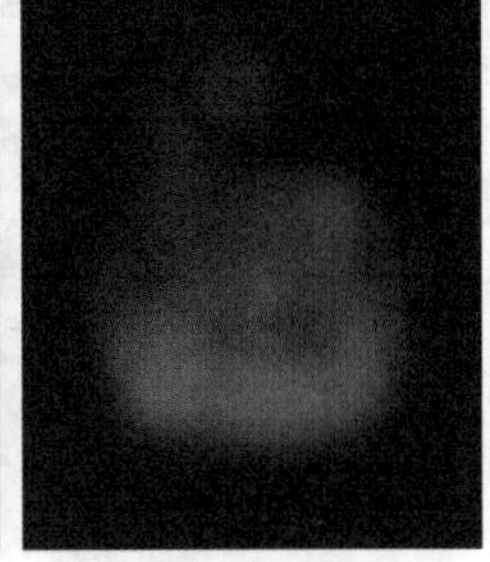
图23-33

02 新建图层，使用矩形选框工具在画面中绘制矩形选区并为其填充前景色，如图23-34所示。使用移动工具，按住Alt键的同时多次移动复制出黄色矩形图层，如图23-35所示。

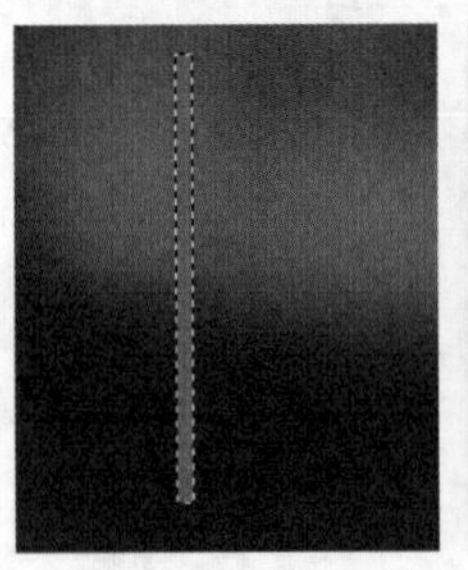
图23-34

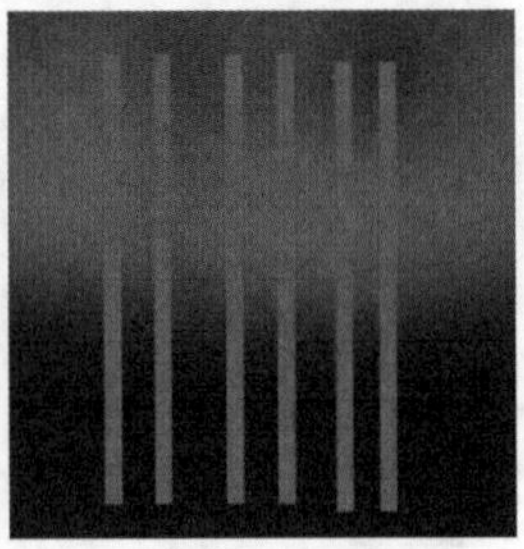

图23-35

03 选中所有矩形图层，单击“移动工具”选项栏中的底对齐按钮以及水平居中分布按钮，如图23-36所示。效果如图23-37所示。

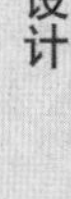

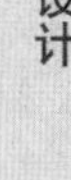

图23-36 　　图23-37

04 按Ctrl+T快捷键执行“自由变换”命令，单击鼠标右键，在弹出的快捷菜单中执行“透视”命令，如图23-38所示。调整控制点，制作出如图23-39所示的效果。按Enter键，完成自由变换操作。

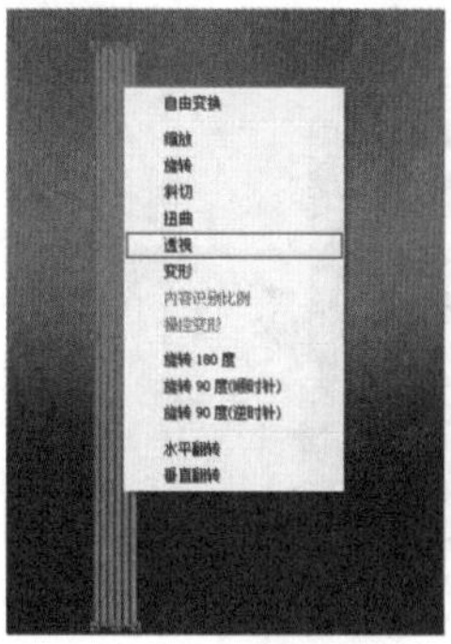

图23-38 　　图23-39

05 复制此图层，再次按Ctrl+T快捷键，将中心点移动到图形顶端中心的位置，如图23-40所示，并将其适当旋转，如图23-41所示。按Enter键，完成自由变换操作，如图23-42所示。

图23-40 　　图23-41 　　图23-42

06 使用复制并重复上一次变换操作组合键Ctrl+Shift+Alt+T，多次使用该组合键即可以上一次的变换规律进行复制图层并变换的操作，多次复制并旋转即可制作出放射性的圆形效果，如图23-43所示。

07 将所有旋转图层进行合并，将其移动到合适的位置，并为其添加图层蒙版，使用黑色画笔在蒙版中涂抹，使多余区域隐藏，如图23-44和图23-45所示。

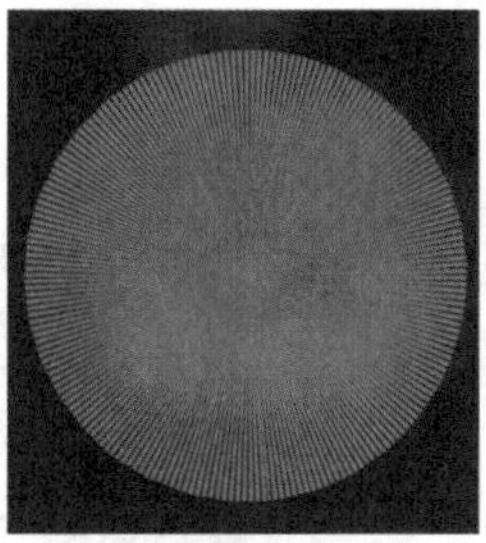

图23-43 　　图23-44　　图23-45

08 单击工具箱中的“横排文字工具”按钮，在选项栏中选择一种空心文字，在画面中输入文字，如图23-46所示。使用魔棒工具多次加选文字空心部分，新建图层，并为选区填充淡黄色，如图23-47所示。

图23-46 　　图23-47

09 导入素材“1.jpg”置于文字图层的上方，如图23-48所示。然后在“图层”面板上单击鼠标右键，在弹出的快捷菜单中执行“创建剪贴蒙版”命令，设置“混合模式”为“深色”，“不透明度”为49%，此时素材只显示文字表面的部分，如图23-49所示。

图23-48 　　图23-49

10 使用钢笔工具在选项栏中设置绘制模式为“路径”，然后在包装的下半部分绘制形状，如图23-50所示。按Ctrl+Enter快捷键将路径转化为选区，并为其填充淡黄色，如图23-51所示。

图23-50 　　图23-51

11 选择钢笔工具，设置绘制模式为“形状”，“填充”为无，设置描边颜色为棕色，设置描边大小为3点，如图23-52所示。在画面下方绘制线条效果的纹样，如图23-53所示。

12 继续使用钢笔工具以及形状工具绘制另外一些图案，如图23-54所示。复制底部的图案，垂直翻转后移动到顶部并进行适当调整，如图23-55所示。

图23-52

图23-53

图23-54

图23-55

13 导入素材“2.png”置于画面中合适位置，如图23-56所示。使用横排文字工具输入文字，然后单击选项栏中的“创建文字变形”按钮，设置“样式”为扇形，选中“水平”单选按钮，设置“弯曲”为50%，如图23-57所示。效果如图23-58所示。

图23-56

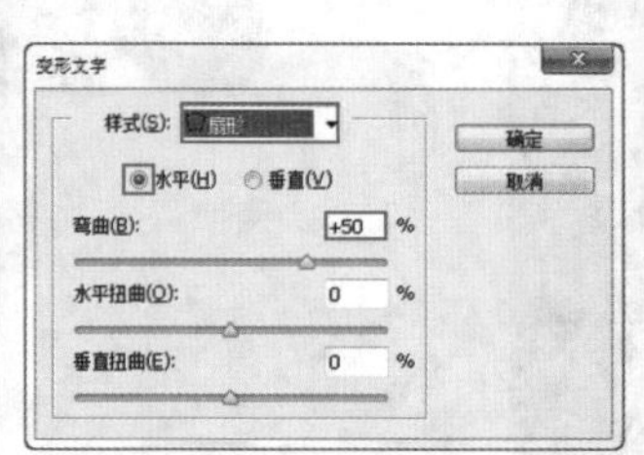

图23-57

图23-58

思维点拨

本案例的包装以橙色系为主色，充分地展现出了食物特有的优势。橙色系能给人以收获感，也有着能让人振作的力量，同时可以点亮空间。在自然界中，橙柚、玉米、鲜花果实、霞光、灯彩，都有丰富的橙色。所以橙色也是用来表现食物特点的最好色彩之一。

14 制作包装袋的立体效果，复制并合并包装的平面图。为了模拟立体的膨化食品效果，需要制作出膨化食品包装呈现出的膨胀感。而膨胀感一方面可以从光泽上进行处理，另一方面也必须对其外轮廓形态进行调整。对其执行“滤镜>液化”命令，在这里可以使用向前变形工具在边缘处进行涂抹，制作出膨化食品包装的效果，如图23-59所示

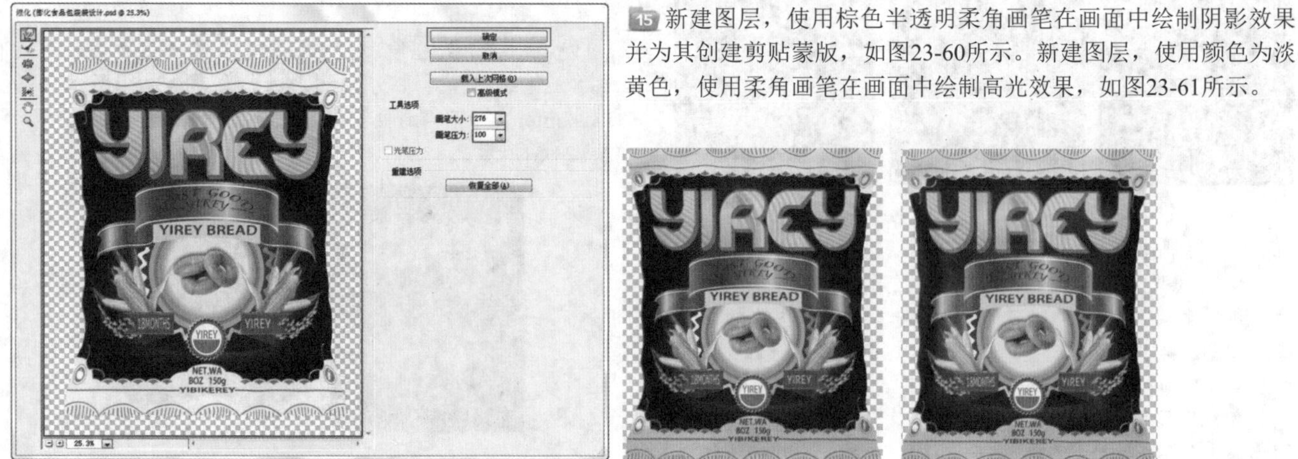

图23-59

15 新建图层，使用棕色半透明柔角画笔在画面中绘制阴影效果并为其创建剪贴蒙版，如图23-60所示。新建图层，使用颜色为淡黄色，使用柔角画笔在画面中绘制高光效果，如图23-61所示。

图23-60

图23-61

16 选择钢笔工具，设置绘制模式为“形状”，“填充”为无，“描边”颜色为白色，“描边”大小为3点，选择直线，如图23-62所示，在包装上方和下方绘制不同深浅的直线，如图23-63所示。

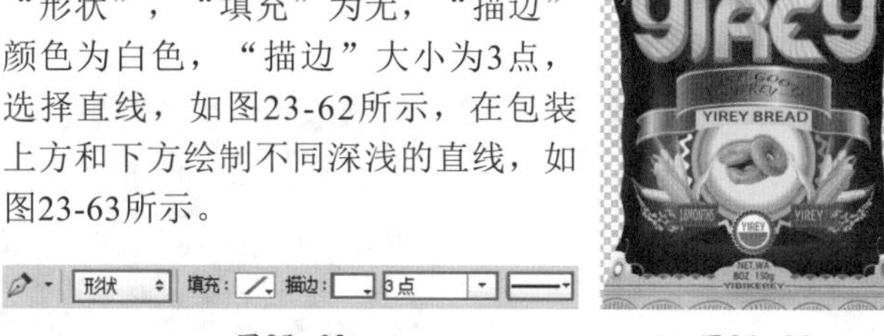

图23－62　　图23－63

17 制作包装袋上下两侧的锯齿状效果。新建图层，使用画笔工具，按F5键打开“画笔”面板，设置一种方形画笔，设置画笔“大小”为“50像素”，“角度”为45°，画笔“间距”为100%，如图23-64所示。使用画笔工具沿着包装袋的上下边缘绘制出锯齿效果，如图23-65所示。

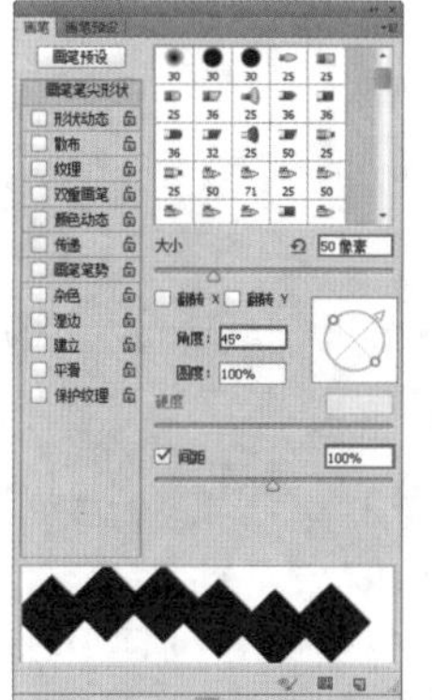

图23－64

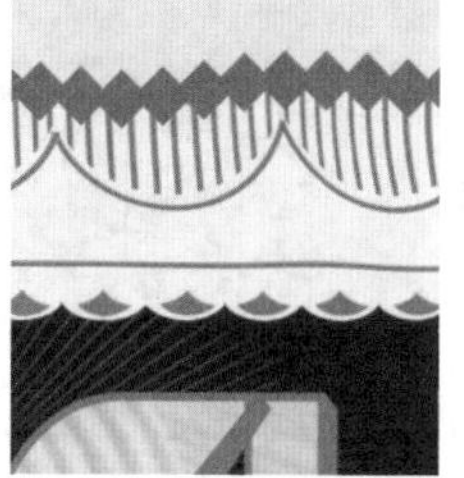

图23－65

18 载入锯齿效果图层选区，如图23-66所示。隐藏画笔图层，选择平面图层，按Delete键删除选区内的内容，如图23-67所示。

图23－66

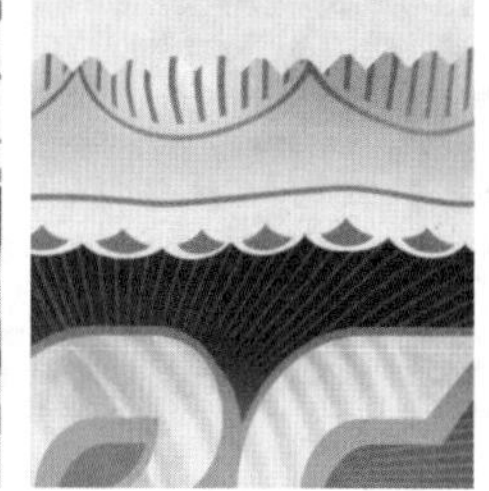

图23－67

19 同样方法制作底部边缘，导入背景素材“3.jpg”，如图23-68所示。最终效果如图23-69所示。

图23－68

图23－69

23.3 冰淇淋包装设计

案例文件	案例文件\第23章\冰淇淋包装设计.psd
视频教学	视频文件\第23章\冰淇淋包装设计.flv
难易指数	★★★★★
技术要点	钢笔工具、渐变工具、自由变换、混合模式

案例效果

本案例主要是通过使用钢笔工具、渐变工具、自由变换、混合模式等工具制作冰淇淋包装。效果如图23-70所示。

图23－70

图23－71

操作步骤

01 打开本书配套光盘中的素材文件“1.jpg”，如图23-71所示。

02 设置前景色为紫红色，如图23-72所示。新建图层，单击工具箱中的“矩形选框工具”按钮，在画面中绘制合适的矩形，按Alt+Delete快捷键为其填充前景色，如图23-73所示。

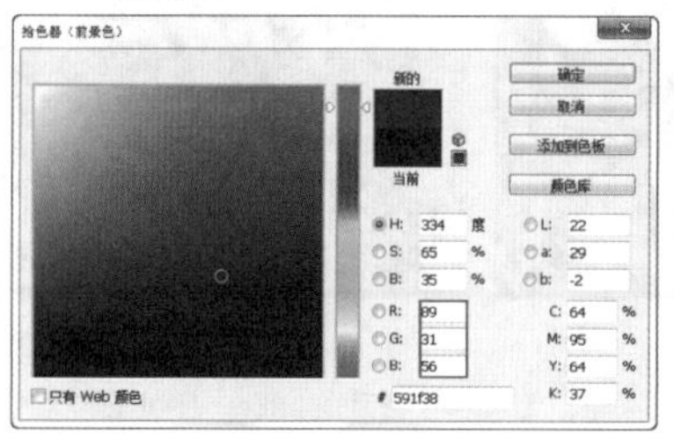

图23－72

图23－73

03 新建图层，设置前景色为浅一些的紫红色，如图23-74所示。单击工具箱中的“画笔工具”按钮，在画笔预设选取器中选择一种圆形画笔，设置画笔的“大小”为10像素，“硬度”为100%，如图23-75所示。

04 单击工具箱中的“钢笔工具”按钮，在画面中绘制合适的路径直线形状，如图23-76所示。绘制完毕后，单击鼠标右键，在弹出的快捷菜单中执行“描边路径”命令，在弹

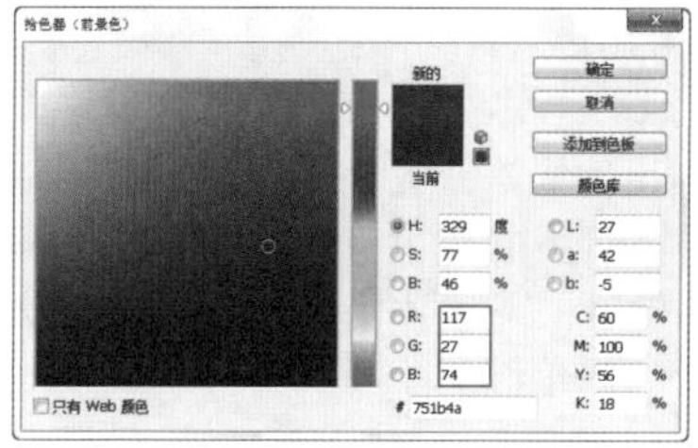

图23－74

图23－75

出的对话框中选择“工具”为画笔，单击“确定”按钮，如图23-77和图23-78所示。

05 同样的方法多次绘制路径，并进行描边，制作格子效果，然后需要用“格子”图层为下方紫色图层创建剪贴蒙版，如图23-79所示。效果如图23-80所示。

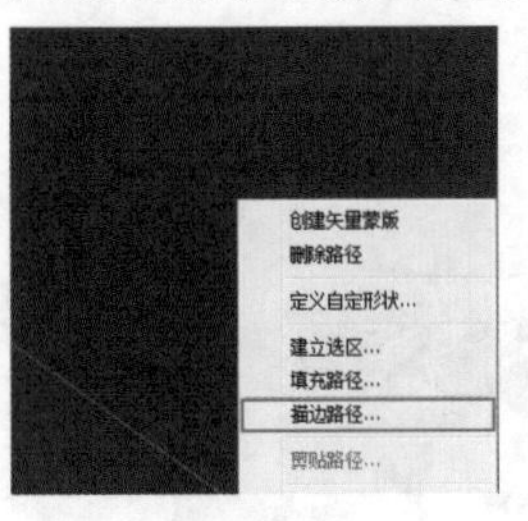
图23-76

图23-77

图23-78

图23-79

图23-80

06 导入花边素材“2.png”置于画面中合适位置，设置其“混合模式”为“叠加”，同样为底部紫色图层创建剪贴蒙版，如图23-81和图23-82所示。

07 单击工具箱中的“钢笔工具”按钮，在画面中绘制流淌效果的路径形状，如图23-83所示。按Ctrl+Enter组合键将其转换为选区，新建图层，并填充明度更高一些的紫红色，如图23-84所示。

图23-81

图23-82

图23-83

图23-84

08 导入冰淇淋装饰素材“3.png”，并使用横排文字工具输入合适的文字，冰淇淋包装的平面图部分制作完成，如图23-85所示。

09 制作包装的立体效果，将所有平面图层置于同一图层组中，将其命名为平面图，复制并合并该平面组。按Ctrl+T快捷键对其执行“自由变换”命令，单击鼠标右键，在弹出的快捷菜单中选择“斜切”命令，将底部适当收紧，如图23-86所示。再次单击鼠标右键，在弹出的快捷菜单中执行“变形”命令，适当向下变形，制作出弧度效果，如图23-87所示。变形完毕后，按Enter键。

图23-85

图23-86

图23-87

10 为“平面”图层添加图层蒙版，隐藏不对称的部分，如图23-88和图23-89所示。

11 制作包装表面的光感。选择画笔工具，设置前景色为黑色，选择圆形柔角画笔，设置“大小”为10像素，“不透明度”为20%。新建图层，在包装底部位置进行绘制涂抹，如图23-90所示。然后选择刚刚绘制的图层，并单击鼠标右键，在弹出的快捷菜单中执行“创建剪贴蒙版”命令，如图23-91所示。此时包装以外的阴影部分被隐藏，如图23-92所示。

12 为了增强包装底部的体积感，需要使用柔角画笔工具在底部绘制浅粉色的亮部区域，然后在浅粉色亮部的下方绘制一个深色的边缘形状，模拟

图23-88

图23-89

出包装边缘处的倒角效果，如图23-93所示。

图23-90

图23-91

图23-92

图23-93

13 由于冰淇淋包装为筒形纸杯，所以为了强化其立体感就需要在杯壁上进行光泽感的强化。单击工具箱中的“渐变工具”按钮，在选项栏中设置渐变类型为线性模式，打开“渐变编辑器”窗口，在其中编辑一种黑白金属的渐变色，如图23-94所示。新建图层并在画面中填充渐变，如图23-95所示。

14 按Ctrl+T自由变换快捷键，单击鼠标右键，在弹出的快捷菜单中执行“斜切”命令，收紧底部，按Enter键，完成自由变换，使其与纸杯包装的形态相吻合，如图23-96所示。然后可以在“图层”面板中设置该灰色渐变图层的“混合模式”为柔光，“不透明度”为70%，并为其创建剪贴蒙版，使其只对盒子部分起作用，此时可以看到纸杯杯壁上产生了明暗差异，如图23-97所示。

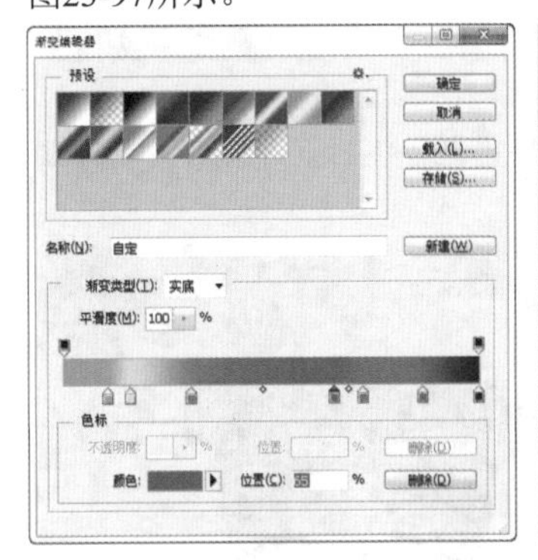

图23-94

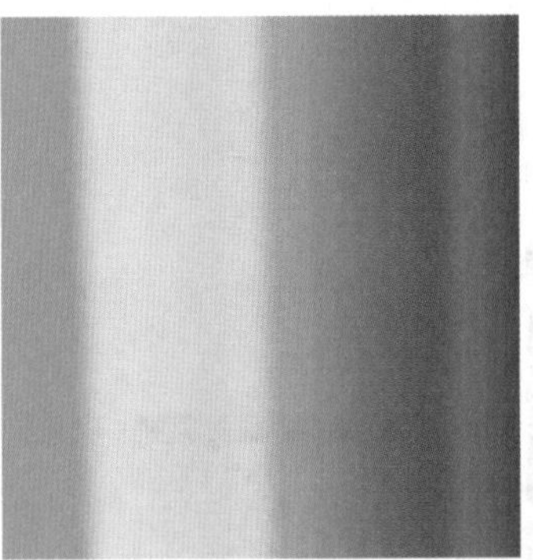
图23-95

图23-96

图23-97

15 制作包装的盖子部分。新建图层，使用钢笔工具在画面中绘制盖子的形状，如图23-98所示。按Ctrl+Enter快捷键，将其转换为选区，为其填充深玫红色，如图23-99所示。

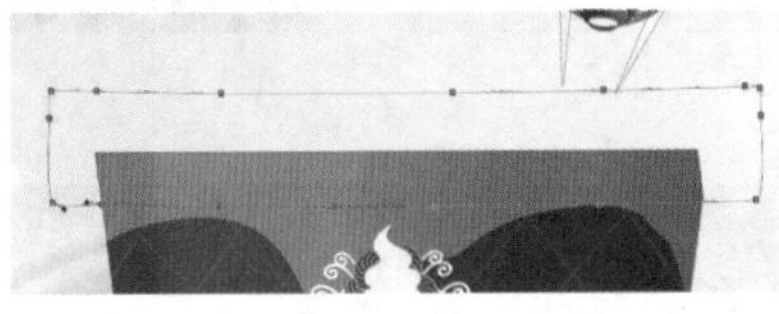
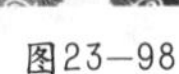
图23-98

图23-99

16 为了模拟出盖子部分的弧度，同样需要使用灰度图层叠加的方式。复制杯壁使用过的灰色渐变图层，并向上移动，覆盖在盖子的部分，如图23-100所示。统统设置“混合模式”为“柔光”，并为其创建剪贴蒙版，效果如图23-101所示。

17 为了制作盖子上方以及下方边缘处的倒角效果，需要继续在上下两端添加多个深色以及浅色的细线用以模拟凸起或凹陷的效果。制作方法非常简单，为了边界效果的精确需要使用钢笔工具绘制路径形状，转换选区后依次填充各种颜色即可，如图23-102和图23-103所示。

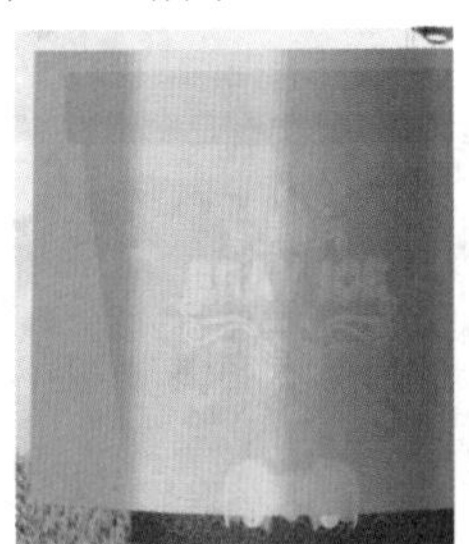
图23-100

图23-101

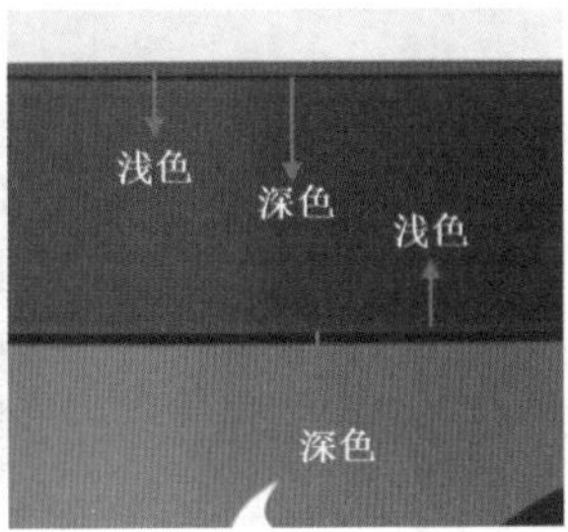

图23-102

图23-103

18 将所有盖子图层置于同一图层组中，命名为盖，复制“盖”图层组，置于原图层组下方，如图23-104所示。按Ctrl+T快捷键执行“自由变换”，将其缩小到合适大小，如图23-105所示。

19 导入水果素材“4.png”，置于盒子后面，如图23-106所示。在背景图层上方新建图层，将其命名为投影，使用深棕色柔角画笔在盒子底部绘制阴影效果，设置图层的“混合模式”为“正片叠底”，“不透明度”为90%，如图23-107所示。

图23－104

图23－105

图23－106

图23－107

20 在图层面板顶部新建图层并为其填充黑色，执行“滤镜>渲染镜头>光晕”命令，在弹出的对话框中单击“确定”按钮，如图23-108所示。效果如图23-109所示。

21 设置图层的“混合模式”为“滤色”，如图23-110所示。导入草地素材文件“5.png”，放置在包装的下方，最终效果如图23-111所示。

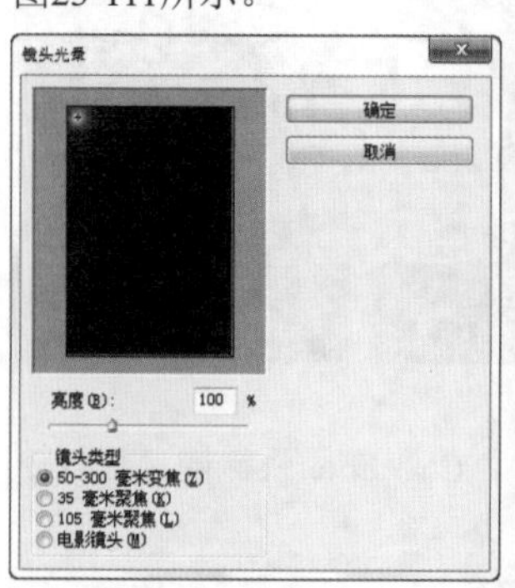

图23－108

图23－109

图23－110

图23－111

23.4 中国红月饼礼盒设计

案例文件	案例文件\第23章\中国红月饼礼盒设计.psd
视频教学	视频文件\第23章\中国红月饼礼盒设计.flv
难易指数	★★★★★
技术要点	渐变工具、图层蒙版、椭圆选框工具

案例效果

本案例主要是通过使用渐变工具、图层蒙版和椭圆选框工具等制作中国红月饼礼盒。效果如图23-112所示。

图23－112

操作步骤

01 打开背景素材“1.jpg”，如图23-113所示。新建图层，单击工具箱中的“矩形选框工具”按钮，绘制合适的矩形选框，使用渐变工具，在选项栏中编辑一种红色的渐变，设置渐变模式为径向，在选区中拖曳渐变，效果如图23-114所示。

图23－113

图23－114

02 使用矩形选框工具在画面中绘制矩形选区，并为其填充深红色，如图23-115所示。导入素材金色花纹“2.png”置于画面中合适位置，如图23-116所示。

图23－115

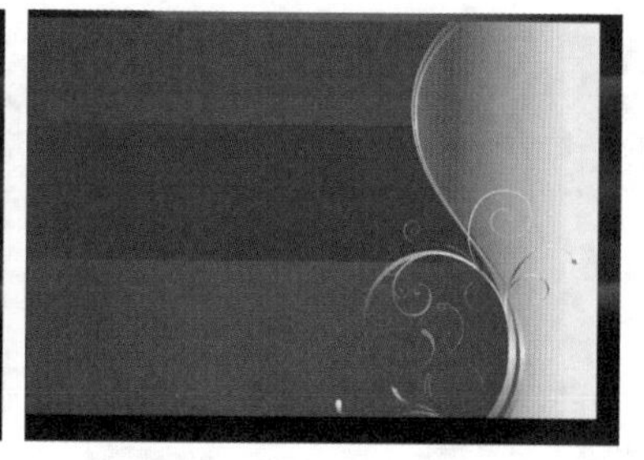
图23－116

03 导入底纹1素材“3.png”置于画面中合适位置，效果如图23-117所示。将其放置在“金色花纹”图层的下方，并为“深红矩形”图层创建剪贴蒙版，如图23-118所示。效果如图23-119所示。

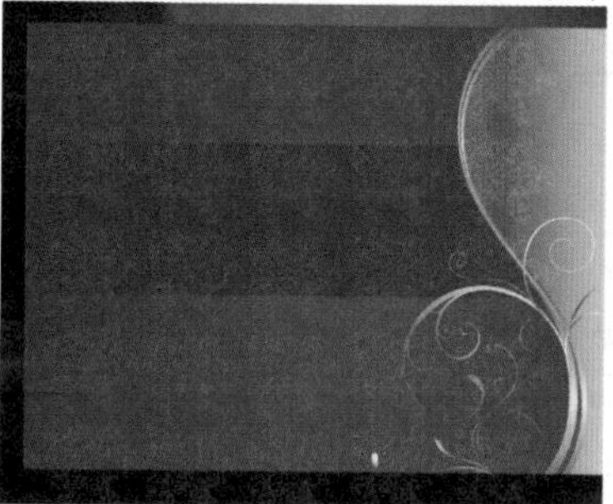
图23－117

图23－118

图23－119

04 继续导入底纹2素材“4.png”置于画面中合适位置，如图23-120所示。为其添加图层蒙版，在蒙版中使用黑色画笔涂抹遮挡住中间深红矩形的区域，并设置图层的“混合模式”为“正片叠底”，“不透明度”为55%，如图23-121所示。

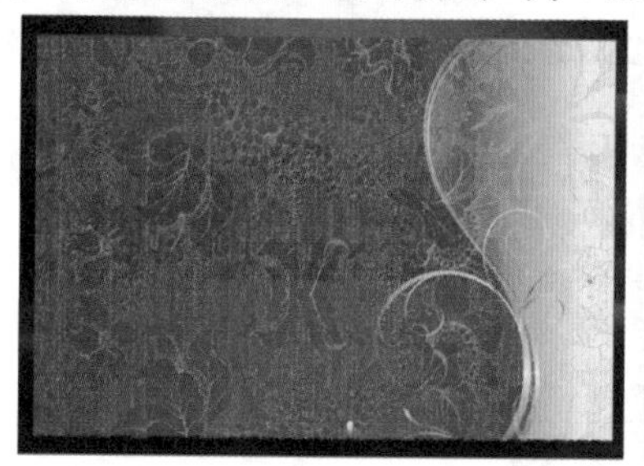
图23－120

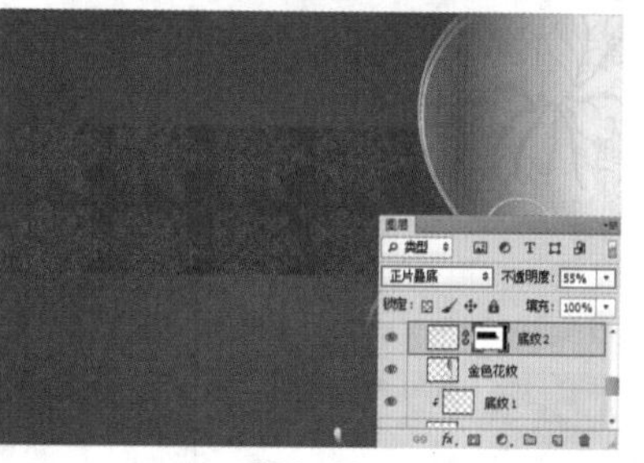

图23－121

思维点拨

该案例是月饼礼盒的设计，盒面的设计以红色与黄色的结合搭配作为背景，这两种颜色的使用不仅表现了中国的传统特点，同时这两种颜色也是节日礼盒包装常用的色彩。大面积的红色搭配少量的黄色拉伸空间，使画面具有强烈的层次感。同时黄色与红色也是中国的传统色，多应用在极具传统色彩的包装上。

05 导入花朵素材“5.png”置于画面中左下角的位置，如图23-122所示。新建图层，使用椭圆选框工具按住Shift键在画面中绘制正圆选区，并填充红色径向渐变，如图23-123所示。

06 新建图层，使用椭圆选框工具在画面中绘制正圆选区，填充黄色，如图23-124所示。再次使用椭圆选框工具在黄色正圆中绘制正圆选区，然后按Delete键删除选区内的部分，如图23-125所示。按Ctrl+D快捷键，取消选区。

图23－122

图23－123

07 执行“图层>图层样式>斜面和浮雕”命令，设置“样式”为“内斜面”，“方法”“平滑”，“深度”为83%，“方向”为“上”，“大小”为29像素，“角度”为-42度，“高度”为30度，如图23-126和图23-127所示。

图23-124

图23-125

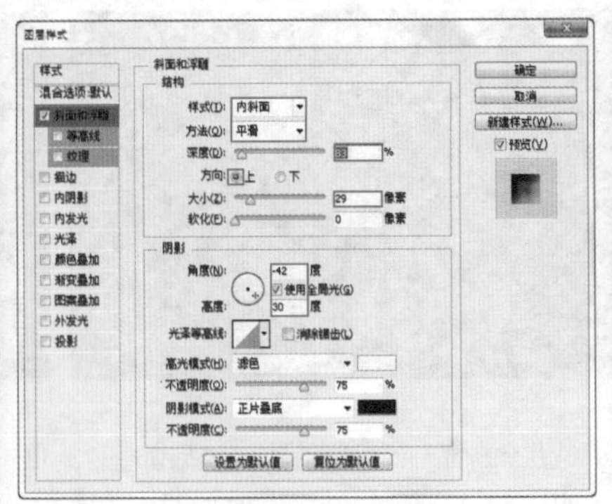
图23-126

图23-127

08 导入花纹素材“6.png”置于画面中合适位置，如图23-128所示。导入福字素材“7.png”，如图23-129所示。

09 对其执行“图层>图层样式>投影”命令，设置“混合模式”为“正片叠底”，“距离”为11像素，“扩展”为6%，“大小”为10像素，如图23-130和图23-131所示。

图23-128

图23-129

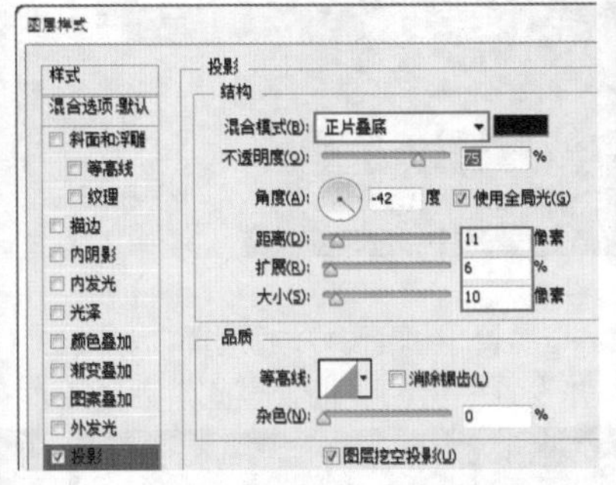
图23-130

图23-131

10 导入花纹素材“8.png”，载入底色图层选区，并为其添加图层蒙版隐藏底色以外的部分，如图23-132所示。下面使用直排文字工具设置合适的字号及字体，在画面中单击输入文字，如图23-133所示。

11 选择文字图层，执行“窗口>样式”命令，打开“样式”面板，在“样式”面板中单击样式按钮，如图23-134所示。即可为文字赋予相应的效果，如图23-135所示。

图23-132

图23-133

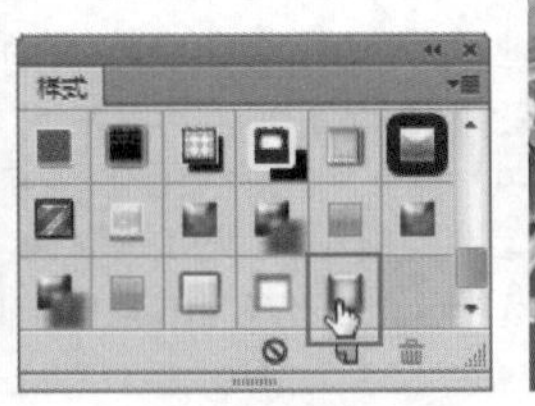

图23-134

图23-135

12 导入印章素材“9.png”置于画面中合适位置，继续使用直排文字工具，设置合适的颜色以及字体字号，在画面中单击输入大量文字，并将文字调整为不同大小，如图23-136所示。载入“金色花纹”素材选区，并为文字图层添加图层蒙版，隐藏多余部分，设置图层的“混合模式”为“正片叠底”，“不透明度”为80%，如图23-137所示。

13 使用钢笔工具在选项栏中设置绘制模式为“形状”，“填充”为无，“描边”颜色为黄色，大小为5点，选择直线，如图23-138所示。在画面中绘制盒子平面的边框，如图23-139所示。

图23—136

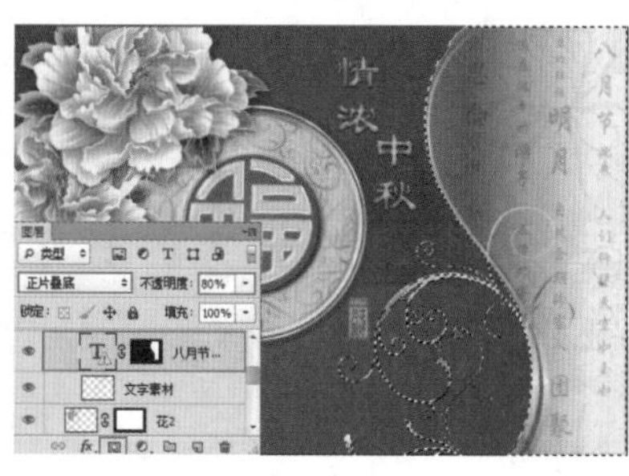

图23—137

图23—138

图23—139

14 制作包装的立体效果。新建图层，使用多边形套索工具绘制四边形选区，作为礼盒的侧面，为其填充红色系渐变，如图23-140所示。导入素材花纹“10.png”，调整合适大小及位置，设置“混合模式”为变亮，如图23-141所示。

图23—140

图23—141

15 新建图层，使用渐变工具在选项栏中设置黑色到透明的渐变，设置渐变模式为线性，如图23-142所示。将侧面礼盒载入选区，使用渐变工具在选区中绘制渐变，效果如图23-143所示。

图23—142

图23—143

16 设置渐变图层的“不透明度”为55%，如图23-144所示。继续使用多边形套索工具制作礼盒其他的部分，如图23-145所示。

图23—144

图23—145

17 复制礼盒正面平面部分，按Ctrl+T快捷键，对其执行“自由变换”命令，单击鼠标右键，在弹出的快捷菜单中执行“斜切”命令，如图23-146所示。调整四周控制点，将其变换到合适的形状，如图23-147所示。按Ctrl+Enter快捷键完成自由变换。

图23—146

图23—147

18 在侧面礼盒下方新建图层，使用多边形套索工具沿礼盒边缘绘制选区，为其填充黑色，执行“滤镜>模糊>高斯模糊”命令，设置“半径”为2像素，如图23-148所示。单击“确定”按钮结束操作，设置图层的“不透明度”为75%，如图23-149所示。

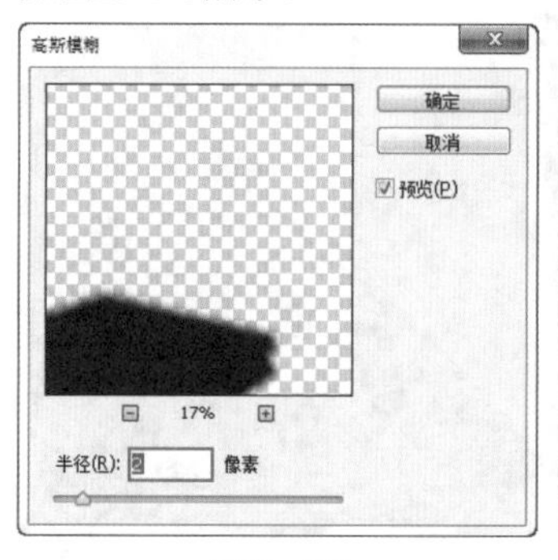

图23—148

图23—149

19 同样的方法制作其他包装盒，最终效果如图23-150所示。

图23—150

第24章

创意合成

本章内容简介：

在平面设计中，你可以充分发挥想象，将不相关的东西组合在一起，或以夸张的形式来表达某种特殊需要，这种行为通常称为创意行为。本章将介绍Photoshop在创意合成方面的应用实例。

本章学习要点：

- 可爱风格创意3D文字
- 果味饮品创意海报

24.1 可爱风格创意3D文字

案例文件	案例文件\第24章\可爱风格创意3D文字.psd
视频教学	视频文件\第24章\可爱风格创意3D文字.flv
难易指数	★★★★★
技术要点	3D技术、选区工具、自定形状、混合模式、图层样式

案例效果

本案例主要使用选区工具、自定形状、混合模式和图层样式制作可爱风格创意3D文字，如图24-1所示。

图24—1

操作步骤

01 打开背景素材“1.jpg”，如图24-2所示。新建图层，单击工具箱中的“渐变工具”按钮，设置一种红色系渐变，单击选项栏中的“径向渐变”按钮，在画面中从中心向四周进行拖曳填充，如图24-3所示。

图24—2

图24—3

02 设置其“不透明度”为60%，如图24-4和图24-5所示。

图24—4

图24—5

03 导入前景草地素材“2.png”，如图24-6所示。单击“图层”面板底部的“添加图层蒙版”按钮，使用硬度较大的圆角黑色画笔在蒙版中涂抹出草地边缘的效果，如图24-7所示。效果如图24-8所示。

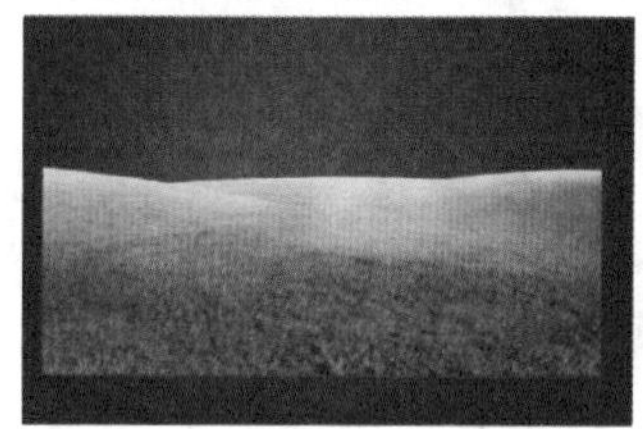

图24—6

图24—7

图24—8

04 为了增强草地的体积感，选择草地图层，执行“图层>图层样式>投影”命令，设置“距离”为10像素，“大小”为24像素，如图24-9所示。效果如图24-10所示。导入装饰素材“3.png”，置于画面中合适位置，如图24-11所示。

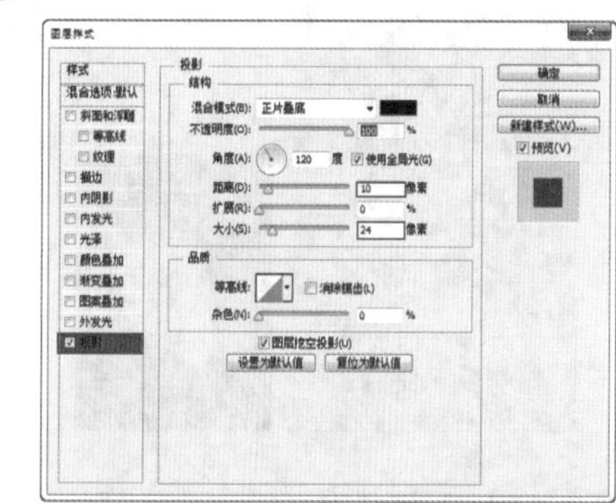

图24—9

图24—10

图24—11

05 制作立体文字，首先使用横排文字工具设置文字颜色为白色，设置合适的字号以及字体，在画面中单击输入文字，如图24-12所示。

图24—12

06 执行“3D>从所选图层新建3D凸出”命令，在3D面板中单击“显示所有场景元素”按钮，在下拉菜单中选择该字母，如图24-13所示。打开“属性”面板，设置“纹理映射”为“缩放”，“凸出深度”为-466，如图24-14所示。

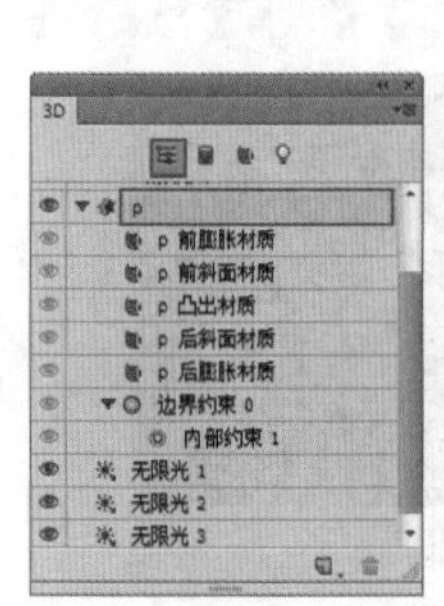

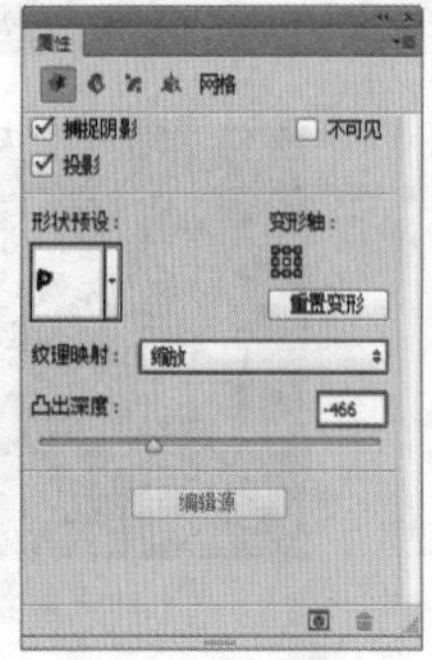

图24—13　　图24—14

07 单击“属性”面板中的“变形”按钮，设置“凸出深度”为-466，“锥度”为100%，选中“弯曲”单选按钮，如图24-15所示。效果如图24-16所示。

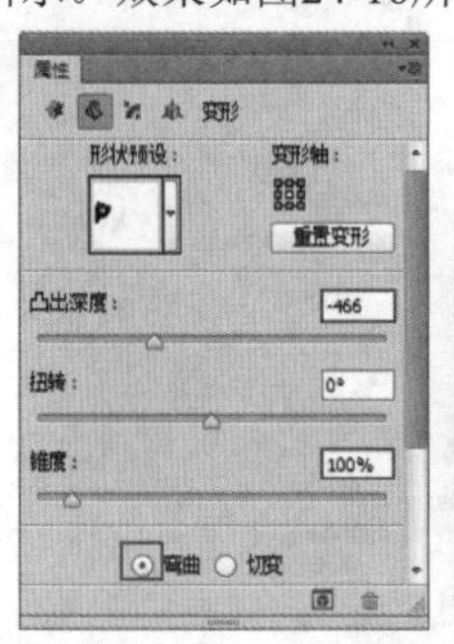

图24—15　　图24—16

08 单击3D面板中的显示所有材质按钮，选择“p前膨胀材质”，如图24-17所示。下面需要在“属性”面板中设置其材质，单击“属性”面板中的按钮，执行“新建纹理”命令，如图24-18所示。在弹出的文档中导入素材文件“4.jpg”，摆放在覆盖文字的位置上，设置其“不透明度”为58%，如图24-19所示。

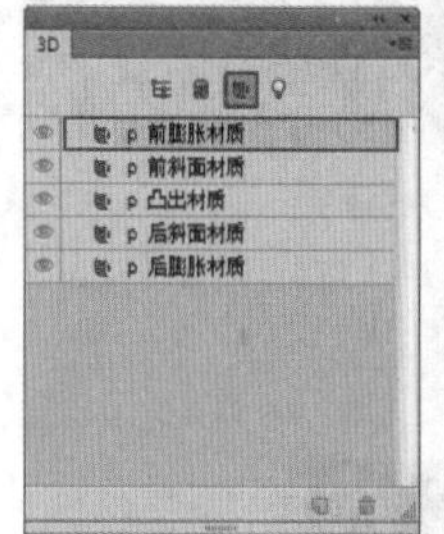

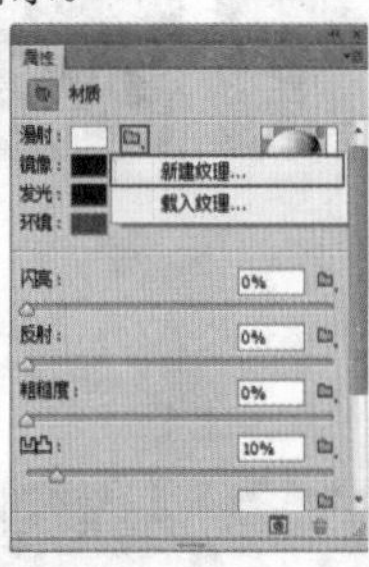

图24—17　　图24—18　　图24—19

09 回到原始文档后再次单击“p前斜面材质”，使用同样方法为其赋予花纹材质，如图24-20所示。继续单击“p凸出材质”，使用同样方法编辑材质，如图24-21所示。在弹出的新文档中绘制红色系的渐变，如图24-22所示。

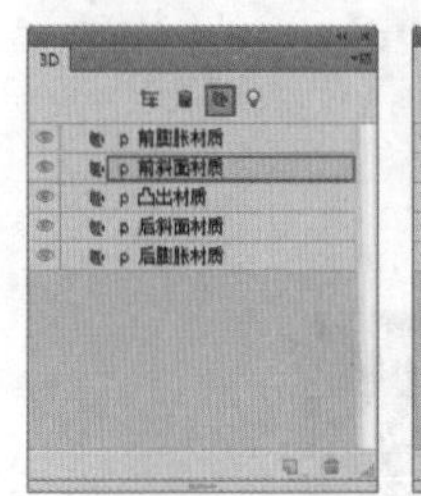

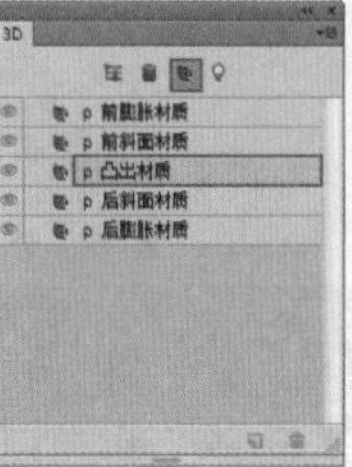

图24—20　　图24—21　　图24—22

10 分别单击“p后斜面材质”以及“p后膨胀材质”，为其创建红色系渐变材质，回到原始文档可以看到文字的效果，如图24-23所示。使用同样方法制作其他的文字效果，如图24-24所示。

图24—23　　图24—24

11 在文字图层的下方新建图层，使用黑色画笔在画面中合适位置绘制阴影效果，如图24-25所示，并导入前景装饰素材“5.png”，最终效果如图24-26所示。

图24—25　　图24—26

24.2 果味饮品创意海报

案例文件	案例文件\第24章\果味饮品创意海报.psd
视频教学	视频文件\第24章\果味饮品创意海报.flv
难易指数	★★★★★
技术要点	渐变工具、画笔工具、图层混合模式

案例效果

本案例主要使用渐变工具、画笔工具和图层混合模式等制作果味饮品创意海报，如图24-27所示。

操作步骤

01 新建文件，单击工具箱中的“渐变工具”按钮，在选项栏中设置合适的渐变颜色，设置渐变类型为线性，如图24-28所示。在画面中自下而上拖曳绘制渐变，如图24-29所示。

02 新建图层，在选项栏中编辑橘黄色系的渐变，设置渐变类型为径向，如图24-30所示。在画面中由中心向四周拖曳渐变，设置图层的“混合模式”为“正片叠底”，如图24-31所示。效果如图24-32所示。

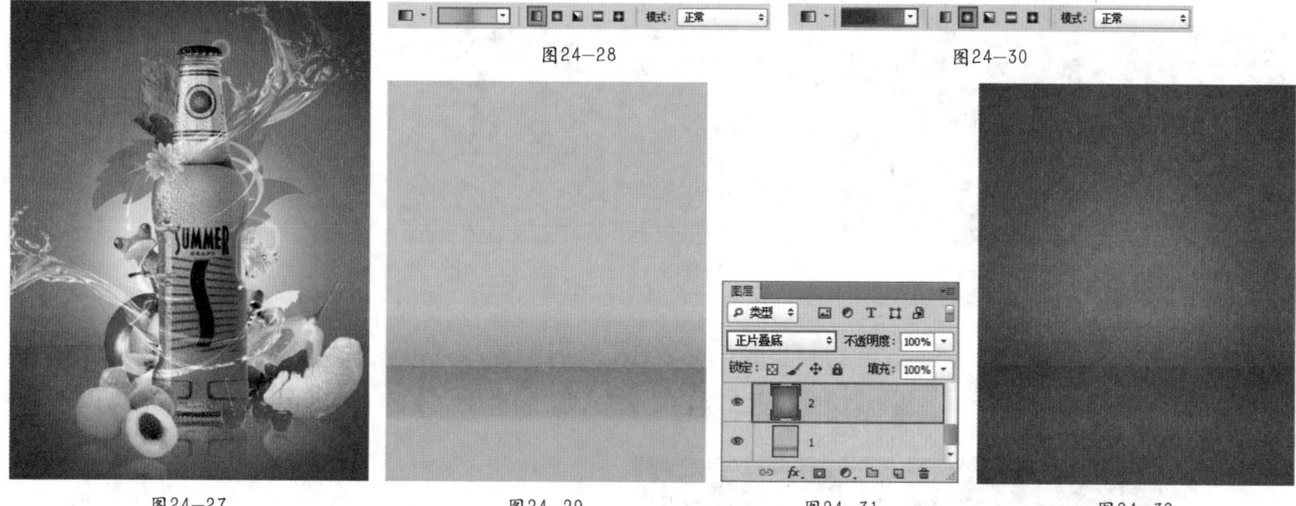

图24—27　图24—28　图24—29　图24—30　图24—31　图24—32

03 新建文件，使用画笔工具设置前景色为淡黄色，在画面中单击鼠标右键，选择一个圆形柔角画笔，设置画笔“大小”为“1200像素”，“硬度”为0%。在画面中心绘制圆形，如图24-33所示。导入素材“1.png”置于画面中合适的位置，如图24-34所示。

04 导入瓶子素材“2.png”，置于画面中合适的位置，如图24-35所示。复制瓶子素材，置于原图层底部，按Ctrl+T快捷键对其执行“自由变换”命令，将中心点移至如图24-36所示的位置，单击鼠标右键，在弹出的快捷菜单中执行“垂直翻转”命令，如图24-37所示。

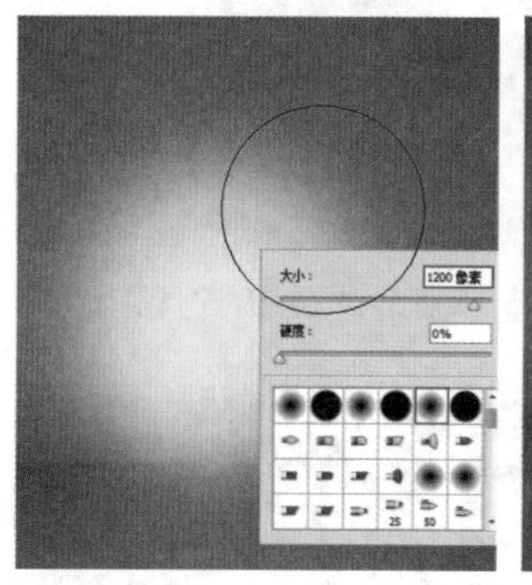

图24—33

图24—34

图24—35

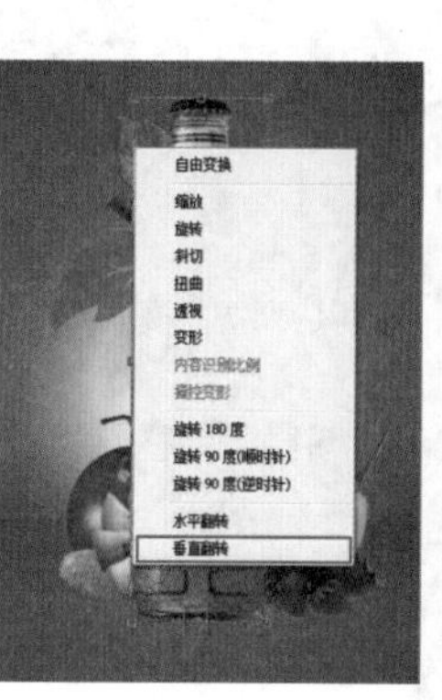

图24—36

图24—37

思维点拨

本案例使用了大量的橙色。橙色是介于红色和黄色之间的混合色，又称橘黄或橘色，因其具有明亮、华丽、健康、兴奋、温暖、欢乐、辉煌以及容易动人的色感。

05 选中瓶子倒影图层，单击“图层”面板底部的“添加图层蒙版”按钮为其添加图层蒙版，使用黑色柔角画笔在蒙版中绘制底部的区域，并设置该图层的“不透明度”为60%，如图24-38和图24-39所示。

06 对饮料中央区域进行提亮，执行“图层>新建调整图层>色相/饱和度”命令，在“图层”面板顶部创建调整图层，设置“色相”为21，如图24-40所示。使用黑色填充蒙版，并使用白色画笔在瓶子上半部分进行涂抹，选中调整图层，单击鼠标右键，在弹出的快捷菜单中执行“创建剪贴蒙版”命令，如图24-41所示。此时可以看到瓶子中央被提亮，使饮料产生通透的效果。效果如图24-42所示。

图24-38

图24-39

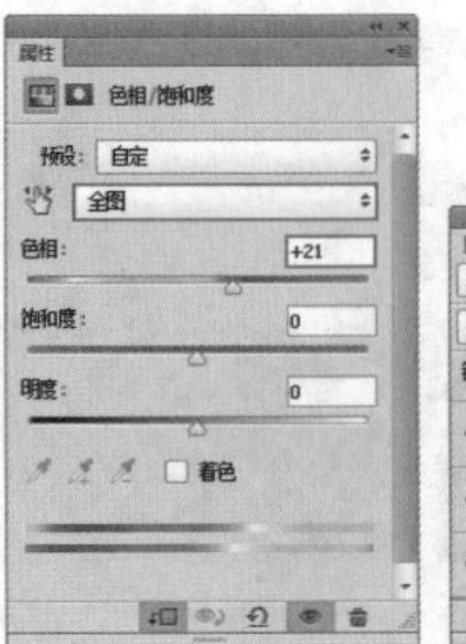

图24-40

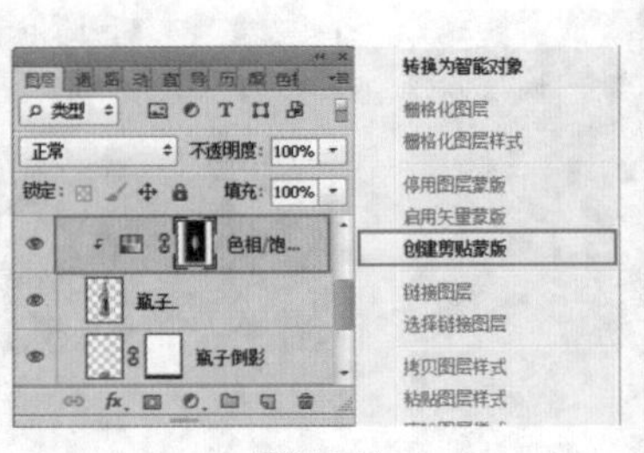

图24-41

图24-42

07 导入水素材“3.jpg”，将其置于画面中合适位置，设置其“混合模式”为“滤色”，如图24-43所示。效果如图24-44所示。

08 导入橘子素材“4.png”，将其置于画面中合适的位置，如图24-45所示。下面需要制作橘子的倒影，复制“橘子”图层，执行“自由变换”命令，制作橘子的倒影部分，单击“图层”面板底部的“添加图层蒙版”按钮，为其添加图层蒙版，使用黑色画笔在蒙版中绘制底部区域，设置其“不透明度”为47%，如图24-46所示。效果如图24-47所示。

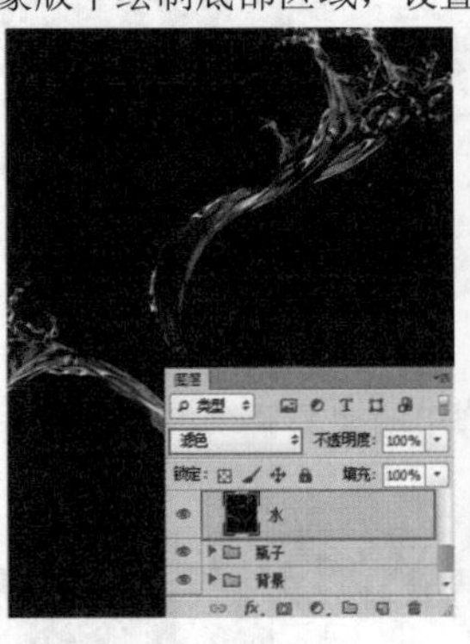

图24-43

图24-44

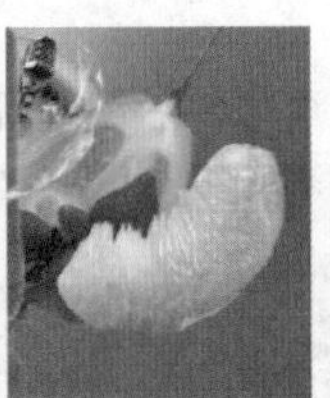

图24-45

图24-46

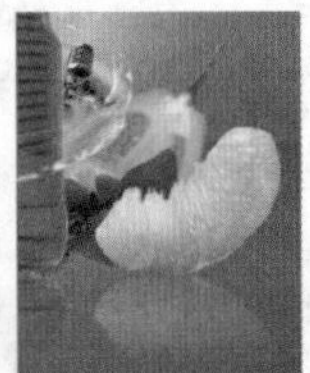

图24-47

09 导入其余水果素材文件“5.png”，同样方法制作其他的水果及其倒影，如图24-48所示。导入光效素材“6.png”，将其置于画面中合适的位置，设置其“混合模式”为“叠加”，如图24-49所示。效果如图24-50所示。

10 新建图层，设置前景色为深红色，使用较大的圆形柔角画笔在四角处绘制，如图24-51所示。执行“图层>新建调整图层>曲线”命令，创建曲线调整图层，调整曲线形状。最终效果如图24-52所示。

图24-48

图24-49

图24-50

图24-51

图24-52

24.3 绚丽汽车创意合成

案例文件	案例文件\第24章\绚丽汽车创意合成.psd
视频教学	视频文件\第24章\绚丽汽车创意合成.flv
难易指数	★★★★★
技术要点	快速选择工具、钢笔工具、通道抠图、调色命令、锐化操作、加深减淡

案例效果

本案例的重点在于对汽车素材的处理，很多时候在制作产品广告之前都需要进行产品素材的获取，而通常情况下都是进行拍摄。而拍摄的照片经常会出现由于各种原因而造成的缺陷，在Photoshop中可以进行很好地处理。本案例在对汽车表面明显瑕疵的修缮之后开始处理汽车色调，并且将汽车从背景中抠出，结合不同的方法打造汽车独有的金属感。最后为画面添加装饰素材。在本案例中还讲解了3种不同的抠图方法，分别使用了魔棒工具、钢笔工具和通道进行抠图，如图24-53所示。

图24—53

操作步骤

01 打开背景素材“1.jpg”，如图24-54所示。首先将汽车素材导入“2.jpg”文件中，如图24-55所示。然后将汽车从背景中抠出并调整颜色。

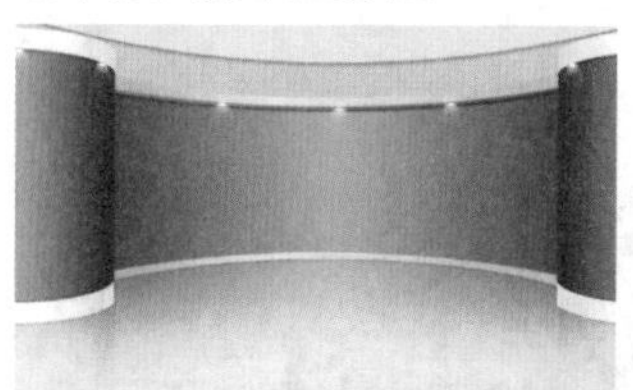

图24—54

图24—55

02 选择“汽车”图层，继续单击工具箱中的“魔术橡皮擦工具”按钮，在选项栏中设置“容差”为30，选中“消除锯齿”和“连续”复选框。继续在汽车白色的背景位置单击，可以看见汽车的白色背景被去除了，如图24-56所示。使用同样方法，将后备箱支架处的白色背景去除，如图24-57所示。

图24—56

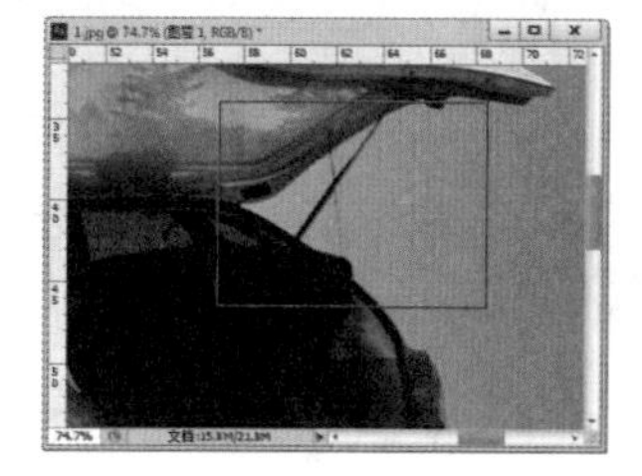

图24—57

03 此时车窗上还有树木的投影，下面通过模糊处理，将车窗上的投影去除。选择“汽车”图层，使用快捷键Ctrl+J复制该图层，并将复制后的图层命名为“表面模糊”，如图24-58所示。

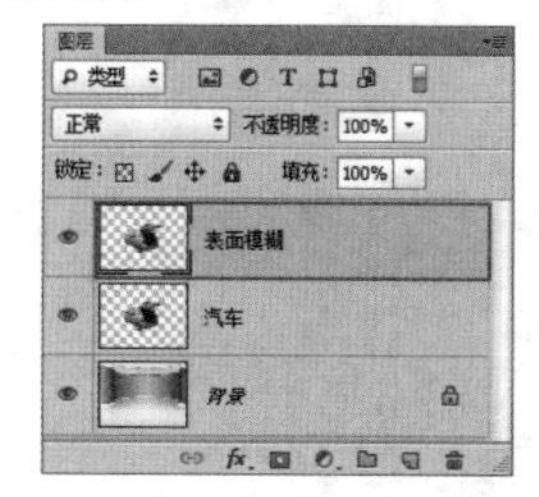

图24—58

04 选择“表面模糊”图层，执行“滤镜>模糊>表面模糊”命令，在弹出的“表面模糊”对话框中设置“半径”为35像素，“阈值”为15色阶，单击“确定”按钮，如图24-59所示。画面效果如图24-60所示。

图24—59

图24—60

05 为该图层添加图层蒙版，将车身处的模糊效果在蒙版中部分去除。选择“表面模糊”图层，继续单击“图层”面板底部的“添加图层蒙版”按钮，为该图层添加图层蒙版，如图24-61所示。将前景色设置为黑色，然后单击工具箱中的“画笔工具”按钮。继续单击选项栏中的倒三角按钮，在画笔选取器中选择一个柔角画笔，设置“大小”为150像素，“硬度”为0%。继续设置“不透明度”为65%，如图24-62所示。

图24—61

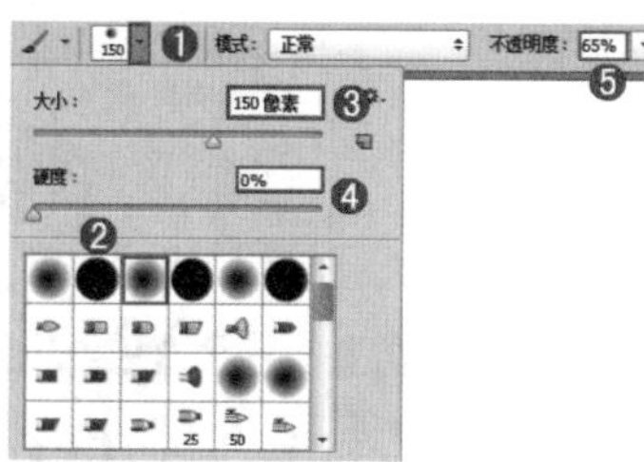

图24—62

06 画笔设置完成后，单击蒙版缩览图，进入蒙版编辑状态。在车轮、后备箱等处进行涂抹，随着涂抹可以看见模糊的效果被部分隐藏了，如图24-63所示。

07 由于当前汽车颜色发灰，下面需要为汽车进行调色，首先需要降低画面的饱和度。执行“图层>新建调整图层>自然饱和度”命令，在“自然饱和度”属性面板中设置“饱和度”为-100。继续单击“属性”面板底部的“创建剪贴蒙版”按钮，使效果只针对“表面模糊”图层起作用，如图24-64所示。画面效果如图24-65所示。

08 此时车灯因为降低了饱和度导致变灰，在这里使用调整图层的蒙版将车灯颜色还原。使用黑色柔角画笔在调整图层的蒙版中进行涂抹，还原车灯的颜色，如图24-66所示。

图24—63

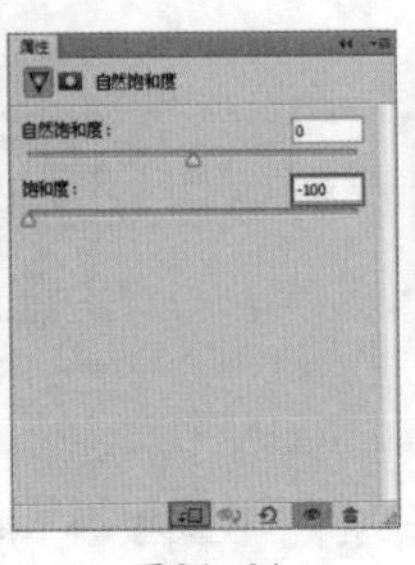
图24—64

图24—65

图24—66

09 因为背景的颜色为蓝色，所以车身受环境色影响反射的颜色也应该是蓝色，下面为车身添加环境色。执行“图层>新建调整图层>照片滤镜”命令，新建“照片滤镜”调整图层。在“照片滤镜”属性面板中，设置“颜色”为青色，“浓度”为5%，单击“创建剪贴蒙版”按钮，如图24-67所示。画面效果如图24-68所示。

10 车窗受环境色的影响应该比车身处更强烈些，所以要再添加一个“照片滤镜”调整图层。执行“图层>新建调整图层>照片滤镜”命令，在“照片滤镜”属性面板中，设置“颜色”为青色，“浓度”为10%，单击“创建剪贴蒙版”按钮，如图24-69所示。画面效果如图24-70所示。

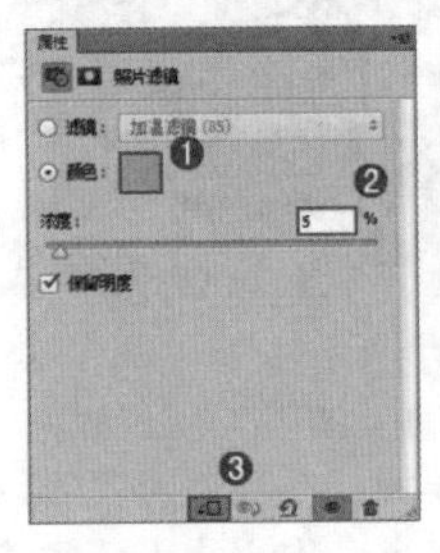
图24—67

图24—68

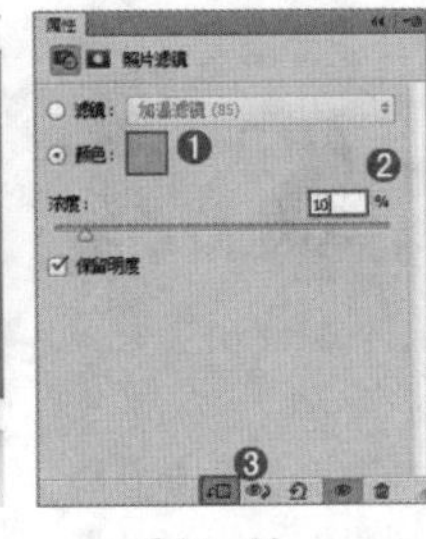
图24—69

图24—70

11 处理后备箱处的玻璃。新建图层，单击工具箱中的“钢笔工具”按钮，在选项栏中设置绘制模式为“路径”，因为所要得到的选区分布在不同位置，在选项栏中设置路径运算为“合并形状”，如图24-71所示。设置完成后，沿着窗户的拐角处绘制路径，如图24-72所示。

12 为汽车添加图层蒙版，然后使用快捷键Ctrl+Enter得到选区，如图24-73所示。选中汽车图层的蒙版，将前景色设置为灰色，使用前景色填充快捷键Alt+Delete将选区填充为灰色，此时汽车车窗处变为半透明效果，如图24-74所示。

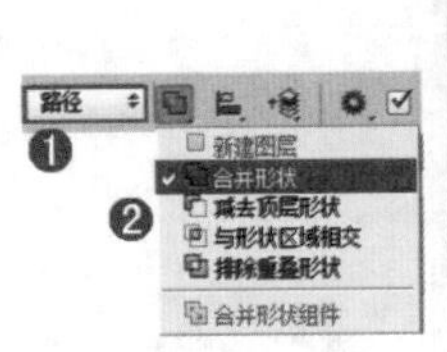

图24—71

图24—72

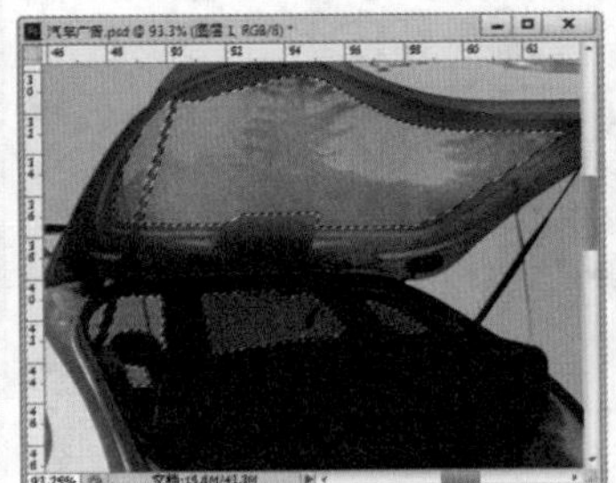

图24—73

图24—74

13 强化车身的金属感，先将其锐化处理。将背景图层隐藏，使用盖印组合键Ctrl+Alt+E将选中的图层合并到独立图层，并将得到的图层命名为“汽车合并”，如图24-75所示。这时就可以将之前处理汽车的图层隐藏了。选中“汽车合并”图层，执行“滤镜>锐化>智能锐化”命令，在弹出的“智能锐化”对话框中，设置“数量”为40%，“半径”为5像素，“移去”为“高斯模糊”，如图24-76所示。

14 经过锐化处理，车身的金属感增强了，下面通过使用“加深”、“减淡”工具增加车身的立体感。单击工具箱中的“加深工具”按钮，在选项栏中设置笔尖为90像素的柔角画笔，设置“范围”为“阴影”，“曝光度”为10%，设置完成后在车轮、后备箱的边框等处进行加深处理，如图24-77所示。

图24—75

图24—76

图24—77

15 进行减淡处理。单击工具箱中的“减淡工具”按钮，在选项栏中设置笔尖为150像素的柔角画笔，设置“范围”为“中间调”，“曝光度”为20%，设置完成后在车身的高光处进行减淡处理，如图24-78所示。

16 为整部汽车进行整体的亮度调整。执行“图层>新建调整图层>曲线”命令，新建一个曲线调整图层。在“曲线”属性面板中调整曲线形状，如图24-79所示。画面效果如图24-80所示。

图24—78

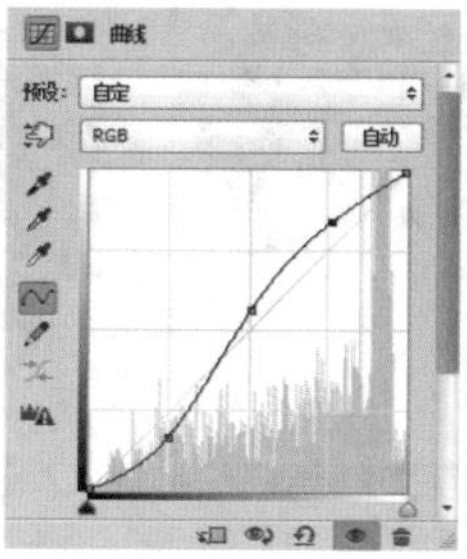

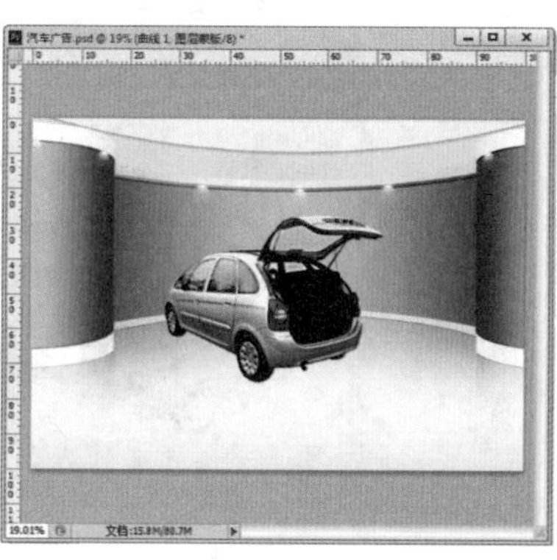

图24—79

图24—80

17 继续新建一个曲线调整图层。调整曲线形状，如图24-81所示。下面让两个调整图层都为汽车创建剪贴蒙版，效果如图24-82所示。

18 将调整完成的汽车移动到画面中合适位置，在“汽车合并”图层的下一层新建图层。使用画笔工具降低画笔的不透明度绘制车的投影，汽车部分制作完成，如图24-83所示。

19 将草地素材“3.jpg”导入到文件中并将其摆放至合适位置，如图24-84所示。设置草地图层的“混合模式”为“滤色”，为草地添加图层蒙版，将混合模式没有隐藏的像素在图层蒙版中隐藏。效果如图24-85所示。

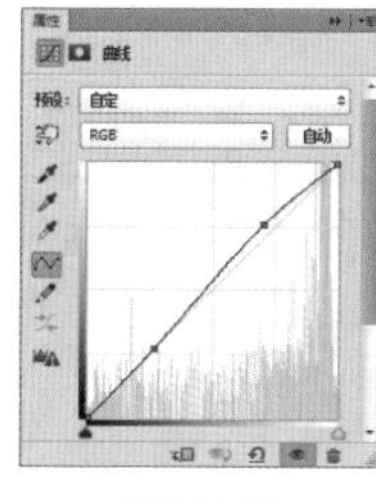

图24—81

图24—82

图24—83

图24—84

图24—85

20 选择“草地”图层，使用快捷键Ctrl+J复制该图层，得到“草地副本”图层。将该图层的“混合模式”设置为“颜色”，如图24-86所示。选择“草地副本”图层，使用快捷键Ctrl+U调出“色相/饱和度”对话框，设置“色相”为-10，设置完成后单击“确定”按钮，如图24-87所示。画面效果如图24-88所示。

21 使用同样的方法制作树木装饰部分，如图24-89所示。将素材“5.png”导入文件中并摆放至合适位置，如图24-90所示。

图24-86

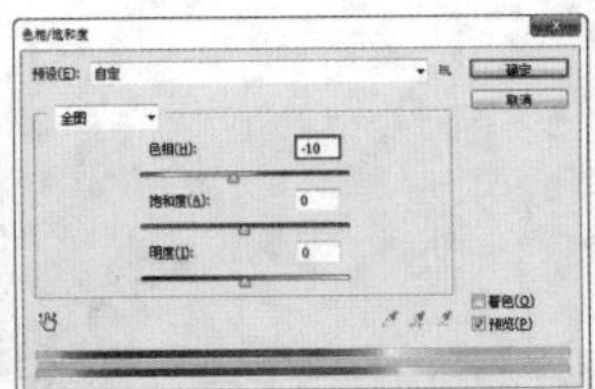

图24-87

图24-88

图24-89

图24-90

技巧提示

素材“5.png”看似复杂，其实都是素材的堆积。只有“公路”的制作稍有难度。在这里简单介绍一下“公路”的制作方法。

01使用钢笔工具设置绘制模式为“形状”，在选项栏中设置“填充”为“渐变”，并编辑一个稍深的灰色系渐变。然后在画布中绘制出公路的轮廓，如图24-91所示。轮廓绘制完成后，将这个形状图层复制，在使用钢笔工具或形状工具的状态下，在选项栏中的“填充”选项中重新编辑一个稍浅一些的灰色系渐变，编辑完成后，并将其向左上轻移，效果如图24-92所示，这时公路就出现了厚度感。

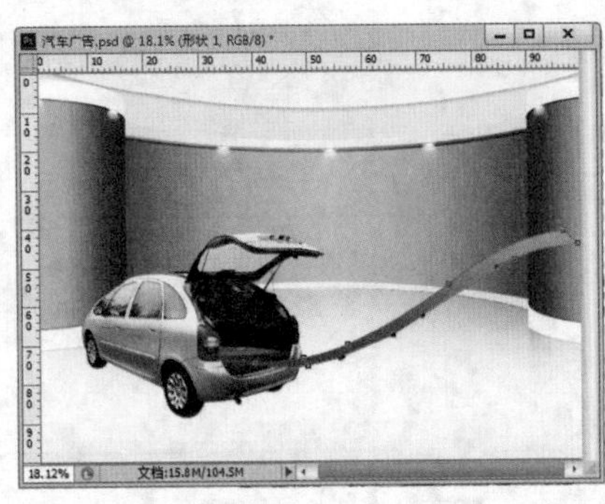

图24-91

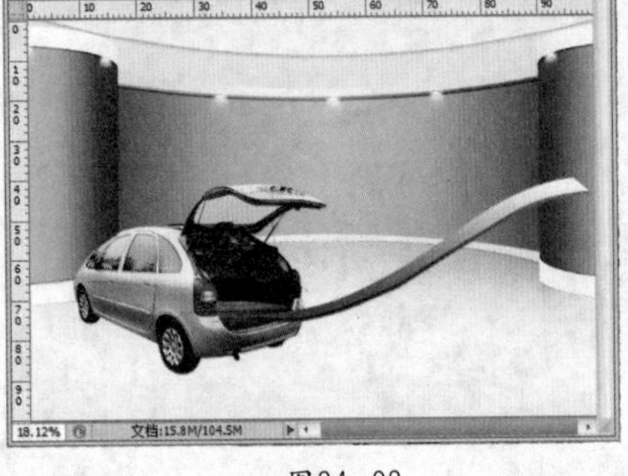

图24-92

02单击工具箱中的“钢笔工具”按钮，设置绘制模式为“形状”，“填充”为“无”，“描边”为白色，“描边宽度”为6点，描边类型为“虚线”，设置完成后，沿着公路的走向绘制路径，绘制完成后按Esc键结束开放路径的操作，如图24-93所示。使用同样的方法制作另一条公路，如图24-94所示。

图24-93

图24-94

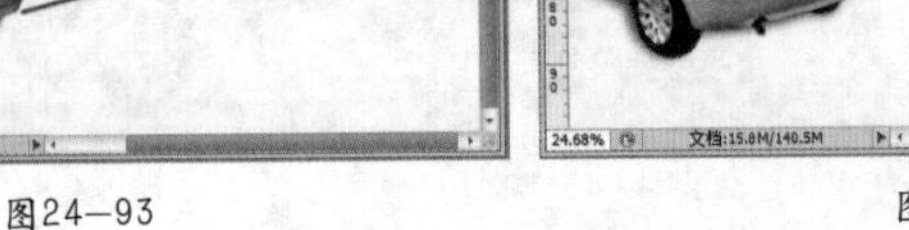

22将云朵素材“6.jpg”在独立文件中打开。下面将使用通道进行云朵的抠图，进入“通道”面板，观察各个通道的信息情况。可以发现“红” 通道中的黑白对比强烈，先将“红” 通道进行复制，如图24-95所示。选择“红”通道，使用快捷键Ctrl+L调出“色阶”对话框，在该对话框中将黑色滑块和白色滑块向中间移动，如图24-96所示。画面效果如图24-97所示。

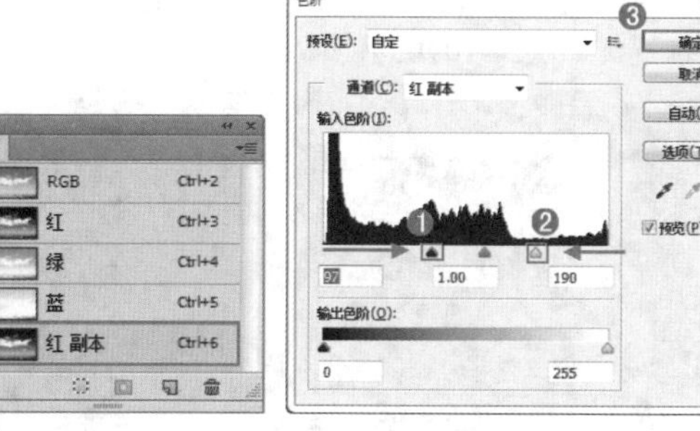

图24—95　　图24—96

图24—97

23 此时画面中除了云朵所在范围为白色以外还有一条白色的区域。在这里使用黑色的画笔将其涂为黑色，如图24-98所示。按住Ctrl键单击通道缩览图，得到白色区域的选区。回到“图层”面板，可以看见云朵的部分被选中，如图24-99所示。

24 使用快捷键Ctrl+C复制选区中的内容。回到“创意汽车广告”文件中，使用粘贴快捷键Ctrl+V将其粘贴。使用自由变换快捷键Ctrl+T调出定界框，将其适当缩放并旋转移动到合适位置，如图24-100所示。

图24—98

图24—99

图24—100

25 导入装饰素材“8.png”，继续导入“气泡”素材“7.jpg”，设置该图层的混合模式为“滤色”，如图24-101所示。画面效果如图24-102所示。

26 最后提高画面饱和度。执行“图层>新建调整图层>自然饱和度”命令，新建一个“自然饱和度”调整图层。在“自然饱和度”属性面板中设置“自然饱和度”为100，如图24-103所示。画面效果如图24-104所示。本案例制作完成。

图24—101

图24—102

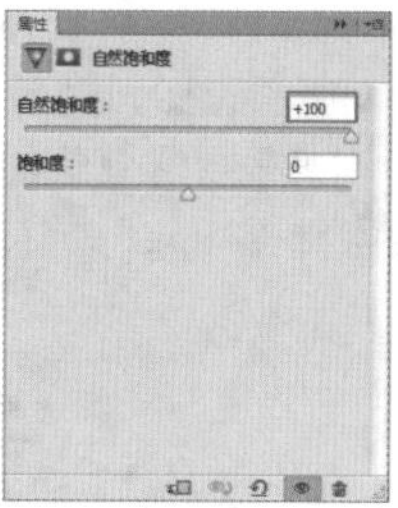

图24—103

图24—104

24.4 小提琴的奇幻世界

案例文件	案例文件\第24章\小提琴的奇幻世界.psd
视频教学	视频文件\第24章\小提琴的奇幻世界.flv
难易指数	★★★★★
技术要点	图层样式、图层蒙版、调色命令

案例效果

本案例主要应用到图层样式、图层蒙版、调色命令等工具制作奇幻世界中的小提琴，如图24-105所示。

操作步骤

01 使用新建快捷键Ctrl+N创建空白文件，单击工具箱中的“渐变工具”按钮，继续单击选项栏中的“渐变色条”，在弹出的“渐变编辑器”窗口中编辑一个蓝色系渐变，如图24-106所示。渐变编辑完成后，单击“确定”按钮。设置该渐变类型为“线性渐变”。设置完成后在画布中拖曳进行填充，如图24-107所示。

图24—105

02 将云朵素材“1.png”导入到文件中，如图24-108所示。选择“云朵”图层，使用快捷键Ctr+J将该图层进行复制，得到“云朵副本”图层，将复制得到的“云朵”向右移动到合适位置，如图24-109所示。

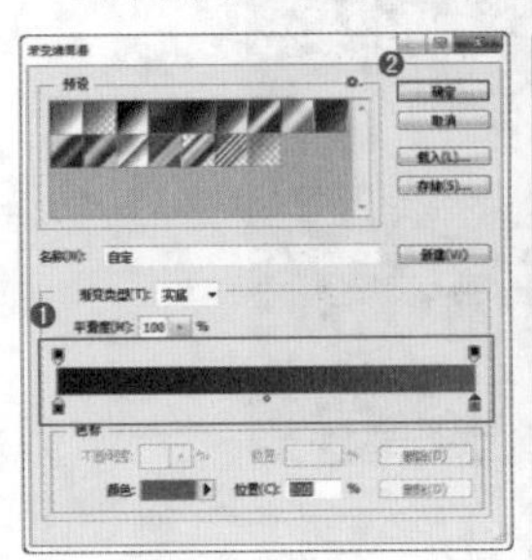
图24-106

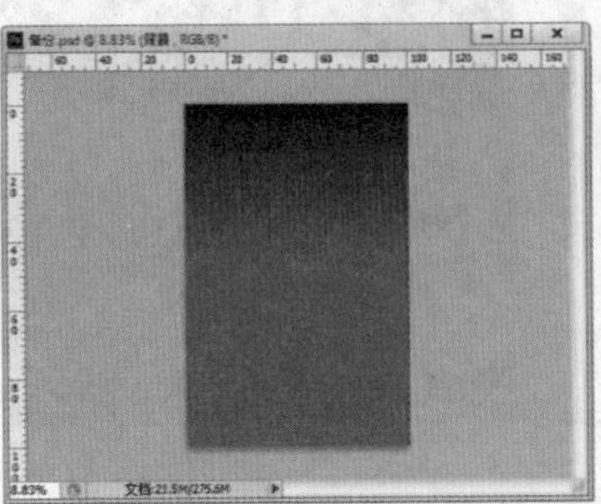
图24-107

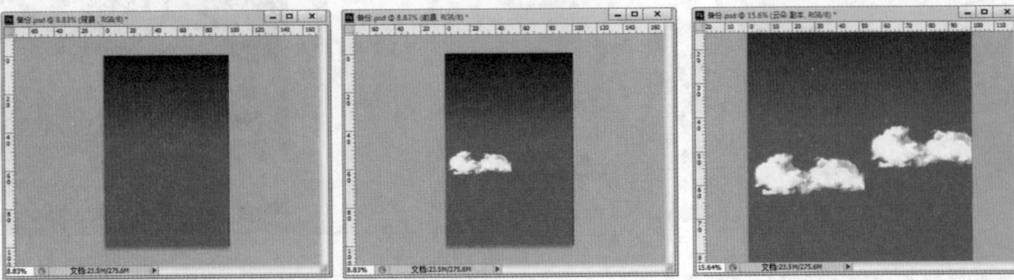
图24-108

图24-109

03 选择“云朵副本”图层，设置该图层的“不透明度”为50%，如图24-110所示。效果如图24-111所示。

04 使用同样的方法将星光素材“2.png”导入到文件中，移动、复制并更改合适的“不透明度”，如图24-112所示。将雪山素材“3.jpg”导入文件中，放置在画布中间的位置，如图24-113所示。

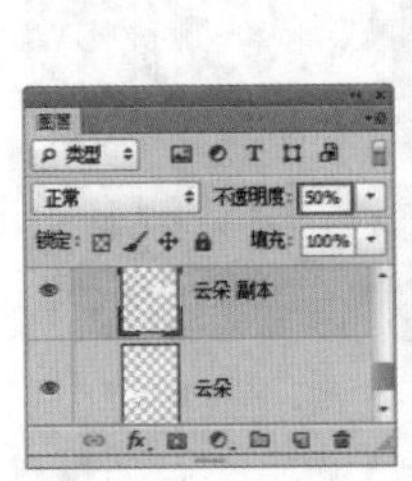
图24-110

图24-111

图24-112

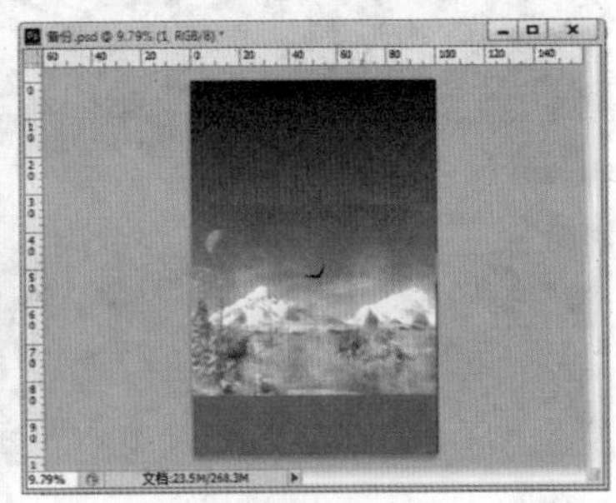
图24-113

05 使用图层蒙版将“雪山”合成到画面中。单击选择“雪山”图层，继续单击“图层”面板底部的“添加图层蒙版”按钮，为该图层添加图层蒙版，如图24-114所示。单击工具箱中的“画笔工具”按钮，继续单击选项栏中的倒三角按钮，在弹出的画笔选取器中选择一个柔角画笔，设置“大小”为700像素。继续在选项栏中设置“不透明度”为45%，如图24-115所示。

06 画笔设置完成后，单击“雪山”图层的蒙版缩览图，进入蒙版编辑状态。使用画笔在蒙版中进行涂抹，将雪山以外的部分在蒙版中进行隐藏，因为“雪山”图像中本来呈现雾蒙蒙的感觉，所以可以适当地将画笔的不透明度降低，将雾蒙蒙的效果有所保留。效果如图24-116所示。将土地素材“4.jpg”导入到文件中，使用同样的方法为“土地”图层添加图层蒙版，将其合成到画面中。效果如图24-117所示。

图24-114

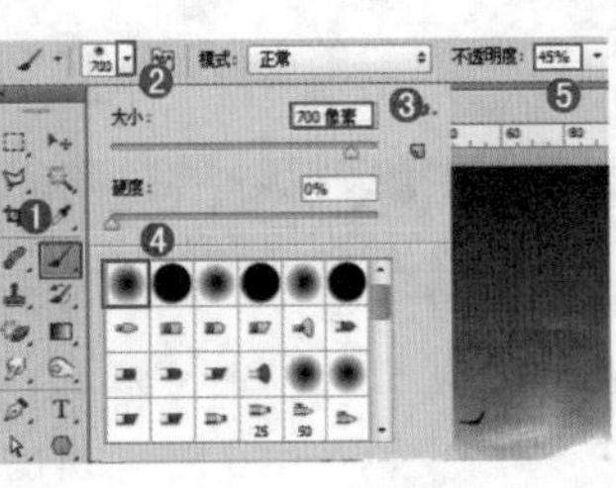
图24-115

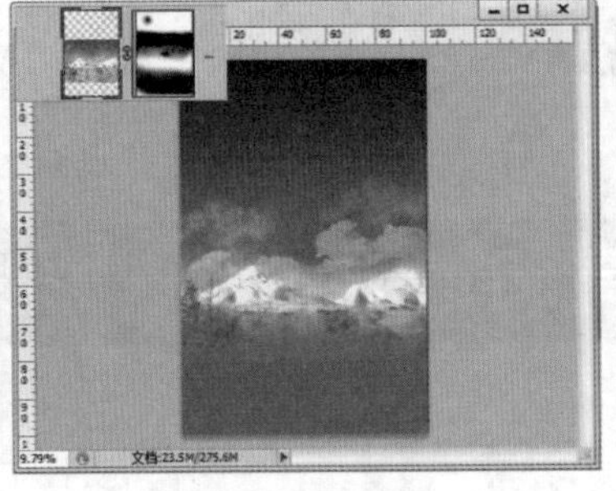
图24-116

图24-117

07 此时的“土地”颜色还有些暗，下面提高“土地”的亮度。选择“土地”图层，执行“图层>新建调整图层>曲线”命令，新建一个“曲线” 调整图层。在“曲线”属性面板中调整曲线形状，调整完成后单击“属性”面板底部的“创建剪贴蒙版”按钮，使其调色效果只针对“土地”图层，如图24-118所示。效果如图24-119所示。

08 将雕塑素材“5.jpg”导入到文件中，并适当旋转后摆放至合适位置，如图24-120所示。下面使用快速选择工具配合图层蒙版进行抠图。单击工具箱中的“快速选择工具”按钮，设置合适的笔尖大小，在雕塑上方拖曳鼠标得到雕塑的选区，如图24-121所示。

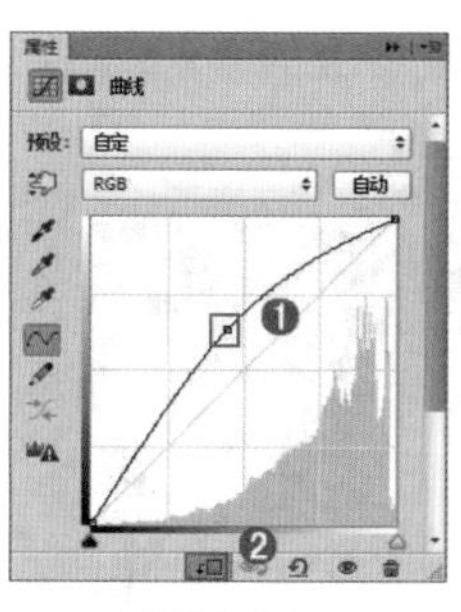
图24—118

图24—119

图24—120

图24—121

09 得到雕塑的选区后，选择该图层，继续单击“添加图层蒙版”按钮，基于选区为“雕塑”图层添加图层蒙版，此时雕塑的背景在蒙版中被隐藏，如图24-122所示。

10 提亮雕塑颜色。选择雕塑图层，执行“图层>新建调整图层>可选颜色”命令，新建一个“可选颜色调整图层”。在“可选颜色”属性面板中设置“颜色”为“中性色”，“青色”为-50%，“洋红”为-40%，“黄色”为-50%，“黑色”为-40%，设置完成后单击“属性”面板底部的“创建剪贴蒙版”按钮，参数设置如图24-123所示。效果如图24-124所示。

图24—122

图24—123

图24—124

11 将“雕塑”图层与“可选颜色调整”图层进行加选，使用“盖印”组合键Ctrl+Alt+E将所选择的图层合并到独立图层。将得到的副本图层进行移动并缩放，将其摆放在画布的左侧，如图24-125所示。选择该图层执行“编辑>变换>水平翻转”命令，将雕塑水平翻转。效果如图24-126所示。

12 使用同样的方法制作其他雕塑部分，如图24-127所示。

图24—125

图24—126

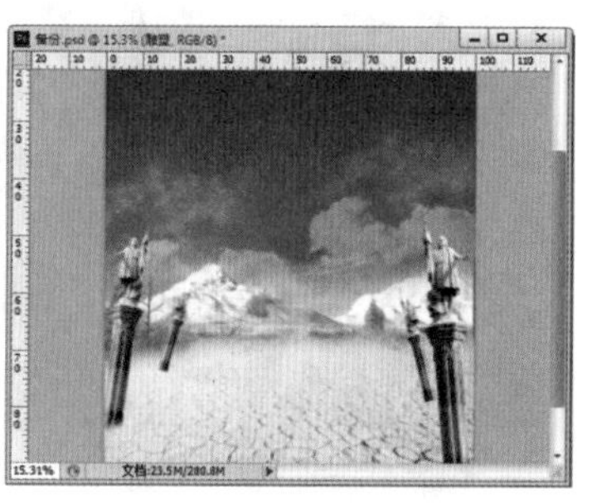
图24—127

13 为雕塑添加光斑效果。新建图层，并命名该图层为“光斑”。单击工具箱中的“椭圆工具”按钮，在选项栏中设置绘制模式为“形状”，“填充”为淡黄色，“描边”为无。设置完成后，在雕塑的上方绘制椭圆形状，如图24-128所示。

14 为该形状图层添加图层样式，让其“亮起来”。选择该形状图层，执行“图层>图层样式>内发光”命令，设置“混合模式”为“正常”，“不透明度”为75%，颜色为淡青色，设置“方法”为“柔和”，“源”为“边缘”，“大小”为15像素，如图24-129所示。选中“外发光”复选框，设置“混合模式”为“滤色”，“不透明度”为100%，发光颜色为淡青色，设置“方法”为“柔和”，“扩展”为9%，“大小”为95像素，如图24-130所示。效果如图24-131所示。

图24—128

15 将该椭圆形状图层进行复制，移动到相应位置。因为“近实远虚、近大远小”的原因，可以将摆放在远处的光斑缩小并降低图层的“填充”为80%，如图24-132所示。效果如图24-133所示。

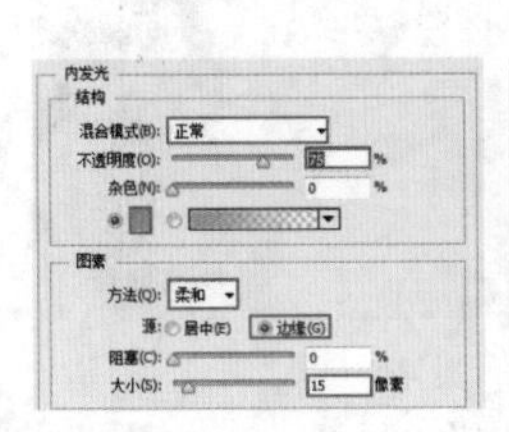
图24—129

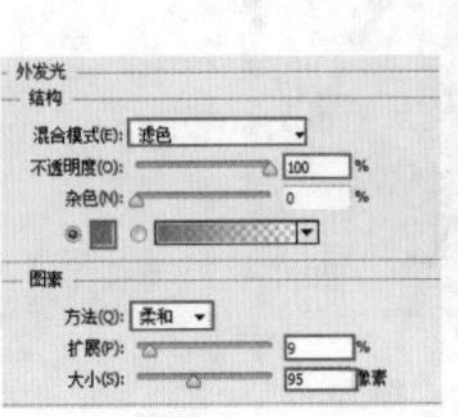
图24—130

图24—131

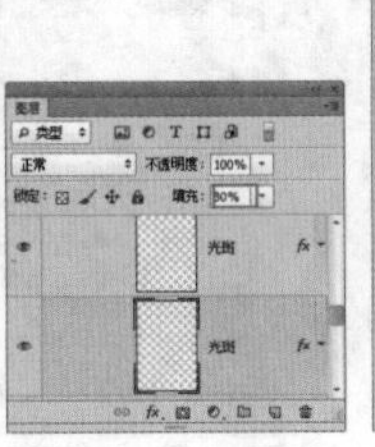
图24—132

图24—133

16 将马素材“5.jpg”导入文件中，摆放至合适位置，如图24-134所示。使用图层蒙版进行抠图，并为其添加投影效果，如图24-135所示。

17 将素材“7.png”导入文件中，设置该图层的“不透明度”为30%，如图24-136所示。效果如图24-137所示。

图24—134

图24—135

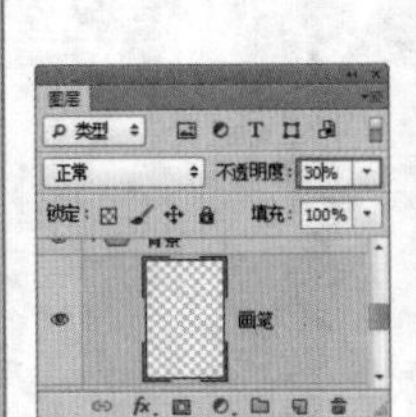
图24—136

图24—137

18 将小提琴素材“8.png”导入文件中，放置在画布的合适位置，如图24-138所示。下面制作小提琴的光泽感。因为光源的关系，小提琴的右侧应该为高光部分，左侧为阴影部分。执行“图层>新建调整图层>曲线”命令，新建一个“曲线” 调整图层。在“曲线”属性面板中调整曲线形状，调整完成后单击“创建剪贴蒙版”按钮，使调色效果只针对小提琴图层，而不影响其他图层，如图24-139所示。画面效果如图24-140所示。

图24—138

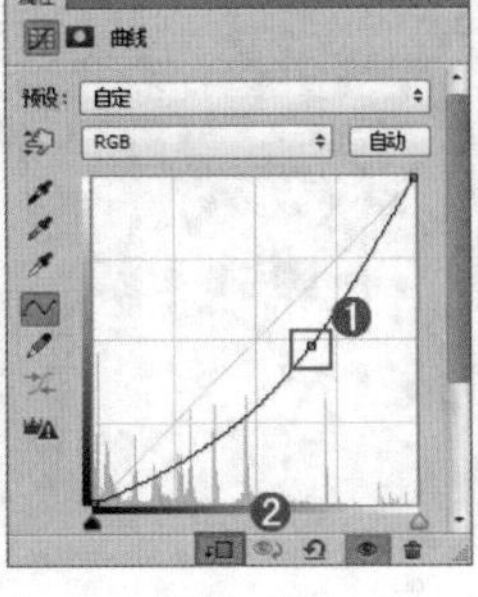
图24—139

图24—140

19 在蒙版中将部分调色效果隐藏。单击该调整图层蒙版缩览图，编辑一个黑白色系的线性渐变，在蒙版中进行拖曳填充，如图24-141所示。效果如图24-142所示。

20 调整小提琴高光部分。再次建立一个“曲线” 调整图层，在“曲线”属性面板中调整曲线形状并单击“创建剪贴蒙版”按钮，如图24-143所示。效果如图24-144所示。

21 继续在曲线调整图层蒙版中将阴影处的效果隐藏。单击选择该调整图层蒙版，使用黑白色系的线性渐变在蒙版中进行拖曳填充，如图24-145所示。效果如图24-146所示。

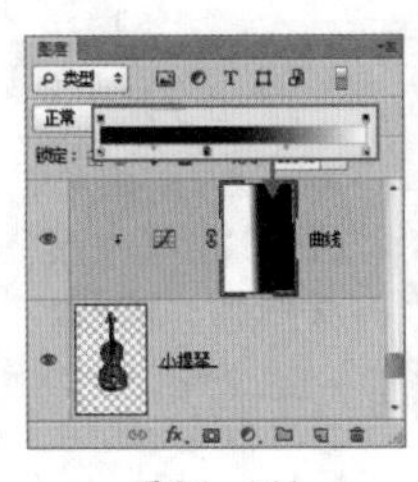
图24—141

图24—142

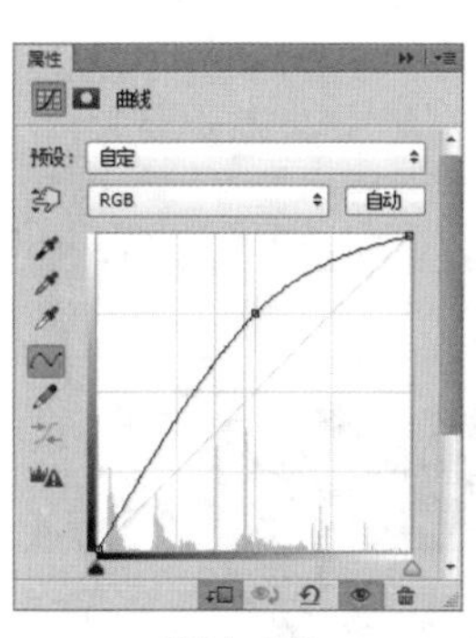
图24—143

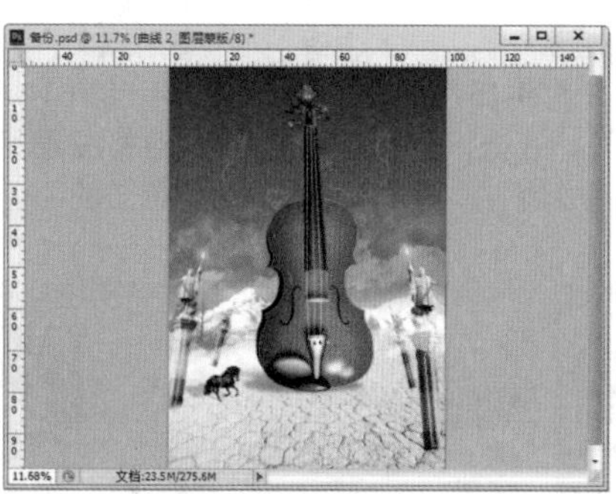
图24—144

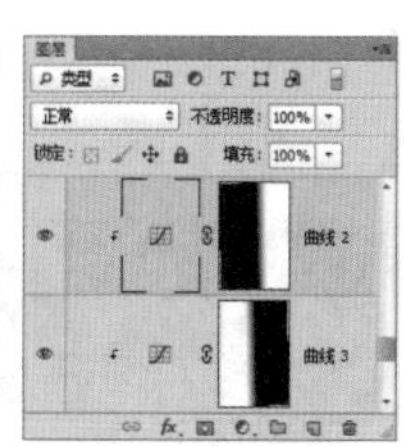
图24—145

图24—146

22 制作小提琴上的高光。新建图层并命名为“高光”。单击工具箱中的“套索工具”按钮，沿着小提琴右侧边缘绘制选区，如图24-147所示。使用羽化选区快捷键Ctrl+F6打开“羽化选区”对话框，在该对话框中设置“羽化半径”为50像素，单击“确定”按钮，如图24-148所示。羽化后的选区如图24-149所示。

图24—147

图24—148

图24—149

23 将前景色设置为白色并进行填充，如图24-150所示。设置该图层的“不透明度”为80%，如图24-151所示。效果如图24-152所示。

图24—150

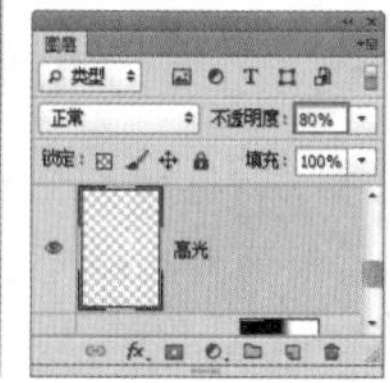
图24—151

图24—152

24 装饰小提琴。将藤蔓素材“9.png”导入到文件中，如图24-153所示。接下来制作藤蔓的投影。将“藤蔓”图层进行复制，得到“藤蔓副本”图层。下面针对“藤蔓”图层制作投影。载入“藤蔓”图层选区，并填充深灰色。使用移动工具将“投影”向左下移动，如图24-154所示。

25 设置藤蔓阴影的混合模式为“正片叠底”，如图24-155所示。效果如图24-156所示。

图24—153

图24—154

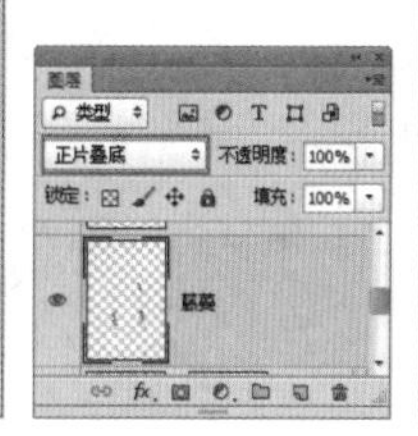
图24—155

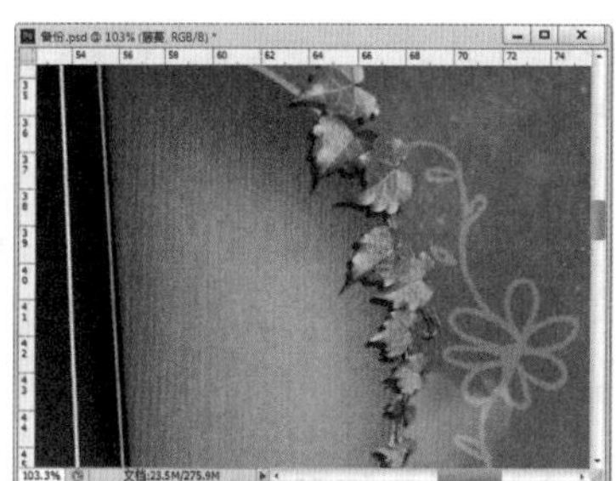
图24—156

26 为了让投影更加真实，可以使用"高斯模糊"滤镜进行处理。执行"滤镜>模糊>高斯模糊"命令，在弹出的"高斯模糊"对话框中设置"半径"为1.0像素，单击"确定"按钮，如图24-157所示。效果如图24-158所示。

27 将藤蔓颜色调亮。执行"图层>新建调整图层>可选颜色"命令，在"可选颜色"调整图层属性面板中设置"颜色"为"绿色"，"青色"为-30%，"洋红"为30%，设置完成后，单击"属性"面板底部的"创建剪切蒙版"按钮，如图24-159所示。效果如图24-160所示。

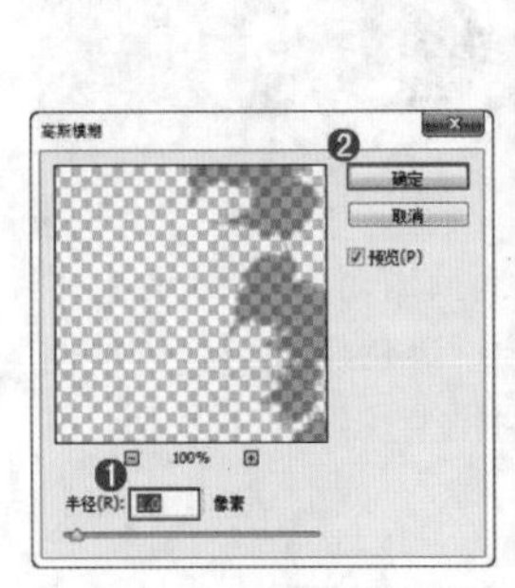

图24-157

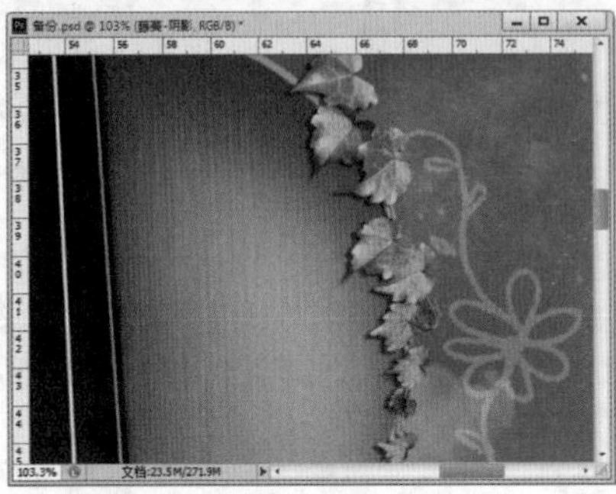

图24-158

图24-159

图24-160

28 将油漆素材"10.jpg"导入文件中，放置在合适位置后使用蒙版进行抠图，如图24-161所示。接着为油漆调色，将红色油漆变为和小提琴一样的颜色。选择油漆图层，执行"图层>新建调整图层>可选颜色"命令，在"可选颜色"属性面板中设置"颜色"为"红色"，"洋红"为-45%，如图24-162所示。继续设置"颜色"为"中性色"，"洋红"为30%，"黄色"为50%，设置完成后单击"创建剪贴蒙版"按钮，如图24-163所示。效果如图24-164所示。

图24-161

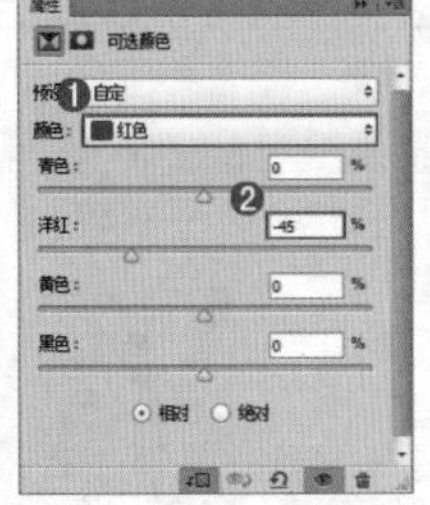

图24-162

图24-163

图24-164

29 使用同样的方法制作另一侧油漆，效果如图24-165所示。

30 制作白雾效果。新建图层，命名为"白雾"。先将前景色设置为白色，单击工具箱中的"画笔工具"按钮，在画笔选取器中选择一个柔角画笔，设置合适的笔尖大小，设置"不透明度"为45%，设置完成后在画布中进行绘制，在绘制过程中应该避开小提琴的位置，为了增加白雾的层次感，可以适当地更改画笔的"不透明度"和笔尖大小，如图24-166所示。将素材"11.png"导入文件中，如图24-167所示。

31 增加整个画面的"自然饱和度"，执行"图层>新建调整图层>自然饱和度"命令，在"自然饱和度"属性面板中设置"自然饱和度"为100%，如图24-168所示。画面效果如图24-169所示。本案例制作完成。

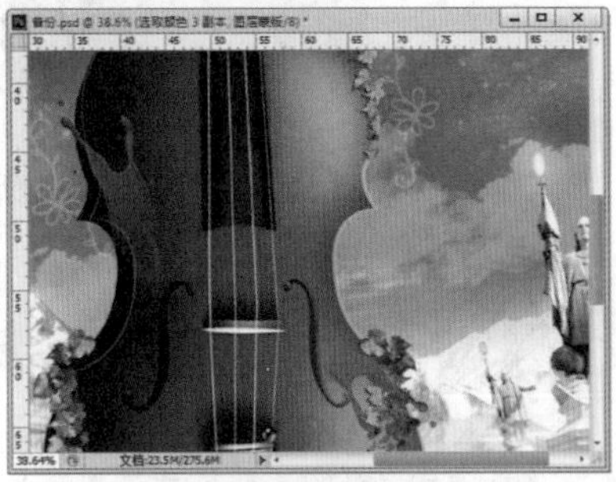

图24-165

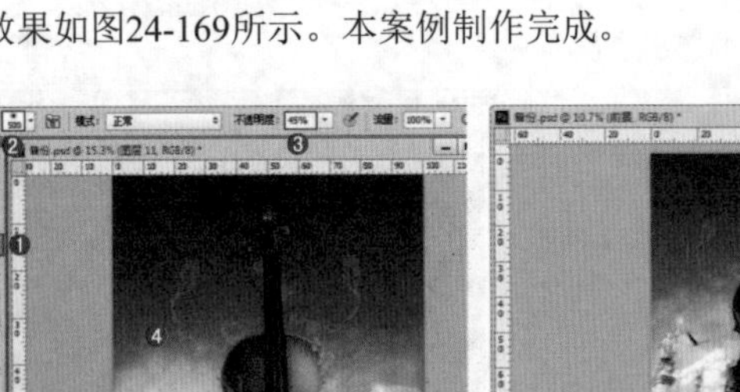

图24-166

图24-167

图24-168

图24-169

Photoshop常用快捷键速查

工具快捷键

工具	快捷键
移动工具	V
矩形选框工具	M
椭圆选框工具	M
套索工具	L
多边形套索工具	L
磁性套索工具	L
快速选择工具	W
魔棒工具	W
吸管工具	I
颜色取样器工具	I
标尺工具	I
注释工具	I
裁剪工具	C
透视裁剪工具	C
切片工具	C
切片选择工具	C
污点修复画笔工具	J
修复画笔工具	J
修补工具	J
内容感知移动工具	J
红眼工具	J
画笔工具	B
铅笔工具	B
颜色替换工具	B
混合器画笔工具	B
仿制图章工具	S
图案图章工具	S
历史记录画笔工具	Y
历史记录艺术画笔工具	Y
橡皮擦工具	E
背景橡皮擦工具	E
魔术橡皮擦工具	E
渐变工具	G
油漆桶工具	G
减淡工具	O
加深工具	O
海绵工具	O
钢笔工具	P
自由钢笔工具	P
横排文字工具	T
直排文字工具	T
横排文字蒙版工具	T
直排文字蒙版工具	T
路径选择工具	A
直接选择工具	A
矩形工具	U
圆角矩形工具	U
椭圆工具	U
多边形工具	U
直线工具	U
自定形状工具	U
抓手工具	H
旋转视图工具	R
缩放工具	Z
默认前景色/背景色	D
前景色/背景色互换	X
切换标准/快速蒙版模式	Q
切换屏幕模式	F
切换保留透明区域	/
减小画笔大小	[
增加画笔大小	]
减小画笔硬度	{
增加画笔硬度	}

应用程序菜单快捷键

命令	快捷键
“文件”菜单	
新建	Ctrl+N
打开	Ctrl+O
在 Bridge 中浏览	Alt+Ctrl+O
打开为	Alt+Shift+Ctrl+O
关闭	Ctrl+W
关闭全部	Alt+Ctrl+W
关闭并转到 Bridge	Shift+Ctrl+W
存储	Ctrl+S
存储为	Shift+Ctrl+S
存储为 Web 所用格式	Alt+Shift+Ctrl+S
恢复	F12
文件简介	Alt+Shift+Ctrl+I
打印	Ctrl+P
打印一份	Alt+Shift+Ctrl+P
退出	Ctrl+Q
“编辑”菜单	
还原/重做	Ctrl+Z
前进一步	Shift+Ctrl+Z
后退一步	Alt+Ctrl+Z
渐隐	Shift+Ctrl+F
剪切	Ctrl+X
拷贝	Ctrl+C
合并拷贝	Shift+Ctrl+C
粘贴	Ctrl+V
原位粘贴	Shift+Ctrl+V
贴入	Alt+Shift+Ctrl+V
填充	Shift+F5
内容识别比例	Alt+Shift+Ctrl+C
自由变换	Ctrl+T
再次变换	Shift+Ctrl+T
颜色设置	Shift+Ctrl+K
键盘快捷键	Alt+Shift+Ctrl+K
菜单	Alt+Shift+Ctrl+M
首选项>常规	Ctrl+K
“图像”菜单	
调整>色阶	Ctrl+L
调整>曲线	Ctrl+M
调整>色相/饱和度	Ctrl+U
调整>色彩平衡	Ctrl+B
调整>黑白	Alt+Shift+Ctrl+B
调整>反相	Ctrl+I
调整>去色	Shift+Ctrl+U
自动色调	Shift+Ctrl+L
自动对比度	Alt+Shift+Ctrl+L
自动颜色	Shift+Ctrl+B
图像大小	Alt+Ctrl+I
画布大小	Alt+Ctrl+C
“图层”菜单	
新建>图层	Shift+Ctrl+N
新建>通过拷贝的图层	Ctrl+J
新建>通过剪切的图层	Shift+Ctrl+J
创建/释放剪贴蒙版	Alt+Ctrl+G
图层编组	Ctrl+G
取消图层编组	Shift+Ctrl+G
排列>置为顶层	Shift+Ctrl+]
排列>前移一层	Ctrl+]
排列>后移一层	Ctrl+[
排列>置为底层	Shift+Ctrl+[
合并图层	Ctrl+E
合并可见图层	Shift+Ctrl+E
“选择”菜单	
全部	Ctrl+A

续表

命令	快捷键
取消选择	Ctrl+D
重新选择	Shift+Ctrl+D
反向	Shift+Ctrl+I
所有图层	Alt+Ctrl+A
查找图层	Alt+Shift+Ctrl+F
调整边缘	Alt+Ctrl+R
修改>羽化	Shift+F6
“滤镜”菜单	
上次滤镜操作	Ctrl+F
自适应广角	Shift+Ctrl+A
镜头校正	Shift+Ctrl+R
液化	Shift+Ctrl+X
消失点	Alt+Ctrl+V
“视图”菜单	
校样颜色	Ctrl+Y
色域警告	Shift+Ctrl+Y
放大	Ctrl++
缩小	Ctrl+-
按屏幕大小缩放	Ctrl+0
实际像素	Ctrl+1
显示额外内容	Ctrl+H
显示>目标路径	Shift+Ctrl+H
显示>网格	Ctrl+'
显示>参考线	Ctrl+;
标尺	Ctrl+R
对齐	Shift+Ctrl+;
锁定参考线	Alt+Ctrl+;
“窗口”菜单	
动作	F9
画笔	F5
图层	F7
信息	F8
颜色	F6
“帮助”菜单	
Photoshop 帮助	F1

面板菜单快捷键

命令	快捷键
“3D”面板	
渲染	Alt+Shift+Ctrl+R
“历史记录”面板	
前进一步	Shift+Ctrl+Z
后退一步	Alt+Ctrl+Z
“图层”面板	
新建图层	Shift+Ctrl+N
创建/释放剪贴蒙版	Alt+Ctrl+G
合并图层	Ctrl+E
合并可见图层	Shift+Ctrl+E

精品图书　推荐阅读

如果给你足够的时间，你可以学会任何东西，但是很多情况下，东西尚未学会，人却老了。时间就是财富、效率就是竞争力，谁能够快速学习，谁就能增强竞争力。

以下图书为艺术设计专业讲师和专职设计师联合编写，采用“视频＋实例＋专题＋案例＋实例素材”的形式，致力于让读者在最短时间内掌握最有用的技能。以下图书含图像处理、平面设计、数码照片处理、3ds Max 和 VRay 效果图制作等多个方向，适合想学习相关内容的入门类读者使用。

个别实例效果展示

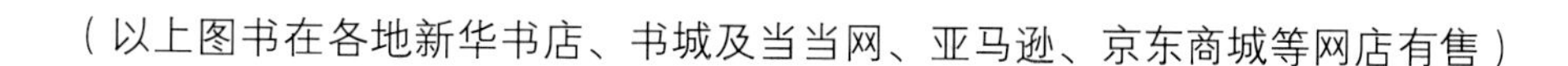

（以上图书在各地新华书店、书城及当当网、亚马逊、京东商城等网店有售）

精品图书 推荐阅读

“CAD/CAM/CAE 技术视频大讲堂”丛书系清华社“视频大讲堂”重点大系的子系列之一，由国家一级注册建筑师组织编写，继承和创新了清华社“视频大讲堂”大系的编写模式、写作风格和优良品质。本系列图书集软件功能、技巧技法、应用案例、专业经验于一体，可以说超细、超全、超好学、超实用！具体表现在以下几个方面：

- 大型高清同步视频演示讲解，可反复观摩，让学习更快捷、更高效

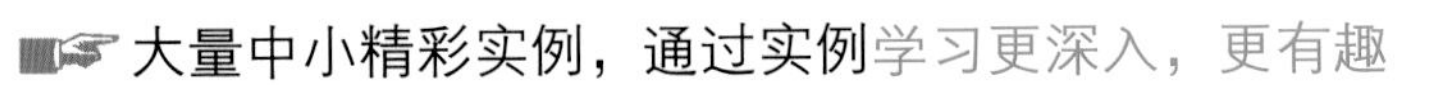

- 大量中小精彩实例，通过实例学习更深入，更有趣

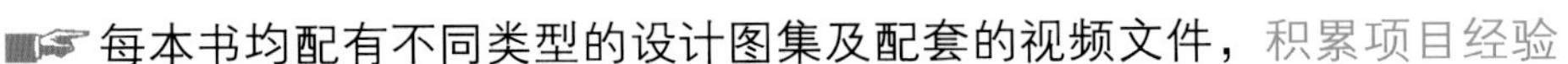

- 每本书均配有不同类型的设计图集及配套的视频文件，积累项目经验

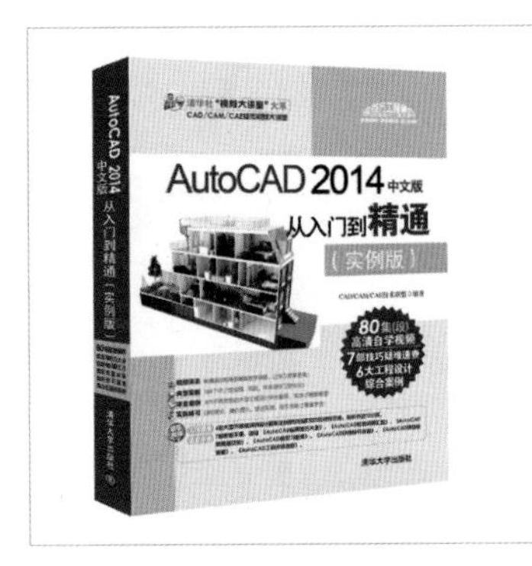

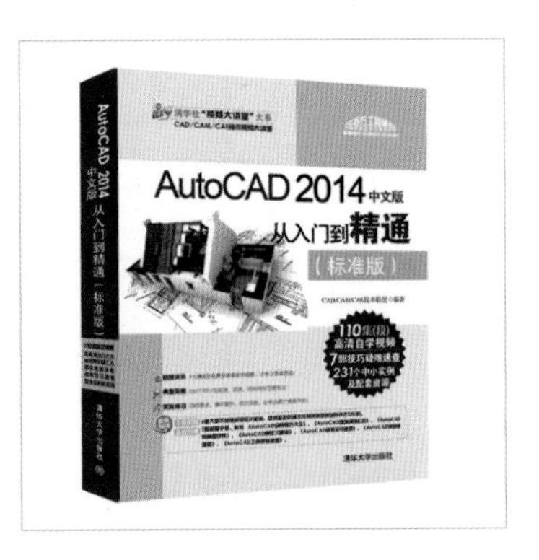

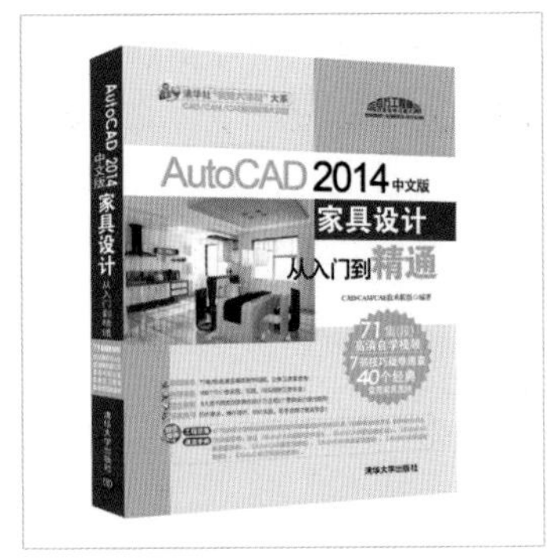

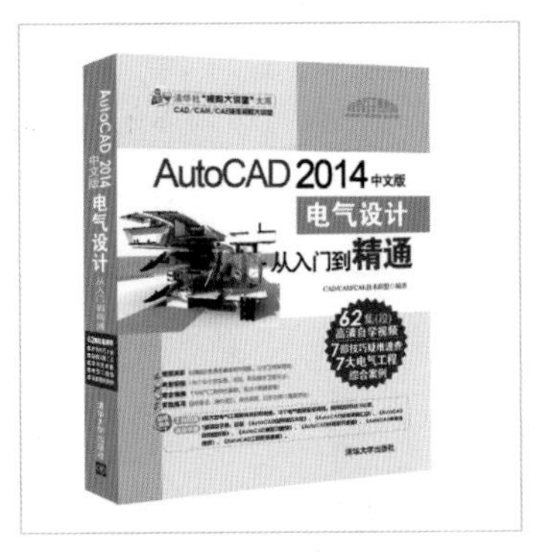

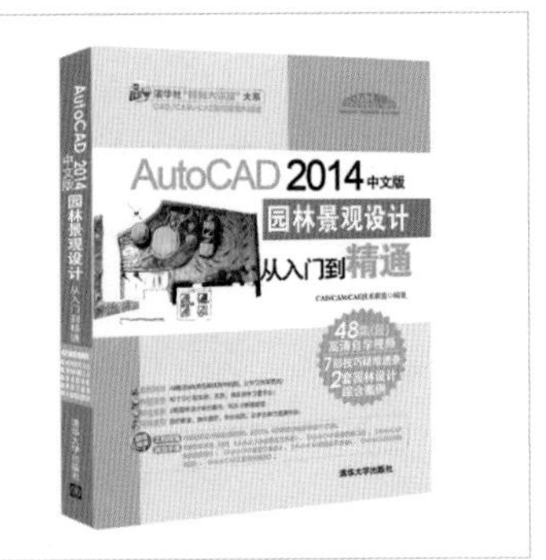

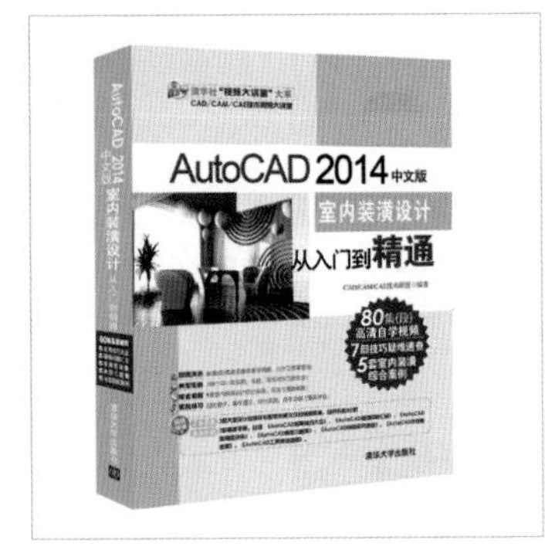

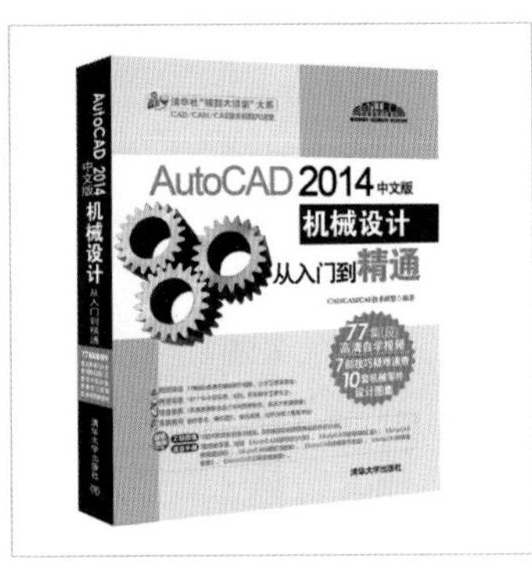

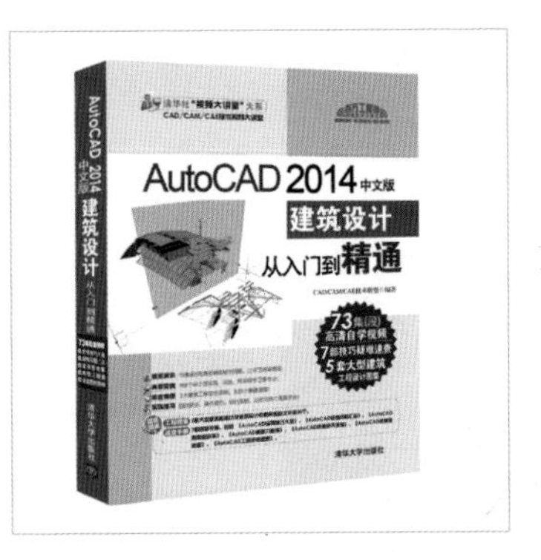

（本系列图书在各地新华书店、书城及当当网、亚马逊、京东商城等网店有售）